01 本书精彩案例欣赏

1 部分综合实战案例欣赏

20.1 实战 制作五彩玻璃裂纹字

20.3 实战 制作透射文字效果

20.2 实战 制作翡翠文字效果

21.1 实战 制作万花筒特效

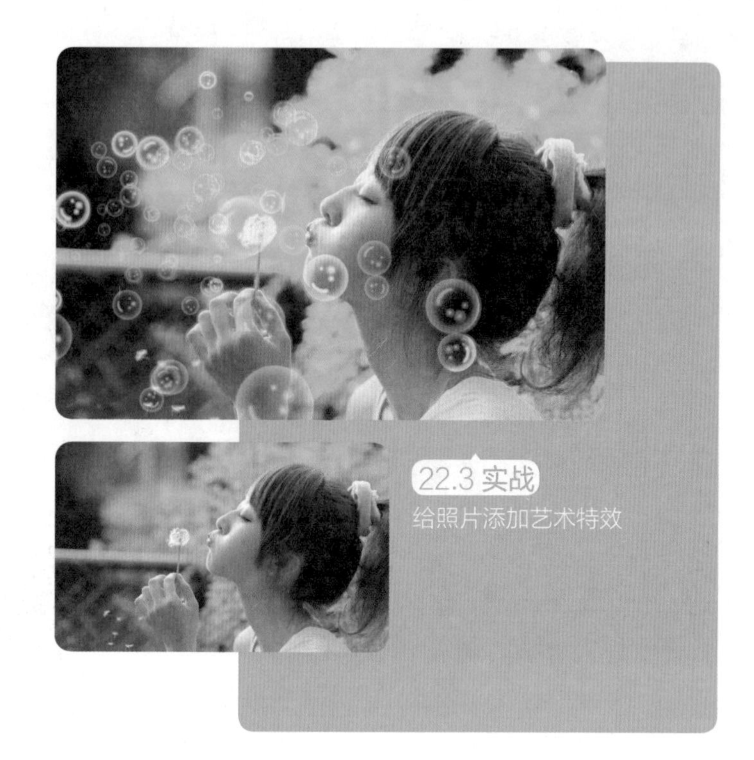

22.3 实战
给照片添加艺术特效

21.3 实战
合成虎豹脸

21.2 实战 制作魅惑人物特效

20.4 实战 制作冰雪字效果

21.4 实战：合成幽暗森林小屋

22.1 实战
人物照片
彩妆精修

22.2 实战
风光照片艺术调整

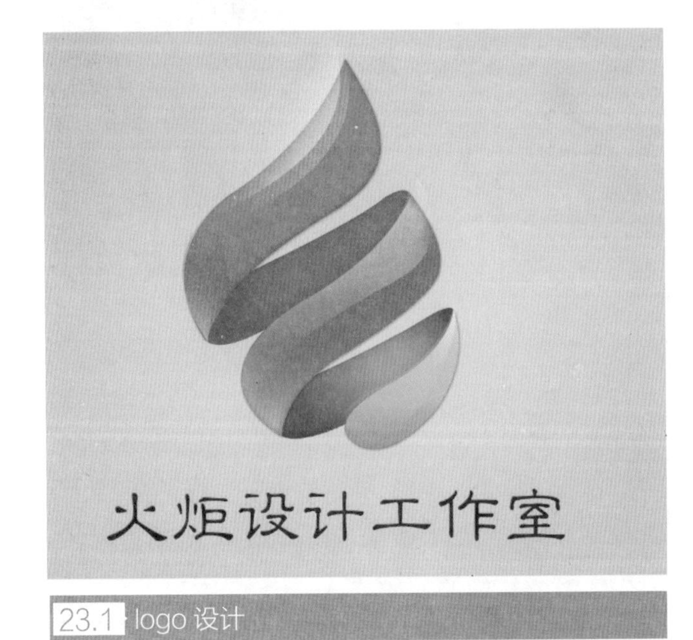

23.1 logo 设计

25.2 直通车推广图设计

23.2 宣传单设计

23.3 海报 / 招贴广告设计

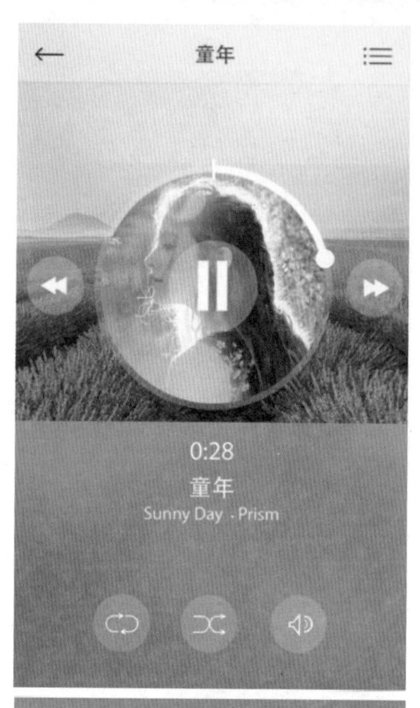

24.1 手机 UI 设计

24.2 游戏 UI 界面设计

23.4 户外广告设计

25.1 主图设计

23.5 包装设计

24.3 游戏主界面设计

25.3 钻展推广图设计

25.4 活动营销海报设计

2 部分章节技能实训案例欣赏

第3章
过关练习——姐妹情深

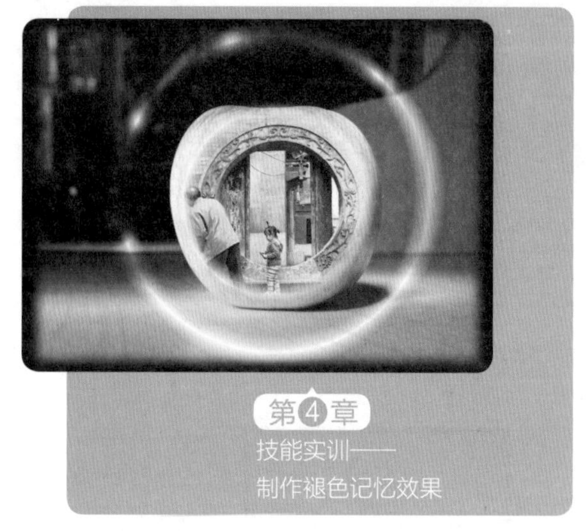

第4章
技能实训——
制作褪色记忆效果

第5章
同步练习——
为圣诞老人
简笔画上色

第13章
技能实训——
调出浪漫风格
照片

第9章 技能实训——绘制卡通女孩头像

第11章 技能实训——更改人物背景

第7章 过关练习——制作彩色文字效果

第15章 技能实训——制作烟花效果

第17章 技能实训——制作照片特效

第⑩章 技能实训——打造花海中的小脸

第⑥章 技能实训——打造温馨色调效果

3 部分知识讲解案例欣赏

3.5.10 实战：使用内容识别比例缩放图像

4.2.5 实战：使用套索工具选择心形

3.4.3 实战 使用旋转画布功能调整图像构图

4.2.7
实战：使用磁性套索工具选择果肉

4.5.4
实战：使用羽化命令创建朦胧效果

5.2.1
实战：使用油漆桶工具填充背景色

3.5.9 实战：使用自定义画笔绘制花瓣

5.4.3
实战：使用颜色替换工具更改长裙颜色

5.5.1
实战：使用污点修复画笔工具修复污点

5.5.7
实战：使用仿制图章工具复制图像

5.5.3
实战：使用修补工具去除多余人物

5.5.4
实战：使用内容感知移动工具智能复制对象

5.5.8

实战：使用图案图章工具填充石头图案

5.6.4

实战：使用海绵工具制作半彩艺术效果

7.6.4

调整图层蒙版作用范围

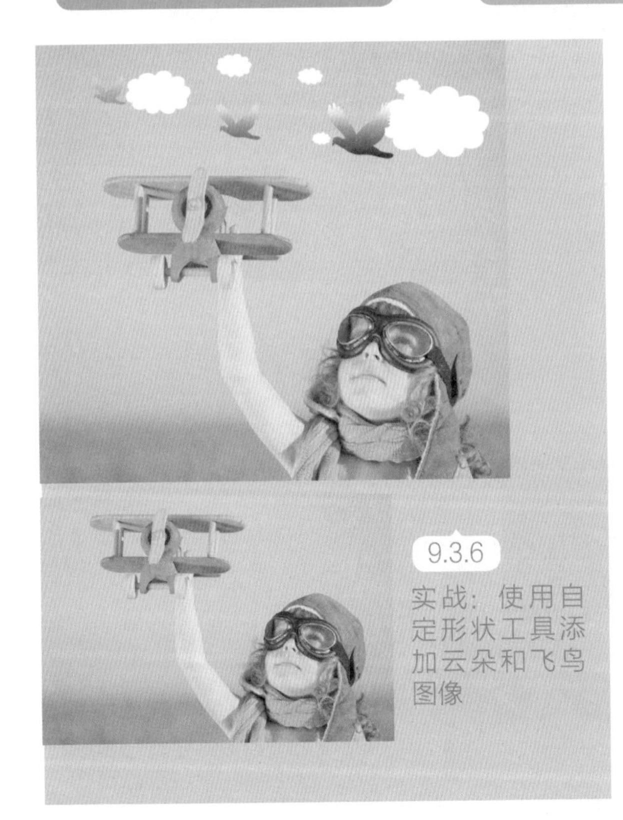

9.3.6

实战：使用自定形状工具添加云朵和飞鸟图像

10.3.1

实战：使用矢量蒙版制作时尚艺术照

7.1.3
实战：使用混合模式打造天鹅湖场景

11.2.9 实战：分离与合并通道改变图像色调

7.1.3
实战：使用混合模式打造天鹅湖场景

12.1.3

实战：将冰块图像转换为双色调模式

12.4.3

实战：使用【色彩平衡】命令纠正色偏

13.5.4

实战：用 lab 调出特殊蓝色调

15.3.4

实战：使用【液化工具】为人物烫发

15.3.5

实战：使用【消失点】命令透视复制图像

15.4.15

实战：制作流光溢彩文字特效

02 赠送丰富超值的 PS 设计资源

1 500 个常用笔刷

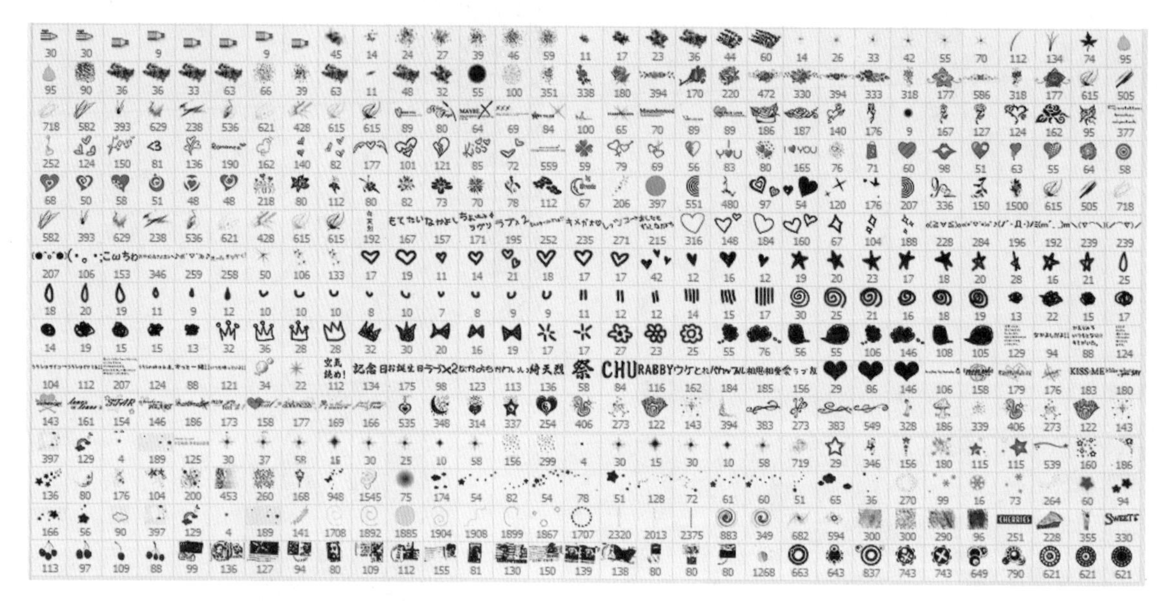

实战应用：见本书第 5 章 5.3、5.4 节。

2 1500 个后期效果动作库

载入方法：见本书第 17 章 17.1.13 节　　实战应用：见本书第 17 章 17.1 小节

3 90 个炫酷渐变

载入方法：见本书第 5 章 5.2.2 小节　　实战应用：见本书第 5 章 5.2.1、5.2.2 小节

4 200 个实用形状

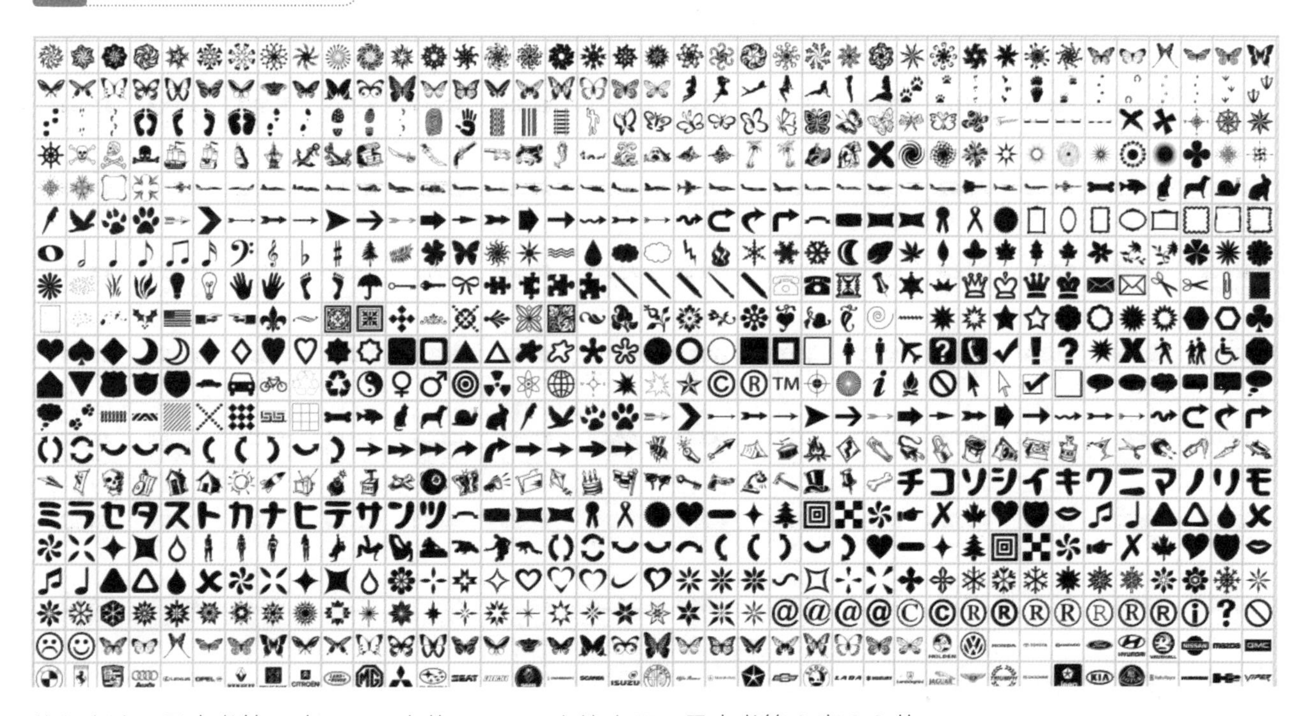

载入方法：见本书第 9 章 9.3.6 小节　　实战应用：见本书第 9 章 9.3 节

5 200 个真实质感的纹理

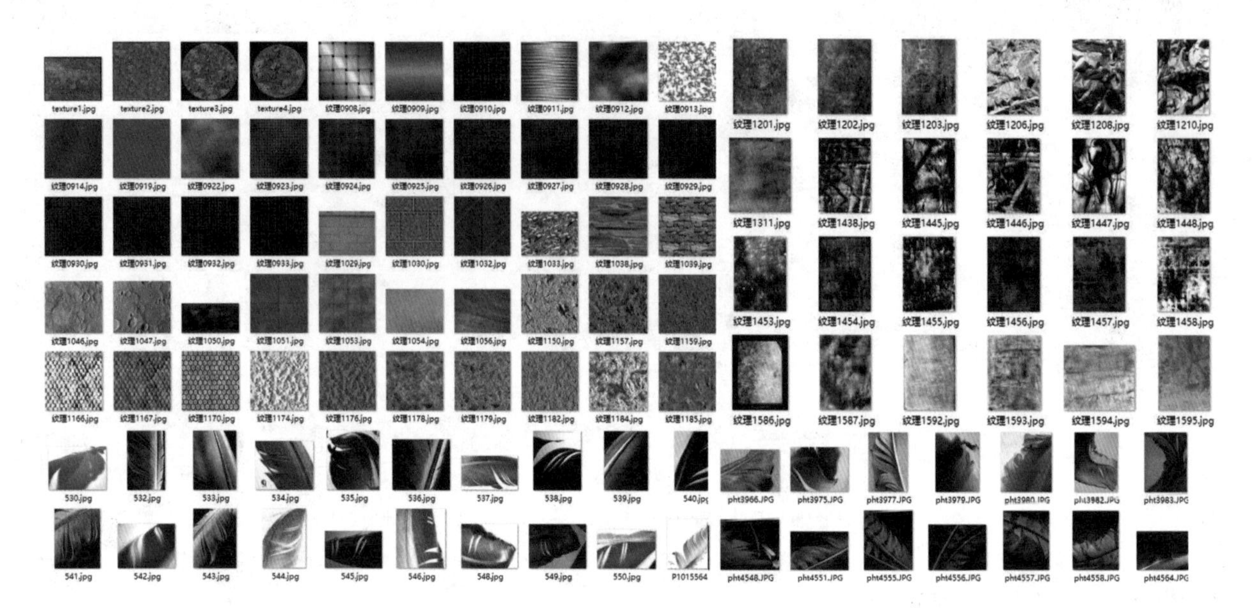

路　　径：百度网盘 > 中文版 Photoshop CC 完全自学教程 > Photoshop 设计资源 >200 个质感纹理

6 300 个外挂滤镜

路　　径：百度网盘 > 中文版 Photoshop CC 完全自学教程 > Photoshop 设计资源 >300 外挂滤镜
实战应用：见本书第 15 章节

03 830 分钟 与书同步视频讲解

Photoshop CC 的基本操作

Photoshop CC 图像处理快速…

图像选区的创建与编辑

图像的绘制与修饰修复

图层的基本功能应用

图层的高级功能应用

文本的创建与编辑

路径和矢量图形的应用

蒙版的应用与编辑

通道的应用与编辑

图像颜色和色调的调整

图像色彩校正的高级处理技术

数码照片处理大师 Camera Raw 的应用

滤镜特效的应用

视频、动画的创建与编辑

动作和文件批处理功能的应用

3D 图形编辑与处理

Web 图像的处理与打印输出

实战：艺术字设计

实战：图像特效与创意合成

实战：数码照片后期处理

实战：商业广告设计

实战：UI 界面设计

实战：网页网店广告设计

04 4部 实用教学视频

01
Photoshop
商业广告设计

02
Photoshop
网店美工设计

03
5 分钟学会
番茄工作法

04
10 招精通
超级时间整理术

05 赠送“颜色设计速查色谱表”

1 CMYK 印刷专用精选色谱表

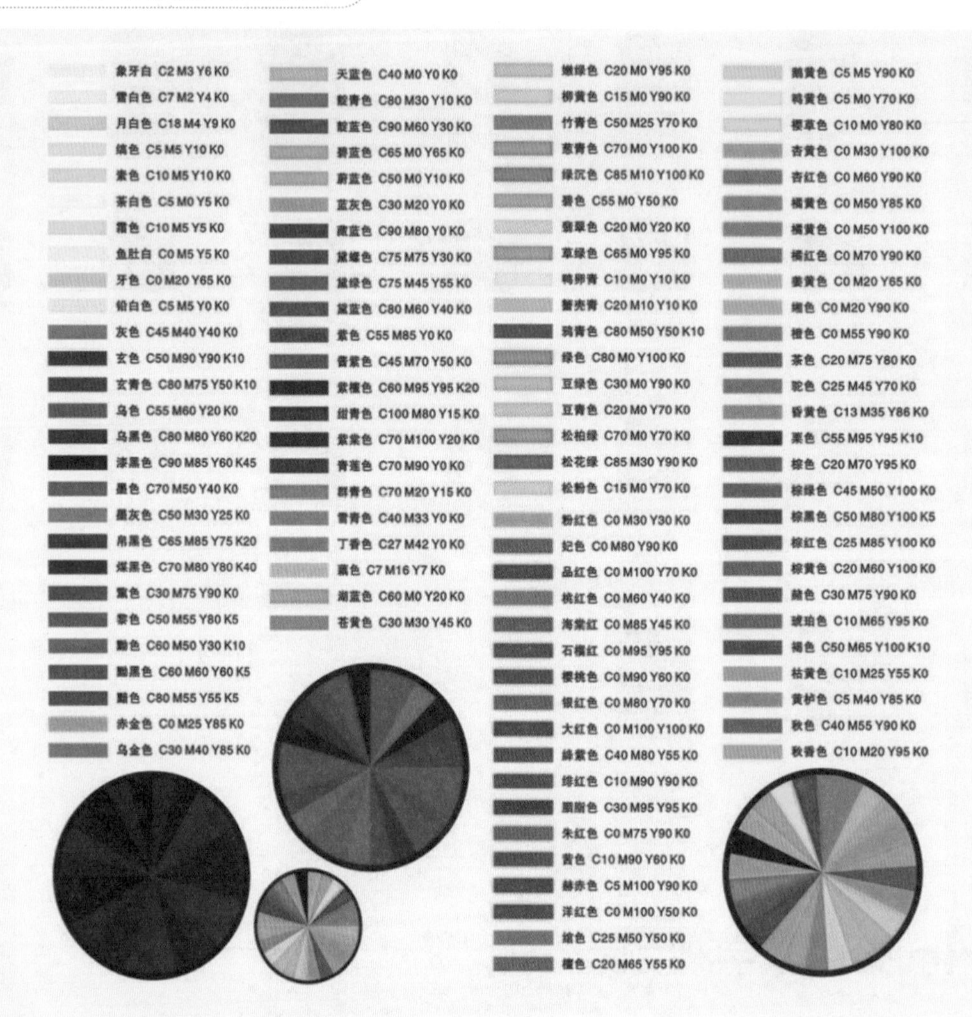

2 常用颜色参数速查表

浅橘红	蓝紫	深紫	浅紫	深红	粉红	浅黄	白黄	淡黄	深黄
C:000 M:040 Y:080 K:000	C:050 M:100 Y:000 K:000	C:080 M:100 Y:000 K:000	C:020 M:060 Y:000 K:000	C:020 M:100 Y:100 K:000	C:000 M:040 Y:005 K:000	C:000 M:000 Y:060 K:000	C:000 M:000 Y:040 K:000	C:000 M:000 Y:040 K:000	C:000 M:020 Y:100 K:000
桃黄	柠檬黄	银色	金色	深褐色	浅褐色	褐色	红褐色	咖啡色	深咖啡
C:000 M:040 Y:060 K:000	C:000 M:005 Y:100 K:000	C:020 M:015 Y:014 K:000	C:005 M:015 Y:065 K:000	C:045 M:065 Y:100 K:040	C:020 M:030 Y:050 K:020	C:030 M:045 Y:080 K:030	C:030 M:100 Y:100 K:030	C:040 M:100 Y:100 K:040	C:060 M:100 Y:100 K:060
霓虹粉	霓虹紫	砖红	宝石红	紫	深玫瑰	靛蓝	海绿	月光绿	马丁绿
C:000 M:100 Y:060 K:000	C:020 M:080 Y:000 K:000	C:000 M:060 Y:080 K:020	C:000 M:060 Y:060 K:040	C:020 M:080 Y:000 K:020	C:000 M:060 Y:020 K:020	C:060 M:060 Y:000 K:000	C:060 M:000 Y:020 K:020	C:020 M:000 Y:060 K:000	C:020 M:000 Y:060 K:020

90%黑	80%黑	70%黑	60%黑	50%黑	40%黑	30%黑	20%黑	10%黑	金
C:0 M:0 Y:0 K:90	C:0 M:0 Y:0 K:80	C:0 M:0 Y:0 K:70	C:0 M:0 Y:0 K:60	C:0 M:0 Y:0 K:50	C:0 M:0 Y:0 K:40	C:0 M:0 Y:0 K:30	C:0 M:0 Y:0 K:20	C:0 M:0 Y:0 K:10	C:0 M:20 Y:60 K:20
黑	白	红	黄	深蓝	浅蓝	电信蓝	天蓝	冰蓝	海水蓝
C:0 M:0 Y:0 K:100	C:000 M:000 Y:000 K:000	C:000 M:100 Y:100 K:000	C:000 M:000 Y:100 K:000	C:100 M:100 Y:000 K:000	C:100 M:000 Y:000 K:000	C:100 M:060 Y:000 K:000	C:100 M:020 Y:000 K:000	C:040 M:000 Y:000 K:000	C:060 M:000 Y:025 K:000
深绿	草绿	浅绿	酒绿	春绿	薄荷绿	橙红	橙	洋红	秋橘红
C:100 M:000 Y:100 K:000	C:080 M:000 Y:100 K:000	C:060 M:000 Y:100 K:000	C:040 M:000 Y:100 K:000	C:060 M:000 Y:060 K:020	C:040 M:000 Y:040 K:000	C:000 M:060 Y:100 K:000	C:005 M:060 Y:100 K:000	C:000 M:100 Y:000 K:000	C:000 M:060 Y:080 K:000

Photoshop CC 完全自学教程 中文版

凤凰高新教育◎编著

内容提要

《Photoshop CC 完全自学教程》是一本系统讲解使用 Photoshop CC 软件进行图像处理与设计的自学宝典。本书共 4 篇，分为 25 章，以“完全精通 Photoshop CC”为出发点，以“用好 Photoshop”为目标来设置内容，以循序渐进的方式详细讲解 Photoshop CC 软件的基础功能、核心功能、高级功能，以及艺术字设计、图像特效与创意合成、数码照片后期处理、商业广告设计、UI 设计、网页网店广告设计等常见领域的实战应用。

第 1 篇：基础功能篇（第 1 章 ~ 第 5 章），主要针对初学读者，从零开始全面系统地讲解 Photoshop CC 软件的基础操作，包括 Photoshop CC 软件的安装与卸载、新增功能应用、图像处理的基本操作、选区操作和图像的绘制与修饰修复等内容。

第 2 篇：核心功能篇（第 6 章 ~ 第 13 章），是学习 Photoshop CC 的重点，包括图层的应用、文本的创建与编辑、路径和矢量图形的应用、蒙版和通道的应用、图像颜色的调整与校正等知识。

第 3 篇：高级功能篇（第 14 章 ~ 第 19 章），是 Photoshop CC 图像处理的拓展功能，包括 Camera Raw、滤镜、视频、动画、动作、Web 图像处理，3D 图像制作以及图像文件的打印输出等知识。

第 4 篇：实战应用篇（第 20 章 ~ 第 25 章），主要结合 Photoshop 的常见应用领域，列举相关典型案例，给读者讲解 Photoshop CC 图像处理与设计的实战技能，包括艺术字设计、图像特效与创意合成、数码照片后期处理、商业广告设计、UI 设计、网页网店广告设计等综合案例。

本书内容安排系统全面，写作语言通俗易懂，实例题材丰富多样，操作步骤清晰准确，非常适用于从事平面设计、影像创意、网页设计、数码图像处理的广大初、中级人员学习使用，也可以作为相关职业院校、计算机培训班的教材参考书。

图书在版编目(CIP)数据

中文版Photoshop CC完全自学教程 / 凤凰高新教育编著. — 北京 : 北京大学出版社，2020.1
ISBN 978-7-301-31022-9

Ⅰ. ①中… Ⅱ. ①凤… Ⅲ. ①图像处理软件－教材 Ⅳ. ①TP391.413

中国版本图书馆CIP数据核字(2019)第293840号

书　　名　**中文版Photoshop CC完全自学教程**
　　　　　ZHONGWEN BAN PHOTOSHOP CC WANQUAN ZIXUE JIAOCHENG
著作责任者　凤凰高新教育　编著
责 任 编 辑　吴晓月　吴秀川
标 准 书 号　ISBN 978-7-301-31022-9
出 版 发 行　北京大学出版社
地　　址　北京市海淀区成府路205 号　100871
网　　址　http://www. pup. cn　　新浪微博：@ 北京大学出版社
电 子 信 箱　pup7@ pup. cn
电　　话　邮购部010-62752015　发行部010-62750672　编辑部010-62580653
印 刷 者　北京宏伟双华印刷有限公司
经 销 者　新华书店
　　　　　880毫米×1092毫米　16开本　33.25印张　插页10　1058千字
　　　　　2020年1月第1版　2020年1月第1次印刷
印　　数　1-4000册
定　　价　128.00元

PREFACE

Photoshop CC 是由 Adobe 公司发行的图像处理软件，经过 20 多年的发展，其功能也越来越强大。本书以目前使用非常广泛的 CC 版本为基础进行讲解。

Photoshop CC 广泛应用于多个行业，是图像处理的创意百宝箱。世界各地数千万的设计人员、摄影师和艺术家都在用 Photoshop 将创意变为现实。它被广泛应用于平面设计、数码艺术、特效合成、图像后期处理、网页制作、UI 设计等众多领域，并且在每个领域都发挥着不可替代的作用。

本书特色与特点

（1）内容极为全面，注重学习规律。

本书涵盖了 Photoshop CC 几乎所有工具、命令等常用功能，是市场上讲解 Photoshop CC 内容最全面的图书之一。书中还标识出了 Photoshop CC 的相关“新功能”及“重点”知识。全书共 4 篇（25 章），前 3 篇内容采用循序渐进的方式详细讲解了 Photoshop CC 常用工具、命令的使用方法，使读者熟悉并掌握 Photoshop CC 的功能；第 4 篇内容通过具体的案例讲解 Photoshop CC 的实战应用，旨在提高读者对 Photoshop CC 的综合应用能力，也符合基本的学习规律。

（2）案例非常丰富，学习操作性强。

本书安排了 165 个“知识实战案例”、18 个“技能实训”、46 个“妙招技法”、23 个“大型综合设计案例”。读者在学习中，结合书中案例同步练习，既能学会软件工具命令应用，也能掌握 Photoshop 的实战技能。

（3）任务驱动 + 图解操作，一看即懂、一学就会。

为了让读者更易学习和理解，本书采用“任务驱动 + 图解操作”的写作方式，将知识点融合到相关案例应用中进行讲解。而且，在步骤讲述中以“❶，❷，❸……”的方式分解出操作步骤，并在图上进行对应标识，非常方便读者学习掌握。只要按照书中讲述的方法操作练习，就可以制作出与书同步的效果，真正做到简单明了、一看即会、易学易懂。另外，为了解决读者在自学过程中可能遇到的问题，书中不仅设置了“技术看板”板块，解释在讲解中出现的或在操作过程中可能会遇到的一些疑难问题，还添设了“技能拓展”板块，希望读者通过其他方法解决同样的问题，达到举一反三的效果。

（4）扫二维码看视频学习，轻松更高效。

本书配备同步音视频讲解录像，涵盖全书几乎所有案例，如同老师在身边手把手教学，让学习更轻松、更高效。读者扫描下方二维码即可进入多媒体视频教程学习。

（5）理论实战结合，强化动手能力。

本书在编写时采用了“知识点讲解＋实战应用”结合的方式，既易于读者理解理论知识，也便于读者动手操作，在模仿中学习，增加了学习的趣味性。同时每章最后的“技能实训”板块，有利于读者巩固学习成果、熟悉工具的使用，通过第 4 篇实战应用案例的学习，为将来从事的设计工作奠定基础。

除了本书，您还可以获得什么

本书还配套赠送相关的学习资源，内容丰富、实用，让读者花一本书的钱，得到超值而丰富的学习套餐。内容包括以下几个方面。

（1）同步学习文件。提供全书所有案例相关的同步素材文件及结果文件，方便读者学习和参考。

①素材文件。本书中所有章节实例的素材文件全部收录在同步学习文件夹中的“\素材文件\第*章\”文件夹中。读者在学习时，可以参考图书讲解内容，打开对应的素材文件进行同步操作练习。

②结果文件。本书中所有章节实例的最终效果文件全部收录在同步学习文件夹中的“\结果文件\第*章\”文件夹中。读者在学习时，可以打开结果文件，查看其实例效果，为自己在学习中的练习操作提供帮助。

（2）同步视频讲解。本书为读者提供了 103 节与书同步的视频教程，读者用微信扫一扫书中的二维码，即可播放书中的讲解视频。

（3）精美的 PPT 课件。赠送与书中内容完全同步的 PPT 教学课件，方便教师教学使用。

（4）Photoshop 设计资源。Photoshop 设计资源包括 37 个图案、40 个样式、90 个渐变组合、175 个特效外挂滤镜资源、185 个相框模板、187 个形状样式、249 个纹理样式、408 个笔刷、1560 个动作，读者不必再花时间和精力去收集设计资料，拿来即用。

（5）16 本高质量的与设计相关的电子书。读者可以快速掌握图像处理与设计中的要领，成为设计界的精英，职场中的领袖。电子书主要有以下几种。

① PS 抠图宝典。

② PS 修图宝典。

③ PS 图像合成与特效宝典。

④ PS 图像调色润色宝典。

⑤色彩构成宝典。

⑥色彩搭配宝典。

⑦网店美工配色宝典。

⑧平面 / 立体构图宝典。

⑨文字设计创意宝典。

⑩版式设计创意宝典。

⑪包装设计创意宝典。

⑫商业广告设计印前宝典。

⑬中文版 Illustrator 基础教程。

⑭中文版 CorelDRAW 基础教程。

⑮手机办公宝典。

⑯高效人士效率倍增宝典。

（6）4 部实用的视频教程。学习这些视频教程，不仅能让您成为设计高手，还有利于提高您的工作效率。视频教程具体如下：

① Photoshop 商业广告设计。

② Photoshop 网店美工设计。

③ 5 分钟学会番茄工作法。

④ 10 招精通超级时间整理术。

温馨提示：以上资源，可用微信扫描下方任意二维码，关注微信公众号，并输入代码“Pc18sH19”获取下载地址及密码。另外，在微信公众号中，我们还为读者还提供了丰富的图文教程和视频教程，读者可随时随地给自己充电学习。

资源下载

官方微信公众账号

本书适合哪些人学习

- Photoshop 图像处理初学者。
- 广大 Photoshop 图像处理爱好者。
- 缺少 Photoshop 图像处理行业经验和实战经验的读者。
- 想提高广告设计理论素养和设计水平的读者。
- 想学习 PS 数码照片后期处理技术的摄影爱好者。
- 培训学校、大中专职业院校相关专业的学生。

创作者说

本书由凤凰高新教育策划并组织编写。书中的案例由 Photoshop 设计经验丰富的设计师提供，并由 Photoshop 教育专家执笔编写，他们具有丰富的Photoshop应用技巧和设计实战经验，对于他们的辛勤付出在此表示衷心感谢！同时，由于计算机技术发展非常迅速，书中疏漏和不足之处在所难免，敬请广大读者及专家指正。

若您在学习过程中产生疑问或有任何建议，可以通过 E-mail 或 QQ 群与我们联系。

投稿信箱：pup7@pup.cn

读者信箱：2751801073@qq.com

读者交流 QQ 群：292480556

目 录

CONTENTS

第1篇 基础功能篇

Photoshop CC 图像处理软件广泛应用于多个行业，是图像处理的创意百宝箱。世界各地数千万的设计人员、摄影师和艺术家都在用 Photoshop 将创意变为现实。但如今，大部分人对 Photoshop 软件的了解只限于简单的操作，想要更深入地了解，还需要从软件本身入手。本篇主要讲解 Photoshop CC 的图像处理基础功能应用，包括文件的基本操作、选区操作和图像的绘制与修饰修复等内容。

第2篇 核心功能篇

核心功能篇是学习Photoshop CC的重点篇章。本篇包括图层的管理与应用、文字创建与编辑、路径的应用、蒙版和通道的应用、图像颜色的调整与校正等知识。读者学完本篇后，可以掌握Photoshop CC的部分重点操作，为后面的学习打下基础。

第3篇 高级功能篇

高级功能是Photoshop CC图像处理的拓展功能，包括Camera Raw、滤镜、视频、动画、动作和批处理、3D图形编辑与处理、Web图像处理与打印输出等知识。通过本篇内容的学习，将提升读者对Photoshop CC图像处理的综合应用能力。

第 4 篇　实战应用篇

本篇主要结合 Photoshop 的常见应用领域，列举相关典型案例，给读者讲解 Photoshop CC 图像处理与设计的综合技能，包括特效字制作、图像特效与创意合成、数码照片后期处理、商业广告设计、UI 界面设计、网页网店广告设计等综合案例。通过本篇内容的学习，可以提升读者的实战技能和综合设计水平。

第1篇 基础功能篇

Photoshop CC 图像处理软件广泛应用于多个行业，是图像处理的创意百宝箱。世界各地数千万的设计人员、摄影师和艺术家都在用 Photoshop 将创意变为现实。但如今，大部分人对 Photoshop 软件的了解只限于简单的操作，想要更深入地了解，还需要从软件本身入手。本篇主要讲解 Photoshop CC 的图像处理基础功能应用，包括文件的基本操作、选区操作和图像的绘制与修饰修复等内容。

第1章 Photoshop CC 介绍与软件安装 / 卸载

- Photoshop 软件的作用是什么，主要用在哪些领域？
- Photoshop CC 新增加了哪些实用的功能？
- Photoshop CC 软件如何安装和卸载？
- 在处理图像时，若有些功能或工具不会应用，如何快速获取使用信息？

Photoshop CC 是目前市面上应用最为广泛的图像处理软件，无论是工作需要还是生活中照片处理，Photoshop 都是人们绝佳的软件选择。如果读者是一位 Photoshop 入门者，那么就从零开始，一步一步来学习 Photoshop 软件的强大功能。本章将从 Photoshop 软件的简介与发展及初步使用等方面为读者讲解，读者得从中获得上述问题的答案。

1.1 Photoshop CC 的软件介绍

Photoshop 是目前主流的图像处理软件之一，已经发展了多年，并且越来越受设计人员、摄影师及其他需要进行图像处理的人们喜爱。它在图像处理上的优越性能也成为出版、设计等许多行业中图像处理的专业标准。

1.1.1 Adobe Photoshop CC 介绍

Adobe 公司成立于 1982 年，是美国最大的个人计算机软件公司之一。2015 年 6 月 16 日，Adobe 针对旗下的创意云 Adobe Creative Cloud 套装推出了 2015 年度的大版本更新，除了日常的 Bug 修复之外，还针对 15 款主要软件进行了功能追加与特性完善，而其中的 Photoshop CC 2015 正是这次更新的主力。新功能包括画板、设备预览和 Preview CC 伴侣应用程序、模糊画廊、恢复模糊区域中的杂色、Adobe Stock、设计空间（预览）、Creative Cloud 库、导出画板、图层等内容。

1.1.2 Photoshop 的发展史

下面来了解一下 Adobe Photoshop 的发展历程。Photoshop 的创始人是托马斯·诺尔（Thomas Knoll）和约翰·诺尔（John Knoll）兄弟，他们不仅熟悉传统的暗室技巧，在数字图像界也小有名气。图像制作和程序设计是他们的特长。他们曾在 IBM（国际商业机器公司）工作，专门制作动画和数字图像。除此之外，他们还有自己的公司，销售自己开发的外挂软件，包括相当有名的屏幕校正软件 Gamma。

兄弟二人开发 Photoshop 后才与 Adobe 公司合作。其初衷是用计算机来代替传统暗室内的工作。

Photoshop 修改和增加功能后，不仅包含了传统暗室作业的功能，还延伸到了美工设计和印前处理的领域。他们不仅是 Photoshop 的设计者，也是 Photoshop 的用户。Photoshop 功能强大，简单易学，所以用户一用即会。Photoshop 上市后，迅速得到推广。

- Photoshop 在 1990 年上市，最初为 Mac 版，后来的 Photoshop 2.5 推出的是 Windows 版，因为 Windows 市场大，所以两兄弟非常重视。
- 1991 年，由 Photoshop 2.5 版本升级到 Photoshop 3.0 版本。
- 1996 年，推出了 Photoshop 4.0 版本。
- 1998 年 5 月，推出了 Photoshop 5.0 版本，功能更加强大，之后又推出了 Photoshop 6.0 版本。
- 2002 年 4 月 16 日，Adobe 公司推出了 Photoshop 7.0 版本，比起以前的版本，其功能空前强大，系统更加全面。
- 2003 年，Photoshop CS 8.0 发布。它集成了 Adobe 的其他软件形成 Photoshop Creative Suit。
- 2005 年 4 月，Adobe Photoshop CS2 发布，开发代号为 Space Monkey。
- 2006 年，Adobe 发布了一个开放的 Beta 版 Photoshop Lightroom。
- 2007 年 4 月，发行 Adobe Photoshop CS3。
- 2007 年，Photoshop Lightroom 1.0 正式发布。
- 2008 年 9 月，发行 Adobe Photoshop CS4，该版本拥有一百多项创新。
- 2008 年，Adobe 发布了基于闪存的 Photoshop 应用，提供有限的图像编辑和在线存储功能。
- 2009 年，Adobe 为 Photoshop 发布了 iPhone 版 (手机上网)，从此 Photoshop 登录了手机平台。
- 2009 年 11 月 7 日，发行 Photoshop Express 版本。
- 2010 年 5 月 12 日，发行 Adobe Photoshop CS5。
- 2012 年 3 月 22 日，发行 Adobe Photoshop CS6 Beta 公开测试版。
- 2013 年 2 月 16 日，发布 Adobe Photoshop v1.0.1 版源代码。
- 2013 年 6 月 17 日，Adobe 在 MAX 大会上推出了最新版本的 Photoshop CC（Creative Cloud）。

目前 Photoshop 最新版是 Photoshop CC，相信 Photoshop 还会不断更新，功能也会越来越强大。

1.2 Photoshop 的应用领域

Photoshop 的应用并不限于图像处理，它还广泛应用于平面设计、数码艺术、网页制作和界面设计等领域，并在每个领域都发挥着不可替代的作用。

1.2.1 在平面广告设计中的应用

平面设计是 Photoshop 应用最为广泛的领域，包括 VI 图标、包装、手提袋、各种印刷品、写真喷绘、户外广告等设计，还包括企业形象系统、招贴、海报、宣传单等设计，如图 1-1 所示。

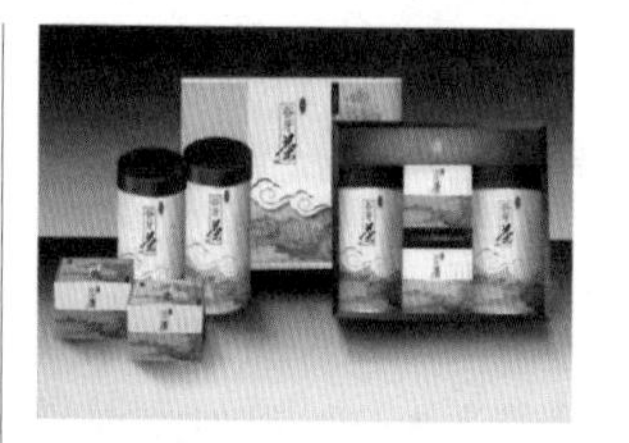

图 1-1

1.2.2 在绘画、插画领域的应用

Photoshop 的绘画与调色功能突出，设计者通常先用铅笔绘制草稿，再用 Photoshop CC 填色的方法来绘制图像和插画。近年来非常流行的像素画，也多为设计师使用 Photoshop 创作的作品，如图 1-2 所示。

图 1-2

1.2.3 在视觉创意设计中的应用

Photoshop 拥有强大的图像编辑功能，为艺术爱好者提供了无限广阔的创造空间，用户可以随心所欲地对图像进行修改、合成与再加工，制作出充满想象力的作品，如图 1-3 所示。

图 1-3

1.2.4 在影楼后期处理中的应用

Photoshop 可以完成从照片的输入，到校色、图像修正，再到分色输出等一系列专业化的工作。不论是色彩与色调的调整，照片的校色、修复与润饰，还是图像创造性的合成，在 Photoshop 中都可以找到最佳的解决方法，如图 1-4 所示。

图 1-4

1.2.5 在界面设计中的应用

界面设计是使用独特的创意方法设计软件或游戏的外观，以达到吸引用户眼球的目的，它是人机对话的窗口，如图 1-5 所示。

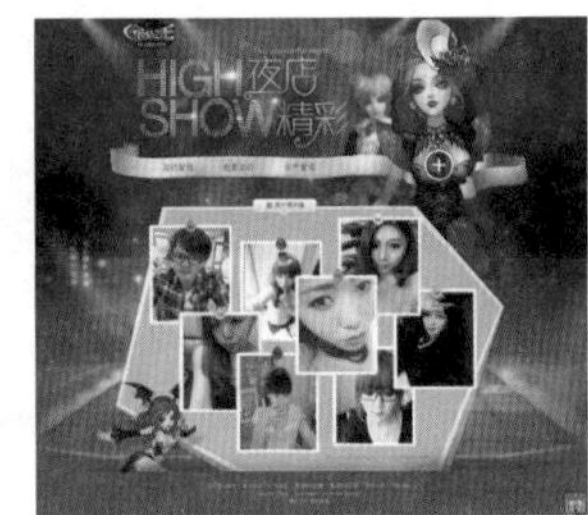

图 1-5

1.2.6 在动画与 CG 设计中的应用

使用 Photoshop 制作人物皮肤贴图、场景贴图和各种质感的材质，不仅效果逼真，还可以为动画渲染节省宝贵的时间。此外，Photoshop 常用来绘制各种风格的 CG 艺术作品，如图 1-6 所示。

图 1-6

1.2.7 在建筑装修效果图后期制作中的应用

制作建筑室外或室内效果图时，渲染出的图片通常都需要在 Photoshop 中做后期处理。例如，人物、车辆、植物、天空、景观和各种装饰品都可以在 Photoshop 中添加，既可以增加画面的美感，也可以节省渲染的时间，如图 1-7 所示。

图 1-7

1.3 Photoshop CC 新增功能

Photoshop CC 新增许多实用功能，包括相机防抖、图像提升采样等。有了新功能的支持，软件功能更加强大，下面对新功能进行介绍。

★新功能 1.3.1 相机防抖功能

Photoshop CC 新功能的亮点之一是相机防抖功能，它可以挽救由于相机抖动而拍摄失败的照片。不论模糊是由慢速快门还是长焦距造成的，相机防抖功能都能通过分析曲线来恢复其清晰度，如图 1-8 所示。

图 1-8

★新功能 1.3.2 作为滤镜和图层使用的 Camera Raw

Photoshop CC 版本中， Camera Raw 可以以滤镜形式应用于图像，如图 1-9 所示。这表示，Camera Raw 的应用范围被大大拓宽，用户可以将其应用于 TIFF 和 JPEG 等多种文件格式。

图 1-9

Camera Raw 还可以支持图层功能，用户可以将 Camera Raw 的编辑应用到任何图层上，而不局限于单张图片。

★新功能 1.3.3 Camera Raw 修复功能的改进

在最新的 Adobe Camera Raw 8 中，可以更加精确地修改图片。用户可以像画笔一样使用【污点去除工具】，在想要修改的图像区域进行涂抹即可去除污点，如图 1-10 所示。

图 1-10

★新功能 1.3.4 Camera Raw 径向滤镜

在最新的 Camera Raw 8 中，可以在图像上创建出圆形的径向滤镜。径向滤镜可以调整照片中的特定区域，该功能像所有的 Camera Raw 调整效果一样，都是无损调整，效果如图 1-11 所示。

★新功能 1.3.5 Camera Raw 自动垂直功能

在 Camera Raw 8 中，可以利用自动垂直功能轻易地修复扭曲的透视，并且有很多选项可以精确修复透视扭曲的照片，效果对比如图 1-12 所示。

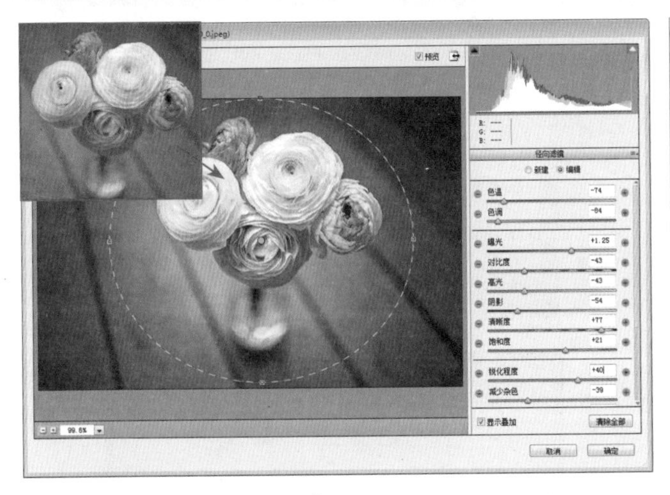

图 1-11

图 1-12

★新功能 1.3.6 保留细节重采样模式

新的图像提升采样功能可以保留图像细节，并且不会因为放大图像而生成噪点。该功能可以将低分辨率的图像放大，使其拥有更优质的印刷效果，或者将一张大尺寸图像放大成海报或广告牌的尺寸，如图 1-13 所示。

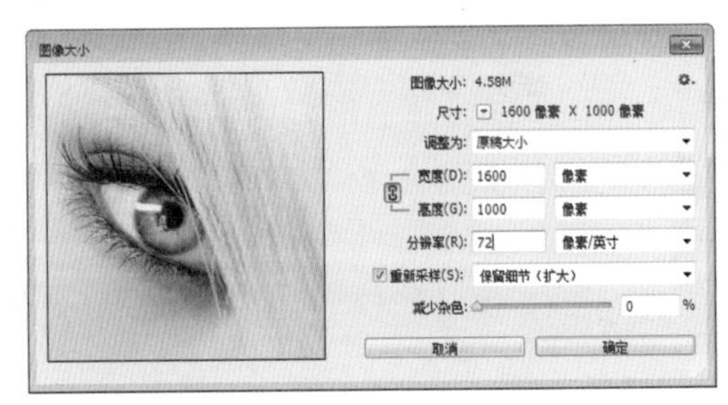

图 1-13

★新功能 1.3.7 改进的智能锐化

智能锐化是至今为止最为先进的锐化技术。该技术会分析图像，将清晰度最大化并同时将噪点和色斑最小化，从而取得外观自然的、高品质效果。它使锐化对象富有质感、清爽的边缘和丰富的细节，效果如图 1-14 所示。

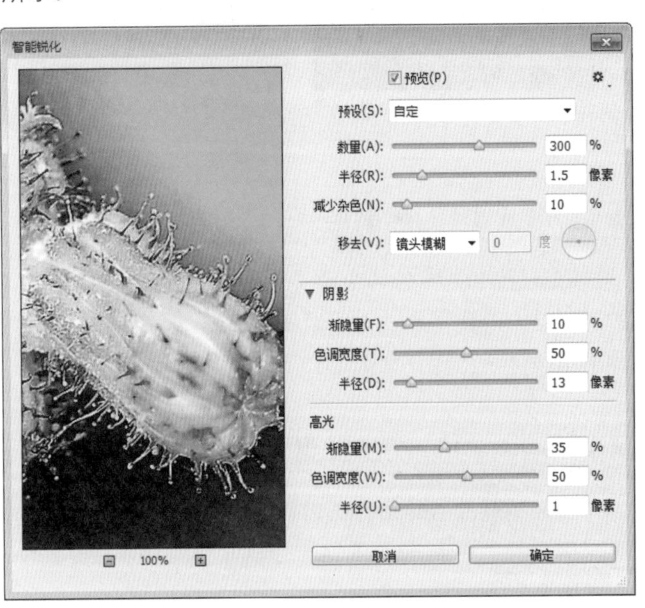

图 1-14

★新功能 1.3.8 为形状图层改进的属性面板

无论是在创建前还是创建后，用户可以重新改变和编辑形状，如可以随时改变圆角矩形的圆角半径，如图 1-15 所示。

图 1-15

★新功能 1.3.9 多重形状和路径选择

在【路径】面板中，用户可以将面板快速菜单应用于多路径，也可以同时选择多条路径形状，如图 1-16 所示。

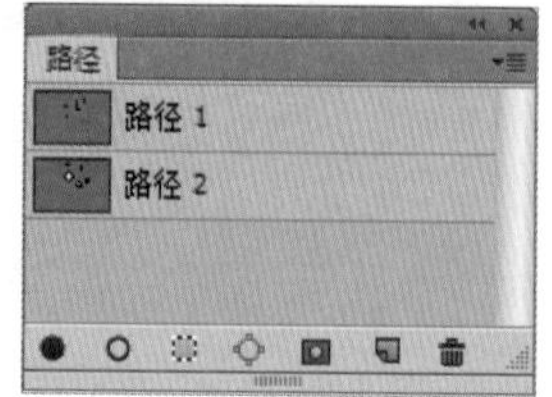

图 1-16

★新功能 1.3.10 隔离层

在复杂的图层结构中建立隔离图层是一个简化工作的新方法。隔离图层功能可以使用户在一个特定的图层或图层组中进行工作，如图 1-17 所示。

★新功能 1.3.11 同步设置

在最新版的 Adobe Photoshop CC 中，当更新版本发布时，用户可以使用云端的同步设置功能来保持 Photoshop 版本同步。

图 1-17

★新功能 1.3.12 在 Behance 上分享

Adobe Creative Cloud 集成了 Behance 社区，可以让用户的灵感与成果得以及时分享。创作越多，分享越多，永无止境。

1.4 Photoshop CC 的安装与卸载

在使用 Photoshop CC 软件之前，首先需要安装软件，下面将详细介绍 Photoshop CC 的安装和卸载操作。

★实战 1.4.1 安装 Photoshop CC

实例门类	软件功能

Photoshop CC 安装过程较长。如果计算机中已经有其他版本的 Photoshop 软件，在进行新版本的安装前，不需要卸载其他版本，但需要将运行的 Photoshop 软件关闭。安装 Photoshop CC 的具体操作步骤如下。

Step 01 运行安装程序。打开 Photoshop CC 安装文件所在的文件夹，双击安装文件【Set-up.exe】图标，运行安装程序，如图 1-18 所示。

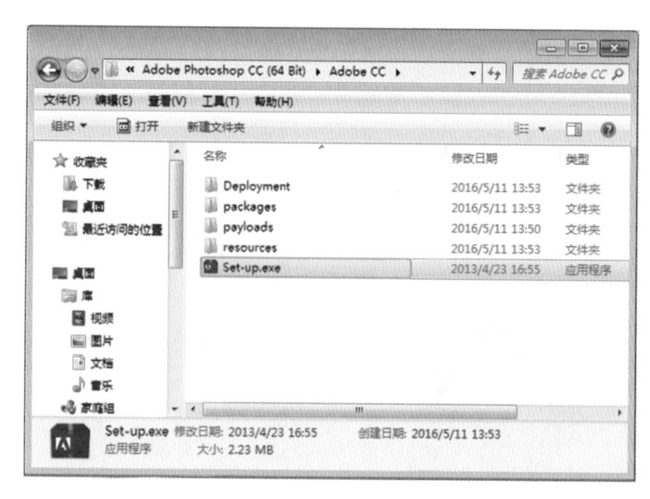

图 1-18

Step 02 选择【安装】选项。显示【欢迎】窗口，单击【安装】图标，如图 1-19 所示。

图 1-19

Step 03 选择接受许可协议。进入【Adobe 软件许可协议】窗口，单击【接受】按钮，如图 1-20 所示。

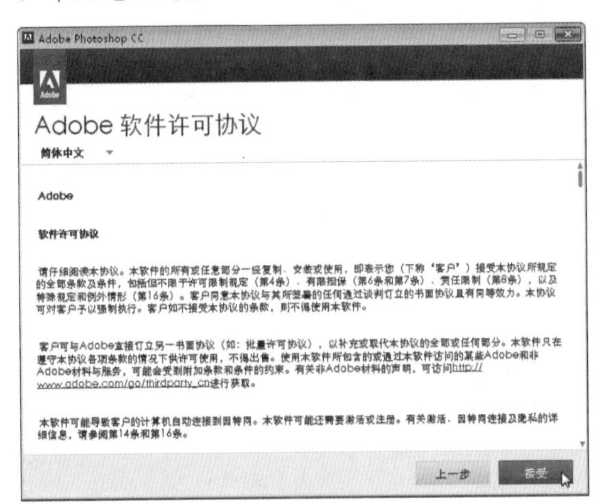

图 1-20

Step 04 输入产品序列号。在弹出的【序列号】窗口中，输入正确的序列号，单击【下一步】按钮，如图 1-21 所示。

技能拓展——什么是序列号

序列号是软件开发商给软件设置的一个识别码，与身份证号码类似，其作用是为了防止自己的软件被非授权的用户盗用。

Step 05 选择安装组件及安装位置。在弹出的【选项】窗口中，选择程序和安装位置，单击【安装】按钮，如图 1-22 所示。

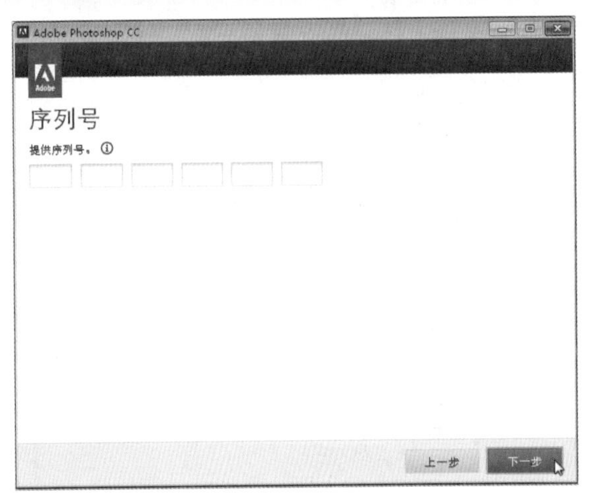

图 1-21

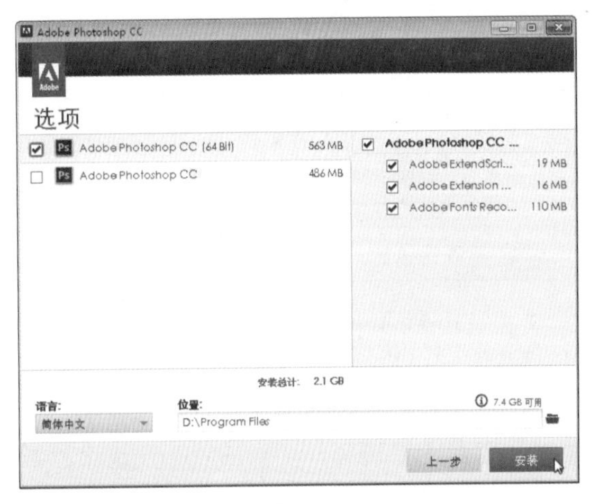

图 1-22

Step 06 开始自动安装。系统开始自动安装软件时，窗口中会显示安装进度条，安装过程需要较长时间，如图 1-23 所示。

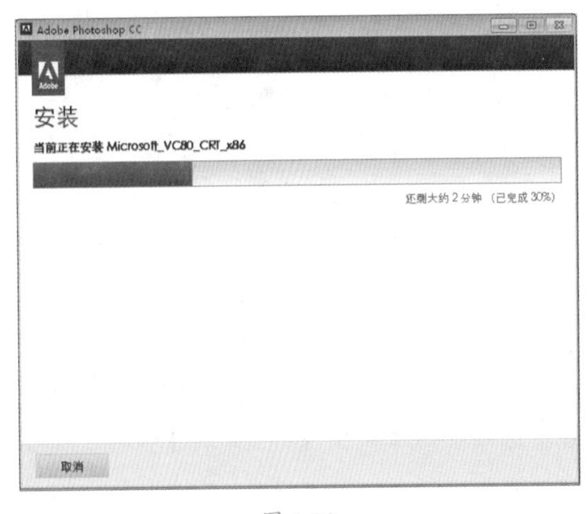

图 1-23

Step 07 完成软件安装。当安装完成时，弹出窗口中会提示此次安装完成。单击右下角的【关闭】按钮即可关闭窗口，如图 1-24 所示。

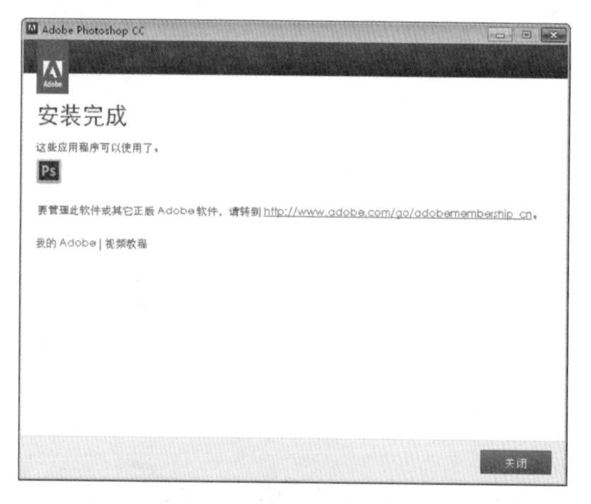

图 1-24

★实战 1.4.2 卸载 Photoshop CC

实例门类	软件功能

当不再使用 Photoshop CC 软件时，可以将其卸载，以节约硬盘空间，卸载软件需要使用 Windows 的卸载程序，具体操作步骤如下。

Step 01 双击【程序】图标。在 Windows 系统中打开【控制面板】窗口，然后双击【程序】图标，如图 1-25 所示。

图 1-25

Step 02 选择【卸载程序】。打开【程序】窗口，在【程序和功能】选项区域中单击【卸载程序】选项，如图 1-26 所示。

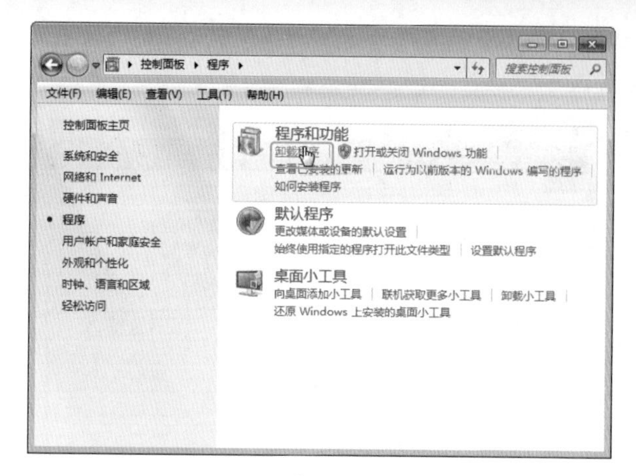

图 1-26

Step 03 选择要卸载的软件。在打开的【卸载或更改程序】界面中，双击【Adobe Photoshop CC】软件，如图 1-27 所示。

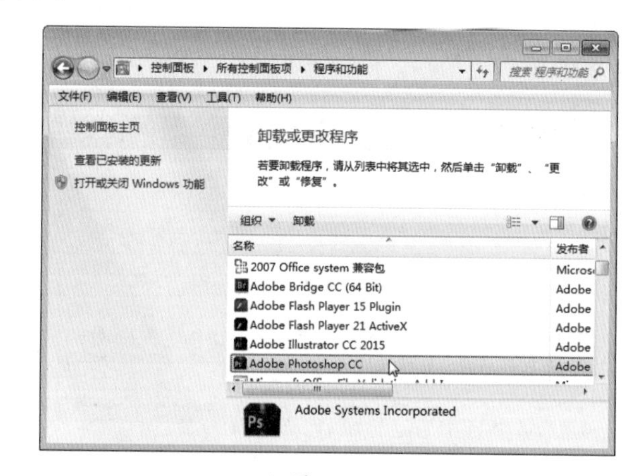

图 1-27

Step 04 执行【卸载】命令。弹出【卸载选项】界面，单击【卸载】按钮，如图 1-28 所示。

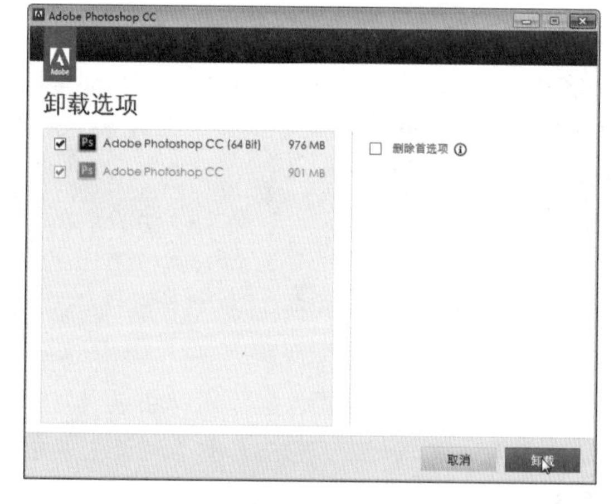

图 1-28

Step05 开始自动卸载。进入【卸载】界面，并显示卸载进度条，如图 1-29 所示。

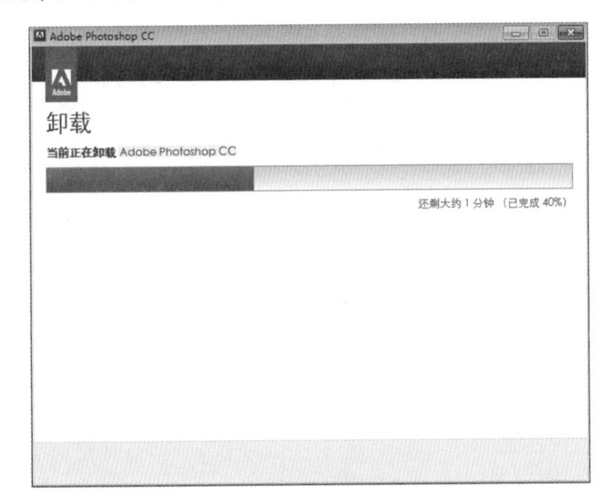

图 1-29

Step06 完成卸载。进入【卸载完成】界面，单击【关闭】按钮即可，如图 1-30 所示。

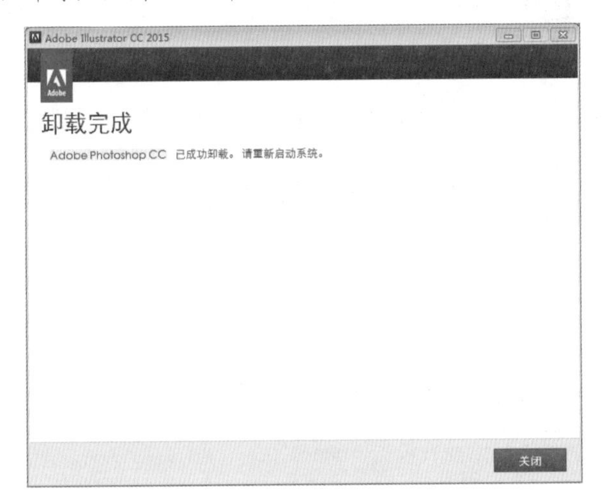

图 1-30

1.4.3 启动 Photoshop CC

完成 Photoshop CC 软件的安装后，接下来需要启动 Photoshop CC 软件。Photoshop CC 的启动方式有很多，可以根据自己的习惯来选择。下面介绍两种常用的启动方式。

（1）❶ 单击任务栏中【开始】按钮，❷ 在打开的程序列表中选择【所有程序】选项，如图 1-31 所示；❸ 在级联菜单中选择【Adobe Photoshop CC（64 Bit）】选项，如图 1-32 所示。

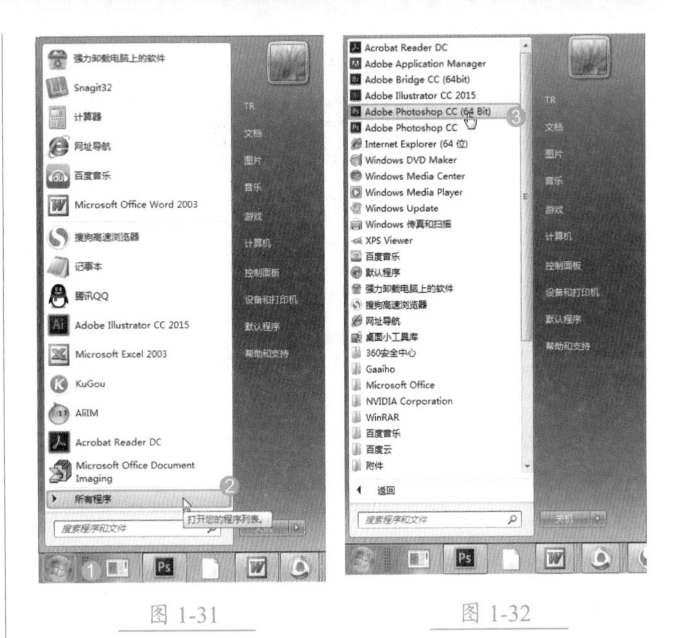

图 1-31　　图 1-32

（2）双击桌面上的【Adobe Photoshop CC】快捷图标，或者右击该图标，在弹出的快捷菜单中选择【打开】选项，均可启动 Photoshop CC 程序，如图 1-33 所示。

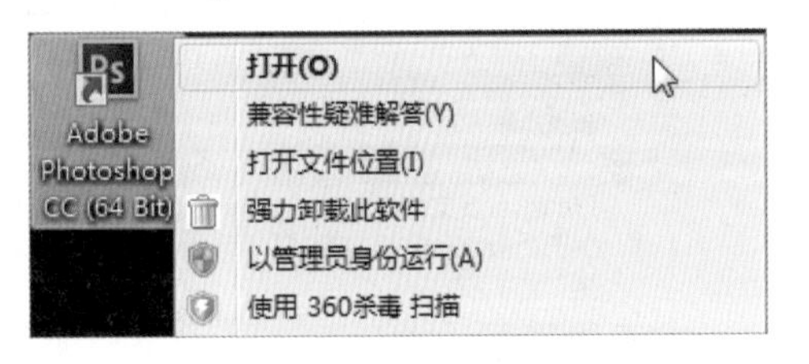

图 1-33

技能拓展——Photoshop 也可以通过打开文件来启动

在计算机的磁盘中，若有 Photoshop 程序默认的图像格式文件，如 *.PSD、*.PDD、*.PSDT，也可以双击这些图像文件启动 Photoshop 程序，并同时打开选择的图像文件。

1.4.4 退出 Photoshop CC

完成操作后，如果想退出 Photoshop CC 程序，共有 3 种方法，下面分别进行介绍。

（1）执行【文件】→【退出】命令，即可退出 Photoshop CC 程序。

（2）单击右上角的【关闭】按钮，也可以退出 Photoshop CC 程序，如图 1-34 所示。

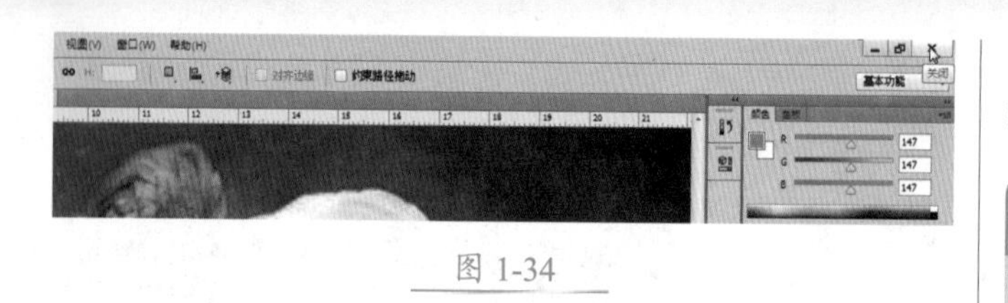

图 1-34

（3）按【Ctrl+Q】组合键可以快速退出 Photoshop CC 程序。

技术看板

退出 Photoshop CC 程序时，如果还有打开的文件，系统会提示用户是否保存文件。

1.5 Photoshop 帮助资源

运行 Photoshop 后，从【帮助】菜单中可以获得 Adobe 提供的各种 Photoshop 帮助资源和技术支持，下面进行详细的介绍。

1.5.1 Photoshop 帮助文件和支持中心

Adobe 提供了描述 Photoshop 软件功能的帮助文件，执行【帮助】→【Photoshop 联机帮助】命令，或者执行【帮助】→【Photoshop 支持中心】命令，链接到 Adobe 网站的帮助社区查看帮助文件，如图 1-35 所示。

图 1-35

Photoshop 帮助文件中提供了大量的视频教程链接地址，单击链接地址，就可以在线观看由 Adobe 专家录制的各种 Photoshop 功能的演示视频。

1.5.2 关于 Photoshop、法律声明和系统信息

在【帮助】菜单中介绍了关于 Photoshop 的有关信息、法律声明和系统信息，其具体内容如下。

1. 关于 Photoshop

执行【帮助】→【关于 Photoshop】命令，弹出 Photoshop 启动时的界面。界面中显示了 Photoshop 研发小组的人员名单和其他 Photoshop 有关信息，如图 1-36 所示。

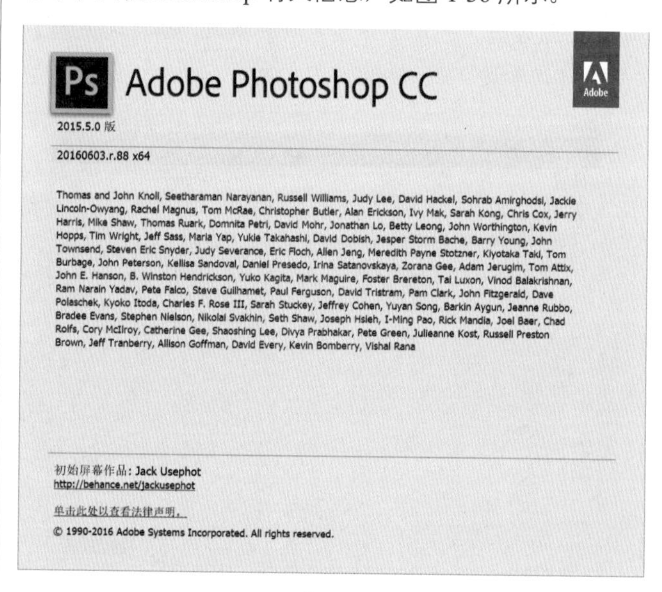

图 1-36

2. 法律声明

执行【帮助】→【法律声明】命令，在打开的【法律声明】对话框中查看 Photoshop 的专利和法律声明，如图 1-37 所示。

3. 系统信息

执行【帮助】→【系统信息】命令，可以打开【系统信息】对话框查看当前操作系统的各种信息，如显卡、内存，以及 Photoshop 占用的内存、安装序列号、安装的增效工具等内容，如图 1-38 所示。

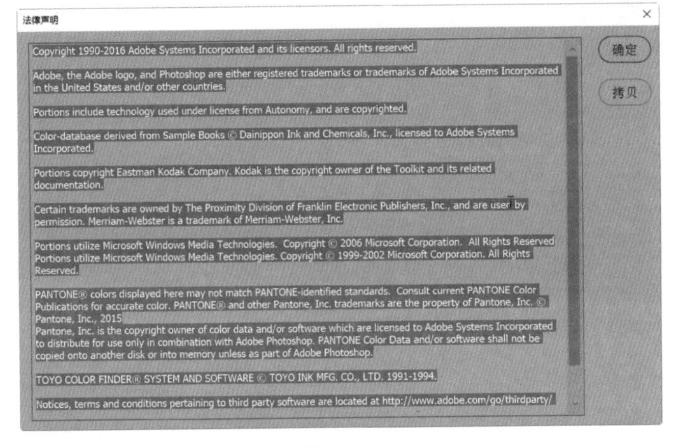

图 1-37

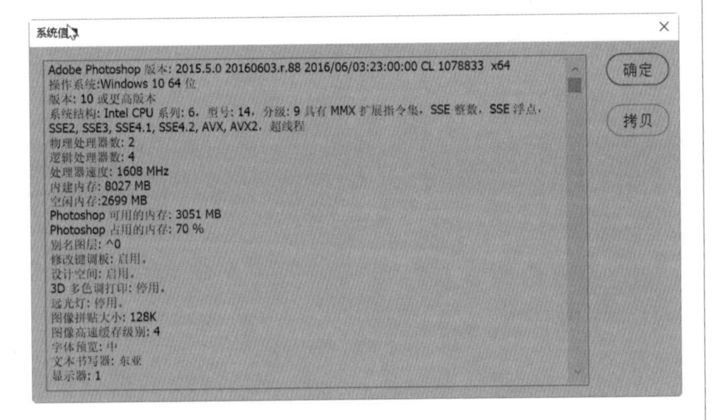

图 1-38

1.5.3 管理扩展和浏览加载项

新版 Adobe Photoshop CC 在启动加载速度上明显优于先前版本，提供更为丰富的在线扩展同步安装功能，用户可以选择【帮助】菜单中的【管理扩展】和【浏览加载项】选项在线安装一些扩展插件。但启用过多使用频率不高的扩展功能件加载，将延长启动加载时间及占用过多的系统资源，可以在项目设计的不同阶段，通过在线及本地离线两种方式，适时对该部分扩展加载项进行禁用、移除、加载管理，可有效解决上述启动延时及系统资源占用问题。

1.5.4 更新 Adobe ID 配置文件

注册 Adobe ID 后，执行【帮助】→【更新】命令，可以更新用户信息，链接 Adobe 网站，输入 Adobe ID 登录个人账户。使用 Adobe ID 还可以下载试用版、购买产品、管理订单以及，访问 Adobe Creative Cloud 和 Acrobat.com 等在线服务，或者加入 Adobe 在线社区。

1.5.5 Photoshop 联机和联机资源

执行【帮助】→【Photoshop 联机】命令，可以链接 Adobe 公司的网站，执行【帮助】→【Photoshop 联机资源】命令，可以链接 Adobe 公司的网站获得完整的联机帮助和资源。

本章小结

本章不仅介绍了 Photoshop CC 的简介和发展史，还介绍了 Photoshop CC 的应用领域和新增功能。同时详细讲述了 Photoshop CC 软件的安装与卸载、启动与退出、帮助资源应用等相关知识。重点内容为 Photoshop CC 的应用领域、新增功能、安装与卸载、启动与退出等，其中，安装、卸载、启动和退出 Photoshop CC 是进行 Photoshop CC 学习的基础操作。

第2章 Photoshop CC 的基本操作

- 工作界面太乱，如何找到需要的浮动面板？
- 图像不能完整显示在窗口，怎样看到完整图像？
- 同样的版本，软件界面为何存在差异？
- 在进行图像处理时，可以用哪些辅助工具提高处理的精准度？如何提高？
- 参考线颜色太淡，怎样看清楚？

在对 Photoshop CC 初步认识后，下面进行 Photoshop CC 基础知识的学习，通过本章内容的学习，不仅能获得上述问题的答案，还能为学好 Photoshop CC 打下良好的基础。

2.1 熟悉 Photoshop CC 的工作界面

在了解 Photoshop CC 的相关操作之前，需要先了解 Photoshop CC 的工作界面，这样才能在后续操作时做到得心应手。Photoshop CC 的工作界面非常简洁大方，下面将详细介绍。

2.1.1 工作界面的组成

Photoshop CC 的工作界面包含菜单栏、工具选项栏、文档窗口、状态栏及面板等组件，如图 2-1 所示。界面组成对象介绍如表 2-1 所示。

图 2-1

表 2-1 界面组成对象介绍

对象	介绍
❶ 菜单栏	包含可以执行的各种命令，单击菜单名称即可打开相应的菜单
❷ 工具选项栏	用于设置工具的各种选项，它会随着所选工具的不同而变换内容
❸ 文件选项卡	打开多个图像时，只在窗口中显示一个图像，其他图像则最小化到文件选项卡中，单击选项卡中的文件名便可显示相应的图像
❹ 工具箱	包含用于执行各种操作的工具，如创建选区、移动图像、绘画、绘图等
❺ 文档窗口	显示和编辑图像的区域
❻ 状态栏	可以显示文档大小、文档尺寸、文件图像的显示比例、保存进度等信息
❼ 浮动面板	可以帮助用户编辑图像。有的用于设置编辑内容，有的用于设置颜色属性

2.1.2 菜单栏

Photoshop CC 有 11 个主菜单，每个菜单内都包含一系列命令。选择某一个菜单就会弹出相应的菜单，通过选择菜单栏中的各项命令，使得在编辑过程中的操作更加便捷。各个菜单的主要作用如表 2-2 所示。

表 2-2 菜单的主要作用

菜单	作用介绍
文件	单击【文件】菜单时，在弹出的下级菜单中可以执行新建、打开、存储、关闭、置入、打印等一系列针对文件的命令
编辑	【编辑】菜单中的各命令主要用于编辑图像，包括还原、剪切、复制、粘贴、填充、变换、定义图案等
图像	【图像】菜单中的各命令主要用于对图像模式、颜色、大小等进行调整和设置
图层	【图层】菜单中的命令主要针对图层做相应的操作，如新建图层、复制图层、蒙版图层、文字图层等
文字	【文字】菜单中的命令主要用于对文字对象进行编辑和处理，包括文字面板、取向、文字变形、栅格化文字等
选择	【选择】菜单中的命令主要针对选区进行操作，可对选区进行反向、修改、变换、扩大、载入选区等操作。这些命令结合选区工具，更便于对选区的操作

续表

菜单	作用介绍
滤镜	通过【滤镜】菜单可以为图像设置各种不同的特殊效果，在制作特效方面，这些滤镜命令更是不可或缺的
3D	【3D】菜单中的命令可以对 3D 图像进行创建、编辑、渲染、打印等操作
视图	【视图】菜单中的命令可以对整个视图进行调整和设置，包括缩放视图、改变屏幕模式、显示标尺、设置参考线等
窗口	【窗口】菜单中的命令主要用于控制 Photoshop CC 工作界面中工具箱和各个面板的显示与隐藏
帮助	【帮助】菜单中提供了使用 Photoshop CC 的各种帮助信息。在使用 Photoshop CC 的过程中若遇到问题，可以查看该菜单，及时了解各种命令、工具和功能的使用

技术看板

如果菜单命令为浅灰色，则表示该命令目前处于不能选择状态。如果菜单命令右侧有一个▸标记，则表示该命令下还包含了一个子菜单。如果菜单命令后有“…”标记，则表示选择该命令可以打开对话框。如果菜单命令右侧有字母组合，则表示字母组合就是该命令的快捷键。如图 2-2 所示。

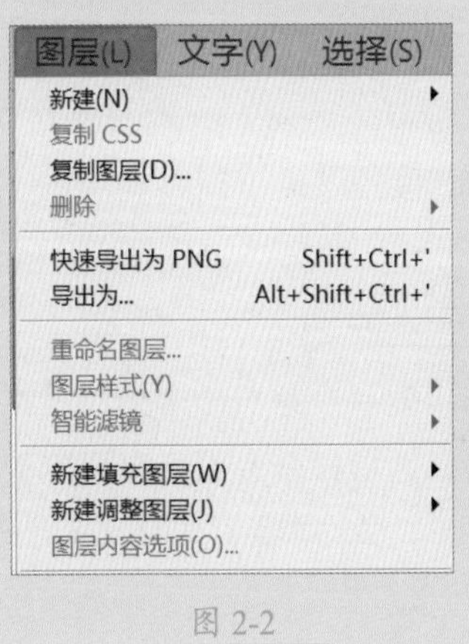

图 2-2

2.1.3 工具箱

工具箱将 Photoshop CC 的功能以图标形式聚集在一起，从工具的形态就可以了解该工具的功能，如图 2-3 所示，在键盘上按相应的快捷键，即可从工具箱中自动选择相应的工具。右击工具图标，或者单击工具箱中的按钮并稍作停留，即可显示其他相似功能的隐藏工具。将鼠标指针停留在该工具上，相应工具的名称将出现在鼠标指针下面的工具提示中。

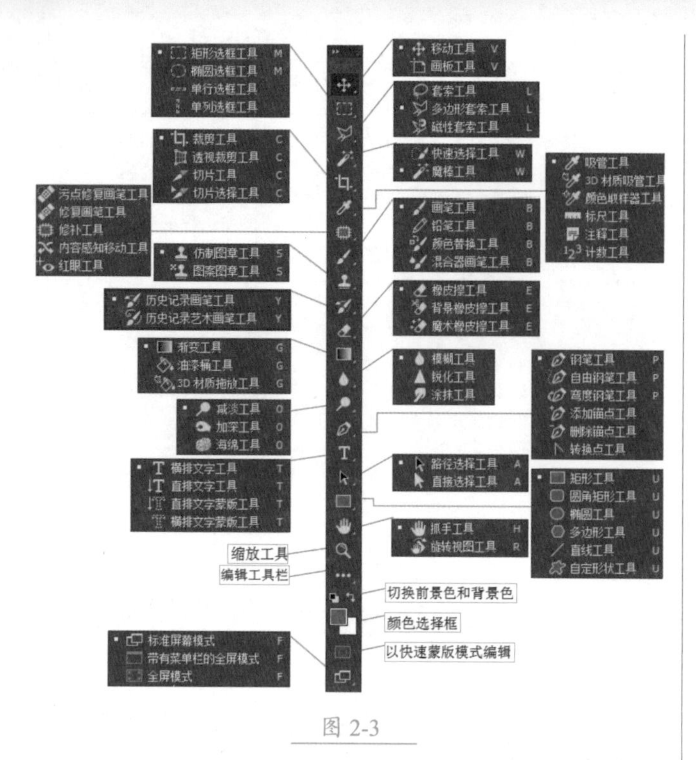

图 2-3

技术看板

在 Photoshop CC 的工具箱中，常用的工具都有相应的快捷键，用户可以通过按快捷键来选择工具。如果需要查看快捷键，可将鼠标指针移动至该工具上并稍作停留，就会出现工具名称和快捷键信息。

2.1.4 工具选项栏

工具选项栏位于菜单栏的下方，当在工具箱中选择了某个工具时，选项栏就会显示出相应的属性和控制参数，并且在外观上也会随着工具的改变而变化。

例如，选择【套索工具】，其选项栏如图 2-4 所示。

图 2-4

1. 隐藏 / 显示工具选项栏

执行【窗口】→【选项】命令，可以隐藏或显示工具选项栏。

2. 移动工具选项栏

单击并拖动工具选项栏最左侧的图标，可以将它从停放中拖出，成为浮动的工具选项栏。将其拖回菜单栏下面，当出现蓝色条时释放鼠标，则可将其复位。

3. 创建和使用工具预设

在工具选项栏中，单击工具图标右侧的按钮，可以打开一个下拉面板，面板中包含了各种工具预设。例如，使用【画笔工具】时，在选项栏中可以选择画笔类别。

在工具箱中选择一个工具，然后在工具选项栏中设置工具的选项，单击工具下拉面板中的【创建新的工具预设】按钮，可在当前设置的工具选项中创建一个新的工具预设，如图 2-5 所示。

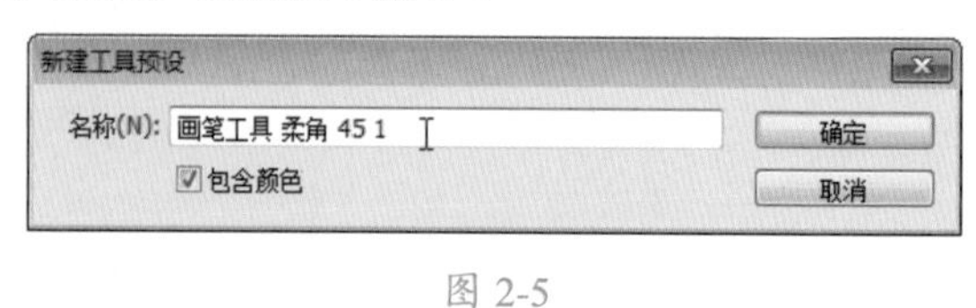

图 2-5

在工具下拉面板中选中【仅限当前工具】复选框时，只显示工具箱中所选工具的各种预设，如图 2-6 所示；取消选中此复选框时，会显示所有工具的预设，如图 2-7 所示。

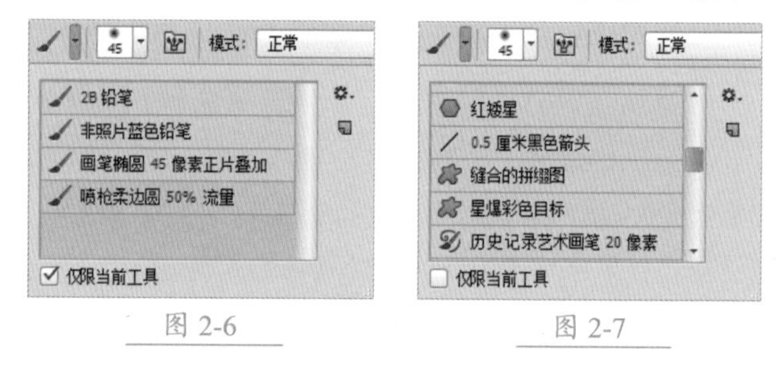

图 2-6　　图 2-7

4. 工具预设面板

执行【窗口】→【工具预设】命令，可以打开【工具预设】面板，【工具预设】面板用来存储工具的各项设置，载入、编辑和创建工具预设库，它与工具选项栏中的工具预设下拉面板的用途基本相同。

单击面板中的一个预设工具即可选择并使用该预设，单击面板中的【创建新的工具预设】按钮，可以将当前工具的设置状态保存为一个新的预设。选中一个工具预设后，单击【删除工具预设】按钮，即可将其删除，如图 2-8 所示。

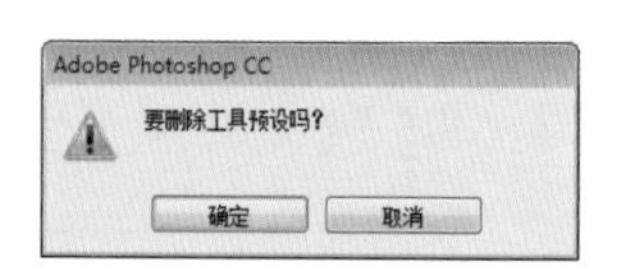

图 2-8

再次执行【窗口】→【工具预设】命令，即可关闭【工具预设】面板。

2.1.5 文档窗口

在 Photoshop 中打开一个图像时，便会创建一个文档窗口。如果打开了多个图像，则各个文档窗口会以选项卡的形式显示。单击一个文档的名称，即可将其设置为当前操作的窗口，如图 2-9 所示。

图 2-9

单击一个窗口的标题栏并将其从选项卡中拖出，它便成为可以任意移动位置的浮动窗口（拖动标题栏可进行移动）。拖动浮动窗口的一个边角，可以调整窗口的大小，如图 2-10 所示。

图 2-10

2.1.6 状态栏

状态栏位于文档窗口底部，它可以显示文档窗口的缩放比例、文档大小、当前使用的工具信息。单击状态栏中的 › 按钮，可在打开的菜单中选择状态栏显示内容，如图 2-11 所示。状态栏命令作用及含义如表 2-3 所示。

图 2-11

表 2-3 状态栏命令作用及含义

命令	作用及含义
Adobe Drive	显示文档的 Version Cue 工作组状态。Adobe Drive 使用户能连接到 Version Cue CS5 服务器。连接后，可以在 Windows 资源管理器或 MacOS Finder 中查看服务器的项目文件
文档大小	显示有关图像中数据量的信息。选择该选项后，状态栏中会出现两组数字，左侧的数字显示了拼合图层并存储文件后的大小，右侧的数字显示了包含图层和通道的近似大小
文档配置文件	显示图像所有使用的颜色配置文件的名称
文档尺寸	显示图像的尺寸大小
测量比例	显示文档的像素缩放比例
暂存盘大小	显示有关处理图像的内存和 Photoshop 暂存盘的信息。选择该选项后，状态栏中会出现两组数字，左侧的数字表示程序用于显示所有打开图像的内存量，右侧的数字表示用于处理图像的总内存量。如果左侧的数字大于右侧的数字，Photoshop 将启用暂存盘作为虚拟内存
效率	显示执行操作实际花费时间的百分比。当效率为 100% 时，表示当前处理的图像在内存中生成；如果该值低于 100%，则表示 Photoshop 正在使用暂存盘，操作速度也会变慢
计时	显示完成上一次操作所用的时间
当前工具	显示当前使用的工具名称
32 位曝光	用于调整预览图像，以便在计算机显示器上查看 32 位 / 通道高动态范围（HDR）图像的选项。只有文档窗口显示 HDR 图像时，该选项才可用
存储进度	保存文件时，显示存储进度
智能对象	识别当前文件是否为智能对象文件
图层计数	统计文档中的图层个数

2.1.7 浮动面板

实例门类	软件功能

面板用于设置颜色、工具参数，以及执行编辑命令。Photoshop 中包含 20 多个面板，在【窗口】菜单中可以选择需要的面板将其打开。默认情况下，面板以选项卡的形式成组出现，并停靠在窗口右侧，用户可根据需要打开、关闭或自由组合面板。

1. 选择和移动面板

在选项卡中，单击面板名称，即可选中面板。将鼠标指针移动到面板名称上，拖动鼠标即可移动面板。

2. 拆分面板

拆分面板的操作很简单，具体操作步骤如下。

Step 01 定位并拖动面板。按住鼠标左键选中对应的图标或标签，将其拖至工作区中的空白位置，如图 2-12 所示。

图 2-12

Step 02 完成面板拆分。释放鼠标左键，即可完成对面板的拆分操作，如图 2-13 所示。

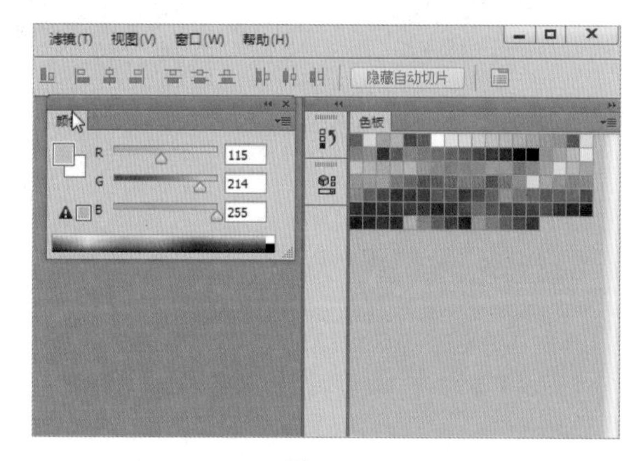

图 2-13

3. 组合面板

组合面板可以将两个或多个面板合并到一个面板中，当需要调用其中某个面板时，只需单击其标签名称即可。组合面板的具体操作步骤如下。

Step 01 定位并拖动面板。按住鼠标左键拖动位于外部的面板标签至需要的位置，直至该位置出现蓝色反光，如图 2-14 所示。

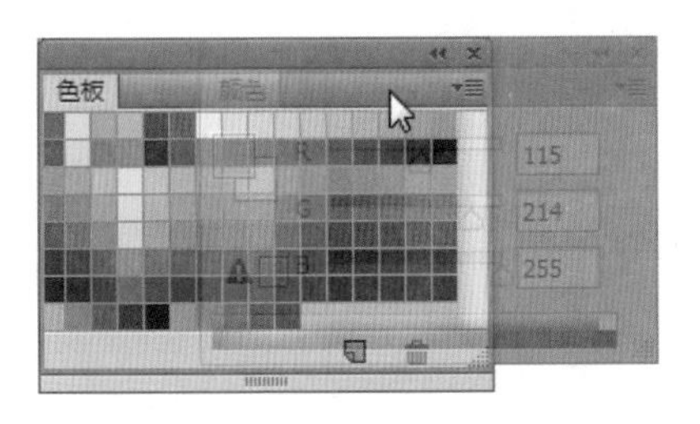

图 2-14

Step 02 完成面板合并。释放鼠标左键，即可完成对面板的合并操作，如图 2-15 所示。

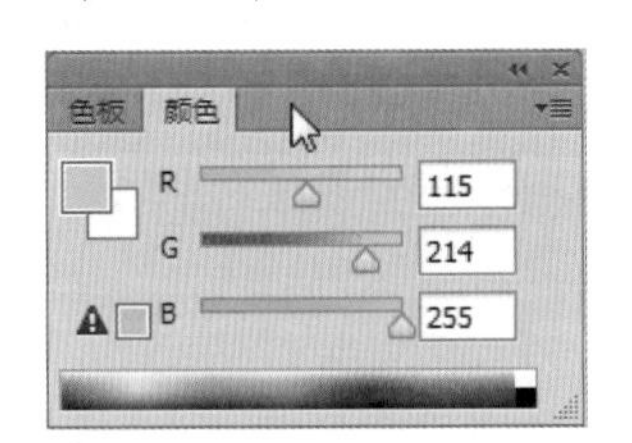

图 2-15

4. 展开 / 折叠面板

单击◀◀图标可以展开面板，如图 2-16 所示。单击面板右上角的▶▶按钮，可将面板折叠为图标状态，如图 2-17 所示。

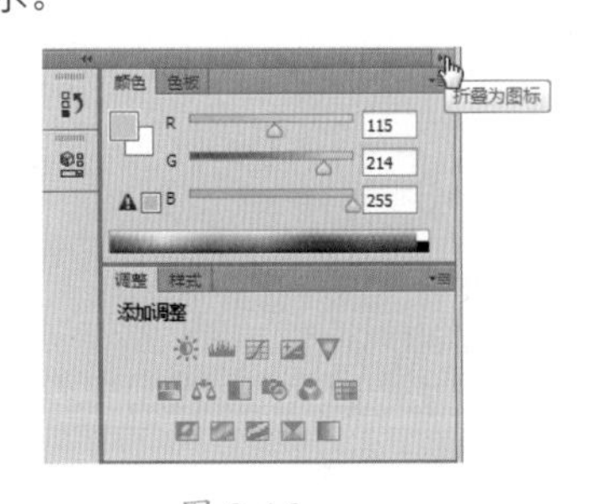

图 2-16

图 2-17

5. 链接面板

将鼠标指针移动到面板标题栏，将其拖到另一个面板下方，出现蓝色反光时释放鼠标，即可链接面板，如图 2-18 所示。链接面板可以同时移动或折叠。

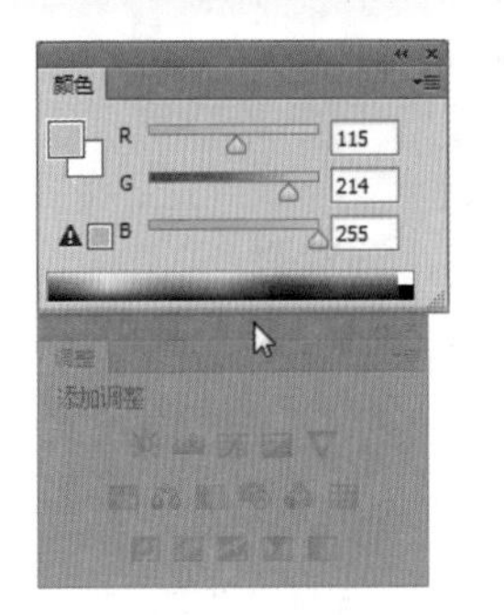

图 2-18

6. 调整面板大小

将鼠标指针指向面板的边缘，当指针变成双箭头时，按住鼠标左键拖动面板，即可调整面板大小，如图 2-19 所示。

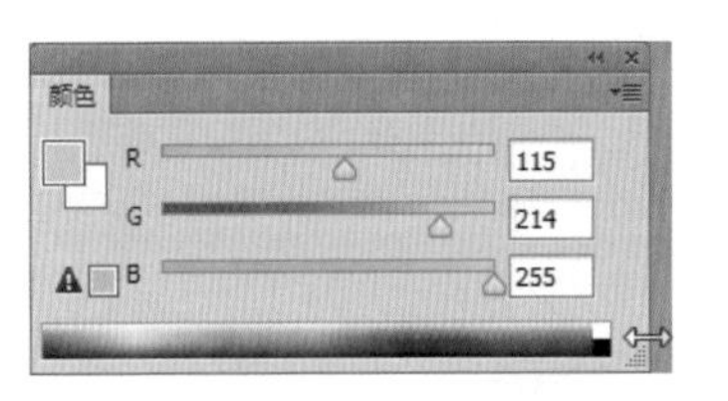

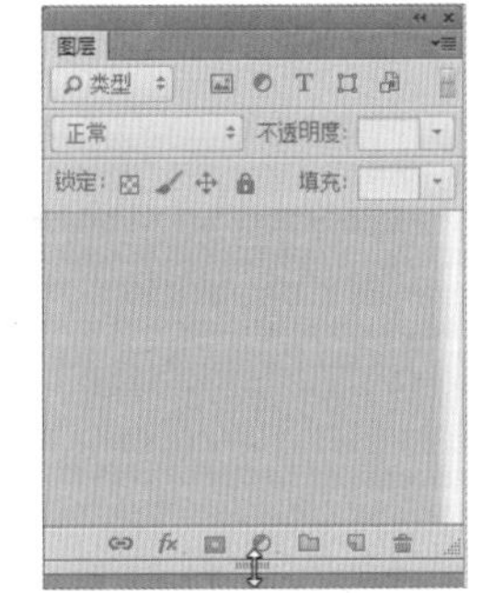

图 2-19

7. 面板菜单

在 Photoshop 中，单击任何一个面板右上角的扩展按钮，均可弹出面板的命令菜单，菜单中包括大部分与面板相关的命令。

例如，【颜色】面板菜单如图 2-20 所示。【通道】面板菜单如图 2-21 所示。

图 2-20

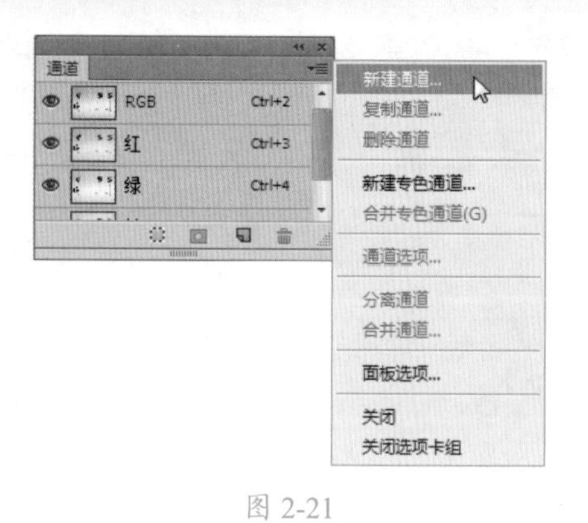

图 2-21

8. 关闭面板

右击面板的标题栏，可以打开面板快捷菜单，选择【关闭】命令，可以关闭该面板。选择【关闭选项卡组】命令，可以关闭该面板组，如图 2-22 所示。对于浮动面板，可单击浮动面板右上角的 按钮将其关闭，如图 2-23 所示。

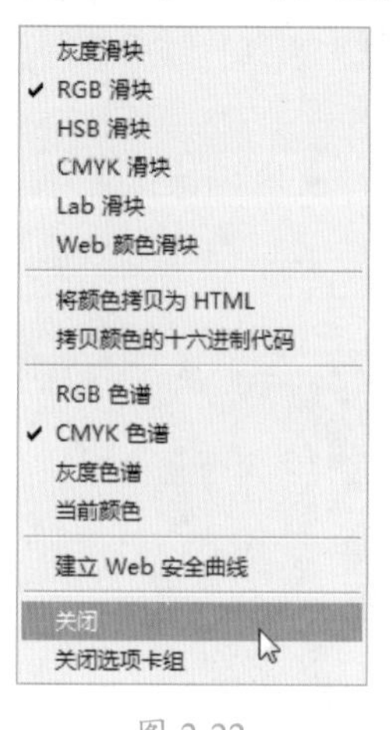

图 2-22

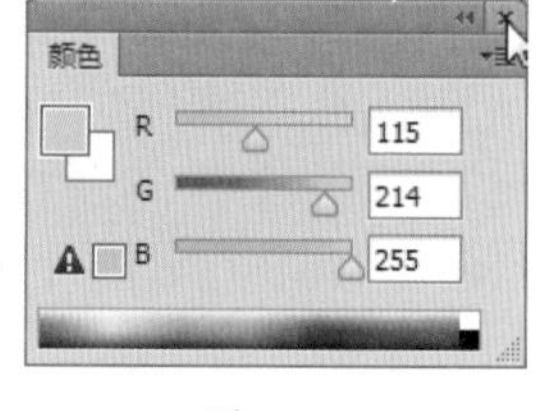

图 2-23

2.2 设置与自定义 Photoshop 工作区

在 Photoshop 的工作界面中，文档窗口、工具箱、菜单栏和面板的排列方式称为工作区。Photoshop 提供了多种预设工作区。例如，如果要编辑数码照片，可以使用【摄影】工作区，界面中就会显示与图片修饰相关的面板。用户也可以创建自定义工作区。

★重点 2.2.1 使用预设工作区

Photoshop 为简化某些任务专门为用户设计了几种预设的工作区，其中，【3D】【图形和 Web】【动感】【绘画】【摄影】等是针对相应任务的工作区，【基本功能（默认）】是最基本的、没有进行特别设计的工作区。

执行【窗口】→【工作区】命令，可以切换至 Photoshop 提供的预设工作区，如绘制插画，可以选择【绘画】工作区，此时界面中就会显示与插画相关的面板，如图 2-24 和图 2-25 所示。

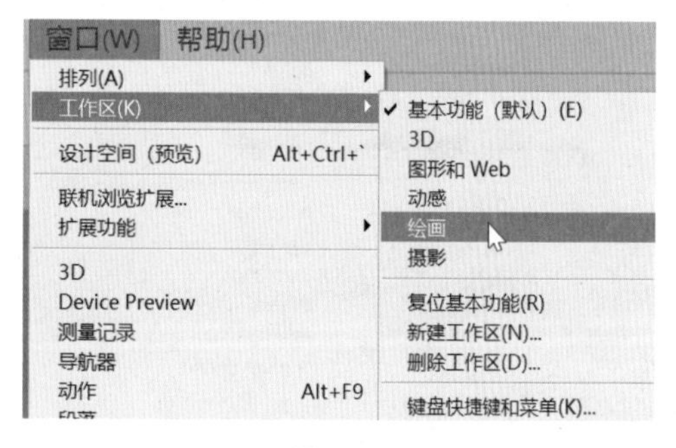

图 2-24

图 2-25

2.2.2 创建自定义工作区

创建自定义工作区可以将自己经常使用的面板组合在一起，简化工作界面，从而提高工作效率，具体操作步骤如下。

Step 01 调整并组合面板。在【窗口】菜单中将需要的面板打开，不需要的面板关闭，再将打开的面板分类组合，如图 2-26 所示。

图 2-26

Step 02 保存新工作区。执行【窗口】→【工作区】→【新建工作区】命令，❶ 在打开的对话框中输入工作区的名称，❷ 单击【存储】按钮保存工作区，如图 2-27 所示。

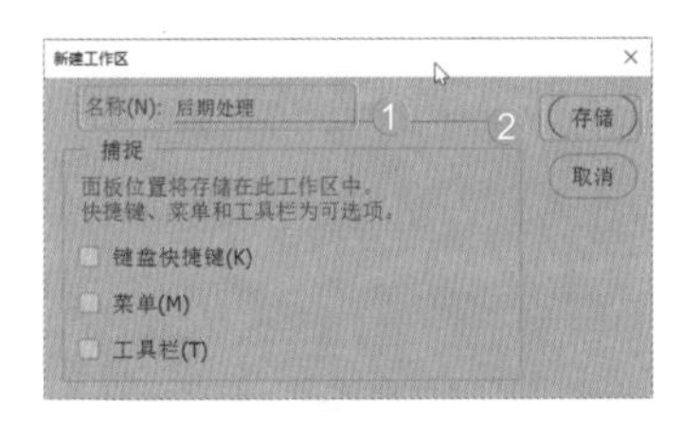

图 2-27

Step 03 查看已保存的工作区。执行【窗口】→【工作区】命令，可在菜单中看到前面所创建的工作区，选择它即可切换为该工作区，如图 2-28 所示。

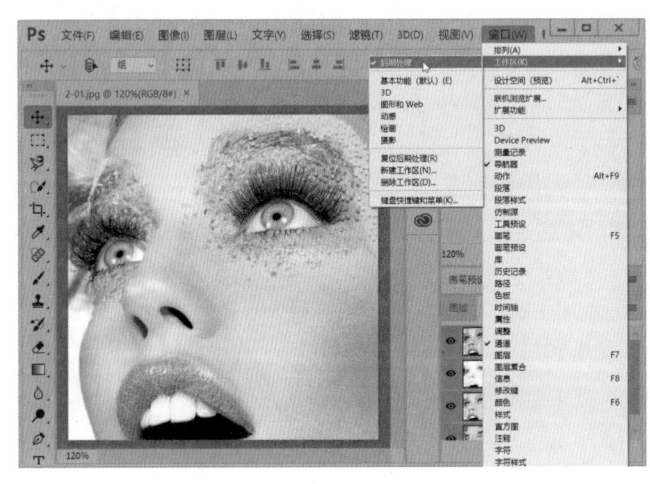

图 2-28

> **技术看板**
>
> 如果要删除自定义的工作区，可以选择菜单中的【删除工作区】命令。

2.2.3 自定义工具快捷键

自定义工具快捷键，可以将使用频率高的工具定义为快捷键，从而提高工作效率，具体操作步骤如下。

Step 01 打开【键盘快捷键和菜单】对话框。执行【编辑】→【键盘快捷键】命令，或者执行【窗口】→【工作区】→【键盘快捷键和菜单】命令，打开【键盘快捷键和菜单】对话框。

Step 02 设置快捷键。❶ 在【快捷键用于】下拉列表中选择【工具】选项，❷ 可根据自己的需要修改每个工具的快捷键，❸ 单击【接受】按钮即可，如图 2-29 所示。

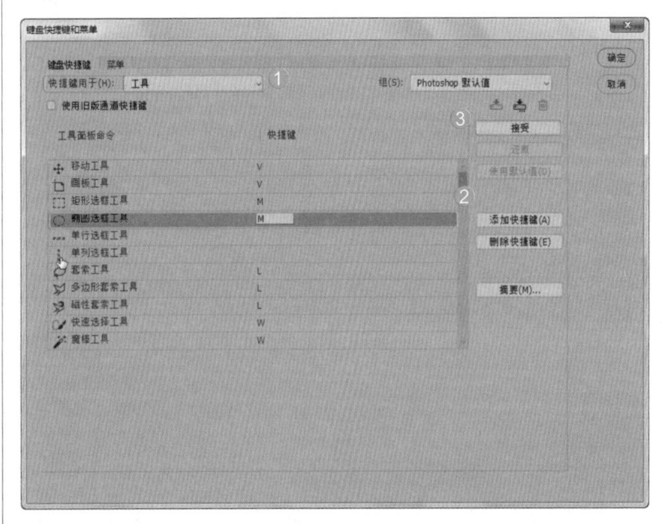

图 2-29

2.2.4 自定义彩色菜单命令

用户可以将常用菜单命令定义为彩色，以便需要时快速找到它们。自定义彩色菜单命令的具体操作步骤如下。

Step 01 设置菜单颜色。执行【编辑】→【菜单】命令，打开【键盘快捷键和菜单】对话框，❶ 单击【滤镜】命令前面的 ▶ 按钮，展开该菜单，选择【滤镜库】命令，❷ 在打开的下拉列表中选择【绿色】选项，❸ 单击【确定】按钮，如图 2-30 所示。

Step 02 查看菜单颜色。执行【滤镜】→【滤镜库】命令，在打开的菜单中，可以看到【滤镜库】命令已经显示为绿色，如图 2-31 所示。

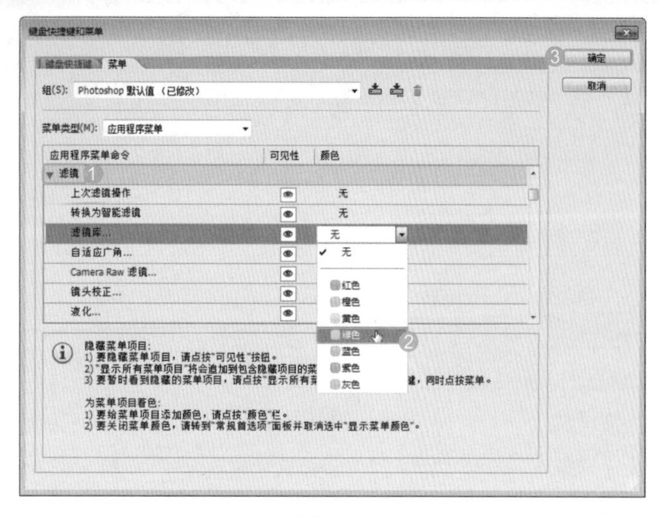
图 2-30

图 2-31

技能拓展——恢复默认参数设置

修改菜单颜色、菜单命令或工具的快捷键后，如果想要恢复为系统默认的快捷键，可在【组】下拉列表中选择【Photoshop 默认值】命令。

2.3 图像的查看方法

查看图像时，通常需要改变图像的显示比例、移动画面的显示区域，以便更好地观察和处理图像。Photoshop CC 提供了多种屏幕模式，包括【缩放工具】、【抓手工具】、【导航器】面板及各种缩放窗口的命令。熟练掌握这些工具可以更好地对图像进行观察、处理。

★重点 2.3.1 切换不同的屏幕模式

单击工具箱底部的【更改屏幕模式】按钮，可以显示一组用于切换屏幕模式的按钮，包括【标准屏幕模式】、【带有菜单栏的全屏模式】、【全屏模式】。

1. 标准屏幕模式

【标准屏幕模式】是默认的屏幕模式，在该模式下，可显示菜单栏、标题栏、滚动条和其他屏幕元素，如图2-32 所示。

图 2-32

2. 带有菜单栏的全屏模式

在【带有菜单栏的全屏模式】下，显示有菜单栏和 50% 灰色背景的全屏窗口，如图 2-33 所示。

图 2-33

3. 全屏模式

在【全屏模式】下，显示只有黑色背景，无标题栏、菜单栏和滚动条的全屏窗口，如图 2-34 所示。

图 2-34

技术看板

按【F】键可在各个屏幕模式间切换；按【Tab】键可以隐藏 / 显示工具箱、面板和工具选项栏；按【Shift+Tab】组合键可以隐藏 / 显示面板；按【Esc】键可退出全屏模式。

2.3.2 文档窗口排列方式

如果打开了多个文档，执行【窗口】→【排列】命令，弹出的子菜单中的命令可以控制各个文档窗口的排列方式。具体的排列方式如下。

• 层叠：从屏幕的左上角到右下角以堆叠和层叠的方式显示未停放的窗口，如图 2-35 所示。

图 2-35

• 平铺：以边靠边的方式显示窗口，如图 2-36 所示，关闭一个图像时，其他窗口会自动调整大小，以填满可用的空间。

图 2-36

• 在窗口中浮动：允许图像自由浮动（可拖动标题栏移动窗口），如图 2-37 所示。

图 2-37

• 使所有内容在窗口中浮动：使所有文档窗口都浮动，如图 2-38 所示。

图 2-38

• 将所有内容合并到选项卡中：全屏显示一个图像，其他图像最小化到选项卡中，如图 2-39 所示。

图 2-39

• 匹配缩放：将所有窗口都匹配到与当前窗口相同的缩放比例。例如，当前窗口的缩放比例为 66.67%，另外的窗口的缩放比例为 100%，则执行该命令后，该窗口显示比例也会调整为 66.67 %，如图 2-40 所示。

图 2-40

• 匹配旋转：将所有窗口中画布的旋转角度都匹配到与当前窗口相同。

• 全部匹配：将所有窗口中的缩放比例、图像的显示位置、画布旋转角度与当前窗口匹配。

技术看板

打开多个文档后，可以执行【窗口】→【排列】命令，在弹出的菜单中选择文档窗口的排列方式，如全部垂直、水平拼贴，双联垂直、水平排列，三联垂直、水平、堆积排列，以及四联、六联排列等。

• 为文件名新建窗口：新建一个窗口，新窗口的名称会显示在【窗口】菜单的底部。

2.3.3 实战：使用【旋转视图工具】旋转画布

实例门类	软件功能

【旋转视图工具】可以在不破坏图像的情况下旋转画布视图，使图像编辑变得更加方便。其选项栏如图 2-41 所示，相关选项作用及含义如表 2-4 所示。

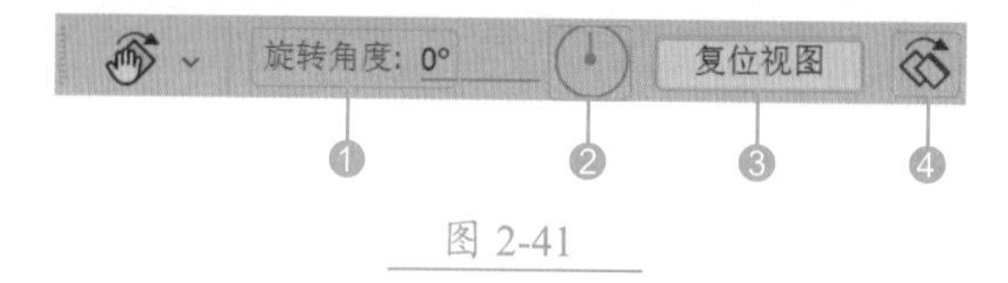

图 2-41

表 2-4　选项作用及含义

选项	作用及含义
❶ 旋转角度	在【旋转角度】后面的文本框中输入角度值，可以精确地旋转画布
❷ 设置视图的旋转角度	单击该按钮或旋转按钮上的指针，可以根据时针刻度直观地旋转视图
❸ 复位视图	单击该按钮或按【Esc】键，可以将画布恢复到原始角度
❹ 旋转所有窗口	选中该复选框后，如果用户打开了多个图像文件，可以以相同的角度同时旋转所有文件的视图

具体操作步骤如下。

Step 01 打开素材并选择旋转视图工具。打开“素材文件\第 2 章\孔雀 .jpg”文件，选择工具箱中的【旋转视图工具】，或者按【R】键快速选择该工具，如图 2-42 所示。

图 2-42

Step 02 旋转画布。在图像中单击会出现一个红色罗盘，红色指针指向上方，在其上单击并拖动鼠标即可旋转画布，如图 2-43 所示。

图 2-43

★重点 2.3.4 实战：使用【缩放工具】调整图像视图大小

实例门类	软件功能

【缩放工具】可以调整图像视图大小，其选项栏如图 2-44 所示，相关选项作用及含义如表 2-5 所示。

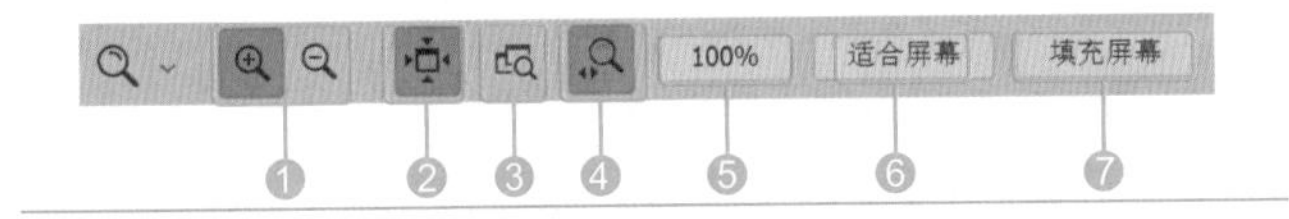

图 2-44

表 2-5　选项作用及含义

选项	作用及含义
① 放大/缩小按钮	单击按钮后，单击图像可放大视图；单击按钮后，单击图像可以缩小视图
② 调整窗口大小以满屏显示	选择该项，则在缩放图像时，图像的窗口大小也会随着图像的缩放而自动缩放。注意，窗口必须处于浮动排列状态才有效
③ 缩放所有打开的文档窗口	选择该项，则在缩放某图像窗口时，打开的其他图像窗口也会跟着同步缩放
④ 细微缩放	选择该项后，在图像中向左拖动鼠标可以连续缩小图像，向右拖动鼠标可以连续放大图像。要进行连续缩放，视频卡必须支持 OpenGL，且必须在【常规】首选项中选中【带动画效果的缩放】

续表

选项	作用及含义
⑤ 100%	单击该按钮，可以让图像以实际像素大小（100%）显示
⑥ 适合屏幕	单击该按钮，可以依据工作窗口的大小自动选择合适的缩放比例显示图像
⑦ 填充屏幕	单击该按钮，可以依据工作窗口的大小自动缩放视图大小，并填满工作窗口

具体操作步骤如下。

Step 01 打开素材并放大视图。打开“素材文件\第 2 章\气球.jpg”文件，选择【缩放工具】后，在该工具的选项栏中单击【放大】按钮，然后在图像窗口中单击鼠标图像即可放大视图，如图 2-45 所示。

图 2-45

Step 02 缩小视图。在选项栏中单击【缩小】按钮，或者在【放大】工具状态下按住【Alt】键，即可转换为【缩小】工具样式，单击图像可以缩小视图，如图 2-46 所示。

图 2-46

> **技术看板**
>
> 按【Ctrl+ +】组合键可以快速放大图像。按【Ctrl+ -】组合键可以快速缩小图像。另外，在选择【缩放工具】后，也可以在图像窗口中右击，在弹出的快捷菜单中选择缩放方式，如图 2-47 所示。
>
> 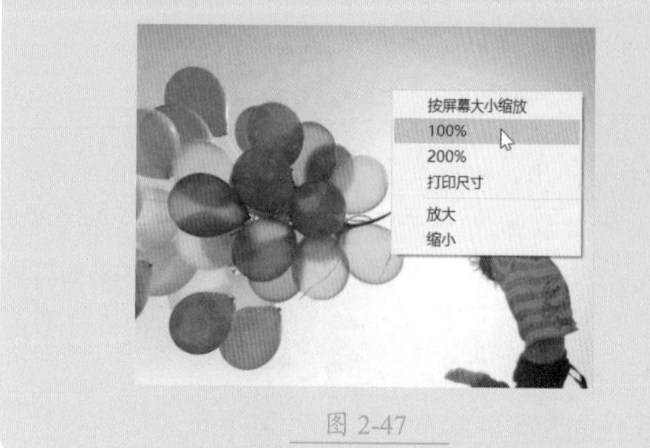
>
>
> 图 2-47

2.3.5 认识【视图】菜单中的缩放命令

在 Photoshop CC 的【视图】菜单中，也为用户提供了常用的图像视图缩放命令，如图 2-48 所示。

图 2-48

- 执行【视图】→【放大】命令，可以放大窗口的显示比例；执行【视图】→【缩小】命令，可以缩小窗口的显示比例。
- 执行【视图】→【按屏幕大小缩放】命令或按【Ctrl+0】组合键，可自动调整图像的比例，使之能够完整地在窗口中显示。
- 执行【视图】→【100%】命令或按【Ctrl+1】组合键，图像会按照 100% 的比例显示。
- 执行【视图】→【200%】命令，图像会按照 200% 的比例显示。
- 执行【视图】→【打印尺寸】命令，图像会按照实际的打印尺寸显示。

> **技术看板**
>
> 打印尺寸显示时，仅用作参考，不能作为最终输出样本。

★重点 2.3.6 实战：使用【抓手工具】移动视图

实例门类	软件功能

当图像显示的大小超过当前画布大小时，窗口就不能显示所有的图像内容，这时除了通过拖动窗口中的滚动条来查看内容外，还可以通过【抓手工具】来查看内容，其选项栏如图 2-49 所示。

100% 适合屏幕 填充屏幕

图 2-49

如果同时打开多个图像文件，单击【滚动所有窗口】按钮，移动视图时将对所有不能完整显示图像的窗口起作用。

具体操作步骤如下。

Step 01 放大和移动图像。打开“素材文件\第 2 章\小孩 .jpg”文件，选择【抓手工具】，按住【Ctrl】键并单击可以放大视图，直到有滚动条出现，然后再按住鼠标左键不放拖动即可移动不同的图像区域，如图 2-50 所示。

图 2-50

Step 02 选择图像显示模式。在选项栏中，可根据需要单击视图显示方式，如【100%】【适合屏幕】【填充屏幕】，如图 2-51 所示。

图 2-51

技术看板

按住【Ctrl】键或【Alt】键上下拖动鼠标，可以缓慢缩放视图；按住【Ctrl】键或【Alt】键左右拖动鼠标，可以快速缩放视图。

双击【抓手工具】，将自动调整图像大小以适合屏幕的显示范围。在使用其他工具编辑图像时，按住【Space】键就可以切换到【抓手工具】。

2.3.7 使用【导航器】查看图像

【导航器】面板可以定位查看区域。在该面板中，主要包含图像缩览图和各种窗口缩放工具，如图 2-52 所示，相关选项作用及含义如表 2-6 所示。

图 2-52

表 2-6　选项作用及含义

选项	作用及含义
❶ 缩放预览区域	当窗口中不能显示完整图像时，将指针移动到预览区域，指针会变成形状，单击并拖动鼠标可以移动画面，预览区域的图像会位于文档窗口的中心
❷ 缩放比例	在【缩放比例】文本框中显示了窗口的比例，在文本框中输入数值并按【Enter】键可以缩放窗口
❸ 缩小按钮	单击【缩小】按钮，可以缩小窗口的显示比例
❹ 缩放滑块	左右拖动缩放滑块，可以放大或缩小窗口
❺ 放大按钮	单击【放大】按钮，可以放大窗口的显示比例

在【导航器】的【缩放预览】区域中拖动红线框可以调整图像的缩放显示位置，如图 2-53 和图 2-54 所示。

图 2-53

图 2-54

技能拓展——更改预览区域矩形框的颜色

执行【导航器】面板菜单中的【面板选项】命令，在打开的【面板选项】对话框中，可以修改预览区域矩形框的颜色，如图 2-55 所示。

图 2-55

2.4 使用辅助工具

在 Photoshop CC 中，标尺、参考线、网格和注释等都属于辅助工具，它们不能用于编辑图像，但却可以帮助完成选择、定位或辅助编辑图像的操作。

★重点 2.4.1 标尺

标尺可以精确地确定图像或元素的位置，标尺内的标记可以显示指针移动时的位置，具体操作步骤如下。

Step 01 显示标尺。打开"素材文件 \ 第 2 章 \ 风车 .jpg"文件，执行【视图】→【标尺】命令，在窗口的顶部和左侧就会显示标尺，如图 2-56 所示。

Step 02 拖动鼠标改变标尺原点。标尺的原点位于窗口左上角（0，0）标记处，将鼠标指针放到原点上，在其上单击并向右下方拖动鼠标，画面中就会出现十字交叉点，如图 2-57 所示。

图 2-56

图 2-57

技术看板

按【Ctrl+R】组合键可显示或隐藏标尺。另外，拖动鼠标时，按住【Alt】键不放，可以在水平和垂直参数线之间自由切换。

Step 03 完成标尺原点的修改。释放鼠标后，十字交叉点便成为原点的新位置，如图 2-58 所示。

Step 04 恢复标尺原点。如果要将原点恢复为默认的位置，可在窗口的左上角双击，如图 2-59 所示。

图 2-58

图 2-59

技能拓展——对齐刻度

按住【Shift】键拖动鼠标，可以使标尺原点与标尺刻度对齐。调整标尺原点时，网格原点同时被调整。

★重点 2.4.2 实战：在图像窗口中创建参考线

参考线用于图像定位，它浮动在图像上方，不会被打印出来。创建参考线的具体操作步骤如下。

Step01 创建参考线。打开“素材文件\第2章\人偶.tif”文件，执行【视图】→【标尺】命令显示标尺。将鼠标指针放在水平标尺上，在其上单击并向下拖动鼠标，即可拖出水平参考线，如图2-60所示。将鼠标指针放在垂直标尺上，在其上单击并向右拖动鼠标，即可拖出垂直参考线，如图2-61所示。

图 2-60

图 2-61

技术看板

通过标尺拖动鼠标创建参考线时，在图像窗口中必须显示出标尺才能使操作有效。

Step02 精确创建参考线。用户也可以执行【视图】→【新建参考线】命令，打开【新建参考线】对话框，❶ 在【取向】选项区域中，可以选择新建参考线的类型，如选择【水平】或【垂直】选项，❷ 设置新建参考线在图像中的位置，如设置【位置】为6.5厘米，❸ 单击【确定】按钮，如图2-62所示。

Step03 完成参考线的创建。可反复执行上面的步骤在图像的精确位置创建参考线，具体效果如图2-63所示。

技能拓展——锁定和删除参考线

执行【视图】→【锁定参考线】命令，可以锁定参考线位置。

将参考线拖回标尺，可以删除该参考线。执行【视图】→【清除参考线】命令，可以删除所有参考线。

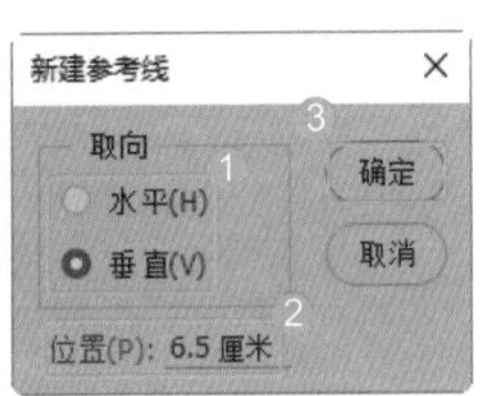

图 2-62

图 2-63

★重点 2.4.3 智能参考线

智能参考线是通过分析画面，智能出现的参考线。执行【视图】→【显示】→【智能参考线】命令，即可启用智能参考线，在移动对象时显示出智能参考线，如图2-64所示。

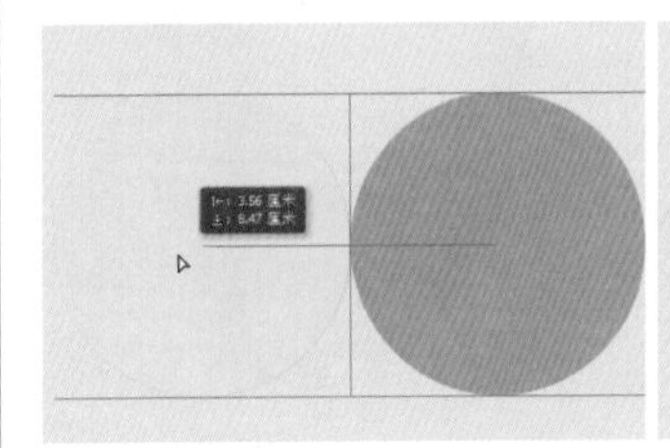

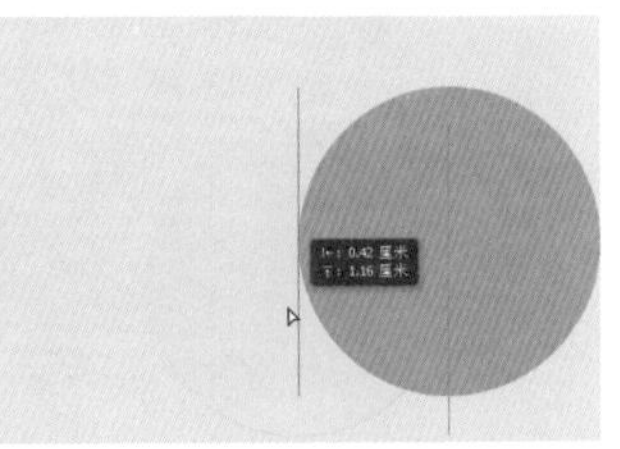

图 2-64

★重点 2.4.4 网格

网格对于分布多个对象非常有用，执行【视图】→【显示】→【网格】命令，就可以显示网格，如图2-65所示。

显示网格后，可执行【视图】→【对齐】→【网格】命令启用对齐功能，此后在进行创建选区和移动图像等操作时，对象会自动对齐到网格上，如图2-66所示。

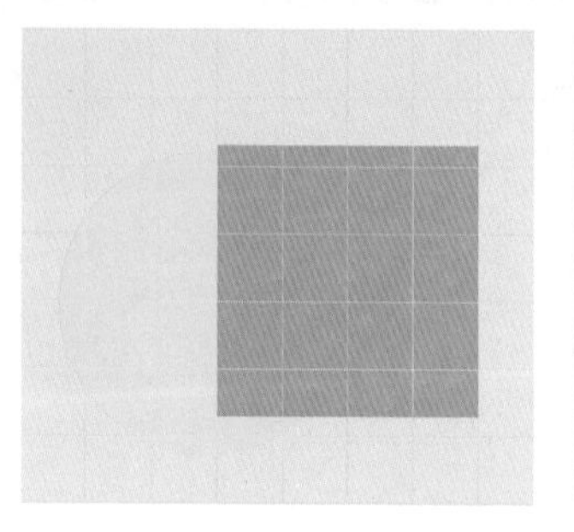

图 2-65

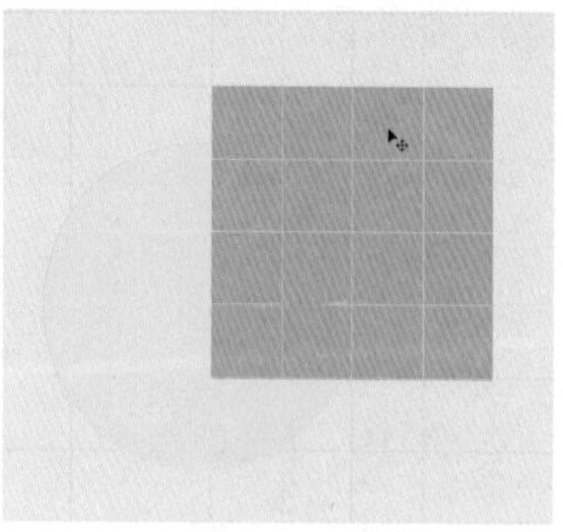

图 2-66

技术看板

参考线、智能参考线和网格的线型、颜色等，均可以在【首选项】对话框中进行设置，详见 2.5 节。

★重点 2.4.5 实战：在图像中添加注释信息

实例门类	软件功能

【注释工具】可以在图像中添加文字说明，标记各种有用信息。为图像添加注释的具体操作步骤如下。

Step 01 选择注释工具。打开“素材文件\第 2 章\绘画.jpg”文件，选择工具箱中的【注释工具】，如图 2-67 所示。

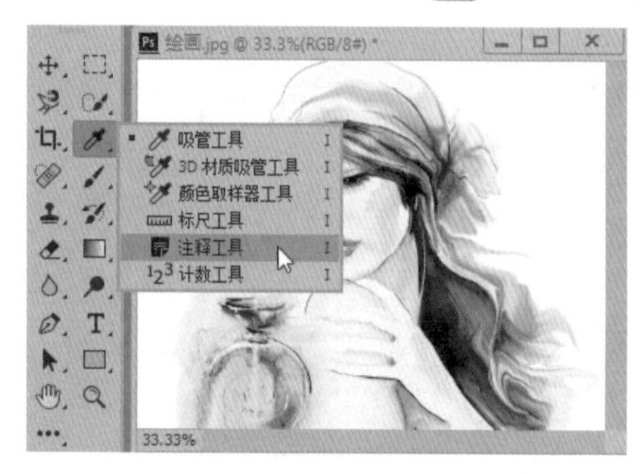

图 2-67

Step 02 设置注释标题及颜色。在【注释工具】选项栏中设置注释图标的颜色，并在【作者】栏中输入注释标题，如图 2-68 所示。

作者：金多多　颜色：　清除全部

图 2-68

Step 03 输入注释内容。在画面中单击，弹出【注释】面板，输入注释内容，并在图像窗口中需要注释的位置单击一次鼠标，即可添加一个注释图标，如图 2-69 所示。

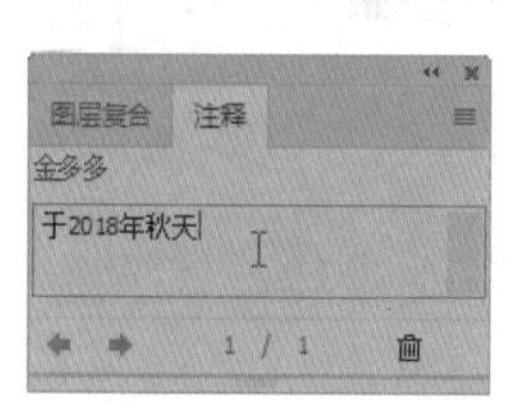

图 2-69

Step 04 查看注释信息。使用相同的方法可创建相关的注释，单击【选择上一注释】按钮或【选择下一注释】按钮，可以循环查看和选择注释内容，如图 2-70 所示。

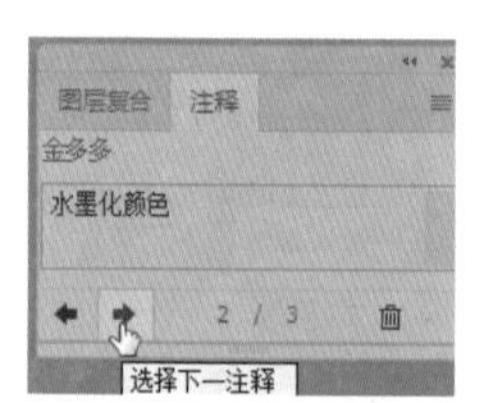

图 2-70

技术看板

创建注释后，指向注释图标并按住左键拖动鼠标，可以调整注释的位置。

Step 05 删除注释。如果要删除注释，在注释上右击，在弹出的快捷菜单中选择【删除注释】命令，如图 2-71 所示。弹出询问对话框，单击【是】按钮，即可删除注释，如图 2-72 所示。

图 2-71

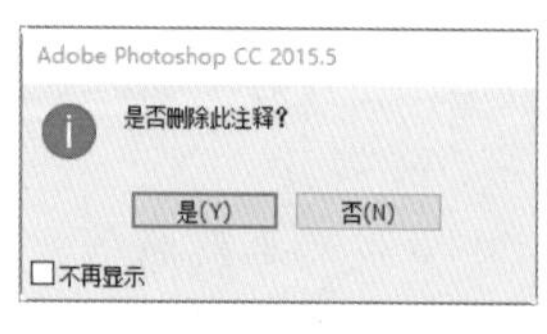

图 2-72

技能拓展——导入注释

执行【文件】→【导入】→【注释】命令，或者在图 2-71 所示的快捷菜单中选择【导入注释】命令，可以打开【载入】对话框，选择目标文件，单击【载入】按钮即可从其他图像文件中导入注释信息。

2.4.6 对齐功能

对齐功能有助于精确定位。如果要启用对齐功能，首先需要执行【视图】→【对齐】命令，使该命令处于选中状态，然后在【视图】→【对齐到】子菜单中选择一个对齐项目，带有“✔”标记的命令表示启用了该对齐功能，如图 2-73 所示，相关命令作用及含义如表 2-7 所示。

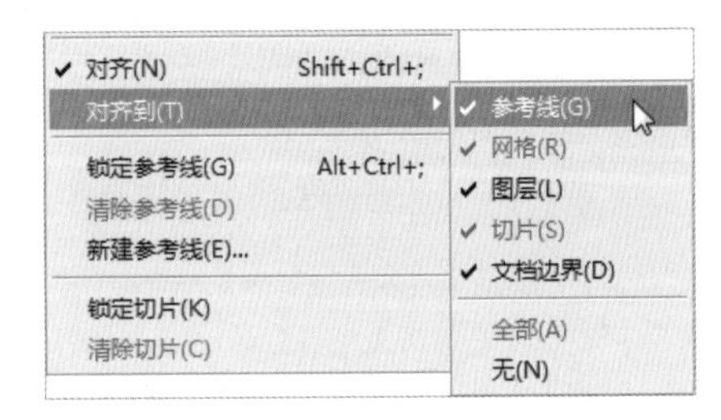

图 2-73

表 2-7　命令作用及含义

命令	作用及含义
参考线	使对象与参考线对齐
网格	使对象与网格对齐，网格隐藏时不能选择该选项
图层	使对象与图层中的内容对齐
切片	使对象与切片边界对齐。切片被隐藏时不能选择该选项
文档边界	使对象与文档的边缘对齐
全部	选择所有【对齐到】选项
无	取消选择所有【对齐到】选项

2.4.7 显示或隐藏额外内容

额外内容是用于辅助编辑，不会打印出来的内容。参考线、网格、目标路径、选区边缘、切片、文本边界框、文本基线和文本选区都属于额外内容。

如果要显示额外内容，首先要执行【视图】→【显示额外内容】命令（该命令前出现一个“✔”符号），然后在【视图】→【显示】子菜单中选择需要显示的内容，再次选择这一命令则隐藏该内容，如图 2-74 所示，相关命令作用及含义如表 2-8 所示。

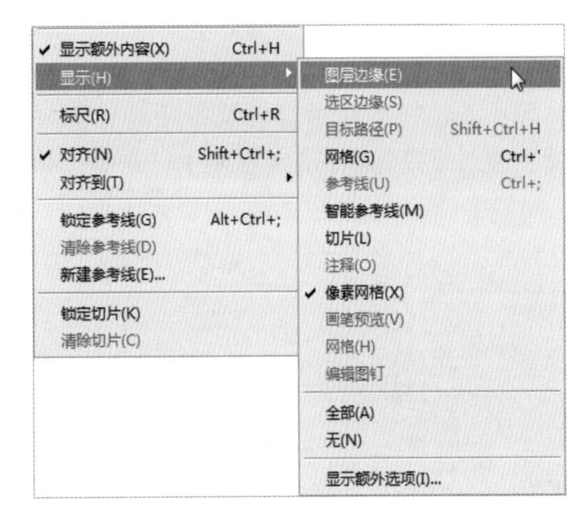

图 2-74

表 2-8　命令作用及含义

命令	作用及含义
图层边缘	显示图层内容的边缘，在编辑图像时，通常不会启用该功能
选区边缘	显示或隐藏选区的边框
目标路径	显示或隐藏路径
网格	显示或隐藏网格
参考线	显示或隐藏参考线
智能参考线	显示或隐藏智能参考线
切片	显示或隐藏切片定界框
注释	显示或隐藏创建的注释
像素网格	将文档放至最大的缩放级别后，像素之间会用网格进行划分，取消选中该复选框时，则没有网格
画笔预览	使用画笔工具时，如果选择的是毛刷笔尖，选中该复选框后，可以在窗口中预览笔尖效果和笔尖方向
网格	执行【编辑】→【操控变形】命令时，显示变形网格
编辑图钉	使用【场景模糊】【光圈模糊】和【移轴模糊】滤镜时，显示图钉等编辑元素
全部	可显示以上所有选项
无	隐藏以上所有选项
显示额外选项	执行该命令，可在打开的【显示额外选项】对话框中设置同时显示或隐藏以上多个项目

2.5 设置 Photoshop 的首选项参数

在【首选项】对话框中可以根据个人爱好，更改 Photoshop 的默认设置，包含界面样式、工作区样式、指针显示方式、参考线与网格的颜色、透明度与色域样式、单位与标尺样式、暂存盘和增效工具参数、文字参数、3D 功能参数等内容，具体操作步骤如下。

Step 01 打开【首选项】对话框。执行【编辑】→【首选项】→【常规】命令，打开【首选项】对话框，如图 2-75 所示。

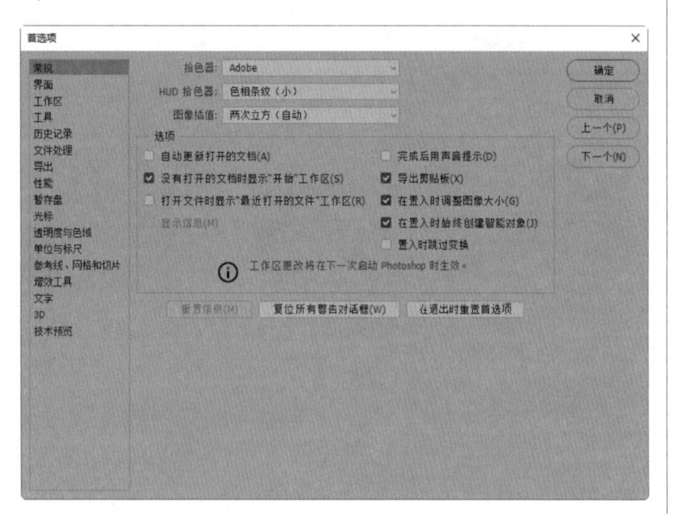

图 2-75

Step 02 设置相关参数。在【首选项】对话框左侧列表中的是各个首选项的类型，可以选择相关选项，然后在右侧即可显示出对应的设置参数。用户可以根据自己处理图像的习惯、计算机资源情况等进行相应参数的设置。设置完成后单击【确定】按钮，如图 2-76 所示。

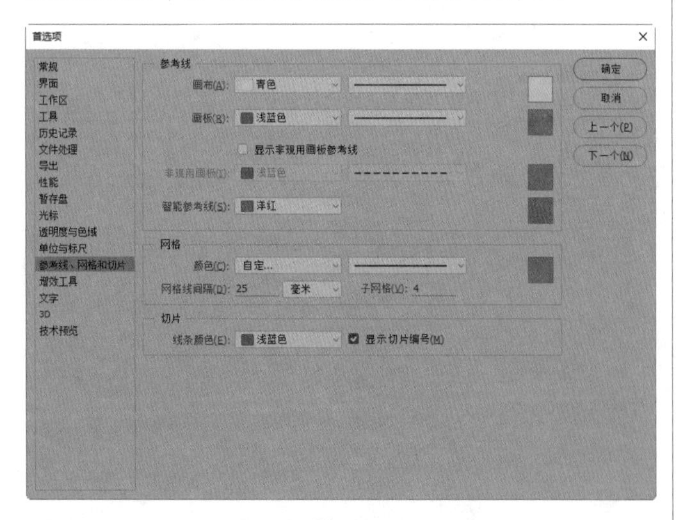

图 2-76

在【首选项】对话框中，相关选项作用及含义如表 2-9 所示。

表 2-9 选项作用及含义

选项	作用及含义
常规	可以设置【拾色器】默认类型，色相条纹大小、图像插值运算方式，以及文件打开、置入时的一些默认参数
界面	在【外观】区域中，可以设置 Photoshop 的默认界面颜色、各显示模式下面的颜色及边界效果；在【文本】区域中，可以设置界面的语言类型、字体大小等参数
工作区	可以设置面板的相关特性和使用习惯
工具	可以设置工具箱中相关工具的使用习惯及风格
历史记录	可以设置【历史记录】是否保存，以及保存的方式
文件处理	可以设置图像文件存储的相关参数，如文件扩展名大小写、自动存储恢复的间隔时间，以及文件的兼容性等参数
导出	可以设置文件导出的格式、导出位置的默认设置等
性能	可以结合计算机配置情况，设置图像处理时内存使用比例、历史记录个数、缓存信息的级别等参数
暂存盘	可以设置暂存盘的驱动器
光标	可以设置【绘画光标】样式、【其他光标】样式
透明度与色域	可以设置透明区域的网格大小及颜色样式，以及色域的颜色、不透明度比例
单位与标尺	可以设置 Photoshop 默认的单位类型、新文档预设分辨率大小等参数
参考线、网格和切片	可以设置【参考线】颜色、线型样式，【网格】颜色、线型样式及网格大小，【切片】颜色等相关参数
增效工具	可以设置 Photoshop 的增效工具生成器主机、密码及滤镜、扩展面板默认属性等参数
文字	设置 Photoshop 文字应用的相关特性及使用习惯
3D	设置使用 Photoshop 处理 3D 图像时，相关 3D 功能应用的需求及参数，如 VRAM 大小、渲染品质高低、3D 叠加颜色、3D 文件载入的光源数限制等
技术预览	在该选项中可以启用 / 禁用相关技术预览功能。值得给读者提示的是，这些功能可能尚不能完全用于生产，因此使用时需要格外谨慎

技能拓展
——快速恢复【首选项】的默认设置

用户对 Photoshop【首选项】中相关参数进行设置后，当感觉自定义的参数不好使用时，若进行【首选项】一个个参数恢复设置是比较费时的。此时，可以在【首选项】对话框中按住【Alt】键，原来的【取消】按钮就变成【复位】按钮，再单击【复位】按钮就可快速恢复到 Photoshop 软件的默认设置，如图 2-77 所示。

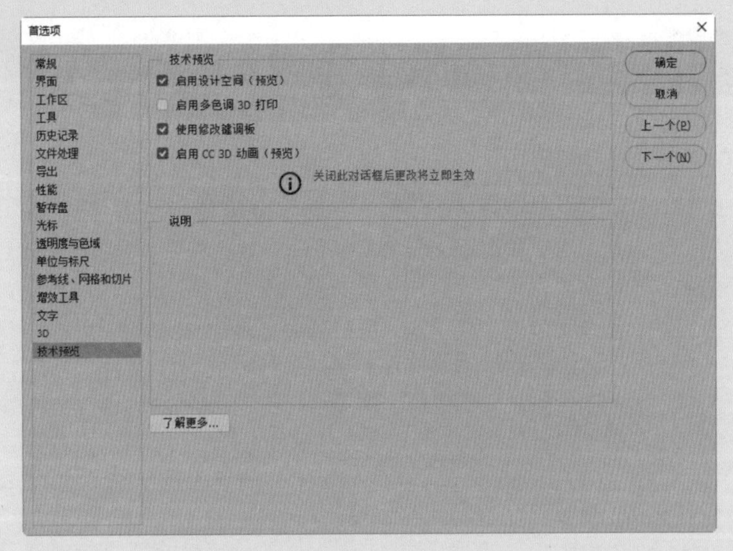

图 2-77

妙招技法

通过前面知识的学习，相信读者已经掌握了 Photoshop CC 的基本操作。下面结合本章内容，给大家介绍一些实用技巧。

技巧 01：如何恢复默认工作区

在图像处理时，频繁操作通常会让工作界面变得混乱、没有条理，在这种情况下，用户可以快速恢复工作区，下面讲解具体操作步骤。

Step 01 打乱窗口布局。打开任意图像，调乱操作界面，该工具区是杂乱的“基本功能（默认）”工作区，如图 2-78 所示。

Step 02 快速恢复窗口默认布局。执行【窗口】→【工作区】→【基本功能（默认）】命令，如图 2-79 所示，Photoshop 就恢复默认的“基本功能（默认）”工作区样式，如图 2-80 所示。

图 2-78

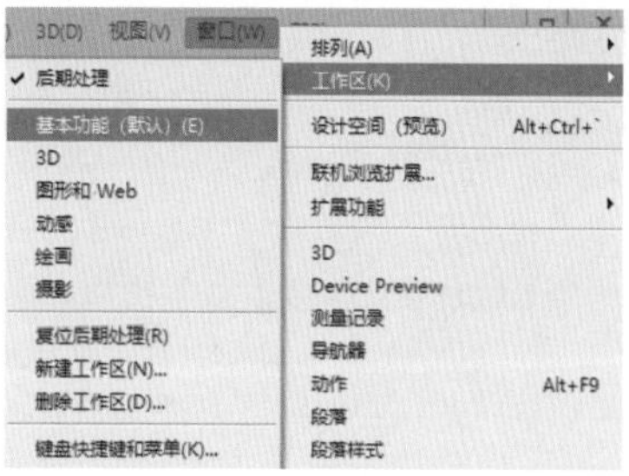

图 2-79

图 2-80

技巧 02：自定画布颜色

图像画布区域默认是灰色的，用户可以自由设置画布区的颜色，以满足自己的个性需要，具体操作步骤如下。

Step 01 选择【选择自定颜色】选项。打开图像后，右击图像区域外的灰色区，在打开的快捷菜单中选择【选择自定颜色】选项，如图 2-81 所示。

图 2-81

Step 02 设置画布颜色。在弹出的【拾色器（自定画布颜色）】对话框中，单击需要的颜色，如蓝色，然后单击【确定】按钮，如图 2-82 所示。画布被更改为蓝色，效果如图 2-83 所示。

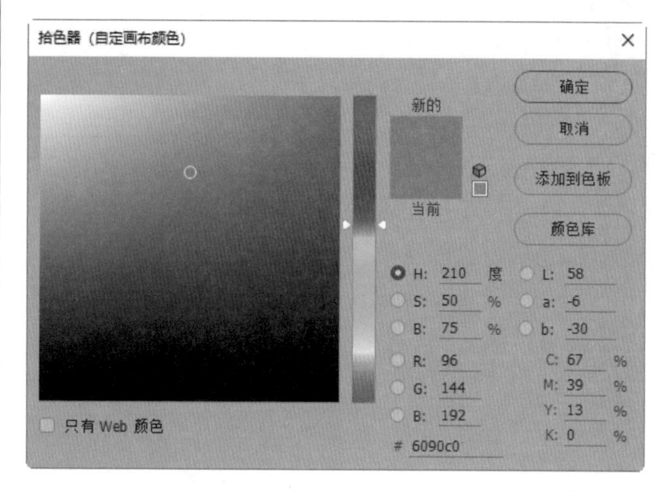

图 2-82

图 2-83

技巧 03：快速选择工具箱中的工具

在 Photoshop CC 中，常用工具都有相应的快捷键。例如，按【P】键，即可选择【钢笔工具】。将鼠标指针停留在工具上，会显示工具名称和快捷键。按下【Shift】键的同时按工具快捷键，可在一组隐藏工具中循环选择。

技能实训——设计资源库的载入

Photoshop 提供了大量的设计资源，方便用户对图像进行处理，如画笔库、形状库、样式库、图案库、渐变库、等高线库、工具库等。用户可以通过【预设管理器】来存储、载入这些资源，既可以载入 Photoshop 软件自带的相关资源库，也可以载入外部的设计资源，如从网上下载的或一些光盘中提供的资源库。

1. 载入 Photoshop 预设的资源库

在 Photoshop CC 默认情况中，画笔库、形状库、样式库、图案库、渐变库等资源样式并没有全部添加在样式列表中，用户可以根据需要通过【预设管理器】来添加、存储、删除及恢复等操作，具体操作步骤如下。

Step 01 打开【预设管理器】窗口。执行【编辑】→【预设】→【预设管理器】命令，打开【预设管理器】窗口，如图 2-84 所示。

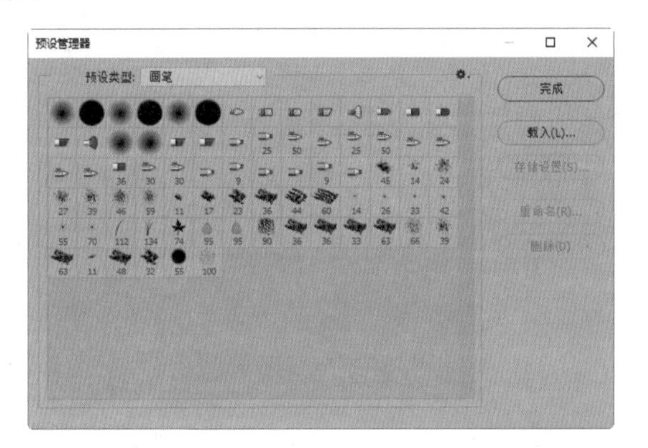

图 2-84

Step 02 设置【样式】预设。单击【预设类型】下拉列表，选择要设置的资源库类型，如【样式】，单击窗口右上角的【设置】按钮，在快捷菜单中可以选择要添加的样式库类型，如【摄影效果】，如图 2-85 所示。

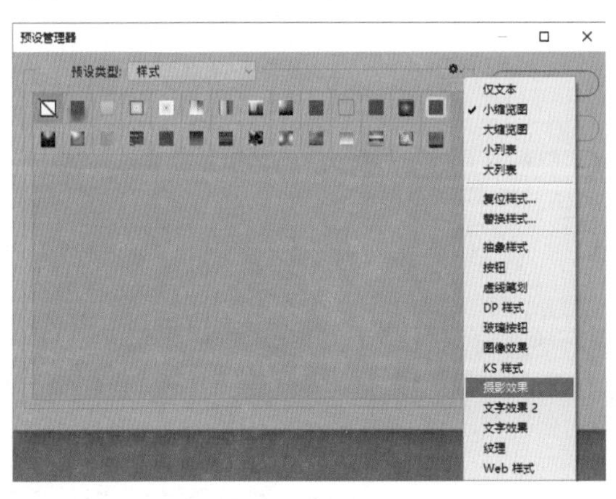

图 2-85

技术看板

在图 2-85 所示的快捷菜单中可以设置样式图标的显示方式，【仅文本】【大 / 小缩览图】【大 / 小列表】；另外，若要恢复 Photoshop 默认的资源库，可以在该快捷菜单中选择【复位样式】命令。

Step 03 选择样式添加方式。经过上步操作，弹出如图 2-86 所示的提示框，选择添加样式的方式，单击【确定】按钮，表示选择的样式库替换当前的样式；单击【追加】按钮，表示将选择的样式库追加到当前样式列表中。

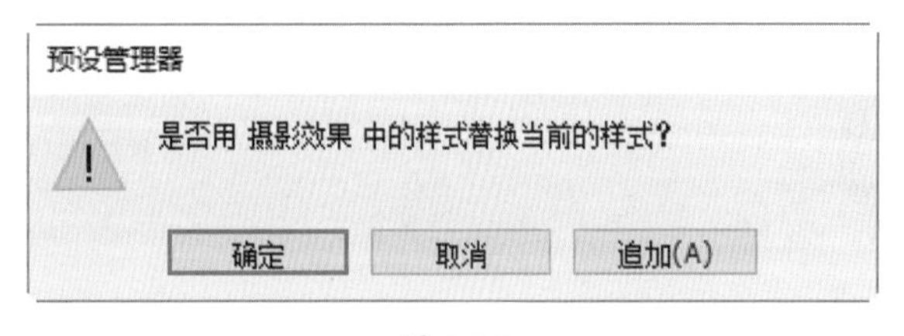

图 2-86

2. 载入外部资源库

如果要将外部的资源添加到 Photoshop 软件的对应资源库中，那么按以下操作步骤进行即可。

Step 01 打开【载入】对话框。在图 2-84 所示的窗口中，单击【载入】按钮，打开【载入】对话框，如图 2-87 所示。

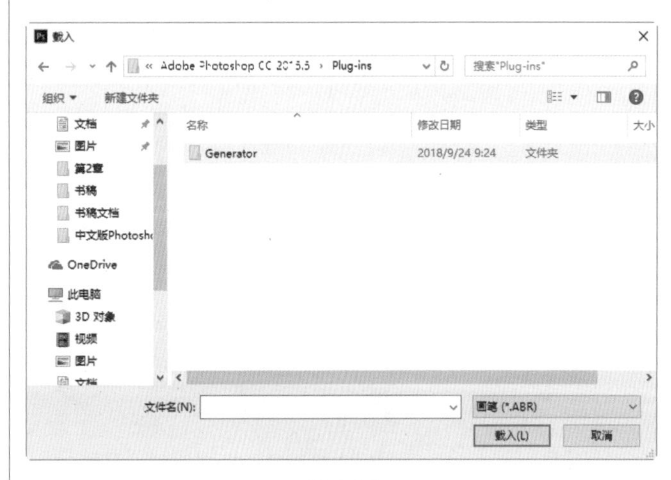

图 2-87

Step 02 选择要添加的外部样式文件。在【载入】对话框中，找到外部资源库文件的存储位置，并选择要载入的资源库文件，单击【载入】按钮，返回【预设管理器】窗口，单击【完成】按钮，如图 2-88 和图 2-89 所示。

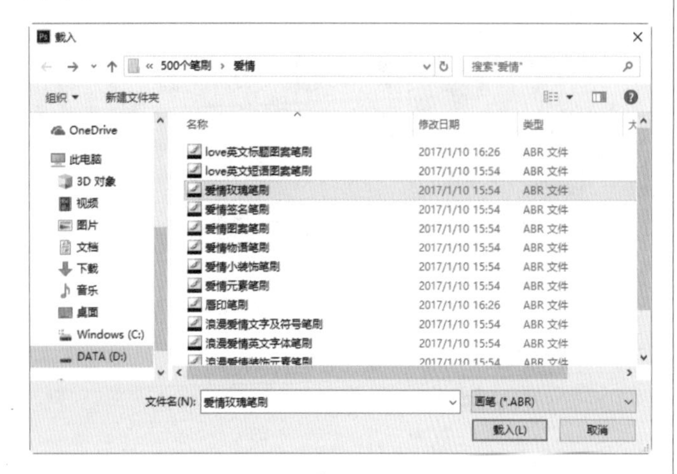

图 2-88

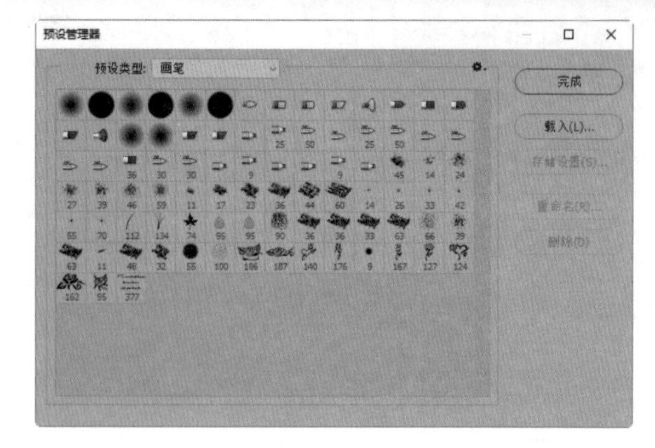

图 2-89

技能拓展
——迁移、导入 / 导出预设

执行【编辑】→【预设】→【迁移预设】命令，可以从旧版本中迁移预设方案。执行【编辑】→【预设】→【导入/导出预设】命令，可以导入预设文件，或者将当前预设文件导出保存。

本章小结

本章对 Photoshop CC 的基本操作进行了详细介绍。通过对本章的学习，读者不仅对 Photoshop CC 的工作界面、工作区预设有了全面的认识，还掌握了如何查看图像和使用辅助工具、设置 Photoshop 首选项参数等专业知识，为后面的学习打下了良好的基础。建议读者在学习过程中，要多练习、勤思考。

第3章 Photoshop CC 图像处理入门

- 位图和矢量图有什么区别与不同？
- 图像文件有哪些基本操作？
- Photoshop CC 的默认存储格式是什么？
- 存储文件时，不想覆盖原文件怎么办？
- 如何在 Adobe Bridge 中管理图像？
- 如何修改图像的尺寸？
- 如何对图像进行缩放、旋转、变换操作？

本章将介绍图像处理的基础知识、文件的基本操作、图像的编辑、图像变换及内存的优化等相关知识，帮助初学者快速掌握 Photoshop CC 图像处理的入门技能与相关操作。

3.1 认识图像的相关特性

在学习 Photoshop CC 处理图像前，必须了解一些关于图像的相关特性，因为在图像处理实际操作中，随时都会接触到这些基础知识，熟练掌握这些知识在处理图像时会更迅速、更有准备。图像的基础知识主要包括图像的类型、像素与分辨率、图像格式等。

★重点 3.1.1 位图和矢量图

计算机中的图像可分为位图和矢量图两种。Photoshop 是典型的位图软件，但它也包含矢量功能。下面将介绍位图和矢量图的概念，以便为学习图像处理打下基础。

1. 位图

位图也称为点阵图、栅格图像、像素图，它是由像素（Pixel）组成的，在 Photoshop 中处理图像时，编辑的就是像素。打开一幅图像，如图 3-1 所示，使用【缩放工具】在图像上连续单击，直到工具中间的“+”号消失，图像放大至最大，画面中会出现许多的彩色小方块，这便是像素，如图 3-2 所示。

图 3-1

图 3-2

使用数码相机拍摄的照片、扫描仪扫描的图片，以及在计算机屏幕上抓取的图像等都属于位图。位图的特点是可以表现色彩的变化和颜色的细微过渡，产生逼真的效果，并且很容易在不同的软件之间交换使用，但在保存时，需要记录每一个像素的位置和颜色值，因此占用的存储空间也较大。

另外，由于受到分辨率的制约，位图包含固定数量的像素，在对其缩放或旋转时， Photoshop 无法生成新的像素，它只能将原有的像素变大以填充多出的空间，产生的结果往往会使清晰的图像变得模糊，也就是人们通常所说的图像变虚了。例如，原图像放大 500% 后的局部图像如图 3-3 所示，又放大 700% 后的局部图像如图 3-4 所示，图像已经变模糊。

图 3-3

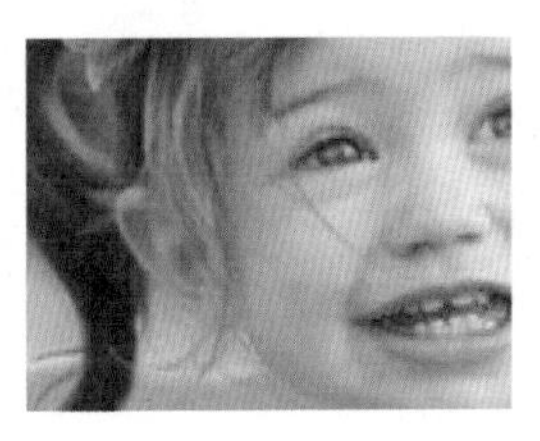

图 3-4

2. 矢量图

矢量图也称为向量图，就是缩放不失真的图像格式。矢量图就如同画在质量非常好的橡胶膜上的图，无论对橡胶膜进行何种的长宽等比、成倍拉伸，画面依然清晰，不会看到图形的最小单位。

矢量图的最大优点是轮廓的形状更容易修改和控制，但是对于单独的对象，色彩上变化的实现没有位图方便。另外，支持矢量格式的应用程序没有支持位图的应用程序多，很多矢量图形都需要专门设计的程序才能打开浏览和编辑。矢量图形与分辨率无关，即可以将它们缩放到任意尺寸和按任意分辨率打印，而不会丢失细节或降低清晰度。因此，矢量图形最适合表现醒目的图形。原图如图 3-5 所示，放大后的局部矢量图像依然很清晰，如图 3-6 所示。

图 3-5

图 3-6

★重点 3.1.2 像素与分辨率的关系

像素是组成位图图像最基本的元素。每一个像素都有自己的位置，并记载着图像的颜色信息，一个图像包含的像素越多，颜色信息越丰富，图像的效果也会越好，但文件也会随之增大。

分辨率是指单位长度内包含的像素点的数量，它的单位通常为像素 / 英寸（ppi），如 72ppi 表示每英寸包含 72 个像素点。分辨率决定了位图细节的精细程度，通常情况下，分辨率越高，包含的像素越多，图像就越清晰。

像素和分辨率是两个密不可分的重要概念，它们的组合方式决定了图像的数据量。在打印时，高分辨率的图像要比低分辨率的图像包含的像素更多，因此，高分辨率的图像像素点更小，像素的密度更高，它可以重现更多细节和更细微的颜色过渡效果。

虽然分辨率越高，图像的质量越好，但也会增加占用的存储空间，在实际使用过程中只有根据图像的用途设置合适的分辨率，才能取得最佳的使用效果。

3.2 文件的基本操作

Photoshop CC 文件的基本操作包括新建、打开、置入、导入、导出、保存、关闭等，它们是处理图像的基础操作，下面将分别讲解具体的操作方法。

★重点 3.2.1 新建文件

启动 Photoshop CC 程序后，默认状态下没有可操作文件，需要新建一个空白文件，具体操作步骤如下。

Step 01 执行【新建】操作。执行【文件】→【新建】命令，打开【新建】对话框，❶ 在该对话框中输入文件名称，设置文件尺寸、分辨率、颜色模式和背景内容等选项；❷ 单击【确定】按钮，如图 3-7 所示。

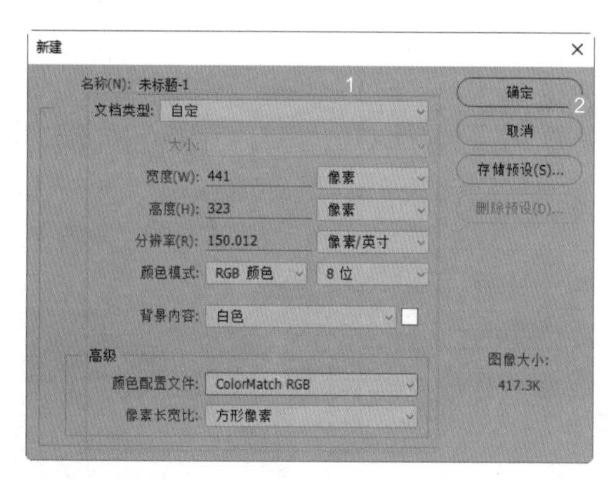

图 3-7

Step 02 完成文件创建。通过前面的操作，即可创建一个空白文件，如图 3-8 所示，相关选项的作用及含义如表 3-1 所示。

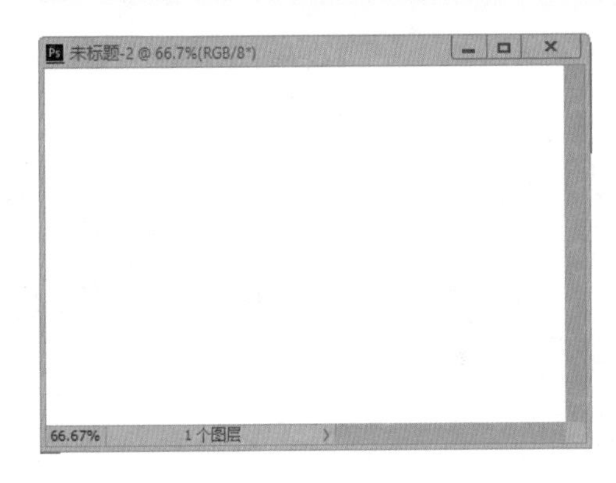

图 3-8

表 3-1 选项作用及含义

选项	作用及含义
名称	可输入文件的名称，也可以使用默认的文件名“未标题-1”。创建文件后，文件名会显示在文档窗口的标题栏中。保存文件时，文件名会自动显示在存储文件的对话框内
文档类型	提供了各种类型尺寸的文档模板，如 Web、A3 打印纸、A4 打印纸、胶片和视频等常用的文档尺寸预设
宽度 / 高度	可输入文件的宽度和高度。在右侧的选项中可以选择一种单位，包括“像素”“英寸”“厘米”“毫米”“点”“派卡”和“列”
分辨率	可以输入文件的分辨率。在右侧选项可以选择分辨率的单位，包括“像素 / 英寸”和“像素 / 厘米”
颜色模式	可以选择文件的颜色模式，包括“位图”“灰度”“RGB 颜色”“CMYK 颜色”和“Lab 颜色”
背景内容	可以选择文件背景内容，包括“白色”“背景色”和“透明”
高级	单击【显示高级选项】按钮，可以显示对话框中隐藏的选项：“颜色配置文件”和“像素长宽比”。在【颜色配置文件】下拉列表中选择一个颜色配置文件；在【像素长宽比】下拉列表中可以选择像素的长宽比
存储预设	单击该按钮，打开【新建文档预设】对话框，输入预设的名称并选择相应的选项，可以将当前设置的文件大小、分辨率、颜色模式等创建为一个预设。以后需要创建同样的文件时，只需要在【新建】对话框的【预设】下拉列表中选择该预设即可
删除预设	选择自定义的预设文件后，单击该按钮，可以将其删除，但系统提供的预设不能删除
图像大小	显示了当前设置的文档所占存储空间的大小

★重点 3.2.2 打开文件

如果要在 Photoshop CC 中编辑一个图像文件，需要先将其打开。文件打开的方法有很多，下面进行详细的介绍。

1.【打开】命令

【打开】命令是最常用的打开文件命令，具体操作步骤如下。

Step 01 打开【打开】对话框并选择文件。执行【文件】→【打开】命令，弹出【打开】对话框，❶ 选择文件存放的位置，❷ 在列表框中选择要打开的文件（如果要选择多个文件，可按住【Ctrl】键依次单击要打开的文件），❸ 单击【打开】按钮，如图 3-9 所示，相关选项作用及含义如表 3-2 所示。

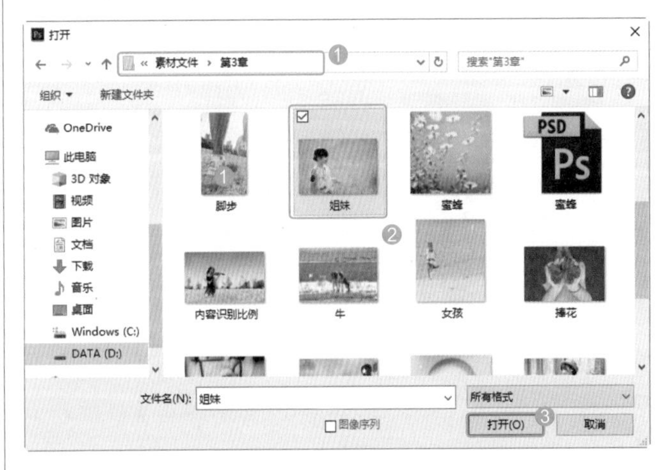

图 3-9

表 3-2 选项作用及含义

选项	作用及含义
查找范围	在左上角的查找范围选项的下拉列表中可以选择图像文件所在的文件夹
文件名	显示了所选文件的文件名称
文件类型	默认为“所有格式”，对话框中会显示所有格式的文件。如果文件数量较多，可以在下拉列表中选择一种文件格式，使对话框中只显示该类型的文件，以便于查找

Step 02 打开文件。通过前面的操作，或者双击文件即可打开文件，如图 3-10 所示。

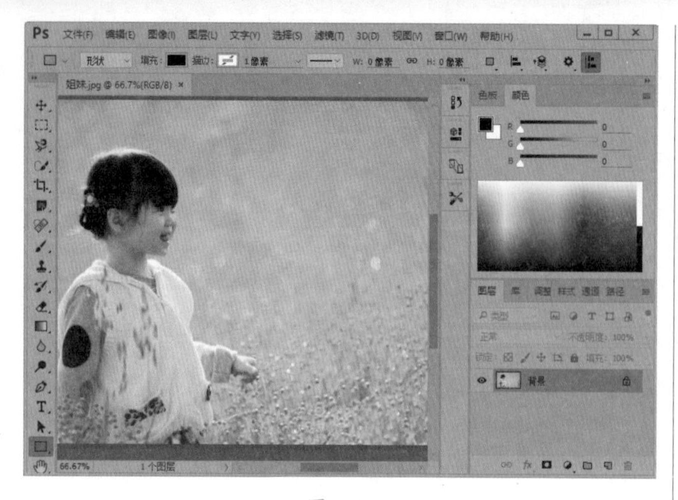

图 3-10

技术看板

按【Ctrl+O】组合键或在灰色的 Photoshop 程序窗口中双击鼠标左键，都可以弹出【打开】对话框。

2.【打开为】命令

如果使用与文件的实际格式不匹配的扩展名存储文件，或者文件没有扩展名，则 Photoshop 在打开文件时可能无法确定文件的正确格式。

出现这种情况，可执行【文件】→【打开为】命令，弹出【打开】对话框，❶ 在文件类型下拉列表中指定正确的格式，❷ 选择需要打开的文件，❸ 单击【打开】按钮将其打开，如图 3-11 所示。

图 3-11

3.【在 Bridge 中浏览】命令

执行【文件】→【在 Bridge 中浏览】命令，可以运行 Adobe Bridge，在 Bridge 中选中一个文件并双击，即可在 Photoshop 中将其打开，如图 3-12 所示。

图 3-12

技术看板

Bridge 是一款 Photoshop 标配的专业看图软件。在该软件中，不仅可以查看图像，还可以完成批量更名、标注优先级等操作，详见 3.3 节。

4. 拖动图像的打开方式

通过拖动图像文件方式来打开文件有两种方法，具体操作方法介绍如下。

（1）在没有运行 Photoshop 的情况下，只要将一个图像文件拖动到 Photoshop 应用程序图标上，就可以运行 Photoshop 并打开该图像文件，如图 3-13 所示。

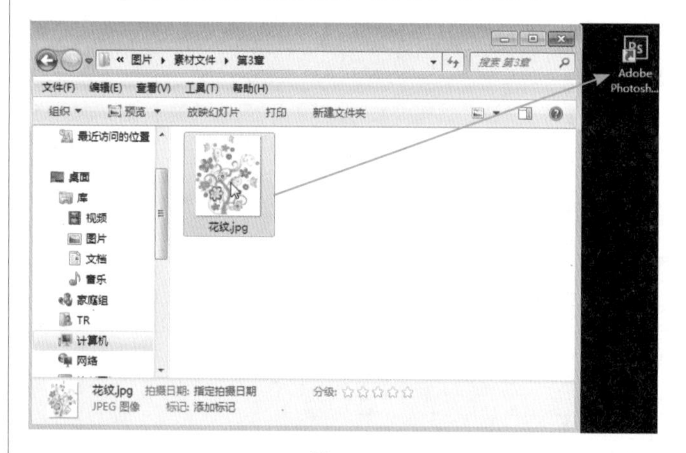

图 3-13

（2）如果运行了 Photoshop CC，则可将计算机磁盘中的图像文件拖动到 Photoshop 程序窗口中，然后释放鼠标左键也可以打开该文件，如图 3-14 所示。

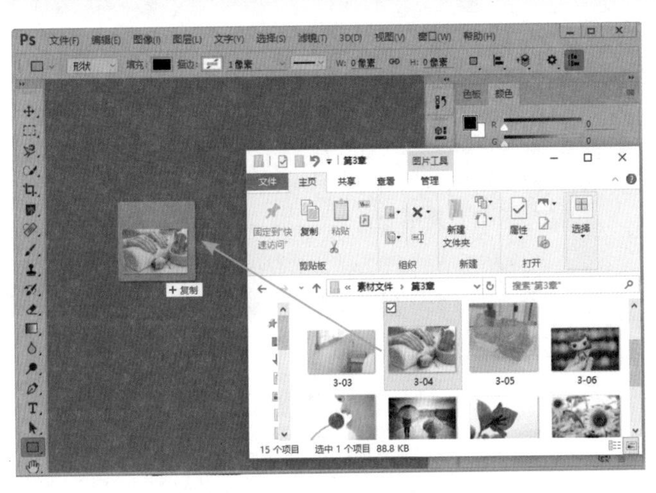

图 3-14

5. 打开最近使用过的文件

在【文件】→【最近打开文件】子菜单中保存了用户最近在 Photoshop 中打开过的文件，选择一个文件即可将其打开，如图 3-15 所示。

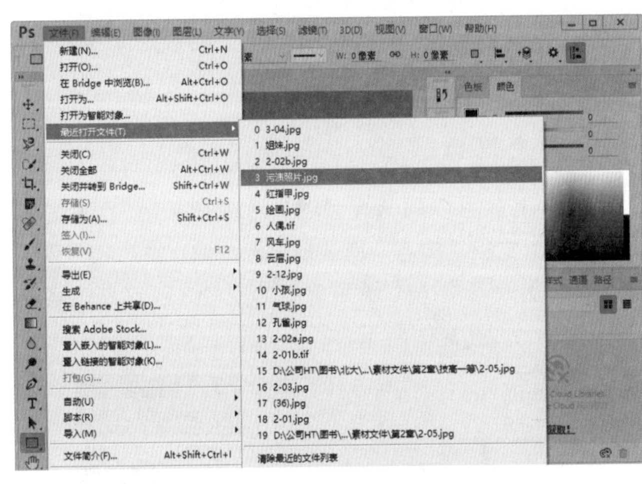

图 3-15

技能拓展——清除最近打开文件

如果要清除最近打开的文件列表，可以选择菜单底部的【清除最近的文件列表】命令即可。

6. 作为智能对象打开

执行【文件】→【打开为智能对象】命令，弹出【打开】对话框，❶ 选择要打开的文件，❷ 单击【打开】按钮，如图 3-16 所示。该文件可转换为智能对象。图层缩览图右下角有一个图标，如图 3-17 所示。

图 3-16

图 3-17

★重点 3.2.3 实战：置入文件

实例门类	软件功能

打开或新建一个文档后，可以使用【文件】菜单中的【置入】命令将照片、图片等位图，以及 EPS、PDF、AI 等矢量文件作为智能对象置入 Photoshop 文档中使用，具体操作步骤如下。

Step 01 打开素材。打开“素材文件\第 3 章\蜜蜂.jpg”文件，如图 3-18 所示。

图 3-18

Step 02 选择置入文件。执行【文件】→【置入嵌入的智能对象】命令，打开【置入嵌入对象】对话框，❶ 选择“心形”文件，❷ 单击【置入】按钮，如图 3-19 所示。

图 3-19

Step 03 将文件置入到窗口中。图像置入到背景图像中，如图 3-20 所示。

Step 04 完成图像文件的转入。拖动可以调整置入的文件的位置，单击选项栏的【提交】按钮✔，或者按【Enter】键确定置入，如图 3-21 所示。

图 3-20

图 3-21

Step 05 查看图层面板。在【图层】面板中，可以看到图像被作为智能对象置入，如图 3-22 所示。

图 3-22

技术看板

（1）要调整置入图片的位置，可将鼠标指针放在置入图片的边框内并拖动，或者在选项栏中输入 X 值，指定置入图片的中心点和图像左边缘之间的距离。在选项栏中输入 Y 值，指定置入图片的中心点和图像的顶边之间的距离。

（2）要缩放置入图片，可拖动边框的角手柄，或者在选项栏中输入 W 和 H 的值。拖动时，按住【Shift】键可以约束比例。

（3）要旋转置入图片，可将鼠标指针放在边框外（指针变为弯曲的箭头↰）并拖动，或者在选项栏中的【旋转】选项△输入一个值（以度为单位），图片将围绕置入图片的中心点旋转。要调整中心点，可将其拖动到一个新位置，或者单击选项栏中【中心点】图标▦上的手柄。

技能拓展——置入链接的智能对象

在 Photoshop CC 中，使用【置入链接的智能对象】命令，还可以创建从外部图像文件引用其内容链接的智能对象。当来源图像文件更改时，链接智能对象的内容也会同步更新。

3.2.4 导入文件

Photoshop 可以编辑视频帧、注释和 WIA（Windows 图像采集）支持等内容，新建或打开图像文件后，可以通过【文件】→【导入】子菜单中的命令，将这些内容导入图像中，如图 3-23 所示。

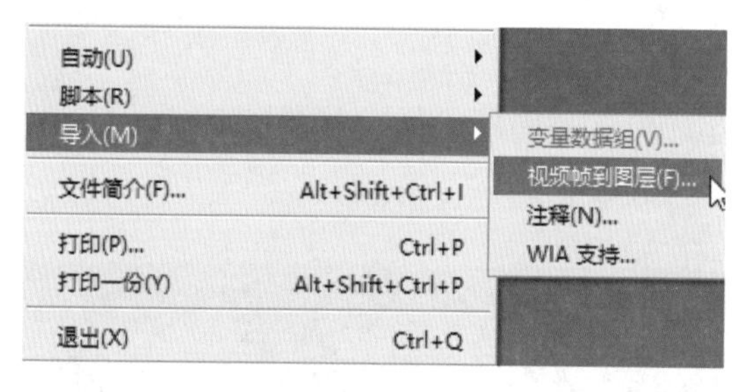

图 3-23

某些数码相机使用 WIA 支持来导入图像，将数码相机连接到计算机，然后执行【文件】→【导入】→【WIA 支持】命令，可以将照片导入 Photoshop 中，也可以将其他图像中的【注释】信息导入到本图像中。

> **技术看板**
>
> 如果计算机配置有扫描仪并安装了相关的软件，则可在【导入】子菜单中选择扫描仪的名称，使用扫描仪制造商的软件扫描图像，并将其存储为 TIFF、PICT、BMP 格式，然后在 Photoshop 中打开。

3.2.5 导出文件

在 Photoshop 中可以将用户创建和编辑的图像、视频文件导出为不同格式类型的文件，如网页 Web 图像、Illustrator 矢量图形、QuickTime 视频文件等，以满足不同的使用目的。在【文件】→【导出】子菜单中包含了用于导出文件的相关命令，如图 3-24 所示。

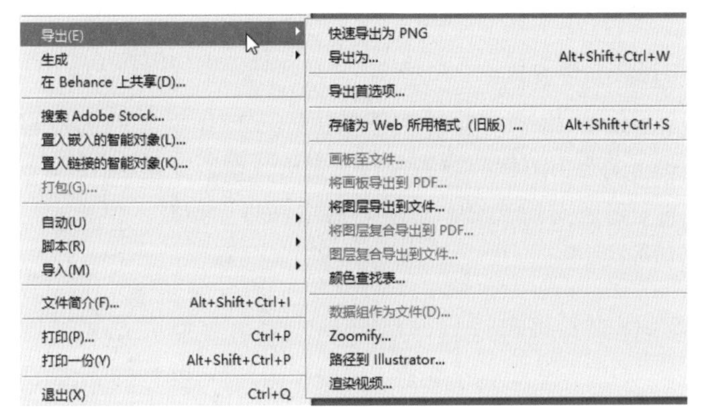

图 3-24

执行【文件】→【导出】→【Zommify】命令，可以将高分辨率的图像发布到 Web 上，利用 Viewpoint Media Player，用户可以平移或缩放图像以查看它的不同部分。在导出时，Photoshop 会创建 JPEG 和 HTML 文件，可以将这些文件上传到 Web 服务器。

如果在 Photoshop 中创建了路径，可以执行【文件】→【导出】→【路径到 Illustrator】命令，将路径导出为 AI 格式，在 Illustrator 中可以继续对路径进行编辑。

如果在 Photoshop 中创建了视频，可以执行【文件】→【导出】→【渲染视频】命令，将视频导出为 QuickTime 影片文件。

★重点 3.2.6 保存文件

对图像完成编辑处理后一般需要进行保存。保存图像的方法有很多，可根据不同的需要进行选择，可从【文件】菜单中选择相关的保存方法，如图 3-25 所示。

图 3-25

1.【存储】命令

执行【文件】→【存储】命令保存所做的修改，图像会按照原有的格式存储。如果是一个新建的文件，则会打开【另存为】对话框。

> **技术看板**
>
> 按【Ctrl+S】组合键，可以以原始文件名快速存储图像。如果是一个新建的文件，同样会打开【另存为】对话框。

2.【存储为】命令

如果要将文件保存为另外的名称和其他格式，或者存储在其他位置，可以执行【文件】→【存储为】命令，在打开的【另存为】对话框中将文件另存，如图 3-26 所示，相关选项作用及含义如表 3-3 所示。

图 3-26

表 3-3　选项作用及含义

选项	作用及含义
❶ 保存位置	可以选择图像在磁盘中的保存位置
❷ 文件名 / 保存类型	可输入文件名，在【保存类型】下拉列表中选择图像的保存格式
❸ 作为副本	选中该复选框，可另存一个文件副本。副本文件与源文件存储在同一位置
❹ 注释	可以选择是否存储注释
❺ Alpha 通道 / 专色 / 图层	可以选择是否存储 Alpha 通道、专色和图层
❻ 使用校样设置	将文件的保存格式设置为 EPS 或 PDF 时，该选项可用，选中该复选框，可以保存打印用的校样设置
❼ICC 配置文件	可保存嵌入在文档中的 ICC 配置文件
❽ 缩览图	为图像创建缩览图。此后在【打开】对话框中选择一个图像时，对话框底部会显示此图像的缩览图

3.2.7 【恢复】命令

当对打开的图像文件进行了相关编辑处理后，若希望撤销所有的编辑操作，那么可以执行【文件】→【恢复】命令，快速将图像效果恢复到打开时的原始状态。

3.2.8 常见图像文件格式

Photoshop 是编辑各种图像时的必用软件，它功能强大，支持几十种文件格式，因此能很好地支持多种应用程序。面对 Photoshop 如此众多的文件格式，到底使用哪一种格式呢？初学者往往很迷茫。文件格式决定了图像数据的存储方式、压缩方法、支持什么样的 Photoshop 功能，以及文件的兼容性。

在 Photoshop 中，它主要包括固有格式（PSD）、应用软件交换格式（EPS、DCS、Filmstrip、Photoshop Raw）、专有格式（GIF、BMP、Amiga IFF、PCX、PDF、PICT、PNG、Scitex CT、TGA）、主流格式（JPEG、TIFF）及其他格式（Photo CD YCC、FlshPix），下面介绍常见的图像文件格式。

1. PSD 文件格式

PSD 格式是 Photoshop 默认的文件格式，它可以保留文档中的所有图层、蒙版、通道、路径、未栅格化文字、图层样式等。

2. TIFF 文件格式

TIFF 格式是一种通用的文件格式，所有的绘画、图像编辑和排版程序都支持该格式，而且几乎所有的桌面扫描仪都可以产生 TIFF 图像。

TIFF 格式支持具有 Alpha 通道的 CMYK、RGB、Lab、索引颜色和灰度图像，以及没有 Alpha 通道的位图模式图像。Photoshop 可以在 TIFF 文件中存储图层，但如果在另一个应用程序中打开该文件，则只有拼合图像是可见的。

3. PNG 文件格式

PNG 是作为 GIF 的无专利替代产品而开发的，用于无损压缩和在 Web 上显示图像。与 GIF 不同，PNG 支持 244 位图像并产生无锯齿状的透明背景，但某些早期的浏览器不支持该格式。

4. BMP 文件格式

BMP 格式是一种用于 Windows 操作系统的图像格式，主要用于保存位图文件。该格式可以处理 24 位颜色的图像，支持 RGB、位图、灰度和索引模式，但不支持 Alpha 通道。

5. GIF 文件格式

GIF 格式是基于网格上传输图像而创建的文件格式，它支持透明背景和动画，被广泛应用在网格文档中。GIF 格式采用 LZW 无损压缩方式，压缩效果较好。

6. JPEG 文件格式

JPEG 格式是由联合图像专家组开发的文件格式。它采用有损压缩方式，具有较好的压缩效果，但是将压缩品质数值设置得较大时，会损失掉图像的某些细节。JPEG 格式支持 RGB、CMYK 和灰度模式，不支持 Alpha 通道。

7. EPS 文件格式

EPS 格式是为 PostScript 打印机上输出图像而开发的文件格式，几乎所有的图形、图表和页面排版程序都支持该格式。EPS 格式可以同时包含矢量图形和位图图像，支持 RGB、CMYK、位图、双色调、灰度、索引和 Lab 模式，但不支持 Alpha 通道。

8. RAW 文件格式

Photoshop Raw 是一种灵活的文件格式，用在应用程序与计算机平台之间传递图像。该格式支持具有 Alpha 通道的 CMYK、RGB 和灰度模式，以及无 Alpha 通道的多通道、Lab 和双色调模式。

9. PDF 文件格式

PDF 全称 Portable Document Format，是 Adobe 公司开发的电子文件格式。这种文件格式与操作系统平台无关，也就是说，PDF 文件不管是在 Windows、UNIX 还是在苹果公司的 Mac OS 操作系统中都是通用的。这一特点使它成为在 Internet 上进行电子文档发行和数字化信息传播的理想文档格式。越来越多的电子图书、产品说明、公司文告、网络资料、电子邮件开始使用 PDF 格式文件。PDF 格式文件目前已成为数字化信息事实上的一个工业标准。

10. TGA 文件格式

TGA 格式图片文件(Tagged Graphics)是由美国 Truevision 公司为其显示卡开发的一种图像文件格式，文件后缀为“.tga”，已被国际上的图形、图像工业所接受。TGA 的结构比较简单，属于一种图形、图像数据的通用格式，在多媒体领域有很大影响，是计算机生成图像向电视转换的一种首选格式。目前大部分的作图软件均可打开 TGA 格式文件，可关联的软件有 Photoshop、After Effect、Premiere 等，输出 TAN 序列为 AVI 或 MPEG 文件，可以用 After Effect、Premiere 等软件进行编辑。

3.2.9 关闭文件

完成图像的编辑后，可以采用以下方法关闭文件。

（1）执行【文件】→【关闭】命令，或者单击文档窗口右上角的【关闭】按钮，可以关闭当前的图像文件。

（2）如果在 Photoshop 中打开了多个文件，执行【文件】→【关闭全部】命令，可以关闭所有的文件。

（3）执行【文件】→【退出】命令，或者单击程序窗口右上角的【关闭】按钮，可以关闭文件并退出 Photoshop 程序窗口。如果文件没有保存，会弹出一个对话框，询问是否保存文件。

3.3 Adobe Bridge 管理图像

Adobe Bridge 是 Adobe 自带的看图软件，它可以组织、浏览和查找文件，创建供印刷、Web、电视机、DVD、电影及移动设备使用的内容，并轻松访问原始 Adobe 文件（如 PSD 和 PDF）及非 Adobe 文件。

★重点 3.3.1 Adobe Bridge 工作界面

执行【文件】→【在 Bridge 中浏览】命令，可以打开 Bridge，Bridge 工作区主要包含的组件，如图 3-27 所示，相关组件作用及含义如表 3-4 所示。

图 3-27

表 3-4 组件作用及含义

组件	作用及含义
❶ 应用程序栏	提供了基本任务的按钮，如文件夹层次结构导航、切换工作区及搜索文件
❷ 路径栏	显示了正在查看的文件夹的路径，允许导航到该目录
❸ 收藏夹面板	可以快速访问文件夹及 Version Cue 和 Bridge Home
❹ 文件夹面板	显示文件夹层次结构，使用它可以浏览文件夹
❺ 过滤器面板	可以排序和筛选【内容】面板中显示的文件
❻ 收藏集面板	允许创建、查找和打开收藏集和智能收藏集
❼ 内容面板	显示由【导航菜单】按钮、路径栏、【收藏夹】面板或【文件夹】面板指定的文件
❽ 预览面板	显示所选的一个或多个文件的预览。预览不同于【内容】面板中显示的缩览图，并且通常大于缩览图。可以通过调整面板大小来缩小或扩大预览
❾ 元数据面板	包含所选文件的元数据信息。如果选择了多个文件，则会列出共享数据（如关键字、创建日期和曝光度设置）
❿ 关键字面板	帮助用户通过附加关键字来阻止图像

3.3.2 Mini Bridge 工作界面

Mini Bridge 是简化版的 Bridge。如果只需要查找和浏览图片素材，就可以使用 Mini Bridge。执行【文件】→【在 Mini Bridge 中浏览】命令，或者执行【窗口】→【扩展功能】→【Mini Bridge】命令，都可以打开【Mini Bridge】面板。

在【导航】选项卡中选择要显示图像所在的文件夹，面板中就会显示文件夹中所包含的图像文件，如图 3-28 所示。拖动面板底部的滑块可以调整缩览图的大小，如图 3-29 所示。如果要在 Photoshop 中打开一个图像，只需双击图像即可。

图 3-28

图 3-29

★重点 3.3.3 在 Bridge 中浏览图像

在 Bridge 中浏览图像的方式有很多，可以根据需要进行选择，下面介绍不同的浏览方式。

1. 全屏模式浏览图像

在 Adobe Bridge 面板中，单击窗口的右上方的下三角按钮，可以选择“胶片”“元数据”“关键字”和“预览”等方式显示图像，如图 3-30 所示。

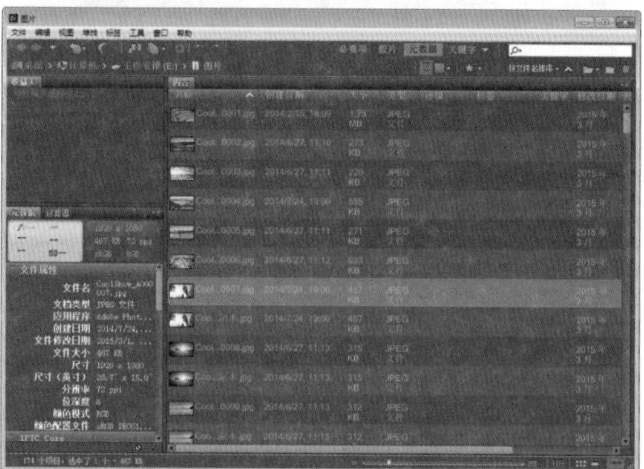

图 3-30

在操作界面右下方，还可以拖动滑块调整显示比例，并调整不同的显示方式，如图 3-31 所示，相关选项作用及含义如表 3-5 所示。

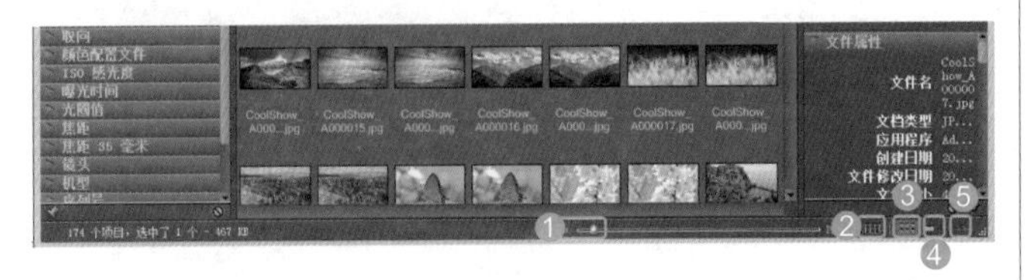

图 3-31

表 3-5 选项作用及含义

选项	作用及含义
❶ 三角滑块	拖动三角滑块可以调整图像的显示比例
❷ 单击锁定缩览图网格	单击该按钮，可以在图像之间添加网格
❸ 以缩览图形式查看内容	单击该按钮，会以缩览图的形式显示图像
❹ 以详细信息形式查看内容	单击该按钮，会显示图像的详细信息，如大小、分辨率、照片的光圈、快门等
❺ 以列表形式查看内容	单击该按钮，会以列表的形式显示图像

2. 幻灯片浏览图像

执行【视图】→【幻灯片放映】命令，可通过幻灯片放映的形式自动播放图像，如图 3-32 所示。如果要退出幻灯片，按【Esc】键即可。

图 3-32

技术看板

按【Ctrl+L】组合键可以快速进入幻灯片放映。

3. 审阅模式浏览图像

执行【视图】→【审阅模式】命令，可以切换到审阅模式，如图 3-33 所示。在该模式下，单击后面背景图像的缩览图，该背景图就会跳转为前景图像；单击前景图像的缩览图，则会弹出一个窗口显示局部图像，如果图像的显示比例小于 100%，窗口内的图像会显示为 100%，用户可以拖动该窗口移动观察图像，单击窗口右下角的 ✖ 按钮可以关闭窗口，如图 3-34 所示。

按【Esc】键或双击屏幕右下角的 ✖ 按钮，即可退出审阅模式。

图 3-33

图 3-34

★重点 3.3.4 在 Bridge 中打开图像

在 Bridge 中双击图像后，即可在其原始应用程序中打开该图像。例如，双击一个图像文件，可以在 Photoshop 中打开；双击一个 AI 格式的文件，则会在 Illustrator 中打开。

3.3.5 预览动态媒体文件

在 Bridge 中可以预览大多数视频、音频和 3D 文件，在【内容】面板中选择要预览的文件，即可在【预览】面板中播放该文件。

3.3.6 对文件进行排序

执行【视图】→【排序】命令，在打开的子菜单中选择一个选项，可以按照该选项中所定义的规则对所选文件进行排序。选择【手动】选项则可按上次拖移文件的顺序排序。

★重点 3.3.7 实战：对文件进行标记和评级

实例门类	软件功能

当文件夹中文件的数量较多时，可以用 Bridge 对重要的文件进行标记和评级。标记之后，从【视图】→【排序】子菜单中选择一个选项，对文件重新排列，可以在需要时快速将其找到。具体操作步骤如下。

Step 01 为文件添加颜色标记。启动 Bridge，选择需要进行标记的图像，在【标签】菜单中选择一个标签选项，即可为文件添加颜色标记，如选择【待办事宜】选项，如图 3-35 所示，效果如图 3-36 所示。

图 3-35

图 3-36

Step 02 对文件评级。在【标签】菜单中选择评级，即可对文件进行评级，如选择【*****】选项，如图 3-37 所示，效果如图 3-38 所示。

图 3-37

图 3-38

技能拓展
——删除标签和调整评级

执行【标签】→【无标签】命令，可以删除标签。

如果要增加或减少一个评级星级，可选择【标签】→【提升评级】命令或【标签】→【降低评级】命令。如果要删除所有星级，可选择【无评级】命令。

3.3.8 实战：查看和编辑数码照片的元数据

使用数码相机拍照时，相机会自动将拍摄信息（如光圈、快门、ISO、测光模式、拍摄时间等）记录到照片中，这些信息称为元数据。查看和编辑元数据的具体操作步骤如下。

Step 01 查看原始数据信息。选择 Bridge 窗口右上角的【元数据】选项卡，单击一张照片，窗口左侧的【元数据】面板中就会显示各种原始数据信息，如图 3-39 所示。

图 3-39

Step 02 添加新的信息。在【元数据】面板中，还可以为照片添加新的信息，如拍摄者的姓名、照片的版权等。单击【IPTC Core】选项区域右侧的图标，在需要编辑的项目中输入信息，然后按【Enter】键确定即可，如图 3-40 所示。

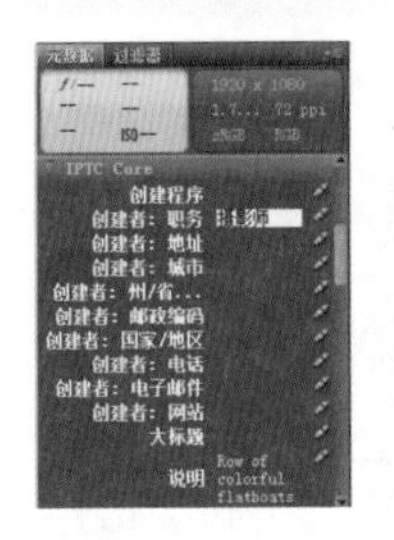
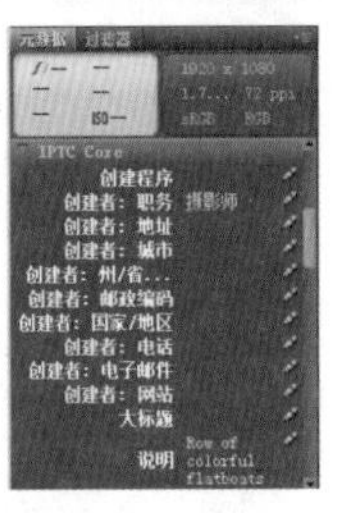

图 3-40

3.4 图像的编辑

图像用途不同，对图像的大小要求就不同，用户可以根据实际情况对图像大小和分辨率进行调整，也可以通过旋转和裁剪来对图像进行编辑。

★重点 3.4.1 修改图像的尺寸

通常情况下，图像尺寸越大，所占磁盘空间也越大，通过设置图像尺寸可以调整文件大小。

执行【图像】→【图像大小】命令，打开【图像大小】对话框，如图 3-41 所示，相关选项作用及含义如表 3-6 所示。

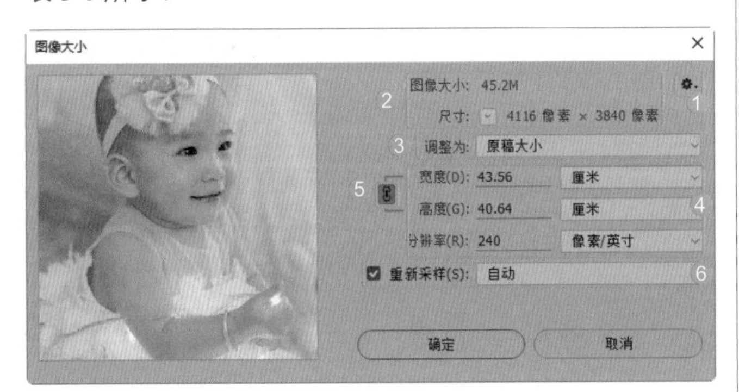

图 3-41

表 3-6 选项作用及含义

选项	作用及含义
❶ 缩放样式	如果文档中的图层添加了图层样式，选择该选项以后，可在调整图像的大小时自动缩放样式效果。只有【限制长宽比】按钮处于选中状态，才能使用该选项
❷ 图像大小/尺寸	显示图像大小和像素尺寸。单击【尺寸】右侧的按钮，在打开的下拉菜单中可以选择其他度量单位（百分比、点等）
❸ 调整为	在【调整为】下拉列表中，列出了一些常规的图像尺寸，可以快速进行选择

续表

选项	作用及含义
❹ 宽度/高度/分辨率	输入图像的宽度、高度和分辨率值。单击右侧的按钮，在打开的下拉菜单中可以选择度量单位
❺ 限制长宽比	单击【限制长宽比】按钮，修改图像的宽度或高度时，可保持宽度和高度的比例不变
❻ 重新采样	选中【重新采样】复选框后，当减少像素的数量时，就会从图像中删除一些信息；当增加像素的数量或增加像素取样时，就会添加新的像素。在右侧的下拉列表中可以选择一种插值方法来确定添加或删除像素的方式，如“两次立方”“邻近”“两次线性”“保留细节（扩大）”等

下面分析修改图像尺寸的两种方式。

打开“素材文件\第 3 章\宝宝 1.jpg”文件，执行【图像】→【图像大小】命令，如图 3-42 所示。

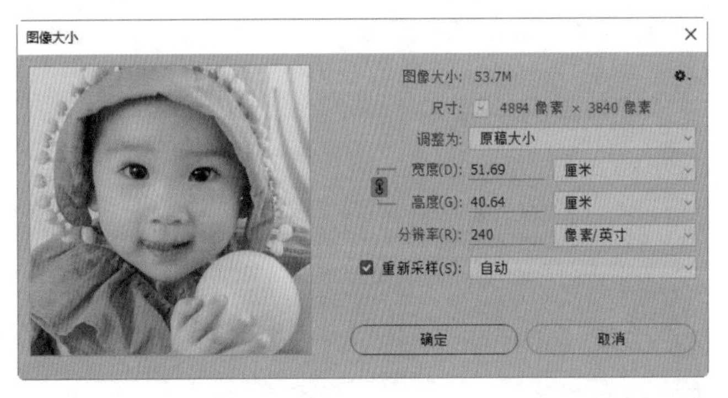

图 3-42

（1）选中【重新采样】复选框后，减少宽度和高度，此时图像的像素总量有变化，图像变小了；增加宽度和高度，此时图像的像素总量有变化，图像变大了，如图 3-43 所示。

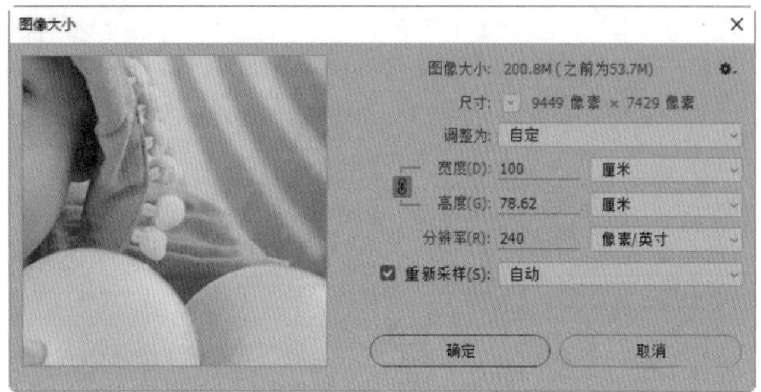

图 3-43

（2）取消选中【重新采样】复选框后，同样设置【宽度】为 20 厘米，这时图像的像素总量没有变化，减少宽度和高度的同时，自动增加分辨率；增加宽度和高度的同时，自动减少分辨率，图像看上去没有什么变化，如图 3-44 所示。

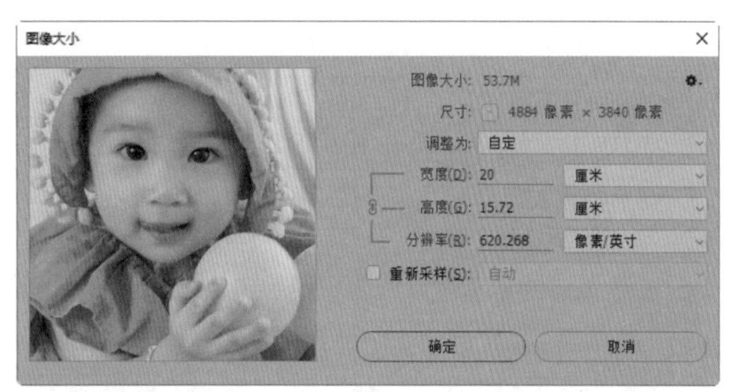

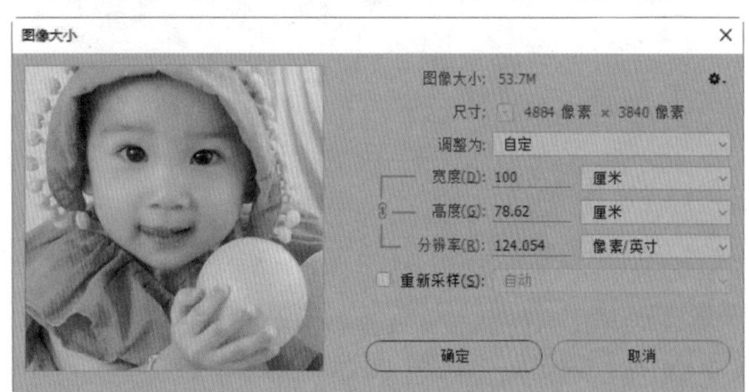

图 3-44

技术看板

修改图像大小只能在原图像基础上进行操作，无法生成新的原始数据。如果原图像很模糊，调高分辨率也是于事无补的。

★重点 3.4.2 修改画布大小

画布就像绘画时的绘画本。执行【图像】→【画布大小】命令，可以打开【画布大小】对话框，如图 3-45 所示，相关选项作用及含义如表 3-7 所示。

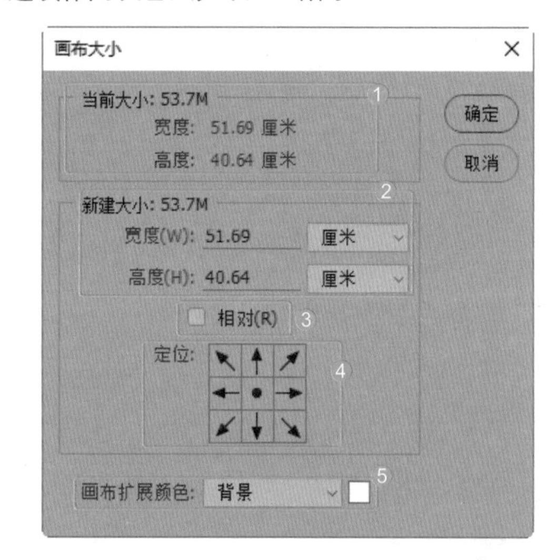

图 3-45

表 3-7 选项作用及含义

选项	作用及含义
❶ 当前大小	显示了图像宽度和高度的实际尺寸，以及文档的实际大小
❷ 新建大小	可以在【宽度】和【高度】文本框中输入画布的尺寸。当输入的数值大于原来尺寸时会增加画布，否则会减小画布，且减小画布会裁剪图像。输入尺寸后，该选项右侧会显示修改画布后的文档大小
❸ 相对	选中该复选框，【宽度】和【高度】文本框中的数值将代表实际增加或减少的区域的大小，而不再代表整个文档的大小，此时输入正值表示增加画布，输入负值表示减小画布
❹ 定位	单击不同的方格，可以指示当前图像在新画布上的位置
❺ 画布扩展颜色	在该下拉列表中可以选择填充新画布的颜色。如果图像的背景是透明的，则【画布扩展颜色】选项不可用，添加的画布也是透明的

★重点 3.4.3 实战：使用旋转画布功能调整图像构图

实例门类	软件功能

使用旋转画布功能可以调整图像旋转角度，调整图像构图，具体操作步骤如下。

Step 01 打开文件并执行命令。打开“素材文件\第 3 章\宝贝 3.jpg”文件，如图 3-46 所示。执行【图像】→【图像旋转】→【水平翻转画布】命令，如图 3-47 所示。

图 3-46

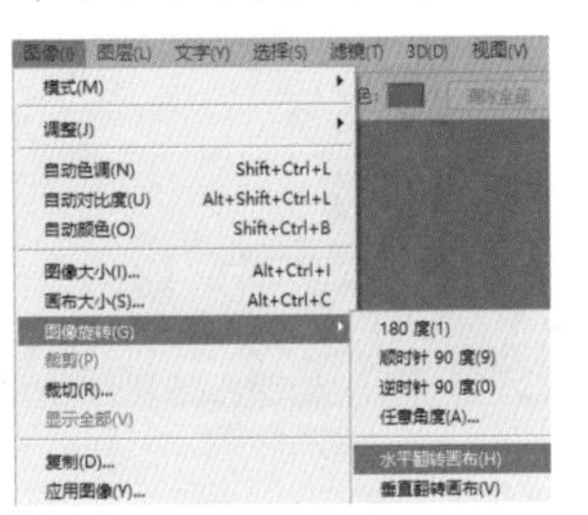

图 3-47

Step 02 完成画布翻转。水平翻转画布后，图像效果如图 3-48 所示。按【D】键恢复默认前景色/背景色，确保工具箱中【背景色】为白色，如图 3-49 所示。

图 3-48

图 3-49

技术看板

按【X】键可快速调换前景色/背景色。

Step 03 旋转图像。执行【图像】→【图像旋转】→【任意角度】命令，❶设置【角度】为 45 度、旋转方式为【逆时针】，❷单击【确定】按钮，如图 3-50 所示，旋转后的效果如图 3-51 所示。

技术看板

执行【图像】→【图像旋转】命令，在打开的子菜单中，可以选择旋转方式（例如，180 度、顺时针 90 度、逆时针 90 度、水平翻转画布、垂直翻转画布等）。需要注意的是，此时的旋转对象只针对整体图像。

图 3-50

图 3-51

3.4.4 显示画布外的图像

如果将一个较大的图像拖入一个较小的图像中，有些图像内容就会显示在画布外，执行【图像】→【显示全部】命令，Photoshop 会分析像素位置，自动扩大画面，显示出全部图像。

★重点 3.4.5 实战：裁剪图像

实例门类	软件功能

图像编辑时，可以裁掉多余的内容，使主体更加突出。裁剪图像的方法有很多，下面进行详细的介绍。

1. 裁剪工具

选择工具箱中的【裁剪工具】，选项栏会切换到【裁剪工具】，如图 3-52 所示，相关选项作用及含义如表 3-8 所示。

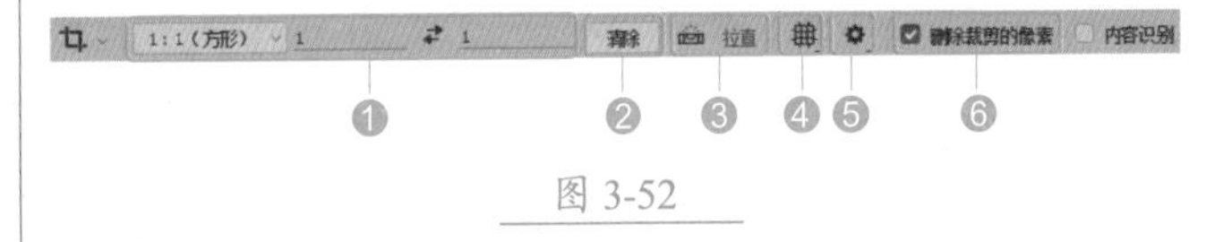

图 3-52

表 3-8 选项作用及含义

选项	作用及含义
❶ 使用预设裁剪	单击此按钮可以打开预设的裁剪选项，包括“原始比例”“前面的图像”等预设裁剪方式
❷ 清除	单击该按钮，可以清除前面设置的“宽度”“高度”和“分辨率”值，恢复空白设置
❸ 拉直图像	单击【拉直】按钮，在照片上单击并拖动鼠标绘制一条直线，让其与地平线、建筑物墙面和其他关键元素对齐，即可自动将画面拉直

续表

选项	作用及含义
④ 设置裁剪工具的叠加选项	单击该按钮，在打开的列表中选择进行裁剪时的视图显示方式
⑤ 设置其他裁切选项	单击【设置其他裁切选项】按钮 ，在打开的面板中可以选择其他选项，包括“使用经典模式”和“启用裁剪屏蔽”等
⑥ 删除裁剪的像素	默认情况下，Photoshop CC 会将裁剪掉的图像保留在文件中（可使用【移动工具】 拖动图像，将隐藏的图像内容显示出来）。如果要彻底删除被裁剪的图像，即可选中该复选框，再进行裁剪

具体操作步骤如下。

Step01 裁剪图像。打开“素材文件\第3章\荷花.jpg”文件，如图 3-53 所示。选择【裁剪工具】 ，将鼠标指针移动至图像中按住鼠标左键不放，任意拖出一个裁剪框，释放鼠标后，裁剪区域外部屏蔽图像变暗，如图 3-54 所示。

图 3-53

图 3-54

Step02 调整裁剪的区域。拖动裁剪框四周的控制点，调整所裁剪的区域大小，如图 3-55 所示。按【Enter】键确认完成裁剪，如图 3-56 所示。

图 3-55

图 3-56

2. 透视裁剪工具

【透视裁剪工具】 可修改照片的透视效果。使用该工具在照片中单击并拖动鼠标即可创建裁剪范围，拖动出现的控制点即可调整透视范围，具体操作步骤如下。

Step01 创建裁剪区域。打开“素材文件\第3章\海边.jpg”文件，如图 3-57 所示。选择【透视裁剪工具】 ，在图像中单击并拖出鼠标创建裁剪区域，如图 3-58 所示。

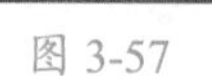
图 3-57

图 3-58

Step02 调整裁剪框大小和透视角度。拖动裁剪框周围的控制点，调整裁剪框大小和透视角度，如图 3-59 所示。调整至合适大小后，按【Enter】键确定裁剪，如图 3-60 所示。

图 3-59

图 3-60

3. 【裁切】命令

【裁切】命令可以裁切掉指定的目标区域，如透明像素、左上角像素颜色等，执行【图像】→【裁切】命令，可以打开【裁切】对话框，如图 3-61 所示，相关选项作用及含义如表 3-9 所示。

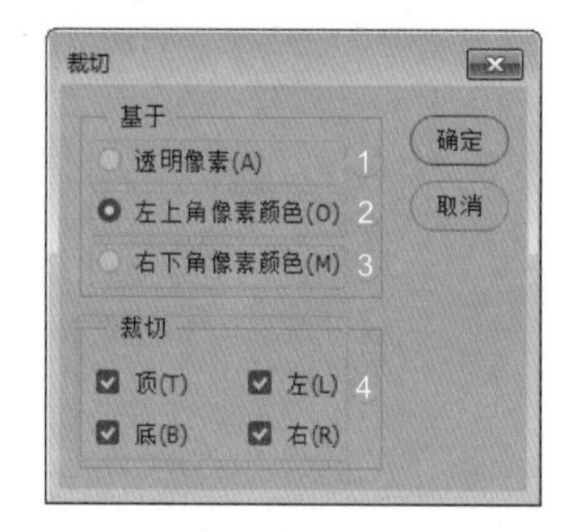

图 3-61

表 3-9 选项作用及含义

选项	作用及含义
❶ 透明像素	选中该单选按钮，可以删除图像边缘的透明区域，留下包含非透明像素的最小图像
❷ 左上角像素颜色	选中该单选按钮，从图像中删除左上角像素颜色的区域
❸ 右下角像素颜色	选中该单选按钮，从图像中删除右下角像素颜色的区域
❹ 裁切	用来设置要修正的图像区域

使用【裁切】命令裁切透明像素，效果对比如图 3-62 所示。

图 3-62

4.【裁剪】命令

使用【裁剪】命令可以快速裁掉选区内的图像，具体操作方法如下。

创建选区后，执行【图像】→【裁剪】命令，选区外的图像即被裁剪掉，如图 3-63 所示。

图 3-63

3.4.6 复制、剪切与粘贴

【复制】【剪切】与【粘贴】都是应用程序中最普通的命令，它们用来完成复制与粘贴任务。与其他程序不同的是，Photoshop 的相关功能更加人性化。

1. 复制图像

执行【编辑】→【复制】命令或按【Ctrl+C】组合键，可以将图像复制到剪贴板中。

2. 合并复制

如果文件中包含多个图层，创建选区后，执行【编辑】→【合并复制】命令，可以将多个图层中的可见内容复制到剪贴板中，如图 3-64 所示。

图 3-64

3. 剪切

执行【编辑】→【剪切】命令，将图像放入剪贴板中，并将图像从原始位置剪切掉，原位置不再有该图像。

4. 粘贴

执行【编辑】→【粘贴】命令或按【Ctrl+V】组合键，可以将剪贴板中的图像粘贴到目标区域。

5. 选择性粘贴

复制或剪切图像后，执行【编辑】→【选择性粘贴】命令，在打开的下拉菜单中，包括以下几个命令。

（1）原位粘贴：执行该命令或按【Shift+Ctrl+V】组合键，可以将图像按照其原位粘贴到文档中，如图 3-65 所示。

图 3-65

（2）贴入：如果在文档中创建了选区，执行该命令或按【Alt+Shift+Ctrl+V】组合键，可以将图像粘贴到选区内，并自动添加蒙版，将选区之外的图像隐藏，如图 3-66 所示。

图 3-66

（3）外部粘贴：如果创建了选区，执行该命令，可粘贴图像，并自动创建蒙版，将选区内的图像隐藏，如图 3-67 所示。

图 3-67

6. 清除图像

在图像中创建选区后，执行【编辑】→【清除】命令，可以清除选区内的图像。如果清除的是【背景】图层上的图像，被清除的区域将填充背景色；如果清除的是其他图层上的图像，则会删除选中的图像。

7. 复制文件

执行【图像】→【复制】命令，可以打开【复制图像】对话框，在【为】文本框中可以输入文件名称，如果图像包含多个图层，选中【仅复制合并的图层】复选框，复制后的文件将自动合并图层，如图 3-68 所示。

右击文档标题栏，可以打开相应快捷菜单，在快捷菜单中选择【复制】命令复制文件，如图 3-69 所示。

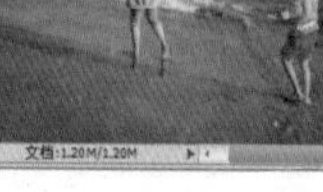

图 3-68　　图 3-69

技术看板

在标题栏快捷菜单中，还可以选择【图像大小】【画布大小】【文件简介】和【打印】等命令。

3.5 图像的变换

移动、旋转、缩放、扭曲等是图像变换的基本方法，其中，移动、旋转和缩放称为变换操作；扭曲、斜切、透视、变形、操控变换称为变形操作。

3.5.1 移动图像

【移动工具】是最常用的工具之一，无论是在文档中移动图层、选区内的图像，还是将其他文档中的图像拖入当前文档，都需要使用该工具。选择工具箱中的【移动工具】，其选项栏如图 3-70 所示，相关选项作用及含义如表 3-10 所示。

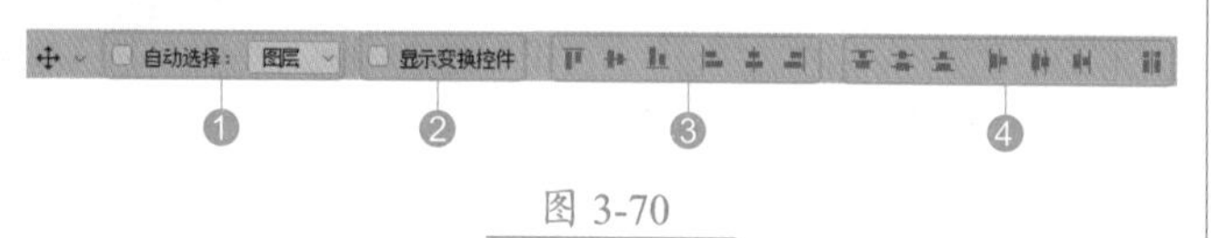

图 3-70

表 3-10　选项作用

选项	作用及含义
❶ 自动选择	如果文档中包含多个图层或组，可选中该复选框并在下拉列表中选择要移动的内容。选择【图层】选项，使用【移动工具】在画面中单击时，可以自动选择工具下面包含像素的最顶层的图层；选择【组】选项，则在画面中单击时，可以自动选择工具下面包含像素的最顶层的图层所在的图层组
❷ 显示变换控件	选中该复选框后，选择一个图层时，就会在图层内容的周围显示定界框，可以拖动控制点对图像进行变化操作。当文档中图层较多，并且要经常进行变换操作时，该复选框非常实用
❸ 对齐图层	如果选择了两个或两个以上的图层，可单击相应的按钮将所选图层对齐。这些按钮包括顶对齐、垂直居中对齐、底对齐、左对齐、水平居中对齐和右对齐

续表

选项	作用及含义
❹ 分布图层	如果选择了 3 个或 3 个以上的图层，可单击相应的按钮使所选图层按照一定的规则均匀分布。这些按钮包括顶分布、垂直居中分布、按底分布、按左分布、水平居中分布和按右分布

在【图层】面板中单击要移动的对象所在的图层，使用【移动工具】在画面中单击并拖动鼠标即可移动图层中的图像内容，如图 3-71 所示。

图 3-71

★重点 3.5.2 定界框、中心点和控制点

执行【编辑】→【变换】命令，其子菜单中包含了各种变换命令，可以对图层、路径、矢量形状及选中的图像进行变换操作。

执行【变换】命令时，对象周围会出现一个定界框，定界框中央有一个中心点，周围分布有控制点，拖动控制点可以对其进行变换如图 3-72 所示；默认情况下，中心点位于对象的中心，用于定义对象的变换中心，拖动该中心点可以移动其位置，如图 3-73 所示。

图 3-72

图 3-73

3.5.3 实战：旋转和缩放

实例门类	软件功能

【旋转】命令可以旋转对象的方向，【缩放】命令可以对选择的图像进行放大和缩小，具体操作步骤如下。

Step 01 进入缩放状态。打开“素材文件 \ 第 3 章 \ 旋转和缩放 .psd”文件，如图 3-74 所示。执行【编辑】→【变换】→【缩放】命令，进入缩放状态，将鼠标指针移动至控制点上，当鼠标指针变成双箭头时，按住鼠标左键不放进行拖动缩放，向外拖动表示放大图像，向内拖动表示缩小图像，如图 3-75 所示。

图 3-74

图 3-75

Step 02 旋转对象。执行【编辑】→【变换】→【旋转】命令，显示定界框，将鼠标指针移动至定界框外，当鼠标指针变成 形状时，单击并拖动鼠标可以旋转对象，如图 3-76 所示；完成操作后，在选项栏中单击【提交变换】按钮 ✓ 或按【Enter】键确认操作，如图 3-77 所示。

图 3-76

图 3-77

3.5.4 斜切、扭曲和透视变换

执行【编辑】→【变换】→【斜切】命令，显示定界框，将鼠标指针放在定界框外侧，鼠标指针会变成或形状，单击并拖动鼠标可以沿垂直或水平方向斜切对象，原图和斜切变换效果如图 3-78 所示。

图 3-78

执行【编辑】→【变换】→【扭曲】命令，显示定界框，将鼠标指针放在定界框周围的控制点上，鼠标指针会变成形状，单击并拖动鼠标可以扭曲对象，原图和扭曲变换效果如图 3-79 所示。

图 3-79

执行【编辑】→【变换】→【透视】命令，显示定界框，将鼠标指针放在定界框周围的控制点上，鼠标指针会变成形状，单击并拖动鼠标可以进行透视变换，原图和透视变换效果如图 3-80 所示。

图 3-80

3.5.5 实战：通过变形命令为玻璃球贴图

实例门类	软件功能

使用【变形】命令，可以拖动变形框内的任意点，对图像进行更加灵活的变形操作，具体操作步骤如下。

Step 01 显示出变形网格。打开“素材文件\第 3 章\变形.psd”文件，如图 3-81 所示。执行【编辑】→【变换】→【变形】命令，会显示变形网格，如图 3-82 所示。

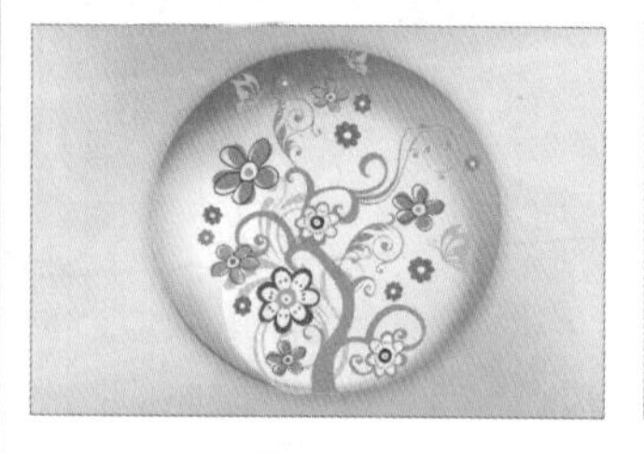

图 3-81

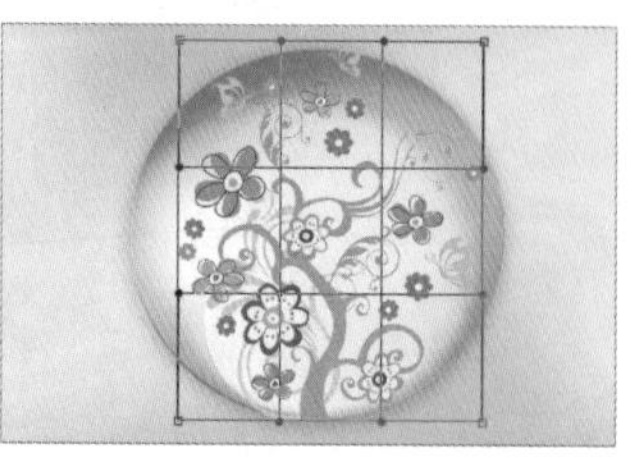

图 3-82

Step 02 进行变形变换。将鼠标指针放在网格内，鼠标指针变成形状，单击并拖动鼠标可以进行变形变换，如图 3-83 所示；按【Enter】键确认变换，效果如图 3-84 所示。

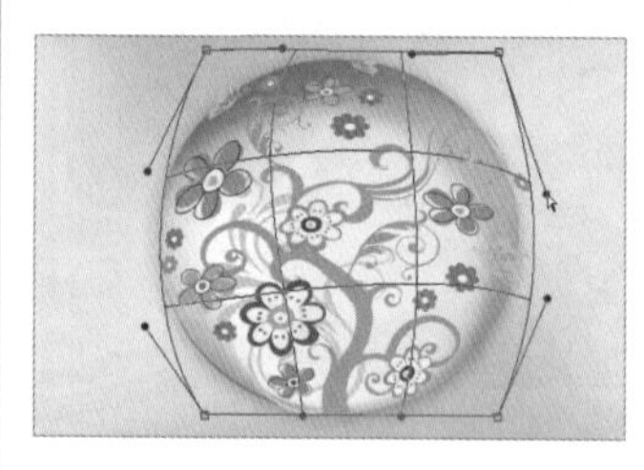

图 3-83

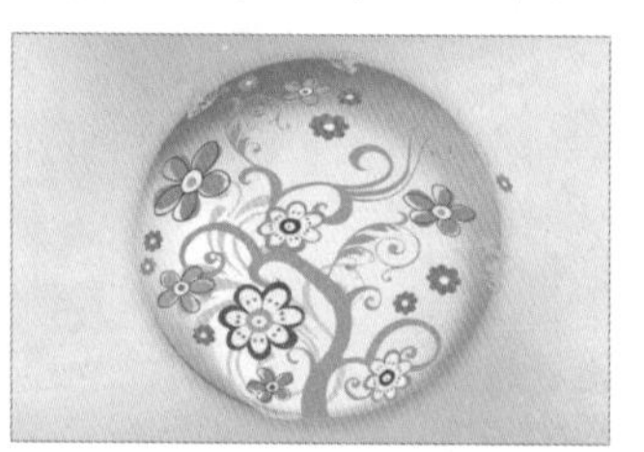

图 3-84

Step 03 更改图层混合模式。在【图层】面板中，更改【图层 1】图层【混合模式】为线性光，如图 3-85 所示，最终效果如图 3-86 所示。

图 3-85

图 3-86

技能拓展——变形样式

进入变形状态时，在选项栏中可以设置系统预设的变形样式，包括“扇形”“上（下）弧”等，用户还可以输入具体的弯曲数值。

3.5.6 自由变换

按【Ctrl+T】组合键即可进入自由变换状态，默认自由变换方式为“缩放”，在变换框中右击，在弹出的快

捷菜单中可以选择变换方式，或者配合功能键进行变换，具体操作方法如下。

- 缩放：将鼠标指针指向变换框角控制节点上拖动鼠标。拖动时，按【Shift】键，可以等比例缩放；按【Alt】键，可以以变换中心为基点进行图像缩放。
- 旋转：将鼠标指针放置在变换框外，指针变为旋转符号时拖动。
- 斜切：按【Ctrl+Shift】组合键，拖动变换节点。
- 扭曲：按【Ctrl】键，拖动变换节点，同时按【Ctrl+Alt】组合键，拖动鼠标可以以变换中心为基点扭曲。
- 透视：按【Ctrl+Shift+Alt】组合键，拖动变换节点。

技术看板

执行【图像】→【图像旋转】命令，在打开的级联菜单中，可以选择旋转方式（如水平、垂直翻转画布等）。需要注意的是，此时的旋转对象只针对整体图像。

3.5.7 精确变换

进入变换状态时，在选项栏中可以输入数值进行精确变换，如图3-87所示，相关选项作用及含义如表3-11所示。

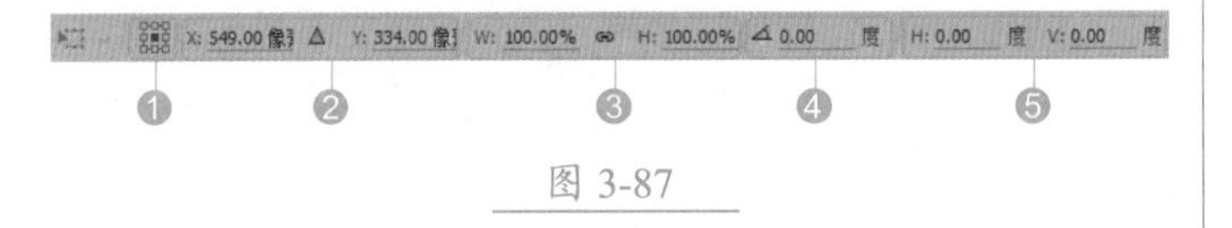

图 3-87

表 3-11 选项作用及含义

选项	作用及含义
❶ 参考点位置	方块对应变换框上的控制点，单击相应控制点，可以改变图像的变换中心点
❷ 水平或垂直位置	设置参考点的水平和垂直位置
❸ 水平或垂直缩放	设置图像的水平和垂直缩放
❹ 旋转角度	设置图像的旋转角度
❺ 斜切角度	设置图像的斜切角度

3.5.8 实战：多次变换图像制作旋转花朵

实例门类	软件功能

变换对象后，可以以一定的规律多次变换图像，得到特殊效果，具体操作步骤如下。

Step 01 复制图层。打开“素材文件\第3章\再次.psd”文件，如图3-88所示。按【Ctrl+J】组合键复制图层，如图3-89所示。

图 3-88

图 3-89

Step 02 旋转图像。按【Ctrl+T】组合键，进入自由变换状态，拖动更改变换中心点的位置，如图3-90所示。拖动旋转图像，如图3-91所示。

图 3-90

图 3-91

Step 03 缩小图像。拖动变换点缩小图像，如图3-92所示。按【Enter】键确认变换，效果如图3-93所示。

图 3-92

图 3-93

Step 04 变换图像。按【Alt+Shift+Ctrl+T】组合键四次，复制并以相同的变换方式变换图像，如图3-94所示。多次按【Alt+Shift+Ctrl+T】组合键，效果如图3-95所示。

图 3-94

图 3-95

3.5.9 实战：使用【操控变形】功能调整动物肢体动作

实例门类	软件功能

Photoshop CC 中的操控变形功能可以在图像关键点上放置图钉，然后通过拖动图钉来变形图像，具体操作步骤如下。

Step 01 显示变形网格。打开“素材文件\第 3 章\操控变形.psd”文件，如图 3-96 所示。选择【图层 1】图层，执行【编辑】→【操控变形】命令，在动物图像上显示变形网格，如图 3-97 所示。

图 3-96

图 3-97

Step 02 添加图钉。在选项栏中，取消选中【显示网格】复选框，在关键位置单击，添加图钉，如图 3-98 所示。

Step 03 改变动作姿态。拖动所选位置的图钉，可以改变其动作姿态，如图 3-99 所示。

Step 04 调整动物的肢体动作。继续拖动其他图钉，调整动物的肢体动作，如图 3-100 所示。

图 3-98

图 3-99

图 3-100

技能拓展——删除图钉

单击一个图钉以后，按【Delete】键可将其删除。此外，按住【Alt】键单击图钉也可以将其删除。如果要删除所有图钉，可在变形网格上右击，在打开的快捷菜单中选择【移去所有图钉】命令。

进入操控变形状态后，可以在选项栏中进行参数设置，如图 3-101 所示，相关选项作用及含义如表 3-12 所示。

图 3-101

表 3-12 选项作用及含义

选项	作用及含义
❶ 模式	用于设定网格的弹性。选择【刚性】选项，变形效果精确，但缺少柔和的过渡；选择【正常】选项，变形效果准确，过渡柔和；选择【扭曲】选项，可创建透视扭曲效果

续表

选项	作用及含义
❷ 浓度	设置网格点的间距，有【较少点】【正常】和【较多点】3 个选项
❸ 扩展	设置变形效果的衰减范围。数值越大，变形网格范围会向外扩展，变形后的对象边缘会更加平滑；数值越小，边缘越生硬
❹ 显示网格	选中该复选框显示变形网格
❺ 图钉深度	选择图钉后，可以调整它的堆叠顺序
❻ 旋转	选择【自动】选项，在拖动图钉时，会自动对图像进行旋转处理；选择【固定】选项，可以设置准确的旋转角度

3.5.10 实战：使用内容识别比例缩放图像

实例门类	软件功能

内容识别缩放是一项实用的缩放功能。普通的缩放在调整图像时会统一影响所有的像素，而内容识别缩放则主要影响没有重要可视内容的区域中的像素，具体操作步骤如下。

Step 01 将背景图层转换为普通图层。打开“素材文件\第 3 章\内容识别比例.jpg”文件，如图 3-102 所示。按住【Alt】键双击【背景】图层，将其转换为普通图层，如图 3-103 所示。

图 3-102

图 3-103

Step 02 缩放图像。执行【编辑】→【内容识别比例】命令，显示定界框，拖动控制点缩放图像，重要的人物主体没有产生变化，如图 3-104 所示。

Step 03 缩放主体人物。按【Esc】键恢复变换，按【Ctrl+T】组合键，执行自由缩放图像，主体人物产生变化，如图 3-105 所示。

图 3-104

图 3-105

3.6 还原与重做

在编辑图像的过程中，会出现很多操作失误或对创建的效果不满意的情况，可以撤销操作或将图像恢复为最近保存过的状态。

3.6.1 还原与重做

执行【编辑】→【还原】命令或按【Ctrl+Z】组合键，可以撤销对图形所做的最后一次修改，将其还原到上一步编辑状态中。如果想要取消还原操作，可以执行【编辑】→【重做】命令或按【Shift+Ctrl+Z】组合键。

3.6.2 前进一步与后退一步

【还原】命令只能还原一步操作，如果要连续还原，可以连续执行【编辑】→【后退一步】命令或按【Alt+Ctrl+Z】组合键。如果要取消还原，可以连续执行【编辑】→【前进一步】命令或按【Shift+Ctrl+Z】组合键，逐步恢复被撤销的操作。

3.6.3 恢复文件

执行【文件】→【恢复】命令，可以直接将文件恢复到最后一次保存时的状态。

3.6.4 【历史记录】面板

执行【窗口】→【历史记录】命令，可打开【历史记录】面板，如图 3-106 所示，相关选项作用及含义如表 3-13 所示。

图 3-106

表 3-13　选项作用及含义

选项	作用及含义
❶ 设置历史记录画笔的源	使用历史记录画笔时，该图标所在的位置将作为历史画笔的源图像
❷ 快照缩览图	被记录为快照的图像状态
❸ 当前状态	将图像恢复到该命令的编辑状态
❹ 从当前状态创建新文档	基于当前操作步骤中图像的状态创建一个新的文件
❺ 创建新快照	基于当前的状态创建快照
❻ 删除当前状态	选择一个操作步骤后，单击该按钮可将该步骤及后面的操作删除

3.6.5 实战：用历史记录面板和快照还原图像

实例门类	软件功能

对图像进行操作的每一个步骤都会保存在【历史记录】面板中，要想回到某一个步骤，单击其步骤即可。快照可以用来保存重要的步骤，以后不管有多少步骤，都不会影响快照中保存的步骤，具体操作步骤如下。

Step 01 打开素材。打开“素材文件\第 3 章\牛.jpg”文件，如图 3-107 所示。【历史记录】面板如图 3-108 所示。

图 3-107

图 3-108

Step 02 径向模糊。执行【滤镜】→【模糊】→【径向模糊】命令，打开【径向模糊】对话框，❶ 设置【数量】为 10、【模糊方法】为旋转，❷ 在【中心模糊】选项区域中拖动中心点到下方，❸ 单击【确定】按钮，如图 3-109 所示，效果如图 3-110 所示。

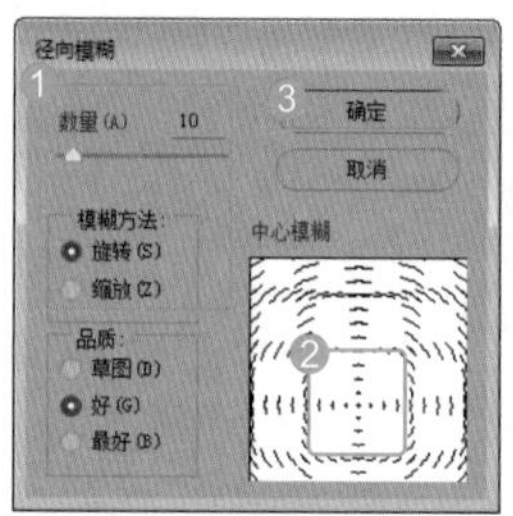

图 3-109

图 3-110

Step 03 创建新快照。在【历史记录】面板中，单击【创建新快照】按钮，新建【快照 1】图层，如图 3-111 所示。

Step 04 拖动曲线。执行【调整】→【曲线】命令，在打开的【曲线】对话框中，❶ 向上方拖动曲线，❷ 单击【确定】按钮，如图 3-112 所示。

图 3-111

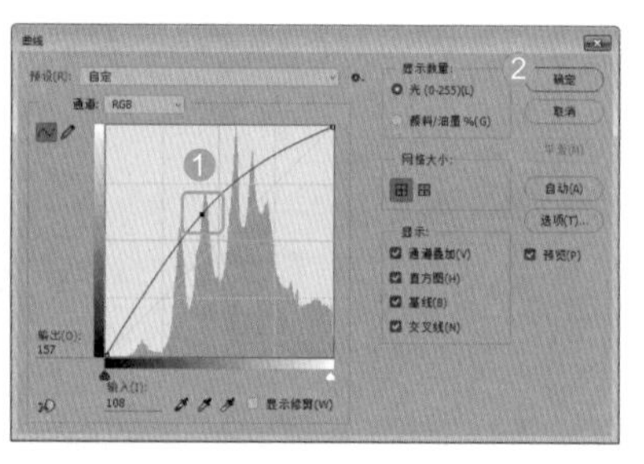

图 3-112

Step 05 记录步骤。曲线调整效果如图 3-113 所示。操作步骤都记录在【历史记录】面板中，如图 3-114 所示。

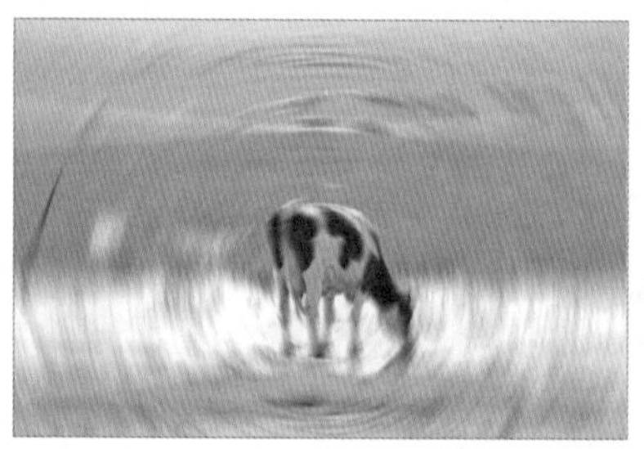

图 3-113

图 3-114

Step 06 恢复图像状态。在【历史记录】面板中，单击【快照 1】图层，如图 3-115 所示。图像恢复到【快照 1】图层保存的图像状态，如图 3-116 所示。

图 3-115

图 3-116

Step 07 恢复图像状态。在【历史记录】面板中，单击【打开】按钮，如图 3-117 所示。图像恢复到刚刚打开时的图像状态，如图 3-118 所示。

图 3-117

图 3-118

技能拓展
——删除快照

在【历史记录】面板中，将一个快照拖动到【删除当前状态】按钮上，即可删除所选择的快照。

3.6.6 非线性历史记录

在【历史记录】面板中，单击某一操作步骤来还原图像时，该步骤以下的操作全部变暗，如图 3-119 所示；如果此时进行其他操作，则该步骤后面的记录全都会被新的操作替代，如图 3-120 所示；而非线性历史记录允许在更改选择的状态时保留后面的操作，如图 3-121 所示。

图 3-119

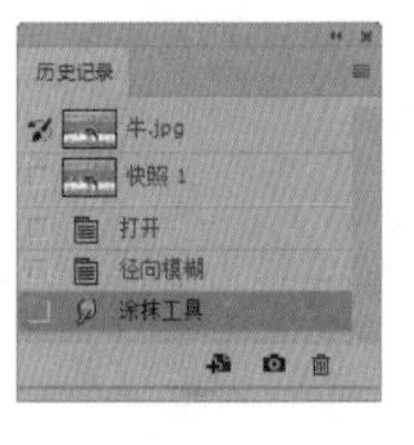

图 3-120

图 3-121

单击【历史记录】面板中的【扩展】按钮，在弹出的菜单中选择【历史记录选项】命令，打开【历史记录选项】对话框，选中【允许非线性历史记录】复选框，即可将历史记录设置为非线性历史记录，如图 3-122 所示，相关选项作用及含义如表 3-14 所示。

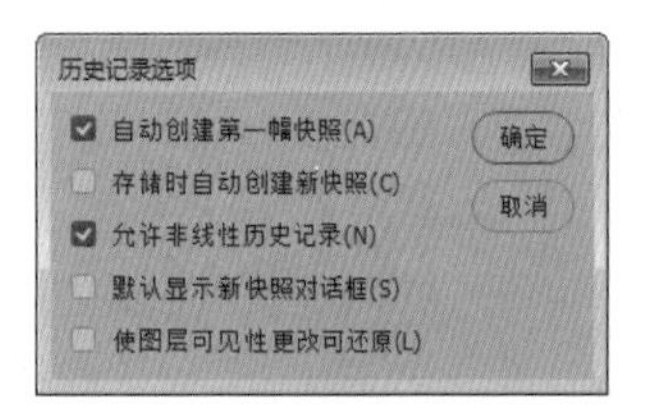

图 3-122

表 3-14 选项作用及含义

选项	作用及含义
自动创建第一幅快照	打开图像文件时，图像的初始状态自动创建为快照
存储时自动创建新快照	在编辑的过程中，每保存一次文件，都会自动创建一个快照
允许非线性历史记录	选中复选框，删除中间的某一步骤时，其他步骤不受影响
默认显示新快照对话框	选中该复选框，强制 Photoshop 提示操作者输入快照名称
使图层可见性更改可还原	选中该复选框，保存对图层可见性的更改

技能拓展
——更改【历史记录】面板默认步数

在【历史记录】面板中，默认只能保存 20 个处理步骤，执行【编辑】→【首选项】→【性能】命令，在【历史记录状态】文本框中，可以更改保存的步数。

3.7 优化内存

执行【编辑】→【清理】命令，可以释放由【还原】命令、【历史记录】面板或剪贴板占用的内存，以加快系统的处理速度。清理后，项目的名称就会显示为灰色。

3.7.1 暂存盘

Photoshop 处理图像时，如果内存空间不足，就会使用硬盘来扩展内存，这是一种虚拟内存技术，也称为暂存盘。暂存盘与内存的总容量至少为处理文件的 5 倍，Photoshop 才能流畅运行。

在工作界面的状态栏中，单击▶图标，选择【暂存盘大小】选项，将显示 Photoshop 可用内存的大概值，以及当前所有打开的文件与剪贴板、快照等占用的内存的大小，如果左侧数值大于右侧数值，表示 Photoshop 正在使用虚拟内存，如图 3-123 所示。

选择【效率】选项后，观察效率值，如果接近了 100%，表示仅使用少量暂存盘，低于 75%，则需要释放内存，或者添加新的内存来提高性能，如图 3-124 所示。

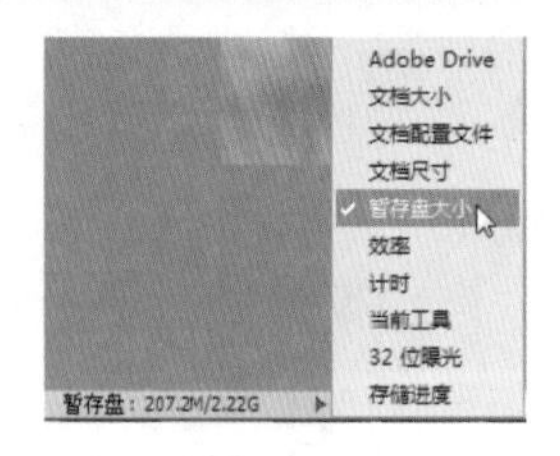

图 3-123

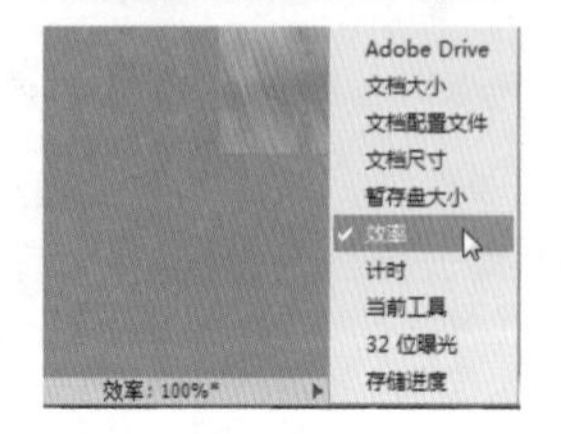

图 3-124

3.7.2 减少内存占用量

【复制】和【粘贴】图像时，会占用剪贴板和内存空间。如果内存有限，可将需要复制的对象所在图层拖动至【图层】面板底部的【创建新图层】按钮上，复制出一个包含该对象的新图层；或者使用【移动工具】将另外一个图像中需要的对象直接拖入正在编辑的文档中。

妙招技法

下面结合本章内容，给大家介绍一些实用技巧。

技巧 01：在 Bridge 中通过关键字快速搜索图片

本实例先打开 Bridge 操作界面，然后在【关键字】面板中新建关键字，最后通过关键字查找图片，具体操作步骤如下。

Step 01 打开素材文件夹。执行【文件】→【在 Bridge 中浏览】命令，进入 Bridge 操作界面，打开第 3 章的素材文件夹，如图 3-125 所示。

图 3-125

Step 02 选中文件。❶ 选择【输出】选项中的【关键字】选项卡，❷ 选中“水珠.jpg”文件，如图 3-126 所示。

图 3-126

Step 03 指定关键字。❶ 单击【新建关键字】按钮，❷ 在显示的文本框中输入关键字“自然”，如图 3-127 所示。❸ 选中关键字“自然”复选框，完成关键字的指定，如图 3-128 所示。

Step 04 找到目标文件。❶ 在 Bridge 窗口右上角的输入框中输入关键字“自然”，❷ 按【Enter】键就可以找到目标文件，如图 3-129 所示。

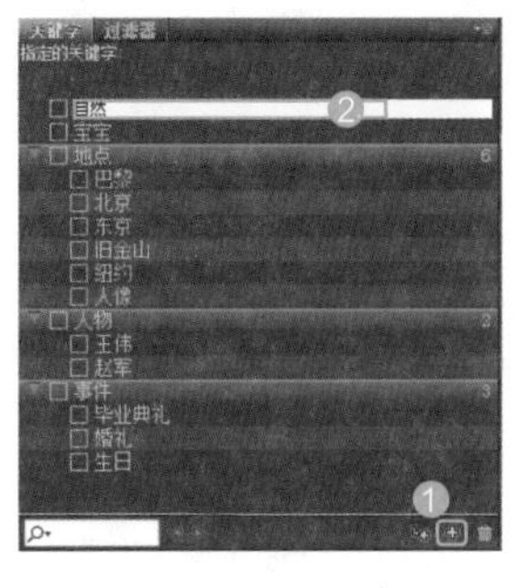

图 3-127

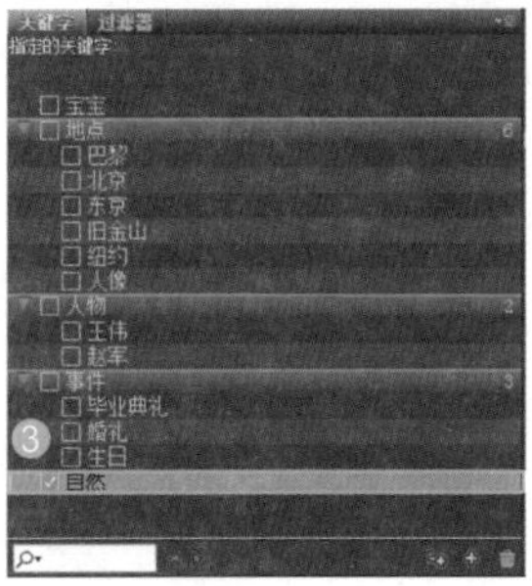

图 3-128

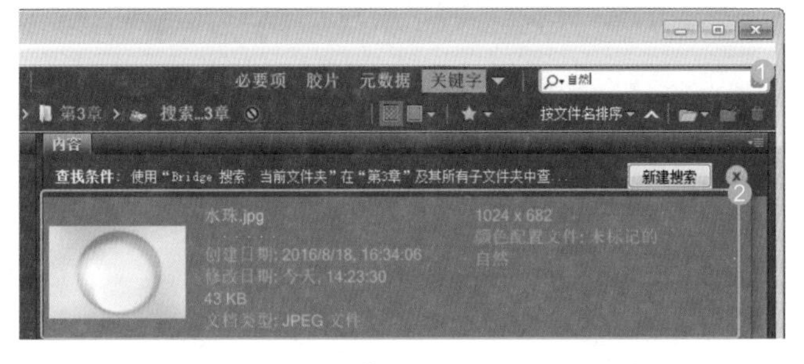

图 3-129

技巧 02：批量重命名图片

批量重命名可以快速为多张图片以相似的名称进行命名，具体操作步骤如下。

Step 01 选择文件夹。打开 Bridge 窗口，选择目标路径“素材文件\第 3 章\批量重命名”文件夹，如图 3-130 所示。

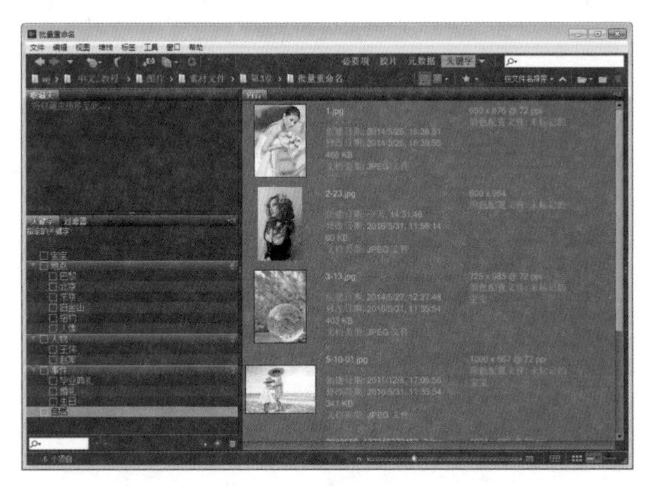

图 3-130

Step 02 选择所有图像文件。按【Ctrl+A】组合键，选择所有图像文件，如图 3-131 所示。

Step 03 重命名。执行【工具】→【批重命名】命令，打开【批重命名】对话框，❶ 在【目标文件夹】选项区域中，选中【在同一文件夹中重命名】单选按钮，❷ 设置新的文件名为“风光”，并输入序列数字，数字的位数为“1”，❸ 单击【重命名】按钮，如图 3-132 所示。

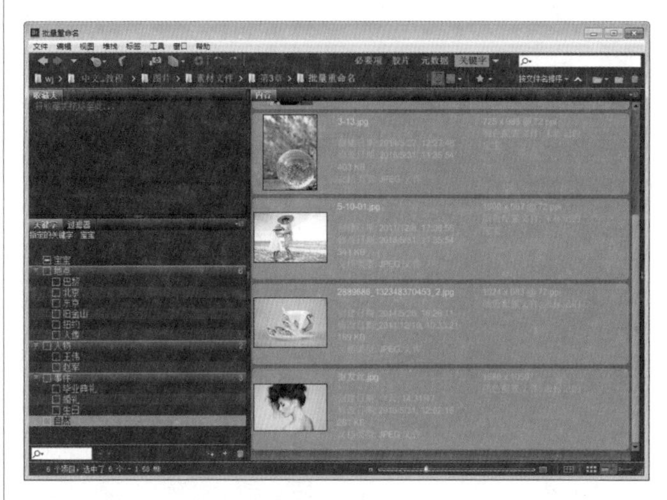

图 3-131

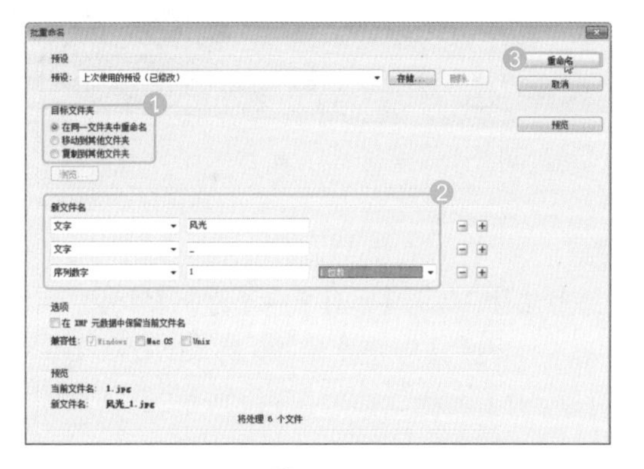

图 3-132

Step 04 自动重命名文件。系统将会自动重命名文件，重命名效果如图 3-133 所示。

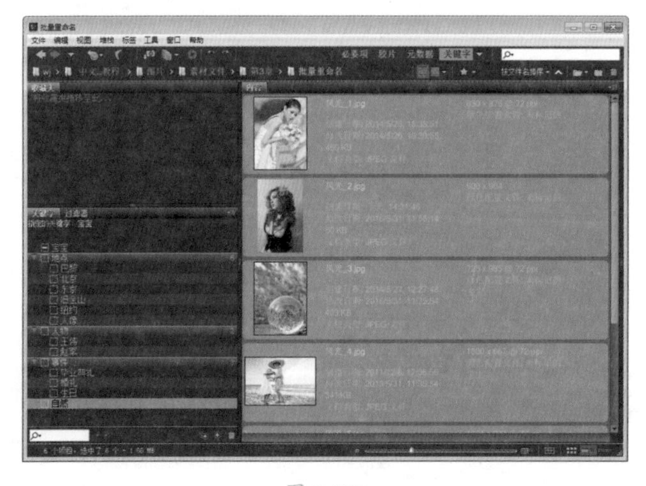

图 3-133

技能实训——姐妹情深

素材文件	素材文件 \ 第 3 章 \ 姐妹 .jpg，心形 .tif
结果文件	结果文件 \ 第 3 章 \ 姐妹 .psd

设计分析

单独的一张女孩照片看起来单调，就是一张普通的照片，没有象征意义，而通过 Photoshop 的“魔术”，可以为照片添加特殊的意义，营造出姐妹情深的场景效果，让照片变得与众不同，如图 3-134 所示。

图 3-134

操作步骤

Step 01 打开素材。执行【文件】→【打开】命令，打开【打开】对话框，❶ 选择打开位置，❷ 选择“姐妹 .jpg”文件，❸ 单击【打开】按钮，如图 3-135 所示。

图 3-135

Step 02 复制图层。通过前面的操作，打开图像文件，如图 3-136 所示。按【Ctrl+J】组合键复制图层，如图 3-137 所示。

图 3-136

图 3-137

Step 03 水平翻转图像。执行【编辑】→【变换】→【水平翻转】命令，水平翻转图像，如图 3-138 所示。

图 3-138

Step 04 擦除图像。选择工具箱中的【橡皮擦工具】，在左侧拖动鼠标，擦除图像，如图 3-139 所示。

图 3-139

Step 05 继续擦除图像。继续拖动鼠标，擦除图像，使左侧的人物逐渐显露出来，如图 3-140 所示。

图 3-140

Step 06 打开素材。打开“素材文件 \ 第 3 章 \ 心形 .tif”，如图 3-141 所示。

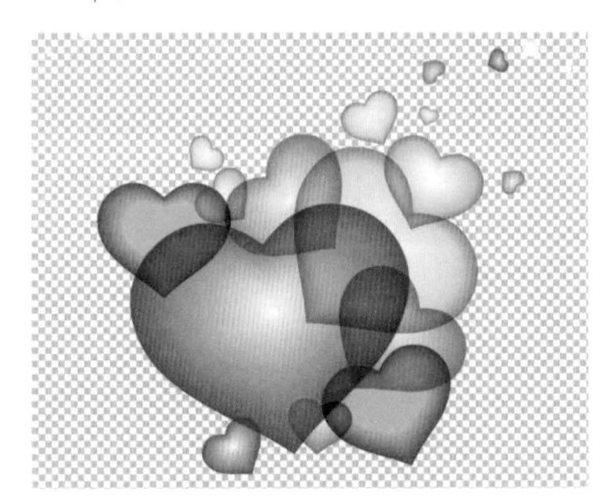

图 3-141

Step 07 移动图像。使用【移动工具】，移动心形到姐妹图像中间位置，如图 3-142 所示。在【图层】面板中，生成【心形】图层，如图 3-143 所示。

图 3-142　图 3-143

Step 08 缩小图像。按【Ctrl+T】组合键，执行自由变换操作，向内拖动右上角的控制点，适当缩小图像，如图 3-144 所示。

图 3-144

Step 09 旋转图像。向顺时针方向拖动右上角的控制点，适当旋转图像，如图 3-145 所示。

图 3-145

Step 10 更改图层混合模式。在变换框内双击，确认变换，在【图层】面板中，更改【心形】图层【混合模式】为颜色加深，如图 3-146 所示，效果如图 3-147 所示。

图 3-146　图 3-147

Step 11 恢复部分原始图像。选择【图层 1】图层，使用【移动工具】向右侧适当移动图像，如图 3-148 所示。使用【历史记录画笔工具】在左侧人物的手位置涂抹，恢复部分原始图像，最终效果如图 3-149 所示。

图 3-148

图 3-149

Step 12 保存图像。执行【文件】→【存储为】命令，在打开的【另存为】对话框中，❶选择保存路径，❷设置【文件名】为“姐妹”，【保存类型】为 .PSD，❸单击【保存】按钮，如图 3-150 所示。

图 3-150

本章小结

通过本章内容的学习，大家学会并掌握了 Photoshop CC 的图像相关概念、图像文件格式、文件的基本操作、Adobe Bridge、图像的编辑、图像的变换与变形、还原与重做和历史记录等相关知识。本章重点内容包括文件的基本操作、图像的编辑、图像的变换与变形、还原与重做等。区别矢量图与位图、图像分辨率、图像文件格式等知识，对于正确处理图像非常重要，它是本章学习的难点。

第4章 图像选区的创建与编辑

- 怎么选出图像中的某一种颜色？
- 如何利用选区抠取背景？
- 选区被隐藏了怎么办？
- 如何选中全部图像？
- 如何创建复杂选区？
- 如何通过蒙版创建选区？

在 Photoshop CC 中对图像进行编辑处理时，选区操作是必不可少的，它是完成其他操作的基础。选区工具分为规则选区工具和不规则选区工具，针对不同选区，选区工具的用法不同。本章详细讲解了图像选区的创建与编辑相关知识。

4.1 选区的创建

选区可以圈定作用范围，它在 Photoshop 中扮演着非常重要的角色，不进行选区操作就无法顺利完成后续操作。Photoshop 选区的创建方法很多，它们都有各自的特点，适合选择不同类型的对象。

4.1.1 选区的定义

在 Photoshop 中处理局部图像时，首先要指定编辑操作的有效区域，即创建选区。当用户打开一张素材，如图 4-1 所示。如果创建了选区，再进行颜色调整，效果如图 4-2 所示；如果没有创建选区，则会修改整张照片的颜色，效果如图 4-3 所示。

图 4-1

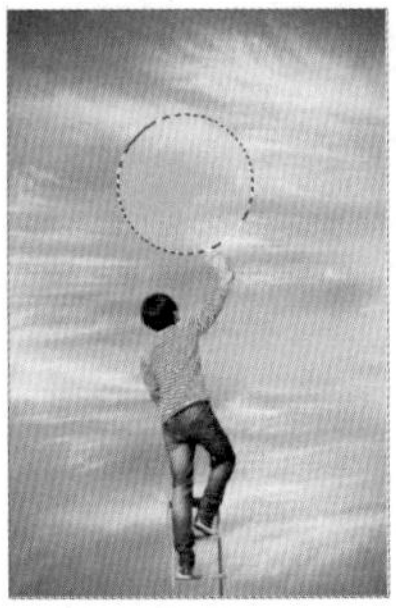

图 4-2

图 4-3

4.1.2 通过基本形状创建选区

边缘为矩形的对象，可以用【矩形选框工具】选择；边缘为圆形或椭圆形对象，可以用【椭圆选框工具】选择；边缘为直线的对象，可以用【多边形套索工具】选择；如果对选区的形状要求不高，可以用【套索工具】选择。

4.1.3 通过色调差异创建选区

【快速选择工具】、【魔棒工具】、【色彩范围】命令和【磁性套索工具】都可以基于色调之间的差异建立选区。如果需要选择的对象与背景之间色调差异明显，可以使用以上工具来选取。

4.1.4 通过钢笔工具创建选区

Photoshop 中的钢笔工具是矢量工具，它可以绘制光滑的曲线路径。如果对象边缘光滑，并且呈现不规则状，可以用【钢笔工具】描摹对象的轮廓，再将轮廓转换为选区，从而选中对象。

4.1.5 通过快速蒙版创建选区

创建选区后，单击工具箱中的【以快速蒙版编辑模式】按钮，进入快速蒙版状态，就可以使用各种绘画工具和滤镜对选区进行细致的加工，就像处理图像一样。

4.1.6 通过通道选择法创建选区

通道是最强大的抠图工具，适合选择像毛发等细节丰富的对象，玻璃、烟雾、婚纱等透明的对象，以及被风吹动的旗帜、高速行驶的汽车等边缘模糊的对象。

4.2 选择工具

Photoshop 中的选择工具，如【矩形选框工具】、【椭圆选框工具】、【单行选框工具】和【单列选框工具】用于创建规则选区；【套索工具】、【多边形套索工具】和【磁性套索工具】用于创建不规则选区。

★重点 4.2.1 矩形选框工具

【矩形选框工具】是选区工具中最常用的工具之一，可用于创建长方形和正方形选区。选择【矩形选框工具】后，其选项栏如图 4-4 所示，常见选项作用及含义如表 4-1 所示。

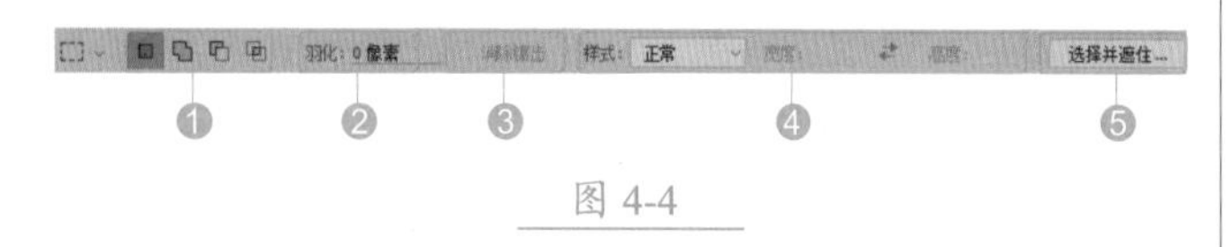

图 4-4

表 4-1　选项作用及含义

选项	作用及含义
❶ 选区运算	【新选区】按钮的主要功能是建立一个新选区，【添加选区】按钮、【从选区减去】按钮和【与选区相交】按钮是选区和选区之间进行布尔运算的方法
❷ 羽化	用于设置选区的羽化范围
❸ 消除锯齿	用于通过软化边缘像素与背景像素之间的颜色转换，使选区的锯齿状边缘平滑
❹ 样式	用于设置选区的创建方法，包括【正常】【固定比例】和【固定大小】选项
❺ 选择并遮住	单击该按钮，可以打开【选择并遮住】对话框，对选区进行平滑、羽化等处理

选择【矩形选框工具】后，在图像中单击并向右下角拖动鼠标，释放鼠标后，即可创建一个矩形选区，如图 4-5 所示。

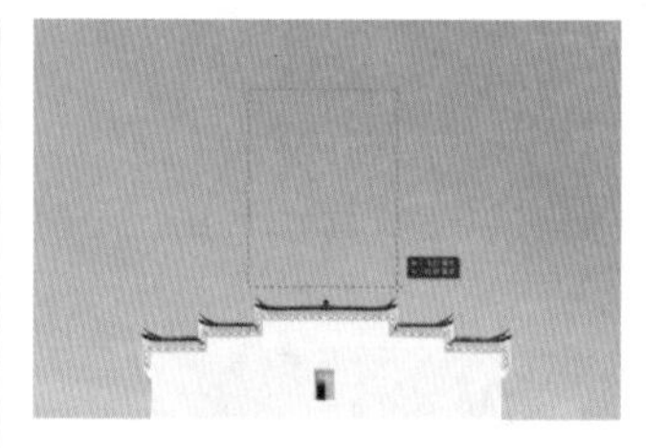

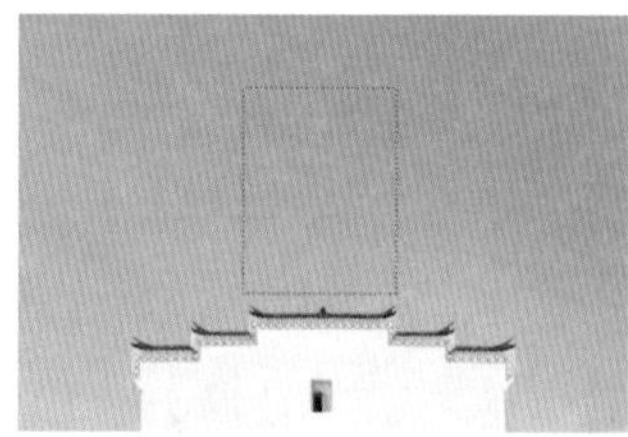

图 4-5

★重点 4.2.2 椭圆选框工具

【椭圆选框工具】可以在图像中创建椭圆形或正圆形的选区，该工具与【矩形选框工具】的选项栏基本相同，只是该工具可以使用【消除锯齿】功能。

选择工具箱中的【椭圆选框工具】，在图像中单击并向右下角拖动鼠标创建椭圆选区，如图 4-6 所示。

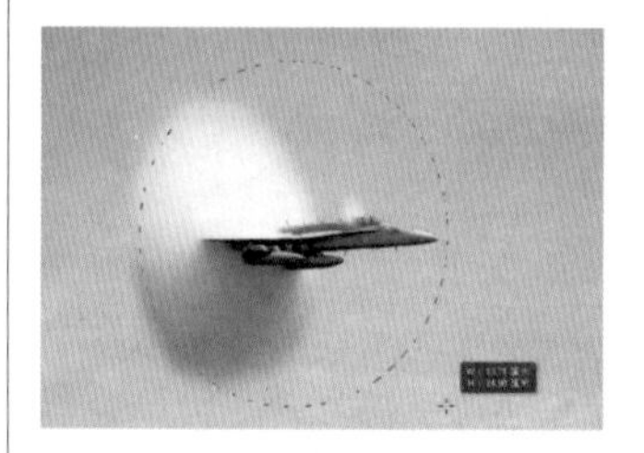

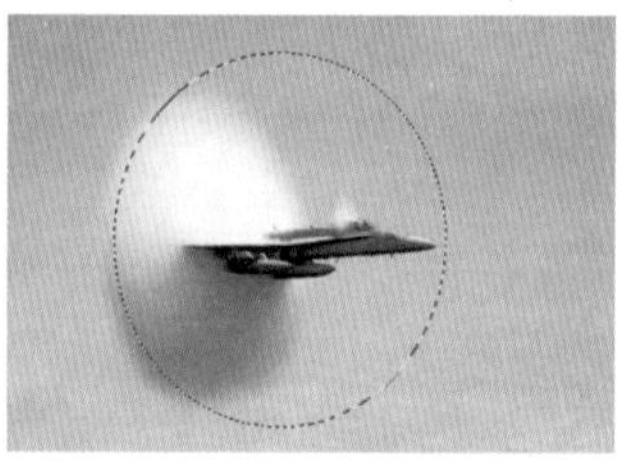

图 4-6

技能拓展——创建正方形和正圆形选区

在使用【矩形选框工具】（【椭圆选框工具】）创建选区时，若按住【Shift】键的同时单击鼠标并拖曳，可以创建一个正方形（正圆形）选区。

4.2.3 实战：制作艺术花瓣效果

实例门类	软件功能

前面学习了【矩形选框工具】和【椭圆选框工具】的基本知识。下面结合这两种选区工具创建艺术花瓣效果，具体操作步骤如下。

Step 01 打开素材。打开"素材文件\第4章\花瓣.jpg"文件，如图4-7所示。

Step 02 创建选区。选择【矩形选框工具】，在图像中间拖动鼠标创建选区，如图4-8所示。

图 4-7

图 4-8

Step 03 去色。按【Ctrl+Shift+U】组合键，选择【去色】命令，去除选区内的图像颜色，如图4-9所示。按【Ctrl+D】组合键，取消选区，如图4-10所示。

图 4-9

图 4-10

Step 04 创建选区并反向。使用【椭圆选框工具】创建选区，如图4-11所示。按【Shift+Ctrl+I】组合键，反向选取，如图4-12所示。

图 4-11

图 4-12

Step 05 去色。再次按【Ctrl+Shift+U】组合键，选择【去色】命令，去除选区内的图像颜色，如图4-13所示。按【Ctrl+D】组合键，取消选区，如图4-14所示。

图 4-13

图 4-14

4.2.4 实战：使用单行和单列选框工具绘制网格像素字

实例门类	软件功能

使用【单行选框工具】或【单列选框工具】可以非常准确地选择图像的一行像素或一列像素，移动鼠标指针至图形窗口，在需要创建选区的位置单击，即可创建选区，具体操作步骤如下。

Step 01 新建文件。执行【文件】→【新建】命令，在打开的【新建】对话框中，❶ 设置【宽度】为1251像素、【高度】为968像素、【分辨率】为72像素/英寸，❷ 单击【确定】按钮，如图4-15所示。

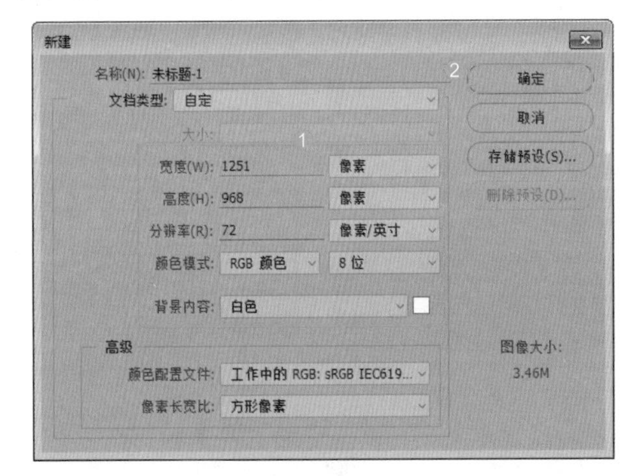

图 4-15

Step 02 设置【网格线间隔】。执行【编辑】→【首选项】→【参考线、网格和切片】命令，设置【网格线间隔】为26毫米，如图4-16所示。

Step 03 创建单行选区。网格线效果如图4-17所示。选择【单行选框工具】在最上方单击，创建单行选区，如图4-18所示。

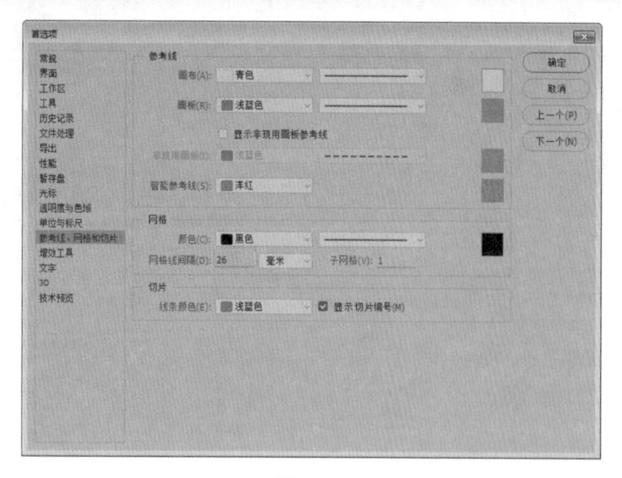

图 4-16

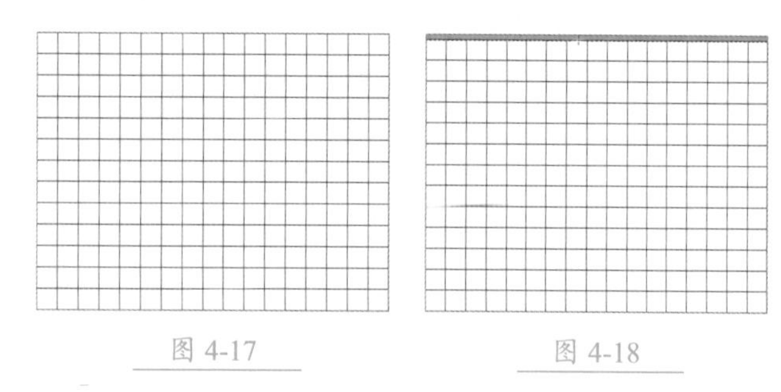

图 4-17　　图 4-18

Step04 创建所有单列选区。按住【Shift】键，在横网格上依次单击，增加选区，如图 4-19 所示。选择【单列选框工具】，按住【Shift】键在列网格上依次单击，创建所有单列选区，如图 4-20 所示。

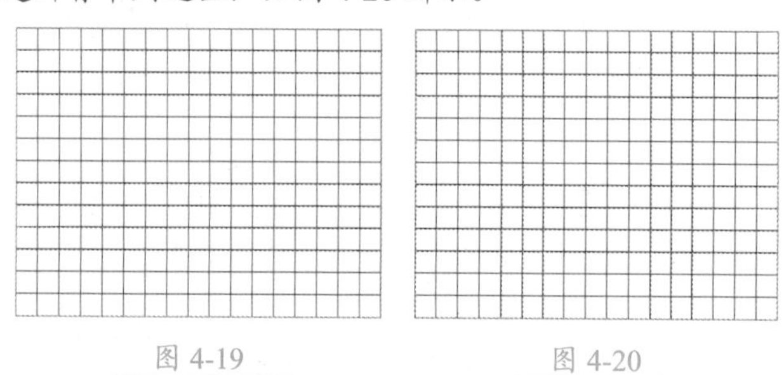

图 4-19　　图 4-20

Step05 设置前景色。在【工具箱】中单击【设置前景色】图标，如图 4-21 所示。在打开的【拾色器（前景色）】对话框中，❶ 设置前景色为浅灰色【#9fa0a0】，❷ 单击【确定】按钮，如图 4-22 所示。

Step06 得到网格底纹效果。执行【编辑】→【描边】命令，在打开的【描边】对话框中，❶ 设置【宽度】为 8 像素、【位置】为居中，❷ 单击【确定】按钮，如图 4-23 所示，执行【Ctrl+'】组合键取消网格显示，得到网格底纹效果，如图 4-24 所示。

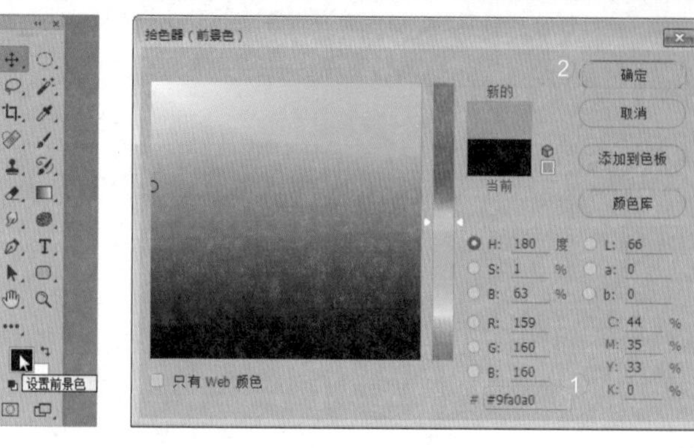

图 4-21　　图 4-22

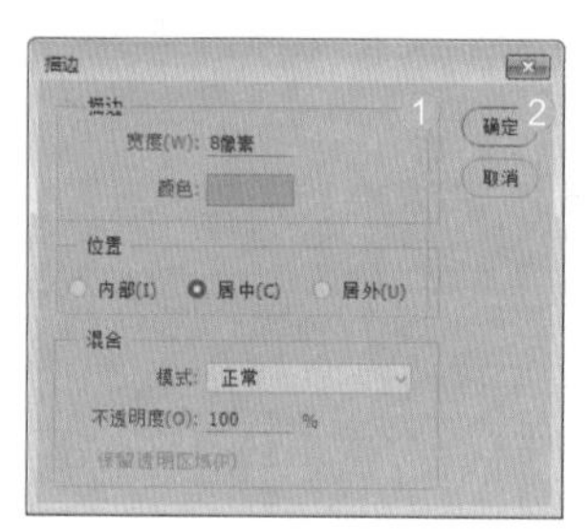

图 4-23

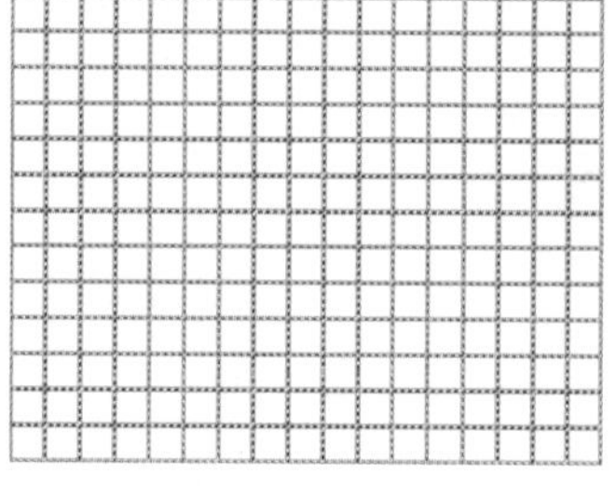

图 4-24

Step07 填充红色。设置前景色为红色【#e60012】，选择【油漆桶工具】，在一个网格中单击填充红色，如图 4-25 所示。

Step08 继续填充颜色。继续在其他网格中单击，填充颜色，如图 4-26 所示。

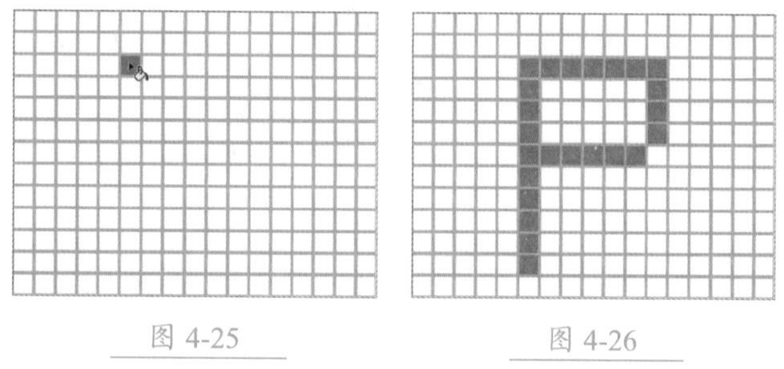

图 4-25　　图 4-26

★重点 4.2.5 实战：使用套索工具选择心形

实例门类	软件功能

【套索工具】一般用于选取一些外形比较复杂的图形，使用【套索工具】创建选区的具体操作步骤如下。

Step01 拖动鼠标。打开"素材文件\第 4 章\心形 .jpg"文件，如图 4-27 所示。选择【套索工具】，在需要选择的图像边缘处单击并拖动鼠标，此时图像中会自动生成没有锚点的线条，如图 4-28 所示。

Step02 生成选区。继续沿着图像边缘拖动鼠标，移动鼠标指针到起点与终点连接处，如图 4-29 所示。释放鼠标生成选区，如图 4-30 所示。

图 4-27

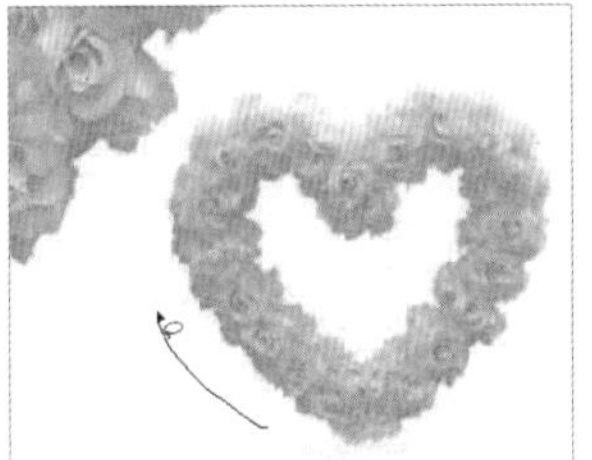

图 4-28

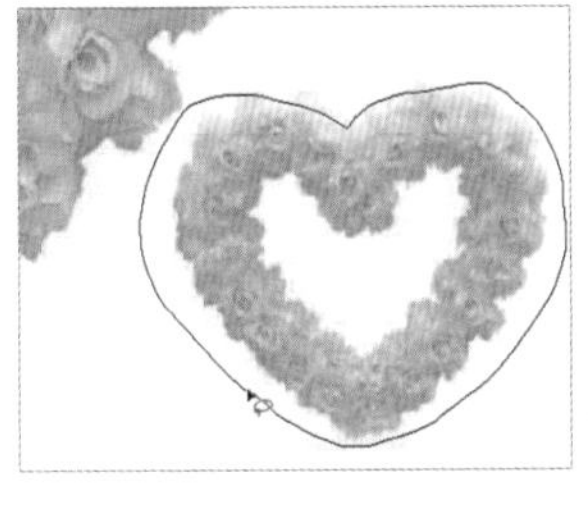

图 4-29

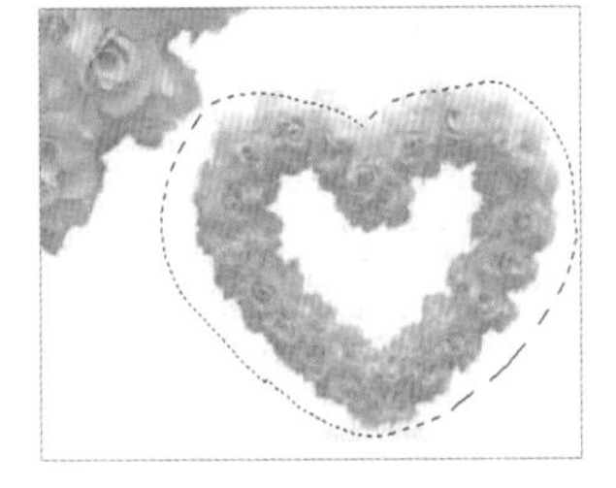

图 4-30

Step 03 拖动心形。选择【移动工具】，拖动小心形到大心形内部，如图 4-31 所示。按【Ctrl+D】组合键取消选区，效果如图 4-32 所示。

图 4-31

图 4-32

技术看板

使用【套索工具】创建选区时，按住【Alt】键，释放鼠标，可以暂时切换为【多边形套索工具】。

如果创建的路径终点没有回到起点，这时若释放鼠标左键，系统将会自动连接终点和起点，从而创建一个封闭的选区。

4.2.6 实战：使用多边形套索工具选择彩砖

实例门类	软件功能

【多边形套索工具】适用于选取一些复杂的、棱角分明的图像，使用该工具创建选区的具体操作步骤如下。

Step 01 创建路径点。打开“素材文件\第 4 章\彩砖.jpg”文件，如图 4-33 所示，选择【多边形套索工具】，在需要创建选区的图像位置处单击确认起点，在不需要改变选取范围方向的转折点处单击，创建路径点，如图 4-34 所示。

图 4-33

图 4-34

Step 02 创建多边形选区。当终点与起点重合时，鼠标指针下方显示一个闭合图标，如图 4-35 所示。此时单击，将会得到一个多边形选区，如图 4-36 所示。

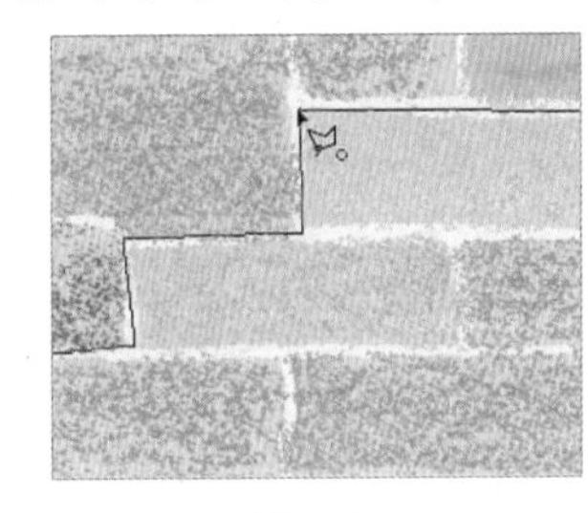

图 4-35

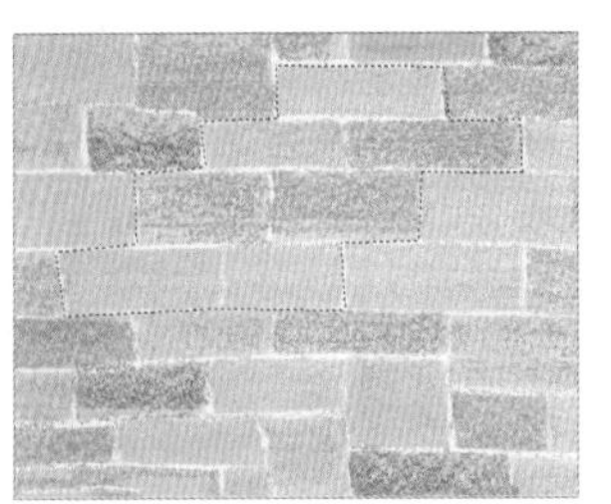

图 4-36

Step 03 调整选区内的图像。执行【滤镜】→【风格化】→【查找边缘】命令，如图 4-37 所示。调整选区内的图像，最终效果如图 4-38 所示。

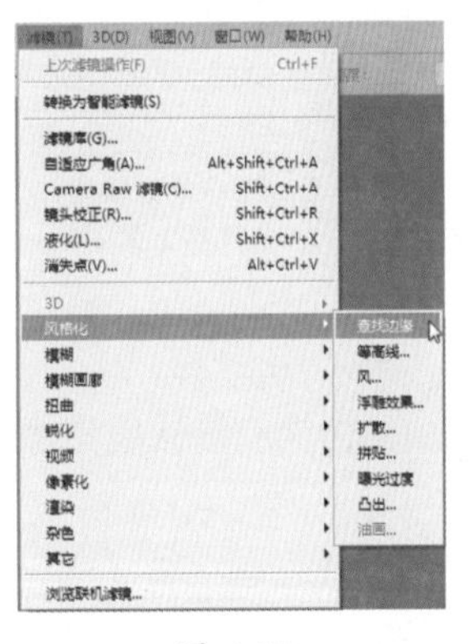

图 4-37

图 4-38

技术看板

使用【多边形套索工具】创建选区时，如果创建的路径终点没有回到起点，这时若双击，系统将会自动连接终点和起点，从而创建一个封闭的选区。

按住【Shift】键的同时，可按水平、垂直或 45° 角的方向创建选区；按【Delete】键，可删除最近创建的路径；若连续多次按【Delete】键，可以删除当前所有的路径；按【Esc】键，可取消当前的选取操作。

4.2.7 实战：使用磁性套索工具选择果肉

实例门类	软件功能

【磁性套索工具】适用于选取复杂的不规则图像，以及边缘与背景对比强烈的图形。在使用该工具创建选区时，套索路径自动吸附在图像边缘上。选择【磁性套索工具】后，其选项栏如图 4-39 所示，各选项作用及含义如表 4-2 所示。

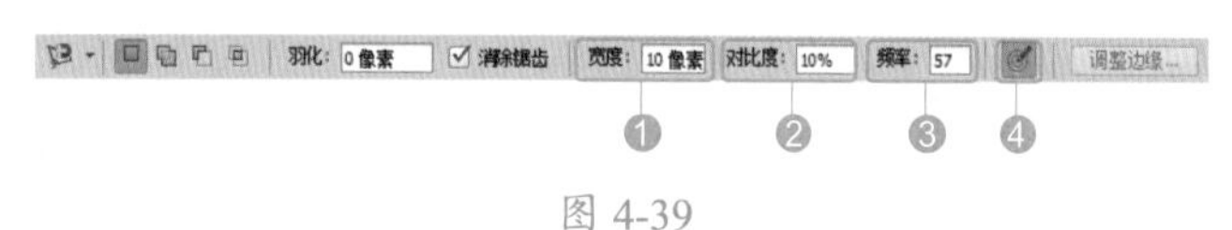

图 4-39

表 4-2 选项作用及含义

选项	作用及含义
❶ 宽度	决定了以光标中心为基准，其周围有多少个像素能够被工具检测到，如果对象的边界不是特别清晰，需要使用较小的宽度值
❷ 对比度	用于设置工具感应图像边缘的灵敏度。如果图像的边缘对比清晰，可将该值设置得高一些；如果边缘不是特别清晰，则将该值设置得低一些
❸ 频率	用于设置创建选区时生成的锚点的数量。该值越高，生成的锚点越多，捕捉到的边界越准确，但是过多的锚点会造成选区的边缘不够光滑
❹ 钢笔压力	如果计算机配置有数位板和压感笔，可以单击该按钮，Photoshop 会根据压感笔的压力自动调整工具的检测范围

使用【磁性套索工具】创建选区的具体操作步骤如下。

Step 01 使用磁性套索工具。打开"素材文件\第 4 章\柠檬.jpg"文件，选择【磁性套索工具】，在图像中单击确认起点，如图 4-40 所示，沿着对象的边缘缓缓移动鼠标指针，如图 4-41 所示。

Step 02 创建选区。终点与起点重合时，鼠标指针呈形状，如图 4-42 所示。此时单击即可创建一个图像选区，如图 4-43 所示。

图 4-40　图 4-41

图 4-42　图 4-43

Step 03 调整颜色。按【Ctrl+U】组合键，执行【色相/饱和度】命令，在打开的【色相/饱和度】对话框中，❶ 设置【色相】为 +180，❷ 单击【确定】按钮，如图 4-44 所示，蓝色果肉效果如图 4-45 所示。

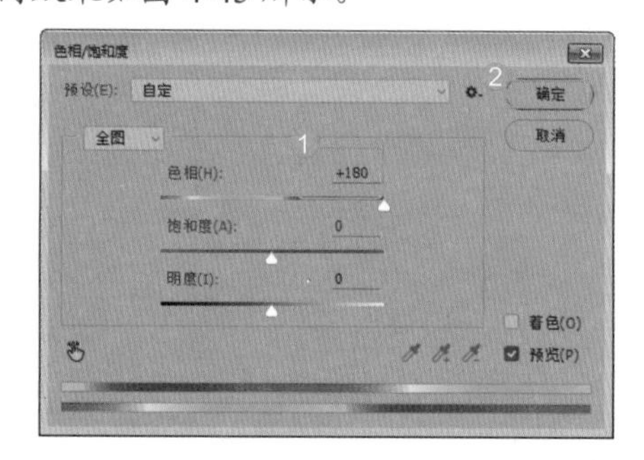

图 4-44

图 4-45

技术看板

使用【磁性套索工具】创建选区时，按【[】键和【]】键，可以调整检测宽度。按【Caps Lock】键，鼠标指针会变为⊕形状，圆形大小代表工具能检测到的边缘宽度。

4.3 色彩选择

除了通过形状创建选区外，还可以通过分析色彩创建选区，包括【魔棒工具】和【快速选择工具】；另外，【色彩范围】命令和【快速蒙版】都是创建选区的重要命令。

★重点 4.3.1 使用魔棒工具选择背景

实例门类	软件功能

【魔棒工具】用在颜色相近的图像区域创建选区，只需单击鼠标即可对颜色相同或相近的图像进行选择。其选项栏如图 4-46 所示，各选项作用及含义如表 4-3 所示。

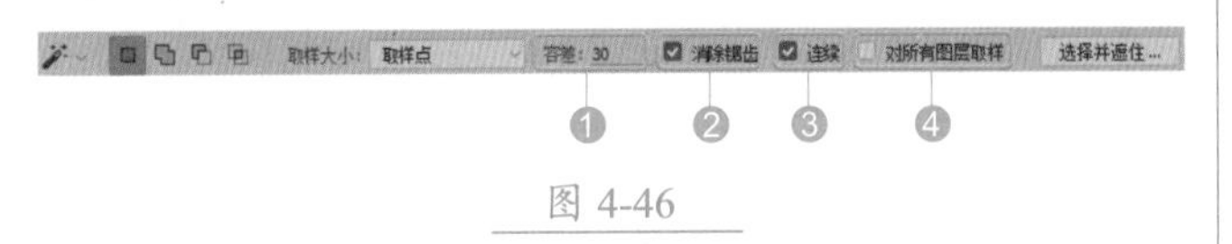

图 4-46

表 4-3 选项作用及含义

选项	作用及含义
❶ 容差	控制创建选区范围的大小。输入的数值越小，要求的颜色越相近，选取范围就越小；相反，则颜色相差越大，选取范围就越大
❷ 消除锯齿	模糊羽化边缘像素，使其与背景像素产生颜色的逐渐过渡，从而去掉边缘明显的锯齿状
❸ 连续	选中该复选框时，只选取与鼠标单击处相连接区域中相近的颜色；如果不选中该复选框，则选取整个图像中相近的颜色
❹ 对所有图层取样	用于有多个图层的文件，选中该复选框时，选取文件中所有图层中相同或相近颜色的区域；取消选中该复选框时，只选取当前图层中相同或相近颜色的区域

使用【魔棒工具】更换背景的具体操作步骤如下。

Step 01 创建选区。打开"素材文件\第 4 章\荷花.jpg"文件，选择【魔棒工具】，在选项栏中，设置【容差】为 50，在背景处单击创建选区，如图 4-47 所示。

Step 02 选中整个背景。按住【Shift】键，在其他背景位置多次单击加载选区，选中整个背景，如图 4-48 所示。

Step 03 制作【海洋波纹】。执行【滤镜】→【滤镜库】命令，❶ 在弹出的界面【扭曲】组中选择【海洋波纹】选项，❷ 使用默认参数，❸ 单击【确定】按钮，如图 4-49 所示，效果如图 4-50 所示。

图 4-47

图 4-48

图 4-49

图 4-50

4.3.2 实战：使用快速选择工具选择沙发

实例门类	软件功能

【快速选择工具】可以快速选中图像中的区域，选择该工具后，其选项栏如图 4-51 所示，各选项作用及含义如表 4-4 所示。

图 4-51

表 4-4 选项作用及含义

选项	作用及含义
❶ 选区运算按钮	单击【新选区】按钮，可创建一个新的选区；单击【添加到选区】按钮，可在原选区的基础上添加绘制的选区；单击【从选区减去】按钮，可在原选区的基础上减去当前绘制的选区
❷ 笔尖下拉面板	单击按钮，可在打开的下拉面板中选择笔尖，设置大小、硬度和间距

续表

选项	作用及含义
③ 对所有图层取样	选中该复选框，可基于所有图层创建选区
④ 自动增强	可减少选区边界的粗糙度和块效应。选中【自动增强】复选框会自动将选区向图像边缘进一步流动并应用一些边缘调整，也可以通过在【选择并遮住】对话框中手动应用这些边缘调整

使用【快速选择工具】创建选区的具体操作步骤如下。

Step01 涂抹图像。打开“素材文件\第4章\沙发.jpg”文件，选择工具箱中的【快速选择工具】，在需要选取的图像上涂抹，如图 4-52 所示。

Step02 创建选区。此时系统根据鼠标指针所到之处的颜色自动创建为选区，如图 4-53 所示。

图 4-52

图 4-53

Step03 复制并缩小沙发。按住【Alt】键，拖动沙发，如图 4-54 所示。按【Ctrl+T】组合键，执行自由变换操作，适当缩小沙发，效果如图 4-55 所示。

图 4-54

图 4-55

★重点 4.3.3 使用色彩范围命令选择蓝裙

实例门类	软件功能

【色彩范围】命令可根据图像的颜色范围创建选区，该命令提供了精细控制选项，具有更高的选择精度。使用【色彩范围】命令选择图像的具体操作步骤如下。

Step01 在裙子处单击。打开“素材文件\第4章\蓝裙.jpg”文件，执行【选择】→【色彩范围】命令，打开【色彩范围】对话框，如图 4-56 所示，在人物裙子位置单击，如图 4-57 所示。

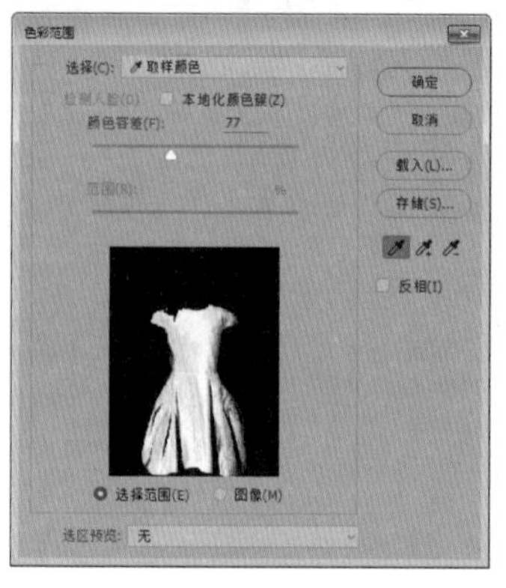

图 4-56

图 4-57

Step02 增加选区。在【色彩范围】对话框中，❶ 单击【添加到取样】按钮，❷ 在裙子上多次单击增加选区，❸ 单击【确定】按钮，如图 4-58 所示，创建选区效果如图 4-59 所示。

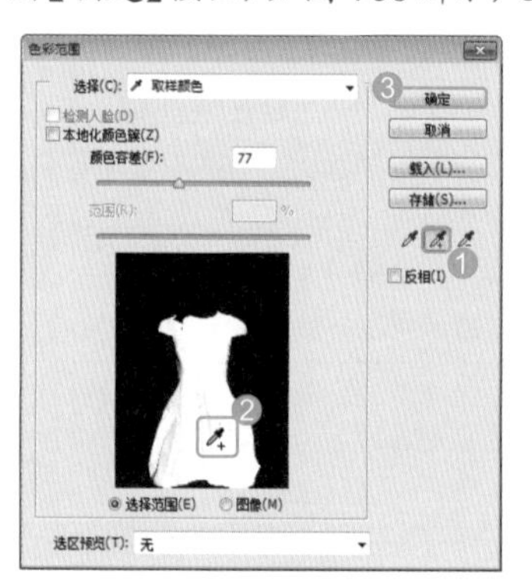

图 4-58

图 4-59

Step03 设置【点状化】。设置前景色为蓝色，背景色为白色，执行【滤镜】→【像素化】→【点状化】命令，打开【点状化】对话框，❶ 设置【单元格大小】为 5，❷ 单击【确定】按钮，如图 4-60 所示，裙子效果如图 4-61 所示。

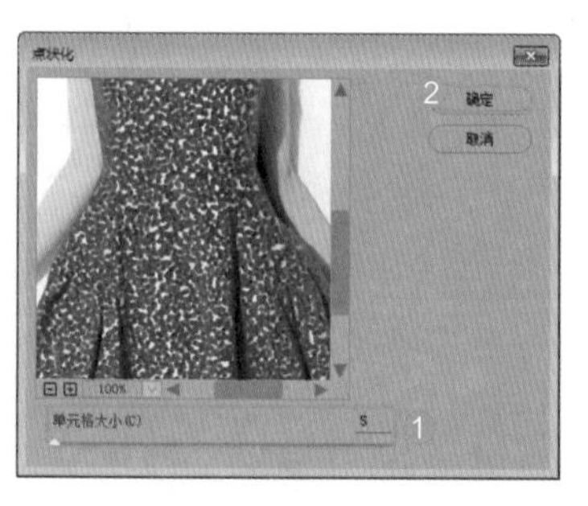

图 4-60

图 4-61

【色彩范围】对话框如图 4-62 所示，其选项作用及含义如表 4-5 所示。

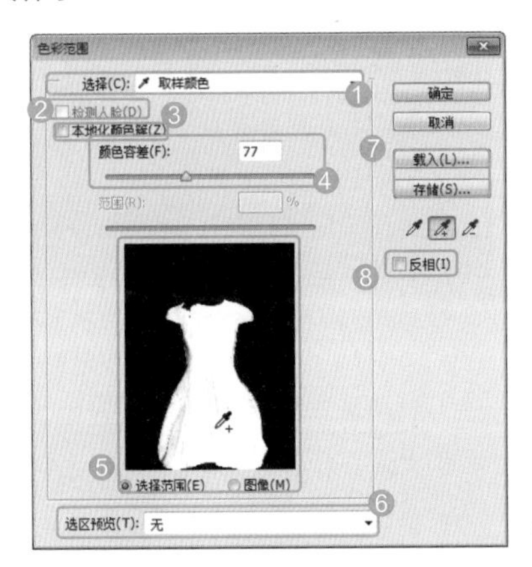

图 4-62

表 4-5 选项作用及含义

选项	作用及含义
❶ 选择	用于设置选区的创建方式。选择【取样颜色】选项时，可将指针放在文档窗口中的图像上，或者在【色彩范围】对话框中的预览图像上单击，对颜色进行取样。如果要添加颜色，可单击【添加到取样】按钮，然后在预览区或图像上单击；如果要减去颜色，可单击【从取样中减去】按钮，然后在预览区或图像上单击。在下拉列表中选择各种颜色选项，可选择图像中的特定颜色；选择【高光】【中间调】和【阴影】选项时，可选择图像中特定的色调；选择【溢色】选项时，可选择图像中出现的溢色
❷ 检测人脸	选择人像或人物皮肤时，可选中该复选框，以便更加准确地选择肤色
❸ 本地化颜色簇	选中该复选框后，拖动【范围】滑块可以控制要包含在蒙版中的颜色与取样点的最大和最小距离
❹ 颜色容差	用于控制颜色的选择范围，该值越高，包含的颜色越广
❺ 选区预览图	选区预览图包含了两个选项，选中【选择范围】单选按钮时，预览区的图像中，白色代表被选择的区域，黑色代表未选择的区域，灰色代表被部分选择的区域；选中【图像】单选按钮时，则预览区内会显示彩色图像
❻ 选区预览	用于设置文档窗口中选区的预览方式。选择【无】选项，表示不在窗口显示选区；选择【灰度】选项，可以按照选区在灰度通道中的外观来显示选区；选择【黑色杂边】选项，可在未选择的区域上覆盖一层黑色；选择【白色杂边】选项，可在未选择的区域上覆盖一层白色；选择【快速蒙版】选项，可显示选区在快速蒙版状态下的效果，此时，未选择的区域会覆盖一层红色

续表

选项	作用及含义
❼ 载入/存储	单击【存储】按钮，可以将当前的设置状态保存为选区预设；单击【载入】按钮，可以载入存储的选区预设文件
❽ 反相	选中该复选框，可以反转选区，相当于创建选区后，执行【选择】→【反选】命令

4.3.4 实战：使用快速蒙版修改选区

实例门类	软件功能

快速蒙版是一种选区转换工具，它是最灵活的选区编辑功能之一。它能将选区转换成为一种临时的蒙版图像，方便用户使用画笔、滤镜、钢笔等工具编辑蒙版，再将蒙版图像转换为选区，从而实现创建选区、抠取图像等目的。具体操作步骤如下。

Step 01 创建选区。打开“素材文件\第4章\海棠.jpg”文件，如图 4-63 所示。使用【快速选择工具】在海棠位置拖动创建选区，可以看到下方的多选区域，如图 4-64 所示。

图 4-63

图 4-64

Step 02 在多选区域涂抹。按【Q】键进入快速蒙版状态，此时选区外的范围被红色蒙版遮挡，如图 4-65 所示。工具箱中的前景色会自动变为白色，按【X】键切换前景色/背景色，设置前景色为黑色，选择【画笔工具】，在多选区域进行涂抹，如图 4-66 所示。

图 4-65

图 4-66

Step 03 退出快速蒙版。按【Q】键退出快速蒙版状态，此时选区被修改，如图 4-67 所示。

图 4-67

技术看板

用白色涂抹快速蒙版时，被涂抹的区域会显示出图像，这样可以扩展选区；用黑色涂抹的区域会覆盖一层半透明的宝石红色，这样可以收缩选区；使用灰色涂抹的区域可以得到羽化的选区。

双击工具箱中的【以快速蒙版模式编辑】按钮，弹出【快速蒙版选项】对话框。通过该对话框可以对快速蒙版进行设置，如图 4-68 所示，其选项作用及含义如表 4-6 所示。

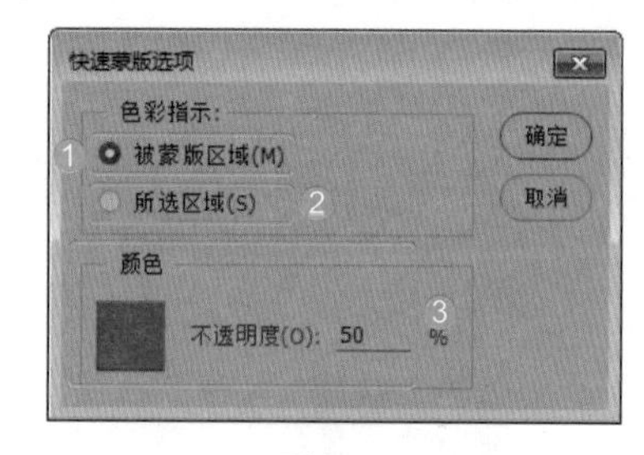

图 4-68

表 4-6　选项作用及含义

选项	作用及含义
❶ 被蒙版区域	被蒙版区域是指选区之外的图像区域。选中【被蒙版区域】单选按钮后，选区之外的图像将被蒙版颜色覆盖，而选中的区域完全显示图像
❷ 所选区域	所选区域是指选中的区域。选中【所选区域】单选按钮，则选中的区域将被蒙版颜色覆盖，未被选中的区域显示为图像本身的效果
❸ 颜色	单击颜色块，可在打开的【拾色器】对话框中设置蒙版的颜色；在【不透明度】文本框中设置蒙版颜色的不透明度

4.4 选区的操作

前面已经学习了如何创建选区，创建好选区后可以对选区执行“移动选区”“修改选区”“反向选区”“取消选区”等操作，熟练掌握这些操作可以大大提高工作效率。

★重点 4.4.1 全选

全选是将图像窗口中的图像全部选中，执行【选择】→【全部】命令，可以选择当前文件窗口中的全部图像，也可以按【Ctrl+A】组合键全选图像，如图 4-69 所示。

图 4-69

4.4.2 反选

实例门类	软件功能

反选是反向当前选择区域，执行此命令可以将选区切换为当前没有选取的区域，具体操作步骤如下。

Step 01 创建选区。打开“素材文件\第 4 章\小孩.jpg”文件，选择【矩形选框工具】，在需要选取的图像上单击，如图 4-70 所示。

Step 02 反选选区。执行【选择】→【反选】命令或按【Shift+Ctrl+I】组合键，即可选中图像中的其他区域，如图 4-71 所示。

图 4-70

图 4-71

4.4.3 取消选择与重新选择

创建选区后，当不需要选择区域时，可以执行【选择】→【取消选择】命令或按【Ctrl+D】组合键。

当前选择区域被取消后，执行【选择】→【重新选择】命令或按【Shift+Ctrl+D】组合键，即可重新选择被取消的选择区域。

★重点 4.4.4 移动选区

移动选区有以下 3 种常用方法。

（1）使用矩形工具、椭圆选框工具创建选区时，在释放鼠标按键前，按住【Space】键拖动鼠标，即可移动选区。

（2）创建了选区后，如果选项栏中【新选区】按钮为选中状态，则使用选框工具、套索工具和魔棒工具时，只要将光标放在选区内，单击并拖动鼠标便可以移动选区。

（3）可以按【↑】【↓】【←】【→】方向键来轻微移动选区。

★重点 4.4.5 选区的运算

通常情况下，一次操作很难将所需要对象完全选中，这就需要通过运算来对选区进行完善。选区的运算方式有以下 4 种。

（1）【新选区】按钮：单击该按钮，即可创建新选区，新创建的选区会替换原有的选区，原选区如图 4-72 所示，新选区如图 4-73 所示。

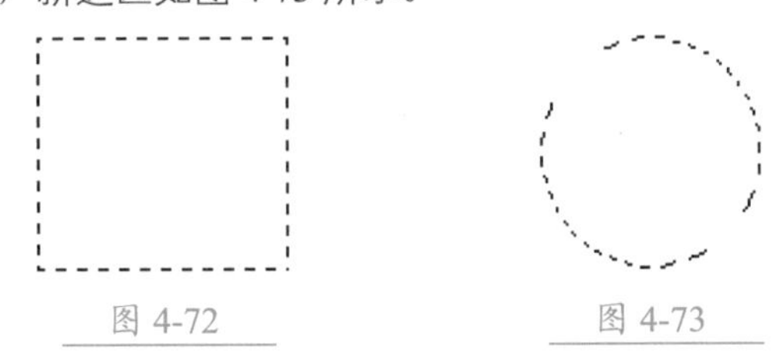

图 4-72　　图 4-73

（2）【添加到选区】按钮：单击该按钮，可在原有选区的基础上添加新的选区，如图 4-74 所示。

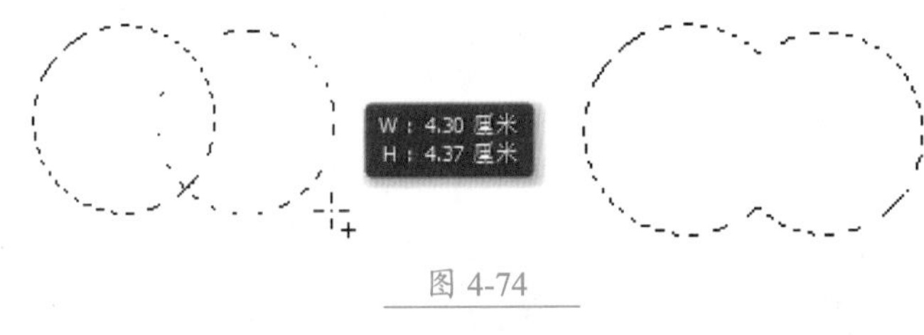

图 4-74

（3）【从选区减去】按钮：单击该按钮，可在原有选区中减去新创建的选区，如图 4-75 所示。

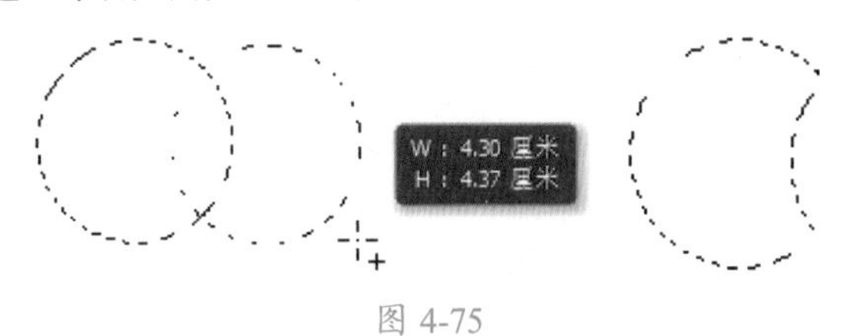

图 4-75

（4）【与选区交叉】按钮：单击该按钮，新建选区时只保留原有选区与新创建的选区相交的部分，如图 4-76 所示。

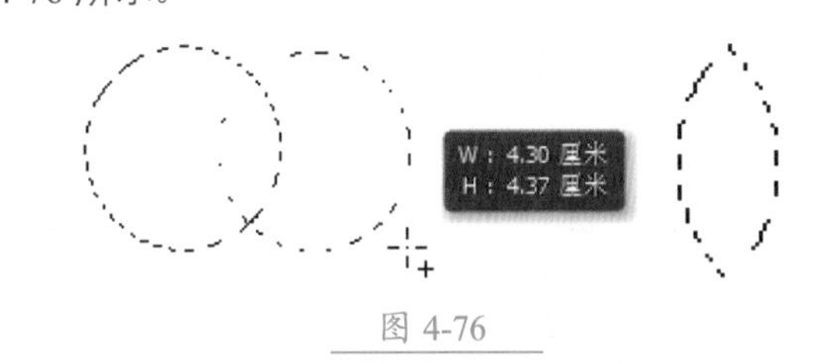

图 4-76

技能拓展
——选区运算快捷键

如果当前图像中包含选区，则使用选框工具、套索工具和魔棒工具继续创建选区时，按【Shift】键可以在当前选区上添加选区；按【Alt】键可以在当前选区中减去绘制的选区；按【Shift+Alt】组合键可以得到与当前选区相交的选区。

4.4.6 显示和隐藏选区

创建选区后，执行【视图】→【显示】→【选区边缘】命令或按【Ctrl+H】组合键，可以隐藏选区。再次执行此命令，可以再次显示选区。选区虽然被隐藏，但它仍然存在，并限定用户操作的有效区域。

4.4.7 实战：制作喷溅边框效果

实例门类	软件功能

下面结合快速蒙版和选区操作，为图像添加不规则边框，具体操作步骤如下。

Step 01 打开素材。打开“素材文件\第 4 章\艺术照.jpg”文件，如图 4-77 所示。

Step 02 创建选区。选择【矩形选框工具】，拖动鼠标创建选区，如图 4-78 所示。

图 4-77

图 4-78

Step03 反选选区。执行【选择】→【反向】命令，即可选中图像中的其他区域，如图 4-79 所示。

Step04 进入快速蒙版。按【Q】键进入快速蒙版状态，如图 4-80 所示。

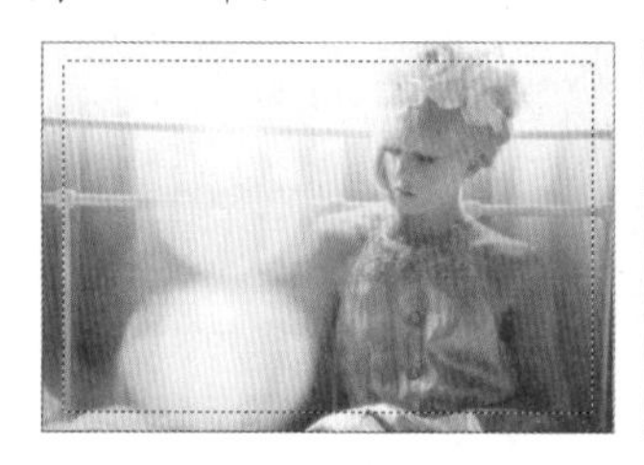

图 4-79

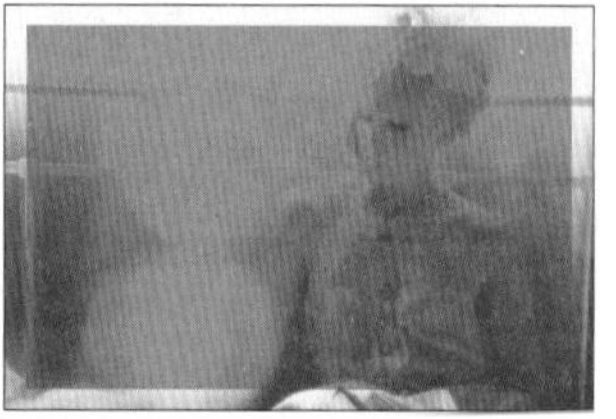

图 4-80

Step05 设置【晶格化】。执行【滤镜】→【像素化】→【晶格化】命令，打开【晶格化】对话框，❶ 设置【单元格大小】为 27，❷ 单击【确定】按钮，如图 4-81 所示。晶格化效果如图 4-82 所示。

Step06 填充背景。再次按【Q】键退出快速蒙版状态，如图 4-83 所示。按【D】键恢复默认前（背）景色，按【Alt+Delete】组合键为选区填充白色背景，效果如图 4-84 所示。

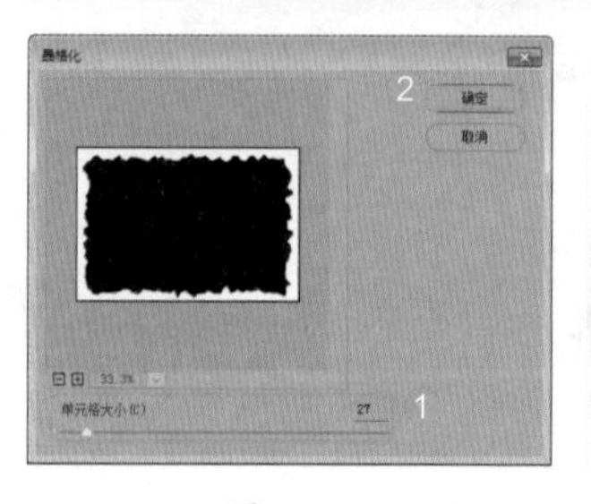

图 4-81

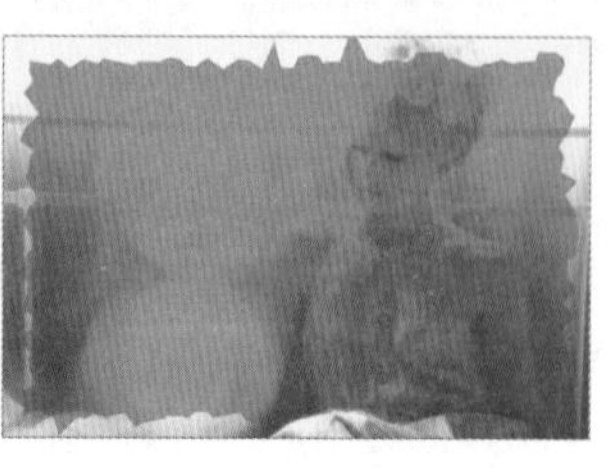

图 4-82

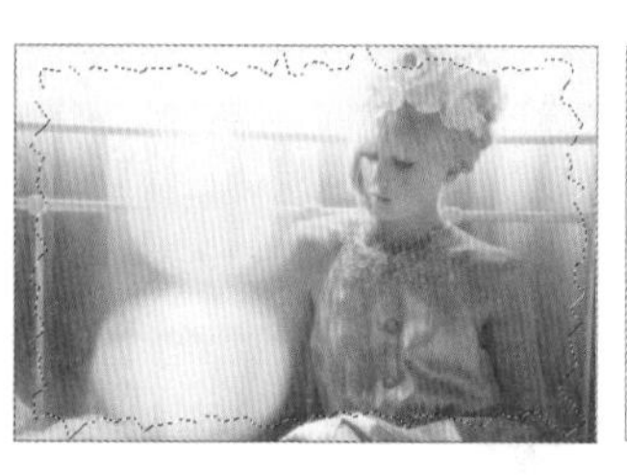

图 4-83

图 4-84

Step07 填充背景。执行【选择】→【取消选择】命令，取消选区，按【D】键恢复默认前（背）景色，如图 4-85 所示。按【Alt+Delete】组合键为选区填充白色背景，效果如图 4-86 所示。

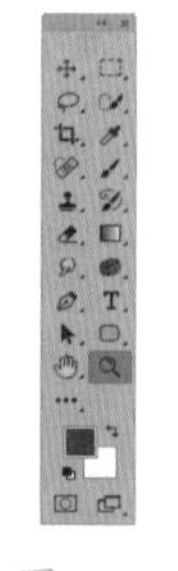

图 4-85

图 4-86

4.5 选区的编辑

创建选区后，往往需要对其进行编辑，才能得到更加精确的选区轮廓。选区的编辑操作主要用【选择】菜单中的命令完成，通过这些命令可对选区进行选择、调整、修改、存储、载入等操作。

4.5.1 创建边界

【边界】命令可以将选区的边界向内部和外部扩展，扩展后的边界与原来的边界形成新的选区。

在图像中创建选区后，执行【选择】→【修改】→【边界】命令，在弹出的【边界选区】对话框中可设置边界的宽度，【宽度】用于设置选区扩展的像素值，如图 4-87 所示。

图 4-87

4.5.2 平滑选区

选区边缘生硬时，使用【平滑】命令可对选区的边缘进行平滑，使选区边缘变得更柔和。

执行【选择】→【修改】→【平滑】命令，在弹出的【平滑选区】对话框中可设置【取样半径】值，即可对选区进行平滑修改，如图 4-88 所示。

图 4-88

4.5.3 扩展与收缩选区

【扩展】命令可以对选区进行扩展，即放大选区，执行【选择】→【修改】→【扩展】命令，在【扩展选区】对话框中的【扩展量】文本框中输入准确的扩展参数值，即可扩展选区，如图 4-89 所示。

图 4-89

【收缩】命令可以使选区缩小，执行【选择】→【修改】→【收缩】命令，在【收缩选区】对话框中设置【收缩量】参数，即可缩小选区，如图 4-90 所示。

图 4-90

★重点 4.5.4 实战：使用羽化命令创建朦胧效果

实例门类	软件功能

【羽化】命令用于对选区进行羽化。羽化是通过建立选区和选区周围像素之间的转换边界来模糊边缘的，这种模糊方式将丢失选区边缘的一些图像细节。下面使用【羽化】命令创建朦胧效果，具体操作步骤如下。

Step 01 创建选区。打开“素材文件\第 4 章\脸.jpg”文件，如图 4-91 所示。使用【套索工具】创建选区，如图 4-92 所示。

图 4-91

图 4-92

Step 02 设置【羽化半径】。执行【选择】→【修改】→【羽化】命令，在弹出的【羽化选区】对话框中，❶ 设置【羽化半径】为 200 像素，❷ 单击【确定】按钮，如图 4-93 所示。效果如图 4-94 所示。

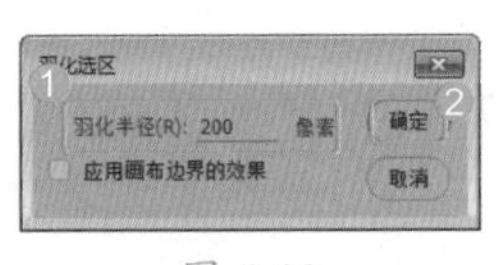

图 4-93

图 4-94

Step 03 为选区填色。为选区填充白色，如图 4-95 所示。按【Ctrl+D】组合键取消选区，如图 4-96 所示。

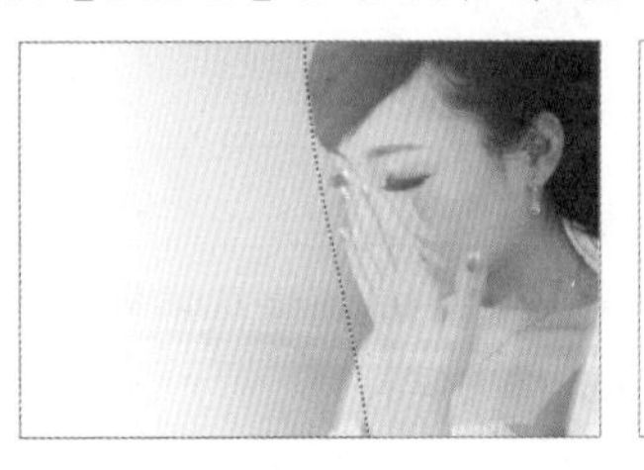

图 4-95

图 4-96

4.5.5 实战：扩大选取与选取相似

实例门类	软件功能

【扩大选取】命令可以选取与整个图像中邻近已有

资源下载码：Pc18sH19

选区的相似颜色范围，【选取相似】命令用于选取与整个图像中已有选区中相似的颜色范围。这两种命令的选取效果的具体操作步骤如下。

Step 01 创建选区。打开“素材文件\第4章\色块.jpg”文件，选择【矩形选框工具】，在右上方青色色块上拖动鼠标创建选区，如图 4-97 所示。

Step 02 选中整个青色色块。执行【选择】→【扩大选区】命令即可对附近相似颜色区域进行选取，选中整个青色色块，如图 4-98 所示。

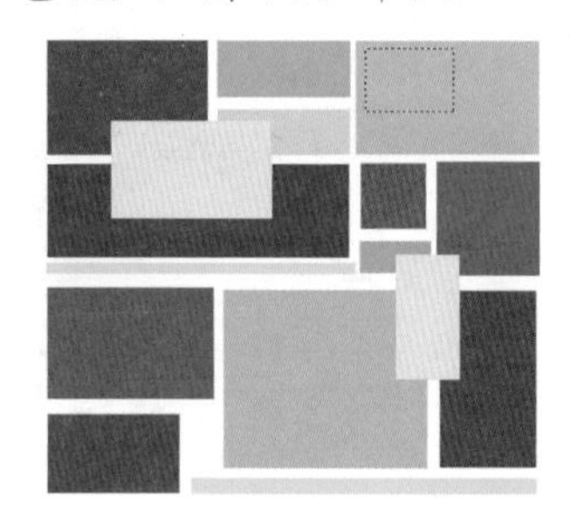

图 4-97

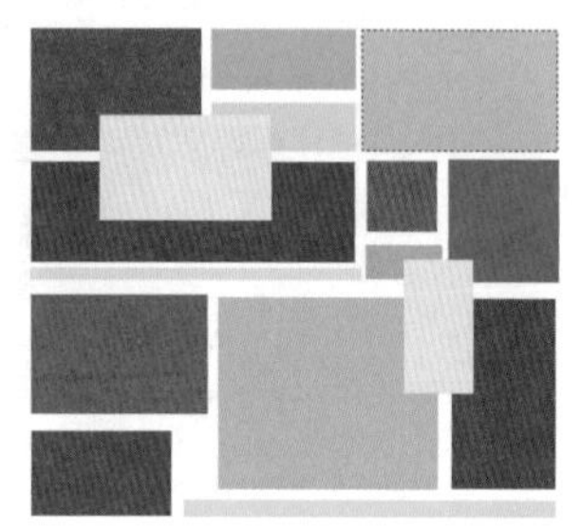

图 4-98

Step 03 选中所有青色色块。按住【Ctrl+Z】组合键取消上次操作，如图 4-99 所示。执行【选择】→【选取相似】命令，选中图像中所有青色色块，如图 4-100 所示。

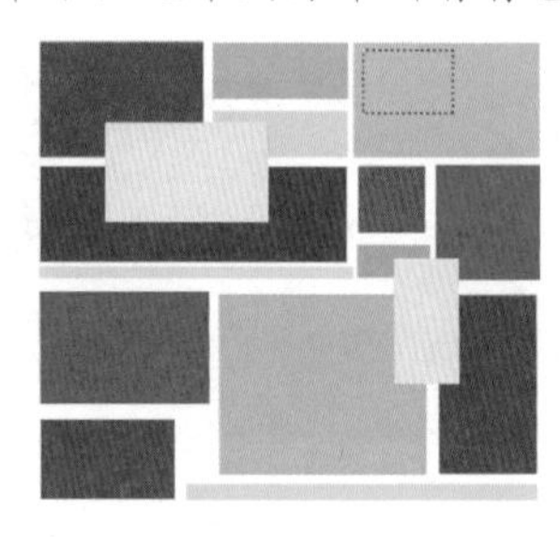

图 4-99

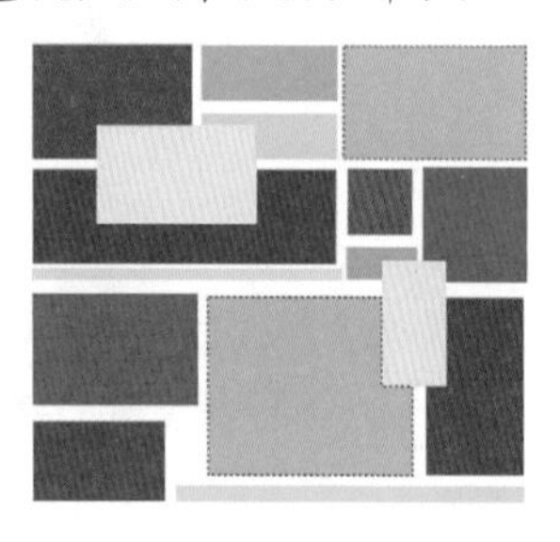

图 4-100

4.5.6 实战：使用【选择并遮住】命令细化选区

实例门类	软件功能

【选择并遮住】命令可以精细地调整选区的边缘，常用于选择细微物体，具体操作步骤如下。

Step 01 选中背景。打开“素材文件\第4章\小狗.jpg”文件，选择【快速选择工具】在背景位置拖动，如图 4-101 所示，选中所有背景后按【Ctrl+Shift+I】组合键反选选区，如图 4-102 所示。

Step 02 去除背景。在选项栏中，单击 选择并遮住... 按钮，打开【选择并遮住】面板，❶设置【透明度】为 100%，❷设置【半径】为 20 像素，❸选中【净化颜色】复选框，❹单击【确定】按钮，如图 4-103 所示，预览效果如图 4-104 所示。

图 4-101

图 4-102

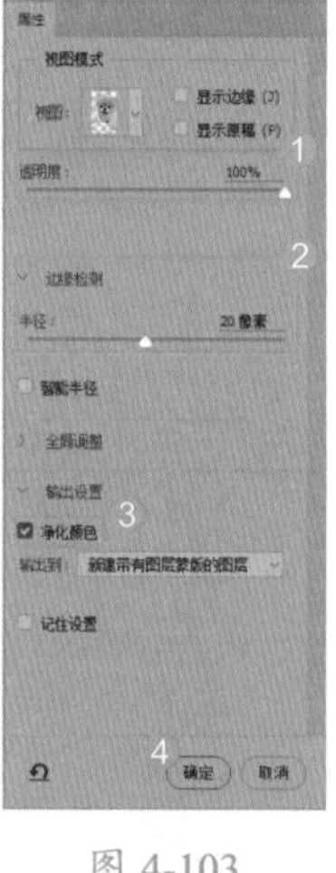

图 4-103

图 4-104

Step 03 调整素材大小。打开“素材文件\第4章\粉底.jpg”文件，将其拖动到“小狗.jpg”文件中，调整大小和位置，移动到背景图层上方，如图 4-105 所示，效果如图 4-106 所示。

图 4-105

图 4-106

【选择并遮住】面板如图 4-107 所示，各选项作用及含义如表 4-7 所示。

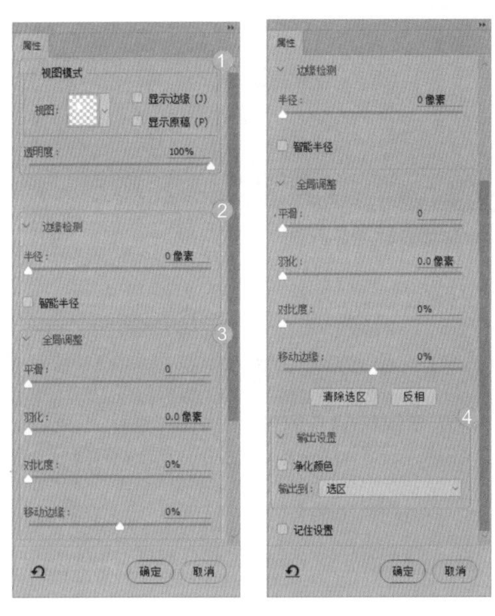

图 4-107

表 4-7 选项使用及含义

选项	作用及含义
❶ 视图模式	在【视图】下拉列表中可以选择不同的视图模式，以便更好地观察选区效果。选中【显示边缘】复选框，可查看整个图层，不显示选区；选中【显示原稿】复选框，可查看原始选区
❷ 边缘检测	选中【智能半径】复选框，系统将根据图像智能地调整扩展区域
❸ 全局调整	【平滑】可以减少选区边界中的不规则区域，创建平滑的选区轮廓；【羽化】可以让选区边缘图像呈现透明效果；【对比度】可以锐化选区边缘并去除模糊的不自然感；【移动边缘】可以扩展和收缩选区
❹ 输出设置	选中【净化颜色】复选框后，设置【数量】值可以去除图像的彩色杂边；在【输出到】下拉列表中可以选择选区的输出方式

4.5.7 变换选区

创建选区后，执行【选择】→【变换选区】命令，可以在选区上显示定界框，此时右击，在打开的快捷菜单中选择变换方式，如选择【透视】变换，如图 4-108 所示，拖动控制点即可单独对选区进行变换，选区内的图像不会受到影响，如图 4-109 所示。

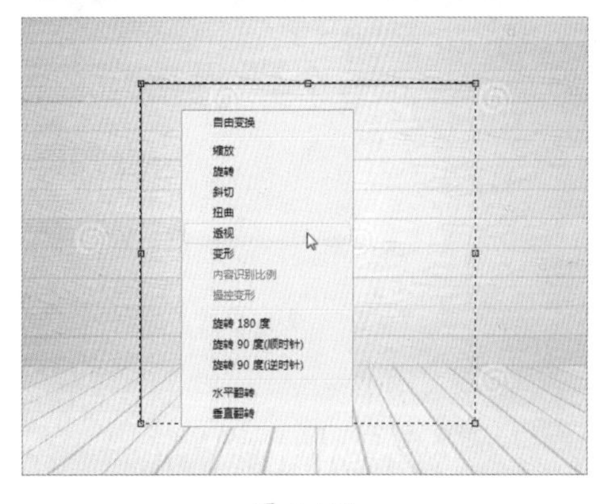

图 4-108

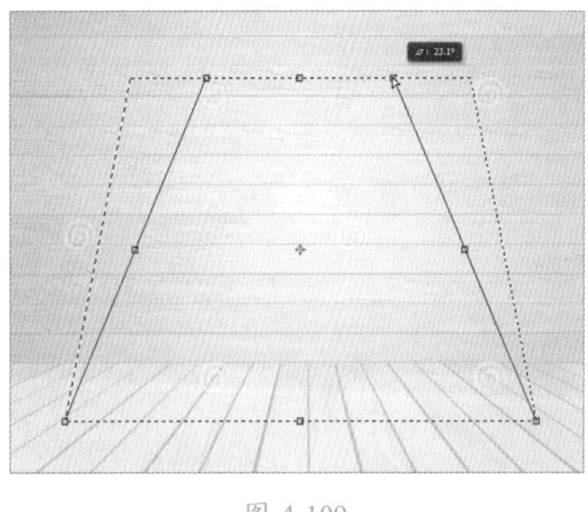

图 4-109

4.5.8 选区的存储与载入

如果创建选区或进行变换操作后想要保留选区，可以使用【存储选区】命令。

执行【选择】→【存储选区】命令后，弹出【存储选区】对话框，在【名称】文本框中输入选区名称，单击【确定】按钮即可存储选区，如图 4-110 所示。

图 4-110

执行【选择】→【载入选区】命令，弹出【载入选区】对话框，如图 4-111 所示。选择存储的选区名称，单击【确定】按钮，即可载入之前存储的选区。

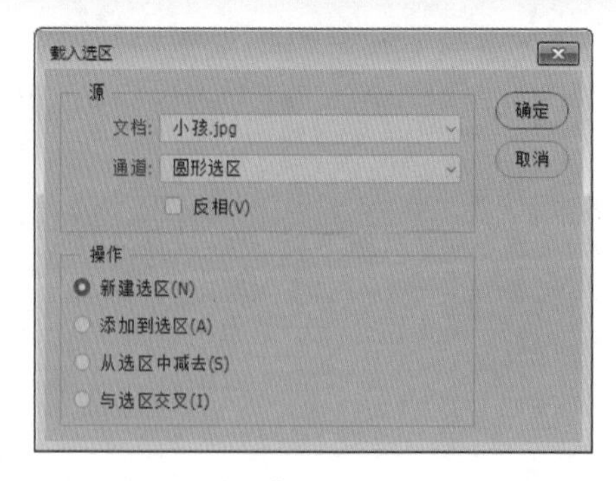

图 4-111

妙招技法

下面结合本章内容，给大家介绍一些实用技巧。

技巧 01：将选区存储到新文档中

本实例先打开 Bridge 窗口，然后在【关键字】面板中新建关键字，最后通过关键字查找图片，具体操作步骤如下。

Step 01 存储选区。创建任意选区，如图 4-112 所示。执行【选择】→【存储选区】命令，打开【存储选区】对话框，❶设置【通道】为新建，【名称】为圆形选区，❷单击【确定】按钮，如图 4-113 所示。

图 4-112

图 4-113

Step 02 存储选区到新文档中。通过前面的操作，存储选区到通道中，如图 4-114 所示。

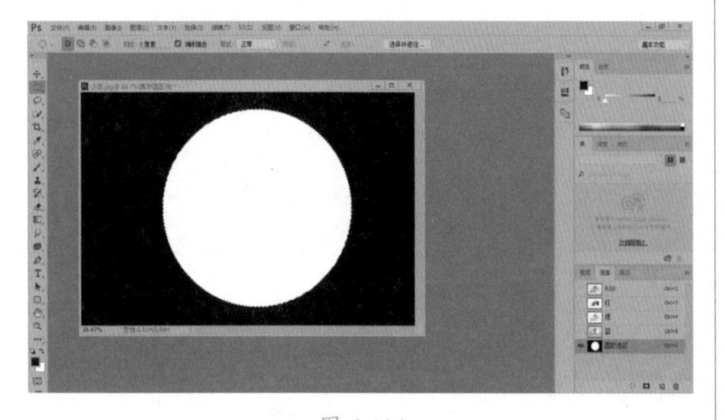

图 4-114

技巧 02：如何避免羽化时弹出【任何像素都不大于 50% 选择。选区边将不可见】警告信息

创建羽化选区时，如果选区范围小，而在【羽化选区】对话框中，将【羽化半径】值设置得偏大，就会弹出【任何像素都不大于 50% 选择。选区边将不可见】警告信息，如图 4-115 所示。

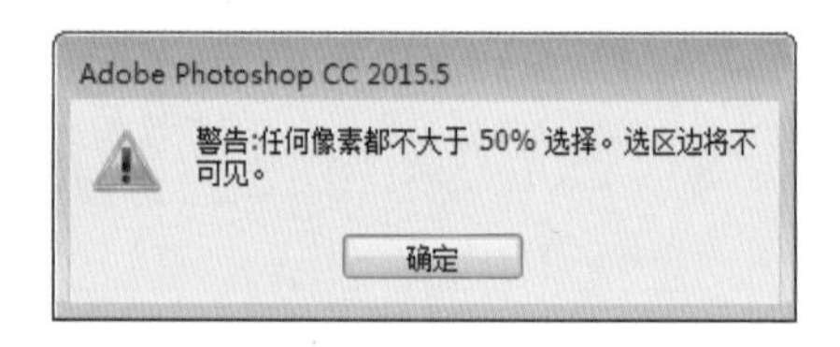

图 4-115

单击【确定】按钮，可以确认当前设置，选区羽化效果强烈，在画面中将看不到选区边界，但选区依然存在。

如果想要避免弹出该警告信息，可以适当增大选区，或者减少【羽化半径】值。

技能实训——制作褪色记忆效果

素材文件	素材文件\第 4 章\记忆 .jpg，苹果 .jpg
结果文件	结果文件\第 4 章\褪色记忆 .psd

设计分析

褪色记忆效果可以勾起人们的怀旧情结，是图片艺术处理的一个类别，而通过 Photoshop 的处理，可以合成褪色效果，营造出怀旧氛围，如图 4-116 所示。

图 4-116

操作步骤

Step 01 创建正圆选区。打开“素材文件\第 4 章\苹果 .jpg”文件，如图 4-117 所示。打开“素材文件\第 4 章\记忆 .jpg” 文 件，按住【Shift】键，拖动【椭圆选框工具】创建正圆形选区，如图 4-118 所示。

图 4-117

图 4-118

Step 02 制作苹果中的图像。执行【选区】→【修改】→【羽化】命令，打开【羽化选区】对话框，❶ 设置【羽化半径】为 10 像素，❷ 单击【确定】按钮，如图 4-119 所示。按【Ctrl+C】组合键复制图像，切换到苹果图像中，按【Ctrl+V】组合键粘贴图像，调整大小和位置，更改图层【混合模式】为明度，如图 4-120 所示。

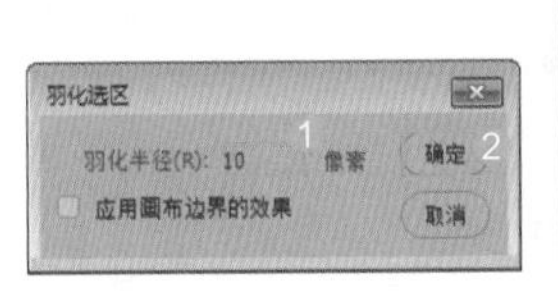

图 4-119

图 4-120

Step 03 创建选区。使用【椭圆选框工具】创建选区，如图 4-121 所示。执行【选择】→【修改】→【边界】命令，打开【边界选区】对话框，❶ 设置【宽度】为 50 像素，❷ 单击【确定】按钮，如图 4-122 所示。

图 4-121

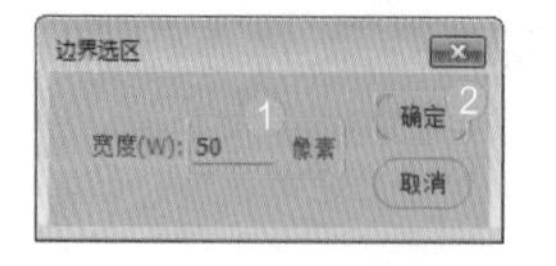

图 4-122

Step 04 得到边界选区。通过前面的操作，得到 50 像素宽度的边界选区，如图 4-123 所示。

Step 05 单击【背景】图层。在【图层】面板中，单击【背景】图层，如图 4-124 所示。

图 4-123

图 4-124

Step 06 复制图层并更改图层混合模式。按【Ctrl+J】组合键复制图层，得到【图层 2】图层，更改【图层 2】图层【混合模式】为线性减淡（添加），如图 4-125 所示，效果如图 4-126 所示。

图 4-125

图 4-126

Step 07 添加【镜头光晕】。执行【滤镜】→【渲染】→【镜头光晕】命令，打开【镜头光晕】对话框，❶ 移动光晕中心到左下方，❷ 设置【亮度】为 50%，【镜头类型】为 50-300 毫米变焦，❸ 单击【确定】按钮，如图 4-127 所示，光晕效果如图 4-128 所示。

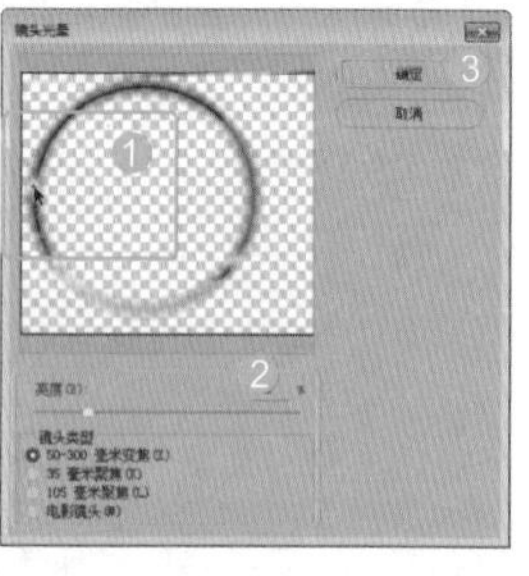

图 4-127

图 4-128

Step 08 添加【镜头光晕】。再次执行【滤镜】→【渲染】→【镜头光晕】命令，打开【镜头光晕】对话框，❶ 移动光晕中心到左中部，❷ 设置【亮度】为 70%，【镜头类型】为 50-300 毫米变焦，❸ 单击【确定】按钮，如图 4-129 所示，光晕效果如图 4-130 所示。

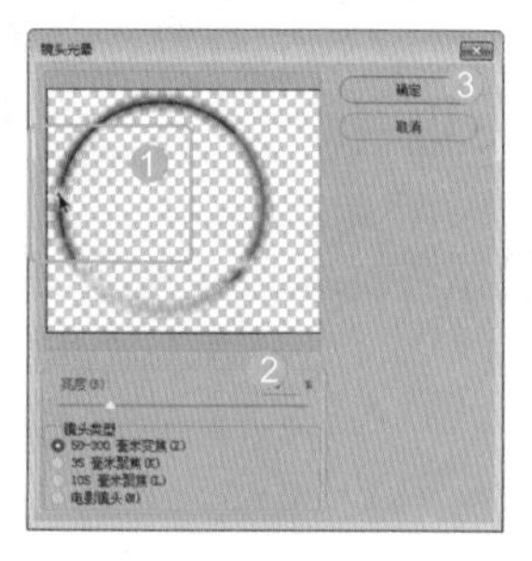

图 4-129

图 4-130

Step 09 添加其他光晕。使用相同的方法添加其他光晕，效果如图 4-131 所示。

图 4-131

本章小结

本章主要讲述了选区的创建和编辑方法。选择工具包括规则选区工具和不规则选区工具，还可以通过色彩差异进行选择。创建好选区后，可以对选区进行修改、编辑与填充、存储与载入等操作。

通过对本章内容的学习，读者可以掌握选区的基本操作，在图像处理的过程中，更加得心应手，并为进一步学习 Photoshop CC 打下良好的基础。

图像的绘制与修饰修复

- 图片中有瑕疵，怎么才能让它消失呢？
- 照片背景不喜欢，能够改变它的风格吗？
- 如何快速复制出一个相同的对象？
- 夜晚拍摄的照片出现红眼，怎样让它正常呢？
- 要吸取图片中的颜色，如何操作呢？

作为一个专业的图像处理软件，Photoshop CC 的绘图和修饰功能是它的强项，Photoshop CC 不仅可以在图像中进行绘画，还可以对已有的图像进行修饰处理。本章将介绍如何绘制图像、修饰图像以及去除、修复图像中的缺陷。

5.1 颜色设置方法

进行图像填充和绘制图像等操作时，需要首先指定颜色。Photoshop 中提供了多种颜色设置的方法，可以精确地找到需要的颜色。

★重点 5.1.1 前景色和背景色

设置前景色和背景色的地方位于工具箱下方的两个色块，默认情况下前景色为黑色，而背景色为白色，如图 5-1 所示，选项作用及含义如表 5-1 所示。

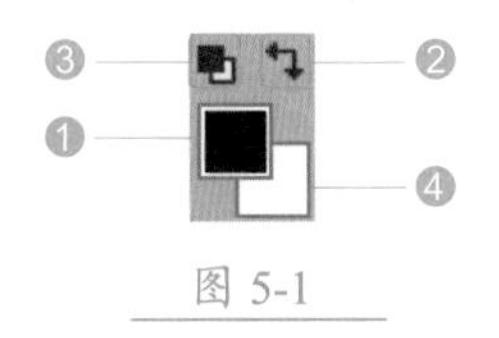

图 5-1

表 5-1 选项作用及含义

选项	作用及含义
❶ 设置前景色	该色块中显示的是当前所使用的前景颜色。单击该色块，即可弹出【拾色器（前景色）】对话框，在其中可对前景色进行设置
❷ 默认前景色和背景色	单击此按钮，即可将当前前景色和背景色调整到默认的前景色和背景色效果状态
❸ 切换前景色和背景色	单击此按钮，可使前景色和背景色互换
❹ 设置背景色	该色块中显示的是当前所使用的背景颜色。单击该色块，即可弹出【拾色器（背景色）】对话框，在其中可对背景色进行设置

前景色决定了使用绘画工具绘制颜色以及使用文字工具创建文字时的颜色，背景色则决定了使用橡皮擦擦除图像时，被擦除区域所呈现的颜色。扩展画布时也会默认使用背景色，此外，在应用一些具有特殊效果的滤镜时也会用到前景色和背景色。

技术看板

按【D】键，可以将前景色和背景色恢复到默认的效果；按【X】键，可以快速切换前景色和背景色的颜色。

★重点 5.1.2 了解拾色器

单击工具箱中的前景色或背景色图标，打开相应对话框，如图 5-2 所示，在该对话框中，可以定义当前前景色或背景色的颜色，其选项作用及含义如表 5-2 所示。

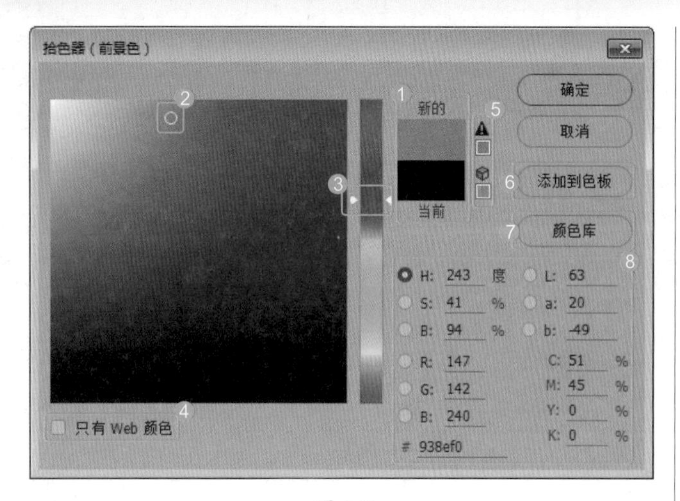

图 5-2

表 5-2 选项作用及含义

选项	作用及含义
❶ 新的 / 当前	【新的】颜色块中显示的是当前设置的颜色，【当前】颜色块中显示的是上一次使用的颜色
❷ 色域 / 拾取的颜色	在【色域】中拖动鼠标可以改变当前拾取的颜色
❸ 颜色滑块	拖动颜色滑块可以调整颜色范围
❹ 只有 Web 颜色	表示只在色域中显示 Web 安全色
❺ 非 Web 安全色警告	表示当前设置的颜色不能在网上准确显示，单击警告下面的小方块，可以将颜色替换为与其最为接近的 Web 安全颜色
❻ 添加到色板	单击该按钮，可以将当前设置的颜色添加到【色板】面板
❼ 颜色库	单击该按钮，可以切换到【颜色库】中
❽ 颜色值	显示了当前可设置的颜色系统。用户也可以输入颜色值来精确定义颜色。在“HSB”颜色模型内，可通过百分比来指定饱和度和亮度，以 0 度 ~360 度的角度（对应色轮）指定色相；在“Lab”颜色模型内，可以输入 0~100 之间的亮度值来指定颜色；在“RGB”模型中，可以通过 R（红）、G（绿）、B（蓝）的 0~255 之间的数值来指定颜色；在“CMYK”模型中，可以通过 C（青）、M（洋红）、Y（黄色）、K（黑）的百分比来指定颜色；在“#”文本框中，可以输入十六进制颜色值，如 #ff0000 代表红色

5.1.3 实战：使用【吸管工具】吸取颜色

实例门类	软件功能

【吸管工具】可以从当前图像中吸取颜色，并将吸取的颜色作为前景色或背景色，选择工具箱中的【吸管工具】，其选项栏如图 5-3 所示，各选项作用及含义如表 5-3 所示。

图 5-3

表 5-3 选项作用及含义

选项	作用及含义
❶ 取样大小	用来设置吸管工具的取样范围。选择【取样点】选项，可拾取光标所在位置像素的精确颜色；选择【3×3 平均】选项，可拾取光标所在位置 3 个像素区域内的平均颜色；选择【5×5 平均】选项，可拾取光标所在的位置 5 个像素区域内的平均颜色。其他选项依次类推
❷ 样本	【当前图层】表示只在当前图层上取样；【所有图层】表示在所有图层上取样
❸ 显示取样环	选中该复选框，可在拾取颜色时显示取样环

使用【吸管工具】设置前景色的具体操作步骤如下。

Step 01 打开文件。打开“素材文件\第 5 章\蜡烛.jpg”文件，如图 5-4 所示。

Step 02 前景色取样。❶ 移动鼠标至文档窗口，鼠标指针呈形状，在取样点单击，❷ 工具箱中的前景色就替换为取样点的颜色，如图 5-5 所示。

图 5-4

图 5-5

Step 03 背景色取样。❶ 按住【Alt】键在取样点单击，❷ 工具箱中的背景色就替换为取样点的颜色，如图 5-6 所示。

图 5-6

Step 04 非图像编辑区域取样。❶ 按住鼠标拖动，可以吸取窗口、菜单栏和面板等非图像编辑区域的颜色值，❷ 并应用于前景色，如图 5-7 所示。

图 5-7

5.1.4 【颜色】面板的使用

执行【窗口】→【颜色】命令或按【F6】键，可以打开【颜色】面板，单击【设置前景色】或【设置背景色】图标，然后拖动三角形滑块或在数值框中输入数字设置颜色，如图 5-8 所示。

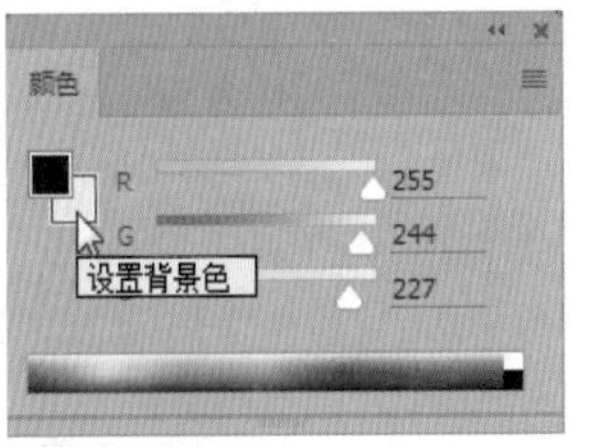

图 5-8

将鼠标指针移动到下方的条形色谱上，单击可以吸取颜色，如图 5-9 所示。单击右上角的扩展按钮，在打开的快捷菜单中可以选择其他颜色模式，如图 5-10 所示。

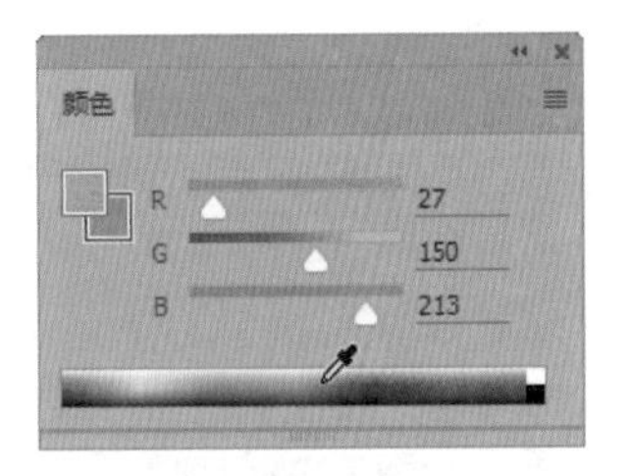

图 5-9

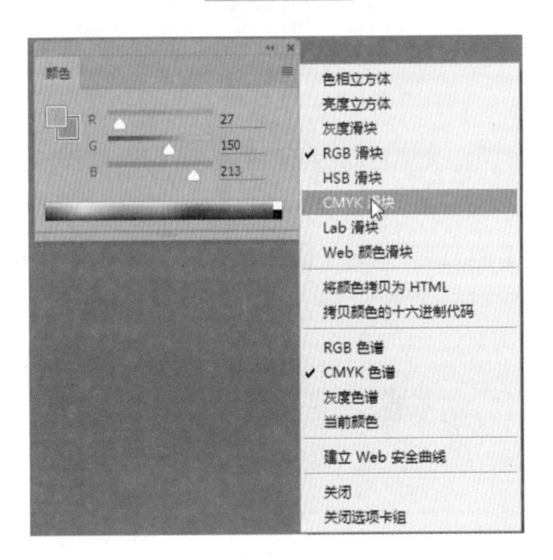

图 5-10

5.1.5 实战：【色板】面板的使用

实例门类	软件功能

使用【色板】面板可以快速选择前景色和背景色。该面板中的颜色都是系统预设好的，设置颜色和载入其他色板库的具体操作步骤如下。

Step 01 选择【色板】面板中颜色。执行【窗口】→【色板】命令，打开【色板】面板，移动鼠标指针至面板的色块中，

此时鼠标指针呈 形状，单击鼠标即可选择该处色块的颜色，单击右上角的扩展按钮，如图 5-11 所示。

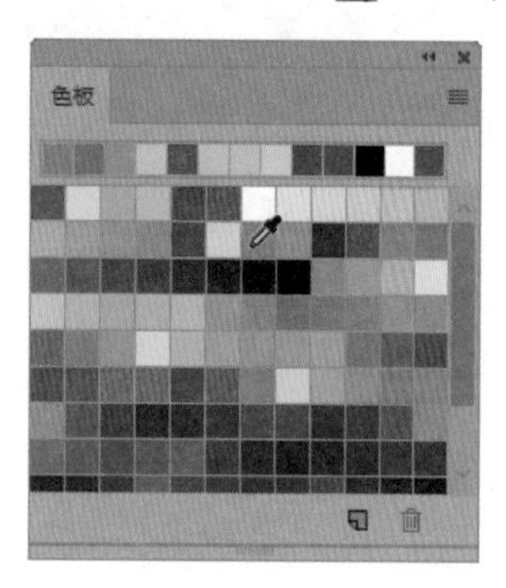

图 5-11

Step 02 选择色板库。在打开的快捷菜单中可以选择需要的色板库，如图 5-12 所示。

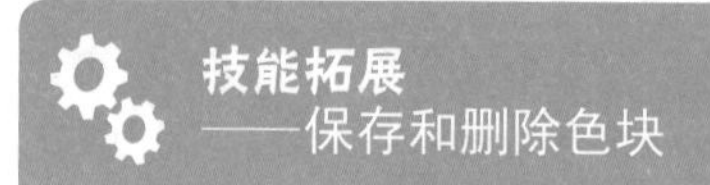

单击【色板】面板中的【创建前景色的新色板】按钮，可以将当前的前景色保存到面板中；将色块拖动到【删除色板】按钮上，可以删除该色块。

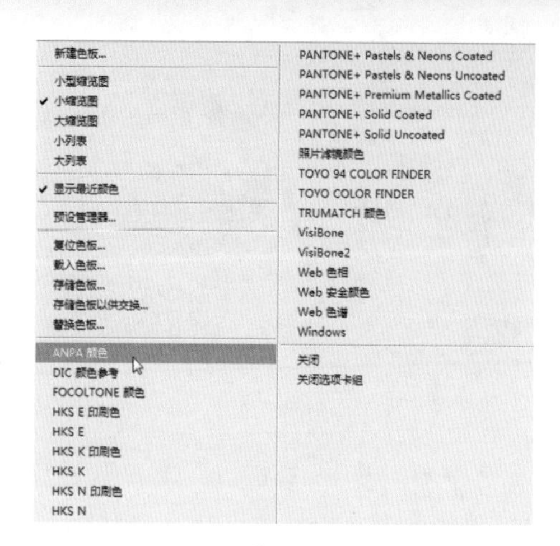

图 5-12

在弹出的对话框中单击【确定】按钮，即可替换当前色板如图 5-13 和图 5-14 所示。

图 5-13

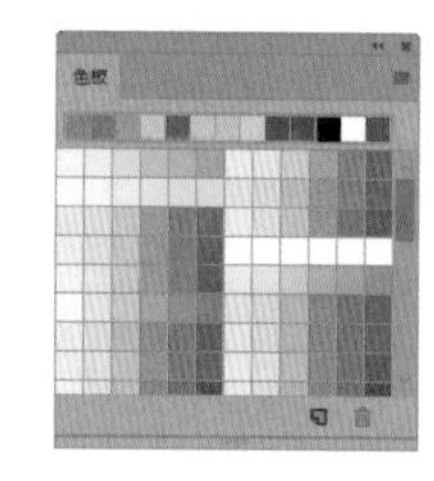

图 5-14

5.2 填充和描边方法

使用【油漆桶工具】、【渐变工具】和【填充】命令可以为图像填充颜色，进行描边操作时，需要使用【描边】命令。下面将通过实战进行详细介绍。

★重点 5.2.1 实战：使用【油漆桶工具】填充背景色

实例门类	软件功能

【油漆桶工具】可以为图像填充颜色或图案，选择工具箱中的【油漆桶工具】后，其选项栏如图 5-15 所示，各选项作用及含义如表 5-4 所示。

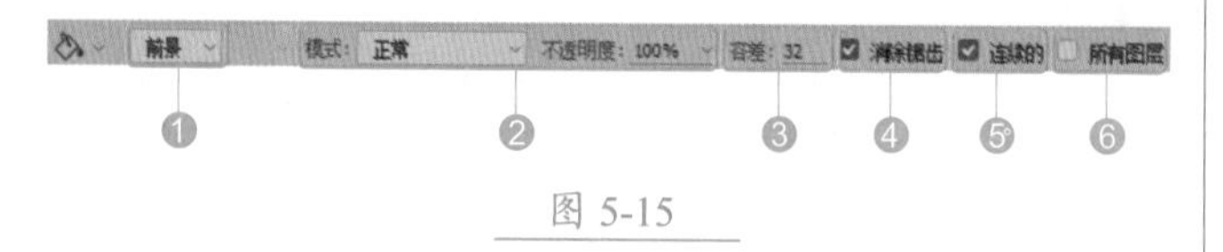

图 5-15

表 5-4　选项作用及含义

选项	作用及含义
❶ 填充内容	在下拉列表中选择填充内容，包括【前景】和【图案】
❷ 模式/不透明度	设置填充内容的混合模式和不透明度
❸ 容差	用来定义必须填充的像素的颜色相似程度。低容差会填充颜色值范围内与单击点像素非常相似的像素，高容差则填充更大范围内的像素
❹ 消除锯齿	选中该复选框，可以平滑填充选区的边缘
❺ 连续的	选中该复选框，只填充与鼠标单击点相邻的像素；取消选中该复选框时，可填充图像中的所有相似的像素
❻ 所有图层	选中该复选框，表示基于所有可见图层中的合并颜色数据填充像素；取消选中该复选框则仅填充当前图层

具体操作步骤如下。

Step 01 打开素材。打开“素材文件 \ 第 5 章 \ 高跟鞋 .jpg”文件，如图 5-16 所示。在工具箱中，单击【设置前景色】图标，如图 5-17 所示。

图 5-16

图 5-17

Step 02 设置前景色。在【拾色器（前景色）】对话框中，❶ 拖动中间的颜色滑块，选择洋红；❷ 在【色域】中拖动鼠标更改洋红深浅效果，❸ 单击【确定】按钮，如图 5-18 所示。通过前面的操作，设置前景色为浅洋红色，如图 5-19 所示。

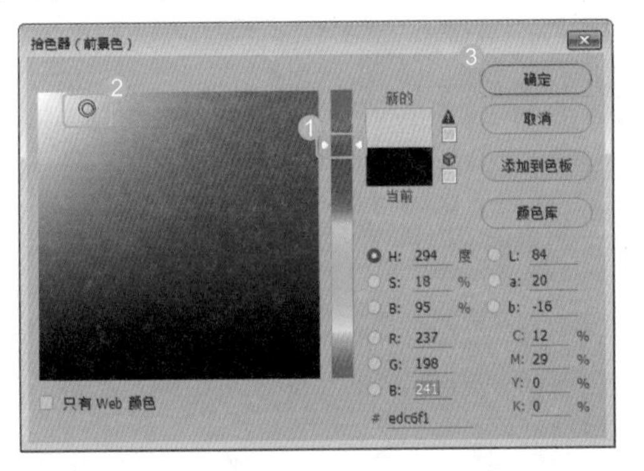

图 5-18

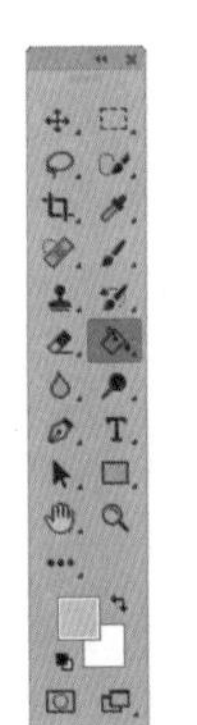

图 5-19

Step 03 填充背景色中的颜色。选择【油漆桶工具】，移动鼠标指针到背景色位置，如图 5-20 所示。单击即可填充颜色，效果如图 5-21 所示。

图 5-20

图 5-21

★重点 5.2.2 实战：使用【渐变工具】添加淡彩光晕

渐变在 Photoshop 中的应用非常广泛，它不仅可以填充图像，还可以用来填充图层蒙版、快速蒙版和通道。此外，调整图层和填充图层也会用到渐变。下面进行详细介绍。

1.【渐变工具】选项栏

使用【渐变工具】可以用渐变效果填充图像或者选择区域，选择【渐变工具】后，其选项栏如图 5-22 所示，各选项作用及含义如表 5-5 所示。

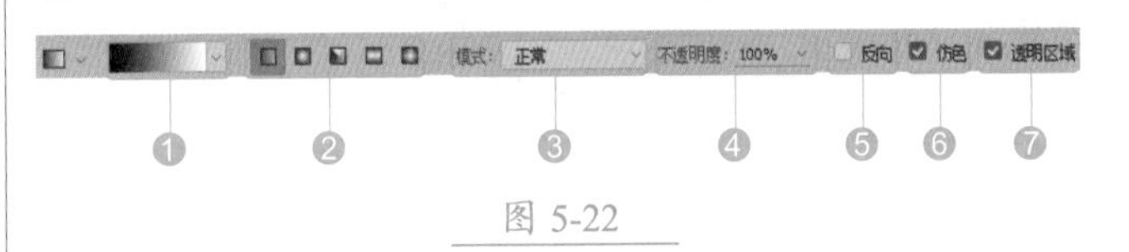

图 5-22

表 5-5　选项作用及含义

选项	作用及含义
❶ 渐变颜色条	渐变色条中显示了当前的渐变颜色，单击它右侧的按钮，可以在打开的下拉面板中选择一个预设的渐变。如果直接单击渐变颜色条，则会弹出【渐变编辑器】窗口
❷ 渐变类型	按下【线性渐变】按钮，可以创建以直线从起点到终点的渐变；按下【径向渐变】按钮，可创建以圆形图案从起点到终点的渐变；按下【角度渐变】按钮，可创建围绕起点以逆时针扫描方式的渐变；按下【对称渐变】按钮，可创建使用均衡的线性渐变在起点的任意一侧渐变；按下【菱形渐变】按钮，以菱形方式从起点向外渐变，终点定义菱形的一个角
❸ 模式	用来设置应用渐变时的混合模式
❹ 不透明度	用来设置渐变效果的不透明度
❺ 反向	选中该复选框，可转换渐变中的颜色顺序，得到反方向的渐变结果
❻ 仿色	选中该复选框，可使渐变效果更加平滑。主要用于防止打印时出现条带化现象，但在屏幕上并不能明显地体现出作用
❼ 透明区域	选中该复选框，可以创建包含透明像素的渐变；取消选中该复选框则创建实色渐变

选择【渐变工具】后，在选项栏中，单击渐变色条右侧的按钮，在打开的下拉列表中选择一种渐变效果，如图 5-23 所示。在图像中拖动鼠标，如

图 5-24 所示，释放鼠标，即可填充渐变色，如图 5-25 所示。

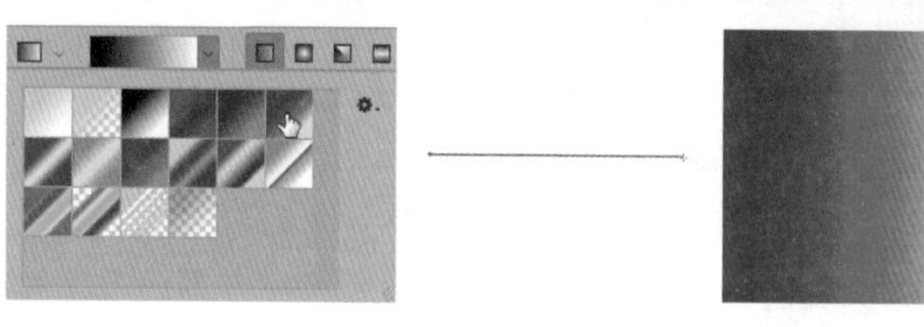

图 5-23　　图 5-24　　图 5-25

其他渐变效果如图 5-26 所示。

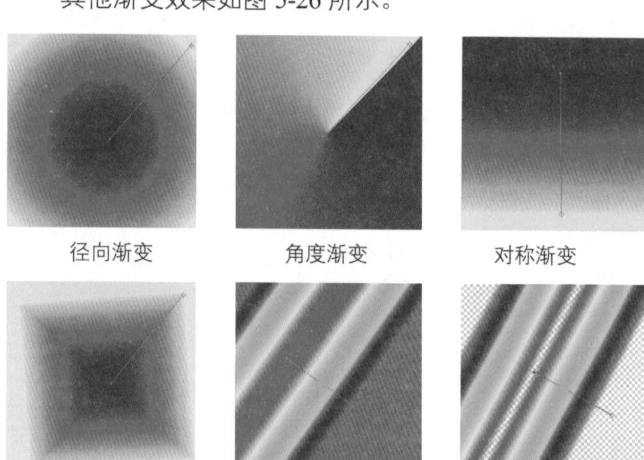

径向渐变　角度渐变　对称渐变

菱形渐变　未选中【透明区域】复选框　选中【透明区域】复选框

图 5-26

2.【渐变工具】编辑器

选择【渐变工具】后，在选项栏中单击渐变色条，可以打开【渐变编辑器】对话框，如图 5-27 所示，其选项作用及含义如表 5-6 所示。

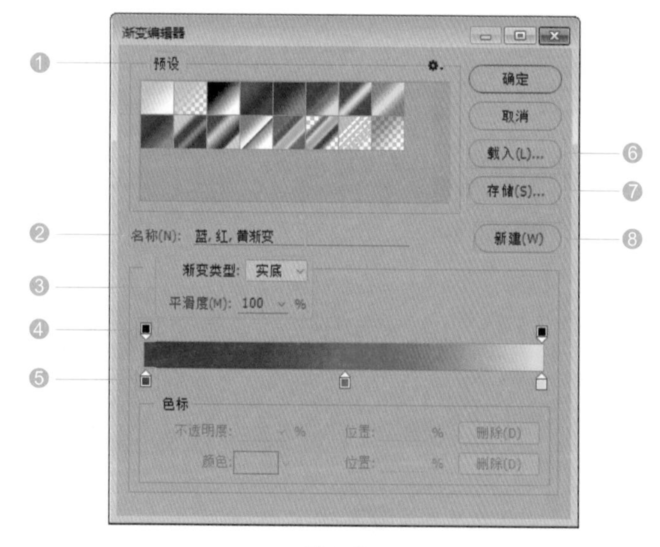

图 5-27

表 5-6　选项作用及含义

选项	作用及含义
❶ 预设	显示 Photoshop CC 提供的基本预设渐变方式。选择某个渐变颜色后，可以设置该样式的渐变
❷ 名称	在【名称】文本框中可显示选定的渐变名称，也可以输入新建渐变名称
❸ 渐变类型和平滑度	单击【渐变类型】的下三角按钮，可选择显示为单色形态的【实底】和显示为多种色带形态的【杂色】两种类型；通过【平滑度】可以调节渐变的光滑程度
❹ 不透明度色标	调整渐变中应用的颜色的不透明度，默认值为 100，数值越小渐变颜色越透明
❺ 色标	调整渐变中应用的颜色或颜色的范围，通过拖动调整滑块的方式更改色标的位置。双击色标滑块，弹出【选择色标颜色】对话框，可以选择需要的渐变颜色
❻ 载入	单击该按钮，可以在弹出的【载入】对话框中打开保存的渐变
❼ 存储	单击该按钮，通过【存储】对话框可将新设置的渐变进行存储
❽ 新建	在设置新的渐变样式后，单击【新建】按钮，可将这个样式新建到预设框中

使用【渐变工具】添加颜色的具体操作步骤如下。

Step 01 打开素材。打开“素材文件\第 5 章\梦幻.jpg”文件，如图 5-28 所示。

Step 02 选择【透明彩虹渐变】。选择【渐变工具】，在选项栏中单击渐变色条，在打开的【渐变编辑器】窗口中单击【透明彩虹渐变】图标，如图 5-29 所示。

图 5-28

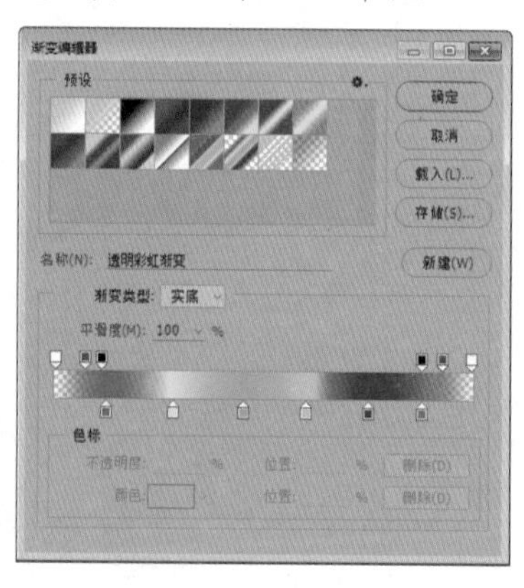

图 5-29

Step 03 删除红色标。选中左侧的红色标，如图 5-30 所示。单击右下方的【删除所选色标】按钮，删除红色标，如图 5-31 所示。

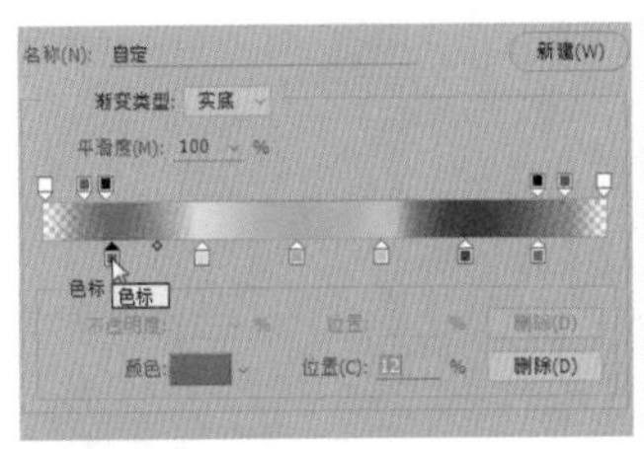

图 5-30

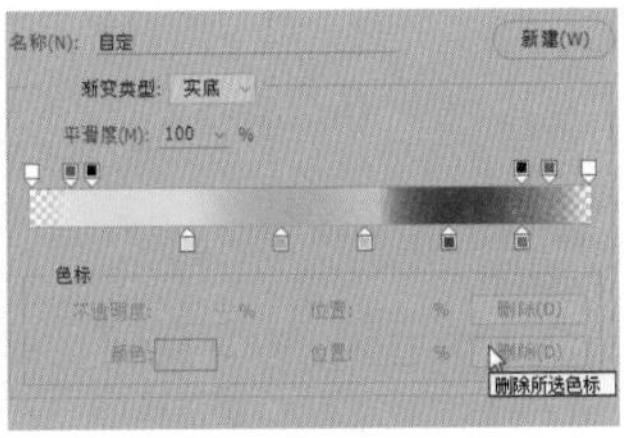

图 5-31

Step 04 复制洋红色标。选中右侧的洋红色标，如图 5-32 所示。按住【Alt】键拖动复制该色标到左侧，如图 5-33 所示。

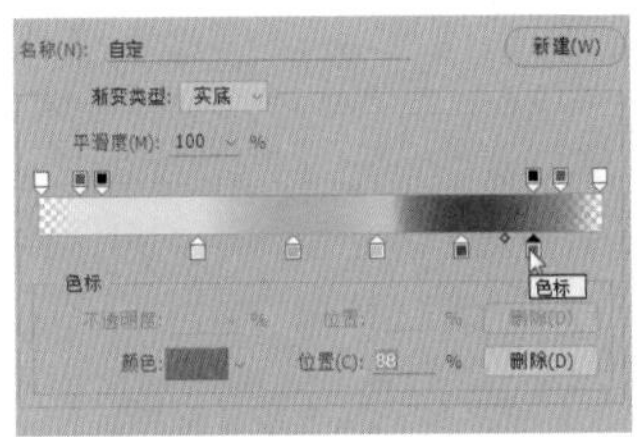

图 5-32

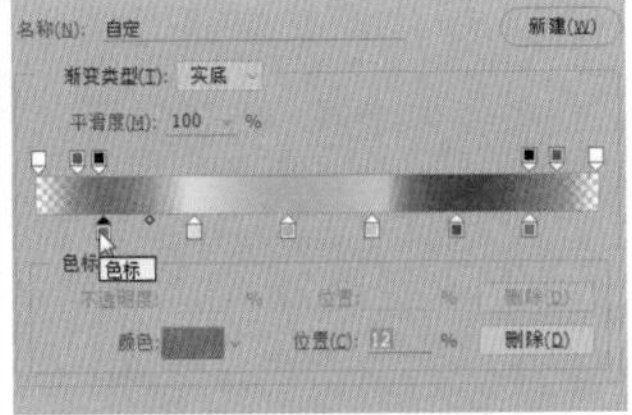

图 5-33

Step 05 设置不透明度并删除色标。❶ 在绿色标右上方单击，添加不透明度色标，❷ 更改【不透明度】为 0%，如图 5-34 所示。删除右下方的 3 个色标，如图 5-35 所示。

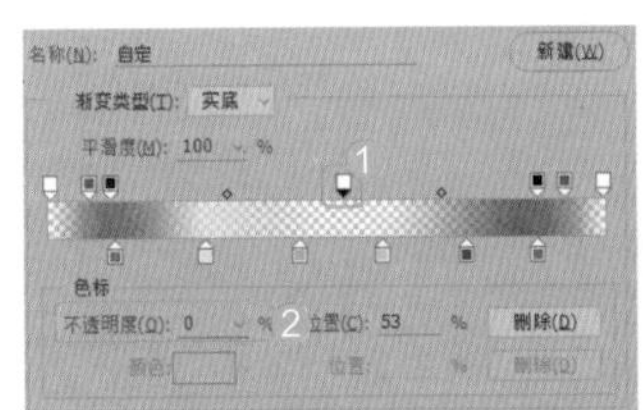

图 5-34

图 5-35

Step 06 删除色标。❶ 选中右上角的不透明度色标，❷ 单击【删除】按钮，如图 5-36 所示，删除效果如图 5-37 所示。

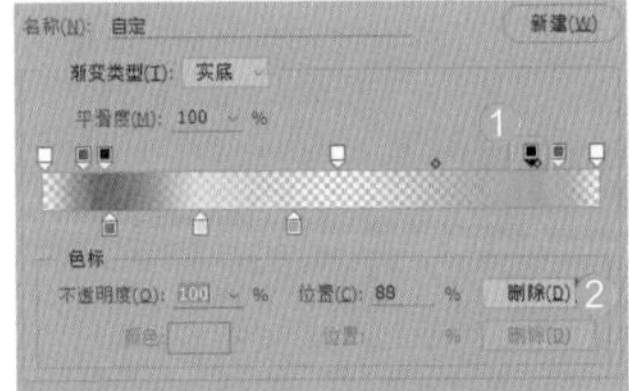

图 5-36

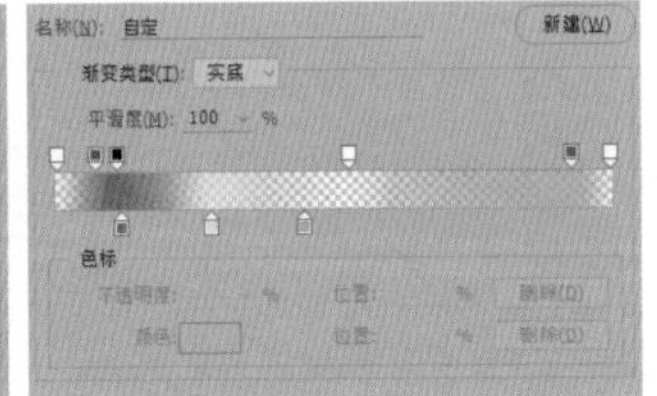

图 5-37

Step 07 删除色标并更改不透明度。使用相同的方法删除右上方的另一个不透明度色标，如图 5-38 所示。❶ 选中左上方的第二个不透明度色标，❷ 更改【不透明度】为 20%，如图 5-39 所示。

图 5-38

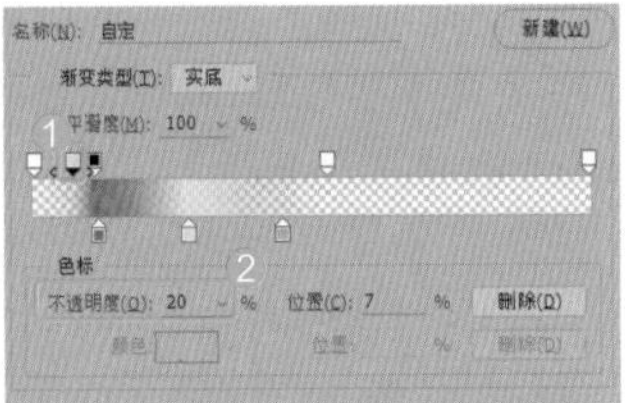

图 5-39

Step 08 更改不透明度并增加色标。❶ 选中左上方的第三个不透明度色标，❷ 更改【不透明度】为 50%，如图 5-40 所示。在下方单击增加色标，如图 5-41 所示。

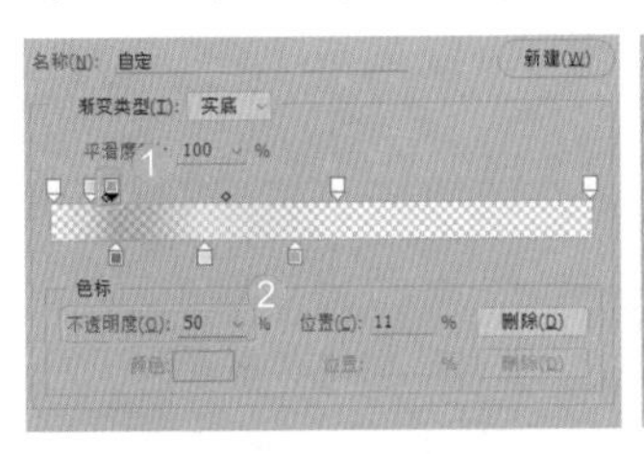

图 5-40

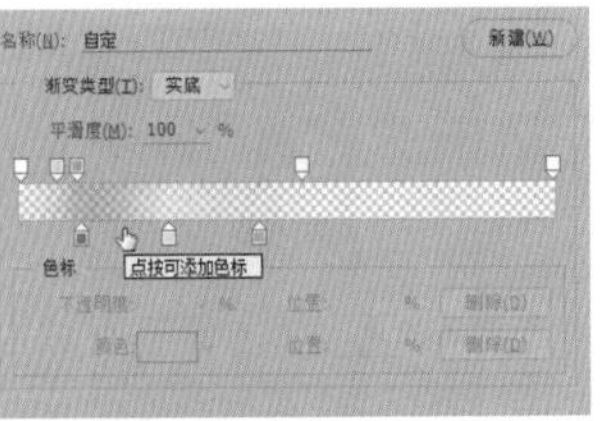

图 5-41

Step 09 改变色标颜色。单击下方的颜色图标，如图 5-42 所示。在打开的【拾色器（色标颜色）】对话框中，❶ 选择橙色（#ffd800），❷ 单击【确定】按钮，如图 5-43 所示。

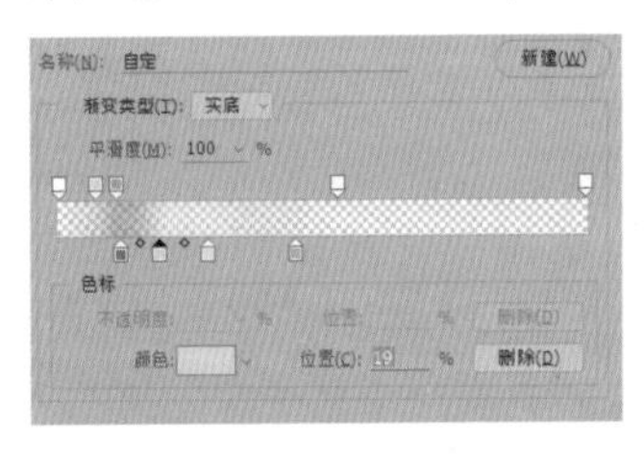

图 5-42

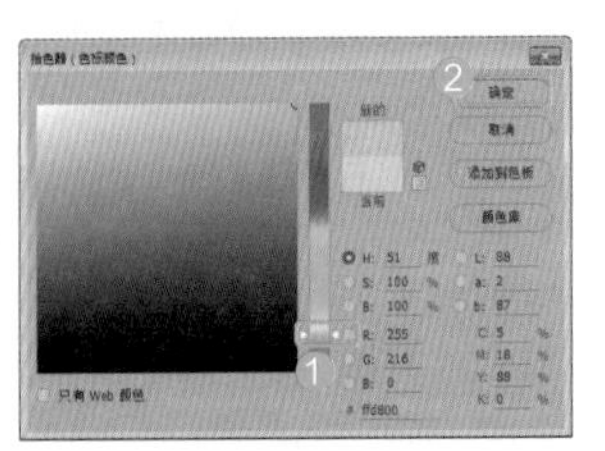

图 5-43

Step 10 新建【图层 1】图层。通过前面的操作，设置增加的色标颜色为橙色，如图 5-44 所示。在【图层】面板中，单击【创建新图层】按钮，新建【图层 1】，如图 5-45 所示。

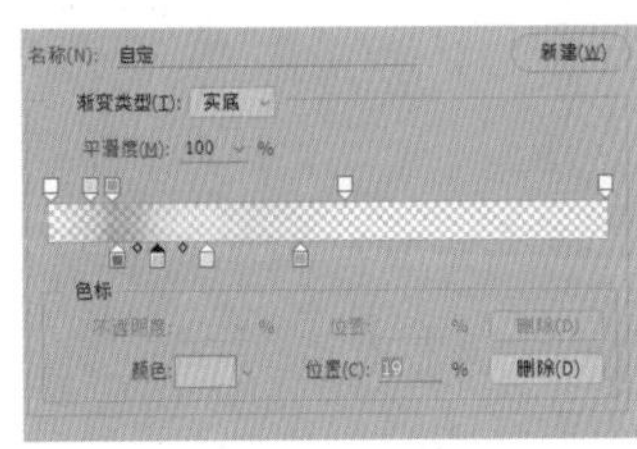

图 5-44

图 5-45

技术看板

选中色标后，色标中的三角形位置以黑色显示。设置色标颜色后，色标中的正方形区域将以该颜色进行显示；设置不透明度色标后，不透明色标中的正方形区域会以相应的灰度值进行显示。

Step 11 填充渐变色。在选项栏中单击【径向渐变】按钮，选中【反向】复选框选中【透明区域】复选框，拖动鼠标填充渐变色，如图 5-46 所示。选中背景图层，如图 5-47 所示。

图 5-46

图 5-47

Step 12 添加光晕效果。执行【滤镜】→【渲染】→【镜头光晕】命令，打开【镜头光晕】对话框，❶ 拖动光晕中心到右上角位置，❷ 设置【亮度】为 150%、【镜头类型】为 50-300 毫米变焦，❸ 单击【确定】按钮，如图 5-48 所示，光晕效果如图 5-49 所示。

图 5-48

图 5-49

Step 13 模糊渐变色。选中【图层 1】图层，如图 5-50 所示。执行【滤镜】→【模糊】→【高斯模糊】命令，打开【高斯模糊】对话框，❶ 设置【半径】为 30 像素，❷ 单击【确定】按钮，如图 5-51 所示，模糊效果如图 5-52 所示。

图 5-50

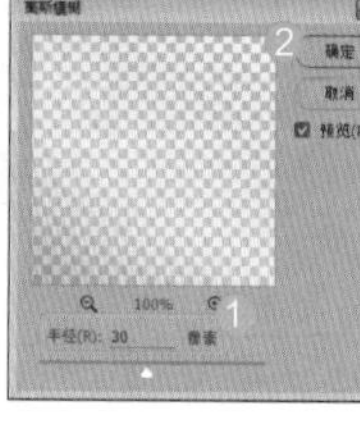
图 5-51

图 5-52

Step 14 降低不透明度。更改【图层 1】的不透明度为 70%，降低图层不透明度，如图 5-53 所示，最终效果如图 5-54 所示。

图 5-53

图 5-54

3. 存储渐变

在【渐变编辑器】窗口中调整渐变后，在【名称】文本框中输入渐变名称“光环”，单击【新建】按钮，如图 5-55 所示。在【预设】选项区域中，可以看到存储的“光环”渐变，如图 5-56 所示。

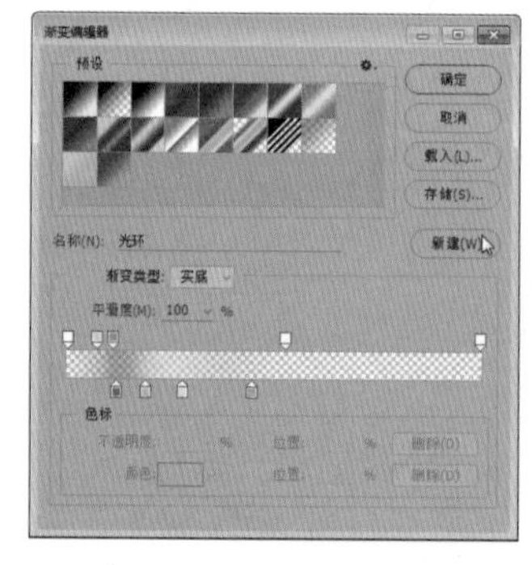
图 5-55

图 5-56

4. 删除渐变

选择一个渐变并右击，在打开的快捷菜单中选择【删除渐变】命令，即可删除渐变色，如图 5-57 所示。

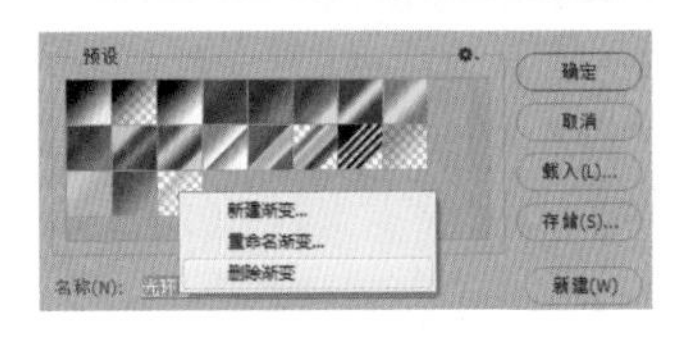
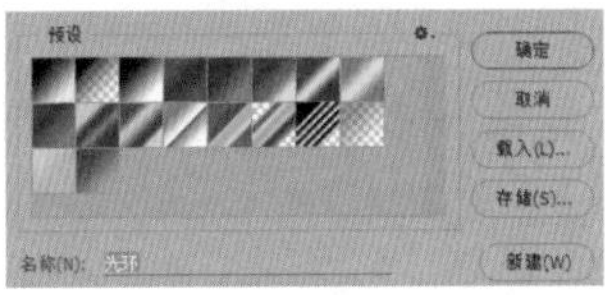

图 5-57

5. 重命名渐变

选择一个渐变并右击，在打开的快捷菜单中选择【重命名渐变】命令，打开【渐变名称】对话框，在该对话框中可以重命名渐变，如图 5-58 所示。

图 5-58

6. 载入渐变库

在【渐变编辑器】窗口中单击右上角的 按钮，在打开的快捷菜单中选择目标渐变库，如选择【协调色 1】选项，如图 5-59 所示，在打开的提示对话框中，单击【确定】按钮，可载入渐变库替换原有渐变，单击【追加】按钮，可在原渐变的基础上追加渐变库，如图 5-60 所示。

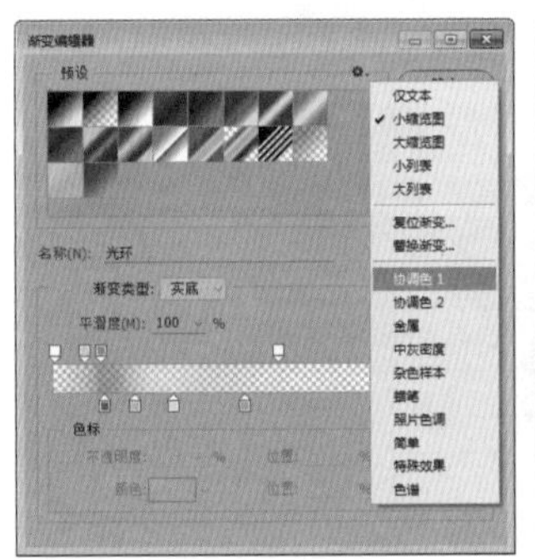

图 5-59

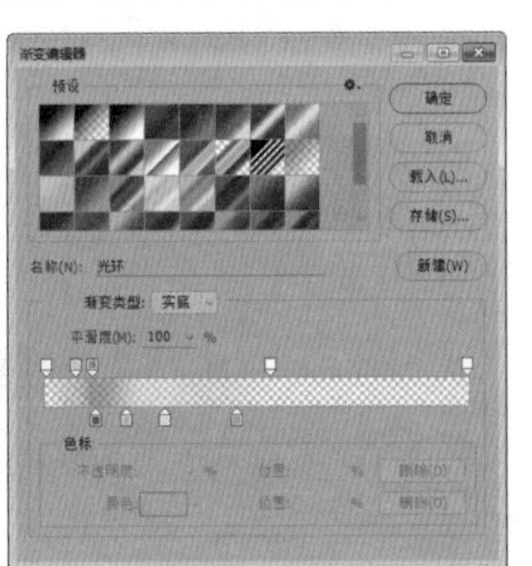

图 5-60

> **技能拓展——载入外部渐变库**
>
> 在【渐变编辑器】窗口中，单击右上角的【载入】按钮，可以打开【载入】对话框，在该对话框中可以选择载入外部渐变文件。

7. 复位渐变

在【渐变编辑器】窗口中，单击右上角的 按钮，在打开的快捷菜单中选择【复位渐变】命令，如图 5-61 所示。在打开的提示对话框中，单击【确定】按钮，将会恢复默认渐变库，如图 5-62 所示。

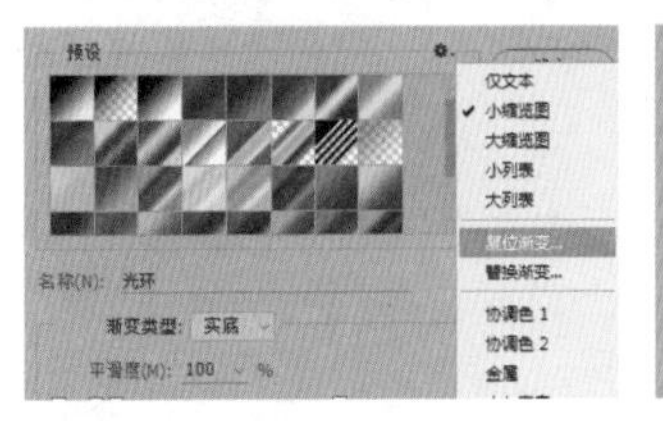

图 5-61

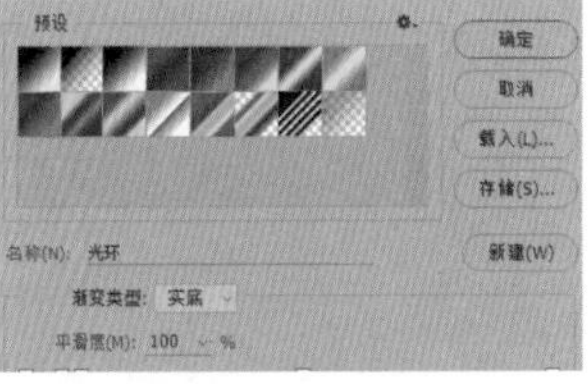

图 5-62

5.2.3 实战：使用【填充】命令填充背景

实例门类	软件功能

【填充】命令可以在图层或选区内填充颜色或图案，在填充时还可以设置不透明度和混合模式。具体操作步骤如下。

Step 01 去除画面左上角的污渍。打开“素材文件\第 5 章\红花 .jpg”文件，使用【矩形选框工具】创建选区，如图 5-63 所示。执行【编辑】→【填充】命令或按【Shift+F5】组合键，打开【填充】对话框，❶ 填充内容选择【内容识别】，❷ 单击【确定】按钮，如图 5-64 所示。

图 5-63

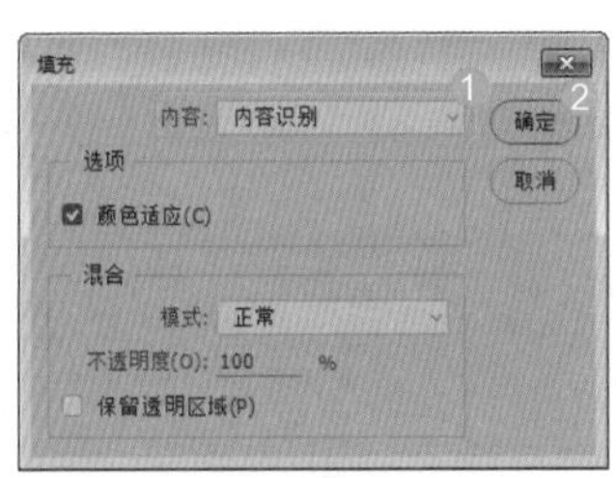

图 5-64

Step 02 选中背景色。内容识别填充效果如图 5-65 所示。按【Ctrl+D】组合键取消选区。选择【快速选择工具】，在背景处拖动鼠标选中背景，如图 5-66 所示。

> **技能拓展——内容识别填充**
>
> 内容识别填充时，Photoshop CC 会使用选区附近的图像进行填充，并对明暗、色调进行自由融合，使选区内的图像自然消失。

图 5-65

图 5-66

Step 03 填充网点。再次执行【编辑】→【填充】命令或按【Shift+F5】组合键，打开【填充】对话框，❶ 填充内容使用【图案】，❷ 在【自定图案】下拉列表框中，选择【网点】选项，❸ 单击【确定】按钮，如图 5-67 所示，效果如图 5-68 所示。

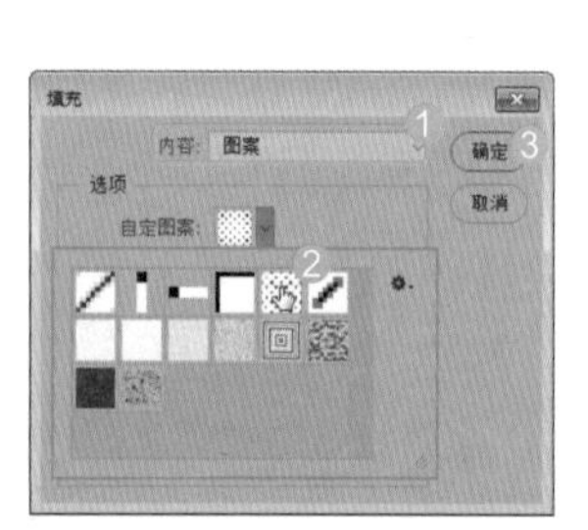

图 5-67

图 5-68

5.2.4 实战：使用自定义图案填充

实例门类	软件功能

【定义图案】命令可以将图像定义为图案，并使用【填充】命令进行填充，具体操作步骤如下。

Step 01 定义草莓图案。打开“素材文件\第 5 章\草莓.jpg”文件，如图 5-69 所示。执行【编辑】→【定义图案】命令，打开【图案名称】对话框，❶ 设置【名称】为“草莓”，❷ 单击【确定】按钮，如图 5-70 所示。

图 5-69

图 5-70

Step 02 新建文件。执行【文件】→【新建】命令，在【新建】对话框中，❶ 设置【宽度】为 797 像素、【高度】为 755 像素，分辨率为 72 像素 / 英寸 ❷ 单击【确定】按钮，如图 5-71 所示。

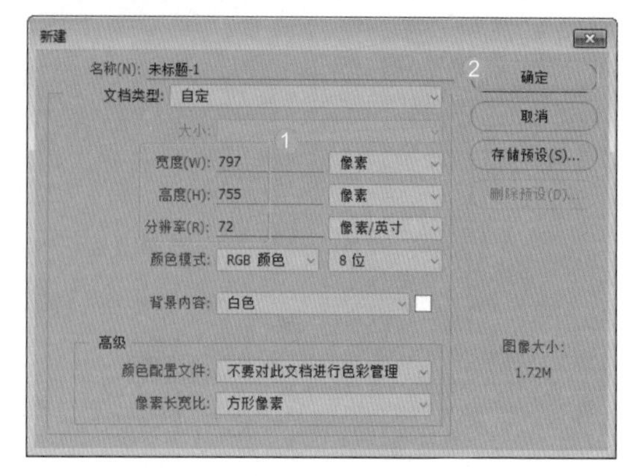

图 5-71

Step 03 选择“草莓”图案。执行【编辑】→【填充】命令或按【Shift+F5】组合键，打开【填充】对话框，❶ 填充内容使用【图案】，❷ 在【自定图案】下拉列表框中选择前面定义的“草莓”图案，❸ 单击【确定】按钮，如图 5-72 所示。

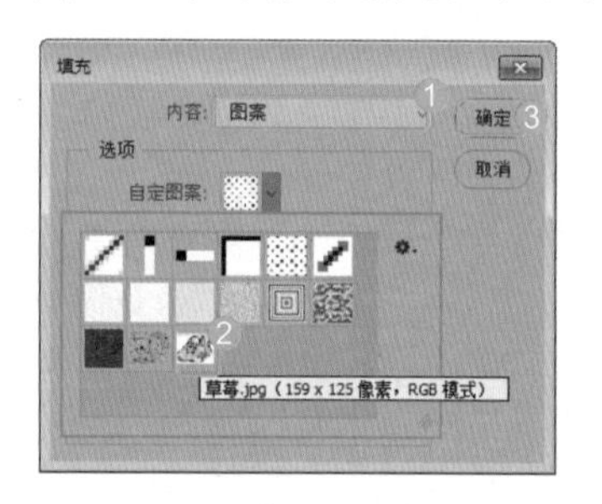

图 5-72

Step 04 新建图层。填充效果如图 5-73 所示。在【图层】面板中，新建【图层 1】图层，如图 5-74 所示。

图 5-73

图 5-74

Step 05 填充草莓图案。按【Shift+F5】组合键，打开【填充】对话框，❶ 继续使用“草莓”图案填充，❷ 选中【脚本】复选框，设置【脚本】为螺线，❸ 单击【确定】按钮，如图 5-75 所示，填充效果如图 5-76 所示。

技能拓展——脚本图案

选中【脚本】复选框后，可以在下方的下拉列表中，选择需要的图案。例如，选择【砖形】选项，Photoshop 将图案以砖块的排列方式进行填充。

图 5-75

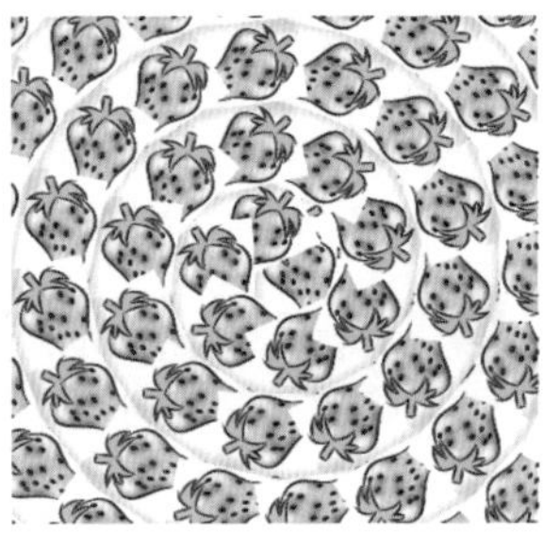

图 5-76

Step 06 缩小图案。按【Ctrl+T】组合键，执行自由变换操作，拖动变换点缩小图像，如图 5-77 所示。拖动变换点旋转图像，最终效果如图 5-78 所示。

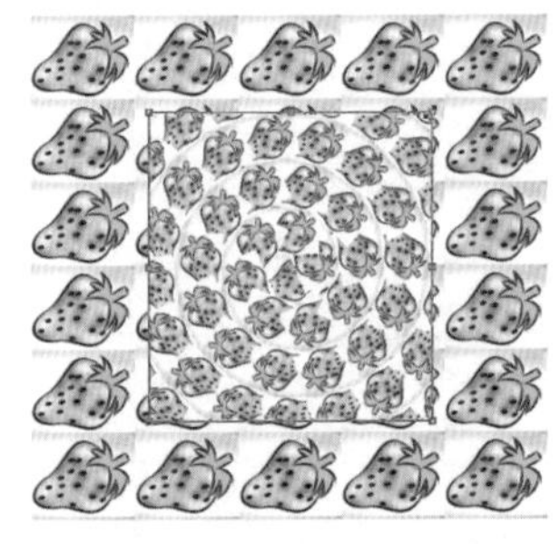

图 5-77

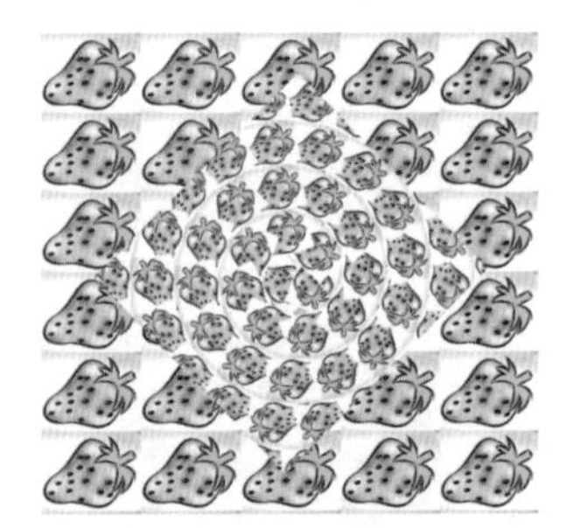

图 5-78

技术看板

按【Alt+Delete】组合键可以快速填充前景色；按【Ctrl+Delete】组合键可以快速填充背景色。

5.2.5 实战：使用【描边】命令制作轮廓效果

实例门类	软件功能

【描边】命令可以为图像或选区描边，下面介绍如何使用【描边】命令制作轮廓效果，具体操作步骤如下。

Step 01 选中背景。打开“素材文件\第 5 章\女孩.jpg”文件，使用【魔棒工具】在背景中创建选区，如图 5-79 所示。

Step 02 添加描边。执行【编辑】→【描边】命令，打开【描边】对话框，❶ 设置【宽度】为 20 像素、颜色为黄色【#efe31d】，【位置】为内部，❷ 单击【确定】按钮，如图 5-80 所示。

图 5-79

图 5-80

技术看板

隐藏图层及文字图层、智能图层和调整图层都不能进行描边操作。如果需要在这些图层上进行描边，需要首先显示隐藏图层或栅格化文字和智能图层。

Step 03 添加更细的描边。通过前面的操作，得到黄色描边效果，如图 5-81 所示。再次执行【编辑】→【描边】命令，打开【描边】对话框，❶ 设置【宽度】为 10 像素、颜色为蓝色【#1dd9ef】，【位置】为内部，❷ 单击【确定】按钮，如图 5-82 所示。

图 5-81

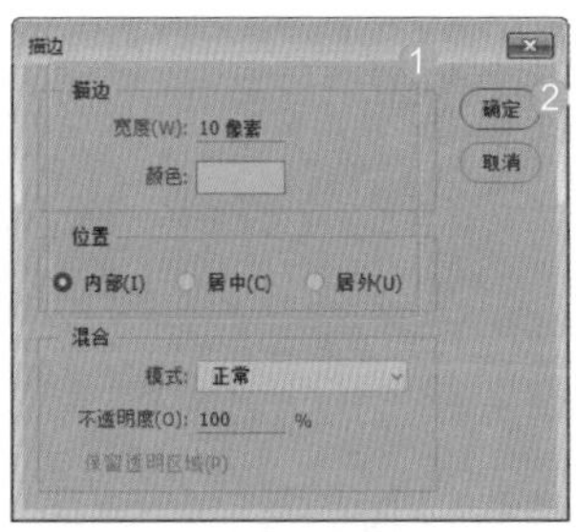

图 5-82

Step 04 取消选区。通过前面的操作，得到蓝色描边效果，如图 5-83 所示。按【Ctrl+D】组合键取消选区，效果如图 5-84 所示。

图 5-83

图 5-84

5.3 画笔面板

画笔面板包括【画笔预设】和【画笔】面板，还包括选项栏中的“画笔预设”选取器，通过这些面板，用户可以设置绘画和修饰工具的笔尖形状和绘画方式。

★重点 5.3.1 “画笔预设”选取器

选择绘画或修饰类工具。在选项栏中打开【“画笔预设”选取器】面板，如图 5-85 所示，其选项作用及含义如表 5-7 所示。

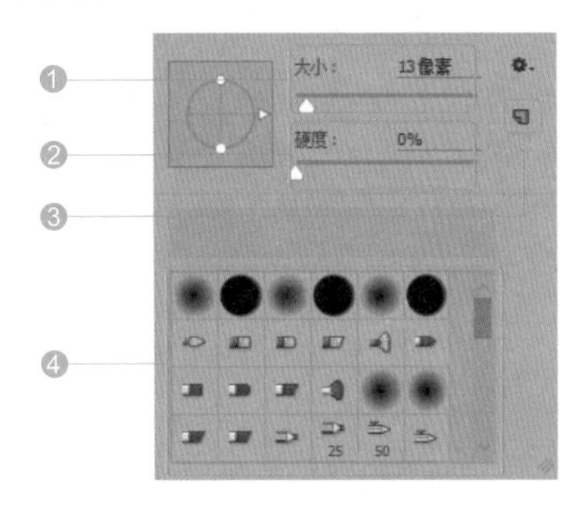

图 5-85

表 5-7　选项作用及含义

选项	作用及含义
❶ 大小	拖动滑块或者在文本框中输入数值可以调整画笔的大小
❷ 硬度	用于设置画笔笔尖的硬度
❸ 创建新的预设	单击该按钮，可以打开【画笔名称】对话框，输入画笔的名称后，单击【确定】按钮，可以将当前画笔保存为一个预设的画笔
❹ 笔尖形状	Photoshop 提供了多种类型的笔尖，包括圆形笔尖、方形笔尖、毛刷笔尖及图像样本笔尖等

5.3.2 【画笔预设】面板

执行【窗口】→【画笔预设】命令，可以打开【画笔预设】面板，面板中提供了多种预设画笔，预设画笔带有特定的大小、形状和硬度等属性，如图 5-86 所示。

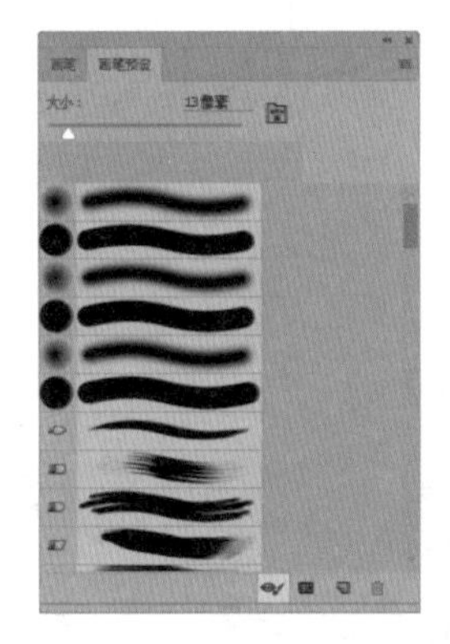

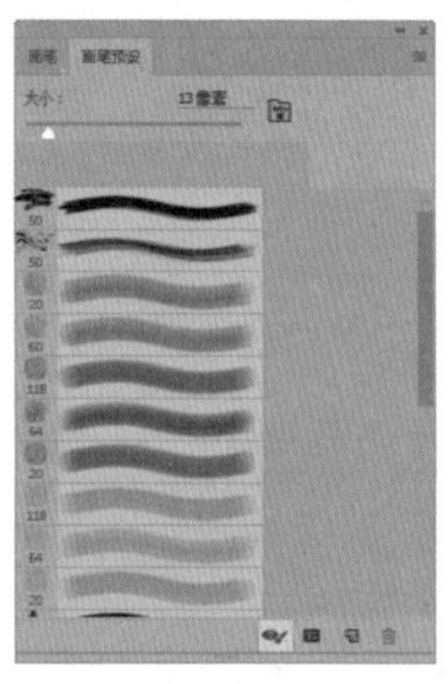

图 5-86

在【画笔预设】面板中，单击【切换实时笔尖画笔预览】按钮，画面上会弹出显示窗口，显示笔尖形状和笔尖运行方向，如图 5-87 所示。

技术看板

在【画笔预设】面板中，单击右上角的【切换画笔面板】按钮，可以打开【画笔】面板；单击【打开预设管理器】按钮，可以打开【预设管理器】面板；单击【创建新画笔】按钮，可以将当前画笔存储为新画笔；单击【删除画笔】按钮，可以删除当前画笔。

图 5-87

5.3.3 【画笔】面板

通过【画笔】面板，可以设置出功能更加强大的画笔。执行【窗口】→【画笔】命令或按【F5】键，可以打开【画笔】面板，如图 5-88 所示，其选项作用及含义如表 5-8 所示。

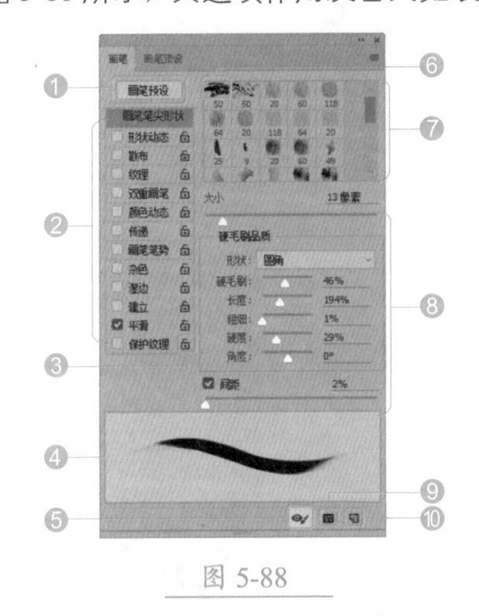

图 5-88

表 5-8 选项作用及含义

选项	作用及含义
❶ 画笔预设	可以打开【画笔预设】面板
❷ 画笔设置	改变画笔的角度、圆度，以及为其添加纹理、颜色动态等变量
❸ 锁定 / 未锁定	锁定或未锁定画笔笔尖形状
❹ 画笔描边预览	可预览选择的画笔笔尖形状
❺ 显示画笔样式	使用毛刷笔尖时，显示笔尖样式
❻ 选中的画笔笔尖	当前选择的画笔笔尖
❼ 画笔笔尖	显示了 Photoshop 提供的预设画笔笔尖
❽ 画笔参数选项	用于调整画笔参数
❾ 打开预设管理器	可以打开【预设管理器】面板
❿ 创建新画笔	对预设画笔进行调整，可单击该按钮，将其保存为一个新的预设画笔

1. 画笔笔尖形状

在【画笔】面板中，单击【画笔笔尖形状】按钮，可以在打开的选项卡中，进行大小、圆度、角度和画笔间距等设置，如图 5-89 所示。

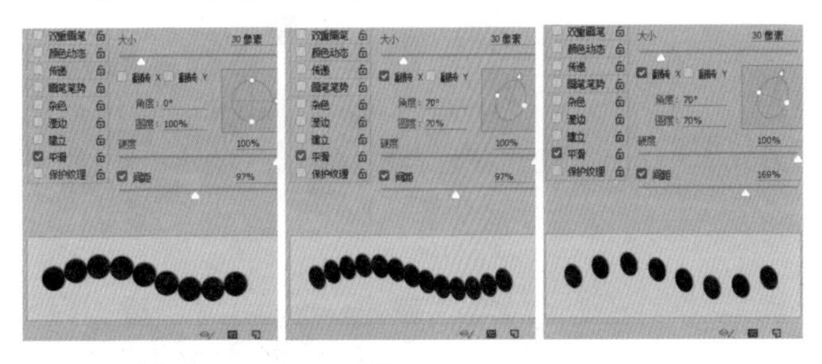

图 5-89

2. 形状动态

在【画笔】面板中，选中【形状动态】复选框，可以在打开的选项卡中，设置画笔笔尖的运动轨迹，如图 5-90 所示。

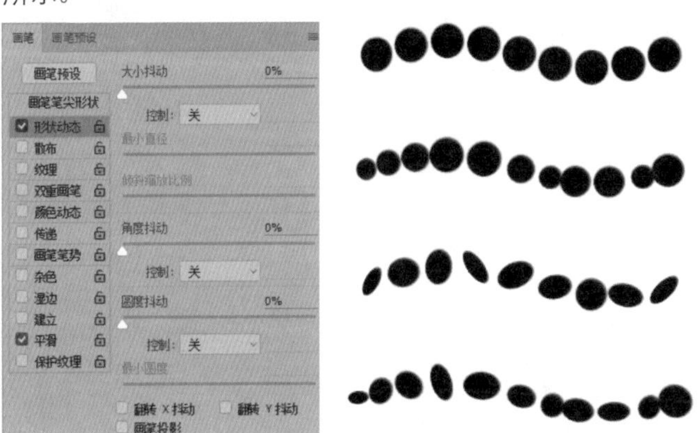

图 5-90

（1）大小抖动：设置画笔笔迹大小的改变方式。该值越高，轮廓越不规则。

（2）最小直径：启用【大小抖动】后，使用该选项可设置笔迹缩放的最小百分比，该值越高，笔尖直径的变化越小。

（3）角度抖动：改变笔迹的角度。

（4）圆度抖动 / 最小圆度：设置笔迹的圆度在描边中的变化方式。

（5）翻转 X 抖动 / 翻转 Y 抖动：设置笔尖在 *X* 轴或 *Y* 轴上的方向。

3. 散布

在【画笔】面板中，选中【散布】复选框，可以在打开的选项卡中，设置画笔的笔迹扩散范围，如图 5-91 所示。

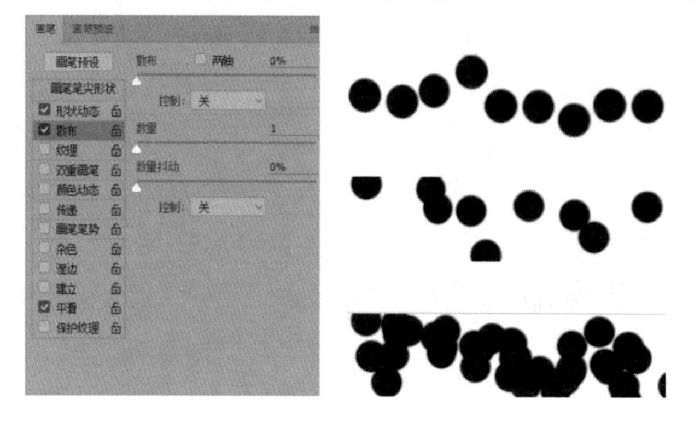

图 5-91

（1）散布 / 两轴：设置画笔笔迹分散效果，该值越高，分散范围越广，选中【两轴】复选框后，笔迹将向两侧分散。

（2）数量：设置每个间距应用的画笔笔迹数量。

（3）数量抖动 / 控制：控制笔迹的数量如何针对各种间距而变化。

4. 纹理

在【画笔】面板中，选中【纹理】复选框，可以在打开的选项卡中，设置纹理画笔，这种画笔绘制出的图像就像在带纹理的画布上作画一样，如图 5-92 所示。

图 5-92

（1）设置纹理 / 反相：在纹理下拉列表框中可以选择一种纹理，选中【反相】复选框后，可使纹理色调反转。

（2）缩放：设置纹理的缩放比例。

（3）为每个笔尖设置纹理：决定绘画时是否单独渲染每个笔尖。

（4）模式：设置纹理和前景色之间的混合模式。

（5）深度：设置油墨渗入纹理中的深度。

（6）最小深度：设置【控制】选项并选中【为每个笔尖设置纹理】复选框后，油墨可渗入的最小深度。

（7）深度抖动：设置纹理抖动的最大百分比。

5. 双重画笔

在【画笔】面板中，选中【双重画笔】复选框，可以在打开的选项卡中，设置双重画笔，这种画笔绘制出的图像呈现出两种画笔效果，如图 5-93 所示。

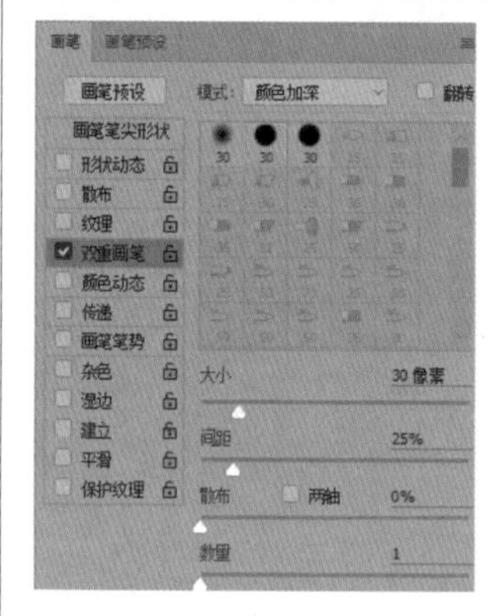

图 5-93

（1）模式：设置两种笔尖在重叠时使用的混合模式。

（2）大小：设置笔尖的大小。

（3）间距：控制描边中双笔尖笔迹之间的距离。

（4）散布：设置双笔尖笔迹的分布方式。

（5）数量：设置在每个间距应用的双笔尖笔迹数量。

6. 颜色动态

在【画笔】面板中，选中【颜色动态】复选框，可以在打开的选项卡中设置画笔的颜色动态，这种画笔绘制出的图像会呈现出颜色变化，如图 5-94 所示。

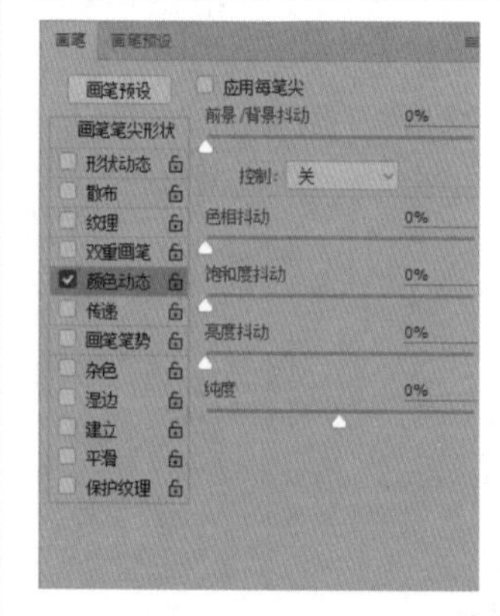

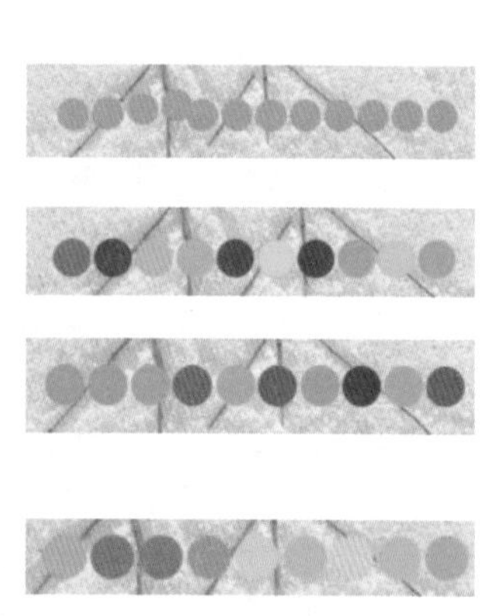

图 5-94

（1）应用每笔尖：选中该复选框后，颜色动态应用于每一笔绘画中。未选中该复选框时，只有重起一笔时，才会应用颜色动态。

（2）前景 / 背景抖动：设置前景色和背景色之间的色彩变化方式。该值越小，变化后的色彩越接近前景色；该值越大，变化后的色彩越接近背景色。

（3）色相抖动：设置颜色变化范围。该值越小，色相越接近前景色；该值越大，色相变化越丰富。

（4）饱和度抖动：设置色彩的饱和度变化范围。该值越小，饱和度越接近前景色；该值越大，色彩饱和度越高。

（5）亮度抖动：设置色彩的亮度变化范围。该值越小，亮度越接近前景色；该值越大，亮度越高。

（6）纯度：设置色彩的纯度变化范围。该值越大，色彩纯度越高。

7. 传递

在【画笔】面板中，选中【传递】复选框，可以在打开的选项卡中设置画笔笔迹的改变方式，如图 5-95 所示。

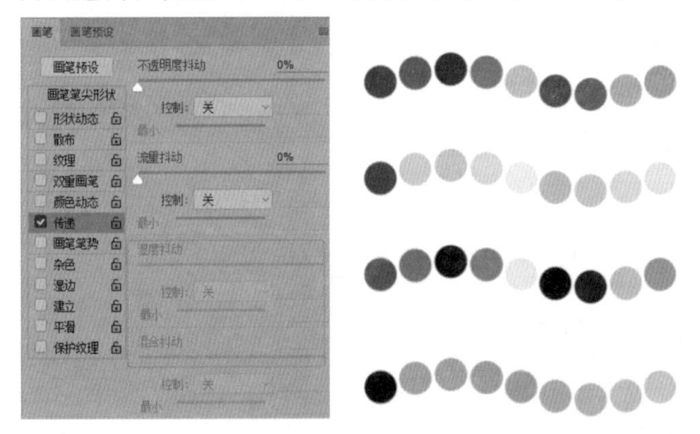

图 5-95

（1）不透明度抖动：设置画笔笔迹中色彩不透明度的变化程度。

（2）流量抖动：设置画笔笔迹中色彩流量的变化程度。

（3）湿度抖动：设置画笔笔迹中水分流量的变化程度，湿度越高，颜色越淡。

（4）混合抖动：设置画笔笔迹中混合流量的变化程度。

8. 画笔笔势

在【画笔】面板中，选中【画笔笔势】复选项，可以在打开的选项卡中，设置毛刷画笔笔尖、侵蚀画笔笔尖的角度，如图 5-96 所示。

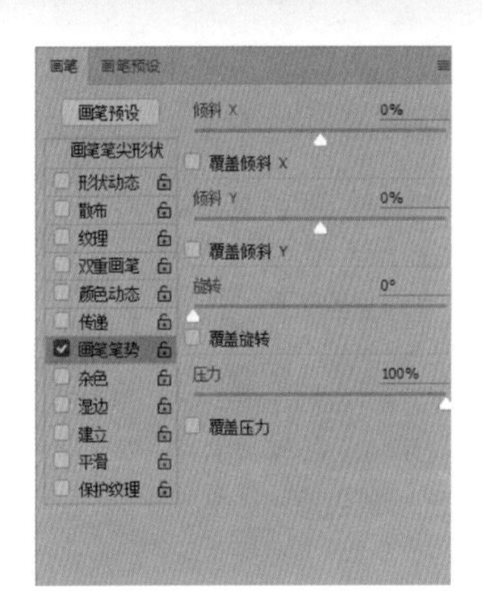

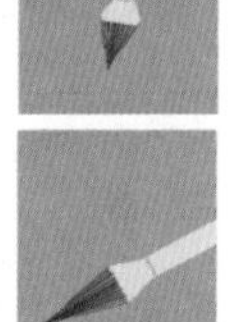
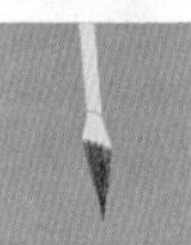

图 5-96

（1）倾斜 X/ 倾斜 Y：让笔尖沿 X 轴或 Y 轴倾斜。

（2）旋转：设置画笔的旋转效果。

（3）压力：设置画笔压力，该值越大，绘制速度越快，线条越粗。

9. 杂色

在【画笔】面板中，选中【杂色】复选框，可以为画笔增加随机性。当应用于柔画笔时，非常有用。

10. 湿边

在【画笔】面板中，选中【湿边】复选框，可以为画笔笔迹边缘增加油墨，类似水彩效果。

11. 建立

在【画笔】面板中，选中【建立】复选框，可以为画笔增加喷枪功能，并将渐变色调应用于图像。

12. 平滑

在【画笔】面板中，选中【平滑】复选框，可以为画笔增加平滑功能。绘制的线条更加平滑。在使用压感笔进行绘画时，该选项非常有用。

13. 保护纹理

在【画笔】面板中，选中【保护纹理】复选框，可以将相同图案和缩放比例应用于具有多个纹理的画笔。

5.3.4 实战：使用自定义画笔绘制花瓣

实例门类	软件功能

除了使用预设画笔外，用户还可以将喜爱的图像定

义为画笔，绘制出个性图像，具体操作步骤如下。

Step01 选中背景。打开“素材文件\第5章\花瓣.jpg，选择【魔棒工具】在背景处单击创建选区，选中整个背景，如图 5-97 所示。

Step02 将背景图层转换为普通图层。在【图层】面板中，按住【Alt】键，单击【背景】图层，使其转换为普通图层，如图 5-98 所示。

图 5-97

图 5-98

Step03 删除背景。按【Delete】键删除【背景】图层，如图 5-99 所示。按【Ctrl+D】组合键取消选区，执行【图像】→【裁切】命令，清除透明像素，如图 5-100 所示。

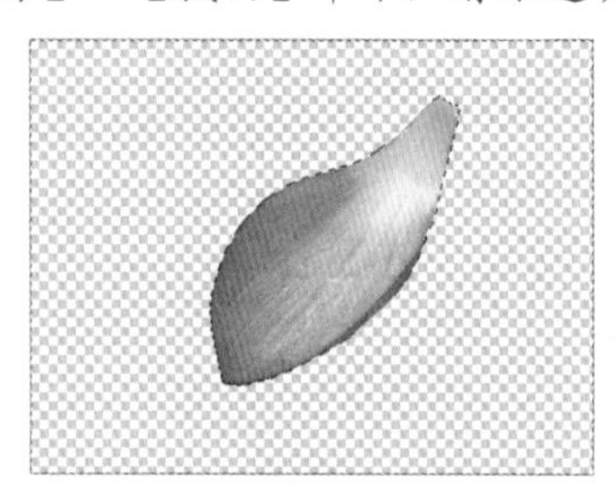

图 5-99

图 5-100

Step04 定义花瓣为画笔。执行【编辑】→【定义画笔预设】命令，打开【画笔名称】对话框，设置【名称】为“花瓣.jpg”，单击【确定】按钮，如图 5-101 所示。

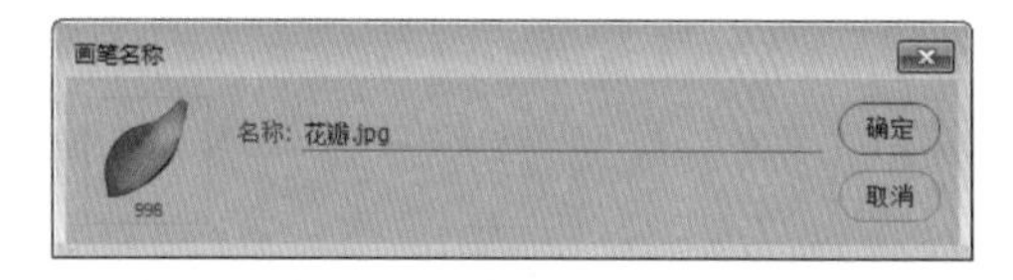

图 5-101

Step05 设置画笔参数。按【F5】键打开【画笔】面板，❶单击【画笔笔尖形状】按钮，❷选中前面定义的“花瓣”画笔，❸设置【大小】为 150 像素，【间距】为 198%，如图 5-102 所示。

Step06 设置画笔参数。❶选中【形状动态】复选项，❷设置【大小抖动】为 79%、【最小直径】为 10%、【角度抖动】为 100%、【渐隐】为 25，如图 5-103 所示。

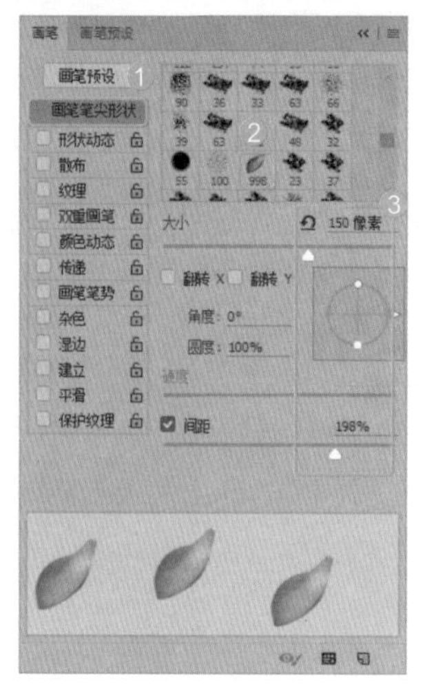

图 5-102

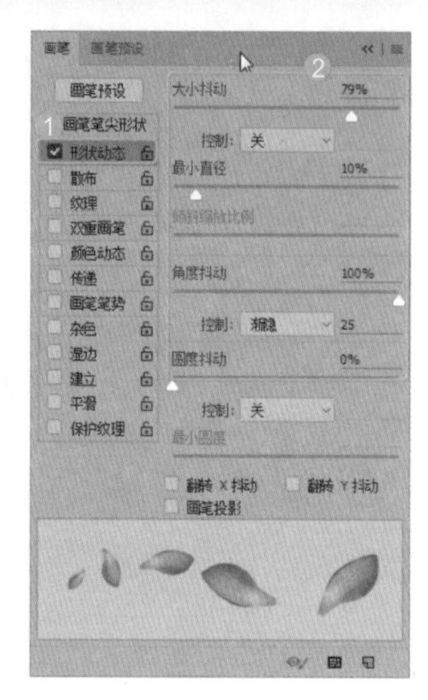

图 5-103

Step07 设置【散布】。❶选中【散布】复选项，❷选中【两轴】复选项，设置为 720%，如图 5-104 所示。

Step08 设置【颜色动态】。❶选中【颜色动态】复选项，❷选中【应用每笔尖】复选项，设置前景/背景抖动为 42%、【色相抖动】为 11%、【饱和度抖动】为 89%、【亮度抖动】为 19%、【纯度】为 -32%，如图 5-105 所示。

图 5-104

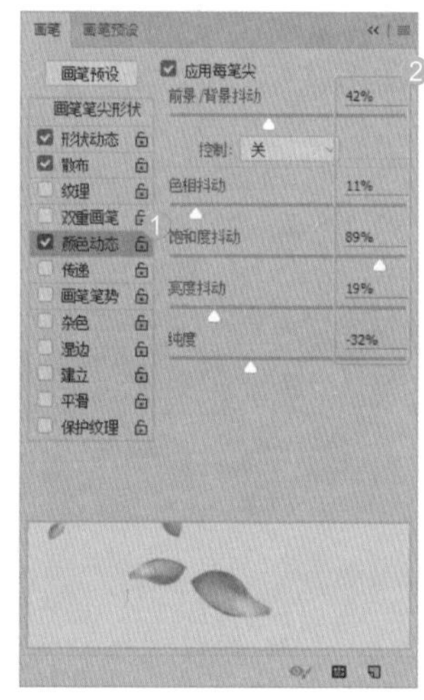

图 5-105

Step09 设置前景色和背景色。打开“素材文件\第5章\情侣.jpg”，选择【画笔工具】，设置前景色为洋红色【#f00cf8】、背景色为浅洋红色【#f1d3f2】，如图 5-106 所示。

Step10 绘制花瓣。拖动鼠标在图像中绘制花瓣图像，如图 5-107 所示。

图 5-106

图 5-107

Step 11 设置画笔参数。在选项栏中的【“画笔预设”选取器】下拉列表框中，设置【大小】为 80 像素，如图 5-108 所示。

Step 12 绘制有层次感的花瓣。拖动鼠标在图像中绘制更有层次感的花瓣图像，如图 5-109 所示。

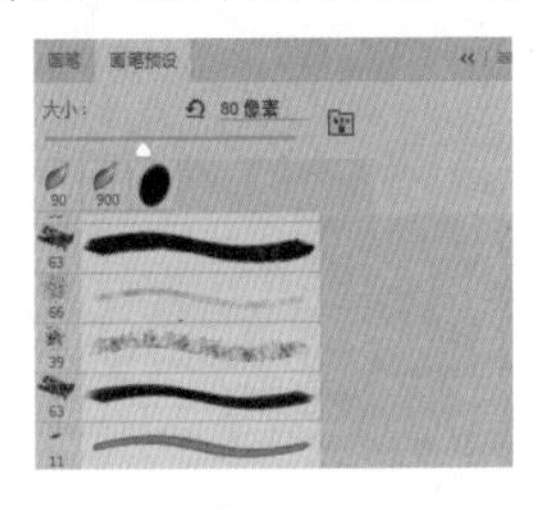

图 5-108

图 5-109

Step 13 恢复部分花瓣图像。选择【历史记录画笔工具】，在选项栏中设置【不透明度】为 50%，拖动鼠标恢复部分图像，如图 5-110 所示。

图 5-110

技能拓展
——快速更改画笔大小、硬度和不透明度

按【]】键将画笔直径快速变大，按【[】键将画笔直径快速变小。按【Shift+]】组合键将画笔硬度快速变大，按【Shift+[】组合键将画笔硬度快速变小。

按键盘上的数字键可调整画笔的不透明度，如按【0】键，不透明度为 0%，按【1】键，不透明度为 1%。

5.4 绘画工具

Photoshop 提供的绘画工具包括画笔、铅笔、颜色替换和混合器画笔工具，它们可以绘制图像。下面详细介绍这些工具的使用方法。

★重点 5.4.1 画笔工具

【画笔工具】与毛笔非常相似。它的笔触形态、大小及材质，都可以随意调整，选择【画笔工具】后，其选项栏如图 5-111 所示，各选项作用及含义如表 5-9 所示。

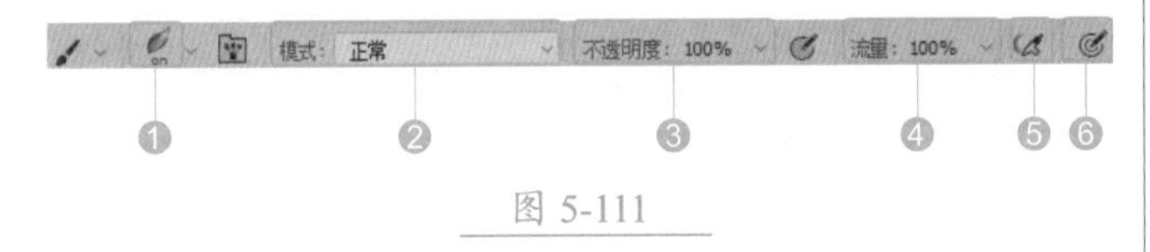

图 5-111

表 5-9　选项作用及含义

选项	作用及含义
① 画笔预设选取器	在【“画笔预设”选取器】面板中可以选择笔尖，设置画笔的大小和硬度
② 模式	在下拉列表中可以选择画笔笔迹颜色与下面像素的混合模式
③ 不透明度	用于设置画笔的不透明度，该值越低，线条的透明度越高
④ 流量	用于设置当鼠标指针移动到某个区域上方时应用颜色的速率。在某个区域上方涂抹时，如果一直按住鼠标按键，颜色将根据流动的速率增加，直至达到不透明度设置
⑤ 喷枪	单击该按钮，可以启用喷枪功能，Photoshop 会根据鼠标按键的单击程度确定画笔线条的填充数量
⑥ 绘图压力按钮	单击该按钮，使用数位板绘画时，光笔压力可覆盖【画笔】面板中的不透明和大小设置

续表

5.4.2 铅笔工具

【铅笔工具】可以绘制硬边线条。【铅笔工具】选项栏与【画笔工具】选项栏基本相同，只是多了一个【自动抹除】复选框，如图 5-112 所示。

图 5-112

【自动抹除】复选框是【铅笔工具】特有的功能。选中该复选框后，当图像的颜色与前景色相同时，则【铅笔工具】会自动抹除前景色而填入背景色；当图像的颜色与背景色相同时，则【铅笔工具】会自动抹除背景色而填入前景色。

5.4.3 实战：使用【颜色替换工具】更改长裙颜色

实例门类	软件功能

【颜色替换工具】是用前景色替换图像中的颜色，在不同的颜色模式下可以得到不同的颜色替换效果。选择【颜色替换工具】后，其选项栏如图 5-113 所示，各选项作用及含义如表 5-10 所示。

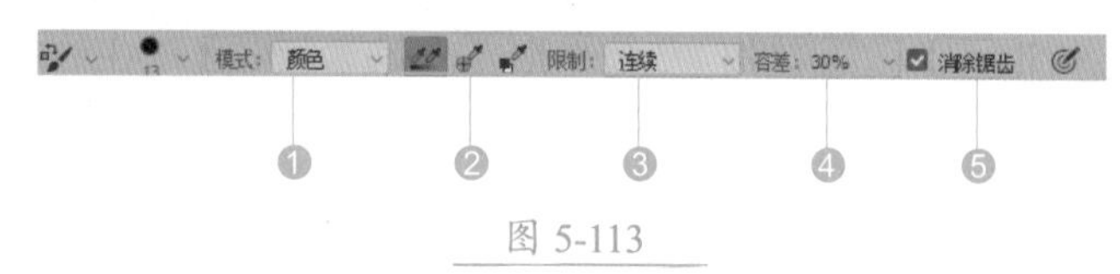

图 5-113

表 5-10　选项作用及含义

选项	作用及含义
❶ 模式	包括【色相】【饱和度】【颜色】【亮度】这 4 种模式。常用的模式为【颜色】模式，这也是默认模式
❷ 取样	取样方式包括【连续】、【一次】、【背景色板】。其中【连续】是以鼠标当前位置的颜色为颜色基准；【一次】是始终以开始涂抹时的基准颜色为颜色基准；【背景色板】是以背景色为颜色基准进行替换
❸ 限制	设置替换颜色的方式，以工具涂抹时的第一次接触颜色为基准色。【限制】有 3 个选项，分别为【连续】【不连续】和【查找边缘】。其中【连续】是以涂抹过程中鼠标当前所在位置的颜色作为基准颜色来选择替换颜色的范围；【不连续】是指凡是鼠标移动到的地方都会被替换颜色；【查找边缘】主要是将色彩区域之间的边缘部分替换颜色
❹ 容差	用于设置颜色替换的容差范围。数值越大，则替换的颜色范围也越大
❺ 消除锯齿	选中该复选框，可以为校正的区域定义平滑的边缘，从而消除锯齿

具体操作步骤如下。

Step 01 设置【颜色替换工具】的参数。打开“素材文件\第 5 章\长裙.jpg”文件，如图 5-114 所示。设置前景色为桃红色【#e59ef2】，选择【颜色替换工具】，在选项栏中设置【大小】为 50 像素、【模式】为颜色，单击【取样：连续】按钮，【限制】为连续、【容差】为 10%，如图 5-115 所示。

图 5-114

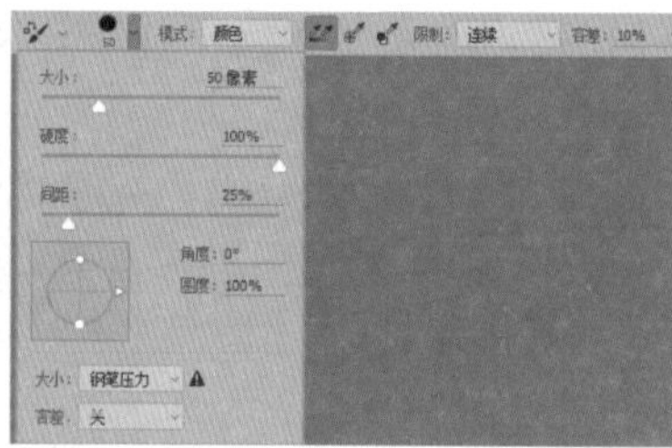

图 5-115

Step 02 更改长裙颜色。在长裙上拖动鼠标，更改长裙颜色，如图 5-116 所示。

图 5-116

技术看板

【颜色替换工具】指针中间有一个十字标记，替换颜色边缘时，即使画笔直径覆盖了颜色及背景，但只要十字标记是在背景的颜色上，只会替换背景颜色。所以本例中十字标记不要碰到长裙以外的关键区域，如手臂、头发、颈部，否则，这些区域的颜色也会被替换。

Step 03 调整画笔大小进行绘制。在绘制过程中，可以按【[】键或【]】键，调整画笔大小进行绘制，衣服颜色效果如图 5-117 所示。

图 5-117

5.4.4 实战：使用【混合器画笔工具】混合色彩

实例门类	软件功能

【混合器画笔工具】可以混合像素，创建真实的颜料绘画效果。选择【混合器画笔工具】，其选项栏如图 5-118 所示，各选项作用及含义如表 5-11 所示。

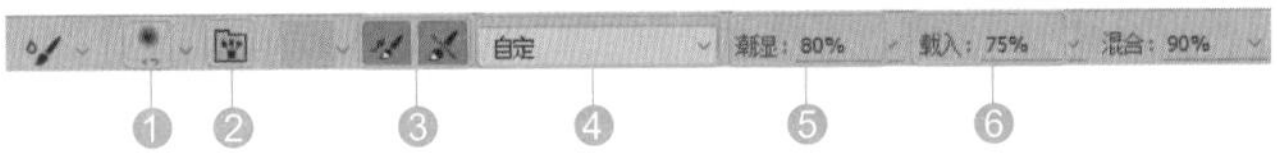

图 5-118

表 5-11 选项作用及含义

选项	作用及含义
❶ 画笔预设选取器	单击该按钮可打开【画笔预设选取器】对话框，可以选取需要的画笔形状和进行画笔的设置
❷ 设置画笔颜色	单击该按钮可打开【选择绘画颜色】对话框，可以设置画笔的颜色

续表

选项	作用及含义
❸【每次描边后载入画笔】和【每次描边后整理画笔】按钮	单击【每次描边后载入画笔】按钮，完成涂抹操作后将混合前景色进行绘制。单击【每次描边后整理画笔】按钮，绘制图像时将不会绘制前景色
❹ 预设混合画笔	单击【有用的混合画笔组合】下拉列表后面的三角形按钮，可以打开系统自带的混合画笔。当挑选一种混合画笔时，选项栏右边的四个相应选项会自动更改为预设值
❺ 潮湿	设置从图像中拾取的油彩量，数值越大，色彩量越多
❻ 载入	可以设置画笔上的色彩量，数值越大，画笔的色彩越多

具体操作步骤如下。

Step01 打开素材。打开"素材文件\第5章\颜料.jpg"文件，如图 5-119 所示。

Step02 混合图像。选择【混合器画笔工具】，在选项栏中选择一个毛刷画笔，如图 5-120 所示。在选项栏中设置参数后，在图像中拖动鼠标，即可看到颜料混合效果，如图 5-121 所示。

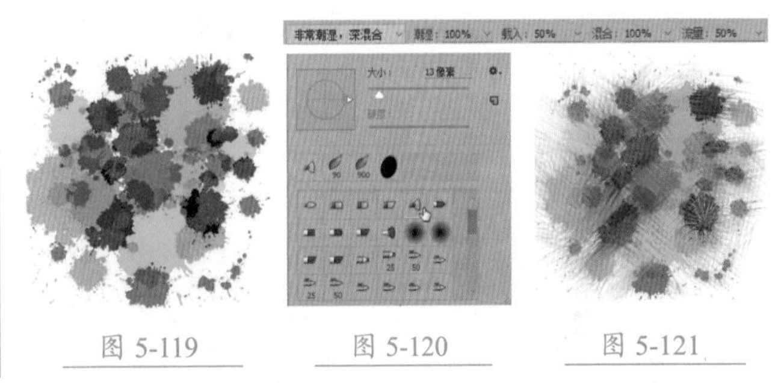

图 5-119　　图 5-120　　图 5-121

5.5 修复工具

Photoshop CC 提供了非常实用的图片修复工具，包括仿制图章工具、修补工具、内容感知移动工具、红眼工具等，使用这些工具可以轻松实现良好的图像修复效果。下面对这类工具进行详细介绍。

5.5.1 实战：使用【污点修复画笔工具】修复污点

实例门类	软件功能

【污点修复画笔工具】可以迅速修复图像中存在的污点。选择该工具后，其选项栏如图 5-122 所示，各选项作用及含义如表 5-12 所示。

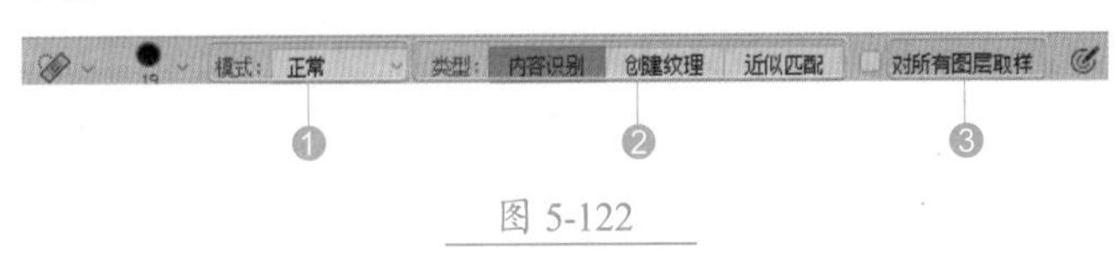

图 5-122

表 5-12 选项作用及作用

选项	作用及含义
❶ 模式	用来设置修复图像时使用的混合模式
❷ 类型	【近似匹配】将所涂抹的区域以周围的像素进行覆盖；【创建纹理】以其他的纹理进行覆盖；【内容识别】是由软件自动分析周围图像的特点，将图像进行拼接组合后填充在该区域并进行融合，从而达到快速无缝的拼接效果
❸ 对所有图层取样	选中该复选框，可从所有的可见图层中提取数据。取消选中该复选框，只能从被选取的图层中提取数据

具体操作步骤如下

Step01 打开素材。打开“素材文件\第 5 章\戴花女孩.jpg”文件，如图 5-123 所示。选择【污点修复画笔工具】，在污点上单击，如图 5-124 所示。

图 5-123

图 5-124

Step02 清除污点。释放鼠标，修复污点，如图 5-125 所示。在剩余的污点上拖动鼠标清除污点，效果如图 5-126 所示。

图 5-125

图 5-126

5.5.2 实战：使用【修复画笔工具】修复痘痘

实例门类	软件功能

使用【修复画笔工具】修复图像时，需要先取样，再将取样图像复制到修复区域，并自然融合，其选项栏如图 5-127 所示，各选项作用及含义如表 5-13 所示。

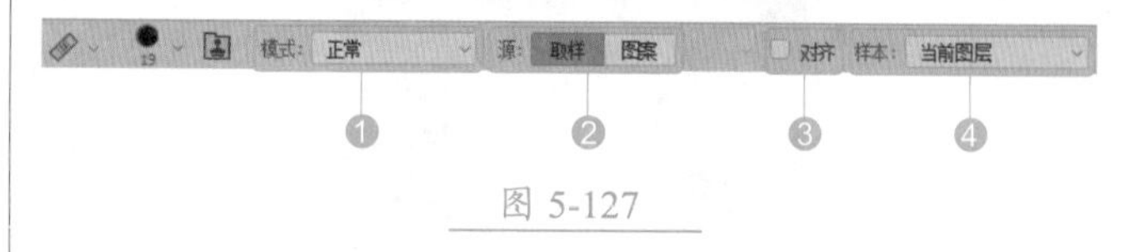

图 5-127

表 5-13 选项作用及含义

选项	作用及含义
❶ 模式	在下拉列表中可以设置修复图像的混合模式
❷ 源	设置用于修复像素的源。选择【取样】选项，可以从图像的像素上取样；选择【图案】选项，则可在图案下拉列表中选择一个图案作为取样，效果类似于使用图案图章绘制图案
❸ 对齐	选中该复选框，会对像素进行连续取样，在修复过程中，取样点随修复位置的移动而变化；取消选中该复选框，则在修复过程中始终以一个取样点为起始点
❹ 样本	如果要从当前图层及其下方的可见图层中取样，可选择【当前和下方图层】选项；如果仅从当前图层中取样，可选择【当前图层】选项；如果要从所有可见图层中取样，可选择【所有图层】选项

具体操作步骤如下。

Step01 打开素材并取样颜色。打开“素材文件\第 5 章\痘痘.jpg”文件，如图 5-128 所示。选择【修复画笔工具】，按住【Alt】键在干净皮肤上单击进行颜色取样，如图 5-129 所示。

图 5-128

图 5-129

技术看板

使用【修复画笔工具】或【仿制图章工具】修复图像时，均可以使用【仿制源】面板设置多个样本源，以帮助用户复制多个区域。同时，还可以缩放和旋转样本源，以得到更好的修复和仿制效果。

【仿制源】面板详见 5.5.6 小节。

Step 02 清除痘痘。在痘痘位置拖动鼠标，如图 5-130 所示。释放鼠标后，痘痘被清除，如图 5-131 所示。

图 5-130

图 5-131

Step 03 修复痘痘。继续按住【Alt】键在左侧干净皮肤上单击进行颜色取样，取样时，要单击与痘痘颜色相似的区域，如图 5-132 所示。多次取样并修复痘痘，效果如图 5-133 所示。

图 5-132

图 5-133

★重点 5.5.3 实战：使用【修补工具】去除多余人物

实例门类	软件功能

【修补工具】修复图像时，首先选择图像，再将选择的图像拖动到修复区域，并与环境融合，选项栏如图 5-134 所示，各选项作用及含义如表 5-14 所示。

图 5-134

表 5-14 选项作用及含义

选项	作用及含义
❶ 运算按钮	此处是针对应用创建选区的工具进行的操作，可以对选区进行添加等操作
❷ 修补	用来设置修补方式。选择【源】选项，当将选区拖至要修补的区域以后，释放鼠标就会用当前选区中的图像修补原来选中的内容；选择【目标】选项，会将选中的图像复制到目标区域
❸ 透明	用于设置所修复图像的透明度
❹ 使用图案	单击该按钮，应用图案对所选择区域进行修复

具体操作步骤如下。

Step 01 打开素材并选中多余人物。打开“素材文件\第 5 章\母女.jpg”文件，如图 5-135 所示。选择【修补工具】，拖动鼠标选中多余人物，如图 5-136 所示。

图 5-135

图 5-136

Step 02 去除多余人物。释放鼠标后生成选区，移动鼠标指针到选区中间，拖动鼠标到目标区域，如图 5-137 所示。释放鼠标后，去除多余人物，如图 5-138 所示。

图 5-137

图 5-138

技术看板

其他方式创建的选区，也可以使用【修补工具】拖动进行修复。

5.5.4 实战：使用【内容感知移动工具】智能复制对象

实例门类	软件功能

【内容感知移动工具】可以智能复制或移动图像。

画面移动后，保持视觉整体和谐，其选项栏如图 5-139 所示，各选项作用及含义如表 5-15 所示。

图 5-139

表 5-15　选项作用及含义

选项	作用及含义
❶ 模式	包括【移动】和【扩展】两个选项，【移动】是指移动原图像的位置；【扩展】是指复制原图像的位置
❷ 投影时变换	选中此复选框，移动后会自动出现一个变换框，变换后会自动填补空隙部分

具体操作步骤如下。

Step 01 打开素材并选中小鹿。打开"素材文件\第 5 章\长颈鹿.jpg"文件，选择【内容感知移动工具】，在小鹿周围拖动鼠标创建选区，如图 5-140 所示。在选项栏中设置【模式】为移动，向右侧拖动鼠标，如图 5-141 所示。

图 5-140

图 5-141

Step 02 复制小鹿。释放鼠标后，将小鹿移动到其他位置，如图 5-142 所示。按【Ctrl+Z】组合键取消操作，在选项栏中设置【模式】为扩展，拖动鼠标即可复制图像，效果如图 5-143 所示。

图 5-142

图 5-143

技术看板

【内容感知移动工具】移动或复制图像时，因为要计算周围的像素，会花费大量时间，如果移动的图像和背景较复杂，在操作过程中，会弹出【进程】对话框，提示用户操作正在进行，单击【取消】按钮可以取消操作。

5.5.5 实战：使用【红眼工具】消除人物红眼

实例门类	软件功能

【红眼工具】可以清除人物红眼或动物绿眼。选择工具箱中的【红眼工具】，其选项栏如图 5-144 所示，各选项作用及含义如表 5-16 所示。

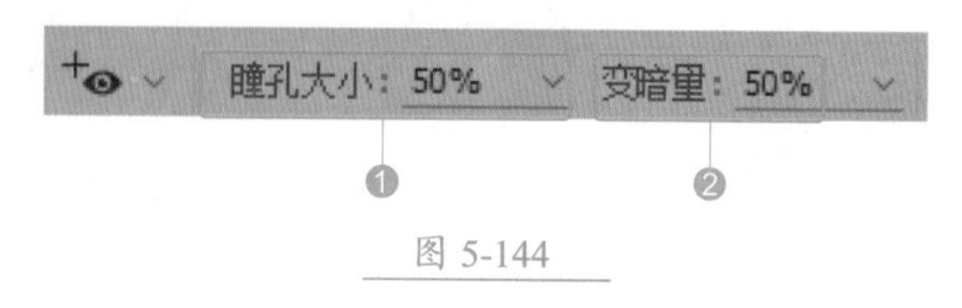

图 5-144

表 5-16　选项作用及含义

选项	作用及含义
❶ 瞳孔大小	可设置瞳孔（眼睛暗色的中心）的大小
❷ 变暗量	用来设置瞳孔的暗度

具体操作步骤如下。

Step 01 打开素材并校正部分红眼。打开"素材文件\第 5 章\红眼.jpg"文件，如图 5-145 所示。选择【红眼工具】，在红眼区域拖动鼠标，释放鼠标即可校正部分红眼，如图 5-146 所示。

图 5-145

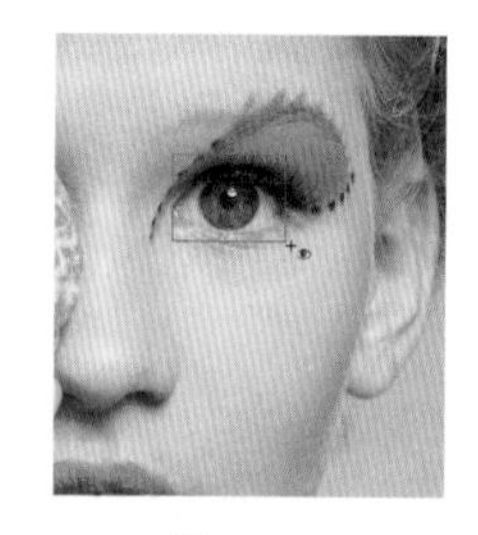

图 5-146

Step 02 消除所有红眼。重复多次相似的操作，如图 5-147 所示。直到消除所有红眼，效果如图 5-148 所示。

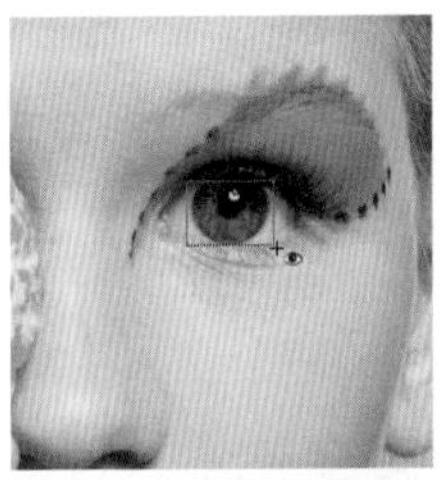
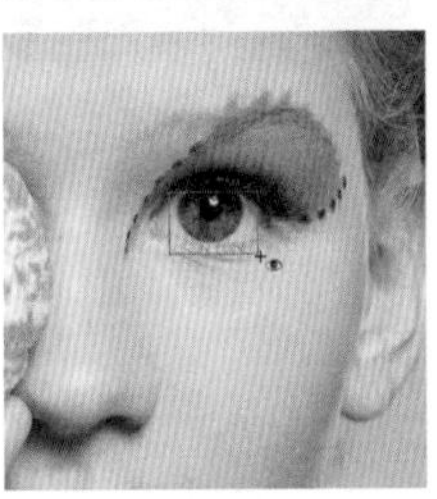

图 5-147

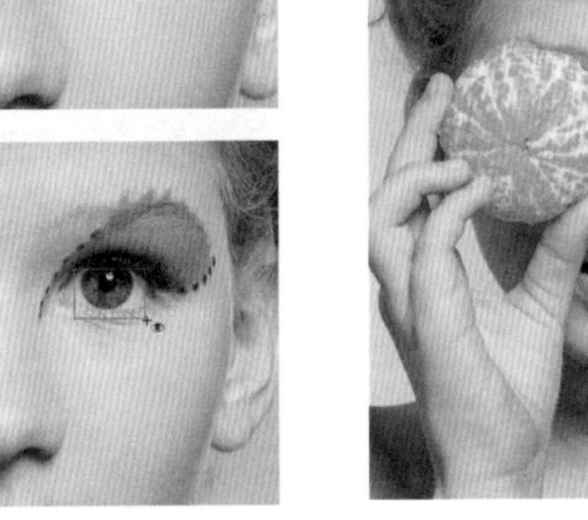

图 5-148

5.5.6 【仿制源】面板

执行【窗口】→【仿制源】命令，可以打开【仿制源】面板，其选项栏如图 5-149 所示，各选项作用及含义如表 5-17 所示。

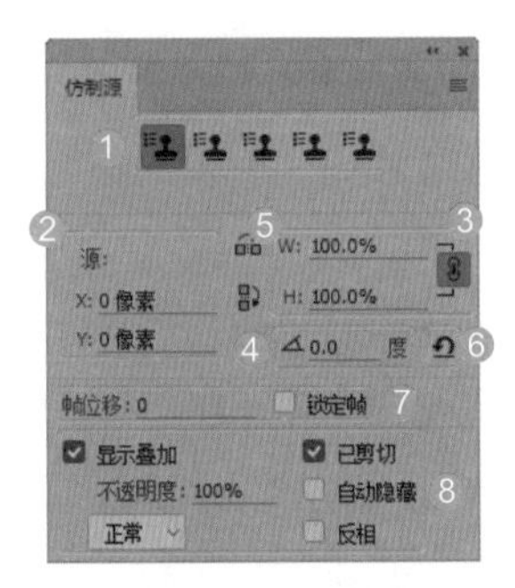

图 5-149

表 5-17 选项作用及含义

选项	作用及含义
① 仿制源	单击一个仿制源按钮后，选择【仿制图章工具】或【修复画笔工具】，按住【Alt】键，在图像中单击可定义仿制源。用户最多可定义 5 个仿制源
② 位移	在精确位置复制，可以指定 X 和 Y 位移值
③ 缩放	可以将原图像进行缩放复制。在【W】和【H】文本框中可以设置具体的缩放值。单击【保持长宽比】按钮，缩放时保持长宽比例
④ 旋转	复制图像时，旋转指定的角度
⑤ 翻转	单击【水平翻转】按钮，复制图像时进行水平翻转；单击【垂直翻转】按钮，复制图像时进行垂直翻转

续表

选项	作用及含义
⑥ 重置转换	单击该按钮，可以复位仿制源
⑦ 帧位移 / 锁定锁	在【帧位移】文本框中输入帧数，可以使用与初始取样帧相关的特定帧进行复制。选中【锁定锁】复选框，则总使用初始取样的帧进行复制
⑧ 其他选项	选中【显示叠加】复选框，可在复制图像时更好地查看下方图像。在【不透明度】文本框中设置叠加图像的不透明度。选中【已剪切】复选框，可将叠加剪切到画笔大小；选中【自动隐藏】复选框，可在应用绘画描边时隐藏叠加；选中【反相】复选框，可反相叠加图像中的颜色

★重点 5.5.7 实战：使用【仿制图章工具】复制图像

实例门类	软件功能

【仿制图章工具】可以逐步复制图像区域，还可以将一个图层的内容复制到其他图层中。选择该工具后，其选项栏如图 5-150 所示，各选项作用及含义如表 5-18 所示。

图 5-150

表 5-18 选项作用及含义

选项	作用及含义
① 对齐	选中该复选框，可以连续对对象进行取样；取消选中该复选框，则每单击一次鼠标，都使用初始取样点中的样本像素，因此每次单击都被视为是另一次复制
② 样本	在【样本】列表框中，可以选择取样的目标范围，分别可以设置【当前图层】【当前和下方图层】和【所有图层】3 种取样目标范围

具体操作步骤如下。

Step 01 打开素材并设置水平翻转。打开“素材文件 \ 第 5 章 \ 姐妹 .jpg”文件，如图 5-151 所示。打开【仿制源】面板，设置【W】和【H】为 80%，如图 5-152 所示。

Step 02 复制图像。选择【仿制图章工具】，按住【Alt】键，在人物位置单击进行取样，如图 5-153 所示。在右侧拖动鼠标，逐步复制图像，如图 5-154 所示。

图 5-151

图 5-152

图 5-153

图 5-154

技术看板

使用【仿制图章工具】复制图像时，画面中会出现一个十字形和圆形鼠标指针，圆形鼠标指针是用户正在涂抹的区域，而涂抹内容来自十字形鼠标指针区域。这两个鼠标指针之间一直保持相同的距离。

Step 03 继续复制图像。继续拖动鼠标复制图像，如图 5-155 所示。在拖动过程中调整画笔大小，最终效果如图 5-156 所示。

图 5-155

图 5-156

5.5.8 实战：使用【图案图章工具】填充石头图案

实例门类	软件功能

【图案图章工具】可以将图案复制到图像中，其选项栏如图 5-157 所示，各选项作用及含义如表 5-19 所示。

图 5-157

表 5-19 选项作用及含义

选项	作用及含义
❶ 对齐	选中该复选框，可以保持图案与原始图案的连续性，即使多次单击鼠标也不例外；取消选中该复选框时，则每次单击鼠标都重新应用图案
❷ 印象派效果	选中该复选框，则对绘画选取的图像产生模糊、朦胧化的印象派效果

具体操作步骤如下。

Step 01 打开素材。打开“素材文件\第 5 章\水边 .jpg”文件，如图 5-158 所示。

Step 02 选择【岩石图案】。选择【图案图章工具】，在选项栏中，❶ 单击图案图标，❷ 单击下拉列表框右上角的【扩展】按钮，❸ 在打开的快捷菜单中选择【岩石图案】，如图 5-159 所示。

图 5-158

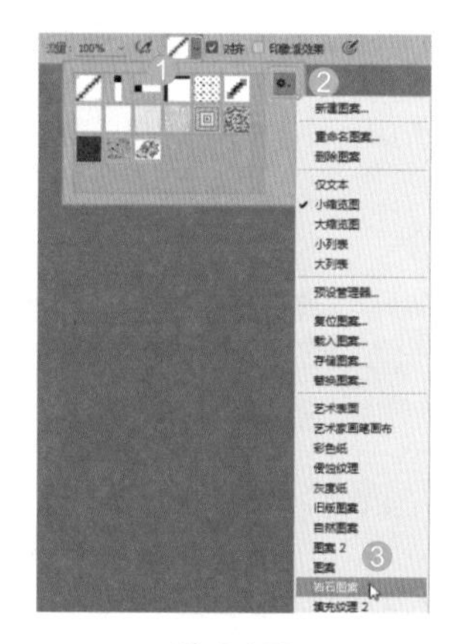
图 5-159

Step 03 选中【石头】图案。在打开的提示对话框中，单击【确定】按钮，如图 5-160 所示。在载入的图案中，选中【石头】图案，如图 5-161 所示。

Step 04 填充石头图案。在左侧拖动鼠标进行涂抹，填充石头图案，如图 5-162 所示。调整画笔的大小，继续涂抹填充石头图案，如图 5-163 所示。

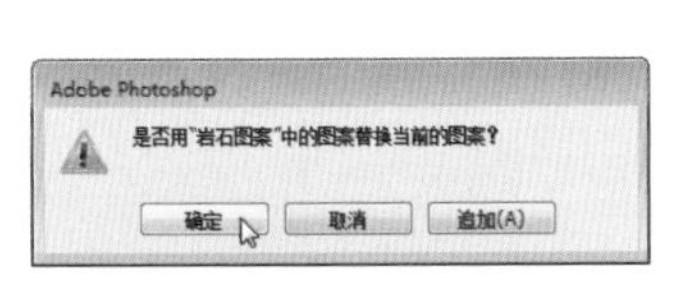

图 5-160

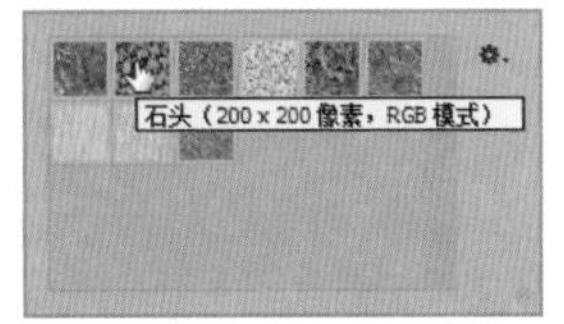

图 5-161

图 5-162

图 5-163

5.5.9 历史记录画笔工具

【历史记录画笔工具】需要配合【历史记录】面板一同使用。在【历史记录】面板中，历史记录画笔源所处的步骤，就是【历史记录画笔工具】恢复的图像状态。

5.5.10 历史记录艺术画笔工具

【历史记录艺术画笔工具】涂抹图像后，会形成一种特殊的艺术笔触效果。其选项栏如图 5-164 所示，各选项作用及含义如表 5-20 所示。

图 5-164

表 5-20 选项作用及含义

选项	作用及含义
❶ 样式	可以选择一个选项来控制绘画描边的形状，包括【绷紧短】【绷紧中】和【绷紧长】等
❷ 区域	用来设置绘画描边所覆盖的区域。该值越高，覆盖的区域越大，描边的数量也越多
❸ 容差	容差值可以限定可应用绘画描边的区域。低容差可用于在图像中的任何地方绘制无数条描边；高容差会将绘画描边限定在与源状态或快照中的颜色明显不同的区域

5.5.11 实战：创建艺术旋转镜头效果

实例门类	软件功能

前面学习了【历史记录画笔工具】和【历史记录艺术画笔工具】，下面结合两个工具创建艺术旋转镜头效果，具体操作步骤如下。

Step 01 打开素材。打开"素材文件\第 5 章\向日葵.jpg"文件，如图 5-165 所示。

Step 02 添加紫色调。执行【图像】→【调整】→【照片滤镜】命令，打开【照片滤镜】对话框，❶ 设置【滤镜】为紫、【浓度】为 25%，❷ 单击【确定】按钮，如图 5-166 所示。

图 5-165

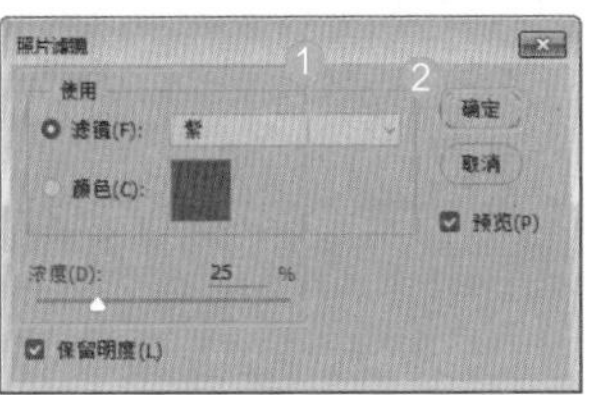

图 5-166

Step 03 设置模糊参数。调整图像色调后，效果如图 5-167 所示。执行【滤镜】→【模糊】→【径向模糊】命令，打开【径向模糊】对话框，❶ 设置【数量】为 10、【模糊方法】为旋转，❷ 单击【确定】按钮，如图 5-168 所示。

图 5-167

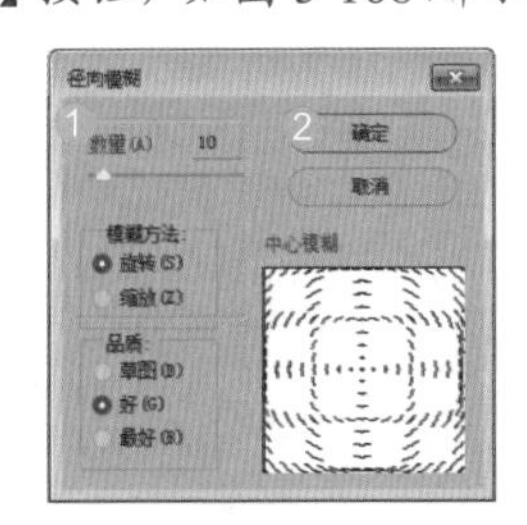

图 5-168

Step 04 模糊图像。径向模糊效果如图 5-169 所示。执行【滤镜】→【模糊】→【径向模糊】命令，设置历史记录画笔的源到"照片滤镜"步骤，如图 5-170 所示。

图 5-169

图 5-170

Step05 恢复图像。在人物位置涂抹，逐步恢复图像，如图 5-171 所示。

图 5-171

Step06 创建艺术效果。选择【历史记录艺术画笔工具】，在选项栏中设置【模式】为变亮、【样式】为绷紧中，在图像背景处拖动鼠标创建艺术效果，如图 5-172 所示。

图 5-172

5.6 润色工具

【模糊工具】组和【减淡工具】组中的工具可以对图像中的像素进行编辑，如改善图像的细节、色调、曝光及色彩的饱和度，下面详细介绍这些工具的使用方法。

5.6.1 模糊工具和锐化工具

【模糊工具】用于模糊图像；【锐化工具】用于锐化图像。选择工具后，在图像中进行涂抹即可。这两个工具的选项栏基本相同，只是【锐化工具】多了一个【保护细节】复选框，其选项栏如图 5-173 所示，各选项作用及含义如表 5-21 所示。

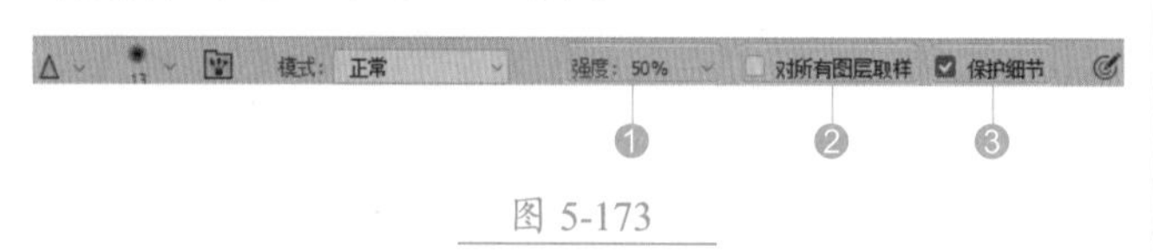

图 5-173

表 5-21 选项作用及含义

选项	作用及含义
❶ 强度	用来设置工具的强度
❷ 对所有图层取样	如果文档中包含多个图层，选中该复选框，表示使用所有可见图层中的数据进行处理；取消选中该复选框，则只处理当前图层中的数据
❸ 保护细节	选中该复选框，可以防止颜色发生色相偏移，在对图像进行加深时更好地保护原图像的色调

【模糊工具】与【锐化工具】处理图像的前后效果如图 5-174 所示。

图 5-174

5.6.2 减淡工具与加深工具

【减淡工具】主要是对图像进行加光处理，以达到让图像颜色减淡的目的。【加深工具】与【减淡工具】相反，主要是对图像进行变暗以达到图像颜色加深的目的。这两个工具的选项栏是相同的，选项栏如图 5-175 所示，各选项作用及含义如表 5-22 所示。

图 5-175

表 5-22 选项作用及含义

选项	作用及含义
❶ 范围	可选择要修改的色调。选择【阴影】选项，可处理图像的暗色调；选择【中间调】选项，可处理图像的中间调；选择【高光】选项，则处理图像的亮部色调
❷ 曝光度	可以为【减淡工具】或【加深工具】指定曝光。该值越高，效果越明显

【减淡工具】与【加深工具】处理图像的前后效果如图 5-176 所示。

图 5-176

5.6.3 实战：使用【涂抹工具】拉长动物毛发

实例门类	软件功能

使用【涂抹工具】涂抹图像时，可拾取鼠标单击点的颜色，并沿拖移的方向展开这种颜色，类似手指拖过湿油漆的效果。其工具选项栏如图 5-177 所示，各选项作用及含义如表 5-23 所示。

图 5-177

表 5-23 选项作用及含义

选项	作用及含义
❶ 画笔预设选取器	单击按钮，打开画笔下拉面板，在面板中可以选择笔尖，设置画笔的大小和硬度
❷ 画笔面板	单击该按钮，可以打开"画笔"面板，除了可以在选选栏中设置画笔外，还可以通过"画笔"面板进行更加丰富的设置
❸ 模式	在下拉列表中可以选择画笔笔迹颜色与下面像素的混合模式
❹ 强度	用于设置画笔的强度，该值越低，线条的强度越低

具体操作步骤如下。

Step01 打开素材并选择笔刷。打开"素材文件\第 5 章\动物 .jpg"文件，如图 5-178 所示。选择【涂抹工具】，在选项栏中选择一种毛笔笔刷，如图 5-179 所示。

图 5-178

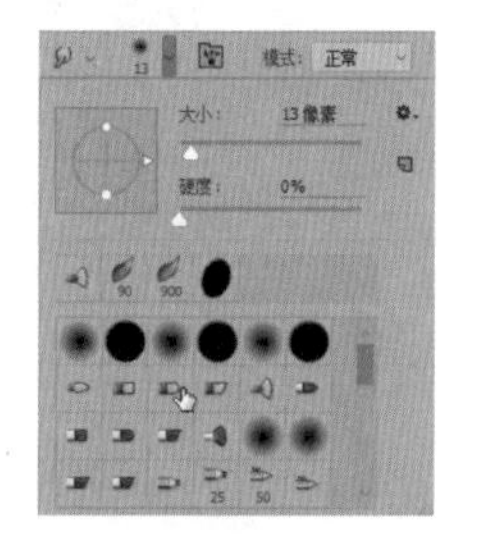

图 5-179

Step02 拉长动物毛发。在图像中拖动鼠标，拉长动物毛发，如图 5-180 所示。

图 5-180

Step03 再次拉长毛发。继续拉长毛发，效果如图 5-181 所示。设置前景色为红色【#e60012】，在选项栏中选中【手指绘画】复选框，在图像中拖动鼠标，在额头位置拖动鼠标拉长毛发，效果如图 5-182 所示。

图 5-181

图 5-182

5.6.4 实战：使用【海绵工具】制作半彩艺术效果

实例门类	软件功能

【海绵工具】可以调整图像的鲜艳度。在选项栏中可以设置【模式】【流量】等参数来进行饱和度调整，选择【海绵工具】，其选项栏如图 5-183 所示，各选项作用及含义如表 5-24 所示。

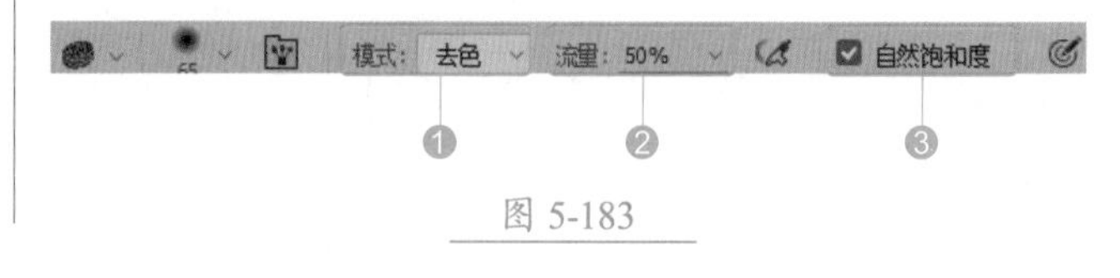

图 5-183

表 5-24　选项作用及含义

选项	作用及含义
❶ 模式	选择【加色】选项就是增加饱和度，选择【去色】选项就是降低饱和度
❷ 流量	用于设置海绵工具的作用强度
❸ 自然饱和度	选中该复选框后，可以得到最自然的加色或减色效果

具体操作步骤如下。

Step 01 打开素材。打开“素材文件 \ 第 5 章 \ 奔跑 .jpg”文件，如图 5-184 所示。

Step 02 去除左侧颜色。选择【海绵工具】，在选项栏中设置【模式】为去色、【流量】为 100%，在左侧拖动去除颜色，如图 5-185 所示。

图 5-184

图 5-185

Step 03 创建选区。在选项栏中设置【流量】为 50%，继续拖动鼠标去除颜色，如图 5-186 所示；使用【矩形选框工具】在左侧拖动创建选区，如图 5-187 所示。

图 5-186

图 5-187

Step 04 模糊图像。执行【滤镜】→【模糊】→【动感模糊】命令，打开【动感模糊】对话框，❶ 设置【角度】为 0 度、【距离】为 20 像素，❷ 单击【确定】按钮，如图 5-188 所示。按【Ctrl+D】组合键取消选区，最终效果如图 5-189 所示。

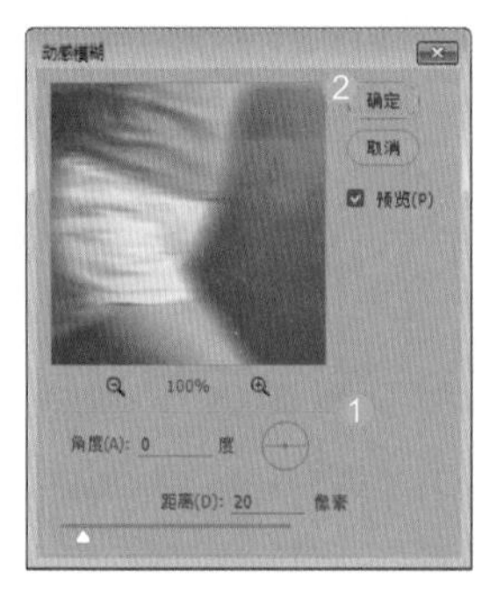

图 5-188

图 5-189

5.7 删除工具

Photoshop CC 中包含【橡皮擦工具】【背景橡皮擦工具】和【魔术橡皮擦工具】3 种擦除工具，使用这些工具可以删除图片中不需要的内容，拥有神奇的“魔力”。

5.7.1 使用【橡皮擦工具】擦除图像

实例门类	软件功能

【橡皮擦工具】可以擦除图像。如果处理的是“背景”图层或锁定了透明区域的图层，涂抹区域会显示为背景色；处理其他图层时，可擦除涂抹区域的像素。其选项栏如图 5-190 所示，各选项作用及含义如表 5-25 所示。

图 5-190

表 5-25　选项作用及含义

选项	作用及含义
❶ 模式	在模式中可以选择橡皮擦的种类。选择【画笔】选项，可创建柔边擦除效果；选择【铅笔】选项，可创建硬边擦除效果；选择【块】选项，擦除的效果为块状
❷ 不透明度	设置工具的擦除强度，100% 的不透明度可以完全擦除像素，较低的不透明度将部分擦除像素
❸ 流量	用于控制工具的涂抹速度
❹ 抹到历史记录	选中该复选框后，【橡皮擦工具】具有历史记录画笔的功能

具体操作步骤如下。

Step 01 打开素材。打开"光盘\素材文件\第5章\睡美人.psd"文件，如图5-191所示。在【图层】面板中，选中【花朵】图层，如图5-192所示。

图 5-191

图 5-192

Step 02 擦除图像。选择【橡皮擦工具】，在花朵上拖动，擦除该图像，如图5-193所示。在【图层】面板中选中【背景】图层，如图5-194所示。

图 5-193

图 5-194

Step 03 自动被填入背景色。在图像中拖动鼠标擦除图像，擦除区域自动被填入背景色，如图5-195所示。

图 5-195

5.7.2 实战：使用【背景橡皮擦工具】更换背景

实例门类	软件功能

【背景橡皮擦工具】主要用于擦除背景，擦除的图像区域将变为透明，其选项栏如图5-196所示，各选项作用及含义如表5-26所示。

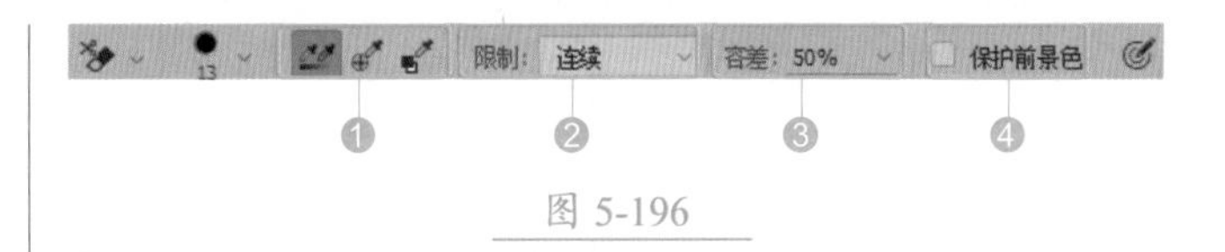

图 5-196

表 5-26 选项作用及含义

选项	作用及含义
① 取样	用来设置取样方式。单击【连续】按钮，在拖动鼠标时可连续对颜色取样，凡是出现在光标中心十字线内的图像都会被擦除；单击【一次】按钮，只擦除包含第一次单击点颜色的图像；单击【背景色板】按钮，只擦除包含背景色的图像
② 限制	定义擦除时的限制模式。选择【不连续】选项，可擦除出现在指针下任何位置的样本颜色；选择【连续】选项，只擦除包含样本颜色并且互相连接的区域；选择【查找边缘】选项，可擦除包含样本颜色的连续区域，同时更好地保留形状边缘的锐化程度
③ 容差	用来设置颜色的容差范围。低容差仅限于擦除与样本颜色非常相似的区域，高容差可擦除范围更广的颜色
④ 保护前景色	选中该复选框后，可防止擦除与前景色匹配的区域

具体操作步骤如下。

Step 01 打开素材并擦除图像。打开"素材文件\第5章\卷发.jpg"文件，如图5-197所示。选择【背景橡皮擦工具】，在背景中拖动擦除图像，如图5-198所示。

图 5-197

图 5-198

Step 02 继续擦除图像。按【[】键缩小画笔，在人物边缘处拖动擦除图像，如图5-199所示；调整画笔大小后，继续单击或拖动鼠标擦除图像，如图5-200所示。

图 5-199

图 5-200

Step 03 添加背景。打开“光盘\素材文件\第 5 章\背景.jpg”文件，如图 5-201 所示。拖动卷发到背景图像中，调整大小和位置，如图 5-202 所示。

图 5-201

图 5-202

Step 04 清除图像。使用【背景橡皮擦工具】在残留的背景上单击，清除图像，如图 5-203 所示。最终效果如图 5-204 所示。

图 5-203

图 5-204

5.7.3 实战：使用【魔术橡皮擦工具】清除背景

实例门类	软件功能

【魔术橡皮擦工具】的用途和【魔棒工具】极为相似，可以自动擦除当前图层中与选区颜色相近的像素。其选项栏如图 5-205 所示，各选项作用及含义如表 5-27 所示。

容差：32 ☑消除锯齿 ☑连续 ☐对所有图层取样 不透明度：100%

❶ ❷ ❸

图 5-205

表 5-27 选项作用及含义

选项	作用及含义
❶ 消除锯齿	选中该复选框可以使擦除边缘平滑
❷ 连续	选中该复选框后，擦除仅与单击处相邻的且在容差范围内的颜色；若取消选中该复选框，则擦除图像中所有符合容差范围内的颜色
❸ 不透明度	设置所要擦除图像区域的不透明度，数值越大，则图像被擦除得越彻底

具体操作步骤如下。

Step 01 打开素材并删除右侧背景。打开“素材文件\第 5 章\彩点.jpg”文件，如图 5-206 所示。选择【魔术橡皮擦工具】，在右侧背景处单击删除图像，如图 5-207 所示。

图 5-206

图 5-207

Step 02 删除左侧背景。继续使用【魔术橡皮擦工具】，在左侧背景处单击删除图像，如图 5-208 所示。在【图层】面板中，按住【Ctrl】键单击【创建新图层】按钮，在当前图层下方新建【图层 1】图层，如图 5-209 所示。

图 5-208

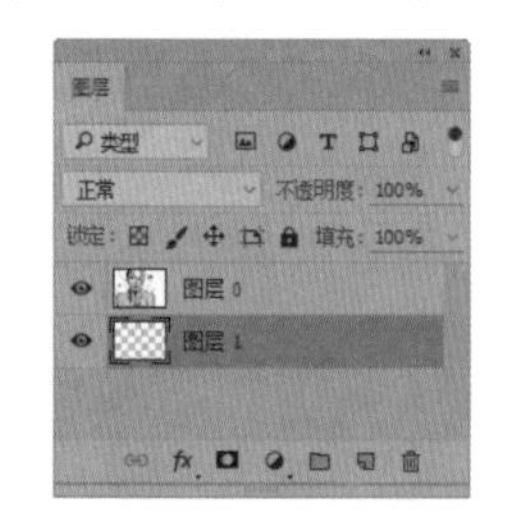

图 5-209

Step 03 填充绿色背景。设置前景色为浅绿色，如图 5-210 所示。按【Alt+Delete】组合键填充前景色，如图 5-211 所示。

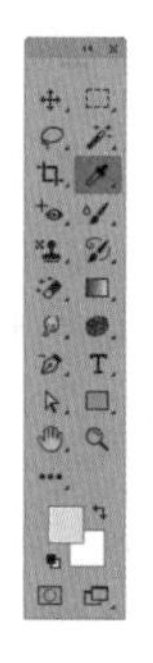
图 5-210

图 5-211

妙招技法

通过前面知识的学习，相信读者已经了解并掌握了图像绘制和修饰的基础知识。下面结合本章内容，给大家介绍一些实用技巧。

技巧 01：在拾色器对话框中，调整饱和度和亮度

在【拾色器】对话框中，除了可以通过颜色值设置具体颜色外，还可以调整颜色的饱和度和亮度，具体操作步骤如下。

Step 01 选中【S】单选按钮。单击工具箱中的【设置前景色】图标，打开【拾色器（前景色）】对话框，选中【S】单选按钮，如图 5-212 所示。

Step 02 调整颜色饱和度。拖动中间的滑块即可调整颜色饱和度，如图 5-213 所示。

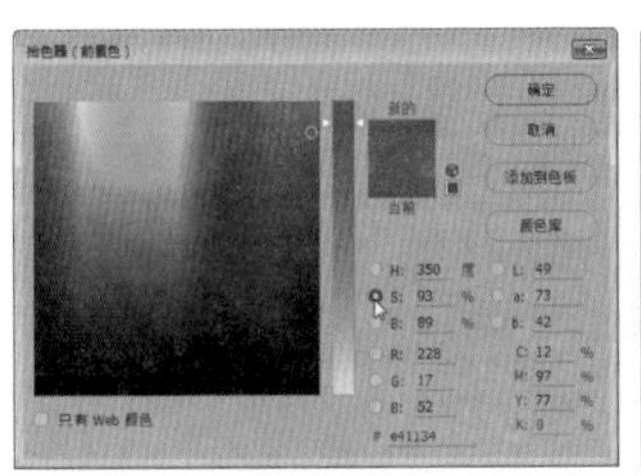

图 5-212

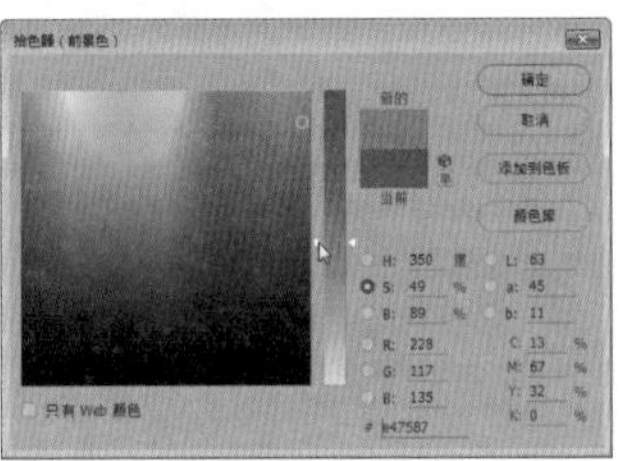

图 5-213

Step 03 调整颜色亮度。选中【B】单选按钮，如图 5-214 所示。拖动中间的滑块即可调整颜色亮度，如图 5-215 所示。

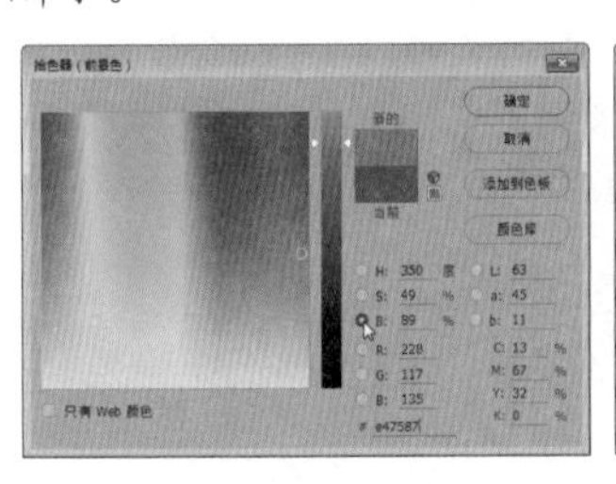

图 5-214

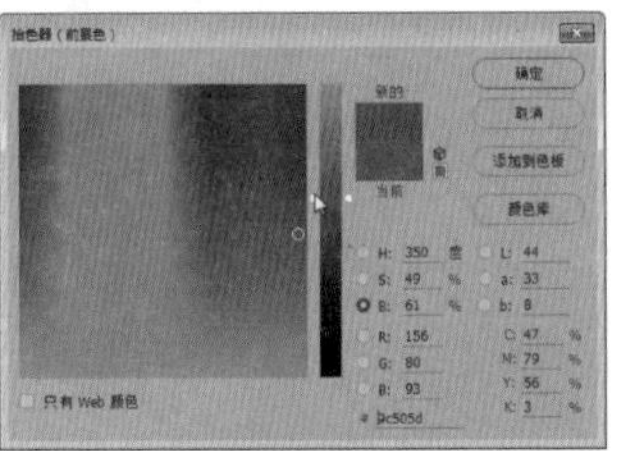

图 5-215

技巧 02：杂色渐变填充

选择【渐变工具】后，在选项栏中，单击渐变色条，在打开的【渐变编辑器】窗口中设置【渐变类型】为“杂色”，会显示杂色渐变选项，杂色渐变包含了在指定色彩区域内随机分布的颜色，颜色变化效果非常丰富，如图 5-216 所示。

在左下方可以选择【颜色模型】，拖动滑块，即可调整渐变颜色。选中【限制颜色】复选框，可将颜色限制在可打印或印刷范围内，防止溢色。选中【增加透明度】复选框，可以增加透明渐变，单击【随机化】按钮，可以生成随机渐变，如图 5-217 所示。

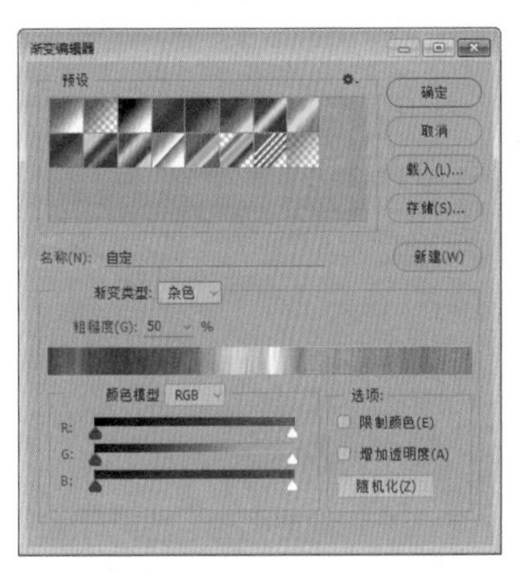

图 5-216

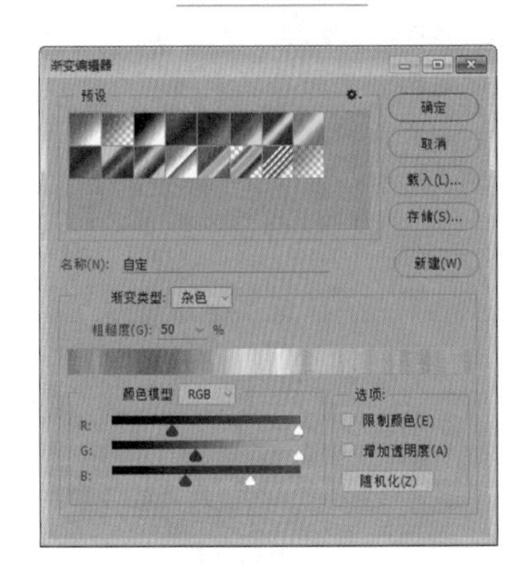

图 5-217

技能实训——为圣诞老人简笔画上色

素材文件	素材文件\第 5 章\圣诞老人 .jpg，新年快乐 .jpg
结果文件	结果文件\第 5 章\圣诞老人 .psd

设计分析

在使用 Photoshop CC 绘图时，大家可以先用手写板绘制线条图稿，或者直接用铅笔绘制上传到计算机中，然后通过色彩工具为线条图稿上色，线条图稿和上色效果如图 5-218 所示。

图 5-218

操作步骤

Step 01 打开素材并将衣服填充为红色。打开“素材文件\第 5 章\圣诞老人 .jpg”文件，按住【Shift】键，选择【魔棒工具】，在选项栏中，设置【容差】为 10，在帽子、衣服位置单击创建选区，如图 5-219 所示。填充红色【#fe0000】，如图 5-220 所示。

图 5-219　　图 5-220

Step 02 填充手套为绿色。按住【Shift】键，使用【魔棒工具】在手套位置单击创建选区，如图 5-221 所示，填充绿色【#fe0000】，如图 5-222 所示。

Step 03 为脸填色。使用【魔棒工具】在额头位置单击创建选区，如图 5-223 所示。填充肉色【#f7caa1】，如图 5-224 所示。

图 5-221　　图 5-222

图 5-223　　图 5-224

Step 04 为鼻子填色。使用【魔棒工具】在鼻子位置单击创建选区，如图 5-225 所示。填充橙色【#faa085】，如图 5-226 所示。

图 5-225

图 5-226

Step 05 为衣服填色。按住【Shift】键，使用【魔棒工具】在眼睛、皮带、脚等位置单击创建选区，如图 5-227 所示。填充深灰色【#151845】，如图 5-228 所示。

图 5-227

图 5-228

Step 06 为皮带扣填色。使用【矩形选框工具】创建选区，如图 5-229 所示。选择【渐变工具】，在选项栏中，❶ 单击渐变色条右侧的按钮，在打开的下拉列表框中，❷ 选择【橙、黄、橙渐变】选框，如图 5-230 所示。拖动鼠标填充渐变色，如图 5-231 所示。

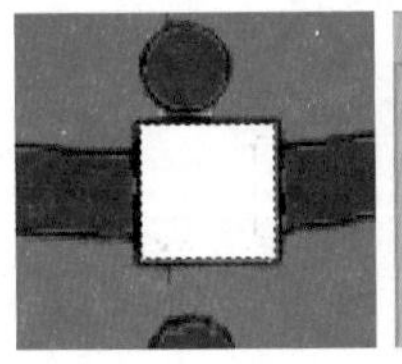
图 5-229

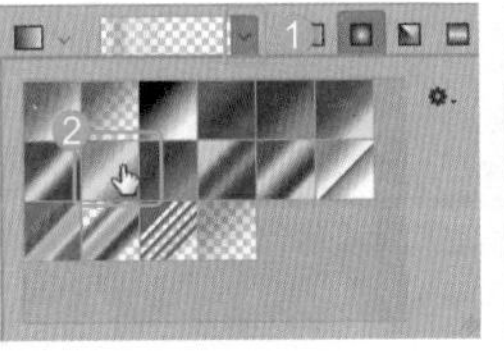
图 5-230

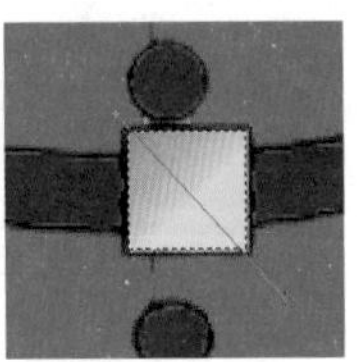
图 5-231

Step 07 为皮带填色。执行【选择】→【修改】→【收缩】命令。打开【收缩选区】对话框，❶ 设置【收缩量】为 4 像素，❷ 单击【确定】按钮，如图 5-232 所示。为选区填充深灰色【#151845】，如图 5-233 所示。

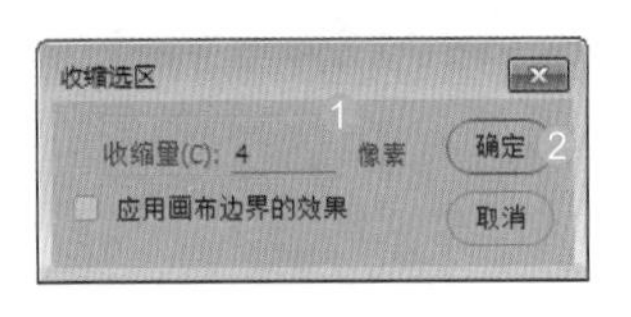

图 5-232

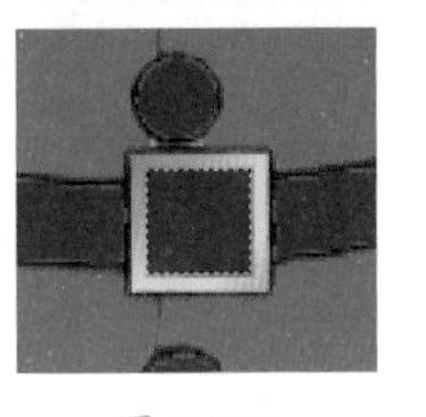
图 5-233

Step 08 打开素材。打开“素材文件\第 5 章\新年快乐 .jpg”文件，如图 5-234 所示。

Step 09 拖动素材。选中圣诞老人后，把圣诞老人图像拖动到“新年快乐”文件中，如图 5-235 所示。

图 5-234

图 5-235

Step 10 设置画笔。选择【画笔工具】，在【画笔】面板中，单击【画笔笔尖形状】选项，单击一个柔边圆笔刷，设置【间距】为 136%，如图 5-236 所示。

Step 11 设置画笔参数。选中【形状动态】复选框，设置【大小抖动】为 82%，控制【渐隐】为 82，如图 5-237 所示。

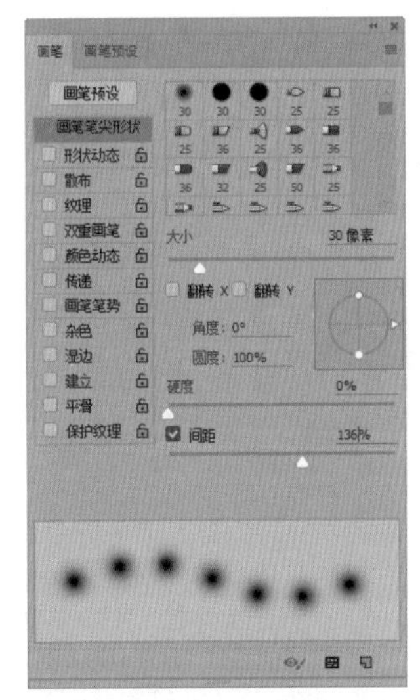

图 5-236

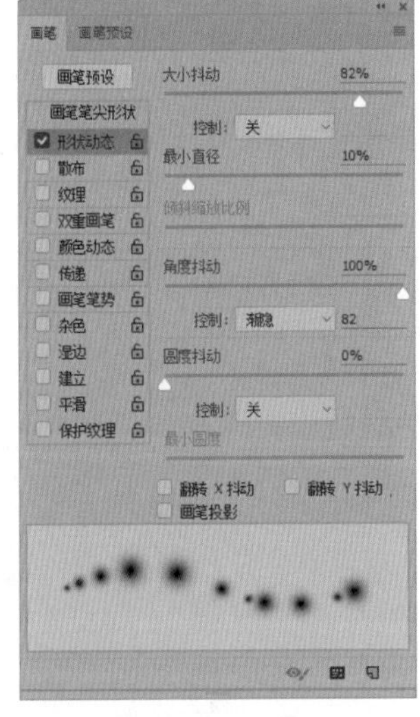

图 5-237

Step 12 绘制图像。设置前景色为白色，在边缘拖动鼠标绘制图像，如图 5-238 所示，在雪堆上拖动鼠标绘制图像，最终效果如图 5-239 所示。

图 5-238　　图 5-239

本章小结

本章主要介绍了图像的绘制与修饰修复方法，首先讲述如何设置颜色，接着讲述填充和描边方法，接下来重点讲述了绘画工具的具体使用，最后讲述了图像修复、润色和删除工具的具体使用与操作技术。

在学习本章节内容时，画笔工具、渐变工具和仿制图章工具是必须掌握的重要内容，读者应对所有工具进行全面掌握，这样在实际操作时，才能做到得心应手。

第 2 篇

核心功能篇

核心功能篇是学习 Photoshop CC 的重点篇章。本篇包括图层的管理与应用、文字创建与编辑、路径的应用、蒙版和通道的应用、图像颜色的调整与校正等知识。读者学完本篇后，可以掌握 Photoshop CC 的部分重点操作，为后面的学习打下基础。

第6章 图层的基本功能应用

- 图层可以更改名称和颜色吗？
- 文字图层可以变为普通图层吗？
- 图层顺序如何调整？
- 如何轻松管理图层？
- 图层太多了，可以用组管理吗？

图层是图像信息的平台，承载了几乎所有的图像编辑操作，正因为有了图层，才使得 Photoshop 具有强大的图像效果处理与艺术加工的功能。通过本章的学习希望读者能了解图层并学会操作图层。

6.1 认识图层

图层就是一层层堆叠的透明纸，在不同的纸中，绘制图画的不同部分，组合起来就变成一幅完整的图画。在许多图像处理软件中，都引入了图层概念。通过图层，用户可以设定图像的合成效果，或者编辑图层的一些特殊特效来丰富图像艺术，下面详细介绍图层知识。

6.1.1 图层的定义

每个单独图层上面都保存着不同的图像，可以透过上面图层的透明区域看到下面图层的内容。图层分层展示效果如图 6-1 所示。

每个图层中的对象都可以单独处理，而不会影响其他图层中的内容，如图 6-2 所示。

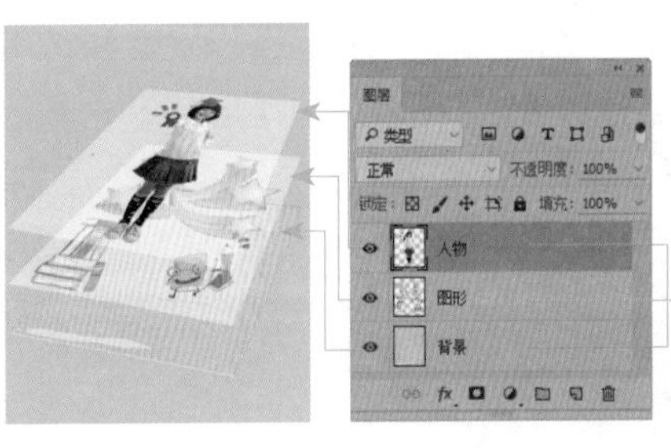

图 6-1

图层可以移动，也可以调整堆叠顺序，在【图层】面板中除【背景】图层外，其他图层都可以调整不透明度，使图像内容变得透明；还可以修改混合模式，让上下图层之间产出特殊的混合效果，如图 6-3 所示。

图 6-2

图 6-3

在编辑图层前，首先需要在【图层】面板中单击需要的图层将其选择，所选图层称为“当前图层”。绘画、颜色和色调调整都只能在一个图层中进行，而移动、对齐、变换或应用【样式】面板中的样式时，可以一次处理所选的多个图层。

6.1.2 【图层】面板

【图层】面板显示了当前图像的图层信息，从中可以调节图层叠放顺序、图层不透明度及图层混合模式等参数，几乎所有的图层操作都可以通过【图层】面板来实现。

执行【窗口】→【图层】命令或按【F7】键，可以打开【图层】面板，如图 6-4 所示，各选项作用及含义如表 6-1 所示。

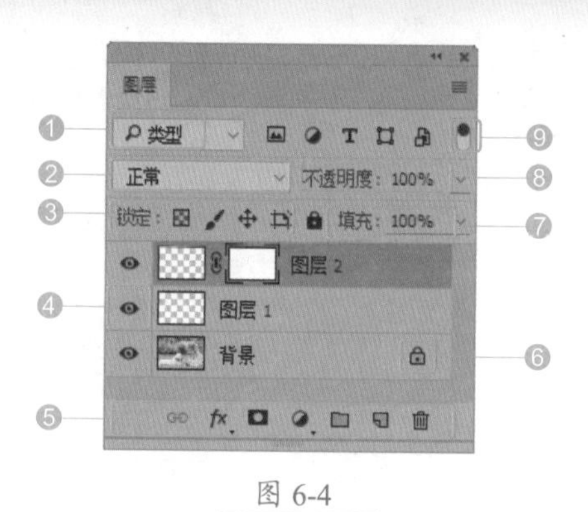

图 6-4

表 6-1 选项作用及含义

选项	作用及含义
❶ 选取图层类型	当图层数量较多时，可在此下拉列表中选择一种图层类型（包括名称、效果、模式、属性、颜色），让【图层】面板只显示此类图层，隐藏其他类型的图层
❷ 设置图层混合模式	用来设置当前图层的混合模式，使之与下面的图像产生混合
❸ 锁定按钮	用来锁定当前图层的属性，使其不可编辑，包括图像像素、透明像素和位置
❹ 图层显示标志	显示该标志的图层为可见图层，单击可以隐藏图层。隐藏的图层不能编辑
❺ 快捷图标	图层操作的常用快捷按钮，主要包括链接图层、图层样式、新建图层、删除图层等按钮
❻ 锁定标志	显示该图标时，表示图层处于锁定状态
❼ 填充	设置当前图层的填充不透明度，它与图层的不透明度类似，但只影响图层中绘制的像素和形状的不透明度，不会影响图层样式的不透明度
❽ 不透明度	设置当前图层的不透明度，使之呈现透明状态，从而显示出下面图层中的内容
❾ 打开 / 关闭图层过滤	单击该按钮，可以启动或停用图层过滤功能

6.1.3 图层类别

在 Photoshop CC 中，可以创建多种图层，它们都有各自不同的功能和用途，在【图层】面板中显示图标也不一致。【图层】面板如图 6-5 所示，各选项作用及含义如表 6-2 所示。

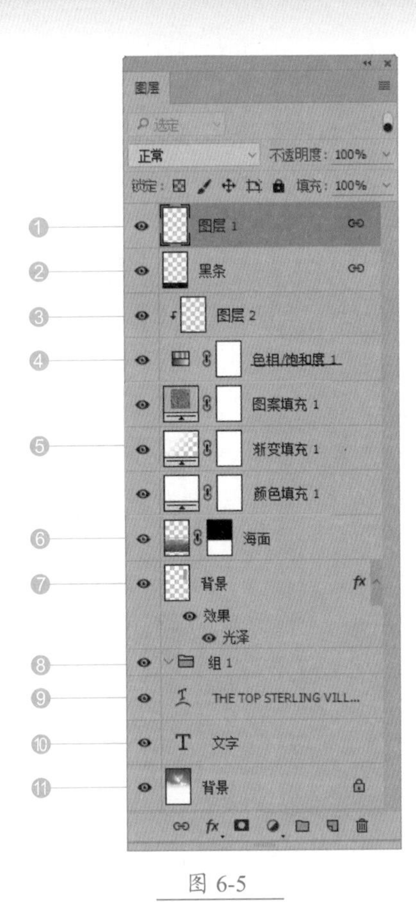

图 6-5

表 6-2　选项作用及含义

选项	作用及含义
① 当前图层	当前选择的图层，对图像处理时，编辑操作将在当前图层中进行
② 链接图层	保持链接状态的多个图层
③ 剪贴蒙版	属于蒙版中的一种，可使用一个图层中的图像控制它上面多个图层的显示范围
④ 调整图层	可调整图像的亮度、色彩平衡等，不会改变像素值，并可重复编辑
⑤ 填充图层	显示填充纯色、渐变填充或图案填充的特殊图层
⑥ 图层蒙版图层	添加了图层蒙版的图层，蒙版可以控制图像的显示范围
⑦ 图层样式	添加了图层样式的图层，通过图层样式可以快速创建特效，如投影、发光、浮雕等效果
⑧ 图层组	用于组织和管理图层，以便查找和编辑图层
⑨ 变形文字	进行变形处理后的文字图层
⑩ 文字图层	使用文字工具输入文字时创建的图层
⑪ 背景图层	新建文档时创建的图层，它始终位于面板的最下面，名称为“背景”

6.2 图层操作

图层的基本操作包括新建、复制、删除、合并图层，以及图层顺序调整等，通过【图层】菜单中的相应命令或在【图层】面板中完成，下面详细介绍图层操作方法。

★重点 6.2.1 新建图层

图层的创建方法有很多，包括在【图层】面板中创建、在编辑图像的过程中创建、使用菜单命令创建等。下面介绍常见的创建方法。

（1）单击【图层】面板下方的【创建新图层】按钮，如图 6-6 所示，即可在当前图层的上方创建新图层，如图 6-7 所示。

技术看板

按住【Ctrl】键，单击【创建新图层】按钮，可在当前图层下方创建新图层。

图 6-6

图 6-7

（2）单击【图层】面板右上角的扩展按钮，在打开的快捷菜单中选择【新建图层】命令，如图 6-8 所示，或者执行【图层】→【新建】→【图层】命令，都会弹出【新建图层】对话框，如图 6-9 所示在该对话框中进行图层名称、模式、不透明度等设置，单击【确定】按钮即可创

建新图层。

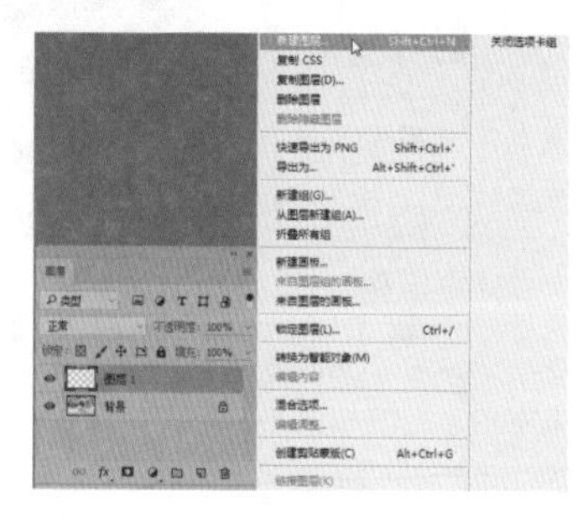

图 6-8

图 6-9

★重点 6.2.2 选择图层

单击【图层】面板中的某一个图层即可选择该图层，它会成为当前图层。这个是最基本的选择方法，其他图层的选择方法如表 6-3 所示。

表 6-3　图层选择方法

选择方式	操作方法
选择多个图层	如果要选择多个相邻的图层，可以单击第一个图层，按住【Shift】键单击最后一个图层；如果要选择多个不相邻的图层，可按住【Ctrl】键单击这些图层
选择所有图层	执行【选择】→【所有图层】命令，即可选择【图层】面板中所有的图层
选择相似图层	执行【选择】→【选择相似图层】命令，即可选择类型相似的所有图层
选择链接的图层	选择一个链接图层，执行【图层】→【选择链接图层】命令，可以选择与之链接的所有图层
取消选择图层	如果不想选择任何图层，可在面板中最下面一个图层下方的空白处单击；也可执行【选择】→【取消选择图层】命令

技术看板

选择一个图层后，按下【Alt+]】组合键，可以将当前图层切换为与之相邻的上一个图层；按下【Alt+[】组合键，则可将当前图层切换为与之相邻的下一个图层。

打开任意素材后，在画面中右击图像，在打开的快捷菜单中会显示鼠标指针所指区域的所在图层名称，选择该图层名称可选中该图层。

选择【移动工具】，选中选项栏的【自动选择】复选框。此时，在图像窗口中，单击图像所在图层，即可快速选中该图层。

6.2.3 背景和普通图层的相互转化

背景图层是特殊图层，位于面板最下方，不能调整顺序，也不能设置透明度等操作。背景和普通图层之间可以相互转化。

执行【图层】→【新建】→【背景图层】命令，可以将普通图层转换为背景图层，如图 6-10 所示。

图 6-10

在【图层】面板中，双击背景图层，可以弹出【新建图层】对话框，在对话框中设置参数后，可以将背景图层转换为普通图层，按住【Alt】键，双击背景图层，可以直接将背景图层转换为普通图层，并命名为【图层 0】。

6.2.4 复制图层

复制图层可将选定的图层进行复制，得到一个与原图层相同的图层。下面介绍常用的复制图层方法。

（1）复制背景图层。在【图层】面板中，拖动需要进行复制的图层（如【背景】图层）到面板底部的【创建新建图层】按钮处，如图 6-11 所示。复制生成【背景 拷贝】图层，如图 6-12 所示。

图 6-11

图 6-12

（2）复制图层【玩耍】。执行【图层】→【复制图层】命令或通过【图层】面板的快捷菜单的【复制图层】命令，会弹出【复制图层】对话框，输入复制的图层名称，单击【确定】按钮完成复制操作，如图 6-13 所示，生成复制图层【玩耍】，如图 6-14 所示。

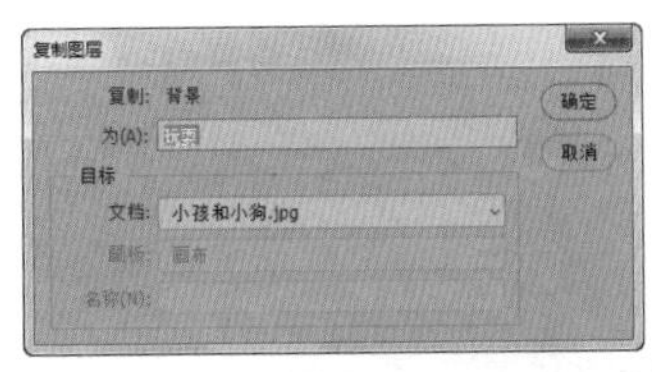

图 6-13

图 6-14

技能拓展——复制图层到其他文档或新文档中

在【复制图层】对话框的【目标】选项区域中，在【文档】下拉列表框中，如果打开了多个文件，可以选择相应的文件，将图层复制到该文件中，如果选择【新建】选项，则将以当前图层为背景图层，新建一个文档。

（3）原图层内容不变复制图层。如果在图像中创建了选区，执行【图层】→【新建】→【通过拷贝的图层】命令或按【Ctrl+J】组合键，可以将选中的图像复制到新图层中，原图层内容保持不变。如果没有创建选区，则会快速复制当前图层。

（4）剪切图像到新图层中。如果在图像中创建了选区，执行【图层】→【新建】→【通过剪切的图层】命令或按【Shift+Ctrl+J】组合键，可以将选中的图像剪切到新图层中，原图层中的相应内容被清除。

★新功能 6.2.5 复制 CSS

CSS 样式表是一种网页制作样式。执行【图层】→【复制 CSS】命令，可以从形状或文本图层生成样式表。

从包含形状或文本的图层组复制 CSS 会为每个图层创建一个组类。表示包含与组中图层对应的子 DIV 的父 DIV。子 DIV 的顶层 / 左侧值与父 DIV 有关。该命令不能应用于智能对象或未分组的多个形状 / 文本图层。

6.2.6 更改图层名称和颜色

在【图层】面板中有时为了更好地区分每个图层中的内容，可将图层的名称和颜色进行修改，以便在操作中可以快速找到它们。

如果要修改一个图层的名称，可在【图层】面板中双击该图层名称，然后在显示的文本框中输入新的名称，如图 6-15 所示。按【Enter】键确认修改，效果如图 6-16 所示。

图 6-15

图 6-16

如果要修改图层的颜色，可以选择该图层并右击，在打开的快捷菜单中选择需要的颜色，如图 6-17 所示。图层颜色变为橙色，如图 6-18 所示。

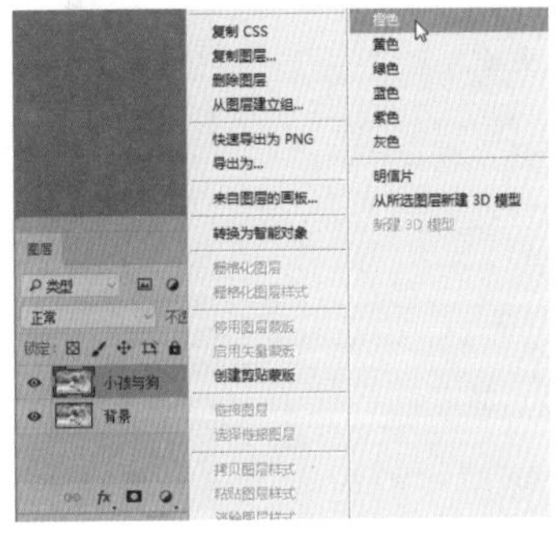

图 6-17

图 6-18

6.2.7 实战：显示和隐藏图层

实例门类	软件功能

在图像处理过程中，可以根据需要显示和隐藏图层，具体操作步骤如下。

Step 01 打开素材。打开“素材文件 \ 第 6 章 \ 隐藏与显示图层 .psd”文件，在【图层】面板中，左侧有【指示图层可见性】图标的图层为可见图层，如图 6-19 所示。

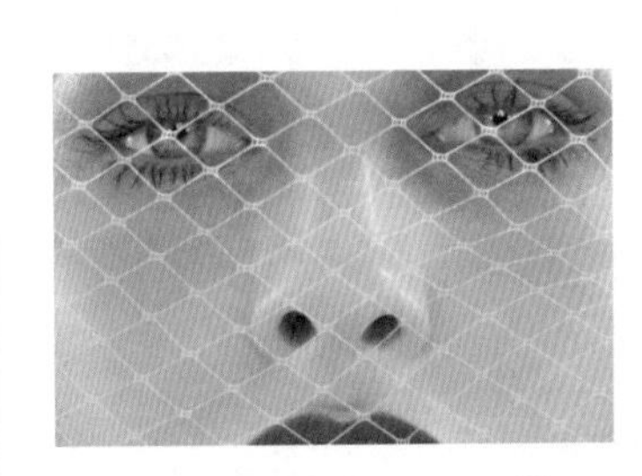

图 6-19

Step 02 隐藏图层。单击一个图层前面的【指示图层可见性】图标，可以隐藏该图层，如图 6-20 所示。

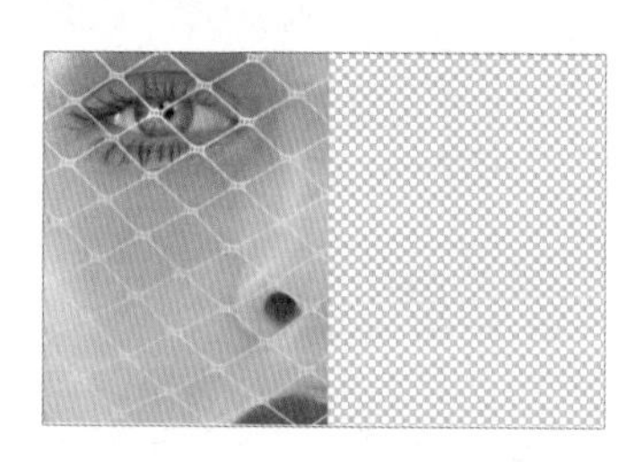

图 6-20

技术看板

按住【Alt】键，单击【指示图层可见性】图标👁，可以隐藏该图层以外的所有图层；按住【Alt】键再次单击该图标，可恢复其他图层的可见性。

执行【图层】→【隐藏图层】命令，可以隐藏当前图层，如果选择多个图层，执行该命令后，会隐藏所有选择图层。

6.2.8 实战：链接图层

实例门类	软件功能

如果要同时处理多个图层中的内容，可以将这些图层链接在一起，具体操作步骤如下。

Step 01 选择图层。在【图层】面板中选择两个或者多个图层，如图 6-21 所示。

Step 02 链接图层。单击【链接图层】按钮🔗或执行【图层】→【链接图层】命令，即可将它们链接在一起，如图 6-22 所示。

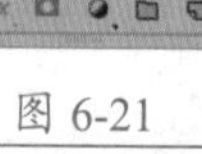

图 6-21

图 6-22

技能拓展——取消链接图层

选择图层后，单击【图层】面板底部的【链接图层】按钮🔗，即可取消图层间的链接关系。

6.2.9 锁定图层

图层被锁定后，将限制图层编辑的内容和范围，被锁定内容将不会受到编辑其他图层的影响。【图层】面板的锁定组中提供了 5 个不同功能的锁定按钮，如图 6-23 所示，各选项作用及含义如表 6-4 所示。

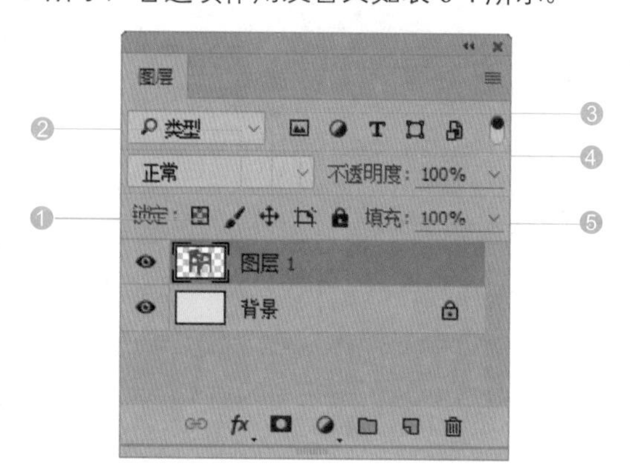

图 6-23

表 6-4　选项作用及含义及含义

选项	作用及含义
❶ 锁定透明像素	单击该按钮，则图层或图层组中的透明像素被锁定。当使用绘制工具绘图时，只对图层非透明的区域（即有图像的像素部分）生效
❷ 锁定图像像素	单击该按钮可以将当前图层保护起来，使之不受任何填充、描边及其他绘图操作的影响
❸ 锁定位置	用于锁定图像的位置，使之不能对图层内的图像进行移动、旋转、翻转和自由变换等操作，但可以对图层内的图像进行填充、描边和其他绘图的操作
❹ 防止在画板内外自动嵌套	当图层或组移出画板边缘时，图层或组会在组层视图中移除画板。为了防止此种情况的发生，可以单击此按钮，将其锁定
❺ 锁定全部	单击该按钮，图层全部被锁定，不能移动位置、不可执行任何图像编辑操作，也不能更改图层的不透明度和图像的混合模式

技术看板

锁定图层后，图层上会出现一个锁状图标。当图层只有部分属性被锁定时，锁状图标为空心🔒；当所有属性都被锁定时，锁状图标为实心🔒。

6.2.10 实战：调整图层顺序

实例门类	软件功能

在【图层】面板中，图层是按照创建的先后顺序堆叠排列的，用户可以调整它们的默认顺序，具体操作步骤如下。

Step01 调整图层顺序。打开“素材文件\第6章\调整图层顺序.psd”文件，拖动【图层3】图层到【图层2】图层下方，如图6-24所示。

图 6-24

Step02 显示调整后的效果。释放鼠标后，即可调整图层的堆叠顺序。改变图层顺序会影响图像的显示效果，如图6-25所示。

图 6-25

技术看板

执行【图层】→【排列】命令后，在弹出的下拉菜单中选择命令也可以调整图层的堆叠顺序，还可通过右侧的快捷键执行命令。

按【Ctrl＋[】组合键可以将其向下移动一层；按【Ctrl＋]】组合键可以将其向上移动一层；按【Ctrl＋Shift＋]】组合键可将当前图层置为顶层；按【Ctrl＋Shift＋[】组合键，可将其置于最底部。

6.2.11 实战：对齐图层

实例门类	软件功能

如果要将多个图层中的图像内容对齐，可以在【图层】面板中选择它们，再执行【图层】→【对齐】命令，在弹出的菜单中选择一个对齐命令，相关命令作用及含义如表6-5所示。

表 6-5 对齐命令作用及含义

命令	作用及含义
顶对齐	所选图层对象将以位于最上方的对象为基准，进行顶部对齐
垂直居中	所选图层对象将以位置居中的对象为基准，进行垂直居中对齐
底对齐	所选图层对象将以位于最下方的对象为基准，进行底部对齐
左对齐	所选图层对象将以位于最左侧的对象为基准，进行左对齐
水平居中	所选图层对象将以位于中间的对象为基准，进行水平居中对齐
右对齐	所选图层对象将以位于最右侧的对象为基准，进行右对齐

具体操作步骤如下。

Step01 打开素材并选中图层。打开“素材文件\第6章\对齐图层.psd”文件，选中【背景】图层以外的所有图层，如图6-26所示。

图 6-26

Step02 对齐图像。执行【图层】→【对齐】命令，在弹出的菜单中分别选择【顶对齐】【垂直居中】【底对齐】【左对齐】【水平居中】【右对齐】命令，对齐效果如图6-27所示。

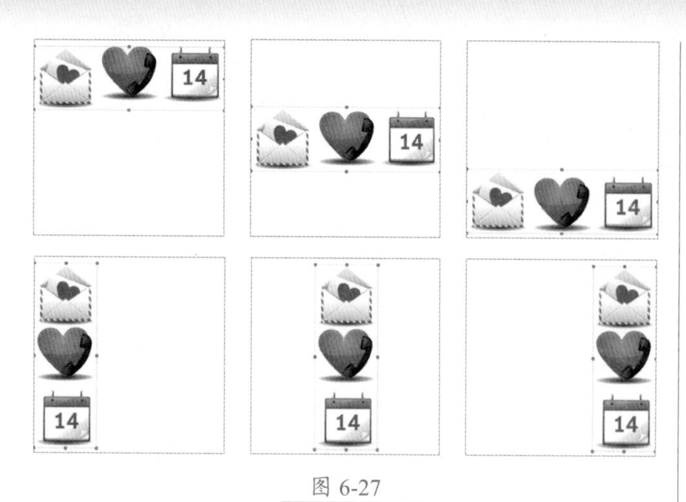

图 6-27

6.2.12 分布图层

如果要让 3 个或者更多的图层采用一定的规律均匀分布，可以选择这些图层，再执行【图层】→【分布】命令，在弹出的下拉菜单中选择分布命令，相关命令作用及含义如表 6-6 所示。

表 6-6 分布命令作用及含义

命令	作用及含义
按顶分布	可均匀分布各链接图层或所选择的多个图层的位置，使它们最上方的图像相隔同样的距离
垂直居中分布	可将所选图层对象间垂直方向的图像相隔同样的距离
按底分布	可将所选图层对象间最下方的图像相隔同样的距离
按左分布	可将所选图层对象间最左侧的图像相隔同样的距离
水平居中分布	可将所选图层对象间水平方向的图像相隔同样的距离
按右分布	可将所选图层对象间最右侧的图像相隔同样的距离

技术看板

如果用户当前选择【移动工具】，可以通过选项栏的按钮来对齐图层。

通过选项栏的按钮可以分布图层。

6.2.13 实战：将图层与选区对齐

实例门类	软件功能

除了对象与对象之间对齐外，用户还可以将对象与选区对齐，具体操作步骤如下。

Step 01 打开素材并创建选区。打开“素材文件\第 6 章\图层对齐选区 .psd”文件，在画面中创建选区，如图 6-28 所示。选择【图层 1】图层，如图 6-29 所示。

图 6-28

图 6-29

Step 02 选择命令。执行【图层】→【将图层与选区对齐】命令，选择子菜单中的任意命令，可基于选区对齐所选的图层，如图 6-30 所示。

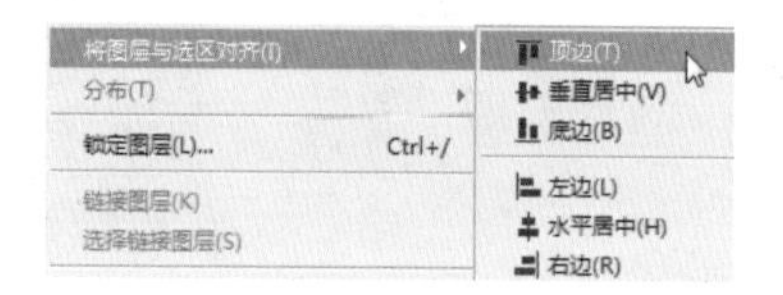

图 6-30

Step 03 显示对齐的效果。在【将图层与选区对齐】级联菜单中，选择【顶边】【底边】或【左边】命令的效果，如图 6-31 所示。

图 6-31

6.2.14 栅格化图层

如果要使用绘画工具和滤镜编辑文字图层、形状图层、矢量蒙版或智能对象等包含矢量数据的图层，需要先将其栅格化，使图层中的内容转换为栅格图像，然后才能够进行相应的编辑。

选择需要栅格化的图层，执行【图层】→【栅格化】命令，在弹出的下拉菜单中选择命令，即可栅格化图层中的内容。

6.2.15 删除图层

当某个图层不再需要时，可将其删除以最大限度降低图像文件的大小，下面将介绍几种常用的删除方法。

（1）在【图层】面板中，拖动需要删除的图层，如【图层 1】图层，拖动其到面板底部的【删除图层】按钮🗑，如图 6-32 所示。通过前面的操作删除【图层 1】图层，效果如图 6-33 所示。

图 6-32

图 6-33

（2）选择需要删除的图层，也可以是多个图层，单击【删除图层】按钮🗑。

（3）执行【图层】→【删除】→【图层】命令删除图层。

（4）通过【图层】面板的快捷菜单，选择【删除图层】命令删除图层。

6.2.16 图层合并和盖印

在一个文件中，建立的图层越多，该文件所占用的空间也就越大。因此，一些不必要分开的图层可将它们合并为一个图层，从而减少所占用的磁盘空间，也可以加快操作速度。盖印图层可在不影响原图层效果的情况下，将多个图层创建为一个新的图层。

1. 合并图层

如果要合并两个或多个图层，可以在【图层】面板中将它们选中，然后执行【图层】→【合并图层】命令，合并后的图层使用上面图层的名称，如图 6-34 所示。

图 6-34

2. 向下合并

如果想要将一个图层与它下面的图层合并，可以选中该图层，再执行【图层】→【向下合并】命令，合并后的图层使用下面图层的名称，如图 6-35 所示。

图 6-35

3. 合并可见图层

如果要合并所有可见的图层，执行【图层】→【合并可见图层】命令，即可会合并到【背景】图层中，如图 6-36 所示。

图 6-36

技术看板

按【Ctrl+E】组合键可以快速向下合并图层；按【Shift+Ctrl+E】组合键可以快速合并可见图层。

4. 拼合图层

如果要将所有图层都拼合到【背景】图层中，可以执行【图层】→【拼合图像】命令。如果有隐藏的图层，则会弹出一个提示框，询问是否删除隐藏的图层。

5. 盖印图层

盖印是比较特殊的图层合并方法，可以将多个图层中的图像内容合并到一个新的图层中，同时保持其他图层完好无损。如果想要得到某些图层的合并效果，又不想修改原图层时，盖印图层是最好的解决办法。

选择多个图层，按【Ctrl+Alt+E】组合键可以盖印选择图层，并在【图层】面板最上方自动创建图层，如图 6-37 所示。

图 6-37

选择任何一个图层，按【Shift+Ctrl+Alt+E】组合键可以盖印所有可见图层，并在选择图层上方自动创建图层，如图 6-38 所示。

图 6-38

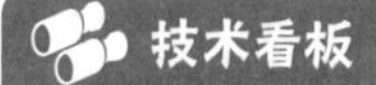

技术看板

盖印图层时，会自动忽略隐藏图层。

6.3 图层组

图层组类似于文件夹，可将多个独立的图层放在不同的图层组中，图层组可以像图层一样进行移动、复制、链接、对齐和分布，也可以合并以减小文件。总之，使用图层组来组织和管理图层，会使图层的结构更加清晰，也使管理更加方便快捷。

6.3.1 创建图层组

利用图层组对图层进行管理，首先需要创建一个图层组，创建图层组的具体方法如下。

（1）单击【图层】面板下面的【创建新组】按钮，即可新建组，如图 6-39 所示。

图 6-39

（2）执行【图层】→【新建】→【组】命令，弹出【新建组】对话框，分别设置图层组的名称、颜色、模式和不透明度，单击【确定】按钮，如图 6-40 所示。通过前面的操作，即可在面板上增加一个空白的图层组，如图 6-41 所示。

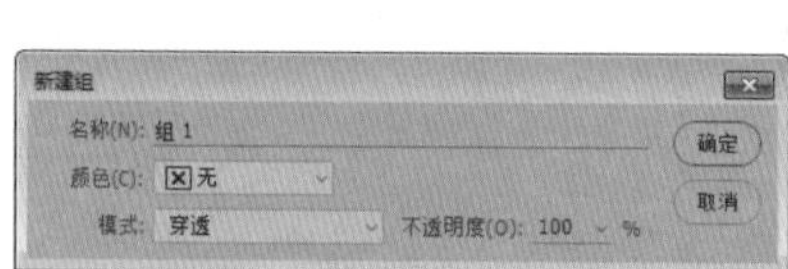

图 6-40

图 6-41

技能拓展——创建嵌套图层组

创建图层组以后，在图层组内还可以继续创建图层组，称为嵌套图层组。

（3）在【图层】面板中选择图层，如图 6-42 所示，执行【图层】→【新建】→【从图层建立组】命令，在弹出的【从图层新建组】对话框中可以设置图层组的名称、颜色等参数，单击【确定】按钮，如图 6-43 所示。通过前面的操作，即可将选择的图层转换为图层组，如图 6-44 所示。

图 6-42

图 6-43

图 6-44

6.3.2 将图层移入或移出图层组

将一个图层拖入图层组内，可将其添加到图层组中，如图 6-45 所示。

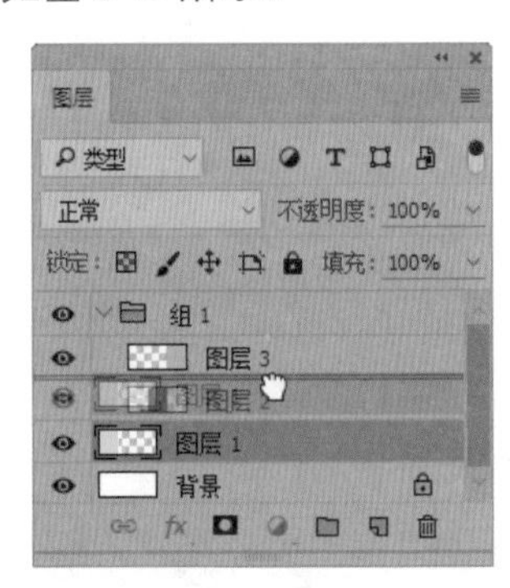

图 6-45

将图层组中的图层拖出组外，可将其从图层组中移出，如图 6-46 所示。

图 6-46

6.3.3 取消图层组和删除图层组

在操作过程中，如果要取消图层编组，但保留图层，可以选择该图层组，如图 6-47 所示。执行【图层】→【取消图层编组】命令，如图 6-48 所示。

图 6-47

图 6-48

如果要删除图层组及组中的图层，可以将图层组拖动到【图层】面板的【删除图层】按钮 🗑 上。

选择图层组后，单击【删除图层】按钮 🗑，如图 6-49 所示，会弹出提示对话框，用户可以选择删除图层组后，是否保留图层组中的图层，如图 6-50 所示。

图 6-49

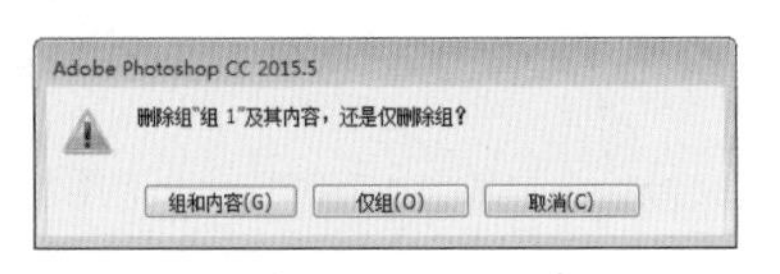

图 6-50

6.4 图层复合

图层复合是【图层】面板状态的快照，记录了当前文档中图层的可见性、位置和外观（包括图层的不透明度、混合模式及图层样式等），通过图层复合可以快速地在文档中切换不同版面的显示状态，比较适合展示多种设计方案。

6.4.1 图层复合面板

执行【窗口】→【图层复合】命令，打开【图层复合】面板，如图 6-51 所示。该面板主要用于创建、编辑、显示和删除图层复合。相关选项作用及含义如表 6-7 所示。

图 6-51

表 6-7 选项作用及含义

选项	作用及含义
① 应用图层复合	显示该图层的图层复合为当前使用的图层复合
② 应用选中的上一图层复合	切换到上一个图层复合
③ 应用选中的下一图层复合	切换到下一个图层复合
④ 更新图层复合	如果更改了图层复合的可见性、位置、外观，可单击相应按钮进行更新
⑤ 创建新的图层复合	用于创建一个新的图层复合
⑥ 删除图层复合	用于删除当前创建的图层复合

6.4.2 更新图层复合

在【图层复合】面板中，出现【无法完全恢复图层复合】图标 时，可以通过以下方法进行处理。

（1）单击【无法完全恢复图层复合】图标，如图 6-52 所示，弹出一个提示框，它说明图层复合无法正常恢复，单击【清除】按钮即可清除警告，使其余的图层保持不变，如图 6-53 所示。

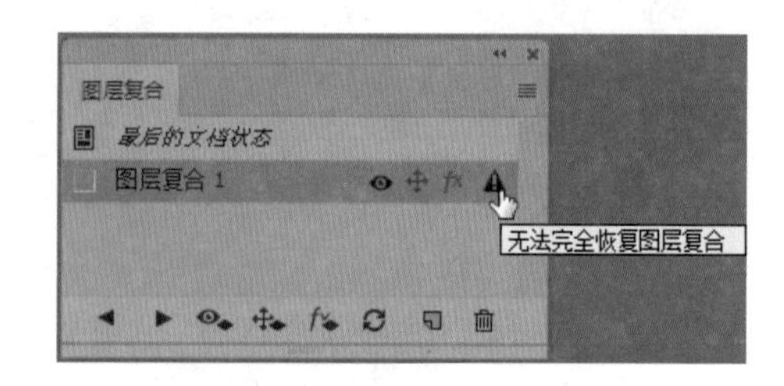

图 6-52

图 6-53

（2）忽略警告，如果不对警告进行任何处理，可能会导致丢失一个或多个图层，而其他已存储的参数可能会保存下来。

（3）更新图层复合，单击【更新图层复合】按钮，对图层复合进行更新，这可能导致以前记录的参数丢失，但可以使复合保持最新状态。

（4）右击警告图标，在打开的下拉列表中选择是清除当前图层复合的警告，还是清除所有图层复合的警告。

妙招技法

通过前面知识的学习，相信读者已经了解并掌握了图层基本功能应用的基础知识。下面结合本章内容，给大家介绍一些实用技巧。

技巧 01：更改图层缩览图大小

在【图层】面板中，图层名称左侧图标为图层缩览图，它显示了图层基本内容。右击图层缩览图，如图 6-54 所示，在弹出的快捷菜单中选择相应选项，如选择【大缩览图】选项，如图 6-55 所示。通过前面的操作，增大图层缩览图，效果如图 6-56 所示。

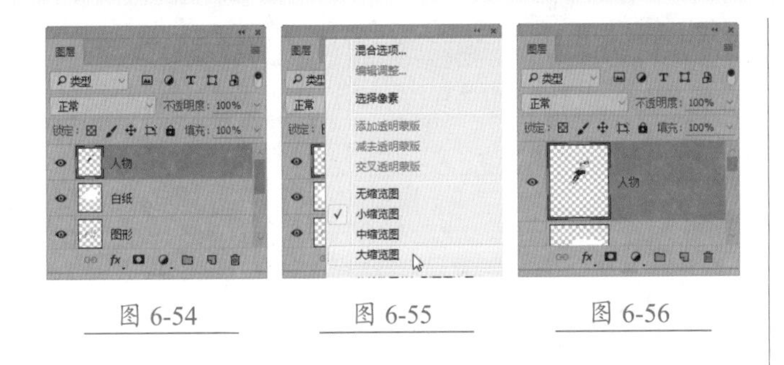

图 6-54　　图 6-55　　图 6-56

技巧 02：查找图层

当图层数量较多时，想要快速找到某个图层，可执行【选择】→【查找图层】命令，【图层】面板顶部会出现一个文本框，如图 6-57 所示。输入需要查找的图层名称，面板中即可显示该图层，如图 6-58 所示。

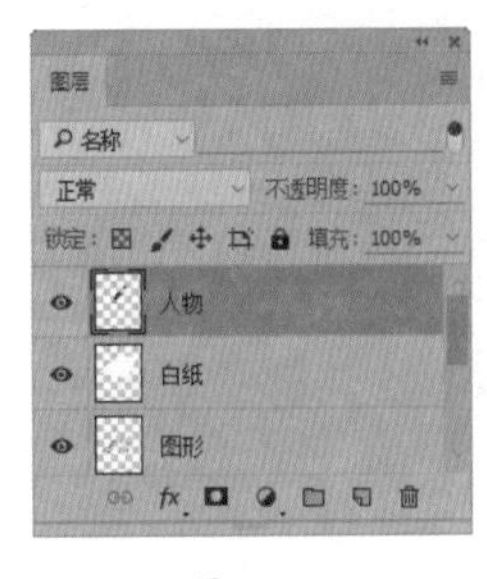

图 6-57

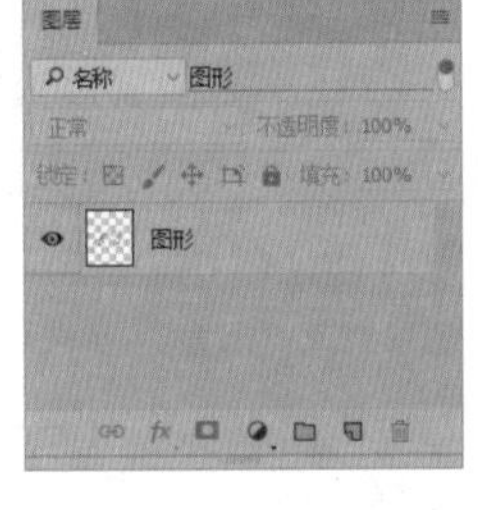

图 6-58

此外，也可让面板中显示某种类型的图层（包括名称、效果、模式、属性、颜色），隐藏其他类型的图层。例如，在面板顶部选择【类型】选项，再单击右侧的【文字图层】按钮 T，面板中就只显示文字类图层，如图 6-59 所示。选择【效果】选项，面板中就只显示添加了某种效果的图层，如图 6-60 所示。

图 6-59

图 6-60

技能拓展——关闭图层过滤

如果想停止图层过滤，让面板恢复显示所有图层，可单击面板右上角的【打开 / 关闭图层过滤】按钮。

技巧 03：隔离图层

如果制作文件时，没有对图层正确的命名，选择图层会变得很难，Photoshop CC 新增隔离图层功能，能把选择的图层单独显示在图层面板中，具体操作步骤如下。

Step 01 打开素材并执行命令。打开"素材文件 \ 第 6 章 \ 隔离图层 .psd"文件，在【图层】面板中，选中需要隔离的图层，如图 6-61 所示。在图像上右击，在弹出的快捷菜单中选择【隔离图层】命令，如图 6-62 所示。

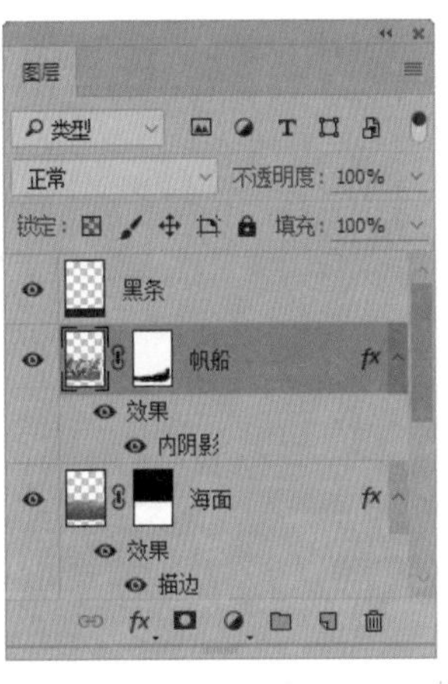

图 6-61

图 6-62

Step 02 展示隔离后的效果。通过前面的操作，【图层】面板中只显示指定图层，如图 6-63 所示。选择【移动工具】移动图层，不会影响其他图层，如图 6-64 所示。

图 6-63

图 6-64

技术看板

单击面板右上角的【打开 / 关闭图层过滤】按钮，同样可以关闭图层隔离效果。

技能实训——打造温馨色调效果

素材文件	素材文件 \ 第 6 章 \ 小孩和小狗 .jpg
结果文件	结果文件 \ 第 6 章 \ 小孩和小狗 .psd

设计分析

图像拍摄时，除了调整好角度姿势外，整体光照也是非常重要的，不同的色调能够带给人们不同的心理感受，如温馨色调会带给人们温暖的感觉，原图和效果图对比如图 6-65 所示。

图 6-65

操作步骤

Step 01 打开素材。打开“素材文件 \ 第 6 章 \ 小孩和小狗 .jpg”文件，如图 6-66 所示。

图 6-66

Step 02 复制图层。执行【图层】→【新建】→【通过拷贝的图层】命令，复制图层，如图 6-67 所示。

Step 03 更改图层名称。双击图层名称，进入文本输入状态，更改图层名称为【调亮】，如图 6-68 所示。

图 6-67

图 6-68

Step 04 调整亮度。执行【图像】→【调整】→【曲线】命令，打开【曲线】对话框，向上拖动曲线，如图 6-69 所示。调整亮度后，图像效果如图 6-70 所示。

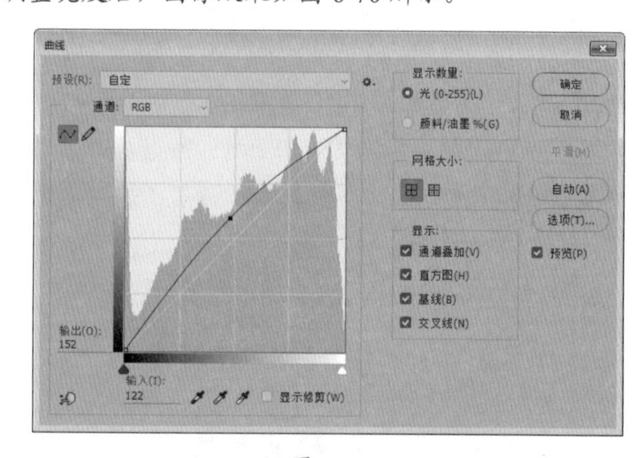

图 6-69

图 6-70

Step05 复制图层。选择背景图层，如图 6-71 所示。按【Ctrl+J】组合键复制图层，如图 6-72 所示。

图 6-71

图 6-72

Step06 调整图层顺序并重命名。向上拖动调整图层顺序，如图 6-73 所示。更改图层名称为【锐化】，如图 6-74 所示。

图 6-73

图 6-74

Step07 添加锐化效果。执行【滤镜】→【锐化】→【USM 锐化】命令，打开【USM 锐化】对话框，❶ 设置【数量】为 140%、【半径】为 0.8 像素、【阈值】为 0 色阶，❷ 单击【确定】按钮，如图 6-75 所示。锐化效果如图 6-76 所示。

图 6-75

图 6-76

Step08 盖印图层。按【Alt+Shift+Ctrl+E】组合键，盖印图层，生成【图层 1】图层，如图 6-77 所示。命名为【光照】，如图 6-78 所示。

图 6-77

图 6-78

Step09 添加光晕效果。执行【滤镜】→【渲染】→【镜头光晕】命令，打开【镜头光晕】对话框，❶ 拖动光晕中心到左上角，❷ 设置【亮度】为 150%，❸ 单击【确定】按钮，如图 6-79 所示。光晕效果如图 6-80 所示。

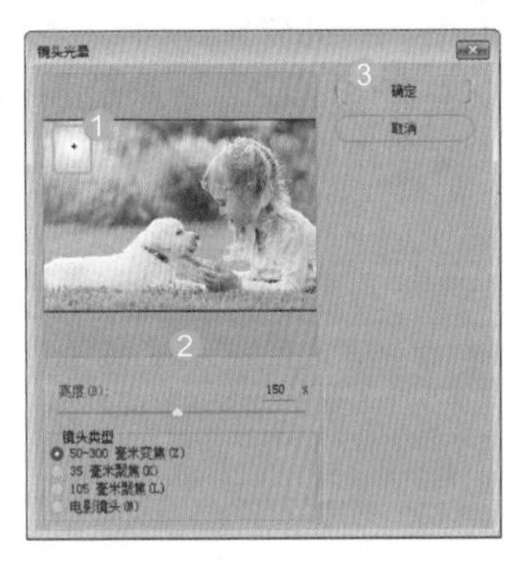
图 6-79

图 6-80

Step10 新建图层。单击【创建新图层】按钮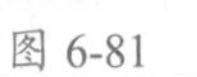，如图 6-81 所示。新建【图层 1】图层，如图 6-82 所示。

图 6-81

图 6-82

Step11 添加黄色色调。设置前景色为黄色【#fff100】，按【Alt+Delete】组合键填充前景色，如图 6-83 所示。更改图层【混合模式】为柔光，【不透明度】为 50%，如图 6-84 所示。

图 6-83

图 6-84

Step 12 显示效果。图像效果如图 6-85 所示。更改【图层 1】图层名称为【柔光】，如图 6-86 所示。

图 6-85

图 6-86

本章小结

本章详细地介绍了在 Photoshop CC 中图层的创建与基本编辑的方法，包括图层的新建、复制、删除、链接、锁定、合并等操作，以及如何使用图层组管理图层，最后详细讲解了图层复合的创建与编辑。图层使 Photoshop CC 功能变得更加强大，大家一定要熟练掌握。

图层的高级功能应用

- 使用图层混合模式可以快速去除图片背景吗？
- 如何制作立体的文字效果？
- 调整色彩并退出文件后，还可以修改调整效果吗？
- 如何保存图层样式呢？
- 【调整图层】和【调整】菜单有什么区别呢？

第6章介绍了图层的基本应用功能，本章进一步学习图层的高级应用功能，包括图层的混合模式、图层样式等。通过本章的学习，读者会领略到Photoshop CC图层的强大功能。

7.1 混合模式

混合模式是Photoshop的核心功能之一，它决定了像素的混合方式，可用于合成图像、制作选区和特殊效果，但不会对图像造成任何实质性破坏。

7.1.1 图层混合模式的应用范围

Photoshop中的许多工具和命令都包含混合模式设置选项，如【图层】面板、绘画和修饰工具的工具选项栏、【图层样式】对话框、【填充】命令、【描边】命令、【计算】命令和【应用图像】命令等，如此多的功能都与混合模式有关，可见混合模式的重要性。

（1）用于混合图层：在【图层】面板中，混合模式用于控制当前图层中的像素与其下面图层中的像素如何混合。除【背景】图层外，其他图层都支持混合模式。

（2）用于混合像素：在绘画和修饰工具的工具选项栏，以及【渐隐】【填充】【描边】命令和【图层样式】对话框中，混合模式只将添加的内容与当前操作的图层混合，而不会影响其他图层。

（3）用于混合通道：在【应用图像】和【计算】命令中，混合模式用来混合通道，可以创建特殊的图像合成效果，也可以用来制作选区。

★重点 7.1.2 混合模式的类别

在【图层】面板中选择一个图层，单击面板顶部的 ⌄ 按钮，在打开的下拉列表中可以选择一种混合模式，混合模式分为6组，如图7-1所示，相关命令作用及含义如表7-1所示。

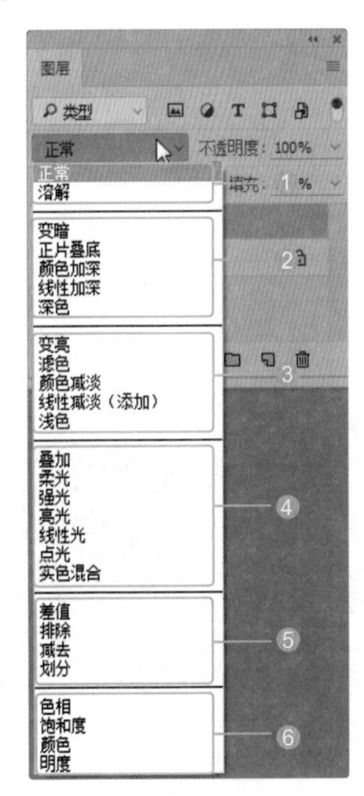

图7-1

表 7-1　命令作用及含义

命令	作用及含义
❶ 组合	该组中的混合模式需要降低图层的不透明度才能产生作用
❷ 加深	该组中混合模式可以使图像变暗，在混合过程中，当前图层中的白色将被底色较暗的像素替代
❸ 减淡	该组与加深模式产生的效果相反，它们可以使图像变亮。在使用这些混合模式时，图像中的黑色会被较亮的像素替换，而任何比黑色亮的像素都可能加亮底层图像
❹ 对比	该组中的混合模式可以增强图像的反差。在混合时，50% 的灰色会完全消失，任何亮度值高于 50% 灰色的像素都可能加亮底层的图像，亮度值低于 50% 灰色的像素则可能使底层图像变暗
❺ 比较	该组中的混合模式可比较当前图像与底层图像，再将相同的区域显示为黑色，不同的区域显示为灰度层次或彩色。如果当前图层中包含白色，白色的区域会使底层图像反相，而黑色不会对底层图像产生影响
❻ 色彩	使用该组混合模式时，Photoshop 会将色彩分为色相、饱和度和亮度 3 种成分，然后将其中的一种或两种应用在混合后的图像中

7.1.3 实战：使用混合模式打造天鹅湖场景

实例门类	软件功能

下面讲解如何用混合模式打造天鹅湖场景，具体操作步骤如下。

Step 01 打开素材。打开“素材文件\第 7 章\天鹅.jpg”文件，如图 7-2 所示。

Step 02 打开素材。打开“素材文件\第 7 章\湖泊.jpg”文件，如图 7-3 所示。

图 7-2

图 7-3

Step 03 拖动图像。将湖泊图像拖动到天鹅图像中，如图 7-4 所示。

Step 04 放大图像。按【Ctrl+T】组合键，执行自由变换操作，适当放大图像，如图 7-5 所示。

图 7-4

图 7-5

Step 05 混合图像。在【图层】面板中，更改左上角的【混合模式】为强光，如图 7-6 所示；图像混合效果如图 7-7 所示。

图 7-6

图 7-7

7.1.4 【背后】模式和【清除】模式

【背后】模式和【清除】模式是绘画工具、【填充】和【描边】命令特有的混合模式，如图 7-8 所示。

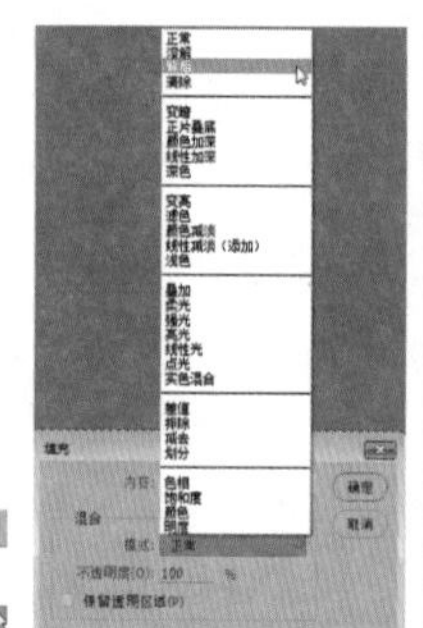

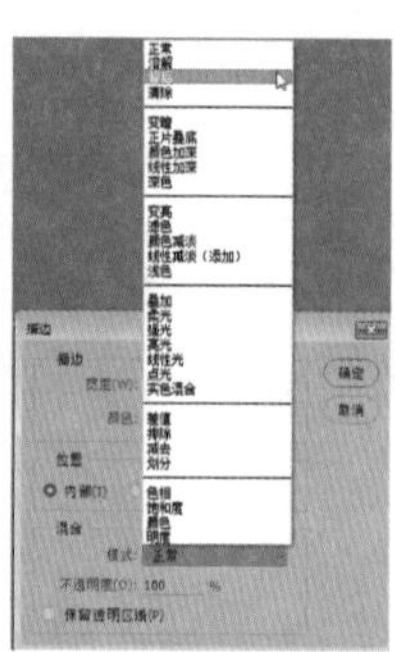

图 7-8

【背后】模式：仅在图层的透明部分编辑或绘画，不会影响图层中原有的图像，就像在当前图层下面的图层绘画一样。图 7-9 所示为【正常】模式下使用【画笔工具】涂抹的效果，图 7-10 所示为【背后】模式下的涂抹效果。

【清除】模式：与【橡皮擦工具】的作用类似。在该模式下，工具或命令的不透明度决定了像素是否完全清除，不透明度为 100% 时，可以完全清除像素；不透明度小于 100% 时，则部分清除像素。如图 7-11 所示为原图像，图 7-12 为【清除】模式下使用【画笔工具】涂抹效果。

图 7-9

图 7-10

图 7-11

图 7-12

7.1.5 图层不透明度

【图层】面板中有两个控制图层不透明度的选项：【不透明度】和【填充】。其中，【不透明度】用于控制图层、图层组中绘制的像素和形状的不透明度，如果对图层应用了图层样式，则图层样式的不透明度也会受到该值的影响。【填充】只影响图层中绘制的像素和形状的不透明度，不会影响图层样式的不透明度。

【不透明度】为 100% 的效果如图 7-13 所示。

图 7-13

在【图层】面板右上角，设置【不透明度】为 50%，图层内容和投影均变为 50% 透明，效果如图 7-14 所示。

图 7-14

在【图层】面板右上角，设置【填充】为 50%，图层内容变为 50% 透明，投影未受到影响，如图 7-15 所示。

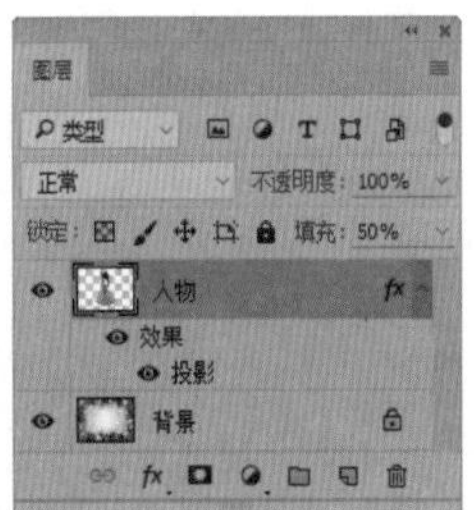

图 7-15

7.2 图层样式的应用

图层样式也称为图层效果，它可以为图像或文字添加如外发光、阴影、光泽、图案叠加、渐变叠加和颜色叠加等效果。图层样式可以随时修改、隐藏或删除，具有非常强的灵活性，下面进行详细的介绍。

★重点 7.2.1 添加图层样式

如果要为图层添加样式，可以先选中此图层，再采用下面任意一种方法打开【图层样式】对话框，进行效果的设定。

（1）执行【图层】→【图层样式】命令，在弹出级联菜单中选择需要添加的效果，即可打开【图层样式】对话框，并进入相应效果的设置面板。

（2）在【图层】面板中单击【添加图层样式】fx，在打开的下拉列表中，选择需要添加的效果，如图 7-16

所示，即可打开【图层样式】对话框并进入相应效果的设置面板，如图 7-17 所示。

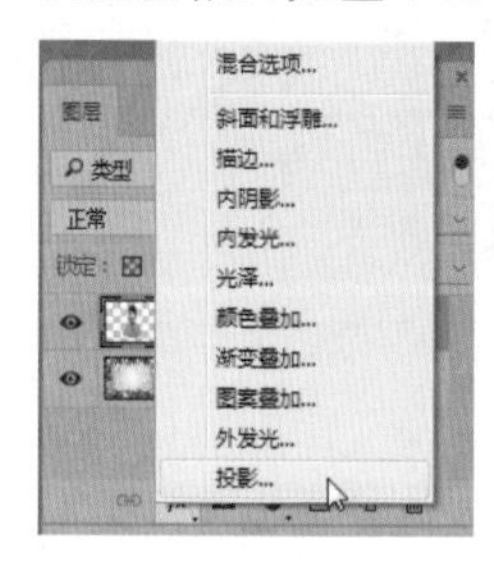

图 7-16

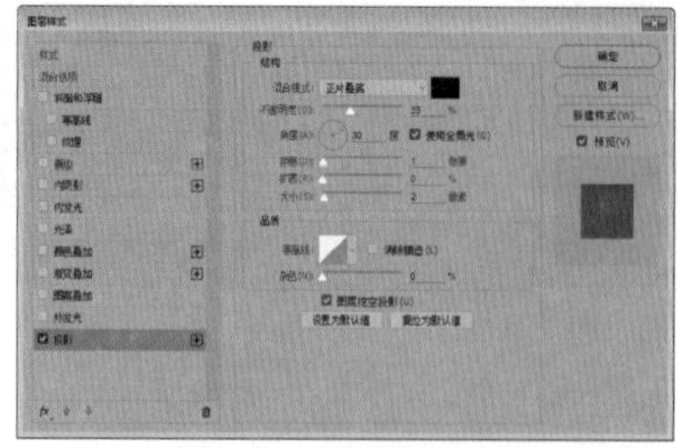

图 7-17

（3）双击需要添加效果的图层，可打开【图层样式】对话框，在该对话框左侧选择需要添加的效果，即可切换到该效果的设置面板。

7.2.2 【图层样式】对话框

【图层样式】对话框的左侧列出了 10 种效果，效果名称前面的复选框有 标记的，表示在图层中添加了该效果，如图 7-18 所示。单击一种效果前面的 标记，则可以停用该效果。

设置效果参数后单击【确定】按钮，即可为图层添加效果，该图层会显示出一个图层样式图标 fx 和效果列表，单击 按钮可折叠或展开效果列表，如图 7-19 所示。

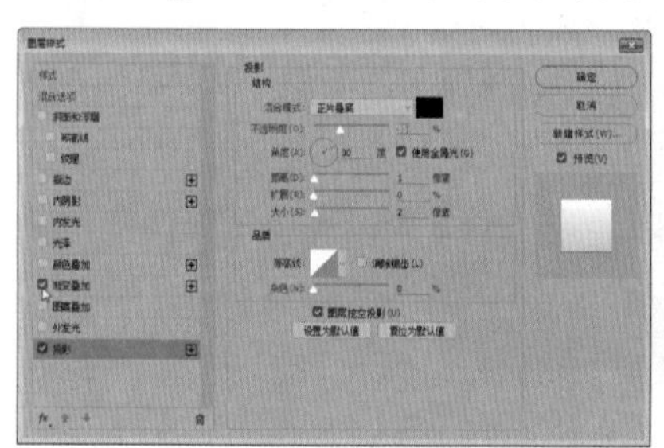

图 7-18

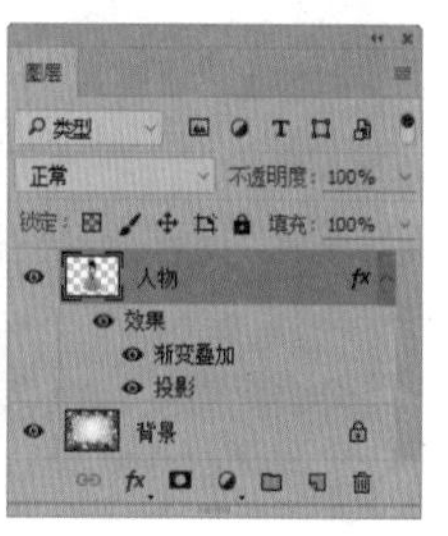

图 7-19

7.2.3 斜面和浮雕

【斜面和浮雕】效果可以对图层添加高光和阴影的各种组合，使图层内容呈现立体的浮雕效果，如“外斜面”和“内斜面”效果分别如图 7-20 和图 7-21 所示。

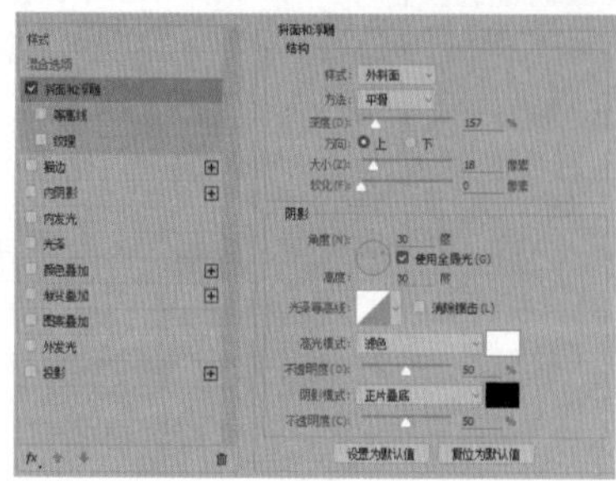

图 7-20

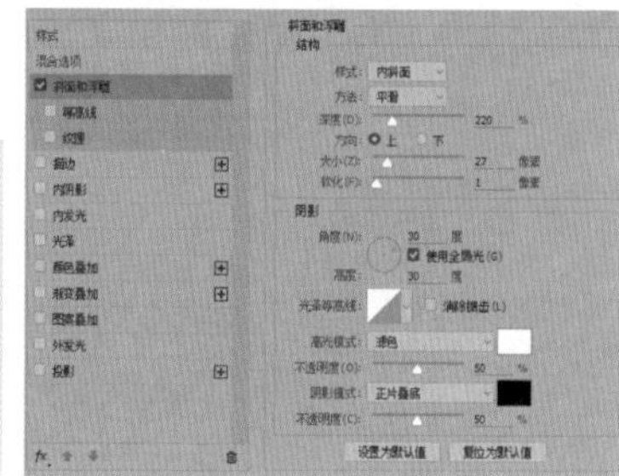

图 7-21

相关选项作用及含义如表 7-2 所示。

表 7-2 选项作用及含义

选项	作用及含义
样式	在该选项下拉列表中可以选择【斜面和浮雕】样式，包括【外斜面】【内斜面】【浮雕效果】【枕状浮雕】与【描边浮雕】。若需要添加【描边浮雕】效果，则需要为图层添加【描边】样式
方法	用于选择一种创建浮雕的方法
深度	用于设置浮雕斜面的应用深度，该值越高，浮雕的立体感越强
方向	定位光源角度后，可通过该选项设置高光和阴影的位置
大小	用于设置斜面和浮雕中阴影面积的大小
软化	用于设置斜面和浮雕的柔和程度，该值越高，效果越柔和
角度 / 高度	【角度】选项用于设置光源的照射角度，【高度】选项用于设置光源的高度
光泽等高线	可以选择一个等高线样式，为斜面和浮雕表面添加光泽，创建具有光泽感的金属外观浮雕效果
消除锯齿	选中该复选框，可以消除由于设置了光泽等高线而产生的锯齿
高光模式	用于设置高光的混合模式、颜色和不透明度

选中【图层样式】对话框左侧的【等高线】复选框，可以切换到【等高线】设置面板。使用【等高线】可以勾画在浮雕处理中被遮盖的起伏、凹陷和凸起，如图 7-22 所示。

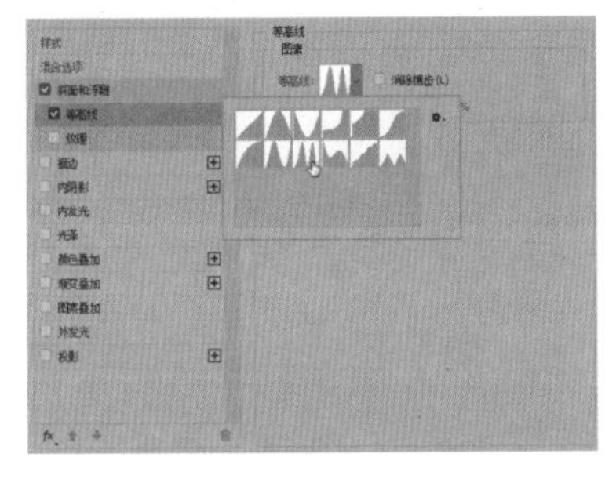
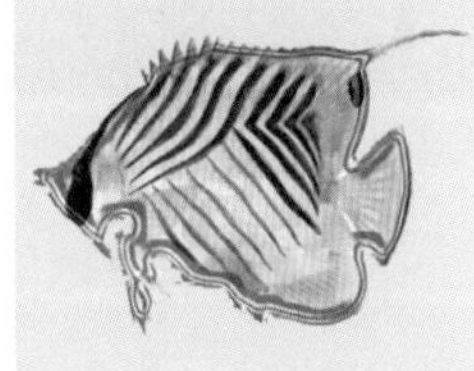

图 7-22

选中【图层样式】对话框左侧的【纹理】复选框，可以切换到【纹理】设置面板，在该面板中可以为浮雕添加纹理效果，如图 7-23 示。

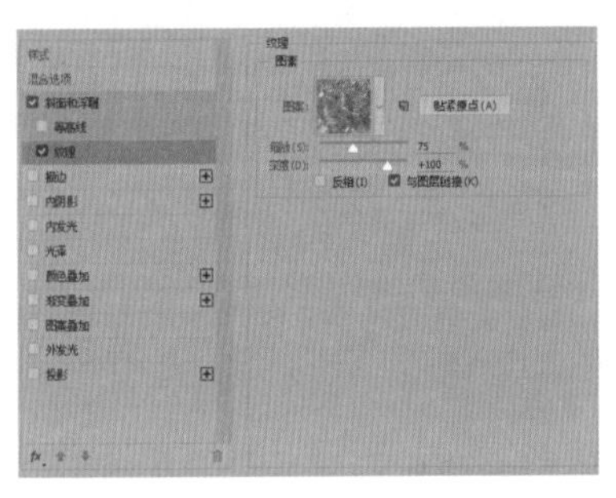

图 7-23

相关选项作用及含义如表 7-3 所示。

表 7-3　选项作用及含义

选项	作用及含义
图案	单击图案右侧的下三角按钮，可以在打开的面板中选择一个图案，将其应用到斜面和浮雕上
从当前图案创建新的预设	单击该按钮，可以将当前设置的图案创建为一个新的预设图案，新图案会保存在【图案】面板中
缩放	拖动滑块或输入数值可以调整图案的大小
深度	用于设置图案的纹理应用程度
反相	选中该复选框，可以反转图案纹理的凹凸方向
与图层链接	选中该复选框可以将图案链接到图层，此时对图层进行变换操作时，图案也会一同变换

7.2.4 描边

【描边】效果可以使用颜色、渐变或图案描边对象的轮廓，它对于硬边形状特别有用。【颜色】【渐变】和【图案】描边效果分别如图 7-24~ 图 7-26 所示。

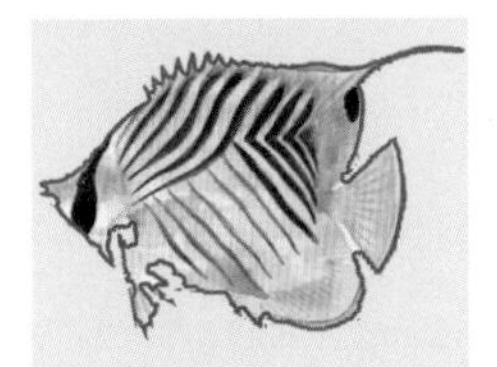
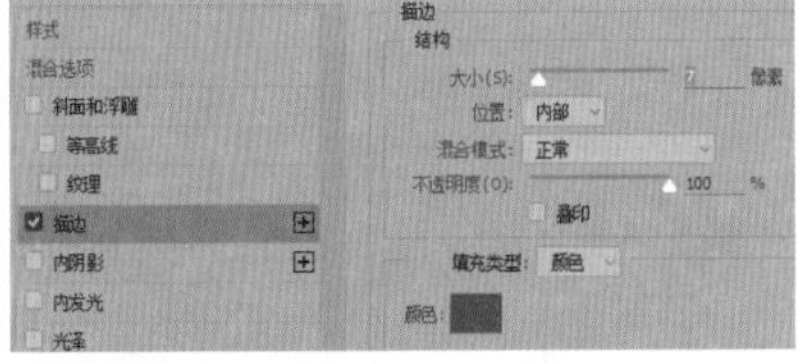

图 7-24

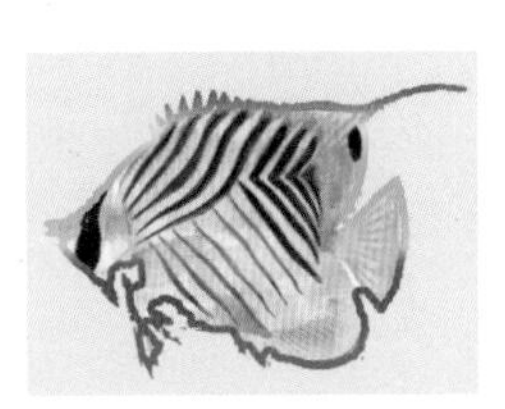
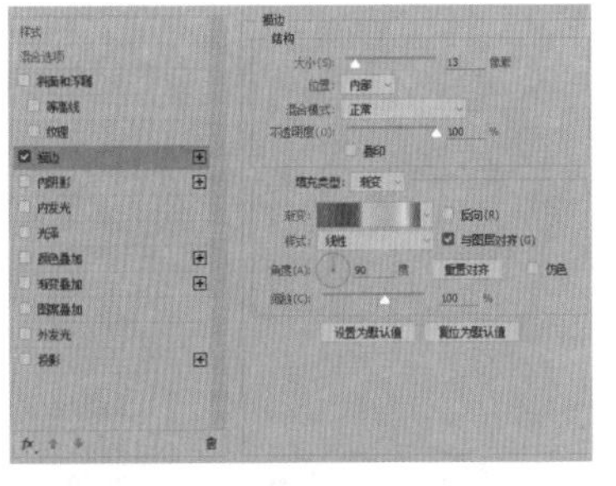

图 7-25

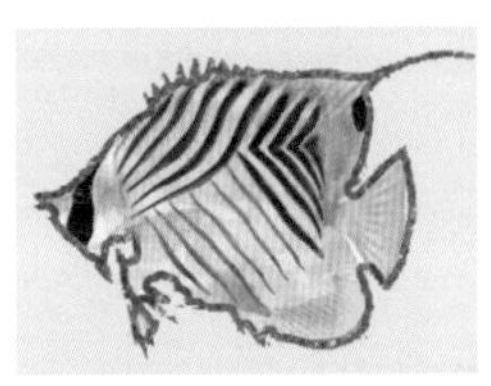
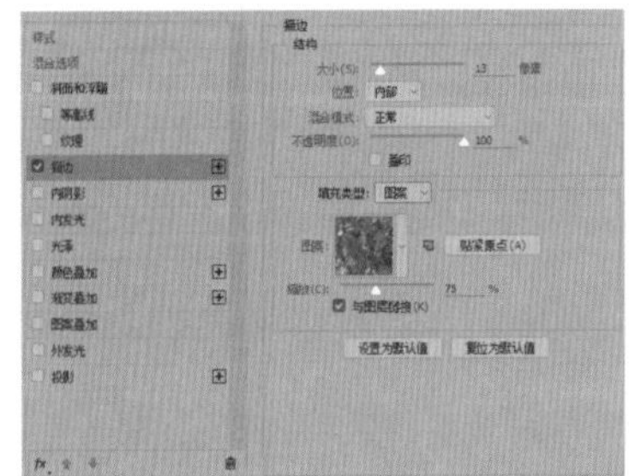

图 7-26

★重点 7.2.5 投影

【投影】效果可以为图层内容添加投影，使其产生立体感，投影的不透明度、边缘羽化和投影角度等都可以在【图层样式】对话框中设置，如图 7-27 所示。

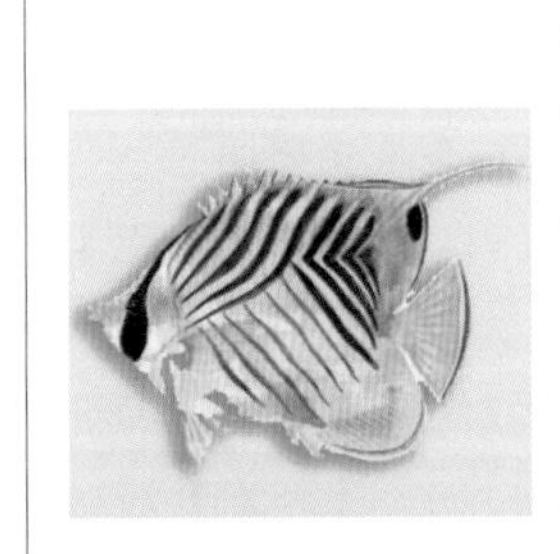
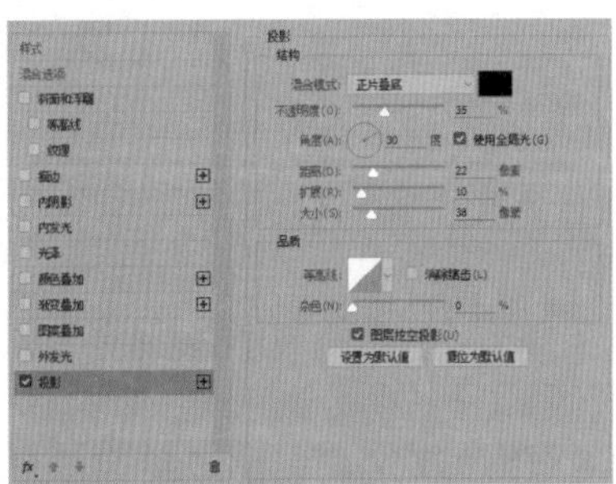

图 7-27

相关选项作用及含义如表 7-4 所示。

表 7-4 选项作用及含义

选项	作用及含义
混合模式	用于设置投影与下面图层的混合方式，默认为【正片叠底】模式
投影颜色	在【混合模式】后面的颜色框中，可设定阴影的颜色
不透明度	设置图层效果的不透明度，不透明度值越大，图像效果就越明显。可直接在后面的数值框中输入数值进行精确调节或拖动滑块
角度	设置光照角度，可确定投射阴影的方向与角度。当选中后面的【使用全局光】复选框时，可将所有图层对象的阴影角度都统一
使用全局光	可保持所有光照的角度一致，取消选中该复选框时可以为不同的图层分别设置光照角度
距离	设置阴影偏移的幅度，距离越大，层次感越强；距离越小，层次感越弱
扩展	设置模糊的边界，【扩展】值越大，模糊的部分越少，可调节阴影的边缘清晰度
大小	设置模糊的边界，【大小】值越大，模糊的部分就越大
等高线	设置阴影的明暗部分，可单击后面的下拉按钮，在弹出的菜单中选择预设效果，也可单击预设效果，弹出【等高线编辑器】对话框重新进行编辑。等高线可设置暗部与高光部
消除锯齿	混合等高线边缘的像素，使投影更加平滑。该复选框对于尺寸小且具有复制等高线的投影最有用
杂色	为阴影增加杂点效果，【杂色】值越大，杂点越明显
图层挖空投影	用于控制半透明图层中投影的可见性。选中该复选框后，如果当前图层的填充不透明度小于 100%，则半透明图层中的投影不可见

7.2.6 内阴影

【内阴影】效果可以在紧靠图层内容的边缘内添加阴影，使图层内容产生凹陷效果。【内阴影】与【投影】的设置方式基本相同。它们的不同之处在于：【投影】是通过【扩展】选项来控制投影边缘的渐变程度的，而【内阴影】则通过【阻塞】选项来控制。【阻塞】可以在模糊之前收缩内阴影的边界。【阻塞】与【大小】选项相关联，【大小】值越高，可设置的【阻塞】范围就越大。

添加【内阴影】样式效果如图 7-28 所示。

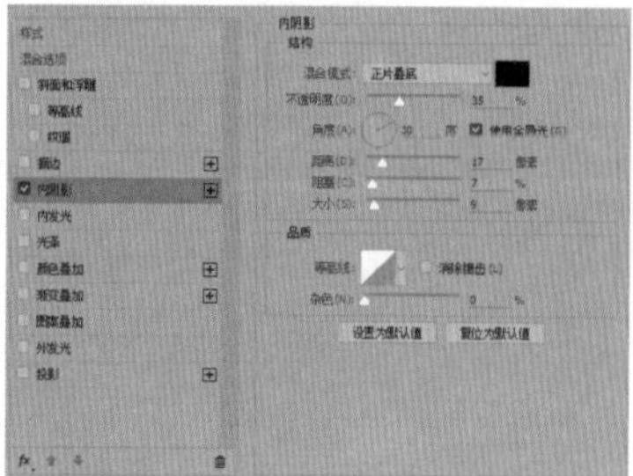

图 7-28

7.2.7 外发光和内发光

【外发光】效果可以沿着图层内容的边缘向外创建发光效果，如图 7-29 所示。

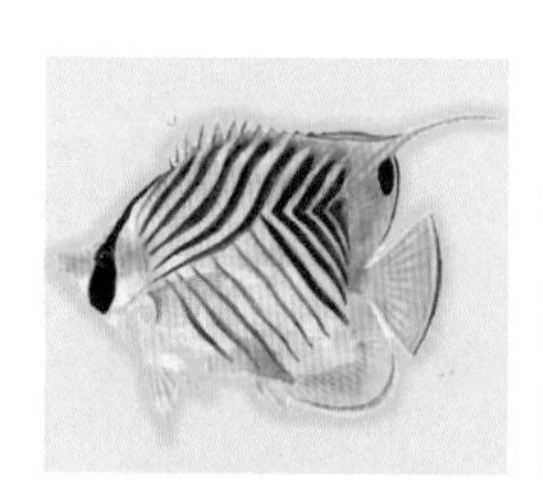
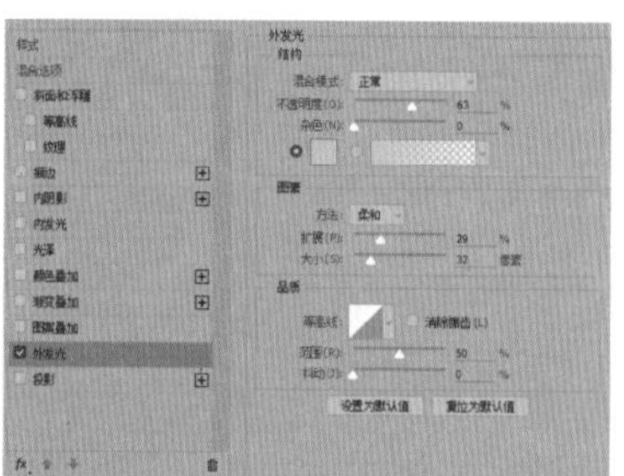

图 7-29

相关选项作用及含义如表 7-5 所示。

表 7-5 选项作用及含义

选项	作用及含义
混合模式 / 不透明度	【混合模式】用于设置发光效果与下面图层的混合方式；【不透明度】用于设置发光效果的不透明度，该值越低，发光效果越弱
杂色	可以在发光效果中添加随机的杂色，使光晕呈现颗粒感
发光颜色	【杂色】选项下面的颜色和颜色条用于设置发光颜色
方法	用于设置发光的方法，以控制发光的准确程度
扩展 / 大小	【扩展】用于设置发光范围的大小；【大小】用于设置光晕范围的大小

【内发光】效果可以沿图层内容的边缘向内创建发光效果。【内发光】效果中除了【源】和【阻塞】外，其他大部分选项都与【外发光】相同，如图 7-30 所示。

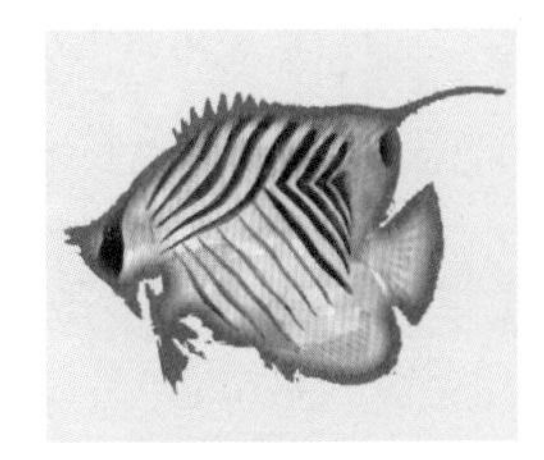

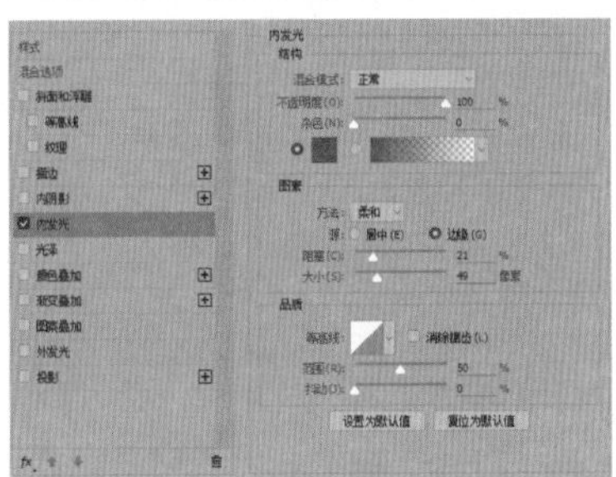

图 7-30

相关选项作用及含义如表 7-6 所示。

表 7-6 选项作用及含义

选项	作用及含义
源	用于控制发光源的位置。选中【居中】单选按钮，表示应用从图层内容的中心发出的光，此时如果增加【大小】值，发光效果会向图像的中央收缩；选中【边缘】单选按钮，表示应用从图层内容的内部边缘发出的光，此时如果增加【大小】值，发光效果会向图像的中央扩展
阻塞	用于在模糊之前收缩内发光的杂边边界

7.2.8 光泽

【光泽】效果可以应用光滑光泽的内部阴影，通常用于创建金属表面的光泽外观。该效果可以通过选择不同的【等高线】来改变光泽的样式，如图 7-31 所示。

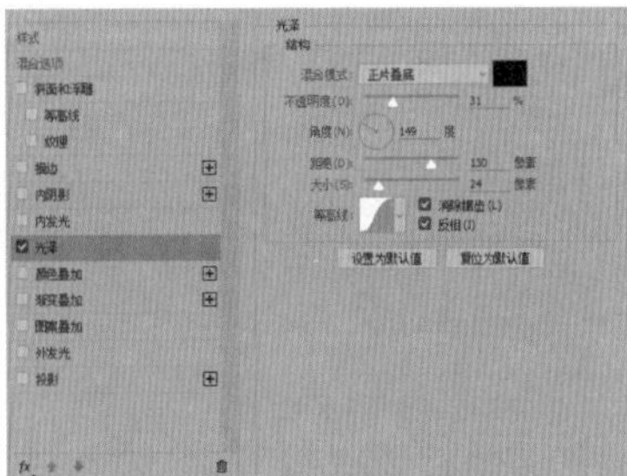

图 7-31

7.2.9 颜色、渐变和图案叠加

【颜色叠加】效果可以在图层上叠加指定的颜色，通过设置颜色的混合模式和不透明度，可以控制叠加效果，如图 7-32 所示。

【渐变叠加】效果可以在图层上叠加指定的渐变颜色，如图 7-33 所示。

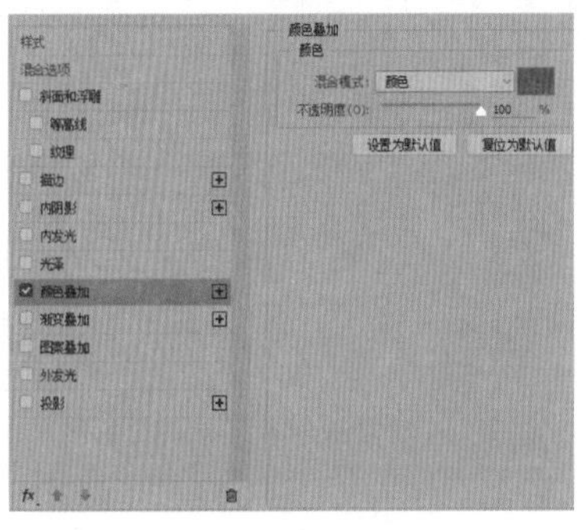

图 7-32

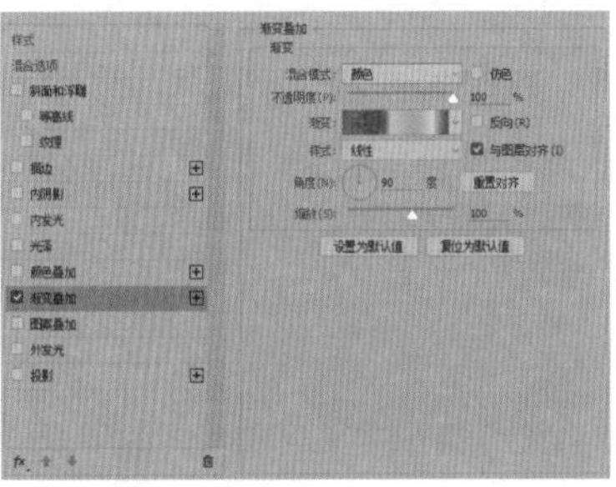

图 7-33

【图案叠加】效果可以在图层上叠加图案，并且可以缩放图案、设置图案的不透明度和混合模式，如图 7-34 所示。

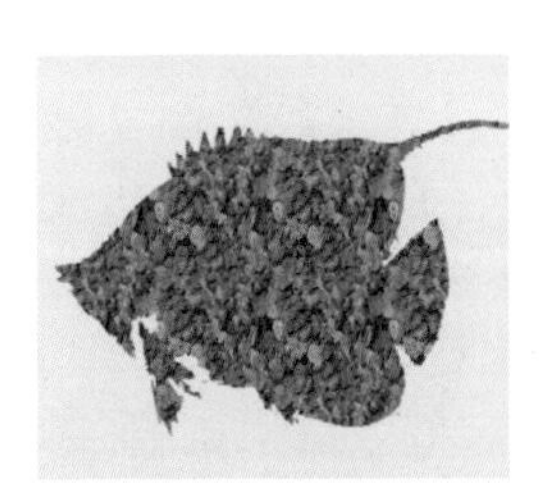

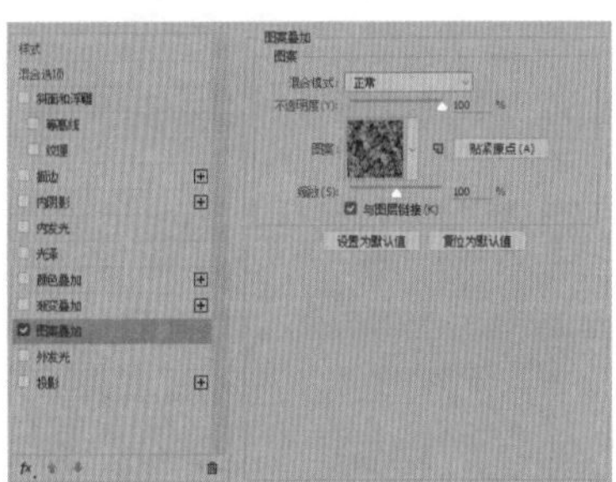

图 7-34

7.2.10 实战：制作梦幻文字

实例门类	软件功能

图层样式常用于制作文字特效，如立体文字、质感文字等。制作梦幻文字的具体操作步骤如下。

Step01 打开素材。打开“素材文件 \ 第 7 章 \ 彩球 .jpg”文件，如图 7-35 所示。

Step02 确定文字起点。选择【横排文字工具】T，在图像中单击定义文字输入起点，如图 7-36 所示。

Step03 输入文字。设置前景色为蓝色【#07c7ea】，在图像中输入文字“梦幻”，双击选中文字，在选项栏中，设置【字体】为汉仪超粗圆简，【字体大小】为 262 点，如图 7-37 所示。按【Ctrl+Enter】组合键确定输入文字。

图 7-35

图 7-36

Step 04 设置字距。执行【窗口】→【字符】命令，打开【字符】面板，设置字距为 0，如图 7-38 所示。按【Ctrl+Enter】组合键确认文字输入和编辑。

图 7-37

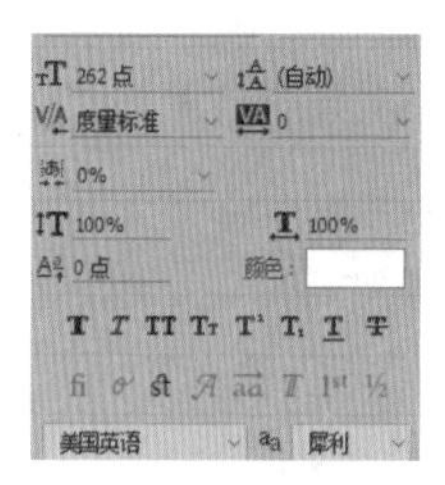

图 7-38

Step 05 设置文字样式。设置前景色为绿色【#1af448】，双击【梦幻】文字图层。打开【图层样式】对话框，❶选中【斜面和浮雕】复选框，❷设置【样式】为浮雕效果、【方法】为平滑、【深度】为 70%、【方向】为上、【大小】为 44 像素、【软化】为 0 像素、【角度】为 128 度、【高度】为 75 度、【高光模式】为线性减淡（添加）、【不透明度】为 100%、【阴影模式】为正片叠底、【不透明度】为 75%，如图 7-39 所示，效果如图 7-40 所示。

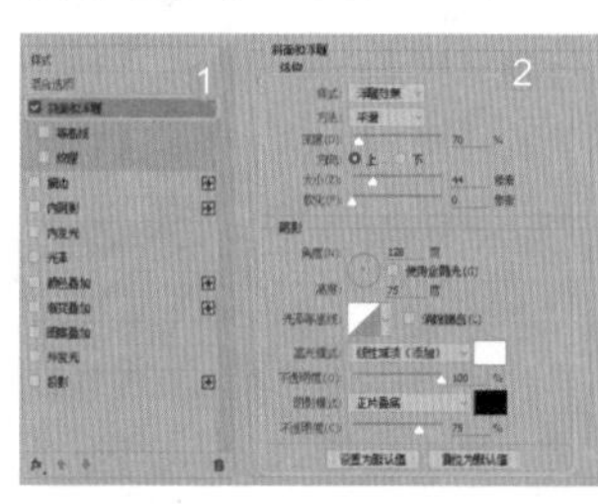

图 7-39

图 7-40

Step 06 描边文字。在【图层样式】对话框中，❶选中【描边】复选框，❷设置【大小】为 2 像素、描边类型为透明条纹渐变，如图 7-41 所示，效果如图 7-42 所示。

Step 07 设置【内阴影】。在【图层样式】对话框中，❶选中【内阴影】复选框，❷设置【混合模式】为正片叠底，阴影颜色为深绿色【# 3f8e00】、【角度】为 120 度、【距离】为 0 像素、【阻塞】为 15%、【大小】为 10 像素，如图 7-43 所示，效果如图 7-44 所示。

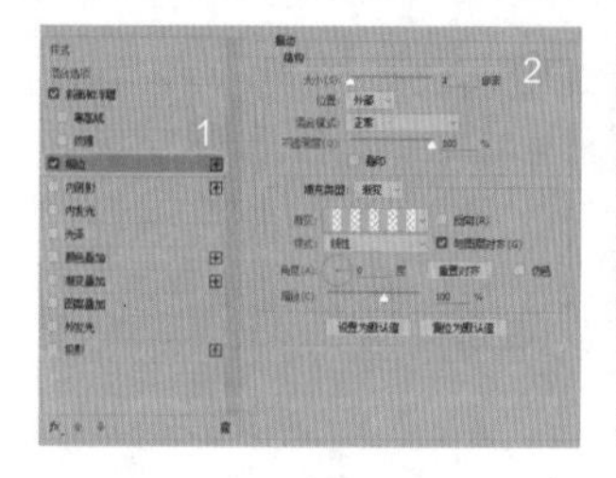

图 7-41

图 7-42

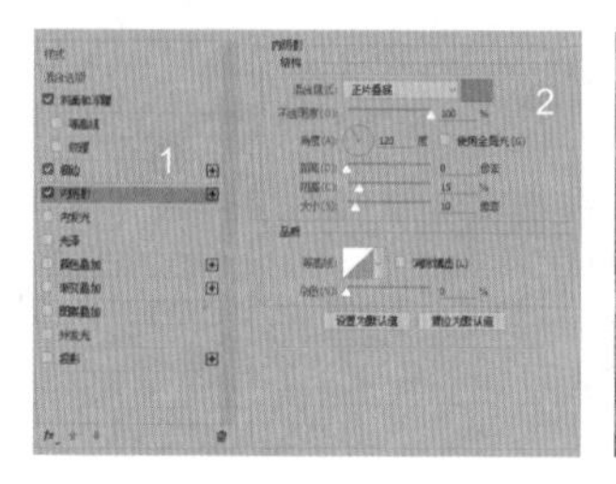

图 7-43

图 7-44

Step 08 设置【光泽】。在【图层样式】对话框中，❶选中【光泽】复选框，❷设置光泽颜色为蓝色，【不透明度】为 77%、【角度】为 19 度、【距离】为 2 像素、【大小】为 20 像素，调整等高线形状，选中【消除锯齿】和【反相】复选框，如图 7-45 所示，效果如图 7-46 所示。

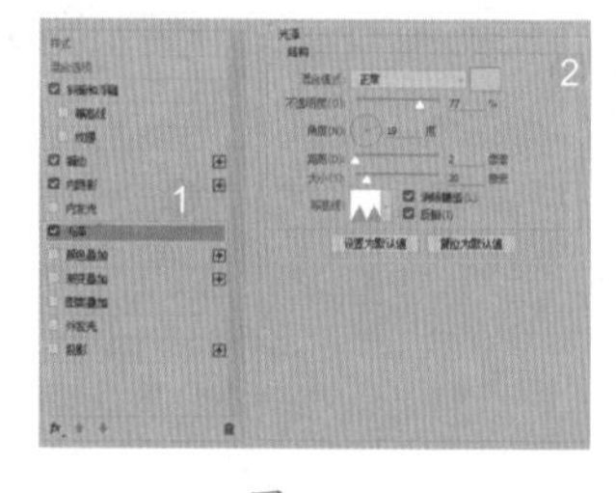

图 7-45

图 7-46

Step 09 设置【投影】。在【图层样式】对话框中，❶选中【投影】复选框，❷设置投影颜色为蓝色【#1c89b7】，设置【不透明度】为 55%、【角度】为 90 度、【距离】为 25 像素、【扩展】为 0%、【大小】为 12 像素，如 7-47 所示，效果如图 7-48 所示。

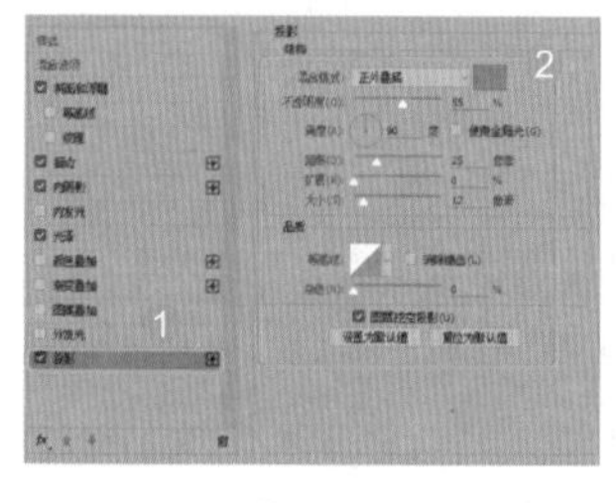

图 7-47

图 7-48

7.2.11 实战：打造金属边框效果

实例门类	软件功能

图层样式还常用于打造各类边框，制作金属边框的具体操作步骤如下。

Step 01 新建文件。执行【文件】→【新建】命令，打开【新建】对话框，❶ 设置【宽度】和【高度】为 1000 像素，【分辨率】为 72 像素 / 英寸，❷ 单击【确定】按钮，如图 7-49 所示。

Step 02 新建图层。新建【图层 1】图层，填充任意颜色，如图 7-50 所示。

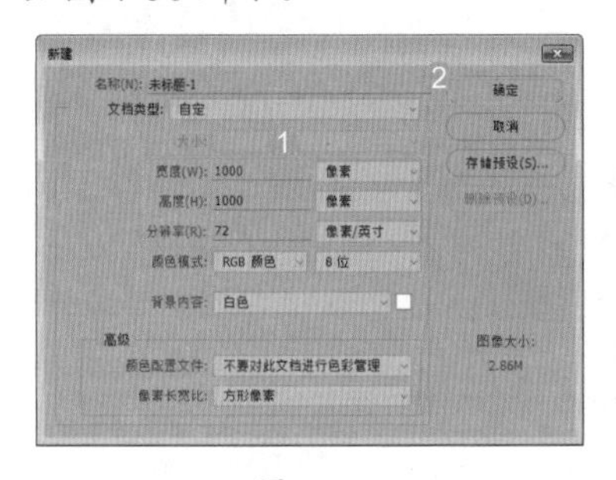

图 7-49

图 7-50

Step 03 设置【斜面和浮雕】。双击【图层 1】图层，打开【图层样式】对话框，❶ 选中【斜面和浮雕】复选框，❷ 设置【样式】为描边浮雕、【方法】为平滑、【深度】为 100%、【方向】为上、【大小】为 12 像素、【软化】为 0 像素、【角度】为 84 度、【高度】为 37 度、【高光模式】为滤色、高光颜色为浅黄色【#ffffcc】、【不透明度】为 70%、【阴影模式】为正片叠底、阴影颜色为深黄色【#333300】、【不透明度】为 58%，如图 7-51 所示。

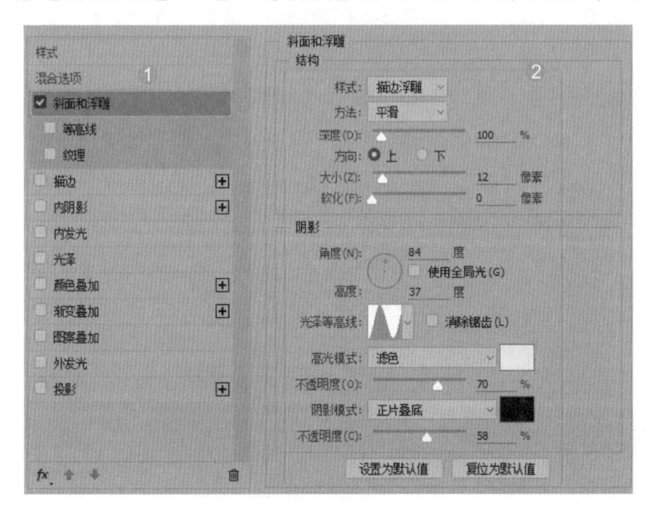

图 7-51

Step 04 设置【等高线】。❶ 选中【等高线】复选框，❷ 设置【范围】为 50%，如图 7-52 所示。

图 7-52

Step 05 设置【描边】。❶ 选中【描边】复选框，❷ 设置【大小】为 80 像素、【位置】为居中、【填充类型】为渐变、【样式】为线性、【角度】为 90 度、【缩放】为 100%，单击渐变色条，如图 7-53 所示。

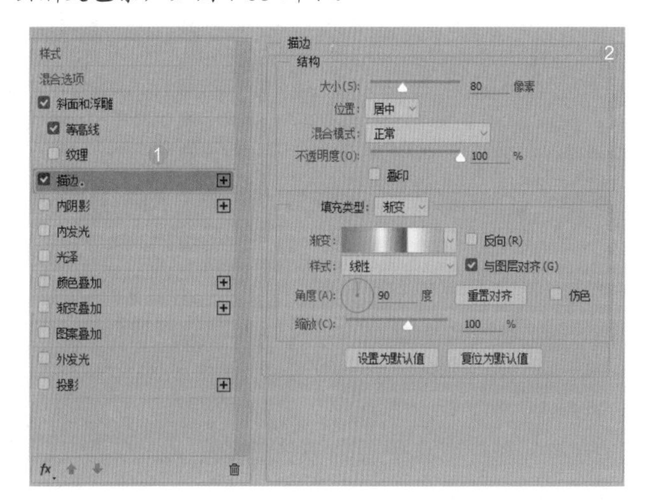

图 7-53

Step 06 设置渐变色。打开【渐变编辑器】窗口，❶ 设置渐变色为【#f47d07】【#fbc931】【#fffece】【#fbc931】【#8e6b03】【#fffece】【#fbc931】，并调整色标位置，❷ 单击【确定】按钮，如图 7-54 所示。

图 7-54

第 1 篇
第 2 篇
第 3 篇
第 4 篇

Step07 设置【图案叠加】。在【图层样式】对话框中，❶选中【图案叠加】复选框，❷设置【不透明度】为100%、【缩放】为200%，【图案】为浅色大理石，如图 7-55 所示，效果如图 7-56 所示。

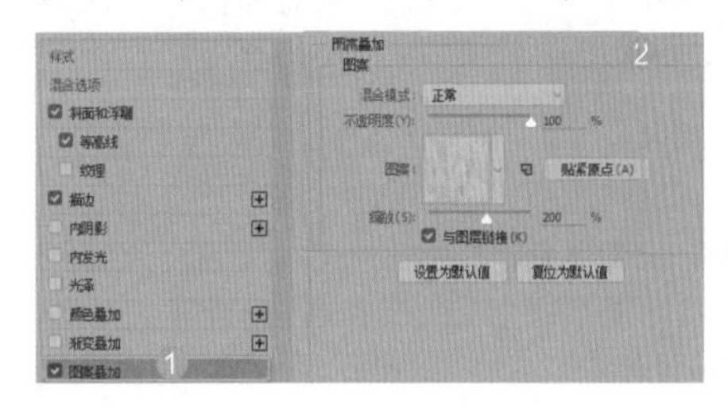

图 7-55

图 7-56

Step08 打开素材。打开“素材文件 \ 第 7 章 \ 卡通女孩 .jpg”文件，拖动到当前文件中，调整大小和位置，如图 7-57 所示。

Step09 更改图层混合模式。图层更名为【女孩】，同时更改图层【混合模式】为颜色加深，如图 7-58 所示。

图 7-57

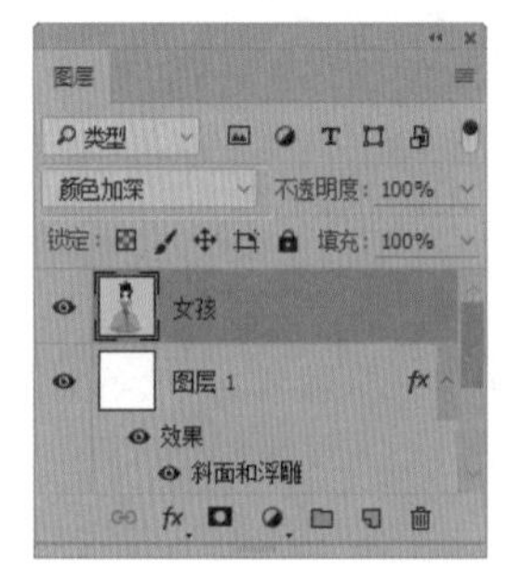

图 7-58

Step10 显示效果。更改图层混合模式后，效果如图 7-59 所示。

Step11 打开素材。打开“素材文件 \ 第 7 章 \ 心形 .jpg”文件，拖动到当前文件中，调整大小和位置，如图 7-60 所示。

图 7-59

图 7-60

Step12 更改图层混合模式。更改图层名称为【心形】，同时更改图层【混合模式】为线性减淡（添加），如图 7-61 所示，效果如图 7-62 所示。

图 7-61

图 7-62

7.3 编辑图层样式

创建图层样式后，如果对效果不太满意，还可以随时修改效果的参数，隐藏效果或者删除效果，这些操作都不会对图层中的图像造成任何破坏。

7.3.1 隐藏与显示效果

在【图层】面板中，效果前面的 👁 图标用于控制效果的可见性。如果要隐藏一个效果，可单击该名称前的【切换单一图层效果可见性】图标 👁，如图 7-63 所示；如果要隐藏一个图层中所有的效果，可单击效果前面的【切换所有图层效果可见性】图标 👁，如图 7-64 所示。

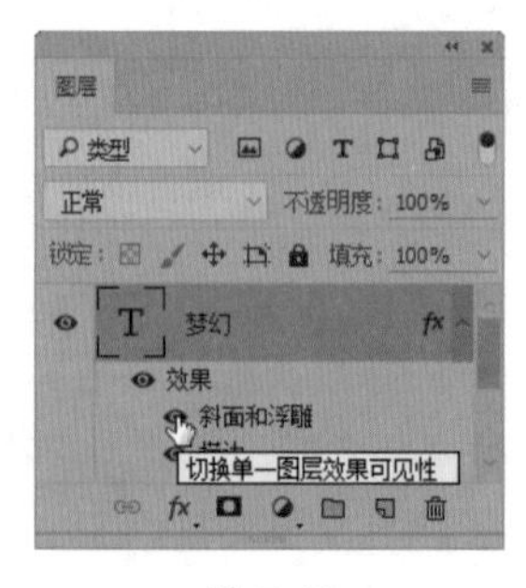

图 7-63

图 7-64

如果要隐藏文档中所有图层的效果，可执行【图层】→【图层样式】→【隐藏所有效果】命令。隐藏效果后，在该图标处单击，可以重新显示效果。

7.3.2 修改效果

在【图层】面板中，双击一个效果名称，可以打开【图层样式】对话框并进入该效果的设置面板，此时可以修改效果的参数，也可以在左侧列表中选择新效果，设置完成后，单击【确定】按钮，可以将修改后的效果应用于图像。

7.3.3 复制、粘贴效果

实例门类	软件功能

在 Photoshop CC 中图层样式可以进行复制、粘贴，具体操作步骤如下。

Step 01 打开素材。打开“素材文件\第 7 章\复制粘贴图层样式 .psd”文件，如图 7-65 所示。

Step 02 复制图层样式。右击【梦幻】文字图层，在打开的快捷菜单中选择【拷贝图层样式】命令，如图 7-66 所示。

图 7-65

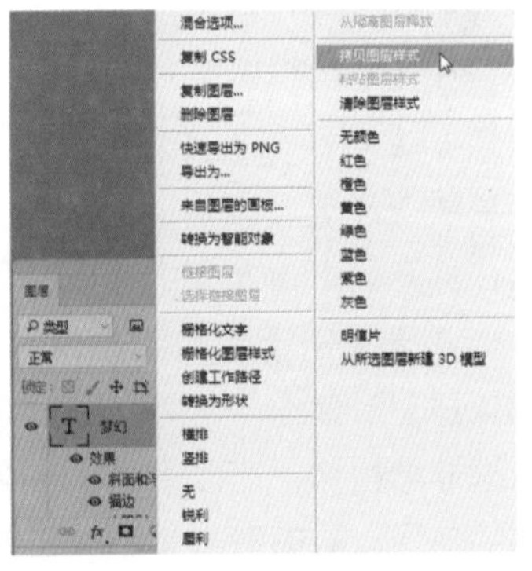

图 7-66

Step 03 粘贴图层样式。右击【鸟】图层，在打开的快捷菜单中选择【粘贴图层样式】命令，如图 7-67 所示。粘贴效果如图 7-68 所示。

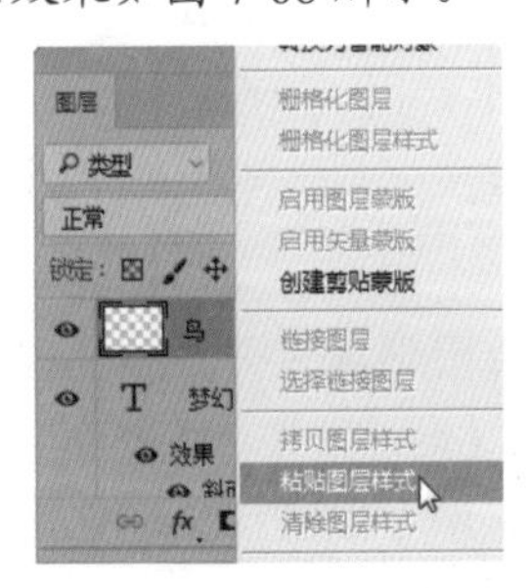

图 7-67

图 7-68

> **技术看板**
>
> 按住【Alt】键将效果图层从一个图层拖动到另外一个图层，可以将该图层的所有效果都复制到目标图层；如果只需要复制一个效果，可按住【Alt】键拖动该效果的名称至目标图层；如果没有按住【Alt】键，则可以将效果转移到目标图层，原图层不再有效果。

7.3.4 缩放效果

实例门类	软件功能

对添加了效果的对象进行缩放时，效果仍然保持原来的比例，而不会随着对象大小的变化而改变。如果要获得与图像比例一致的效果，需要在【缩放图层效果】对话框中，设置其缩放比例，即可缩放效果，具体操作步骤如下。

Step 01 打开素材。打开“素材文件\第 7 章\缩放效果 .psd”文件，如图 7-69 所示。单击【蝴蝶】图层，如图 7-70 所示。

图 7-69

图 7-70

Step 02 缩小图像。按【Ctrl+T】组合键，执行自由变换操作，在选项栏中，设置水平和垂直缩放比例为 50%，图层样式并没有随着图像而缩小，如图 7-71 所示。

Step 03 缩小图层样式。执行【图层】→【图层样式】→【缩放效果】命令，打开【缩放图层效果】对话框，❶ 设置【缩放】为 50%，❷ 单击【确定】按钮，如图 7-72 所示。

Step 04 不同比例的缩放效果。通过前面的操作，50% 缩放效果如图 7-73 所示。用户还可以根据需要设置其他缩放值，如 10% 缩放效果如图 7-74 所示。

图 7-71

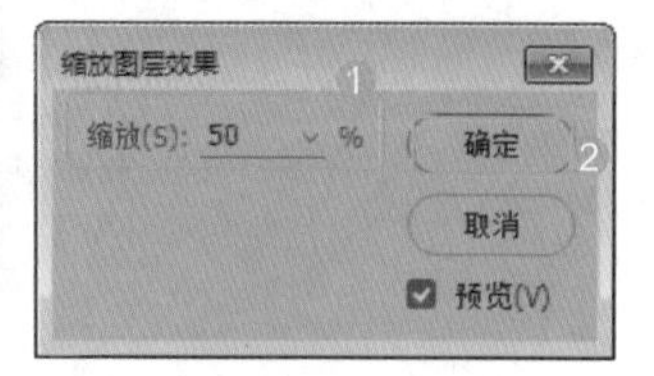

图 7-72

图 7-73

图 7-74

7.3.5 将效果创建为图层

图层样式虽然丰富，但要想进一步对其编辑，如在效果内容上绘画或应用滤镜，则需要先将效果创建为图层。选择添加了效果的图层，如图 7-75 所示，执行【图层】→【图层样式】→【创建图层】命令，弹出提示对话框，单击【确定】按钮，如图 7-76 所示，通过前面的操作，将效果从图层中脱离出来成为单独的图层，如图 7-77 所示。

图 7-75

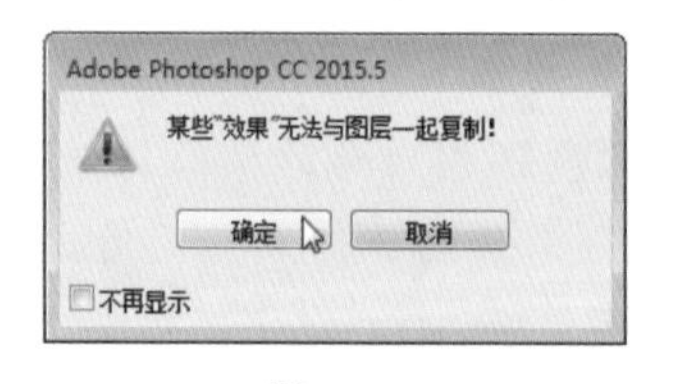

图 7-76

图 7-77

7.3.6 全局光

在【图层样式】对话框中【投影】【内阴影】【斜面和浮雕】效果都包括一个【使用全局光】复选框，选中该复选框后，以上效果就会使用相同角度的光源。在添加【斜面和浮雕】【投影】效果时，如果选中【使用全局光】复选项，【投影】的光源也会随之改变；如果取消选中该复选框，则【投影】的光源不会变。

7.3.7 等高线

在【图层样式】对话框中，【投影】【内阴影】【内发光】【外发光】【斜面和浮雕】【光泽】效果都包含等高线设置选项。单击【等高线】选项右侧的▾按钮，可以在打开的下拉面板中选择一个预设的等高线样式。

如果单击【等高线】缩览图，则可以打开【等高线编辑器】对话框，【等高线编辑器】对话框与【曲线】对话框非常相似，可以添加、删除和移动控制点来修改等高线的形状，从而影响【投影】【内发光】等效果的外观。

7.3.8 清除效果

清除图层样式的方法有以下 3 种。

（1）在【图层】面板中选择要删除的效果，将它拖动到【图层】面板底部的 🗑 按钮上，即可删除该图层样式。如果要删除一个图层所有的效果，可以将效果图标 fx 拖动 🗑 按钮上。

（2）在【图层】面板中选择需要清除样式的图层并右击，在弹出的快捷菜单中选择【清除图层样式】命令。

（3）在【图层】面板中选择需要清除样式的图层，执行【图层】→【图层样式】→【清除图层样式】命令。

7.4 【样式】面板的应用

【样式】面板用于保存、管理和应用图层样式。保存常用的样式，可以方便用户的后续使用，用户在有需要时只需简单单击便能应用理想的效果，不需要时删除即可。此外，用户也可以将 Photoshop 提供的预设样式或外部样式库载入到该面板中。

7.4.1 实战：使用【样式】面板制作月食效果

实例门类	软件功能

【样式】面板中提供了各种预设图层样式，可以直接使用，具体操作步骤如下。

Step01 打开素材并绘制椭圆。打开“素材文件\第 7 章\幻.jpg”文件，如图 7-78 所示。选择【椭圆选框工具】，拖动鼠标创建圆形选区，如图 7-79 所示。

图 7-78

图 7-79

Step02 新建图层并填色。新建【图层 1】，如图 7-80 所示。填充任意颜色，如图 7-81 所示。

图 7-80

图 7-81

Step03 添加样式。执行【窗口】→【样式】命令，打开【样式】面板，单击【色相立方体】样式图标，如图 7-82 所示，效果如图 7-83 所示。

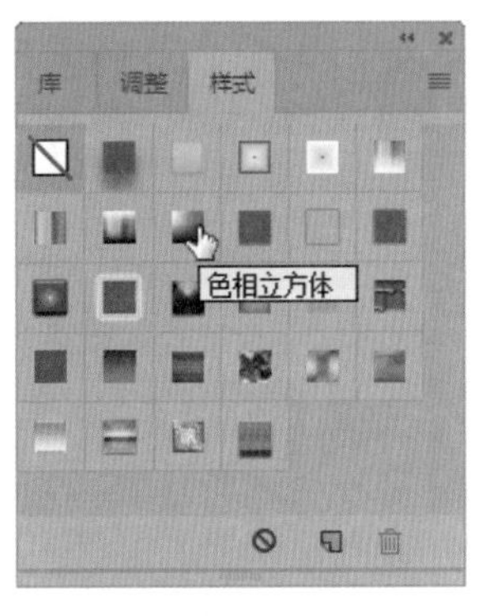

图 7-82

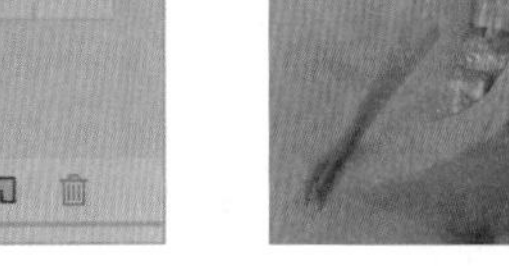

图 7-83

7.4.2 创建样式

实例门类	软件功能

为图层添加了一种或多种效果以后，可以将该样式保存到【样式】面板中，方便以后使用，具体操作步骤如下。

Step01 打开素材。打开“素材文件\第 7 章\水晶字体效果.psd”文件，在【图层】面板中选择添加了效果的图层“CRYSTAL”，如图 7-84 所示。

Step02 创建新样式。执行【窗口】→【样式】命令，打开【样式】面板。单击【样式】面板中的【创建新样式】按钮，如图 7-85 所示。

图 7-84

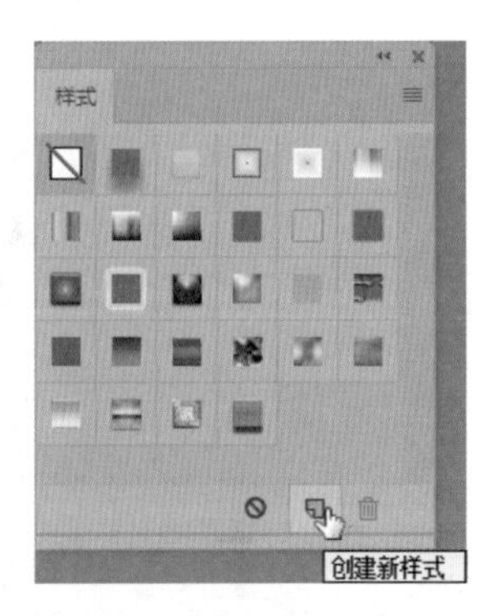

图 7-85

Step03 保存样式。在【新建样式】对话框中，设置【名称】

为“水晶”，单击【确定】按钮，如图 7-86 所示。“水晶”样式被保存到【样式】面板中，如图 7-87 所示。

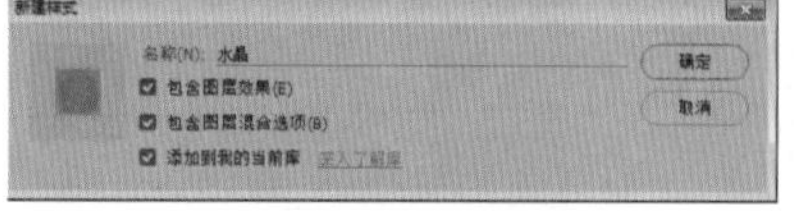

图 7-86

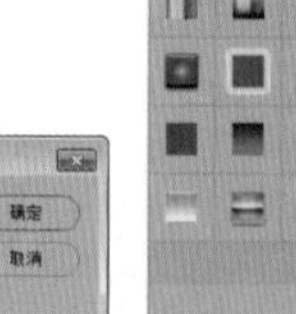

图 7-87

7.4.3 删除样式

在【样式】面板中，将样式拖动到【删除样式】按钮上 ，即可将其删除，操作过程如图 7-88 所示。

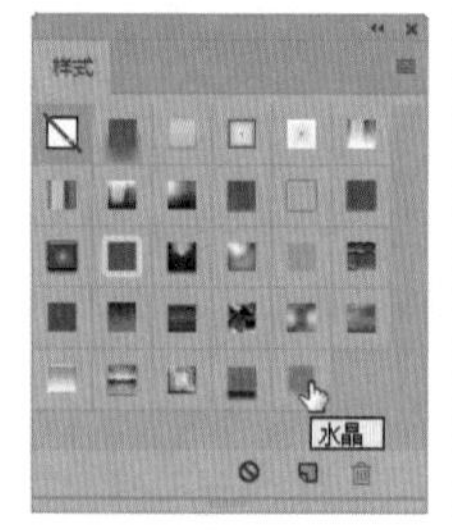

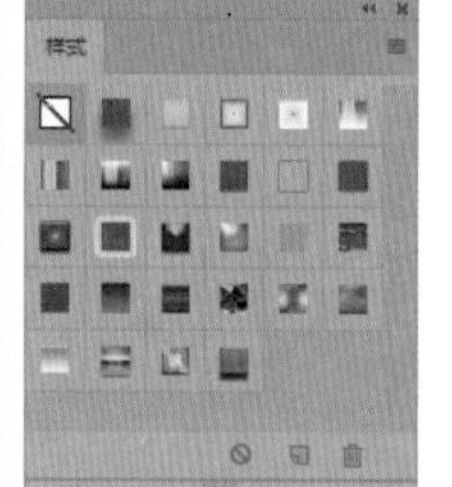
图 7-88

7.4.4 存储样式库

实例门类	软件功能

如果在【样式】面板中创建了大量的自定义样式，可以将这些样式保存为独立的样式库，具体操作步骤如下。

Step 01 选择【存储样式】命令。在【样式】面板中，单击右上角扩展按钮 ，在打开的快捷菜单中选择【存储样式】命令，如图 7-89 所示。

图 7-89

Step 02 保存样式。打开【另存为】对话框，选择保存位置，输入样式库名称，单击【保存】按钮，即可将面板中的样式保存为一个样式库，如图 7-90 所示。

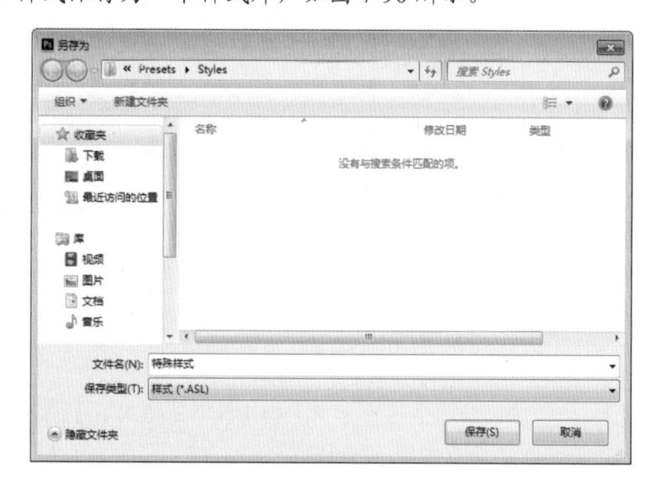

图 7-90

技术看板

如果将自定义的样式库保存在 Photoshop 程序文件夹的“Presets → Styles”文件夹中，则重新运行 Photoshop 后，该样式库的名称会出现在【样式】面板菜单下面，如图 7-91 所示。

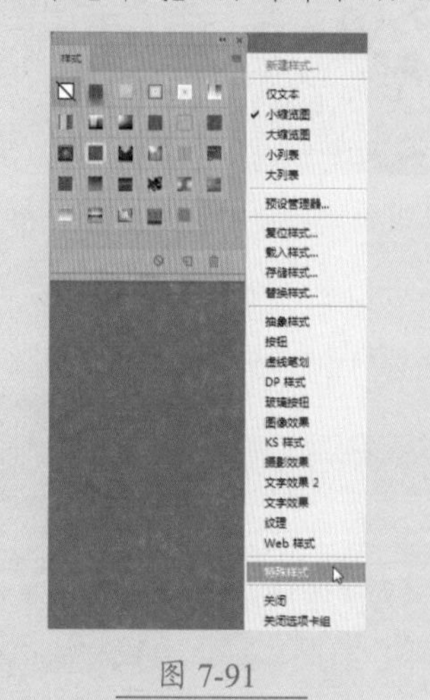
图 7-91

7.4.5 载入样式库

实例门类	软件功能

除了【样式】面板中显示的样式外，Photoshop 还提供了其他的样式，它们按照不同的类型放在不同的库中。要使用这些样式，需要将它们载入到【样式】面板中，具体操作步骤如下。

Step01 选择样式库。在【样式】面板中，❶ 单击右上角的扩展按钮，❷ 在打开的快捷菜单中选择一个样式库，如【抽象样式】，如图 7-92 所示。

Step02 追加样式。弹出提示对话框，单击【追加】按钮，如图 7-93 所示。通过前面的操作，将【抽象样式】添加到【样式】面板中，如图 7-94 所示。

图 7-92

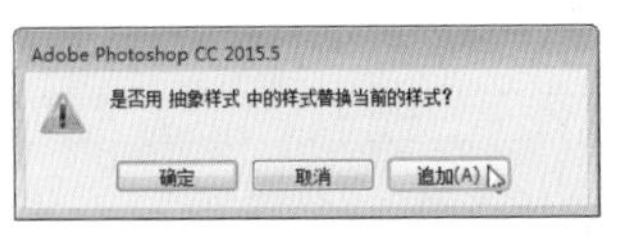

图 7-93

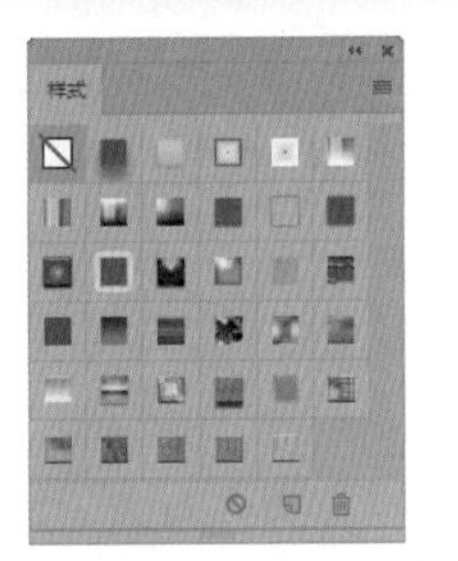

图 7-94

技术看板

在弹出的提示对话框中单击【确定】按钮，会载入新样式库，并替换原始样式库；单击【取消】按钮，取消载入新样式库；单击【追加】按钮，在原样式库的基础上添加新样式库。

7.5 填充图层

在【图层】面板中创建填充图层，属于保护性色彩填充，并不会改变图像自身的颜色。它可以在图层中填充纯色、渐变和图案，用户还可以设置填充图层的混合模式和不透明度，从而得到不同的图像效果。

7.5.1 实战：使用纯色填充图层填充纯色背景

实例门类	软件功能

新建纯色填充图层可以为图像添加纯色效果，具体操作步骤如下。

Step01 打开素材并选中图层。打开“素材文件\第 7 章\红心.psd”文件，如图 7-95 所示。选中【背景】图层，如图 7-96 所示。

图 7-95

图 7-96

Step02 新建填充图层。执行【图层】→【新建填充图层】→【纯色】命令，弹出【新建图层】对话框，单击【确定】按钮，如图 7-97 所示。

Step03 选择颜色。在弹出的【拾色器（纯色）】对话框中，❶ 设置颜色为浅黄色【#f8efb4】，❷ 单击【确定】按钮，如图 7-98 所示。

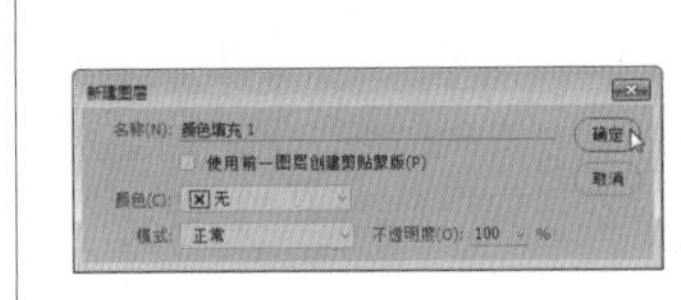

图 7-97

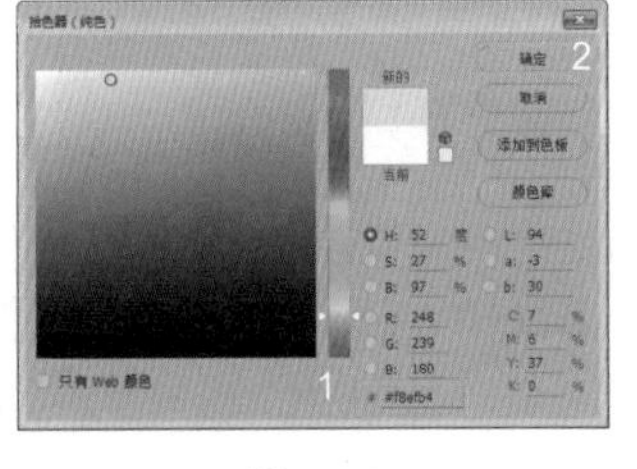

图 7-98

Step04 新建纯色填充图层。通过前面的操作，【背景】图层上方自动新建一个纯色填充图层，如图 7-99 所示。

图 7-99

7.5.2 实战：使用渐变填充图层创建虚边效果

实例门类	软件功能

新建渐变色填充图层可以为图像添加渐变色效果，具体操作步骤如下。

Step01 打开素材并绘制椭圆。打开“素材文件\第 7 章\玫瑰.jpg”文件。选择【椭圆选框工具】，拖动鼠标创建椭圆选区，如图 7-100 所示。

Step02 设置羽化。按【Shift+F6】组合键，执行【羽化】命令，打开【羽化选区】对话框，❶ 设置【羽化半径】为 100 像素，❷ 单击【确定】按钮，如图 7-101 所示。

图 7-100

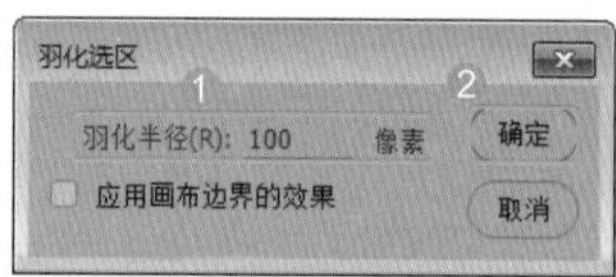

图 7-101

Step03 反选选区。按【Shift+Ctrl+I】组合键反向选取，如图 7-102 所示。

Step04 新建填充图层。执行【图层】→【新建填充图层】→【渐变】命令，弹出【新建图层】对话框，单击【确定】按钮，如图 7-103 所示。

图 7-102

图 7-103

Step05 设置【渐变填充】。在【渐变填充】对话框中，❶ 设置渐变为黑白渐变、【样式】为径向、【角度】为 90 度、【缩放】为 1%，❷ 单击【确定】按钮，如图 7-104 所示，效果如图 7-105 所示。

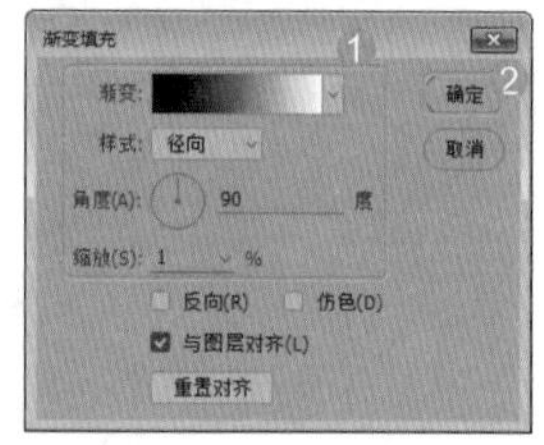

图 7-104

图 7-105

Step06 混合图像。更改图层【混合模式】为叠加，如图 7-106 所示，最终效果如图 7-107 所示。

图 7-106

图 7-107

7.5.3 实战：使用图案填充图层制作编织效果

实例门类	软件功能

新建图案填充图层可以为图像添加图案效果，其具体操作步骤如下。

Step01 打开素材。打开“素材文件\第 7 章\卷发女孩.jpg”文件，如图 7-108 所示。

图 7-108

Step02 新建填充图层。执行【图层】→【新建填充图层】→【图案】命令，弹出【新建图层】对话框，单击【确定】按钮，如图 7-109 所示。

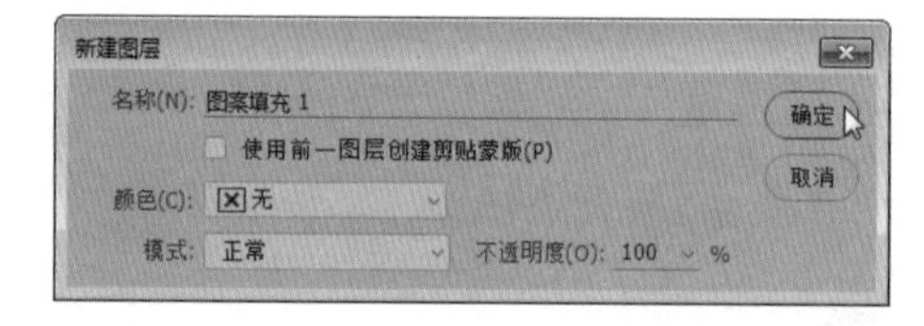

图 7-109

Step03 选择【图案】命令。在弹出的【图案填充】对话框中，❶ 单击图案图标，❷ 在打开的下拉列表框中，单击右上角的扩展按钮，❸ 在打开的下拉菜单中选择【图案】命令，如图 7-110 所示。

Step04 选择【编织】图案。弹出提示对话框，单击【确定】按钮，如图 7-111 所示。选择【编织】图案，如图 7-112 所示。

图 7-110

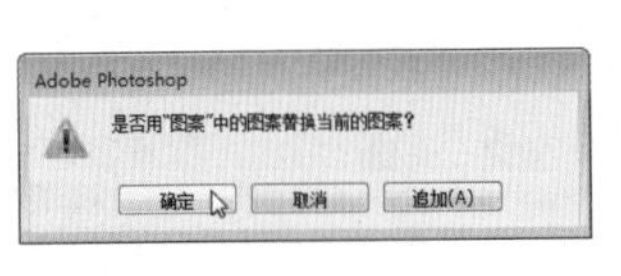

图 7-111

图 7-112

Step05 填充图案。通过前面的操作，创建编辑图案填充图层，如图 7-113 所示。

Step06 混合图像。更改图层【混合模式】为柔光，如图 7-114 所示，效果如图 7-115 所示。

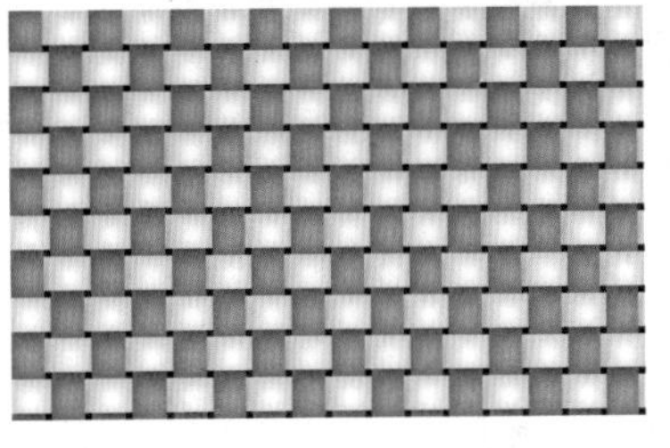

图 7-113

图 7-114

图 7-115

技能拓展
——修改填充图层

在创建填充图层以后，可以随时修改填充颜色、渐变颜色和图案内容，其操作方法很简单，双击填充图层的缩览图，弹出相应填充对话框，修改其参数即可。

执行【图层】→【图层内容选项】命令，也可以打开相应的填充对话框。

7.6 调整图层

调整图层可以将颜色和色调调整应用于图像，但是不会改变原图像的像素，是一种保护性色彩调整方式。下面详细介绍调整图层的使用方法。

7.6.1 调整图层的优势

图像色彩与色调的调整方式有两种，一种是执行菜单中的【调整】命令，另外一种是通过调整图层来操作。但是通过【调整】命令，会直接修改所选图层中的像素。而调整图层可以达到同样的效果，但不会修改像素。在操作过程中，只需隐藏或删除调整图层，便可以将图像恢复为原来的状态。

创建调整图层以后，颜色和色调调整就存储在调整图层中，并影响它下面所有的图层。因此在调整多个图层时，就不必分别调整每个图层。通过调整图层可以随时修改参数，而菜单中的命令一旦应用以后，将文档关闭，图像就不能再恢复了。

★重点 7.6.2 【调整】面板

执行【图层】→【新建调整图层】命令，在弹出的下拉菜单中选择命令或执行【窗口】→【调整】命令，打开【调整】面板，在【调整】面板中单击相应图标，如单击【创建新的曲线调整图层】按钮，如图 7-116 所示，可以显示相应的参数设置面板，如图 7-117 所示；在【图层】面板中，同时创建调整图层，如图 7-118 所示。

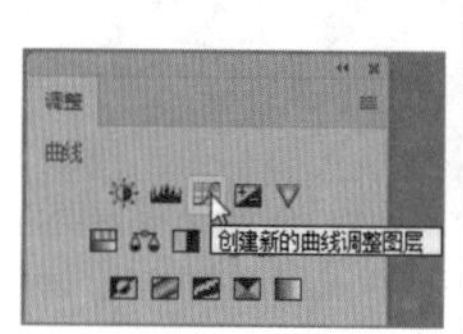

图 7-116

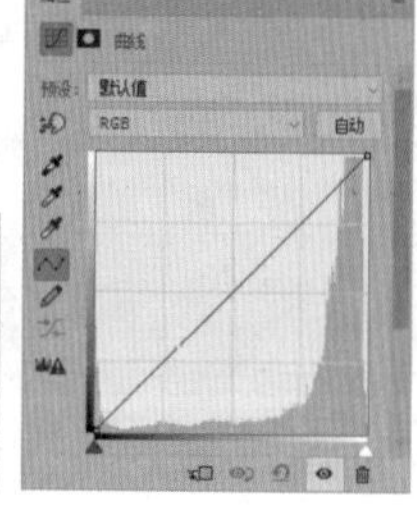

图 7-117

图 7-118

在【调整】面板中，显示相应的参数设置面板如图 7-119 所示，各选项作用及含义如表 7-7 所示。

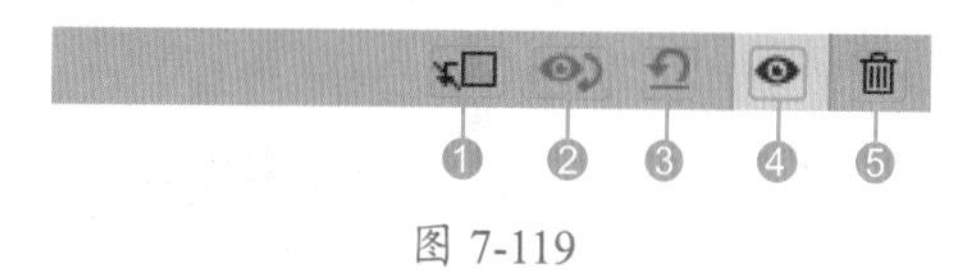

图 7-119

表 7-7 选项作用及含义

选项	作用及含义
❶ 创建剪贴蒙版	单击该按钮，可将当前的调整图层与它下面的图层创建为一个剪贴蒙版组，使调整图层仅影响它下面的一个图层；再次单击该按钮，调整图层会影响下面的所有图层
❷ 切换图层可见性	单击该按钮，可以隐藏或重新显示调整图层。隐藏调整图层后，图像便会恢复为原状
❸ 查看上一状态	调整完成参数后，单击该按钮，可在窗口查看图像的上一个调整状态，以便比较两种效果
❹ 复位到调整默认值	单击该按钮，可将调整参数恢复为默认值
❺ 删除调整图层	单击该按钮，可以删除当前调整图层

7.6.3 实战：使用调整图层创建色调分离效果

实例门类	软件功能

新建渐变色填充图层可以为图像添加渐变色效果，具体操作步骤如下。

Step 01 打开素材。打开“素材文件\第 7 章\创建调整图层.psd”文件，如图 7-120 所示。选择【图层 1】图层，如图 7-121 所示。

图 7-120

图 7-121

Step 02 设置【色阶】。在【调整】面板中单击【创建新的色调分离调整图层】按钮，如图 7-122 所示。在弹出的【属性】面板中，设置【色阶】为 4，如图 7-123 所示。

图 7-122

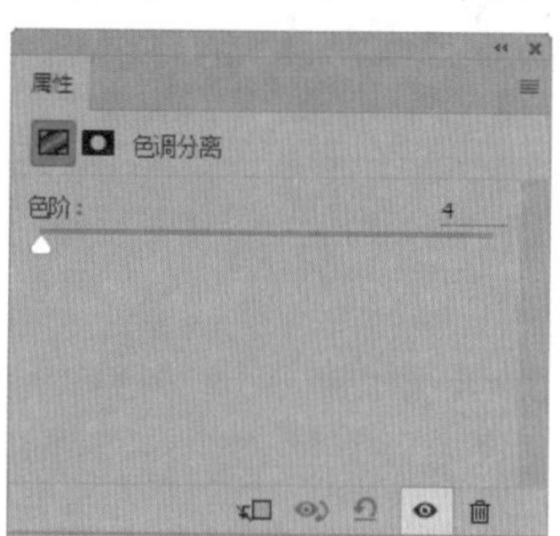

图 7-123

Step 03 分离色调。通过前面的操作，创建色调分离图像效果，如图 7-124 所示。在【图层】面板中，自动生成【色调分离 1】调整图层，如图 7-125 所示。

图 7-124

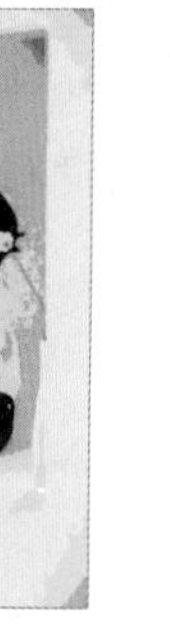

图 7-125

技能拓展——修改调整图层

创建调整图层以后，在【图层】面板中单击调整图层的缩览图，打开【属性】面板，修改调整参数即可。

7.6.4 调整作用范围

实例门类	软件功能

创建调整图层时，会自动为该图层添加图层蒙版，通过图层蒙版可以控制调整作用范围，具体操作步骤如下。

Step 01 打开素材。打开“素材文件\第 7 章\亮片 .jpg”文件，如图 7-126 所示。

Step 02 创建新的黑白调整图层。在【调整】面板中，单击【创建新的黑白调整图层】按钮 ◨，如图 7-127 所示。

图 7-126

图 7-127

Step 03 选中蒙版。创建黑白调整图层后，图像效果如图 7-128 所示。在【图层】面板中，选择【黑白 1】图层蒙版缩览图，选中该蒙版，如图 7-129 所示。

图 7-128

图 7-129

Step 04 拖动鼠标修改蒙版。选择黑白【渐变工具】▣，拖动鼠标修改蒙版，如图 7-130 所示，效果如图 7-131 所示。

Step 05 修改图像。选择黑色【画笔工具】✎，在图像中拖动鼠标修改蒙版，如图 7-132 所示，【图层】面板如图 7-133 所示。

图 7-130

图 7-131

图 7-132

图 7-133

技术看板

修改蒙版时，白色是调整图层的作用范围；而黑色会遮盖调整范围；灰色会减弱调整范围，具体参见 10.2 节“图层蒙版”。

7.6.5 删除调整图层

实例门类	软件功能

选择调整图层，将它拖动到【图层】面板底部的【删除图层】按钮 🗑 上即可将其删除。如果只需删除蒙版而保留调整图层，可在调整图层的蒙版上右击，在打开的快捷菜单中选择【删除图层蒙版】命令。

选择调整图层后，直接按【Delete】键可以快速删除调整图层。

7.6.6 中性色图层

实例门类	软件功能

中性色图层是一种填充了中性色的特殊图层，它通

过混合模式对下面的图像产生影响，中性色图层可用于修饰图像与添加滤镜，所有操作都不会破坏其他图层上的像素。

1. 什么是中性色图层

在 Photoshop 中黑色、白色和 50% 灰色是中性色，在创建中性色图层时，Photoshop 会用这 3 种中性色的一种来填充图层，并为其设置特定的混合模式，在混合模式的作用下，图层中的中性色不可见，就如同新建的透明图层一样，如果不应用效果，中性色图层不会对其他图层产生任何影响。

2. 实战：使用中性化调亮逆光图像

使用中性化调整图像，可以保护原像素不受破坏，这一点与调整图层是相同的，下面介绍使用中性化调亮图像，具体操作步骤如下。

Step 01 打开素材。打开“素材文件\第 7 章\逆光.jpg”文件，如图 7-134 所示。

图 7-134

Step 02 新建图层并设置【模式】。执行【图层】→【新建图层】命令，打开【新建图层】对话框，❶ 设置【模式】为柔光，选中【填充柔光中性色（50% 灰）】复选框，❷ 单击【确定】按钮，如图 7-135 所示。

Step 03 添加中性色图层。通过前面的操作，为图像添加中性色图层，如图 7-136 所示。图像效果没有变化，如图 7-137 所示。

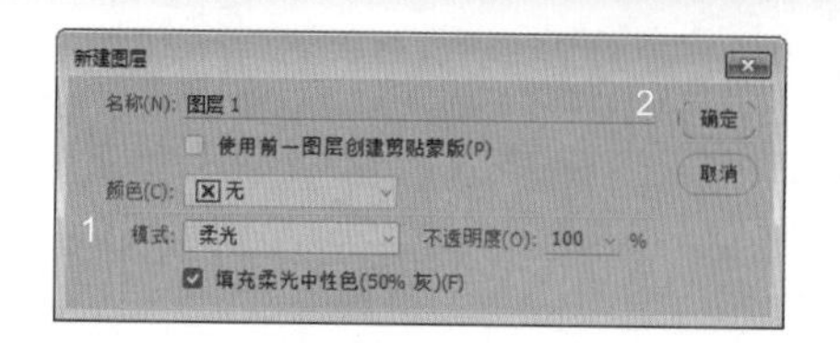

图 7-135

图 7-136

图 7-137

Step 04 调亮逆光人物。使用白色【画笔工具】在人物上涂抹，调亮逆光人物，如图 7-138 所示，【图层】面板如图 7-139 所示。

图 7-138

图 7-139

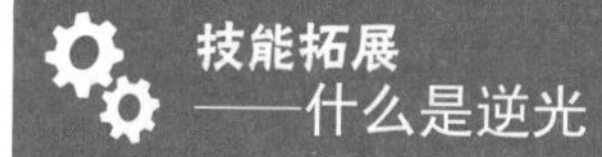

技能拓展——什么是逆光

逆光是背对光源所拍摄出来的照片，特征是主体偏黑、背景偏亮。

7.7 智能对象

智能对象可以达到无损处理图像的效果。智能对象和普通图层的区别在于可以保留对象的源内容和所有原始特征，对它进行处理时，不会直接应用到对象的原始数据，这是一种非破坏性的编辑功能。

7.7.1 智能对象的优势

智能对象可以进行非破坏性变换，对图像进行任意比例缩放、旋转、变形等，不会丢失原始图像数据或者降低图像的品质。

智能对象可以保留非 Photoshop 本地方式处理的数据，当嵌入矢量图形时，Photoshop 会自动将其转换为可识别的内容。

将智能对象创建多个副本，对原始内容进行编辑后，所有与之链接的副本都会自动更新。

将多个图层内容创建为一个智能对象后，可以简化【图层】面板中的图层结构。

应用于智能对象的所有滤镜都是智能滤镜，智能滤镜可以随时修改参数或撤销参数，不会对图像造成任何破坏。

7.7.2 智能对象的创建

智能对象的缩览图右下角会显示智能对象图标，创建智能对象的方法具体有以下 5 种。

（1）将文件作为智能对象打开：执行【文件】→【打开智能对象】命令，可以选择一个文件作为智能对象打开。

（2）在文档中置入智能对象：打开一个文件以后，执行【文件】→【置入】命令，可以将另外一个文件作为智能对象置入到当前文档中。

（3）将图层中的对象创建为智能对象：在【图层】面板中选择一个或多个图层，执行【图层】→【智能对象】→【转换为智能对象】命令，或者在【图层】面板中右击，在弹出的快捷菜单中选择【转换为智能对象】命令，如图 7-140 所示，【图层】面板图层缩略图如图 7-141 所示。

图 7-140

图 7-141

（4）在 Illustrator 中选择一个对象，按下【Ctrl+C】组合键复制，切换到 Photoshop CC 中，按下【Ctrl+V】组合键粘贴，在弹出的【粘贴】对话框中选择【智能对象】选项，可以将矢量图形粘贴为智能对象。

（5）将一个 PDF 文件，或者 Illustrator 创建的矢量图形拖动到 Photoshop 文档中，弹出【置入 PDF】对话框，单击【确定】按钮，可将其创建为智能对象。

7.7.3 链接智能对象的创建

创建智能对象后，选择智能对象，执行【图层】→【新建】→【通过拷贝的图层】命令，可以复制出新的智能对象，编辑其中的任意一个，与之链接的智能对象也会同时显示出所做的修改。

7.7.4 非链接智能对象的创建

如果要复制出非链接的智能对象，可以选择智能对象图层，执行【图层】→【智能对象】→【通过拷贝新建智能对象】命令，新智能对象各自独立，编辑其中任何一个都不会影响另外一个。

7.7.5 实战：智能对象的内容替换

实例门类	软件功能

创建智能对象后，还可以替换智能对象的内容，具体操作步骤如下。

Step 01 打开素材。打开“素材文件\第 7 章\翅膀.psd”文件，如图 7-142 所示。选择【图层 1】智能图层，如图 7-143 所示。

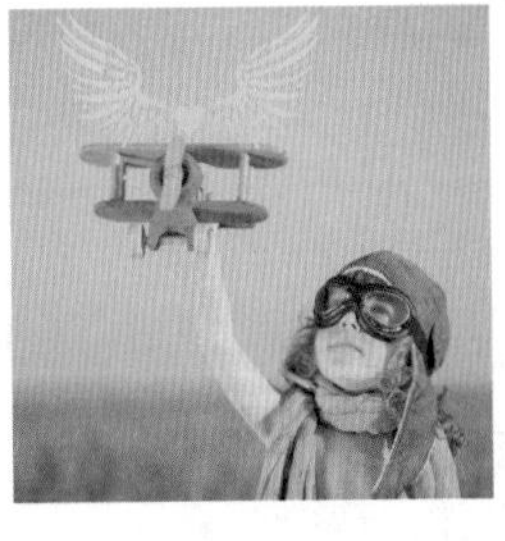

图 7-142

图 7-143

Step 02 替换原有的智能对象。执行【图层】→【智能对象】→【替换内容】命令，打开【替换文件】对话框，❶ 选择目标文件夹，❷ 选择目标文件“心”，❸ 单击【置入】按钮，将其置入文档中，如图 7-144 所示，通过前面的操作，替换原有的智能对象，如图 7-145 所示。

图 7-144

图 7-145

技术看板

替换智能对象时，将保留对第一个智能对象应用的缩放、变形或效果。

7.7.6 实战：智能对象的编辑

实例门类	软件功能

创建智能对象后，还可以编辑智能对象的内容，如果源内容为图像，可以在 Photoshop 中打开它进行编辑，如果源内容为 EPS 或 PDF 矢量图形，则会在 Illustrator 矢量软件中打开它，存储修改图像或图形后，与之链接的所有智能对象都会发生改变，具体操作步骤如下。

Step 01 打开素材并选中智能图层。打开“素材文件\第 7 章\翅膀.psd”文件，如图 7-146 所示。选中【图层 1 拷贝】智能图层，如图 7-147 所示。

Step 02 缩小和旋转翅膀。按【Ctrl+T】组合键，执行自由变换操作，适当缩小和旋转对象，如图 7-148 所示，按【Enter】键确认变换，如图 7-149 所示。

图 7-146

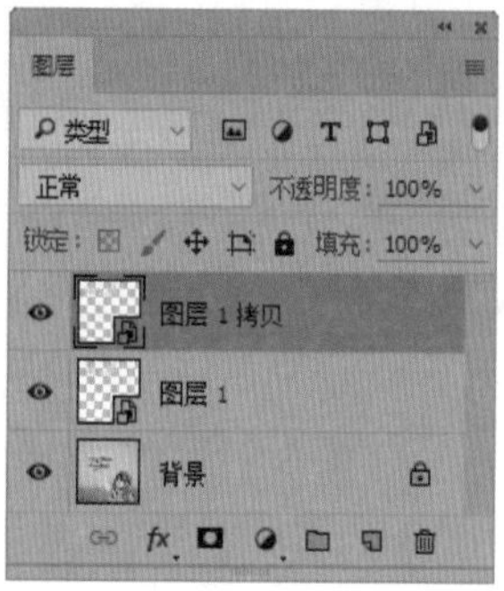

图 7-147

图 7-148

图 7-149

Step 03 选择【编辑内容】命令。单击【图层】面板右上角的扩展按钮，在弹出的快捷菜单中选择【编辑内容】命令，如图 7-150 所示。

图 7-150

Step 04 在新窗口打开文件。通过前面的操作，在一个新窗口中打开智能对象的原始文件，如图 7-151 所示。

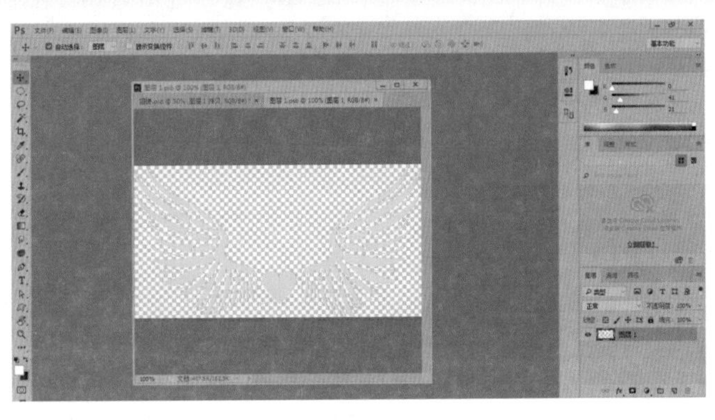

图 7-151

Step05 扭曲图像。执行【滤镜】→【扭曲】→【极坐标】命令，打开【极坐标】对话框，❶ 选中【平面坐标到极坐标】单选按钮，❷ 单击【确定】按钮，如图 7-152 所示，图像效果如图 7-153 所示。

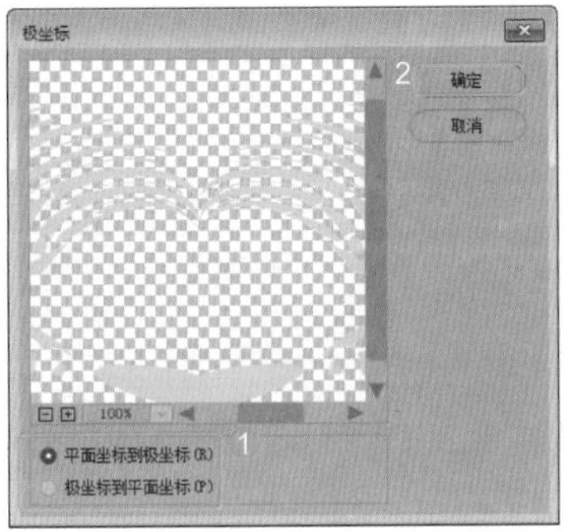

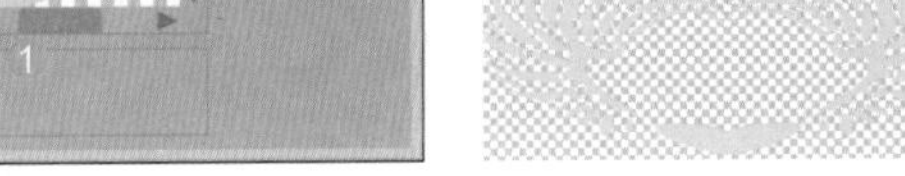

图 7-152　　图 7-153

Step06 改变原文件效果。执行【文件】→【存储】命令。在工作界面中，单击“翅膀.psd”文件标签，切换到该文件中，如图 7-154 所示，图像效果如图 7-155 所示。

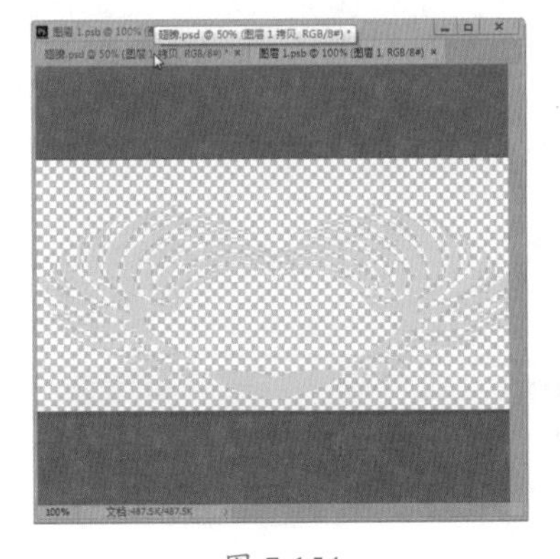

图 7-154　　图 7-155

7.7.7 栅格化智能对象

选择要转换为普通图层的智能对象，执行【图层】→【智能对象】→【栅格化】命令，可以将智能对象转换为普通图层，原图层缩览图上的智能对象图标会消失，效果对比如图 7-156 所示。

图 7-156

★新功能 7.7.8 更新智能对象链接

智能对象的原始文件丢失或发生改变时，智能对象图标上会出现提示。

执行【图层】→【智能对象】→【更新修改的内容】命令，可以更新智能对象，如果要查看源文件的保存位置，可以执行【图层】→【智能对象】→【在资源管理器中显示】命令。

如果智能对象源文件名称发生改变，可以执行【图层】→【智能对象】→【解析断开的链接】命令，打开源文件所在的文件夹重新选择重命名文件。

如果智能对象源文件丢失，Photoshop 会弹出提示对话框，用户可以重新选择源文件。

7.7.9 导出智能对象内容

在 Photoshop 中编辑智能对象以后，可以将它按照原始的置入格式导出，以便其他程序使用。在【图层】面板中选择智能对象，执行【图层】→【智能对象】→【导出内容】命令，即可导出智能对象。如果智能对象是利用图层创建的，则以 PSB 格式导出。

妙招技法

通过前面知识的学习，相信读者已经了解并掌握了图层的高级功能应用基础知识。下面结合本章内容，给大家介绍一些实用技巧。

技巧 01：图层组的混合模式

图层之间有混合模式，图层组和图层之间也可以设置混合模式，它的默认混合模式是穿透，如果设置图层组的图层模式，Photoshop 会将图层组内的图层看作一个单独图层，并应用所选模式与下方图层混合，具体操作步骤如下。

Step 01 打开素材。打开“素材文件\第 7 章\田野.psd”文件，如图 7-157 所示，选择【组 1】图层，如图 7-158 所示。

图 7-157

图 7-158

Step 02 混合图像。更改【组 1】的【混合模式】为颜色，如图 7-159 所示，混合效果如图 7-160 所示。

图 7-159

图 7-160

技巧 02：如何清除图层杂边

移动和粘贴带选区的图像时，选区周围通常包括一些背景色，执行【图层】→【修边】命令，在打开的子菜单中选择相关命令，可以清除多余的像素，如图 7-161 所示。

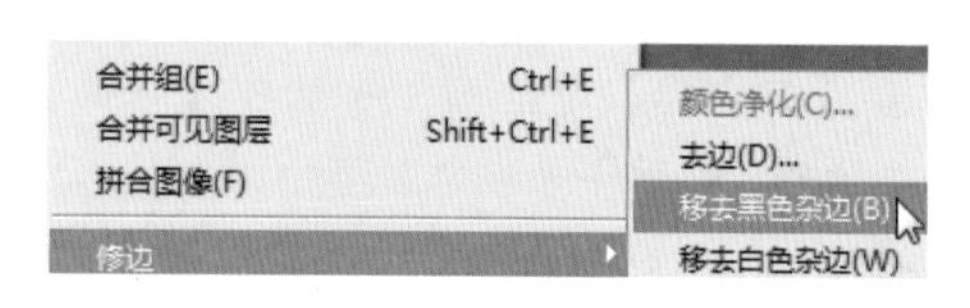

图 7-161

【颜色净化】：移除图层边缘的彩色杂边。

【去边】：用纯色的邻近颜色替换边缘颜色。例如，在黑色背景上选择白色图像，可能会选中一些黑色背景，该命令可以用白色替换误选的黑色。

【移去黑色杂边】：如果将黑色背景上创建的消除锯齿的选区移动到其他背景颜色上，执行该命令可以移除黑色杂色。

【移去白色杂边】：如果将白色背景上创建的消除锯齿的选区移动到其他背景颜色上，执行该命令可以移除白色杂色。

技巧 03：复位【样式】面板

在【样式】面板中，载入其他样式库后，如果想恢复默认的预设样式，可以在【样式】面板快捷菜单中选择【复位样式】命令。

技能实训——制作彩色光文字效果

素材文件	素材文件\第 7 章\炫光 .jpg
结果文件	结果文件\第 7 章\彩色光 .psd

设计分析

通过图层混合，可以得到奇特的图像效果。通过图层样式，可以为文字添加内外发光效果，结合文字和图像，可以得到炫丽的彩色光文字效果，如图 7-162 所示。

图 7-162

操作步骤

Step01 新建文件。执行【文件】→【新建】命令，打开【新建】对话框，❶设置【宽度】为 1024 像素、【高度】为 785 像素、【分辨率】为 72 像素 / 英寸，❷单击【确定】按钮，如图 7-163 所示。

Step02 填充背景。为背景填充黑色，如图 7-164 所示。

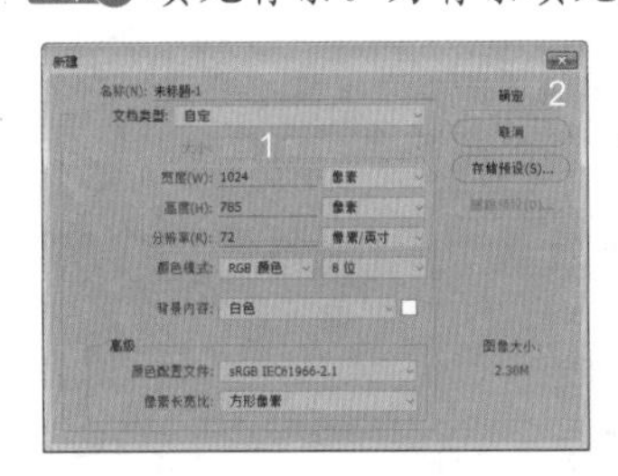

图 7-163

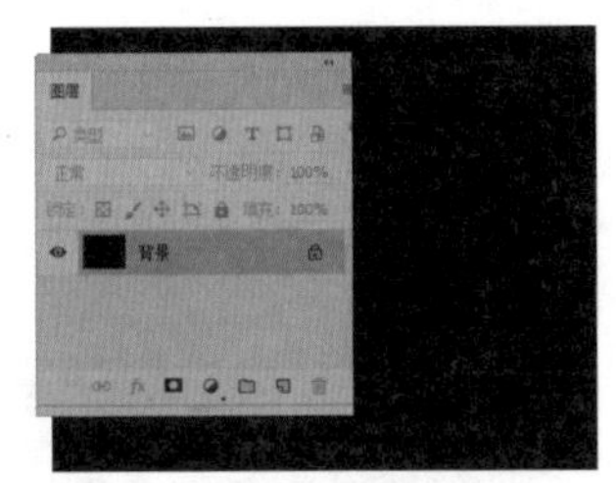

图 7-164

Step03 输入文字。设置前景色为白色。选择【横排文字工具】T，在图像中输入文字"彩色光"，在选项栏中设置【字体】为华康海报体、【字体大小】为 280 点，如图 7-165 所示。在【图层】面板中，自动生成文字图层，如图 7-166 所示。

Step04 设置【内发光】。双击文字图层，在【图层样式】对话框中，❶选中【内发光】复选框，❷设置【混合模式】为正常，选中色条左侧的单选按钮，【不透明度】为 100%、【阻塞】为 15%、【大小】为 12 像素、【范围】为 100%、【抖动】为 0%，如图 7-167 所示。

图 7-165

图 7-166

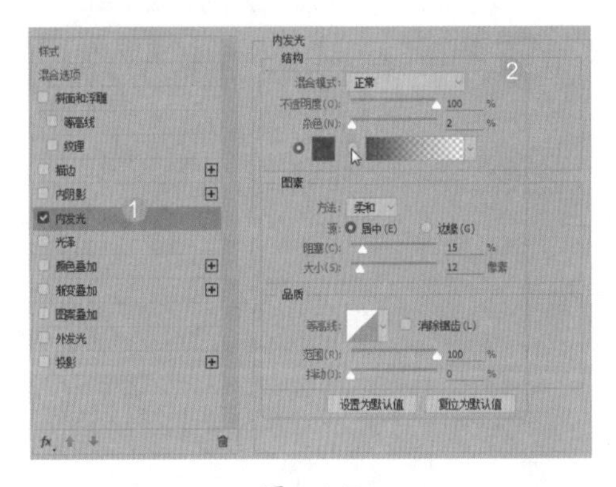

图 7-167

Step05 选择渐变色。❶单击渐变色条右侧的 按钮，❷在打开的下拉列表框中选择【蓝、黄、蓝渐变】选项，如图 7-168 所示。

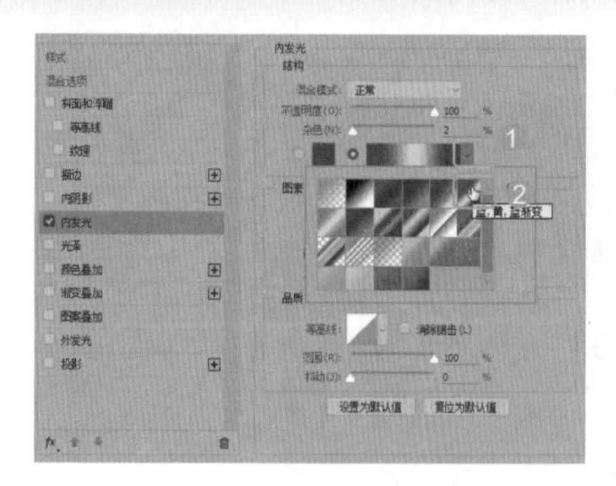

图 7-168

Step06 设置【外发光】。在【图层样式】对话框中，❶选中【外发光】复选框，❷设置【混合模式】为滤色、发光颜色为红色【#f05d1c】、【不透明度】为 55%、【扩展】为 0%、【大小】为 12 像素、【范围】为 50%、【抖动】为 0%，如图 7-169 所示。

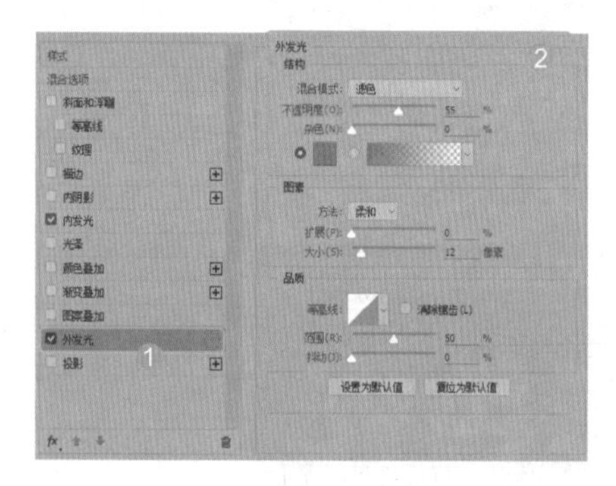

图 7-169

Step07 设置【投影】。在【图层样式】对话框中，❶选中【投影】复选框，❷设置【混合模式】为颜色减淡、投影颜色为黄色【#ebe13a】、【不透明度】为 50%、【角度】为 120 度、【距离】为 4 像素、【扩展】为 45%、【大小】为 51 像素，如图 7-170 所示。

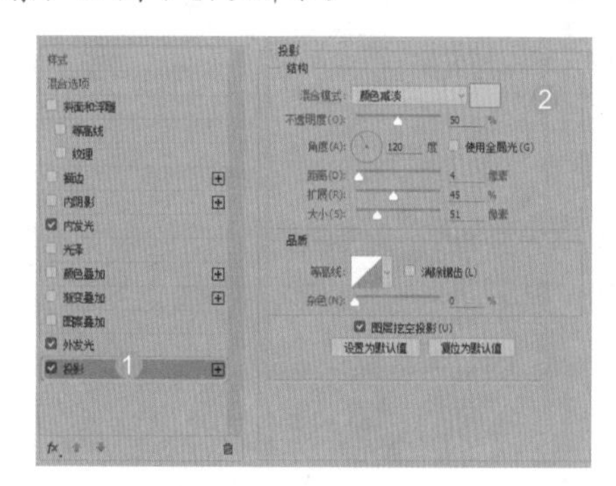

图 7-170

Step08 文字效果。添加图层样式后，文字效果如图 7-171 所示。选择【多边形套索工具】，在图中拖动鼠标创建选区，如图 7-172 所示。

图 7-171

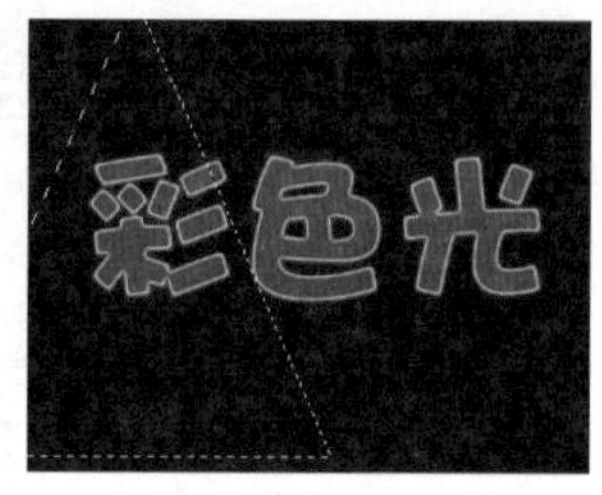

图 7-172

Step09 设置渐变色并新建图层。设置前景色为黄色【#c8a500】，选择【渐变工具】，在选项栏中，❶单击渐变色条右侧的图标；❷在弹出的面板中选择【前景色到透明渐变】选项，如图 7-173 所示；在【图层】面板中，新建图层，命名为【黄色光】，如图 7-174 所示。

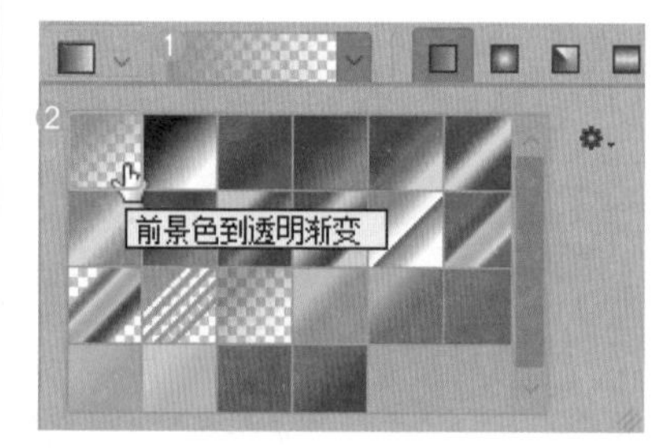

图 7-173

图 7-174

Step10 制作光束效果。从上至下拖动鼠标填充渐变色，如图 7-175 所示；在【图层】面板中，更改图层【混合模式】为线性光，【不透明度】为 60%，如图 7-176 所示。

图 7-175

图 7-176

Step11 新建图层。使用相同的方法创建【绿色光】和【红色光】图层，如图 7-177 所示。

图 7-177

Step12 打开素材并调整其大小。打开“素材文件 \ 第 7 章 \ 炫光 .jpg”文件，拖动到当前文件中，命名为【炫光】，如图 7-178 所示；调整图像大小，如图 7-179 所示。

图 7-178　　图 7-179

Step13 混合图像。更改【炫光】图层【混合模式】为线性减淡（添加），如图 7-180 所示，图层混合效果如图 7-181 所示。

图 7-180　　图 7-181

Step14 扭曲图像。执行【滤镜】→【扭曲】→【球面化】命令，打开【球面化】对话框，❶ 设置【数量】为 100%、【模式】为水平优先，❷ 单击【确定】按钮，如图 7-182 所示，图像效果如图 7-183 所示。

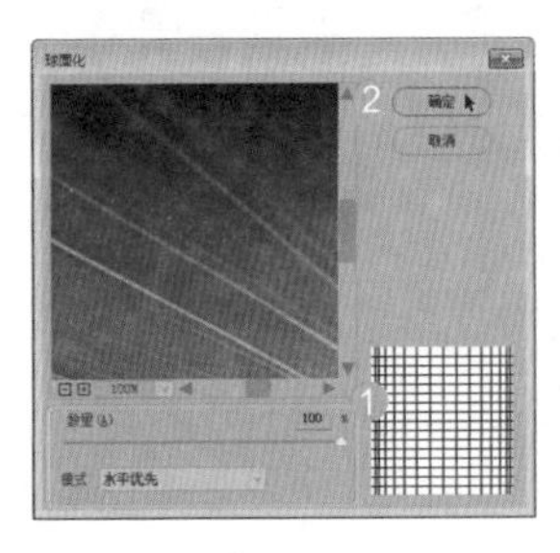

图 7-182　　图 7-183

Step15 再次扭曲图像。选择【黄色光】图层，如图 7-184 所示。按【Ctrl+F】组合键重复执行【滤镜】命令，如图 7-185 所示。

图 7-184　　图 7-185

Step16 重复扭曲图像。分别选中【绿色光】和【红色光】图层，按【Ctrl+F】组合键重复执行【滤镜】命令，效果如图 7-186 所示。

图 7-186

本章小结

本章主要介绍了图层的高级应用知识，包括图层混合模式、不透明度、图层样式的应用，以及填充图层、调整图层和智能对象的应用。本章的重点知识为图层的混合模式与图层的不透明度，读者应当熟练掌握及应用。应用图层混合模式，可以制作出很多绚丽的图像特效，对此读者应当勤加练习。

第8章 文本的创建与编辑

- 文字工具和文字蒙版工具有什么区别？
- 可以让文字沿着某种形状排列吗？
- 文字可以转换为路径吗？
- 如何更改字体预览大小？
- 点文字和段落文字可以互相转换吗？

文字是设计作品的重要组成部分，通过丰富多样的文字更有利于人们了解作品中所要表现的重要信息和主旨。倘若图片中的文字能更加美观，图片的表现力也能够更加强烈。Photoshop CC 提供了强大的文字编辑功能，能够制作出各类文字艺术效果。

8.1 Photoshop 文字基础知识

文字是设计的灵魂，往往能起到画龙点睛的作用。使用 Photoshop CC 提供的文字工具能够制作出各类文字效果。根据文字的创建方法，主要有创建点文字、段落文字、文字选区和路径文字。

8.1.1 文字类型

Photoshop 中的文字是以矢量的方式存在的，在将文字栅格化以前，Photoshop 会保留基于矢量的文字轮廓，可以任意缩放文字或调整文字大小而不会产生锯齿。

文字的划分方式有很多，如果从排列方式划分，可分为横排文字和直排文字；如果从形式上划分，可分为文字和文字蒙版；如果从创建的内容上划分，可分为点文字、段落文字和路径文字；如果从样式上划分，可分为普通文字和变形文字。

8.1.2 文字工具选项栏

在使用文字工具输入文字前，需要在工具选项栏或【字符】面板中设置字符的属性，包括字体、大小、文字颜色等。文字工具选项栏如图 8-1 所示，相关选项作用及含义如表 8-1 所示。

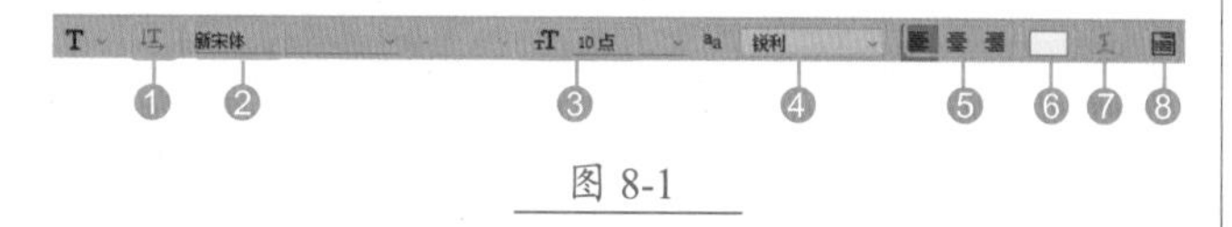

图 8-1

表 8-1 选项作用及含义

选项	作用及含义
❶ 更改文本方向	如果当前文字为横排文字，单击该按钮，可将其转换为直排文字；如果是直排文字，则可将其转换为横排文字
❷ 设置字体	在该选项下拉列表中可以选择字体
❸ 字体大小	可以选择字体的大小或者直接输入数值来进行调整
❹ 消除锯齿的方法	可以为文字消除锯齿选择一种方法，Photoshop 会通过部分填充边缘像素来产生边缘平滑的文字，使文字的边缘混合到背景中而看不出锯齿。其中包含【无】【锐利】【犀利】【深厚】和【平滑】选项
❺ 文本对齐	根据输入文字时光标的位置来设置文本的对齐方式，包括左对齐文本 、居中对齐文本 和右对齐文本
❻ 文本颜色	单击颜色块，可以在打开的【拾色器】对话框中设置文字的颜色
❼ 文本变形	单击该按钮，可以在打开的【变形文字】对话框中为文本添加变形样式，创建变形文字
❽ 显示/隐藏字符面板和段落面板	单击该按钮，可以显示或隐藏【字符】面板和【段落】面板

8.2 创建文字

Photoshop 提供了 4 种文字创建工具，其中，【横排文字工具】T 和【直排文字工具】IT 用于创建点文字、段落文字和路径文字，【横排文字蒙版工具】T 和【直排文字蒙版工具】IT 用于创建文字选区。

★重点 8.2.1 实战：为图片添加说明文字

实例门类	软件功能

Step01 打开素材。打开"素材文件\第 8 章\女孩.jpg"文件，如图 8-2 所示。

Step02 确认文字起点。选择【横排文字工具】T，在图像中单击确认文字输入点，如图 8-3 所示。

图 8-2

图 8-3

Step03 输入文字。输入文字"红色气球"，如图 8-4 所示；双击选中文字，如图 8-5 所示。

图 8-4

图 8-5

Step04 改变文字属性。在选项栏中设置【字体】为方正稚艺简体，【字体大小】为 100 点，效果如图 8-6 所示。单击【设置文本颜色】图标，如图 8-7 所示。

图 8-6

图 8-7

> **技术看板**
>
> 在输入文字时，单击 3 次鼠标可以选择一行文字；单击 4 次鼠标可以选择整个段落；按【Ctrl+A】组合键可以选择全部文字。

Step05 设置文字颜色。在弹出的【拾色器（文本颜色）】对话框中，❶设置文本颜色为红色【#ed0c34】，❷单击【确定】按钮，如图 8-8 所示。

Step06 确认段落文字的输入。单击选项栏上的【提交所有当前编辑】按钮☑或按【Ctrl + Enter】组合键，确认段落文字的输入，如图 8-9 所示。

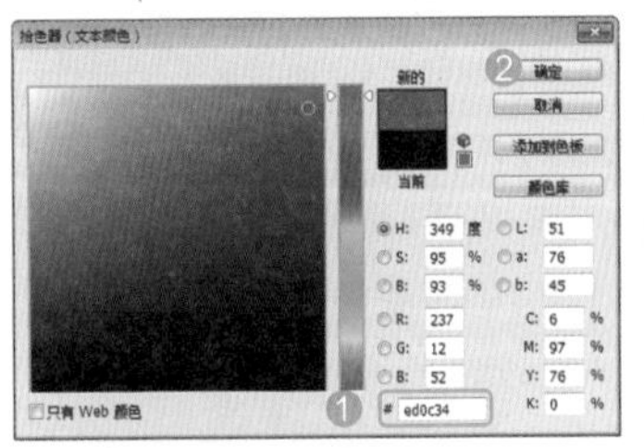

图 8-8

图 8-9

> **技能拓展——在输入状态下移动文字**
>
> 处于文字编辑状态时，按住【Space】键，移动鼠标到文字四周，会暂时切换到【移动工具】，拖动鼠标即可移动文字。

8.2.2 【字符】面板

【字符】面板中提供了比工具选项栏更多的选项，单击选项栏中的【切换字符和段落面板】按钮，或者执行【窗口】→【字符】命令，都可以打开【字符】面板，如图 8-10 所示。

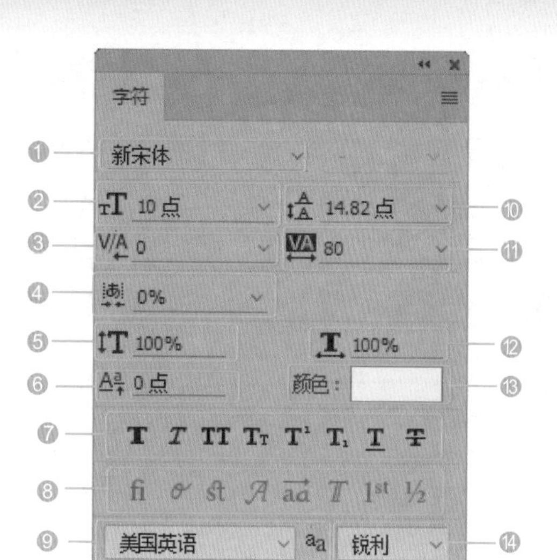

图 8-10

相关选项作用及含义如表 8-2 所示。

表 8-2　选项作用及含义

选项	作用及含义
❶ 设置字体系列	在【设置字体系列】下拉列表中可选择需要的字体，选择不同字体选项将得到不同的文本效果，选中文本将应用当前选中的字体
❷ 设置字体大小	在下拉列表框中选择文字大小值，也可在文本框中输入大小值，对文字大小进行设置
❸ 设置所选字符的字距微调	在打开的下拉列表中可选择预设的字距微调值，若要为选中字符使用字体的内置字距微调信息，则选择【度量标准】选项；若要依据选定字符的形状自动调整它们之间的距离，则选择【视觉】选项；若要手动调整字距微调，则可在其后的文本框中直接输入一个数值或从该下拉列表中选择需要的选项。若选择了文本范围，则无法手动对文本进行字距微调，需要使用字距调整进行设置
❹ 设置所选字符的比例间距	选中需要进行比例间距设置的文字，在其下拉列表框中选择需要变换的间距百分比，百分比越大，比例间距越小
❺ 垂直缩放	选中需要进行缩放的文字后，垂直缩放的文本框显示为 100%，可以在文本框中输入任意数值对选中的文字进行垂直缩放。50% 和 100% 垂直缩放的对比效果如图 8-11 所示 气球 气球 图 8-11
❻ 设置基线偏移	在该选项中可以对文字的基线位置进行设置，输入不同的数值设置基线偏移的程度，输入负值可以将基线向下偏移，输入正值则可以将基线向上偏移。例如，选中“球”文字后，0 点和 100 点的偏移效果对比如图 8-12 所示 气球 气球 图 8-12
❼ 设置字体样式	通过单击面板中的按钮可以对文字进行仿粗体、仿斜体、全部大写字母、小型大写字母、设置文字为上标、设置文字为下标、为文字添加下画线、删除线等设置，如图 8-13 所示 球 球 AB AB A b A b C C 图 8-13
❽open Type 字体	包含了当前 postScript 和 TrueType 字体不具备的功能，如花饰字和自由连字
❾ 连字、拼写规则	对字符进行有关联字符和拼写规则的语言设置，Photoshop 使用语言词典检查连字符连接
❿ 设置行距	【设置行距】选项对多行的文字间距进行设置，在下拉列表框中选择固定的行距值，也可以在文本框中直接输入数值进行设置，输入的数值越大则行间距越大。自动和 100 点的对比效果如图 8-14 所示 红色的气球 红色的气球 蔚蓝的天空 蔚蓝的天空 图 8-14
⓫ 设置两个字符间的字距调整	选中需要设置的文字后，在其下拉列表框中选择需要调整的字距数值。0 和 100 的对比效果如图 8-15 所示 气球 气球 图 8-15

续表

选项	作用及含义
⑫ 水平缩放	选中需要进行缩放的文字，水平缩放的文本框显示默认值为 100%，可以在文本框中输入任意数值对选中的文字进行水平缩放。100% 和 50% 对比效果如图 8-16 所示  气球 气球 图 8-16
⑬ 设置文本颜色	在面板中直接单击颜色块可以弹出【选择文本颜色】对话框，在该对话框中选择适合的颜色即可完成对文本颜色的设置
⑭ 设置消除锯齿的方法	该选项用于设置消除锯齿的方法

8.2.3 实战：创建段落文字

实例门类	软件功能

创建段落文字的具体操作步骤如下。

Step 01 创建段落文本框。打开“素材文件 \ 第 8 章 \ 倾斜 .jpg”文件，如图 8-17 所示。选择【横排文字工具】T，在图像中拖动鼠标创建段落文本框，如图 8-18 所示。

图 8-17

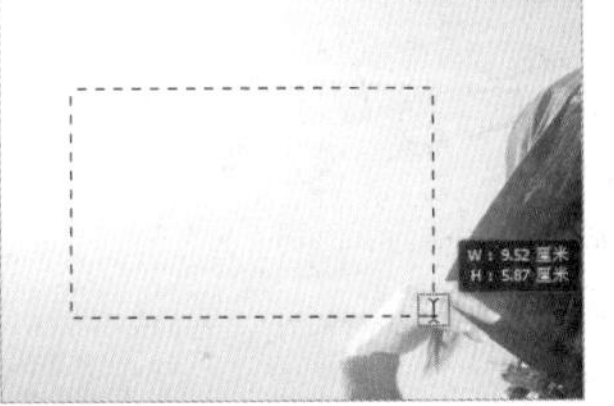

图 8-18

Step 02 设置文字属性。释放鼠标后，会出现闪烁的“I”形文本输入点，如图 8-19 所示。在选项栏中，设置【字体】为汉仪中等线简，【字体大小】为 200 点，如图 8-20 所示。

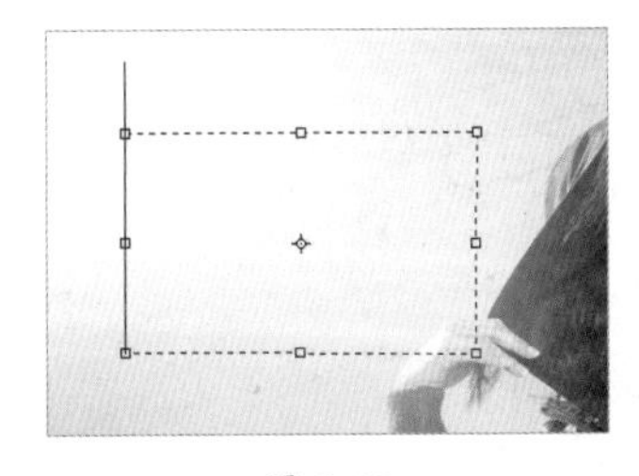

图 8-19

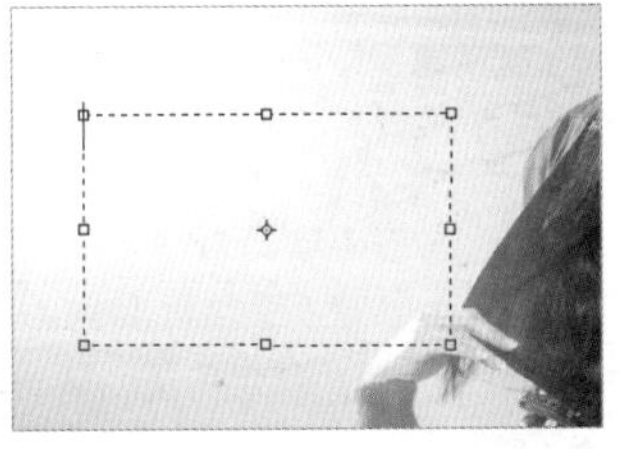

图 8-20

Step 03 输入文字。输入文字，如图 8-21 所示。当文字到达文本框边界时会自动换行，如图 8-22 所示。

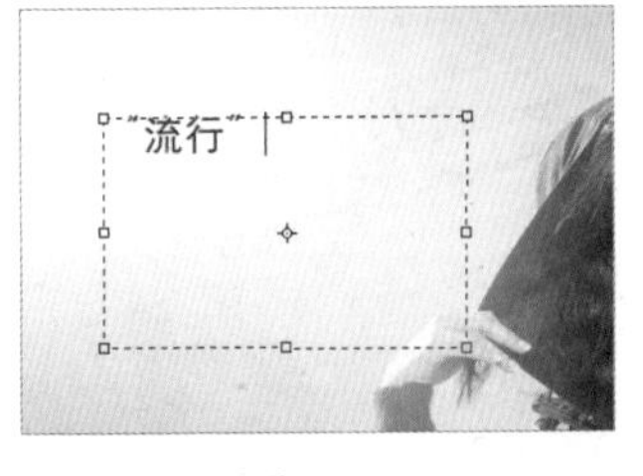

图 8-21

图 8-22

Step 04 显示出所有文字。文本框右下角出现图标 ⊞，表示文本框没有显示出所有文字，拖动该图标，显示出所有文字，如图 8-23 所示。

Step 05 确认文字输入。在选项栏中，单击【提交所有当前编辑】按钮 ✓，确认文字输入，如图 8-24 所示。

图 8-23

图 8-24

Step 06 设置【行距】。在【字符】面板中，设置【行距】为 30 点，如图 8-25 所示，效果如图 8-26 所示。

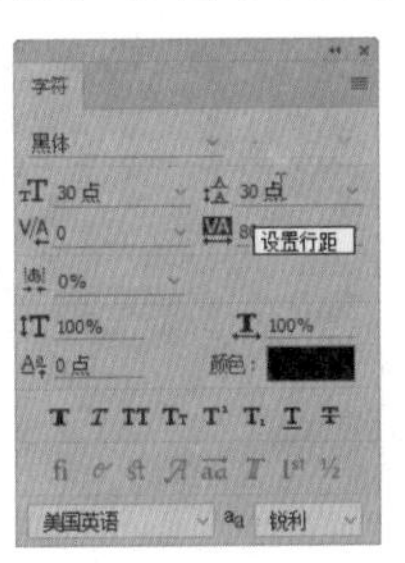

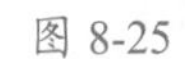

图 8-25

图 8-26

Step 07 设置【首行缩进】。在【段落】面板中，设置【首行缩进】为 40 点，如图 8-27 所示，首行缩进效果如图 8-28 所示。

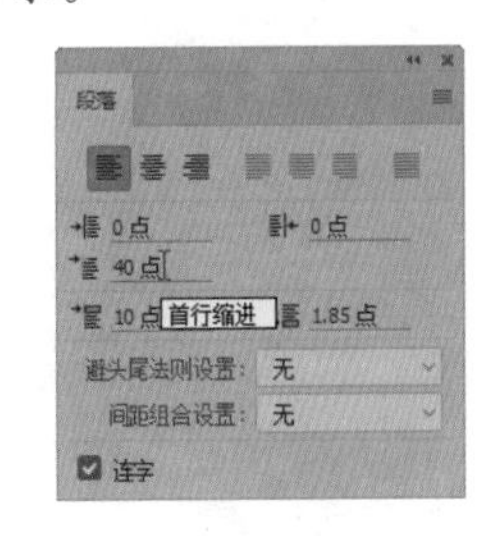

图 8-27

图 8-28

Step 08 旋转文本框。使用【横排文字工具】T 在文字中单击，进入文字编辑状态，如图 8-29 所示。移动鼠标指针到左上角的变换点，拖动鼠标可以旋转文本框，如图 8-30 所示。

图 8-29

图 8-30

技术看板

选择文字后，按【Shift+Ctrl+>】组合键，能够以 2 点为增量调大文字；按【Shift+Ctrl+<】组合键，能以 2 点为增量调小文字。

选择文字后，按【Alt+ →】组合键，可以增加字间距；按【Alt+ ←】组合键，可以减小字间距。

8.2.4 【段落】面板

【段落】面板主要用于设置文本的对齐方式和缩进方式等。单击选项栏中的【切换字符面板和段落面板】按钮，或者执行【窗口】→【段落】命令，都可以打开【段落】面板，如图 8-31 所示。

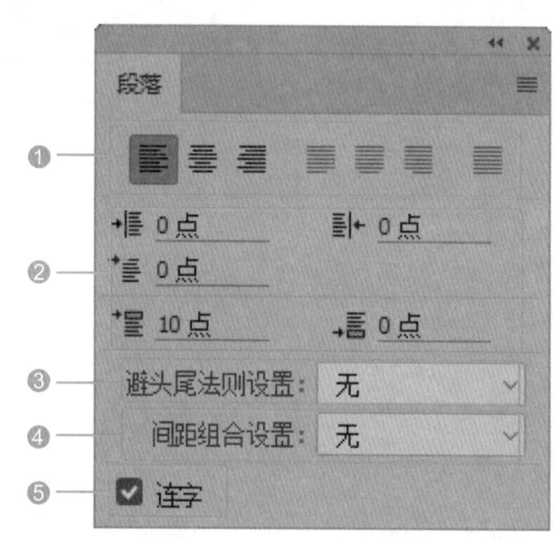

图 8-31

相关选项作用及含义如表 8-3 所示。

表 8-3 选项作用及含义

选项	作用及含义
❶ 对齐方式	包括左对齐文本、居中对齐文本、右对齐文本、最后一行左对齐、最后一行居中对齐、最后一行右对齐和全部对齐，如图 8-32 所示。 左对齐文本　居中对齐文本　右对齐文本 最后一行左对齐　最后一行居中对齐　最后一行右对齐 全部对齐 图 8-32
❷ 段落调整	包括左缩进、右缩进、首行缩进、段前添加空格和段后添加空格，效果如图 8-33 所示。 左缩进　右缩进　首行缩进 段前添加空格　段后添加空格 图 8-33
❸ 避头尾法则设置	选取换行集为无、JIS 宽松、JIS 严格
❹ 间距组合设置	选取内部字符间距集
❺ 连字	选中该复选框，自动用连字符连接

8.2.5 字符样式和段落样式

实例门类	软件功能

【字符样式】和【段落样式】面板可以保存文字的样式，并可快速应用于其他文字、线条或文本段落，从而极大地节省用户的时间。

1. 实战：在【字符】面板中创建字符样式

字符样式是诸多字符属性的集合，创建并应用字符样式的具体操作步骤如下。

Step 01 创建【字符样式 1】。单击【字符样式】面板中的【创建新的字符样式】按钮，即可创建一个空白的【字符样式 1】，如图 8-34 所示。双击【字符样式 1】，如图 8-35 所示。

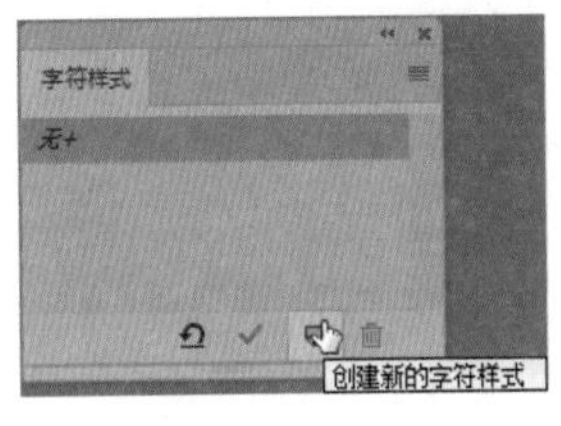

图 8-34

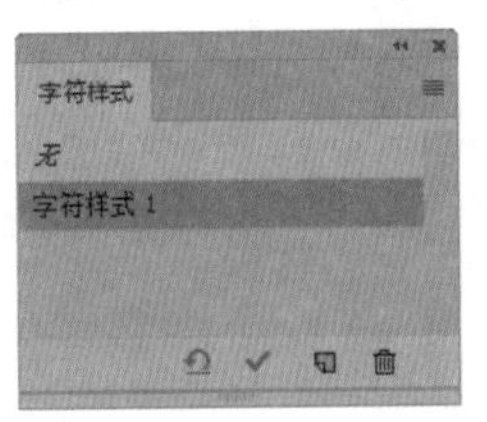

图 8-35

Step 02 设置字符属性。打开【字符样式选项】对话框，在【基本字符格式】选项卡中，设置字体、字体大小和字体颜色等属性，如图 8-36 所示。❶ 选择【高级字符格式】选项卡，❷ 设置垂直缩放为 50%，❸ 单击【确定】按钮，如图 8-37 所示。

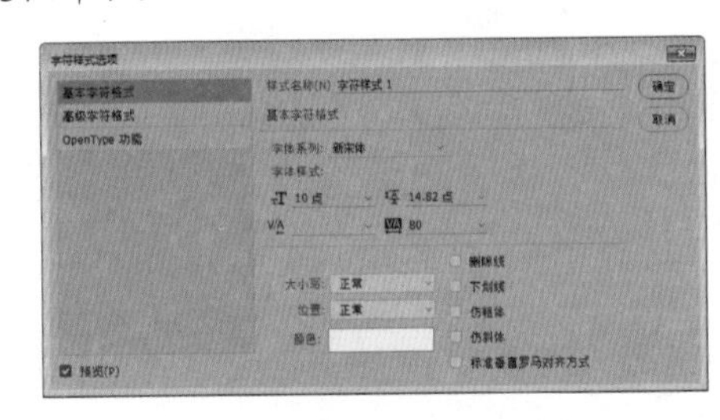

图 8-36

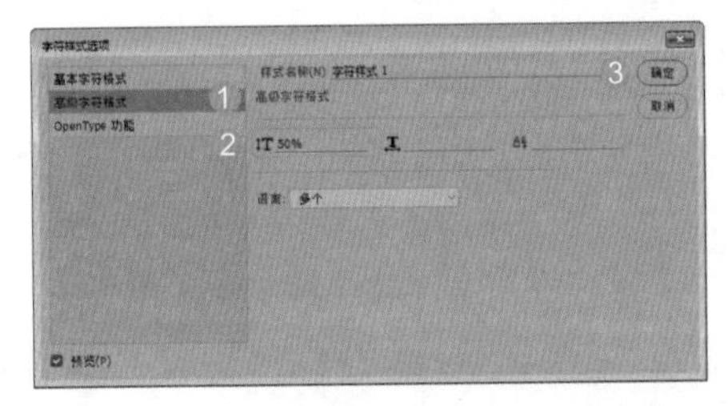

图 8-37

Step 03 应用字符样式。在【图层】面板中，选择任意文字图层，如图 8-38 所示。在【字符样式】面板中，单击【字符样式 1】样式，即可应用该样式，如图 8-39 所示。

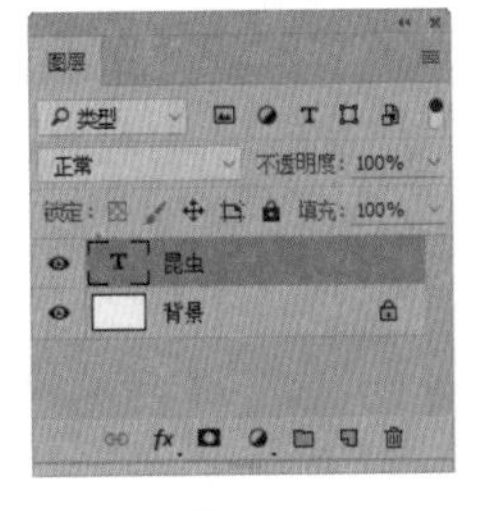

图 8-38

图 8-39

2.【段落样式】面板

段落样式的创建和使用方法与字符样式基本相同。单击【段落样式】面板中的【创建新的段落样式】按钮，即可创建一个空白样式，如图 8-40 所示。然后双击该样式，可以打开【段落样式选项】对话框设置段落属性，如图 8-41 所示。

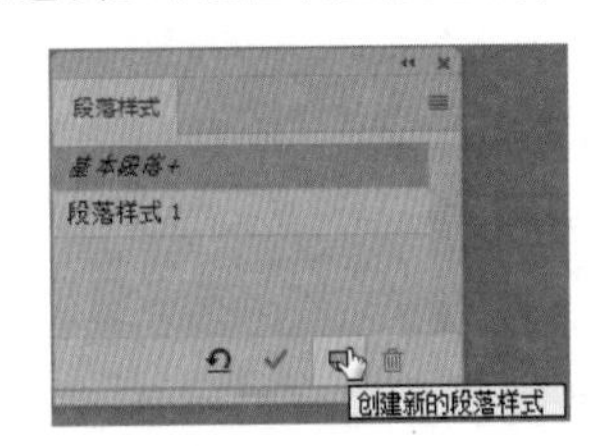

图 8-40

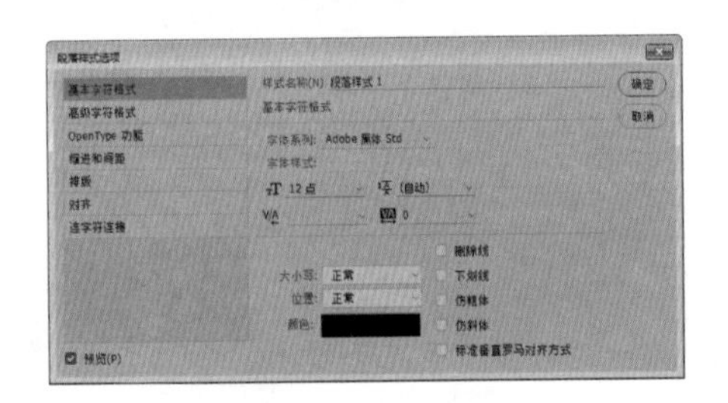

图 8-41

3. 存储文字和段落样式

字符和段落样式可存储为文字默认样式，并自动应用于新文件，以及未包含样式的当前文件。

执行【文字】→【存储默认文字样式】命令，可以将当前字符和段落样式存储为默认样式。

执行【文字】→【载入默认文字样式】命令，可以将默认字符和段落样式应用于文件。

8.2.6 创建文字选区

【横排文字蒙版工具】 和【直排文字蒙版工

具】 ，用于创建文字选区。选择其中一个工具，在画面中单击，输入文字即可创建文字选区，如图 8-42 所示。

图 8-42

8.2.7 实战：创建沿人物轮廓排列的路径文字

实例门类	软件功能

路径文字是指创建在路径上的文字，文字会沿着路径排列，改变路径形状时，文字的排列方式也会随之改变。图像在输出时，路径不会被输出。另外，在路径控制面板中，也可取消路径的显示，只显示载入路径后的文字，创建路径文字的具体操作步骤如下。

Step 01 绘制椭圆路径。打开“素材文件\第 8 章\树叶.jpg”文件，选择【椭圆工具】 ，在选项栏中选择【路径】选项，拖动鼠标绘制圆形路径，如图 8-43 所示。使用【路径选择工具】 选中路径并移动到下方适当位置，如图 8-44 所示。

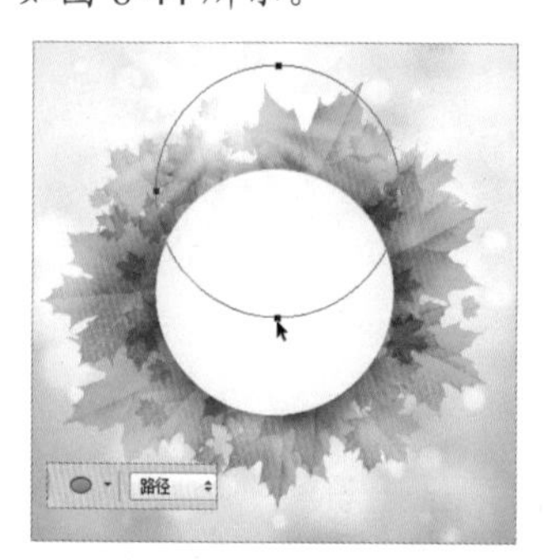

图 8-43

图 8-44

Step 02 确认文字起点。选择【横排文字工具】 ，在路径上单击设置文字插入点，画面中会出现闪烁的“I”形光标，如图 8-45 所示。

Step 03 输入文字。此时输入文字即可沿着路径排列，如图 8-46 所示。

Step 04 设置文字属性。在选项栏中，设置【字体大小】为 100 点、字体颜色为绿色【#8bbc25】，如图 8-47 所示；按【Ctrl+J】组合键复制文字图层，如图 8-48 所示。

图 8-45

图 8-46

图 8-47

图 8-48

Step 05 放大图像。按【Ctrl+T】组合键，执行自由变换操作，如图 8-49 所示。拖动变换点放大图像，如图 8-50 所示。

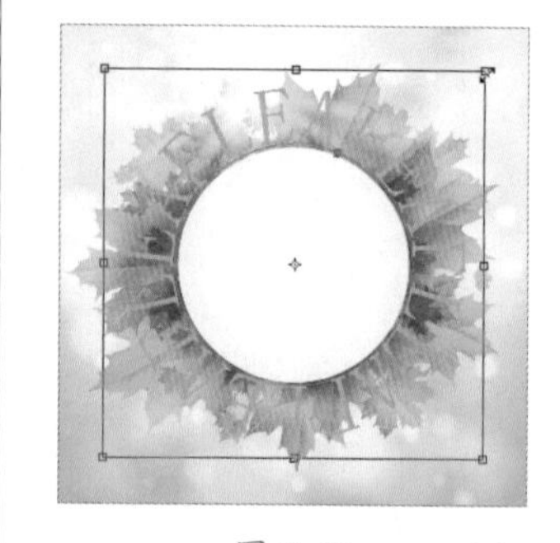

图 8-49

图 8-50

Step 06 更改图层混合模式。更改上方文字图层【混合模式】为线性减淡（添加），如图 8-51 所示，效果如图 8-52 所示。

图 8-51

图 8-52

8.3 编辑文字

在图像中输入文字后，不仅可以调整字体的颜色、大小，还可以对已输入的文字进行其他编辑处理，包括文字的拼写检查、文字变形、栅格化文字以及将文字转换为路径等操作。

8.3.1 点文字与段落文字的互换

在 Photoshop 中，点文字与段落文字之间可以相互转换。创建点文字后，执行【类型】→【转换为段落文本】命令，即可将点文字转换为段落文字。

创建段落文字后执行【类型】→【转换为点文字】命令，即可将段落文字转换为点文字。

8.3.2 实战：使用文字变形添加标题文字

实例门类	软件功能

文字变形是指对创建的文字进行变形处理后得到特定形状的文字。例如，可以将文字变形为扇形或波浪形，下面介绍文字变形的具体操作步骤。

Step 01 打开素材。打开“素材文件\第8章\星光.jpg”文件，如图 8-53 所示。

Step 02 输入文字。选择【横排文字工具】T，在图像中输入文字“美丽闪烁的星光”，在选项栏中，设置【字体】为文鼎特粗宋、【字体大小】为 50 点，如图 8-54 所示。

图 8-53

图 8-54

Step 03 变形文字。在选项栏中，单击【创建文字变形】按钮，❶ 设置【样式】为旗帜，【弯曲】为 -57%，【水平扭曲】为 +11%，❷ 单击【确定】按钮，如图 8-55 所示，效果如图 8-56 所示。

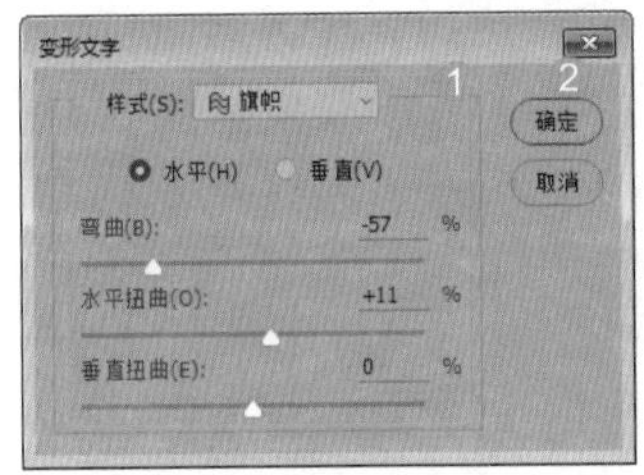
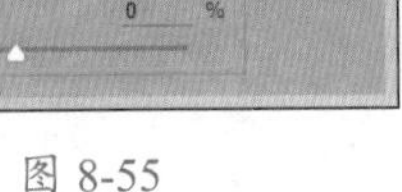

图 8-55

图 8-56

Step 04 移动文字位置。选中下方的文字图层，如图 8-57 所示。选择【移动工具】，按【↓】键多次，移动文字位置，如图 8-58 所示。

图 8-57

图 8-58

Step 05 更改【不透明度】。在【图层】面板中，更改【不透明度】为 40%，如图 8-59 所示。选择【移动工具】，按【↓】键多次，移动文字位置，如图 8-60 所示。

图 8-59

图 8-60

【变形文字】对话框如图 8-61 所示。

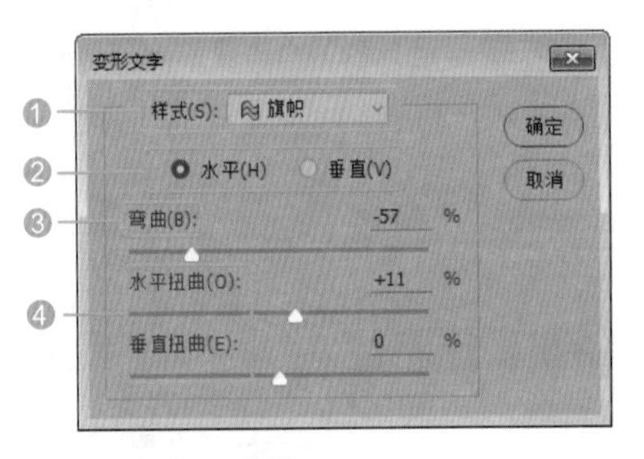

图 8-61

相关选项作用及含义如表 8-4 所示。

表 8-4　选项作用及含义

选项	作用及含义
❶ 样式	在该选项的下拉列表中可以选择 15 种变形样式
❷ 水平 / 垂直	设置文本的扭曲方向为水平方向或垂直方向
❸ 弯曲	设置文本的弯曲程度
❹ 水平扭曲 / 垂直扭曲	可以对文本应用透视

技术看板

创建文字变形后，再次执行【图层】→【文字】→【文字变形】命令，或者单击选项栏中的【创建文字变形】按钮 ，在打开的【变形文字】对话框中可修改变形样式或参数。

在【变形文字】对话框的【样式】下拉列表中选择【无】选项，可取消文字变形。

★重点 8.3.3 栅格化文字

点文字和段落文字都属于矢量文字，文字栅格化后，就由矢量图变成了位图，这样有利于进一步操作，以制作更丰富的文字效果。文字被栅格化后，就无法返回矢量文字的可编辑状态。

选择文字图层，执行【类型】→【栅格化文字图层】命令，文字即被栅格化。

在文字图层上右击，在弹出的快捷菜单中选择【栅格化文字】命令，也可将文字栅格化。

8.3.4 将文字转换为工作路径

选择文字图层，如图 8-62 所示，执行【类型】→【创建工作路径】命令，可将文字转换为工作路径，原文字属性不变，生成的工作路径可以应用填充和描边，或者通过调整锚点得到变形文字，如图 8-63 所示。

图 8-62

图 8-63

8.3.5 将文字转换为形状

选择文字图层，执行【文字】→【转换为形状】命令，如图 8-64 所示，可将文字转换为有矢量蒙版的形状，不会保留文字图层，如图 8-65 所示。

图 8-64

图 8-65

8.3.6 实战：使用【拼写检查】命令检查拼写错误

实例门类	软件功能

在 Photoshop CC 中，可以检查当前文本中的英文单词拼写是否有误，具体操作步骤如下。

Step 01 打开素材。打开“素材文件 \ 第 8 章 \ 春天 .psd”文件，如图 8-66 所示。在【图层】面板中，选中文字图层，如图 8-67 所示。

图 8-66

图 8-67

Step 02 检查拼写。【编辑】→【拼写检查】命令，打开【拼写检查】对话框，检查到有错误时，Photoshop 会提供修改建议。❶ 选择“Spring”，❷ 单击【更改】按钮，如图 8-68 所示。弹出提示对话框，单击【确定】按钮，如图 8-69 所示。

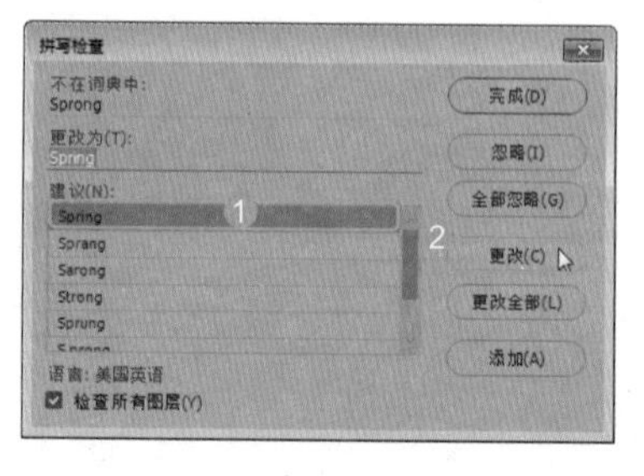

图 8-68

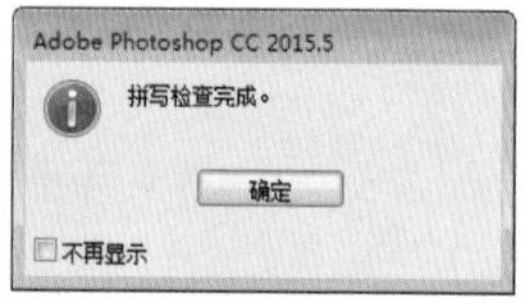

图 8-69

Step 03 更正错误拼写。通过前面的操作，错误拼写被更正，如图 8-70 所示。

图 8-70

8.3.7 查找和替换文本

执行【编辑】→【查找和替换文本】命令，可以打开【查找和替换文本】对话框，在该对话框中，可以查找当前文本中需要修改的文字、单词、标点或字符，并将其替换为指定的内容，如图 8-71 所示。

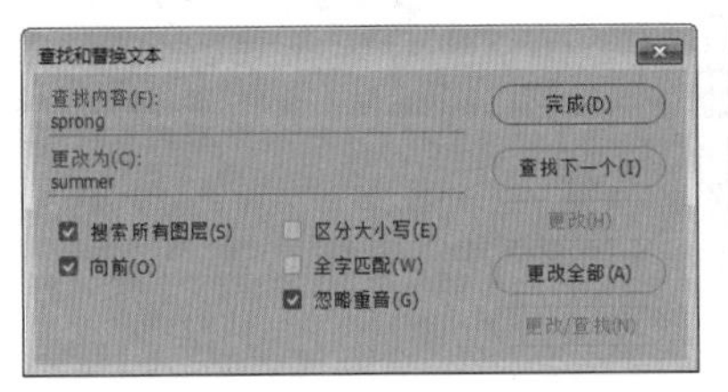

图 8-71

8.3.8 更新所有文字图层

执行【类型】→【更新所有文字图层】命令，可更新当前文件中所有文字图层的属性，可以避免重复操作，提高工作效率。

8.3.9 替换所有欠缺字体

打开文件时，如果该文档中的文字使用了系统中没有的字体，会弹出一条警告信息，指明缺少哪些字体，出现这种情况时，执行【类型】→【替换所有欠缺字体】命令，使用系统中安装的字体替换文档中欠缺的字体。

8.3.10 Open Type 字体

Open Type 字体是 Windows 和 Macintosh 操作系统都支持的字体文件，因此，使用 Open Type 字体以后，在这两个操作平台交换文件时，不会出现字体替换或其他导致文本重新排列的问题。输入文字或编辑文本时，可以在选项栏或【字符】面板中选择 Open Type 字体，并设置文字格式。

★新功能 8.3.11 粘贴 Lorem Ipsum 占位符

使用文字工具在文本中单击，设置文字插入点，执行【文字粘贴 Lorem Ipsum】命令，可以使用 Lorem Ipsum 占位符文本快速地填充文本块以进行布局。

妙招技法

通过前面知识的学习，相信读者已经掌握了 Photoshop CC 文本输入与修改的基本操作。下面结合本章内容，给大家介绍一些实用技巧。

技巧 01：更改字体预览大小

在 Photoshop CC 中通常安装了大量的字体，如果字体预览太小，眼睛看上去会非常累，下面介绍如何更改字体预览大小。

在【字符】面板或文字工具选项栏中选择字体后，可以看到字体的预览效果，如图 8-72 所示。

执行【文字】→【字体预览大小】命令，在打开的子菜单中，可以调整字体预览大小，包括【无】【小】【中】【大】【特大】【超大】6 种，如选择【超大】选项，如图 8-73 所示，效果如图 8-74 所示。

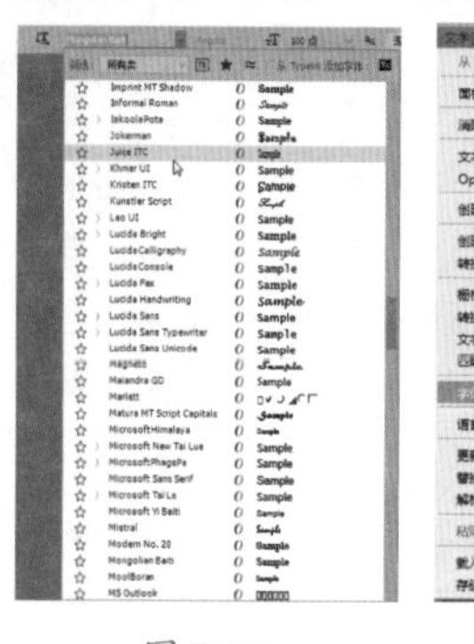

图 8-72

图 8-73

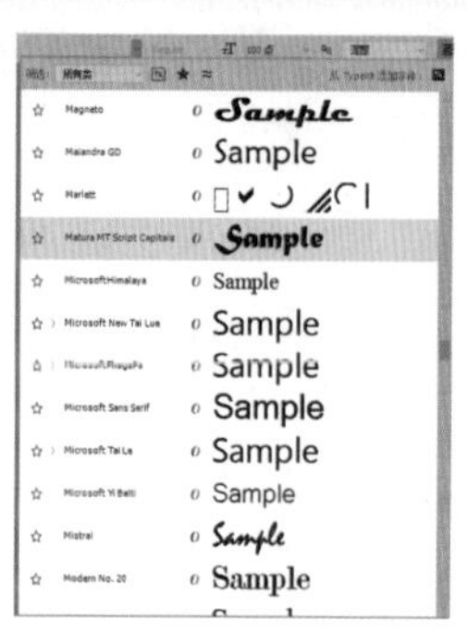

图 8-74

技巧 02：编辑路径文字

文字除了可以横排和竖排外，还可以根据路径轨迹进行排列，具体操作步骤如下。

Step 01 打开素材。打开“素材文件\第 8 章\编辑路径文字.psd”文件，在【图层】面板中选择文字图层，如图 8-75 所示。

图 8-75

Step 02 移动文字。选择【直接选择工具】 或【路径选择工具】 ，将鼠标指针移动到文字上，鼠标指针变为 形状，如图 8-76 所示。拖动鼠标即可移动文字，如图 8-77 所示。

图 8-76

图 8-77

Step 03 翻转文字方向。单击并向路径的另一侧拖动，如图 8-78 所示。可以翻转文字方向，如图 8-79 所示。

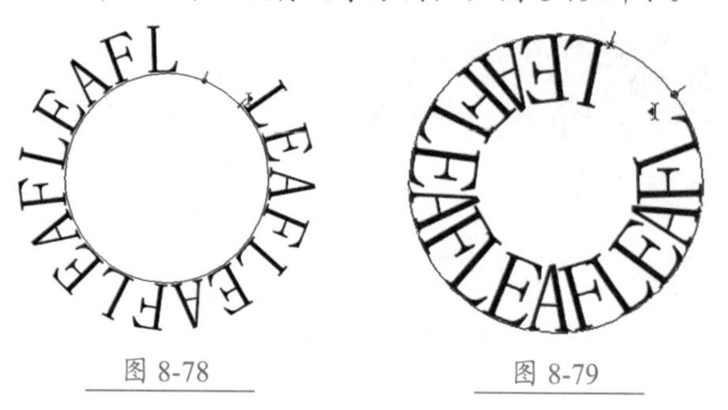

图 8-78　　图 8-79

Step 04 重新排列文字。使用【直接选择工具】 单击路径显示出锚点，如图 8-80 所示。移动方向线调整路径的形状，文字会根据调整后的路径重新排列，如图 8-81 所示。

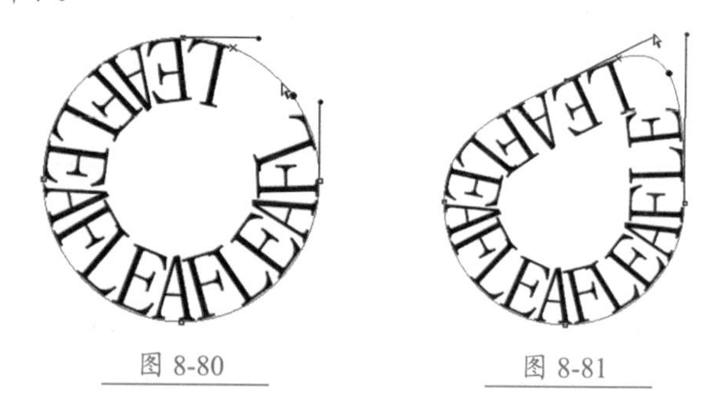

图 8-80　　图 8-81

技巧 03：设置连字

强制对齐段落时，Photoshop CC 会将一行末端的单词断开至下一行，选中【段落】面板中的【连字】复选框，可以在断开的单词间显示连字标记，如图 8-82 所示。

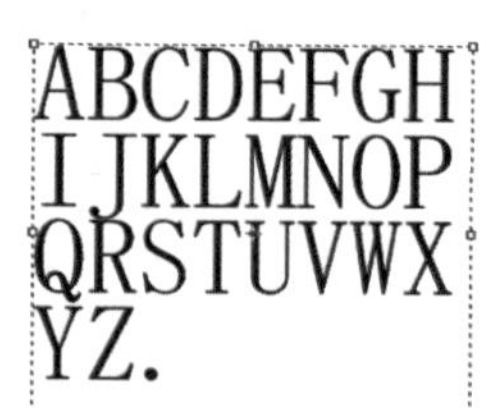

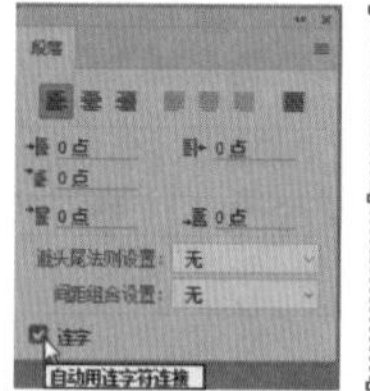

图 8-82

技能实训——童童艺术培训招生宣传单

素材文件	素材文件 \ 第 8 章 \ 技能实训 \ 按钮 .tif，草地 .tif，卡通人物 .tif，向日葵 .tif，小圆 .tif，圆圈 .tif，彩虹 .tif
结果文件	结果文件 \ 第 8 章 \ 宣传单 .psd

设计分析

宣传单在大街小巷都能看到，由于成本低，宣传范围广，所以成为应用非常广泛的平面设计产品。下面在 Photoshop CC 中设计制作“童童艺术培训招生”宣传单，效果如图 8-83 所示。

图 8-83

操作步骤

Step01 新建文件。执行【文件】→【新建】命令，打开【新建】对话框，❶ 设置【宽度】为 21.6 厘米、【高度】为 29.1 厘米、【分辨率】为 300 像素 / 英寸，❷ 单击【确定】按钮，如图 8-84 所示，为背景填充蓝色【#a1d8f6】，如图 8-85 所示。

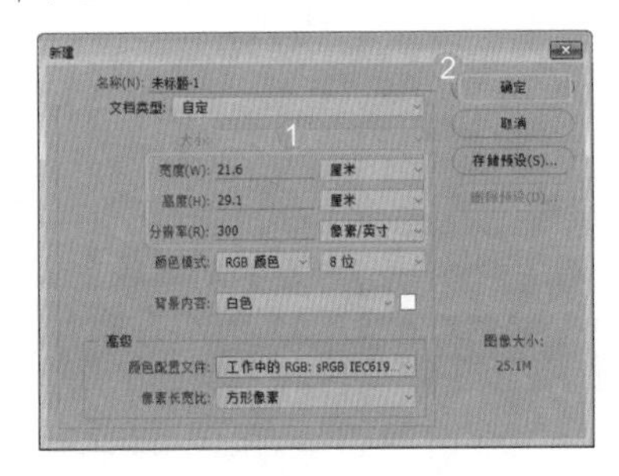

图 8-84

图 8-85

Step02 打开素材并更改不透明度。打开“素材文件 \ 第 8 章 \ 技能实训 \ 彩虹 .tif”文件，拖动到当前文件中，移动到适当位置，如图 8-86 所示。更改【不透明度】为 60%，如图 8-87 所示，效果如图 8-88 所示。

图 8-86

图 8-87

图 8-88

Step03 绘制椭圆。新建图层，命名为【白圈】，如图 8-89 所示。使用【椭圆选框工具】创建选区，如图 8-90

所示，填充白色，效果如图 8-91 所示。

图 8-89

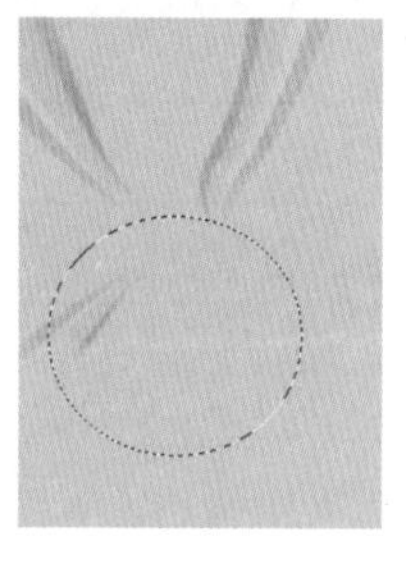

图 8-90

图 8-91

Step04 更改图层不透明度。更改图层不透明度为 70%，如图 8-92 所示。

图 8-92

Step05 添加素材。打开“素材文件\第 8 章\技能实训\圆圈.tif”文件，拖动到当前文件中，移动到适当位置，如图 8-93 所示。新建图层，命名为【细圆】，如图 8-94 所示。

图 8-93

图 8-94

Step06 描边椭圆。使用【椭圆选框工具】创建选区，如图 8-95 所示。执行【编辑】→【描边】命令，打开【描边】对话框，❶设置【宽度】为 5 像素、颜色为黄色【#f8f400】，❷单击【确定】按钮，如图 8-96 所示。

Step07 添加素材并更改不透明度。打开“素材文件\第 8 章\技能实训\小圆.tif”文件，拖动到当前文件中，移动到适当位置，更改【不透明度】为 80%，如图 8-97 所示，效果如图 8-98 所示。

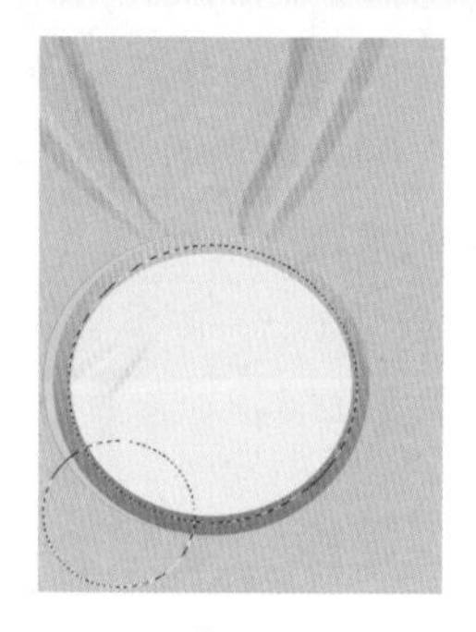

图 8-95

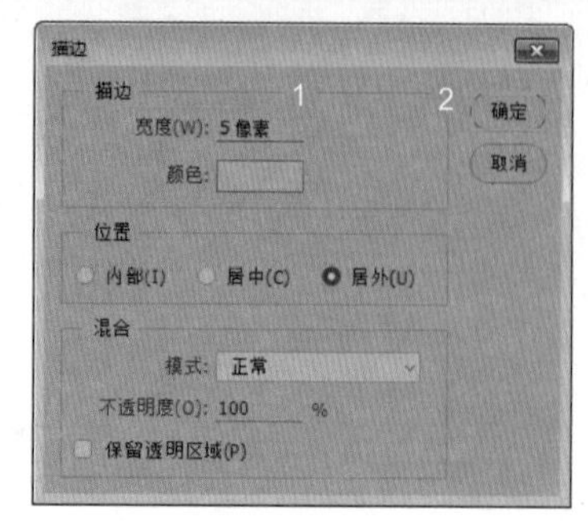

图 8-96

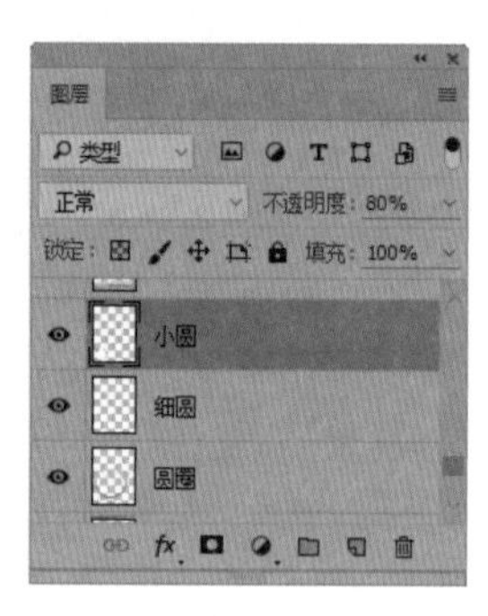

图 8-97

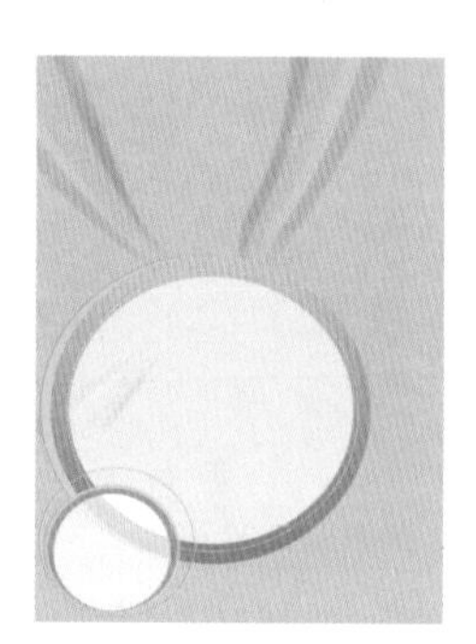

图 8-98

Step08 添加素材。打开“素材文件\第 8 章\技能实训\草地.tif”文件，拖动到当前文件中，移动到适当位置，如图 8-99 所示。

Step09 添加素材。打开“素材文件\第 8 章\技能实训\向日葵.tif”文件，拖动到当前文件中，移动到适当位置，如图 8-100 所示。

图 8-99

图 8-100

Step10 输入文字。设置前景色为红色【#e3007b】，使用【横排文字工具】T 输入文字，在选项栏中，设置【字体】为方正水柱简体、【字体大小】为 60 点，如图 8-101 所示。双击文字图层，如图 8-102 所示。

图 8-101

图 8-102

Step 11 描边文字。在打开的【图层样式】对话框中，❶ 选中【描边】复选框，❷ 设置【大小】为 10 像素、描边颜色为白色，如图 8-103 所示。

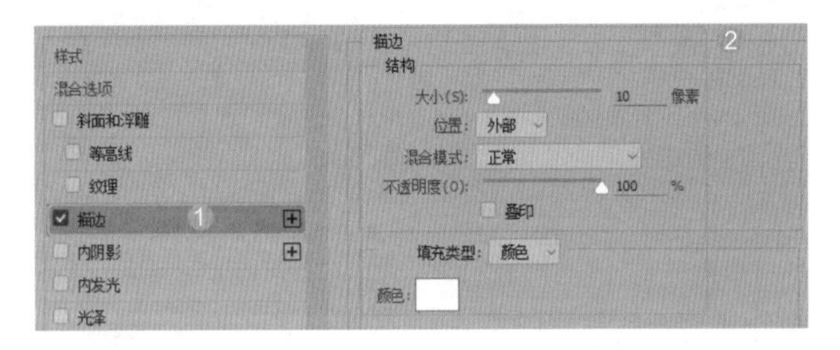

图 8-103

Step 12 添加投影。在打开的【图层样式】对话框中，❶ 选中【投影】复选框，❷ 设置【不透明度】为 75%、【角度】为 120 度、【距离】为 0 像素、【扩展】为 0%、【大小】为 50 像素，选中【使用全局光】复选框，如图 8-104 所示。

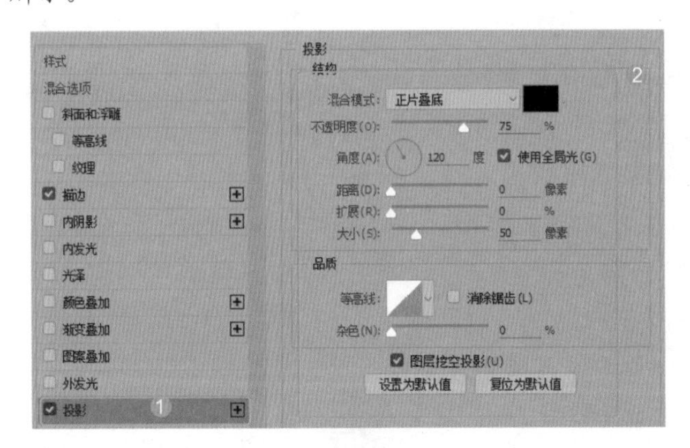

图 8-104

Step 13 继续创建其他文字。添加图层样式后，文字效果如图 8-105 所示。使用相同的方法继续创建其他文字，文字颜色分别为绿色【#00ac36】、蓝色【#0669b2】、紫色【#9c5d9e】，【字体大小】分别为 60 点、90 点、56 点，效果如图 8-106 所示。

图 8-105

图 8-106

Step 14 添加素材。打开"素材文件\第 8 章\技能实训\卡通人物 .tif"文件，拖动到当前文件中，移动到适当位置，如图 8-107 所示。

Step 15 输入文字。设置前景色为红色【#e3007b】，使用【横排文字工具】T，输入文字"童童艺术培训"，在选项栏中，设置【字体】为方正水柱简体、【字体大小】为 62 点，效果如图 8-108 所示。

图 8-107

图 8-108

Step 16 描边文字。双击文字图层，在打开的【图层样式】对话框中，❶ 选中【描边】复选框，❷ 设置【大小】为 10 像素、描边颜色为白色，如图 8-109 所示。描边效果如图 8-110 所示。

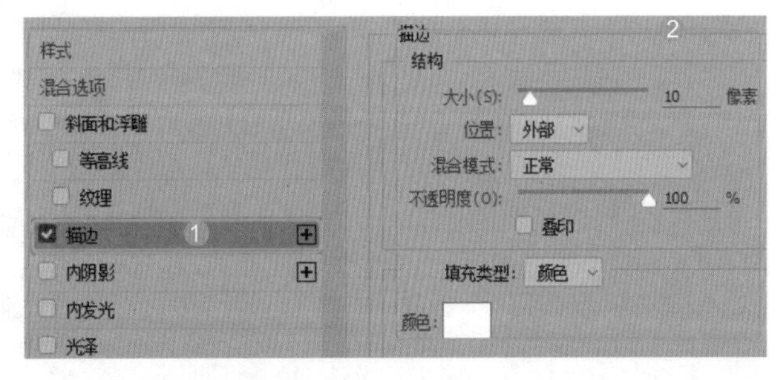

图 8-109

图 8-110

Step17 输入星形符号。单击输入法中的软键盘图标，在打开的快捷菜单中选择【特殊符号】选项，如图 8-111 所示。在打开的软键盘中，选择星形符号，如图 8-112 所示。

图 8-111

图 8-112

Step18 添加描边图层样式。通过前面的操作，输入特殊符号“★”，并输入文字“教学目的”，如图 8-113 所示。使用前面介绍的方法添加描边图层样式，描边大小为 5 像素，效果如图 8-114 所示。

图 8-113

图 8-114

Step19 创建段落文本框。拖动【横排文字工具】 T 创建段落文本框，如图 8-115 所示。

Step20 输入并选中文字。在段落文本框中输入并选中文字，如图 8-116 所示。

图 8-115

图 8-116

Step21 设置文字属性。在【字符】面板中，❶ 设置【字体】为楷体、【字体大小】为 12 点、【行距】为 20 点，❷ 单击【仿粗体】图标 T，如图 8-117 所示。

Step22 设置【首行缩进】。在【段落】面板中设置【首行缩进】为 25 点，如图 8-118 所示。

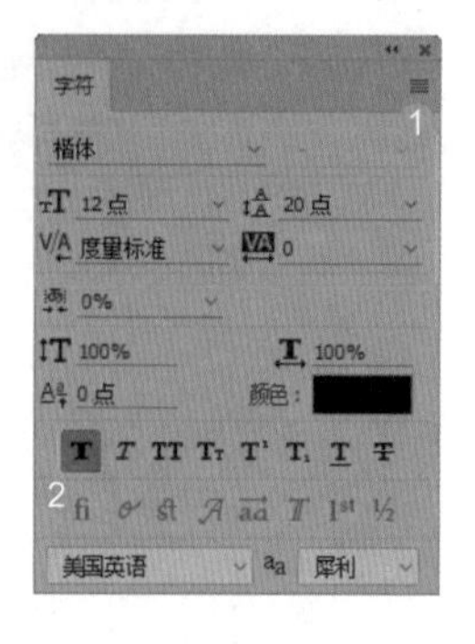

图 8-117

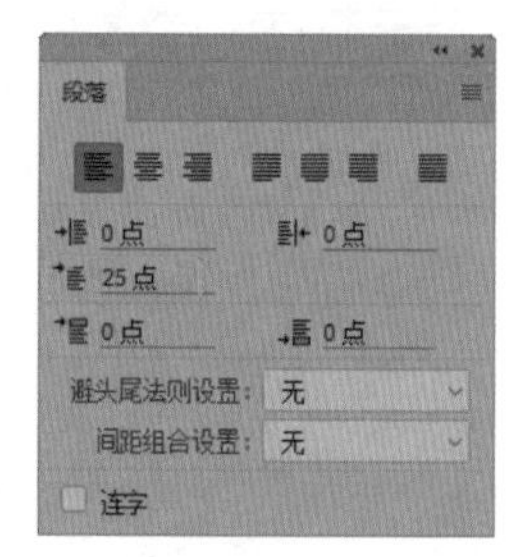

图 8-118

Step23 设置文字属性。编辑段落文本后，效果如图 8-119 所示；输入红色文字“招生须知”，使用前面介绍的方法设置【字体大小】为 40 点、描边【大小】为 10 点，效果如图 8-120 所示。

图 8-119

图 8-120

Step24 输入并选中段落文字。拖动【横排文字工具】 T 创建段落文本框，输入并选中段落文字，如图 8-121 所示。

Step25 设置文字属性。在【字符】面板中，❶ 设置【字体】为楷体、【字体大小】为 12 点、【行距】为 20 点，❷ 单击【仿粗体】图标 T，如图 8-122 所示。

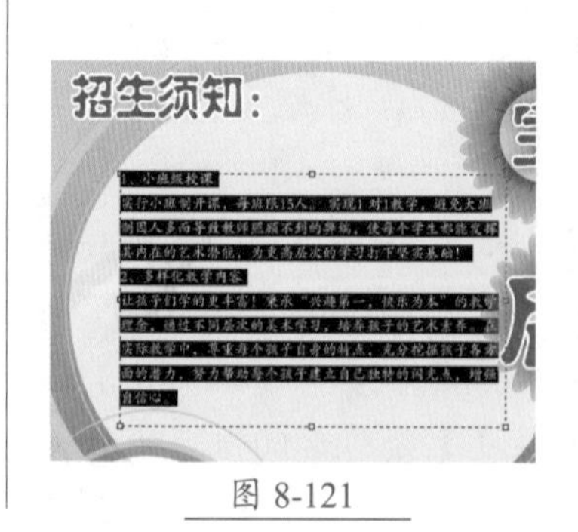

图 8-121

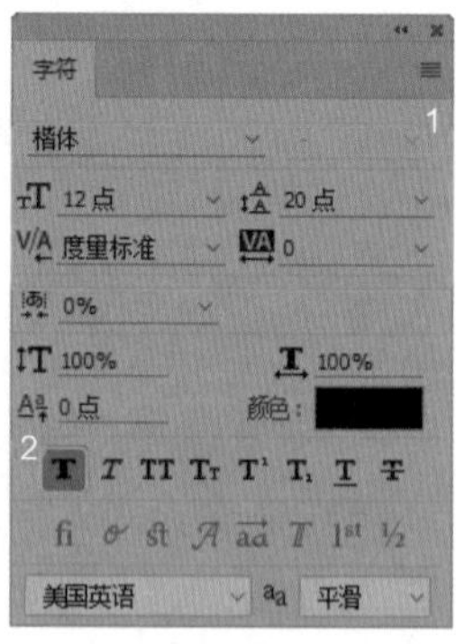

图 8-122

Step26 设置【首行缩进】。在【段落】面板中，设置【首行缩进】为 25 点，如图 8-123 所示，效果如图 8-124 所示。

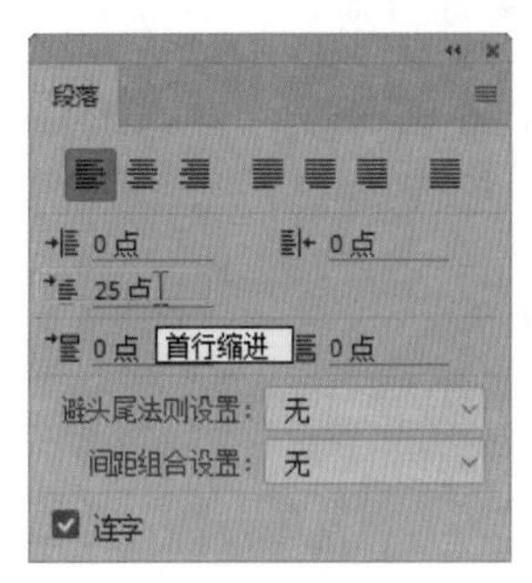

图 8-123

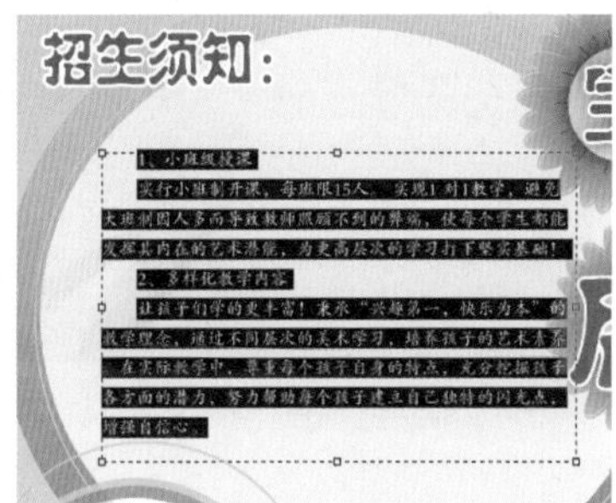

图 8-124

Step27 设置【段后添加空格】。单击定位文字输入点到第一个段落中（非标题），在【段落】面板中，设置【段后添加空格】为 10 点，如图 8-125 所示。

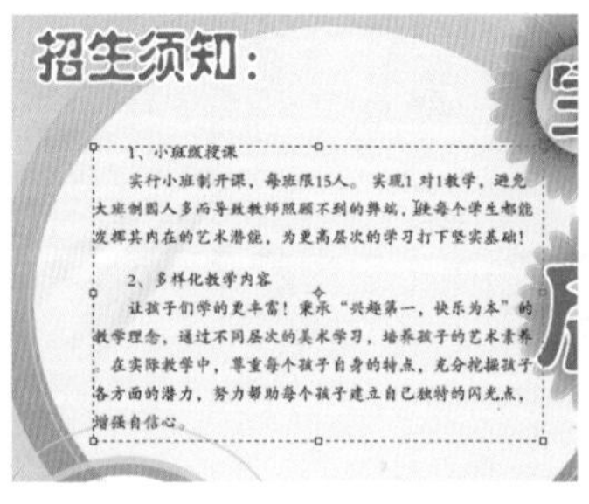

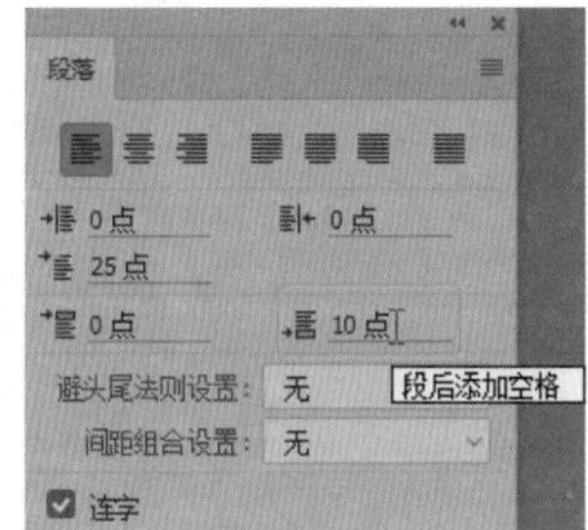

图 8-125

Step28 对齐文字。选中所有段落文字，在【段落】面板中，单击【最后一行左对齐】按钮，如图 8-126 所示。

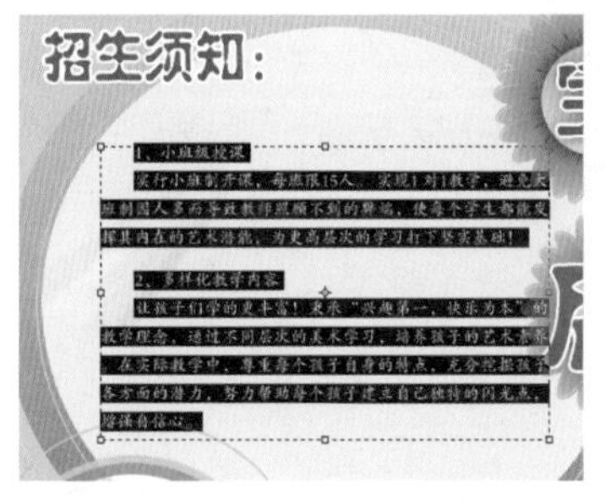

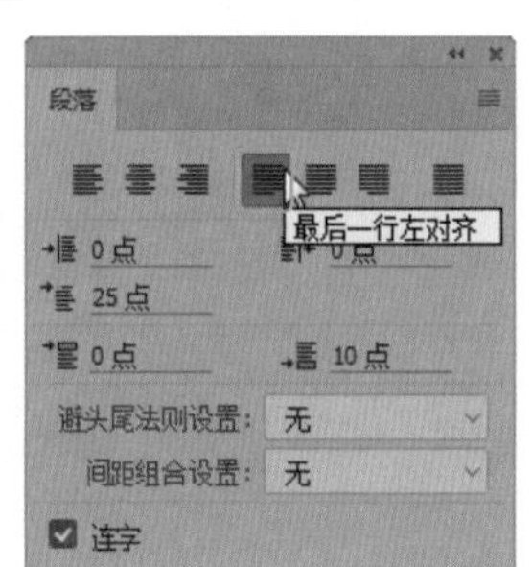

图 8-126

Step29 调整标点位置。在【段落】面板中，设置【避头尾法则设置】为【JIS 严格】，如图 8-127 所示。第二个段落中（非标题），句首标点“句号”被调整到正确位置，如图 8-128 所示。

Step30 设置标题颜色及【首行缩进】。分别选中标题，调整文字为红色，同时在【段落】面板中，设置【首行缩进】为 0 点，如图 8-129 所示。

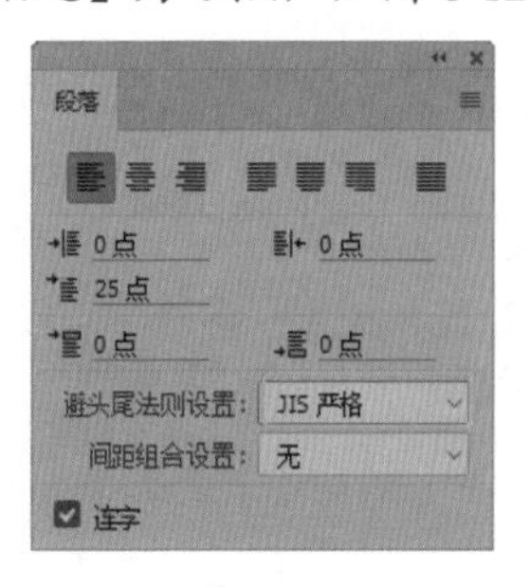

图 8-127

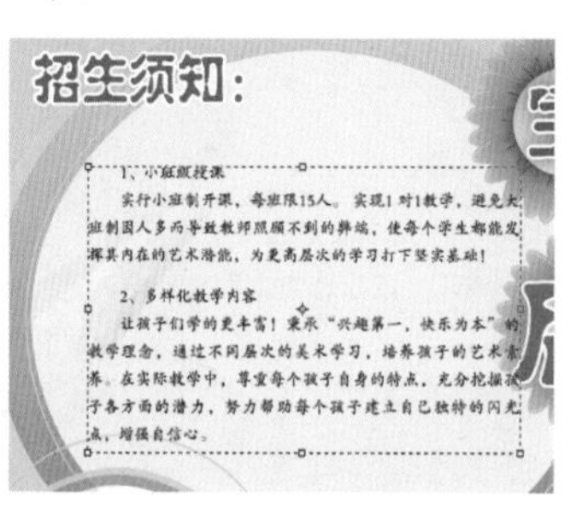

图 8-128

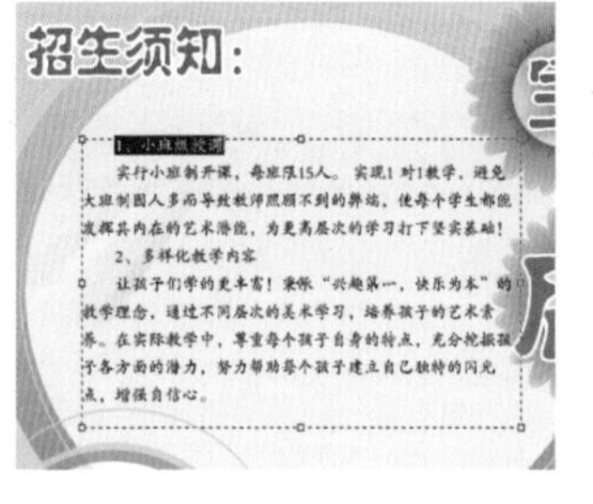

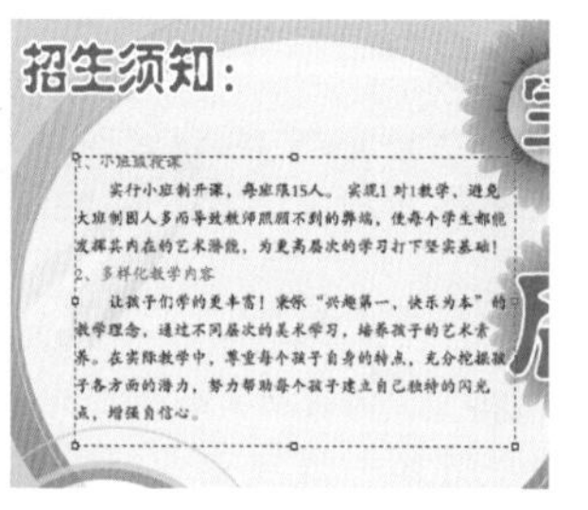

图 8-129

Step31 添加素材。打开“素材文件 \ 第 8 章 \ 技能实训 \ 按钮 .tif”文件，拖动到当前文件中，移动到适当位置，如图 8-130 所示。

图 8-130

Step32 输入文字。设置前景色为红色【#e3007b】，使用【横排文字工具】T 输入文字，在选项栏中，设置两行文字的【字体】分别为方正黑体简体和 Impact，【字体大小】分别为 23 点和 31 点，如图 8-131 所示。

Step33 设置描边。使用前面的方法添加描边图层样式，设置描边【大小】为 10 像素、描边颜色为白色，效果如图 8-132 所示。

Step34 输入文字。设置前景色为黑色，使用【横排文字工具】T 输入文字，在选项栏中，设置【字体】为方正中黑简体、【字体大小】为 17.5 点，如图 8-133 所示，最终效果如图 8-134 所示。

图 8-131

图 8-132

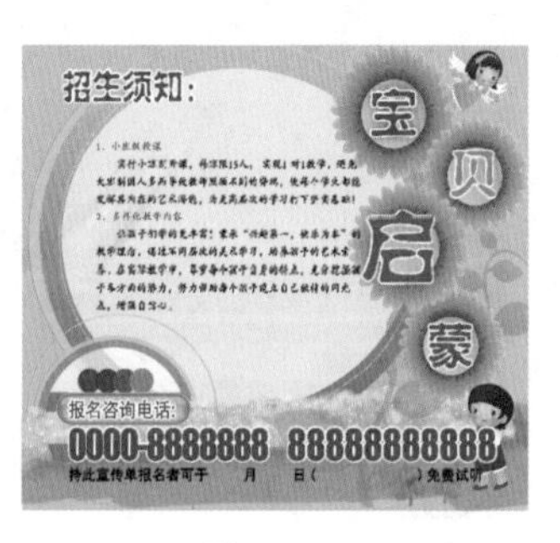

图 8-133

图 8-134

本章小结

本章主要讲述了文字基础知识，包括文字类型和文字工具选项栏，如何创建文字和编辑文字，以及如何设置文字的样式和将文字进行变形处理的一些技巧，合理运用文字是进行图像处理的必备技能。希望通过本章内容的讲解，读者能够熟练掌握文字处理基础知识。

第9章 路径和矢量图形的应用

- ➥ 路径、形状、像素有什么区别呢？
- ➥ 路径会打印出来吗？
- ➥ 直线和曲线的绘制方法有什么区别？
- ➥ 如何任意调整路径？
- ➥ 如何将路径和选区互相转换？

路径功能是矢量设计功能的充分体现，用户可以利用路径功能绘制线条或曲线，并对绘制后的线条进行填充或描边，以实现对图像的更多操作。本章将通过钢笔工具、形状工具以及编辑路径等相关知识来讲解矢量图的绘制和编辑方法。

9.1 初识路径

在 Photoshop 中钢笔和形状等矢量工具可以创建不同类型的对象，包括形状图层、工作路径和像素图形，在使用矢量工具创建路径时，必须了解什么是路径，路径由什么组成，下面就来讲解路径的概念与路径的组成。

9.1.1 绘图模式

当用户创建绘制工具后，在选项栏中选择【路径】选项，可创建工作路径，它出现在【路径】面板中，如图 9-1 所示。

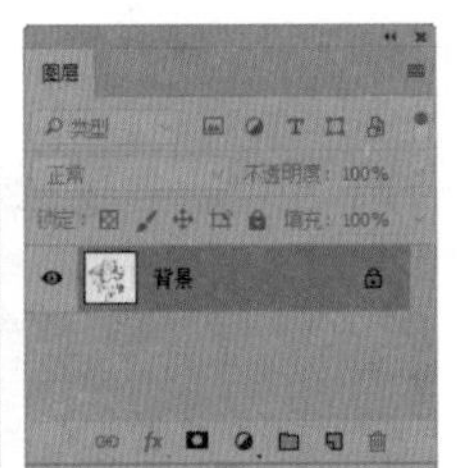

图 9-1

在选项栏中选择【形状】选项后，可在单独的形状图层中创建形状，形状图层由填充区域和形状两部分组成，填充区域定义了形状的颜色、图案和图层的不透明度，形状则是一个矢量图形，它同时出现在【路径】面板中，如图 9-2 所示。

在选项栏中选择【像素】选项后，可以在当前图层上绘制栅格化的图形，由于不能创建矢量图形，因此【路径】面板中也不会有路径，如图 9-3 所示。

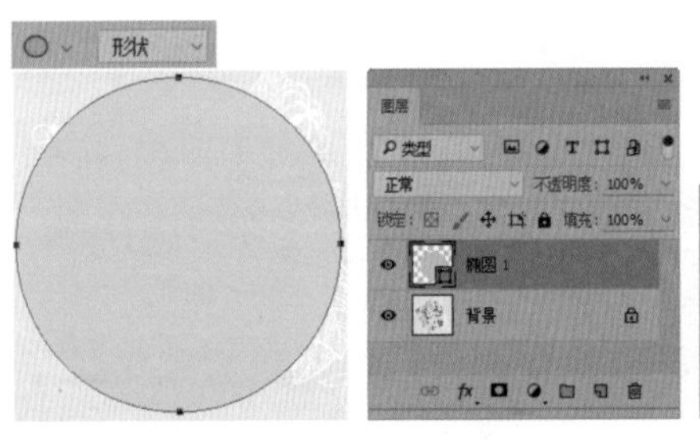

图 9-2

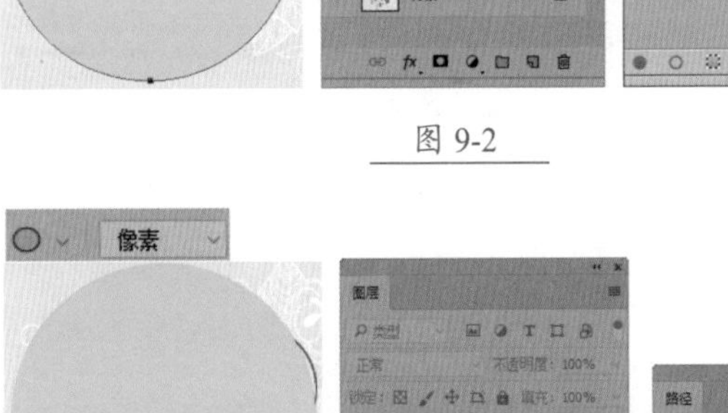

图 9-3

1. 路径

在选项栏中选择【路径】选项并绘制路径后，可以单击【选区】【蒙版】【形状】按钮，如图 9-4 所示。将路径转换为选区、矢量蒙版或形状图层，如图 9-5 所示。

图 9-4

转换为选区

选择为蒙版

图 9-5

2. 形状

在选择【形状】选项后，可以在【填充】下拉列表及【描边】选项组中选择用纯色、渐变和图案对图形进行填充和描边，如图 9-6 所示。

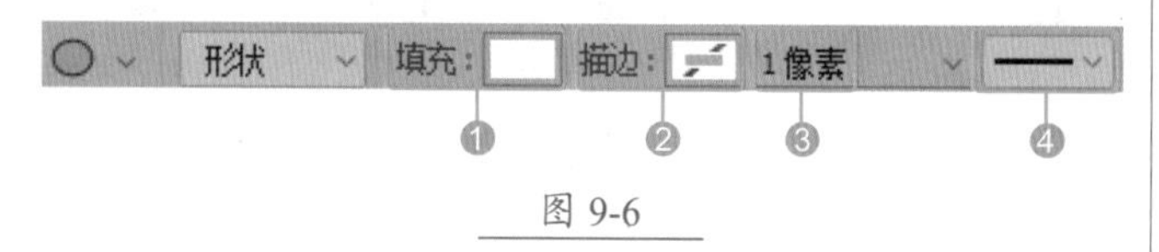

图 9-6

相关选项作用及含义如表 9-1 所示。

表 9-1 选项作用及含义

选项	作用及含义
① 设置形状填充类型	单击下拉按钮，在打开的面板中可以分别选择【无填充 / 描边】、【用纯色填充 / 描边】、【用渐变填充 / 描边】、【用图案填充 / 描边】4 种填充类型。如果要自定义填充颜色，可单击按钮，打开拾色器进行调整
② 设置形状描边类型	单击下拉按钮，在打开的面板中可以用纯色、渐变和图案为图形进行描边
③ 设置形状描边宽度	单击下拉按钮，打开下拉菜单，拖动滑块可以调整描边宽度
④ 设置形状描边类型	单击下拉按钮，可以打开一个面板，在该面板中可以设置描边选项

技术看板

创建纯色、图案或渐变填充形状图层后，执行【图层】→【图层内容选项】命令，可以打开相应的拾色器、图案或渐变对话框，进行参数设置。

3. 像素

在选项栏中选择【像素】选项后，可以为绘制的图像设置混合模式和不透明度，如图 9-7 所示。

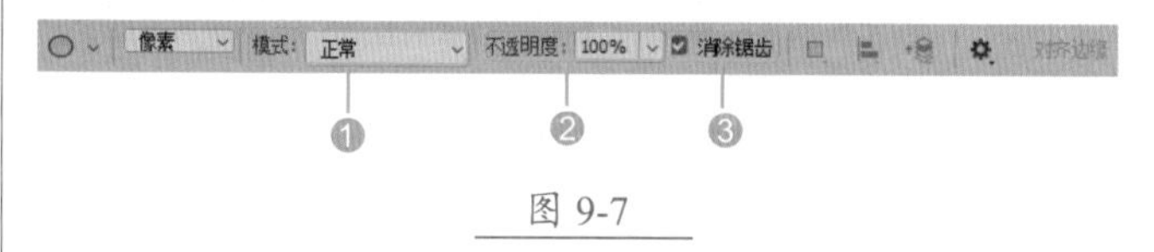

图 9-7

相关选项作用及含义如表 9-2 所示。

表 9-2 选项作用及含义

选项	作用及含义
① 模式	可以设置混合模式，让绘制的图像与下方其他图像产生混合效果
② 不透明度	可以为图像指定不透明度，使其呈现透明效果
③ 消除锯齿	选中该复选框，可以平滑图像的边缘，消除锯齿

★重点 9.1.2 路径

路径不是图像中的像素，只是用来绘制图形或选择图像的一种依据。利用路径可以编辑不规则图形，建立不规则选区，还可以对路径进行描边、填充来制作特殊的图像效果。通常路径是由锚点、路径线段及方向线组成的，下面分别进行介绍。

1. 锚点

锚点又称为节点，包括平滑点和角点，分别如图 9-8 和图 9-9 所示。在绘制路径时，线段与线段之间由一个锚点连接，锚点本身具有直线或曲线属性。

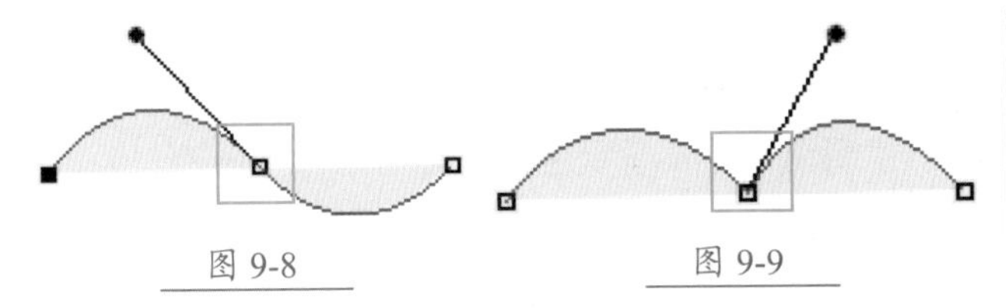

图 9-8　　图 9-9

当锚点显示为白色空心时，表示该锚点未被选取，如图 9-10 所示；当锚点为黑色实心时，表示该锚点为当前选取的点，如图 9-11 所示。

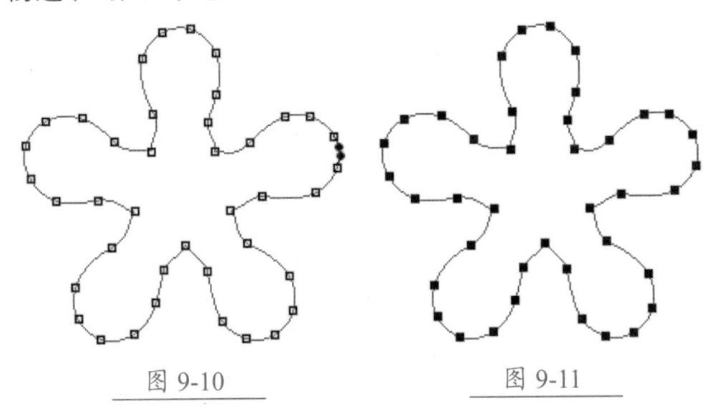

图 9-10　　图 9-11

2. 线段

两个锚点之间连接的部分称为线段。如果线段两端的锚点都带有直线属性，则该线段为直线，如图 9-12 所示；如果任意一端的锚点带有曲线属性，则该线段为曲线，如图 9-13 所示。当改变锚点的属性时，通过该锚点的线段也会被影响。

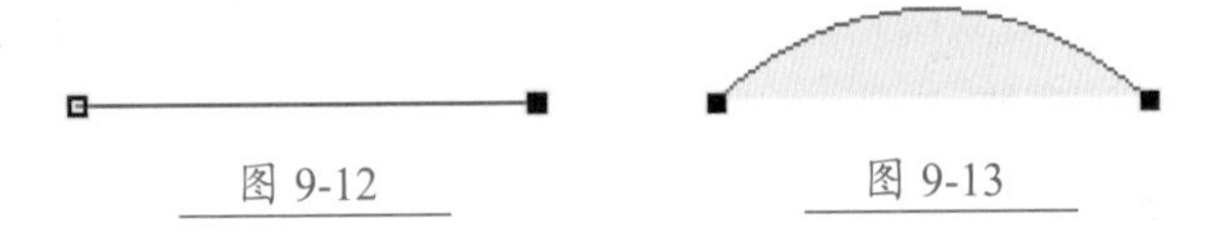

图 9-12　　图 9-13

3. 方向线和方向点

当用【直接选择工具】 或【转换点工具】 选取带有曲线属性的锚点时，锚点的两侧便会出现方向线，如图 9-14 所示。用鼠标拖曳方向线末端的方向点，即可改变曲线段的弯曲程度，如图 9-15 所示。

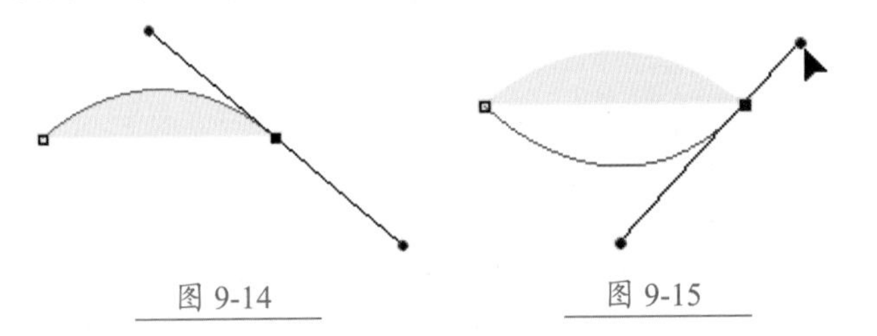

图 9-14　　图 9-15

★重点 9.1.3 【路径】面板

执行【窗口】→【路径】命令，打开【路径】面板，当创建路径后，在【路径】面板上就会自动创建一个新的工作路径，如图 9-16 所示。

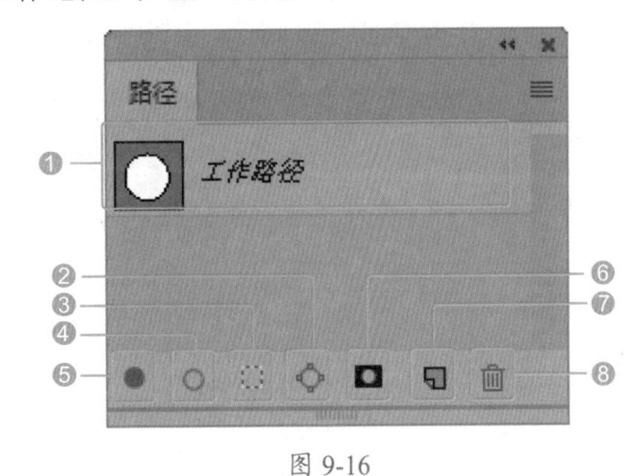

图 9-16

相关选项作用及含义如表 9-3 所示。

表 9-3　选项作用及含义

选项	作用及含义
❶ 工作路径	显示了当前文件中包含的路径、临时路径和矢量蒙版
❷ 从选区生成工作路径	单击该按钮可以将当前创建的选区生成为工作路径
❸ 将路径作为选区载入	单击该按钮可以将创建的路径作为选区载入
❹ 用画笔描边路径	单击该按钮可以按当前选择的绘画工具和前景色沿路径进行描边
❺ 用前景色填充路径	单击该按钮可以用当前设置的前景色填充被路径包围的区域
❻ 添加蒙版	单击该按钮从当前路径创建蒙版
❼ 创建新路径	单击该按钮可以创建一个新的工作路径
❽ 删除当前路径	单击该按钮可以删除当前选择的工作路径

技能拓展——修改路径的名称

在【路径】面板中，双击路径名称，进入文字编辑状态，即可在显示的文本框中修改路径的名称。

9.2 钢笔工具

钢笔工具包括【钢笔工具】和【自由钢笔工具】，主要用于绘制矢量图形，还可以用作图像勾边。下面将具体讲解每种工具的使用方法。

★重点 9.2.1 钢笔选项

选择工具箱中的【钢笔工具】，其选项栏如图 9-17 所示。

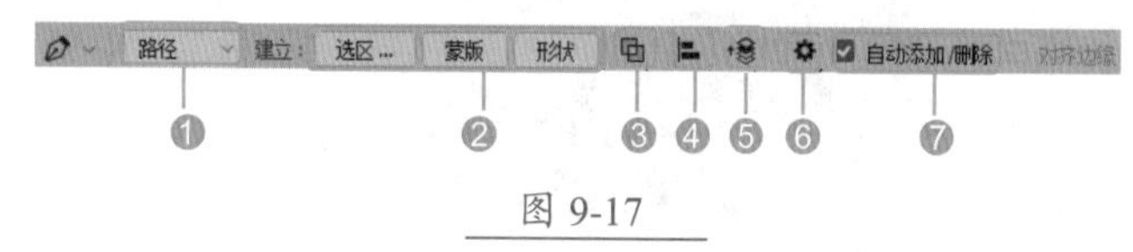

图 9-17

相关选项作用及含义如表 9-4 所示。

表 9-4 选项作用及含义

选项	作用及含义
❶ 绘制方式	该选项包括 3 个选项，分别为【形状】【路径】【像素】。选择【形状】选项，可以创建一个形状图层；选择【路径】选项，绘制的路径则会保存在【路径】面板中；选择【像素】选项，则会在图层中为绘制的形状填充前景色
❷ 建立	包括【选区】【蒙版】和【形状】3 个按钮，单击相应的按钮，可以将路径转换为相应的对象
❸ 路径操作	单击【路径操作】按钮，在打开的下拉列表框中选择【合并形状】，新绘制的图形会添加到现有的图形中；选择【减去图层形状】，可从现有的图形中减去新绘制的图形；选择【与形状区域相交】，得到的图形为新图形与现有图形的交叉区域；选择【排除重叠区域】，得到的图形为合并路径中排除重叠的区域
❹ 路径对齐方式	可以选择多个路径的对齐方式，包括【左边】【水平居中】【右边】等
❺ 路径排列方式	选择路径的排列方式，包括【将路径置为顶层】【将形状前移一层】等选项
❻ 橡皮带	单击【橡皮带】按钮，可以打开下拉列表，选中【橡皮带】复选框，在绘制路径时，可以显示路径外延
❼ 自动添加/删除	选中该复选框，则【钢笔工具】就具有了智能增加和删除锚点的功能。将【钢笔工具】放在选取的路径上，鼠标指针变成形状，表示可以增加锚点；而将钢笔工具放在选中的锚点上，鼠标指针变成形状，表示可以删除此锚点

★重点 9.2.2 实战：绘制直线

实例门类	软件功能

使用【钢笔工具】依次单击即可绘制直线，具体操作步骤如下。

Step 01 确定路径起点。选择【钢笔工具】，在选项栏中选择【路径】选项，单击确定路径起点，如图 9-18 所示。

Step 02 创建一条直线段。在下一目标处单击，即可在这两点间创建一条直线段，如图 9-19 所示。

图 9-18

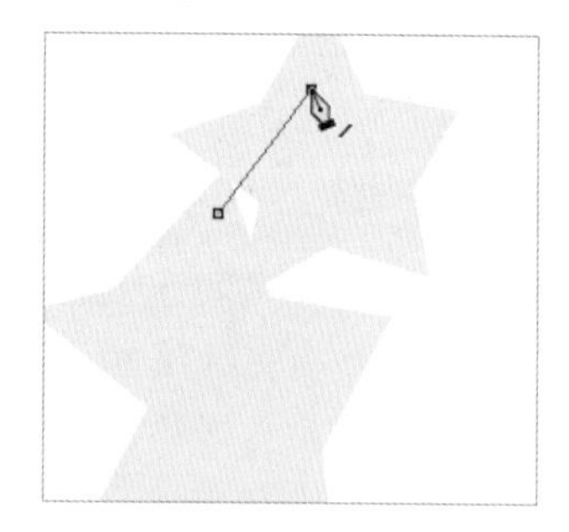

图 9-19

Step 03 绘制直线。继续在下一锚点处单击，绘制直线，如图 9-20 所示。

Step 04 确定路径的其他锚点。使用相同方法依次单击确定路径的其他锚点，如图 9-21 所示。

图 9-20

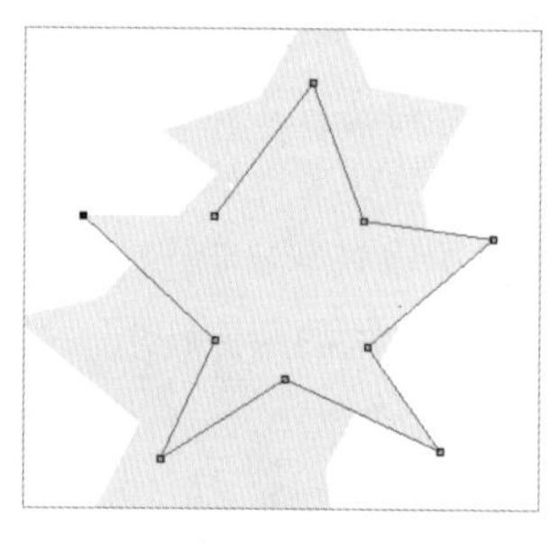

图 9-21

Step 05 放置光标。将鼠标指针放置在路径的起始点上，指针会变成形状，如图 9-22 所示。

Step 06 闭合路径。单击即可创建一条闭合路径，如图 9-23 所示。

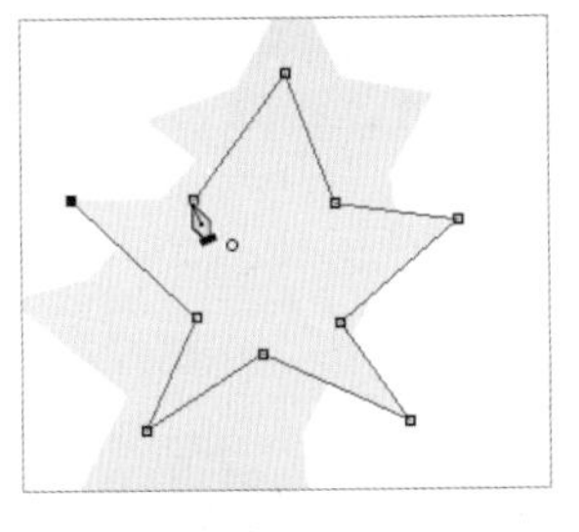

图 9-22

图 9-23

技术看板

在绘制路径时，如果不想闭合路径，可以按住【Ctrl】键在空白处单击，或者按下【Esc】键也可以结束绘制。

★重点 9.2.3 实战：绘制平滑曲线

实例门类	软件功能

曲线的绘制方法稍为复杂，具体操作步骤如下。

Step01 确定路径起点。选择【钢笔工具】，在选项栏中，选择【路径】选项，单击确定路径起点，如图 9-24 所示。

Step02 绘制曲线。在下一目标处单击并拖动鼠标，两个锚点间的线段即为曲线线段，如图 9-25 所示。

图 9-24

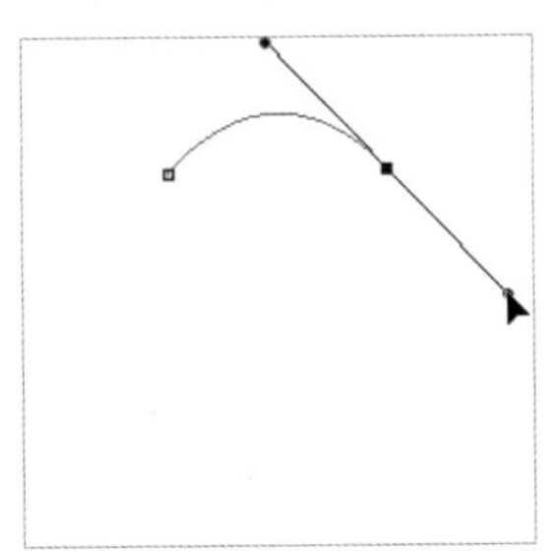

图 9-25

Step03 确定路径的其他锚点。通过相同操作依次确定路径的其他锚点，如图 9-26 所示。

Step04 放置光标。将鼠标指针放置在路径的起点上，指针会变成 形状，如图 9-27 所示。

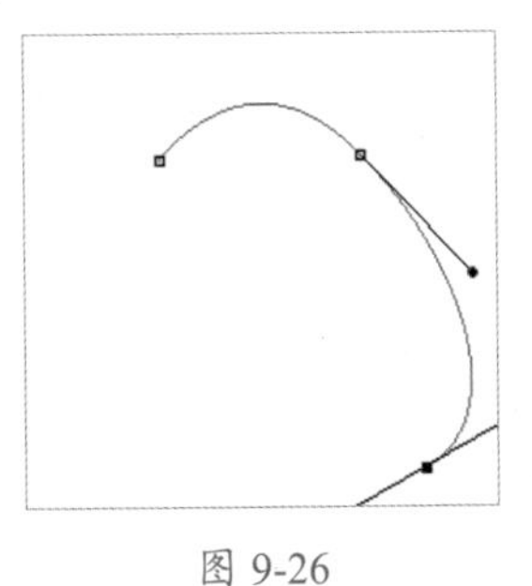

图 9-26

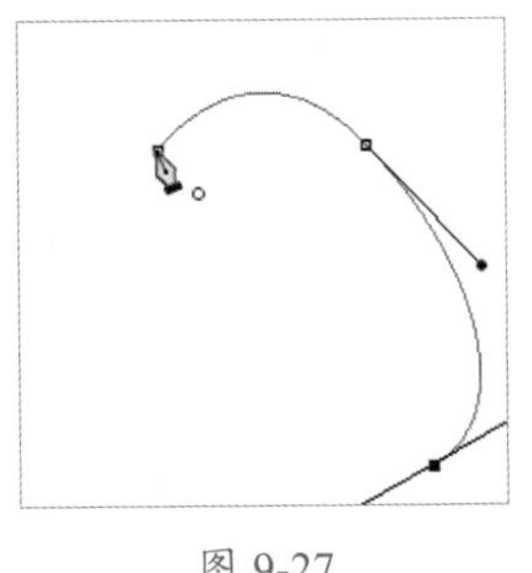

图 9-27

Step05 调整路径的形状。单击并拖动鼠标，即可创建一条闭合路径，如图 9-28 所示。继续拖动鼠标，调整路径的形状，如图 9-29 所示。

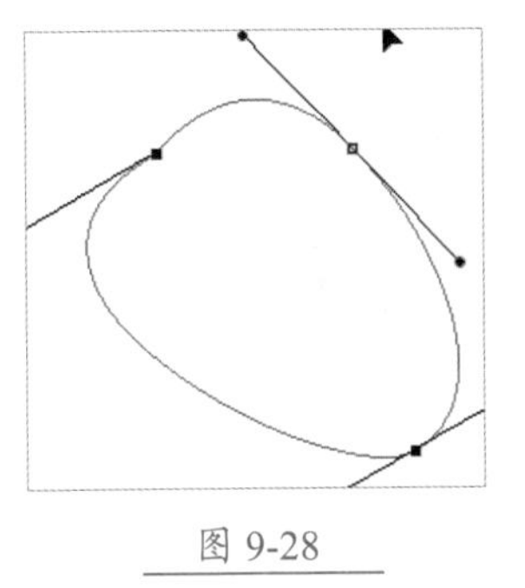

图 9-28

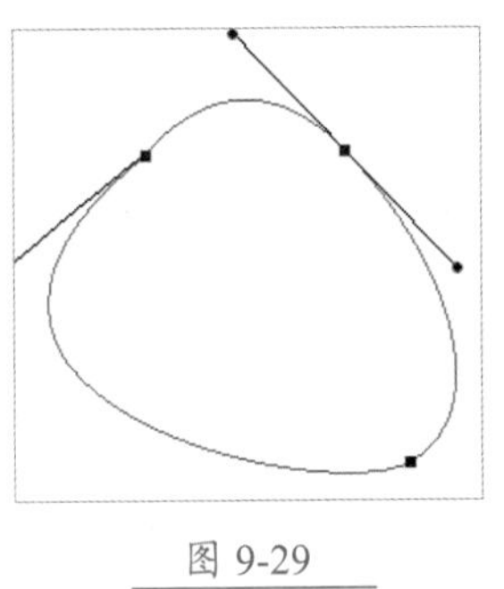

图 9-29

★重点 9.2.4 实战：绘制角曲线

实例门类	软件功能

使用【钢笔工具】除了可以绘制平滑曲线外，还可以绘制角曲线，绘制过程中，需要转换锚点的性质，具体操作步骤如下。

Step01 确定路径起点。选择【钢笔工具】，在选项栏中选择【路径】选项，单击确定路径起点，如图 9-30 所示。

Step02 绘制曲线。在下一目标处单击并拖动鼠标，两个锚点间的线段为曲线段，如图 9-31 所示。

图 9-30

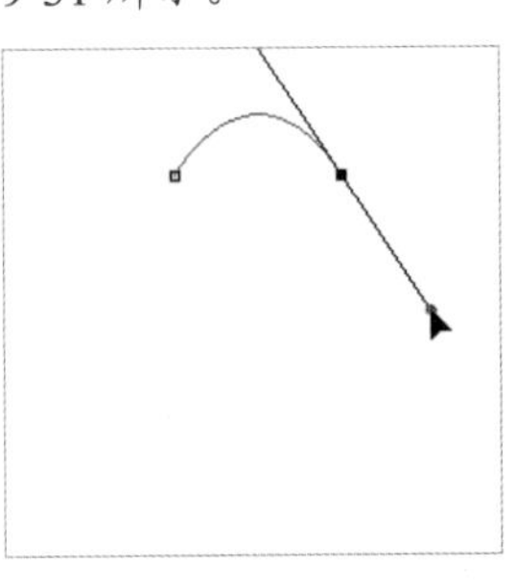

图 9-31

Step03 将平滑锚点转换为角锚点。按住【Alt】键，切换为【转换点工具】，单击锚点，将平滑锚点转换为角锚点，如图 9-32 所示。

Step04 定义下一锚点。在下一目标处单击并拖动鼠标，定义下一锚点，如图 9-33 所示。

Step05 继续绘制锚点。使用相同的方法定义其他锚点，如图 9-34 所示，继续绘制锚点，如图 9-35 所示。

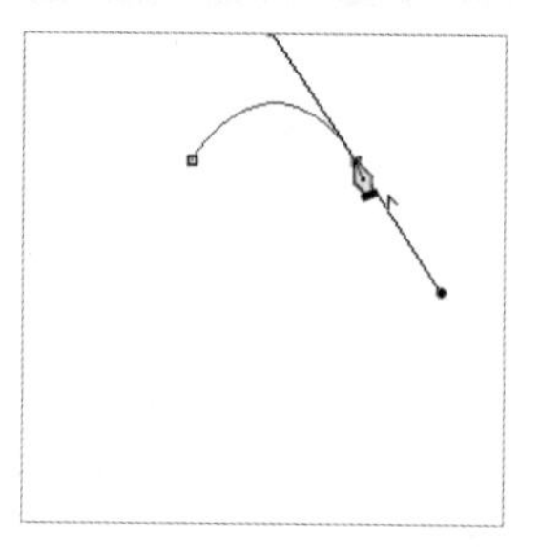

图 9-32

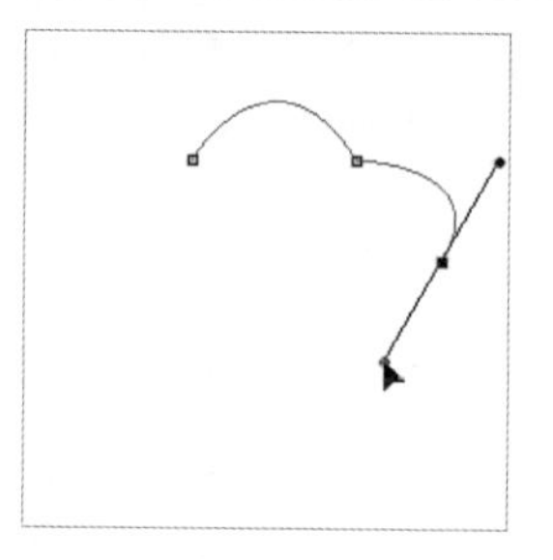

图 9-33

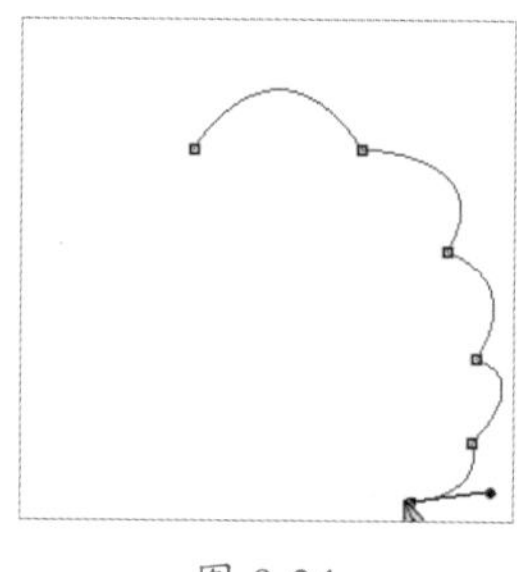

图 9-34

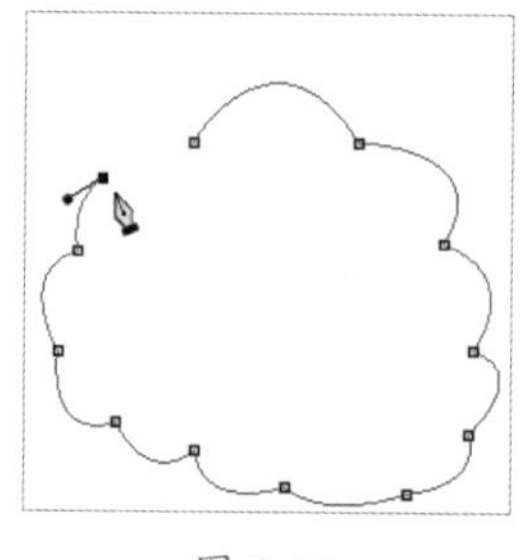

图 9-35

Step 06 创建闭合路径。将鼠标指针放置在路径的起点上，指针会变成 形状，如图 9-36 所示。单击并拖动鼠标，即可创建一条闭合路径，如图 9-37 所示。

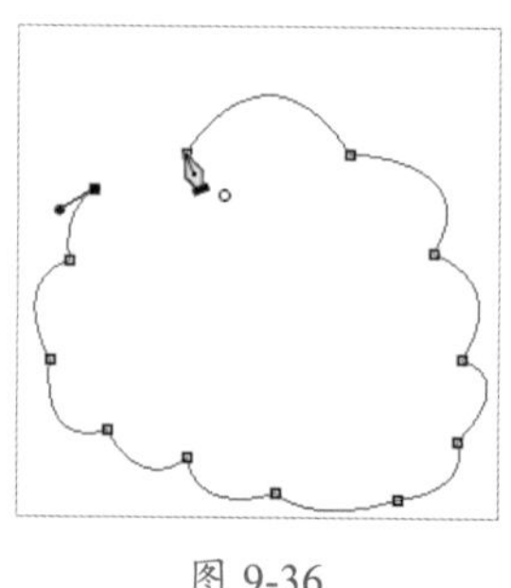

图 9-36

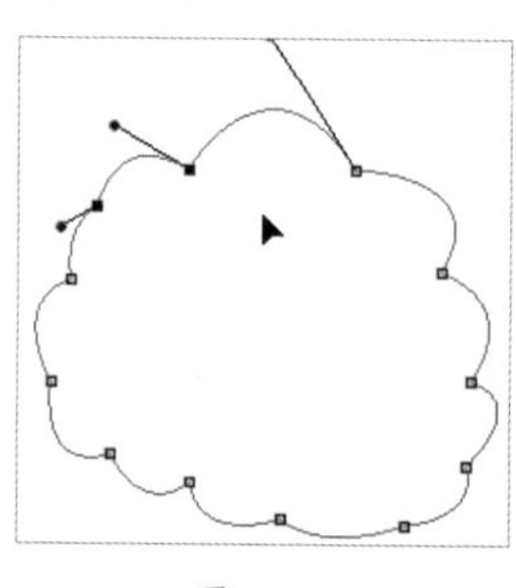

图 9-37

技术看板

【钢笔工具】 可以快速切换为其他路径编辑工具。例如，将【钢笔工具】 放置到路径上时，【钢笔工具】 即可临时切换为【添加锚点工具】；将【钢笔工具】 放置到锚点上，【钢笔工具】 将变成【删除锚点工具】，如果此时按住【Alt】键，则【删除锚点工具】 又会变成【转换点工具】；在使用【钢笔工具】 时，如果按住【Ctrl】键，【钢笔工具】 又会切换到【直接选择工具】。

9.2.5 自由钢笔工具

实例门类	软件功能

选择【自由钢笔工具】后，选项栏如图 9-38 所示。

图 9-38

相关选项作用及含义如表 9-5 所示。

表 9-5 选项作用及含义

选项	作用及含义
磁性的	选中该复选框，在绘制路径时，可仿照【磁性套索工具】 的用法设置平滑的路径曲线，对创建具有轮廓的图像的路径很有帮助。

【自由钢笔工具】 的使用方法与【套索工具】 非常相似。在画面中单击并拖动鼠标即可绘制路径，其具体操作步骤如下。

Step 01 创建路径。在图像中单击确定起点，如图 9-39 所示。按住鼠标左键进行拖动，如图 9-40 所示。释放鼠标结束路径的创建，Photoshop 会自动为路径添加锚点，如图 9-41 所示。

图 9-39

图 9-40

图 9-41

Step 02 绘制路径。在选项栏中选中【磁性的】复选框，在对象边缘单击定义路径起点，如图 9-42 所示。沿着对象边缘拖动鼠标，移动到起始锚点时，指针会变成 形状，如图 9-43 所示，单击闭合路径，Photoshop 会自动为路径添加锚点，如图 9-44 所示。

图 9-42

图 9-43

图 9-44

9.3 形状工具

形状工具包括【矩形工具】▭、【圆角矩形工具】▢、【椭圆工具】◯、【多边形工具】⬡、【直线工具】/和【自定形状工具】✩，使用这些工具可以绘制出标准的几何图形，也可以绘制自定义图形。

★重点 9.3.1 矩形工具

【矩形工具】▭主要用于绘制矩形或正方形图形，通过【矩形工具】▭绘制路径时，只需要选择【矩形工具】▭，然后在图像窗口中拖动鼠标，即可绘制出相应的矩形，如图 9-45 所示。

单击其选项栏中的⚙按钮，在打开的面板中可以设置矩形的创建方法，如图 9-46 所示。

图 9-45

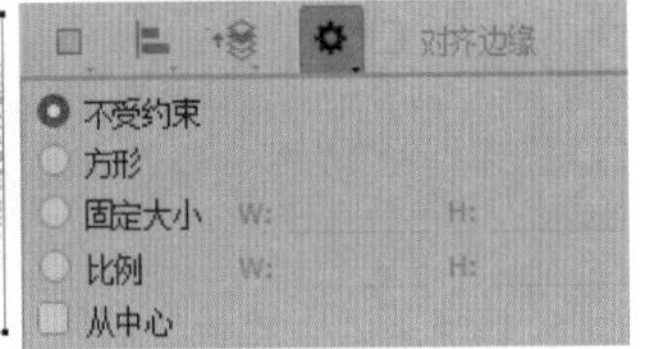

图 9-46

相关选项作用及含义如表 9-6 所示。

表 9-6 选项作用及含义

选项	作用及含义
不受约束	选中该单选按钮，拖动鼠标创建任意大小的矩形
方形	选中该单选按钮，拖动鼠标创建任意大小的正方形
固定大小	选中该单选按钮并在它右侧的文本框中输入数值（W 为宽度，H 为高度），此后单击鼠标时，只创建预设大小的矩形
比例	选中该单选按钮并在它右侧的文本框中输入数值，此后拖动鼠标时，无论创建多大的矩形，矩形的宽度和高度都保持预设的比例
从中心	选中该复选框，以任何方式创建矩形时，鼠标在画面中的单击点即为矩形的中心，拖动鼠标时矩形由中心点向外扩展

9.3.2 圆角矩形工具

【圆角矩形工具】▢用于创建圆角矩形。它的使用方法及选项都与【矩形工具】▭相同，只是多了一个【半径】选项，通过【半径】来设置倒角的幅度，数值越大，产生的圆角效果越明显。【半径】分别为 50px、100px 和 200px 创建的圆角矩形效果如图 9-47 所示。

图 9-47

★重点 9.3.3 椭圆工具

【椭圆工具】◯可以绘制椭圆或圆形形状的图形。其使用方法与【矩形工具】▭的操作方法相同，只是绘制的形状不同，用户可以创建不受约束的椭圆和圆形，也可创建固定大小和固定比例的图形，椭圆和正圆形路径如图 9-48 所示。

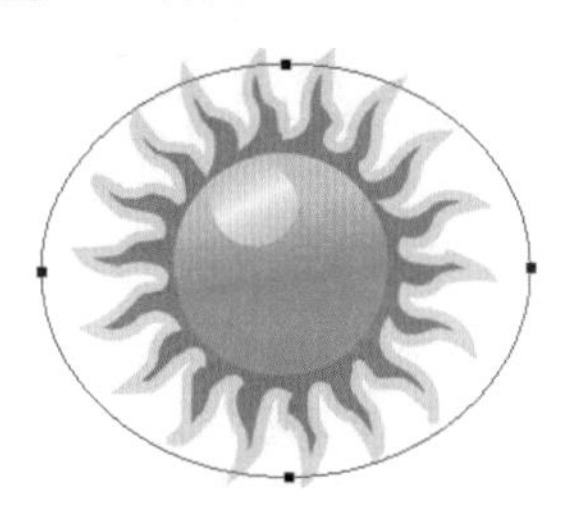
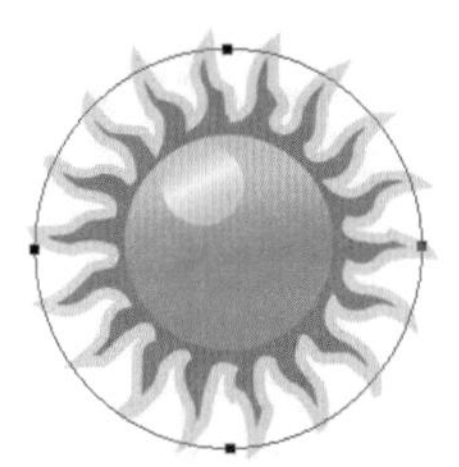

图 9-48

9.3.4 多边形工具

【多边形工具】⬡用于绘制多边形和星形，通过在选项栏中设置边数的数值来创建多边形图形，单击选项栏中的⚙按钮，打开下拉面板，如图 9-49 所示。在图像中创建多边形描边后的效果，如图 9-50 所示。

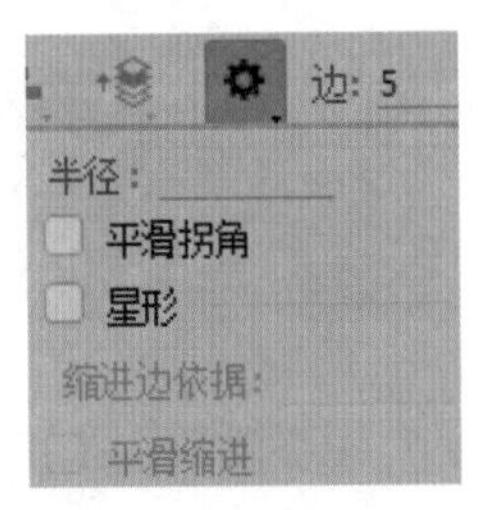

图 9-49

图 9-50

相关选项作用及含义如表 9-7 所示。

表 9-7 选项作用及含义

选项	作用及含义
半径	设置多边形或星形的半径长度，单击并拖动鼠标时将创建指定半径值的多边形或星形
平滑拐角	创建具有平滑拐角的多边形和星形。选中【平滑拐角】复选框后，效果如图 9-51 所示。取消选中该复选框时，效果如图 9-52 所示 图 9-51 图 9-52
星形	选中该复选框可以创建星形。在【缩进边依据】文本框中可以设置星形边缘向中心缩进的数量，该值越高，缩进量越大，如图 9-53 所示。选中【平滑缩进】复选框，可以使星形的边平滑地向中心缩进，如图 9-54 所示 图 9-53 图 9-54

9.3.5 直线工具

【直线工具】 是创建直线和带有箭头的线段。使用【直线工具】绘制直线时，首先在工具选项栏中的【粗细】文本框中设置直线的宽度，然后单击鼠标并拖动，释放鼠标后即可绘制一条直线段。在选项栏中单击 按钮，打开下拉面板，如图 9-55 所示；在图像中创建直线描边后的效果，如图 9-56 所示。

图 9-55

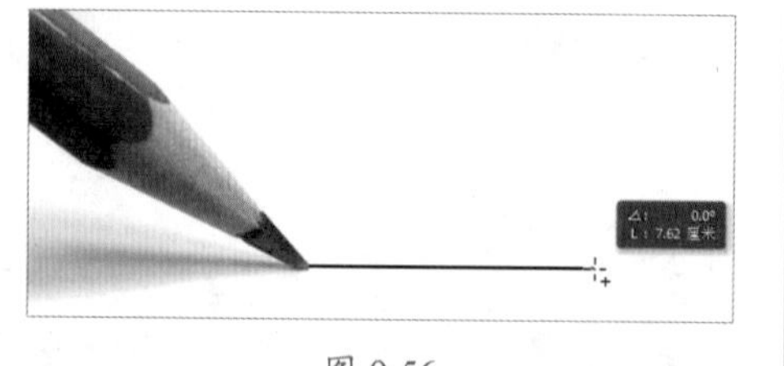

图 9-56

相关选项作用及含义如表 9-8 所示。

表 9-8 选项作用及含义

选项	作用及含义
起点 / 终点	选中【起点】复选框，可在直线的起点添加箭头，如图 9-57 所示；选中【终点】复选框，可在直线的终点添加箭头；两复选框都选中，则起点和终点都会添加箭头，如图 9-58 所示 图 9-57 图 9-58
宽度	用于设置箭头宽度与直线宽度的百分比，范围为 10%~1000%，如 800% 和 500% 的对比效果如图 9-59 所示 图 9-59
长度	用于设置箭头长度与直线宽度的百分比，范围为 10%~1000%，如 800% 和 500% 的对比效果如图 9-60 所示 图 9-60
凹度	用于设置箭头的凹陷程度，范围为 -50%~50%。该值为 0% 时，箭头尾部平齐；大于 0% 时，向内凹陷；小于 0% 时，向外凸出。-50% 和 0% 对比效果如图 9-61 所示 图 9-61

9.3.6 实战：使用【自定形状工具】添加云朵和飞鸟图像

实例门类	软件功能

【自定形状工具】 可以创建 Photoshop 预设的形状、自定义的形状或外部提供的形状，具体操作步骤如下。

Step 01 打开素材。打开“素材文件\第 9 章\飞机.jpg”文件，如图 9-62 所示。

Step 02 选择【全部】选项。选择【自定形状工具】，在选项栏中，❶ 单击形状右侧的下拉按钮，❷ 单击下拉列表框右上方的按钮，❸ 在打开的快捷菜单中选择【全部】选项，如图 9-63 所示。

图 9-62

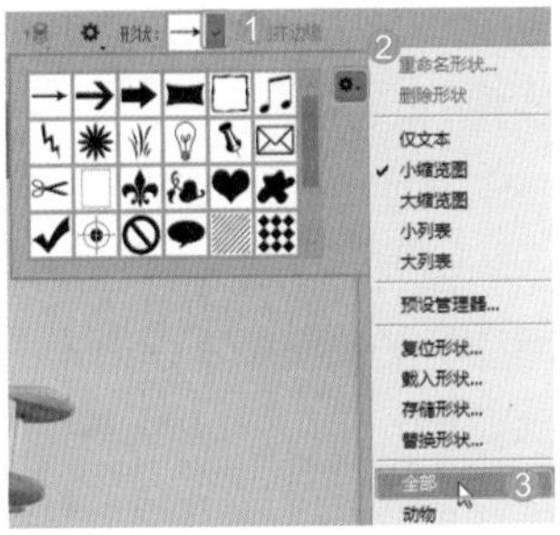

图 9-63

Step03 选择【云彩 1】形状。在弹出的提示对话框中，单击【确定】按钮，载入全部预设形状，如图 9-64 所示。选择【云彩 1】形状，如图 9-65 所示。

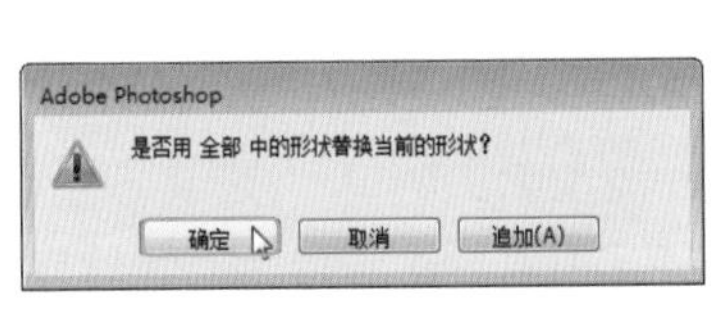

图 9-64

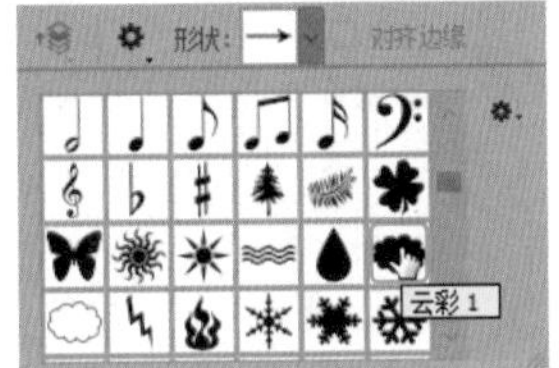

图 9-65

Step04 绘制形状。在选项栏中，选择【路径】选项，在图像中拖动鼠标绘制形状，如图 9-66 所示。新建【云朵】图层，如图 9-67 所示。

图 9-66

图 9-67

Step05 为图形填色。在【路径】面板中，单击【将路径作为选区载入】按钮 ，如图 9-68 所示。载入路径选区后，填充白色，如图 9-69 所示。

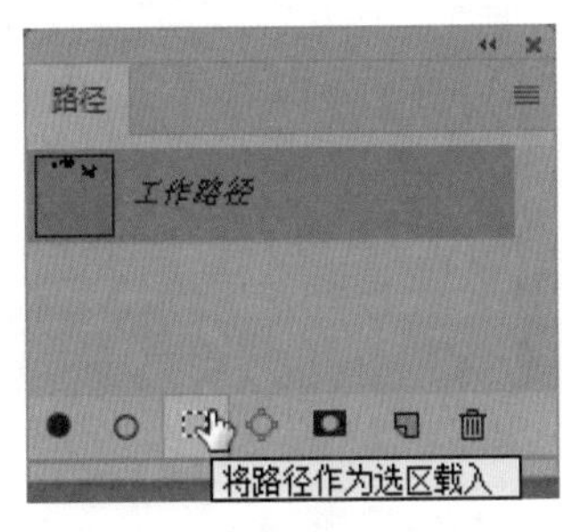

图 9-68

图 9-69

Step06 绘制鸟图形。在选项栏中，选择【鸟 2】形状，如图 9-70 所示。拖动鼠标绘制鸟图形，如图 9-71 所示。

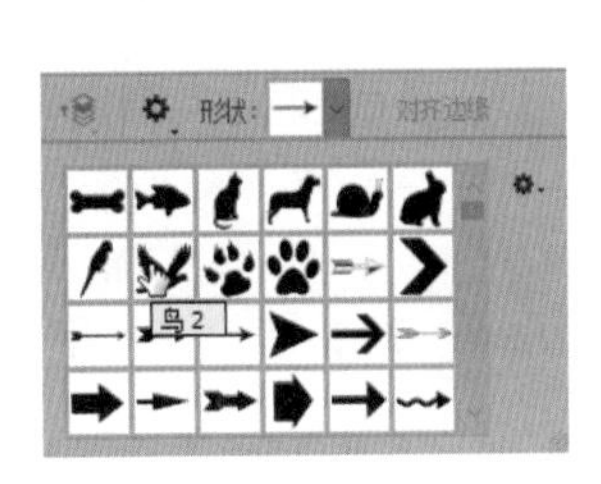

图 9-70

图 9-71

Step07 水平翻转路径。执行【编辑】→【变换路径】→【水平翻转】命令，水平翻转路径，如图 9-72 所示。

Step08 载入路径选区。按【Ctrl+Enter】组合键，载入路径选区，如图 9-73 所示。

图 9-72

图 9-73

Step09 为选区填充任意颜色。新建【鸟 1】图层，如图 9-74 所示。为选区填充任意颜色，如图 9-75 所示。

图 9-74

图 9-75

Step10 填充渐变色。在【图层样式】对话框中，选中【渐变叠加】复选框，设置【样式】为线性，【角度】为 90 度，【缩放】为 100%，渐变色为黑白渐变，如图 9-76 所示，渐变效果如图 9-77 所示。

Step11 调整鸟 2 的大小。按【Ctrl+J】组合键复制图层，命名为【鸟 2】，按【Ctrl+T】组合键，执行自由变换操作，调整鸟 2 的大小，如图 9-78 所示。

图 9-76

图 9-77

Step12 调整鸟 3 的大小。按【Ctrl+J】组合键复制图层，命名为【鸟 3】，调整鸟 3 的大小，如图 9-79 所示。

图 9-78

图 9-79

Step13 调整鸟 2 不透明度。调整【鸟 2】图层不透明度为 60%，如图 9-80 所示。

图 9-80

Step14 调整鸟 3 不透明度。调整【鸟 3】图层不透明度为 30%，如图 9-81 所示。

图 9-81

9.3.7 实战：绘制积木车

实例门类	软件功能

组合使用【形状工具】可以绘制各种复杂图形，下面绘制一个积木车，具体操作步骤如下。

Step01 新建文件。按【Ctrl+N】组合键新建文件，在打开的【新建】对话框中，❶设置【宽度】为 1000 像素、【高度】为 452 像素、【分辨率】为 300 像素 / 英寸，❷单击【确定】按钮，如图 9-82 所示。

Step02 绘制矩形。选择【圆角矩形工具】，在选项栏中，选择【路径】选项，设置【半径】为 10 像素，拖动鼠标绘制图形，如图 9-83 所示。

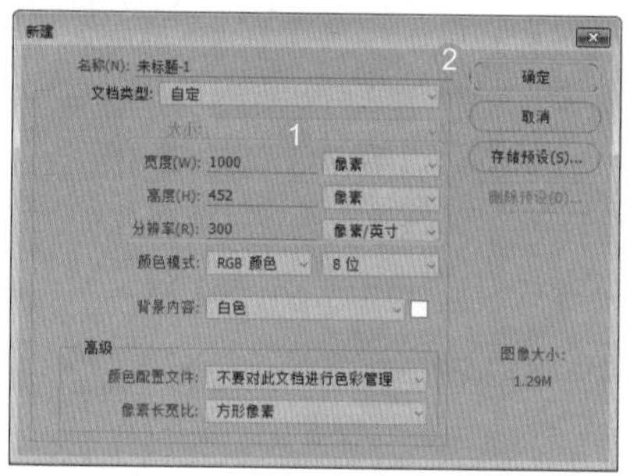

图 9-82

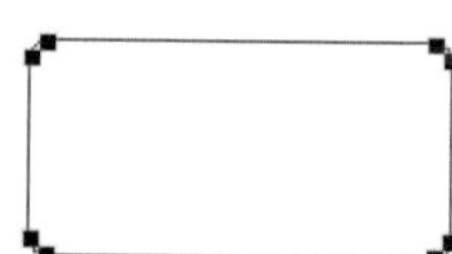

图 9-83

Step03 为图形填色。新建图层，命名为【黄积木】。按【Ctrl+Enter】组合键，载入路径选区后，填充深黄色【#c9a22b】，如图 9-84 所示。

Step04 制作木纹效果。执行【滤镜】→【渲染】→【纤维】命令，打开【纤维】对话框，❶设置【差异】为 4，【强度】为 9，多次单击【随机化】按钮，得到满意的木纹图案，❷单击【确定】按钮，如图 9-85 所示。

图 9-84

图 9-85

Step05 添加图层样式。双击图层，在打开的【图层样式】

对话框中，❶选中【斜面和浮雕】复选框，❷设置【样式】为内斜面、【方法】为平滑、【深度】为 100%、【方向】为上、【大小】为 5 像素、【软化】为 0 像素、【角度】为 120 度、【高度】为 30 度、【高光模式】为滤色、【不透明度】为 75%、【阴影模式】为正片叠底、【不透明度】为 75%，如图 9-86 所示，效果如图 9-87 所示。

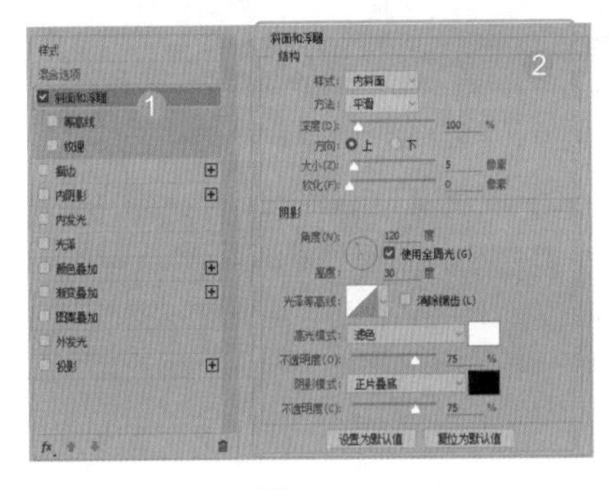

图 9-86

图 9-87

Step 06 缩小红积木。复制图层，命名为【红积木】，按【Ctrl+T】组合键，执行自由变换操作，缩小红积木，如图 9-88 所示。

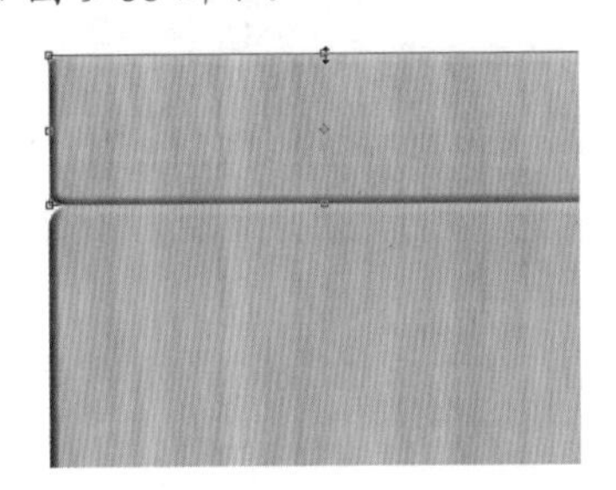

图 9-88

Step 07 调整颜色。按【Ctrl+U】组合键，执行【色相 / 饱和度】命令，打开【色相 / 饱和度】对话框，❶设置【色相】为 -32、【饱和度】为 53、【明度】为 -23，❷单击【确定】按钮，如图 9-89 所示，效果如图 9-90 所示。

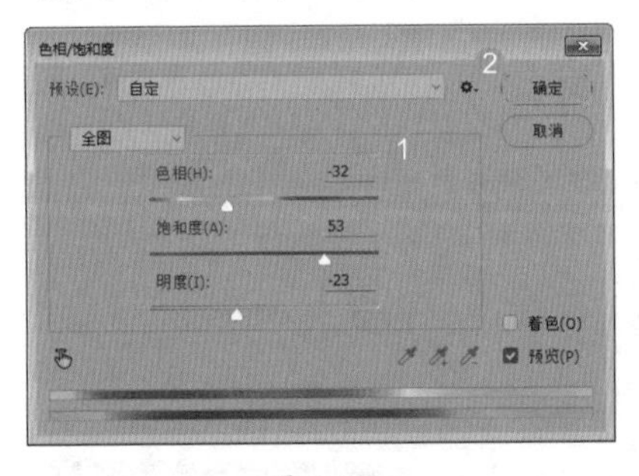

图 9-89

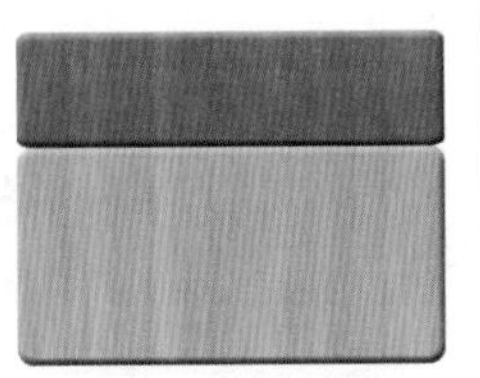

图 9-90

Step 08 复制图形并调整颜色。使用相同的方法，复制出【蓝积木】，如图 9-91 所示。调整颜色为蓝色，如图 9-92 所示。

图 9-91

图 9-92

技能拓展——【色相 / 饱和度】命令

在【色相 / 饱和度】对话框中，拖动相应滑块或在文本框中输入参数值，可以调整图像的色相、饱和度和明度，详见 12.4.2 节。

Step 09 制作三角形木纹。选择【钢笔工具】，依次单击绘制三角形路径，如图 9-93 所示。新建图层，命名为【红积木 2】，载入选区后填充红色【#da5131】，效果如图 9-94 所示。

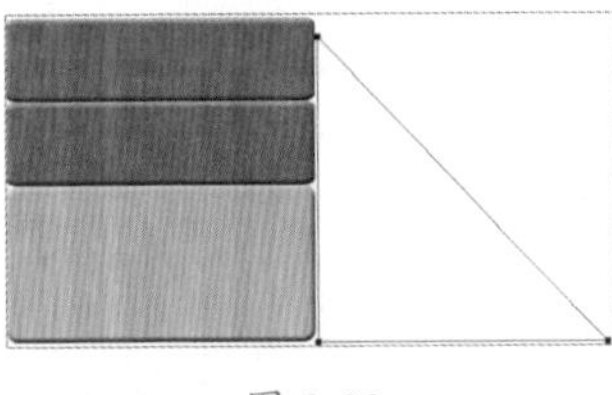

图 9-93

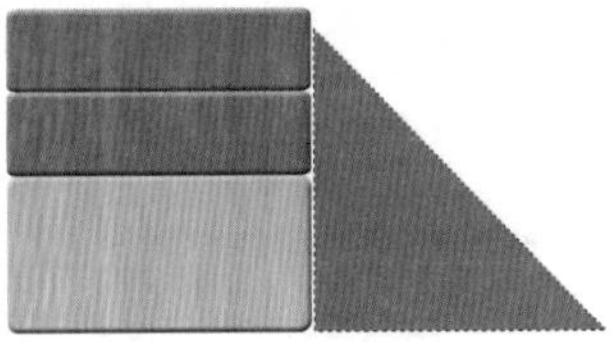

图 9-94

Step 10 添加图层样式。添加木纹效果，如图 9-95 所示。添加斜面和浮雕图层样式，如图 9-96 所示。

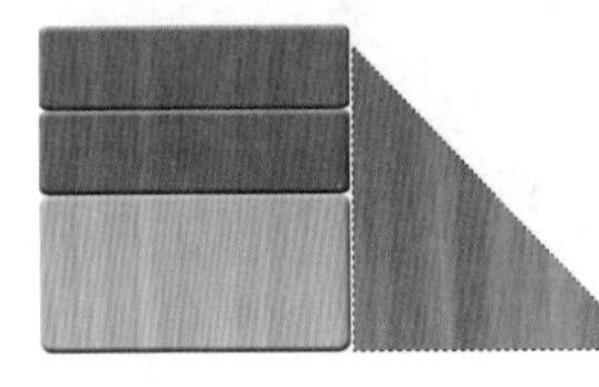

图 9-95

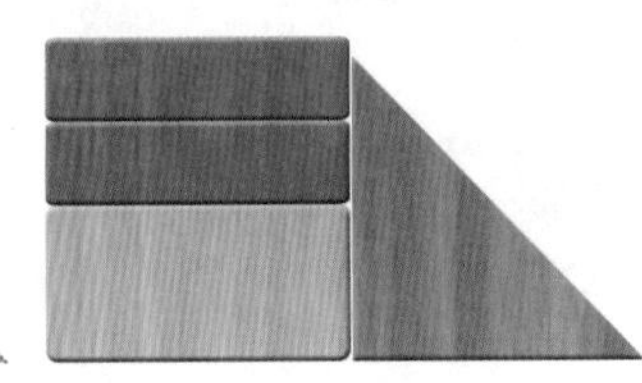

图 9-96

Step 11 复制并翻转图形。复制图层，命名为【蓝积木 2】，执行【编辑】→【变换】→【水平翻转】命令，效果如图 9-97 所示。执行【编辑】→【变换】→【垂直翻转】命令，效果如图 9-98 所示。

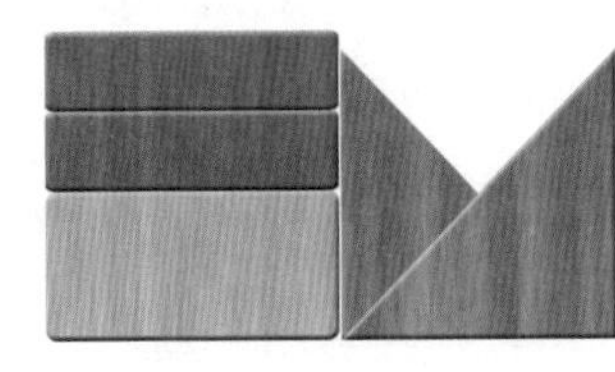

图 9-97

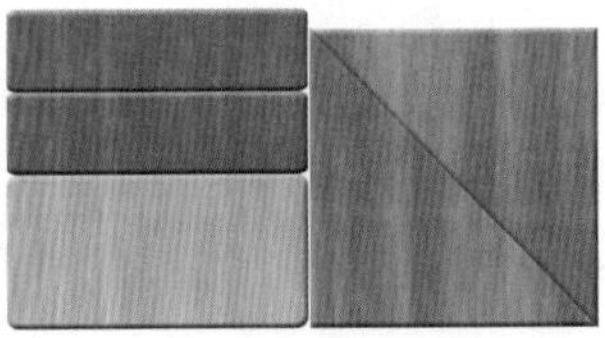

图 9-98

Step12 调整图形。同时选中【红积木 2】和【蓝积木 2】图层，适当放大图像，如图 9-99 所示。调整【蓝积木 2】图层的颜色，效果如图 9-100 所示。

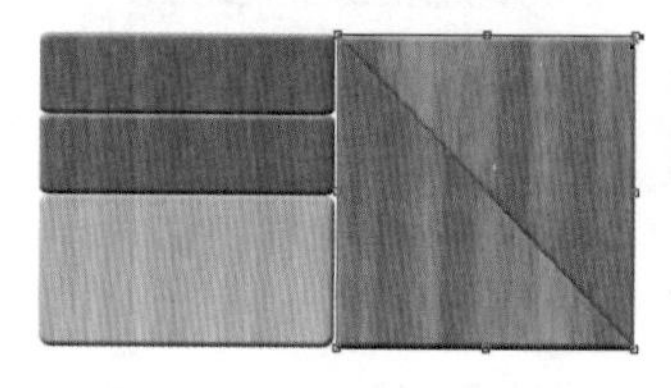
图 9-99

图 9-100

Step13 绘制矩形。选择【圆角矩形工具】，在选项栏中，选择【路径】选项，设置【半径】为 10 像素，❶ 单击图标，❷ 在下拉列表框中选中【方形】单选按钮，如图 9-101 所示，拖动鼠标绘制路径，如图 9-102 所示。

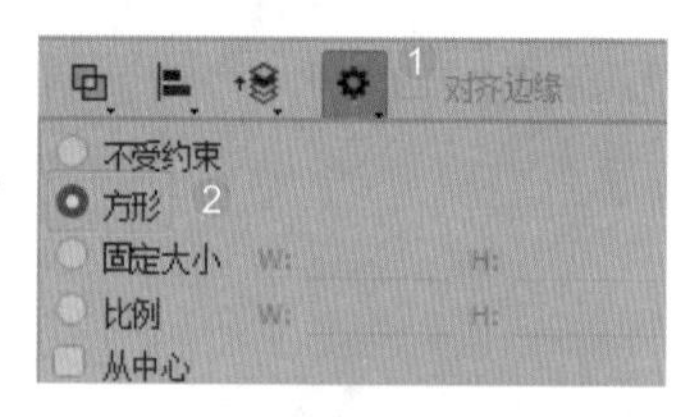

图 9-101

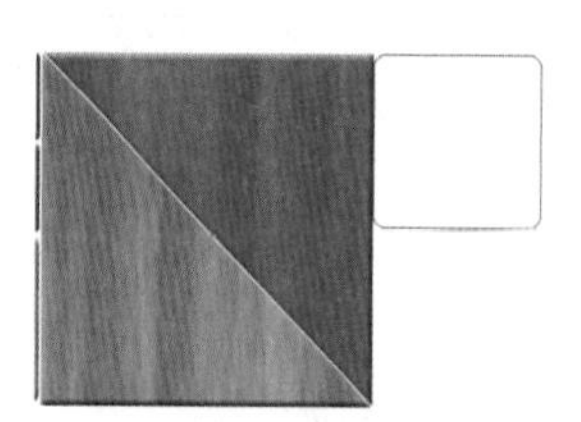
图 9-102

Step14 添加木纹和图层样式。新建图层，命名为【黄积木】。按【Ctrl+Enter】组合键，载入路径选区后，填充深黄色【#c9a22b】，如图 9-103 所示。添加木纹和图层样式，效果如图 9-104 所示。

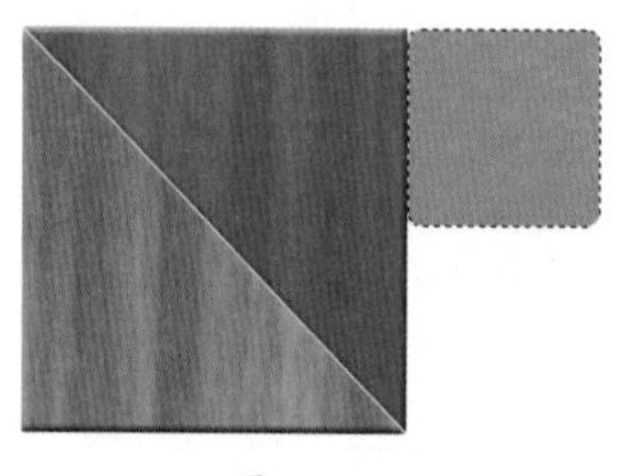
图 9-103

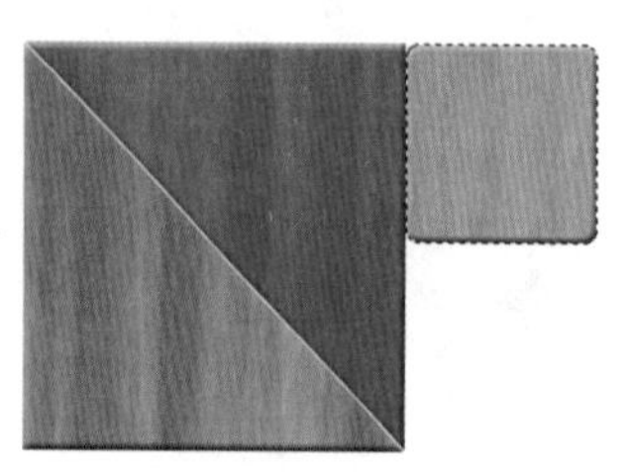
图 9-104

Step15 复制图形并调整颜色。复制图层，命名为【绿积木】。按【Ctrl+U】组合键，执行【色相 / 饱和度】命令，打开【色相 / 饱和度】对话框，❶ 设置【色相】为 59，【饱和度】为 81，【明度】为 -50，❷ 单击【确定】按钮，如图 9-105 所示，效果如图 9-106 所示。

Step16 复制图层。按住【Alt】键，拖动【黄积木】图层到右侧，复制图层，命名为【红积木 3】，如图 9-107 所示。

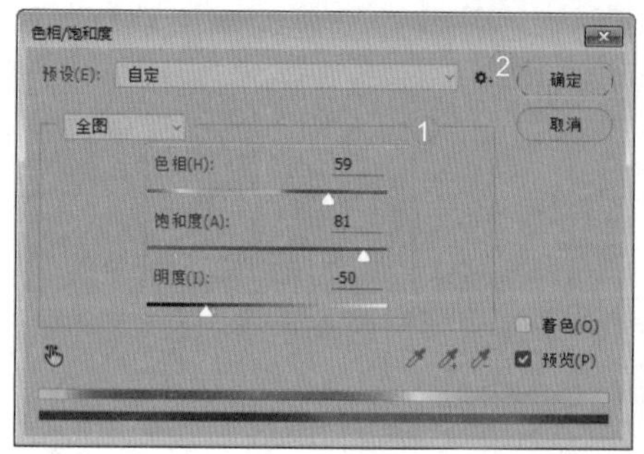

图 9-105

图 9-106

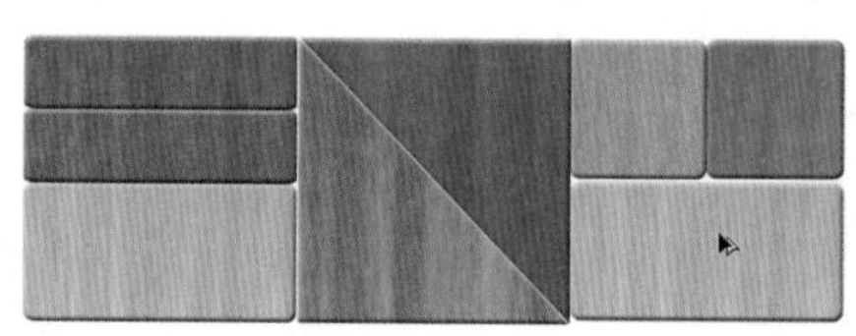

图 9-107

Step17 调整图形颜色。通过【色相 / 饱和度】命令，调整【红积木 3】为红色，如图 9-108 所示。

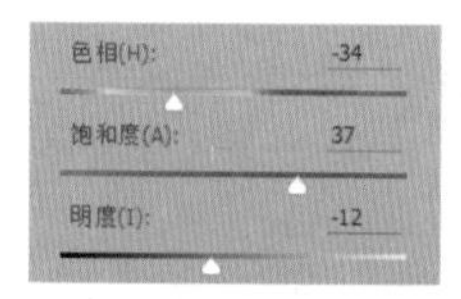

图 9-108

Step18 绘制圆形。新建图层，命名为【绿圆】。使用【椭圆工具】绘制圆形，如图 9-109 所示。

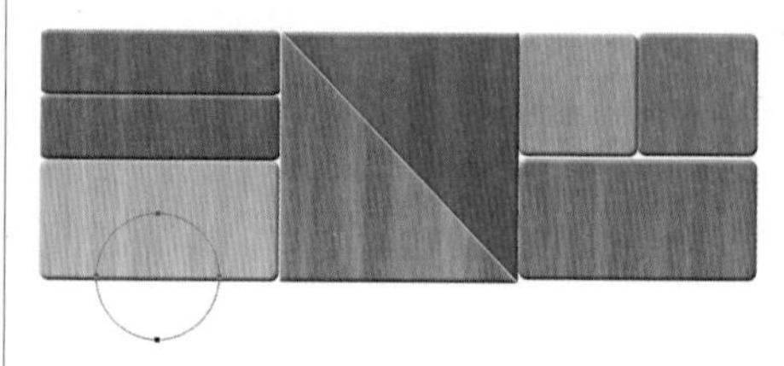

图 9-109

Step19 制作木纹效果。载入选区后填充绿色【#488e34】，如图 9-110 所示。添加木纹与斜面和浮雕图层样式，效果如图 9-111 所示。

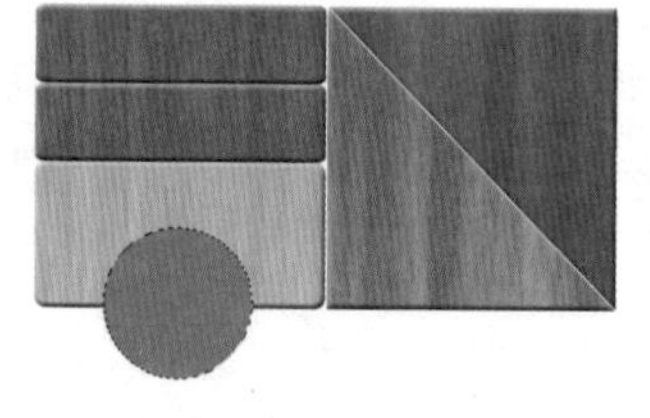
图 9-110

图 9-111

Step20 添加图层样式。双击图层，在打开的【图层样式】对话框中，❶选中【斜面和浮雕】复选框，❷设置【样式】为枕状浮雕，【方法】为雕刻清晰，【深度】为144%，【方向】为上，【大小】为18像素，【软化】为2像素，【角度】为50度，【高度】为48度，【高光模式】为叠加，【不透明度】为50%，【阴影模式】为正片叠底，【不透明度】为75%，如图9-112所示，效果如图9-113所示。

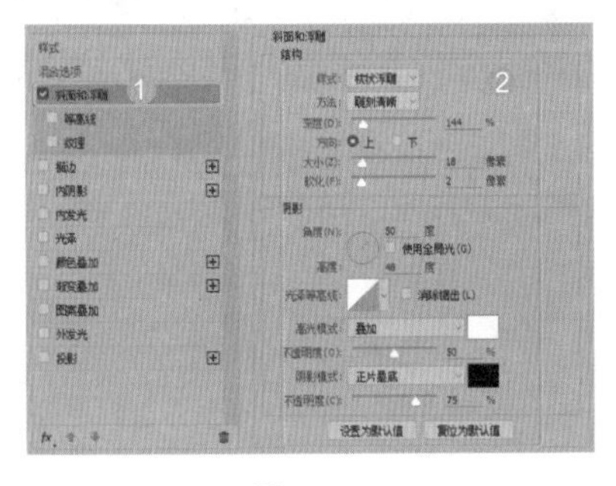

图 9-112

图 9-113

Step21 复制图层。按住【Alt】键，拖动鼠标复制图层，命名为【黄圆】，如图9-114所示。

图 9-114

Step22 调整图形颜色。按【Ctrl+U】组合键，执行【色相/饱和度】命令，打开【色相/饱和度】对话框，设置【色相】为-59，【饱和度】为49，【明度】为0，如图9-115所示，效果如图9-116所示。

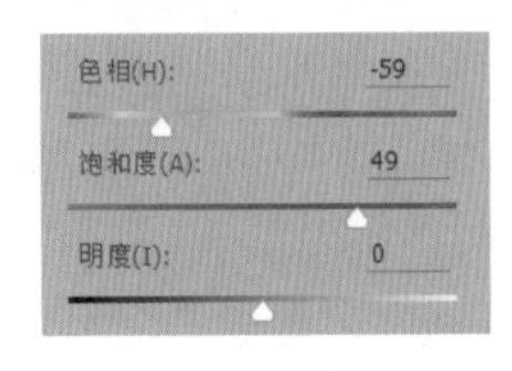

图 9-115

图 9-116

Step23 选择【树】图形。选择【自定形状工具】，载入所有预设图形，选择【树】图形，如图9-117所示。新建图层，命名为【树】，如图9-118所示。

Step24 绘制树并填充颜色。拖动鼠标绘制树，如图9-119所示。载入路径选区后，填充绿色【#248600】，如图9-120所示。

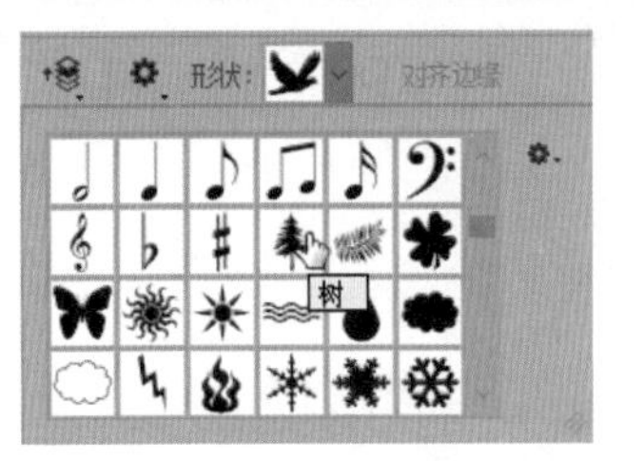

图 9-117

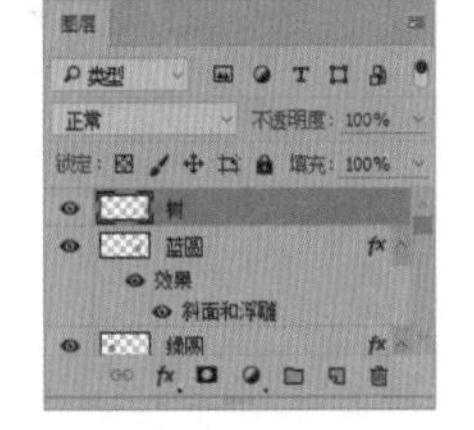

图 9-118

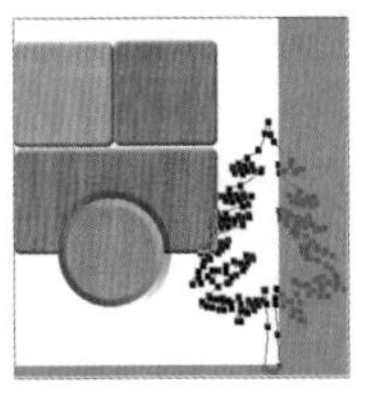

图 9-119

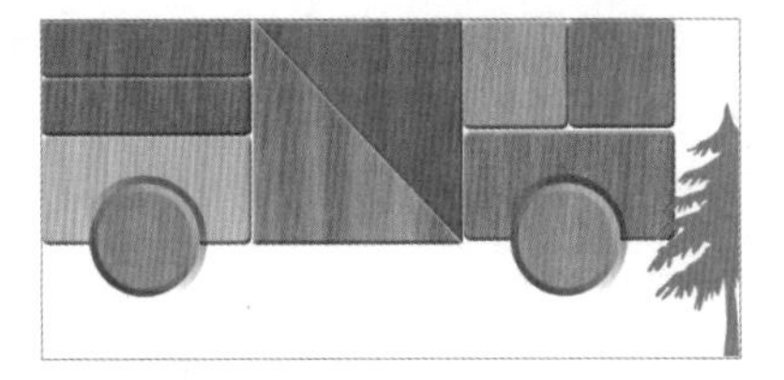

图 9-120

Step25 选择【学校】图形。选择【自定形状工具】，载入所有预设图形，选择【学校】图形，如图9-121所示。新建图层，命名为【人物】，如图9-122所示。

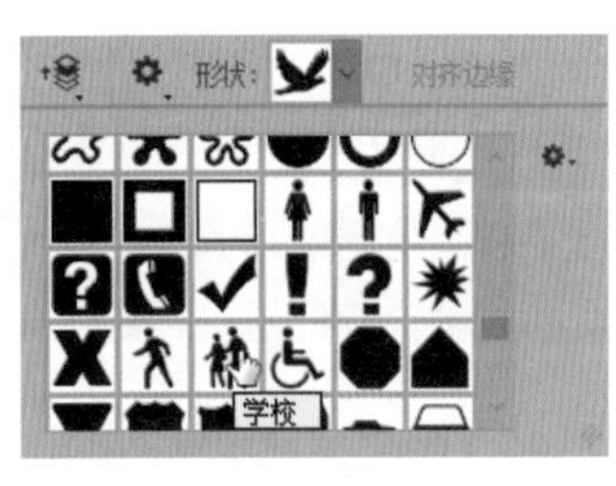

图 9-121

图 9-122

Step26 为图形填色。拖动鼠标绘制人物，如图9-123所示。载入路径选区后，填充黑色【#248600】，效果如图9-124所示。

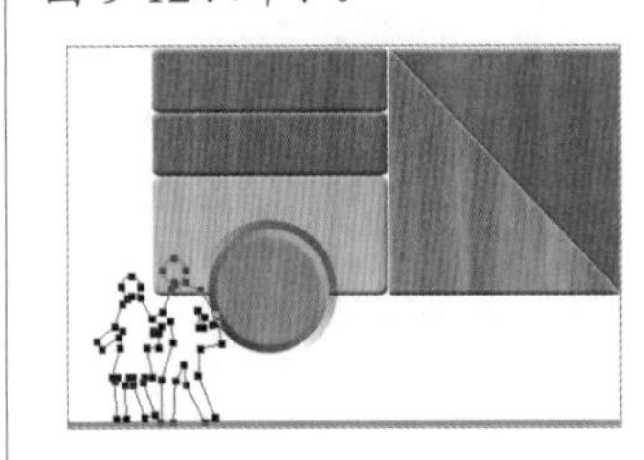

图 9-123

图 9-124

Step27 水平翻转对象。执行【编辑】→【变换】→【水平翻转】命令，水平翻转对象，效果如图9-125所示。

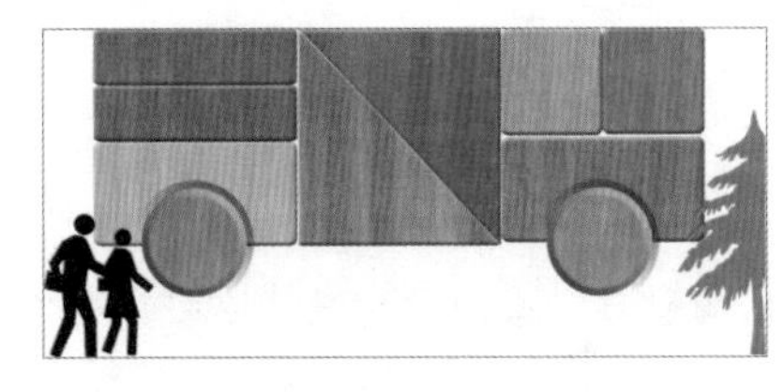

图 9-125

9.4 编辑路径

创建或绘制路径和图形后，需要适当地对它们进行编辑修改，以便使整体效果看上去更加完美，对路径的编辑包括选择和移动路径、添加或删除锚点等操作，接下来进行详细介绍。

★重点 9.4.1 选择与移动锚点和路径

使用工具箱中的【路径选择工具】和【直接选择工具】不仅可以选择路径，还可以移动所选择的路径位置。

使用【路径选择工具】单击可以选择整条路径，如图 9-126 所示。

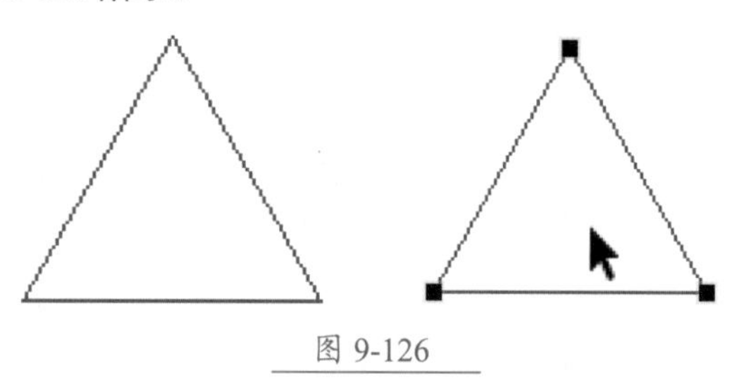

图 9-126

使用【直接选择工具】单击一个锚点即可选择该锚点，选中的锚点为实心方块，未选中的锚点为空心方块，如图 9-127 所示。单击一个路径线段，可以选择该路径线段，如图 9-128 所示。

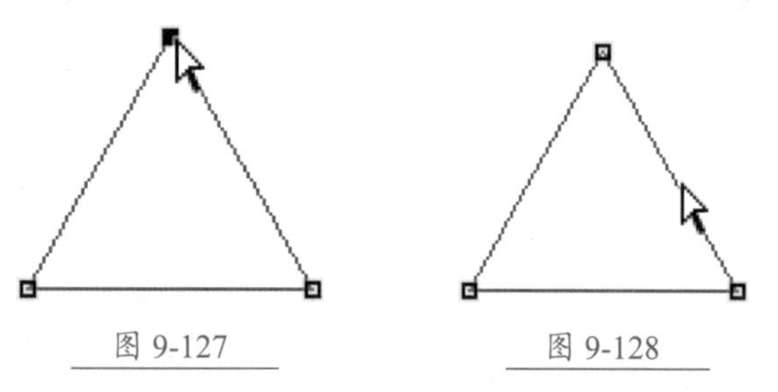

图 9-127　　图 9-128

选择锚点、路径线段和路径后，按住鼠标按键不放并拖动，即可将其移动。移动锚点效果如图 9-129 所示；拖动线段效果如图 9-130 所示。

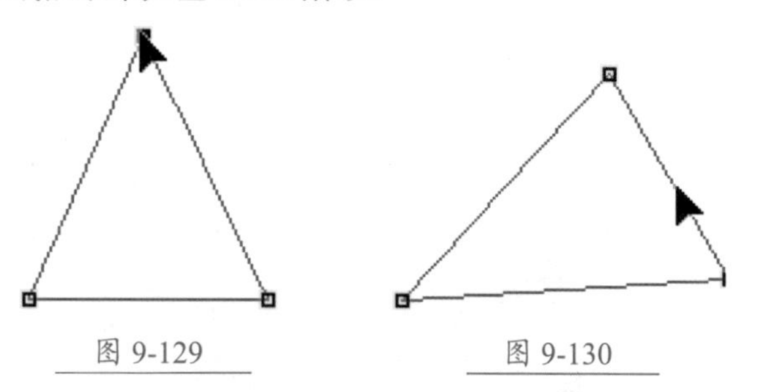

图 9-129　　图 9-130

按住【Alt】键单击一个路径线段，可以选择该路径线段以及路径线段上的所有锚点。

★重点 9.4.2 添加与删除锚点

添加、删除锚点是对路径中的锚点进行的操作，添加锚点是在路径中添加新的锚点，删除锚点是将路径中的锚点删除掉，具体操作方法如下。

选择工具箱中的【添加锚点工具】，将鼠标指针放在路径上，当鼠标指针变为形状时，单击即可添加一个锚点，如图 9-131 所示。

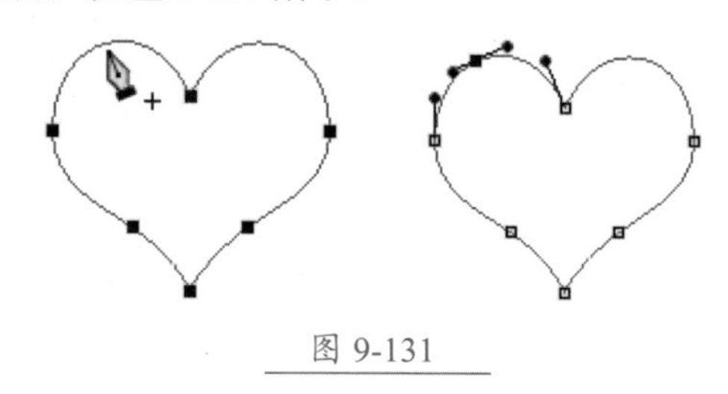

图 9-131

选择【删除锚点工具】，将鼠标指针放在锚点上，当鼠标指针变为形状时，单击即可删除该锚点，如图 9-132 所示。

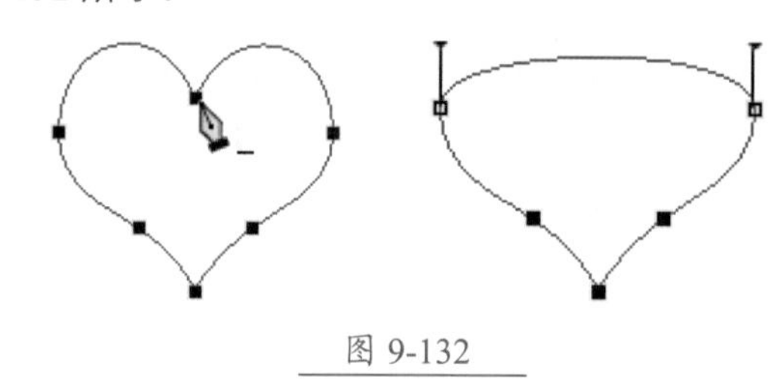

图 9-132

使用【直接选择工具】选择锚点后，按下【Delete】键也可以删除锚点，同时删除该锚点两侧的路径线段，如图 9-133 所示。

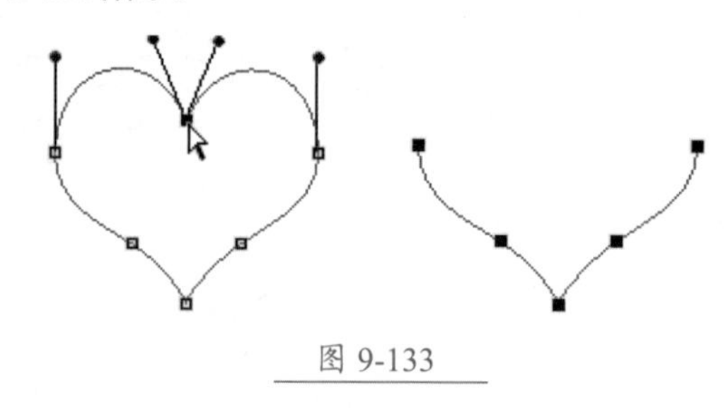

图 9-133

★重点 9.4.3 转换锚点类型

【转换点工具】用于转换锚点的类型，选择该工具后，将鼠标指针放在锚点上，如果当前锚点为角点，单击并拖动鼠标可将其转换为平滑点，如图 9-134 所示。

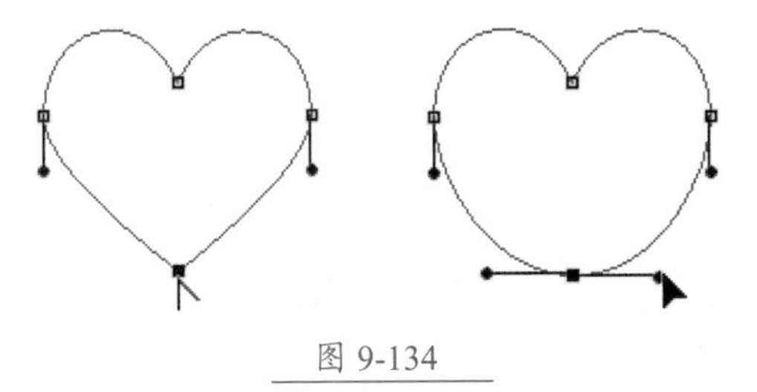

图 9-134

在平滑点上单击，可以将平滑点转换为角点，如图 9-135 所示。

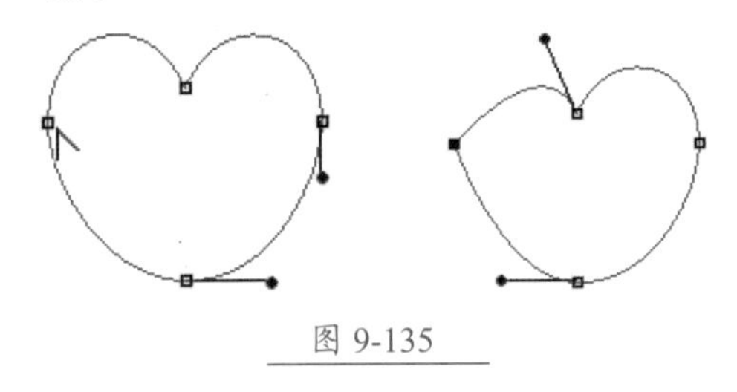

图 9-135

9.4.4 变换路径

选择路径后，执行【编辑】→【变换路径】命令，在弹出的下拉菜单中选择命令可以显示定界框，拖动控制点即可对路径进行缩放、旋转、斜切、扭曲等变换操作。路径的变换方法与变换图像的方法相同。

按【Ctrl+T】组合键可以进入自由变换路径状态，其操作方法与变换图形的操作方法相同。

9.4.5 路径对齐和分布

选择多个路径后，在选项栏中单击【对齐和分布】按钮，在打开的下拉列表中选择相应命令，如图 9-136 所示。对齐路径效果如图 9-137 所示。

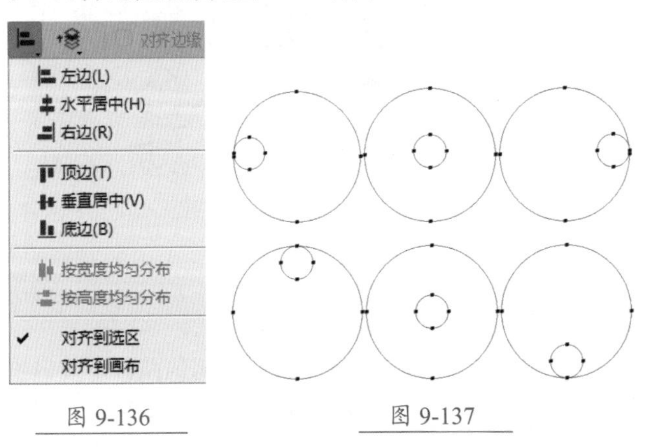

图 9-136　　图 9-137

按宽度均匀分布效果如图 9-138 所示。按高度均匀分布效果如图 9-139 所示。

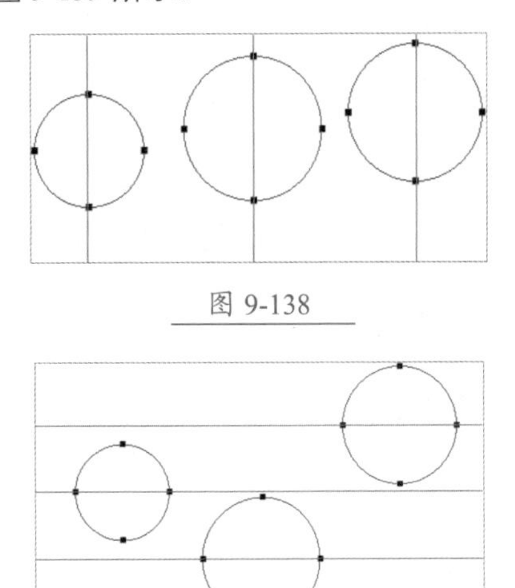

图 9-138

图 9-139

技能拓展
——对齐到选区和对齐到画布

在【对齐和分布】下拉列表框中，选中【对齐到选区】复选框，对象将在选择区域中进行对齐和分布；选中【对齐到画布】复选框，对齐操作将在画布中进行，如选择【左边】选项，将对齐到画布左侧。

9.4.6 调整堆叠顺序

绘制多个路径后，路径是按前后顺序重叠放置的，在选项栏中单击【路径排列方式】按钮，在打开的下拉列表中选择目标命令，可以调整路径的堆叠顺序，如图 9-140 所示。

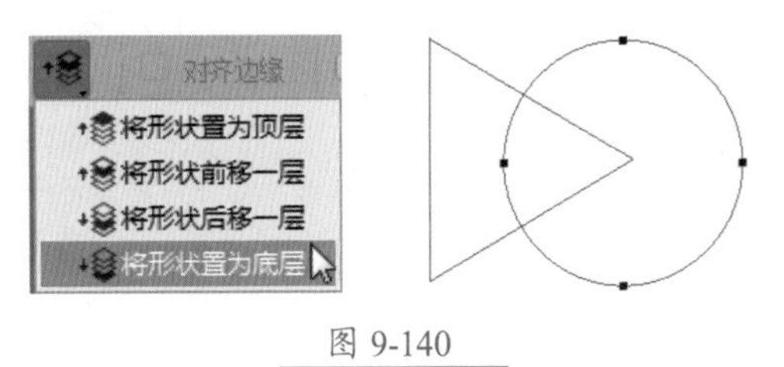

图 9-140

★新功能 9.4.7 修改形状和路径

旧版本的 Photoshop 中，绘制完路径和形状后，通常不可以通过参数进行修改，而在 Photoshop CC 版本中，可以在【属性】面板中调整图形的大小、位置、颜色、描边和圆角半径等属性，如图 9-141 所示。

图 9-141

相关选项作用及含义如表 9-9 所示。

表 9-9　选项作用及含义

选项	作用及含义
❶W/H	水平和垂直缩放图形，如果要进行等比缩放，可单击【链接形状的宽度和高度】按钮
❷X/Y	可以设置图形的水平和垂直位置
❸ 填充颜色 / 描边颜色	设置图形的填充颜色和描边颜色
❹ 描边宽度 / 描边样式	设置图形的描边宽度和描边样式，样式有虚线、实线和圆点 3 种，如图 9-142 所示 图 9-142
❺ 修改角半径	创建矩形或圆角矩形后，可以调整角半径，如图 9-143 所示；单击【将角半径值链接到一起】按钮 ，可以统一调整 4 个角的角半径值，如图 9-144 所示 图 9-143　图 9-144
❻ 路径运算按钮	对两个或多个图形进行运算，生成新的图形

9.4.8 存储工作路径和新建路径

绘制路径时，默认保存在工作路径中，将工作路径拖动到【创建新路径】按钮，如图 9-145 所示；可以将工作路径保存为【路径 1】，如图 9-146 所示。

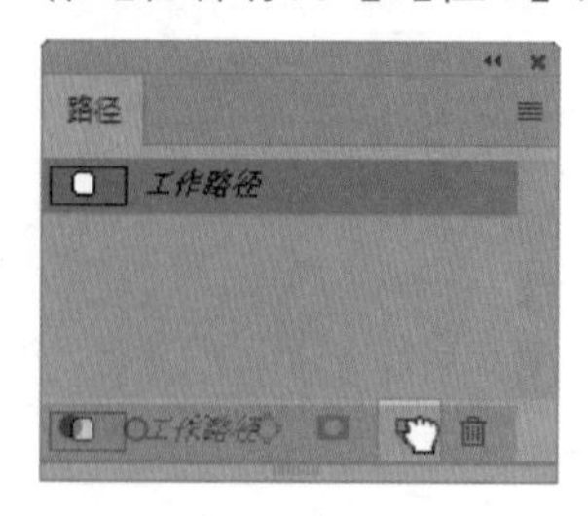

图 9-145

图 9-146

单击【路径】面板中的【创建新路径】按钮，可以创建新路径；按住【Alt】键单击该按钮，可以打开【新建路径】对话框，在该对话框中可以设置路径名称，如图 9-147 所示；新建路径如图 9-148 所示。

图 9-147

图 9-148

9.4.9 选择和隐藏路径

在【路径】面板中，单击即可选中目标路径，如图 9-149 所示；在【路径】面板空白位置单击，可以隐藏路径，如图 9-150 所示。

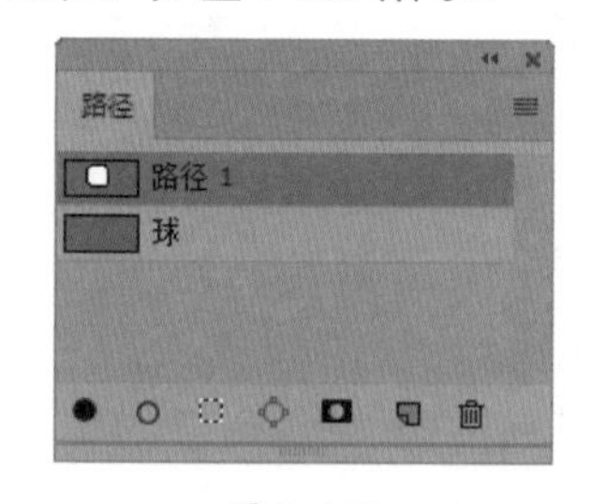

图 9-149

图 9-150

9.4.10 复制路径

在【路径】面板中，单击需要复制的路径，将其拖动到面板底部的【创建新路径】按钮上即可生成新路径，如图 9-151 所示。

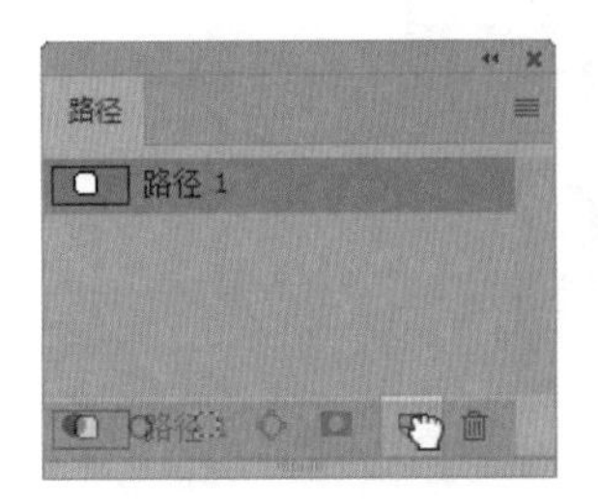

图 9-151

按住【Alt】键此时鼠标指针呈现 ↖₊ 形状，单击并向外拖动，即可移动并复制选择的路径，通过这种方式复制的子路径在同一路径中，如图 9-152 所示。

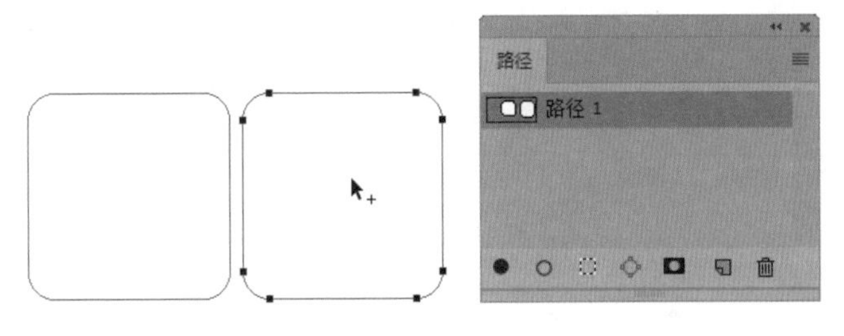

图 9-152

9.4.11 删除路径

在【路径】面板中，选择路径后，单击【删除当前路径】按钮 🗑，如图 9-153 所示，弹出提示对话框，单击【是】按钮，即可删除路径，如图 9-154 所示。

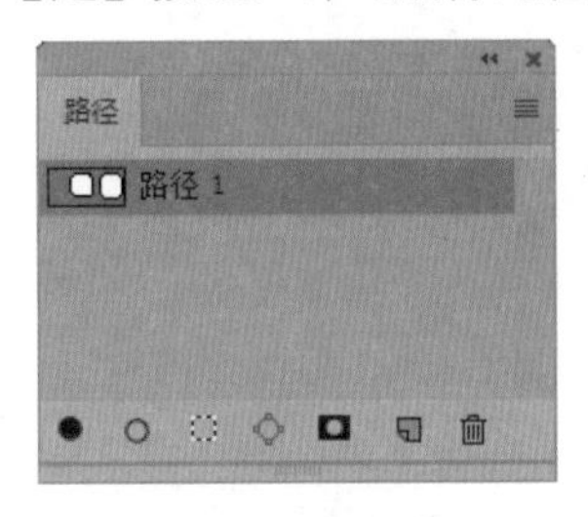

图 9-153

图 9-154

使用【路径选择工具】 选择路径后，按【Delete】键可以快速删除路径。

9.4.12 路径和选区的互换

路径除了可以直接使用路径工具来创建外，还可以将创建好的选区转换为路径，而且创建的路径也可以转换为选区。

1. 将路径作为选区载入

当绘制好路径后，单击【路径】面板底部的【将路径作为选区载入】按钮 ，就可以将路径直接转换为选区，如图 9-155 所示。

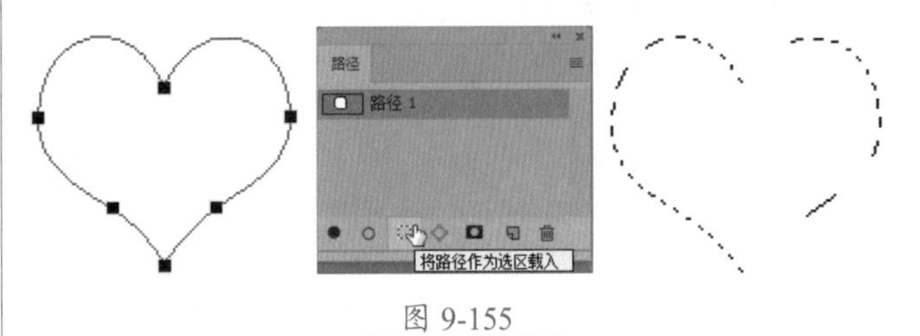

图 9-155

2. 从选区生成工作路径

创建选区后，在【路径】面板中单击【从选区生成工作路径】按钮 ，即可将创建的选区转换为路径，如图 9-156 所示。

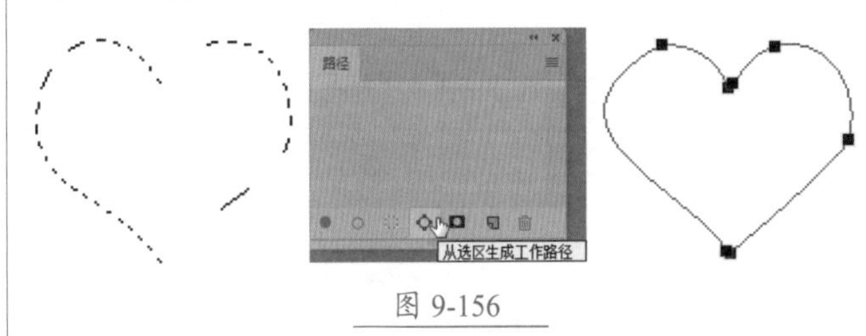

图 9-156

9.4.13 实战：使用合并路径功能创建圆形花朵

实例门类	软件功能

除了使用路径工具和形状工具创建图形外，使用合并路径功能，还可以创建更加复杂的图形，具体操作步骤如下。

Step 01 绘制图形。选择【自定形状工具】 ，载入全部路径后，选择【靶标 2】形状，如图 9-157 所示。拖动鼠标绘制图形，如图 9-158 所示。

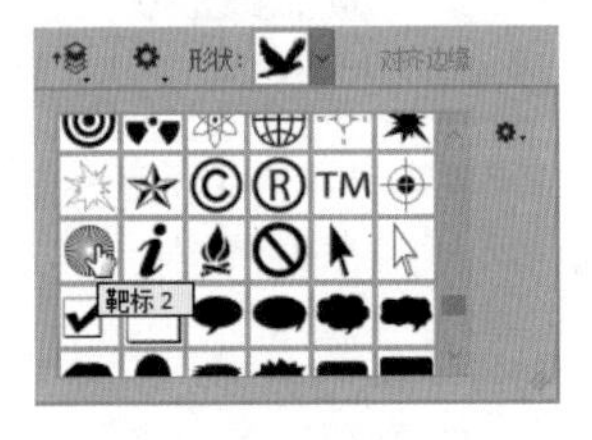

图 9-157

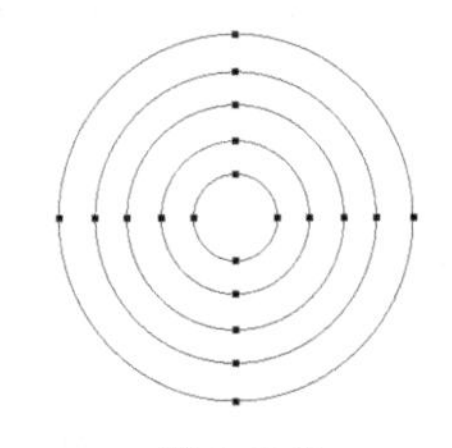

图 9-158

Step 02 绘制图形。选择【花 1 边框】形状，如图 9-159 所示。拖动鼠标绘制图形，如图 9-160 所示。

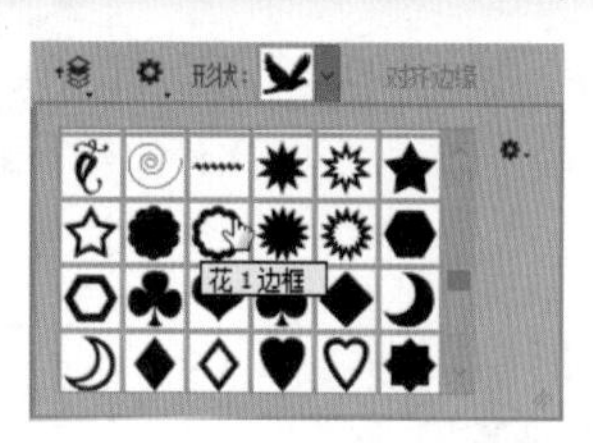

图 9-159

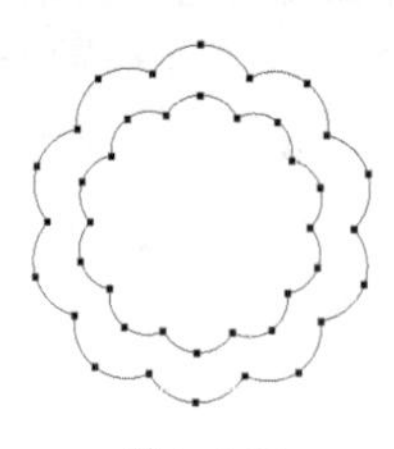
图 9-160

Step03 选择【水平居中】选项。使用【路径选择工具】，选中两个图形，如图 9-161 所示。❶ 单击【路径对齐方式】按钮，❷ 选择【水平居中】选项，如图 9-162 所示。

Step04 选择【垂直居中】选项。❶ 再次单击【路径对齐方式】按钮，❷ 选择【垂直居中】选项，如图 9-163 所示。

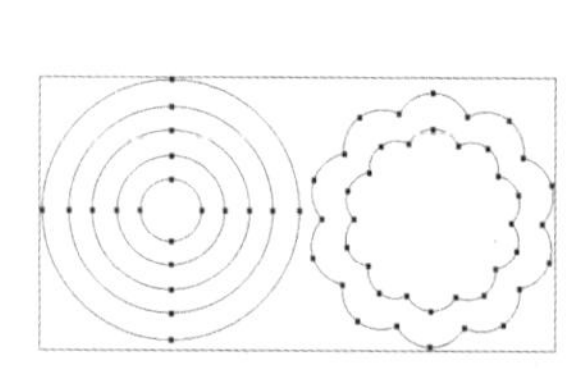
图 9-161

图 9-162

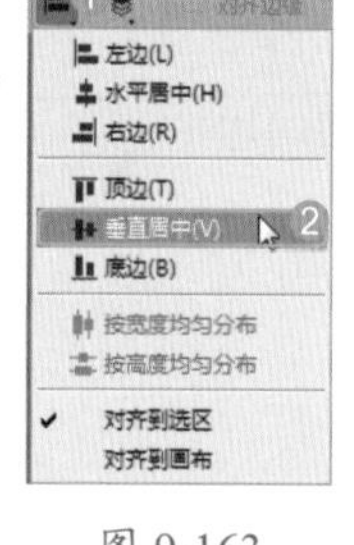

图 9-163

Step05 选择【与形状区域相交】选项。完成水平和垂直居中对齐图像，效果如图 9-164 所示。❶ 单击【路径操作】按钮，❷ 选择【与形状区域相交】选项，如图 9-165 所示。

Step06 选择【合并形状组件】选项。❶ 再次单击【路径操作】按钮，❷ 选择【合并形状组件】选项，如图 9-166 所示。

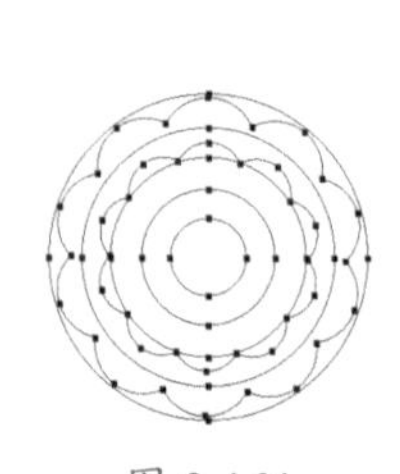
图 9-164

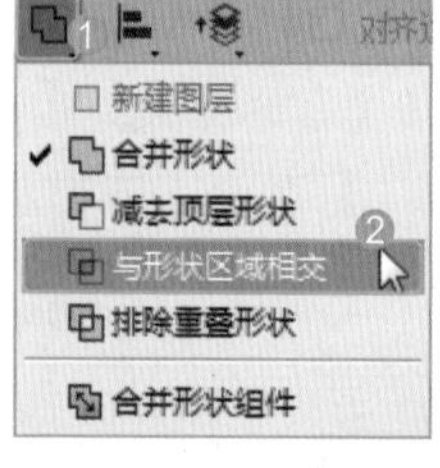

图 9-165

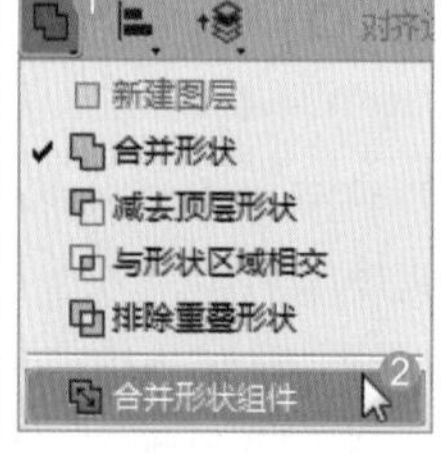

图 9-166

Step07 载入选区。通过前面的操作，得到路径合并效果，如图 9-167 所示。单击【路径】面板底部的【将路径作为选区载入】按钮，如图 9-168 所示。载入选区如图 9-169 所示。

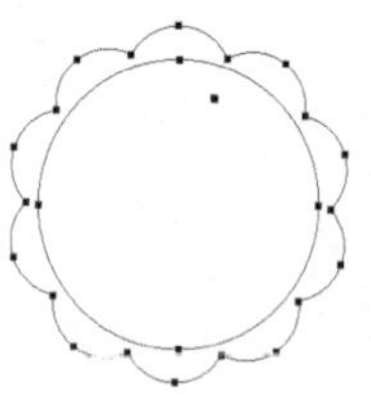
图 9-167

图 9-168

图 9-169

Step08 填充图形。为选区填充橙色【#f4bb0f】，如图 9-170 所示。按【Ctrl+D】组合键取消选区，使用【魔棒工具】在中间位置单击，选中白色区域，如图 9-171 所示。填充黄色【#fff100】，如图 9-172 所示。

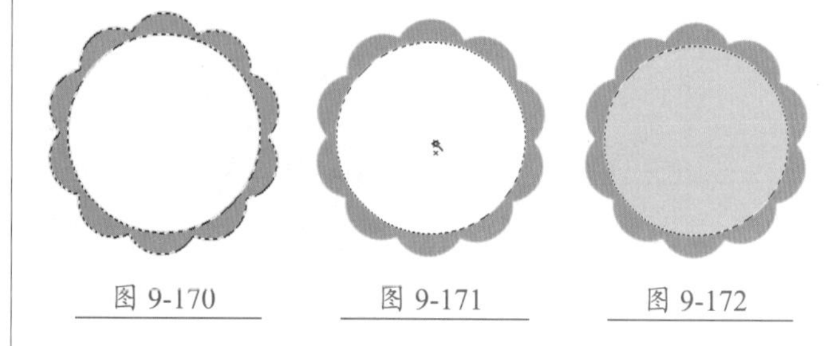
图 9-170　图 9-171　图 9-172

9.4.14 填充和描边路径

实例门类	软件功能

对于绘制的路径，可以对其进行描边和填充，下面进行详细介绍。

1. 填充路径

填充路径的操作方法与填充选区的操作方法类似，可以填充纯色或图案，作用的效果相同，具体操作步骤如下。

Step01 打开素材。打开"素材文件\第 9 章\蓝裙.jpg"文件，如图 9-173 所示。

Step02 选择形状。选择【自定形状工具】，载入全部路径后，选择【边框 6】形状，如图 9-174 所示。

图 9-173

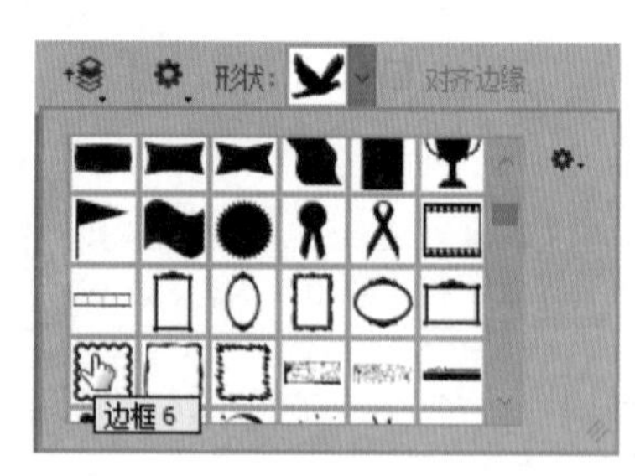

图 9-174

Step03 选择【填充路径】命令。拖动鼠标绘制图形，如图 9-175 所示。在【路径】面板中，❶ 单击右上角的扩展按钮 ，❷ 在打开的快捷菜单中，选择【填充路径】命令，如图 9-176 所示。

图 9-175

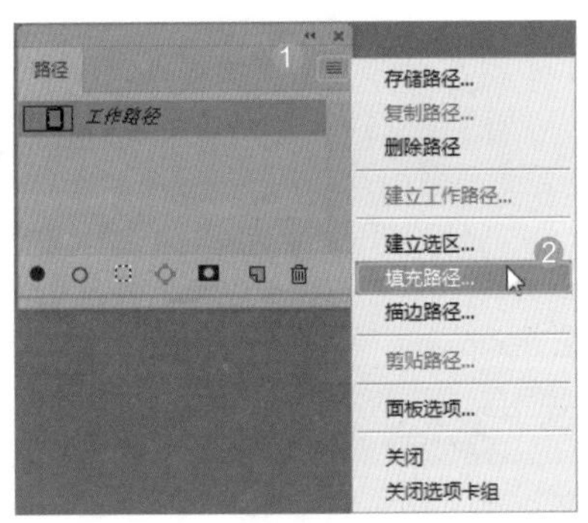

图 9-176

Step04 填充图案。在打开的【填充路径】对话框中，❶ 使用图案填充，设置图案为螺线，【羽化半径】为 20 像素，❷ 单击【确定】按钮，如图 9-177 所示，填充效果如图 9-178 所示。

图 9-177

图 9-178

Step05 隐藏路径。在【路径】面板中，单击面板其他位置，如图 9-179 所示。隐藏路径后，效果如图 9-180 所示。

图 9-179

图 9-180

技术看板

在【路径】面板中，单击【用前景色填充路径】按钮 ，将直接用前景色填充路径。

2. 描边路径

在【路径】面板中，可以直接将颜色、图案填充至路径中，或者直接用设置的前景色对路径进行描边，具体操作步骤如下。

Step01 打开素材。打开“素材文件\第 9 章\黑猫.jpg”文件，如图 9-181 所示。

Step02 选择【鱼】形状。选择【自定形状工具】 ，载入全部路径后，选择【鱼】形状，如图 9-182 所示。

图 9-181

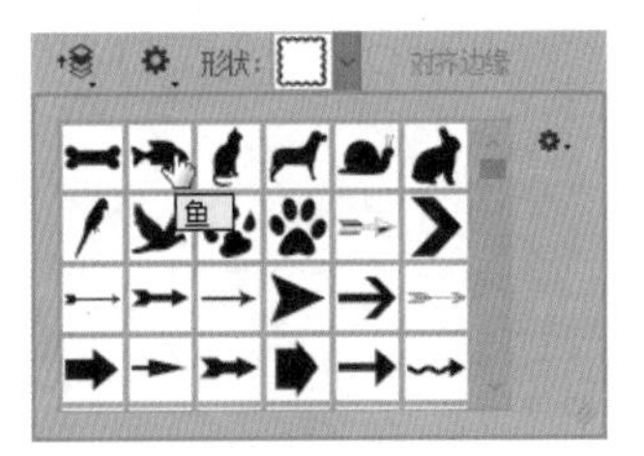

图 9-182

Step03 选择【水彩大溅滴】选项。拖动鼠标绘制路径，如图 9-183 所示。选择【铅笔工具】 ，在【画笔预设】面板中选择【水彩大溅滴】选项，如图 9-184 所示。

图 9-183

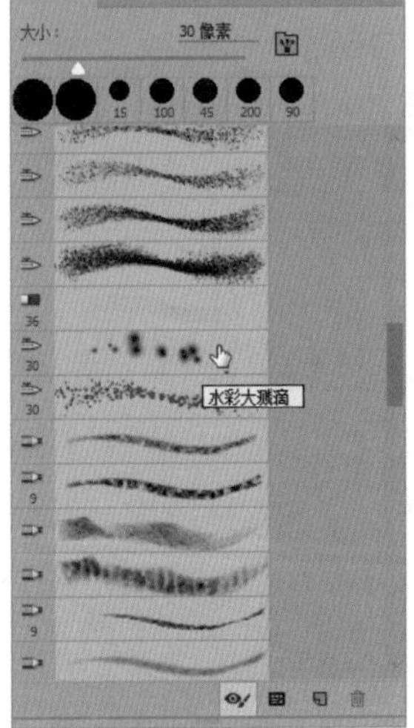

图 9-184

Step04 选择【描边路径】命令。设置前景色为蓝色【#00f0ff】，❶ 在【路径】面板中，单击右上角的扩展按钮 ，❷ 在打开的快捷菜单中选择【描边路径】命令，如

图 9-185 所示。

Step05 设置【工具】。在弹出的【描边路径】对话框中，❶设置【工具】为铅笔，❷单击【确定】按钮，如图 9-186 所示。

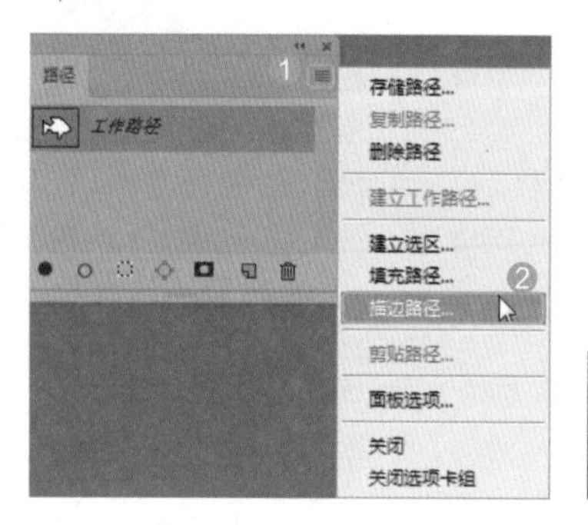

图 9-185

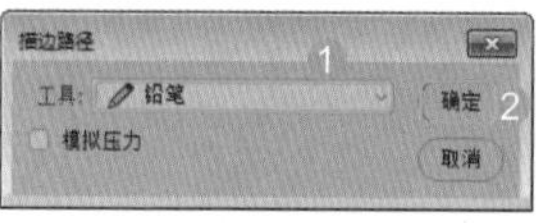

图 9-186

Step06 描边路径。在【路径】面板中，单击空白区域隐藏工作路径，如图 9-187 所示。路径描边效果如图 9-188 所示。

图 9-187

图 9-188

技术看板

在【路径】面板中，单击【用画笔描边路径】按钮○，将直接用当前画笔描边路径。

妙招技法

通过前面知识的学习，相信读者已经掌握了路径和矢量图形的绘制方法。下面结合本章内容，给大家介绍一些实用技巧。

技巧 01：预判路径走向

选择【钢笔工具】，在选项栏中单击按钮，在下拉面板中选中【橡皮带】复选框，此后，在绘制路径时，可以预览将要创建的路径线段，判断路径走向，从而绘制出更加准确的路径，选中【橡皮带】复选框后，路径绘制过程如图 9-189 所示。

取消选中【橡皮带】复选框后，路径绘制过程如图 9-190 所示。

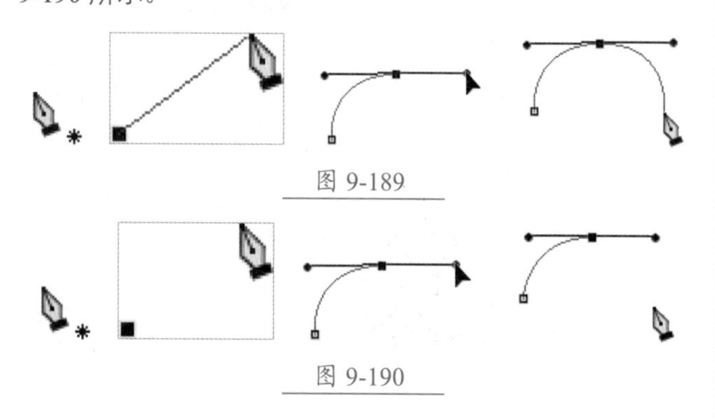

图 9-189

图 9-190

技巧 02：合并形状

创建多个形状图层后，可以将其合并为一个形状图层，具体操作步骤如下。

Step01 选择【蝴蝶】形状。新建空白文件，选择【自定形状工具】，载入全部路径后，选择【蝴蝶】形状，如图 9-191 所示。

Step02 选择洋红色块。在选项栏中选择【形状】选项，单击【填充】后面的色块，在打开的下拉列表框中选择洋红色块，如图 9-192 所示。

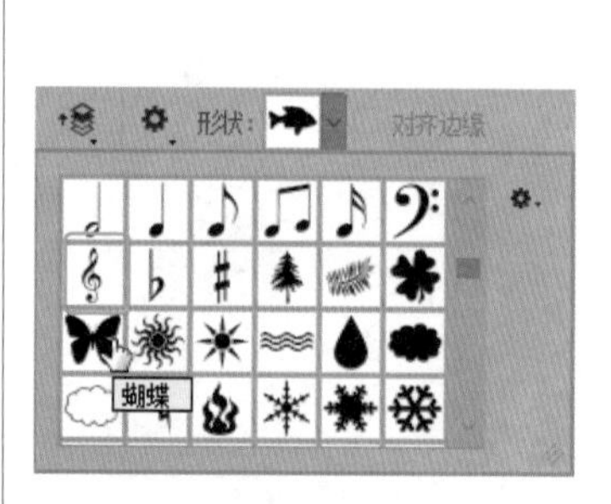

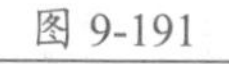

图 9-191

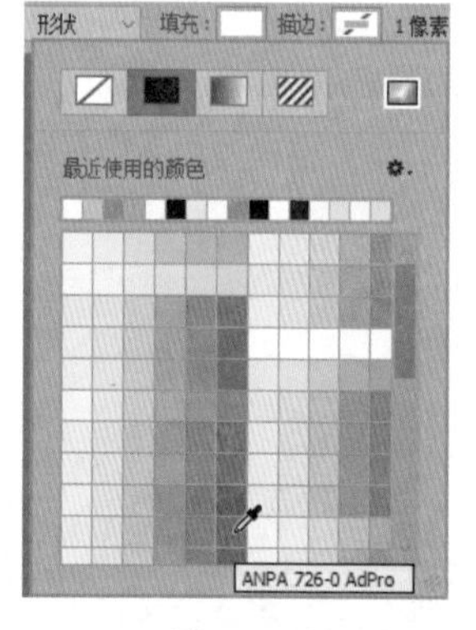

图 9-192

Step03 绘制形状。拖动鼠标绘制形状，生成【形状 1】图层，如图 9-193 所示。

图 9-193

Step04 绘制形状。继续拖动鼠标绘制形状，生成【形状 2】图层，如图 9-194 所示。

图 9-194

Step05 选中两个图形。使用【路径选择工具】 选中两个图形，如图 9-195 所示。

图 9-195

Step06 执行【图层】→【合并形状】→【减去重叠处形状】命令，即可合并形状，如图 9-196 所示。

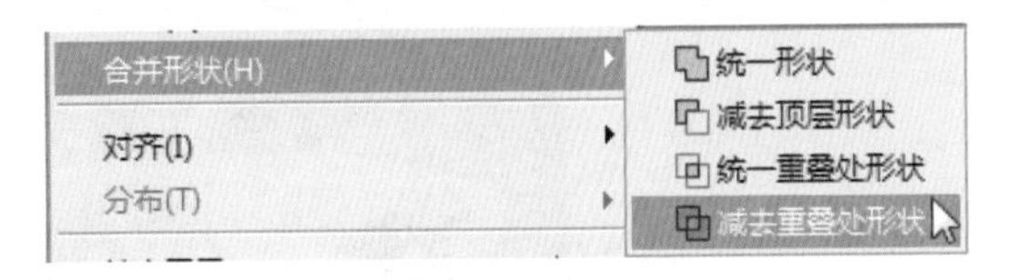

图 9-196

技术看板

在【合并形状】级联菜单中，可以选择多种形状合并方法进行合并。

Step07 合并形状后的效果。合并形状后效果如图 9-197 所示。图层也合并为一个形状图层，并以上层图层名称命名，如图 9-198 所示。

图 9-197

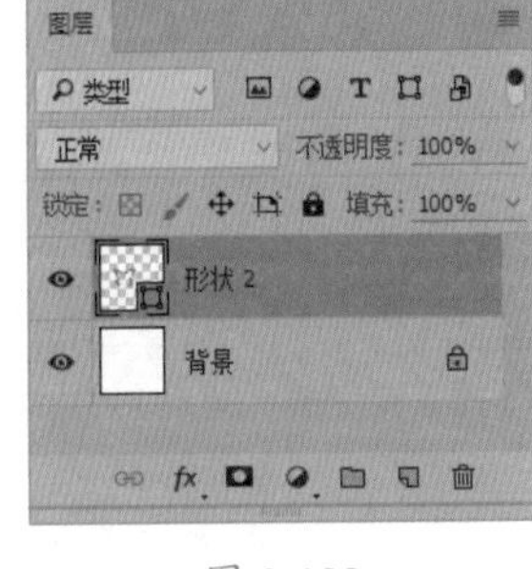

图 9-198

技能实训——绘制卡通女孩头像

素材文件	素材文件 \ 第 9 章 \ 飞机 .jpg
结果文件	结果文件 \ 第 9 章 \ 卡通女孩 a.psd，卡通女孩 b.psd

设计分析

Photoshop CC 常应用于绘制卡通漫画。下面在 Photoshop CC 中制作卡通女孩头像，并将其放置在特定的场景中，效果如图 9-199 所示。

图 9-199

操作步骤

Step 01 新建文件并绘制路径。执行【文件】→【新建】命令，打开【新建】对话框，设置【宽度】为 40 厘米、【高度】为 30 厘米、【分辨率】为 72 像素 / 英寸，如图 9-200 所示。选择【钢笔工具】，在选项栏中选择【路径】选项，绘制路径，如图 9-201 所示。

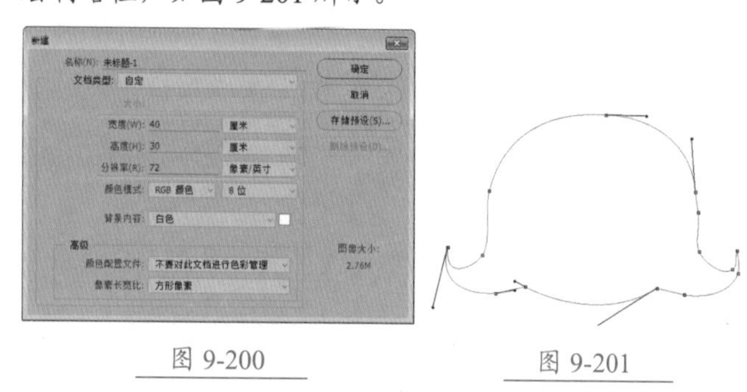

图 9-200　　图 9-201

Step 02 存储路径。在【路径】面板中，拖动工作路径到【创建新路径】按钮，即可存储路径，如图 9-202 所示。更改路径名称为【头发】，如图 9-203 所示。

图 9-202

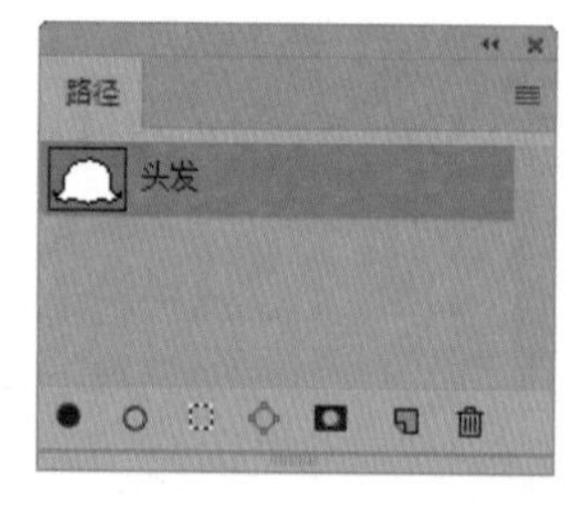

图 9-203

Step 03 载入路径选区。在【路径】面板中，单击【将路径作为选区载入】按钮，如图 9-204 所示。载入路径选区，如图 9-205 所示。

Step 04 填充前景色。新建图层，命名为【头发】，如图 9-206 所示。设置前景色为深红色【#a1432a】，按【Alt+Delete】组合键填充前景色，如图 9-207 所示。

图 9-204

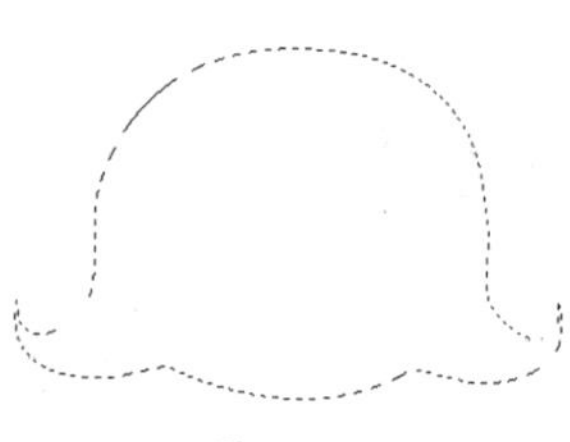

图 9-205

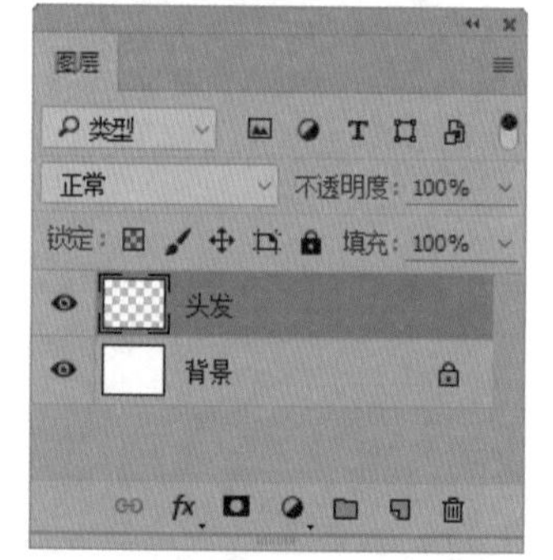

图 9-206

图 9-207

Step 05 绘制脸部路径。使用【钢笔工具】绘制脸部路径，并存储为“脸”，如图 9-208 所示。

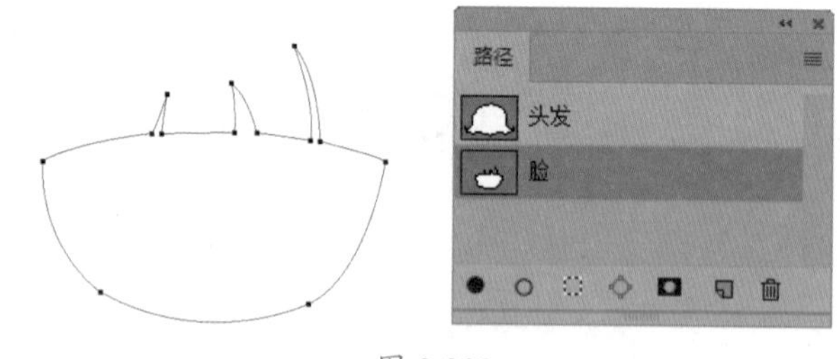

图 9-208

Step 06 为图形填色。在【图层】面板中，新建【脸】图层，如图 9-209 所示。按【Ctrl+Enter】组合键载入路径选区，填充浅黄色【#feeed7】，如图 9-210 所示。

图 9-209

图 9-210

Step07 绘制眼睛。在【图层】面板中，新建【眼一】图层，如图 9-211 所示。使用【椭圆选框工具】 创建选区，填充黑色，如图 9-212 所示。

图 9-211

图 9-212

Step08 收缩选区。执行【选择】→【修改】→【收缩】命令，打开【收缩选区】对话框，设置【收缩量】为 2 像素，单击【确定】按钮，如图 9-213 所示。收缩效果如图 9-214 所示。

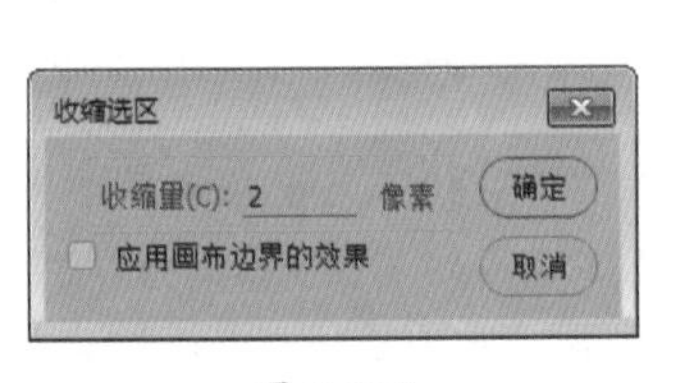

图 9-213

图 9-214

Step09 描边选区。执行【编辑】→【描边】命令，打开【描边】对话框，❶ 设置【宽度】为 3 像素、颜色为白色，【位置】为内部，❷ 单击【确定】按钮，如图 9-215 所示。描边效果如图 9-216 所示。

Step10 绘制高光。使用【椭圆选框工具】 创建选区，填充白色，如图 9-217 所示。继续使用【椭圆选框工具】 创建选区，填充白色作为眼睛高光，如图 9-218 所示。

图 9-215

图 9-216

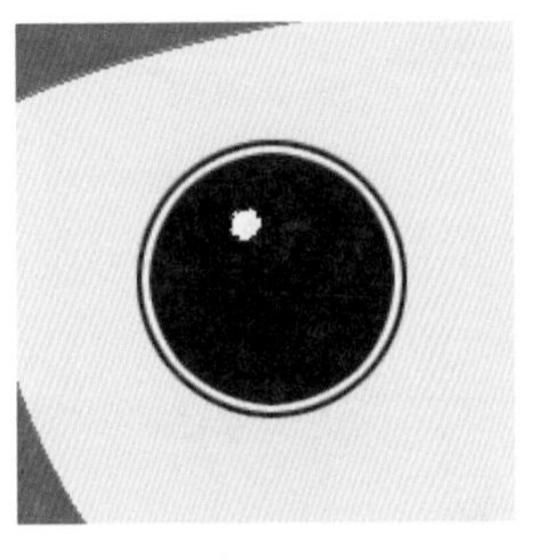

图 9-217

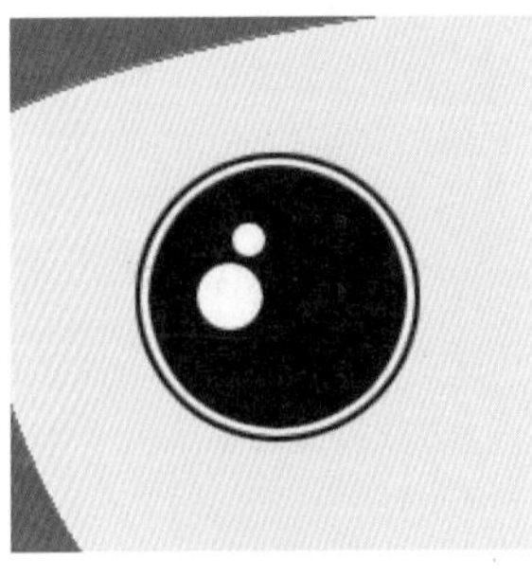

图 9-218

Step11 绘制睫毛。选择【直线工具】 ，在选项栏中选择【路径】选项，设置【粗细】为 8.5 像素，拖动鼠标绘制直线路径，如图 9-219 所示。在【路径】面板中，存储为“睫毛”，如图 9-220 所示。

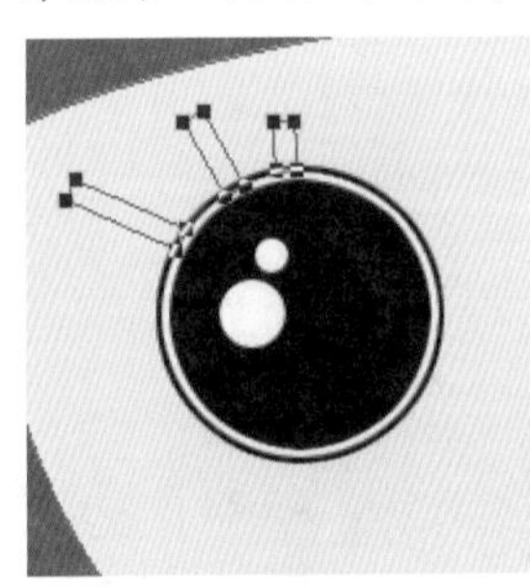

图 9-219

图 9-220

Step12 填充黑色。按【Ctrl+Enter】组合键载入选区后填充黑色，左眼效果如图 9-221 所示。

Step13 复制眼睛。按住【Alt】键拖动鼠标并复制图层，命名为【眼二】，如图 9-222 所示。

图 9-221

图 9-222

Step14 绘制鼻子。新建图层，命名为【鼻子】，如图 9-223 所示。使用【套索工具】创建选区，填充泥土色，效果如图 9-224 所示。

图 9-223

图 9-224

Step15 绘制嘴路径。使用【钢笔工具】绘制嘴路径，在【路径】面板中，存储为“嘴”，如图 9-225 所示。

图 9-225

Step16 设置画笔。新建图层，命名为【嘴】，如图 9-226 所示。选择【画笔工具】，在画笔选取器下拉列表框中设置【大小】为 10 像素，【硬度】为 80%，如图 9-227 所示。

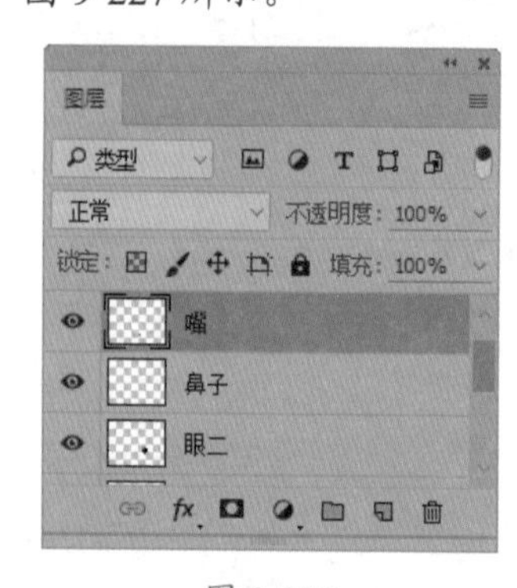

图 9-226

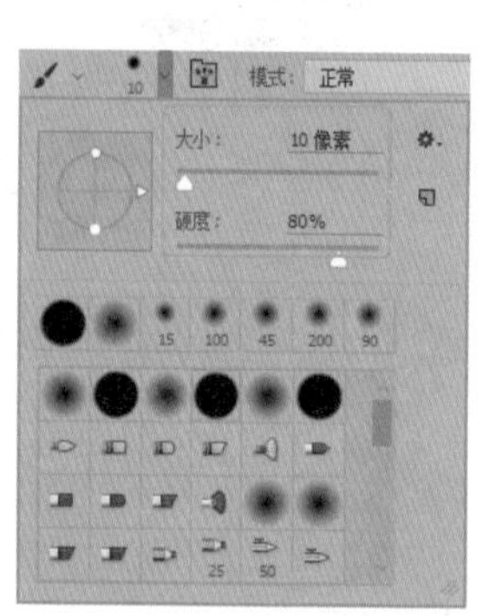

图 9-227

Step17 描边路径。设置前景色为深红色【#a1432a】，在【路径】面板中，单击【用画笔描边路径】按钮，如图 9-228 所示，描边效果如图 9-229 所示。

图 9-228

图 9-229

Step18 绘制腮红路径。使用【钢笔工具】绘制腮红路径，在【路径】面板中存储为“腮红”，如图 9-230 所示。

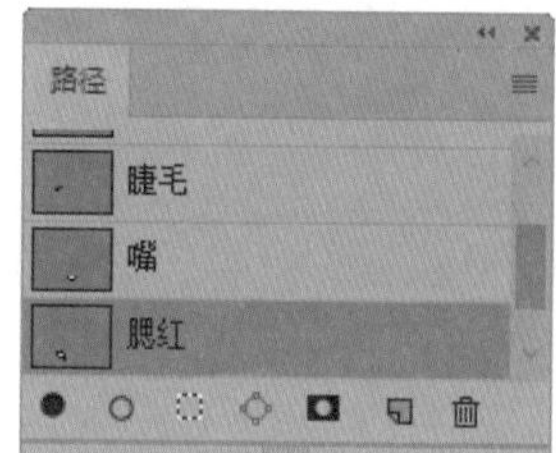

图 9-230

Step19 为路径填色。新建图层，命名为【腮红】，如图 9-231 所示。为选区填充红色【# f09ba0】，如图 9-232 所示。

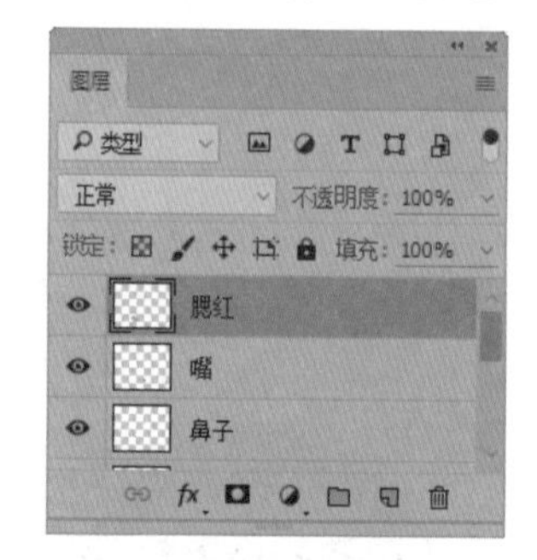

图 9-231

图 9-232

Step20 翻转图像。复制腮红，移动到右侧适当位置，如图 9-233 所示。执行【编辑】→【变换】→【水平翻转】命令，翻转图像，效果如图 9-234 所示。

图 9-233

图 9-234

Step21 绘制耳朵路径。使用【钢笔工具】绘制耳朵路径，在【路径】面板中，存储为“耳朵”，如图 9-235 所示。

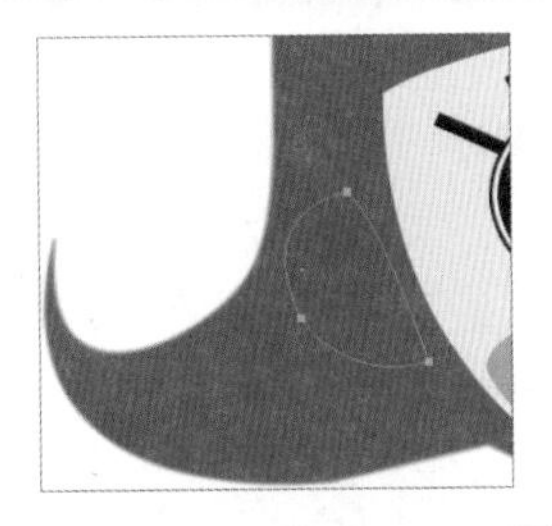
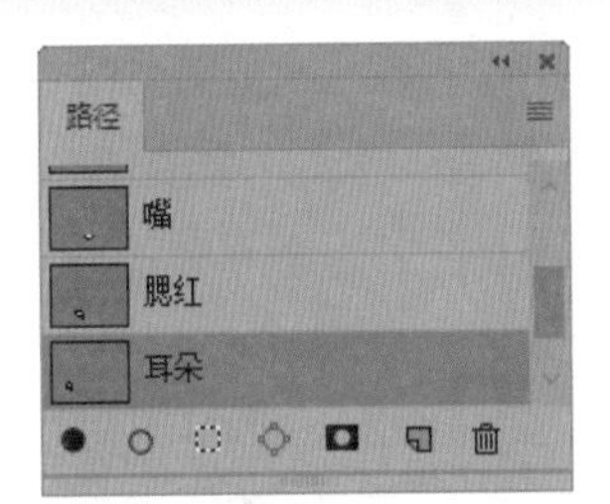

图 9-235

Step22 为路径填色。新建图层，命名为【耳朵】，如图 9-236 所示。载入选区后填充浅黄色【#feeed7】，如图 9-237 所示。

图 9-236

图 9-237

Step23 缩小选区并填色。执行【选择】→【变换选区】命令，缩小选区，如图 9-238 所示。填充橙色【#e6c28e】，如图 9-239 所示。

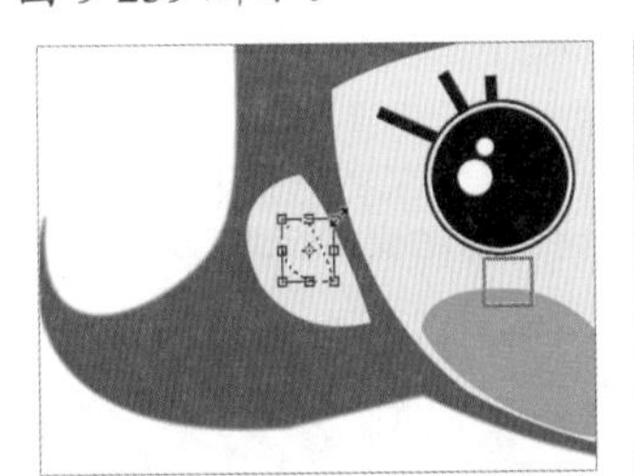

图 9-238

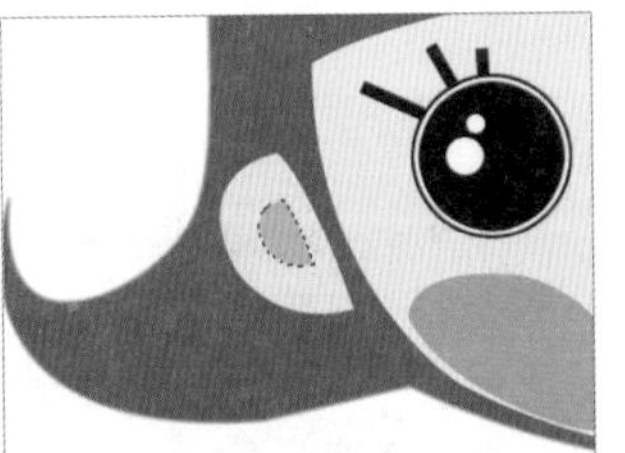

图 9-239

Step24 翻转图像。按住【Alt】键拖动鼠标并复制耳朵，如图 9-240 所示。执行【编辑】→【变换】→【水平翻转】命令，翻转图像，效果如图 9-241 所示。

图 9-240

图 9-241

Step25 绘制路径。选择【自定形状工具】，载入全部路径后，选择【花 1】形状，如图 9-242 所示。拖动鼠标绘制路径，如图 9-243 所示。

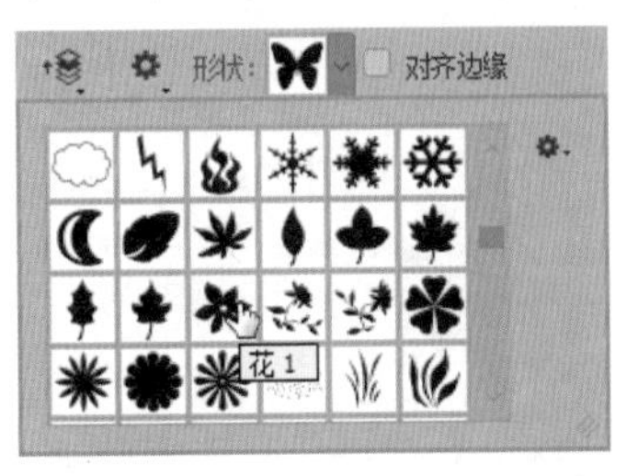

图 9-242

图 9-243

Step26 为图形填色。新建图层，命名为【花】，如图 9-244 所示。载入路径选区后填充红色【#da2246】，如图 9-245 所示。

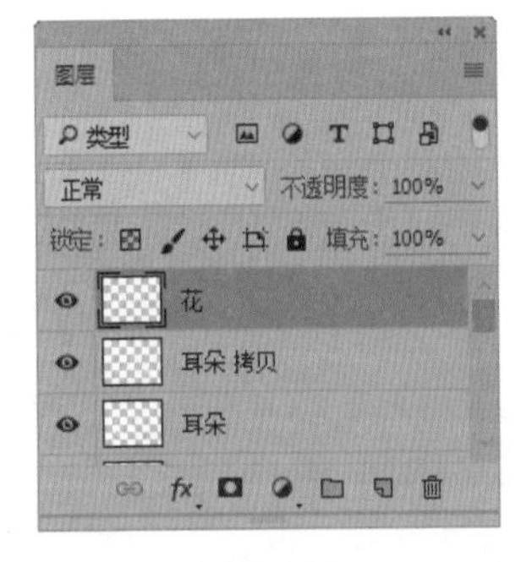

图 9-244

图 9-245

Step27 缩小图像。复制【花】图层，如图 9-246 所示。按【Ctrl+T】组合键，执行自由变换操作，缩小图像，如图 9-247 所示。

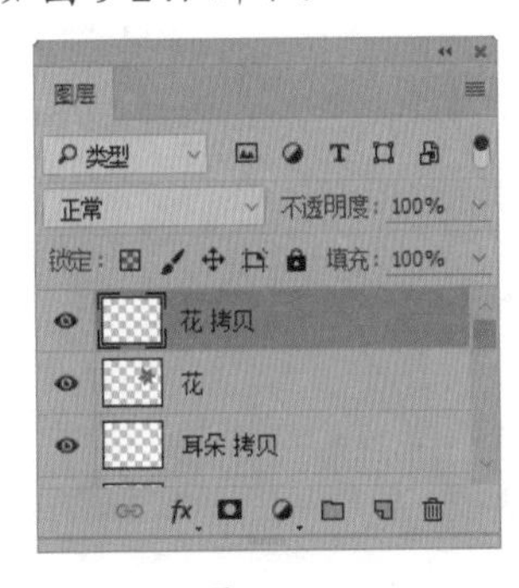

图 9-246

图 9-247

Step28 为图形填色。在【图层】面板中，单击【锁定透明度】按钮，如图 9-248 所示。设置前景色为黄色，按【Alt+Delete】组合键填充前景色，效果如图 9-249 所示。

Step29 锁定透明度。在【图层】面板中，❶ 单击【头发】图层，❷ 单击【锁定透明度】按钮，如图 9-250 所示。

图 9-248

图 9-249

Step30 设置画笔。选择【画笔工具】，在画笔选取器下拉列表框中，设置【大小】为 50 像素、【硬度】为 100%，如图 9-251 所示。

图 9-250

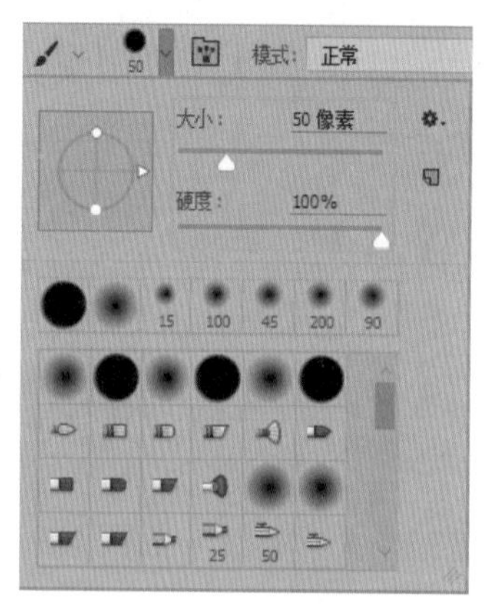

图 9-251

Step31 绘制阴影。设置前景色为更深的红色【#892a28】，拖动鼠标绘制头发阴影，如图 9-252 所示。调整画笔大小后，继续绘制阴影，效果如图 9-253 所示。

图 9-252

图 9-253

Step32 盖印图层。选择背景图层以外的所有图层，如图 9-254 所示。按【Alt+Ctrl+E】组合键盖印图层，如图 9-255 所示。

图 9-254

图 9-255

Step33 拖动素材。打开"素材文件\第 9 章\飞机 .jpg"文件，如图 9-256 所示。将绘制的女孩头像拖动到"飞机"文件中，如图 9-257 所示。

图 9-256

图 9-257

Step34 调整头像。按【Ctrl+T】组合键，执行自由变换操作，适当缩小头像，如图 9-258 所示。拖动变换点旋转头像，效果如图 9-259 所示。

图 9-258

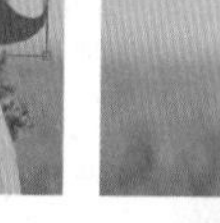

图 9-259

本章小结

本章首先讲解了绘图模式和路径的组成，其次详细介绍了如何绘制直线、平滑曲线和角曲线，以及自定义形状中相关路径的创建方法，最后介绍了路径的控制与编辑修改等方面的内容。Photoshop 虽然是处理位图的软件，但在处理矢量图形时，也毫不逊色，两者结合后功能会更加强大。

第 10 章 蒙版的应用与编辑

- 什么是蒙版？
- 图层蒙版和矢量蒙版有什么区别？
- 如何复制与删除蒙版？
- 如何创建剪贴蒙版？
- 释放剪贴蒙版的方法有哪几种？

蒙版可将图像进行隐藏及特效处理，利用蒙版处理图像可以使图像产生意想不到的效果。蒙版包括图层蒙版、矢量蒙版及剪贴蒙版。蒙版对于初学者来说不太容易理解，因此本章将由浅入深地介绍其相关知识，以便于读者理解与掌握。

10.1 蒙版概述

蒙版就是选框的外部 (选框的内部就是选区)。蒙版会对所选区域进行保护，使其免于操作，而对非掩盖的部分应用操作。“蒙版”一词本身即来自生活应用，也就是“蒙在上面的板子”的含义。

10.1.1 认识蒙版

在 Photoshop 中，用户可以使用【蒙版】将图像部分区域遮住，从而控制画面的显示内容，这样做并不会删除图像，只是将其隐藏起来，因此蒙版是一种非破坏性的图像编辑方式。

10.1.2 蒙版【属性】面板

在 Photoshop CC 中，创建蒙版后，打开蒙版【属性】面板，可以快速地创建图层蒙版和矢量蒙版，并能对蒙版进行浓度、羽化和调整等编辑，使蒙版的管理更为集中。

创建蒙版后，执行【窗口】→【属性】命令，打开【属性】面板，如图 10-1 所示。

相关选项作用及含义如表 10-1 所示。

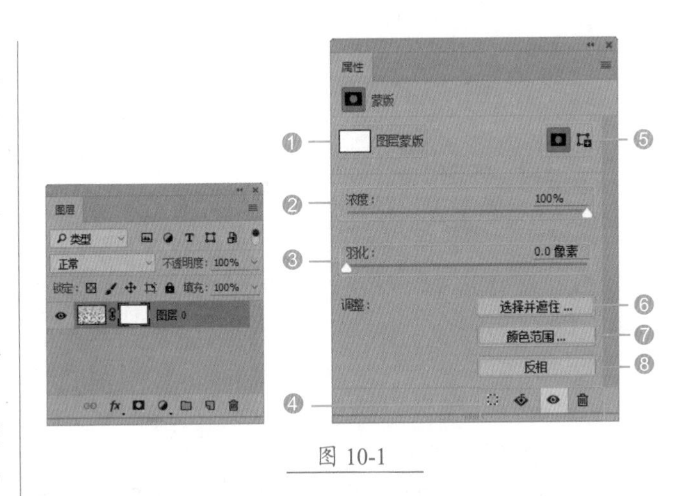

图 10-1

表 10-1 选项作用及含义

选项	作用及含义
❶ 蒙版预览框	通过预览框可查看蒙版形状，且在其后显示当前创建的蒙版类型
❷ 浓度	拖动滑块可以控制蒙版的不透明度，即蒙版的遮盖强度
❸ 羽化	拖动滑块可以柔化蒙版的边缘

续表

选项	作用及含义
④ 快速图标	单击 按钮，可将蒙版载入为选区，单击 按钮将蒙版效果应用到图层中，单击 按钮可停用或启用蒙版，单击 按钮可删除蒙版
⑤ 添加蒙版	为添加图层蒙版、 为添加矢量蒙版
⑥ 选择并遮住	单击该按钮，可以打开【选择并遮住】对话框修改蒙版边缘，并针对不同的背景查看蒙版。这些操作与调整选区边缘基本相同
⑦ 颜色范围	单击该按钮，可以打开【色彩范围】对话框，通过在图像中取样并调整颜色容差可修改蒙版范围
⑧ 反相	单击该按钮，可反转蒙版的遮盖区域

技能拓展
——蒙版【属性】面板菜单

单击蒙版【属性】面板右上角的扩展按钮，即可弹出面板快捷菜单，通过这些菜单命令可以对蒙版选项进行设置，并对蒙版与选区进行编辑。当为图层创建图层蒙版和矢量蒙版后，面板中的菜单命令也不相同。

10.2 图层蒙版

图层蒙版主要用于合成图像，是一种特殊的蒙版，它附加在目标图层上，起到遮盖图层的作用。此外，用户创建调整图层、填充图层或应用智能滤镜时，Photoshop 也会自动为其添加图层蒙版，因此图层蒙版还可以控制颜色调整与滤镜范围。

★重点 10.2.1 实战：使用图层蒙版更改图像背景

实例门类	软件功能

在【图层】面板中创建图层蒙版的方法主要有以下几种。

（1）执行【图层】→【图层蒙版】→【显示全部】命令，创建显示图层内容的白色蒙版，如图 10-2 所示。

（2）执行【图层】→【图层蒙版】→【隐藏全部】命令，创建隐藏图层内容的黑色蒙版，如图 10-3 所示。

（3）如果图层中有透明区域，执行【图层】→【图层蒙版】→【从透明区域】命令，创建隐藏透明区域的图层蒙版，如图 10-4 所示。

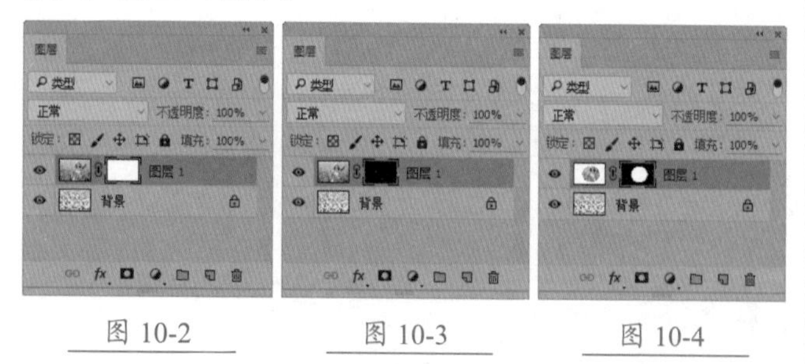

图 10-2　图 10-3　图 10-4

（4）创建选区后，如图 10-5 所示。单击【图层】面板下方的【添加图层蒙版】按钮，创建只显示选区内图像的蒙版，如图 10-6 所示。

图 10-5

图 10-6

使用图层蒙版更改人物背景，具体操作步骤如下。

Step 01 打开素材。打开“素材文件 \ 第 10 章 \ 花背景 .jpg”文件，如图 10-7 所示。

Step 02 打开素材。打开“素材文件 \ 第 10 章 \ 女孩 .jpg”文件，如图 10-8 所示。

图 10-7

图 10-8

Step 03 放大图像。拖动女孩到花背景文件中，如图 10-9 所示。按【Ctrl+T】组合键，执行自由变换操作，适当放大图像，如图 10-10 所示。

图 10-9

图 10-10

Step04 添加图层蒙版。单击【图层】面板下方的【添加图层蒙版】按钮 ，如图 10-11 所示。因为图像中没有选区，添加显示图层内容的白色蒙版，如图 10-12 所示。

图 10-11

图 10-12

Step05 涂抹图像。设置前景色为黑色，选择柔边【画笔工具】 ，在左侧涂抹显示出下面图层中的图像，如图 10-13 所示。调整画笔大小，继续涂抹图像，如图 10-14 所示。

图 10-13

图 10-14

Step06 调整曲线。在【图层】面板中，单击图层缩览图，非图层蒙版，如图 10-15 所示。按【Ctrl+M】组合键，执行【曲线】命令，打开【曲线】对话框，❶ 向上方拖动曲线，❷ 单击【确定】按钮，如图 10-16 所示

Step07 显示调整后的效果。通过前面的操作，调整女孩图像，如图 10-17 所示。在【调整】面板中，单击【创建新的颜色查找调整图层】按钮 ，如图 10-18 所示。

图 10-15

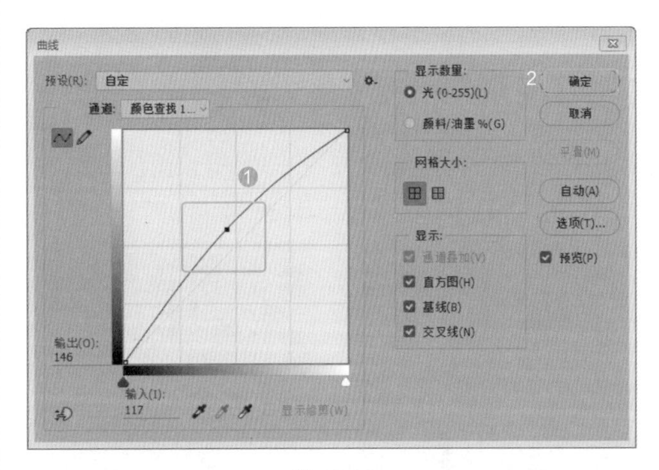

图 10-16

图 10-17

图 10-18

Step08 统一图像整体色调。在弹出的【属性】面板中，设置【3DLUT 文件】为“3Strip.look”，如图 10-19 所示。通过前面的操作，统一图像整体色调，效果如图 10-20 所示。

图 10-19

图 10-20

技能拓展——修改蒙版

在蒙版编辑状态时，包括快速蒙版、图层蒙版，当用白色【画笔工具】涂抹蒙版时，会显示涂抹图像；当用黑色【画笔工具】涂抹时，会隐藏涂抹图像；当用灰色【画笔工具】涂抹时，图像会呈现半透明效果。使用【渐变工具】和其他操作更改蒙版色彩时，也有相同的功能。

10.2.2 复制与转移图层蒙版

按住【Alt】键将一个图层的蒙版拖至另外的图层，可以将蒙版复制到目标图层，如图 10-21 所示。如果直接将蒙版拖至另外的图层，则可将该蒙版转移到目标图层，源图层将不再有蒙版，如图 10-22 所示。

图 10-21

图 10-22

10.2.3 链接与取消链接蒙版

创建图层蒙版后，蒙版缩览图和图像缩览图中间有一个链接图标，它表示蒙版与图像处于链接状态，此时进行变换操作，蒙版会与图像一同变换，如图 10-23 所示。

执行【图层】→【图层蒙版】→【取消链接】命令，或者单击该图标可以取消链接，取消后可以单独变换图像和蒙版，如图 10-24 所示。

图 10-23

图 10-24

10.2.4 停用图层蒙版

创建图层蒙版后，如果需要查看原图像效果就可以暂时隐藏蒙版效果，停用图层蒙版有以下几种方法。

（1）执行【图层】→【图层蒙版】→【停用】命令。

（2）在蒙版缩览图处右击，在弹出的快捷菜单中选择【停用图层蒙版】命令。

（3）按住【Shift】键的同时，单击该蒙版的缩览图，可快速关闭该蒙版；若再次单击该缩览图，则显示蒙版。

（4）在【图层】面板中选择需要关闭的蒙版缩览图，单击【属性】面板底部的【停用 / 启用蒙版】按钮。

停用图层蒙版后，图层蒙版缩览图上会出现一个红叉，如图 10-25 所示。

图 10-25

执行【图层】→【图层蒙版】→【启用图层蒙版】命令，可以重新启用图层蒙版，如图 10-26 所示。

图 10-26

10.2.5 应用图层蒙版

当确定不再修改图层蒙版时，可将蒙版进行应用，即合并到图层中，下面介绍应用图层蒙版的两种方法。

（1）在【属性】面板中，单击【应用蒙版】按钮，可将设置的蒙版应用到当前图层中，即将蒙版与图层中的图像合并。

（2）在蒙版缩览图上右击，在弹出的快捷菜单中选择【应用蒙版】命令，也可以应用图层蒙版。应用蒙版的前后效果如图 10-27 所示。

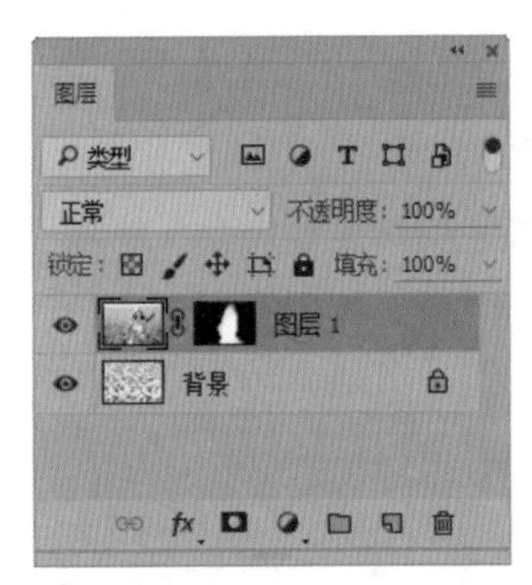

图 10-27

10.2.6 删除图层蒙版

如果不需要创建的蒙版效果，可以将其删除。删除蒙版的操作方法有以下几种。

（1）在【图层】面板中选择需要删除的蒙版，并在该蒙版缩览图处右击，在弹出的快捷菜单中选择【删除图层蒙版】命令。

（2）执行【图层】→【图层蒙版】→【删除】命令。

（3）单击蒙版【属性】面板底部的【删除蒙版】按钮 。

（4）在【图层】面板中选择该蒙版缩览图，并将其拖动至面板底部的【删除图层】按钮 处。

技术看板

删除图层蒙版后，蒙版效果也不再存在，而应用图层蒙版时，虽然删除了图层蒙版，但蒙版效果依然存在，并合并到图层中。

10.3 矢量蒙版

矢量蒙版是由钢笔工具、自定形状工具等矢量工具创建的蒙版，它与分辨率无关。在相应的图层中添加矢量蒙版后，图像可以沿着路径变化出特殊形状的效果。矢量蒙版常用于制作 Logo、按钮或其他 Web 设计元素。下面对其进行详细介绍。

10.3.1 实战：使用矢量蒙版制作时尚艺术照

实例门类	软件功能

在【图层】面板中创建矢量蒙版的方法主要有以下几种，下面进行详细介绍。

（1）执行【图层】→【矢量蒙版】→【显示全部】命令，创建显示图层内容的矢量蒙版。执行【图层】→【图层蒙版】→【隐藏全部】命令，创建隐藏图层内容的矢量蒙版。

（2）创建路径后，执行【图层】→【矢量蒙版】→【当前路径】命令，或者按住【Ctrl】键，单击【图层】面板中的【添加图层蒙版】按钮 ，可创建矢量蒙版，路径外的图像会被隐藏。

使用矢量蒙版制作时尚剪影的具体操作步骤如下。

Step 01 打开素材。打开“素材文件 \ 第 10 章 \ 背景 .jpg”文件，如图 10-28 所示。

Step 02 打开素材。打开“素材文件 \ 第 10 章 \ 伙伴 .jpg”文件，如图 10-29 所示。

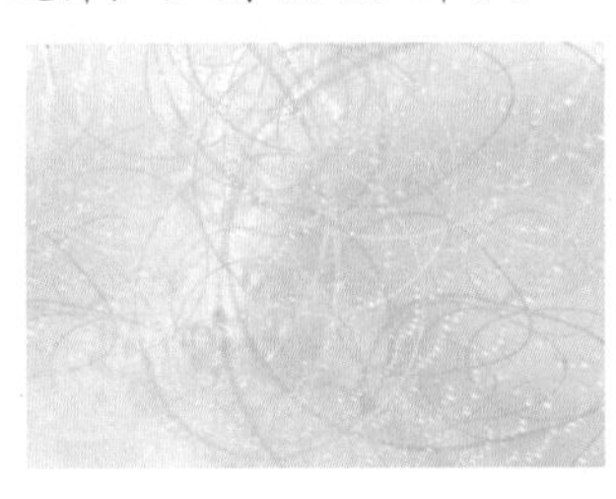

图 10-28

图 10-29

Step 03 缩小图像。拖动伙伴图像到背景文件中，图层如图 10-30 所示。按【Ctrl+T】组合键，执行自由变换操作，适当缩小图像，如图 10-31 所示。

Step 04 绘制路径。选择【自定形状工具】 ，载入全部形状后，选择【红心形卡】形状，如图 10-32 所示。在选项栏中选择【路径】选项，拖动鼠标绘制路径，如图 10-33 所示。

图 10-30

图 10-31

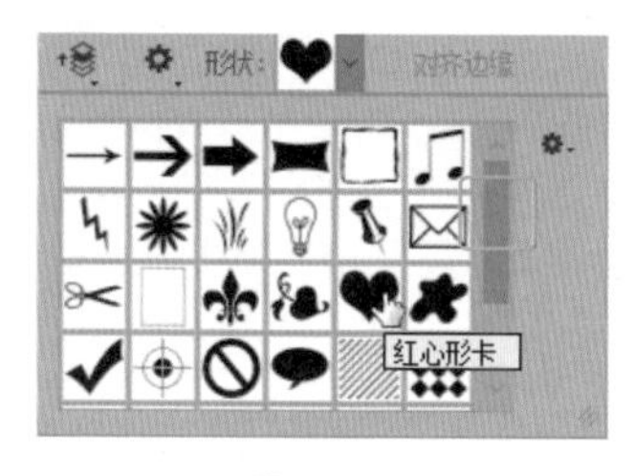

图 10-32

图 10-33

Step 05 添加矢量蒙版。按住【Ctrl】键，单击【图层】面板下方的【添加图层蒙版】按钮，添加矢量蒙版，如图 10-34 所示，矢量蒙版效果如图 10-35 所示。

图 10-34

图 10-35

Step 06 羽化图形。在【属性】面板中，更改【羽化】为 15 像素，如图 10-36 所示，效果如图 10-37 所示。

图 10-36

图 10-37

Step 07 隐藏路径。在【路径】面板空白处单击，隐藏路径，如图 10-38 所示。

图 10-38

技能拓展
——修改矢量蒙版

使用路径工具修改矢量图形，即可修改矢量蒙版效果。设置好矢量蒙版后，也可以对矢量蒙版进行应用、停用、链接、删除等操作，其操作方法和图层蒙版操作方法相似。

10.3.2 变换矢量蒙版

单击【图层】面板中的矢量蒙版缩览图，执行【编辑】→【变换路径】命令，即可对矢量蒙版进行各种变换操作，矢量蒙版与分辨率无关，因此在进行变换和变形操作时不会产生任何锯齿，如图 10-39 所示。

图 10-39

10.3.3 矢量蒙版转换为图层蒙版

选择矢量蒙版所在的图层，如图 10-40 所示。执行【图层】→【栅格化】→【矢量蒙版】命令，可将其栅格化，转换为图层蒙版，如图 10-41 所示。

图 10-40

图 10-41

技术看板

在【图层】面板中，图层蒙版缩览图是黑白图，而矢量蒙版缩览图是灰度图。

10.4 剪贴蒙版

剪贴蒙版可以用一个图层中包含像素的区域来限制它上层图层图像的显示范围，它的最大优点是可以通过一个图层来控制多个图层的可见内容，而图层蒙版和矢量蒙版都只控制一个图层。

10.4.1 剪贴蒙版的图层结构

剪贴蒙版是通过下方图层的形状来限制上方图层的显示状态，达到一种剪贴画的效果，剪贴蒙版至少需要两个图层才能创建。

在剪贴蒙版组中，最下面的图层称为“基底图层”，它的名称带有下划线；位于上面的图层称为“内容图层”，它们的缩览图是缩进的，并带有 形状图标，如图 10-42 所示。

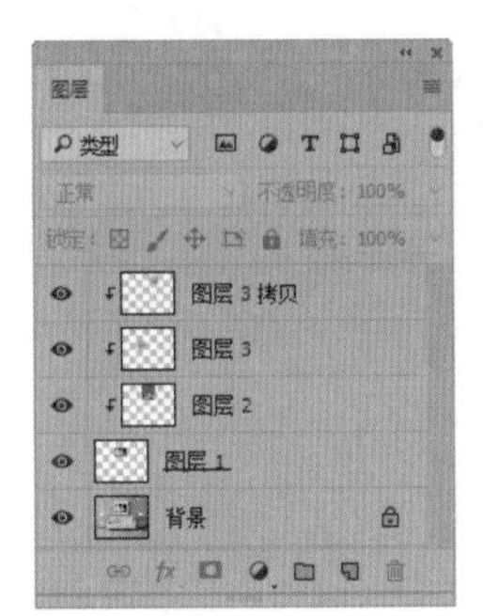

图 10-42

基底图层中的透明区域充当了整个剪贴蒙版组的蒙版，简单来说，它的透明区域就像蒙版一样，可以将内容图层的图像隐藏起来，因此当用户移动基底图层，就会改变内容图层的显示区域，如图 10-43 所示。

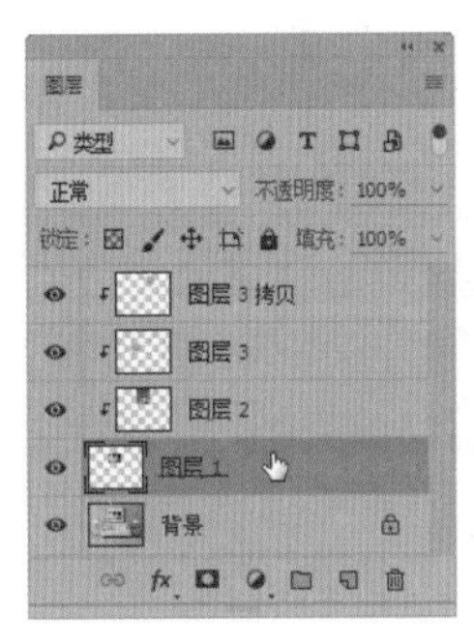

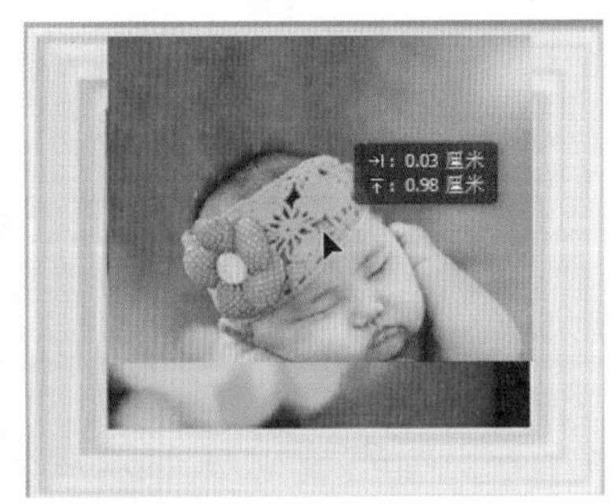

图 10-43

★重点 10.4.2 实战：使用剪贴蒙版创建挂画效果

实例门类	软件功能

创建剪贴蒙版的具体操作步骤如下。

Step 01 打开素材并创建选区。打开“素材文件\第 10 章\装饰.jpg”文件，如图 10-44 所示。使用【矩形选框工具】 创建选区，如图 10-45 所示。

图 10-44

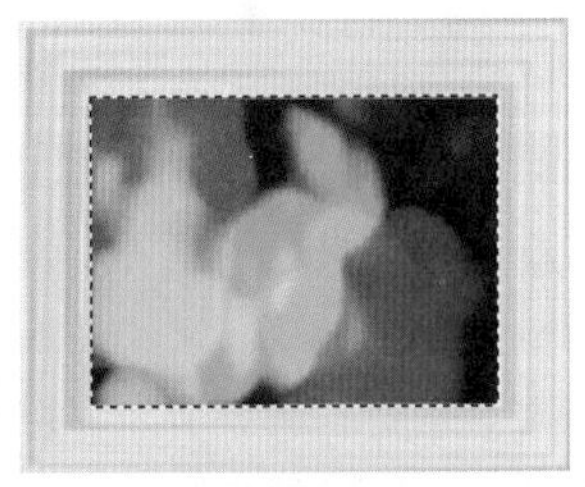

图 10-45

第 1 篇
第 2 篇
第 3 篇
第 4 篇

Step 02 复制图层并打开素材。按【Ctrl+J】组合键复制图层，如图 10-46 所示。打开“素材文件\第 10 章\儿童.jpg”文件，如图 10-47 所示。

图 10-46

图 10-47

Step 03 缩小图像。将儿童拖动到装饰文件中，如图 10-48 所示。按【Ctrl+T】组合键，执行自由变换操作，适当缩小图像，如图 10-49 所示。

图 10-48

图 10-49

Step 04 创建剪贴蒙版。执行【图层】→【创建剪贴蒙版】命令或按【Ctrl+G】组合键，创建剪贴蒙版，如图 10-50 所示。

图 10-50

Step 05 打开素材。打开“素材文件\第 10 章\太阳.jpg”文件，如图 10-51 所示。拖动到装饰文件中，如图 10-52 所示。

Step 06 删除背景并缩小图像。使用【魔棒工具】选中白色背景，按【Delete】键删除图像，如图 10-53 所示。适当缩小图像，移动到左侧适当位置，如图 10-54 所示。

图 10-51

图 10-52

图 10-53

图 10-54

Step 07 模糊图形。执行【滤镜】→【模糊】→【高斯模糊】命令，打开【高斯模糊】对话框，❶ 设置【半径】为 10 像素，❷ 单击【确定】按钮，如图 10-55 所示，模糊效果如图 10-56 所示。

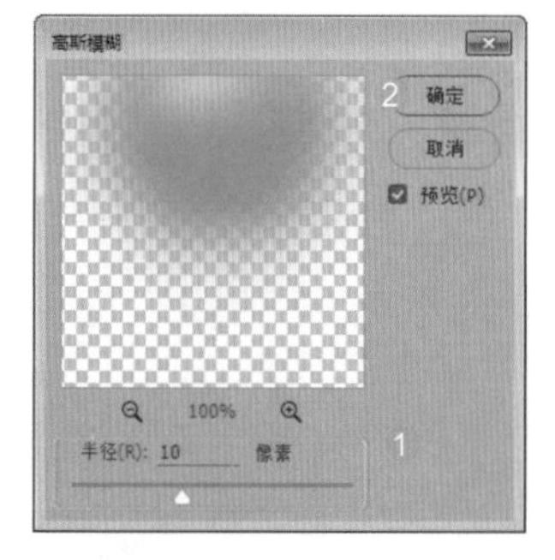

图 10-55

图 10-56

Step 08 复制图层。按【Ctrl+J】组合键复制图层，如图 10-57 所示。拖动到右上方适当位置，如图 10-58 所示。

图 10-57

图 10-58

Step 09 创建剪贴蒙版。同时选中两个太阳图层，如图 10-59 所示。执行【图层】→【创建剪贴蒙版】命令，或者按【Ctrl+G】组合键，创建剪贴蒙版，效果如图 10-60 所示。

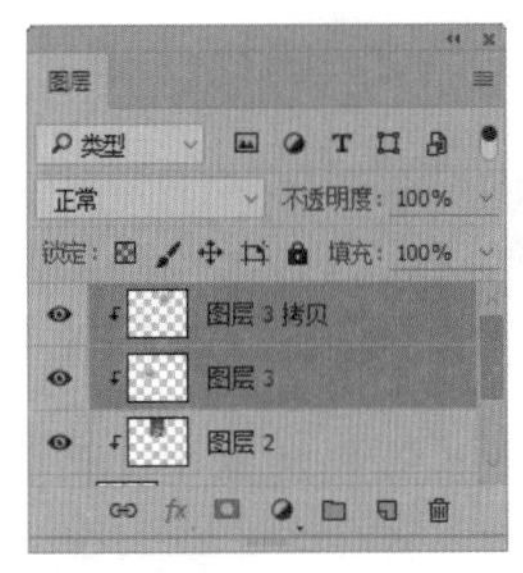

图 10-59

图 10-60

10.4.3 调整剪贴蒙版的不透明度

剪贴蒙版组统一使用基底图层的不透明度属性，因此，调整基底图层的不透明时，可以控制整个剪贴蒙版组的不透明度，如调整基底图层（图层 1）的不透明度为 80%，如图 10-61 所示，图像效果如图 10-62 所示。

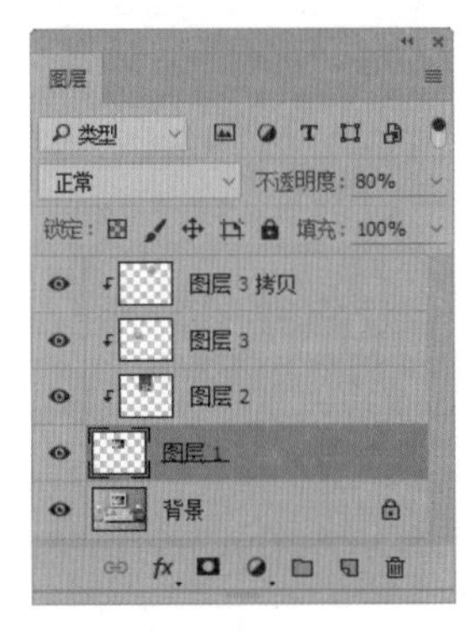

图 10-61

图 10-62

10.4.4 调整剪贴蒙版的混合模式

剪贴蒙版组统一使用基底图层的混合属性，当基底图层为【正常】模式时，所有的图层会按照各自的混合模式与下面的图层混合。调整基底图层的混合模式时，整个剪贴蒙版中的图层都会使用此模式与下面的图层混合，如调整基底图层（图层 1）混合模式为【变亮】，如图 10-63 所示，图像效果如图 10-64 所示。

图 10-63

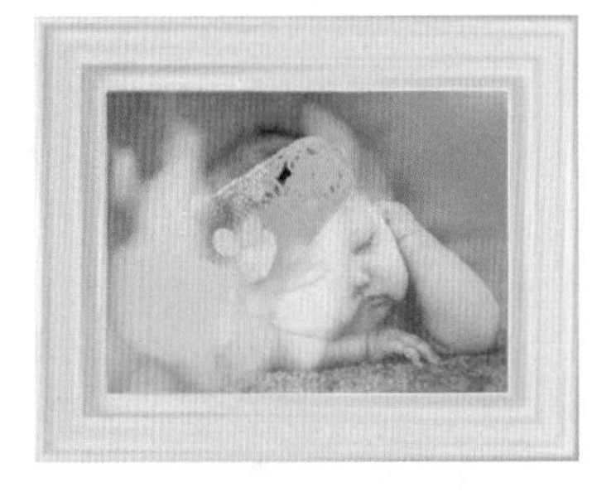

图 10-64

技术看板

调整内容图层时，仅对其自身产生作用，不会影响其他图层。

10.4.5 将图层加入或移出剪贴蒙版组

将一个图层拖动到剪贴蒙版组中，可将其加入剪贴蒙版组中，如图 10-65 所示。

图 10-65

将剪贴图层移出蒙版组，则可以释放该图层，如图 10-66 所示。

图 10-66

10.4.6 释放剪贴蒙版组

选择基底图层上方的内容图层，如图 10-67 所示。执行【图层】→【释放剪贴蒙版】命令，可以释放全部剪贴蒙版，如图 10-68 所示。

图 10-67

图 10-68

选择一个内容图层，如图 10-69 所示。执行【图层】→【释放剪贴蒙版】命令，可以从剪贴蒙版中释放出该图层，如果该图层上面还有其他内容图层，则这些图层也会一同释放，如图 10-70 所示。

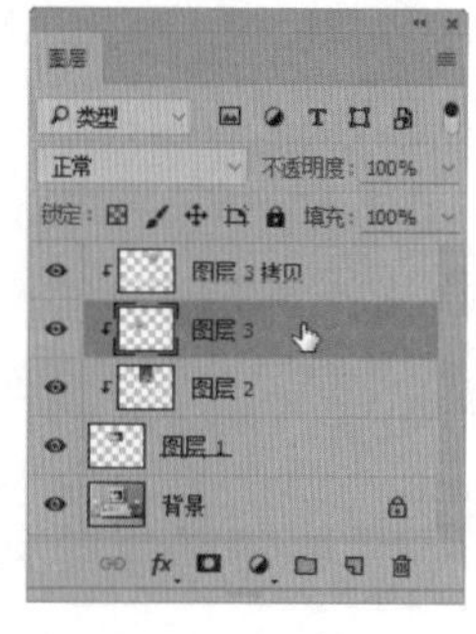

图 10-69

图 10-70

技能拓展——变形样式

按住【Alt】键不放，将鼠标指针移动到剪贴图层和基底图层之间，单击即可创建剪贴蒙版。选择基底图层上方的内容图层，执行【图层】→【释放剪贴蒙版】命令或按【Alt+Ctrl+G】组合键，可以快速释放剪贴蒙版。

妙招技法

通过前面知识的学习，相信读者已经掌握了各类蒙版创建和编辑的基本操作。下面结合本章内容，给大家介绍一些实用技巧。

技巧 01：如何分辨选中的是图层还是蒙版

为图层添加图层蒙版，未进行其他操作时，蒙版缩览图会有一层黑色的边框包围，这表示当前选中和编辑的是蒙版，如图 10-71 所示。

单击图层缩览图，图层缩览图周围会出现一个黑色的边框，表示当前选中和编辑的是图层，如图 10-72 所示。

图 10-71

图 10-72

技巧 02：如何查看蒙版灰度图

创建图层蒙版后，图层蒙版缩览图比较小，通常不能清晰地看到蒙版灰度图，如图 10-73 所示。

图 10-73

按住【Alt】键，单击图层蒙版缩览图，如图 10-74 所示，即可显示蒙版灰度图，如图 10-75 所示。再次按住【Alt】键，单击图层蒙版缩览图或直接单击图层缩览图，可以切换到正常图像显示状态。

图 10-74

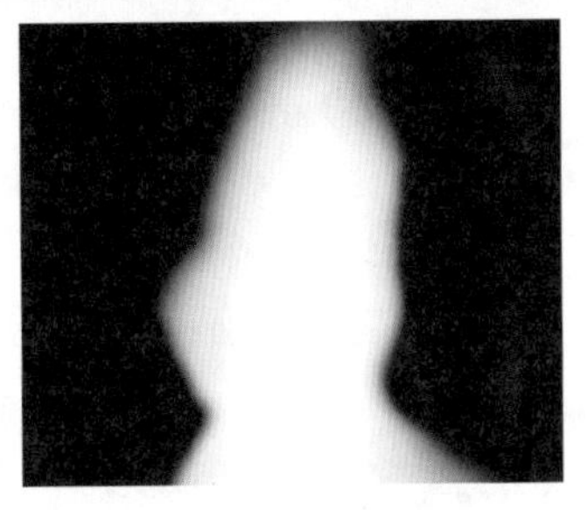

图 10-75

技巧 03：如何才能在【属性】面板中，对蒙版进行参数设置

在 Photoshop CC 中，通过相关的操作，【属性】面板中才会出现相对应的参数选项。例如，使用【圆角矩形工具】 绘制图形后，【属性】面板中会出现“实时形状属性”选项，如图 10-76 所示。

只有创建蒙版后，【属性】面板中才会出现蒙版选项，如图 10-77 所示。

总体来说，【属性】面板呈现的内容不是固定的，它会随着用户的操作智能变化，出现相对应的参数选项。

图 10-76

图 10-77

技能实训——打造花海中的小脸

素材文件	材文件 \ 第 10 章 \ 花海 .jpg，小脸 .jpg
结果文件	结果文件 \ 第 10 章 \ 花海中的小脸 .psd

设计分析

孩子是纯洁无瑕的，他们和可爱、纯洁、花朵、天真等词紧密联系在一起，接下来使用 Photoshop CC 打造花海中的小脸，其前后对比效果如图 10-78 所示。

图 10-78

操作步骤

Step 01 打开素材。打开“素材文件 \ 第 10 章 \ 花海 .jpg“文件，如图 10-79 所示。打开“素材文件 \ 第 10 章 \ 小脸 .jpg”文件，并拖动到花海图像中，如图 10-80 所示。

图 10-79

图 10-80

Step 02 选择【特殊效果画笔】。在【图层】面板中，单击【添加图层蒙版】按钮，如图 10-81 所示。选择【画笔工具】，在选项栏的画笔选取器下拉列表框中，❶ 单击右上角的【扩展】按钮，❷ 在打开的快捷菜单中选择【特殊效果画笔】选项，如图 10-82 所示。

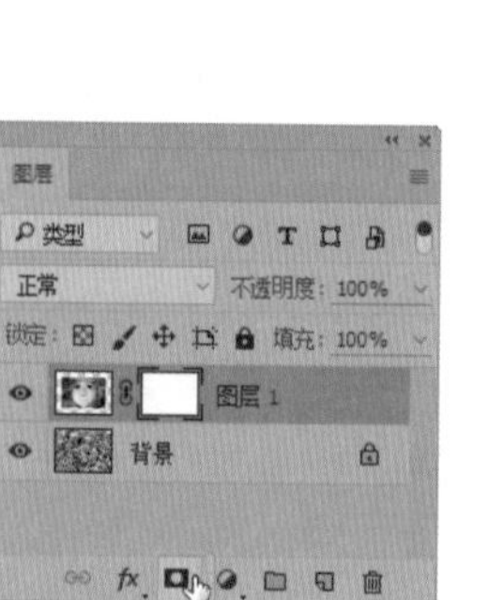
图 10-81

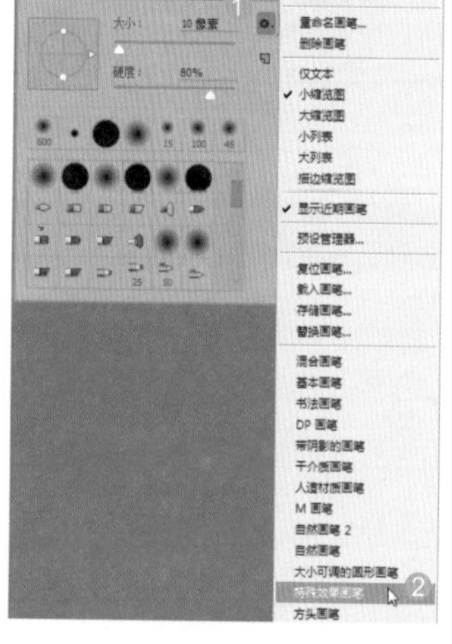
图 10-82

Step 03 选择【缤纷蝴蝶】。在弹出的提示对话框中单击【确定】按钮，如图 10-83 所示。单击【缤纷蝴蝶】图标，设置【大小】为 90 像素，如图 10-84 所示。

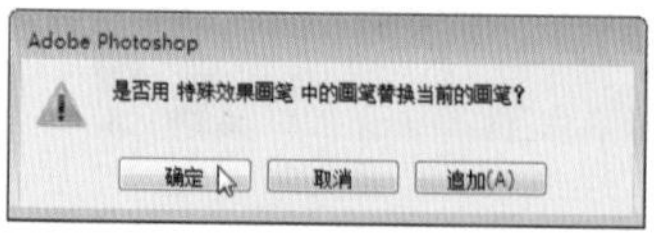

图 10-83

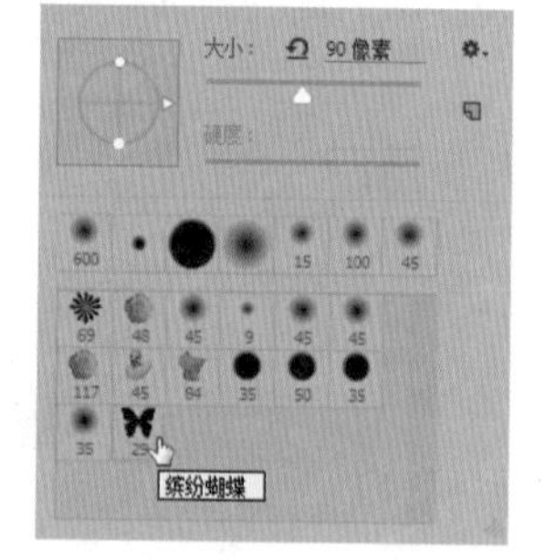

图 10-84

Step 04 设置【间距】。在【画笔】面板中，选择【画笔笔尖形状】选项，设置【间距】为 25%，如图 10-85 所示。

Step 05 设置【形状动态】。选中【形状动态】复选框，设置【大小抖动】为 57%、【最小直径】为 1%、【角度抖动】为 100%，如图 10-86 所示。

Step 06 继续设置参数。选中【散布】复选框，选中【两轴】复选框，设置参数为 463%、【数量】为 1、【数量抖动】为 86%，如图 10-87 所示。

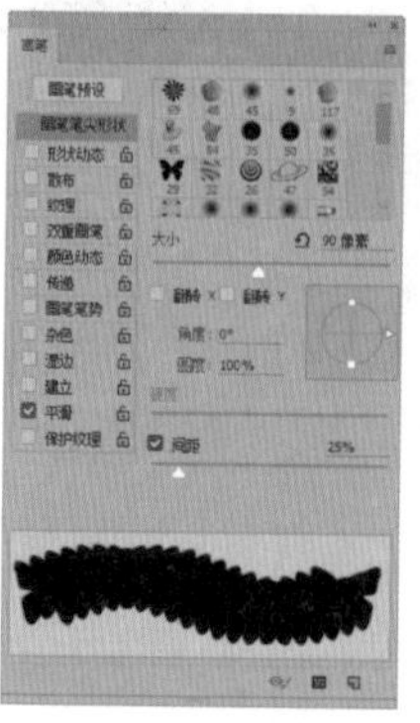
图 10-85

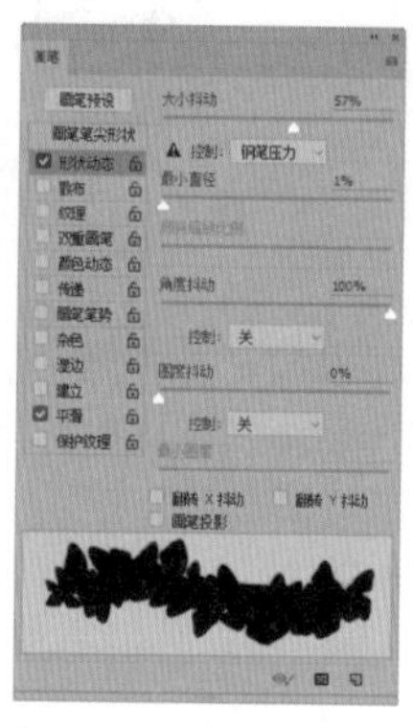
图 10-86

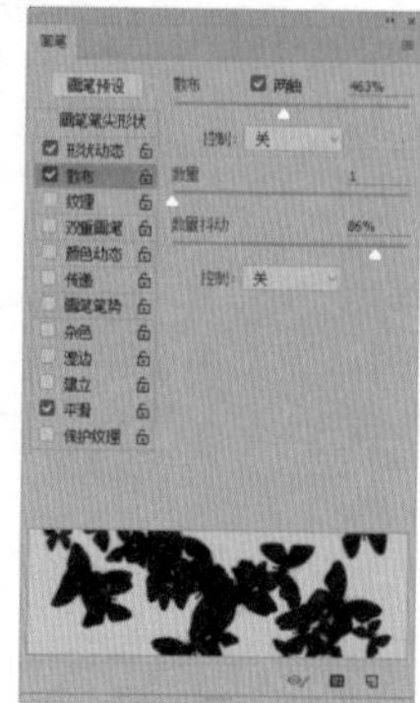
图 10-87

Step 07 修改图层蒙版。按【D】键，设置前景色为默认前景色（黑色），在左侧拖动鼠标，修改图层蒙版，如图 10-88 所示。调整画笔大小后，继续拖动鼠标，修改图层蒙版，效果如图 10-89 所示。

图 10-88

图 10-89

Step 08 显示出部分图像。按【X】键，切换前景色和背景色，使前景色变为白色，在图像中涂抹，显示出部分图像，如图 10-90 所示。

Step 09 微调蒙版。继续调整画笔大小，切换前（背）景色，对蒙版进行细微调整，可以使用【柔边圆画笔工具】涂掉边缘的蓝色，效果如图 10-91 所示。

图 10-90

图 10-91

Step10 模糊图像。按【Alt+Shift+Ctrl+E】组合键，盖印图层，如图 10-92 所示。执行【滤镜】→【模糊】→【径向模糊】命令，打开【径向模糊】对话框，❶ 设置【数量】为 10、【模糊方法】为缩放，❷ 单击【确定】按钮，如图 10-93 所示。

图 10-92

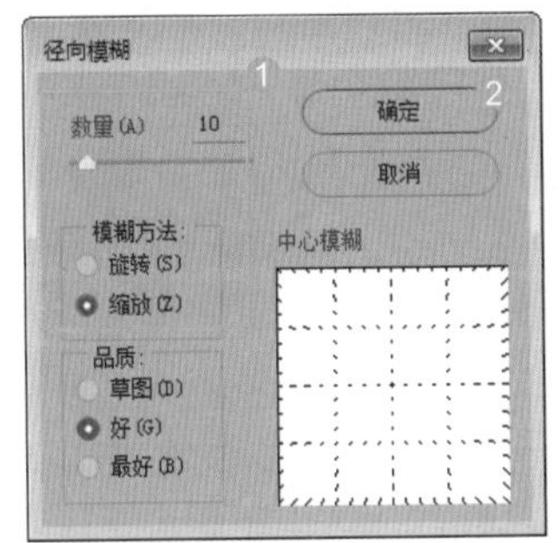

图 10-93

Step11 显示模糊效果。通过前面的操作，得到径向模糊效果，如图 10-94 所示。

图 10-94

Step12 更改图层混合模式。更改图层【混合模式】为柔光、【不透明度】为 50%，如图 10-95 所示。图像效果如图 10-96 所示。

图 10-95

图 10-96

Step13 绘制腮红。设置前景色为红色【#ec1212】，选择【柔边圆画笔工具】，在小孩两腮处涂抹，绘制腮红，如图 10-97 所示，图像效果如图 10-98 所示。

图 10-97

图 10-98

Step14 设置【滤镜】。在【调整】面板中，单击【创建新的照片滤镜调整图层】按钮，如图 10-99 所示。在【属性】面板中，设置【滤镜】为加温滤镜（85），【浓度】为 25%，如图 10-100 所示，图像效果如图 10-101 所示。

图 10-99

图 10-100

图 10-101

本章小结

本章主要讲述了 Photoshop CC 中蒙版功能的综合应用，内容包括图层蒙版、矢量蒙版及剪贴蒙版的创建与编辑。图层蒙版主要用于合成图像，矢量蒙版常用于制作矢量设计元素，剪贴蒙版最大的优点就是可以通过一个图层来控制多个图层的可见内容。灵活使用蒙版功能，可以制作出非常神奇的合成效果。

第11章 通道的应用与编辑

- 什么是通道？
- 通道有哪些类型？
- 什么是专色通道？
- 如何使用通道扣图？
- 什么是通道混合？

通道是 Photoshop CC 中的核心功能，主要用于保存颜色数据，对于初学者来说不太容易理解，需要初学者勤加练习。本章详细讲解通道的编辑技巧，帮助大家掌握通道的知识。

11.1 通道概述

通道是 Photoshop 中的高级功能，虽然没有通过菜单的形式表现出来，但是它所表现的存储颜色信息和选择范围的功能是非常强大的。在通道中可存储选区、单独调整通道的颜色、进行应用图像及计算命令等高级操作。下面讲解通道的分类和【通道】面板。

11.1.1 通道的分类

通道是通过灰度图像来保存颜色信息及选区信息的，Photoshop 提供了 3 种类型的通道：颜色通道、专色通道和 Alpha 通道。下面讲解这几种通道的特征和用途。

1. 颜色通道

颜色通道就像是摄影胶片，它们记录了图像内容和颜色信息，图像的颜色模式不同，颜色通道的数量也不相同。颜色通道是用于描述图像颜色信息的彩色通道，与图像的颜色模式有关。

每个颜色通道都是一个灰度图像，只代表一种颜色的明暗变化。例如，一个 RGB 颜色模式的图像，其通道就显示为 RGB、红、绿、蓝 4 个通道，如图 11-1 所示。

在 CMYK 颜色模式下图像通道分别为 CMYK、青色、洋红、黄色、黑色 5 个通道，如图 11-2 所示。

在 Lab 颜色模式下分为 Lab、明度、a、b 4 个通道，如图 11-3 所示。

灰度模式图像的颜色通道只有一个，用于保存图像的灰度信息，如图 11-4 所示。

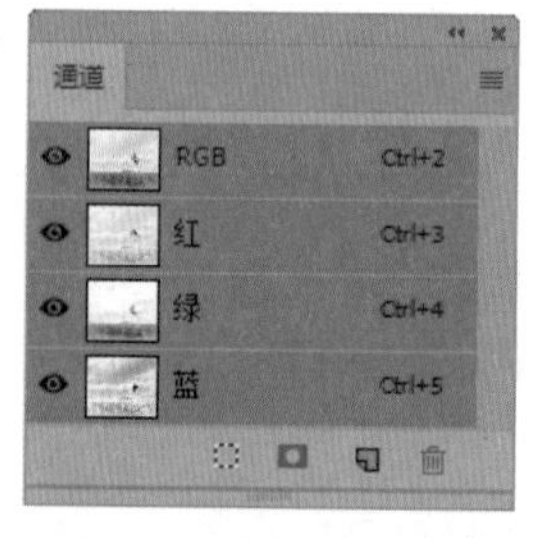

图 11-1

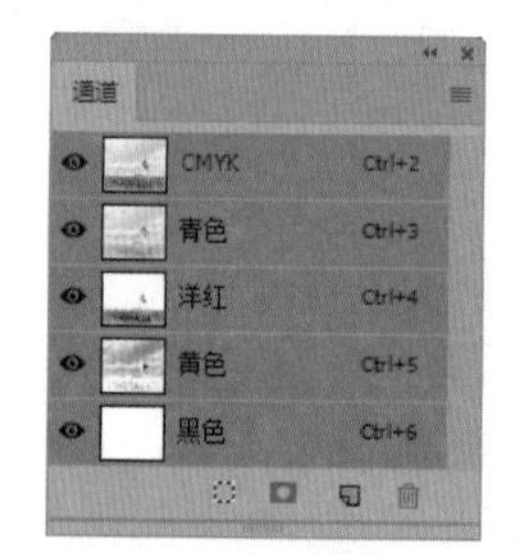

图 11-2

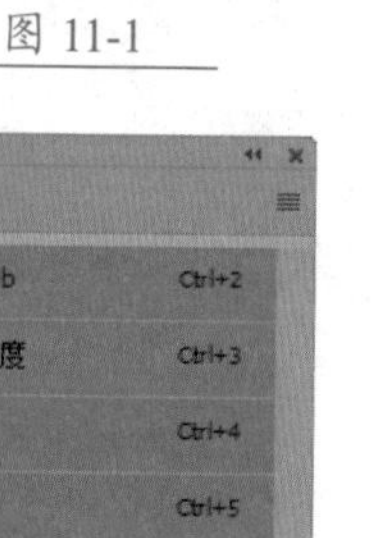

图 11-3

图 11-4

位图模式图像的通道只有一个，用于表示图像的黑白两种颜色，如图 11-5 所示。索引颜色模式通道只有一个，用于保存调色板中的位置信息，如图 11-6 所示。

图 11-5

图 11-6

2. Alpha 通道

Alpha 通道主要有 3 种用途，一是用于保存选区；二是可以将选区存储为灰度图像，这样用户就能够用画笔、加深、减淡等工具以及各种滤镜，通过编辑 Alpha 通道来修改选区；三是可以从 Alpha 通道中载入选区。

在 Alpha 通道中，白色为选区部分，黑色为非选区部分，中间的灰度表示具有一定透明效果的选区（即选区区域）。Alpha 通道用白色涂抹可以扩大选区范围；用黑色涂抹则可以缩小选区；用灰色涂抹可以增加羽化范围。因此，利用对 Alpha 通道添加不同灰阶值的颜色可修改调整图像选区。

3. 专色通道

专色通道用于存储印刷用的专色，专色是特殊的预混油墨，如金属金银色油墨、荧光油墨等，它们用于替代或补充普通的印刷色（CMYK）油墨，通常情况下，专色通道都是以专色的名称来命名的。每个专色通道以灰度图形式存储相应专色信息，这与其在屏幕上的彩色显示无关。

每一种专色都有其本身固定的色相，所以它解决了印刷中颜色传递准确性的问题。在打印图像时因为专色色域很宽，超过了 RGB、CMYK 的表现色域，所以大部分颜色若使用 CMYK 四色印刷油墨是无法呈现的。

11.1.2 【通道】面板

【通道】面板可以创建、保存和管理通道。打开图像时，Photoshop 会自动创建该图像的颜色信息通道，执行【窗口】→【通道】命令，即可打开【通道】面板，如图 11-7 所示。

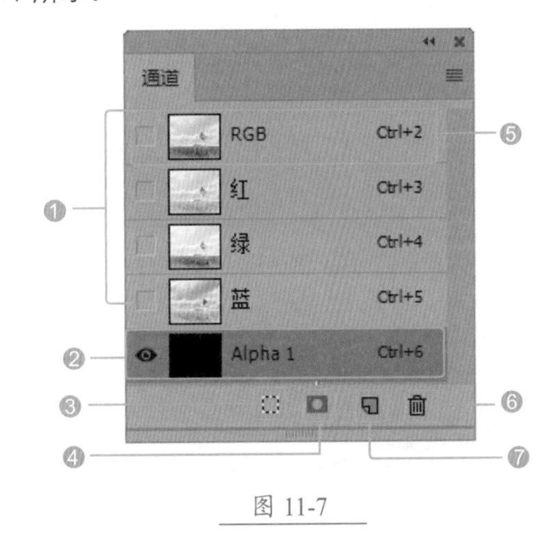

图 11-7

相关选项作用及含义如表 11-1 所示。

表 11-1 选项作用及含义

选项	作用及含义
① 颜色通道	用于记录图像颜色信息的通道
② Alpha 通道	用于保存选区的通道
③ 将通道作为选区载入	单击该按钮，可以载入所选通道内的选区
④ 将选区存储为通道	单击该按钮，可以将图像中的选区保存在通道内
⑤ 复合通道	面板中最先列出的通道是复合通道，在复合通道下可以同时预览和编辑所有颜色通道
⑥ 删除当前通道	单击该按钮，可删除当前选择的通道，但复合通道不能删除
⑦ 创建新通道	单击该按钮，可创建 Alpha 通道

技术看板

单击【通道】面板右上角的扩展按钮，即可弹出面板快捷菜单，通过这些菜单命令可以对通道进行设置。

11.2 通道基础操作

当读者对通道有一个基本的了解后，下面学习在编辑图像中通道的一些操作，如创建通道，以及进行复制、删除、分离和合并等操作。

11.2.1 选择通道

通道中包含的是灰度图像，可以像编辑任何图像一样使用绘画工具、修饰工具、选区工具等对它们进行处理。单击目标通道，可将其选择。文档窗口中会显示所选通道的灰度图像，如选择【绿】通道，如图 11-8 所示，效果如图 11-9 所示；如选择【蓝】通道，如图 11-10 所示，效果如图 11-11 所示。

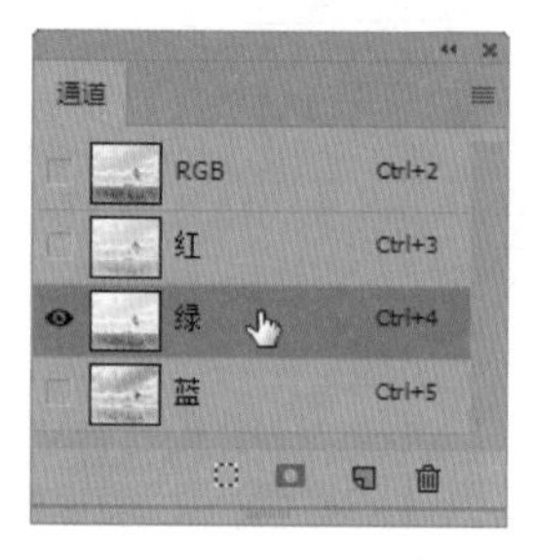

图 11-8

图 11-9

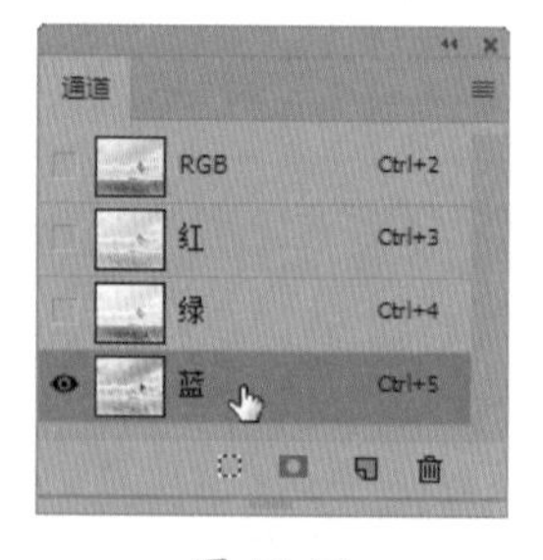

图 11-10

图 11-11

11.2.2 创建 Alpha 通道

在【通道】面板中单击【创建新通道】按钮，即可创建一个新通道。也可通过单击【通道】面板右上方的扩展按钮，在弹出的菜单中选择【新建通道】命令，在弹出的【新建通道】对话框中可设置新建通道的名称、色彩指示和颜色，如图 11-12 所示。创建 Alpha 通道如图 11-13 所示。

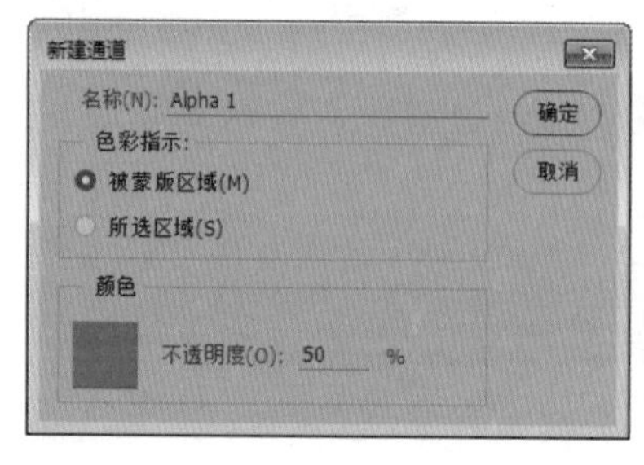

图 11-12

图 11-13

11.2.3 创建专色通道

实例门类	软件功能

创建专色通道，使用专色进行印刷可以解决印刷色差的问题，具体操作步骤如下。

Step 01 打开素材并选中背景。打开“素材文件\第 11 章\颜料.jpg”文件，使用【魔棒工具】选中黄色背景，如图 11-14 所示。

Step 02 选择【新建专色通道】命令。打开【通道】面板，❶ 单击右上方的扩展按钮，❷ 在弹出的菜单中选择【新建专色通道】命令，如图 11-15 所示。

图 11-14

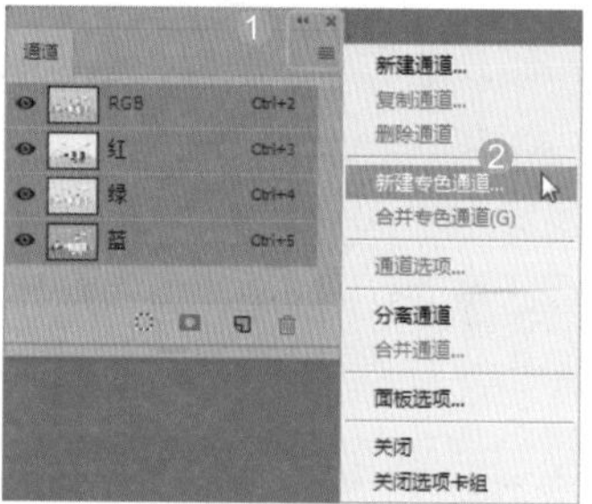

图 11-15

Step 03 填充专色。在打开的【新建专色通道】对话框中，单击【颜色】色块，如图 11-16 所示。选择区域被默认专色（红色）填充，如图 11-17 所示。

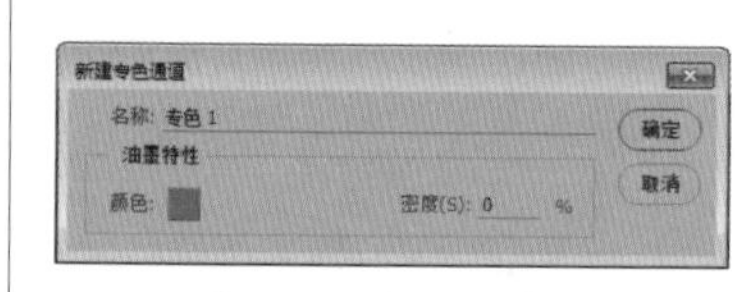

图 11-16

图 11-17

技术看板

在【新建专色通道】对话框中，【密度】选项用于在屏幕上模拟印刷时的专色密度，100% 可以模拟完全覆盖下层油墨的油墨（如金属油墨），0% 可以模拟完全显示下层油墨的油墨（如透明油墨）。

Step 04 单击【颜色库】按钮。在打开的【拾色器（专色）】对话框中，单击【颜色库】按钮，如图 11-18 所示。

Step 05 选择专色。在【颜色库】对话框中，❶ 单击需要的专色色条，❷ 单击【确定】按钮，如图 11-19 所示。

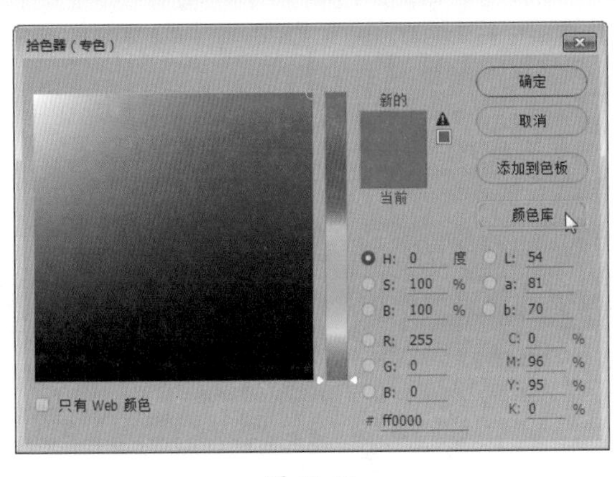

图 11-18

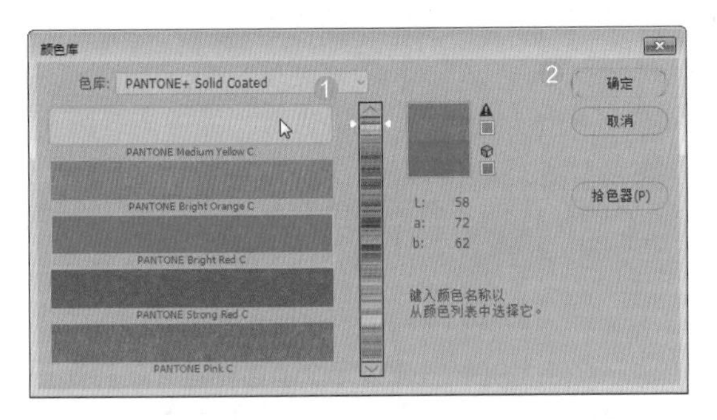

图 11-19

Step06 确定专色。返回【新建专色通道】对话框，单击【确定】按钮，如图 11-20 所示。

图 11-20

Step07 查看创建的专色通道。通过前面的操作，创建专色效果，如图 11-21 所示。在【通道】面板中，可以查看创建的专色通道，如图 11-22 所示。

图 11-21

图 11-22

技能拓展——编辑与修改专色

用黑色绘画或编辑工具可添加不透明度为 100% 的专色；用灰色绘画添加透明度较低的专色；用白色绘画则清除专色。

双击专色通道缩览图，可以打开【专色通道选项】对话框，进行参数设置。

11.2.4 重命名通道

双击【通道】面板中一个通道的名称，在显示的文本框中可以为它输入新的名称，如图 11-23 所示。但复合通道和颜色通道不能重命名。

图 11-23

11.2.5 复制通道

在编辑通道之前，可以将通道创建一个备份。复制通道的方法与复制图层类似，单击并拖曳通道至【通道】面板底部的【创建新通道】按钮即可，如图 11-24 所示。

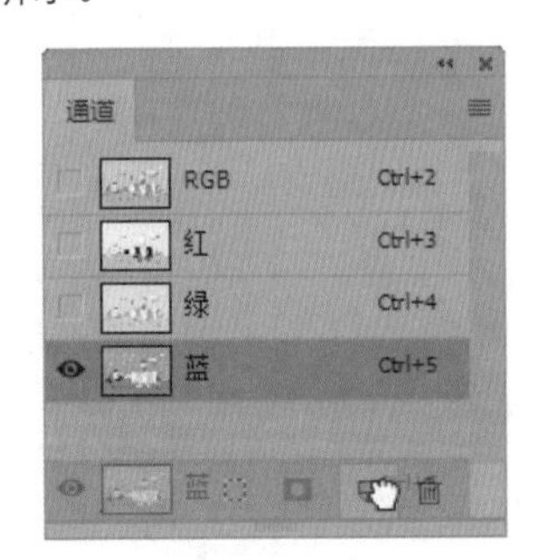

图 11-24

11.2.6 删除通道

在【通道】面板中选择需要删除的通道，单击【删

除当前通道】按钮，即可将其删除，也可以直接将通道拖动到该按钮上进行删除，如图 11-25 所示。

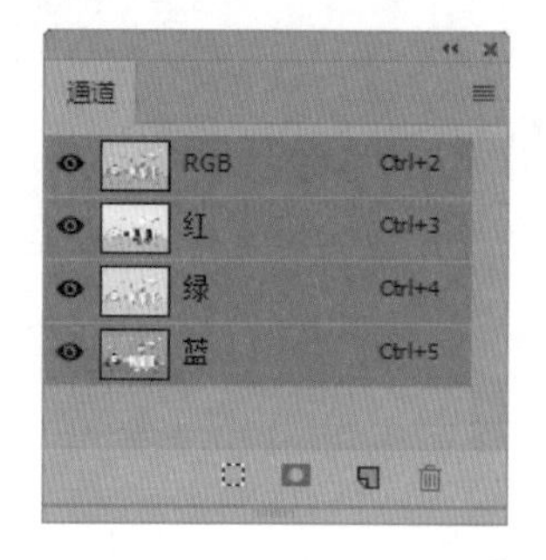

图 11-25

复合通道不能被复制，也不能删除。颜色通道可以复制，但是如果将其删除，图像就会自动转换为多通道模式。图 11-26 所示为删除【红】通道效果。

图 11-26

11.2.7 显示或隐藏通道

通过【通道】面板中的【指示通道可见性】按钮，可以将单个通道暂时隐藏，此时图像中有关该通道的信息也被隐藏，再次单击才可显示。隐藏【红】通道效果如图 11-27 所示。隐藏【蓝】通道效果如图 11-28 所示。

图 11-27

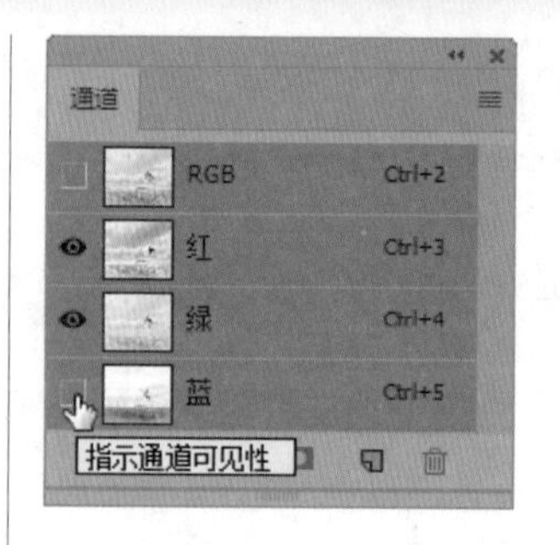

图 11-28

★重点 11.2.8 通道和选区的相互转换

实例门类	软件功能

通道与选区是可以互相转换的，可以把选区存储为通道，也可以把通道作为选区载入。

1. 将选区存储为通道

将选区存储为通道的具体操作步骤如下。

Step 01 打开素材并选中背景。打开“素材文件\第 11 章\紫色头发.jpg”文件，使用【魔棒工具】选中白色背景，如图 11-29 所示。

Step 02 存储通道。在【通道】面板中，单击面板下方【将选区存储为通道】按钮，即将选区存储为一个新的“Alpha 1”通道，如图 11-30 所示

图 11-29

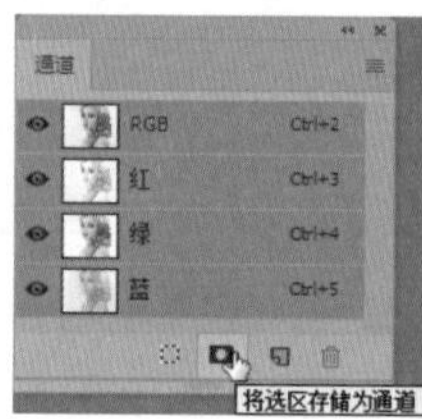

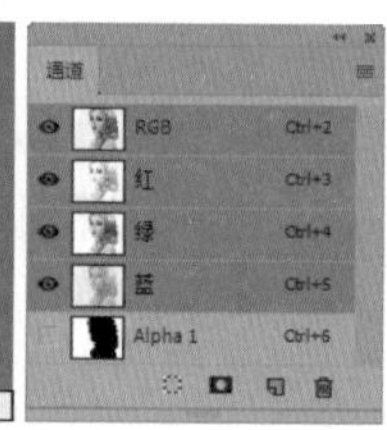

图 11-30

2. 载入通道中的选区

载入通道中选区的具体操作步骤如下。

Step 01 选择通道。❶ 在【通道】面板中选择一个通道，如选择【绿】通道，❷ 单击【将通道作为选区载入】按钮，如图 11-31 所示。

Step 02 载入通道。通过前面的操作，【绿】通道作为选区载入，效果如图 11-32 所示。

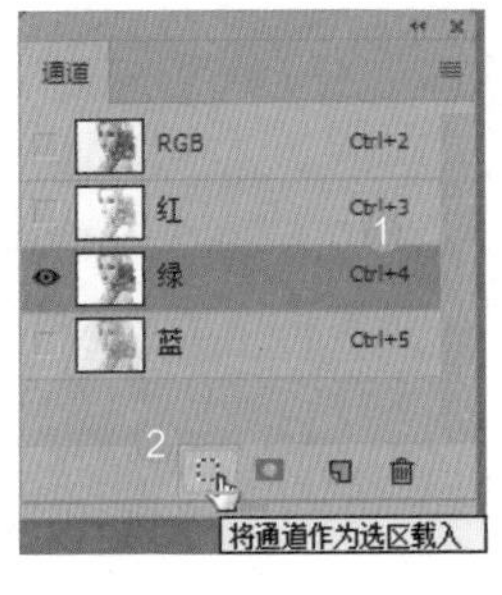

图 11-31

图 11-32

11.2.9 实战：分离与合并通道改变图像色调

实例门类	软件功能

在 Photoshop CC 中，可以将通道拆分为几个灰度图像，同时也可以将通道组合在一起，用户可以将两个图像分别进行拆分，然后选择性地将部分通道组合在一起，可以得到特殊的图像色调效果，具体操作步骤如下。

Step01 打开素材。打开“素材文件 \ 第 11 章 \ 风车 .jpg”文件，如图 11-33 所示。

Step02 选择【分离通道】命令。❶ 单击【通道】面板右上方的【扩展】按钮，❷ 在弹出的菜单中选择【分离通道】命令，如图 11-34 所示。

图 11-33

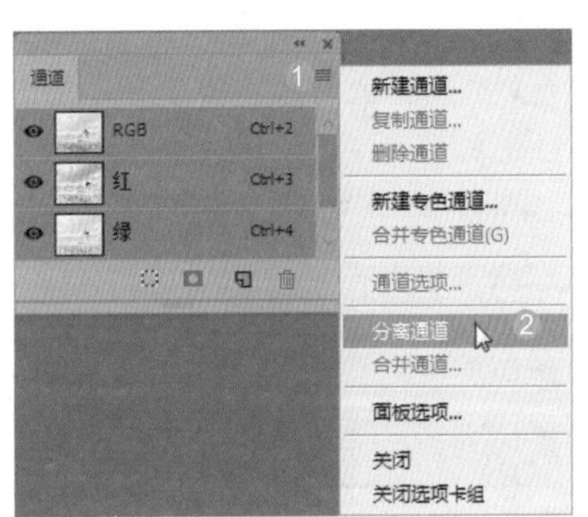

图 11-34

Step03 分离图像。在图像窗口中可以看到已将原图像分离为 3 个单独的灰度图像，选择“风车 .jpg- 蓝”文件窗口，如图 11-35 所示。

图 11-35

Step 04 选择【合并通道】命令。❶单击【通道】面板右上方的扩展按钮☰，❷在打开的快捷菜单中选择【合并通道】命令，如图 11-36 所示。

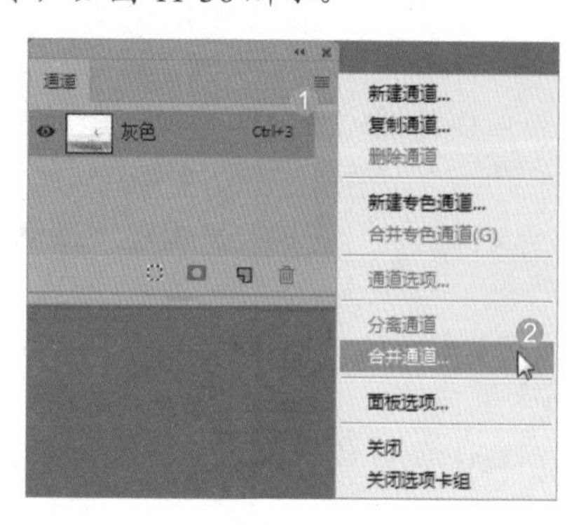

图 11-36

Step 05 选择【RGB 颜色】选项。打开【合并通道】对话框，❶在【模式】下拉列表中选择【RGB 颜色】选项，❷单击【确定】按钮，图 11-37 所示。

图 11-37

Step 06 设置通道。打开【合并 RGB 通道】对话框，设置【红色】为“风车 .jpg- 绿”，如图 11-38 所示。设置【绿色】为“风车 .jpg- 蓝”，如图 11-39 所示。

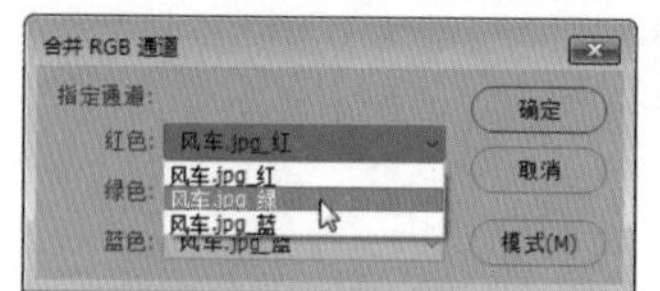

图 11-38

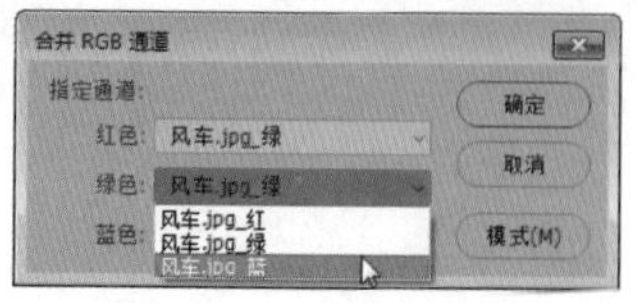

图 11-39

Step 07 合并通道。❶设置【蓝色】为“风车 .jpg- 红”，❷单击【确定】按钮，如图 11-40 所示，合并通道后，图像色调效果如图 11-41 所示。

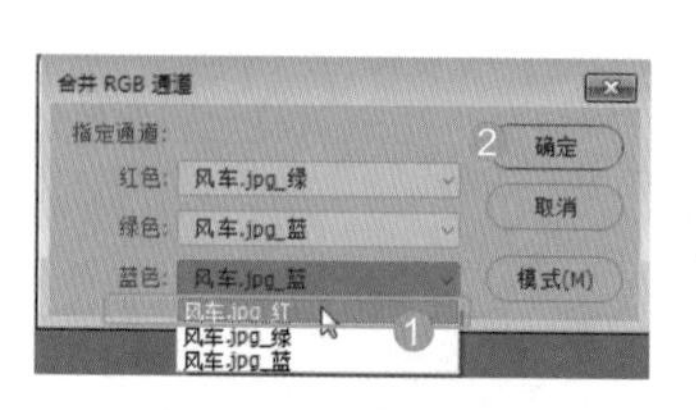

图 11-40

图 11-41

技术看板

使用【分离通道】命令生成的灰度文件，只有在未改变这些文件尺寸的情况下，才可以进行【合并通道】操作，否则【合并通道】命令将不可用。【分离通道】命令分离通道的数量取决于当前图像的色彩模式。例如，对 RGB 模式的图像执行分离通道操作，可以得到 R、G 和 B 3 个单独的灰度图像。单个通道出现在单独的灰度图像窗口中，新窗口中的标题栏显示原文件名，以及通道的缩写或全名。

11.3 通道运算

通道是 Photoshop 中的高级功能，它存储颜色信息和选择范围的功能非常强大。在通道中还可以进行通道运算，包括【应用图像】和【计算】命令。

11.3.1 实战：使用【应用图像】命令制作霞光中的地球效果

实例门类	软件功能

【应用图像】命令将一个图像的图层和通道（源）与现用图像（目标）的图层和通道混合。使用【应用图像】命令可以将两个图像进行混合，也可以在同一图像中选择不同的通道来进行应用。打开源图像和目标图像，并在目标图像中选择所需图层和通道。图像的像素尺寸必须与【应用图像】对话框中出现的图像名称匹配。

使用【应用图像】命令制作“霞光中的地球”效果的具体操作步骤如下。

Step 01 打开素材。打开“素材文件 \ 第 11 章 \ 霞光 .jpg”文件，如图 11-42 所示。

Step 02 打开素材。打开“素材文件 \ 第 11 章 \ 地球 .jpg”文件，如图 11-43 所示。

图 11-42

图 11-43

Step03 混合通道。选中“地球”文件，执行【图像】→【应用图像】命令，在弹出的【应用图像】对话框中，❶ 设置【源】为“霞光”、【混合】为点光，❷ 单击【确定】按钮，如图 11-44 所示，通道混合效果如图 11-45 所示。

图 11-44

图 11-45

【应用图像】对话框如图 11-46 所示。

图 11-46

相关选项作用及含义如表 11-2 所示。

表 11-2　选项作用及含义

选项	作用及含义
❶ 源	默认的当前文件，也可以选择使用其他文件与当前图像混合，但选择的文件必须是打开的，并且与当前文件具有相同尺寸和分辨率的图像
❷ 图层和通道	【图层】选项用于设置源图像需要混合的图层，当只有一个图层时，就显示背景图层。【通道】选项用于选择源图像中需要混合的通道，如果图像的颜色模式不同，通道也会有所不同
❸ 目标	显示目标图像，以执行应用图像命令的图像为目标图像
❹ 混合和不透明度	【混合】选项用于选择混合模式。【不透明度】选项用于设置源中选择的通道或图层的不透明度
❺ 反相	该复选框对源图像和蒙版后的图像都是有效的。如果想要使用与选择区相反的区域，可选中该复选框

11.3.2 计算

实例门类	软件功能

【计算】命令与【应用图像】命令基本相同，也可将不同的两个图像中的通道混合在一起，它与【应用图像】命令不同的是，使用【计算】命令混合出来的图像以黑、白、灰显示，并且通过【计算】面板中结果选项的设置，可将混合的结果新建为通道、文档或选区。

使用【计算】命令混合通道的具体操作步骤如下。

Step01 打开素材。打开“素材文件 \ 第 11 章 \ 荷花 .jpg”文件，如图 11-47 所示。

Step02 计算图像。执行【图像】→【计算】命令，在弹出的【计算】对话框中，❶ 设置【源 2】的【通道】为蓝，【混合】为正片叠底，【结果】为新建通道，❷ 单击【确定】按钮，如图 11-48 所示。

图 11-47

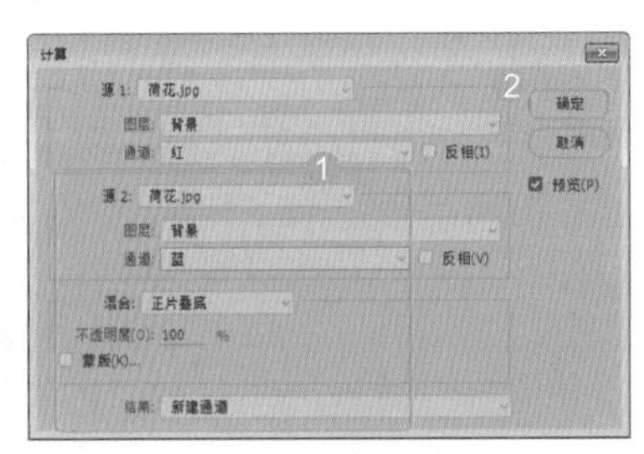

图 11-48

Step03 生成新通道。过前面的操作，进行通道运算，效果如图 11-49 所示。在【通道】面板中，生成“Alpha 1”新通道，如图 11-50 所示。

图 11-49

图 11-50

【计算】对话框如图 11-51 所示。

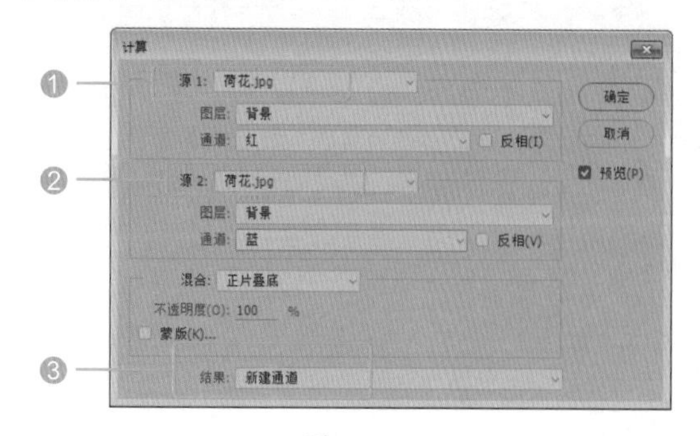

图 11-51

相关选项作用及含义如表 11-3 所示。

表 11-3 选项作用及含义

选项	作用及含义
❶ 源 1	用于选择第一个源图像、图层和通道
❷ 源 2	用于选择与【源 1】混合的第二个源图像、图层和通道。该文件必须是打开的，并且与【源 1】的图像具有相同的尺寸和分辨率的图像
❸ 结果	可以选择一种计算结果的生成方式。选择【新建通道】选项，可以将计算结果应用到新的通道中；选择【新建文档】选项，可得到一个新的黑白图像；选择【新建选区】选项，可得到一个新的选区

11.4 通道高级混合

在【图层样式】对话框中，除了可以设置图层样式外，还可以显示【混合选项】参数，主要用于控制通道高级混合、图层蒙版、矢量蒙版和剪贴蒙版混合，还可以创建挖空效果。

11.4.1 常规和高级混合

实例门类	软件功能

打开【图层样式】对话框，选择【混合选项】选项，进入【混合选项】设置界面中，【常规混合】选项区域和【图层】面板中的混合与不透明度相同，【高级混合】选项区域中的填充不透明度和【图层】面板中的【填充】选项相同，如图 11-52 所示。

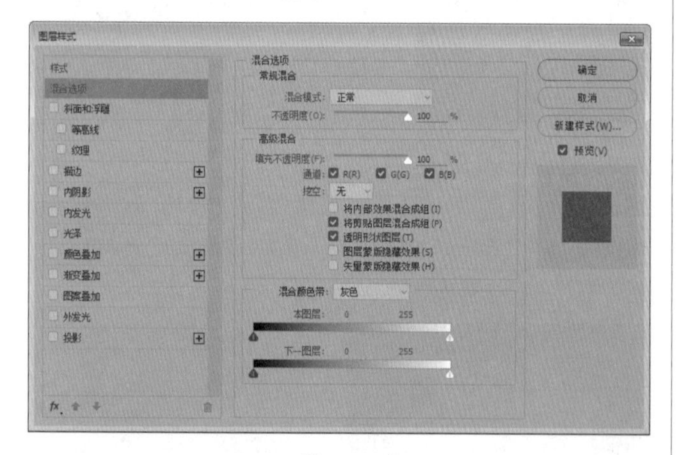

图 11-52

1. 限制混合通道

在【高级混合】选项区域中，【通道】选项和【通道】面板中通道是一样的。如果取消选中一个通道，如取消选中【R】复选框，就会从复合通道中排除该通道，如图 11-53 所示，彩色图像则只有 G 和 B 通道混合，如图 11-54 所示。

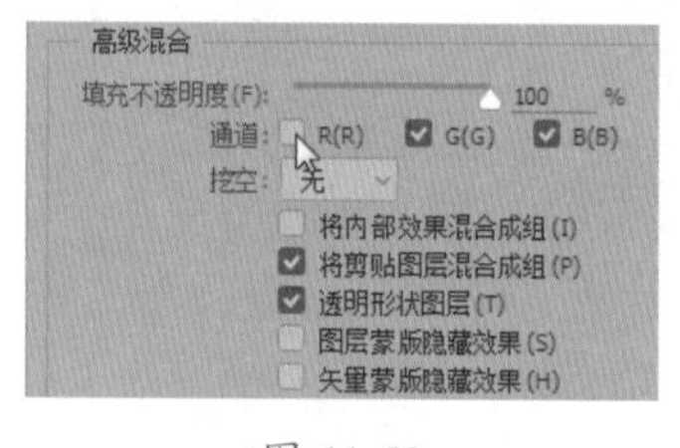

图 11-53

图 11-54

2. 实战：使用挖空制作绿叶边框效果

创建挖空时，首先要将被挖空的图层放到要被穿透的图层之上，再将需要显示的图层设置为【背景】图层，具体操作步骤如下。

Step 01 打开素材。打开“素材文件 \ 第 11 章 \ 逆光 .jpg”文件，如图 11-55 所示。

Step 02 拖动素材。打开“素材文件 \ 第 11 章 \ 划船 .jpg”文件，将其拖动到逆光文件中，命名图层为【逆光】，如图 11-56 所示。

图 11-55

图 11-56

Step03 拖动素材。打开“素材文件\第11章\绿叶.jpg”文件，将其拖动到逆光文件中，命名图层为【绿叶】，如图 11-57 所示。

图 11-57

Step04 删除图像。使用【魔棒工具】在白色背景处单击创建选区，如图 11-58 所示。按【Delete】键删除图像，如图 11-59 所示。

图 11-58

图 11-59

Step05 设置【图层样式】。双击【绿叶】图层，在弹出的【图层样式】对话框中，在【高级混合】选项区域中，设置【填充不透明度】为 0%、【挖空】为浅，如图 11-60 所示，效果如图 11-61 所示。

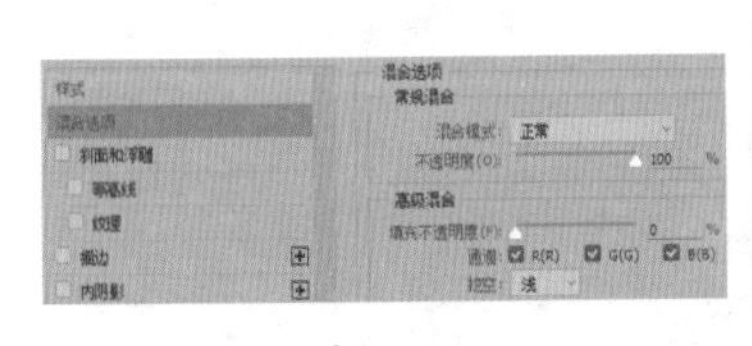

图 11-60

图 11-61

Step06 设置【描边】。在【图层样式】对话框中，❶选中【描边】复选框，❷设置【大小】为 4 像素、颜色为黄绿色【#ddda06】，如图 11-62 所示，效果如图 11-63 所示。

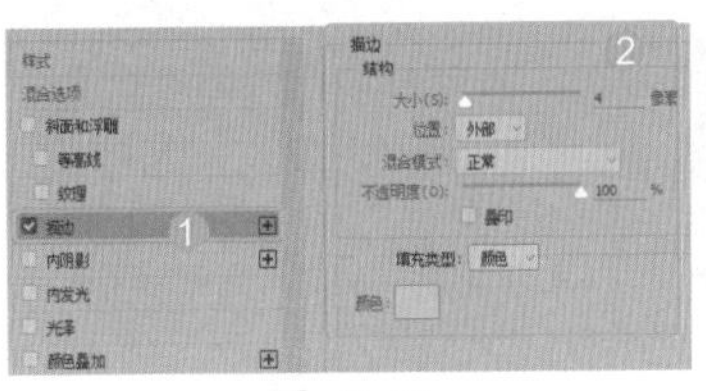

图 11-62

图 11-63

Step07 调整亮度。选择【背景】图层，如图 11-64 所示。按【Ctrl+M】组合键，执行【曲线】命令，打开【曲线】对话框，❶向上拖动曲线，❷单击【确定】按钮，如图 11-65 所示。

图 11-64

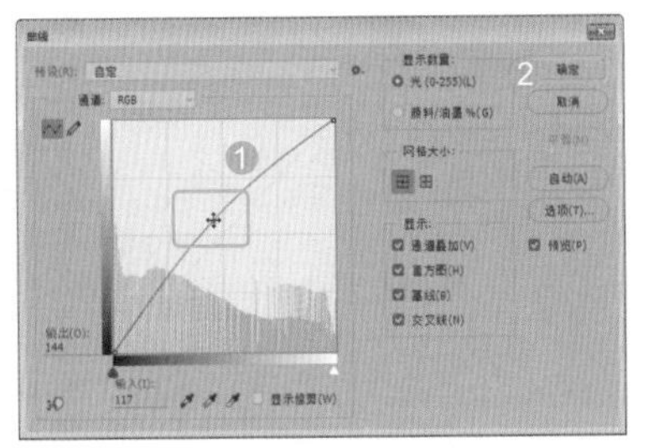

图 11-65

Step08 调亮背景图层。通过前面的操作，调亮背景图层，如图 11-66 所示。选择【绿叶】图层，如图 11-67 所示。

图 11-66

图 11-67

Step09 设置波纹效果。执行【滤镜】→【扭曲】→【波纹】命令，打开【波纹】对话框，❶设置【数量】为 500%、【大小】为大，❷单击【确定】按钮，如图 11-68 所示。波纹效果如图 11-69 所示。

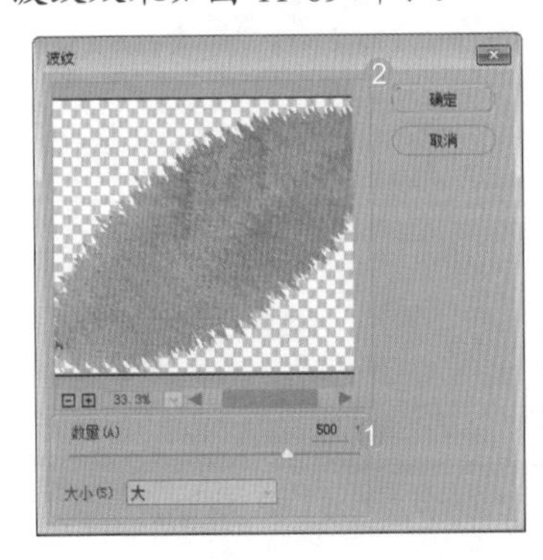

图 11-68

图 11-69

技术看板

在【挖空】下拉列表框中，选择【无】选项，表示不创建挖空；选择【浅】或【深】选项，都会挖空到背景图层；如果图像中没有背景图层，则会挖空到透明。

3. 将内部效果混合成组

为图层添加【内发光】【颜色叠加】【渐变叠加】或【图案叠加】样式，如添加【内发光】样式，如图 11-70 所示，效果如图 11-71 所示。

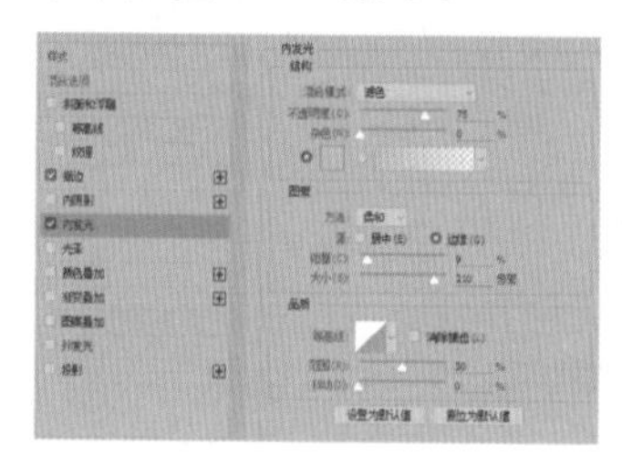

图 11-70

图 11-71

创建挖空时，如果选中【将内部效果混合成组】复选框，如图 11-72 所示。则添加的图层样式不会显示，如图 11-73 所示。

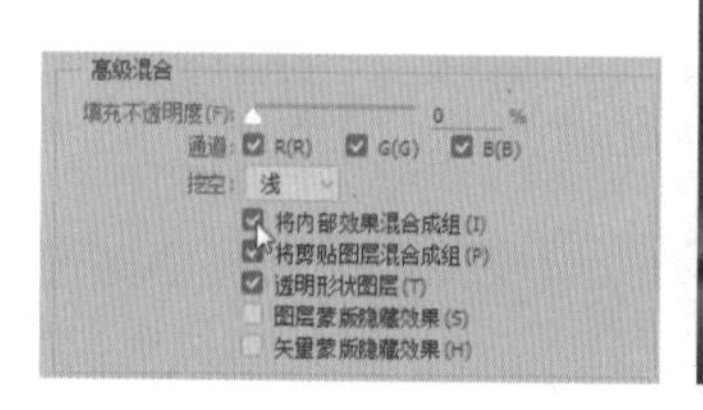

图 11-72

图 11-73

4. 将剪贴图层混合成组

默认情况下，创建挖空效果时，剪贴蒙版组的混合模式由基底图层决定，如图 11-74 所示。创建挖空时，如果取消选中【将剪贴图层混合成组】复选框，则基底图层的混合模式仅影响自身，不会再影响其他内容图层，如图 11-75 所示。

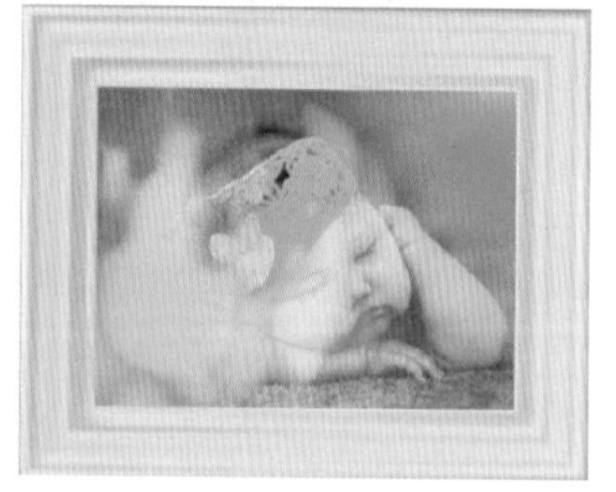

图 11-74

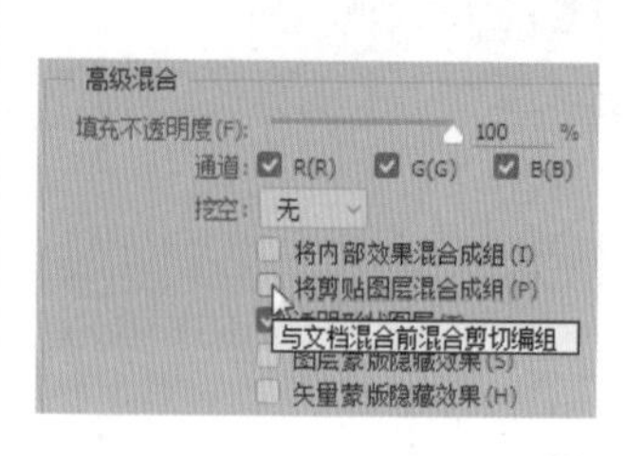

图 11-75

5. 透明形状图层

默认情况下，创建挖空效果时，【透明形状图层】复选框处于选中状态，此时图层样式或挖空被限定在图层的不透明度区域，如图 11-76 所示。

图 11-76

取消选中【透明形状图层】复选框，如图 11-77 所示。则可以在整个图像范围内应用效果，如图 11-78 所示。

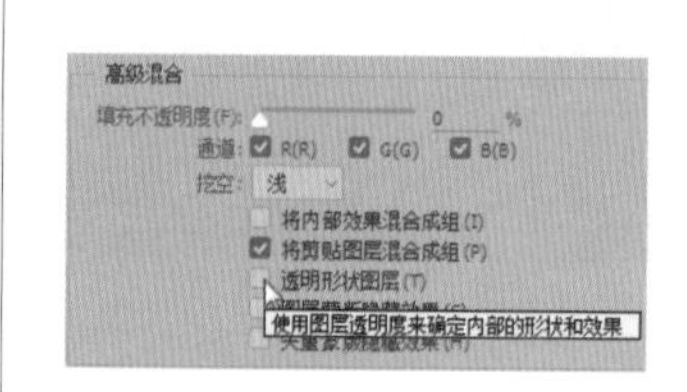

图 11-77

图 11-78

6. 图层蒙版隐藏效果

创建挖空时，默认取消选中【图层蒙版隐藏效果】复选框，图层效果也会在蒙版中显示，如图 11-79 所示。

图 11-79

创建挖空时，选中【图层蒙版隐藏效果】复选框，如图 11-80 所示。图层效果不会在蒙版中显示，如图 11-81 所示。

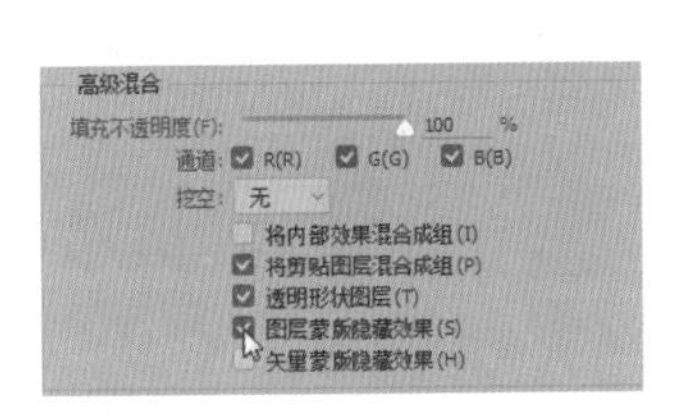

图 11-80

图 11-81

7. 矢量蒙版隐藏效果

创建挖空时，默认状态下，【矢量蒙版隐藏效果】复选框处于未选中状态，则图层效果也会在矢量蒙版区域内显示，如图 11-82 所示。

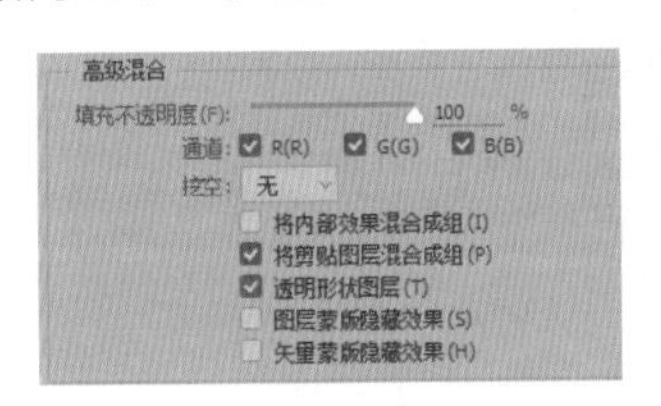

图 11-82

选中【矢量蒙版隐藏效果】复选框，矢量蒙版中的图层效果将不会显示，如图 11-83 所示。

图 11-83

11.4.2 实战：使用【混合颜色带】制作彩色地球效果

实例门类	软件功能

在【混合选项】选项区域中，最下方有一个【混合颜色带】选项区域，该选项区域主要用于控制当前图层与下方图层混合时，像素的显示范围，具体操作步骤如下。

Step01 打开素材。打开“素材文件 \ 第 11 章 \ 地球 .jpg”文件，如图 11-84 所示。

Step02 拖动素材。打开“素材文件 \ 第 11 章 \ 光晕 .jpg”文件，将其拖动到地球文件中，命名图层为【光晕】，如图 11-85 所示。

图 11-84

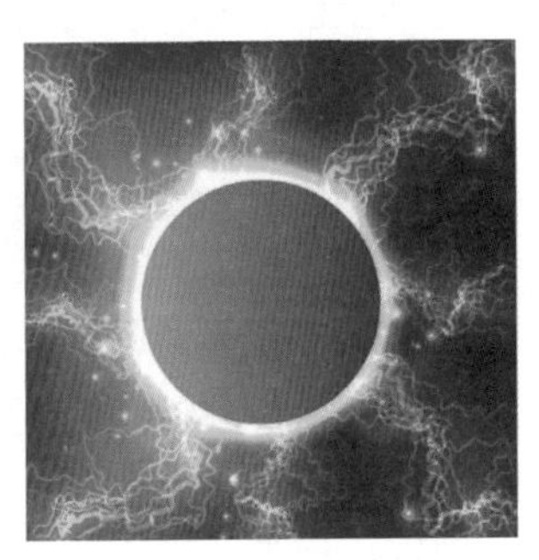

图 11-85

Step03 设置【图层样式】。双击【光晕】图层，打开【图层样式】对话框，在【混合颜色带】选项区域中，按住【Alt】键，在上方颜色带中，拖动左侧的右三角滑块到 189 位置，如图 11-86 所示，图像效果如图 11-87 所示。

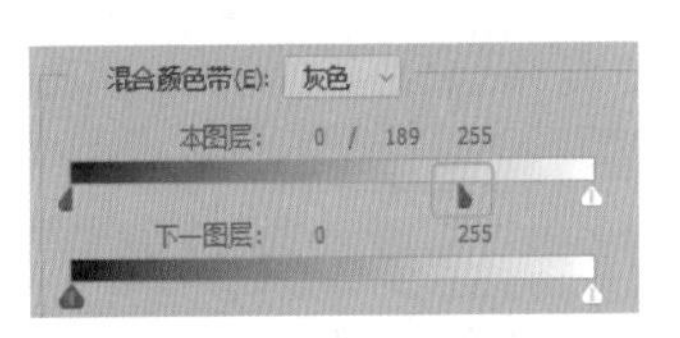

图 11-86

图 11-87

Step04 设置【图层样式】。在【混合颜色带】选项区域中，按住【Alt】键，在下方颜色带中，拖动右侧的左三角滑块到 126 位置，如图 11-88 所示，图像效果如图 11-89 所示。

图 11-88

图 11-89

Step05 设置图像效果。复制背景图层，移动到最上方，更改图层【混合模式】为色相，如图 11-90 所示，图像效果如图 11-91 所示。

图 11-90

图 11-91

Step06 设置【镜头光晕】。执行【滤镜】→【渲染】→【镜头光晕】命令，打开【镜头光晕】对话框，❶拖动光晕中心到左上方，❷设置【亮度】为 100%、【镜头类型】为 50-300 毫米变焦，❸单击【确定】按钮，如图 11-92 所示，图像效果如图 11-93 所示。

图 11-92

图 11-93

Step07 选择图层。选择【光晕】图层，如图 11-94 所示。

Step08 设置【镜头光晕】。再次执行【滤镜】→【渲染】→【镜头光晕】命令，在打开的【镜头光晕】对话框中，❶拖动光晕中心到左上角，❷设置【亮度】为 100%、【镜头类型】为 50-300 毫米变焦，❸单击【确定】按钮，如图 11-95 所示。

图 11-94

图 11-95

Step09 添加电影镜头光晕。通过前面的操作，为图像添加电影镜头光晕，效果如图 11-96 所示。

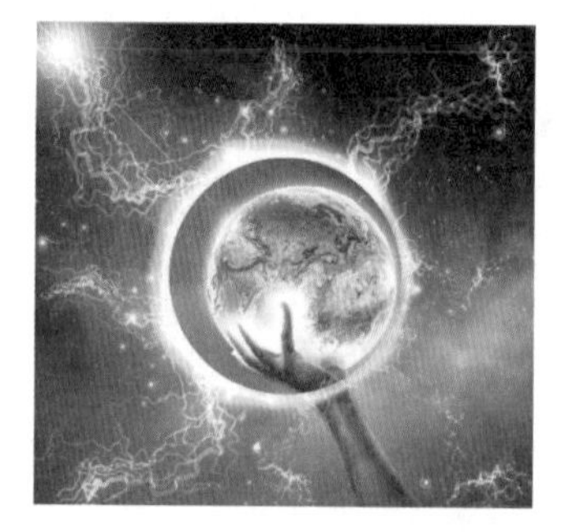

图 11-96

妙招技法

通过前面知识的学习，相信读者已经掌握了通道知识和通道编辑的基本操作。下面结合本章内容，给大家介绍一些实用技巧。

技巧 01：载入通道选区

在【通道】面板中，除了通过按钮操作载入选区外，还可以通过单击【通道】缩览图，快速载入选区，具体操作步骤如下。

在【通道】面板中，按住【Ctrl】键，单击通道缩览图，如图 11-97 所示，即可载入通道选区，如图 11-98 所示。

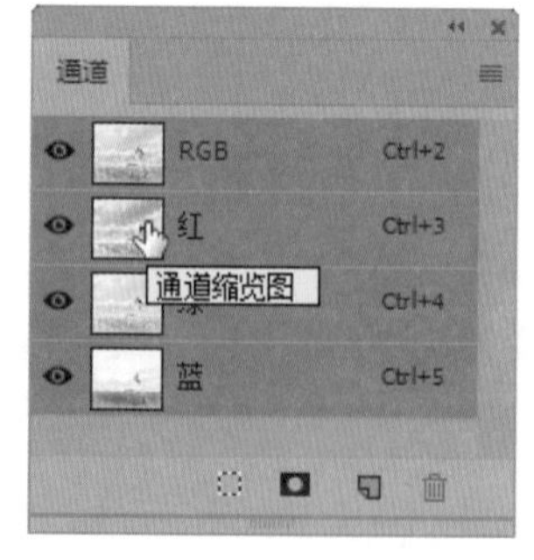

图 11-97

图 11-98

技巧 02：执行【应用图像】和【计算】时，为什么会找不到混合通道所在的文件

使用【应用图像】和【计算】命令进行操作时，除了要确保合并的文件处于打开状态外，如果是两个文件之间进行通道合成，还需要确保两个文件有相同的文件大小和分辨率，否则将找不到需要混合的文件。

技巧 03：快速选择通道

按【Ctrl+3】【Ctrl+4】和【Ctrl+5】组合键可一次选择红色、绿色和蓝色通道；按【Ctrl+2】组合键可重新回到 RGB 复合通道，显示色彩图像。

技能实训——更改人物背景

素材文件	素材文件 \ 第 11 章 \ 卷发 .jpg，戒指 .jpg
结果文件	结果文件 \ 第 11 章 \ 卷发 .psd

设计分析

通道中，白色的图像代表选择区域，黑色的图像代表非选择区域，而灰色图像代表半透明区域。了解了这个特点，通过【通道】抠取发丝就变得非常容易，下面使用【通道】抠取发丝，并更改人物背景，对比效果如图 11-99 所示。

图 11-99

操作步骤

Step 01 打开素材并复制通道。打开“素材文件 \ 第 11 章 \ 卷发 .jpg”文件，如图 11-100 所示。在【通道】面板中，复制【蓝】通道，如图 11-101 所示。

图 11-100

图 11-101

Step 02 重新设置白场。按【Ctrl+L】组合键，执行【色阶】命令，打开【色阶】对话框，单击【在图像中取样以设置白场】图标，如图 11-102 所示。在背景处单击，重新设置白场，如图 11-103 所示。

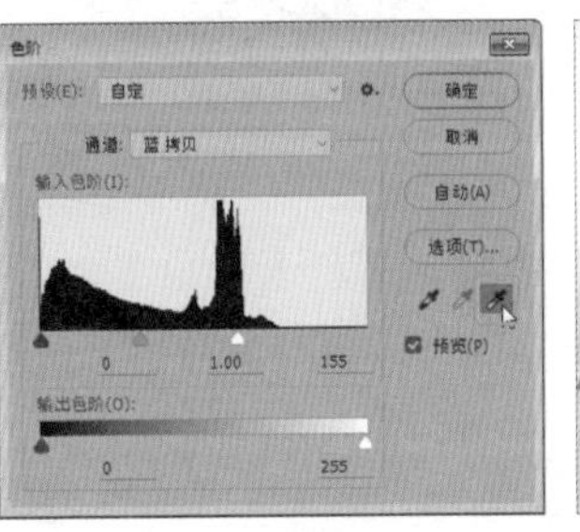

图 11-102

图 11-103

Step03 重新设置黑场。单击【在图像中取样以设置黑场】图标 ，如图 11-104 所示。在头发处单击，重新设置黑场，如图 11-105 所示。

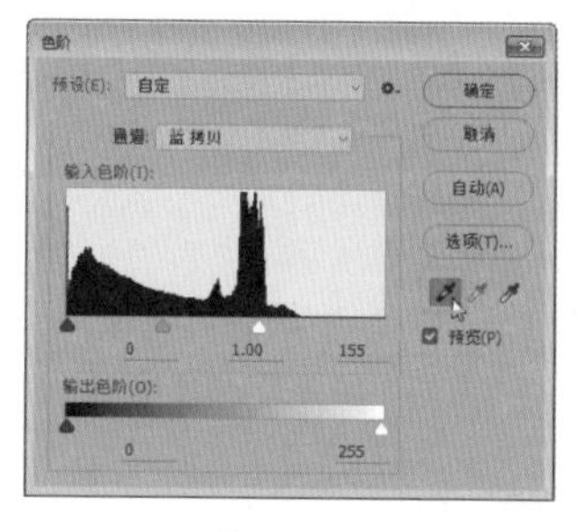

图 11-104

图 11-105

Step04 填充黑色。使用【套索工具】 选中主体对象，如图 11-106 所示。为选区填充黑色，如图 11-107 所示。

图 11-106

图 11-107

Step05 修改图像。使用黑色【画笔工具】 在中间涂抹，修改图像，如图 11-108 所示。

Step06 选中左下角区域。使用【套索工具】 选中左下角区域，如图 11-109 所示。

图 11-108

图 11-109

Step07 调整【色阶】。按【Ctrl+L】组合键，执行【色阶】命令，打开【色阶】对话框，❶ 设置【输入色阶】为（5，0.82，181），❷ 单击【确定】按钮，如图 11-110 所示。调整对比度后效果如图 11-111 所示。

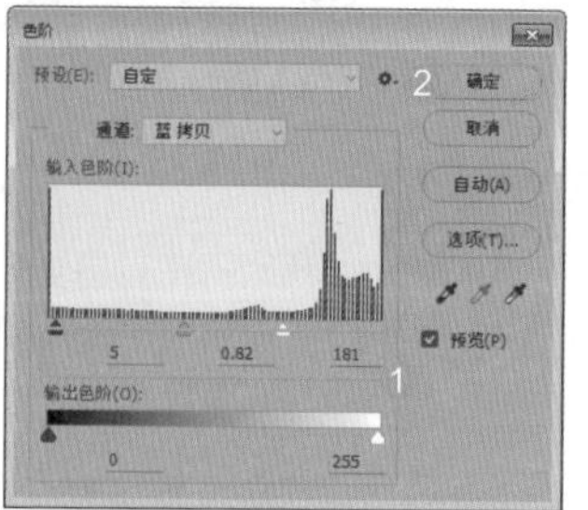

图 11-110

图 11-111

Step08 将通道作为选区载入。按【Ctrl+D】组合键取消选区，按【Ctrl+I】组合键反相图像，如图 11-112 所示。在【通道】面板中，单击【将通道作为选区载入】按钮，如图 11-113 所示。

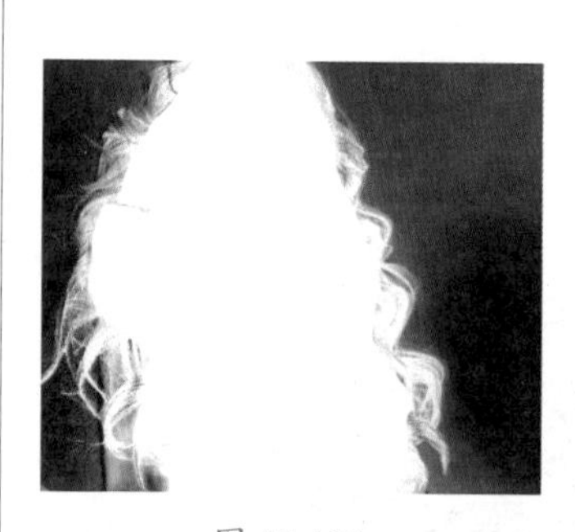

图 11-112

图 11-113

Step09 复制图像。选中【RGB】复合通道，如图 11-114 所示。按【Ctrl+J】组合键复制图像，如图 11-115 所示。

图 11-114

图 11-115

Step10 拖动素材。打开“素材文件\第 11 章\戒指 .jpg”文件，如图 11-116 所示。将其拖动到卷发图像中，移动到【背景】图层上方，如图 11-117 所示。

图 11-116

图 11-117

Step11 放大并翻转图像。图像效果如图 11-118 所示。按【Ctrl+T】组合键，执行自由变换操作，适当放大并水平翻转图像，效果如图 11-119 所示。

图 11-118

图 11-119

Step12 制作【水彩画纸】效果。按【Ctrl+J】组合键复制【图层 2】生成【图层 2 拷贝】图层，如图 11-120 所示。执行【滤镜】→【滤镜库】命令，在打开的面板中，❶ 单击【素描】滤镜组中的【水彩画纸】图标，❷ 设置【纤维长度】为 15、【亮度】为 100、【对比度】为 80，❸ 单击【确定】按钮，如图 11-121 所示。

Step13 更改混合模式。更改【图层 2 拷贝】图层【混合模式】为线性加深，如图 11-122 所示，图像效果如图 11-123 所示。

图 11-120

图 11-121

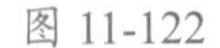

图 11-122

图 11-123

本章小结

本章首先介绍了通道的基本功能，包括通道的概念、通道分类和【通道】面板，然后详细介绍了通道的基本操作、通道与选区的互相转换、分离通道和合并通道，最后讲解了通道的运算。熟练掌握通道知识，将会大大提高学习者的特效制作能力。

第12章 图像颜色和色调的调整

- 颜色模式包括哪些类别？如何互相转换？
- Photoshop CC 能够自动分析图像，自动调整图像颜色吗？
- 【色阶】和【曲线】命令都可以调整图片亮度，它们有什么区别呢？
- 如何调整单个通道颜色？
- 如何将图像变为灰度图像，并保持色彩模式不变？

不同的色彩能带给我们不同的心理感受，创造性地使用色彩，可以营造各种独特的氛围和意境，使图像更具表现力。在 Photoshop CC 中，提供了丰富的色彩和色调调整的功能，使用这些功能可以校正图像色彩的色相、饱和度和明度等。

12.1 颜色模式

不同的颜色模式有其不同的应用领域和应用优势，通过选择某种颜色模式，即可选用某种特定的颜色模型。颜色模式基于颜色模型，而颜色模型对于印刷中使用的图像来说非常有用。在【图像】→【模式】下拉菜单中，就可以为图像选择任意一种色彩模式。

12.1.1 灰度模式

灰度模式的图像不包含任何彩色，彩色图像转换为该模式后，色彩信息都会被删除。

灰度图像中的每个像素都有一个 0 ～ 255 之间的亮度值，0 代表黑色，255 代表白色，其他值代表了黑色、白色之间过渡的灰色。在 8 位图像中，最多有 256 级灰度，在 16 位和 32 位图像中，图像中的级数比 8 位图像要大得多。

打开图像文件，执行【图像】→【模式】→【灰度】命令，会弹出一个提示框，询问是否删除颜色属性，单击【扔掉】按钮，即可将图像转换为灰度图像，如图 12-1 所示。

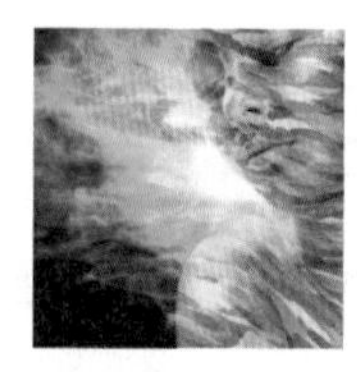

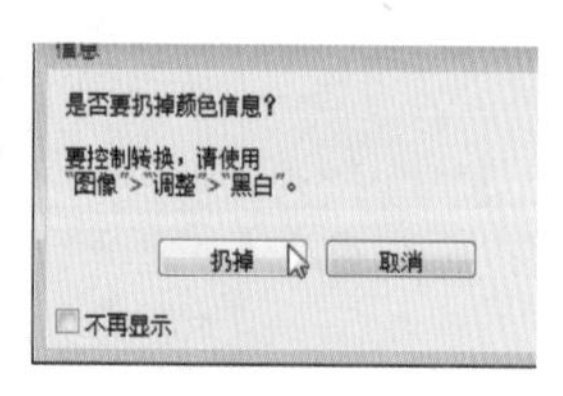

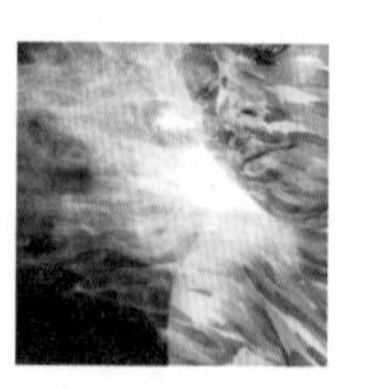

图 12-1

12.1.2 位图模式

位图模式只有纯黑和纯白两种颜色，没有中间层次，适合制作艺术样式或用于创作单色图形。

彩色图像转换为该模式后，色相和饱和度信息都会被删除，只保留亮度信息。只有灰度模式和通道图才能直接转换为位图模式。

打开图像，执行【图像】→【模式】→【灰度】命令，先将它转换为灰度模式，再执行【图像】→【模式】→【位图】命令，打开【位图】对话框，如图 12-2 所示。单击【确定】按钮，图像转换后效果如图 12-3 所示。

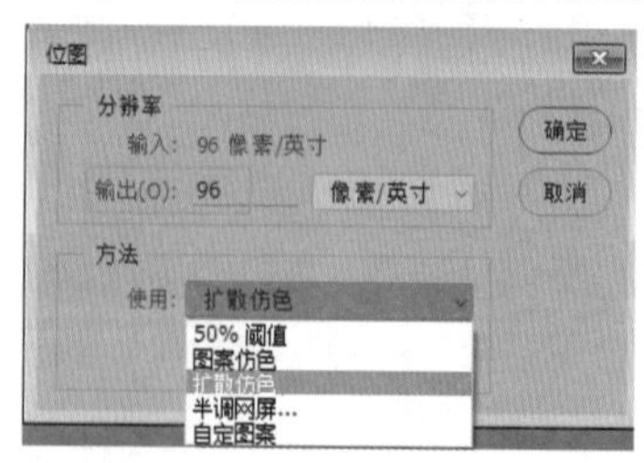

图 12-2

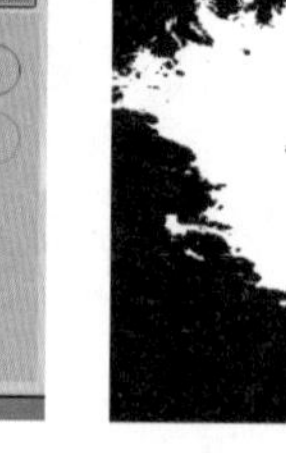

图 12-3

相关选项作用及含义如表 12-1 所示。

表 12-1　选项作用及含义

选项	作用及含义
输出	在此文本框中输入数值可设定黑白图像的分辨率。如果要精细控制打印效果，可提高分辨率数值。通常情况下，输出值是输入值的 200% ～ 250%
50% 阈值	以 50% 为界限，将图像中大于 50% 的所有像素全部变成黑色；小于 50% 的所有像素全部变成白色
图案仿色	使用一些随机的黑白像素点来抖动图像
扩散仿色	通过使用从图像左上角开始的误差扩散过程来转换图像，由于转换过程中的误差原因，会产生颗粒状的纹理
半调网屏	产生一种半色调网版印刷的效果
自定图案	选择图案列表中的图案作为转换后的纹理效果

12.1.3　实战：将冰块图像转换为双色调模式

实例门类	软件功能

双色调采用一组曲线来设置各种颜色的油墨，可以得到比单一通道更多的色调层次，在打印中表现更多的细节。如果希望将彩色图像模式转换为双色调模式，则必须先将图像转换为灰度模式，再转换为双色调模式。

例如，将冰块图像转换为双色调模式，具体操作步骤如下。

Step01 打开素材并转换为灰度模式。打开“素材文件\第 12 章\冰块 .jpg”文件，如图 12-4 所示。执行【图像】→【模式】→【灰度】命令，先将它转换为灰度模式，如图 12-5 所示。

图 12-4　　图 12-5

Step02 转换为双色调模式。执行【图像】→【模式】→【双色调】命令，打开【双色调选项】对话框，设置【类型】为双色调，单击【油墨 1】后面的色块，如图 12-6 所示。

Step03 进入【颜色库】。在打开的【拾色器（墨水 1 颜色）】对话框中，单击【颜色库】按钮，如图 12-7 所示。

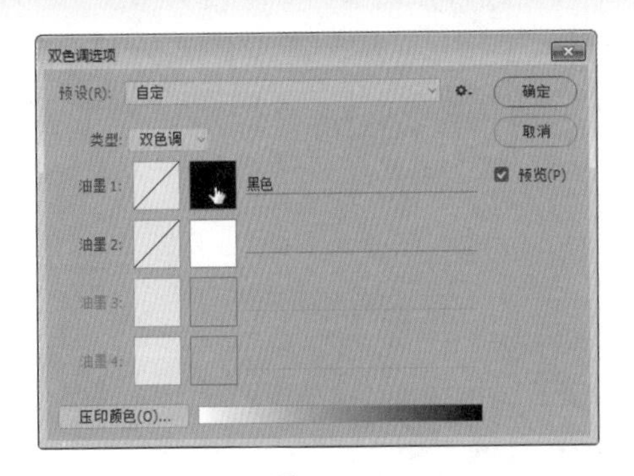

图 12-6

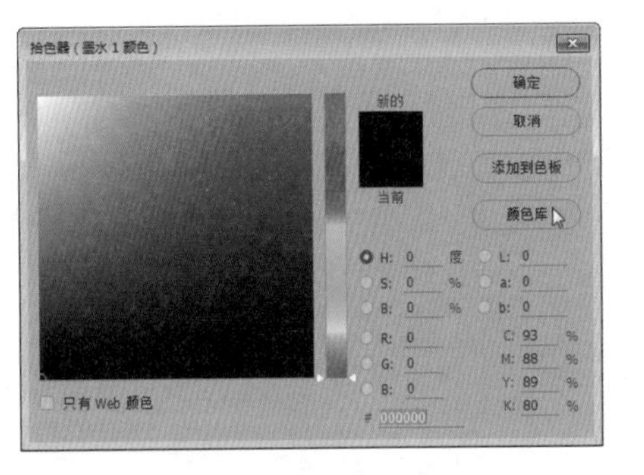

图 12-7

Step04 制作单色效果。在【颜色库】对话框中，❶ 单击蓝色色标，❷ 单击【确定】按钮，如图 12-8 所示，单色调效果如图 12-9 所示。

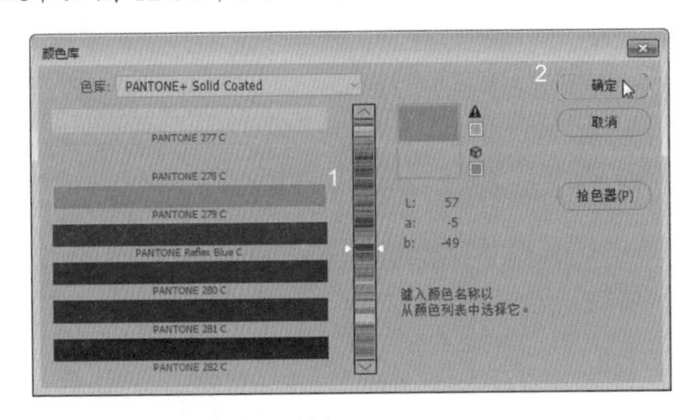

图 12-8

图 12-9

Step05 选择颜色。单击【油墨 2】后面的色块，如图 12-10 所示。在打开的【拾色器（墨水 2 颜色）】对话框中，单击【颜色库】按钮，在弹出的【颜色库】对话框中，❶单击绿色色标，❷单击【确定】按钮，如图 12-11 所示。

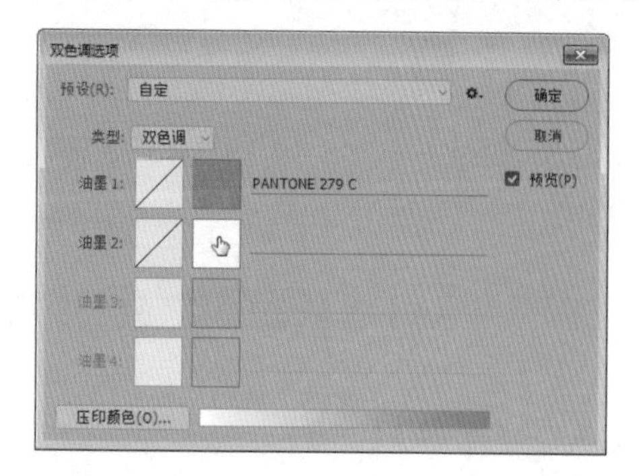

图 12-10

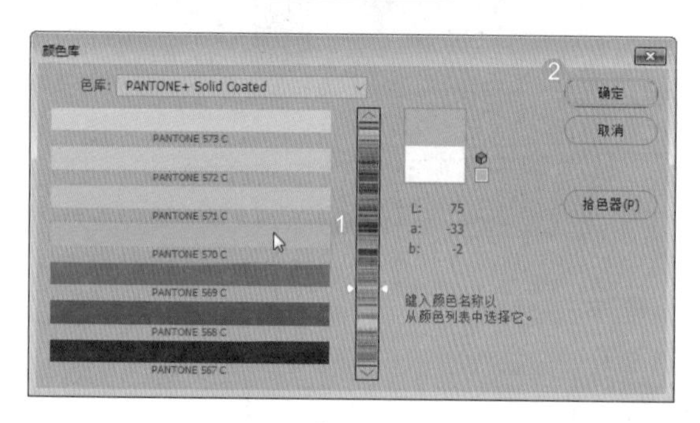

图 12-11

Step 06 得到双色调效果。通过前面的操作，得到双色调效果，如图 12-12 所示。

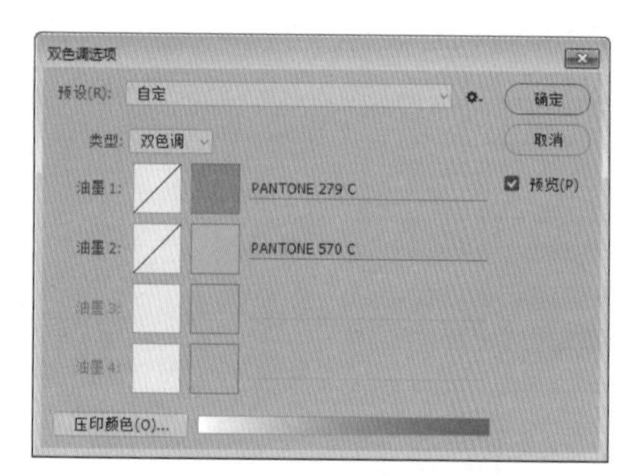

图 12-12

【双色调选项】对话框如图 12-13 所示，相关选项作用及含义如表 12-2 所示。

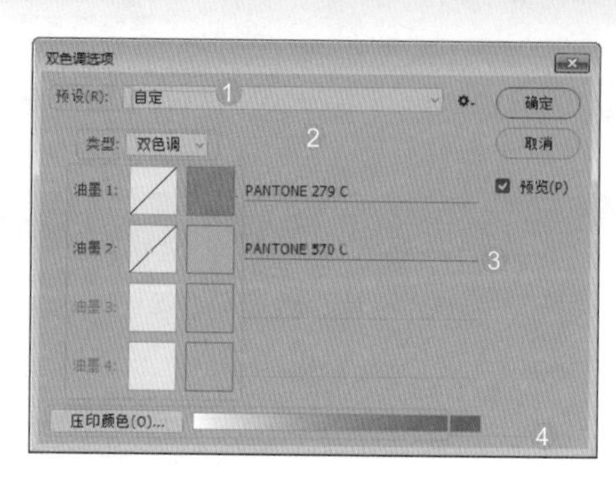

图 12-13

表 12-2 选项作用及含义

选项	作用及含义
❶ 预设	可以选择一个预设的调整文件
❷ 类型	可以选择使用几种色调模式，如单色调、双色调、三色调和四色调
❸ 编辑油墨颜色	单击左侧的图标可以打开【双色调曲线】对话框，调整曲线可以改变油墨的百分比。单击右侧的颜色块，可以打开【颜色库】对话框选择油墨
❹ 压印颜色	指相互打印在对方之上的两种无网屏油墨。单击此按钮可以看到每种颜色混合后的结果

12.1.4 索引模式

该模式使用最多 256 种颜色或更少的颜色替代全彩图像中上百万种颜色的过程称为索引。当转换为索引颜色时，Photoshop CC 将构建一个颜色查找表，用以存放并索引图像中的颜色。如果原图像中的某种颜色没有出现在该表中，则程序将选取现有颜色中最接近的一种，或者使用现有颜色模拟该颜色。

通过限制【颜色】面板，索引颜色可以在保持图像视觉品质的同时减少文件大小。在这种模式下只能进行有限的编辑。若要进一步编辑，应临时转换为 RGB 模式。

执行【图像】→【模式】→【索引颜色】命令，打开【索引颜色】对话框，如图 12-14 所示。

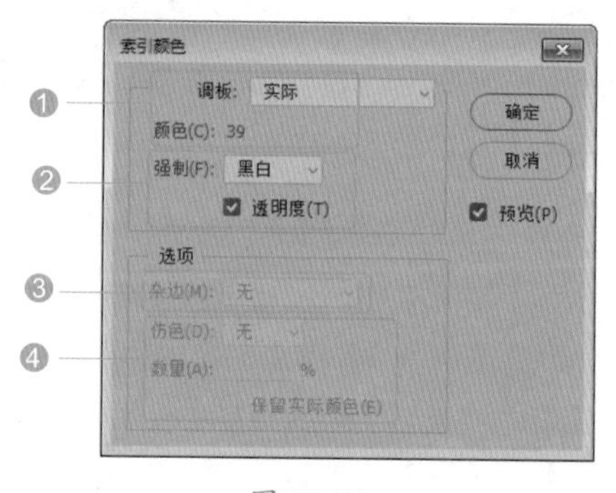

图 12-14

相关选项作用及含义如表 12-3 所示。

表 12-3　选项作用及含义

选项	作用及含义
❶ 调板 / 颜色	可以选择转换为索引颜色后使用的调板类型，可输入【颜色】值指定要显示的实际颜色数量
❷ 强制	可选择将某些颜色强制包括在颜色表中的选项
❸ 杂边	指定用于填充与图像的透明区域相邻的消除锯齿边缘的背景色
❹ 仿色	在下拉列表中可以选择是否使用仿色。在数量中输入值越高，所仿颜色越多

12.1.5 颜色表

将图像的颜色模式转换为索引模式后，执行【图像】→【模式】→【颜色表】命令，Photoshop 会从图像中提取 256 种典型颜色，索引图像如图 12-15 所示，它的颜色表如图 12-16 所示。

图 12-15

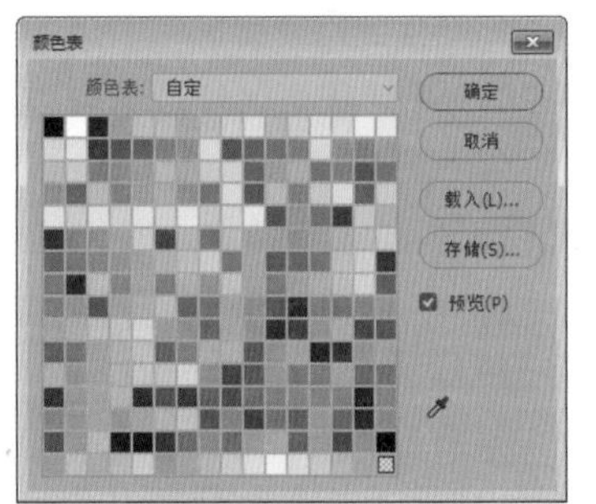

图 12-16

12.1.6 多通道模式

多通道是一种减色模式，将 RGB 图像转换为该模式后，可以得到青色、洋红和黄色通道，如图 12-17 所示。

图 12-17

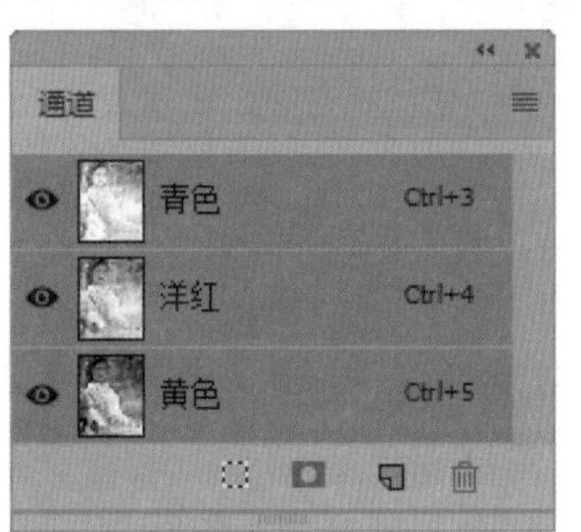

图 12-18

此外，如果删除 RGB、CMYK、Lab 模式的某个颜色通道，如图 12-19 所示，图像会自动转换为多通道模式，如图 12-20 所示。这种模式包含了多种灰阶通道，每一通道由 256 级灰阶组成，这种模式通常被用于处理特殊打印需求。

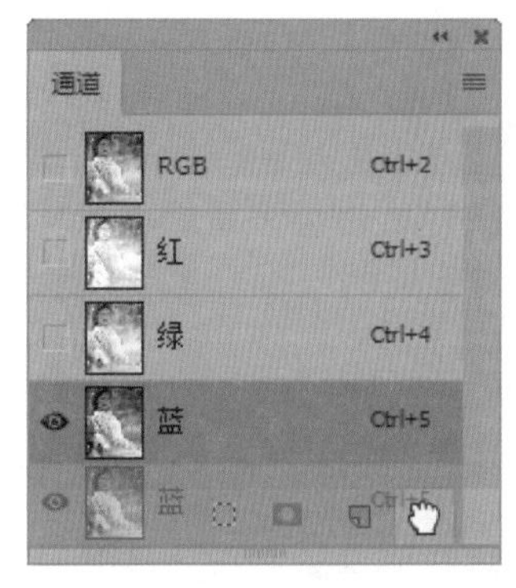

图 12-19

图 12-20

12.1.7 位深度

位深度也称为像素深度或色深度，即多少位 / 像素，它是显示器、数码相机、扫描仪等使用的术语。Photoshop CC 使用位深度来存储文件中每个颜色通道的颜色信息。存储的位越多，图像中包含的颜色和色调差就越大。

打开一个图像后，可以在【图像】→【模式】下拉菜单中选择【8 位 / 通道】【16 位 / 通道】或【32 位 / 通道】命令，以改变图像的位深度。相关命令作用及含义如表 12-4 所示。

表 12-4　命令作用及含义

命令	作用及含义
8 位 / 通道	位深度为 8 位，每个通道可支持 256 种颜色，图像可以有 1600 万个以上的颜色值
16 位 / 通道	位深度为 16 位，每个通道可以包含高达 65000 种颜色信息。无论是通过扫描得到的 16 位 / 通道文件，还是数码相机拍摄得到的 16 位 / 通道的 Raw 文件，都包含了比 8 位 / 通道文件更多的颜色信息，因此，色彩渐变更加平滑、色调更加丰富
32 位 / 通道	32 位 / 通道图像也称为高动态范围（HDR）图像，文件的颜色和色调更胜于 16 位 / 通道文件。目前，HDR 图像主要用于影片、特殊效果、3D 作品及某些高端图片

12.2 自动调整

在图像菜单中，【自动色调】【自动对比度】和【自动颜色】命令可以自动对图像的颜色和色调进行简单的调整，适合对于各种调色工具不太熟悉的初学者使用。

12.2.1 自动色调

【自动色调】命令可以自动调整图像中的黑场和白场，将每个颜色通道中最亮和最暗的像素映射到纯白和纯黑，中间像素值按比例重新分布，从而增强图像的对比度。执行【图像】→【自动色调】命令或按【Shift+Ctrl+L】组合键，Photoshop 会自动调整图像，如图 12-21 所示。

图 12-21

12.2.2 自动对比度

【自动对比度】命令可以调整图像的对比度，使高光区域显得更亮，阴影区域显得更暗，增加图像之间的对比，适用于色调较灰，明暗对比不强的图像。【自动对比度】命令不会单独调整通道，它只调整色调，而不会改变色彩平衡。因此，也就不会产生色偏，但也不能用于消除色偏。执行【图像】→【自动对比度】命令或按【Alt+Shift+Ctrl+L】组合键，即可对选择的图像自动调整对比度，如图 12-22 所示。

图 12-22

12.2.3 自动颜色

【自动颜色】命令可以通过搜索图像来标示阴影、中间调和高光，还原图像中各部分的真实颜色，使其不受环境色的影响。例如，原图像偏黄，执行【图像】→【自动颜色】命令或按【Shift+Ctrl+B】组合键，即可自动调整图像的偏色，如图 12-23 所示。

图 12-23

12.3 明暗调整

在 Photoshop CC 中，使用【亮度 / 对比度】【色阶】【曲线】【曝光度】【阴影 / 高光】等命令可以调整图像的明暗效果，下面详细介绍这些命令。

12.3.1 实战：使用【亮度 / 对比度】命令调整图像

实例门类	软件功能

【亮度 / 对比度】命令可调整一些光线不足、比较昏暗的图像。它的使用方法非常简单，其操作步骤如下。

Step 01 调整【亮度 / 对比度】。打开“素材文件 \ 第 12 章 \ 花瓶 .jpg”文件，如图 12-24 所示。执行【图像】→【调整】→【亮度 / 对比度】命令，打开【亮度 / 对比度】对话框，设置【亮度】为 39，【对比度】为 65，单击【确定】按钮，如图 12-25 所示。

图 12-24

图 12-25

Step 02 调整图像。图像调整效果如图 12-26 所示。在【亮度 / 对比度】对话框中选中【使用旧版】复选框后，再使用相同参数进行调整，即可得到与 Photoshop CS3 以前的版本相同的结果，如图 12-27 所示。

图 12-26

图 12-27

技术看板

【亮度 / 对比度】命令没有【色阶】【曲线】的可控性强，调整时有可能丢失图像的细节，对于印刷输出的设计图建议使用【色阶】或【曲线】命令调整。

★重点 12.3.2 使用【色阶】命令调整图像对比度

实例门类	软件功能

【色阶】是 Photoshop 最为重要的调整工具之一，它可以调整图像的阴影、中间调和高光的强度级别，校正色调范围和色彩平衡。简单来说，【色阶】不仅可以调整色调，还可以调整色彩，具体操作步骤如下。

Step 01 打开素材。打开“素材文件 \ 第 12 章 \ 侧面 .jpg”文件，如图 12-28 所示。

Step 02 调整【色阶】。山脉多数分布在左侧，说明暗部的像素偏多，执行【图像】→【调整】→【色阶】命令或者按【Ctrl+L】组合键，❶ 向左侧拖动中间滑块，❷ 单击【确定】按钮，如图 12-29 所示。

图 12-28

图 12-29

Step 03 再次调整。通过前面的操作，调整对比度，显示出更多图像细节，效果如图 12-30 所示。再次打开【色阶】对话框，暗部像素过多的问题得到解决，如图 12-31 所示。

图 12-30

图 12-31

【色阶】对话框如图 12-32 所示。

图 12-32

相关选项作用及含义如表 12-5 所示。

表 12-5 选项作用及含义

选项	作用及含义
❶ 预设	单击【预设】选项右侧的 ⚙ 按钮，在打开的下拉列表中选择【存储】命令，可以将当前的调整参数保存为一个预设文件。在使用相同的方式处理其他图像时，可以用该选项自动完成调整

续表

选项	作用及含义
❷ 通道	在【色阶】对话框中，可以选择一个通道进行调整，如【蓝】通道，调整通道会影响图像的颜色，如图 12-33 所示 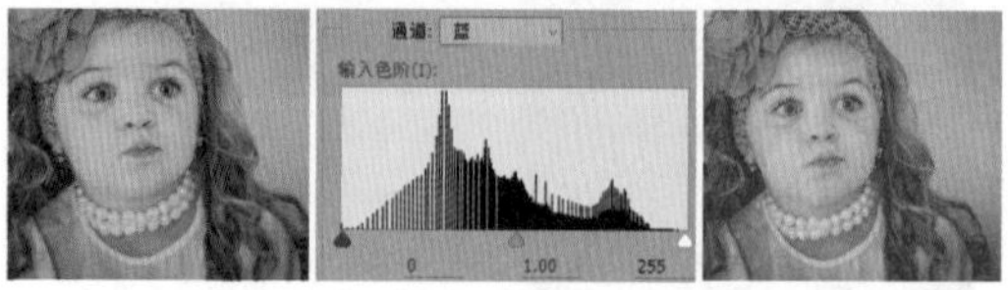 图 12-33
❸ 输入色阶	用于调整图像的阴影、中间调和高光区域。可拖动滑块或在滑块下面的文本框中输入数值进行调整
❹ 输出色阶	可以限制图像的亮度范围，从而降低对比度，使图像呈现褪色效果。在【输出色阶】选项区域中，拖动右侧滑块到 220，图像效果如图 12-34 所示  图 12-34
❺ 自动	单击该按钮，可应用自动颜色校正，Photoshop 会以 0.5% 的比例自动调整图像色阶，使图像的亮度分布更加均匀
❻ 选项	单击该按钮，可以打开【自动颜色校正选项】对话框，在对话框中可以设置黑色像素和白色像素的比例
❼ 设置白场	使用该工具在图像中单击，可以将单击点的像素调整为白色，比该点亮度值高的像素也都会变为白色，如图 12-35 所示 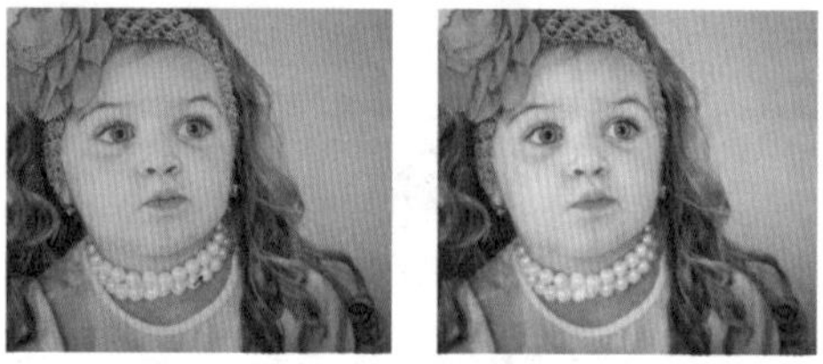 图 12-35
 ❽ 设置灰场	使用该工具在图像中灰阶位置单击，可根据单击点像素的亮度来调整其他中间色调的平均亮度。通常使用它来校正色偏，如图 12-36 所示   图 12-36

续表

选项	作用及含义
❾ 设置黑场	使用该工具在图像中单击，可将单击点的像素调整为黑色，原图中比该点暗的像素也变为黑色，如图 12-37 所示  图 12-37

★重点 12.3.3 使用【曲线】命令调整图像明暗

实例门类	软件功能

【曲线】命令是功能强大的图像校正命令，该命令可以在图像的整个色调范围内调整不同的色调，还可以对图像中的个别颜色通道进行精确的调整，具体操作步骤如下。

Step 01 打开素材。打开“素材文件\第 12 章\拖鞋.jpg”文件，如图 12-38 所示。

图 12-38

Step 02 调亮图像。执行【图像】→【曲线】命令或按【Ctrl+M】组合键，在【曲线】对话框中向上方拖动曲线，如图 12-39 所示，调亮图像，效果如图 12-40 所示。

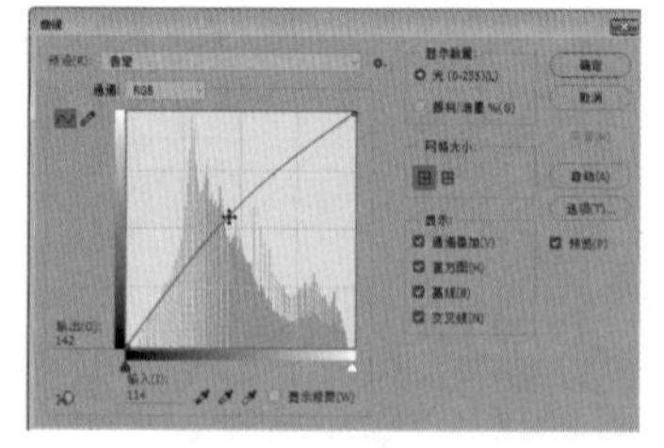

图 12-39

图 12-40

Step 03 调暗图像。在【曲线】对话框中，向下方拖动曲线，如图 12-41 所示，图像会变暗，如图 12-42 所示。

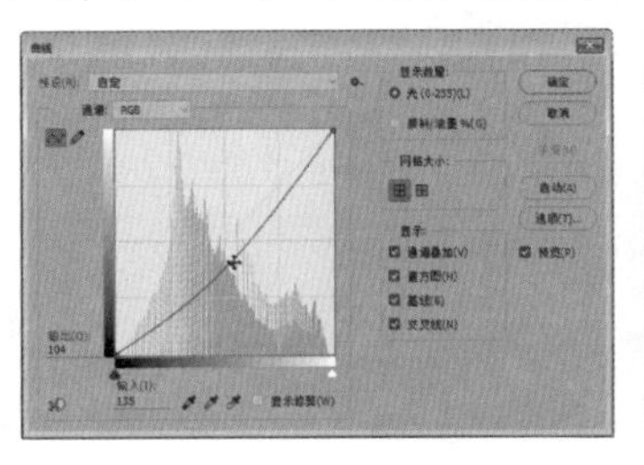

图 12-41

图 12-42

Step 04 增大图像对比度。在【曲线】对话框中，拖动曲线成为“S”形，如图 12-43 所示，增大图像对比度，效果如图 12-44 所示。

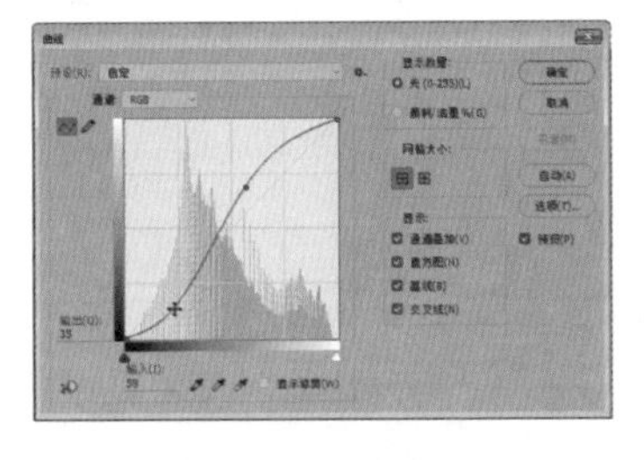

图 12-43

图 12-44

【曲线】对话框如图 12-45 所示。

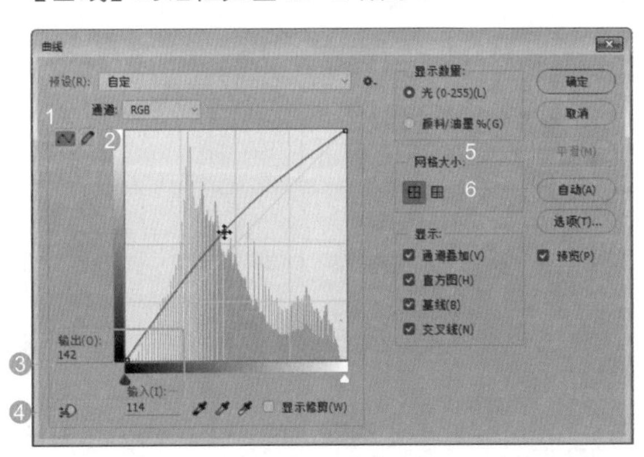

图 12-45

相关选项作用及含义如表 12-6 所示。

表 12-6　选项作用及含义

选项	作用及含义
❶ 通过添加点来调整曲线	单击该按钮，此时在曲线中单击可添加新的控制点，如图 12-46 所示。拖动控制点改变曲线形状，即可调整图像

续表

选项	作用及含义
❶ 通过添加点来调整曲线	图 12-46
❷ 使用铅笔绘制曲线	单击该按钮后，可绘制手绘效果的自由曲线。绘制完成后效果如图 12-47 所示 图 12-47
❸ 输入 / 输出	【输入】选项显示了调整前的像素值，【输出】选项显示了调整后的像素值
❹ 图像调整工具	单击该按钮后，将鼠标指针放在图像上，曲线上会出现一个圆形，它代表了鼠标指针处的色调在曲线上的位置，在画面中单击并拖动鼠标可添加控制点并调整相应的色调，如图 12-48 所示 图 12-48
❺ 平滑	使用铅笔绘制曲线后，单击该按钮，可以对曲线进行平滑处理，如图 12-49 所示 图 12-49
❻ 自动	单击该按钮，可对图像应用【自动颜色】【自动对比度】或【自动色调】校正。具体的校正内容取决于【自动颜色校正选项】对话框中的设置

技术看板

如果图像为 RGB 模式，曲线向上弯曲时，可以将色调调亮；曲线向下弯曲时，可以将色调调暗；曲线成为“S”形时，可以加大图像的对比度。

如果图像为 CMYK 模式，调整方向相反即可。

12.3.4 实战：使用【曝光度】命令调整照片曝光度

实例门类	软件功能

在照片的拍摄过程中，经常会因为照片曝光过度导致图像偏白，或者因为曝光不够导致图像偏暗，使用【曝光度】命令可以调整图像的曝光度，使图像中的曝光度恢复正常，具体操作步骤如下。

Step 01 打开素材。打开“素材文件\第 12 章\鹿.jpg”文件，如图 12-50 所示。

Step 02 调整【曝光度】。执行【图像】→【调整】→【曝光度】命令，弹出【曝光度】对话框，❶ 设置【曝光度】为 +0.66、【位移】为 −0.0833、【灰度系数校正】为 1.08，❷ 单击【确定】按钮，如图 12-51 所示。

图 12-50

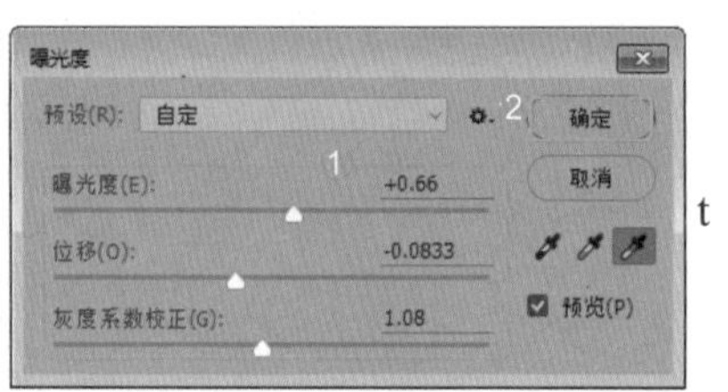

图 12-51

Step 03 补足曝光度。通过前面的操作，图像补足曝光度，效果如图 12-52 所示。

图 12-52

在【曝光度】对话框中，各选项作用及含义如表 12-7 所示。

表 12-7 选项作用及含义

选项	作用及含义
曝光度	设置图像的曝光度，向右拖动下方的滑块可增强图像的曝光度，向左拖动滑块可降低图像的曝光度
位移	该选项将使数码照片中的阴影和中间调变暗，对高光的影响很小，通过设置【位移】参数可快速调整数码照片的整体明暗度
灰度系数校正	该选项使用简单的乘方函数调整数码照片的灰度系数

12.3.5 实战：使用【阴影 / 高光】命令调整逆光照片

实例门类	软件功能

【阴影 / 高光】命令可以调整图像的阴影和高光部分，主要用于修改一些因为阴影或逆光而主体较暗的照片，其具体操作步骤如下。

Step 01 打开素材。打开“素材文件\第 12 章\逆光.jpg”文件，如图 12-53 所示。

图 12-53

Step 02 调整【阴影 / 高光】。执行【图像】→【调整】→【阴影 / 高光】命令。弹出【阴影 / 高光】对话框，在【阴影】选项区域中，设置【数量】为 78%，如图 12-54 所示，调整效果如图 12-55 所示。

Step 03 调整图像。选中【显示更多选项】复选框，设置【半径】为 102 像素，将更多像素定义为阴影，色调变得平滑，消除不自然的感觉，如图 12-56 所示，调整效果如图 12-57 所示。

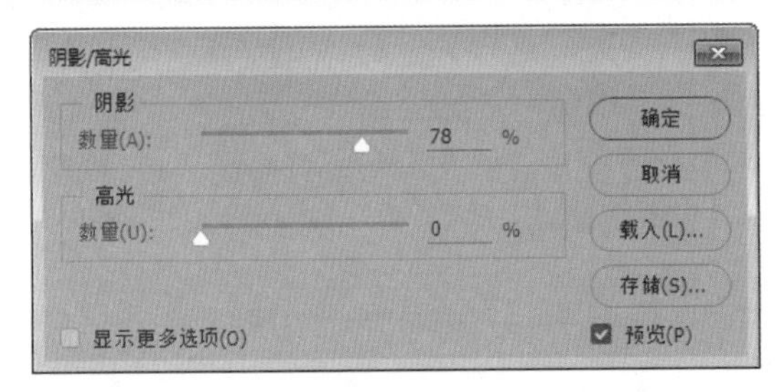

图 12-54

图 12-55

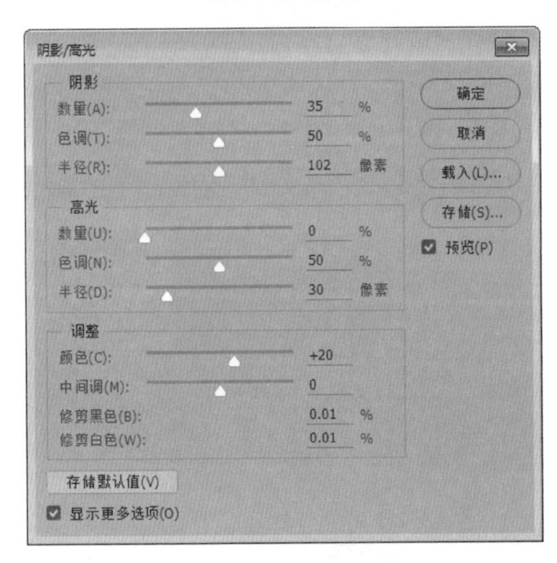

图 12-56

图 12-57

Step 04 增加图像的饱和度。在【调整】选项区域中，设置【颜色】为 +100、【中间调】为 +20，如图 12-58 所示。增加图像的饱和度，效果如图 12-59 所示。

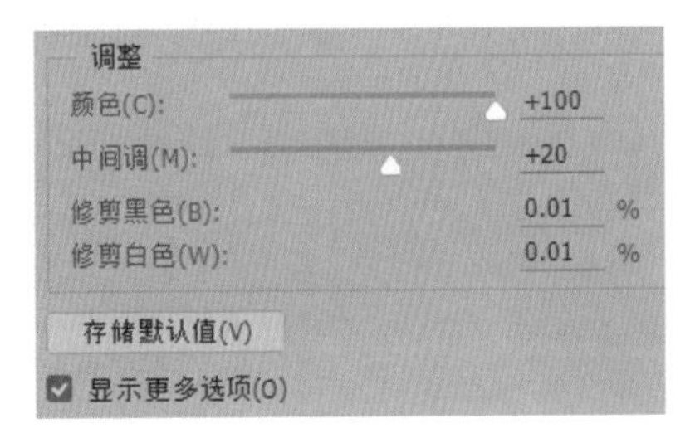

图 12-58

图 12-59

【阴影 / 高光】对话框如图 12-60 所示。

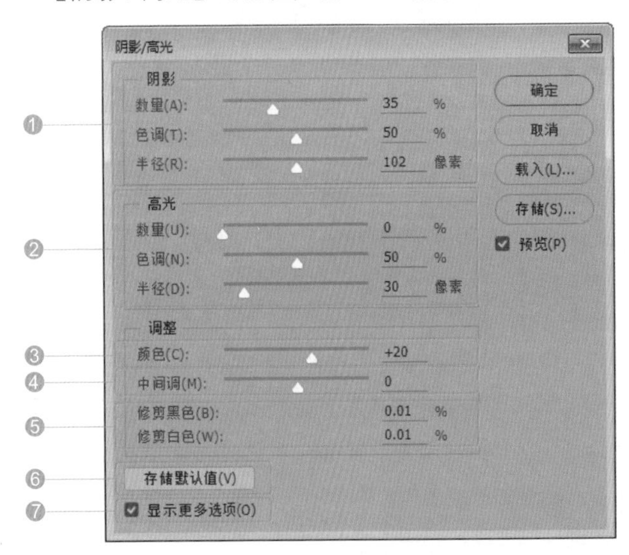

图 12-60

相关选项作用及含义如表 12-8 所示。

表 12-8　选项作用及含义

选项	作用及含义
❶ 阴影	拖动【数量】滑块可以控制调整强度，其值越高，阴影区域越亮；【色调】用来控制色调的修改范围，较大的值会影响更多色调，较小的值只对较暗的区域进行校正；【半径】可控制每个像素周围的局部相邻像素的大小，相邻像素决定像素是在阴影中还是在高光中
❷ 高光	【数量】控制调整强度，其值越大，高光区域越暗；【色调】控制色调的修改范围，较小的值只对较亮的区域进行校正，较大的值会影响更多色调；【半径】可以控制每个像素周围局部相邻像素的大小
❸ 颜色	调整已修改区域的色彩。例如，增加【阴影】选项区域中的【数量】值使图像中较暗的颜色显示出来以后，再增加【颜色】值，就可以使这些颜色更加鲜艳
❹ 中间调	调整中间调的对比度
❺ 修剪黑色 / 修剪白色	可以指定在图像中将多少阴影和高光剪切到新的极端阴影（色阶为 0，黑色）和高光（色阶为 255，白色）。该值越大，色调对比度越强
❻ 存储默认值	单击该按钮，可以将当前参数设置存储为预设，再次打开【阴影 / 高光】对话框时，会显示该参数
❼ 显示更多选项	选中该复选框，可以显示全部选项

12.4 色彩调整

Photoshop CC 不仅能调整图像的明暗，还可以根据图像色调对整个色彩进行调整，这些调整色彩的命令包括【自然饱和度】【色相 / 饱和度】【色彩平衡】等，下面进行详细介绍。

12.4.1 实战：使用【自然饱和度】命令降低自然饱和度

实例门类	软件功能

【自然饱和度】用于将图像饱和度调整到自动状态，它的特别之处是可在增加饱和度的同时防止颜色过于饱和而出现溢色，具体操作步骤如下。

Step 01 调整饱和度。打开“素材文件\第 12 章\婚纱.jpg”文件，如图 12-61 所示。执行【图像】→【调整】→【自然饱和度】命令，打开【自然饱和度】对话框，❶ 设置【自然饱和度】为 -75，❷ 单击【确定】按钮，如图 12-62 所示。

图 12-61

图 12-62

Step 02 降低图像自然饱和度。通过前面的操作，降低图像自然饱和度，效果如图 12-63 所示。

图 12-63

12.4.2 实战：使用【色相 / 饱和度】命令调整背景颜色

实例门类	软件功能

通过【色相 / 饱和度】命令，可以对色彩的色相、饱和度、明度进行修改。它的特点是可以调整整个图像或图像中一种颜色成分的色相、饱和度和明度，具体操作步骤如下。

Step01 打开素材。打开“素材文件 \ 第 12 章 \ 花朵.jpg”文件，使用【套索工具】创建选区，如图 12-64 所示。

Step02 羽化选区。执行【选择】→【修改】→【羽化】命令，打开【羽化选区】对话框，❶ 设置【羽化半径】为 20 像素，❷ 单击【确定】按钮，如图 12-65 所示。

图 12-64

图 12-65

Step03 将选区反转。按【Ctrl+Shift+I】组合键，执行【反向】命令，将选区反转，如图 12-66 所示。

Step04 调整【色相 / 饱和度】。执行【图像】→【调整】→【色相 / 饱和度】命令或按【Ctrl+U】组合键，在打开的【色相 / 饱和度】对话框中，❶ 设置【色相】为 −45、【饱和度】为 −45，❷ 单击【确定】按钮，如图 12-67 所示。

图 12-66

图 12-67

Step05 调整图像。通过前面的操作，调整图像背景色相和饱和度，效果如图 12-68 所示。

图 12-68

【色相 / 饱和度】对话框如图 12-69 所示。

图 12-69

相关选项作用及含义如表 12-9 所示。

表 12-9　选项作用及含义

选项	作用及含义
❶ 编辑	在下拉列表框中可选择要改变的颜色，包括红色、蓝色、绿色、黄色或全图色彩
❷ 色相	色相是各类颜色的相貌称谓，用于改变图像的颜色。可通过在数值框中输入数值或拖动滑块来调整
❸ 饱和度	饱和度是指色彩的鲜艳程度，也称为色彩的纯度
❹ 明度	明度是指图像的明暗程度，数值设置越大，图像越亮；数值设置越小，图像越暗
❺ 图像调整工具	选择该工具后，将鼠标指针移动至需调整的颜色区域上，单击并拖动鼠标可修改单击颜色点的饱和度，向左拖动鼠标可以降低饱和度；向右拖动则增加饱和度如图 12-70 所示 图 12-70
❻ 着色	选中该复选框后，如果前景色是黑色或白色，图像会转换为红色；如果前景色不是黑色或白色，则图像会转换为当前前景色的色相；变为单色图像以后，可以拖动【色相】滑块修改颜色或者拖动下面的两个滑块调整饱和度和明度

技术看板

【色相 / 饱和度】对话框底部有两个颜色条，上面的颜色条代表了调整前的颜色，下面的颜色条代表了调整后的颜色。

如果在【编辑】选项中选择一种颜色，两个颜色条之间会出现三角形小滑块，滑块外的颜色不会被调整。

12.4.3 实战：使用【色彩平衡】命令纠正色偏

实例门类	软件功能

【色彩平衡】命令可以分别调整图像阴影区、中间调和高光区的色彩成分，并混合色彩达到平衡。当用户打开【色彩平衡】对话框，相互对应的两个颜色互为补色，当用户提高某种颜色的比例时，位于另一侧的补色的颜色就会减少，使用【色彩平衡】命令纠正色调的具体操作步骤如下。

Step 01 打开素材。打开“素材文件 \ 第 12 章 \ 荷花 .jpg”文件，图像整体偏红，如图 12-71 所示。

图 12-71

Step 02 调整【色彩平衡】。执行【图像】→【调整】→【色彩平衡】命令，打开【色彩平衡】对话框，设置【色调平衡】为中间调，设置【色阶】为（−74，0，0），如图 12-72 所示。中间调偏红状态得到修复，如图 12-73 所示。

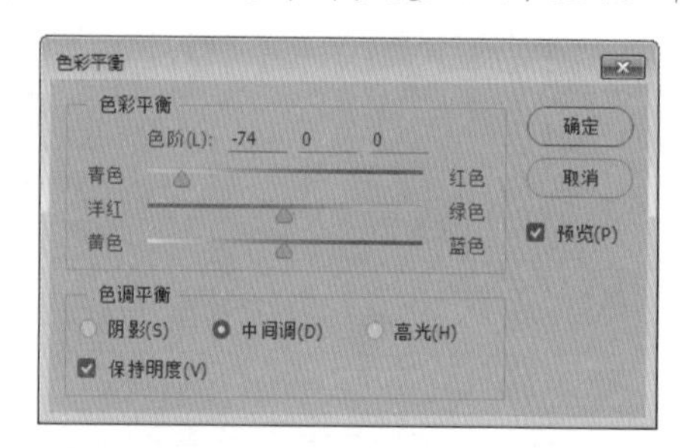

图 12-72

图 12-73

Step 03 修复高光偏红状态。执行【图像】→【调整】→【色彩平衡】命令，打开【色彩平衡】对话框，设置【色调平衡】为高光，设置【色阶】为（−35，2，0），如图 12-74 所示。高光偏红状态得到修复，如图 12-75 所示。

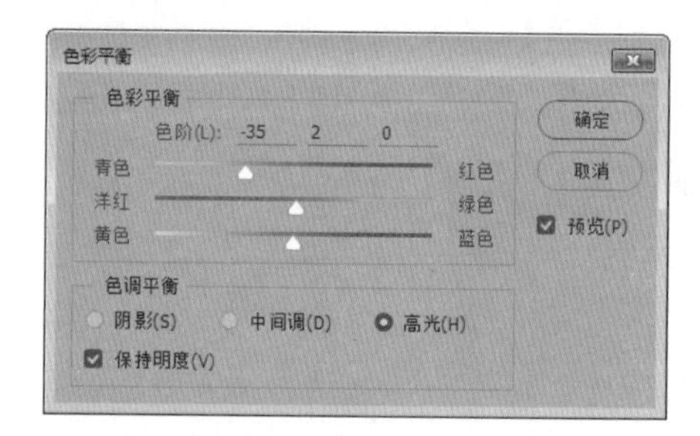

图 12-74

图 12-75

Step 04 修复阴影偏红状态。执行【图像】→【调整】→【色彩平衡】命令，打开【色彩平衡】对话框，设置【色调平衡】为阴影，设置【色阶】为（−8，12，0），如图 12-76 所示。阴影偏红状态得到修复，如图 12-77 所示。

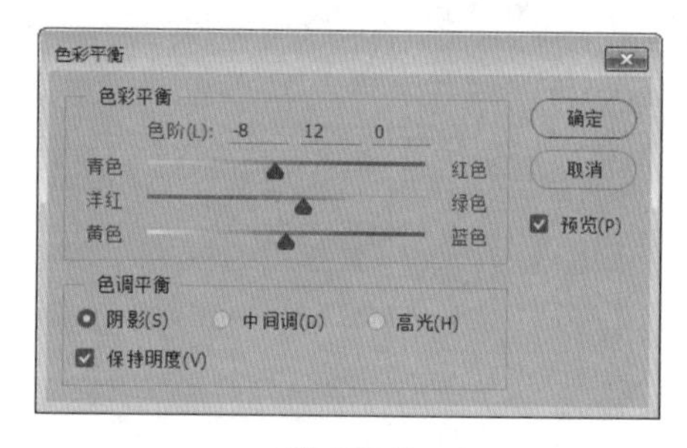

图 12-76

图 12-77

【色彩平衡】对话框如图 12-78 所示。

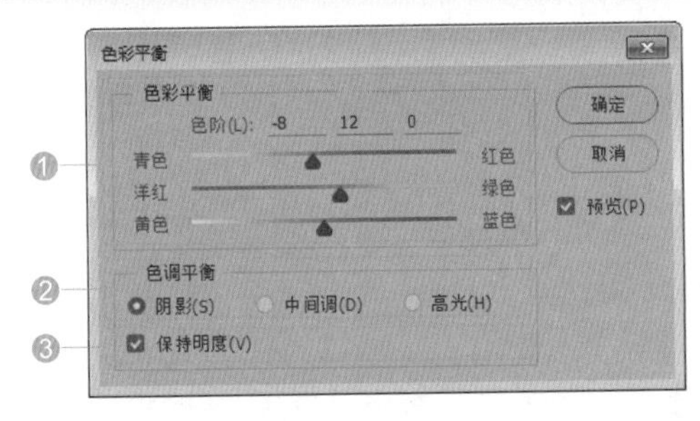

图 12-78

相关选项作用及含义如表 12-10 所示。

表 12-10　选项作用及含义

选项	作用及含义
❶ 色彩平衡	在图像中增加一种颜色，同时减少另一侧的补色
❷ 色调平衡	选择一个色调来进行调整
❸ 保持明度	选中该复选框，防止图像亮度随颜色的更改而改变

12.4.4 实战：使用【黑白】命令制作单色图像效果

实例门类	软件功能

【黑白】命令可以控制每一种颜色的色调深浅，如彩色照片换为黑白图像时，红色与绿色的灰度非常相似，色调的层次感不明显，那么使用【黑白】命令就可以解决这个问题，可以分别调整这两种颜色的灰度，将它们有效区分开，其具体操作步骤如下。

Step01 调整【黑白】。打开“素材文件\第 12 章\彩绘.jpg”文件，如图 12-79 所示。执行【图像】→【调整】→黑白】命令或按【Alt+Shift+Ctrl+B】组合键快速打开【黑白】对话框。设置【红色】为 107%、【黄色】为 79%、【绿色】为 244%、【青色】为 103%、【蓝色】为 -41%、【洋红】为 259%，如图 12-80 所示。

Step02 调整颜色。通过前面的操作，得到层次感丰富的黑白图像，如图 12-81 所示。在【黑白】对话框中，选中【色调】复选框，设置【色相】为 91°、【饱和度】为 17%，如图 12-82 所示。

图 12-79

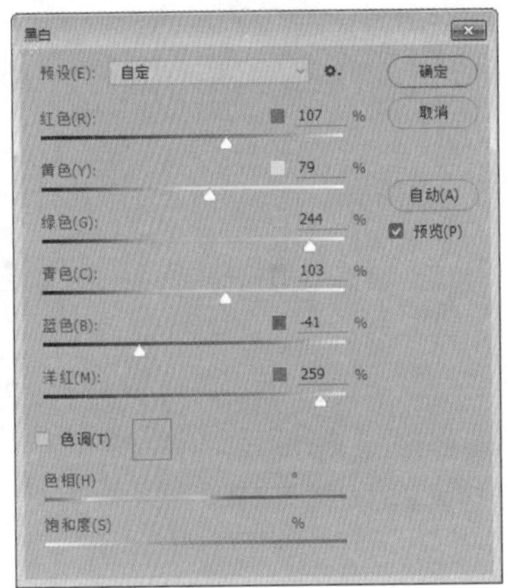

图 12-80

图 12-81

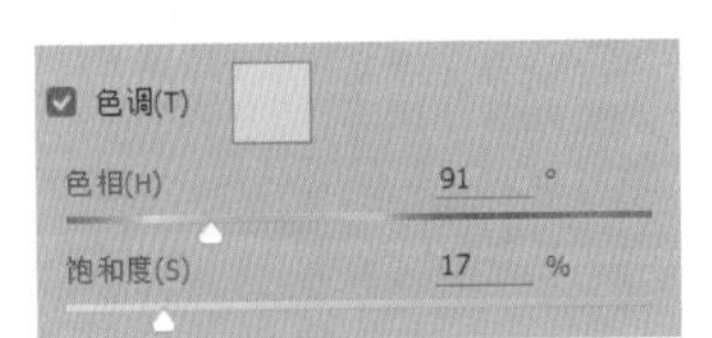

图 12-82

Step03 得到单色图像。通过前面的操作，得到单色图像，如图 12-83 所示。

图 12-83

【黑白】对话框如图 12-84 所示。

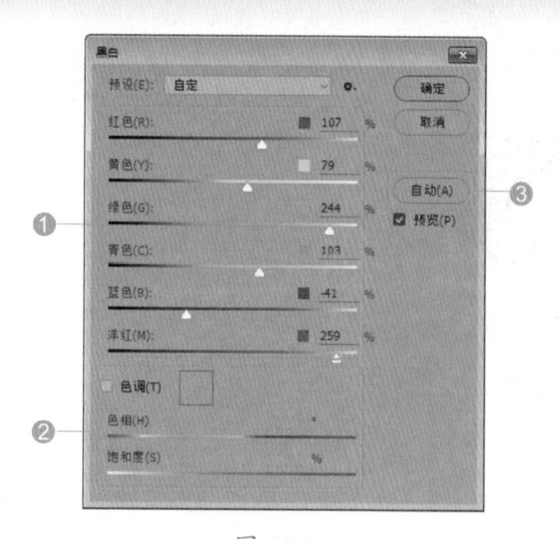

图 12-84

相关选项作用及含义如表 12-11 所示。

表 12-11　选项作用及含义

选项	作用及含义
❶ 拖动颜色滑块调整	拖动各个原色的滑块可调整图像中特定颜色的灰色调，向左拖动灰色调变暗，向右拖动灰色调变亮
❷ 色调	选中该复选框，可为灰度着色，创建单色调效果，拖动【色相】和【饱和度】滑块进行调整，单击颜色条，可打开【拾色器】对话框对颜色进行调整
❸ 自动	单击该按钮，可设置基于图像的颜色值的灰度混合，并使灰度值的分布最大化

12.4.5 实战：使用【照片滤镜】命令打造炫酷冷色调

实例门类	软件功能

滤镜是相机的一种配件，将它安装在镜头前既可以保护镜头，也能降低或消除水面和非金属表面的反光。【照片滤镜】命令可以模拟彩色滤镜，调整通过镜头传输的光的色彩平衡和色温，对于调整照片的整体色调特别有用，其具体操作步骤如下。

Step 01 打开素材并复制背景。打开“素材文件 \ 第 12 章 \ 倾斜 .jpg”文件，如图 12-85 所示。按【Ctrl+J】组合键复制背景图层，如图 12-86 所示。

Step 02 选择【水彩画纸】。执行【滤镜】→【滤镜库】命令，在打开的面板中单击【素描】滤镜组中的【水彩画纸】图标，使用默认参数，如图 12-87 所示。

图 12-85

图 12-86

图 12-87

Step 03 设置【照片滤镜】。选中【背景】图层，如图 12-88 所示。执行【图像】→【调整】→【照片滤镜】命令，打开【照片滤镜】对话框，❶ 设置【使用】为“加温滤镜（85）”、【颜色】为洋红、【浓度】为 67%，❷ 单击【确定】按钮，如图 12-89 所示。

图 12-88

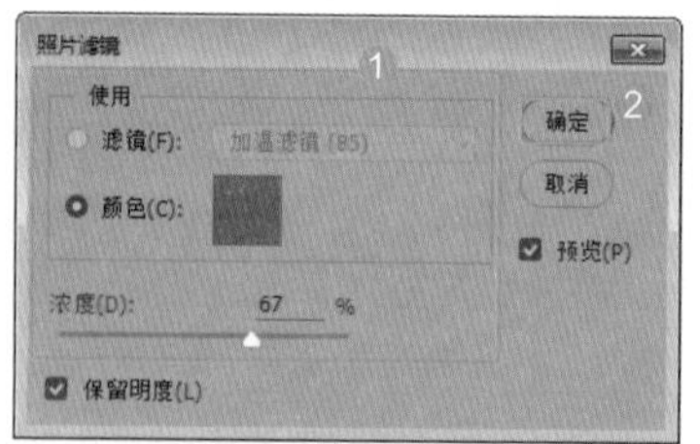

图 12-89

Step 04 更改不透明度。更改【图层 1】图层的【不透明度】为 50%，如图 12-90 所示。最终效果如图 12-91 所示。

图 12-90

图 12-91

【照片滤镜】对话框如图 12-92 所示。

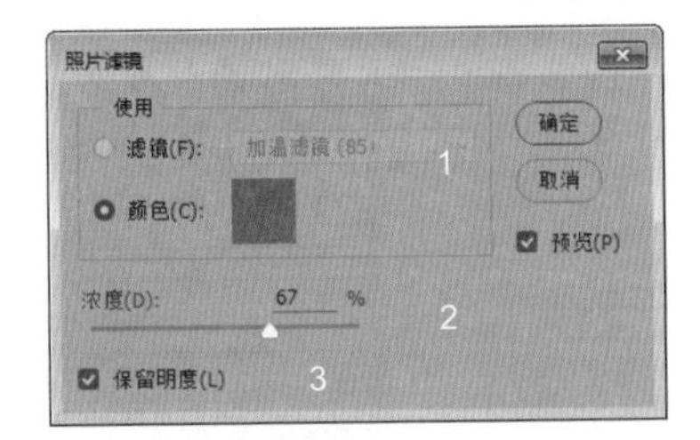

图 12-92

相关选项作用及含义如表 12-12 所示。

表 12-12　选项作用及含义

选项	作用及含义
❶ 滤镜 / 颜色	在【滤镜】下拉列表中可以选择要使用的滤镜。如果要自定义滤镜颜色，则可单击【颜色】选项右侧的颜色块，打开【拾色器】对话框调整颜色
❷ 浓度	可调整应用到图像中的颜色数量，该值越高，颜色的调整强度越大
❸ 保留明度	选中该复选框，可以保持图像的明度不变；取消选中该复选框，则会因为添加滤镜效果而使图像色调变暗

12.4.6 实战：使用【通道混合器】命令调整图像色调

实例门类	软件功能

在【通道】面板中，各个颜色通道保存着图像的色彩信息。将颜色通道调亮或调暗，都会改变图像的颜色。【通道混合器】可以将所选的通道与用户想要调整的颜色通道采用“相加”或“减去”模式混合，修改该颜色通道中的光线量，影响其颜色含量，从而改变色彩。

技能拓展——“相加”和“减去”混合模式

“相加”混合模式可以合并两个通道中的像素值；“减去”混合模式可以从混合通道中相应的像素值中减去输出通道的像素值，使输出通道变暗。

使用【通道混合器】命令调整图像，具体操作步骤如下。

Step01 打开素材。打开“素材文件\第 12 章\白色花束.jpg”文件，【通道】面板如图 12-93 所示。

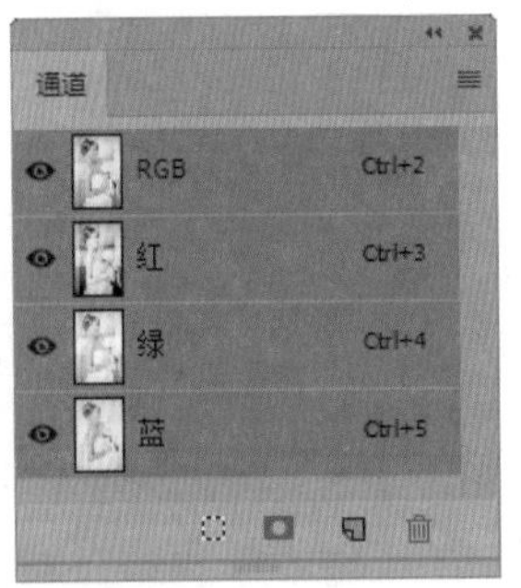

图 12-93

Step02 设置【通道混合器】。执行【图像】→【调整】→【通道混合器】命令，在打开的【通道混合器】对话框中，设置【输出通道】为红，在【源通道】选项区域中，设置【绿色】为 24%，如图 12-94 所示。

图 12-94

Step03 变化色彩。通过前面的操作，【绿】通道以【相加】模式与【红】通道进行混合，如图 12-95 所示。在【通道】面板中，【红】通道变亮，从而实现色彩的变化，如图 12-96 所示。

图 12-95

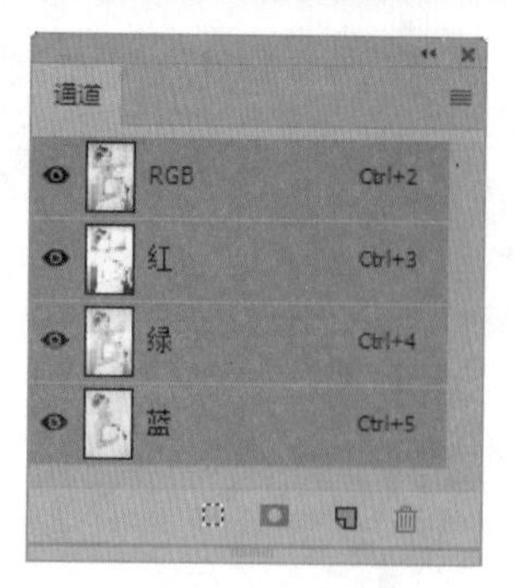

图 12-96

Step 04 设置颜色。在【源通道】选项区域中，设置【蓝色】为 −49%，如图 12-97 所示。

图 12-97

Step 05 变化色彩。通过前面的操作，【蓝】通道以【减去】模式与【红】通道进行混合，如图 12-98 所示。在【通道】面板中，【红】通道变暗，从而实现色彩的变化，如图 12-99 所示。

图 12-98

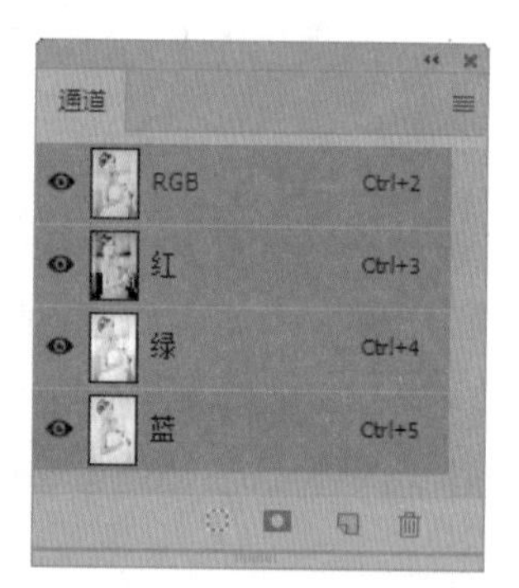

图 12-99

Step 06 设置【通道混合器】参数。在【通道混合器】对话框中，❶ 设置【常数】为 30%，❷ 单击【确定】按钮，如图 12-100 所示。

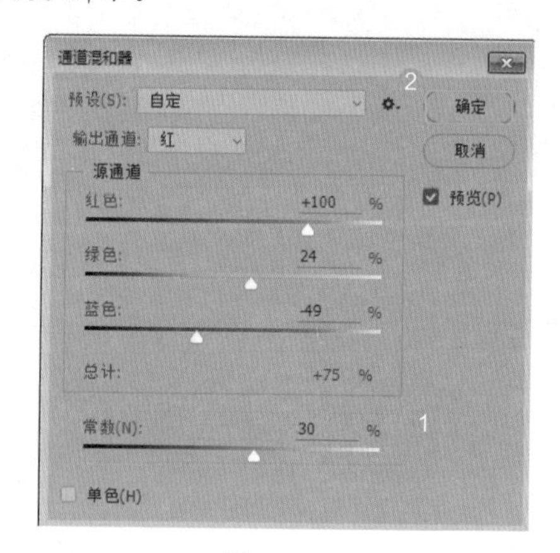

图 12-100

Step 07 调整通道明暗度。在【输出通道】下拉列表中选择【红】通道并调整明暗度，但不与任何通道混合，如图 12-101 所示。

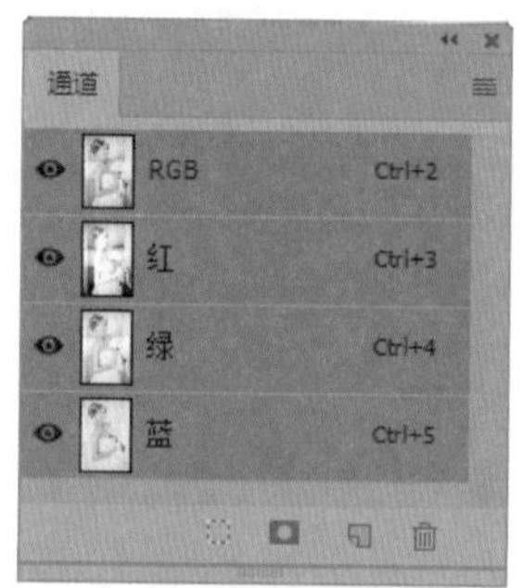

图 12-101

【通道混合器】对话框如图 12-102 所示。

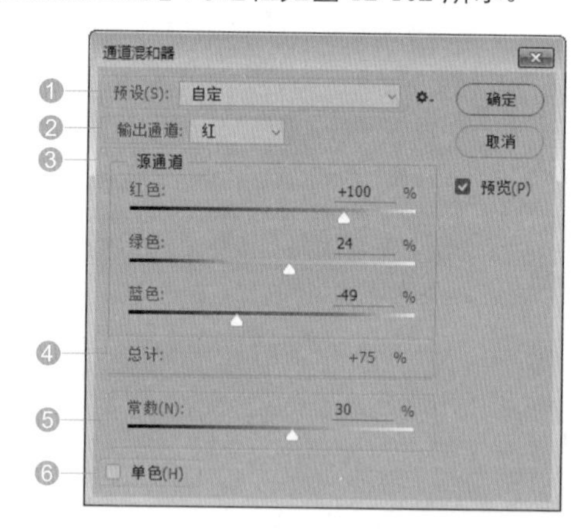

图 12-102

相关选项作用及含义如表 12-13 所示。

表 12-13 选项作用及含义

选项	作用及含义
❶ 预设	该选项下拉列表中包含了 Photoshop 提供的预设调整设置文件
❷ 输出通道	可以选择要调整的通道
❸ 源通道	用于设置输出通道中源通道所占的百分比
❹ 总计	显示了通道的总计值。如果通道混合后总值高于 100%，会在数值前面添加一个警告符号⚠。该符号表示混合后的图像可能损失细节
❺ 常数	用于调整输出通道的灰度值
❻ 单色	选中该复选框，可以将彩色图像转换为黑白效果

12.4.7 实战：使用【反相】命令制作发光的玻璃

实例门类	软件功能

【反相】命令可以将黑色变成白色，如果是一张彩色的图像，它能够把每一种颜色都反转成该颜色的互补色，还可以从扫描的黑白阴片中得到一个阳片。下面使用【反相】命令制作线条画效果，具体操作步骤如下。

Step 01 打开素材并复制图层。打开“素材文件\第 12 章\蜂蜜.jpg”文件，如图 12-103 所示。按【Ctrl+J】组合键复制图层，如图 12-104 所示。

图 12-103

图 12-104

Step 02 反向图像。执行【图像】→【调整】→【反向】命令或按【Ctrl+I】组合键，反向图像，得到反向效果如图 12-105 所示。

Step 03 新建图层。新建【图层 2】图层，如图 12-106 所示。

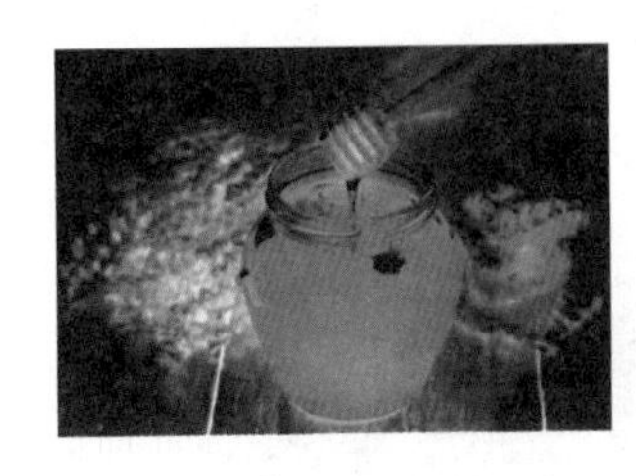

图 12-105

图 12-106

Step 04 创建选区并羽化。使用【椭圆选框工具】创建选区，如图 12-107 所示，按【Shift+F6】组合键执行【羽化选区】命令，打开【羽化选区】对话框，❶ 设置【羽化半径】为 100 像素，❷ 单击【确定】按钮，如图 12-108 所示。

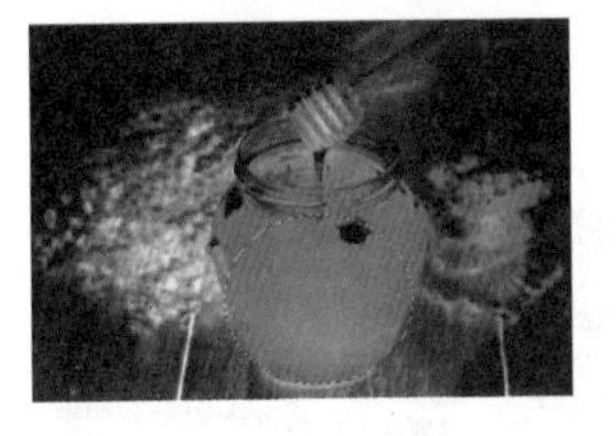

图 12-107

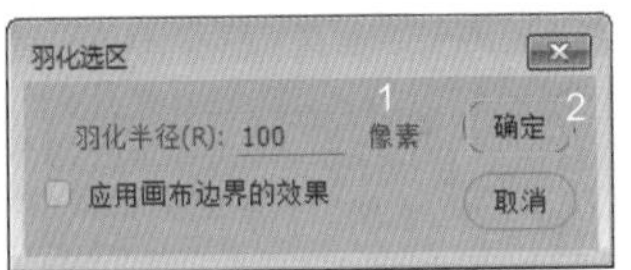

图 12-108

Step 05 填充前景色。设置前景色为黄色【#fff100】，按【Alt+Delete】组合键，填充前景色，如图 12-109 所示。

Step 06 取消选区。按【Ctrl+D】组合键取消选区，如图 12-110 所示。

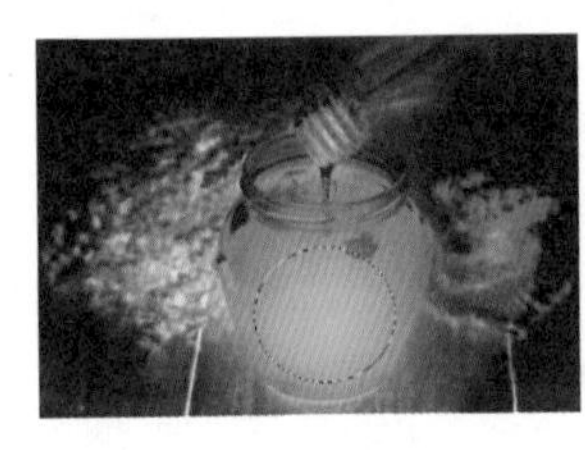

图 12-109

图 12-110

Step 07 加深发光效果。按【Ctrl+J】组合键复制图层，如图 12-111 所示。加深发光效果如图 12-112 所示。

图 12-111

图 12-112

Step 08 缩小图像。按【Ctrl+T】组合键，执行自由变换操作，适当缩小图像，如图 12-113 所示。为图层添加图层蒙版，如图 12-114 所示。

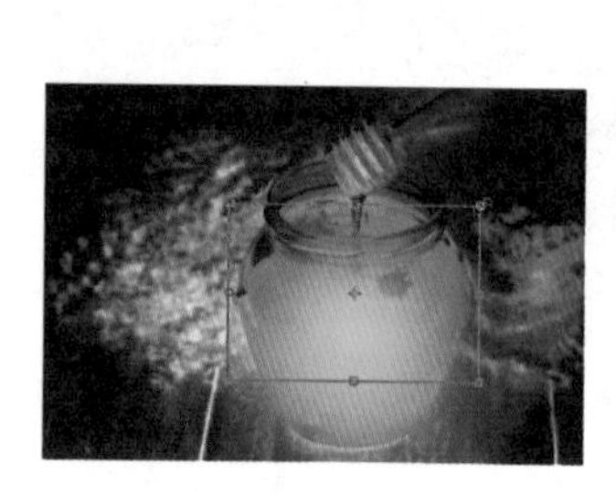
图 12-113

图 12-114

Step 09 修复边缘。用黑色【画笔工具】在下方涂抹，修复明显的边缘，如图 12-115 所示。拖动对象到下方适当位置，如图 12-116 所示。

图 12-115

图 12-116

12.4.8 实战：使用【色调分离】命令制作艺术画效果

实例门类	软件功能

【色调分离】命令可以按照指定的色阶数减少图像的颜色（或灰度图像中的色调），从而简化图像内容。该命令适合创建大的单调区域，或者在彩色图像中产生有趣的效果，其具体操作步骤如下。

Step 01 打开素材。打开“素材文件 \ 第 12 章 \ 折纸. jpg”文件，按【Ctrl+J】组合键复制图层，如图 12-117 所示。

图 12-117

Step 02 设置高斯模糊效果。执行【滤镜】→【模糊】→【高斯模糊】命令，打开【高斯模糊】对话框，❶ 设置【半径】为 2 像素，❷ 单击【确定】按钮，如图 12-118 所示，高斯模糊效果如图 12-119 所示。

图 12-118

图 12-119

技术看板

执行【色调分离】命令前，对图像稍作模糊处理，得到的色块数量会变少，但是色块面积会变大。

Step 03 设置色调分离效果。执行【图像】→【调整】→【色调分离】命令，打开【色调分离】对话框，❶ 设置【色阶】为 4，❷ 单击【确定】按钮，如图 12-120 所示。效果如图 12-121 所示。

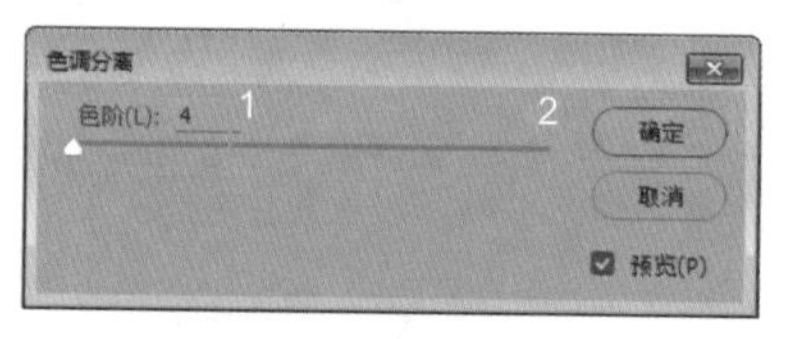

图 12-120

图 12-121

技术看板

在【色调分离】对话框中，【色阶】选项用于设置图像产生色调的色调级。其设置的数值越大，图像产生的效果越接近原图像。

12.4.9 实战：使用【色调均化】命令制作花仙子场景

实例门类	软件功能

【色调均化】命令可以重新分布像素的亮度值，将

最亮的值调整为白色，最暗的值调整为黑色，中间的值分布在整个灰度范围中，使它们更均匀地呈现所有范围的亮度级别（0 ～ 255）。该命令还可以增加颜色相近的像素间的对比度。图像中没有选区时，将不会弹出选项设置对话框，下面使用【色调均化】命令制作花仙子场景，具体操作步骤如下。

Step 01 打开素材并复制图层。打开“素材文件 \ 第 12 章 \ 花仙子 . jpg”文件，按【Ctrl+J】组合键复制图层，如图 12-122 所示。

图 12-122

Step 02 创建选区并羽化。使用【套索工具】创建自由选区，如图 12-123 所示。按【Shift+F6】组合键羽化选区，设置【羽化半径】为 30 像素，效果如图 12-124 所示。

图 12-123

图 12-124

Step 03 调整【色调均化】。按【Ctrl+Shift+I】组合键反向选区，如图 12-125 所示。执行【图像】→【调整】→【色调均化】命令，弹出【色调均化】对话框，❶ 选中【仅色调均化所选区域】单选按钮，❷ 单击【确定】按钮，如图 12-126 所示。

图 12-125

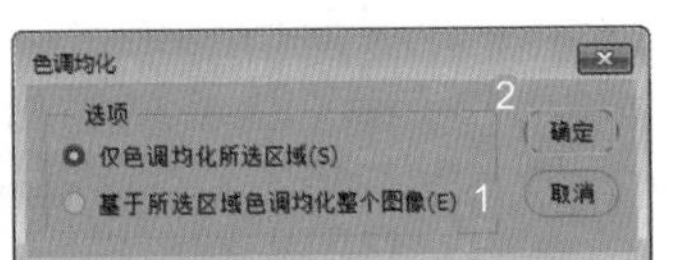

图 12-126

Step 04 绘制装饰图案。通过前面的操作，色调均化所选区域，如图 12-127 所示。使用【画笔工具】绘制一些装饰图案，如图 12-128 所示。

图 12-127

图 12-128

12.4.10 实战：使用【渐变映射】命令制作特殊色调

实例门类	软件功能

【渐变映射】命令的主要功能是将图像灰度范围映射到指定的渐变填充色。例如，指定双色渐变作为映射渐变，图像中暗调像素将映射到渐变填充的一个端点颜色，高光像素将映射到另一个端点颜色，中间调映射到两个端点之间的过渡颜色，其具体的操作步骤如下。

Step 01 打开素材并复制图层。打开“素材文件 \ 第 12 章 \ 太阳 . jpg”文件，按【Ctrl+J】组合键复制图层，如图 12-129 所示。

图 12-129

Step 02 载入【蜡笔】。执行【图像】→【调整】→【渐变映射】命令，在打开的【渐变映射】对话框中，❶ 单击色条右侧的按钮，❷ 在打开的下拉列表框中，单击右上角的按钮，载入【蜡笔】选项，选择【绿色、蓝色、黄色】渐变，❸ 单击【确定】按钮，如图 12-130 所示，效果如图 12-131 所示。

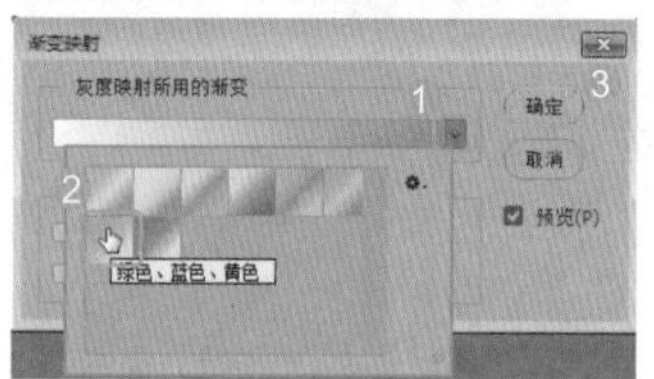

图 12-130

图 12-131

Step03 更改图层混合模式。在【图层】面板中，更改图层【混合模式】为颜色，如图 12-132 所示，最终效果如图 12-133 所示。

图 12-132

图 12-133

技术看板

复制图层后，应用【渐变映射】命令，并将复制图层混合模式更改为【颜色】，可以避免【渐变映射】命令对图像造成的亮度改变。

Step04 盖印图层。按【Alt+Shift+Ctrl+E】组合键盖印图层，如图 12-134 所示。

Step05 调整【色阶】。按【Ctrl+L】快捷键，执行【色阶】命令，打开【色阶】对话框，❶ 设置【输入色阶】值为（0，0.8，224），❷ 单击【确定】按钮，如图 12-135 所示。

图 12-134

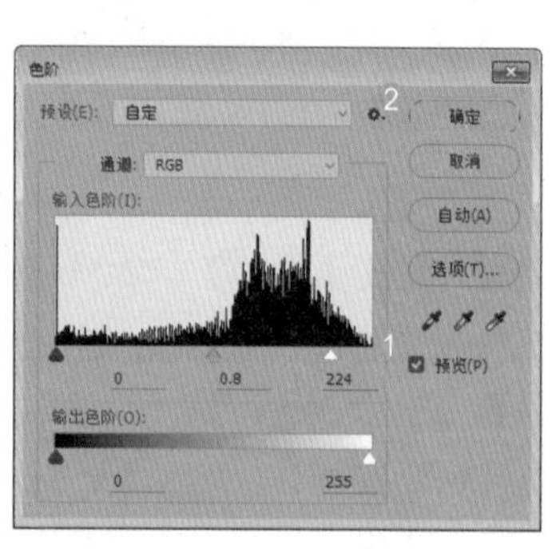

图 12-135

Step06 调亮图像并复制图层。适当调亮图像，效果如图 12-136 所示。复制图层，如图 12-137 所示。

图 12-136

图 12-137

Step07 设置【高斯模糊】。执行【滤镜】→【模糊】→【高斯模糊】命令，打开【高斯模糊】对话框，❶ 设置【半径】为 10 像素，❷ 单击【确定】按钮，如图 12-138 所示。效果如图 12-139 所示。

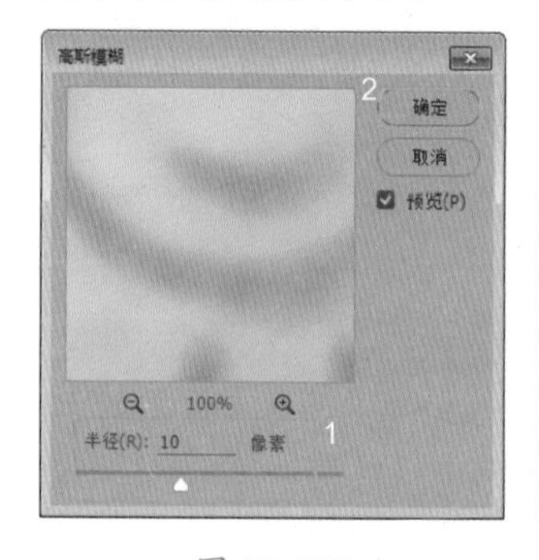

图 12-138

图 12-139

Step08 更改图层混合模式。更改图层【混合模式】为浅色，如图 12-140 所示，效果如图 12-141 所示。

图 12-140

图 12-141

【渐变映射】对话框如图 12-142 所示。

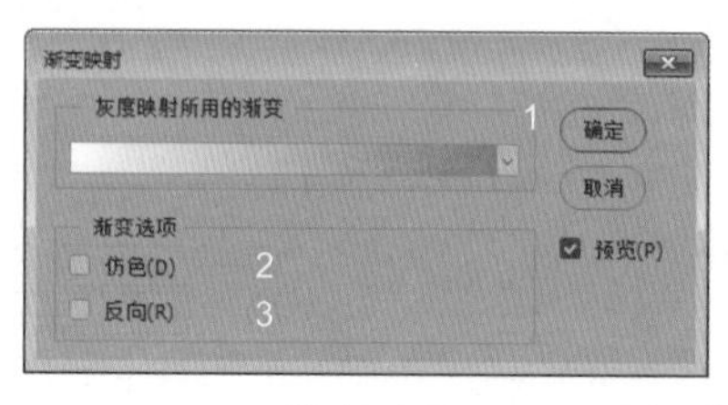

图 12-142

相关选项作用及含义如表 12-14 所示。

表 12-14　选项作用及含义

选项	作用及含义
❶ 调整渐变	单击渐变颜色条右侧的下拉按钮，在打开的下拉面板中选择一个预设渐变。如果要创建自定义渐变，则可单击渐变条，打开【渐变编辑器】窗口进行设置
❷ 仿色	选中该复选框，可以添加随机的杂色来平滑渐变填充的外观，减少带宽效应，使渐变效果更加平滑
❸ 反向	选中该复选框，可以反转渐变填充的方向

★重点 12.4.11 实战：使用【可选颜色】命令调整单一色相

实例门类	软件功能

所有的印刷色都是由青、洋红、黄、黑四种油墨混合而成的。【可选颜色】命令通过调整印刷油墨的含量来控制颜色。该命令可以修改某一种颜色的油墨成分（如修改红色中的青色油墨含量，绿色中的青色油墨不受影响），而不影响其他主要颜色，其具体操作步骤如下。

Step 01 打开素材。打开“素材文件 \ 第 12 章 \ 花束 .jpg”文件，按【Ctrl+J】组合键复制图层，如图 12-143 所示。

图 12-143

Step 02 设置【可选颜色】。执行【图像】→【调整】→【可选颜色】命令，打开【可选颜色】对话框，设置【颜色】为红色（+100%，+44%，-100%，0%），如图 12-144 所示。效果如图 12-145 所示。

Step 03 设置【颜色】。设置【颜色】为中性色（55%，0%，-23%，0%），如图 12-146 所示，效果如图 12-147 所示。

图 12-144

图 12-145

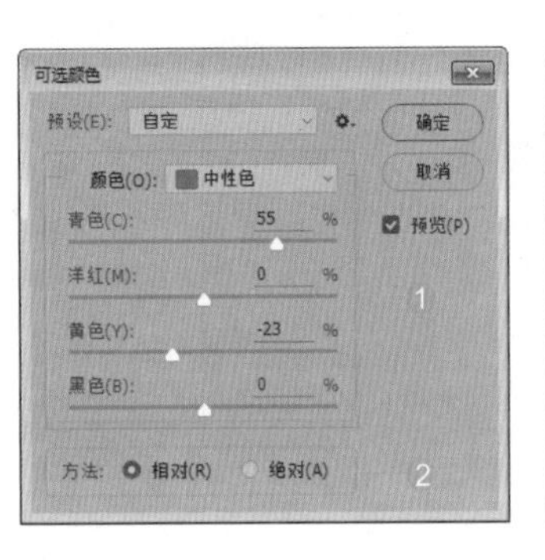

图 12-146

图 12-147

相关选项作用及含义如表 12-15 所示。

表 12-15　选项作用及含义

选项	作用及含义
❶ 颜色	用于设置图像中要改变的颜色，单击下三角按钮，在弹出的下拉列表中选择要改变的颜色，然后通过下方的青色、洋红、黄色、黑色的滑块对选择的颜色进行调整。设置的参数越小，该颜色就越淡；参数越大，该颜色就越浓
❷ 方法	用于设置调整的方式。选中【相对】单选按钮，可按照总量的百分比修改现有的颜色含量；选中【绝对】单选按钮，则采用绝对值调整颜色

12.4.12 【HDR 色调】命令

【HDR 色调】命令允许使用超出普通范围的颜色值，使图像色彩层次丰富，画面更加真实和绚丽。

执行【图像】→【调整】→【HDR 色调】命令，打开【HDR 色调】对话框，如图 12-148 所示。设置【方法】为局部适应，单击【确定】按钮，效果如图 12-149 所示。

在【HDR 色调】对话框中，各选项作用及含义如表 12-16 所示。

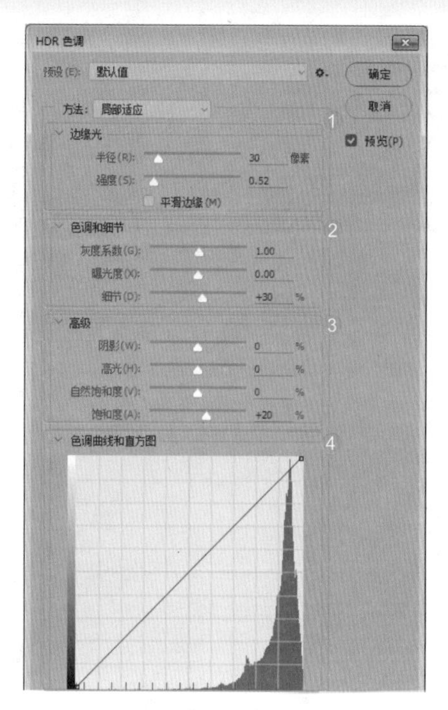

图 12-148

图 12-149

表 12-16　选项作用及含义

选项	作用及含义
❶ 边缘光	控制调整范围和调整的应用强度
❷ 色调和细节	调整图像曝光度、阴影、高光中的细节。【灰度系数】可使用简单的函数调整图像灰度系数
❸ 高级	调整图像的饱和度
❹ 色调曲线和直方图	显示图像的直方图，可通过曲线调整图像色调

12.4.13 实战：使用【匹配颜色】命令统一色调

实例门类	软件功能

【匹配颜色】命令可以匹配不同图像之间、多个图层之间及多个颜色选区之间的颜色，还可以通过改变亮度和色彩范围来调整图像中的颜色，其具体操作步骤如下。

Step 01 打开素材。打开“素材文件\第 12 章\三女.jpg”文件，如图 12-150 所示。打开“素材文件\第 12 章\单女.jpg”文件，如图 12-151 所示。

图 12-150

图 12-151

Step 02 匹配颜色。执行【图像】→【调整】→【匹配颜色】命令，弹出【匹配颜色】对话框。在【源】下拉列表中选择【三女.jpg】选项，单击【确定】按钮，如图 12-152 所示。通过前面的操作，“单女”图像的色彩风格被“三女”图像影响，效果如图 12-153 所示。

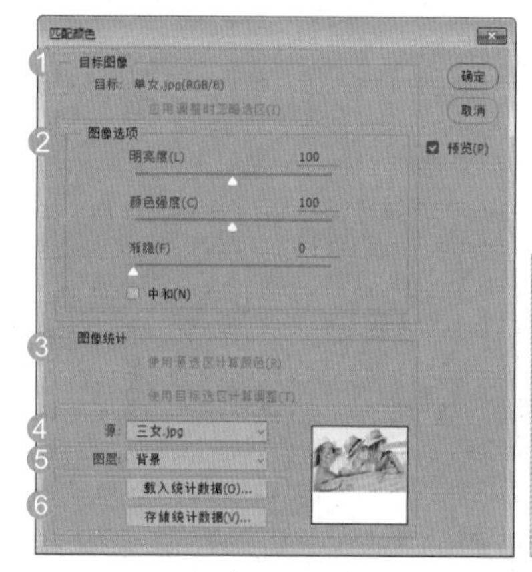

图 12-152

图 12-153

在【匹配颜色】对话框中，各选项作用及含义如表 12-17 所示。

表 12-17　选项作用及含义

选项	作用及含义
❶ 目标图像	【目标】中显示了被修改的图像的名称和颜色模式。如果当前图像中包含选区，选中【应用调整时忽略选区】复选框，可忽略选区，将调整应用于整个图像；取消选中该复选框，则仅影响选中的图像

续表

选项	作用及含义
❷ 图像选项	【明亮度】调整图像的亮度；【颜色强度】调整色彩的饱和度；【渐隐】控制应用于图像的调整量，该值越高，调整强度越弱。选中【中和】复选框，可以消除图像中出现的色偏
❸ 图像统计	如果在源图像中创建了选区，选中【使用源选区计算颜色】复选框，可使用选区中的图像匹配当前图像的颜色；取消选中该复选框，则会使用整幅图像进行匹配。如果在目标图像中创建了选区，选中【使用目标选区计算调整】复选框，可使用选区内的图像来计算调整；取消选中该复选框，则使用整个图像中的颜色来计算调整
❹ 源	可选择要将颜色与目标图像中的颜色相匹配的源图像
❺ 图层	用于选择需要匹配颜色的图层，如果要将【匹配颜色】命令用于目标图像中的特定图层，应确保在执行【匹配颜色】命令时该图层处于当前选择状态
❻ 载入统计数据 / 存储统计数据	单击【存储统计数据】按钮，将当前的设置保存；单击【载入统计数据】按钮，可载入已存储的设置

12.4.14 实战：使用【替换颜色】命令更改衣帽颜色

实例门类	软件功能

【替换颜色】命令可以选中图像中的特定颜色，然后修改其色相、饱和度和明度。该命令包含了颜色选择和颜色调整两种选项，分别与【色彩范围】【色相 / 饱和度】命令非常相似，其具体操作步骤如下。

Step 01 打开素材。打开"素材文件 \ 第 12 章 \ 女孩 .jpg"文件，如图 12-154 所示。

图 12-154

Step 02 单击需要替换的颜色。执行【图像】→【调整】→【替换颜色】命令，弹出【替换颜色】对话框。使用【吸管工具】在图像中单击需要替换的颜色，如图 12-155 所示。

图 12-155

Step 03 设置【颜色容差】。通过前面的操作，选中部分图像，如图 12-156 所示。设置【颜色容差】为 200，如图 12-157 所示。

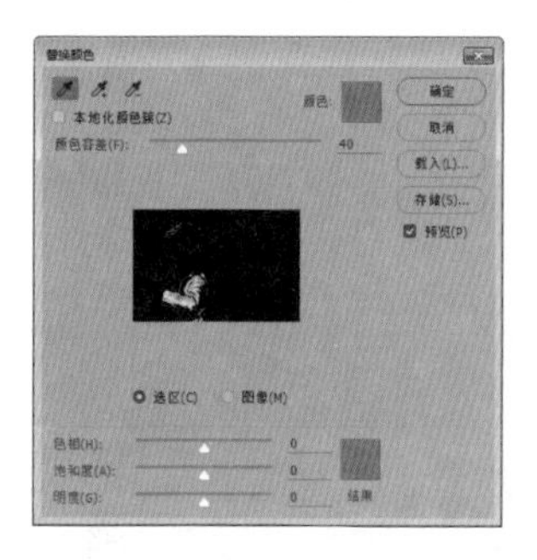

图 12-156

图 12-157

Step 04 更改人物衣帽颜色。在【替换】选项区域中，设置【色相】为 -45、【饱和度】为 0、【明度】为 +25，如图 12-158 所示。通过前面的操作，更改人物衣帽颜色为紫色，如图 12-159 所示。

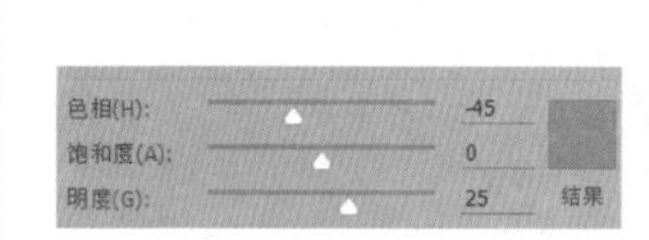

图 12-158

图 12-159

在【替换颜色】对话框中，各选项作用及含义如表 12-18 所示。

表 12-18 选项作用及含义

选项	作用及含义
❶ 本地化颜色簇	如果要在图像中选择多种颜色，可以先选中该复选框，再用吸管工具进行颜色取样
❷ 吸管工具	用【吸管工具】在图像上单击，可以选中鼠标指针下面的颜色；用【添加到取样工具】在图像中单击，可以添加新的颜色；用【从取样中减去工具】在图像中单击，可以减少颜色

续表

选项	作用及含义
❸ 颜色容差	控制颜色的选择精度。该值越高，选中的颜色范围越广
❹ 选区 / 图像	选中【选区】单选按钮，可在预览区中显示蒙版。选中【图像】单选按钮，则会显示图像内容，不显示选区。其中，黑色代表了选择的区域，白色代表了选中的区域，灰色代表了被部分选择的区域
❺ 色相 / 饱和度 / 明度	拖动各个滑块即可调整选中的颜色的色相、饱和度和明度

12.4.15 实战：使用【阈值】命令制作抽象画效果

实例门类	软件功能

使用【阈值】命令可以将灰度或彩色图像转换为高对比度的黑白图像。指定某个色阶作为阈值，所有比阈值色阶亮的像素转换为白色，反之转换为黑色，适合制作单色照片或模拟手绘效果的线稿，其具体操作步骤如下。

Step01 打开素材。打开“素材文件\第 12 章\田野.jpg”文件，如图 12-160 所示。

Step02 打开素材。打开“素材文件\第 12 章\炫光.jpg”文件，如图 12-161 所示。

图 12-160

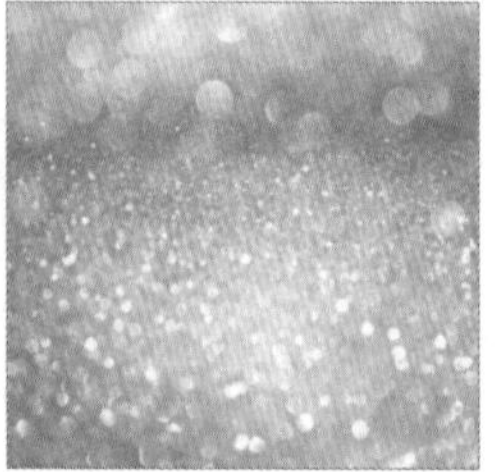

图 12-161

Step03 拖动素材并调整。将田野图像拖动到炫光图像中，调整大小和位置，如图 12-162 所示。

Step04 设置【阈值】。执行【图像】→【调整】→【阈值】命令，弹出【阈值】对话框，❶ 设置【阈值色阶】为 128，❷ 单击【确定】按钮，如图 12-163 所示。

图 12-162

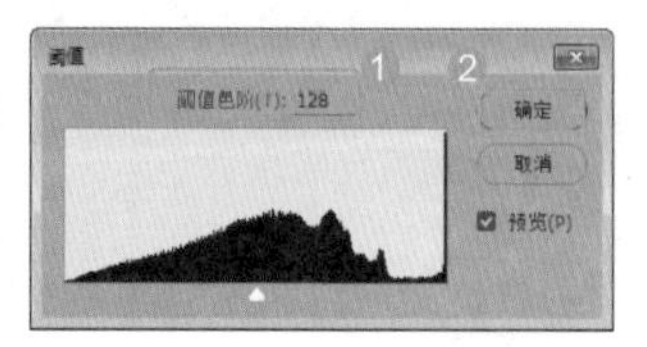

图 12-163

Step05 得到黑白图像。通过前面的操作，得到阈值效果，如图 12-164 所示。

Step06 更改图层混合模式。更改图层【混合模式】为颜色加深，如图 12-165 所示，最终效果如图 12-166 所示。

图 12-164

图 12-165

图 12-166

技术看板

在【阈值】对话框中，可对【阈值色阶】进行设置，设置后图像中所有的亮度值比它小的像素都会变成黑色，所有亮度值比它大的像素都将变成白色。

12.4.16 【去色】命令

【去色】命令可以将彩色图像转换为相同颜色模式下的灰度图像。该命令常用于制作黑白图像效果，执行【图像】→【调整】→【去色】命令或按【Ctrl+Shift+U】组合键即可，对比效果如图 12-167 所示。

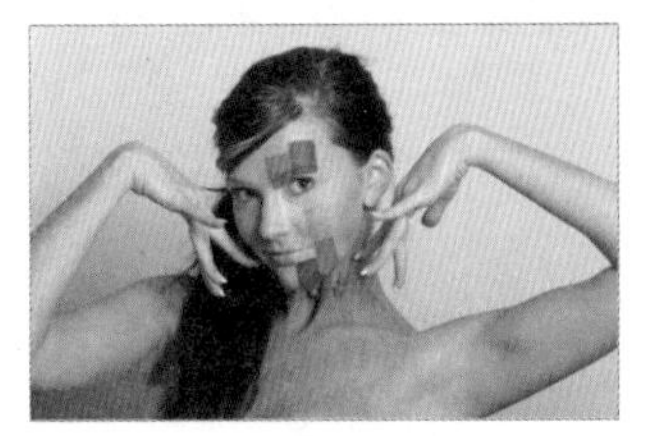
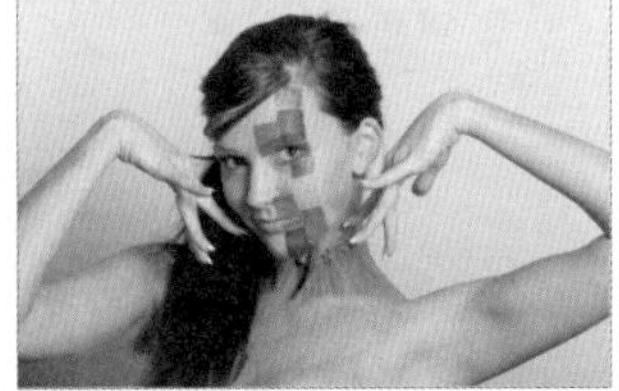

图 12-167

12.4.17 实战：使用【颜色查找】命令打造黄蓝色调

实例门类	软件功能

很多数字图像输入 / 输出设备都有自己特定的色彩空间，这会导致色彩在这些设备间传递时出现不匹配的现象，【颜色查找】命令可以让颜色在不同的设备之间精确地传递和再现，具体操作步骤如下。

Step 01 打开素材并复制图层。打开“素材文件 \ 第 12 章 \ 雪景 .jpg”文件，按【Ctrl+J】组合键复制图层，如图 12-168 所示。

图 12-168

Step 02 调整图像色调。执行【图像】→【调整】→【颜色查找】命令，弹出【颜色查找】对话框，单击【3DLUT 文件】后面的下拉按钮，在弹出的下拉列表中选择【Crisp_Winter.look】选项，如图 12-169 所示，图像色调效果如图 12-170 所示。

图 12-169

图 12-170

Step 03 更改图层混合模式。更改图层【混合模式】为正片叠底，效果如图 12-171 所示。

图 12-171

妙招技法

通过前面知识的学习，相信读者已经掌握了图像颜色和色调调整的方法。下面结合本章内容，给大家介绍一些实用技巧。

技巧 01：一次调整多个通道

在调整图像时，可以同时调整多个通道，如执行【曲线】命令之前，先在【通道】面板中选择多个通道。例如，选择【红】与【绿】通道，如图 12-172 所示。在【曲线】对话框的【通道】文本框中会显示目标通道，“RG”代表【红】与【绿】通道，如图 12-173 所示。

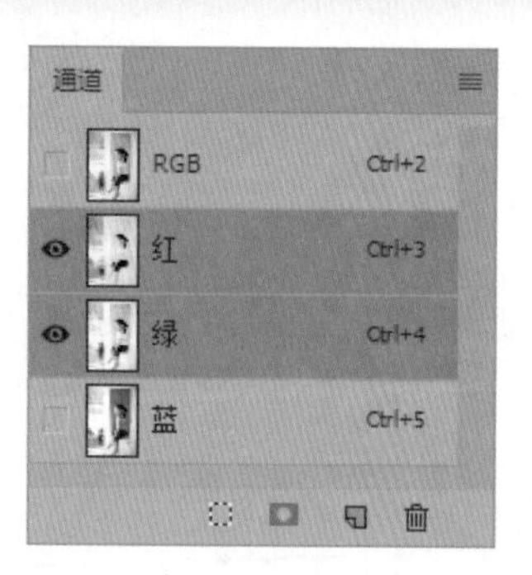

图 12-172

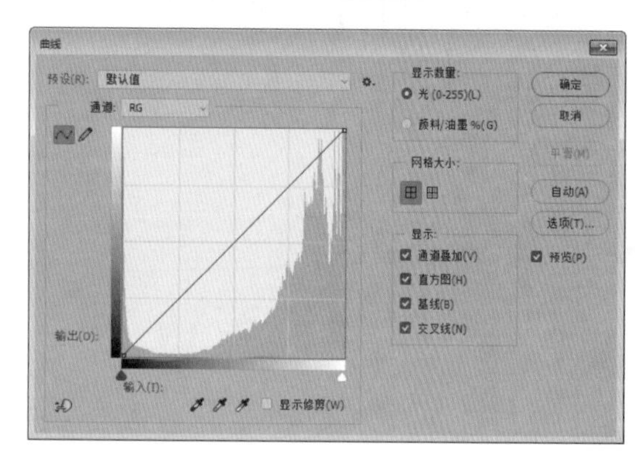

图 12-173

技巧 02：使用【照片滤镜】校正偏色

使用【照片滤镜】命令可以校正图像的偏色，具体操作步骤如下。

Step01 打开素材。打开“素材文件\第 12 章\偏黄 .jpg”文件，图像由于光照原因有些偏黄，如图 12-174 所示。

图 12-174

Step02 设置【照片滤镜】。执行【图像】→【调整】→【照片滤镜】命令，打开【照片滤镜】对话框，设置【滤镜】为冷却滤镜（B2），使用黄色的补光滤镜（蓝色滤镜）来校正偏色，如图 12-175 所示。通过前面的操作，校正图像偏色效果如图 12-176 所示。

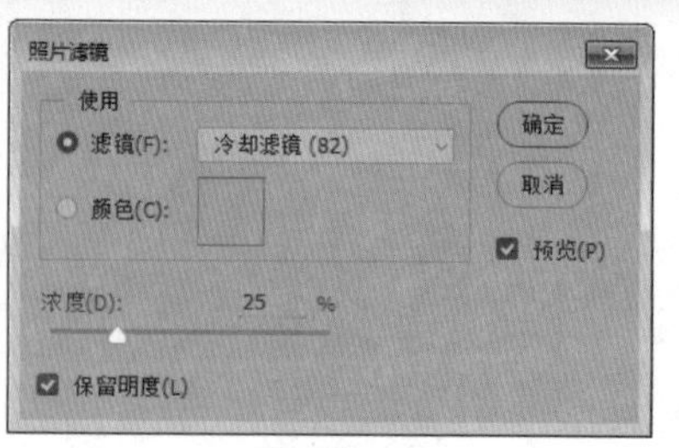

图 12-175

图 12-176

技巧 03：在【色阶】对话框的阈值模式下调整照片的对比度

使用【色阶】调整图像时，滑块越靠近中间，对比度越强烈，也容易丢失细节。如果能将滑块精确定位于直方图的起点和终点，就可以在调整对比度的同时，保持细节不会丢失，具体操作步骤如下。

Step01 打开素材。打开“素材文件\第 12 章\动物 .jpg”文件，如图 12-177 所示。

Step02 调整【色阶】。按【Ctrl+L】组合键，执行【色阶】命令，打开【色阶】对话框，观察直方图，图像的阴影和高光都缺乏像素，说明图像整体偏灰，如图 12-178 所示。

图 12-177

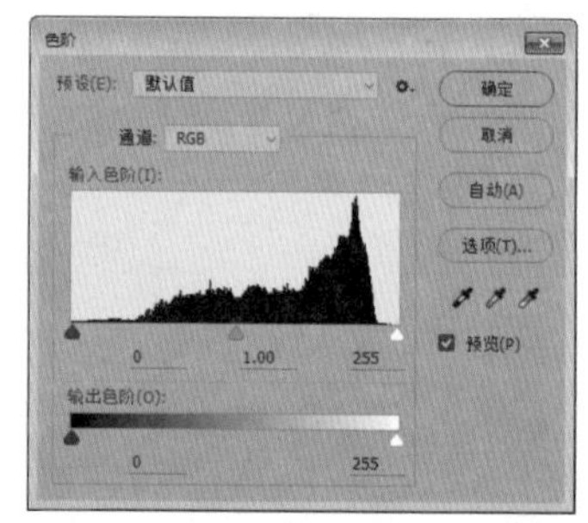

图 12-178

Step03 向右拖动阴影滑块。按住【Alt】键向右拖动阴影滑块，如图 12-179 所示。切换为阈值模式，出现一个高对比度的预览图像，如图 12-180 所示。

图 12-179

图 12-180

Step 04 向左拖动滑块。向左拖动滑块，当画面出现少量图像时放开滑块，如图 12-181 所示，效果如图 12-182 所示。

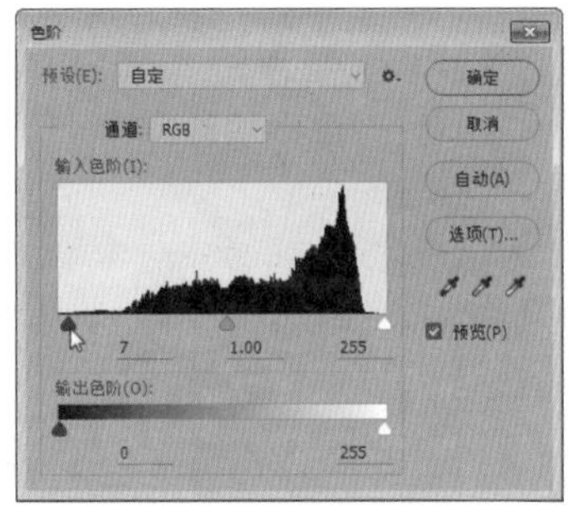

图 12-181

图 12-182

Step 05 继续拖动高光滑块。使用相同的方法向左拖动高光滑块，如图 12-183 所示，效果如图 12-184 所示。

Step 06 调整对比度，通过前面的操作，调整对比度，并且最大限度保留图像细节，如图 12-185 所示。

图 12-183

图 12-184

图 12-185

技能实训——打造复古黄色调

素材文件	素材文件 \ 第 12 章 \ 卧姿. jpg
结果文件	结果文件 \ 第 12 章 \ 卧. psd

设计分析

影楼后期处理包括丰富的图像色调处理，每种色调都有一定的处理方法，复古黄色调是常见的一种色彩风格，效果对比如图 12-186 所示。

图 12-186

操作步骤

Step 01 打开素材。打开“素材文件\第 12 章\卧姿 .jpg”文件，如图 12-187 所示。按【Ctrl+J】组合键复制图层，如图 12-188 所示。

图 12-187

图 12-188

Step 02 更改图层。更改图层【混合模式】为叠加，【不透明度】为 60%，如图 12-189 所示，图像效果如图 12-190 所示。

图 12-189

图 12-190

Step 03 复制图层并设置混合模式。复制【背景】图层，拖动到最上方，设置图层【混合模式】为柔光，如图 12-191 所示，效果如图 12-192 所示。

图 12-191

图 12-192

Step 04 盖印图层并反相。按【Shift+Ctrl+Alt+E】组合键盖印可见图层，得到【图层 2】图层，如图 12-193 所示，按【Ctrl+I】组合键将照片反相，如图 12-194 所示。

图 12-193

图 12-194

Step 05 调整图像色调。双击【图层 2】图层，在弹出的菜单中选择【混合选项】选项，在弹出的【图层样式】对话框中设置【不透明度】为 35%，在【高级混合】选项区域中只选中【B】复选框，如图 12-195 所示，图像色调效果如图 12-196 所示。

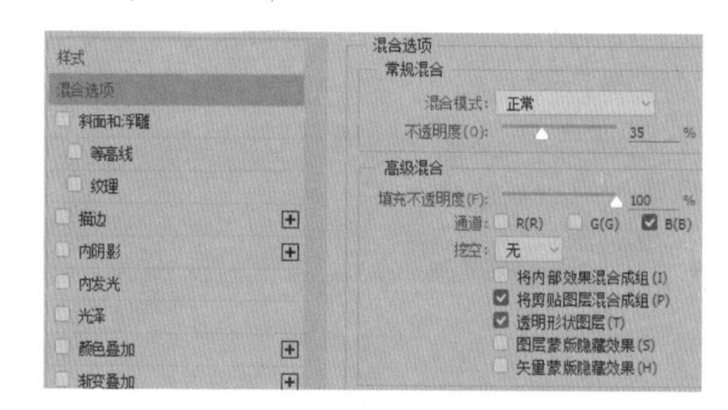

图 12-195

图 12-196

Step 06 校正镜头。再次按【Shift+Ctrl+Alt+E】组合键盖印可见图层，得到【图层 3】图层，如图 12-197 所示。执行【滤镜】→【镜头校正】命令，在弹出的【镜头校正】对话框中，❶ 选择【自定】选项卡，❷ 设置晕影【数量】为 −74，【中点】为 +42，❸ 单击【确定】按钮，如图 12-198 所示。

Step 07 重复操作并盖印图层。按【Ctrl+F】组合键重复上一步滤镜操作，如图 12-199 所示。再次按【Shift+Ctrl+Alt+E】组合键盖印可见图层，得到【图层 4】图层，如图 12-200 所示。

图 12-197

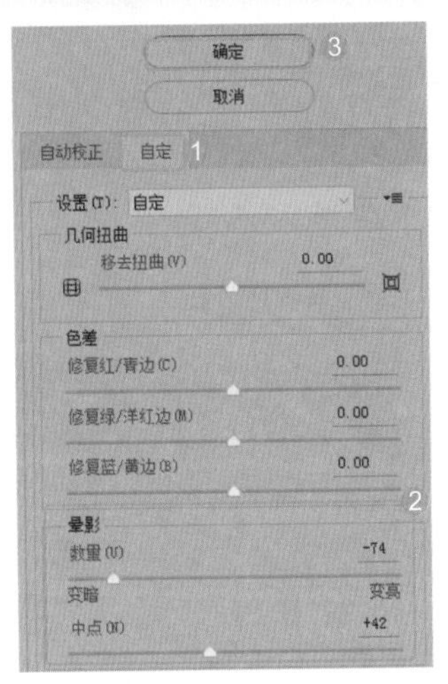

图 12-198

图 12-199

图 12-200

Step08 制作纤维效果。设置前景色为蓝色【#5089be】，执行【滤镜】→【渲染】→【纤维】命令，打开【纤维】对话框，❶ 设置【差异】为 16，【强度】为 4，❷ 单击【确定】按钮，如图 12-201 所示，纤维效果如图 12-202 所示。

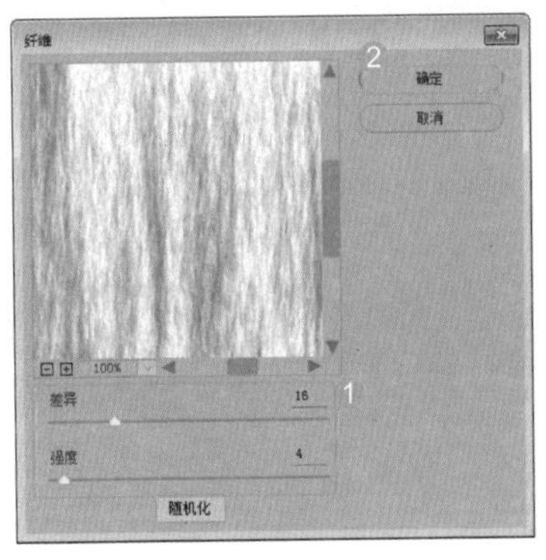

图 12-201

图 12-202

Step09 更改图层混合模式。更改图层【混合模式】为划分，如图 12-203 所示，效果如图 12-204 所示。

图 12-203

图 12-204

本章小结

本章系统讲解了图像色彩模式的原理及转换操作，以及各种颜色和色调的调整命令。例如，【亮度/对比度】【色阶】【曲线】【色相/饱和度】【色彩平衡】【通道混合器】【可选颜色】【匹配颜色】等命令的应用。色彩赋予万物生机，它在 Photoshop CC 中是非常重要的，希望通过对本章内容的学习，读者能熟练应用各种色彩命令对图像进行色彩处理。

第13章 图像色彩校正的高级处理技术

- 色域和溢色分别是什么？
- 如何看【直方图】，【直方图】分析色调准确吗？
- 如何在计算机上模拟印刷色彩？
- Lab 调色的优势是什么？

前面学习了色彩的基本调整方法，本章将详细讲解色彩的高级知识，包括【信息】面板应用、色域和溢色、【直方图】面板、通道调色、Lab 调色等。相信读者学习了本章内容后，便能自如地运用 Photoshop 的色彩工具了。

13.1 【信息】面板应用

【信息】面板可以根据用户当前操作，进行智能提示。当没有进行任何操作时，它会显示鼠标指针下面的颜色值、文档状态、当前工具的使用提示等信息；如果创建选区或进行变换后，面板中就会显示与当前操作有关的各种信息。

13.1.1 【信息】面板基础操作

执行【窗口】→【信息】命令，打开【信息】面板，默认情况下，面板中会显示以下选项。

（1）显示颜色信息：将鼠标指针放在图像上，如图 13-1 所示。【信息】面板中会显示鼠标指针的准确坐标和鼠标指针下面的颜色值，如图 13-2 所示。

图 13-1

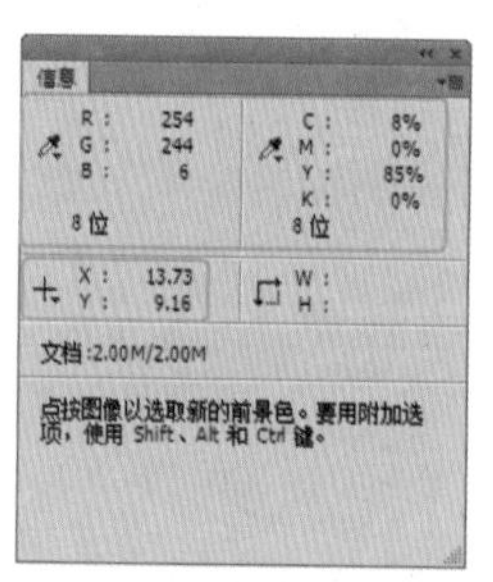

图 13-2

（2）显示选区大小：使用选框工具创建选区时，如拖动【椭圆选框工具】创建选区，如图 13-3 所示。面板中会随着鼠标的拖动而实时显示选框的宽度（W）和高度（H），如图 13-4 所示。

图 13-3

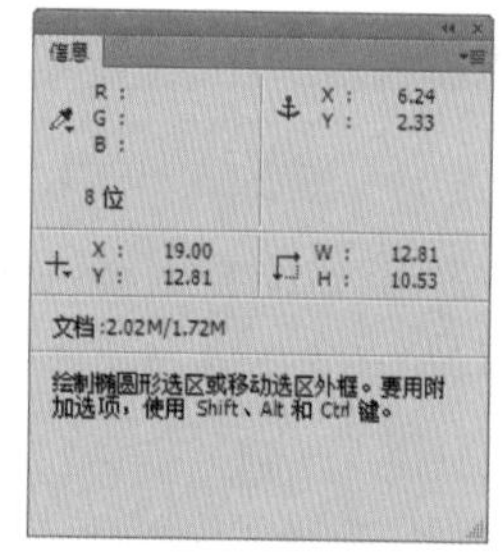

图 13-4

（3）显示定界框的大小：使用【裁剪工具】裁剪图像时，如图 13-5 所示，会显示定界框的宽度（W）和高度（H）。如果旋转裁剪框，还会显示旋转角度，如图 13-6 所示。

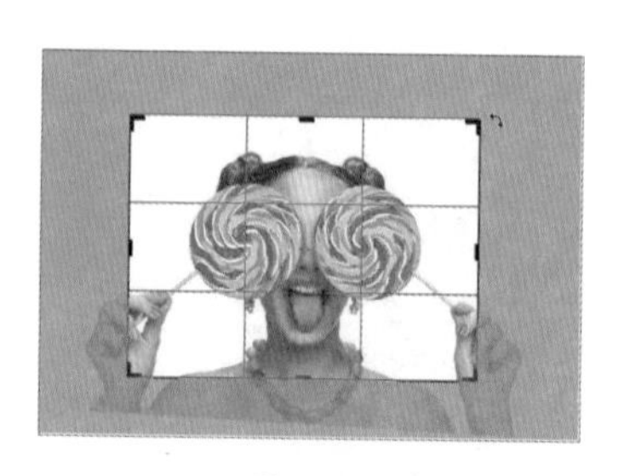

图 13-5

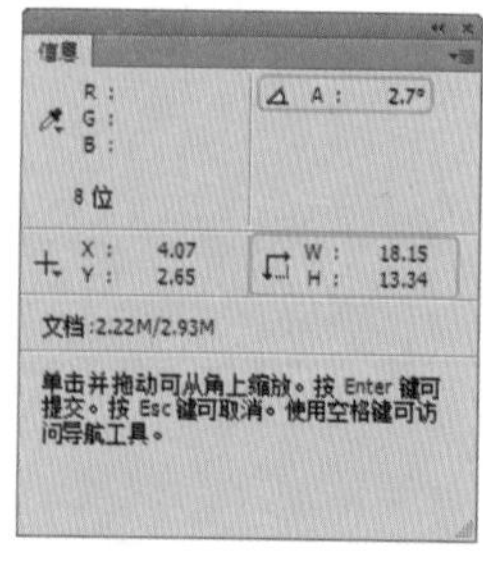

图 13-6

（4）显示开始位置、变化角度和距离：当移动选区，或者使用【直线工具】、【钢笔工具】、【渐变工具】时，会随着鼠标的移动显示开始位置的 X 和 Y 坐标，X 的变化（ΔX）、Y 的变化（ΔY）及角度（A）和距离（L）。例如，使用【直线工具】绘制直线路径，如图 13-7 所示。【信息】面板显示的信息如图 13-8 所示。

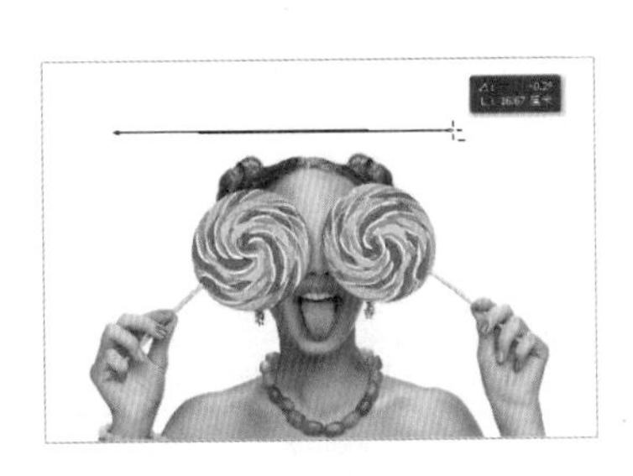
图 13-7

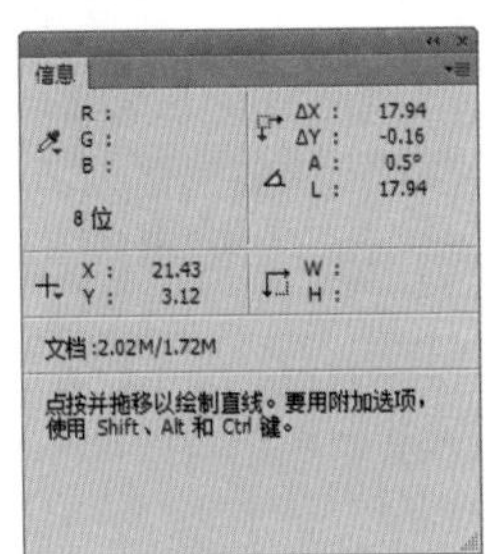

图 13-8

（5）显示变换参数：在执行变换操作时，如执行透视变换，如图 13-9 所示。在【信息】面板中，会显示宽度（W）和高度（H）的百分比变化、旋转角度（A）及水平切线（H）或垂直切线（V）的角度。旋转选区内的图像时显示的信息如图 13-10 所示。

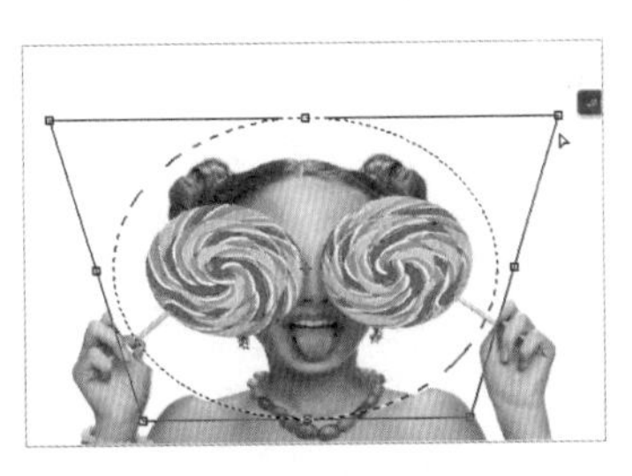
图 13-9

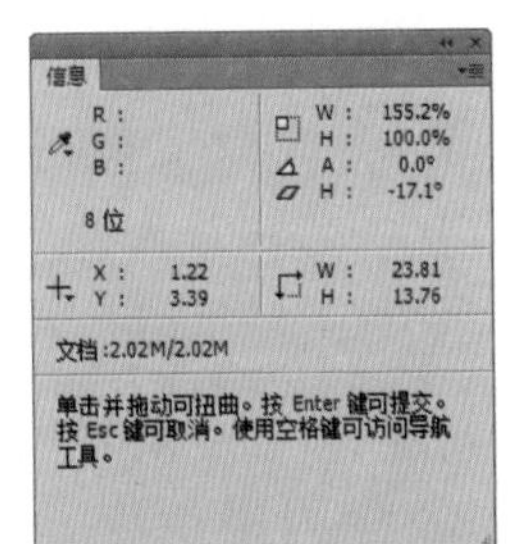

图 13-10

（6）显示状态信息：显示文档的大小、文档的配置文件、文档尺寸、暂存盘大小、效率、计时及当前工具等。

（7）显示工具提示：如果启用了【显示工具提示】，则可以显示当前选择的工具的提示信息。

13.1.2 设置【信息】面板

在【信息】面板中，单击扩展按钮，在弹出的菜单中选择【面板选项】命令，如图 13-11 所示。打开【信息面板选项】对话框，如图 13-12 所示。

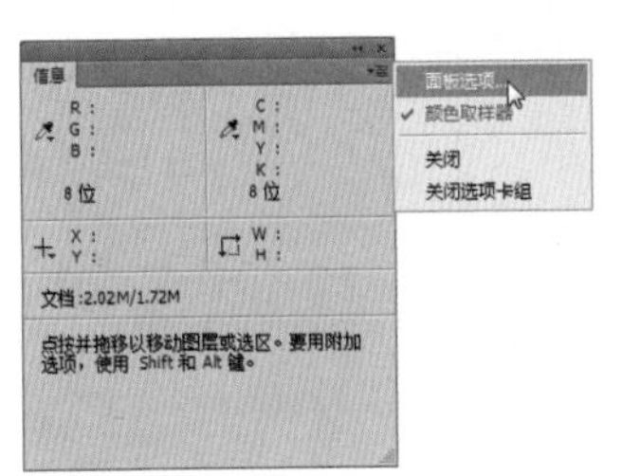

图 13-11

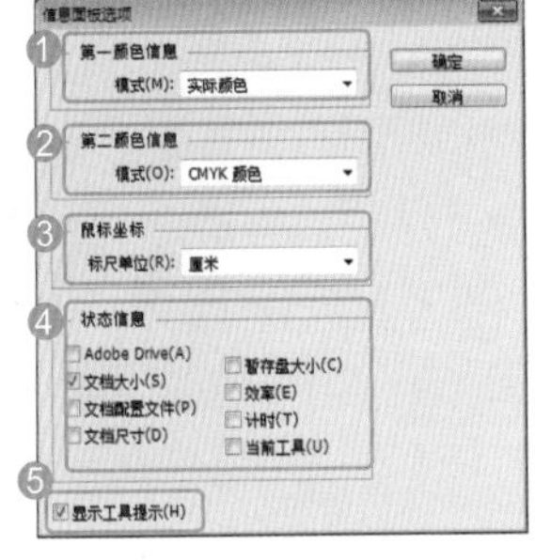

图 13-12

相关选项作用及含义如表 13-1 所示。

表 13-1 选项作用及含义

选项	作用及含义
❶ 第一颜色信息	在该选项的下拉列表内可以设置面板中第一个吸管显示的颜色信息。选择【实际颜色】选项，可显示图像当前颜色模式下的值；选择【校样颜色】选项，可显示图像的输出颜色空间的值；选择【灰度】【RGB】【CMYK】等颜色模式，可显示相应颜色模式下的颜色值；选择【油墨总量】选项，可显示指针当前位置的所有 CMYK 油墨的总百分比；选择【不透明度】选项，可显示当前图层的不透明度，该选项不适用于背景
❷ 第二颜色信息	用于设置面板中第二个吸管显示的颜色信息
❸ 鼠标坐标	用于设置鼠标指针位置的测量单位
❹ 状态信息	设置面板中【状态信息】处的显示内容
❺ 显示工具提示	选中该复选框，可以在面板底部显示当前使用的工具的各种提示信息

★重点 13.1.3 实战：使用【颜色取样器工具】吸取图像颜色值

实例门类	软件功能

【颜色取样器工具】和【信息】面板是密不可分的。在处理图像时，可以精确了解颜色值的变化情况，具体操作步骤如下。

Step 01 打开素材并取样。打开"素材文件\第 13 章\草莓.jpg"文件，使用【颜色取样器工具】在需要的位置单击，建立取样点，如图 13-13 所示，这时会弹出【信息】面板显示取样位置的颜色值，如图 13-14 所示。

图 13-13

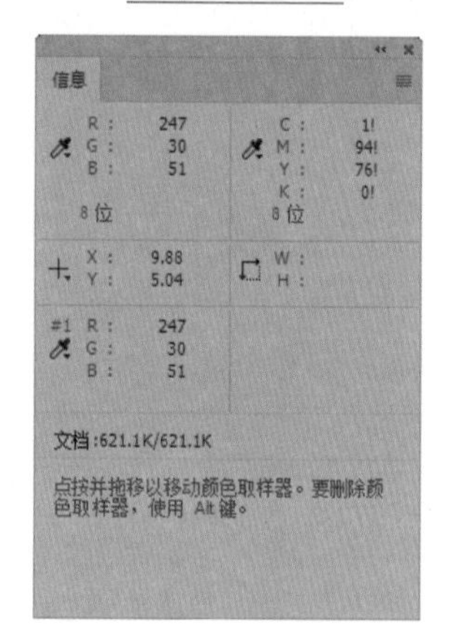

图 13-14

Step 02 查看颜色值。按【Ctrl+U】组合键，执行【色相/饱和度】命令，如图 13-15 所示。在开始调整时，面板中会出现两组数字，前面的是调整前的颜色值，后面的是调整后的颜色值，如图 13-16 所示。

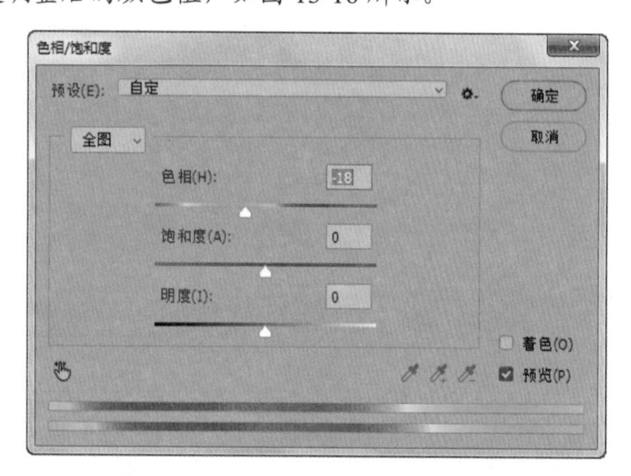

图 13-15

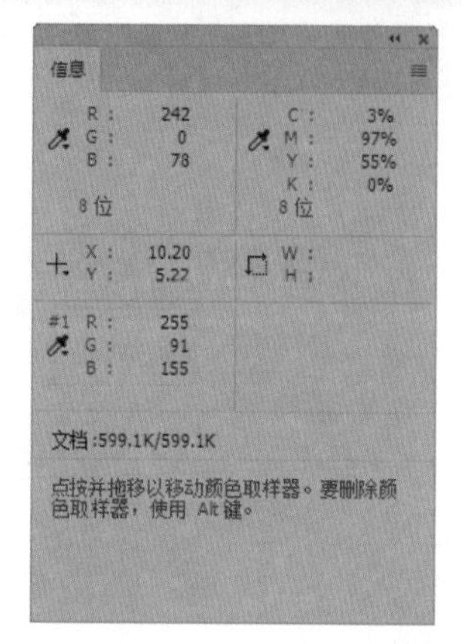

图 13-16

技能拓展
——删除和移动颜色取样点

按住【Alt】键单击颜色取样点，可将其删除；如果要在【调整】面板处于打开的状态下删除颜色取样点，可按住【Alt+Shift】组合键单击取样点。一个图像中最多可以放置 4 个取样点。单击并拖动取样点，可以移动它的位置，【信息】面板中的颜色值也会随之改变。

选择【颜色取样器工具】后，其选项栏如图 13-17 所示。

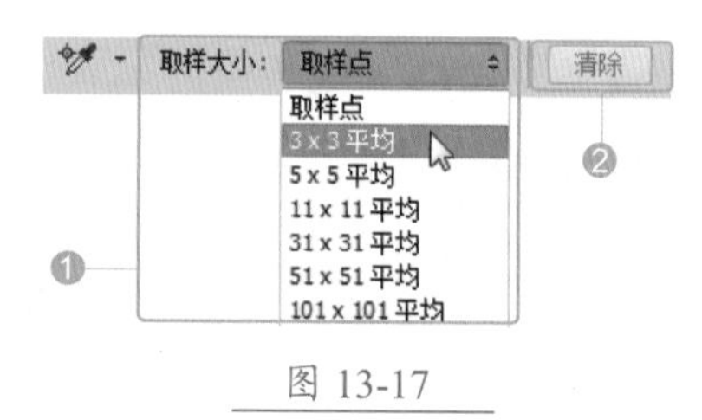

图 13-17

相关选项作用及含义如表 13-2 所示。

表 13-2 选项作用及含义

选项	作用及含义
❶ 取样大小	在【取样大小】下拉列表框中可以选择取样点附近平均值的精确颜色。例如，选择【3×3 平均】选项，则吸取取样点附近 3 个像素区域内的平均颜色
❷ 清除	如果要删除所有颜色取样点，可单击工具选项栏中的【清除】按钮

13.2 色域和溢色

数码相机、扫描仪、显示器、打印机及印刷设备等都有特定的色彩空间，了解它们之间的区别，对于平面设计、网页设计、印刷等工作有很大的帮助。

13.2.1 色域与溢色

色域是一种设备能够产生出的色彩范围。在现实生活中，自然界可见光谱的颜色组成了最大的色域空间，它包含了人眼能看到的所有颜色。CIE（国际照明委员会）根据人眼视觉特性，把光线波长转换为亮度和色相，创建了一套描述色域的色彩数据。

RGB 模式（屏幕模式）比 CMYK 模式（印刷模式）的色域范围广，所以当 RGB 模式转换为 CMYK 模式后，图像的颜色信息会有损失。这也是为什么在屏幕上看起来漂亮的色彩，无法印刷复制出来，导致屏幕与印刷在色彩上产生差异。

显示器（RGB 模式）的色域要比打印机（CMYK 模式）的色域广，这就导致人们在显示器上看到或调出的颜色有可能打印不出来，那些不能被打印准备输出的颜色称为“溢色”。

使用【拾色器】对话框或【颜色】面板设置颜色时，如果出现溢色，Photoshop 就会给出一个警告▲。在它下面有一个小颜色块，这是 Photoshop 提供的与当前颜色最为接近的打印颜色，单击该颜色块，就可以用它来替换溢色，如图 13-18 所示。

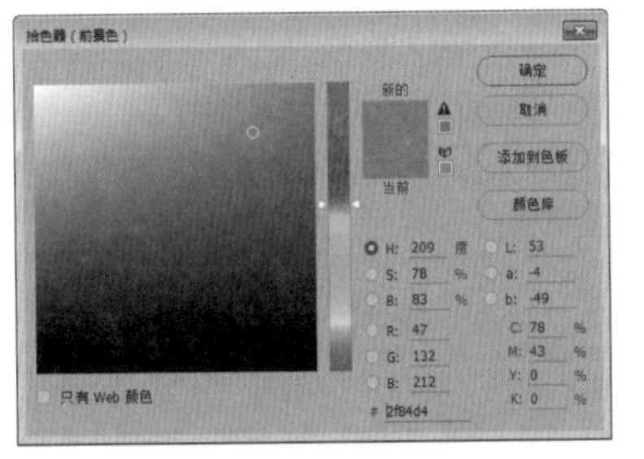

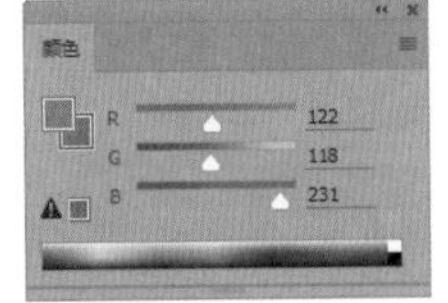

图 13-18

13.2.2 开启溢色警告

想要知道哪些图像内容出现了溢色，可执行【视图】→【色域警告】命令，画面中出现的灰色便是溢色区域，对比效果如图 13-19 所示。再次执行该命令，可以关闭该警告。

图 13-19

13.2.3 在计算机屏幕上模拟印刷

当制作海报、杂志、宣传单等时，可以在计算机屏幕上查看这些图像印刷后的效果。打开一个文件，执行【视图】→【校样设置】→【工作中的 CMYK】命令，然后执行【视图】→【校样颜色】命令，启动电子校样，Photoshop 就会模拟图像在商业印刷机上的效果。

【校样颜色】只是提供了一个 CMYK 模式预览，以便用户查看转换后 RGB 颜色信息的丢失情况，而并没有真正将图像转换为 CMYK 模式，如果要关闭电子校样，可再次执行【校样颜色】命令。

13.3 【直方图】面板

直方图在图像领域的应用非常广泛，有了直方图，用户可以随时观察照片的曝光情况。多数中高档数码相机的 LCD（显示屏）上都可以显示直方图，在调整数码照片的影调时，直方图也非常重要。

★重点 13.3.1 【直方图】面板知识

Photoshop 的直方图用图像表示了图像的每个亮度级别的像素数量，展现了像素在图像中的分布情况。通过观察直方图，可以判断出照片的阴影、中间调和高光中包含的细节是否足够，以便对其做出正确的调整。

执行【窗口】→【直方图】命令，可以打开【直方图】面板。【扩展视图】模式下的【直方图】面板，如图 13-20 所示。

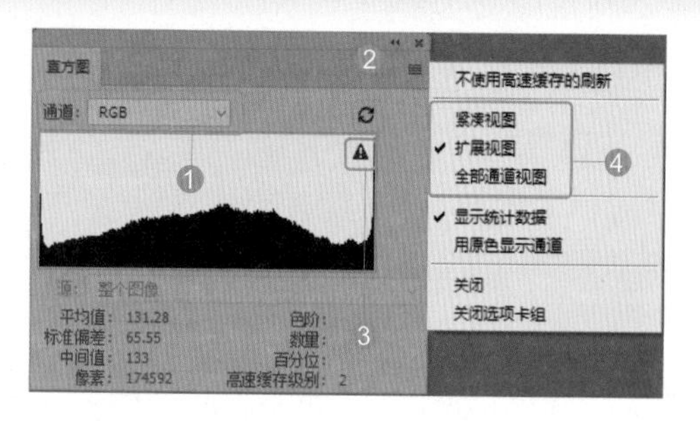

图 13-20

相关选项作用及含义如表 13-3 所示。

表 13-3　选项作用及含义

选项	作用及含义
❶ 通道	在【通道】下拉列表中选择一个通道（包括颜色通道、Alpha 通道和专色通道）后，面板中会显示该通道的直方图；选择【明度】选项，则可以显示复合通道的亮度或强度值；选择【颜色】选项，可显示颜色中单个颜色通道的复合直方图
❷ 不使用高速缓存的刷新	单击该按钮可以刷新直方图，显示当前状态下最新的统计结果
❸ 高速缓存数据警告	使用【直方图】面板时，Photoshop 会在内存中高速缓存直方图，也就是说，最新的直方图是被 Photoshop 存储在内存中的，而并非实时显示在【直方图】面板中。此时直方图的显示速度较快，但并不能及时显示统计结果，面板中就会出现 ▲ 图标。单击该图标，可以刷新直方图
❹ 面板的显示方式	【直方图】面板菜单中包含切换面板显示方式的命令。【紧凑视图】是默认的显示方式，它显示的是不带统计数据或控件的直方图；【扩展视图】显示的是带统计数据和控件的直方图；【全部通道视图】显示的是带有统计数据和控件的直方图，同时还显示每一个通道的单个直方图（不包括 Alpha 通道、专色通道和蒙版）

13.3.2 【直方图】中的统计数据

在【直方图】面板中，选择【扩展视图】和【全部通道视图】选项，可以在面板中查看统计数据，如图 13-21 所示。

如果在直方图上单击并拖动鼠标，则可以显示所选范围内的数据，如图 13-22 所示。

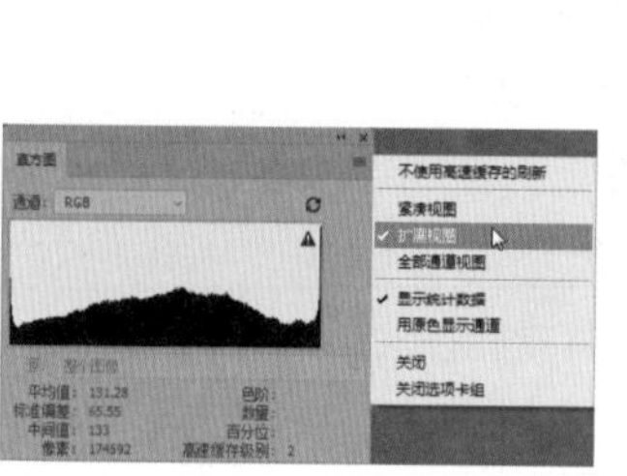
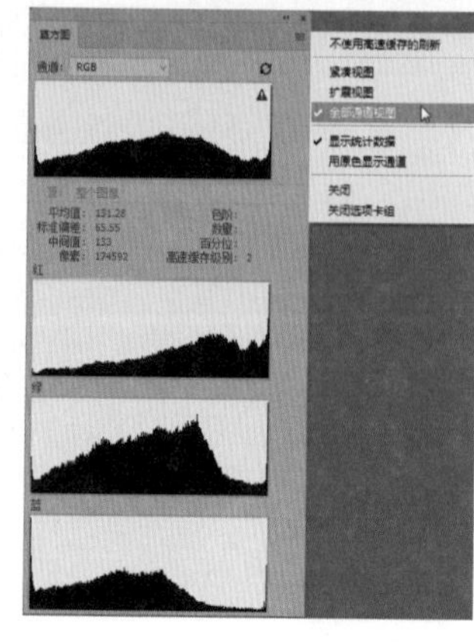

图 13-21

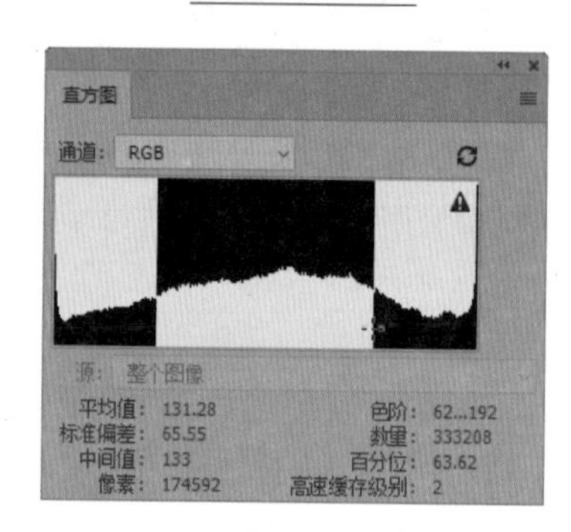

图 13-22

【直方图】面板中，各统计数据含义如表 13-4 所示。

表 13-4　各统计数据含义

数据	含义
平均值	显示了像素的平均亮度值（0 ～ 255 之间的平均亮度）。通过观察该值，可以判断出图像的色调类型
标准偏差	显示了亮度值的变化范围，该值越大，说明图像的亮度变化越大
中间值	显示了亮度值范围内的中间值，图像的色调越亮，它的中间值越高
像素	显示了用于计算直方图的像素总数
色阶	显示了鼠标指针下面区域的亮度级别
数量	显示了相当于鼠标指针下面区域亮度级别的像素总数
百分位	显示了鼠标指针所指的级别或该级别以下的像素累计数。如果对全部色阶范围进行取样，则该值为 100；如果对部分色阶取样时，显示的是取样部分占总量的百分比
高速缓存级别	显示了当前用于创建直方图的图像高速缓存的级别

13.4 通道调色

Photoshop CC 中有 3 种类型的通道：颜色通道、Alpha 通道和专色通道。颜色通道记录了图像内容和颜色信息。通过编辑颜色信息而改变图像的颜色，这是一种高级调色技术。

13.4.1 调色命令与通道的关系

图像的颜色信息保存在通道中，因此使用任何一个调色命令调整图像时，都是通过通道来影响色彩的。

当用户使用调色命令调整图像颜色时，Photoshop CC 是通过使内部处理颜色的通道变亮或变暗，从而实现色彩的变化。例如，使用【可选颜色】命令调整图像时，通道也会发生变化，如图 13-23 所示。

图 13-23

13.4.2 实战：调整通道纠正图像偏色

实例门类	软件功能

颜色通道中，灰色代表了一种颜色的含量，明亮的区域表示包含大量对应的颜色，暗的区域表示对应的颜色较少。如果要在图像中增加某种颜色，可以将相应的通道调亮；要减少某种颜色，则将相应的通道调暗。

【色阶】和【曲线】对话框中都有包含通道的选项，可以选择一个通道，调整它的明度，从而影响颜色。通过调整通道改变颜色的具体操作步骤如下。

Step 01 打开素材并调整【曲线】。打开“素材文件\第 13 章\发丝.jpg”文件，因为光照原因，图像有点偏黄，如图 13-24 所示。按【Ctrl+M】组合键，执行【曲线】命令，打开【曲线】对话框，❶ 选择黄色的补色通道——【蓝】通道，❷ 向上方拖动曲线，增加蓝色，❸ 单击【确定】按钮，如图 13-25 所示。

图 13-24

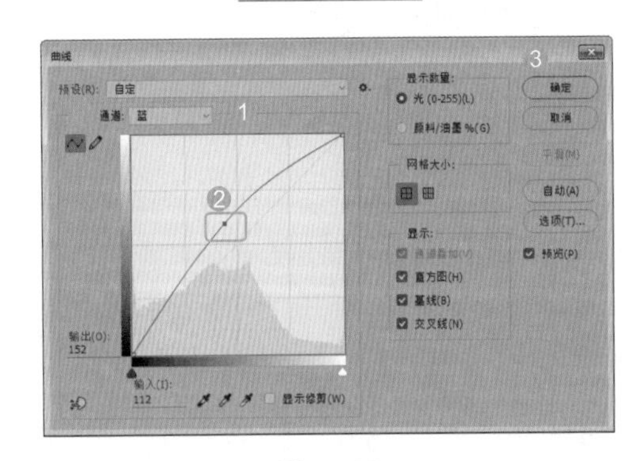

图 13-25

Step 02 校正偏黄图像。通过前面的操作，校正图像偏黄现象，如图 13-26 所示。【通道】面板中，【蓝】通道变亮，如图 13-27 所示。

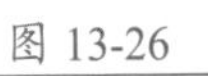

图 13-26

图 13-27

13.4.3 观察色轮调整色彩

将一个颜色通道调亮以后，可以在图像中增加该种颜色的含量，调暗颜色通道则减少这种颜色的含量。但是，这只是一方面，在颜色通道中，色彩是可以互相影响的。增加一种颜色含量的同时，还会减少它的补色的含量；反之，减少一种颜色含量，就会增加它的补色的含量。

若两种颜色等量混合后呈黑灰色，那么这两种颜色一定互为补色。色轮的任何直径两端相对之色都称为补色，如红色与绿色、黄色与蓝色等，如图 13-28 所示。

有了色轮，在调整颜色通道时，就会了解相对颜色和它的补色会产生怎样的影响。例如，将蓝色通道调亮，可增加蓝色，并减少它的补色黄色；将蓝色通道调暗，则减少蓝色，同时增加黄色。其他颜色通道也是如此。

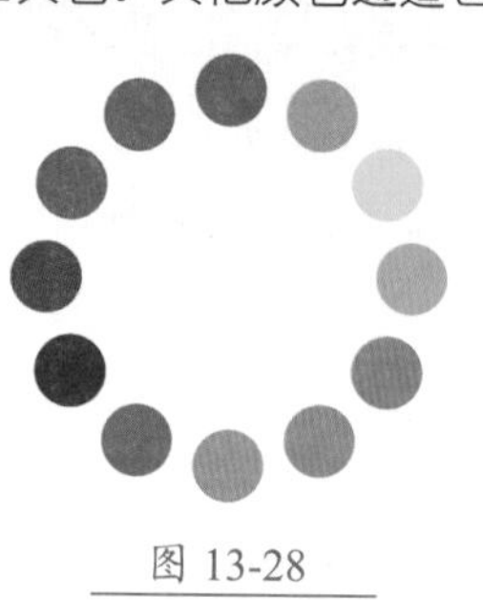

图 13-28

13.5 Lab 调色

Lab 模式是色域最宽的颜色模式，它包含了 RGB 和 CMYK 模式的色域。Lab 模式有一个非常突出的特点，就是它可以将图像的色彩和图像内容分离到不同的通道中。许多高级技术都是通过将图像转换为 Lab 模式，再进行处理图像以实现 RGB 图像调整所达不到的效果。

13.5.1 Lab 模式的通道

将图像由 RGB 模式转换为 Lab 模式，图像看起来不会发生任何改变，但是通道却由 RGB 通道变为 Lab 通道，如图 13-29 所示。

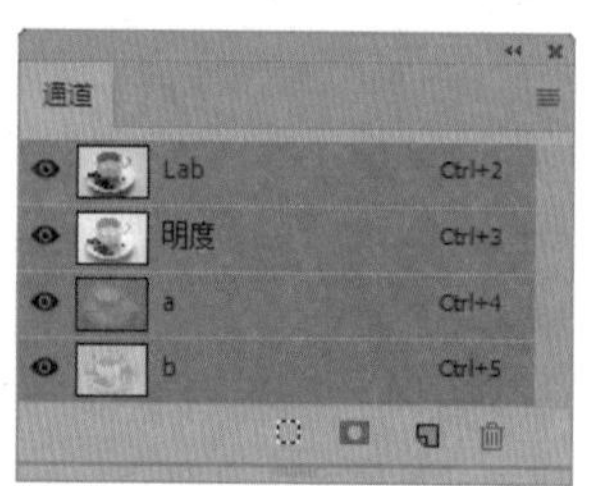

图 13-29

在 Lab 模式中，L（明度）代表了亮度分量，它的范围为 0~100，0 代表纯黑色，100 代表纯白色；颜色分量 a 代表了由绿色到红色的光谱变化；颜色分量 b 代表由蓝色到黄色的光谱变化。颜色分量 a 和 b 的取值范围均为 −128～+127。

13.5.2 Lab 通道与色彩

将图像转换为 Lab 模式后，图像的色彩就被分离到【a】和【b】通道中。如果将【a】通道调亮，就会增加洋红色，如图 13-30 所示。

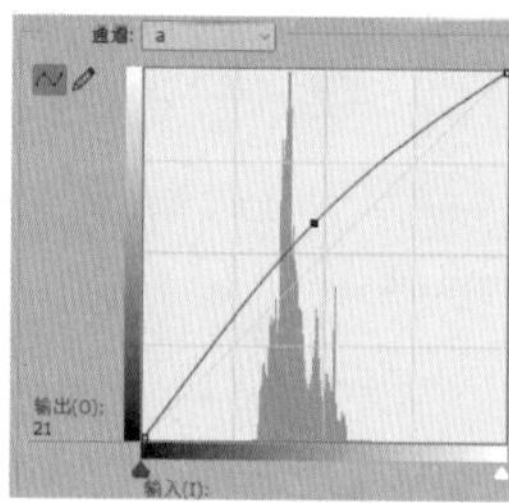

图 13-30

如果将【a】通道调暗，则会增加绿色，如图 13-31 所示。

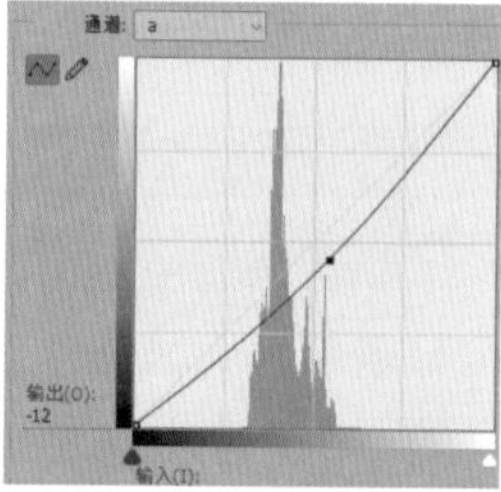

图 13-31

如果将【b】通道调亮，则会增加黄色，如图 13-32 所示。

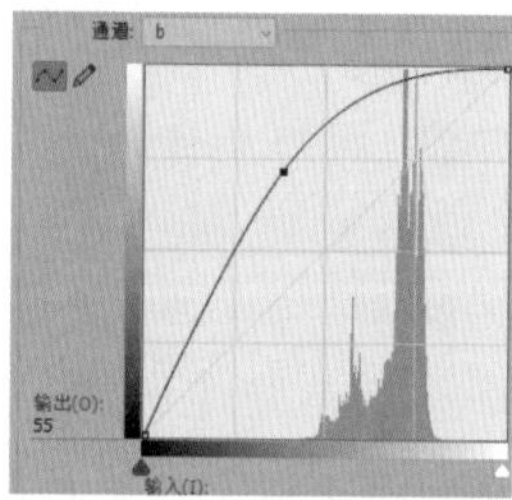

图 13-32

如果将【b】通道调暗，则会增加蓝色，如图 13-33 所示。

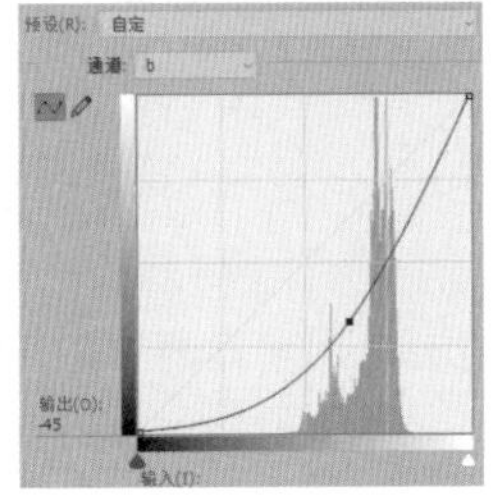

图 13-33

如果是一个黑白图像，则【a】和【b】通道就会变为 50% 灰色，如图 13-34 所示。

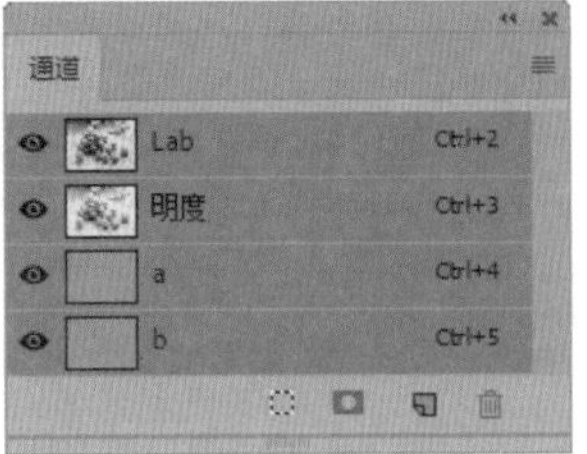

图 13-34

调整【a】或【b】通道的亮度时，就会将图像转换为一种单色。例如，调整【a】通道，图像变为单色，如图 13-35 所示。

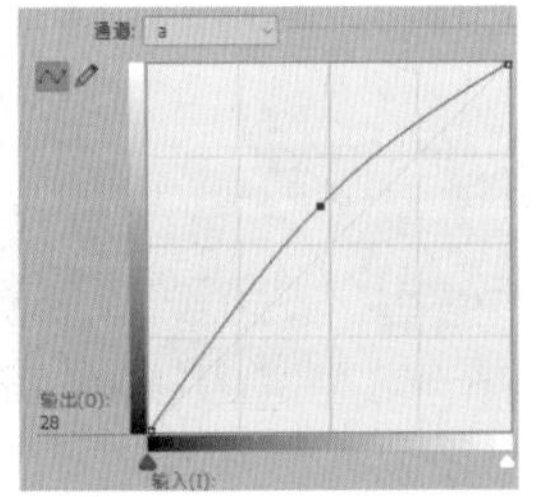

图 13-35

13.5.3 Lab 通道与色调

调整图像的色调，就需要调整【L】（明度）通道，因为 Lab 图像的细节都在明度通道中。

Lab 图像的色彩在【a】和【b】通道中，如果要调整颜色，就需要编辑这两个通道。

13.5.4 实战：用 Lab 调出特殊蓝色调

实例门类	软件功能

了解了 Lab 颜色模式的特点，下面通过调整 Lab 通道调出图像的特殊蓝色调。

Step 01 打开素材并转换图像模式。打开“素材文件\第 13 章\小狗.jpg”文件，如图 13-36 所示。执行【图像】→【模式】→【Lab 模式】命令，将图像转换为 Lab 模式，【通道】面板如图 13-37 所示。

图 13-36

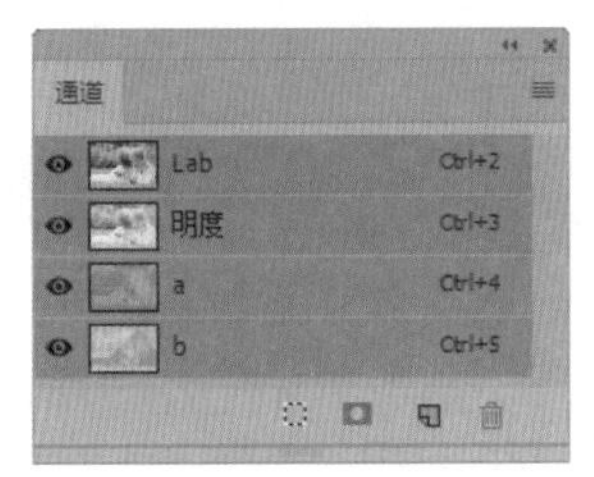

图 13-37

Step 02 复制通道中的图像。在【通道】面板中，选择【a】通道，如图 13-38 所示。按【Ctrl+A】组合键全选图像，按【Ctrl+C】组合键复制图像，如图 13-39 所示。

图 13-38

图 13-39

Step 03 粘贴图像。选择【b】通道，如图 13-40 所示。按【Ctrl+V】组合键粘贴图像，如图 13-41 所示。

图 13-40

图 13-41

Step 04 取消选区。选择【Lab】复合通道，如图 13-42 所示。按【Ctrl+D】组合键取消选区，效果如图 13-43 所示。

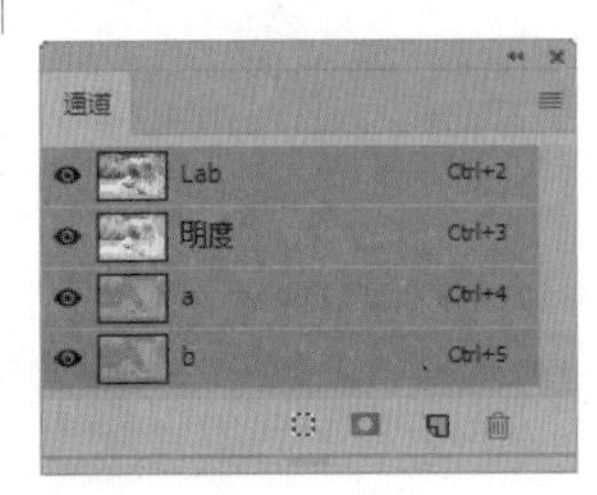

图 13-42

图 13-43

妙招技法

通过前面知识的学习，相信读者已经掌握了图像色彩的校正与高级处理技术。下面结合本章内容，给大家介绍一些实用技巧。

技巧 01：在拾色器中查看溢色

在拾色器中可以查看溢色范围，帮助用户更好地分辨哪些色彩能够在印刷中真实呈现，具体操作步骤如下。

Step 01 查看溢色。打开 Photoshop CC，打开【拾色器（前景色）】对话框，执行【视图】→【色域警告】命令，其中的溢色也会显示为灰色，如图 13-44 所示。

Step 02 拖动颜色滑块查看颜色。上下拖动颜色滑块，可观察将 RGB 图像转换为 CMYK 图像后，哪个色系丢失的颜色最多，如图 13-45 所示。

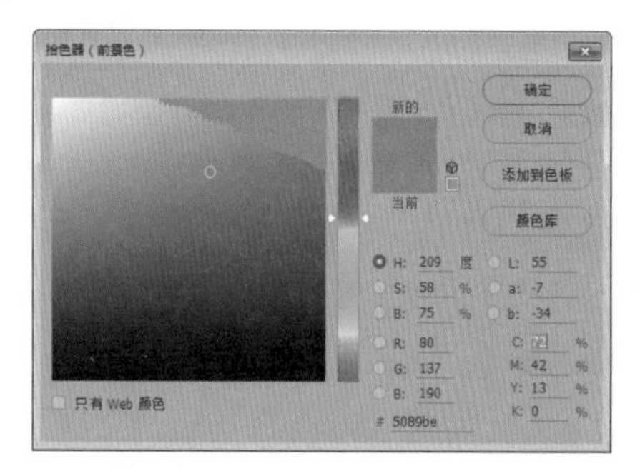

图 13-44

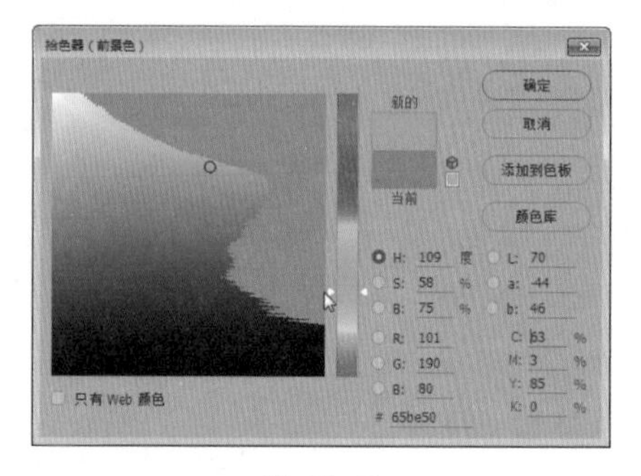

图 13-45

技巧 02：通过【直方图】判断影调和曝光

直方图是用于判断照片影调和曝光是否正常的重要工具，拍摄完照片以后，可以在相机上查看照片，通过观察它的直方图来分辨曝光参数是否正确，再根据情况修改参数重新拍摄。而在 Photoshop 中处理照片时，则可以打开【直方图】面板，根据直方图形态和照片的实际情况，采取具有针对性的方法，调整照片的影调和曝光。

无论是在拍摄时使用相机中的直方图评价曝光，还是使用 Photoshop 后期调整照片的影调，首先要能够看懂直方图。在直方图中左侧代表了阴影区域，中间代表了中间调，右侧代表了高光区域，从阴影（黑色，色阶 0）到高光（白色，色阶 255）共有 256 级色调。

直方图中的山脉代表了图像的数据，山峰则代表了数据的分布方式，较高的山峰表示该区域所包含的像素较多，较低的山峰表示该区域所包含的像素较少。

1．曝光准确的照片

曝光准确的照片色调均匀，明暗层次丰富，两部分不会丢失细节，暗部也不会漆黑一片。直方图的山峰基本在中心，并且从左到右每个色阶都有像素分布，如图 13-46 所示。

图 13-46

2．曝光不足的照片

曝光不足的照片，画面色调非常暗，在它的直方图中，山峰分布在直方图左侧，中间调和高光区域都缺少像素，如图 13-47 所示。

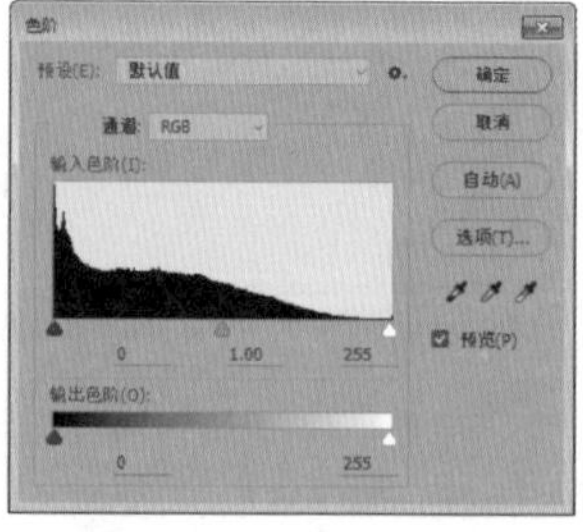

图 13-47

3. 曝光过度的照片

曝光过度的照片，画面色调较亮，失去了层次感。在它的直方图中，山峰整体都向右偏移，阴影区域缺少像素，如图 13-48 所示。

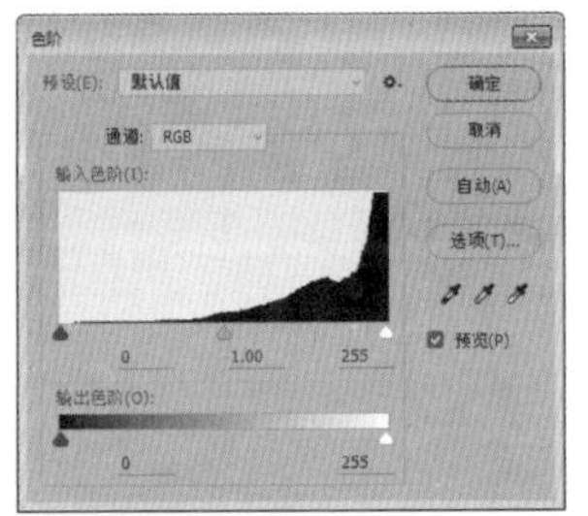

图 13-48

4. 反差过小的照片

反差过小的照片，照片灰蒙蒙的。在它的直方图中，两个端点出现空缺，说明阴影和高光区域缺少必要的像素，图像中最暗的色调不是黑色，最亮的色调不是白色，该暗的地方没有暗下去，该亮的地方没有亮起来，所以照片灰蒙蒙的，如图 13-49 所示。

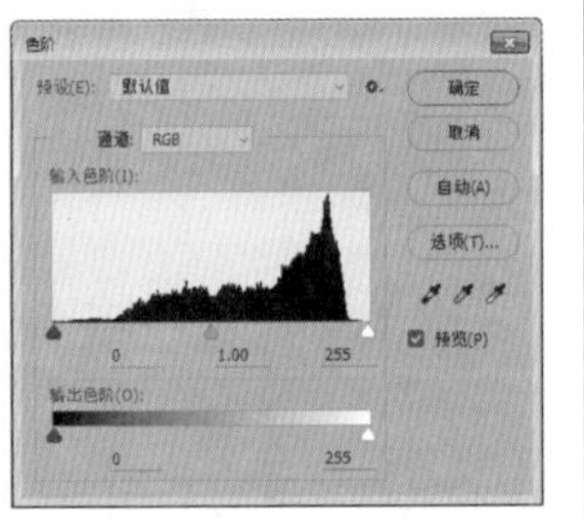

图 13-49

5. 暗部缺失的照片

暗部缺失的照片，在它的直方图中，一部分山峰紧贴直方图左端，就是全黑的部分，如图 13-50 所示。

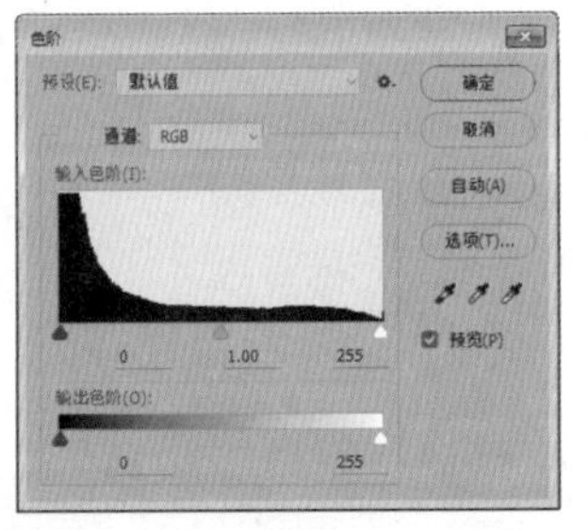

图 13-50

6. 高光溢出的照片

高光溢出的照片，高光部分完全变成了白色，没有任何层次。在它的直方图中，一部分山峰紧贴直方图右端，就是全白的部分，如图 13-51 所示。

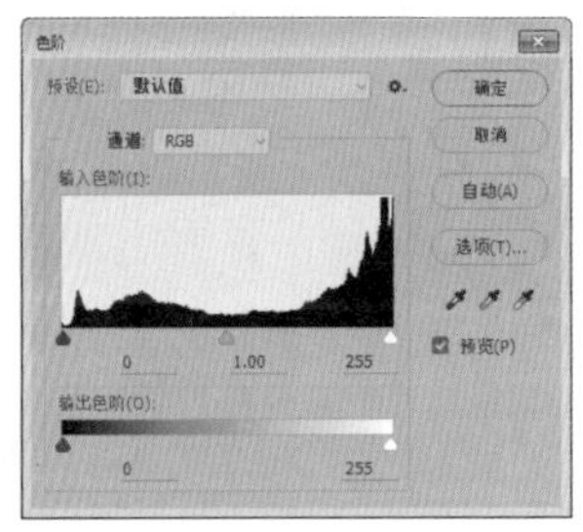

图 13-51

技巧 03：通过【直方图】分析图像的注意事项

调整图像时，通过【直方图】可以掌握图像的影调分布。但是，【直方图】不能作为调整图像的唯一参考。用户应该根据客观常识，综合对图像进行调整。例如，拍摄夜景图像时，直方图山峰偏左就是正确的；拍摄雪景时，山峰偏右也是正确的。但要尽量避免暗部缺失和高光溢出的情况发生。

调整图像时，如果直方图出现锯齿状空白，就说明图像受到损坏丢失了细节，造成平滑的色调产生断裂，对比效果如图 13-52 所示。

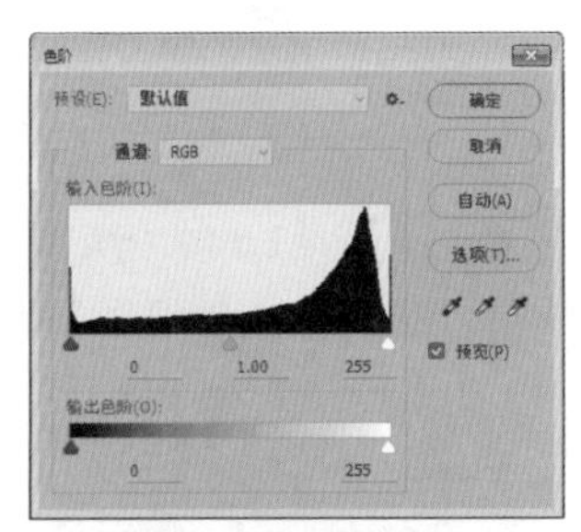

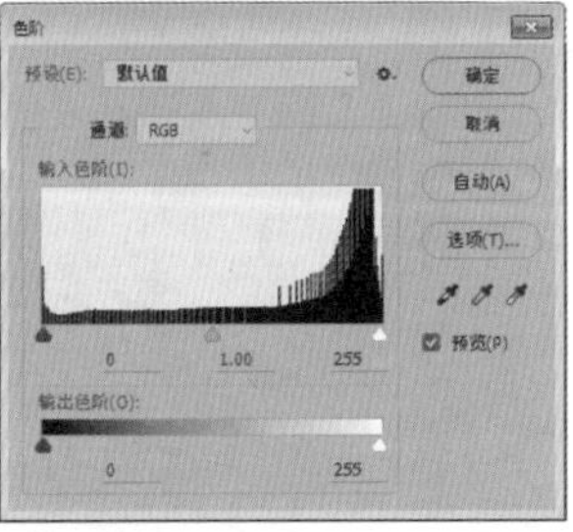

图 13-52

技能实训——调出浪漫风格照片

素材文件	素材文件 \ 第 13 章 \ 侧面 .jpg
结果文件	结果文件 \ 第 13 章 \ 侧面 .psd

设计分析

人们通常都有追求浪漫之心，浪漫风格的照片在影楼后期是非常受欢迎的，下面结合【调色】命令、【画笔工具】和【模糊】命令调出浪漫风格照片，对比效果如图 13-53 所示。

图 13-53

操作步骤

Step 01 打开素材。打开“素材文件 \ 第 13 章 \ 侧面 .jpg”文件，如图 13-54 所示。在【调整】面板中单击【创建新的可选颜色调整图层】按钮，如图 13-55 所示。

图 13-54

图 13-55

Step 02 设置【颜色】为黄色。❶ 在【属性】面板中，设置【颜色】为黄色，❷ 设置颜色值为（−39%，0%，−4%，−18%），如图 13-56 所示。

Step 03 设置【颜色】为绿色。❶ 在【属性】面板中，设置【颜色】为绿色，❷ 设置颜色值为（−100%，−23%，−100%，−64%），如图 13-57 所示。

图 13-56

图 13-57

Step04 调整颜色。通过前面的调整，增加图像的黄色调，如图 13-58 所示；按【Ctrl+Alt+2】组合键调出高光选区，按【Ctrl+Shift+I】组合键反向选中暗调区域，如图 13-59 所示。

图 13-58

图 13-59

Step05 调整通道。创建【曲线】调整图层，分别调整【RGB】【绿】【蓝】通道，如图 13-60 所示。

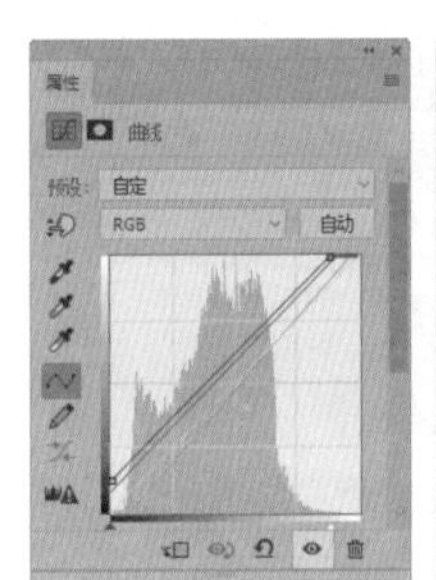

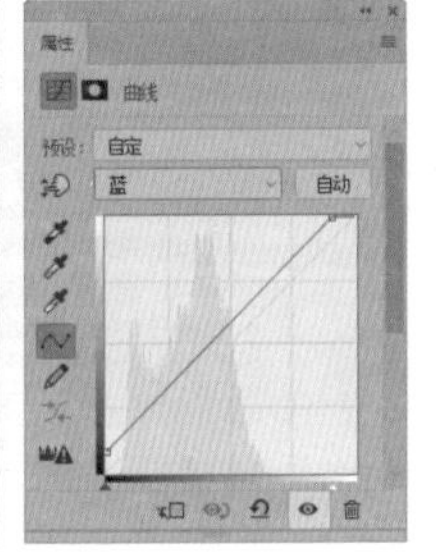

图 13-60

Step06 调亮暗调，并增加淡蓝色。通过前面的操作，调亮暗调，并增加淡蓝色，如图 13-61 所示。

图 13-61

Step07 创建剪贴蒙版。复制【曲线 1】调整图层，执行【图层】→【创建剪贴蒙版】命令，创建剪贴蒙版，如图 13-62 所示。

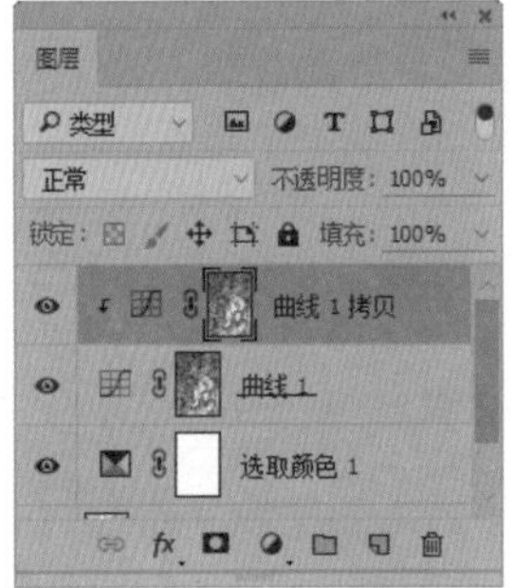

图 13-62

Step08 设置颜色为橙色。执行【图层】→【新建填充图层】→【纯色】命令，在弹出的【新建图层】对话框中，单击【确定】按钮，如图 13-63 所示。在弹出的【拾色器（纯色）】对话框中，设置颜色为橙色【#e6a754】，如图 13-64 所示。

图 13-63

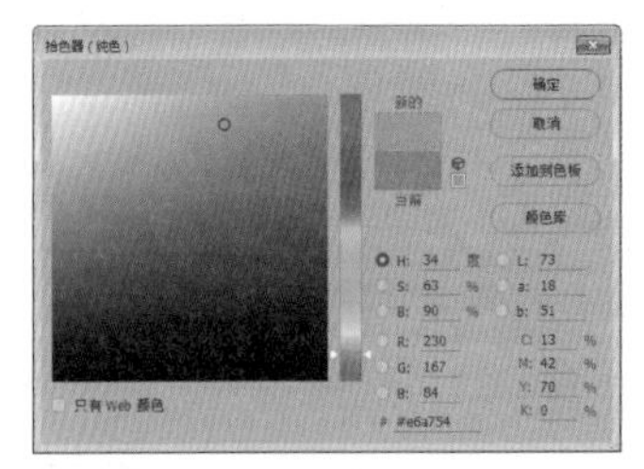

图 13-64

Step09 创建橙色填充图层。通过前面的操作，创建橙色填充图层，如图 13-65 所示。

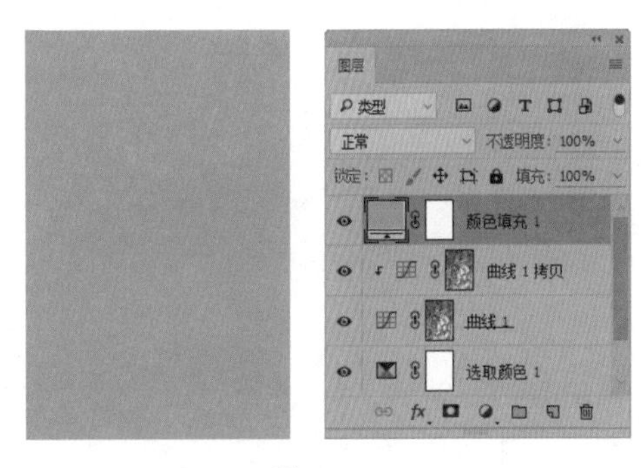

图 13-65

Step10 更改图层混合模式。更改【颜色填充 1】图层【混合模式】为颜色，如图 13-66 所示，效果如图 13-67 所示。

Step11 修改图层蒙版。使用黑色【画笔工具】 在下方涂抹，修改图层蒙版，如图 13-68 所示。设置前景色为黄色【#fff100】，新建【圆点】图层，选择【画笔工具】，选择一个柔边圆画笔，在【画笔】面板中，选中【形状动态】【散布】和【颜色动态】复选框，如图 13-69 所示。

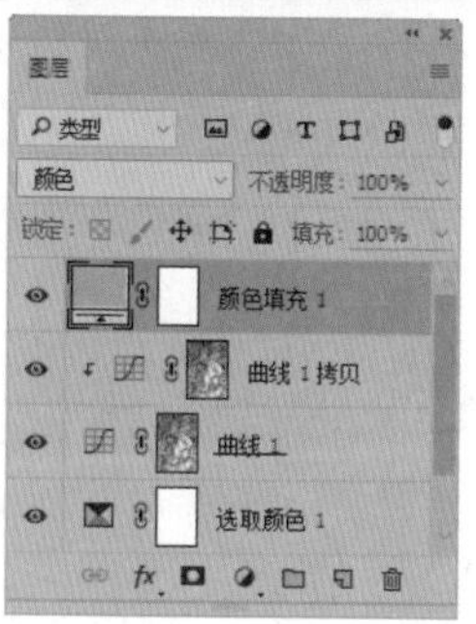

图 13-66

图 13-67

图 13-68

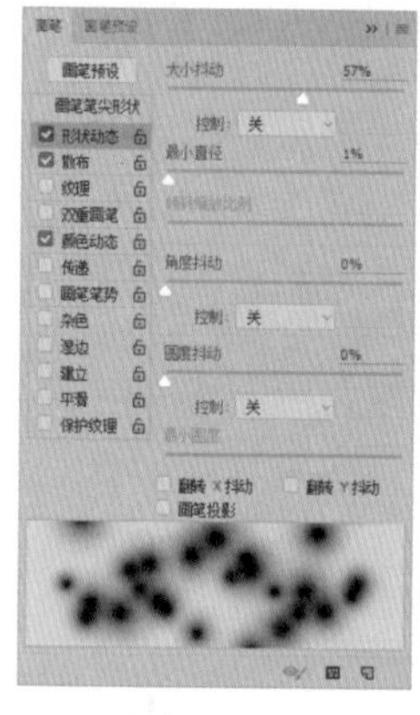

图 13-69

Step12 绘制圆点。使用【画笔工具】在图像中拖动绘制圆点，如图 13-70 所示。

图 13-70

Step13 更改图层混合模式。更改图层【混合模式】为滤色，如图 13-71 示，效果如图 13-72 所示。

图 13-71

图 13-72

Step14 复制图层。复制【背景】图层，得到【背景 拷贝】图层，拖动到面板最上方，如图 13-73 所示，图像效果如图 13-74 所示。

图 13-73

图 13-74

Step15 设置【高斯模糊】。执行【滤镜】→【模糊】→【高斯模糊】命令，打开【高斯模糊】对话框，❶ 设置【半径】为 100 像素，❷ 单击【确定】按钮，如图 13-75 所示，图像效果如图 13-76 所示。

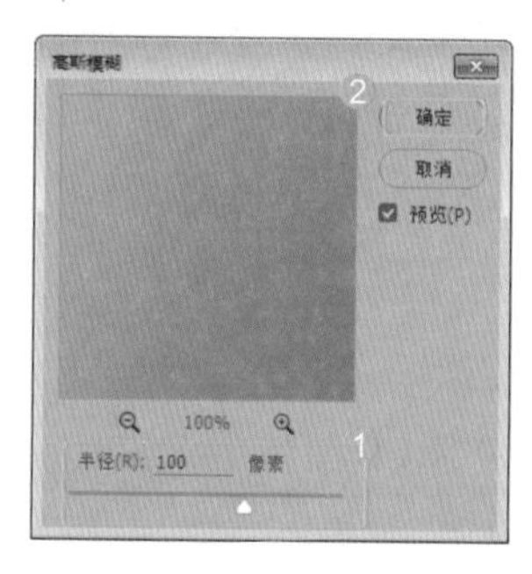

图 13-75

图 13-76

Step16 更改图层混合模式。更改【背景 拷贝】图层【混合模式】为柔光，如图 13-77 所示，图像效果如图 13-78 所示。

图 13-77

图 13-78

Step17 显示出背景。为图层添加图层蒙版，使用黑色【画笔工具】在背景中涂抹，显示出背景，如图 13-79 所示。

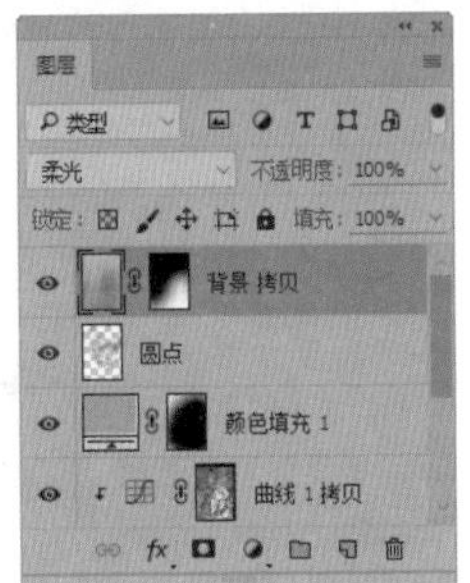

图 13-79

Step18 设置【高斯模糊】。选择【圆点】图层，如图 13-80 所示。执行【滤镜】→【模糊】→【高斯模糊】命令，打开【高斯模糊】对话框，❶ 设置【半径】为 15 像素，❷ 单击【确定】按钮，如图 13-81 所示。

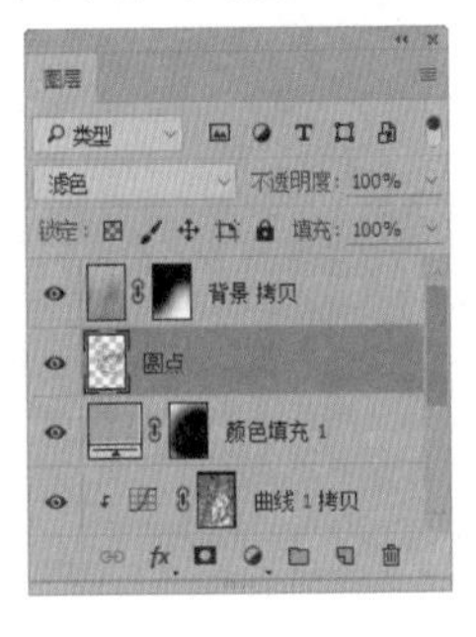

图 13-80

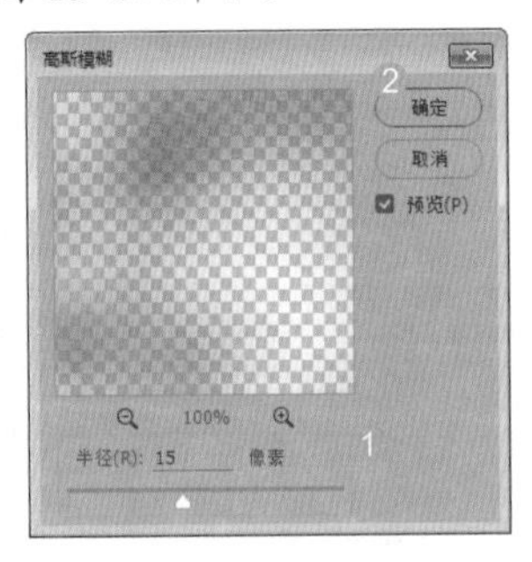

图 13-81

Step19 盖印图层。通过前面的操作，得到圆点的模糊效果，如图 13-82 所示。按【Alt+Shift+Ctrl+E】组合键盖印图层，命名为【效果图】，如图 13-83 所示。

图 13-82

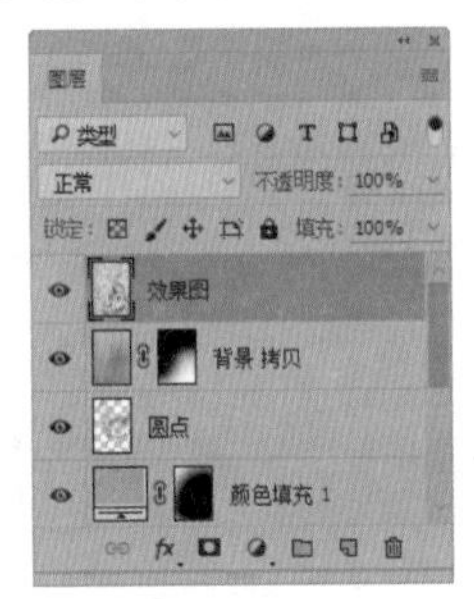

图 13-83

Step20 添加【光照效果】。执行【滤镜】→【渲染】→【光照效果】命令，❶ 设置【预设】为平行光，❷ 单击【确定】按钮，如图 13-84 所示，效果如图 13-85 所示。

图 13-84

图 13-85

Step21 更改图层混合模式。更改【效果图】图层【混合模式】为柔光，如图 13-86 所示，最终效果如图 13-87 所示。

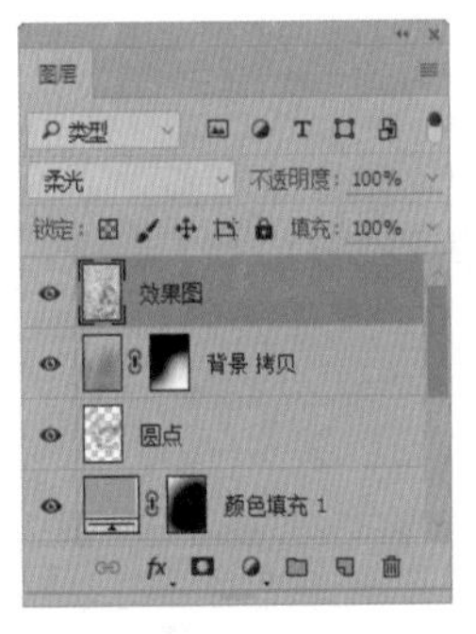

图 13-86

图 13-87

本章小结

本章主要介绍了图像色彩校正与高级处理技术，介绍了【信息】面板、颜色取样器工具、色域和溢色、【直方图】面板、通道调色、Lab 调色等。了解色域和溢色能帮助设计师减少设计稿与打印稿之间的色差。通过掌握“通道调色”和“Lab 调色”，可以对色彩进行高级处理。

第3篇 高级功能篇

高级功能是 Photoshop CC 图像处理的拓展功能，包括 Camera Raw、滤镜、视频、动画、动作和批处理、3D 图形编辑与处理、Web 图像处理与打印输出等知识。通过本篇内容的学习，将提升读者对 Photoshop CC 图像处理的综合应用能力。

第14章 数码照片处理大师Camera Raw的应用

- Camera Raw 可以打开和处理 JPEG 和 TIFF 格式的文件吗？
- 如何使用 Camera Raw 批量处理照片？
- 如何使用 Camera Raw 修改图像局部的曝光度？
- 如何使用 Camera Raw 校正倾斜的照片？
- Camera Raw 直方图中的色域和溢色分别代表什么？

Camera Raw 是专业的数码照片处理插件，可以保留照片的原始拍摄数据。本章将进行 Camera Raw 相关知识的学习，相信通过本章的学习，读者会对 Camera Raw 有更深入的了解。

14.1 【Camera Raw】操作界面

Camera Raw 是 Photoshop CC 的一个组件。它在处理照片时，不仅可以读取数码相机的原始数据，而且不会损坏原始数据。

14.1.1 操作界面

Camera Raw 可以调整照片的颜色，包括白平衡、色调及饱和度，以及对图像进行锐化处理、减少杂色、纠正镜头问题及重新修饰。Camera Raw 的操作界面如图 14-1 所示。

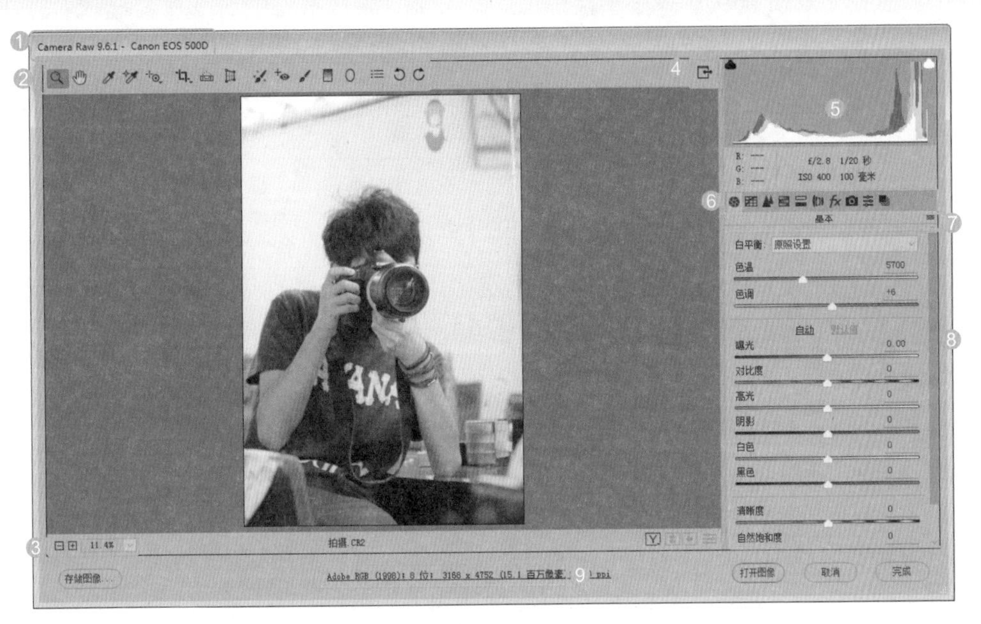

图 14-1

相关选项作用及含义如表 14-1 所示。

表 14-1　选项作用及含义

选项	作用及含义
❶ 相机名称或文件格式	打开 Raw 格式文件时，窗口左上角可以显示相机的名称；打开其他格式的文件时，则显示文档的格式
❷ 工具栏	显示 Camera Raw 中所有的工具
❸ 窗口缩放级别	可以从菜单中选择一个放大设置，或者单击加、减按钮缩放窗口的视图比例
❹ 切换全屏模式	单击该按钮，可以将对话框切换为全屏模式
❺ 直方图	显示图像的直方图
❻ 图像调整选项卡	显示图像调整的所有选项
❼【Camera Raw】设置菜单	单击【扩展】按钮，可以打开【Camera Raw】设置菜单，访问菜单中的命令
❽ 调整滑块	通过调整滑块，可以对照片进行调整
❾【显示工作流程选项】按钮	单击该按钮，可以打开【工作流程选项】对话框，在其中可以设置文件颜色深度、色彩空间和像素尺寸等

★重点 14.1.2 工具栏

在【Camera Raw】操作界面中，工具栏中各选项的作用及含义如表 14-2 所示。

表 14-2　选项作用及含义

选项	作用及含义
缩放工具	单击该工具，可以放大窗口中图像的显示比例，按住【Alt】键单击该工具，则缩小图像的显示比例。如果要恢复到 100% 的显示，可以双击该工具
抓手工具	放大窗口后，可使用该工具在预览窗口中移动图像。此外，按住【Space】键可以切换为该工具
白平衡工具	使用该工具在白色或灰色的图像上单击，可以校正照片的白平衡。双击该工具，可以将白平衡恢复为照片的原始状态
颜色取样器工具	使用该工具在图像中单击，可以建立颜色取样点，对话框顶部显示取样像素的颜色值，以使用户调整时观察颜色的变化情况。一个图像最多可以放置 9 个取样点
目标调整工具	选择该工具，在打开的下拉列表中，包括【参数曲线】【色相】【饱和度】【明亮度】4 个选项，选择其中一个，然后在图像中单击，拖动鼠标即可应用调整
裁剪工具	可用于裁剪图像。如果要按照一定的长宽比裁剪照片，可在【裁剪工具】上右击，在打开的快捷菜单中选择一个比例尺寸
拉直工具	可用于校正倾斜的照片。使用【拉直工具】在图像中单击并拖出一条水平基准线，释放鼠标后显示裁剪框，可以拖动控制点，调整它的大小或将它旋转。角度调整完成后，按【Enter】键确认
变换工具	变换工具是用来调整照片中水平方向和垂直方向平衡及透视平衡的工具，对照片中地平线、海平面、建筑物垂直、垂直与水平进行校正

续表

选项	作用及含义
污点去除	可以使用另一区域中的样本修复图像中选中的区域
红眼去除	可以去除红眼。将鼠标指针放在红眼区域并单击，拖出鼠标创建一个选区，选中红眼，释放鼠标后 Camera Raw 会使选区大小适合瞳孔。拖动选区的边框，使其选中红眼，即可校正红眼
调整画笔 / 渐变滤镜	可以处理局部图像的曝光度、亮度、对比度、饱和度、清晰度等
径向滤镜	可以调整照片中特定区域的色温、色调、清晰度、曝光度和饱和度，突出照片中想要展示的主体
【Camera Raw 首选项】按钮	单击该按钮，可以打开【Camera Raw 首选项】对话框
旋转	可以逆时针或顺时针旋转照片

14.1.3 图像调整选项卡

在【Camera Raw】操作界面中，图像调整选项卡各选项的作用及含义如表 14-3 所示。

表 14-3 图像调整选项卡各选项的作用及含义

选项	作用及含义
基本	可以调整白平衡、颜色饱和度和色调
色调曲线	可以使用“参数”曲线和“点”曲线对色调进行微调
细节	可以对图像进行锐化处理或减少杂色
HSL/ 灰度	可以使用【色相】【饱和度】和【明亮度】对颜色进行微调
分离色调	可以为单色图像添加颜色，或者为彩色图像创建特殊的效果
镜头校正	可以补偿相机镜头造成的色差和晕影
效果	可以为照片添加颗粒和晕影效果
相机校准	可以校正阴影中的色调，以及调整非中性色来补偿相机特性与该相机型号的 Camera Raw 配置文件之间的差异
预设	可以将一组图像调整设置存储为预设并进行应用
快照	单击该按钮，可以将图像的当前调整效果创建为一个快照，在后面的处理过程中若要将图像恢复到此快照状态，可单击【快照】按钮进行恢复

14.2 打开和存储 Raw 格式照片

Camera Raw 不仅可以打开 Raw 格式图像，还可以打开和处理 JPEG 和 TIFF 格式的文件，但打开方式有所不同。图像处理完成后，也可以将 Raw 格式图像另存为 PSD、TIFF、JPEG 或 DNG 格式。

14.2.1 在 Photoshop CC 中打开 Raw 格式照片

在 Photoshop CC 中，执行【文件】→【打开】命令，弹出【打开】对话框，选择一张 Raw 格式照片，单击【打开】按钮，即可运行 Camera Raw 并将其打开。

14.2.2 在 Photoshop CC 中打开多张 Raw 格式照片

实例门类	软件功能

在 Photoshop CC 中，可以打开多张 Raw 格式照片并同时进行处理，具体操作步骤如下。

Step 01 打开照片。打开 Photoshop CC 软件，执行【文件】→【打开】命令，选择需要打开的 Raw 格式照片，单击【打开】按钮，如图 14-2 所示。

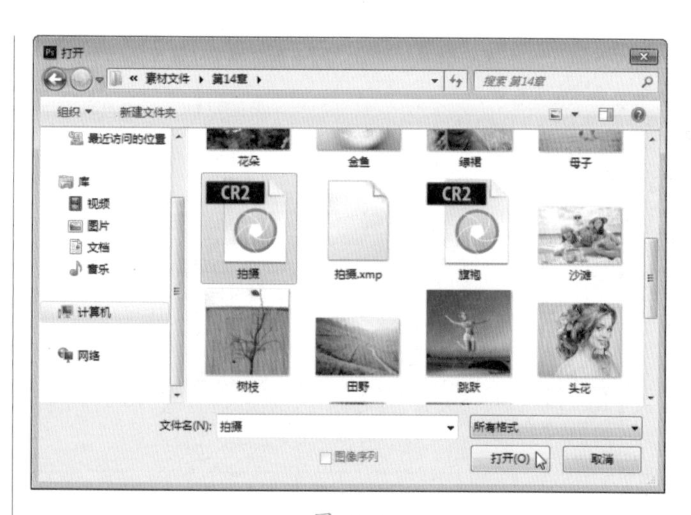

图 14-2

Step 02 进入操作界面。进入【Camera Raw】操作界面，打开的图像如图 14-3 所示。

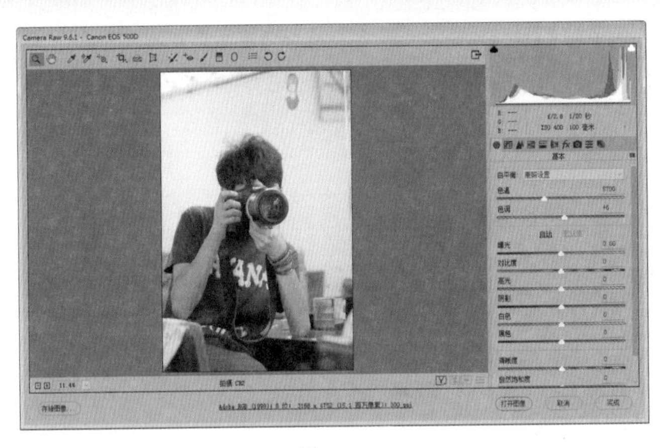

图 14-3

Step 03 切换照片。单击目标照片，可以在照片中进行切换，如图 14-4 所示。

图 14-4

技术看板

单击【Camera Raw】操作界面底部的 ◀ ▶ 按钮，可以在选中的照片中进行切换。

Step 04 同时调整多张照片。按住【Ctrl】键选中多张照片，设置参数，可同时对选中的照片进行调整，如图 14-5 所示。

图 14-5

14.2.3 在 Bridge 中打开 Raw 格式照片

打开 Adobe Bridge，选择 Raw 格式照片，执行【文件】→【在 Camera Raw 中打开】命令，可以在 Camera Raw 中将其打开。

在 Adobe Bridge 中选择 Raw 格式照片，按【Ctrl+R】组合键，可以快速将其在 Camera Raw 中打开。

14.2.4 在 Camera Raw 中打开其他格式照片

要使用 Camera Raw 处理普通的 JPEG 或 TIFF 照片，可在 Photoshop CC 中执行【文件】→【打开为】命令，弹出【打开】对话框，选择照片，然后在文件格式下拉列表中选择【Camera Raw】选项，单击【打开】按钮，如图 14-6 所示。通过前面的操作，即可在 Camera Raw 中打开照片，Camera Raw 的标题栏会显示照片的格式，如图 14-7 所示。

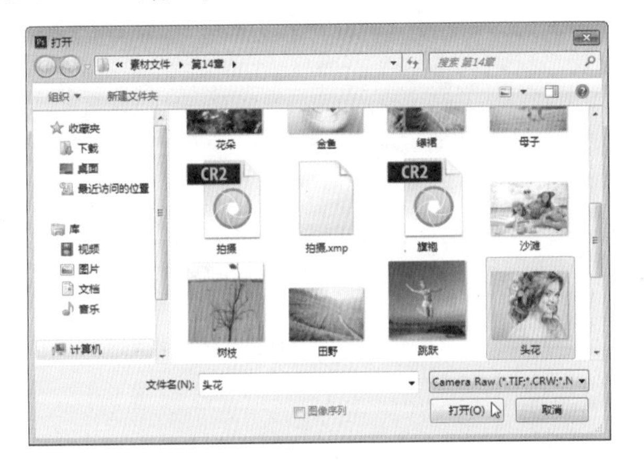

图 14-6

图 14-7

在新版 Photoshop CC 中，打开 JPEG 或 TIFF 格式照片后，执行【滤镜】→【Camera Raw 滤镜】命令，也可以打开【Camera Raw】操作界面。

14.2.5 使用其他格式存储 Raw 格式照片

在 Camera Raw 中完成对 Raw 格式照片的编辑后，可单击【Camera Raw】操作界面底部的按钮，选择一种方式存储照片或放弃修改结果，如图 14-8 所示。

图 14-8

相关选项的作用及含义如表 14-4 所示。

表 14-4 选项作用及含义

选项	作用及含义
取消	单击该按钮，可放弃所有调整并关闭【Camera Raw】操作界面
完成	单击该按钮，可以将调整应用到 Raw 格式图像上，并更新其在 Bridge 中的缩览图
打开图像	将调整应用到 Raw 格式图像上，然后在 Photoshop 中打开图像
存储图像	如果要将 Raw 格式照片存储为 PSD、TIFF、JPEG 或 DNG 格式，可单击该按钮，打开【存储选项】对话框，设置文件名称和存储位置，在【文件扩展名】下拉列表中选择保存格式

技能拓展
——Raw 格式的优势

Raw 格式与其他格式的区别：将照片存储为其他格式时，数码相机会调节图像的颜色、清晰度、色阶和分辨率，然后进行压缩。而使用 Raw 格式则可以直接记录感光元件上获取的信息。因此，Raw 格式拥有其他图像无可比拟的大量拍摄信息。

14.3 在 Camera Raw 中调整颜色和色调

Camera Raw 可以调整照片的白平衡、色调、饱和度，以及校正镜头缺陷等。使用 Camera Raw 调整 Raw 格式照片时，将保留图像原来的相机原始数据，并调整内容或存储在 Camera Raw 数据库中，作为源数据嵌入图像文件中。

★重点 14.3.1 实战：白平衡纠正偏色

实例门类	软件功能

在使用 JPEG 格式拍摄时，需要注意白平衡设置是否正确，若后期调整白平衡，则会对照片的质量造成损失。而采用 Raw 格式拍摄时，就不必担心白平衡的问题，使用【白平衡工具】指定应该为白色或灰色的对象时，Camera Raw 可以确定拍摄场景的光线颜色，然后自动调整场景光照，具体操作步骤如下。

Step 01 打开素材。打开“素材文件 \ 第 14 章 \ 纯真 .jpg”文件，照片有点偏蓝，如图 14-9 所示。执行【文件】→【打开为】命令，弹出【打开】对话框，如图 14-10 所示。

Step 02 调整光照。在 Camera Raw 中打开文件，选择【白平衡工具】，在图像中性色（黑白灰）区域单击，Camera Raw 会自动分析光线，调整光照，如图 14-11 所示。

Step 03 设置参数。设置【高光】为 -27、【阴影】为 +16，如图 14-12 所示，效果如图 14-13 所示。

图 14-9

图 14-10

图 14-11

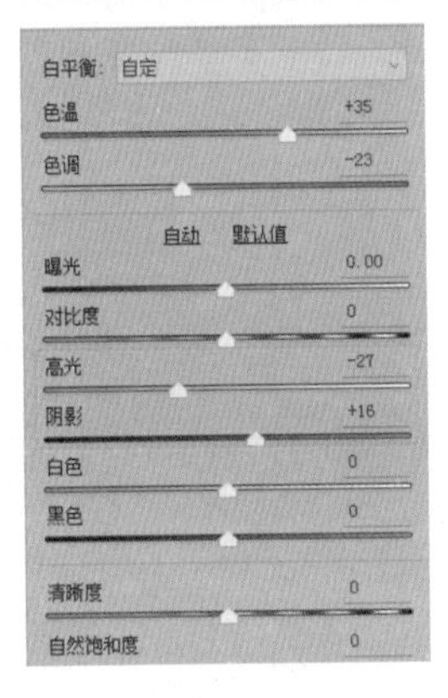

图 14-12

图 14-13

Step04 设置【目标】。单击 Camera Raw 左下角的【存储图像】按钮，在打开的【存储选项】对话框中，设置【目标】为【在新位置存储】，如图 14-14 所示。

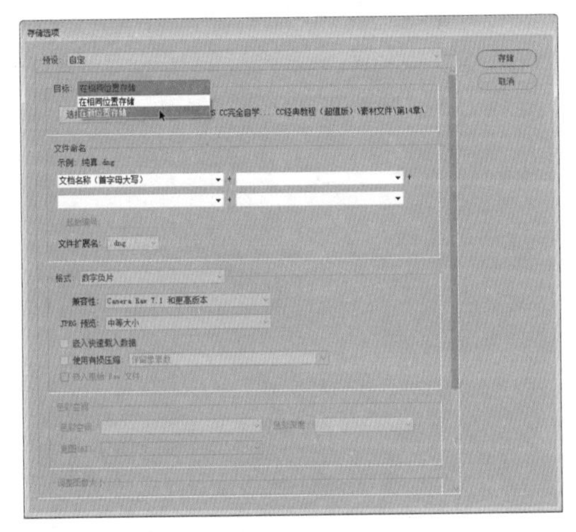

图 14-14

Step05 选择目标文件夹。在弹出的【选择目标文件夹】对话框中，选择目标文件夹，单击【选择】按钮，如图 14-15 所示。

图 14-15

Step06 存储文件。返回【存储选项】对话框，❶ 设置【文件扩展名】为 DNG，❷ 单击【存储】按钮，如图 14-16 所示。打开存储目标文件夹，可以看到存储的文件，如图 14-17 所示。

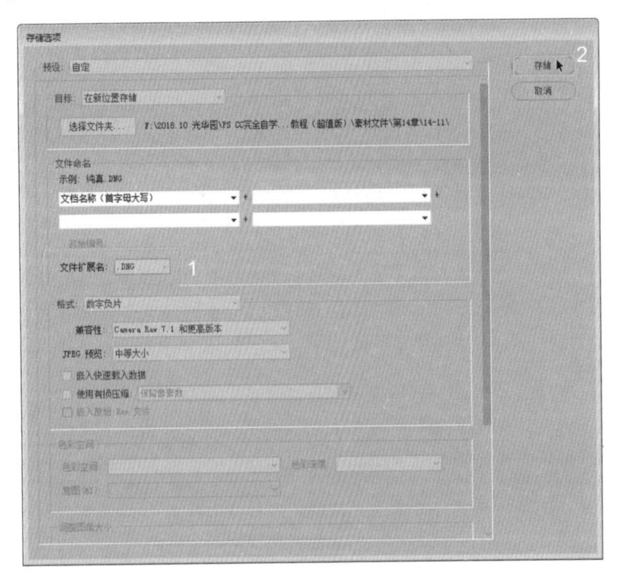

图 14-16

图 14-17

技术看板

使用 Camera Raw 对照片进行调整后，建议最好将其保存为 DNG 格式，这样 Photoshop 就会存储所有调整参数，以后在打开文件时，都可以重新修改参数，或者将照片还原到修改前的原始状态。

在【Camera Raw】操作界面中，【白平衡】调整各选项的作用及含义如表 14-5 所示。

表 14-5　选项作用及含义

选项	作用及含义
白平衡列表	默认情况下，该选项显示相机拍摄此照片时所使用的原始平衡设置（原照设置），可以在下拉列表中选择其他的预设（日光、阴天、白炽灯等）
色温	可以将白平衡设置为自定的色温。若拍摄照片时的光线色温较低，可通过降低【色温】来校正照片，Camera Raw 可以使图像颜色变得更蓝以补偿周围光线的低色温。反之，若拍摄照片时的光线色温较高，则提高【色温】可以校正照片，图像颜色会变得更暖（发黄）以补偿周围光线的高色温（发蓝）
色调	可通过设置白平衡来补偿绿色或洋红色调。减少【色调】可在图像中添加绿色；增加【色调】则在图像中添加洋红
曝光	调整整体图像的亮度，对高光部分的影响较大。减少【曝光】会使图像变暗，增加【曝光】则使图像变亮。该值的每个增量等同于光圈大小
黑色	指定哪些输入色阶将在最终图像中映射为黑色。增加【黑色】可以扩展映射为黑色的区域，使图像的对比度看起来更高。黑色主要影响阴影区域，对中间调和高光影响较小
对比度	可以增加或减少图像对比度，主要影响中间色调。增加【对比度】时，中到暗图像区域会变得更暗，中到亮图像区域会变得更亮

14.3.2 实战：调整照片清晰度和饱和度

实例门类	软件功能

在 Camera Raw 中可以调整照片的清晰度和饱和度，具体操作步骤如下。

Step 01 打开素材。在 Camera Raw 中打开“素材文件\第 14 章\泳装 .jpg”文件，如图 14-18 所示。

图 14-18

Step 02 设置参数。设置【清晰度】为 77、【自然饱和度】为 73，效果如图 14-19 所示。

图 14-19

在【Camera Raw】操作界面中，清晰度和饱和度的作用及含义分别如表 14-6 所示。

表 14-6　清晰度和饱和度的作用及含义

选项	作用及含义
清晰度	可以调整图像的清晰度
自然饱和度	可以调整饱和度，并在颜色接近最大饱和度时减少溢色。该设置更改所有低饱和度颜色的饱和度，对高饱和度颜色的影响较小，类似于 Photoshop 中的【自然饱和度】命令
饱和度	可以均匀地调整所有颜色的饱和度，调整范围为 -100（单色）~+100（饱和度加倍）。该命令类似于 Photoshop 中【色相 / 饱和度】命令中的饱和度功能

14.3.3 实战：色调曲线调整对比度

实例门类	软件功能

通过【色调曲线】可以调整图像的对比度，具体操作步骤如下。

Step 01 打开素材。在 Camera Raw 中打开“素材文件\第 14 章\隐身人 .jpg”文件，如图 14-20 所示。

Step 02 微调色调。单击 Camera Raw 界面中的【色调曲线】按钮 ，显示【色调曲线】选项卡，拖动【高光】【高调】【暗调】或【阴影】滑块对色调进行微调，如图 14-21 所示。

图 14-20

图 14-21

14.3.4 实战：锐化调整图像的清晰度

实例门类	软件功能

Camera Raw 的锐化只应用于图像的亮度，而不会影响色彩，锐化调整图像清晰度的具体操作步骤如下。

Step 01 打开素材。在 Camera Raw 中打开“素材文件\第 14 章\艺术发型.jpg”文件，如图 14-22 所示。

图 14-22

Step 02 设置参数。单击【Camera Raw】操作界面中的【细节】按钮，显示【细节】选项卡，在其中进行参数设置，效果如图 14-23 所示。

图 14-23

在【Camera Raw】操作界面中，【锐化】选项区域各选项的作用及含义如表 14-7 所示。

表 14-7 选项的作用及含义

选项	作用及含义
数量	调整边缘的清晰度。该值为 0 时关闭锐化
半径	调整应用锐化细节的大小。该值过大会导致图像内容不自然
细节	调整锐化影响边缘区域的范围，它决定了图像细节的显示程度。较低的值主要锐化边缘，以便消除模糊；较高的值则可以使图像中的纹理更清楚
蒙版	Camera Raw 是通过强调图像边缘的细节来实现锐化效果的。将【蒙版】设置为 0 时，图像中的所有部分均接受等量的锐化；设置为 100 时，可将锐化限制在饱和度最高的边缘附近，避免非边缘区域锐化

14.3.5 图像的调整色彩

Camera Raw 提供了一种与 Photoshop 中【色相/饱和度】命令非常相似的调整功能，可以调整各种颜色的色相、饱和度和明度。在【Camera Raw】操作界面中，单击【HSL/灰度】按钮，显示【HSL/灰度】选项卡，如图 14-24 所示。

相关选项作用及含义如表 14-8 所示。

图 14-24

表 14-8　选项作用及含义

选项	作用及含义
转换为灰度	选中该复选框后，可以将彩色照片转换为黑白效果，并显示一个嵌套选项【灰度混合】。拖动此选项卡中的滑块可以指定每个颜色范围在图像灰度中所占的比例，类似于 Photoshop 中的【黑白】命令
色相	可以改变颜色。需要改变哪种颜色就拖动相应的滑块，滑块向哪个方向拖动就会得到哪种颜色
饱和度	可调整各种颜色的鲜明度或颜色纯度
明亮度	可以调整各种颜色的亮度

14.3.6 实战：为黑白照片上色

实例门类	软件功能

在 Camera Raw 中，【分离色调】选项卡中的选项可以为黑白照片或灰度图像着色。既可以为整个图像添加一种颜色，也可以对高光和阴影应用不同的颜色，从而创建分离色调效果，具体操作步骤如下。

Step 01 打开素材。在 Camera Raw 中打开“素材文件 \ 第 14 章 \ 黑白 .jpg”文件，如图 14-25 所示。

图 14-25

Step 02 设置参数。单击【Camera Raw】操作界面中的【分离色调】按钮，显示【分离色调】选项卡，在其中进行参数设置，如图 14-26 所示。

图 14-26

技术看板

在【饱和度】为 0% 的情况下，调整【色相】参数时是看不出效果的。可以按住【Alt】键拖动【色相】滑块，此时显示饱和度为 100% 的彩色图像，确定【色相】参数后，释放【Alt】键，再对【饱和度】进行调整。

14.3.7 实战：镜头校正缺陷

通过【镜头校正】，调整各选项，可以校正镜头缺陷，调整照片的色差、扭曲度和晕影，它包括【配置文件】和【手动】选项卡，如图 14-27 所示。

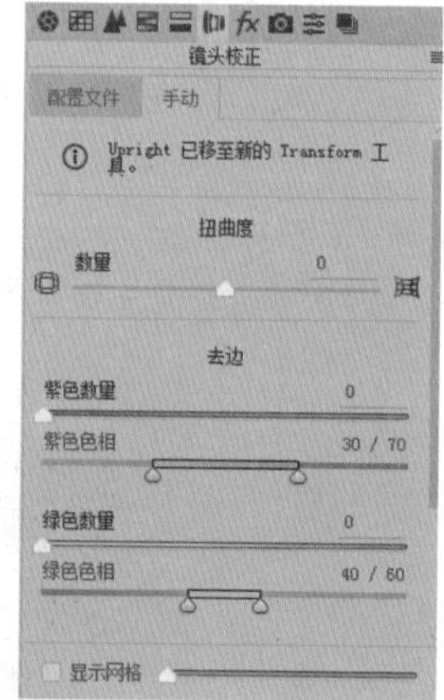

图 14-27

在【配置文件】选项卡中，选中【启用配置文件校正】复选框，可以选择相机、镜头型号，Camera Raw 自动启用相应的镜头配置文件校正图像。

【手动】选项卡中包括许多选项，它们都可以用来修复图像，各选项作用及含义如表 14-9 所示。

表 14-9　选项作用及含义

选项	作用及含义
扭曲度	【扭曲度】选项区域可以校正桶形失真和枕形失真

14.3.8 实战：为图像添加特效

实例门类	软件功能

在 Camera Raw 中，可通过【效果】选项卡fx为照片添加特效，具体操作步骤如下。

Step 01 打开素材。在 Camera Raw 中打开"素材文件 \ 第 14 章 \ 跳跃 .jpg"文件，如图 14-28 所示。

图 14-28

Step 02 设置参数。单击【Camera Raw】操作界面中的【效果】按钮fx，显示【效果】选项卡，在【裁剪后晕影】选项区域中，设置【数量】为 −53、【中点】为 28、【圆度】为 100、【羽化】为 41，如图 14-29 所示。

图 14-29

【效果】选项卡各选项的作用及含义如表 14-10 所示。

表 14-10　选项作用及含义

选项	作用及含义
【颗粒】选项区域	在图像中添加颗粒。【数量】选项控制颗粒数量，【大小】选项控制颗粒大小，【粗糙度】选项控制颗粒的匀称性
【裁剪后晕影】选项区域	为裁剪后的图像添加晕影效果

14.3.9 调整相机的颜色显示

当用户在使用数码相机进行拍摄时，可以发现拍摄后的效果总是存在色偏。在【Camera Raw】操作界面中进行调整，并将它定义为这款相机的默认设置，以后打开该相机拍摄的照片时，就会自动对颜色进行补偿。

打开一张问题相机拍摄的典型照片，选择【Camera Raw】操作界面中的【相机校准】选项卡，若阴影区域出现色偏，可以移动【阴影】选项区域中的色调滑块进行校正。若是各种原色出现问题，则可移动原色滑块。这些滑块也可用于模拟不同类型的胶卷。校正完成后，单击右上角的【扩展】按钮，在打开的菜单中选择【存储新的 Camera Raw 默认值】命令将设置保存，以后打开该相机拍摄的照片时，Camera Raw 就会对照片进行自动校正。

14.3.10 【预设】选项卡

编辑完图像后，单击【预设】选项卡中的按钮，可以保存当前的调整参数，并将其设置为默认参数，如图 14-30 所示，在启用 Camera Raw 编辑其他照片时，单击存储的预设，即可将它应用于其他照片，如图 14-31 所示。

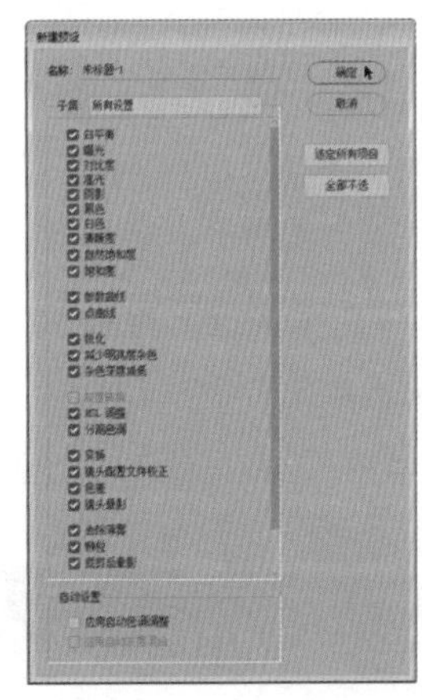

图 14-30

图 13-31

14.3.11 【快照】选项卡

单击【快照】选项卡中的按钮，如图 14-32 所示。可以弹出【新建快照】对话框，在其中设置快照名称，将图像的当前调整效果创建为快照，类似于 Photoshop CC 的【历史记录面板】功能，如图 14-33 所示。在后面的调整过程中，随时可以单击快照来恢复状态，如图 14-34 所示。单击按钮，可以删除快照。

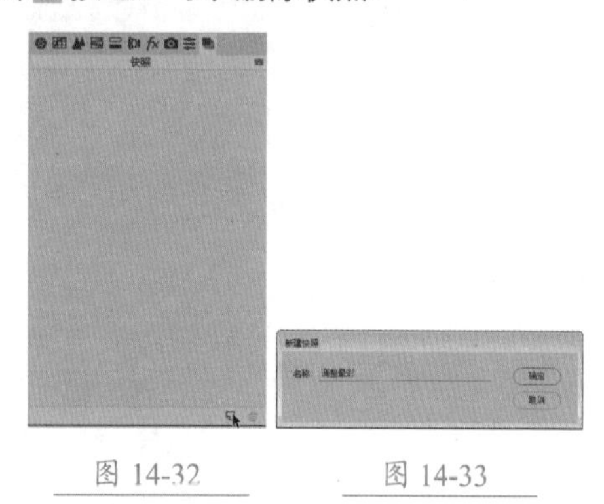

图 14-32　　图 14-33

图 14-34

技能拓展——删除预设和快照

在【预设】选项卡中，单击按钮，可以删除保存的预设。

在【快照】选项卡中，单击按钮，可以删除保存的快照。

14.4 在 Camera Raw 中修饰照片

Camera Raw 提供了基本的照片修饰功能，可以对照片进行专业的处理。下面详细介绍在 Camera Raw 中如何修饰照片。

14.4.1 实战：使用【目标调整工具】制作黑白背景效果

实例门类	软件功能

【目标调整工具】可以直接拖动鼠标调整图像色调，下面制作 Lomo 特效，具体操作步骤如下。

Step 01 打开素材。在 Camera Raw 中打开“素材文件\第 14 章\背影. jpg”文件，在【目标调整工具】的下拉菜单中，选择【饱和度】选项，如图 14-35 所示。

Step 02 拖动鼠标降低饱和度。在图像上单击并向左拖动鼠标，可降低单击点（背景蓝色）的饱和度，如图 14-36 所示。

图 14-35

图 14-36

Step 03 继续降低饱和度。使用相同的方法降低其他背景色的饱和度，如图 14-37 所示。

图 14-37

14.4.2 实战：使用【裁剪工具】调整图像构图

实例门类	软件功能

【裁剪工具】与 Photoshop CC 中【裁剪工具】的使用方法基本相同，使用【裁剪工具】调整图像构图的具体操作步骤如下。

Step 01 打开素材并裁剪。打开“素材文件\第 14 章\母子.jpg”文件，在工具栏中选择【裁剪工具】，在下拉菜单中选择一种裁剪方式，如选择【正常】选项，如图 14-38 所示。拖动鼠标创建裁剪框，如图 14-39 所示。

图 14-38

图 14-39

Step 02 确认变换。拖动裁剪框可以调整其大小和旋转角度，如图 14-40 所示。按【Enter】键，或者在裁剪框内双击确认变换，如图 14-41 所示。

图 14-40

图 14-41

14.4.3 实战：使用【拉直工具】校正倾斜的照片

实例门类	软件功能

使用【拉直工具】在图像上拖动，可以校正倾斜的照片，具体操作步骤如下。

Step 01 打开素材。打开“素材文件\第 14 章\田野.jpg”文件，在工具栏中选择【拉直工具】，如图 14-42 所示。

Step 02 拖出水平基准线。在图像中单击并拖出一条水平基准线，如图 14-43 所示。

图 14-42

图 14-43

Step 03 确认变换。释放鼠标后，Camera Raw 会根据用户创建的水平基准线，自动创建裁剪框，如图 14-44 所示。用户可以调整裁剪框的大小和角度，按【Enter】键确认变换，如图 14-45 所示。

图 14-44

图 14-45

14.4.4 实战：使用【污点去除工具】修复污点

实例门类	软件功能

【污点去除工具】可以修复图像，常用于修复污点，具体操作步骤如下。

Step 01 打开素材。打开“素材文件\第 14 章\污点.jpg”文件，在工具栏中单击【污点去除工具】，如图 14-46 所示。

Step 02 设置参数。在打开的【污点修复】对话框中，设置【类型】为修复、【大小】为 18、【不透明度】为 100，如图 14-47 所示。

图 14-46

污点去除
类型：修复
大小 18
羽化 100
不透明度 100

图 14-47

第1篇
第2篇
第3篇
第4篇

Step 03 修复污点。在污点上单击，Camera Raw 自动在污点附近选择图像来修复污点，如图 14-48 所示。拖动鼠标调整选框的大小和位置，如图 14-49 所示。

图 14-48

图 14-49

14.4.5 实战：使用【红眼去除工具】修复红眼

实例门类	软件功能

【红眼去除工具】可以去除人物红眼，具体操作步骤如下。

Step 01 打开素材，选择红眼区域。打开“素材文件\第 14 章\红眼.jpg”文件，在工具栏中单击【红眼去除工具】，如图 14-50 所示。在红眼上拖动鼠标，如图 14-51 所示。

图 14-50

图 14-51

Step 02 修正红眼。释放鼠标后，Camera Raw 会自动分析并修正红眼，用户可以调整瞳孔选框的大小，如图 14-52 所示。使用相同的方法修正另一侧的红眼，效果如图 14-53 所示。

图 14-52

图 14-53

14.4.6 实战：使用【调整画笔工具】修改局部曝光

实例门类	软件功能

在使用【调整画笔工具】时，先在图像上绘制需要调整的区域，通过蒙版将这些区域覆盖，隐藏蒙版，再调整所选区域的色调、色彩饱和度和锐化，具体操作步骤如下。

Step 01 打开素材。打开“素材文件\第 14 章\红衣.jpg”文件，在工具栏中选择【调整画笔工具】，如图 14-54 所示。选中【蒙版】复选框，如图 14-55 所示。

图 14-54

图 14-55

Step 02 放置光标。将鼠标指针放在画面中，鼠标指针会变为图 14-56 所示的状态，其中，十字线代表了画笔中心，实圆代表了画笔的大小，黑白虚圆代表了羽化范围。

Step 03 涂抹图像。在人物位置涂抹绘制调整区域，涂抹区域覆盖了一层淡淡的灰色，在单击处显示一个图标，如图 14-57 所示。

图 14-56

图 14-57

Step04 调整参数。取消选中【蒙版】复选框，调整【饱和度】为 95，即可将【调整画笔工具】涂抹的区域调亮，其他图像没有受到影响，如图 14-58 所示，效果如图 14-59 所示。

图 14-58

图 14-59

在【Camera Raw】操作界面中，【调整画笔】选项区域的作用及含义如表 14-11 所示。

表 14-11　选项作用及含义

选项	作用及含义
新建	选择调整画笔以后，该单选按钮为选中状态，此时在图像中涂抹可以绘制蒙版
添加	绘制一个蒙版区域后，选中该单选按钮，可在其他区域添加新的蒙版
清除	要删除部分蒙版或撤销部分调整，可以选中该单选按钮，并在原蒙版区域上涂抹。创建多个调整区域以后，若要删除其中的一个调整区域，可单击该区域的图标，然后按【Delete】键
自动蒙版	将画笔描边限制到颜色相似的区域
显示蒙版	选中该复选框可以显示蒙版。如果要修改蒙版颜色，可单击该复选框右侧的颜色块，在打开的【拾色器】对话框中进行调整

续表

选项	作用及含义
清除全部	单击该按钮可删除所有调整和蒙版
大小	用于指定画笔笔尖的直径（以像素为单位）
羽化	用于控制画笔描边的硬度。羽化值越高，画笔的边缘越柔和
流动	用于控制应用调整的速率
浓度	用于控制描边中的透明程度
显示笔尖	显示图钉图标
曝光	设置整体图像亮度，对亮光部分的影响较大
亮度	调整图像亮度，它对中间调的影响更大
对比度	调整图像对比度，它对中间调的影响更大
饱和度	调整颜色鲜明度或颜色纯度
清晰度	拖动滑块增加局部对比度来增加图像深度
锐化程度	可增强边缘清晰度以显示细节
颜色	可在选中的区域中叠加颜色。单击右侧的颜色块，可以修改颜色

14.4.7 实战：使用【渐变滤镜工具】制作渐变色调效果

实例门类	软件功能

【渐变滤镜工具】可以为图像添加渐变色调，具体操作步骤如下。

Step01 打开素材。打开“素材文件\第 14 章\红礼服.jpg”文件，在工具栏中单击【渐变滤镜工具】，如图 14-60 所示。

Step02 设置参数。在右侧设置【色温】为 -73、【色调】为 47，如图 14-61 所示。

图 14-60

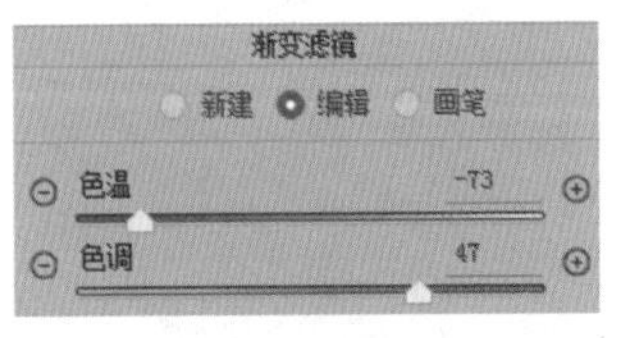

图 14-61

Step03 创建渐变色调。从下往上拖动鼠标创建渐变色调，如图 14-62 所示。使用相同的方法创建左上角的橙色渐变色调，如图 14-63 所示。

图 14-62

图 14-63

★新功能 14.4.8 实战：使用【径向滤镜工具】调整图像色调

实例门类	软件功能

【径向滤镜工具】 可以调整图像特定区域的色温、色调、曝光、锐化等，具体操作步骤如下。

Step 01 打开素材。打开“素材文件\第 14 章\沙滩.jpg”文件，在工具栏中单击【径向滤镜工具】，如图 14-64 所示。

Step 02 拖出椭圆框。在图像中拖出一个红白相间的椭圆框，Camera Raw 会控制用户的调整范围，如图 14-65 所示。

图 14-64

图 14-65

Step 03 调整图像的色调。在界面右侧进行参数设置，如图 14-66 所示。通过前面的操作，调整图像的色调，如图 14-67 所示。

图 14-66

图 14-67

14.4.9 调整照片大小和分辨率

在 Camera Raw 中可修改照片尺寸或分辨率，单击【Camera Raw】操作界面底部的【显示工作流程选项】按钮，如图 14-68 所示。

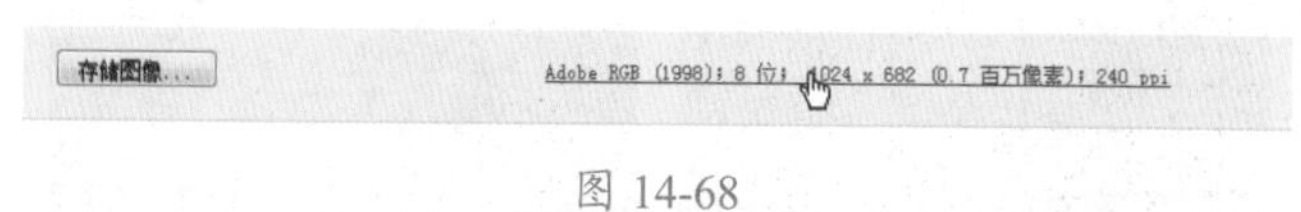

图 14-68

弹出【工作流程选项】对话框，如图 14-69 所示。

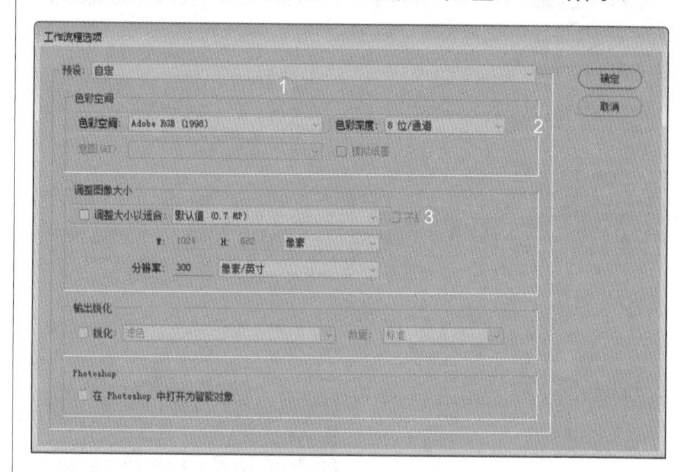

图 14-69

相关选项作用及含义如表 14-12 所示。

表 14-12 选项作用及含义

选项	作用及含义
❶ 色彩空间	指定目标颜色的配置文件。通常设置为用于 Photoshop RGB 工作空间的颜色配置文件
❷ 色彩深度	可以选择照片的位深度，包括 8 位 / 通道和 16 位 / 通道，它决定了 Photoshop 在黑白之间可以使用多少级灰度
❸ 大小	可设置导入 Photoshop 时图像的像素尺寸。默认为拍摄图像时所用的像素尺寸，若要重新设定图像像素，可打开【大小】菜单进行设置

14.4.10 Camera Raw 自动处理照片

实例门类	软件功能

Camera Raw 提供了自动处理照片的功能，如果要对多张照片应用相同的调整，可以先在 Camera Raw 中处理一张照片，然后通过 Bridge 将相同的调整应用于其他照

片，具体操作步骤如下。

Step 01 打开素材。执行【文件】→【在 Bridge 中浏览】命令，运行 Bridge，导航到“素材文件 \ 第 14 章 \14-11”文件夹，在第一张照片上右击，选择【在 Camera Raw 中打开】命令，如图 14-70 所示。

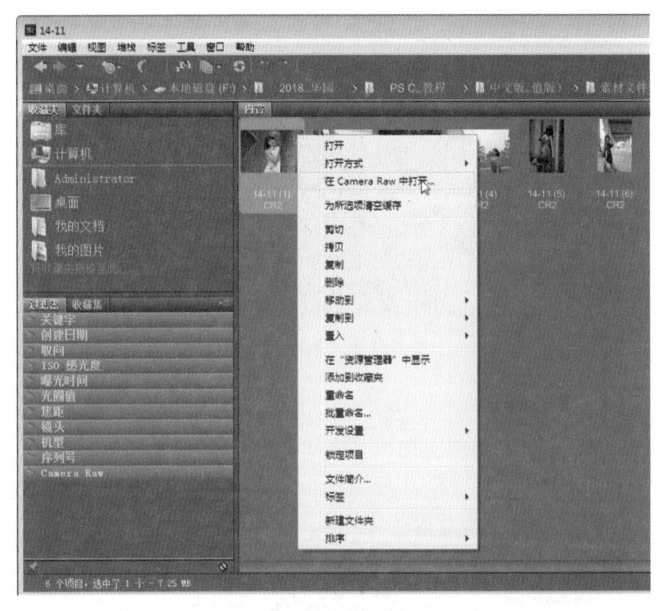

图 14-70

Step 02 调整为灰度图像。在 Camera Raw 中打开照片以后，将它调整为灰度图像。单击【完成】按钮，关闭照片和 Camera Raw，返回 Bridge，如图 14-71 所示。

图 14-71

Step 03 执行【上一次转换】命令。在 Bridge 中，经 Camera Raw 处理后的照片右上角有一个 图标。按住【Ctrl】键的同时，选中需要处理的其他照片并右击，从弹出的快捷菜单中，执行【开发设置】→【上一次转换】命令，如图 14-72 所示。

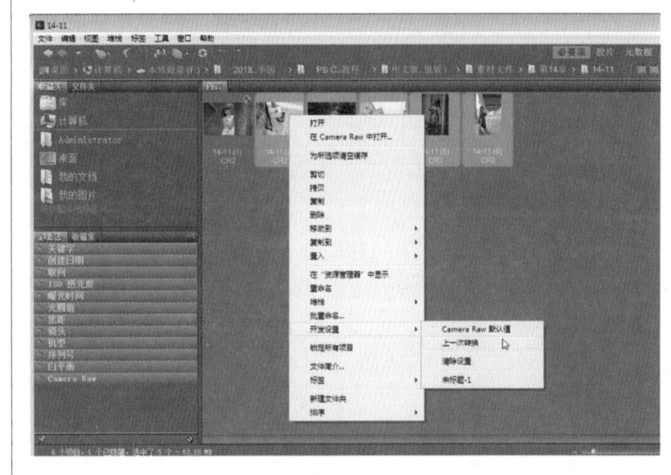

图 14-72

Step 04 处理所有照片为灰度。通过上一步设置，即可将选择的照片都处理为灰度效果，如图 14-73 所示。

图 14-73

技能拓展
——恢复照片原始效果

如果要将照片恢复为原状，可选中照片并右击，在弹出的快捷菜单中，执行【开发设置】→【清除设置】命令。

妙招技法

通过前面知识的学习，相信读者已经掌握了处理数码照片的方法。下面结合本章内容，给大家介绍一些实用技巧。

技巧 01：在 Camera Raw 中，如何自动打开 JPEG 和 TIFF 格式照片

执行【编辑】→【首选项】→【Camera Raw】命令，打开【Camera Raw 首选项】对话框。

在下方的【JPEG 和 TIFF 处理】下拉列表中，可以选择 JPEG 和 TIFF 照片的处理方式，如图 14-74 所示。

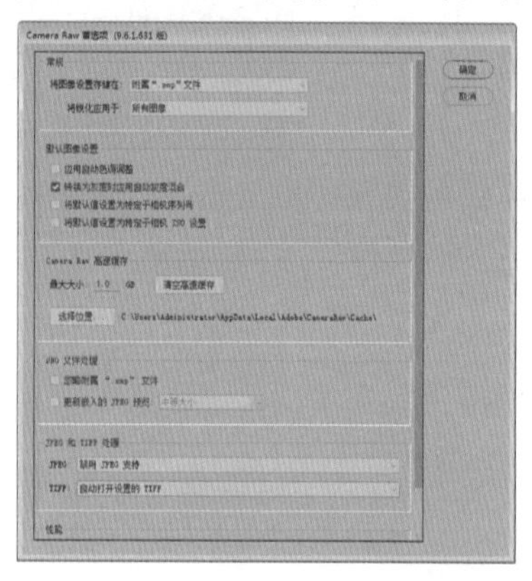

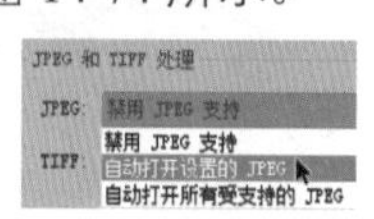

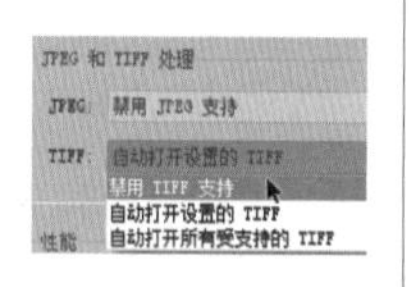

图 14-74

选择【禁用 JPEG 支持】和【禁用 TIFF 支持】选项时，可以通过【打开为】命令和【Camera Raw】滤镜打开 JPEG 和 TIFF 格式照片。

选择【自动打开设置的 JPEG】和【自动打开设置的 TIFF】选项时，只有特殊设置过的照片才能在 Camera Raw 中自动打开。

选择【自动打开所有受支持的 JPEG】和【自动打开所有受支持的 TIFF】选项时，将 JPEG 和 TIFF 格式照片拖动到 Photoshop CC 中时，将会自动在 Camera Raw 软件中打开照片。

技巧 02：Camera Raw 中的直方图

打开 Camera Raw 软件，直方图显示在面板右上方，如图 14-75 所示。

直方图包括红、绿、蓝 3 个通道。其中，白色表示 3 个通道的重叠颜色，两个 RGB 通道重叠，会显示黄色、洋红或青色。

调整照片时，直方图也会发生变化。如果直方图两侧出现竖线，表示照片发生了溢色（修剪），细节出现丢失现象。

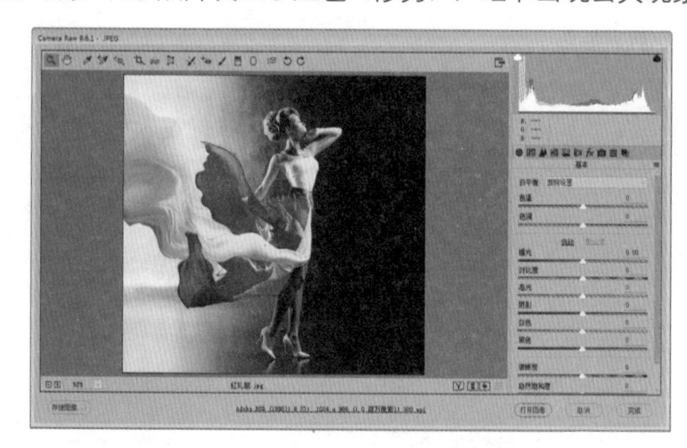

图 14-75

单击直方图左上方的图标，或者按【U】键，会以蓝色标识阴影修剪区域，如图 14-76 所示。

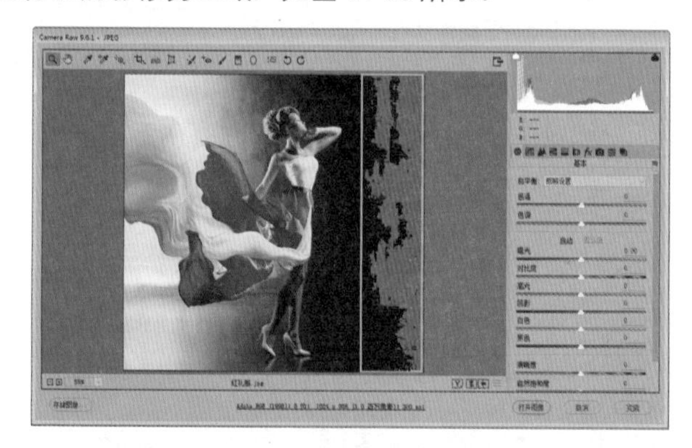

图 14-76

单击高光图标，或者按【O】键，会以红色标识高光溢出区域，如图 14-77 所示，再次单击相应图标，可以取消剪切显示。

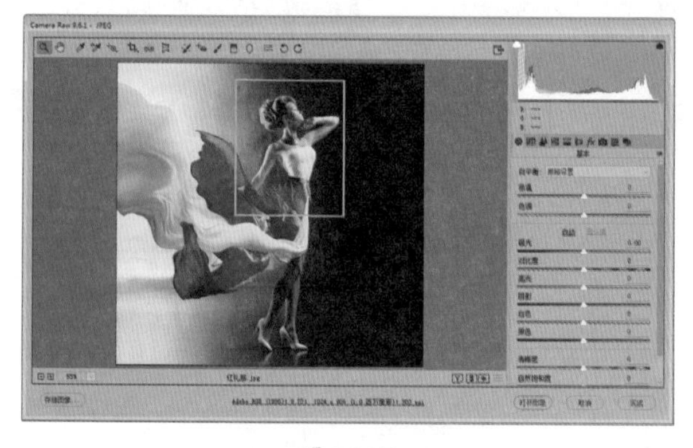

图 14-77

技巧03：扩展名为ORF是否属于Raw格式照片

Raw格式是记录相机原始数据信息的统一格式，不同的数码相机商家有不同的扩展名，但这些照片都属于Raw格式照片。例如，奥林巴斯相机照片扩展名为ORF，佳能相机拍摄的照片扩展名为CR2或CRW。

技能实训——调出暗角蓝色调效果

素材文件	素材文件\第14章\头花.jpg
结果文件	结果文件\第14章\头花.psd

设计分析

蓝色调使照片风格显得高冷，而添加暗角，可以使照片更加神秘，下面使用Camera Raw中的命令，调出暗角蓝色调，效果对比如图14-78所示。

图14-78

操作步骤

Step 01 打开素材。在Camera Raw中打开“素材文件\第14章\头花.jpg”文件，如图14-79所示。

图14-79

Step 02 去除污点。选择工具栏的【污点去除工具】，在白色线条上单击，如图14-80所示。拖动绿圆到上方干净位置，如图14-81所示。

图14-80

图14-81

Step 03 清除白条。使用相同的方法，多次单击清除整个白条，如图14-82所示。

图 14-82

Step04 设置参数。单击【基本】按钮，参数设置如图 14-83 所示，图像效果如图 14-84 所示。

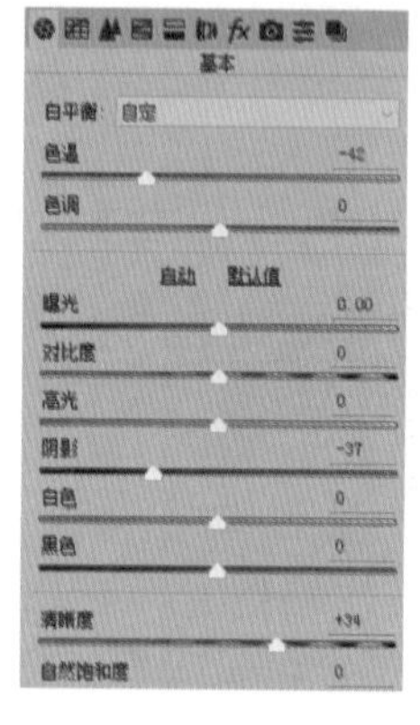

图 14-83

图 14-84

Step05 调亮暗调。单击【效果】按钮，参数设置如图 14-85 所示，通过前面的操作，调亮暗调，并增加淡蓝色，如图 14-86 所示。

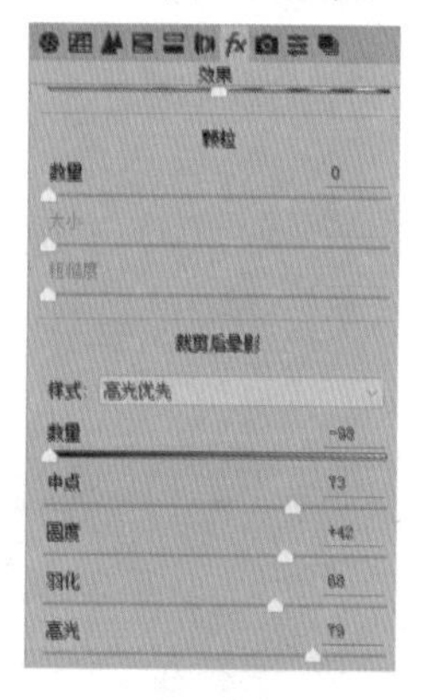

图 14-85

图 14-86

Step06 创建蒙版。选择【调整画笔工具】，选中【蒙版】复选框，设置【大小】为 7，【羽化】为 19，如图 14-87 所示。在人物头发位置涂抹，创建蒙版，如图 14-88 所示。

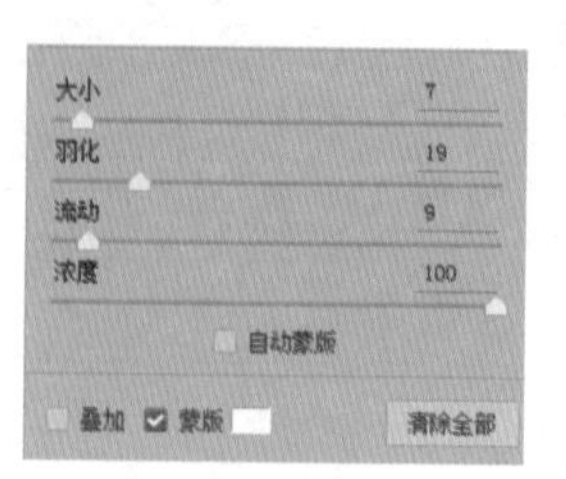

图 14-87

图 14-88

Step07 调整头发颜色。取消选中【蒙版】复选框，调整色温和色调，如图 14-89 所示。调整头发颜色，效果如图 14-90 所示。

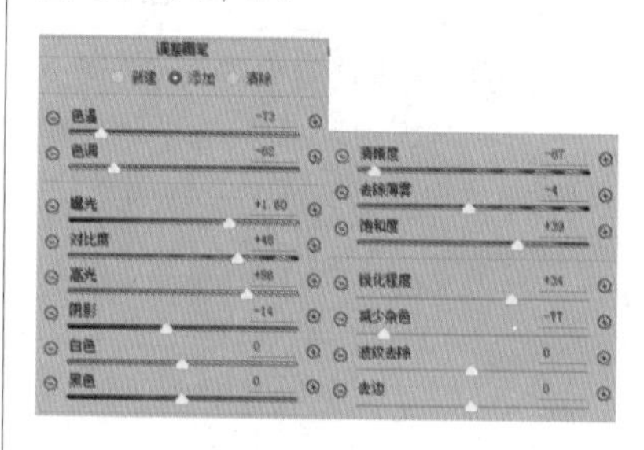

图 14-89

图 14-90

Step08 增加饱和度。在【目标调整工具】下拉列表框中，选择【饱和度】选项，如图 14-91 所示。在背景位置从左向右拖动鼠标，增加饱和度，效果如图 14-92 所示。

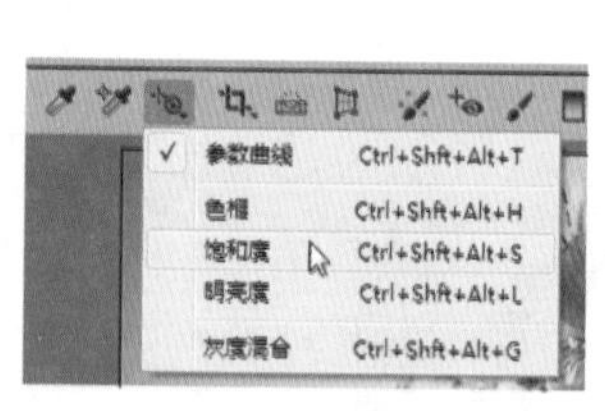

图 14-91

图 14-92

本章小结

本章主要介绍了 Camera Raw 软件的操作界面、打开和存储 Raw 格式照片、在 Camera Raw 中调整颜色和色调等内容，Raw 格式的照片只能通过专业的软件进行处理，掌握 Camera Raw 的操作，可以快速处理 Raw 格式照片的色调和影调等，并能使照片的原始数据得到保留。

第15章 滤镜特效的应用

- 什么是滤镜?
- 滤镜有哪些类别?
- 智能滤镜和普通滤镜有什么区别?
- 相关滤镜有哪些作用?
- 如何具体操作与使用滤镜?

滤镜广泛应用于图像特效制作中，可以对图像添加特殊的艺术效果，从而让用户拥有更加广阔的设计空间。本章先对滤镜操作进行介绍，再分别描述多种滤镜的不同效果。

15.1 初识滤镜

滤镜是制作图像特效的必备工具，包括模糊、绘画、浮雕、纹理等特殊效果，下面对滤镜的基础知识进行介绍，包括各种滤镜的特点与使用方法。

15.1.1 滤镜的定义

滤镜原本是一种摄影器材，摄影师将它们安装在照相机镜头前面来改变照片的拍摄方式，可以影响色彩或产生特殊的拍摄效果。

Photoshop CC 滤镜遵循一定的程序计算法对图像中像素的颜色、亮度、饱和度、色调、分布等属性进行计算和变换处理，使图像产生特殊的效果。

15.1.2 滤镜的用途

Photoshop 的内置滤镜主要有以下两种用途。

第一种用于创建具体的图像特效，如可以生成素描、波浪、纹理等各种效果。此类滤镜的数量最多，而且基本上都是通过【滤镜库】来管理和应用的。

第二种主要用于编辑图像，如减少杂色、模糊图像等，这些滤镜在【模糊】【锐化】【杂色】等滤镜组中。此外，独立滤镜中的【液化】【消失点】等也属于此类滤镜。

15.1.3 滤镜的种类

滤镜分为内置滤镜和外挂滤镜两大类。其中，内置滤镜是 Photoshop CC 提供的，外挂滤镜是由其他厂商开发的，它们需要安装在 Photoshop CC 中才能使用。

Photoshop 的所有滤镜都在【滤镜】菜单中。其中，【滤镜库】【自适应广角】【镜头校正】【液化】【油画】【Camera Raw 滤镜】和【消失点】等是特殊滤镜，被单独列出，而其他滤镜依据其主要功能放置在不同类别的滤镜组中。若安装了外挂滤镜，则它们会出现在【滤镜】菜单底部。

15.1.4 滤镜的使用规则

在使用滤镜时，需要注意以下几点规则。

（1）若创建了选区，滤镜只处理选区内的图像；若没有选区，则处理当前图层中的全部图像。

（2）滤镜的处理效果是以像素为单位进行计算的，因此，相同的参数处理不同分辨率的图像，其效果也不同。

（3）使用滤镜处理图层中的图像时，需要选择该图层，并且图层必须是可见的。

（4）滤镜可以处理图层蒙版、快速蒙版和通道。

（5）滤镜必须应用在包含像素的区域，否则不能使用，但【云彩】和外挂滤镜除外。

（6）RGB 模式的图像可以使用全部滤镜，有一部分滤镜不能用于 CMYK 模式的图像，索引和位图模式的图像不能使用任何滤镜。如果想要对位图、索引或 CMYK 模式的图像应用滤镜，可以先将其转换为 RGB 模式，再使用滤镜进行处理。

15.1.5 加快滤镜运行速度

Photoshop 中一部分滤镜在使用时会占用大量的内存，如使用【光照效果】等滤镜编辑高分辨率的图像时，Photoshop CC 的处理速度会变得很慢。在这样的情况下，可以先在一小部分图像上试验滤镜，找到合适的设置后，再将滤镜应用于整个图像，或者在使用滤镜之前先执行【编辑】→【清理】命令释放内存。

15.1.6 查找联机滤镜

执行【滤镜】菜单中的【浏览联机滤镜】命令，可以链接到 Adobe 网站，查找需要的滤镜和增效工具，如图 15-1 所示。

图 15-1

15.1.7 查看滤镜的信息

执行【帮助】→【关于增效工具】命令，在弹出的下拉列表中包含了 Photoshop CC 所有滤镜和增效工具的目录，选择任意一个，将显示它的详细信息，如滤镜版本、制作者、所有者等，如图 15-2 所示。

图 15-2

15.2 应用【滤镜库】

在【滤镜库】中可以直观地查看应用滤镜后的图像效果，并且能够设置多个滤镜效果的叠加。此外，还可以调整滤镜效果图层的顺序，使滤镜功能更加强大。

15.2.1 滤镜库

执行【滤镜】→【滤镜库】命令，即可打开【滤镜库】对话框。

在【滤镜库】对话框中，左侧是预览区，中间是 6 组滤镜，分别为【风格化】【画笔描边】【扭曲】【素描】【纹理】和【艺术效果】，右侧是参数设置区，如图 15-3 所示。

图 15-3

在【滤镜库】对话框中，各选项作用及含义如表 15-1 所示。

表 15-1　选项作用及含义

选项	作用及含义
① 预览区	用于预览滤镜效果
② 缩放区	单击 按钮，可放大预览区图像的显示比例；单击 按钮，则缩小预览区图像的显示比例
③ 显示 / 隐藏滤镜缩览图	单击该按钮，可以隐藏滤镜组，将窗口空间留给图像预览区。再次单击该按钮则显示滤镜组
④ 弹出式菜单	单击 下拉按钮，可在打开的下拉菜单中选择一个滤镜
⑤ 参数设置区	【滤镜库】中包含 6 组滤镜，单击一个滤镜组前的 按钮，可以展开滤镜组；单击滤镜组中的一个滤镜可使用该滤镜，与此同时，右侧的参数设置区会显示该滤镜的参数
⑥ 当前使用的滤镜	显示了当前使用的滤镜
⑦ 效果图层	显示当前使用的滤镜列表。单击 图标可以隐藏或显示滤镜

15.2.2 应用效果图层

在【滤镜库】中应用一个滤镜后，该滤镜就会出现在对话框右下角的已应用的滤镜列表中，如图 15-4 所示。单击【新建效果图层】按钮 ，可以添加一个效果图层，如图 15-5 所示。

添加效果图层后，可以选择要应用的另一个滤镜，如图 15-6 所示。滤镜效果图层与图层的编辑方法相同，上下拖动效果图层可以调整它们的顺序，滤镜效果也会发生改变，如图 15-7 所示。

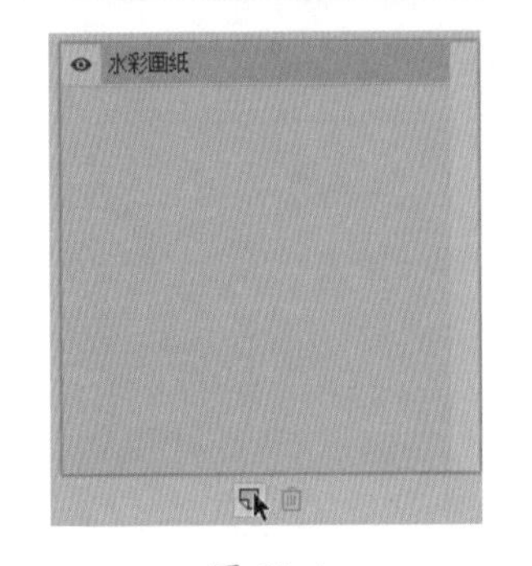

图 15-4

图 15-5

图 15-6

图 15-7

技能拓展
——删除效果图层

单击【删除效果图层】按钮 ，可以删除效果图层。

15.3 独立滤镜

【自适应广角】【Camera Raw】【镜头校正】【液化】【油画】和【消失点】滤镜为独立的滤镜，它们具有丰富的功能，下面进行详细介绍。

15.3.1 【自适应广角】滤镜

实例门类	软件功能

【自适应广角】滤镜可以轻松拉直全景图像或用鱼眼及广角镜头拍摄照片中的弯曲对象，而且全新的画布工具会运用个别镜头的物理特性自动校正弯曲，具体操作步骤如下。

Step 01 打开素材。打开“素材文件\第15章\鱼眼.jpg”文件，如图15-8所示。

Step 02 打开【自适应广角】对话框。执行【滤镜】→【自适应广角】命令，或者按【Alt+Shift+Ctrl+A】组合键，打开【自适应广角】对话框，Photoshop CC会自动进行简单校正，如图15-9所示。

图 15-8

图 15-9

Step 03 拉直弯曲的图像。选择【约束工具】，在弯曲的图像中拖动鼠标，如图15-10所示。释放鼠标后，即可拉直弯曲的图像，如图15-11所示。

图 15-10

图 15-11

Step 04 校正图像并裁剪。使用相同的方法，在弯曲图像上多次拖动鼠标创建约束线校正图像，如图15-12所示。使用【裁剪工具】裁掉多余图像，效果如图15-13所示。

图 15-12

图 15-13

【自适应广角】对话框如图15-14所示。

图 15-14

相关选项的作用及含义如表15-2所示。

表 15-2 选项作用及含义

选项	作用及含义
① 工具按钮	使用【约束工具】单击图像或拖动端点，可以添加或编辑约束线；使用【多边形约束工具】单击图像或拖动端点，可以添加或编辑多边形约束线；使用【移动工具】可以移动对话框中的图像；使用【抓手工具】可以移动画面；使用【缩放工具】可以放大或缩小窗口的显示比例
② 校正	在该选项的下拉列表中可以选择投影模型，包括“鱼眼”“透视”“自动”和“完整球面”
③ 缩放	校正图像后，可通过该选项来缩放图像，以填满空缺
④ 焦距	用于指定焦距
⑤ 裁剪因子	用于指定裁剪因子
⑥ 原照设置	选中该复选框，可以使用照片源数据中的焦距和裁剪因子
⑦ 细节	该选项中会显示光标下方图像的细节
⑧ 显示约束	选中该复选框，可以显示约束线
⑨ 显示网格	选中该复选框，可显示网格

★新功能 15.3.2 【Camera Raw】滤镜

Raw 格式对于数码摄影是非常有意义的，它可以无损记录，而且有非常大的后期处理空间。可以简单地认为，把数码相机内部对原始数据的处理流程搬到了计算机上，熟练掌握了 Raw 处理，可以很好地控制照片的影调和色彩，并且得到更高水准的图像质量。

流行的 Raw 处理软件有很多，其中 Adobe Camera Raw 就是其中之一，作为通用型 Raw 处理引擎，它很好地与 Photoshop CC 结合在了一起。在 Photoshop CC 最新版本中，Camera Raw 作为一款独立滤镜，可以直接处理多种格式的图像。

Camera Raw 滤镜集成了一些数码照片处理的命令，包括【白平衡】【色调】【曝光】【清晰度】和【自然饱和度】等。执行【滤镜】→【Camera Raw 滤镜】命令，或者按【Shift+Ctrl+A】组合键，可以打开【Camera Raw 滤镜】对话框，如图 15-15 所示。

图 15-15

15.3.3 【镜头校正】滤镜

【镜头校正】滤镜既可以修复由数码相机镜头缺陷而导致的照片中出现桶形失真、枕形失真、色差及晕影等问题，也可以用于校正倾斜的照片，或者修复由于相机垂直或水平倾斜而导致的图像透视现象。

1. 自动校正照片

执行【滤镜】→【镜头校正】命令，或者按【Shift+Ctrl+R】组合键，打开【镜头校正】对话框，如图 15-16 所示。

图 15-16

在【自动校正】选项卡中，Photoshop CC 提供了可以自动校正照片问题的各种配置文件。首先在【相机制造商】和【相机型号】下拉列表中指定拍摄该数码照片的相机制造商及相机型号；然后在【镜头型号】下拉列表中选择一款镜头；最后，Photoshop CC 给出与之匹配的镜头配置文件。如果没有出现配置文件，可单击【联机搜索】按钮在线查找。

以上内容设置完成后，在【校正】选项区域中选择一个选项，Photoshop CC 就会自动校正照片中出现的几何扭曲、色差或晕影。

【自动缩放图像】复选框用于指定如何处理由于校正枕形失真、旋转或透视而产生的空白区域。在【边缘】下拉列表中选择【边缘扩展】选项，可扩展图像的边缘像素来填充空白区域；选择【透明度】选项，空白区域保持透明；选择【黑色】或【白色】选项，则使用黑色或白色填充空白区域。

技能拓展——桶形和枕形失真

桶形失真是由镜头引起的成像画面呈桶形膨胀状的失真现象，使用广角镜头或变焦镜头的最广角时，容易出现这种情况；枕形失真与之相反，它会导致画面向中间收缩，使用长焦镜头或变焦镜头的长焦端时，容易出现这种情况。

2. 手动校正照片

在【镜头校正】对话框中选择【自定】选项卡，显示手动设置面板，可以手动调整参数校正照片，如图 15-17 所示。

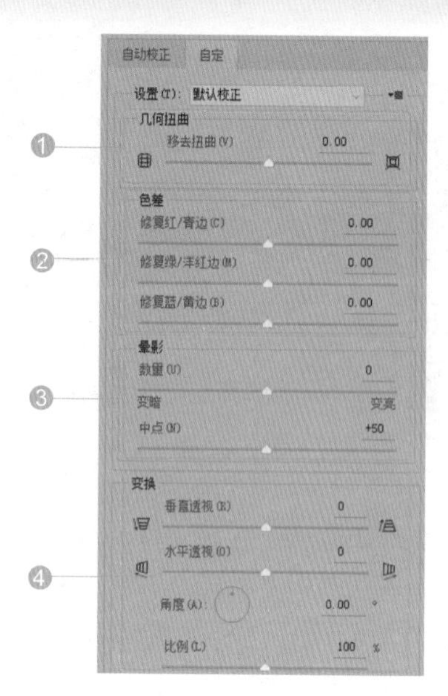

图 15-17

相关选项的作用及含义如表 15-3 所示。

表 15-3　选项作用及含义

选项	作用及含义
❶ 几何扭曲	拖动【移去扭曲】滑块可以拉直从图像中心向外弯曲或朝图像中心弯曲的水平和垂直线条，这种变形功能可以校正镜头桶形失真和枕形失真
❷ 色差	色差是由于镜头对不同平面中不同颜色的光进行对焦而产生的，具体表现为背景与前景对象相接的边缘会出现红色、蓝色或绿色的异常杂边。通过拖动各个滑块，可消除各种色差
❸ 晕影	表现为图像的边缘比图像中心暗。【数量】用于设置运用量的多少。【中点】用于指定受【数量】滑块所影响区域的宽度，数值大只会影响图像的边缘；数值小则会影响较多的图像区域
❹ 变换	该选项区域可以修复图像倾斜透视现象。【垂直透视】选项可以使图像中的垂直线平行；【水平透视】选项可以使水平线平行；【角度】选项可以旋转图像以针对相机歪斜加以校正；【比例】选项可以向上或向下调整图像缩放，图像的像素尺寸不会改变

技术看板

【镜头校正】对话框左侧的工具栏中，单击【移去扭曲工具】，向画面边缘拖动鼠标可以校正桶形失真，向画面中心拖动鼠标可以校正枕形失真；选择【拉直工具】，在画面中单击并拖出一条直线，图像会以该直线为基准进行角度校正。

15.3.4 实战：使用【液化工具】为人物烫发

实例门类	软件功能

【液化】滤镜是修饰图像和创建艺术效果的强大工具，可创建推拉、扭曲、旋转、收缩等变形效果，既可以对图像做细微的扭曲变化，也可以对图像做剧烈的变化。使用【液化工具】为人物烫发，具体操作步骤如下。

Step 01 打开【液化】对话框。打开“素材文件\第 15 章\红心.jpg”文件，执行【滤镜】→【液化】命令，或者按【Shift+Ctrl+X】组合键，打开【液化】对话框，如图 15-18 所示。

图 15-18

Step 02 选择【顺时针旋转扭曲工具】。❶ 选择【顺时针旋转扭曲工具】，❷ 在右侧设置【画笔大小】为 100，【画笔密度】为 50，❸ 在人物头发位置拖动鼠标，如图 15-19 所示。

图 15-19

Step 03 扭曲头发。选择【向前变形工具】，在人物头发位置拖动制作烫发效果，如图 15-20 所示。

图 15-20

在【液化】对话框中，各选项作用及含义如表 15-4 所示。

表 15-4 选项作用及含义

选项	作用及含义
❶ 工具按钮	包括执行液化的各种工具，其中【向前变形工具】 通过在图像上拖动，向前推动图像而产生变形；【重建工具】 通过绘制变形区域，能够部分或全部恢复图像的原始状态；【冻结蒙版工具】 将不需要液化的区域创建为冻结的蒙版；【解冻蒙版工具】 擦除保护的蒙版区域
❷ 画笔工具选项	用于设置当前选择工具的各种属性
❸ 人脸识别液化	可自动识别眼睛、鼻子、嘴唇和其他面部特征，可用来修饰人像照片
❹ 载入网格选项	使用网格可以查看和跟踪扭曲。选中【视图选项】中的【显示网格】复选框，可显示网格。在【载入网格选项】区域可以载入和存储网格
❺ 蒙版选项	设置蒙版的创建方式。单击【全部蒙住】按钮冻结整个图像；单击【全部反相】按钮反相所有的冻结区域
❻ 视图选项	定义当前图像、蒙版及背景图像的显示方式

15.3.5 实战：使用【消失点】命令在透视平面复制图像

实例门类	软件功能

【消失点】滤镜可以在包含透视平面的图像中进行透视校正。在应用绘画、仿制、复制、粘贴及变换等编辑操作时，Photoshop CC 可以确定这些编辑操作的方向，并将它们缩放到透视平面，制作出立体效果的图像，具体操作步骤如下。

Step01 添加节点。打开“素材文件\第 15 章\效果图.jpg”文件，执行【滤镜】→【消化点】命令，或者按【Alt+Ctrl+V】组合键，打开【消失点】对话框，选择【创建平面工具】，在图像中单击，添加节点，如图 15-21 所示。

图 15-21

Step02 定义透视平面。多次单击添加节点，定义透视平面，如图 15-22 所示。

图 15-22

Step03 调整节点。拖动平面，调整透视平面的节点，如图 15-23 所示。

图 15-23

Step04 对图像取样。❶ 选择【图章工具】，❷ 在【消失点】对话框顶部设置【修复】为【开】，❸ 按住【Alt】

键在透视平面内单击进行取样，如图 15-24 所示。

图 15-24

Step 05 涂抹图像。在图像右侧进行涂抹，将取样点的图像复制至鼠标指针涂抹处，如图 15-25 所示。

图 15-25

Step 06 继续涂抹图像。继续涂抹，Photoshop CC 会自动复制图像，并自动调整色调与背景相融合，如图 15-26 所示。

图 15-26

【消失点】对话框左侧各选项的作用及含义如表 15-5 所示。

表 15-5 选项作用及含义

选项	作用及含义
编辑平面工具	用于选择、编辑、移动平面的节点，以及调整平面的大小
创建平面工具	用于定义透视平面的 4 个角节点。创建了 4 个角节点后，可以移动、缩放平面或重新确定其形状；按住【Ctrl】键拖动平面的边节点可以拉出一个垂直平面。在定义透视平面的节点时，如果节点的位置不正确，可按【Backspace】键将该节点删除
选框工具	在平面上单击并拖动鼠标可以选择平面上的图像。选择图像后，将鼠标指针放在选区内，按住【Alt】键拖动选区可以复制图像；按住【Ctrl】键拖动选区，则可以用源图像填充该区域
图章工具	使用该工具时，按住【Alt】键在图像中单击，可以为仿制设置取样点；在其他区域拖动鼠标可以复制图像；按住【Shift】键在图像中单击，可以将描边扩展到上一次单击处
画笔工具	可在图像上绘制选定的颜色
变换工具	使用该工具时，可以通过移动定界框的控制点来缩放、旋转和移动浮动选区，类似于在矩形选区上使用【自由变换】命令
吸管工具	可拾取图像中的颜色作为画笔工具的绘画颜色
测量工具	可以在透视平面中测量项目的距离和角度

技能拓展
——红、黄、蓝透视平面的不同含义

创建透视平面时，红色透视平面是无效平面。在红色透视平面中，不能拉出垂直平面；黄色透视平面虽然可以拉出垂直平面和进行其他编辑，但也无法正确对齐；只有蓝色透视平面是有效平面，在其中可以进行各种编辑。

15.4 普通滤镜

Photoshop CC 中的普通滤镜非常丰富，可以制作出各种特殊效果。例如，【锐化】和【模糊】滤镜用于锐化和模糊图像，【杂色】滤镜用于添加或减少图像中的杂色，【风格化】【扭曲】【像素化】滤镜可以为图像创建特殊质感效果。

15.4.1 【风格化】滤镜组

【风格化】滤镜组中包含 9 种滤镜，其主要作用是移动选区内图像的像素，提高像素的对比度，使之产生绘画和印象派风格效果。

（1）查找边缘：可以自动搜索图像像素对比度变化剧烈的边界，将高反差区变亮、低反差区变暗，其他区域则介于两者之间，硬边变为线条，而柔边变粗，形成一个清晰的轮廓。原图像如图 15-27 所示，【查找边缘】滤镜效果如图 15-28 所示。

图 15-27

图 15-28

（2）等高线：可以查找主要亮度区域的转换，并为每个颜色通道淡淡地勾勒主要亮度区域的转换，以获得与等高线图中线条类似的效果，如图 15-29 所示。

（3）风：可以在图像上设置被风吹过的效果，有【风】【大风】和【飓风】3 个选项，如图 15-30 所示。但该滤镜只在水平方向起作用，要产生其他方向的风吹效果，需要先将图像旋转，然后再使用此滤镜。

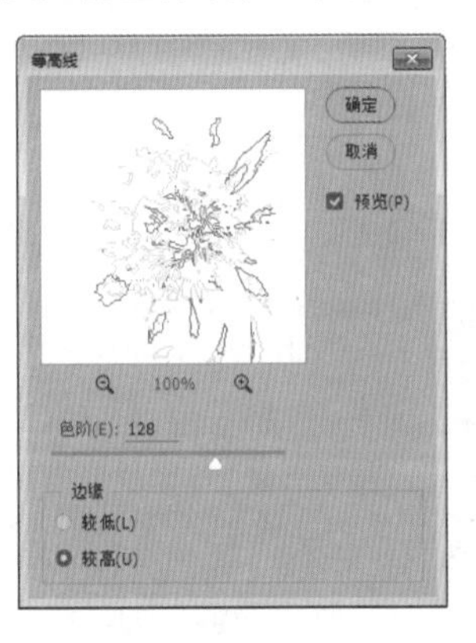

图 15-29

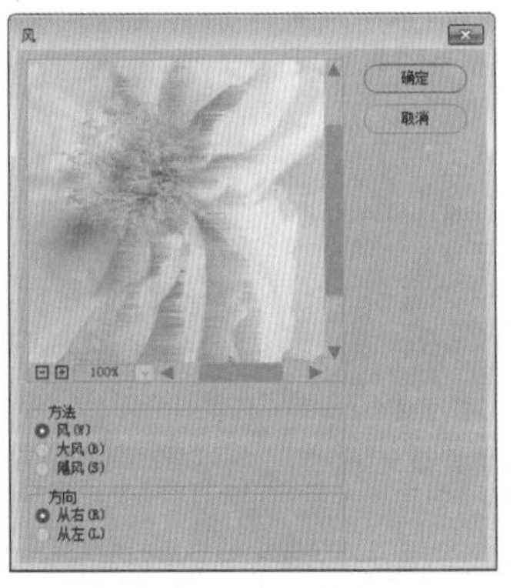

图 15-30

（4）浮雕效果：可以通过勾画图像或选区的轮廓，或者降低周围色值来生成凸起或凹陷的浮雕效果，如图 15-31 所示。

（5）扩散：可以将图像的像素扩散显示，设置图像绘画溶解的艺术效果，如图 15-32 所示。

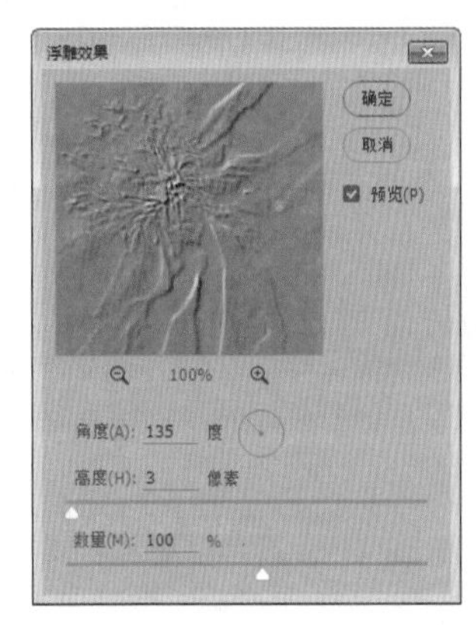

图 15-31

图 15-32

（6）拼贴：可以将图像分割成有规则的方块，并使其偏离其原来的位置，产生不规则瓷砖拼凑成的图像效果，拼贴的颜色为背景色，如图 15-33 所示。

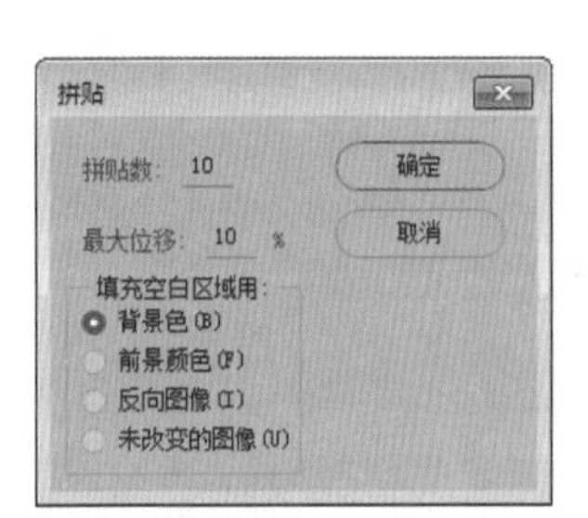

图 15-33

（7）曝光过度：将图像正片和负片混合，翻转图像的高光部分，模拟摄影中曝光过度的效果，如图 15-34 所示。

（8）照亮边缘：可以搜索图像中颜色变化较大的区域，标识颜色的边缘，并向其添加类似霓虹灯的光亮，效果如图 15-35 所示。

图 15-34

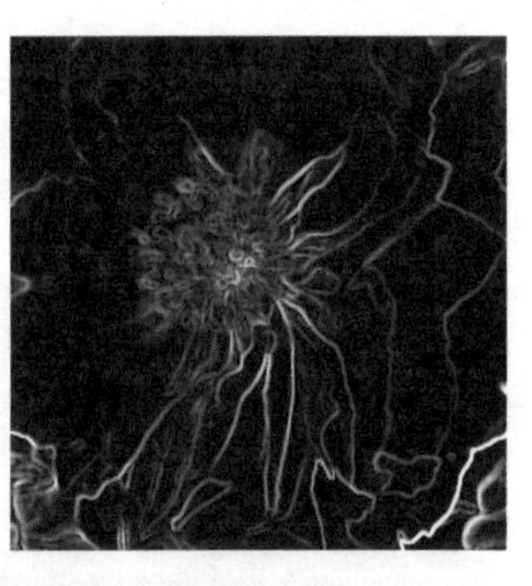

图 15-35

（9）凸出：可以将图像分成一系列大小相同且有机

重叠放置的立方体或锥体，以产生特殊的3D效果，如图15-36所示。

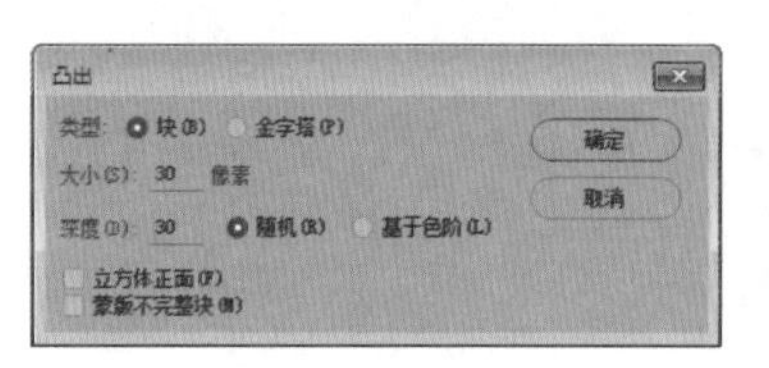

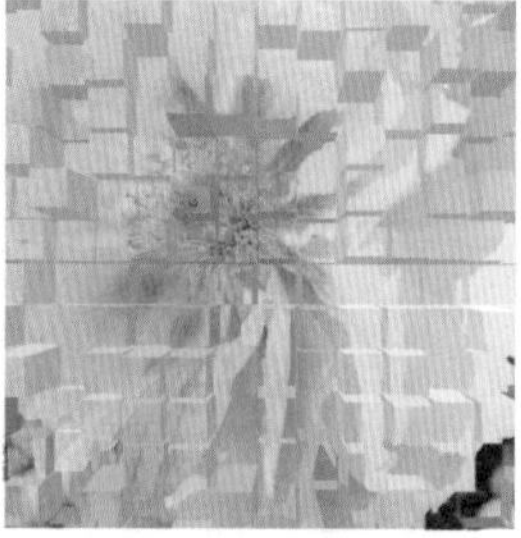

图15-36

15.4.2 【画笔描边】滤镜组

【画笔描边】滤镜组中包含8种滤镜，其中的一部分滤镜通过不同的油墨和画笔勾画图像产生绘画效果，一部分滤镜可以添加颗粒、绘画、杂色、边缘细节或纹理效果。

（1）成角的线条：通过描边重新绘制图像，用相反的方向来绘制亮部和暗部区域，效果如图15-37所示。

（2）墨水轮廓：模拟钢笔画的风格，使用纤细的线条在原细节上重绘图像，效果如图15-38所示。

图15-37

图15-38

（3）喷溅：通过模拟喷枪，使图像产生笔墨喷溅的艺术效果，如图15-39所示。

（4）喷色描边：可以使用图像的主导色用成角的、喷溅的颜色线条重新绘制图像，产生斜纹飞溅效果，如图15-40所示。

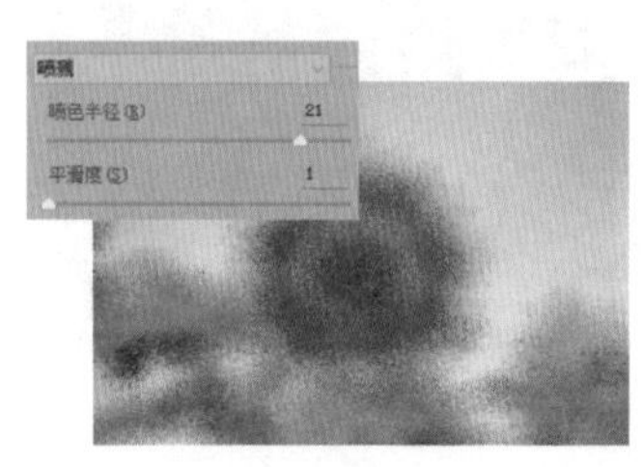

图15-39

图15-40

（5）强化的边缘：可以强调图像边缘。设置高的边缘亮度值时，强化效果类似白色粉笔；设置低的边缘亮度值时，强化效果类似黑色油墨，效果如图15-41所示。

（6）深色线条：可以使图像产生一种很强烈的黑色阴影，利用图像的阴影设置不同的画笔长度。其中，阴影用短线条表示，高光用长线条表示，效果如图15-42所示。

图15-41

图15-42

（7）烟灰墨：可以使图像产生一种类似毛笔在宣纸上绘画的效果。这些效果具有非常黑的柔化模糊边缘，效果如图15-43所示。

（8）阴影线：可以保留原图像的细节和特征，同时使用模拟的铅笔阴影线添加纹理，使图像中色彩区域的边缘变粗糙，效果如图15-44所示。

图15-43

图15-44

15.4.3 【模糊】滤镜组

【模糊】滤镜组中包含14种滤镜，既可以对图像进行柔和处理，也可以将图像像素的边线设置为模糊状态，在图像上表现出速度感或晃动感。

（1）场景模糊：可以通过一个或多个图钉对图像场景中不同的区域应用模糊效果，如图15-45所示。

（2）光圈模糊：可以对照片应用模糊，并创建一个椭圆形的焦点范围，它能模拟出柔焦镜头拍出的梦幻、朦胧的画面效果，如图15-46所示。

（3）倾斜偏移：能模拟移轴镜头拍摄出的缩微模型效果，如图15-47所示。

图 15-45

图 15-46

图 15-47

（4）表面模糊：可以在保存图像边缘的同时，对图像表面添加模糊效果，主要用于创建特殊效果并消除杂色或颗粒度，如图 15-48 所示。

（5）动感模糊：可以使图像按照指定方向和指定强度变模糊，此滤镜效果类似以固定的曝光时间给一个正在移动的对象拍照。在表现对象的速度感时经常用到该滤镜，如图 15-49 所示。

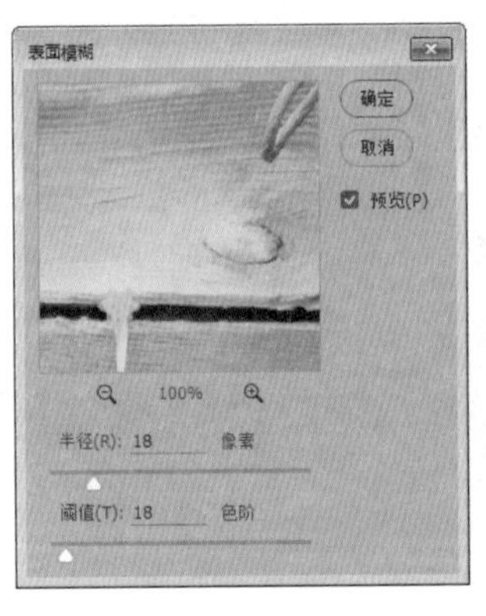

图 15-48

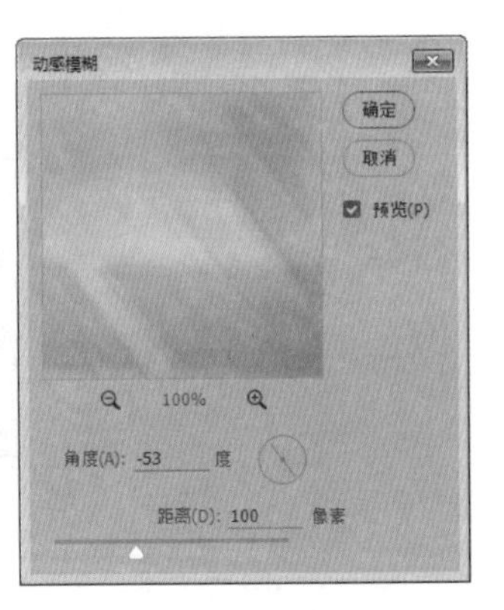

图 15-49

（6）方框模糊：可以基于相邻像素的平均颜色来模糊图像，如图 15-50 所示。

（7）高斯模糊：可以通过控制模糊半径对图像进行模糊处理，使其产生一种朦胧的效果，如图 15-51 所示。

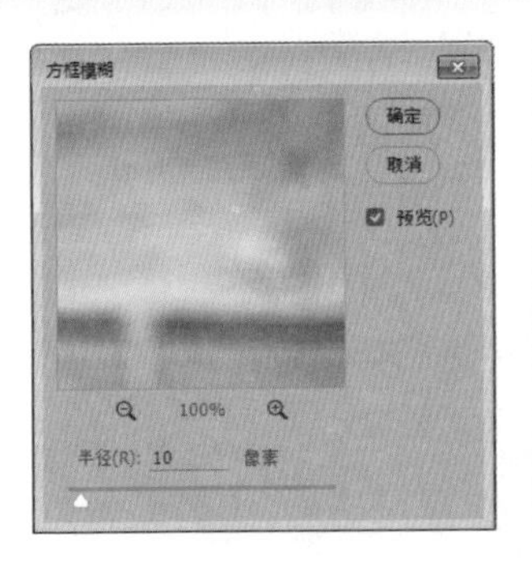

图 15-50

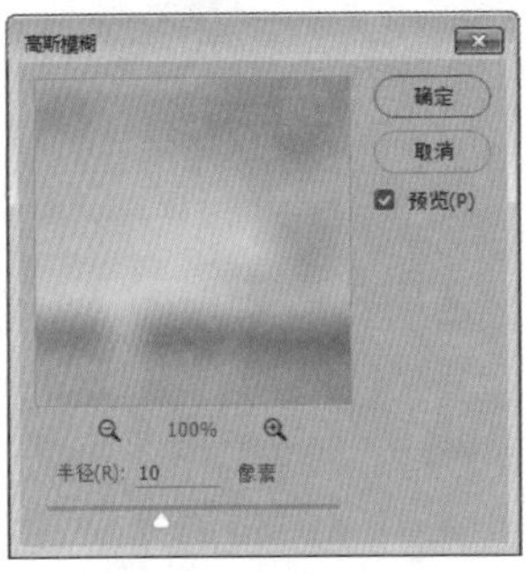

图 15-51

（8）进一步模糊：可以得到应用【模糊】滤镜三四次的效果。

（9）径向模糊：与相机拍摄过程中进行移动或旋转后所拍摄照片产生的模糊效果相似，如图 15-52 所示。

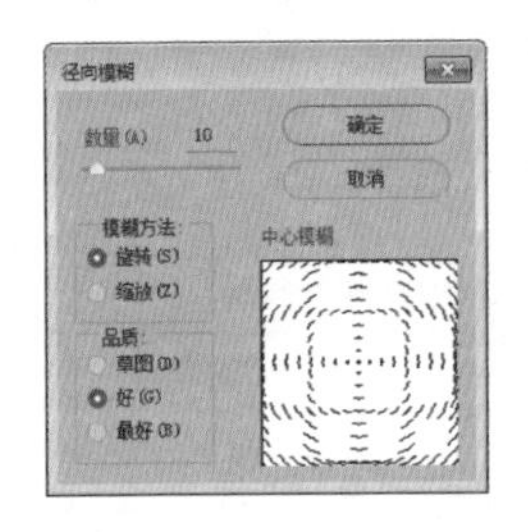

图 15-52

（10）镜头模糊：能够将图像处理为与相机镜头类似的模糊效果，并且可以设置不同的焦点位置，如图 15-53 所示。

图 15-53

（11）模糊：用于柔化整体或部分图像。

（12）平均：通过寻找图像或选区的平均颜色，然后将该颜色填充图像或选区。

（13）特殊模糊：提供了半径、阈值和模糊品质等设置选项，可以精确地模糊图像。

（14）形状模糊：可通过选择的形状对图像进行模糊

处理。选择的形状不同，模糊的效果也不同。

15.4.4 【扭曲】滤镜组

【扭曲】滤镜组中包含 12 种滤镜，既可以对图像进行移动、扩展或收缩来设置图像的像素，也可以对图像进行各种形状的变换，如波浪、波纹、玻璃等。在处理图像时，这些滤镜会占用大量内存，如果文件较大，建议先在较小的图像上进行试验。

（1）波浪：使用【波浪】滤镜可以使图像产生强烈波纹起伏的波浪效果，如图 15-54 所示。

图 15-54

（2）波纹：与【波浪】滤镜相似，可以使图像产生波纹起伏的效果，但提供的选项较少，只能控制波纹的数量和波纹大小，如图 15-55 所示。

（3）玻璃：用于制作一系列细小纹理，产生一种透过不同类型的玻璃观察图片的效果，如图 15-56 所示。

图 15-55

图 15-56

（4）海洋波纹：可以将随机分隔的波纹用到图像表面，它产生的波纹细小，边缘有较多抖动，使图像看起来就像在水中一样，如图 15-57 所示。

（5）极坐标：可以使图像坐标从平面坐标系转化为极坐标系，或者将极坐标系转化为平面坐标系。使用该滤镜可以创建 18 世纪流行的曲面扭曲效果，如图 15-58 所示。

图 15-57

图 15-58

（6）挤压：可以把图像挤压变形，使其收缩或膨胀，从而产生离奇的效果，如图 15-59 所示。

（7）扩散亮光：可以在图像中添加白色杂色，并从图像中心向外渐隐亮光，让图像产生一种光芒漫射的亮度效果，如图 15-60 所示。

图 15-59

图 15-60

（8）切变：可以将图像沿用户所设置的曲线进行变形，产生扭曲的图像，如图 15-61 所示。

（9）球面化：可以将图像挤压，产生图像在球面或柱面上的立体效果，如图 15-62 所示。

图 15-61

图 15-62

（10）水波：可以模拟出水池中的波纹，在图像中产生类似向水池中投入石头后水面产生的涟漪效果，如图 15-63 所示。

（11）旋转扭曲：可以将选区内的图像旋转，图像中心的旋转程度比图像边缘的旋转程度大，如图 15-64 所示。

图 15-63

图 15-64

（12）置换：【置换】滤镜需要使用一个 PSD 格式的图像作为置换图，然后对置换图进行相应的设置，以确定当前图像如何根据位移图产生弯曲、破碎的效果。

15.4.5 【锐化】滤镜组

【锐化】滤镜组中包含 6 种滤镜，既可以将图像制作得更清晰，使画面中的图像更加鲜明，也可以通过提高主像素的颜色对比度使画面更加细腻。

（1）USM 锐化：可以调整图像边缘的对比度，并在边缘的每一侧生成一条暗线和一条亮线，使图像的边缘变得更清晰、突出。

（2）防抖：【防抖】滤镜可以在几乎不增加噪点、不影响画质的前提下，使因轻微抖动而造成的模糊图像清晰起来。

（3）进一步锐化：可以对图像实现进一步的锐化，使之产生强烈的锐化效果。

（4）锐化：通过增加相邻像素的反差，使模糊的图像变得更清晰。

（5）锐化边缘：只强调图像边缘部分，而保留图像总体的平滑度。

（6）智能锐化：通过设置锐化算法来锐化图像，也可通过设置阴影和高光中的锐化量使图像产生锐化效果。

15.4.6 【视频】滤镜组

【视频】滤镜组中包含两种滤镜，既可以处理从隔行扫描方式的设备中提取的图像，也可以将普通图像转换为视频设备可以接收的图像，以解决视频图像交换时系统差异的问题。

（1）NTSC 颜色：可以将不同色域的图像转化为电视可接受的颜色模式，以防止过饱和颜色渗过电视扫描行。NTSC 即（美国）国家电视标准委员会。

（2）逐行：通过隔行扫描方式显示画面的电视，以及视频设备中捕捉的图像都会出现扫描线，【逐行】滤镜可以移去视频图像中的奇数或偶数隔行线，使在视频上捕捉的运动图像变得平滑。

15.4.7 【素描】滤镜组

【素描】滤镜组中包含 14 种滤镜，它们可以将纹理添加到图像中，常用于模拟素描和速写等艺术效果或手绘外观。其中，大部分滤镜在重绘图像时都要使用前景色和背景色，因此，设置不同的前景色和背景色，可以获得不同的效果。

（1）半调图案：可以在保持连续色调范围的同时，模拟半调网屏效果，如图 15-65 所示。

（2）便条纸：可以将图像简化，制作出有浮雕凹陷和颗粒感纸质纹理的效果，如图 15-66 所示。

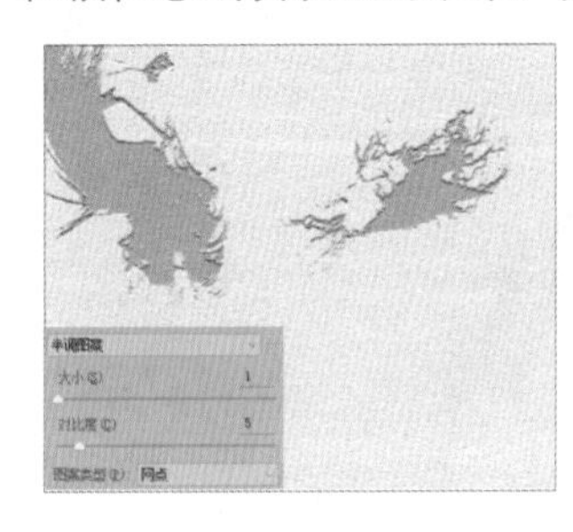

图 15-65

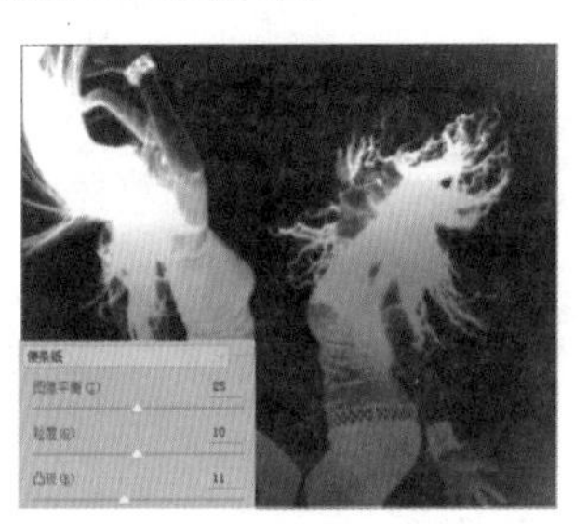

图 15-66

（3）粉笔和炭笔：可以重绘高光和中间调，并使用粗糙粉笔绘制中间调的灰色背景。阴影区域用黑色对角炭笔线条替换，炭笔用前景色绘制，粉笔用背景色绘制，如图 15-67 所示。

（4）铬黄渐变：可以渲染图像，创建如擦亮的铬黄表面般的金属效果，高光在反射表面上是高点，阴影则是低点，如图 15-68 所示。

图 15-67

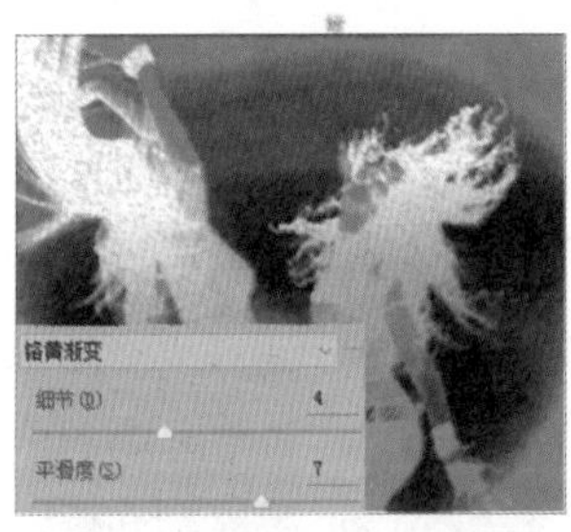

图 15-68

（5）绘图笔：使用精细的油墨线条来捕捉图像中的细节，可以模拟铅笔素描的效果，如图 15-69 所示。

（6）基底凸现：可以变换图像，使之呈现浮雕的雕刻状或突出光照下变化各异的表面，图像的暗区将呈现前景色，而浅色则使用背景色，如图 15-70 所示。

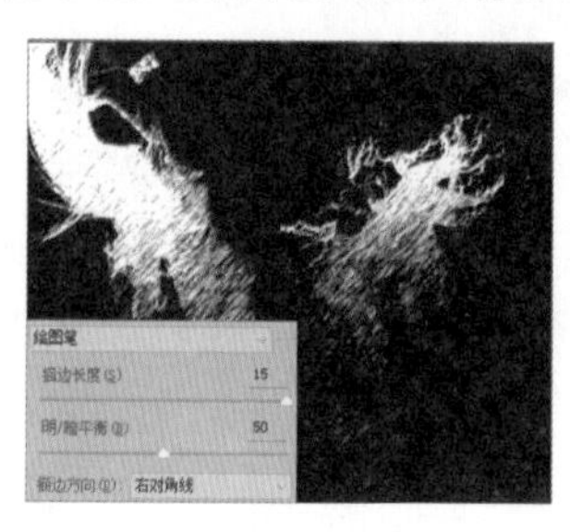

图 15-69

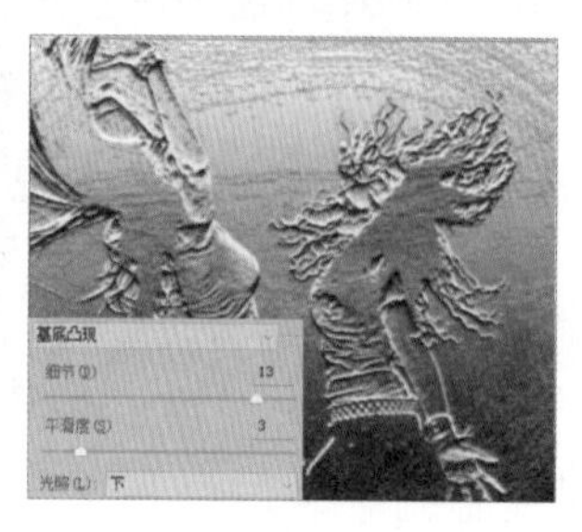

图 15-70

（7）石膏效果：可以按 3D 效果塑造图像，然后使用前景色与背景色为结果图像着色，图像中的暗区凸起、亮区凹陷，如图 15-71 所示。

（8）水彩画纸：素描滤镜组中唯一能够保留图像颜色的滤镜，利用有污点的、像画在潮湿的纤维纸上的涂抹，使颜色流动并混合，如图 15-72 所示。

图 15-71

图 15-72

（9）撕边：可以用粗糙的颜色边缘模拟碎纸片的效果，使用前景色和背景色为图像着色，如图 15-73 所示。

（10）炭笔：可以产生色调分离的涂抹效果。图像的主要边缘以粗线条绘制，而中间色调用对角描边进行素描，炭笔是前景色，背景色是纸张颜色，如图 15-74 所示。

图 15-73

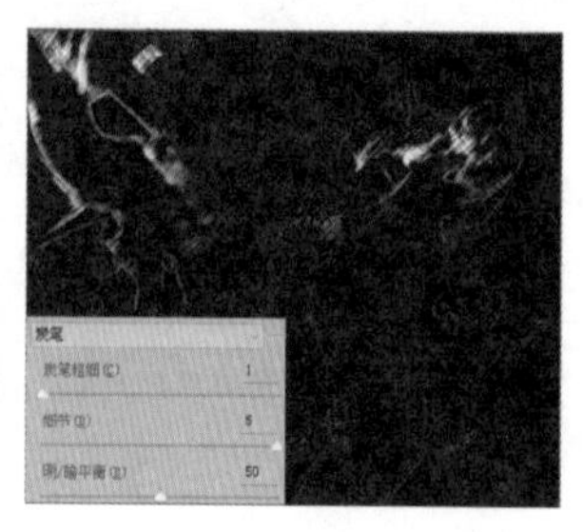

图 15-74

（11）炭精笔：可以在图像上模拟浓黑和纯白的炭精笔纹理，暗区使用前景色，亮区使用背景色，如图 15-75 所示。

（12）图章：简化图像，使之呈现出用橡皮或木制图章盖印的效果，如图 15-76 所示。

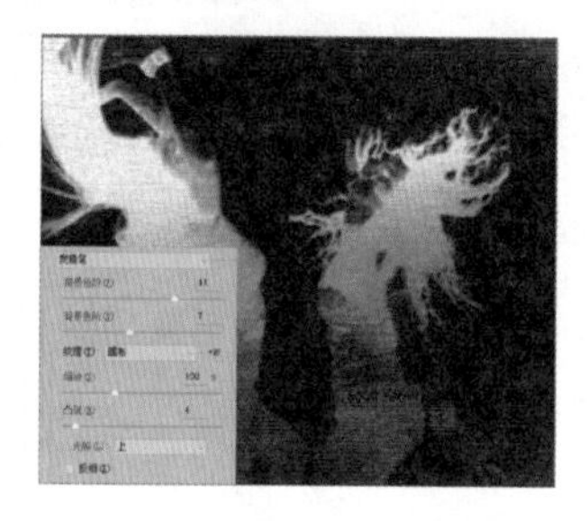

图 15-75

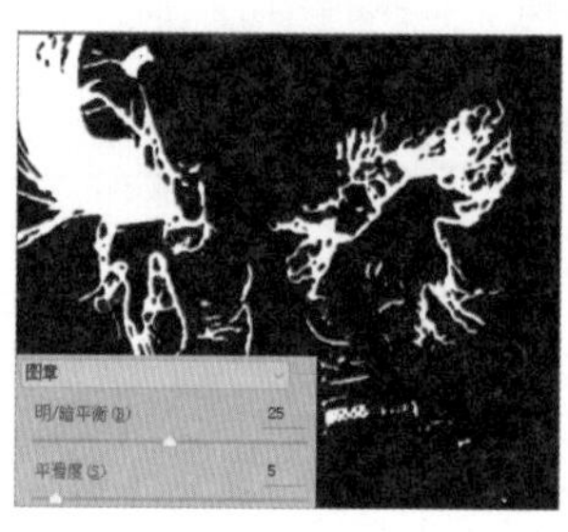

图 15-76

（13）网状：可以模拟胶片乳胶的可控收缩和扭曲来创建图像，使之在阴影处结块，在高光处呈现轻微的颗粒化，如图 15-77 所示。

（14）影印：可以模拟影印效果，大的暗区趋向于只复制边缘四周，而中间色调为纯黑色或纯白色，如图 15-78 所示。

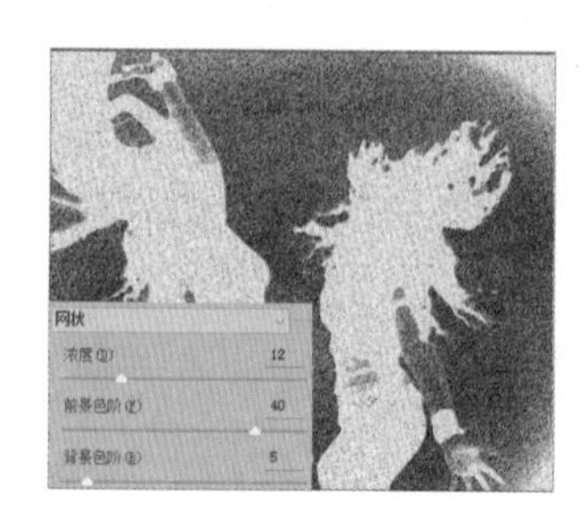

图 15-77

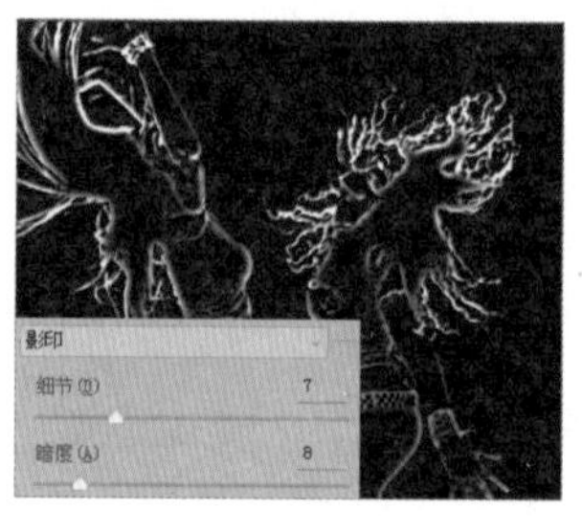

图 15-78

15.4.8 【纹理】滤镜组

【纹理】滤镜组中包含 6 种滤镜，它们可以模拟具有深度或物质感的外观。

（1）龟裂缝：可以将图像绘制在一个高凸现的石膏表面上，循着图像等高线生成精细的网状裂缝。使用此滤镜可以对包含多种颜色值或灰度值的图像创建浮雕效果，如图 15-79 所示。

（2）颗粒：可以通过模拟不同种类的颗粒对图像添加纹理，如图 15-80 所示。

（3）马赛克拼贴：可以渲染图像，使图像看起来就像由多种碎片拼贴而成，在拼贴之间有深色的缝隙，如

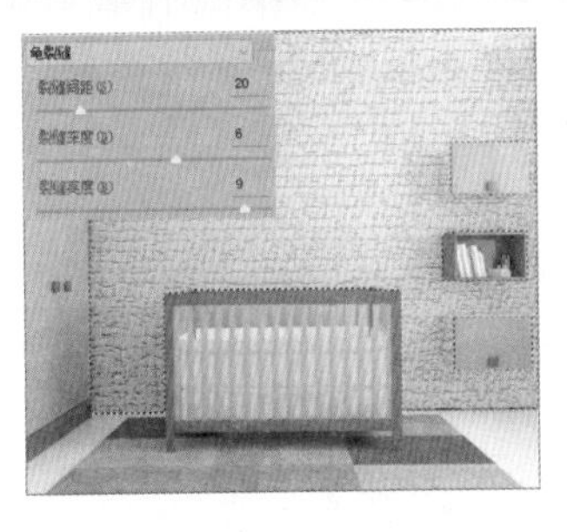

图 15-79

图 15-80

图 15-81 所示。

（4）拼缀图：可以将图像分解为若干个正方形，每个正方形都由该区域的主色进行填充，如图 15-82 所示。

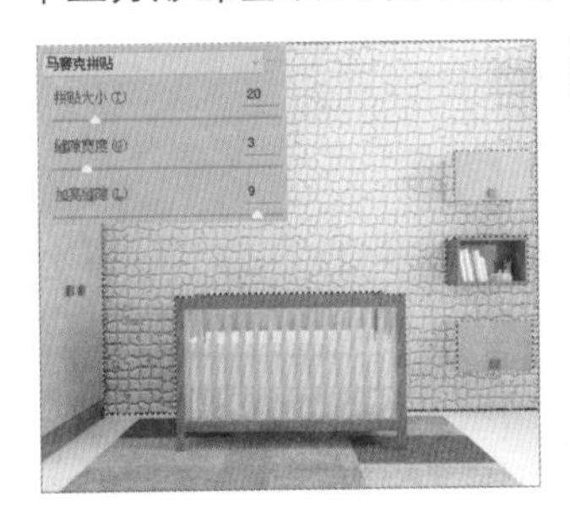

图 15-81

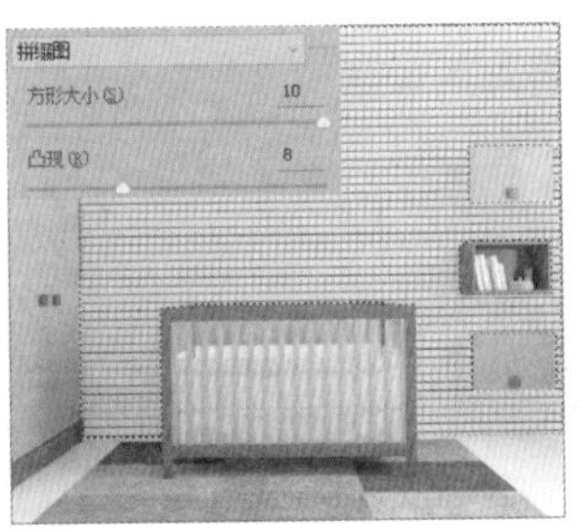

图 15-82

（5）染色玻璃：可以将图像重新绘制成玻璃拼贴起来的效果，生成的玻璃块之间的缝隙使用前景色来填充，如图 15-83 所示。

（6）纹理化：可以将选择或创建的纹理应用于图像，如图 15-84 所示。

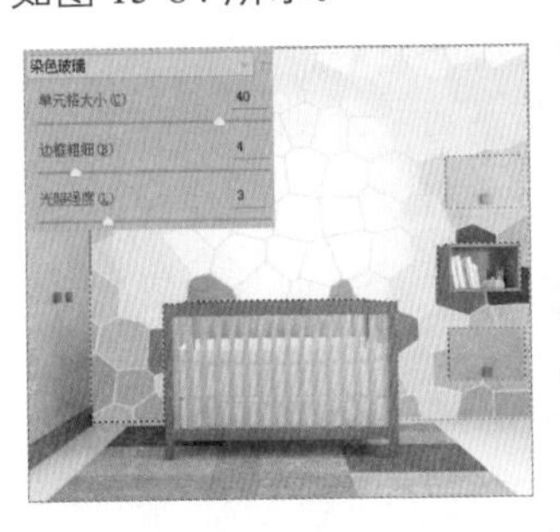

图 15-83

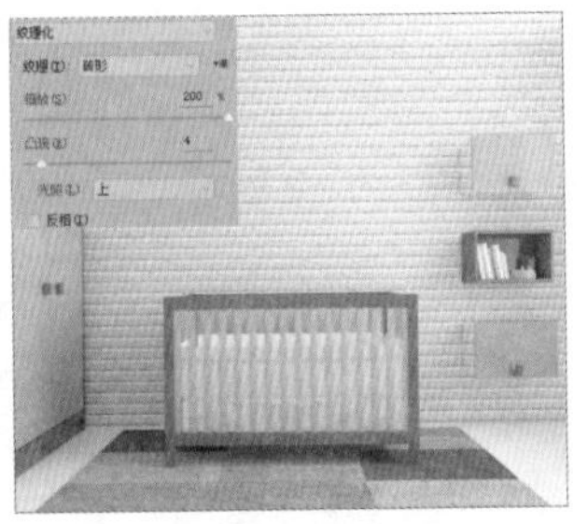

图 15-84

技能拓展——【马赛克】和【马赛克拼贴】滤镜的区别

在【像素化】滤镜组中也有一个【马赛克】滤镜，它可以将图像分解为各种颜色的像素块，而【马赛克拼贴】滤镜用于将图像创建为拼贴块。

15.4.9 【像素化】滤镜组

【像素化】滤镜组中包含 7 种滤镜，它们通过平均分配色度值使单元格中颜色相近的像素结成块，用于清晰地定义一个选区，从而使图像产生彩块、晶格、碎片等效果。

（1）彩块化：使纯色或相近颜色的像素结成相近颜色的像素块，图像如同手绘效果，也可以使现实主义图像产生类似抽象派的绘画效果，如图 15-85 所示。

图 15-85

（2）彩色半调：可以使图像变为网点状效果。它先将图像的每一个通道划分出矩形区域，再以和矩形区域亮度成比例的圆形替代这些矩形，圆形的大小与矩形的亮度成比例，高光部分生成的网点较小，阴影部分生成的网点较大，如图 15-86 所示。

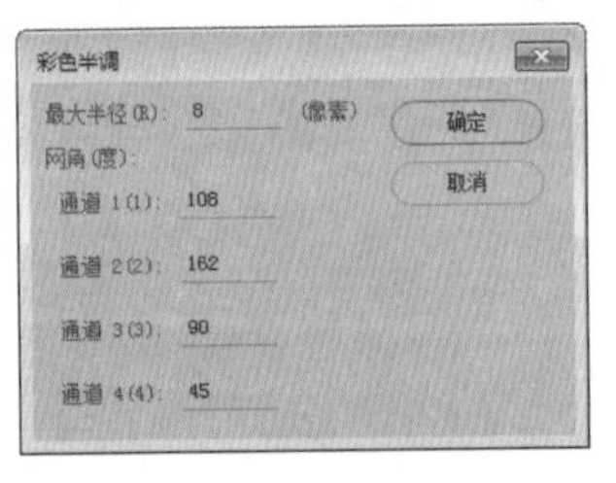

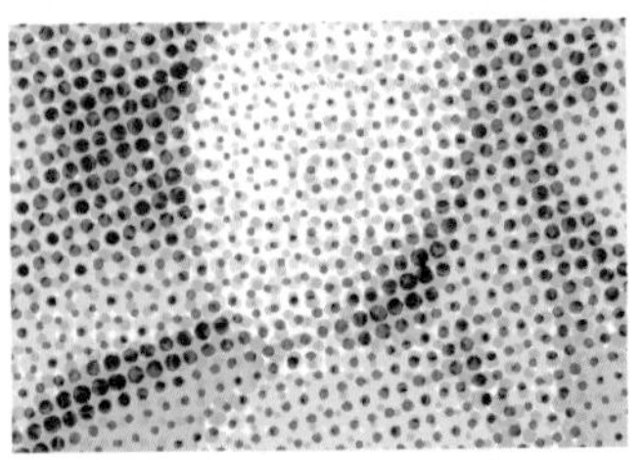

图 15-86

（3）点状化：将图像的颜色分解为随机分布的网点，就像点状化绘画一样，背景色将作为网点之间的画布区域，如图 15-87 所示。

（4）晶格化：可以使图像中相近的像素集中到多边形色块中，产生类似结晶的颗粒效果，如图 15-88 所示。

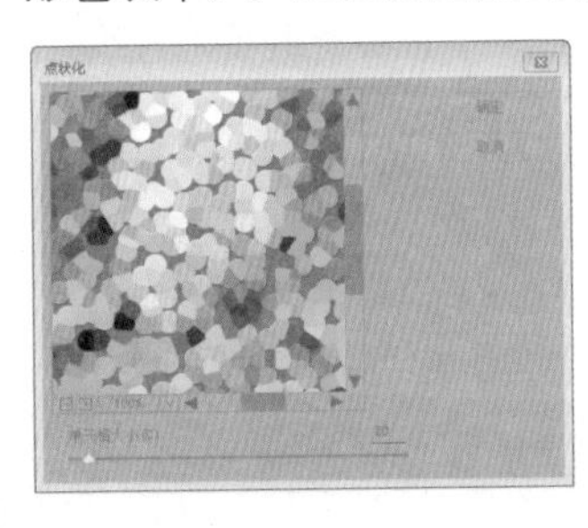

图 15-87

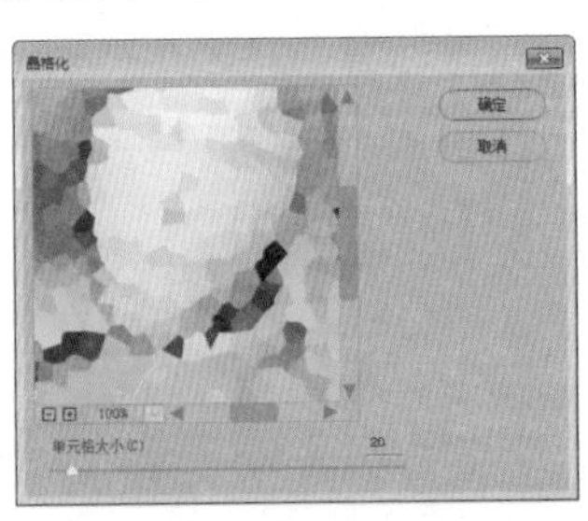

图 15-88

（5）马赛克：可以使像素结为方形块，再对块中的像素应用平均的颜色，从而生成马赛克效果，如图 15-89 所示。

（6）碎片：可以把图像的像素进行 4 次复制，再将它们平均，并使其相互偏移，使图像产生一种类似相机没有对准焦距而拍摄出的模糊照片的效果，如图 15-90 所示。

图 15-89

图 15-90

（7）铜版雕刻：可以在图像中随机生成各种不规则的直线、曲线和斑点，使图像产生年代久远的金属板效果，如图 15-91 所示。

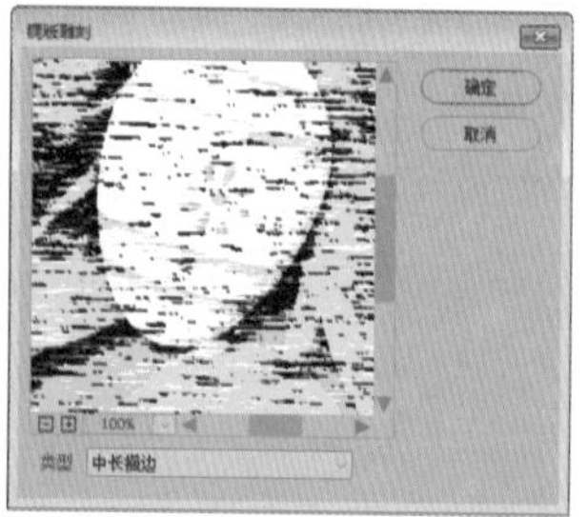

图 15-91

15.4.10 【渲染】滤镜组

【渲染】滤镜组中包含 5 种滤镜，它们可以在图像中创建出灯光、云彩、折射图案及模拟的光反射，是非常重要的特效制作滤镜。

（1）分层云彩：与【云彩】滤镜原理相同，但是使用【分层云彩】滤镜时，图像中的某些部分会被反相为云彩图案，原图和效果对比如图 15-92 所示。

图 15-92

（2）光照效果：可以在图像上产生不同的光源、光类型，以及不同光特性形成的光照效果，如图 15-93 所示。

图 15-93

相关选项的作用及含义如表 15-6 所示。

表 15-6　选项作用及含义

选项	作用及含义
使用预设光源	在左侧【预设】下拉列表框中，包含预设的各种灯光效果，选择即可直接使用
调整聚光灯	Photoshop CC 提供了 3 种光源：“聚光灯”“点光”和“无限光”，在右上方的【光照类型】下拉列表框中，选择光源后，就可以在左侧调整光源的位置和照射范围，在右侧调整灯光属性
设置纹理通道	通过一个灰度图像来控制灯光反射，以形成立体效果

（3）镜头光晕：可以模拟亮光照射到相机镜头所产生的折射效果，在预览框中拖动鼠标，可以调整光晕的位置，如图 15-94 所示，效果如图 15-95 所示。

图 15-94

图 15-95

（4）纤维：使用前景色和背景色来创建纤维的外观，如图 15-96 所示。

（5）云彩：使用前景色和背景色之间的随机值来生

成柔和的云彩图案，如图 15-97 所示。

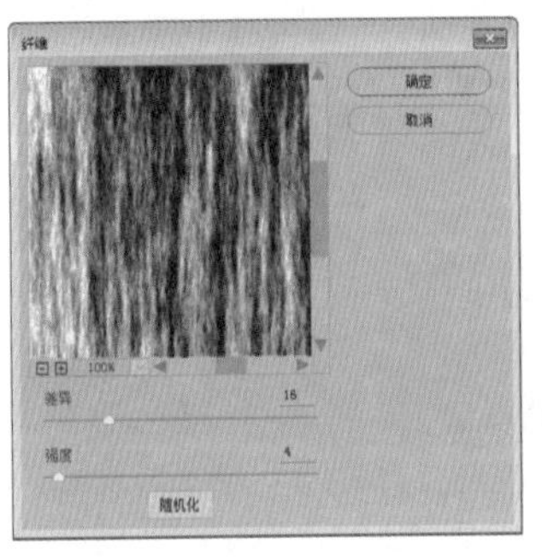

图 15-96

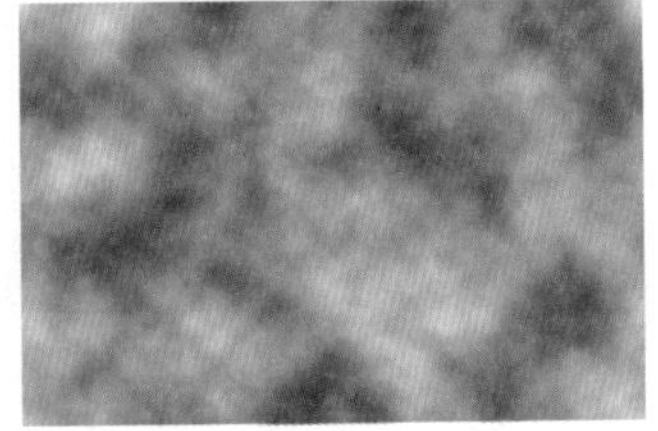

图 15-97

15.4.11 【艺术效果】滤镜组

【艺术效果】滤镜组中包含 15 种滤镜，既可以为图像添加具有艺术特色的绘制效果，也可以使普通的图像具有绘画或艺术风格的效果。

（1）壁画：指用小块的颜色以短且圆的粗略涂抹的笔触，重新绘制一种粗糙风格的图像，如图 15-98 所示。

（2）彩色铅笔：可以模拟各种颜色的铅笔在纯色图像上绘制的效果，绘制的图像中较明显的边缘将被保留，如图 15-99 所示。

图 15-98

图 15-99

（3）粗糙蜡笔：可以在布满纹理的图像背景上应用彩色画笔描边，如图 15-100 所示。

（4）底纹效果：可以在带有纹理效果的图像上绘制图像，然后将最终图像效果绘制在原图像上，如图 15-101 所示。

（5）干画笔：一般使用干画笔技术绘制图像边缘，此滤镜通过将图像的颜色范围减小为普通颜色范围来简化图像，如图 15-102 所示。

图 15-100

图 15-101

（6）海报边缘：可以减少图像中的颜色数量，查找图像的边缘并在边缘上绘制黑色线条，如图 15-103 所示。

图 15-102

图 15-103

（7）海绵：使用颜色对比强烈且纹理较重的区域绘制图像，如图 15-104 所示。

（8）绘制涂抹：可以使用各种类型的画笔绘画，使图像产生模糊的艺术效果，如图 15-105 所示。

图 15-104

图 15-105

（9）胶片颗粒：可以将平滑的图案应用在图像的阴影和中间调区域，将一种更平滑、更高饱和度的图像应用到图像的高光区域，如图 15-106 所示。

（10）木刻：可以使图像看上去像是用彩纸上剪下的边缘粗糙的剪纸片拼贴而成，高对比度的图像看起来呈剪影状，如图 15-107 所示。

图 15-106

图 15-107

（11）霓虹灯光：可将各种各样的灯光效果添加到图像中的对象上，产生类似霓虹灯的发光效果，如图 15-108 所示。

（12）水彩：以水彩绘画风格绘制图像，使用蘸了水和颜料的画笔绘制简化的图像细节，使图像颜色饱满，如图 15-109 所示。

图 15-108

图 15-109

（13）塑料包装：可以给图像涂上一层光亮的塑料，使图像表面质感强烈，如图 15-110 所示。

（14）调色刀：可以减少图像中的细节，产生描绘得很淡的画布效果，如图 15-111 所示。

（15）涂抹棒：使用较短的对角线条涂抹图像中的暗部区域，从而柔化图像，亮部区域会因变亮而丢失细节，使整个图像显示涂抹扩散的效果，如图 15-112 所示。

图 15-110

图 15-111

图 15-112

15.4.12 【杂色】滤镜组

【杂色】滤镜组中包含 5 种滤镜，它们用于增加图像上的杂点，使之产生色彩漫散的效果，或者用于去除图像中的杂点，如扫描图像的斑点和折痕。

（1）减少杂色：既可以减少图像中的杂色，又可以保留图像的边缘。

（2）蒙尘与划痕：可通过更改相应的像素来减少杂色，该滤镜对去除扫描图像中的杂点和折痕特别有效，原图如图 15-113 所示，效果如图 15-114 所示。

图 15-113

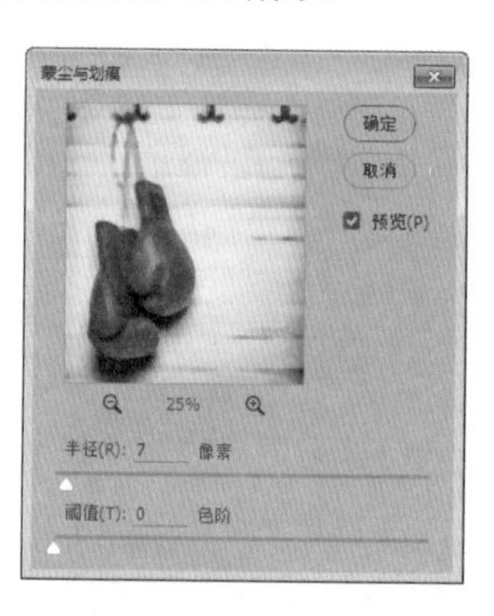

图 15-114

（3）去斑：可以检测图像边缘发生显著颜色变化的区域，并模糊除边缘外的所有选区，消除图像中的斑点，同时保留细节。

（4）添加杂色：可以在图像中应用随机像素，使图像产生颗粒状效果，常用于修饰图像中不自然的区域，如图 15-115 所示。

（5）中间值：通过混合像素的亮度来减少图像中的杂色，如图 15-116 所示。

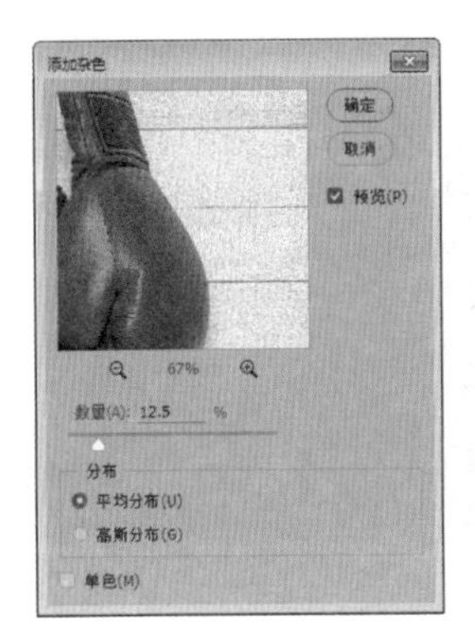

图 15-115

图 15-116

15.4.13 【其他】滤镜组

【其他】滤镜组中包含 5 种滤镜，其中，有允许自定义滤镜的命令，也有使用滤镜修改蒙版，在图像中使选区发生位移和快速调整颜色的命令。

（1）高反差保留：可调整图像的亮度，降低阴影部分的饱和度，如图 15-117 所示。

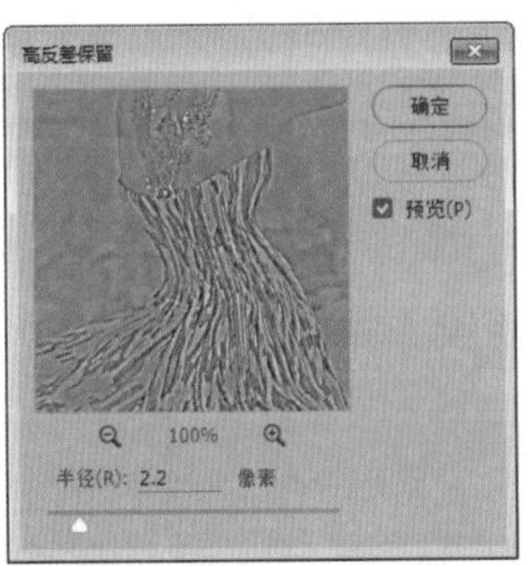

图 15-117

（2）位移：可通过输入水平和垂直方向的距离值来移动图像，如图 15-118 所示。

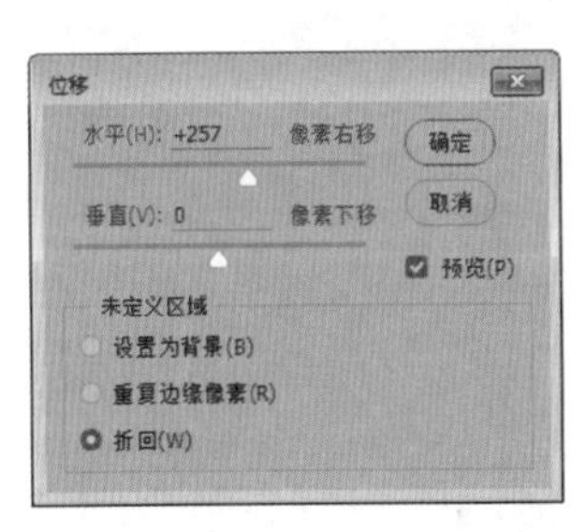

图 15-118

（3）最大值：可用高光颜色的像素代替图像的边缘部分，如图 15-119 所示。

（4）最小值：可用阴影颜色的像素代替图像的边缘部分，如图 15-120 所示。

图 15-119

图 15-120

（5）自定：可通过数学运算使图像颜色发生变化，如图 15-121 所示。

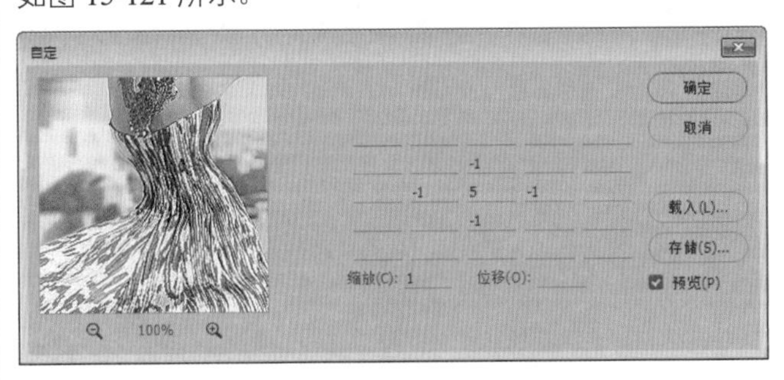

图 15-121

15.4.14 【Digimarc】滤镜组

Digimarc 滤镜可以将数学水印嵌入图像中以存储版权信息，使图像的版权通过 Digimarc Image Bridge 技术的数字水印受到保护。水印是一种以杂色方式添加到图像中的数字代码，肉眼是看不到这些代码的。添加数字水印后，无论是进行通常的图像编辑，还是进行文件格式转换，水印仍然存在。复制带有嵌入水印的图像时，水印和与水印相关的所有信息也会被复制。

（1）嵌入水印：可以在图像中加入著作权信息。在嵌入水印之前，必须先向 Digimarc Corporation 公司注册，取得一个 Digimarc ID 账号，然后将该 ID 账号随同著作权信息一并嵌入图像中，但要支付一定的费用。

（2）读取水印：主要用于阅读图像中的数字水印内容。当一个图像中含有数字水印时，则在图像窗口的标题栏和状态栏上显示一个“C”符号。

15.4.15 实战：制作流光溢彩文字特效

实例门类	软件功能

精彩的文字特效可以增加画面的吸引力，下面制作流光溢彩文字特效，具体操作步骤如下。

Step 01 打开素材。打开“素材文件\第 15 章\舞台 .jpg”文件，如图 15-122 所示。

Step 02 输入文字，设置文字属性。使用【横排文字工具】输入白色文字“流光溢彩”，在选项栏中设置【字体】为粗宋、【字体大小】为 150 点，如图 15-123 所示。

图 15-122

图 15-123

Step 03 新建通道并填色。载入文字选区后，在【通道】面板中，新建【Alpha 1】通道，并填充白色，如图 15-124 所示。

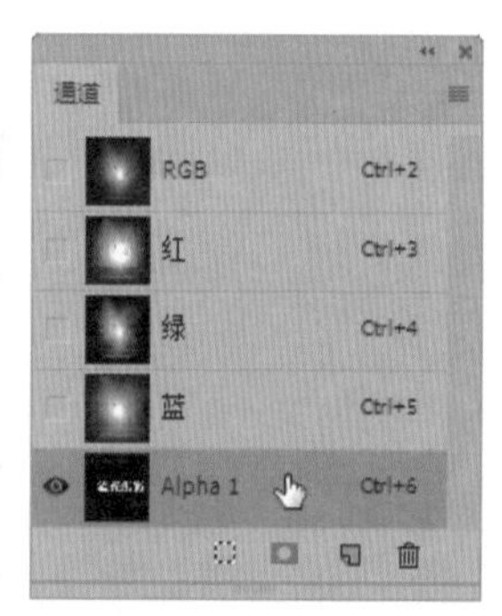

图 15-124

Step 04 设置【光照效果】滤镜。取消选区后，在【图层】面板中，选择【背景】图层，隐藏文字图层，如图 15-125 所示。执行【滤镜】→【渲染】→【光照效果】命令，在打开的【光照效果】对话框中，设置【预设】为【手电筒】，如图 15-126 所示。

Step 05 制作文字立体效果。在右侧的【属性】面板中，设置【纹理】为 Alpha 1、【高度】为 1，如图 15-127 所示。通过前面的操作，得到文字立体效果，如图 15-128 所示。

图 15-125

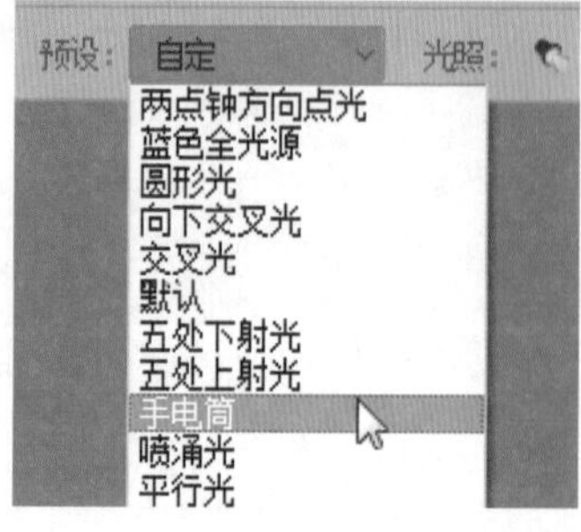

图 15-126

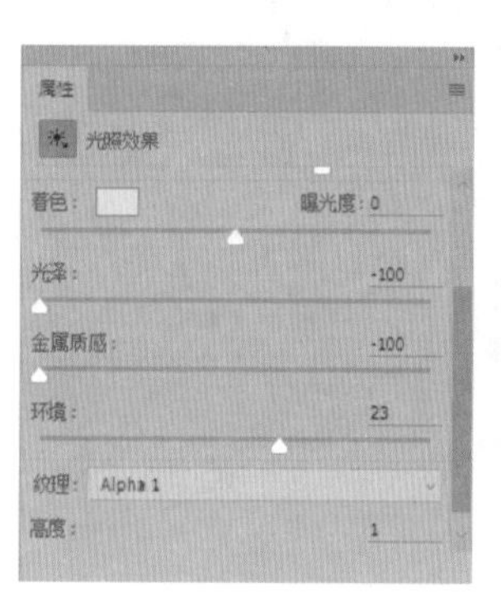

图 15-127

图 15-128

Step 06 创建羽化的椭圆选框。使用【椭圆选框工具】创建选区，如图 15-129 所示。按【Shift+F6】组合键，执行【羽化】命令，打开【羽化选区】对话框，设置【羽化半径】为 50 像素，如图 15-130 所示。

图 15-129

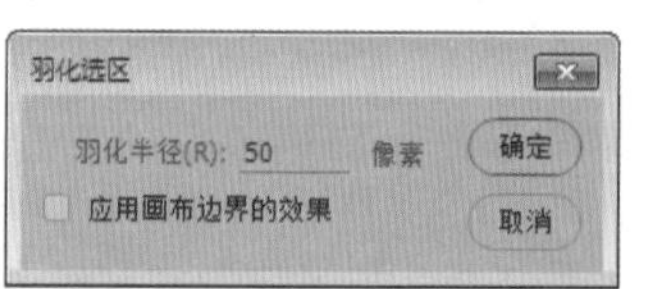

图 15-130

Step 07 设置【颗粒】。按【Ctrl+J】组合键，复制图层，如图 15-131 所示。执行【滤镜】→【纹理】→【颗粒】命令，❶ 设置【强度】和【对比度】均为 100，设置【颗粒类型】为扩大，❷ 单击【确定】按钮，如图 15-132 所示。

Step 08 更改图层混合模式。更改图层【混合模式】为浅色，如图 15-133 所示，图像效果如图 15-134 所示。

图 15-131

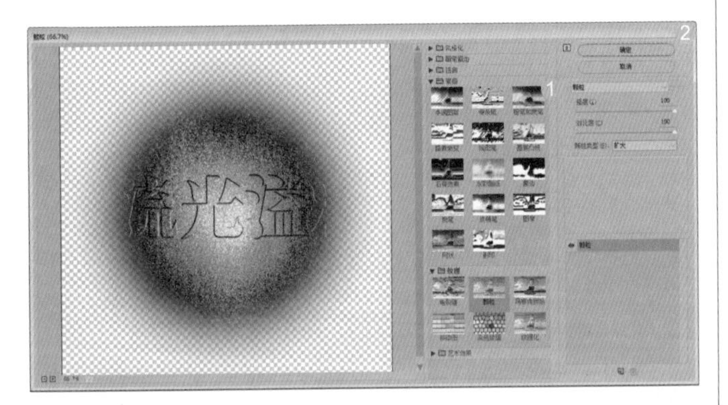

图 15-132

图 15-133

图 15-134

15.4.16 实战：打造气泡中的人物

实例门类	软件功能

滤镜是非常神奇的功能，下面结合【球面化】和【镜头光晕】命令，打造气泡中的人物，具体操作步骤如下。

Step 01 打开素材并创建选区。打开“素材文件\第 15 章\晚霞.jpg”文件，如图 15-135 所示。使用【椭圆选框工具】创建选区，如图 15-136 所示。

Step 02 设置【球面化】滤镜。按【Ctrl+J】组合键复制图层，

图 15-135

图 15-136

如图 15-137 所示。执行【滤镜】→【扭曲】→【球面化】命令，❶ 设置【数量】为 100，❷ 单击【确定】按钮，如图 15-138 所示。

图 15-137

图 15-138

Step 03 添加【镜头光晕】滤镜。执行【滤镜】→【渲染】→【镜头光晕】命令，❶ 移动光晕中心到球体右上角，❷ 设置【亮度】为 150%、【镜头类型】为 50-300 毫米变焦，❸ 单击【确定】按钮，如图 15-139 所示。光晕效果如图 15-140 所示。

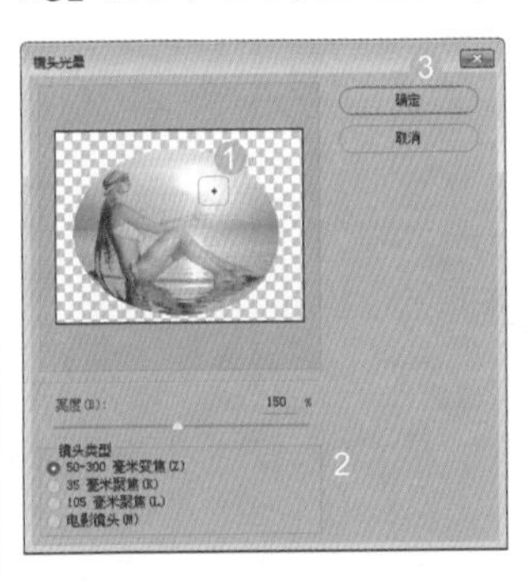

图 15-139

图 15-140

Step 04 添加光晕。使用相同的方法在左下方添加光晕，效果如图 15-141 所示。选择【背景】图层，如图 15-142 所示。

Step 05 添加【镜头光晕】滤镜。执行【滤镜】→【渲染】→【镜头光晕】命令，❶ 移动光晕中心到右上角，❷ 设置【亮度】为 150%、【镜头类型】为 105 毫米聚焦，❸ 单击【确定】按钮，如图 15-143 所示，效果如图 15-144 所示。

图 15-141

图 15-142

图 15-143

图 15-144

15.5 应用智能滤镜

智能滤镜不会真正改变图像中的任何像素，并且可以随时修改其参数或将其删除。它对图像的处理虽然与普通滤镜相同，但可以更灵活地恢复图像。下面详细介绍智能滤镜的使用方法。

15.5.1 智能滤镜的优势

普通滤镜是通过修改像素来生成效果的。在【图层】面板中，【背景】图层的像素被修改了，如果将图像保存并关闭，就无法恢复原来的效果了，如图 15-145 所示。智能滤镜是一种非破坏性的滤镜，它将滤镜效果应用于智能对象上，不会修改图像的原始数据，如图 15-146 所示。

智能滤镜包含一个类似图层样式的列表，列表中显示了使用的滤镜，只要单击智能滤镜前面的切换智能滤镜可见性图标👁，就可以将滤镜效果隐藏，将滤镜拖到🗑按钮上，也可以将滤镜删除。

图 15-145

图 15-146

技术看板

【消失点】命令不能应用智能滤镜。执行【图像】→【调整】命令后，在弹出的下拉列表中选择【阴影 / 高光】【HDR 色调】和【变化】命令也可以作为智能滤镜来应用。

15.5.2 实战：应用智能滤镜

实例门类	软件功能

应用智能滤镜的具体操作步骤如下。

Step 01 打开素材。打开“素材文件 \ 第 15 章 \ 女孩 .jpg”文件，如图 15-147 所示。

Step 02 转换为智能滤镜。执行【滤镜】→【转换为智能滤镜】命令，在弹出的提示对话框中单击【确定】按钮，如图 15-148 所示。

图 15-147

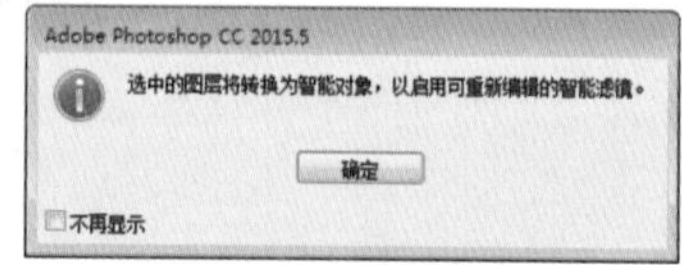

图 15-148

Step 03 制作【海报边缘】效果。执行【滤镜】→【艺术效果】→【海报边缘】命令，❶ 设置【边缘厚度】为 2、【边缘强度】为 1、【海报化】为 2，❷ 单击【确定】按钮，如图 15-149 所示。

Step 04 查看【图层】面板。应用智能滤镜后，【图层】面板如图 15-150 所示。

图 15-149

图 15-150

15.5.3 修改智能滤镜

实例门类	软件功能

应用智能滤镜后，还可以修改滤镜效果，具体操作步骤如下。

Step 01 打开素材。打开“素材文件 \ 第 15 章 \ 女孩 .psd”文件，在【图层】面板中，双击【滤镜库】，如图 15-151 所示。

Step 02 添加【海报边缘】。打开【海报边缘】对话框，❶ 设置【边缘厚度】为 2、【边缘强度】为 1，【海报化】为 0，❷ 单击【确定】按钮，如图 15-152 所示。

图 15-151

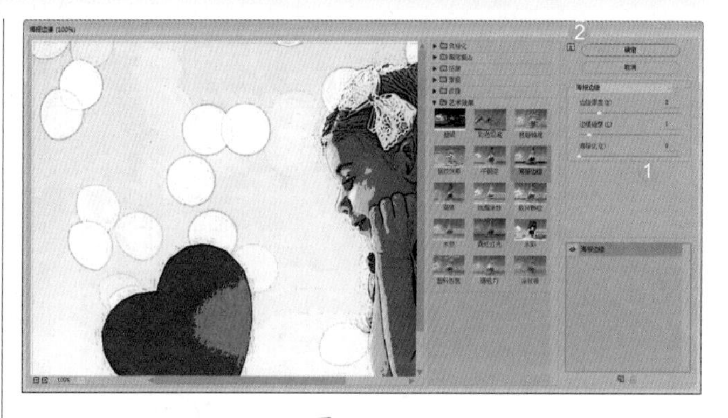

图 15-152

Step 03 双击图标。双击智能滤镜右侧的【编辑混合选项】图标，如图 15-153 所示。

Step 04 设置参数。弹出【混合选项】对话框，❶ 设置【模式】为溶解、【不透明度】为 50%，❷ 单击【确定】按钮，如图 15-154 所示。

图 15-153

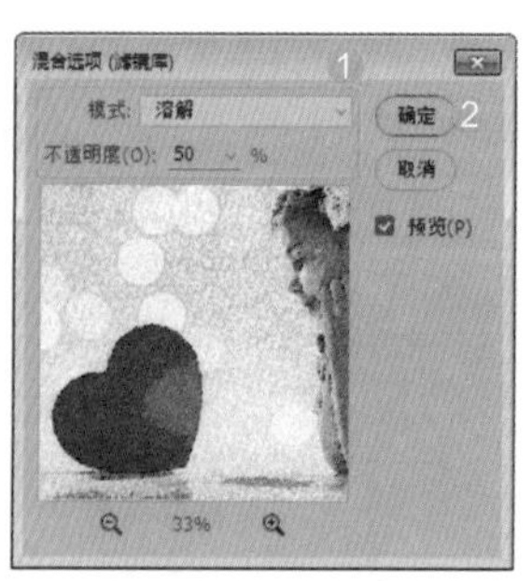

图 15-154

15.5.4 移动和复制智能滤镜

在【图层】面板中，将智能滤镜从一个智能对象拖动到另一个智能对象上，如图 15-155 所示。可以移动智能滤镜，如图 15-156 所示。

图 15-155

图 15-156

在【图层】面板中，将鼠标指针置于智能滤镜上，按住【Alt】键，拖动鼠标到另一智能滤镜的图层上，释放鼠标后，即可复制智能滤镜，如图 15-157 所示。

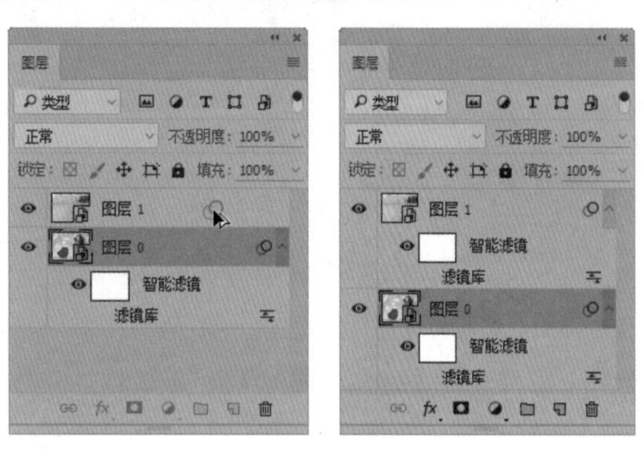

图 15-157

15.5.5 遮盖智能滤镜

智能滤镜包含一个蒙版，它与图层蒙版完全相同。遮盖智能滤镜时，蒙版会应用于当前图层中的所有智能滤镜。执行【图层】→【智能滤镜】→【停用滤镜蒙版】命令，可以暂时停用智能滤镜的蒙版；执行【图层】→【智能滤镜】→【启用滤镜蒙版】命令，可以启用蒙版，【图层】面板如图 15-158 所示。

图 15-158

执行【图层】→【智能滤镜】→【删除滤镜蒙版】命令，可以删除蒙版。

15.5.6 重新排列智能滤镜

对一个图层应用了多个智能滤镜后，可以在智能滤镜列表中上下拖动这些滤镜，重新排列它们的顺序，排列顺序不同，图像的效果也会发生改变，如图 15-159 所示。

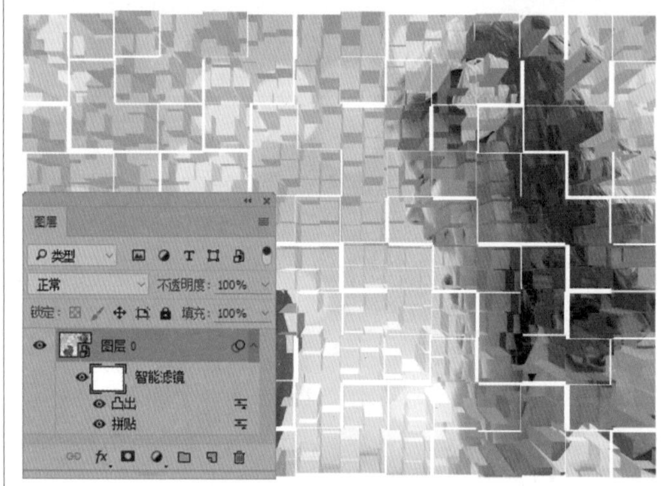

图 15-159

妙招技法

通过前面知识的学习，相信读者已经掌握了使用滤镜制作特效的方法。下面结合本章内容，给大家介绍一些实用技巧。

技巧 01：如何在菜单中显示所有滤镜命令

默认设置下，【滤镜库】中出现的滤镜，将不再出现在【滤镜】菜单中，如图 15-160 所示。执行【滤镜】→【首选项】→【增效工具】命令，打开【首选项】对话框，选中【显示滤镜库的所有组和名称】复选框，即可让所有滤镜命令都显示在【滤镜】菜单中，如图 15-161 所示。

图 15-160

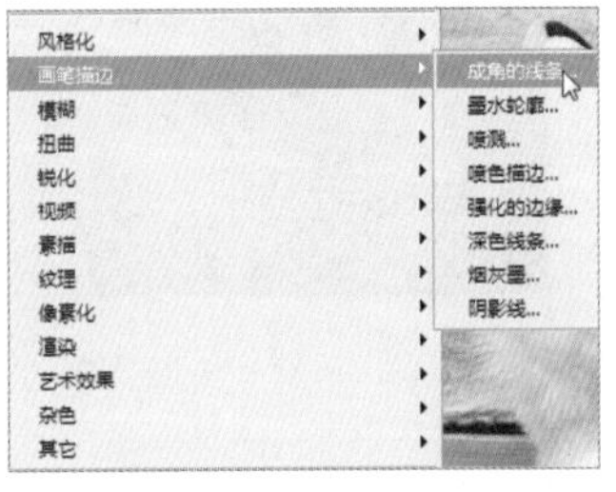

图 15-161

技巧 02：【消失点】命令使用技巧

在使用【消失点】命令时，掌握一些使用技巧，可以使操作更加得心应手。

（1）操作过程中，按【Ctrl+Z】组合键，可以还原一次操作；按【Alt+Ctrl+Z】组合键，可以逐步还原操作；按住【Alt】键，单击【复位】按钮，可以恢复默认状态。

（2）如果想保留透视平面，可以用 PSD、TIFF 或 JPEG 格式保存图像。

（3）执行【消失点】命令前新建一个图层，图像修改状态会保存在新图层中，原始图像不会发生改变。

（4）在定义透视平面时，按【X】键，可以缩放预览图像。

技巧 03：滤镜使用技巧

在使用滤镜时，掌握一些技巧，可以提高工作效率，具体有以下几种。

（1）当执行完一个滤镜命令后，【滤镜】菜单的第一行会出现该滤镜的名称，单击它便可以快速应用此滤镜。

（2）按【Ctrl+F】组合键快速执行上一次执行的滤镜。如果要对该滤镜的参数做出调整，可以按【Alt+Ctrl+F】组合键打开滤镜的对话框进行设置。

（3）在任意滤镜对话框中按住【Alt】键，【取消】按钮都会变成【复位】按钮，单击它可以将参数恢复到初始状态。

（4）应用滤镜的过程中要结束正在生成的滤镜效果，可以按【Esc】键。

（5）使用滤镜时通常会打开【滤镜库】或相应的对话框，在预览框中可以预览滤镜效果。单击 ⊞ 或 ⊟ 按钮可以放大或缩小显示比例；单击并拖动预览框内的图像，可以移动图像；如果想要查看某一区域内的图像，可以在文档中单击，滤镜预览框中就会显示单击处的图像。

技能实训——制作烟花效果

素材文件	素材文件 \ 第 15 章 \ 闪电 .jpg，星空 .jpg
结果文件	结果文件 \ 第 15 章 \ 烟花 .psd

设计分析

烟花是五颜六色非常炫目的，它代表喜庆、节日，能够带给人们愉悦的心理感受。下面介绍如何在 Photoshop CC 中制作逼真的烟花，效果如图 15-162 所示。

图 15-162

操作步骤

Step01 打开素材。打开“素材文件\第 15 章\闪电 .jpg”文件，如图 15-163 所示。

Step02 设置【极坐标】。执行【滤镜】→【扭曲】→【极坐标】单选按钮，打开【极坐标】对话框，❶ 选中【平面坐标到极坐标】选项，❷ 单击【确定】按钮，如图 15-164 所示。

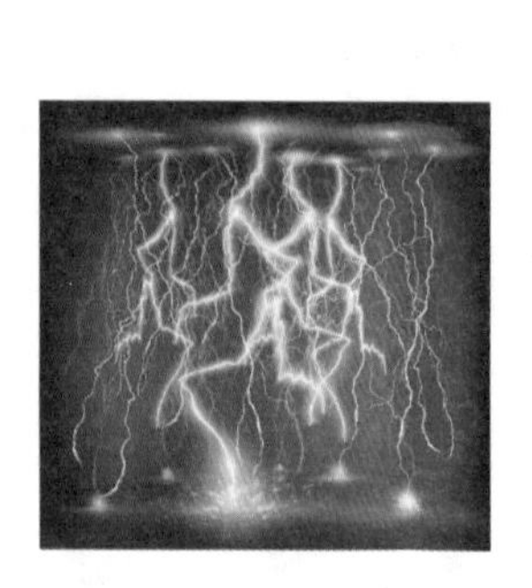

图 15-163

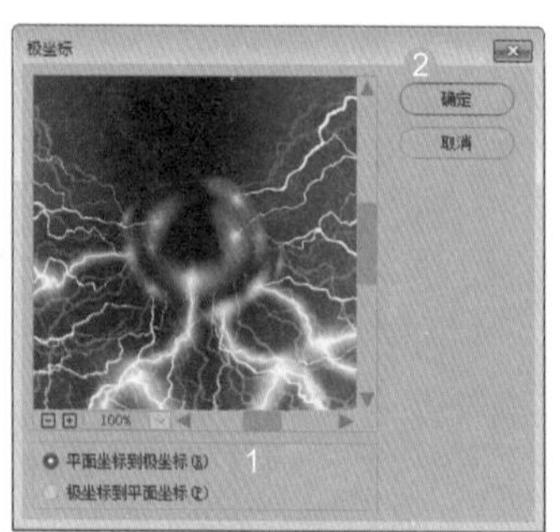

图 15-164

Step03 设置【高斯模糊】滤镜。执行【滤镜】→【模糊】→【高斯模糊】命令，打开【高斯模糊】对话框，❶ 设置【半径】为 20 像素，❷ 单击【确定】按钮，如图 15-165 所示。

Step04 设置【点状化】滤镜。设置前景色为白色，背景色为黑色。执行【滤镜】→【像素化】→【点状化】命令，打开【点状化】对话框，❶ 设置【单元格大小】为 28，❷ 单击【确定】按钮，如图 15-166 所示。

Step05 反相图像。点状化效果如图 15-167 所示。按【Ctrl+I】组合键反相图像，如图 15-168 所示。

Step06 【查找边缘】并反相。执行【滤镜】→【风格化】→【查找边缘】命令，图像效果如图 15-169 所示。再次按【Ctrl+I】组合键反相图像，如图 15-170 所示。

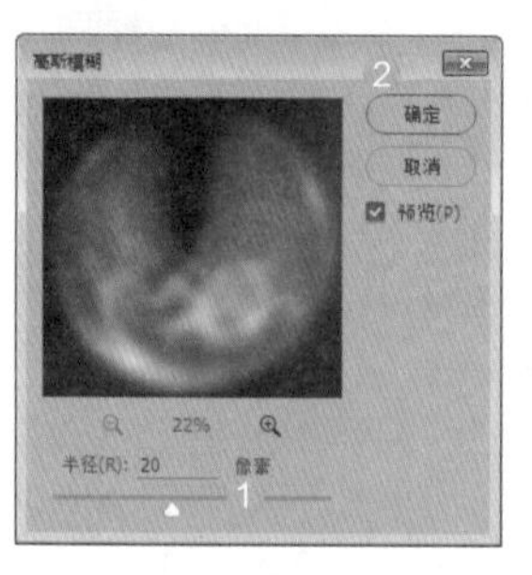

图 15-165

图 15-166

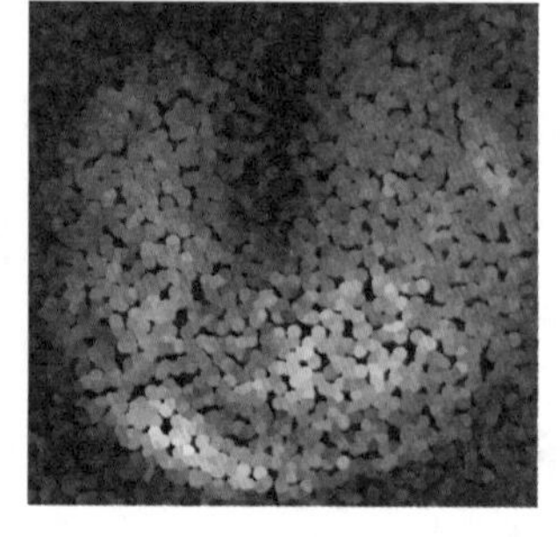

图 15-167

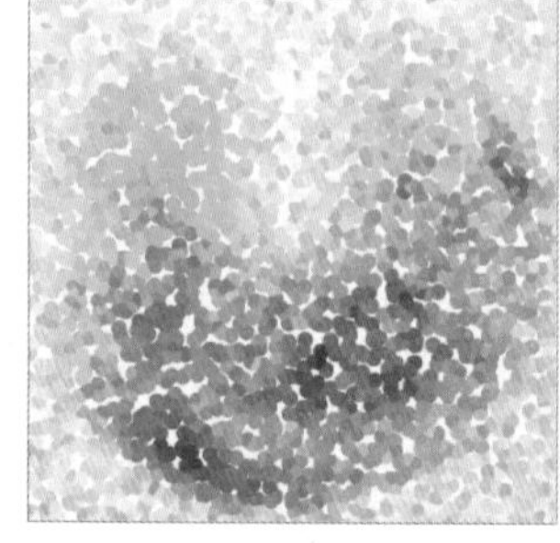

图 15-168

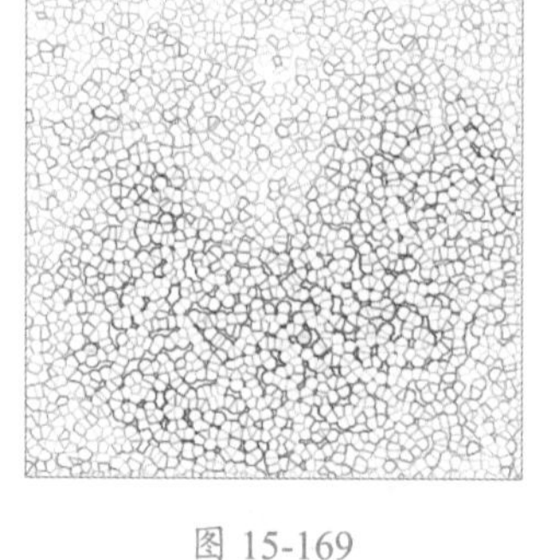

图 15-169

图 15-170

Step07 设置【点状化】滤镜。设置前景色为白色，背景色为黑色。执行【滤镜】→【像素化】→【点状化】命令，打开【点状化】对话框，❶ 设置【单元格大小】为 10，❷ 单击【确定】按钮，如图 15-171 所示。

Step 08 新建填充图层。执行【图层】→【新建填充图层】→【纯色】命令，新建一个黑色填充图层，如图 15-172 所示。

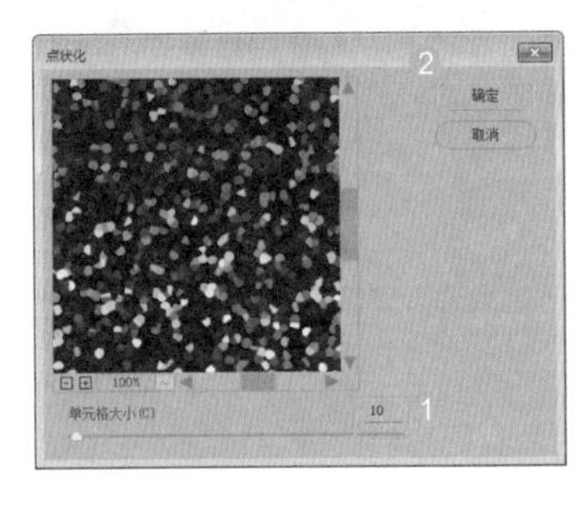

图 15-171

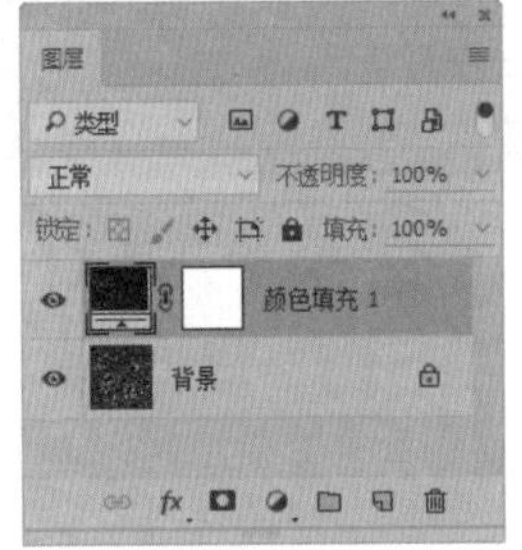

图 15-172

Step 09 制作羽化的椭圆选框。使用【椭圆选框工具】创建选区，如图 15-173 所示。按【Shift+F6】组合键，执行【羽化】命令，打开【羽化选区】对话框，❶ 设置【羽化半径】为 80 像素，❷ 单击【确定】按钮，如图 15-174 所示。

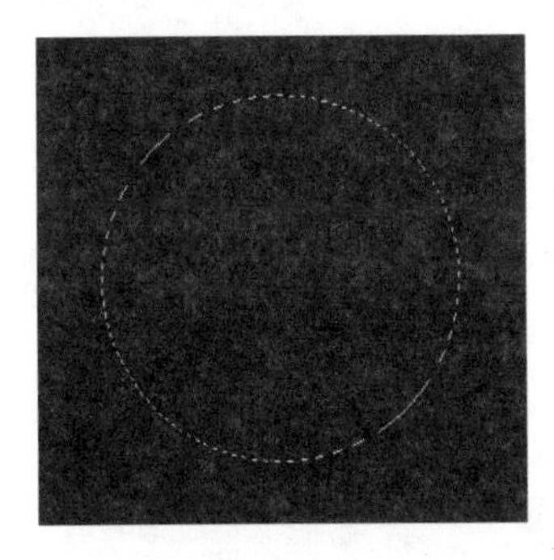

图 15-173

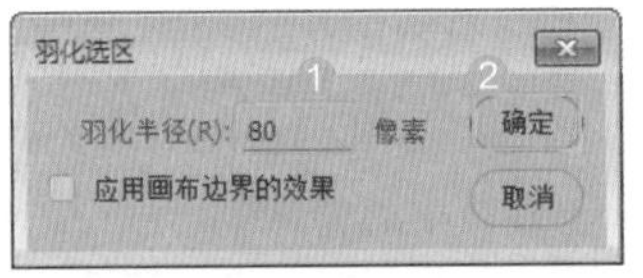

图 15-174

Step 10 填色。单击图层蒙版缩览图，将选区填充为黑色，效果如图 15-175 所示。

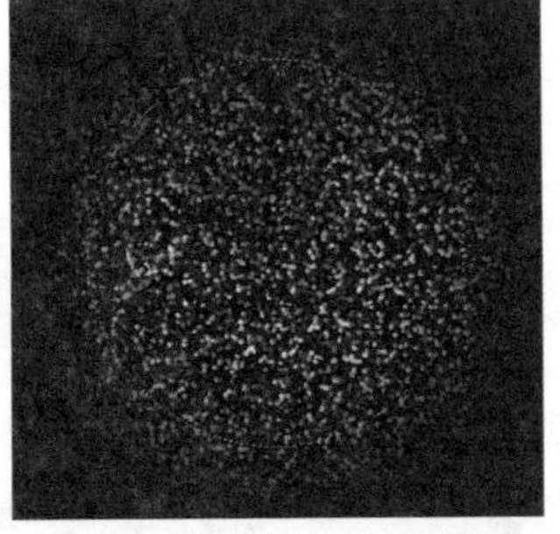

图 15-175

Step 11 盖印图层并更改混合模式。按【Alt+Shift+Ctrl+E】组合键，盖印生成【图层 1】图层，更改图层【混合模式】为正片叠底，如图 15-176 所示，效果如图 15-177 所示。

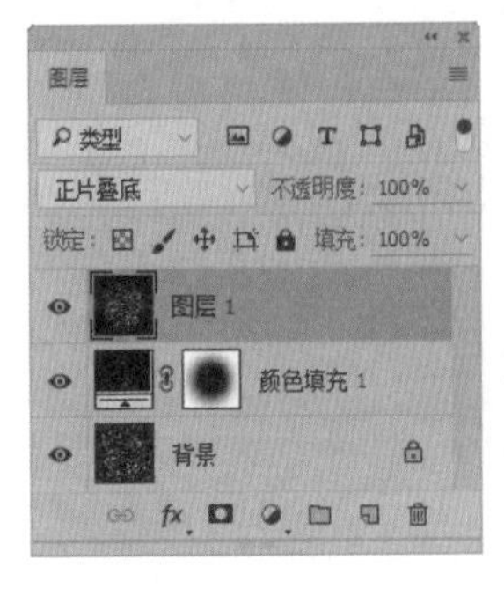

图 15-176

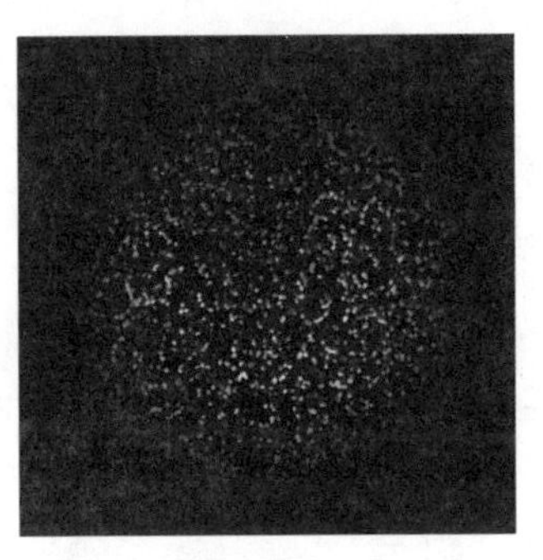

图 15-177

Step 12 复制图层。按【Ctrl+J】组合键复制图层，如图 15-178 所示，效果如图 15-179 所示。

图 15-178

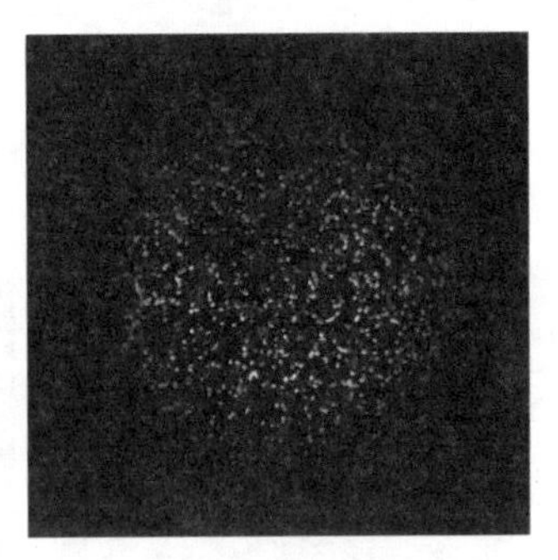

图 15-179

Step 13 盖印图层。按【Alt+Shift+Ctrl+E】组合键，盖印生成【图层 2】图层，如图 15-180 所示。

Step 14 设置【极坐标】滤镜。执行【滤镜】→【扭曲】→【极坐标】命令，打开【极坐标】对话框，❶ 选中【极坐标到平面坐标】单选按钮，❷ 单击【确定】按钮，如图 15-181 所示。

图 15-180

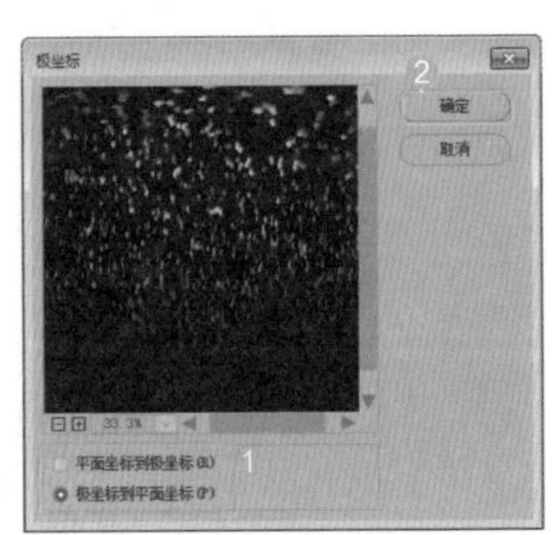

图 15-181

Step 15 旋转图像。执行【图像】→【图像旋转】→【90 度（顺时针）】命令，旋转图像，效果如图 15-182 所示。

Step16 设置【风】滤镜。执行【滤镜】→【风格化】→【风】命令，打开【风】对话框，❶ 设置【方法】为风、【方向】为从左，❷ 单击【确定】按钮，如图 15-183 所示。

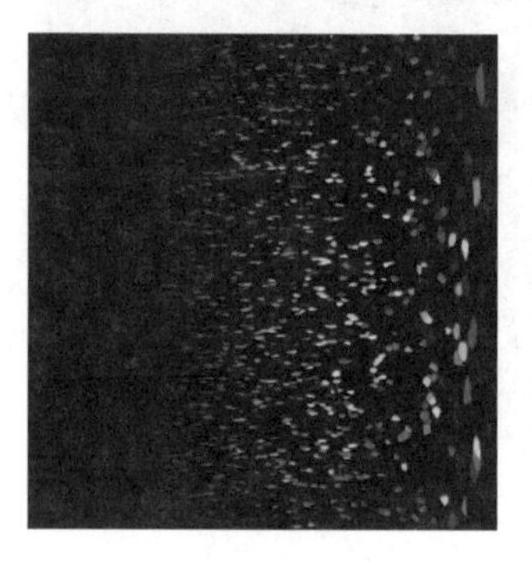
图 15-182

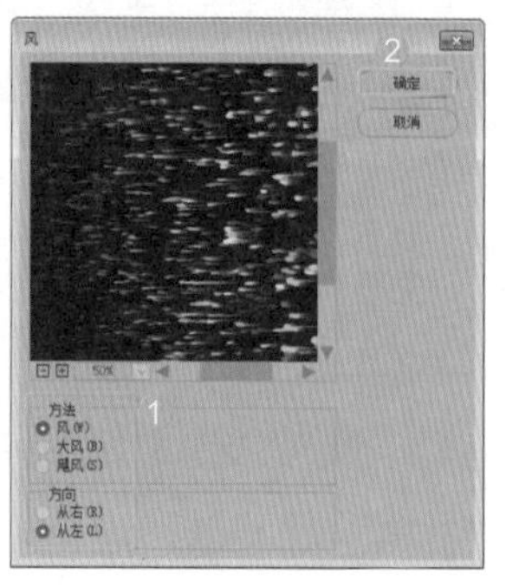

图 15-183

Step17 重复执行滤镜命令。按【Ctrl+F】组合键，重复执行上一次滤镜命令，效果如图 15-184 所示。再次按【Ctrl+F】组合键，重复执行上一次滤镜命令，效果如图 15-185 所示。

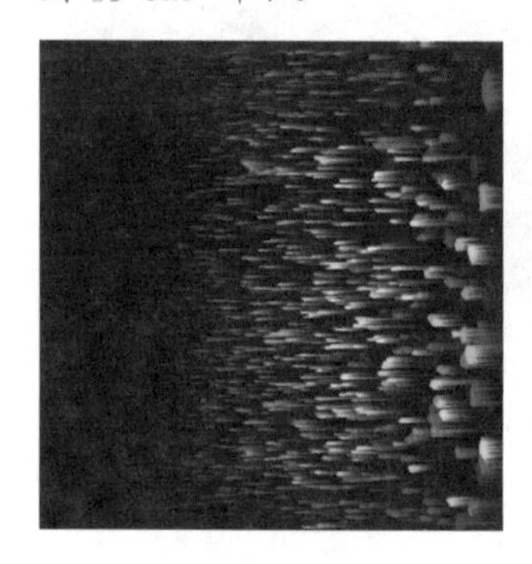
图 15-184

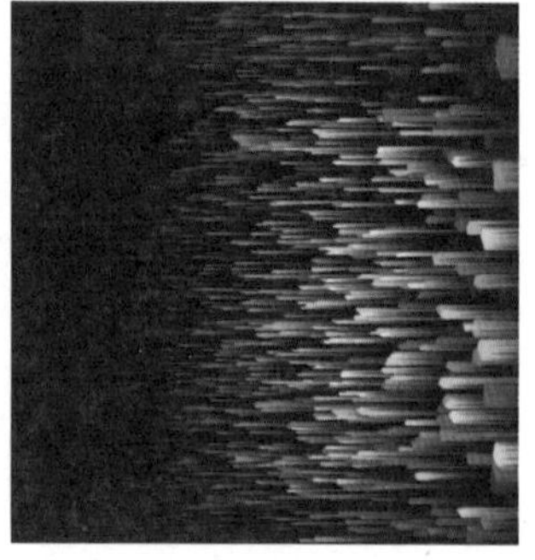
图 15-185

Step18 旋转图像。执行【图像】→【图像旋转】→【90 度（逆时针）】命令，旋转图像，效果如图 15-186 所示。

Step19 设置【极坐标】滤镜。执行【滤镜】→【扭曲】→【极坐标】命令，打开【极坐标】对话框，❶ 选中【平面坐标到极坐标】单选按钮，❷ 单击【确定】按钮，如图 15-187 所示。

图 15-186

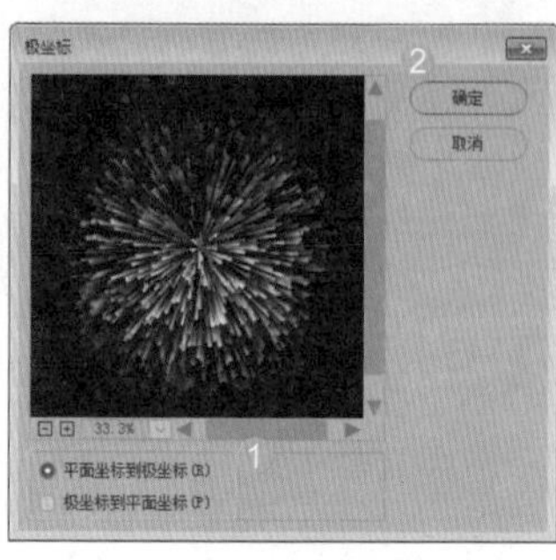

图 15-187

Step20 打开素材并拖动文件。打开“素材文件\第 15 章\星空.jpg”文件，如图 15-188 所示。将前面制作的烟花拖动到当前文件中，如图 15-189 所示。

图 15-188

图 15-189

Step21 更改图层混合模式并调整大小。更改图层【混合模式】为浅色，如图 15-190 所示。调整烟花大小，效果如图 15-191 所示。

图 15-190

图 15-191

本章小结

本章首先介绍了滤镜的概念和基本原理。接下来介绍了【滤镜】命令的具体功能及使用方法，包括滤镜库、镜头校正、Camera Raw 滤镜、液化、消失点、风格化、画笔描边、模糊、扭曲、锐化、视频、素描、纹理、像素化、渲染、杂色、智能滤镜等。读者在学习过程中，应该多思考，开拓思路，制作出更加炫目的图像特效。

第16章 视频、动画的创建与编辑

- 如何导入视频文件？
- 如何插入空白视频帧？
- 如何导出视频文件？
- 如何使用时间轴制作动画？
- 视频时间轴和帧动画有什么区别？

Photoshop CC 虽不是专业的动画编辑软件，但也可以制作简单的视频、动画，并且在这方面有非常出色的表现。如果你想运用 Photoshop CC 来制作动画，就一起来学习吧。

16.1 视频基础知识

Photoshop CC 不仅可以编辑视频的各个帧和图像序列文件，还可以在视频上应用滤镜、蒙版、变换、图层样式和混合模式，包括使用工具在视频上进行编辑和绘制。下面介绍视频基础知识。

16.1.1 视频图层

在 Photoshop CC 中打开视频文件或图像序列时，会自动创建视频图层（视频图层带有▣图标），帧包含在视频图层中。可以使用【画笔工具】和【图章工具】在视频文件的各个帧上进行绘制和仿制，也可以创建选区或应用蒙版以限定对帧的特定区域进行编辑。

此外，还可以像编辑常规图层一样调整混合模式、不透明度、位置和图层样式。也可以在【图层】面板中为视频图层分组，或者将颜色和色调调整应用于视频图层。视频图层参考原始文件，因此对视频图层进行编辑不会改变原始视频或图像序列文件。

★重点 16.1.2 【时间轴】面板

执行【窗口】→【时间轴】命令，打开【时间轴】面板，系统默认为时间轴模式状态。时间轴模式显示了文档图层的帧持续时间和动画属性，如图 16-1 所示。

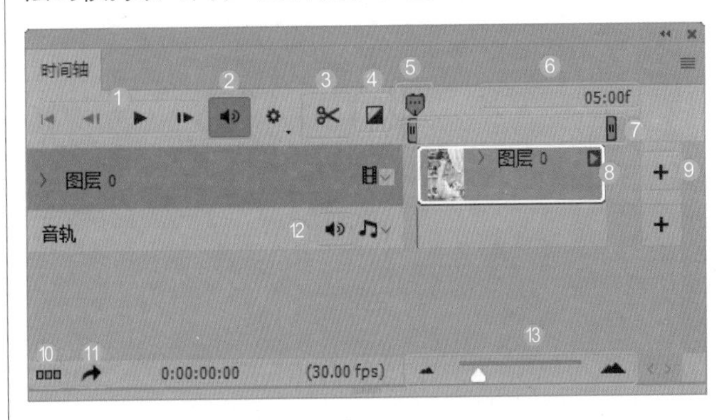

图 16-1

相关选项的作用及含义如表 16-1 所示。

表 16-1　选项作用及含义

选项	作用及含义
❶ 播放控件	提供了用于控制视频播放的按钮，包括转到第一帧 ⏮、转到上一帧 ◀、播放 ▶ 和转到下一帧 ▶。
❷ 音频控制按钮	单击该按钮，可以关闭或启用音频播放
❸ 在播放头处拆分	单击该按钮，可在当前时间指示器所在位置拆分视频或音频
❹ 过渡效果	单击该按钮，在打开的下拉菜单中选择所需选项，为视频添加过渡效果，从而创建专业的淡化和交叉淡化效果
❺ 当前时间指示器	拖动当前时间指示器可导航或更改当前时间或帧
❻ 时间标尺	根据文档的持续时间与帧速率，用于水平测量视频持续时间
❼ 工作区域指示器	如果需要预览或导出部分视频，可拖动位于顶部轨道两端的标签进行定位
❽ 图层持续时间条	指定图层在视频中的时间位置，要将图层移动至其他时间位置，可拖动该时间条
❾ 向轨道添加媒体 / 音频	单击轨道右侧的 + 按钮，可以打开一个对话框将视频或音频添加到轨道中
❿ 转换为帧动画	单击该按钮，可转换为帧动画
⓫ 渲染组	单击 ➦ 按钮，可以打开【渲染视频】对话框
⓬ 音轨	可以编辑和调整音频。单击 🔈 按钮，可以让音轨静音或取消静音。在音轨上右击，在打开的快捷菜单中可调节音量或对音频进行淡入淡出设置。单击【音符】按钮打开下拉菜单，可以选择【新建音轨】或【删除音频剪辑】等命令
⓭ 控制时间轴显示比例	单击 ▲ 按钮可以缩小时间轴；单击 ▲ 按钮可以放大时间轴；拖动滑块可以进行自由调整

16.2 视频图像的创建

在 Photoshop CC 中，可以打开多种 QuickTime 视频格式的文件，包括 MPEG-1、MPEG-4、MOV 和 AVI；如果计算机上安装了 Adobe Flash 8，可以支持 QuickTime 的 FLV 格式；如果安装了 MPEG-2 编码器，可以支持 MPEG-2 格式。打开视频文件后，即可对其进行编辑。

16.2.1 打开和导入视频文件

执行【文件】→【打开】命令，选择一个视频文件，单击【打开】按钮，如图 16-2 所示。即可在 Photoshop CC 中将其打开，如图 16-3 所示。

图 16-2

在 Photoshop CC 中创建或打开一个图像文件后，执行【图层】→【视频图层】→【从文件新建视频图层】命令，也可以将视频导入当前文件中。

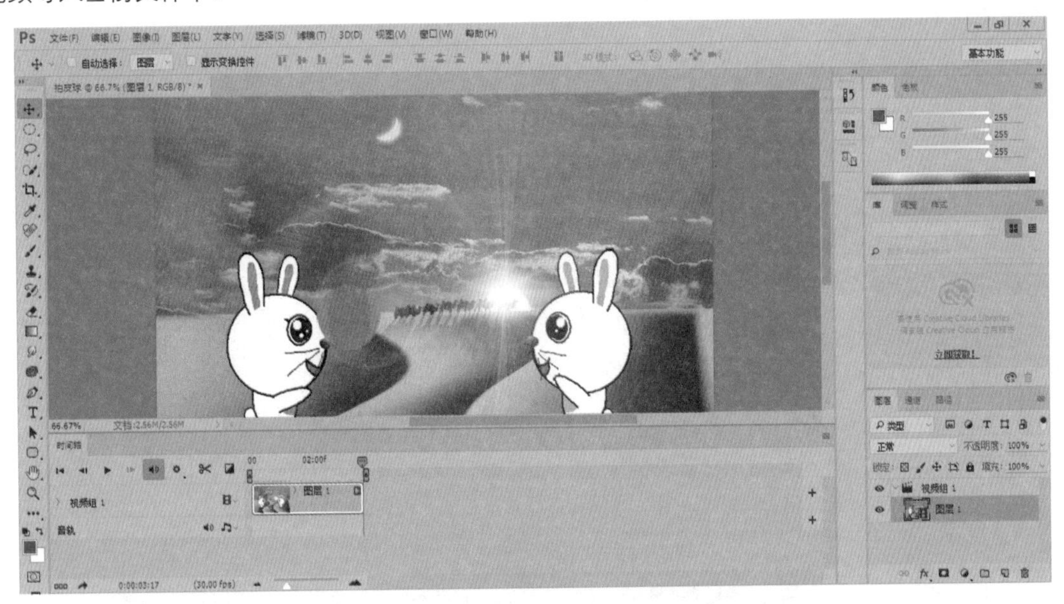

图 16-3

16.2.2 创建空白视频图层

执行【文件】→【新建】命令，打开【新建】对话框，在【文档类型】下拉列表框中选择【胶片和视频】选项，然后在【大小】下拉列表框中选择所需的选项，如图 16-4 所示。新建文件如图 16-5 所示。

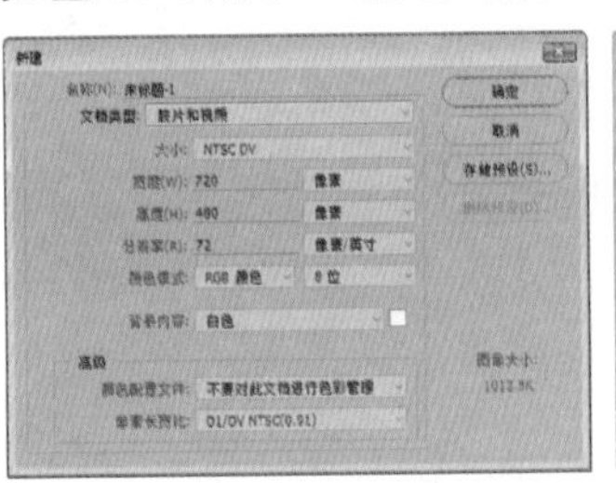

图 16-4

图 16-5

16.2.3 创建在视频中使用的图像

执行【图层】→【视频图层】→【新建空白视频图层】命令，可以创建一个空白的视频图层。

16.2.4 像素长宽比校正

计算机显示器上的图像由方形像素组成，而视频编码设备由非方形像素组成，这就导致在两者之间交换图像时因像素的不一致而造成图像扭曲。执行【视图】→【像素长宽比校正】命令可以校正图像，这样就可以在显示器屏幕上准确地查看视频格式的文件。

16.3 视频的编辑

【时间轴】面板如同视频编辑器，既可以为视频添加文字、特效、过渡效果等，还可以控制视频的播放速度，基本满足人们对视频编辑的需要。下面详细介绍视频的编辑。

16.3.1 插入、复制和删除空白视频帧

创建空白视频图层后，可在【时间轴】面板中选择它，再将当前时间指示器拖动到所需帧处，执行【图层】→【视频图层】→【插入空白帧】命令，即可在当前时间处插入空白视频帧；执行【图层】→【视频图层】→【删除帧】命令，则会删除当前时间处的视频帧；执行【图

层】→【视频图层】→【复制帧】命令，可以添加一个处于当前时间的视频帧的副本。

16.3.2 实战：从视频中获取静帧图像

实例门类	软件功能

在 Photoshop CC 中，可以从视频文件中获取静帧图像，具体操作步骤如下。

Step 01 载入视频。执行【文件】→【导入】→【视频帧到图层】命令，在弹出的【载入】对话框中选择“素材文件\第 16 章\拍皮球.mp4”文件，单击【载入】按钮，打开【将视频导入图层】对话框，单击【确定】按钮，如图 16-6 所示。

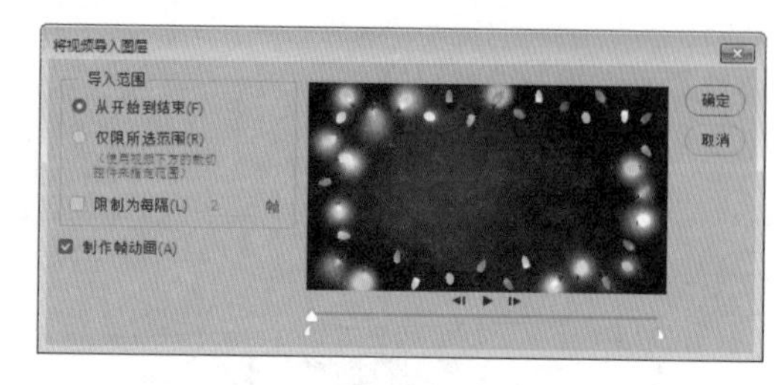

图 16-6

Step 02 视频帧导入图层。通过前面的操作，将视频帧导入图层中，如图 16-7 所示。

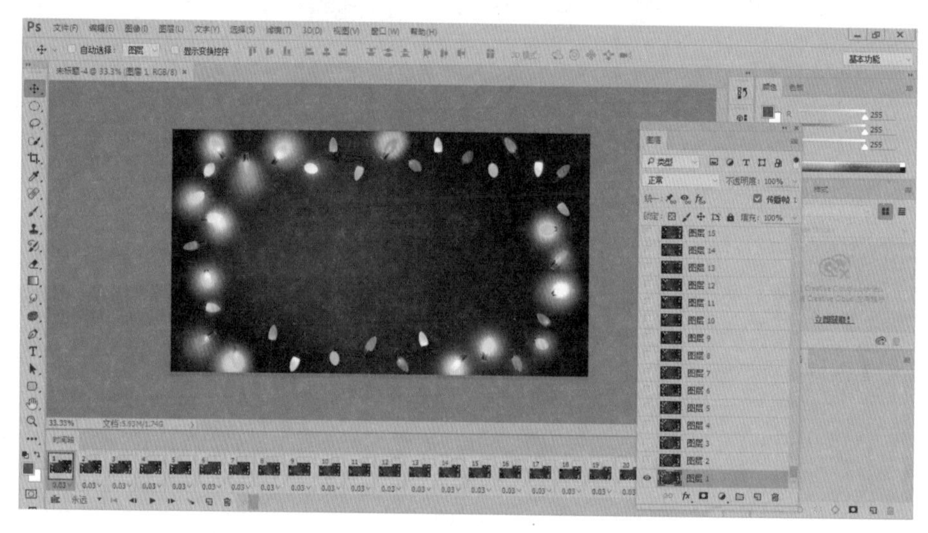

图 16-7

16.3.3 解释视频素材

如果使用了包含 Alpha 通道的视频，就需要指定 Photoshop 解释 Alpha 通道的方法，以便获得所需的结果。在【时间轴】面板或【图层】面板中选择视频图层，执行【图层】→【视频图层】→【解释素材】命令，打开【解释素材】对话框，如图 16-8 所示。

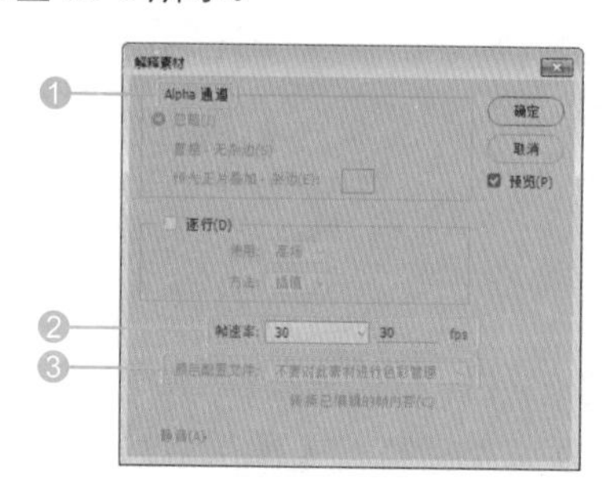

图 16-8

相关选项的作用及含义如表 16-2 所示。

表 16-2　选项作用及含义

选项	作用及含义
❶ Alpha 通道	当视频素材包含 Alpha 通道时，选中【忽略】单选按钮，表示忽略 Alpha 通道；选中【直接 - 无杂边】单选按钮，表示将 Alpha 通道解释为直接 Alpha 透明度；选中【预先正片叠加 - 杂边】单选按钮，表示使用 Alpha 通道确定有多少杂边颜色与颜色通道混合
❷ 帧速率	指定每秒播放的视频帧数
❸ 颜色配置文件	可以选择一个配置文件，对视频图层中的帧或图像进行色彩管理

16.3.4 在视频图层中替换素材

在操作过程中，如果由于某种原因导致视频图层和源文件之间的链接断开，【图层】面板中的视频图层上就会显示一个警告图标。这时，可在【时间轴】或【图层】面板中选择要重新链接到源文件或替换内容的视频图层，执行【图层】→【视频图层】→【替换素材】命令，在打开的【替换素材】对话框中选择视频或图像序列文件，单击【打开】按钮重新建立链接。

【替换素材】命令还可以将视频图层中的视频或图像序列帧替换为不同的视频或图像序列源中的帧。

16.3.5 在视频图层中恢复帧

如果要放弃对帧视频图层和空白视频图层所做的修改，可以在【时间轴】面板中选择视频图层，再将当前时间指示器移动到特定的视频帧上，执行【图层】→【视频图层】→【恢复帧】命令恢复特定的帧。如果要恢复视频图层或空白视频图层中的所有帧，可以执行【图层】→【视频图层】→【恢复所有帧】命令。

技术看板

如果在不同的应用程序中修改了视频图层的源文件，就需要在 Photoshop 中执行【图层】→【视频图层】→【重新载入帧】命令，在【动画】面板中重新载入和更新当前帧。

16.4 存储与导出视频

编辑视频后，可将其存储为 PSD 文件或 QuickTime 影片。将文件存储为 PSD 格式，不仅可以保留在操作过程中所做的修改，而且 Adobe 数字视频程序和许多电影编辑程序都支持该格式的文件。

16.4.1 渲染和保存视频文件

执行【文件】→【导出】→【渲染视频】命令，打开【渲染视频】对话框，在其中将视频存储为 QuickTime 影片，如图 16-9 所示。

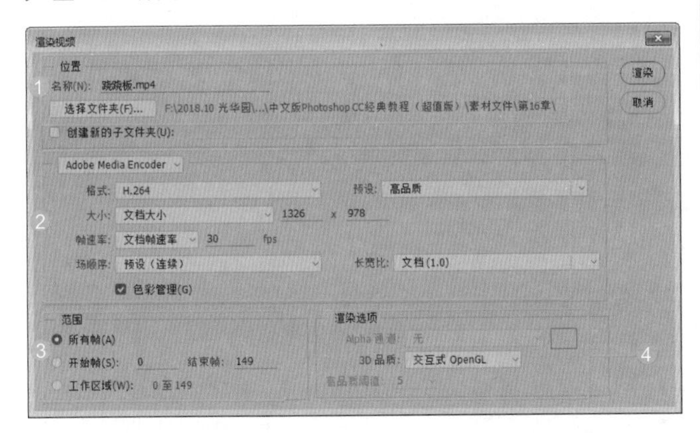

图 16-9

相关选项的作用及含义如表 16-3 所示。

如果还没有对视频进行渲染更新，那么最好使用【文件】→【存储】命令，将文件存储为 PSD 格式，因为该格式可以保留用户所做的编辑，并且该文件可以在其他类似 Premiere Pro 和 After Effects 的 Adobe 应用程序中播放，或者在其他应用程序中作为静态文件。

表 16-3 选项作用

选项	作用及含义
① 位置	在该选项区域中可以设置视频的名称和存储位置
② 渲染方式	在【格式】下拉列表中选择视频格式。选择一种格式后，可在下面的选项中设置文档的大小、帧速率、像素长宽比等
③ 范围	可以选择渲染文档中的所有帧，也可以只渲染部分帧
④ 渲染选项	在 Alpha 通道中可以指定 Alpha 通道的渲染方式，该选项仅使用与支持 Alpha 通道的格式，如 PSD 或 TIFF

16.4.2 导出视频预览

如果将显示设置通过 Fire Wire 并链接到计算机上，就可以在该设备上预览视频文档。如果要在预览之前设置输出选项，可执行【文件】→【导出】→【视频预览】命令。如果要在视频设备上查看文档，但不想设置输出选项，可执行【文件】→【导出】→【将视频预览发送到设备】命令。

16.5 动画的制作

动画是在一段时间内显示的一系列图像或帧，当每一帧较前一帧都有轻微的变化时，连续、快速地显示这些帧就会产生运动或其他变化的视觉效果。下面介绍动画的制作方法。

★重点 16.5.1 帧模式时间轴面板

执行【窗口】→【时间轴】命令，打开【时间轴】面板，单击 按钮，切换为帧模式。面板中会显示动画中每个帧的缩览图，如图 16-10 所示。

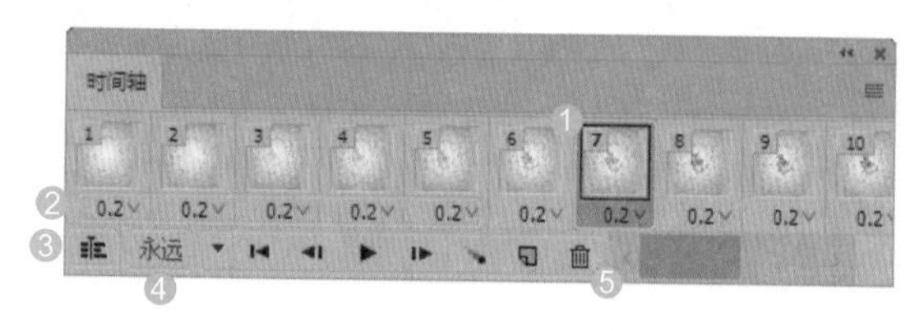

图 16-10

相关选项的作用及含义如表 16-4 所示。

表 16-4 选项作用及含义

选项	作用及含义
❶ 当前帧	显示了当前选择的帧
❷ 帧延迟时间	设置帧在回放过程中的持续时间
❸ 转换为视频时间轴	单击该按钮，面板中会显示视频编辑选项
❹ 循环选项	设置动画在作为 GIF 文件导出时的播放次数
❺ 面板底部工具	单击 按钮，可自动选择序列中的第一个帧作为当前帧；单击 按钮，可选择当前帧的前一帧；单击 按钮播放动画，再次单击该按钮停止播放；单击 按钮可选择当前帧的下一帧；单击 按钮打开【过渡】对话框，可以在两个现有帧之间添加一系列帧，并让新帧之间的图层属性均匀变化；单击 按钮可以复制帧；单击 按钮可以删除选择的帧

16.5.2 实战：制作跷跷板小动画

实例门类	软件功能

使用【时间轴】面板可以制作出跷跷板小动画，具体操作步骤如下。

Step 01 打开素材，转化图层。打开“素材文件\第 16 章\跷跷板.jpg”文件，如图 16-11 所示。按住【Alt】键，双击【背景】图层，将其转化为普通图层，如图 16-12 所示。

图 16-11

图 16-12

Step 02 新建图层。按住【Ctrl】键，单击【创建新图层】按钮，在当前图层下方新建【图层 1】图层，如图 16-13 所示。

Step 03 为图层命名。分别命名两个图层为【动画】和【底色】，如图 16-14 所示。

图 16-13

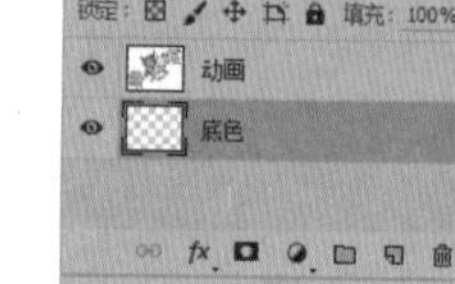

图 16-14

Step 04 删除白色背景。选中【动画】图层，使用【快速选择工具】选中白色背景，按【Delete】键删除，如图 16-15 所示。选择【底色】图层，如图 16-16 所示。

图 16-15

图 16-16

Step 05 填充渐变色。选择【渐变工具】，在选项栏中，❶ 单击渐变色条右侧的按钮，❷ 在打开的下拉列表框中选择【橙，黄，橙渐变】渐变，❸ 单击【径向渐变】

按钮▣，如图 16-17 所示。拖动鼠标填充渐变色，如图 16-18 所示。

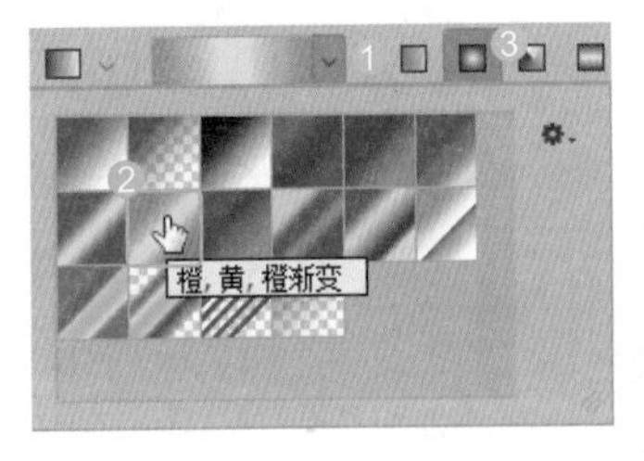

图 16-17

图 16-18

Step 06 调整颜色。复制【底色】图层，命名为【闪】，如图 16-19 所示。按【Ctrl+U】组合键，执行【色相/饱和度】命令，打开【色相/饱和度】对话框，❶ 设置【色相】为 20，❷ 单击【确定】按钮，如图 16-20 所示。

图 16-19

图 16-20

Step 07 模糊图像。调整色彩效果如图 16-21 所示。执行【滤镜】→【模糊】→【径向模糊】命令，打开【径向模糊】对话框，❶ 设置【数量】为 100、【模糊方法】为旋转，❷ 单击【确定】按钮，如图 16-22 所示。

图 16-21

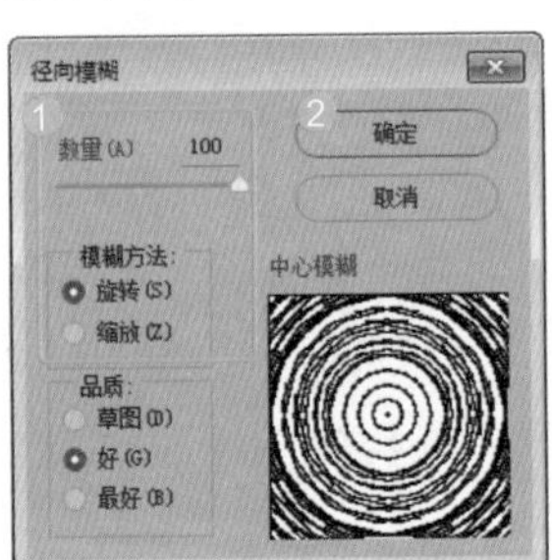

图 16-22

Step 08 得到径向模糊效果。通过前面的操作，即可得到径向模糊效果，如图 16-23 所示。

Step 09 创建帧 1。在【时间轴】面板中，单击【创建帧动画】按钮，如图 16-24 所示。通过前面的操作，即可创建帧 1，如图 16-25 所示。

图 16-23

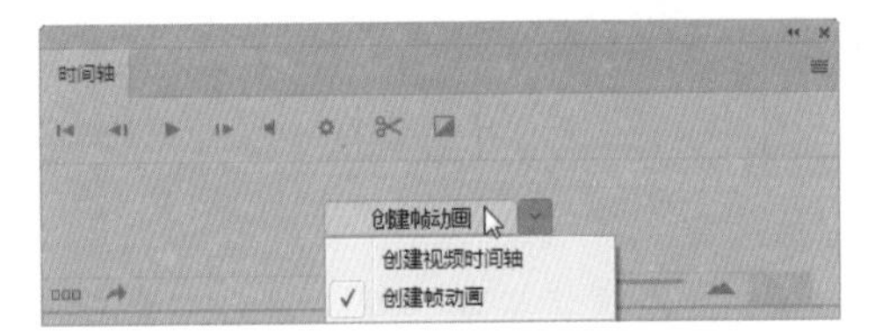

图 16-24

图 16-25

Step 10 复制两个帧。单击【复制所选帧】按钮▣两次，复制两个帧，如图 16-26 所示。复制【动画】图层，命名为【右跷】，如图 16-27 所示。

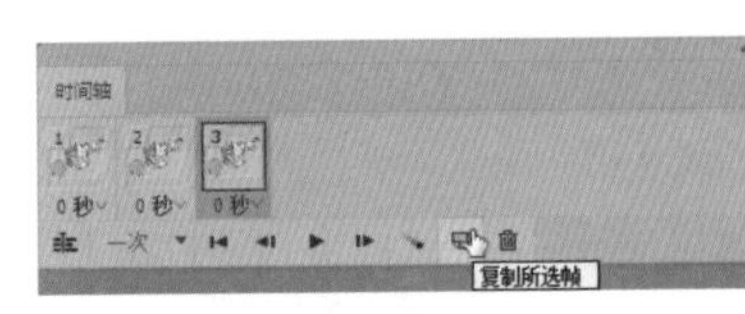

图 16-26

图 16-27

Step 11 旋转图像。按【Ctrl+T】组合键，执行自由变换操作，旋转图像，如图 16-28 所示。隐藏【动画】图层，如图 16-29 所示。帧 3 效果如图 16-30 所示。

图 16-28

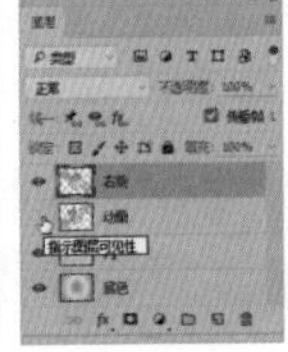

图 16-29

图 16-30

Step12 旋转图像。复制【右跷】图层，命名为【中跷】，如图 16-31 所示。按【Ctrl+T】组合键，执行自由变换操作，旋转图像，如图 16-32 所示。

图 16-31

图 16-32

Step13 选择帧 1 并隐藏图层。在【时间轴】面板中，选择帧 1，如图 16-33 所示。隐藏【中跷】和【右跷】图层，如图 16-34 所示。

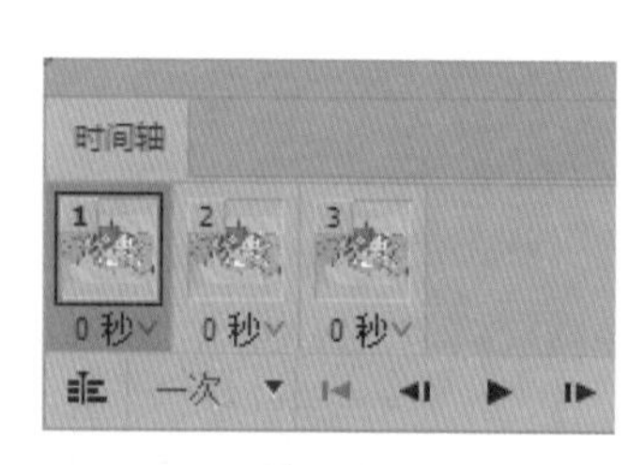

图 16-33

图 16-34

Step14 选择帧 2 并隐藏图层。在【时间轴】面板中，选择帧 2，如图 16-35 所示。隐藏【右跷】【动画】和【闪】图层，如图 16-36 所示。

图 16-35

图 16-36

Step15 选择帧 3 并隐藏图层。在【时间轴】面板中，选择帧 3，如图 16-37 所示。隐藏【中跷】和【动画】图层，如图 16-38 所示。

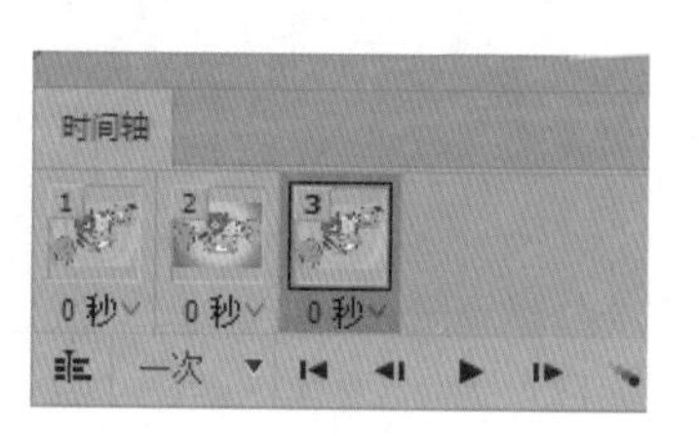

图 16-37

图 16-38

Step16 复制帧。按住【Alt】键，拖动帧 2 到右侧，如图 16-39 所示。释放鼠标后，复制生成帧 4，如图 16-40 所示。

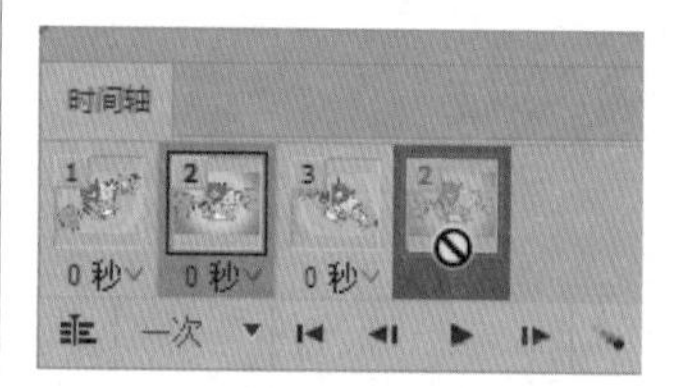

图 16-39

图 16-40

Step17 延迟帧。单击【选择帧延迟时间】下拉按钮，如图 16-41 所示。在弹出的下拉列表中设置帧延迟为 0.5 秒，如图 16-42 所示。

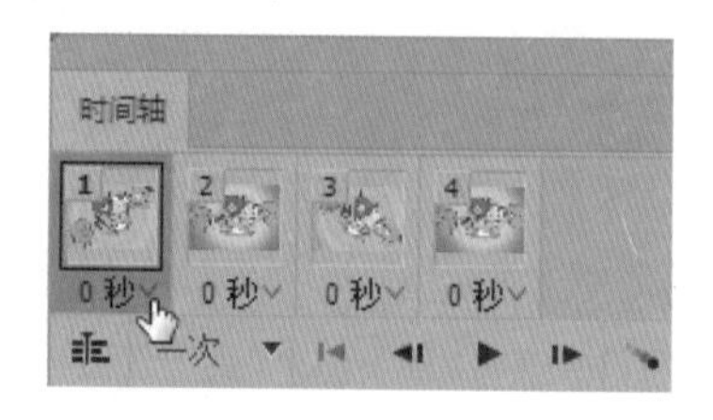

图 16-41

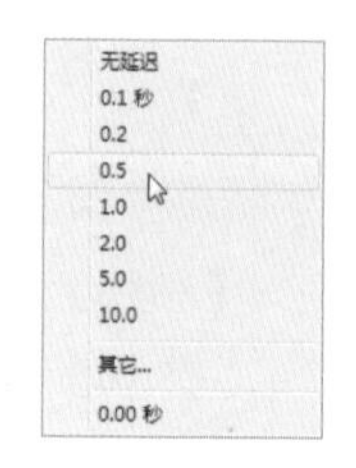

图 16-42

Step18 继续延迟帧。❶ 将 4 个帧延迟时间都设置为 0.5 秒，❷ 设置循环为永远，❸ 单击【播放动画】按钮 ▶ 即可播放动画，如图 16-43 所示。

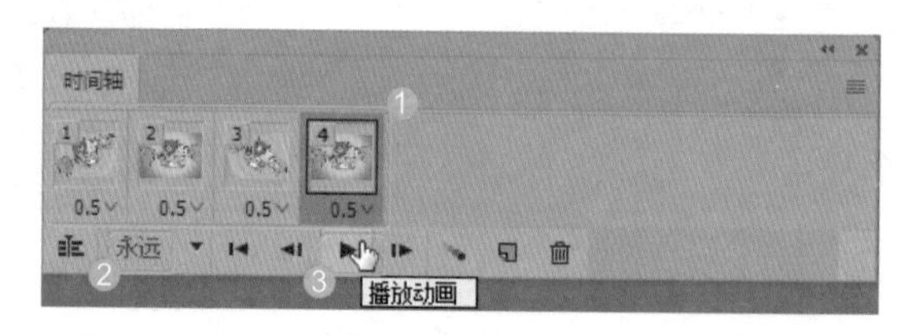

图 16-43

Step19 播放动画。通过前面的操作，即可播放动画，效果如图 16-44 所示。

图 16-44

妙招技法

通过前面知识的学习，相信读者已经掌握了视频、动画创建与编辑的方法。下面结合本章内容，给大家介绍一些实用技巧。

技巧 01：如何精确控制动画播放次数

在【时间轴】面板中，单击左下方的动画循环选项，在打开的下拉列表中，选择【其他】选项，如图 16-45 所示。在打开的【设置循环次数】对话框中，可以设置精确的动画播放次数，如 10 次，如图 16-46 所示。

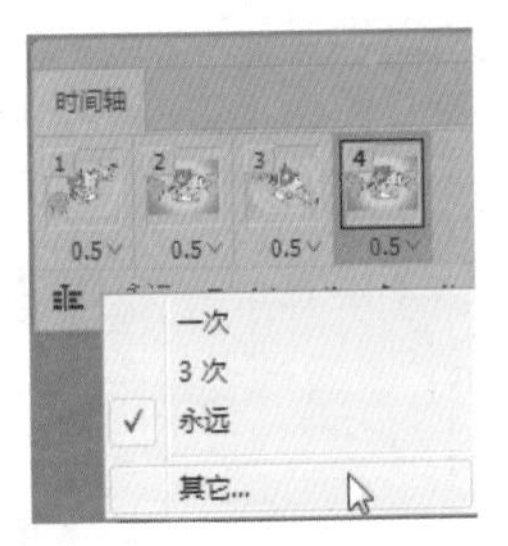

图 16-45

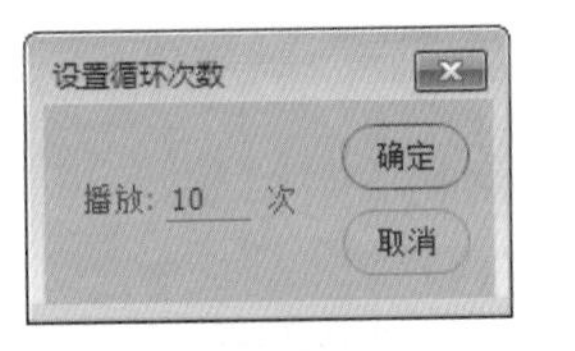

图 16-46

技巧 02：在视频中添加文字

导入视频后，还可以在视频中添加文字，具体操作步骤如下。

Step 01 打开文件。打开“素材文件 \ 第 16 章 \ 彩灯 .avi”文件，如图 16-47 所示。

图 16-47

Step 02 输入文字。使用【横排文字工具】T 在图像中输入黄色文字“彩灯演示”，设置【字体】为粗宋、【字体大小】为 400 点，如图 16-48 所示。

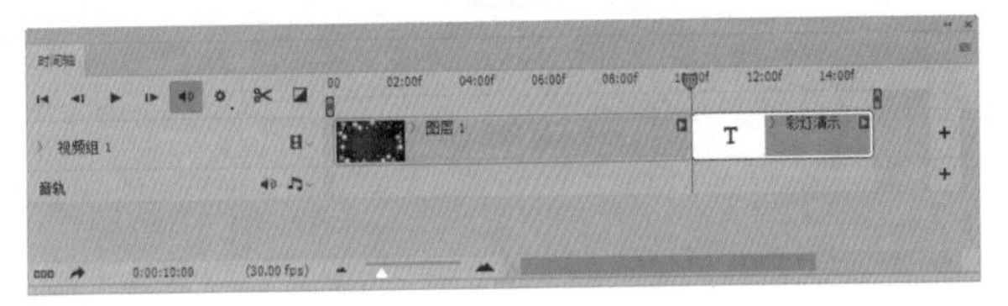

图 16-48

Step 03 拖动文字剪辑。将文字剪辑拖动到视频前方，如图 16-49 所示。单击 按钮展开文字列表，如图 16-50 所示。

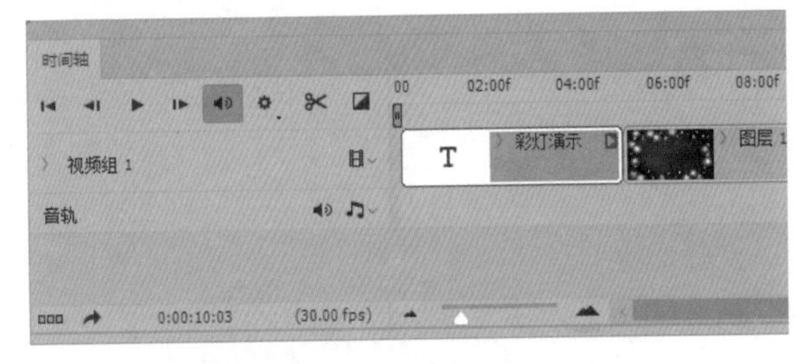

图 16-49

图 16-50

Step 04 选择【彩色渐隐】。在面板左上方单击【选择过滤效果并拖动以应用】按钮，在打开的下拉列表中，选择【彩色渐隐】选项，设置【持续时间】为 3 秒，如图 16-51 所示。

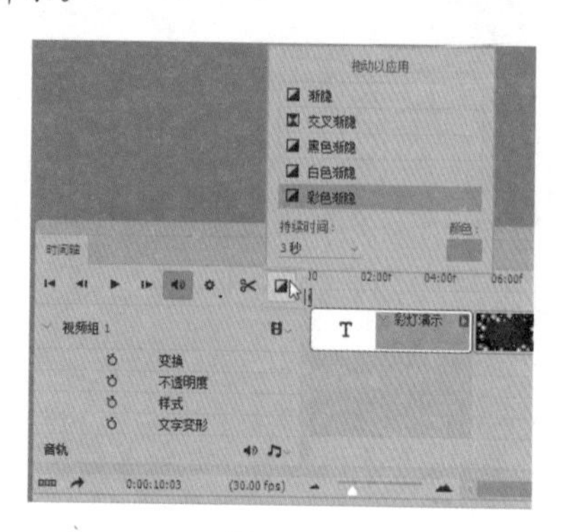

图 16-51

Step 05 拖动效果。将鼠标指针移到【彩色渐隐】选项上，按住鼠标左键不放，将效果拖动到文字剪辑上，如图 16-52 所示。

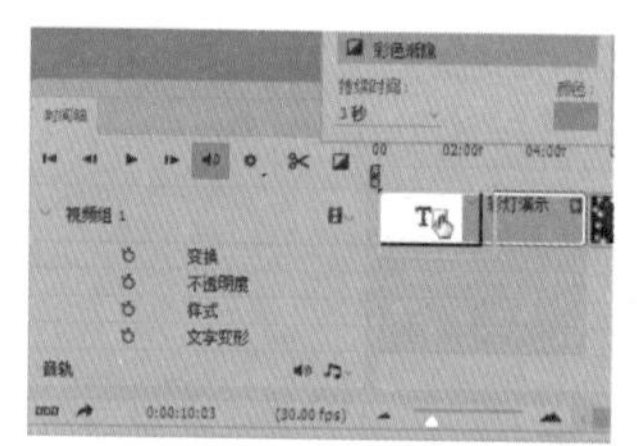
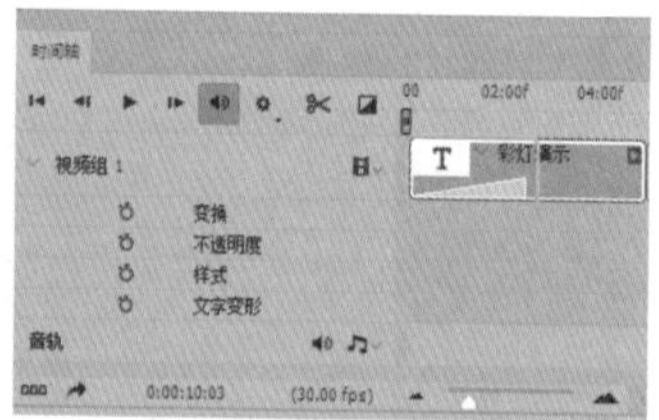

图 16-52

Step 06 缩短文字剪辑的时间。拖动文字剪辑右侧边线，缩短文字剪辑的时间，如图 16-53 所示。在【视频组 1】下方新建【图层 2】图层，如图 16-54 所示。

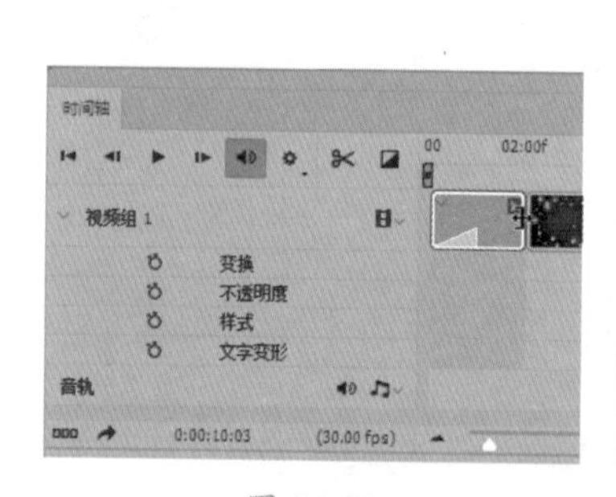

图 16-53

图 16-54

Step 07 调整位置和时间长短。为【图层 2】图层填充蓝色【#00a0e9】，调整其位置和时间长短，确保与文字剪辑一致，如图 16-55 所示。

Step 08 添加白色渐隐效果。在面板左上方单击【选择过滤效果并拖动以应用】按钮，在打开的下拉列表中，

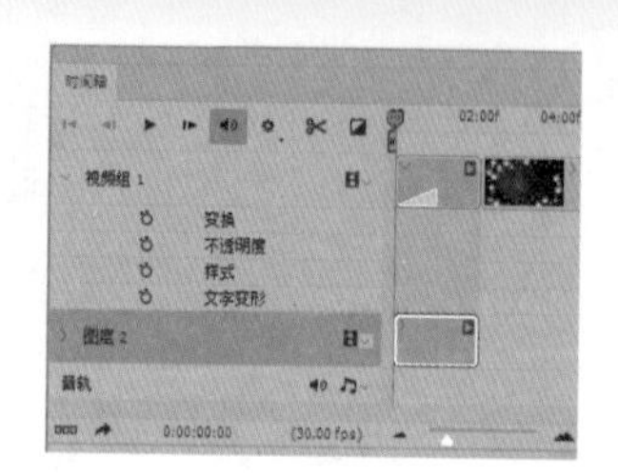

图 16-55

选择【白色渐隐】选项，设置【持续时间】为 3 秒。将鼠标指针移到【白色渐隐】选项上，按住鼠标左键不放，将效果拖动到文字剪辑上，如图 16-56 所示。

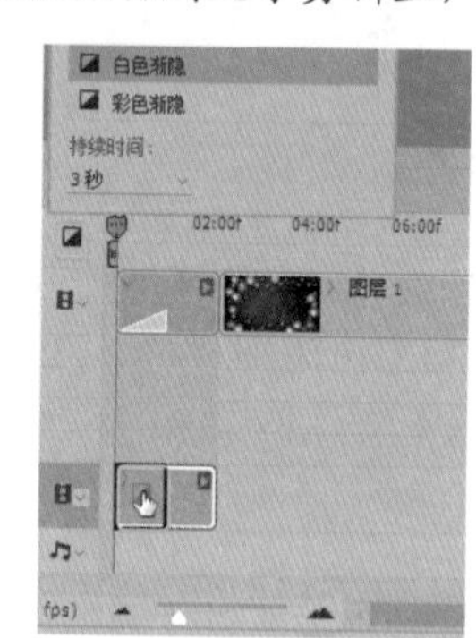
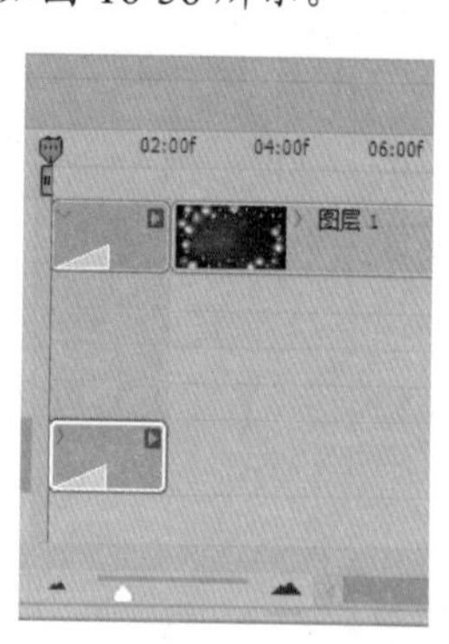

图 16-56

Step 09 添加彩色渐隐。使用相同的方法在文字和效果之间添加彩色渐隐，如图 16-57 所示。

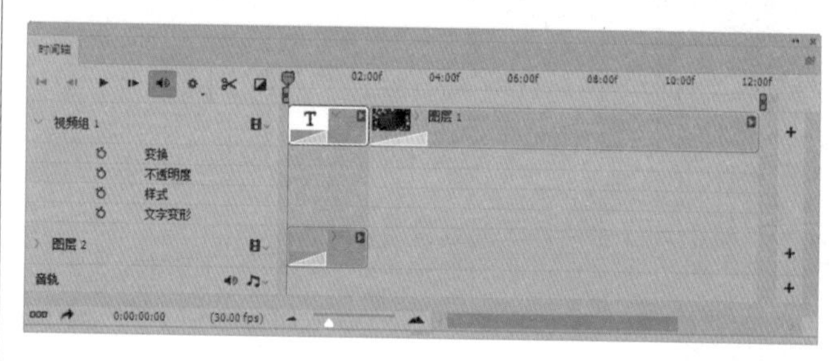

图 16-57

Step 10 预览播放效果。单击左侧的【播放】按钮，即可预览播放效果，如图 16-58 所示。

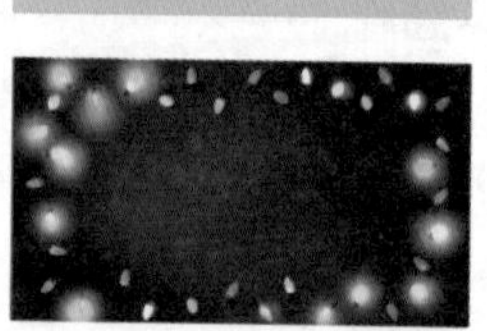

图 16-58

技能实训——制作美人鱼动画

素材文件	素材文件：素材文件 \ 第 16 章 \ 美人鱼 .psd
结果文件	结果文件：结果文件 \ 第 16 章 \ 美人鱼 .psd

设计分析

卡通动画给人以趣味、活泼之感，下面介绍如何在 Photoshop CC 中制作美人鱼动画，效果如图 16-59 所示。

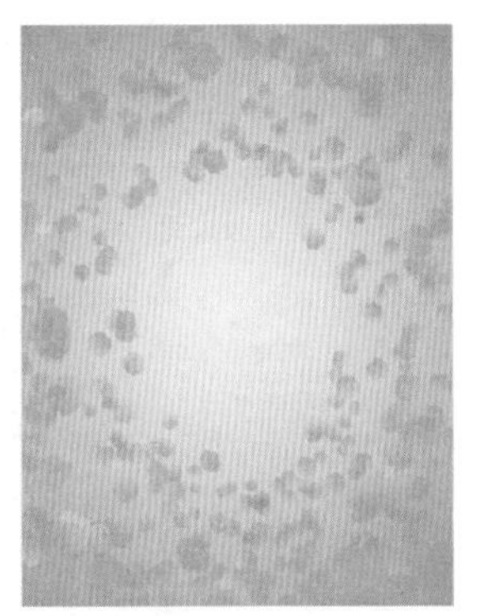

图 16-59

操作步骤

Step01 打开素材。打开“素材文件 \ 第 16 章 \ 美人鱼 .jpg”文件，如图 16-60 所示。

Step02 设置渐变色。设置前景色为紫色【#c792ee】，背景色为白色。选择【渐变工具】，在选项栏中，❶ 单击渐变色条右侧的按钮，❷ 在打开的下拉列表框中选择【前景色到背景色渐变】，❸ 单击【径向渐变】按钮，如图 16-61 所示。

图 16-60

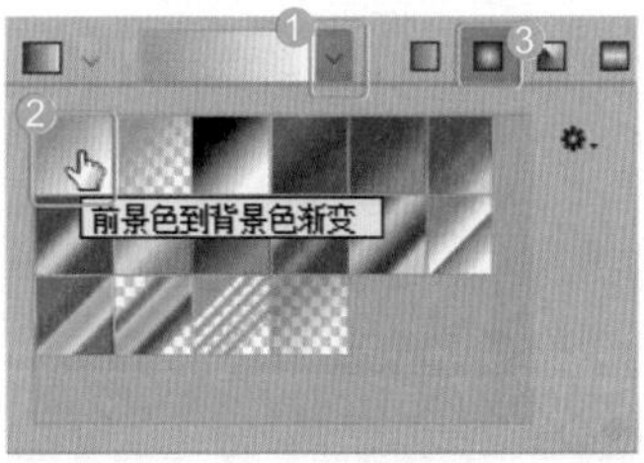

图 16-61

Step03 填充渐变色。新建【底色】图层，拖动鼠标填充渐变色，如图 16-62 所示。

图 16-62

Step04 调整美人鱼的大小。选择【美人鱼】图层，按【Ctrl+T】组合键，执行自由变换操作，调整美人鱼的大小，如图 16-63 所示。在【时间轴】面板中，新建两个帧，设置帧延迟时间为 0.03 秒，如图 16-64 所示。

图 16-63

图 16-64

Step 05 设置图层不透明度。选择帧 1，如图 16-65 所示。设置【美人鱼】图层不透明度为 0%，如图 16-66 所示。移动美人鱼到面板左侧，如图 16-67 所示。

图 16-65

图 16-66

图 16-67

Step 06 设置图层不透明度。选择帧 2，如图 16-68 所示。设置【美人鱼】图层不透明度为 100%，如图 16-69 所示。移动美人鱼到面板中间，如图 16-70 所示。

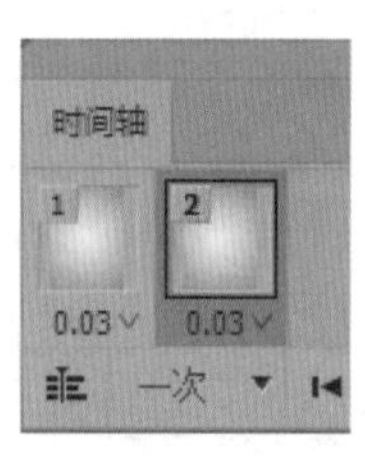
图 16-68

图 16-69

图 16-70

Step 07 选择【过渡】命令。单击面板右上角的【扩展】按钮☰，在打开的扩展菜单中，选择【过渡】命令，如图 16-71 所示。

Step 08 设置【过渡】对话框的参数。在【过渡】对话框中，❶ 设置【要添加的帧数】为 10，选中【所有图层】单选按钮，选中【位置】【不透明度】和【效果】复选框，❷ 单击【确定】按钮，如图 16-72 所示。

图 16-71

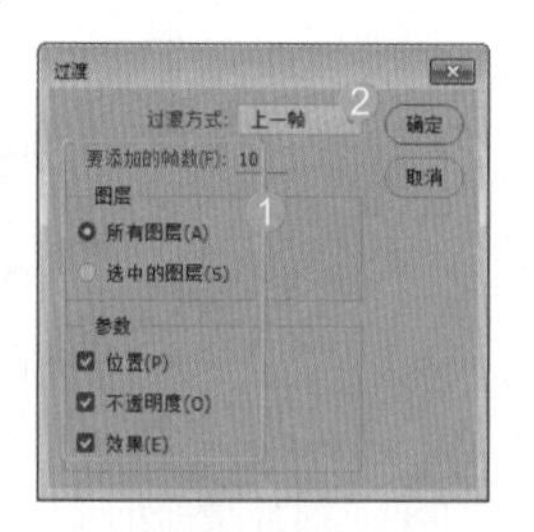
图 16-72

Step 09 插入过渡帧。Photoshop CC 会自动插入 10 个过渡帧，如图 16-73 所示。

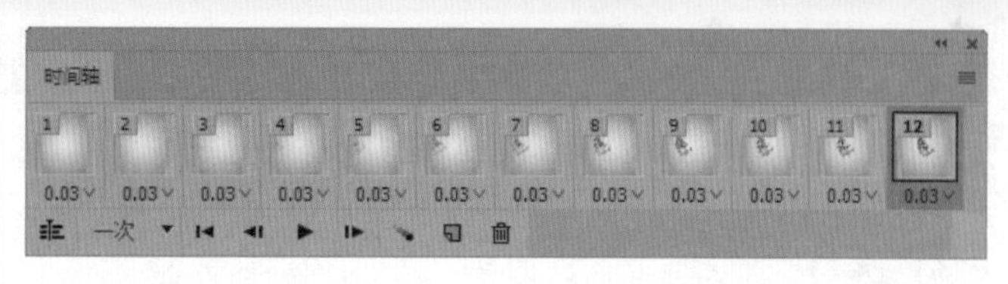
图 16-73

Step 10 设置画笔参数。选择【画笔工具】，载入特殊效果预设画笔，选择【散落玫瑰】笔刷，如图 16-74 所示。在【画笔】面板中，选中【形状动态】【散布】和【颜色动态】复选框，如图 16-75 所示。

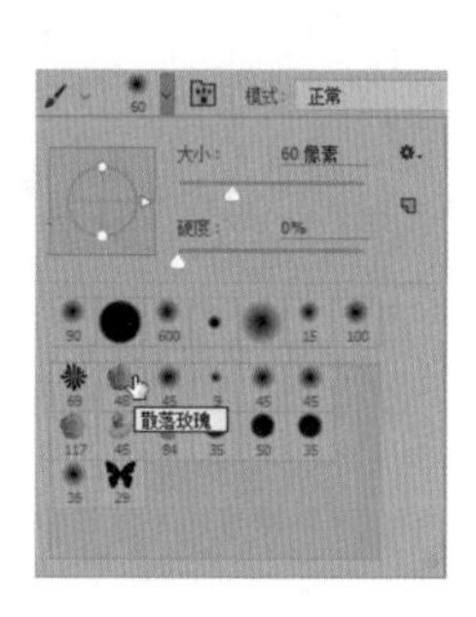
图 16-74

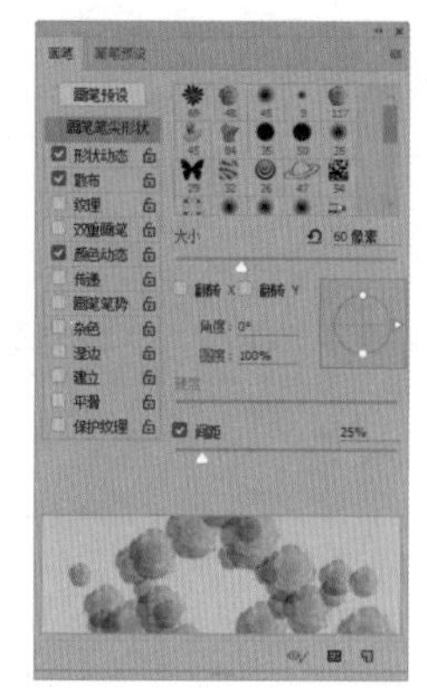
图 16-75

Step 11 绘制玫瑰。新建图层，命名为【玫瑰】，如图 16-76 所示。使用【画笔工具】拖动鼠标绘制玫瑰，如图 16-77 所示。

图 16-76

图 16-77

Step 12 新建帧。在【时间轴】面板中，新建帧 13，如图 16-78 所示。

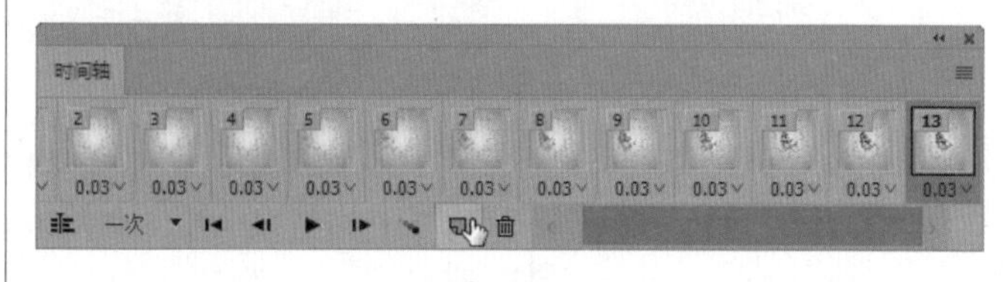
图 16-78

Step 13 复制图层，放大图像。复制【玫瑰】图层，如图 16-79

所示。按【Ctrl+T】组合键，执行自由变换操作，适当放大图像，如图 16-80 所示。

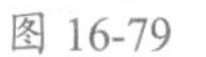
图 16-79

图 16-80

Step14 隐藏图层。隐藏【美人鱼】和【玫瑰】图层，如图 16-81 所示，效果如图 16-82 所示。

图 16-81

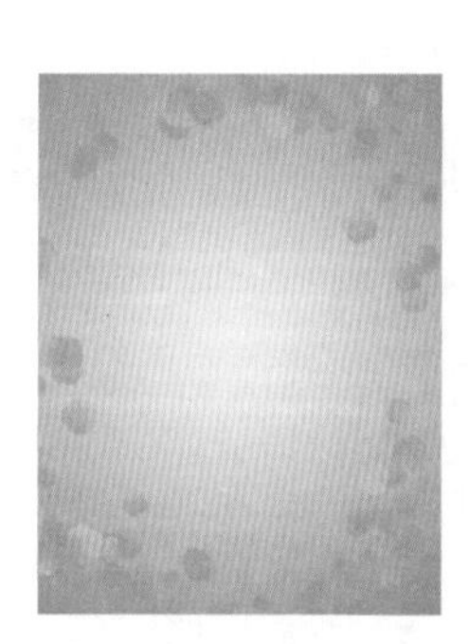

图 16-82

Step15 设置【过渡】对话框中的参数。单击面板右上方的【扩展】按钮，在打开的扩展菜单中，选择【过渡】命令。在【过渡】对话框中，❶设置【要添加的帧数】为 5，选中【所有图层】单选按钮，选中【位置】【不透明度】和【效果】复选框，❷单击【确定】按钮，如图 16-83 所示。

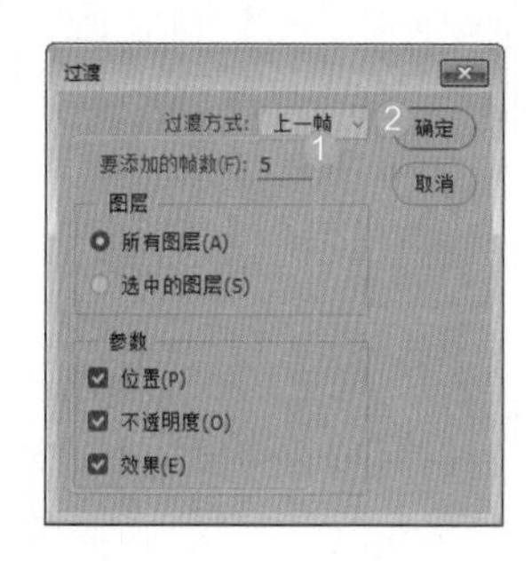

图 16-83

Step16 查看【时间轴】面板。添加 5 个过滤帧后，【时间轴】面板如图 16-84 所示。

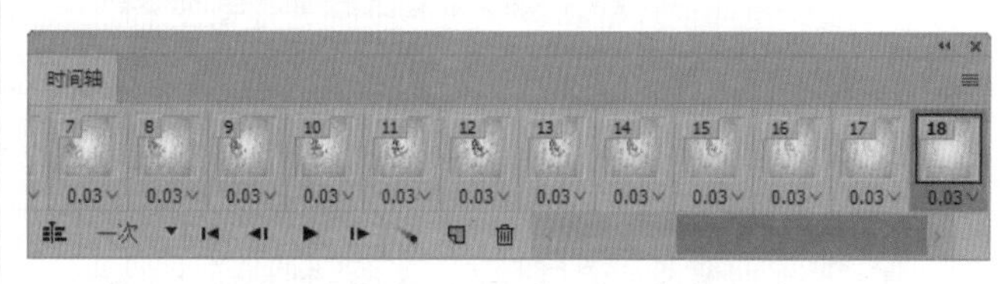

图 16-84

本章小结

本章首先介绍了视频图层和【时间轴】面板，然后学习了视频图层的创建与编辑、帧和动画的制作等。通过本章内容的学习，读者对视频和动画有了一个深入的认识，可以利用【时间轴】面板制作出自己喜欢的动画。

第17章 动作和文件批处理功能的应用

- 动作的播放速度可以调整吗？
- 动作和动作组有什么区别？
- 如何拼结全景图？
- 如何修改动作的名称和参数？
- 如何批量处理图像？

动作、批处理等自动化功能能够解放用户的双手，让计算机去完成大量烦琐、枯燥的重复操作，提高工作效率。本章将学习动作的应用和文件批处理功能。

17.1 动作基础知识

在 Photoshop CC 中，可以将图像的处理过程通过动作记录下来，在对其他图像进行相同的处理时，执行该动作就可以自动完成操作任务。通过动作可以简化重复操作，实现文件处理自动化功能。下面详细介绍动作基础知识。

★重点 17.1.1 【动作】面板

【动作】面板不仅可以记录、播放、编辑和删除动作，还可以存储和载入动作文件。执行【窗口】→【动作】命令，打开【动作】面板，如图 17-1 所示。

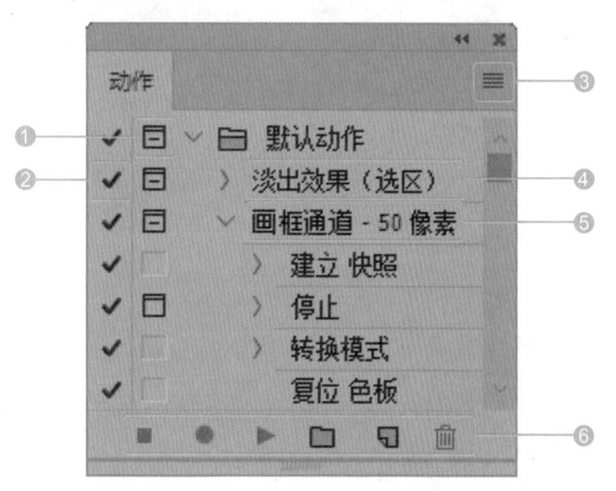

图 17-1

相关选项的作用及含义如表 17-1 所示。

表 17-1　选项作用及含义

选项	作用及含义
❶ 切换对话开 / 关	设置动作在运行过程中是否显示有参数对话框的命令。若动作左侧显示图标，则表示该动作运行时具有对话框的命令
❷ 切换项目开 / 关	设置控制动作或动作中的命令是否被跳过。若某一个命令的左侧显示图标，则表示此命令允许正常。若显示图标，则表示此命令被跳过
❸ 面板扩展按钮	单击面板右上方【扩展】按钮，打开隐藏的面板菜单，在该菜单中可以对面板模式进行选择，并提供动作的创建、记录、删除等基本选项，不仅可以对动作进行载入、复位、替换、存储等操作，还可以快速查找不同类型的动作选项
❹ 动作组	一系列动作的集合
❺ 动作	一系列操作命令的集合
❻ 快速图标	单击按钮用于停止播放动作和停止记录动作；单击按钮，可录制动作；单击按钮，可以播放动作；单击按钮，可创建一个新组；单击按钮，可创建一个新的动作；单击按钮，可删除动作组、动作和命令

★重点 17.1.2 实战：使用预设动作制作聚拢效果

实例门类	软件功能

【动作】面板中提供了多种预设动作，使用这些动作可以快速制作文字效果、边框效果、纹理效果和图像效果等，具体操作步骤如下。

Step 01 打开素材。打开“素材文件\第 17 章\红玫瑰.jpg”文件，复制【背景】图层，如图 17-2 所示。

图 17-2

Step 02 选择【图像效果】选项。在【动作】面板中，单击面板右上方【扩展】按钮，如图 17-3 所示。在弹出的扩展菜单中选择【图像效果】选项，如图 17-4 所示。

图 17-3

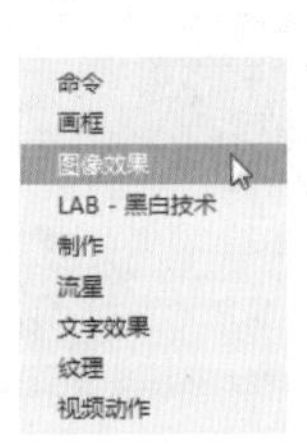

图 17-4

Step 03 选择动作。在【动作】面板中选择【水平颜色渐隐】动作，如图 17-5 所示。❶ 单击左侧的三角折叠图标展开动作，可以看到动作操作步骤，❷ 单击【播放选定的动作】按钮，如图 17-6 所示。

图 17-5

图 17-6

Step 04 应用动作。Photoshop CC 将自动对素材图像应用【水平颜色渐隐】动作，效果如图 17-7 所示。

图 17-7

Step 05 查看操作步骤。【图层】面板如图 17-8 所示。在【历史记录】面板中，可以看到操作步骤，如图 17-9 所示。

图 17-8

图 17-9

17.1.3 创建并记录动作

实例门类	软件功能

在 Photoshop CC 中，不仅可以应用预设动作制作特殊效果，而且可以根据需要创建新的动作。创建新动作的具体操作步骤如下。

Step 01 打开素材。打开“素材文件\第 17 章\海星.jpg”文件，如图 17-10 所示。

图 17-10

Step 02 创建新动作。在【动作】面板中，单击【创建新动作】按钮，如图 17-11 所示。

Step 03 设置参数。弹出【新建动作】对话框，❶ 设置【名称】【组】【功能键】和【颜色】等参数，❷ 单击【记录】

按钮，如图 17-12 所示。

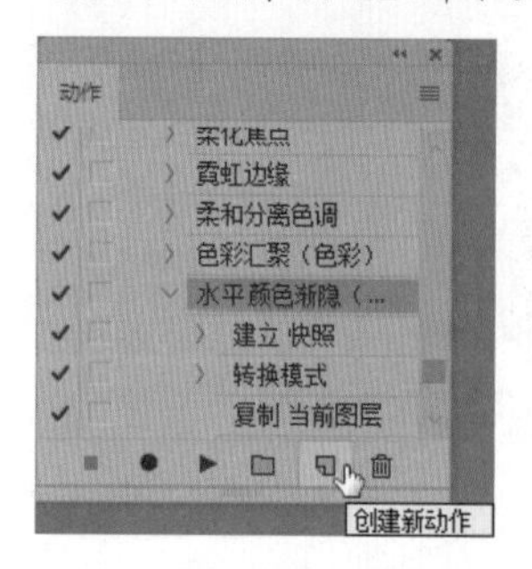

图 17-11

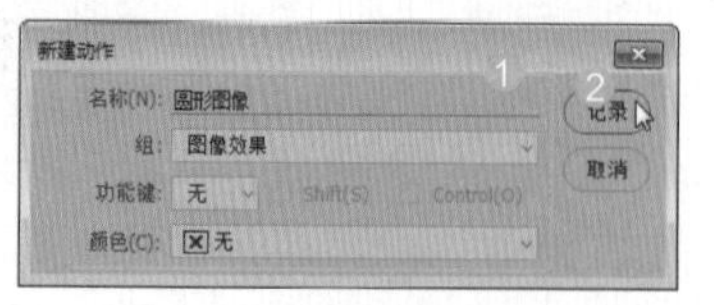

图 17-12

Step 04 录制动作。在【动作】面板中新建一个【圆形图像】动作，【开始记录】按钮变为红色，表示正在录制动作，如图 17-13 所示。

Step 05 复制图层。执行【图层】→【复制图层】命令，在【复制图层】对话框中，❶ 设置【复制背景】为反相，❷ 单击【确定】按钮，如图 17-14 所示。

图 17-13

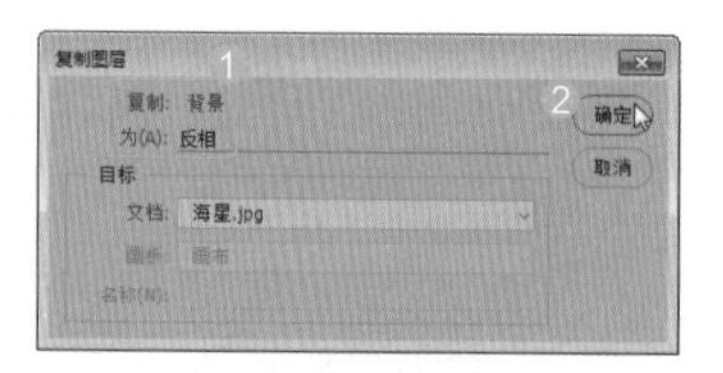

图 17-14

Step 06 设置【球面化】。执行【滤镜】→【扭曲】→【球面化】命令，打开【球面化】对话框，❶ 设置【数量】为 100%，❷ 单击【确定】按钮，如图 17-15 所示。

Step 07 反相图像。执行【图像】→【调整】→【反相】命令，反相图像，效果如图 17-16 所示。

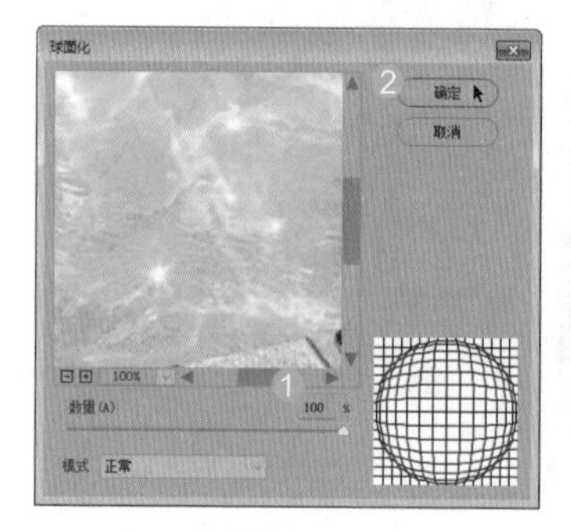

图 17-15

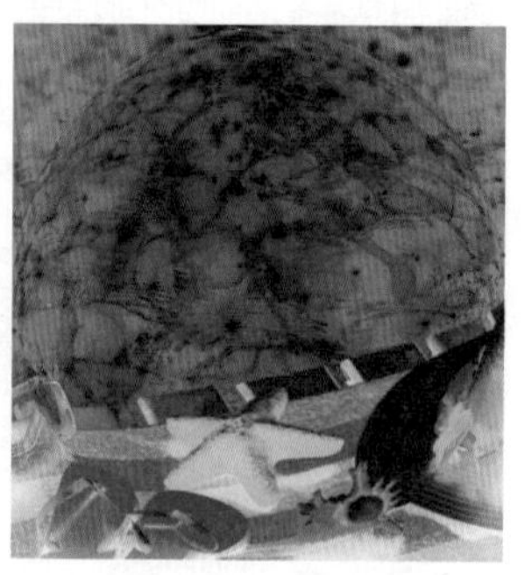

图 17-16

Step 08 更改图层混合模式。更改图层【混合模式】为颜色减淡，如图 17-17 所示，效果如图 17-18 所示。

图 17-17

图 17-18

Step 09 停止记录。在【动作】面板中单击【停止播放 / 记录】按钮，完成动作的记录，如图 17-19 所示。

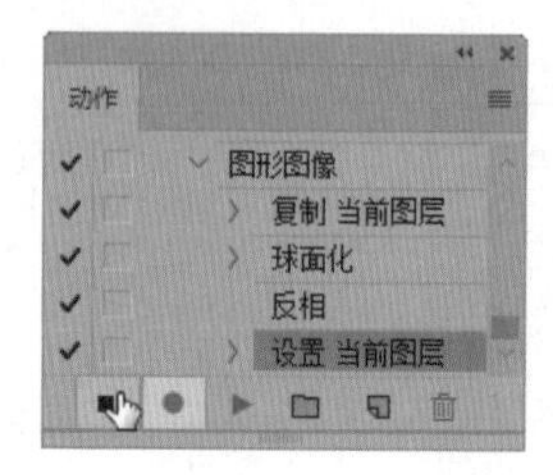

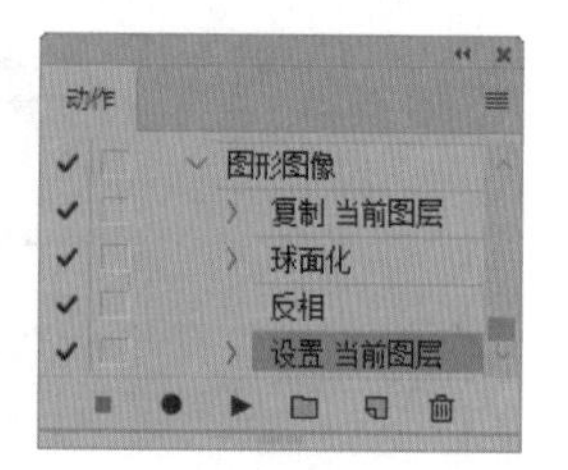

图 17-19

Step 10 播放动作。打开“素材文件 \ 第 17 章 \ 黑发 .jpg”文件，如图 17-20 所示。❶ 选择前面录制的【圆形图像】动作，❷ 单击【播放选定的动作】按钮，如图 17-21 所示。

图 17-20

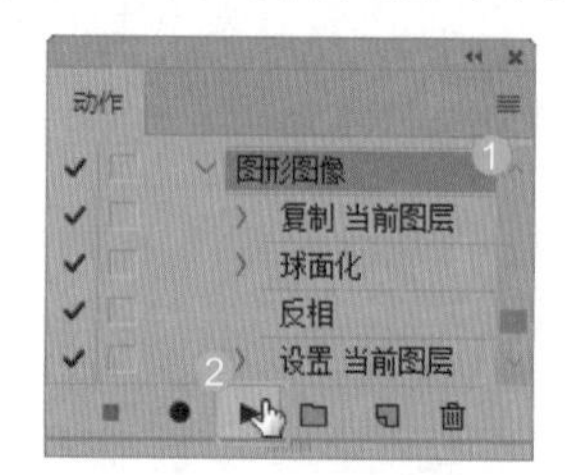

图 17-21

Step 11 应用动作。通过前面的操作，即可为图像应用录制的动作【圆形图像】，效果如图 17-22 所示。

图 17-22

17.1.4 创建动作组

在创建新动作之前，需要创建一个新组来放置新建的动作，方便动作的管理。其创建方法与创建新动作方法类似。

在【动作】面板中单击【创建新组】按钮，如图 17-23 所示。弹出【新建组】对话框，❶ 在【名称】文本框中输入名称，❷ 单击【确定】按钮，如图 17-24 所示。通过前面的操作，在【动作】面板中新建了一个动作组【组 1】，如图 17-25 所示。

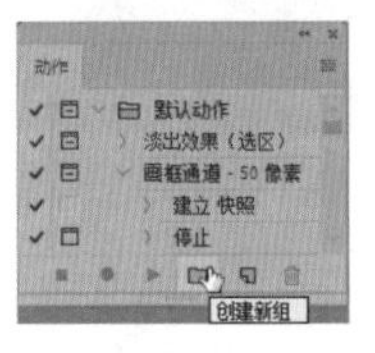

图 17-23

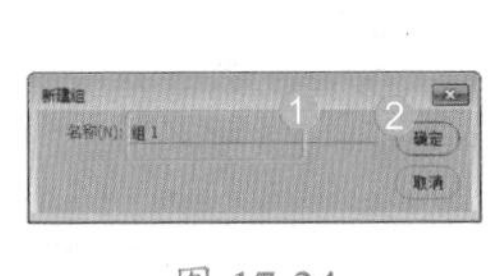
图 17-24

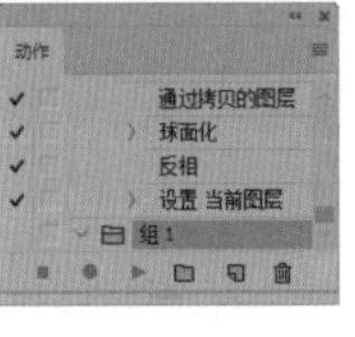
图 17-25

17.1.5 修改动作的名称和参数

如果需要修改动作组或动作的名称，可以将其名称选中，然后选择扩展菜单中的【动作选项】或【组选项】命令，打开【动作选项】或【组选项】对话框进行参数设置，如图 17-26 所示。

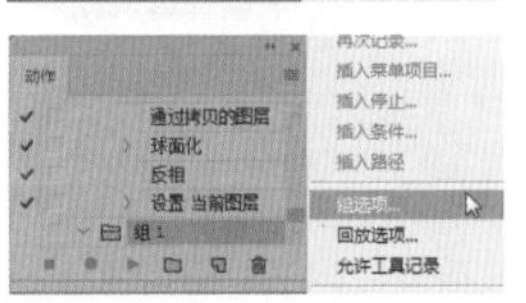
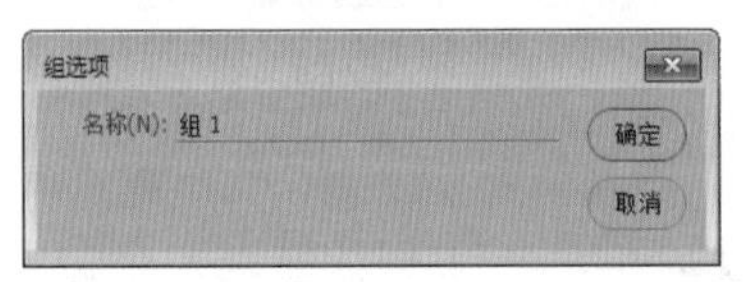

图 17-26

如果需要修改命令的参数，可以在其名称上双击，如图 17-27 所示。在打开的对话框中修改参数即可，如图 17-28 所示。

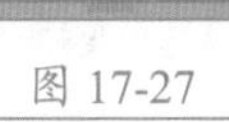
图 17-27

图 17-28

17.1.6 重排与复制动作

在【动作】面板中，将动作或命令拖曳至同一动作或另一动作中的新位置，即可重新排列动作或命令。

将动作和命令拖曳至【创建新动作】按钮上，可将其复制。按【Alt】键移动动作和命令，可快速复制动作和命令。

17.1.7 在动作中添加新命令

实例门类	软件功能

完成动作录制后，还可以在动作中添加新命令，具体操作步骤如下。

Step 01 记录动作。选择动作中的任意命令，这里 ❶ 选择【球面化】命令，❷ 单击【开始记录】按钮 ●，如图 17-29 所示。

Step 02 选择【色相 / 饱和度】命令。执行【图像】→【调整】→【色相 / 饱和度】命令，打开【色相 / 饱和度】对话框，在其中进行参数设置，如图 17-30 所示。

Step 03 停止录制。单击【停止播放 / 记录】按钮停止录制，即可将【色相 / 饱和度】命令添加到【球面化】命令下面，如图 17-31 所示。

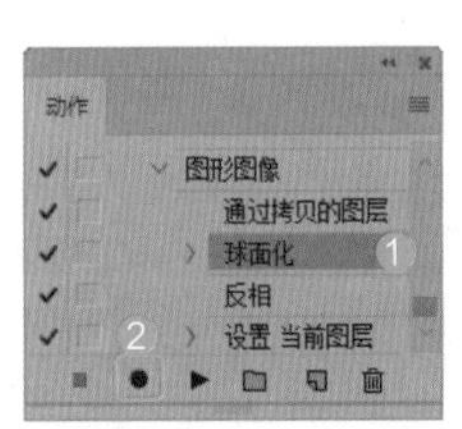

图 17-29

图 17-30

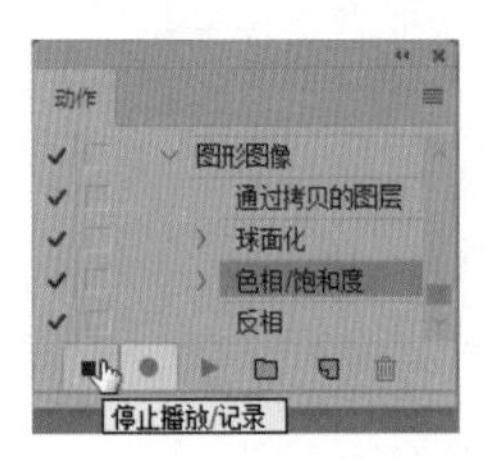

图 17-31

17.1.8 在动作中插入非菜单操作

实例门类	软件功能

在记录动作的过程中，无法对使用【绘画工具】【调色工具】及【视图】和【窗口】菜单下的命令进行记录，

可以使用【动作】扩展菜单中的【插入菜单项目】命令，将这些不能记录的操作插入动作中，具体操作步骤如下。

Step 01 选择【插入菜单项目】命令。在动作执行过程中，❶ 单击右上角的【扩展】按钮，❷ 在打开的扩展菜单中，选择【插入菜单项目】命令，如图 17-32 所示。

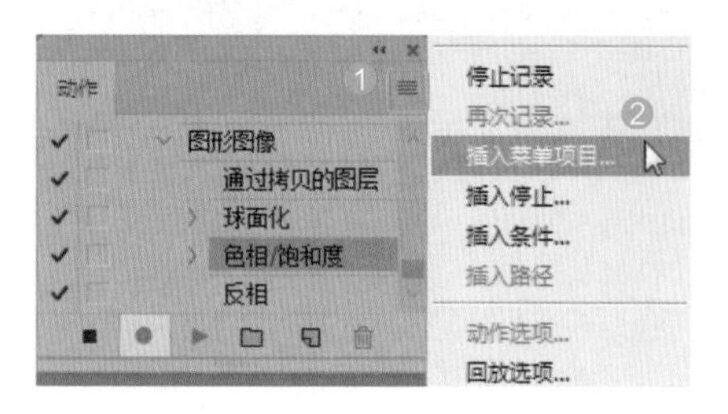

图 17-32

Step 02 选择【铅笔工具】。在打开的【插入菜单项目】对话框中，单击【确定】按钮，选择工具箱中的【铅笔工具】，该操作会记录到动作中，如图 17-33 所示。

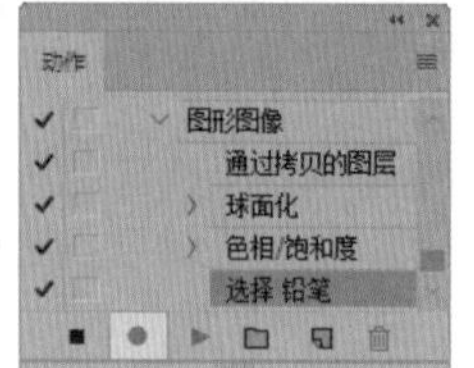

图 17-33

17.1.9 在动作中插入路径

实例门类	软件功能

【插入路径】命令可将路径插入动作中，具体操作步骤如下。

Step 01 选择命令。在图像中绘制任意路径，如图 17-34 所示。在【动作】面板中选择任意命令，执行扩展菜单中的【插入路径】命令，如图 17-35 所示。

图 17-34

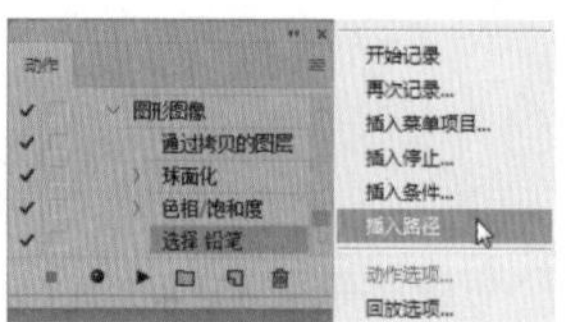

图 17-35

Step 02 将路径插入动作中。通过前面的操作，即可将路径插入动作中，如图 17-36 所示。在为其他图像播放动作时，该路径就被插入图像中，如图 17-37 所示。

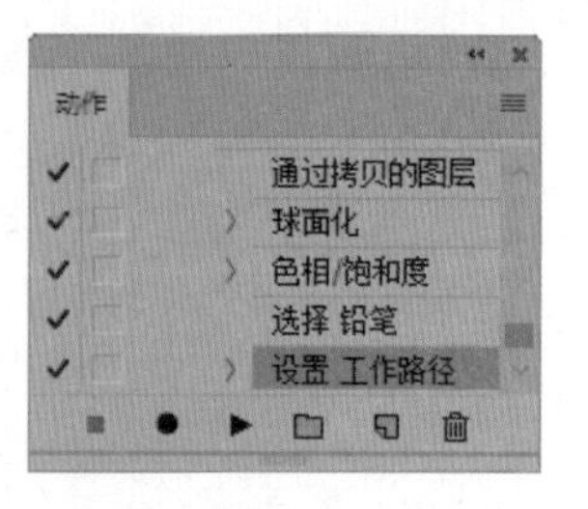

图 17-36

图 17-37

技术看板

如果要记录多个【插入路径】命令，需要在记录每个命令后，执行【路径】面板菜单中的【存储路径】命令。否则，后面的路径将会替换前面的路径。

17.1.10 在动作中插入停止

实例门类	软件功能

用户可以在动作中插入停止，以便在播放动作过程中，执行无法记录的任务（例如，使用绘图工具完成绘图操作后，单击【动作】面板中的【播放选中的动作】按钮，可以继续播放未完成的动作），也可以在动作停止时显示一条简短消息，提醒用户在继续执行下面的动作之前需要完成的任务，具体操作步骤如下。

Step 01 选择【插入停止】命令。❶ 单击【动作】面板右上角的按钮，❷ 在弹出的扩展菜单中选择【插入停止】命令，如图 17-38 所示。

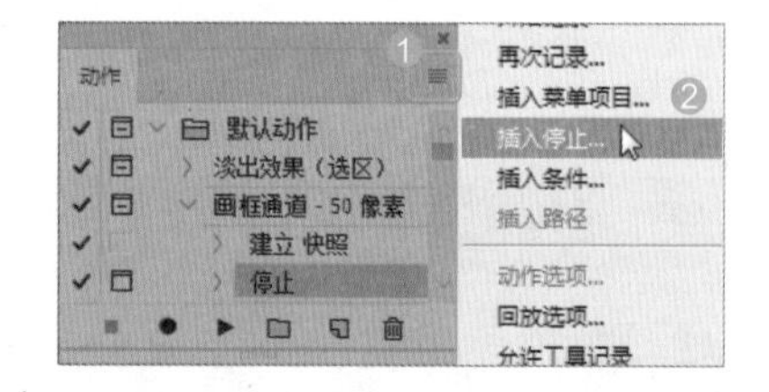

图 17-38

Step 02 输入文字。弹出【记录停止】对话框。❶ 在其中的【信息】文本框中输入文字，❷ 完成设置后，单击【确定】按钮即可，如图 17-39 所示。

Step 03 插入动作。通过前面的操作，停止操作被插入动作中，如图 17-40 所示。

图 17-39

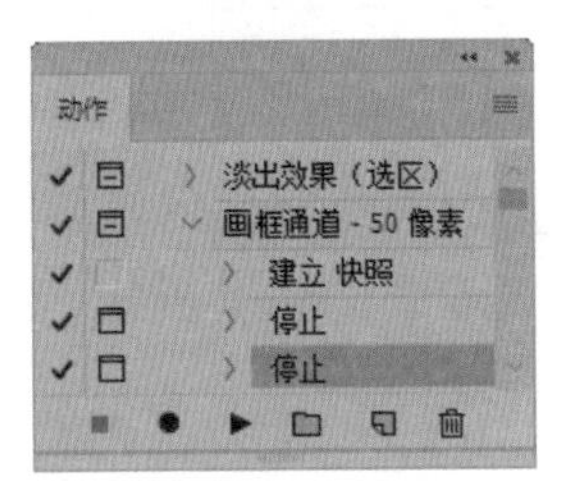

图 17-40

17.1.11 存储路径

在创建动作后，可以存储自定义的动作，以方便将该动作运用到其他图像文件中。在【动作】面板中选择需要存储的动作组，在扩展菜单中选择【存储动作】命令，如图 17-41 所示。弹出【另存为】对话框，选择保存路径，单击【保存】按钮，即可将需要存储的动作组进行保存，如图 17-42 所示。

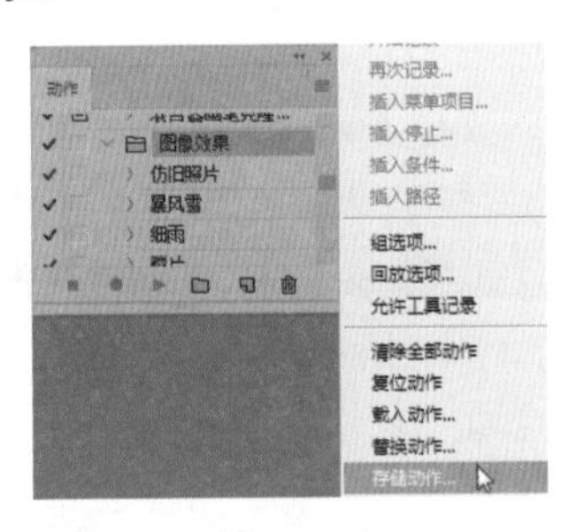

图 17-41

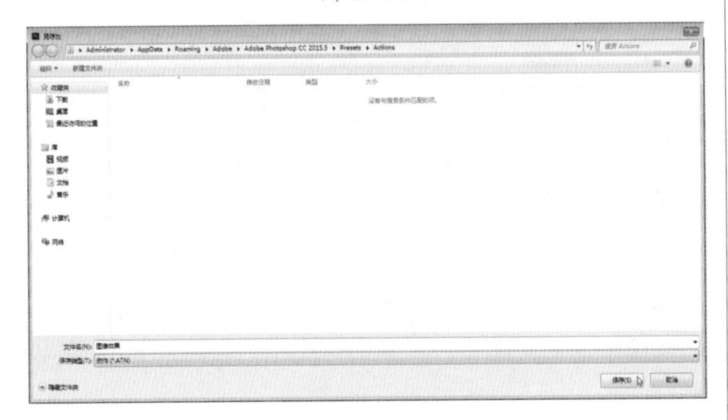

图 17-42

17.1.12 指定回放速度

在【动作】面板扩展菜单中，选择【回放选项】命令，如图 17-43 所示，在打开的【回放选项】对话框中，可以设置动作的回放选项，包括【加速】【逐步】和【暂停】3 个选项，如图 17-44 所示。

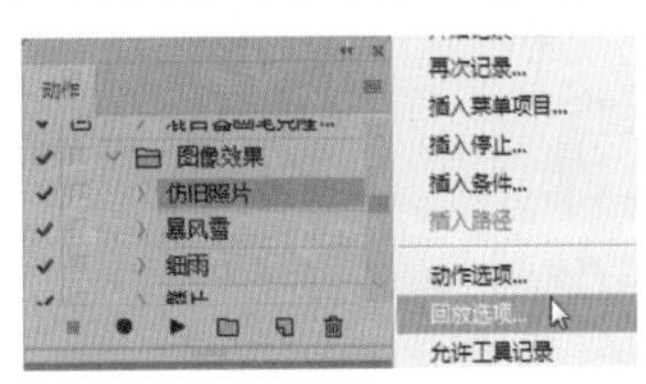

图 17-43

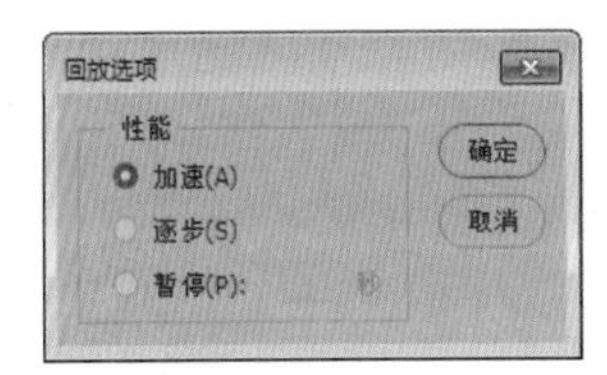

图 17-44

相关选项的作用及含义如表 17-2 所示。

表 17-2　选项作用及含义

选项	作用及含义
加速	加快速度
逐步	显示每个命令的处理结果，然后再转入下一个命令，速度较慢
暂停	可指定播放动作时各个命令的间隔时间

17.1.13 载入外部动作库

执行【动作】面板扩展菜单中的【载入动作】命令，可以载入外部动作库。

17.1.14 条件模式更改

应用动作时，如果在动作步骤中包括转换图像模式的操作（如将 RGB 模式转换为 CMYK 模式），而当时处理的图像不是 RGB 模式，就会出现动作错误。

在记录动作时，使用【条件模式更改】命令，可以为源模式指定多个模式，并为目标模式指定一个模式，以便在动作运行时进行转换。

执行【文件】→【自动】→【条件模式更改】命令，可以打开【条件模式更改】对话框，如图 17-45 所示。

相关选项的作用及含义如表 17-3 所示。

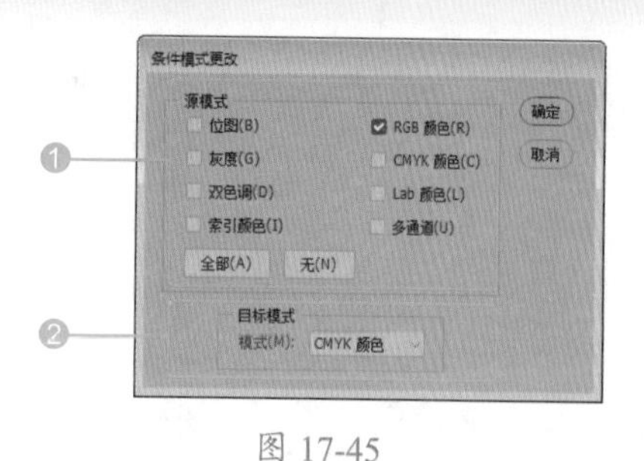

图 17-45

表 17-3　选项作用及含义

选项	作用及含义
❶ 源模式	选择源文件的颜色模式，只有与选择的颜色模式相同的文件才可以被更改。单击【全部】按钮，可选择所有可能的模式；单击【无】按钮，不选择颜色模式
❷ 目标模式	设置图像转换后的颜色模式

17.2 批处理知识

【批处理】可以将动作应用于多张图片，同时完成大量重复性的操作，以节省时间、提高工作效率，实现图像处理自动化。

17.2.1 【批处理】对话框

执行【文件】→【自动】→【批处理】命令，打开【批处理】对话框，如图 17-46 所示。

图 17-46

相关选项的作用及含义如表 17-4 所示。

表 17-4　选项作用及含义

选项	作用及含义
❶ 播放的动作	在进行批处理前，首先要选择应用的“动作”。分别在【组】和【动作】的下拉列表框中进行选择
❷ 批处理源文件	在【源】下拉列表框中可以设置文件的来源，包括【文件夹】【导入】【打开的文件】或从 Bridge 中浏览的图像文件。若设置源图像的位置为文件夹，则可以选择批处理文件所在的文件夹位置
❸ 批处理目标文件	【目标】下拉列表框中包含【无】【存储并关闭】和【文件夹】3 个选项。选择【无】选项，对处理后的图像文件不做任何操作；选择【存储并关闭】选项，将文件存储在当前位置，并覆盖原来的文件；选择【文件夹】选项，将处理过的文件存储到另一位置。在【文件命名】选项组中可以设置存储文件的名称

17.2.2 实战：使用【批处理】命令处理图像

实例门类	软件功能

使用【批处理】命令处理图像，首先要在【动作】面板中设置动作，然后通过【批处理】对话框进行参数设置，具体操作步骤如下。

Step 01 载入【图像效果】动作组。执行【窗口】→【动作】命令，打开【动作】面板，单击【动作】面板右上角的【扩展】按钮，选择【图像效果】选项，载入图像效果动作组，如图 17-47 所示。

Step 02 选择命令。执行【文件】→【自动】→【批处理】命令，打开【批处理】对话框，在【组】下拉列表框中选择【图像效果】选项。在【动作】下拉列表框中选择【鳞片】选项，如图 17-48 所示。

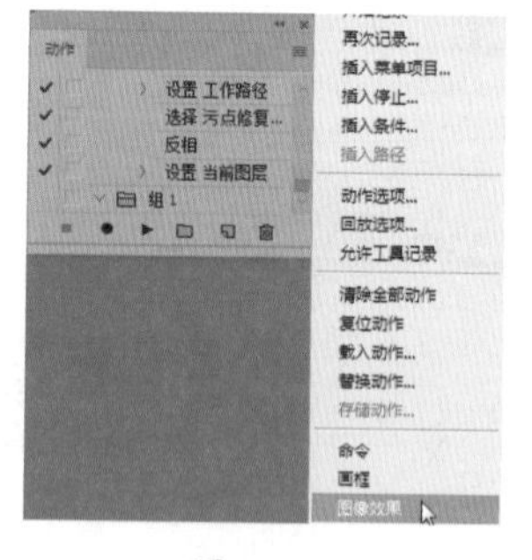

图 17-47

图 17-48

Step 03 选择【文件夹】选项。❶ 在【源】下拉列表框中选择【文件夹】选项，❷ 单击【选择】按钮，如图 17-49 所示。

Step 04 选择素材文件夹。打开【浏览文件夹】对话框。

❶ 选择“素材文件 \ 第 17 章 \ 批处理”文件夹，❷ 单击【确定】按钮，如图 17-50 所示。

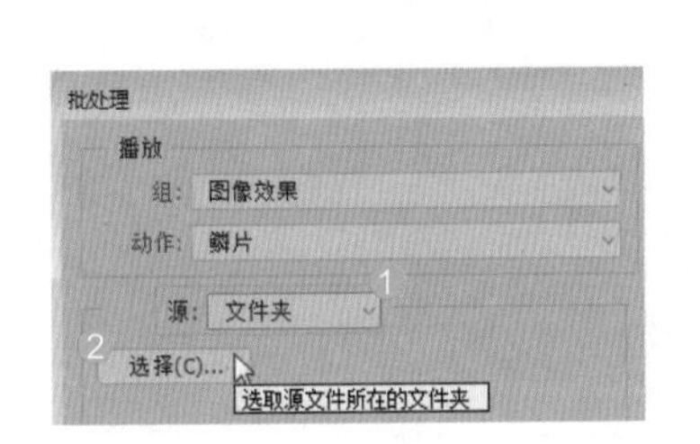

图 17-49

图 17-50

Step 05 单击【选择】按钮。❶ 在【目标】下拉列表框中选择【文件夹】选项，❷ 单击【选择】按钮，如图 17-51 所示。

Step 06 选择目标文件夹。打开【浏览文件夹】对话框，❶ 选择“结果文件 \ 第 17 章 \ 批处理”文件夹，❷ 单击【确定】按钮，如图 17-52 所示。

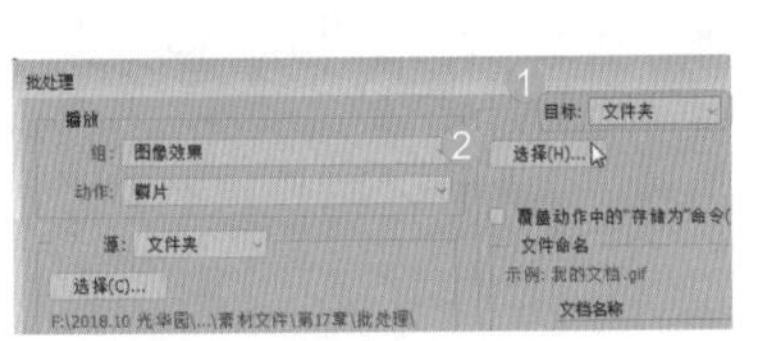

图 17-51

图 17-52

Step 07 确认操作。在【批处理】对话框中进行参数设置，然后单击【确定】按钮，如图 17-53 所示。

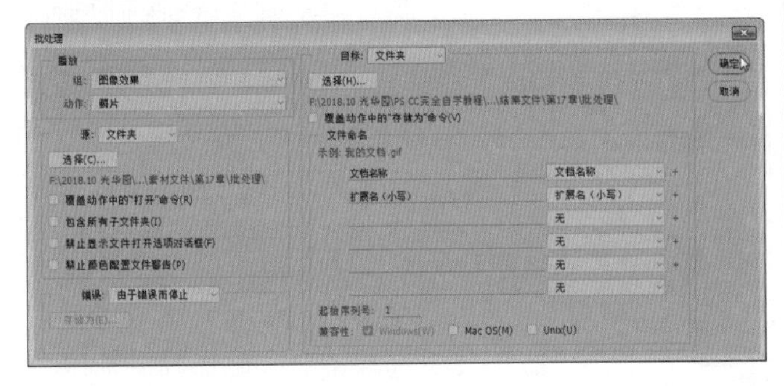

图 17-53

Step 08 保存文件。处理完 1.jpg 文件后，将弹出【另存为】对话框，❶ 用户可以重新选择存储位置、存储格式并进行重命名，❷ 单击【保存】按钮，弹出【Photoshop 格式选项】提示框，单击【确定】按钮，如图 17-54 所示。

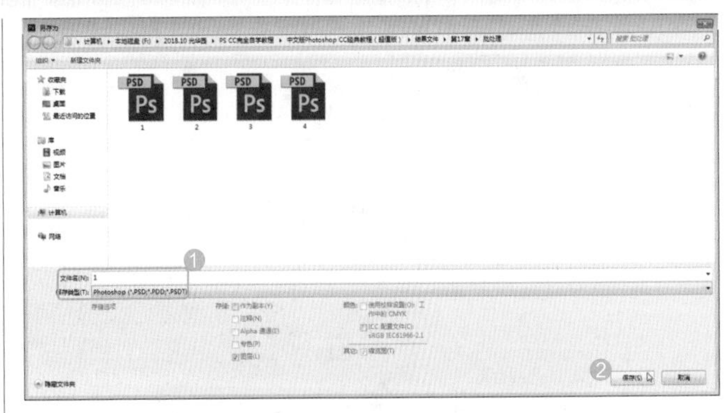

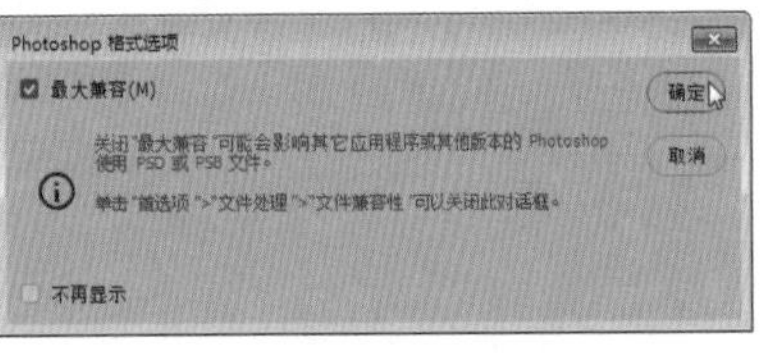

图 17-54

Step 09 继续自动处理图像。Photoshop CC 将继续自动处理图像，完成后效果如图 17-55 所示。

图 17-55

17.2.3 实战：创建快捷批处理

实例门类	软件功能

快捷批处理是一个小程序，可以简化批处理操作的过程。创建快捷批处理的具体操作步骤如下。

Step 01 打开对话框。执行【文件】→【自动】→【快捷批处理】命令，弹出【创建快捷批处理】对话框，单击【选择】按钮，如图 17-56 所示。

Step 02 设置【另存为】对话框。打开【另存为】对话框，❶ 选择快捷批处理存储的位置，❷ 设置快捷批处理的文件名称，❸ 单击【保存】按钮，如图 17-57 所示。

图 17-56

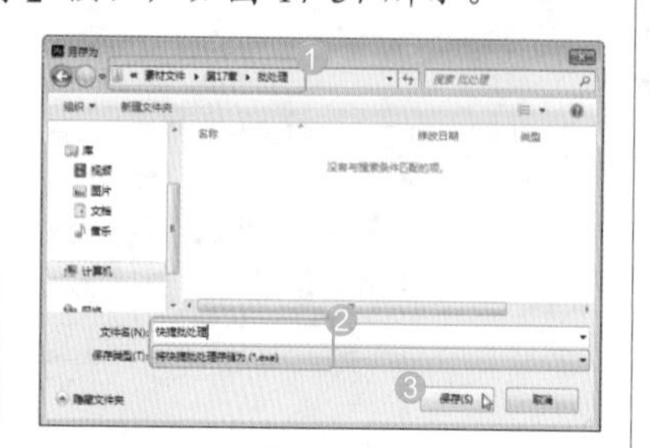

图 17-57

Step 03 设置组、动作等参数值。返回【创建快捷批处理】对话框，设置组、动作等参数值，如图 17-58 所示。

Step 04 查看创建批处理文件的图标。打开快捷批处理存储的位置，可以查看到创建批处理文件图标，如图 17-59 所示。

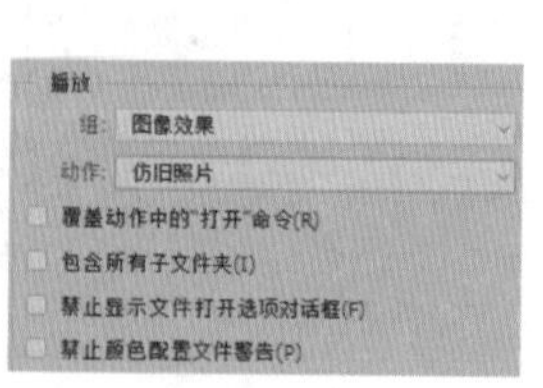

图 17-58

图 17-59

技能拓展——快捷批处理的使用

将图像拖动到快捷批处理图标上，即可运行批处理小程序。

17.3 脚本

【脚本】命令可以对图像进行拼接、导出复合图层，实现另一种自动图像处理，并且不用自己编写脚本，直接使用 Photoshop CC 提供的脚本即可进行操作。

17.3.1 图像处理器

【图像处理器】命令可以将一组文件中的不同文件以特定的格式、大小或执行同样操作后保存，执行【文件】→【脚本】→【图像处理器】命令，打开【图像处理器】对话框，如图 17-60 所示。

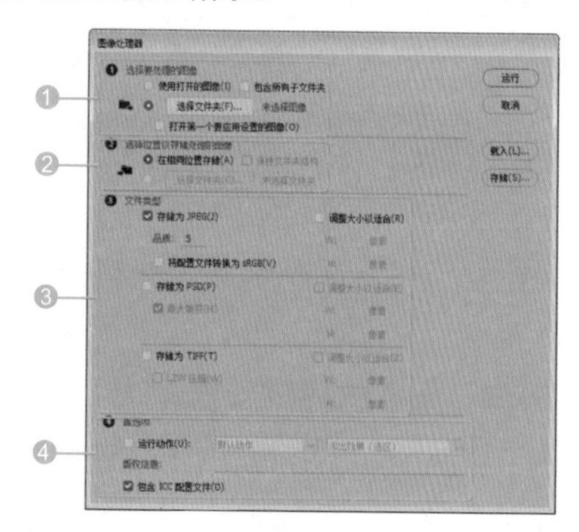

图 17-60

相关选项的作用及含义如表 17-5 所示。

表 17-5 选项作用及含义

选项	作用及含义
❶ 选择要处理的图像	在该选项区域中，可以打开需要处理的图像或图像所在的文件夹
❷ 选择位置以存储处理的图像	在该选项区域中，可以选择将处理后的图像存放在相同位置或另存在其他文件夹中
❸ 文件类型	在该选项区域中，可以将处理的图像分别以 JPEG、PSD 和 TIFF 格式进行保存，还可以根据需要对图像大小进行限制
❹ 首选项	可以对图像应用动作，应用的动作在下拉列表框中进行选择

17.3.2 实战：将图层导出文件

实例门类	软件功能

在 Photoshop CC 中，可以从视频文件中获取静帧图像，具体操作步骤如下。

Step 01 打开素材。打开“素材文件 \ 第 17 章 \ 黑猫 .psd”

文件，如图 17-61 所示。在【图层】面板中，一共有 3 个图层，如图 17-62 所示。

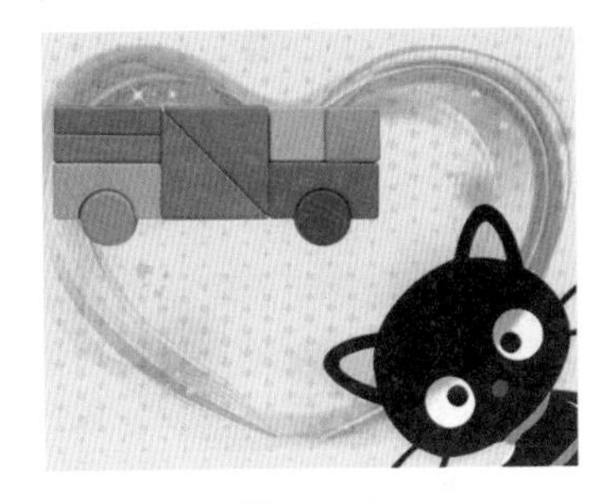

图 17-61

图 17-62

Step 02 将图层导出到文件。执行【文件】→【导出】→【将图层导出到文件】命令，弹出【将图层导出到文件】对话框，❶设置存储位置和文件类型，❷单击【运行】按钮，如图 17-63 所示。

Step 03 弹出【脚本警告】提示框。Photoshop CC 将自动导出图层，完成操作后弹出【脚本警告】提示框，单击【确定】按钮，如图 17-64 所示。

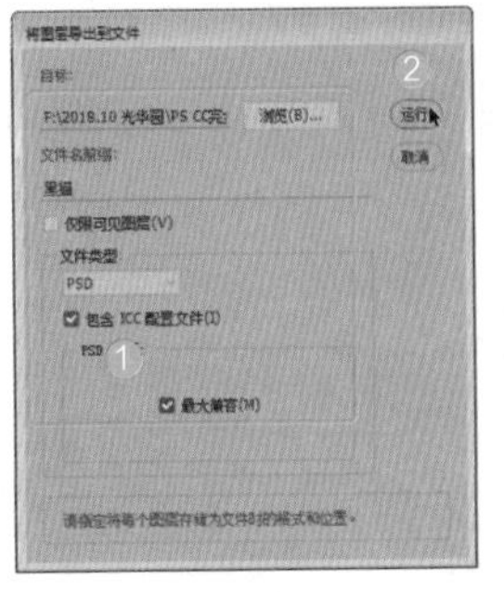

图 17-63

图 17-64

Step 04 查看效果。打开目标文件夹，查看每个图层为 JPEG 文件的效果，如图 17-65 所示。

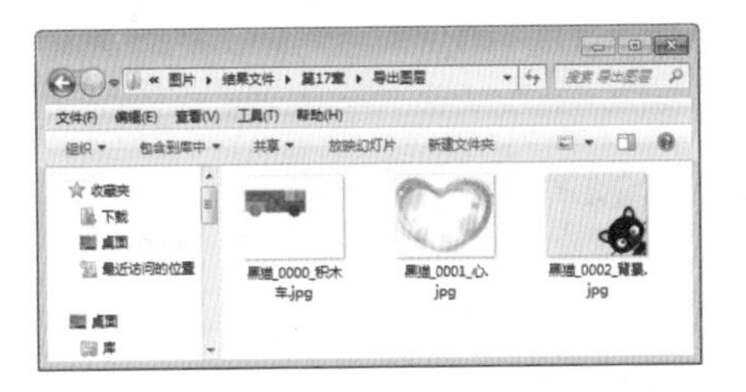

图 17-65

17.4 数据驱动图形

利用数据驱动图形，可以准确地生成图像的多个版本并用于印刷项目或 Web 项目。例如，以模板设计为基础，使用不同的文本和图像可以制作多种 Web 横幅。

17.4.1 定义变量

变量用来定义模板中的哪些元素将发生变化，在 Photoshop CC 中可以定义 3 种类型的变量：可见性变量、像素替换变量及文本替换变量。要定义变量，需要首先创建模板图像，然后执行【图像】→【变量】→【定义】命令，打开【变量】对话框，在【图层】下拉列表中选择一个包含要定义为变量的内容图层，如图 17-66 所示。

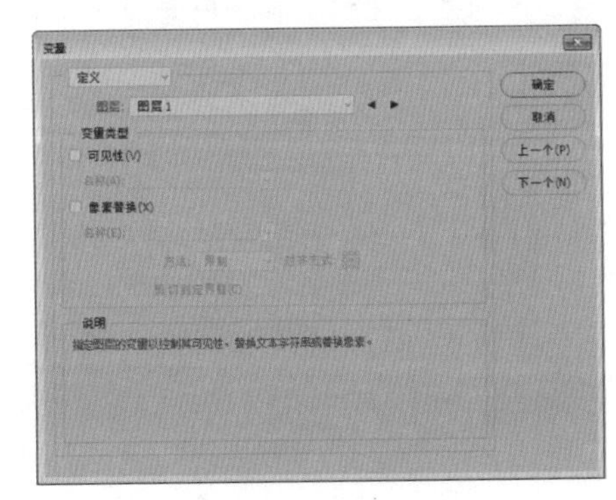

图 17-66

17.4.2 定义数据组

数据组是变量及其他相关数据的集合，执行【图像】→【变量】→【数据组】命令，可以打开【变量】对话框，在其中设置数据组选项，如图 17-67 所示。

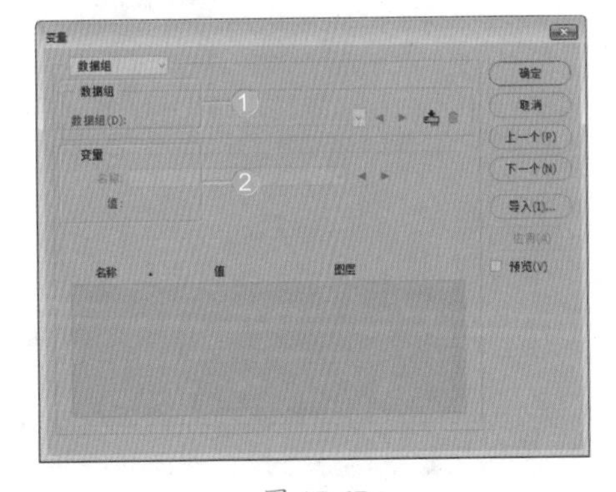

图 17-67

相关选项的作用及含义如表 17-6 所示。

表 17-6 选项作用及含义

选项	作用及含义
❶ 数据组	单击按钮可以创建数据组。如果创建了多个数据组，可单击 ◀ ▶ 按钮切换数据组。选择一个数据组，单击按钮可将其删除
❷ 变量	在该选项内可以编辑变量数据，单击◀ ▶按钮，可切换变量名称

17.4.3 预览与应用数据组

在创建模板图像和数据组后，执行【图像】→【应用数据组】命令，打开【应用数据组】对话框。从列表中选择数据组，选中【预览】复选框，可在文档窗口中预览图像，单击【应用】按钮，可将数据组的内容应用于基本图像，同时所有变量和数据组保持不变。

17.4.4 导入与导出数据组

如果在其他程序（如文本编辑器或电子表格程序）中创建了数据组，可执行【文件】→【导入】→【变量数据组】命令，将其导入 Photoshop CC 中。定义变量及一个或多个数据组后，可执行【文件导出数据组作为文件】命令，按批处理模式使用数据组值将图像输出为 PSD 文件。

17.5 其他文件自动化功能

除了动作、批处理和脚本功能外，在 Photoshop CC 中还有一些其他文件自动化功能，包括制作 PDF 演示文稿、裁剪并修齐图像。

17.5.1 实战：裁剪并修齐图像

实例门类	软件功能

【裁剪并修齐照片】命令是一项自动化功能，用户可以同时扫描多张图像，然后通过该命令创建单独的图像文件，具体操作步骤如下。

Step 01 打开素材。打开“素材文件 \ 第 17 章 \ 三联画 .jpg”文件，如图 17-68 所示。

图 17-68

Step 02 拆分文件。执行【文件】→【自动】→【裁剪并修齐照片】命令，文件自动进行操作，拆分出 3 个图像文件，如图 17-69 所示。

图 17-69

Step 03 展示裁切的单独图像文件。执行【窗口】→【排列】→【全部垂直拼贴】命令，如图 17-70 所示。通过前面的操作，即可展示裁切出的单独图像文件，同时原文件得到保留，如图 17-71 所示。

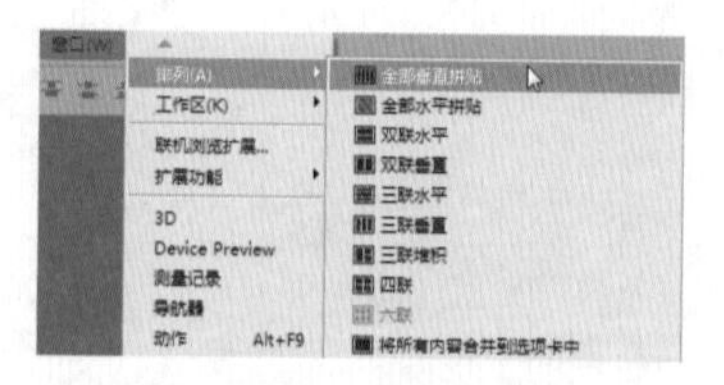

图 17-70

图 17-71

17.5.2 实战：使用 Photomerge 命令创建全景图

实例门类	软件功能

在拍摄照片时，因为相机的问题通常不能拍摄出范围太广的图片，但用户可以拍摄几幅图像进行拼接，具体操作步骤如下。

Step 01 打开素材。打开“素材文件\第 17 章\全景\1.jpg，2.jpg，3.jpg”文件，如图 17-72 所示。

图 17-72

Step 02 粘贴图像。按【Ctrl+A】组合键全选 2.jpg 图像，按【Ctrl+C】组合键复制图像，如图 17-73 所示。切换到 1.jpg 文件中，按【Ctrl+V】组合键粘贴图像 1.jpg，图层面板如图 17-74 所示。

图 17-73

图 17-74

Step 03 继续粘贴图像。按照相同的方法复制 3.jpg，并将其粘贴到 1.jpg 中，如图 17-75 所示，得到【图层 2】图层，如图 17-76 所示。

图 17-75

图 17-76

Step 04 同时选中图层。在【图层】面板中，按住【Ctrl】键选中【图层 2】【图层 1】和【背景】3 个需要拼合的图层，如图 17-77 所示。

Step 05 自动对齐图层。执行【编辑】→【自动对齐图层】命令，弹出【自动对齐图层】对话框，使用默认参数，单击【确定】按钮，如图 17-78 所示。

图 17-77

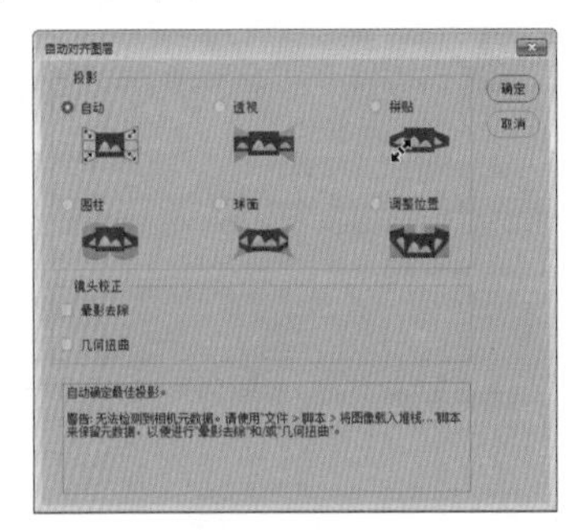

图 17-78

Step 06 无缝拼接图片。通过前面的操作，画布自动增大，并对齐图层，使三幅图片实现无缝拼接，完成效果如图 17-79 所示。

图 17-79

17.5.3 实战：将多张图片合并为 HDR 图像

实例门类	软件功能

【合并到 HDR Pro】命令可以合并具有不同曝光度的相同照片，具体操作步骤如下。

Step 01 打开素材。打开“素材文件\第 17 章\合并到 HDR Pro\1.jpg，2.jpg，3.jpg”文件，如图 17-80 所示。

图 17-80

Step 02 合并到 HDR Pro。执行【文件】→【自动】→【合并到 HDR Pro】命令，在打开的【合并到 HDR Pro】对话框中，❶设置【使用】为【文件夹】，❷单击【浏览】按钮，如图 17-81 所示。

Step 03 选择目标文件夹。在打开的【选择文件夹】对话框中，❶选择目标文件夹，❷单击【确定】按钮，如图 17-82 所示。

图 17-81

图 17-82

Step 04 设置照片的曝光值。通过前面的操作，即可将文件添加到列表中，单击【确定】按钮，如图 17-83 所示。弹出【手机设置曝光值】对话框，手动设置每张照片的曝光值，单击【确定】按钮，如图 17-84 所示。

图 17-83

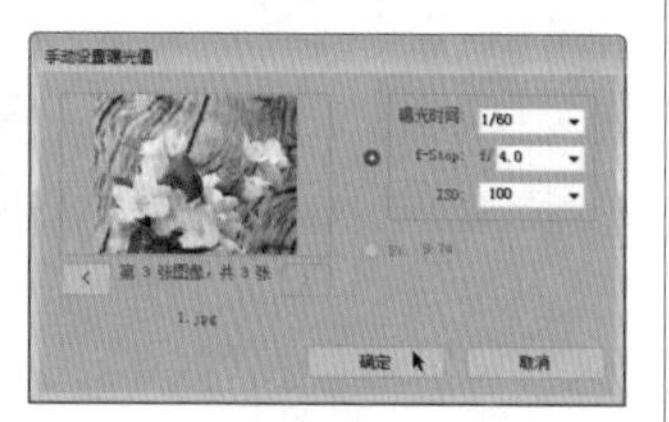

图 17-84

Step 05 预览图像。Photoshop CC 会自动处理图像，并打开【合并到 HDR Pro】对话框，显示合并的源图像和合并结果的预览图像，在对话框中设置参数的同时观察图像，以便细节得到充分显示，如图 17-85 所示。

图 17-85

17.5.4 实战：制作 PDF 演示文稿

实例门类	软件功能

【PDF 演示文稿】命令可以制作 PDF 演示文稿，具体操作步骤如下。

Step 01 执行命令。执行【文件】→【自动】→【PDF 演示文稿】命令，打开【PDF 演示文稿】对话框，单击【浏览】按钮，如图 17-86 所示。

Step 02 添加素材。打开【打开】对话框，❶选择“素材文件\第 17 章\PDF 演示文稿\1.jpg，2.jpg，3.jpg，4.jpg”文件，❷单击【打开】按钮，将文件添加到 PDF 文档中，如图 17-87 所示。

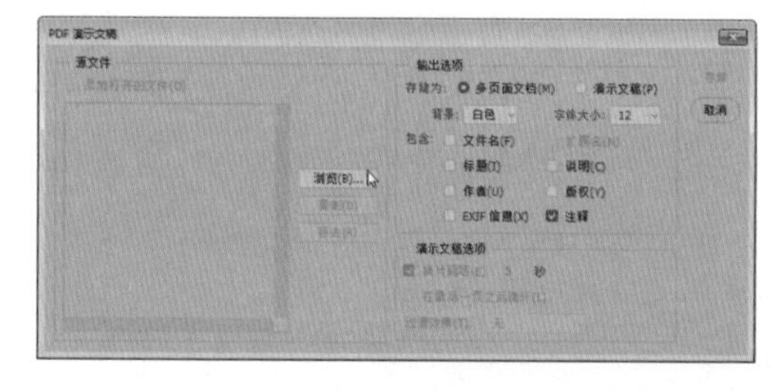

图 17-86

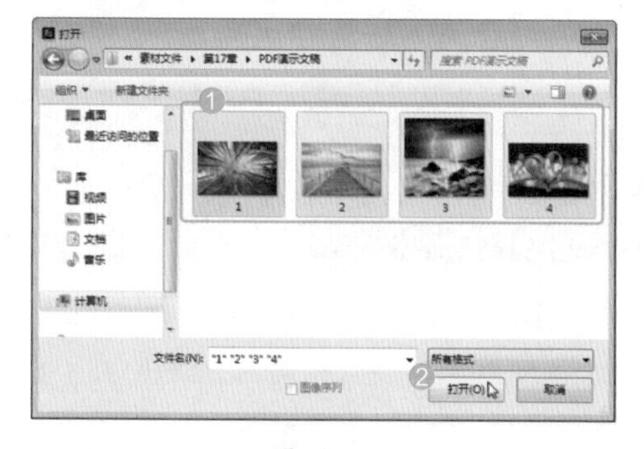

图 17-87

Step03 设置输出参数。在【PDF 演示文稿】对话框的【输出选项】选项区域中，❶设置【存储为】为演示文稿、【背景】为黑色。在【演示文稿选项】选项区域中，❷设置【换片间隔】为2秒、【过渡效果】为溶解，如图17-88所示。

Step04 设置幻灯片保存路径和名称。在【PDF 演示文稿】对话框中，单击【存储】按钮，弹出【另存为】对话框，❶设置幻灯片的保存路径，❷单击【确定】按钮，如图17-89所示。

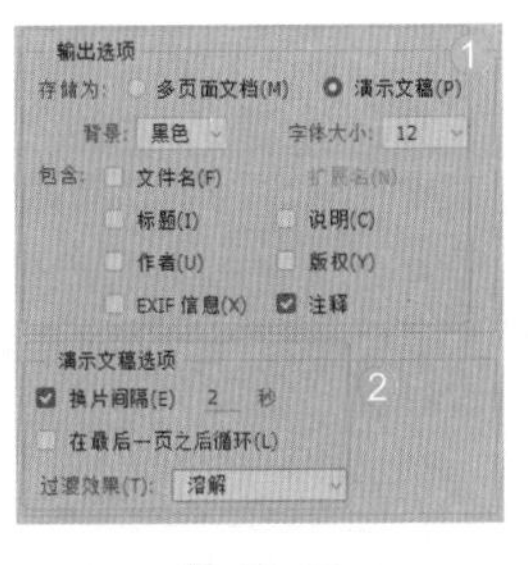

图 17-88

图 17-89

Step05 设置基础信息。弹出【存储 Adobe PDF】对话框，在【一般】选项卡中，可以设置一些基础信息，如图17-90所示。

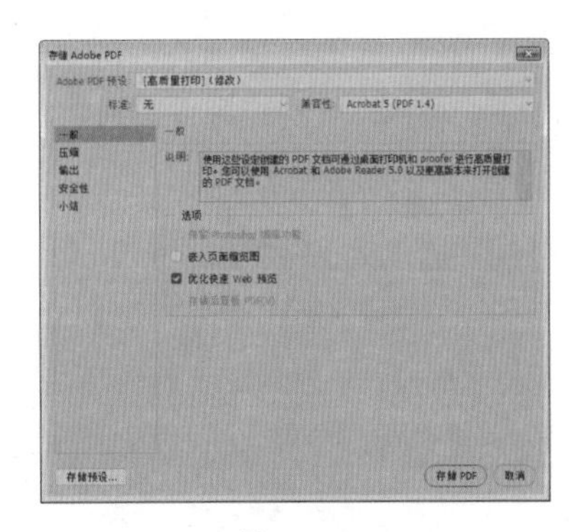

图 17-90

Step06 设置压缩选项。在【压缩】选项卡中，可以设置幻灯片的压缩选项，如图17-91所示。

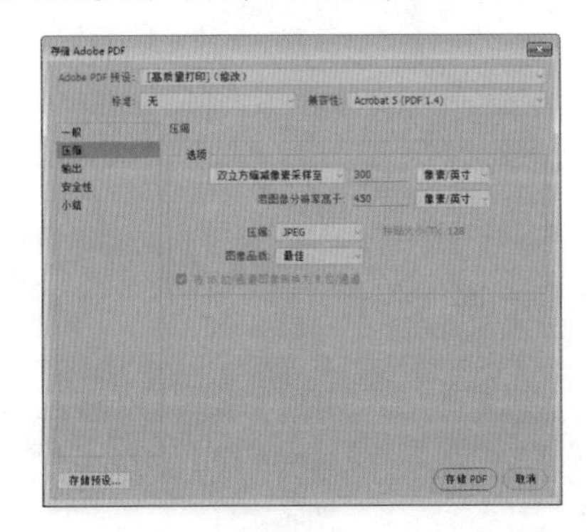

图 17-91

Step07 加密幻灯片。在【安全性】选项卡中，可以对幻灯片进行加密。例如，❶选中【要求打开文档的口令】复选框，❷在【文档打开口令】文本框中输入密码，❸单击【存储 PDF】按钮，如图17-92所示。

Step08 确认密码。在打开的【确认密码】对话框中，❶再次输入密码，❷单击【确定】按钮，Photoshop CC将自动创建幻灯片，如图17-93所示。

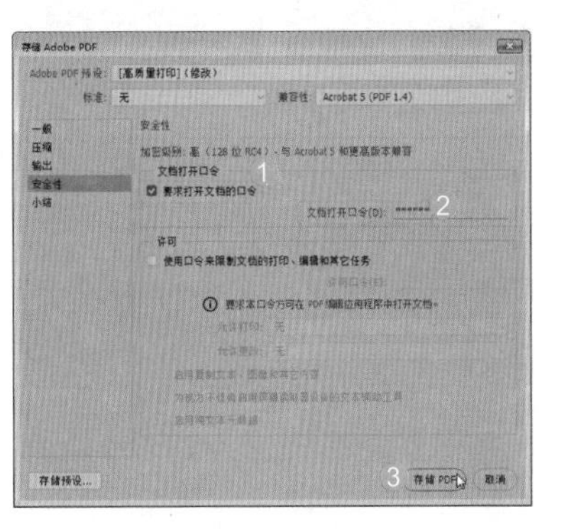

图 17-92

图 17-93

Step09 输入口令。在目标文件夹中，可以看到保存的PDF幻灯片文档，在文档上双击将其打开，如图17-94所示。弹出【口令】对话框，❶在【输入口令】文本框中输入口令，❷单击【确定】按钮，如图17-95所示。

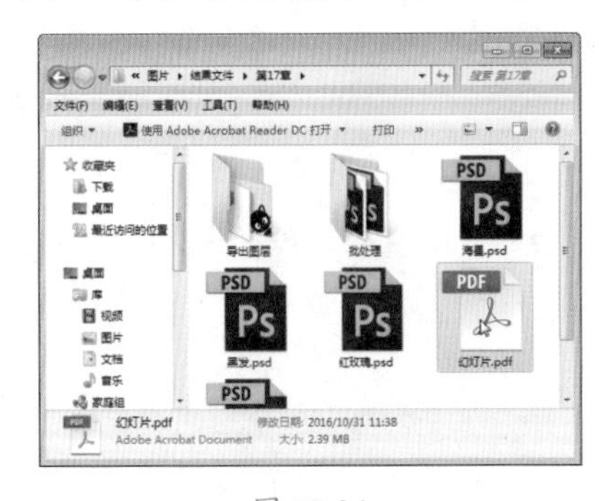

图 17-94

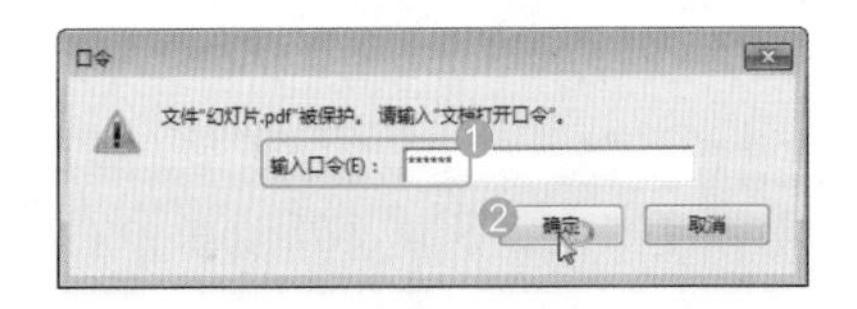

图 17-95

Step 10 播放幻灯片。通过前面的操作，即可在 Adobe Reader 中打开幻灯片，并以溶解的切换方式播放幻灯片，如图 17-96 所示。

图 17-96

17.5.5 实战：制作联系表

实例门类	软件功能

【联系表】命令可以为文件夹中的图片制作缩览图，具体操作步骤如下。

Step 01 保存图像。将需要创建缩览图的图像保存在【联系表】文件夹中，如图 17-97 所示。

Step 02 单击【选取】按钮。执行【文件】→【自动】→【联系表】命令，在打开的【联系表 II】对话框中，选择【文件夹】选项，单击【选取】按钮，如图 17-98 所示。

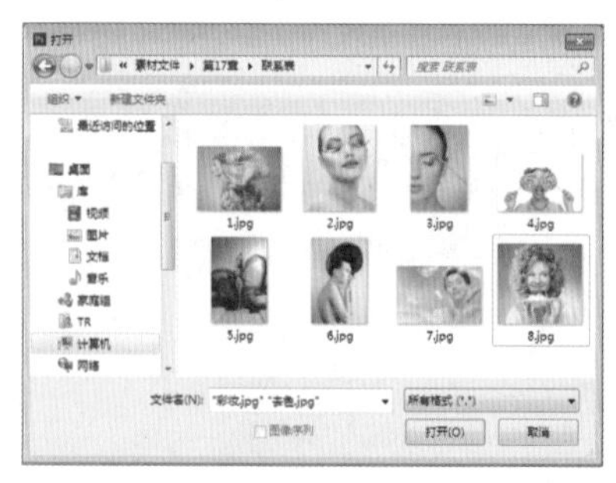

图 17-97

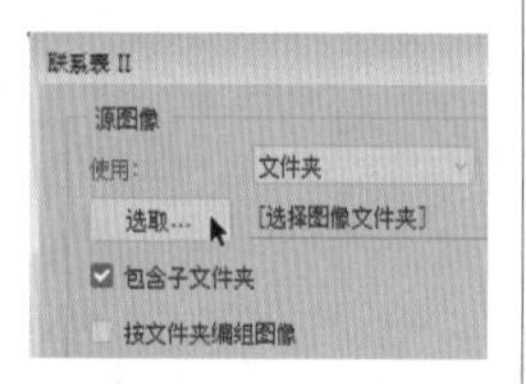

图 17-98

Step 03 选择文件夹。在【选择文件夹】对话框中选择“素材文件\第 17 章\联系表”文件夹，单击【确定】按钮，如图 17-99 所示。

Step 04 设置参数。在【文档】选项区域中，❶ 设置【宽度】和【高度】均为 10 厘米，【分辨率】为 72 像素 / 厘米；❷ 在【缩览图】选项区域中，设置【位置】为先横向、【列数】为 4、【行数】为 2，如图 17-100 所示。

Step 05 自动创建图像缩览图。完成设置后，在【联系表 II】对话框中，单击【确定】按钮，Photoshop CC 将自动创建图像缩览图，如图 17-101 所示。

图 17-99

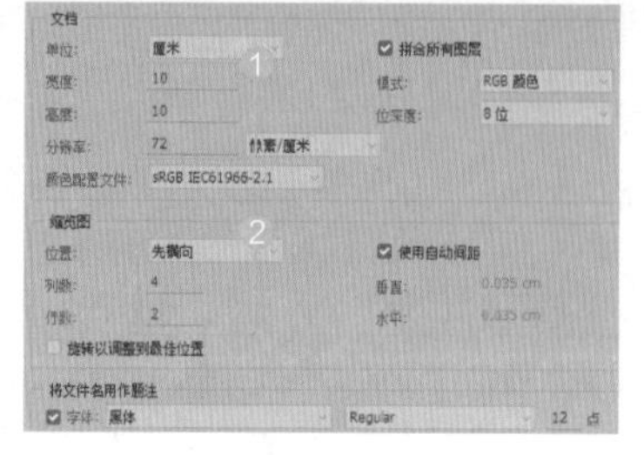

图 17-100

图 17-101

17.5.6 限制图像

【限制图像】命令可以按比例缩放图像并限制在指定的宽高范围内。

执行【文件】→【自动】→【限制图像】命令，打开【限制图像】对话框，在【宽度】和【高度】文本框中可以输入图像的像素值，选中【不放大】复选框后，图像像素只能进行缩小（不能放大）处理，完成设置后，单击【确定】按钮即可，如图 17-102 所示。

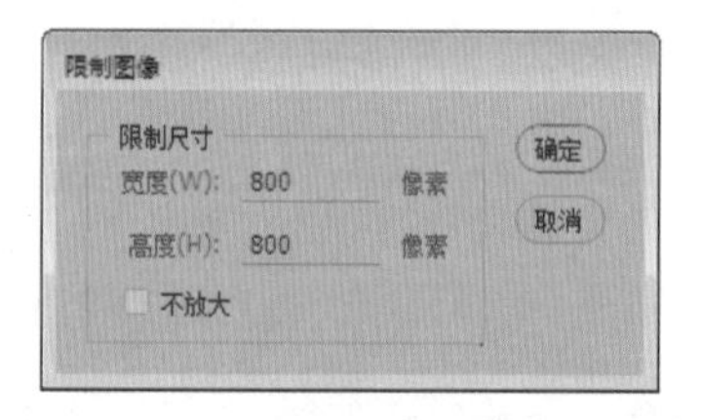

图 17-102

技能拓展
——【限制图像】命令的实际作用

应用【限制图像】命令后，图像会按照用户指定的高度或宽度等比例进行缩放，【限制图像】命令能改变图像的整体像素数量，但不能改变图像的分辨率，用户可以结合动作命令，对大量图片进行统一尺寸修改。

妙招技法

通过前面知识的学习，相信读者已经掌握了动作的应用和文件批处理的基础知识。下面结合本章内容，给大家介绍一些实用技巧。

技巧 01：如何快速创建功能相似的动作

创建动作时，如果动作中的步骤差别不大，将动作拖动到【创建新动作】按钮上，可以复制该动作，然后更改其中不同的步骤即可，如图 17-103 所示。

图 17-103

技巧 02：如何删除动作

在【动作】面板中，将动作拖动到【删除】按钮上，即可删除选定的动作。执行【动作】面板扩展菜单中的【清除全部动作】命令，可以删除所有的动作。

删除动作后，可以再次执行【动作】面板扩展菜单中的相应命令，载入动作。

技能实训——制作照片特效

素材文件	素材文件 \ 第 17 章 \ 花朵 .jpg
结果文件	结果文件 \ 第 17 章 \ 花朵 .psd

设计分析

为照片添加特效，可以使平淡的画面显得更有生机，给人以耳目一新的感觉。下面通过动作功能，制作艺术化的照片，效果对比如图 17-104 所示。

图 17-104

操作步骤

Step 01 打开素材，复制图层。打开“素材文件 \ 第 17 章 \ 花朵 .jpg”文件，如图 17-105 所示。按【Ctrl+J】组合键复制图层，选中【背景】图层，如图 17-106 所示。在【动作】面板中，单击【扩展】按钮，如图 17-107 所示。

图 17-105

图 17-106

图 17-107

Step 02 播放动作。选择【纹理】选项，如图 17-108 所示。通过前面的操作，载入【纹理】动作组，❶ 选择【迷幻线条】动作，❷ 单击【播放选定的动作】按钮，如图 17-109 所示。

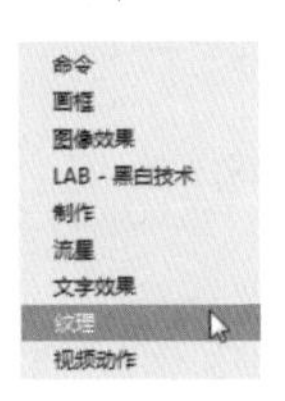

图 17-108

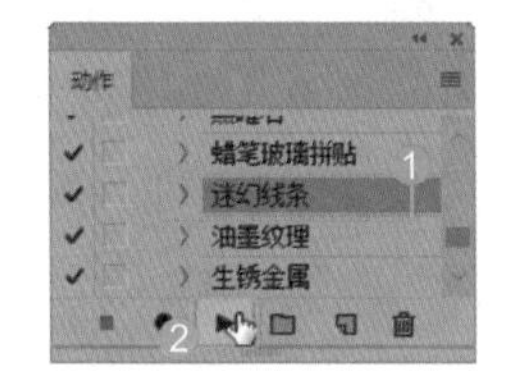

图 17-109

Step 03 选中背景。选中【图层 1】图层，如图 17-110 所示。使用【魔棒工具】在背景处单击，选中背景，如图 17-111 所示。

图 17-110

图 17-111

Step 04 删除背景。按【Delete】键删除背景，按【Ctrl+D】组合键取消选区，如图 17-112 所示。在【动作】面板中，单击【扩展】按钮，选择【图像效果】选项，如图 17-113 所示。

图 17-112

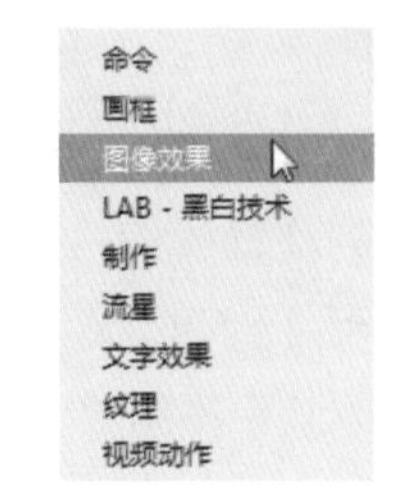

图 17-113

Step 05 播放动作。展开【图像效果】动作组后，❶ 选择【色彩汇聚（色彩）】动作，❷ 单击【播放选定的动作】按钮，如图 17-114 所示。播放动作后，图像效果如图 17-115 所示。

图 17-114

图 17-115

本章小结

本章主要讲解了动作、批处理和自动化功能，包括图像处理器、裁剪并修齐图像、制作 PDF 演示文稿、制作联系表等，它们都可以实现图像的自动化功能。自动化功能可以避免重复操作，提高工作效率，因此熟练掌握该操作技巧是非常重要的。

第18章 3D 图形编辑与处理

- 3D 文件的组件有哪些？
- 如何创建 3D 文件？
- 3D 的工具有哪些？
- 如何创建和编辑 3D 模型纹理？
- 如何创建 3D 文字？

随着 Photoshop CC 功能的不断完善，它不仅可以对 2D 图像进行各种编辑，还可以对 3D 图像进行查看和编辑。3D 图像交互式编辑功能，借助全新的线光描摹渲染引擎可以直接在 3D 模型上绘图。本章将介绍 3D 图像的基本工具、【3D】面板的运用、3D 图像的基础操作、创建和编辑 3D 模型纹理等相关知识。

18.1 3D 功能概述

3D 是指三维空间，在 Photoshop CC 中对 3D 功能进行了更为系统的设置与管理，新增了 3D 工作区，使 3D 功能的运用更为轻松，对 3D 图像的处理将更加方便。下面分别介绍 3D 操作界面和 3D 文件的组件。

18.1.1 打开 3D 文件

在 Photoshop CC 中，打开 3D 文件有以下两种方法。

（1）要单独打开 3D 文件，可以执行【文件】→【打开】命令，在【打开】对话框中选择需要打开的文件即可。

（2）要在已经打开的文件中将 3D 文件添加为图层，可以执行【3D】→【从 3D 文件新建图层】命令，然后在【打开】对话框中选择要添加的 3D 文件。新图层将反映已打开文件的尺寸，并在透明背景上显示 3D 模型。

技术看板

Photoshop 可以打开和编辑的 3D 文件格式：U3D、3DS、OBJ、DAE (Collada) 及 KMZ (Google Earth)。

18.1.2 3D 操作界面

在 Photoshop CC 中打开 3D 文件时，会自动切换至 3D 操作界面，如图 18-1 所示。Photoshop 能够保留对象的纹理、渲染和光照信息，并将 3D 模型放在 3D 图层上，在其下面的条目中显示对象的纹理。

全新的反射与可拖曳阴影效果，使用户不仅能够在地面上添加和加强阴影与反射效果，还可以拖曳阴影重新调整光源位置，并轻松编辑地面反射、阴影和其他效果。此外，还可以基于一个 2D 图层创建 3D 内容，如立方体、球面、圆柱、3D 明信片等。

★重点 18.1.3 3D 文件的组件

3D 文件包含了网格、材质和光源等组件。其中，网格相当于 3D 模型的骨骼，材质相当于 3D 模型的皮肤，而光源相当于拍摄的光源，使 3D 场景亮起来，让 3D 模型可见。

1. 网格

网格提供 3D 模型的底层结构。通常，网格看起来是由成千上万个单独的多边形框架结构组成的线框。3D 模型至少包含一个网格，也可能包含多个网格。在 Photoshop 中，可以在多种渲染模式下查看网格，还可以分别对每个网格进行操作。若无法修改网格中实际的多边形，则可以更改其方向，并且通过沿不同坐标进行缩放以变换其形状。此外，还可以通过使用预先提供的形状或转换现有的 2D 图层，创建自己的 3D 网格。

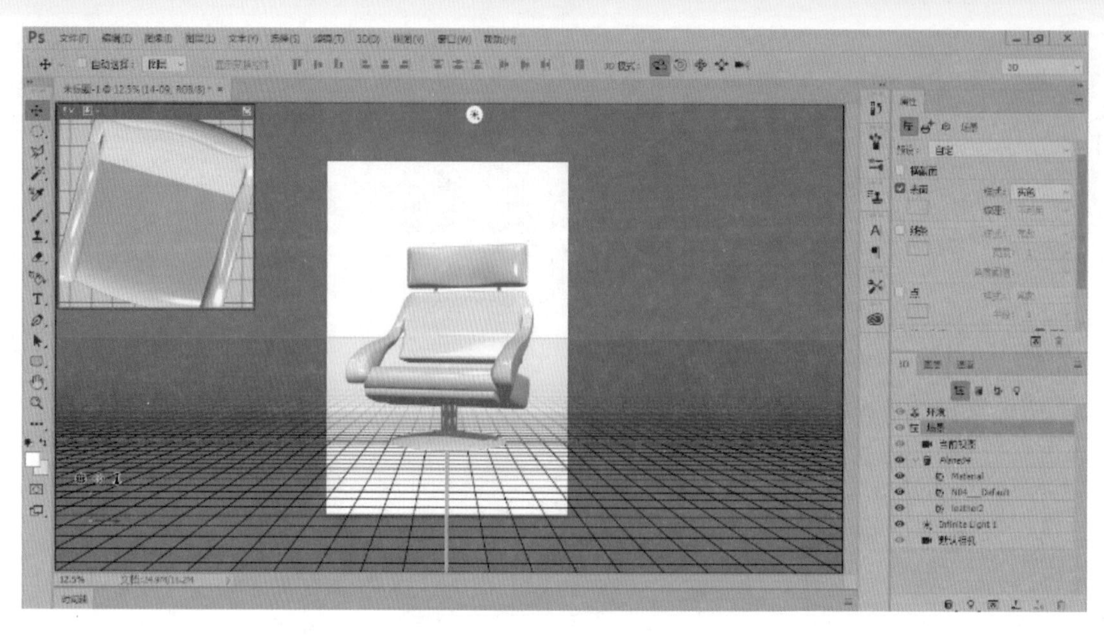

图 18-1

> **技能拓展**
> **——关闭图层过滤**
>
> 要编辑 3D 模型本身的多边形网格，必须使用 3D 文件创建程序进行编辑。

2. 材质

一个网格可具有一种或多种相关的材质，它们控制整个网格或局部网格的外观。这些材质依次构建于被称为纹理映射的子组件，它们的积累效果可创建材质的外观。纹理映射本身就是一种 2D 图像文件，可以产生各种品质，如颜色、图案、反光度或崎岖度。Photoshop 材质最多可使用 9 种不同的纹理映射来定义其整体外观。

3. 光源

光源类型包括无限光、点测光、点光，以及环绕场景的基于图像的光。可以移动和调整现有光源的颜色和强度，并且将新光源添加到 3D 场景中。

18.2 3D 工具

在 Photoshop 中打开 3D 文件后，选择移动工具，在其选项栏中包含一组 3D 工具，如图 18-2 所示。使用 3D 工具可以修改 3D 模型的位置、方向、大小，以及对 3D 场景视图、光源位置进行调整。

自动选择： 图层 显示变换控件 3D 模式：

图 18-2

18.2.1 旋转 3D 对象

选择【旋转 3D 对象工具】，在 3D 模型上单击，选择模型，上下拖动可以使模型围绕 X 轴旋转，两侧拖动可围绕其 Y 轴旋转，如图 18-3 所示，按住【Alt】键的同时拖动则可以滚动模型。

18.2.2 滚动 3D 对象

选择【滚动 3D 对象工具】，在 3D 模型上单击，选择模型，在其两侧拖动可以使模型围绕 Z 轴旋转，如图 18-4 所示。

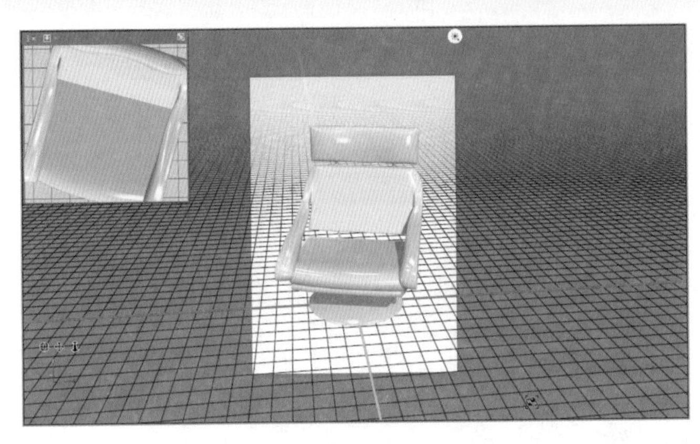

图 18-3

图 18-4

18.2.3 平移 3D 对象

选择【平移 3D 对象工具】，在 3D 模型上单击，选择模型，在其两侧拖动可沿水平方向移动模型，上下拖动可沿垂直方向移动模型，如图 18-5 所示，按住【Alt】键的同时拖动可沿 *X/Z* 轴方向移动模型。

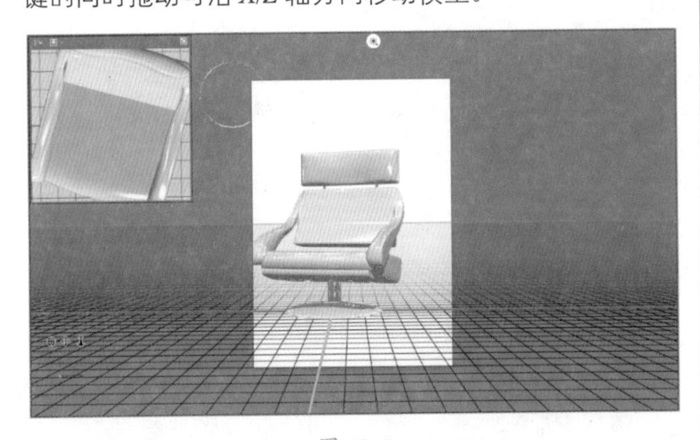

图 18-5

18.2.4 滑动 3D 对象

选择【滑动 3D 对象工具】，在 3D 模型上单击，选择模型，在其两侧拖动可沿水平方向移动模型，上下拖动可将模型移近或移远，如图 18-6 所示，按住【Alt】键的同时拖动可沿 *X/Z* 轴方向移动模型。

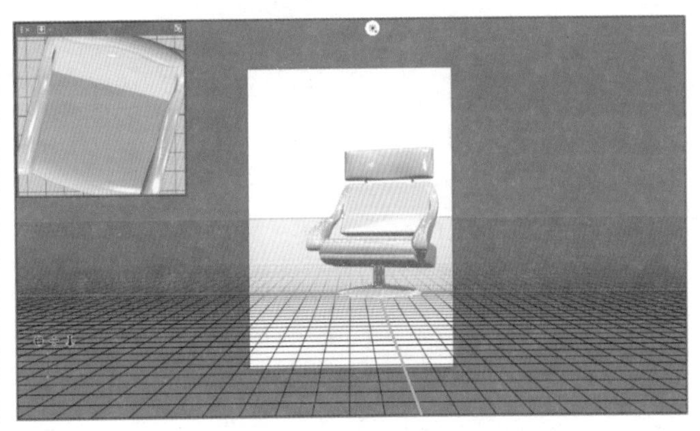

图 18-6

18.2.5 变焦 3D 对象

选择【变焦 3D 对象工具】，在 3D 模型上单击，选择模型并上下拖动，可以放大或缩小模型，如图 18-7 所示。

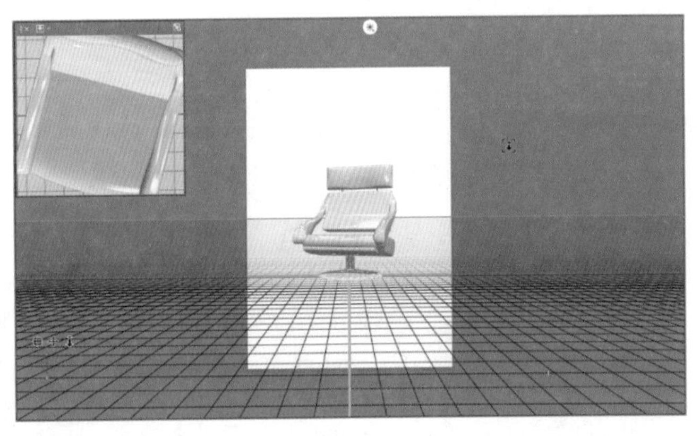

图 18-7

18.3 使用【3D】面板

【3D】面板中显示了打开的 3D 图像的网格、材料和灯光等相关信息，通过面板中的选项可对 3D 模型的材料、灯光等进行设置。执行【窗口】→【3D】命令，即可打开【3D】面板，打开 3DS 格式的文件后选择 3D 图层，【3D】面板中会显示相关联的 3D 文件的组件。在面板顶部列出文件中的网格、材料和光源，在面板的底部显示选定的 3D 组件的设置和选项。

18.3.1 3D 场景设置

使用 3D 场景设置可更改渲染模式和选择要在其上绘制的纹理或创建横截面。要对 3D 场景进行设置，只需单击【3D】面板中的【滤镜：整个场景】按钮，即可在面板下方显示场景设置的信息，如图 18-8 所示。

图 18-8

18.3.2 3D 网格设置

在【3D】面板中单击【滤镜：网格】按钮，在面板中只显示网格组件，如图 18-9 所示。此时，可在【属性】面板中设置网格属性，如图 18-10 所示。

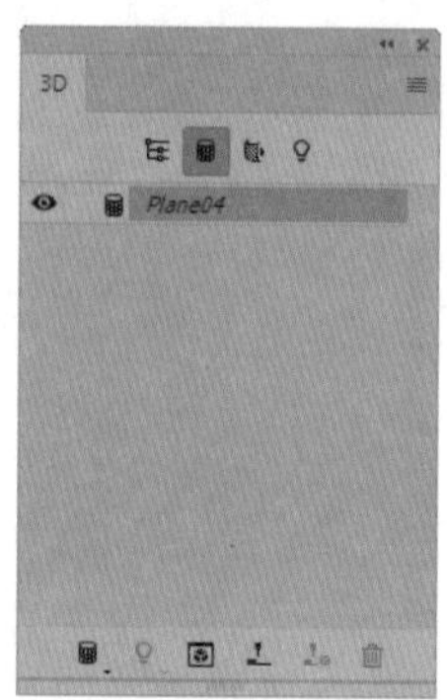

图 18-9

图 18-10

相关选项的作用及含义如表 18-1 所示。

表 18-1　选项作用及含义

选项	作用及含义
❶ 捕捉阴影	在【光线跟踪】渲染模式下，控制选定的网格是否在其表面显示来自其他网格的阴影
❷ 投影	在【光线跟踪】渲染模式下，控制选定的网格是否在其他网格表面产生投影，但必须设置光源才能产生阴影

18.3.3 3D 材质设置

在【3D】面板中单击【滤镜：材质】按钮，在面板顶部列出在 3D 文件中使用的材质，如图 18-11 所示。此时，可在【属性】面板中设置材质属性，如图 18-12 所示。在创建模型时，可以使用一种或多种材料来创建模型的整体外观。若模型包含多个网格，则每个网格可以使用与之关联的特定材料，或者模型可以从一个网格创建，但使用多种材料。在这种情况下，每种材料分别控制网格特定部分的外观。

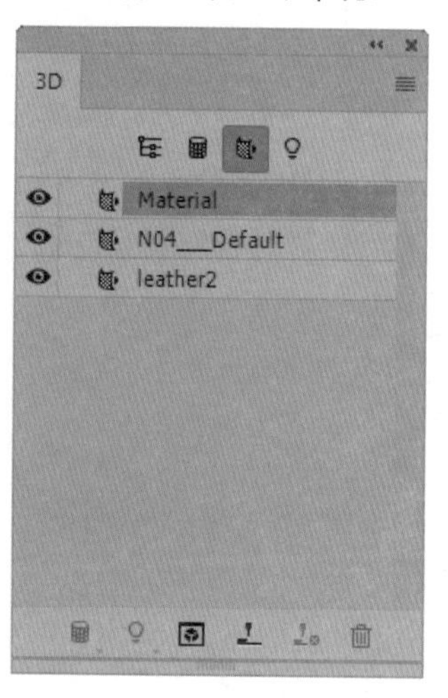

图 18-11

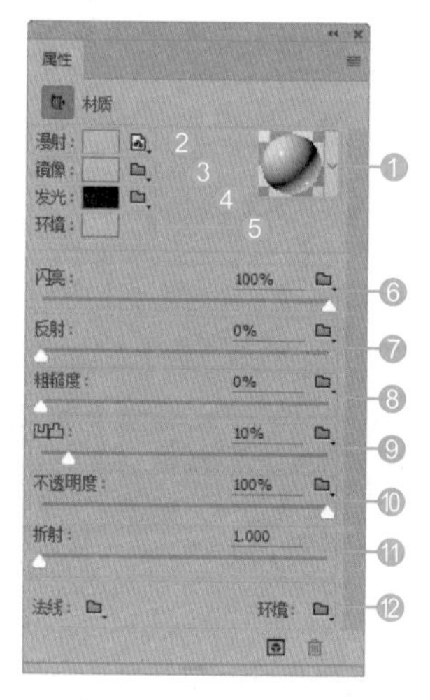

图 18-12

相关选项的作用及含义如表 18-2 所示。

表 18-2　选项作用及含义

选项	作用及含义
① 材质球	单击材质球右侧的 按钮，打开一个下拉面板，在该面板中可以选择一种材质
② 漫射	材质的颜色，可以是实色或任意的 2D 内容
③ 镜像	可以为镜面属性设置显示的颜色
④ 发光	定义不依赖于光照即可显示的颜色，可创建从内部照亮 3D 对象的效果
⑤ 环境	设置在反射表面上可见的环境光的颜色。该颜色与用于整个场景的全局环境色相互作用
⑥ 闪亮	定义【光泽度】所产生的反射光的散射。低反光度（高散射）产生更明显的光照，而焦点不足；高反光度（低散射）产生较不明显、更亮、更耀眼的亮光
⑦ 反射	设置反射率，当两种反射率不同的介质（如空气和水）相交时，光线方向发生改变，即产生反射。新材料的默认值是 1.0（空气的近似值）
⑧ 粗糙度	设置粗糙度参数，可以使所制作的效果更加立体
⑨ 凹凸	通过灰度图像在材质表面创建凹凸效果，而并不实际修改网格。灰度图像中较亮的值可创建突出的表面区域，较暗的值可创建平坦的表面区域
⑩ 不透明度	用来增加或减少材质的不透明度
⑪ 折射	可增加 3D 场景、环境映射和材质表面上其他对象的反射
⑫ 环境	可存储 3D 模型周围环境的图像。环境映射会作为球面全景来应用，可以在模型的反射区域中看到环境映射的内容设置在反射表面上可见的环境光的颜色，该颜色与用于整个场景的全景环境色相互作用

18.3.4 3D 光源设置

3D 光源可从不同角度照亮模型，从而添加逼真的深度和阴影。单击【3D】面板顶部的【光源】按钮，面板中会列出场景中所包含的全部光源，如图 18-13 所示。在 Photoshop CC 中提供了 3 种类型的光源：点光、聚光灯和无限光，在【3D】面板中可以调整参数，如图 18-14 所示。

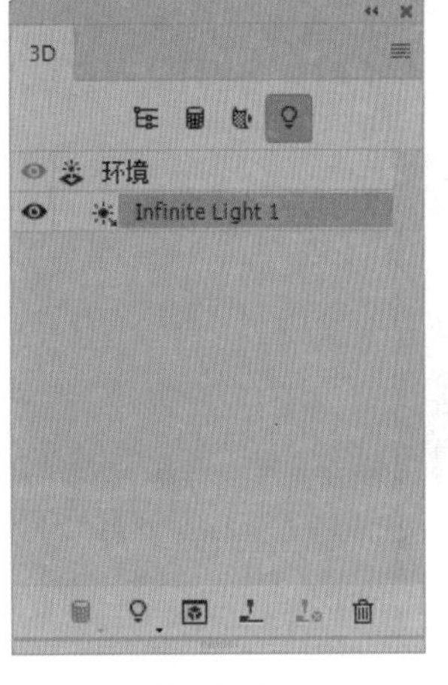

图 18-13

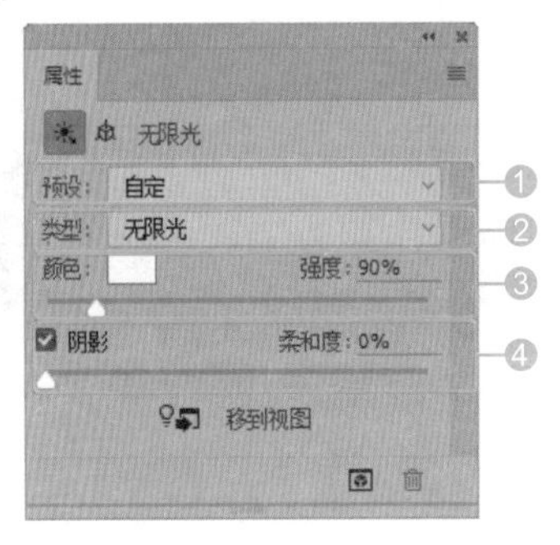

图 18-14

相关选项的作用及含义如表 18-3 所示。

表 18-3　选项作用及含义

选项	作用及含义
① 预设	在下拉列表中可选择光照样式
② 光照类型	在下拉列表中可选择光照类型，包括点光、聚光灯、无限光和基于图像的光。其中，点光显示为小球状，聚光灯显示为锥形，无限光显示为直线
③ 颜色 / 强度	单击【颜色】右侧的色块，可以打开【拾色器】对话框设置光源颜色。【强度】选项用于调整光源的亮度
④ 阴影 / 柔和度	创建从前景表面到背景表面，从单一网格到自身，或者从一个网格到另一个网格的投影。取消选中【阴影】复选框时可稍微改善性能，模糊阴影边缘，产生逐渐的衰弱

18.3.5 调整点光

点光在 3D 场景显示为小球状，它就像灯泡一样，可以向各个方向照射，使用【拖动 3D 对象工具】和【滑动 3D 对象工具】可以调整点光位置。点光包含【光照衰弱】选项组，如图 18-15 所示。

选中【光照衰弱】复选框后，可以让光源产生衰弱效果。【内径】和【外径】选项决定衰弱锥形，以及光源强度随对象距离的增加而减弱的速度。对象接近【内径】限制时，光照强度最大；对象接近【外径】限制时，光照强度为零；处于中间距离时，光照从最大强度线性衰减为零，效果如图 18-16 所示。

图 18-15

图 18-16

18.3.6 调整聚光灯

聚光灯在 3D 场景中显示为锥形，它能照射出调整的锥形光线，使用【拖动 3D 对象工具】和【滑动 3D 对象工具】可以调整聚光灯的位置。如果将光源移动到画布外面，可单击【3D】面板底部的【移动到视图】按钮，让光源重新回到画面中。

18.3.7 调整无限光

无限光在 3D 场景中显示为半球状，如同太阳光从一个方向照射到平面，使用【拖动 3D 对象工具】和【滑动 3D 对象工具】可以调整无限光的位置。无限光只有【颜色】【强度】【阴影】等基本属性，并没有特殊的光照属性。

18.4 创建 3D 对象

在 Photoshop CC 中通过 3D 命令，可以将 2D 图层作为起始点，产生各种基本的 3D 对象。例如，创建 3D 明信片、3D 形状或 3D 网格。创建 3D 对象后，可以在 3D 空间对它进行移动、更改渲染设置、添加光源或与其他 3D 图层合并等操作。下面介绍 3D 图层的基本操作。

★重点 18.4.1 从 3D 文件新建图层

实例门类	软件功能

执行【3D】→【从 3D 文件创建图层】命令，可以在打开的 3D 图像中再添加新的 3D 图像，也可以将 3D 图层与一个或多个 2D 图层合并，以创建复合效果，具体操作步骤如下。

Step 01 打开素材。打开“素材文件 \ 第 18 章 \ 夕阳 .jpg”文件，如图 18-17 所示。

图 18-17

Step 02 添加素材。执行【3D】→【从文件新建 3D 图层】命令，在【打开】对话框中选择 3D 文件，这里选择“椅子 .3ds”文件，单击【打开】按钮，3D 文件添加到 2D 素材中，如图 18-18 所示。

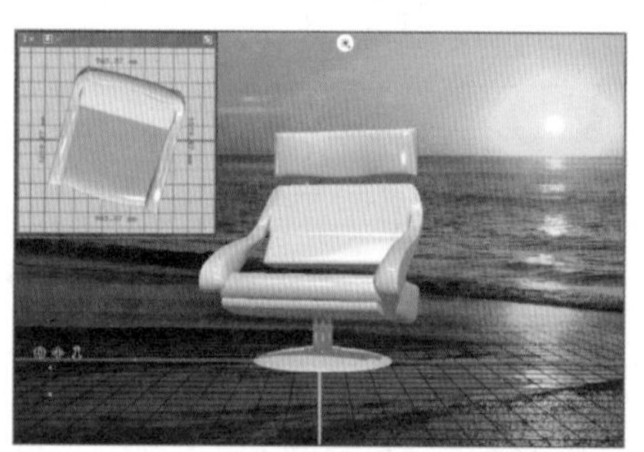

图 18-18

18.4.2 创建 3D 明信片

实例门类	软件功能

在 Photoshop CC 中，可以将 2D 图层或多图层转换为 3D 明信片，即具有 3D 属性的平面。若起始图层是文本图层，则会保留所有透明度，具体操作步骤如下。

Step 01 打开素材。打开“素材文件 \ 第 18 章 \ 明信片 .jpg”文件，如图 18-19 所示。

图 18-19

Step 02 新建明信片。执行【3D】→【从图层新建网格】→【明信片】命令，生成 3D 明信片，原始的 2D 图层会作为 3D 明信片对象的【漫射】纹理出现在【图层】面板中，如图 18-20 所示。

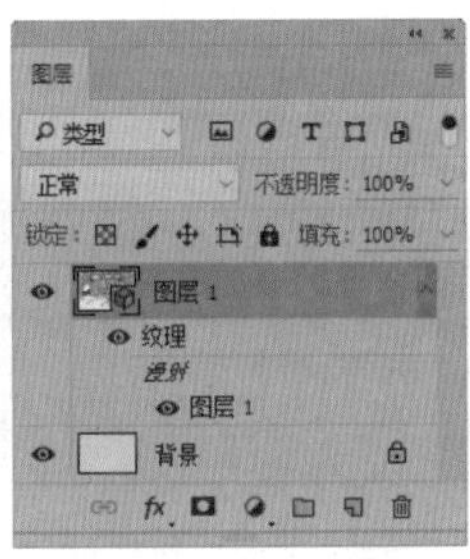

图 18-20

Step 03 缩小明信片。在选项栏中选择【滑动 3D 对象工具】，在图像中单击并拖动鼠标，将明信片进行适当的缩小，如图 18-21 所示。

图 18-21

Step 04 旋转明信片。在选项栏中单击【旋转 3D 对象工具】，旋转明信片，可以从不同的透视角度观察它，如图 18-22 所示。

图 18-22

18.4.3 创建 3D 形状

在 Photoshop CC 中，提供了许多 3D 预设网格，执行【3D】→【从图层新建网格】→【网格预设】命令，即可在下拉菜单中选择一个 3D 形状。这些形状包括【圆环】【球体】或【帽形】等单一网格对象，以及【锥形】【立方体】【圆柱体】【易拉罐】或【酒瓶】等多网格对象。

18.4.4 创建 3D 网格

Photoshop 可以将灰度图像转换为深度映射，基于图像的明度值转换为深度不一的表面。较亮的值生成表面上凸起的区域，较暗的值生成凹下的区域，进而生成 3D 模型。

打开“素材文件 \ 第 18 章 \ 黄裙 .jpg”文件，如图 18-23 所示。执行【3D】→【从图层新建网格】→【深度映射到】命令，在弹出的下拉菜单中选择【圆柱体】选项，效果如图 18-24 所示。

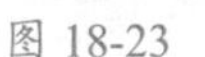

图 18-23

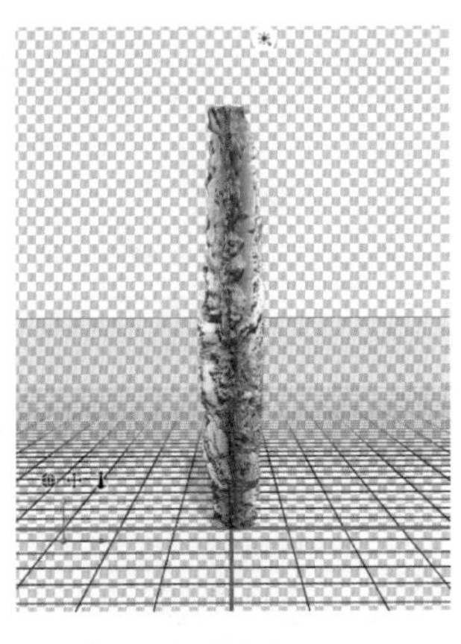

图 18-24

18.4.5 3D 模型的绘制

在 Photoshop CC 中，可以使用任何绘画工具直接在 3D 模型上绘画，就像在 2D 图层上绘画一样。使用【选择工具】将特定的模型区域设为目标，或者让 Photoshop 识别并高亮显示可绘画的区域。直接在 3D 模型上绘画时，可以选择要应用绘画的底层纹理映射。通常情况下，绘画应用于【漫射】纹理映射，以便为模型材料添加颜色属性。

图 18-25 所示为原 3D 图像和使用【油漆桶工具】填充红色的效果。

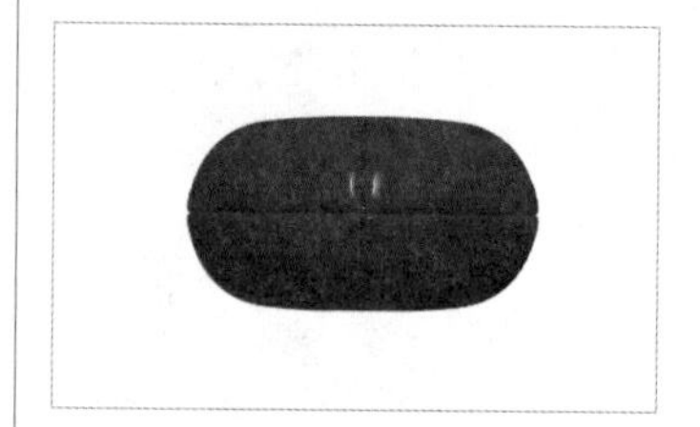

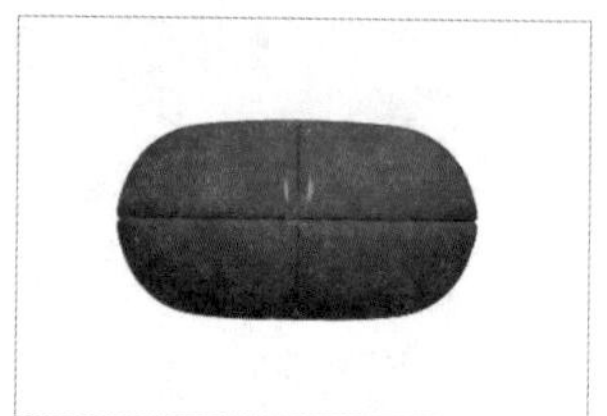

图 18-25

18.5 创建和编辑 3D 模型纹理

使用 Photoshop 的绘画工具和调整工具可以编辑 3D 文件中包含的纹理或创建新纹理。纹理作为 2D 文件与 3D 模型一起导入，它们会作为条目显示在【图层】面板中，并嵌套于 3D 图层下方。

18.5.1 编辑 2D 格式的纹理

实例门类	软件功能

在【图层】面板中双击 3D 图层纹理，即可将该纹理作为智能对象在一个独立窗口中打开，在该文件窗口中可对 2D 纹理图像进行任何编辑，其效果都会应用于 3D 图像中。

编辑 2D 格式纹理的具体操作步骤如下。

Step 01 打开素材。打开“素材文件 \ 第 18 章 \ 纹理素材 .psd”文件，如图 18-26 所示。

Step 02 双击纹理。在【图层】面板中，双击【leather2- 默认纹理】，如图 18-27 所示。

图 18-26

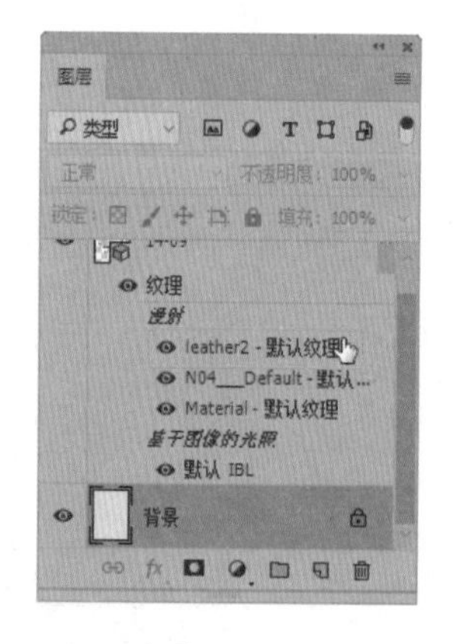

图 18-27

Step 03 填充图像。在图像窗口中弹出 3D 模型的纹理文件为 2D 格式的图像，设置前景色为紫色，按【Alt+Delete】组合键填充图像，如图 18-28 所示。

Step 04 沙发颜色改变。返回“纹理素材 .psd”文件中，可以看到沙发的纹理发生了变化，效果如图 18-29 所示。

图 18-28

图 18-29

18.5.2 创建 UV 纹理

3D 模型上多种材质所使用的漫射纹理文件可应用于模型上不同表面的多个内容区域编组。这个过程称为 UV 映射，它将 2D 纹理映射中的坐标与 3D 模型上的特定坐标相匹配。UV 映射使 2D 纹理可以正确地绘制在 3D 模型上。

使用 3Dmax、Maya 等程序创建 3D 对象时，UV 映射发生在创建内容的程序中。Photoshop 可将 UV 叠加创建为参考线，帮助用户更直观地了解 2D 纹理映射如何在 3D 模型表面匹配，并且在编辑纹理时，这些叠加还可以作为参考线来使用。

双击【图层】面板中 3D 图层的纹理，如图 18-30 所示，执行【3D】→【创建绘图叠加】命令，在弹出的菜单中选择【创建绘图叠加】选项，在扩展菜单中包括【线框】【着色】和【顶点颜色】3 种叠加选项，如图 18-31 所示。

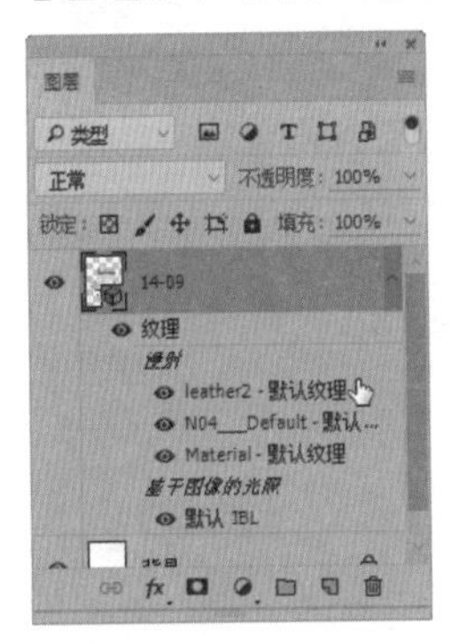

图 18-30

图 18-31

相关选项的作用及含义如表 18-4 所示。

表 18-4　选项作用及含义

选项	作用及含义
线框	显示 UV 映射的边缘数据
着色	显示使用实色渲染模式的模型区域
顶点颜色	显示转换为 RGB 值的几何常值，R=X、G=Y、B=Z

18.5.3 重新参数化纹理映射

在操作过程中，如果纹理未正确映射到底层模型网格 3D 模型上，效果较差的纹理映射就会在模型表面外观中产生明显的扭曲，如多余的接缝、纹理图案中的拉伸或挤压区域。当直接在 3D 模型上绘画时，效果较差的纹理映射会影响最终的效果。

使用【重新参数化】命令可以将纹理重新映射到模型，以校正扭曲并创建更有效的表面覆盖。执行【3D】→【重新参数化】命令，会弹出提示框，提示正在将纹理重新应用于模型，在提示对话框中，单击【确定】按钮，在打开的对话框中选择【重新参数化】选项，即可将 3D 模式的纹理映射重新参数化。

18.5.4 创建重复纹理的拼贴

实例门类	软件功能

重复纹理由网格图案中完全相同的拼贴构成，可以提供更逼真的模型表面，使用更少的存储空间，并且可以改善渲染性能。重复纹理还可以将任意 2D 文件转换为拼贴绘画。在预览多个拼贴如何在绘画中相互作用之后，可存储一个拼贴以作为重复纹理。

创建重复纹理拼贴的具体操作步骤如下。

Step 01 打开素材。打开“素材文件\第 18 章\花.jpg”文件，如图 18-32 所示。

图 18-32

Step 02 新建拼贴绘画。执行【3D】→【从图层新建拼贴绘画】命令，将 2D 图层转换为 3D 图层，在图像窗口中显示包含原始内容的 9 个完全相同的拼贴，图像尺寸保持不变，如图 18-33 所示。

图 18-33

18.6 存储和导出 3D 文件

在 Photoshop 中编辑 3D 对象时，既可以栅格化 3D 图层、将其转换为智能对象，或者与 2D 图层合并，也可以将 3D 图层导出。

18.6.1 存储 3D 文件

编辑 3D 文件后，如果要保留文件中的 3D 内容，包括位置、光源、渲染模式和横截面，可执行【文件】→【存储】命令，并选择 PSD、PDF 或 TIFF 作为保存格式。

18.6.2 导出 3D 文件

在【图层】面板中选择要导出的 3D 图层，执行【3D】→【导出 3D 图层】命令，打开【存储为】对话框，在【格式】下拉列表中可以选择将文件导出为 Collada DAE、Wavefront/OBJ、U3D 和 Google Earth4KMZ 格式。

18.6.3 合并 3D 图层

打开一个 2D 文件，执行【3D】→【从文件新建 3D 图层】命令，在打开的对话框中选择一个 3D 文件，并将其打开，即可将 3D 文件与 2D 文件合并。

18.6.4 栅格化 3D 图层

在完成 3D 模型的编辑后，如果不想再编辑 3D 模型位置、渲染位置、纹理或光源，可将 3D 图层转换为 2D 图层。执行【3D】→【栅格化】命令即可将 3D 图层转换为 Photoshop CC 中的平面图层，栅格化的图像会保留 3D 场景的外观，但格式为平面化的 2D 格式。

18.6.5 将 3D 图层转换为智能对象

在【图层】面板中选择 3D 图层，在扩展菜单中选择【转换为智能对象】命令，可以将 3D 图层转换为智能对象。转换后，可保留 3D 图层中的 3D 信息，并对它应用智能滤镜，或者双击智能对象图层，重新编辑原始的 3D 场景。

妙招技法

通过前面知识的学习，相信读者已经掌握了 3D 功能的使用。下面结合本章内容，给大家介绍一些实用技巧。

技巧 01：启用图形处理器功能

图形处理器是一种软件和硬件标准，可在处理大型或复杂图像（如 3D 文件）时加速视频处理过程。但是使用图形处理器功能需要显卡支持图形处理器的标准，如果用户的显卡支持图形处理器的标准，可以使用下面介绍的方法启用图形处理器功能。

执行【编辑】→【首选项】→【性能】命令，在弹出的【首选项】对话框中选中【使用图形处理器】复选框，单击【确定】按钮，即可启用图形处理器功能，如图 18-34 所示。

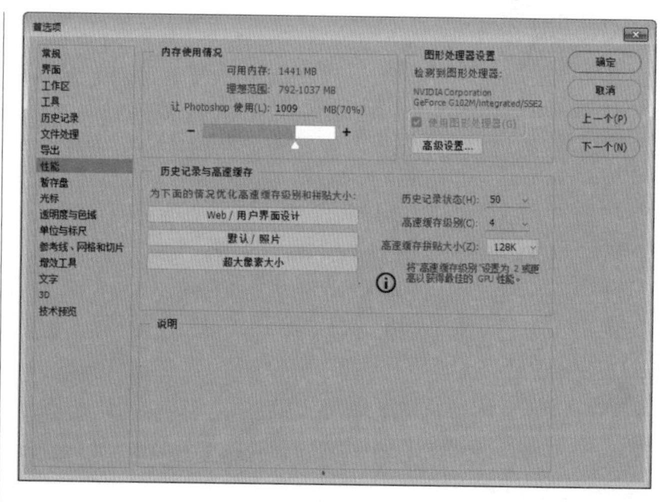

图 18-34

如果用户的显卡不支持图形处理器的标准，则不能选中【使用图形处理器】复选框。在这种情况下，需要升级显卡驱动程序或重新更换显卡，才能启动 OPENGL 功能。

技巧 02：3D 模型的制作

3D 菜单下的【从所选图层新建 3D 模型】命令可以创建 3D 的模型，下面介绍具体的操作步骤。

Step 01 打开素材。打开"素材文件 \ 第 18 章 \3d 文字素材 .jpg"文件，如图 18-35 所示。

图 18-35

Step 02 添加 3D 效果。选中文字图层，执行【3D】→【从所选图层新建 3D 模型】命令，为文字添加 3D 效果，如图 18-36 所示。

图 18-36

Step 03 设置【凸出深度】。在【属性】面板中设置【凸出深度】为 20 厘米，如图 18-37 所示，文字效果如图 18-38 所示。

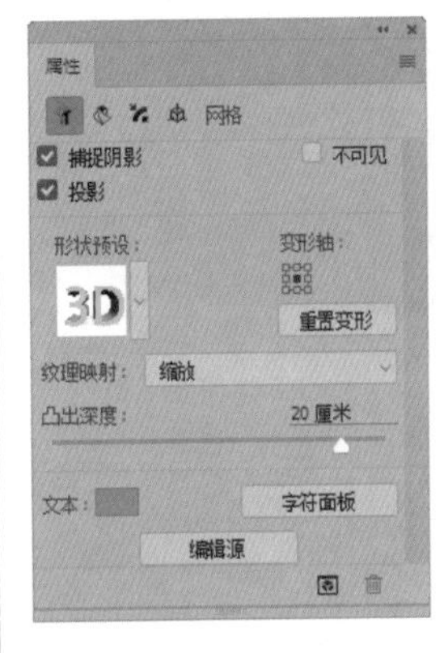

图 18-37

图 18-38

Step 04 旋转 3D 对象。在选项栏中选择【旋转 3D 对象工具】，在 3D 文字上单击，拖动鼠标将其旋转，如图 18-39 所示。

图 18-39

技能实训——制作易拉罐

素材文件	素材文件 \ 第 18 章 \ 包装平面图 .jpg
结果文件	结果文件 \ 第 18 章 \ 易拉罐 .psd

设计分析

本实例首先打开背景素材并创建易拉罐模型，然后填充盖子颜色即可完成制作，效果如图 18-40 所示。

图 18-40

操作步骤

Step01 打开素材。打开“素材文件\第 18 章\包装平面图 .jpg”文件，如图 18-41 所示。

图 18-41

Step02 创建易拉罐。执行【3D】→【从图层新建网格】→【网格预设】→【汽水】命令，即可创建易拉罐，如图 18-42 所示。

图 18-42

Step03 设置参数。单击【3D】面板中的【滤镜：光源】按钮，如图 18-43 所示，在【属性】面板中设置强度为 50%，如图 18-44 所示。

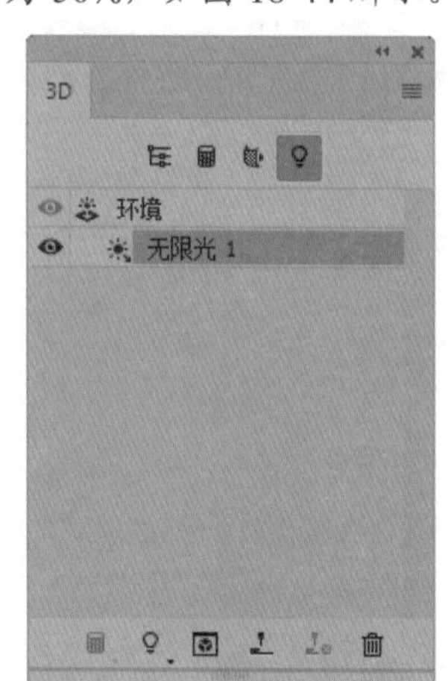

图 18-43

图 18-44

Step04 调整明暗。调整明暗后的易拉罐效果如图 18-45 所示。

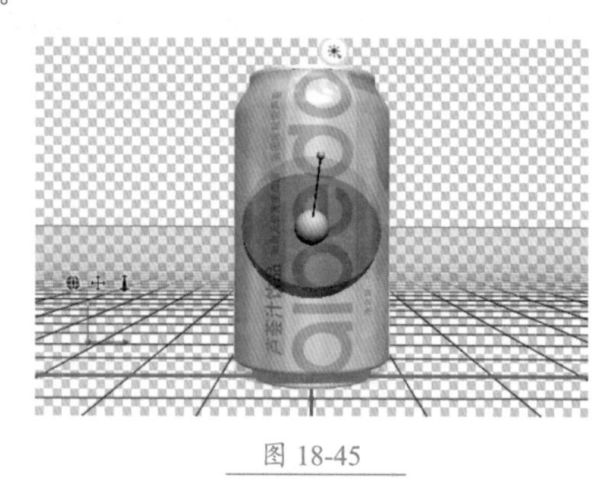

图 18-45

Step05 设置参数。单击【3D】面板中的【滤镜：整个场景】按钮，单击【盖子材质】，如图 18-46 所示。在【属性】面板中单击【设置漫射颜色】按钮，如图 18-47 所示。

图 18-46

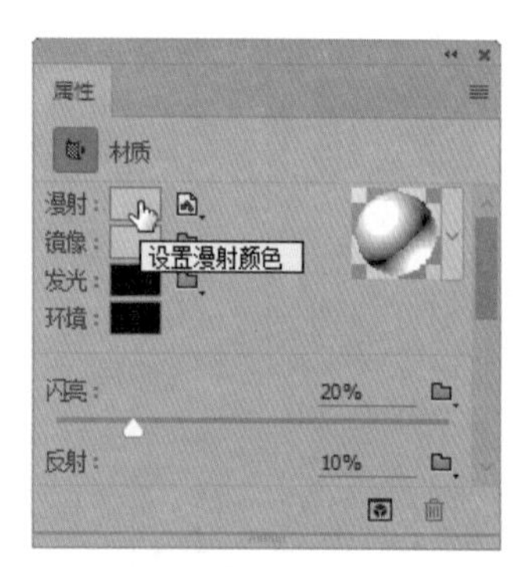

图 18-47

Step06 设置颜色。在弹出的【拾色器（漫射颜色）】对话框中设置颜色值为（R：244、G：231、B：82），如图 18-48 所示。单击【确定】按钮，盖子效果如图 18-49 所示。

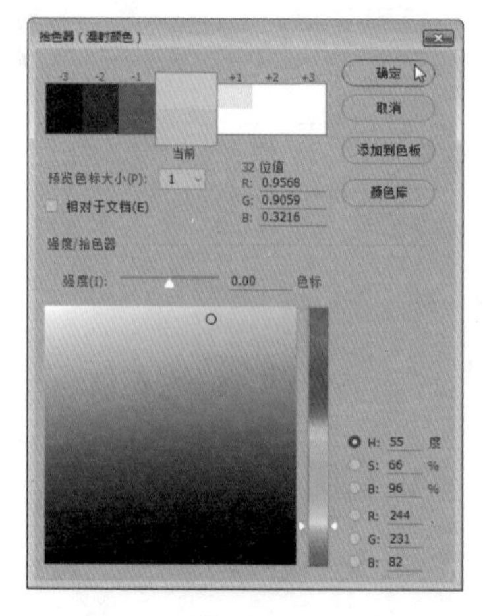

图 18-48

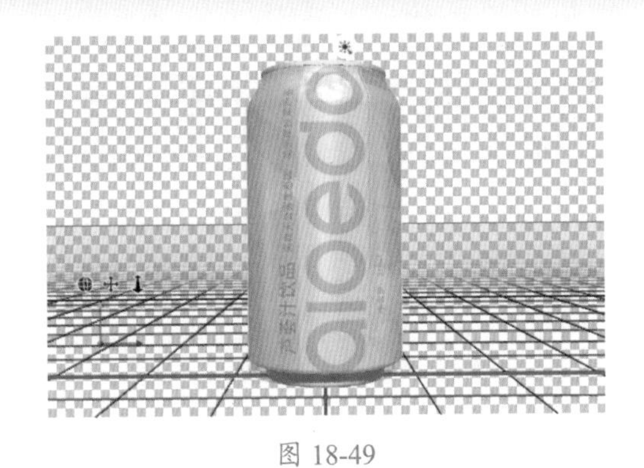

图 18-49

Step 07 添加背景。打开“素材文件 \ 第 18 章 \ 背景 .jpg”文件，如图 18-50 所示。将素材拖动到易拉罐文件中，调整图层顺序到最底层，如图 18-51 所示。

图 18-50

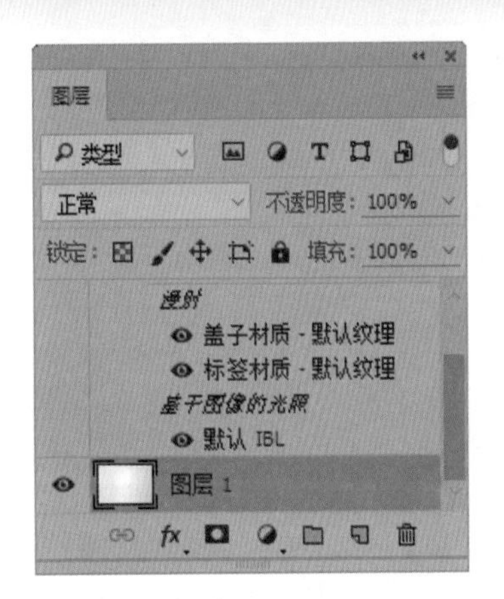

图 18-51

Step 08 最终效果。易拉罐的最终效果如图 18-52 所示。

图 18-52

本章小结

本章首先介绍了 3D 工具的使用，然后详细讲解了【3D】面板、3D 图像的基本操作、创建和编辑 3D 模型纹理、存储和导出 3D 文件等知识。通过本章的学习，读者可以对 3D 图像有一个更全面的认识，在运用强大的 3D 功能进行特效制作或艺术字设计等操作时，即可得到逼真的效果。

第19章 Web 图像的处理与打印输出

- 什么是 Web 图像？
- 为什么要切片？
- 如何清除切片？
- 如何设置打印标记？
- 陷印的目的是什么？

随着互联网的发展，Photoshop CC 在网络图像方面的应用功能也越来越多。本章将详细地介绍 Web 图像的处理与打印输出，通过本章可以学习到网络图像设计与处理方面的相关技法与经验。

19.1 关于 Web 图形

在 Photoshop CC 中对网页图像进行编辑后，可以直接将图像进行切片、优化，并存储为 Web 中图像所需的格式，以便于网络传输。下面介绍 Web 图形和 Web 安全色。

19.1.1 了解 Web

Web 工具可以帮助用户设计和优化单个 Web 图形或整个页面布局，轻松创建网页的组件。例如，使用图层和切片可以设计网页和网页界面元素，使用图层复合可以试验不同的页面组合或导出页面的各种变化形式等。

★重点 19.1.2 Web 安全色

颜色是网页设计的重要内容，计算机屏幕上看到的颜色不一定都能在其他系统的 Web 浏览器中以同样的效果显示。为了使 Web 图形的颜色能够在所有的显示器上看起来相同，在制作网页时，就需要使用 Web 安全颜色。

在【拾色器】或【颜色】面板中选择颜色时，如果出现警告图标，可单击该图标，将当前颜色替换为与其最为接近的 Web 安全颜色，如图 19-1 所示。选中【只有 Web 颜色】复选框，将只显示 Web 安全颜色，如图 19-2 所示。

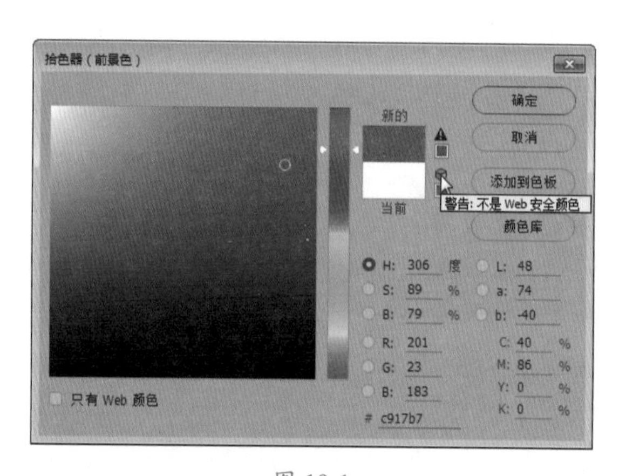

图 19-1

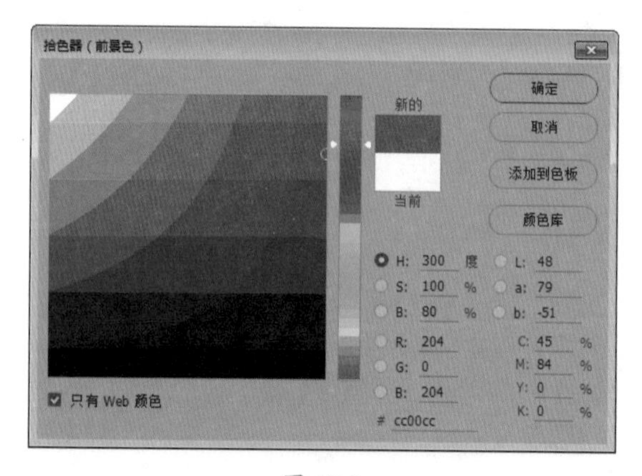

图 19-2

在设置颜色时，可在【颜色】面板扩展菜单中选择【Web颜色滑块】选项，在【拾色器】面板中选择的任何颜色，都是 Web 安全颜色，如图 19-3 所示。

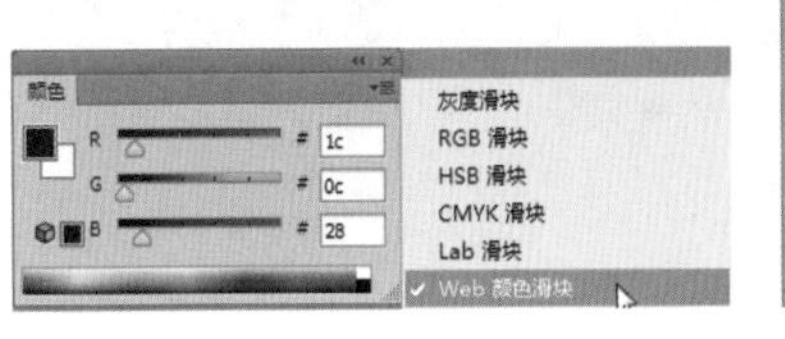

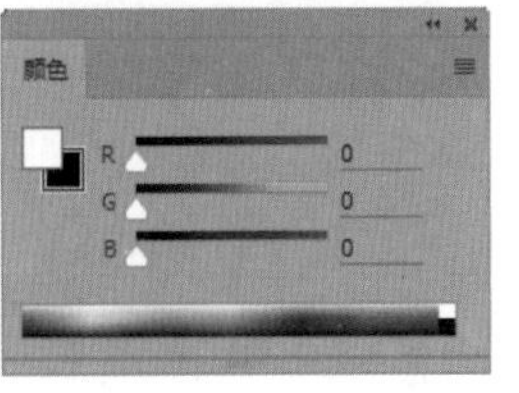

图 19-3

19.2 创建与修改切片

在制作网页时，通常要对网页进行分割，即制作切片。通过优化切片可以对分割的图像进行不同程度的压缩，以减少图像的下载时间。另外，还可以为切片制作动画，链接到 URL 地址，或者使用它们制作翻转按钮。

19.2.1 了解切片类型

在 Photoshop CC 中，使用切片工具创建的切片称为用户切片，通过图层创建的切片称为基于图层的切片。

创建新的用户切片或基于图层的切片时，会生成附加的自动切片来占据图像的其余区域，自动切片可填充图像中用户切片或基于图层的切片未定义的空间。每次添加、编辑用户切片或基于图层的切片时，都会重新生成自动切片。用户切片和基于图层的切片由实线定义，自动切片则由虚线定义。

★重点 19.2.2 实战：创建切片

实例门类	软件功能

创建切片的方式包括使用【切片工具】创建用户切片和基于图层创建切片，下面分别进行介绍。

1. 切片工具

【切片工具】主要根据图像优化和链接要求裁切图像，其选项栏如图 19-4 所示。

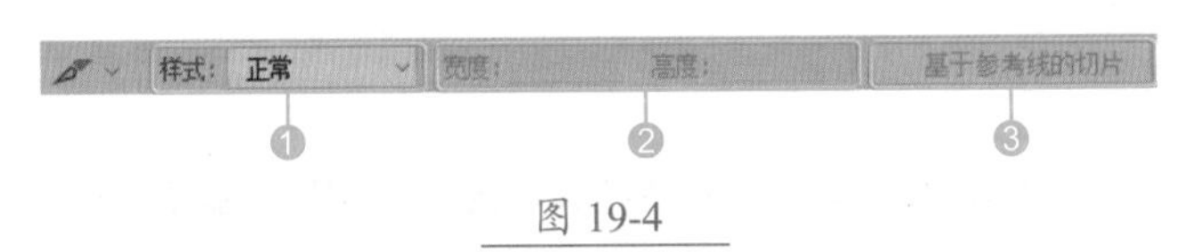

图 19-4

相关选项的作用及含义如表 19-1 所示。

表 19-1 选项作用及含义

选项	作用及含义
❶ 样式	选择切片的类型，选择【正常】选项，通过拖动鼠标确定切片的大小；选择【固定长宽比】选项，输入切片的长宽比，可创建具有图钉长宽比的切片；选择【固定大小】选项，输入切片的高度和宽度，然后在画面中单击，即可创建指定大小的切片
❷ 宽度 / 高度	设置裁剪区域的宽度和高度
❸ 基于参考线的切片	可以先设置好参考线，然后单击该按钮，让软件自动按参考线分切图像

使用【切片工具】创建切片的操作步骤如下。

Step 01 拖出矩形框。打开“素材文件\第 19 章\绿.jpg”文件，选择【切片工具】，在创建切片的区域上单击并拖出一个矩形框，如图 19-5 所示。

图 19-5

Step 02 创建切片。释放鼠标，即可创建一个用户切片，效果如图 19-6 所示。

图 19-6

技术看板

选择按住【Shift】键拖动鼠标，可以创建正方形切片；按住【Alt】键拖动鼠标，可以从中心向外创建切片。

2. 基于图层创建切片

基于图层创建切片，必须有两个或两个以上的图层，具体操作步骤如下。

Step 01 打开素材。打开“素材文件\第 19 章\太阳 .psd”文件，选择【切片工具】，在【图层】面板中选择【大】图层，如图 19-7 所示。

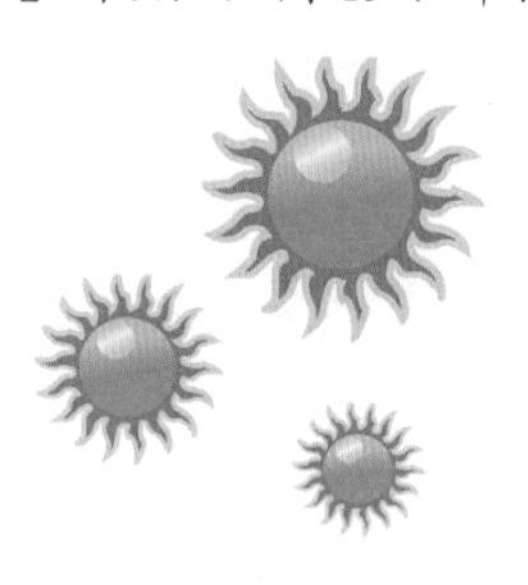

图 19-7

Step 02 创建切片。执行【图层】→【新建基于图层的切片】命令，基于图层创建切片，切片会包含该图层中所有的像素，如图 19-8 所示。

Step 03 调整切片。当创建基于图层切片后，在移动和编辑图层内容时，切片区域会随着自动调整，如图 19-9 所示。

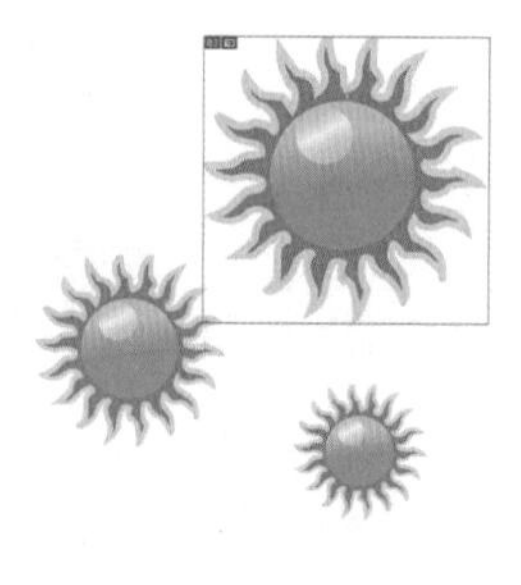

图 19-8

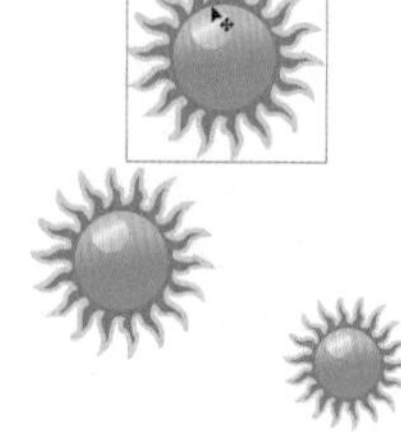

图 19-9

19.2.3 实战：选择、移动和调整切片

实例门类	软件功能

使用【切片选择工具】可以选择切片、移动和调整切片大小，其选项栏如图 19-10 所示。

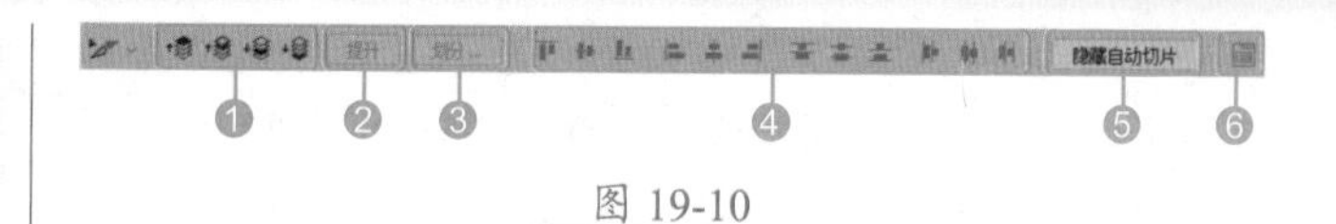

图 19-10

相关选项的作用及含义如表 19-2 所示。

表 19-2 选项作用及含义

选项	作用及含义
❶ 调整切片堆叠顺序	在创建切片时，最后创建的切片是堆叠顺序中的顶层切片。当切片重叠时，可单击其中的按钮，改变切片的堆叠顺序，以便能够选择底层的切片
❷ 提升	单击该按钮，可以将所选的自动切片或图层切片转换为用户切片
❸ 划分	单击该按钮，可以打开【划分切片】对话框对所选切片进行划分
❹ 对齐与分布切片	选择多个切片后，单击其中的按钮可对齐或分布切片，这些按钮的使用方法与对齐和分布图层的按钮相同
❺ 隐藏 / 显示自动切片	单击该按钮，可以隐藏 / 显示自动切片
❻ 设置切片选项	单击该按钮，可在打开的【切片选项】对话框中设置切片的名称、类型，并指定 URL 地址等

使用【切片选择工具】单击一个切片，可将它选中，如图 19-11 所示。按住【Shift】键单击其他切片，可同时选中多个切片，选中的切片边框为黄色，如图 19-12 所示。

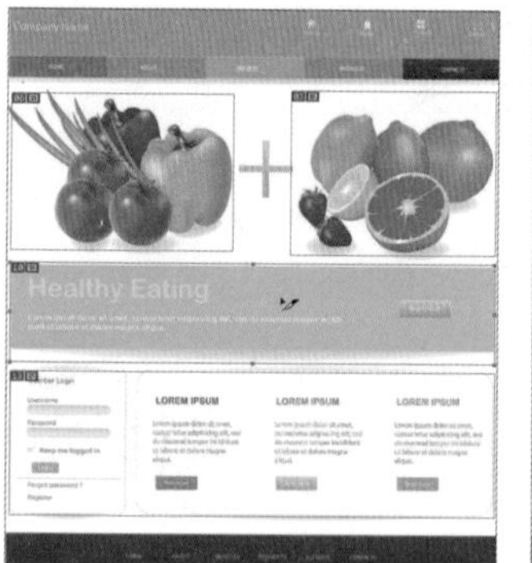

图 19-11

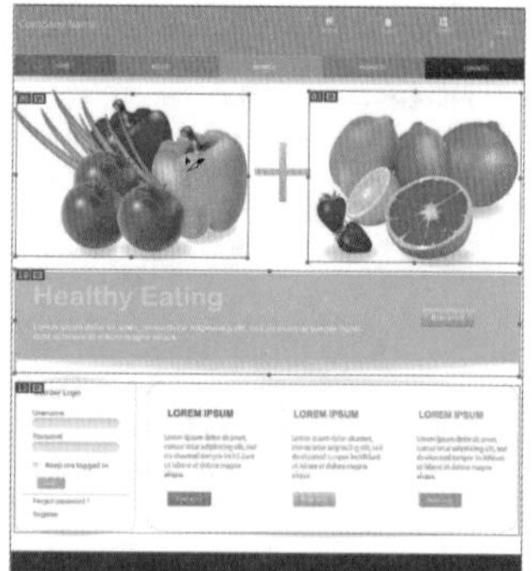

图 19-12

选择切片后，拖动切片定界框上的控制点可以调整切片大小，如图 19-13 所示。

选择切片后，按住鼠标左键不放，拖动鼠标即可移动切片，如图 19-14 所示。

图 19-13

图 19-14

技术看板

选择切片后，按住【Shift】键拖动鼠标，可将移动限制在垂直、水平或 45° 对角线的方向上；按住【Alt】键拖动鼠标，可以复制切片。

19.2.4 组合切片

使用【切片选择工具】选择两个或更多的切片并右击，在弹出的快捷菜单中选择【组合切片】命令，可以将所选切片组合为一个切片，如图 19-15 所示。

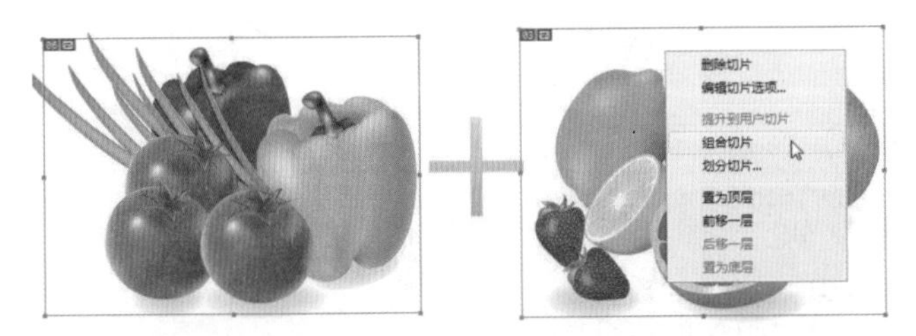

图 19-15

19.2.5 删除切片

使用【切片选择工具】选择一个或多个切片并右击，在弹出的快捷菜单中选择【删除切片】命令，或者按【Delete】键，可以将所选切片删除，如果要删除所有切片，可执行【视图】→【清除切片】命令。

19.2.6 划分切片

使用【切片选择工具】选择切片，单击其选项栏中的【划分】按钮，打开【划分切片】对话框，在其中可沿水平、垂直方向，或者同时沿这两个方向重新划分切片，如图 19-16 所示。

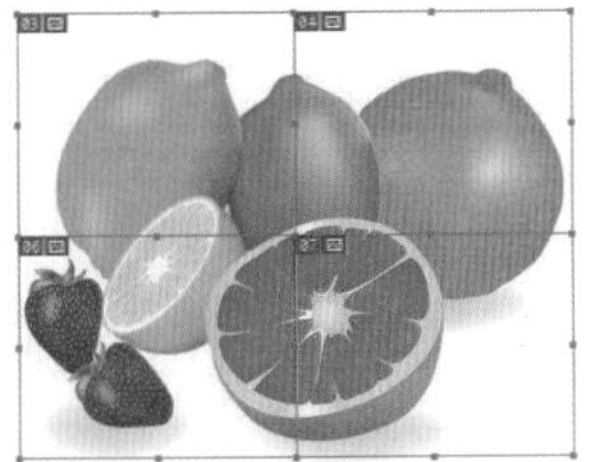

图 19-16

在【划分切片】对话框中，各选项作用及含义如表 19-3 所示。

表 19-3 选项作用及含义

选项	作用及含义
水平划分为	选中该复选框后，可在长度方向上划分切片。它有两种划分方式：选中【个纵向切片，均匀分隔】单选按钮，可输入切片的划分数目；选中【像素/切片】单选按钮，可输入一个数值，基于指定数目的像素创建切片，如果按该像素数目无法平均划分切片，就会将剩余部分划分为另一个切片
垂直划分为	选中该复选框后，可在宽度方向上划分切片。它也包含两种划分方法，其含义和【水平划分】是一样的，只是划分的方向不一样

19.2.7 提升为用户切片

基于图层的切片与图层的像素内容相关联，当用户对切片进行移动、组合、划分、调整大小和对齐等操作时，唯一方法就是编辑相应的图层。只有将其转换为用户切片，才能使用【切片工具】对其进行编辑。此外，在图像中，所有自动切片都链接在一起并共享相同的优化设置，如果要为自动切片设置不同的优化设置，就必须将其提升为用户切片。

使用【切片选择工具】选择要转换的切片，在其选项栏中单击【提升】按钮，即可将其转换为用户切片。

19.2.8 锁定切片

创建切片后，为防止误操作，可执行【视图】→【锁定切片】命令，锁定所有切片。再次执行该命令可取消锁定。

19.2.9 【切片选项】对话框

使用【切片选择工具】双击切片，或者先选择切片，再单击工具选项栏中的按钮，都可以打开【切片选项】对话框，如图 19-17 所示。

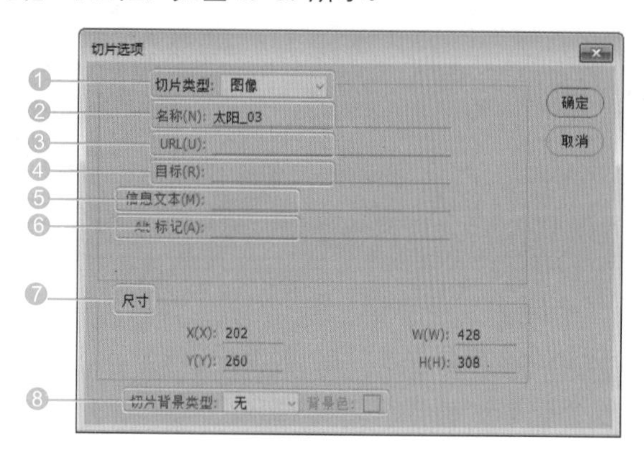

图 19-17

相关选项的作用及含义如表 19-4 所示。

表 19-4 选项作用及含义

选项	作用及含义
❶ 切片类型	可以选择要输出切片的内容类型，即在与 HTML 文件一起导出时，切片数据在 Web 浏览器中的显示方式。【图像】为默认的类型，切片包含图像数据；选择【无图像】选项，可以在切片中输入 HTML 文本，但不能导出为图像，并且无法在浏览器中预览；选择【表】选项，切片导出时将作为嵌套表写入 HTML 文件中
❷ 名称	用于输入切片的名称
❸URL	输入切片链接的 Web 地址，在浏览器中单击切片图像时，即可链接到此选项设置的网址和目标框架。该选项只能用于图像切片
❹ 目标	输入目标框架的名称
❺ 信息文本	指定哪些信息出现在浏览器中。这些选项只能用于图像切片，并且只会在导出的 HTML 文件中出现
❻Alt 标记	指定切片的 Alt 标记。Alt 文本在图像下载过程中取代图像，并在一些浏览器中作为工具提示出现
❼ 尺寸	【X】和【Y】选项用于设置切片的位置，【W】和【H】选项用于设置切片的大小
❽ 切片背景类型	可以选择一种背景色来填充透明区域或整个区域

19.3 Web 图像优化选项

创建切片后需要对图像进行优化，并以最小的尺寸得到最佳的图像效果。在 Web 上发布图像时，较小的文件可以使 Web 服务器更快速地存储和传输图像，用户能够更快地下载图像和浏览网页。

19.3.1 优化图像

执行【文件】→【存储为 Web 所用格式】命令，打开【存储为 Web 所用格式】对话框，使用其中的优化功能可以对图像进行优化和输出，如图 19-18 所示。

相关选项的作用及含义如表 19-5 所示。

图 19-18

表 19-5 选项作用及含义

选项	作用及含义
❶ 工具栏	使用【抓手工具】可以移动查看图像；使用【切片选择工具】可以选择窗口中的切片，以便对其进行优化。【缩放工具】可以放大或缩小图像的比例；【吸管工具】可以吸取图像中的颜色，并显示在【吸管颜色图标】中；单击【切换切片可视性】按钮，可以显示或隐藏切片的定界框
❷ 显示选项	单击【原稿】标签，窗口中只显示没有优化的图像；单击【优化】标签，窗口中只显示应用了当前优化设置的图像；单击【双联】标签，并排显示优化前和优化后的图像；单击【四联】标签，显示除原稿图像外的其他 3 个图像，可以进行不同的优化，每个图像下面都提供了优化信息，可以通过对比选择最佳优化方案
❸ 原稿图像	显示没有优化的图像
❹ 优化的图像	显示应用了当前优化设置的图像
❺ 状态栏	显示光标所在位置的图像的颜色值等信息
❻ 图像大小	将图像大小调整为指定的像素尺寸或原稿大小的百分比
❼ 预览	单击该按钮，可以在 Adobe Device Central 或浏览器中预览图像
❽ 预设	设置优化图像的格式和各个格式的优化选项
❾ 颜色表	将图像优化为 GIF、PNG-8 和 WBMP 格式时，可在“颜色表”中对图像颜色进行优化设置
❿ 动画	设置动画的循环选项，显示动画控制按钮

19.3.2 优化为 JPEG 格式

JPEG 格式是用于压缩连续色调图像的标准格式。将图像优化为 JPEG 格式时采用有损压缩，它会有选择性地扔掉数据以减小文件。在【存储为 Web 所用格式】对话框的文件格式下拉列表中选择【JPEG】选项，可显示它的优化选项，如图 19-19 所示。

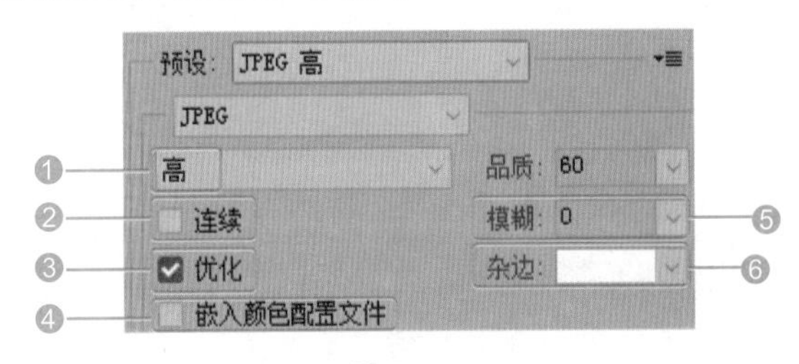

图 19-19

相关选项的作用及含义如表 19-6 所示。

表 19-6 选项作用及含义

选项	作用及含义
❶ 压缩品质 / 品质	用于设置压缩程度。【品质】设置越高，图像的细节越多，但生成的文件也越大
❷ 连续	选中该复选框，在 Web 浏览器中以渐进方式显示图像
❸ 优化	选中该复选框，创建文件大小稍小的增强 JPEG。如果要最大限度地压缩文件，建议使用优化的 JPEG 格式
❹ 嵌入颜色配置文件	选中该复选框，在优化文件中保存颜色配置文件。某些浏览器会使用颜色配置文件进行颜色的校正
❺ 模糊	指定应用于图像的模糊量。可创建与【高斯模糊】滤镜相同的效果，并允许进一步压缩以获得更小的文件
❻ 杂边	为原始图像中透明的像素指定一个填充颜色

19.3.3 优化为 GIF 和 PNG-8 格式

GIF 格式是用于压缩具有单调颜色和清晰细节图像的标准格式，它是一种无损的压缩格式。PNG-8 格式与 GIF 格式一样，也可以有效地压缩纯色区域，同时保留清晰的细节。这两种格式都支持 8 位颜色，因此它们可以显示多达 256 种颜色。

在【存储为 Web 所用格式】对话框的文件格式下拉列表中选择【GIF】选项，可显示它的优化选项，如图 19-20 所示。

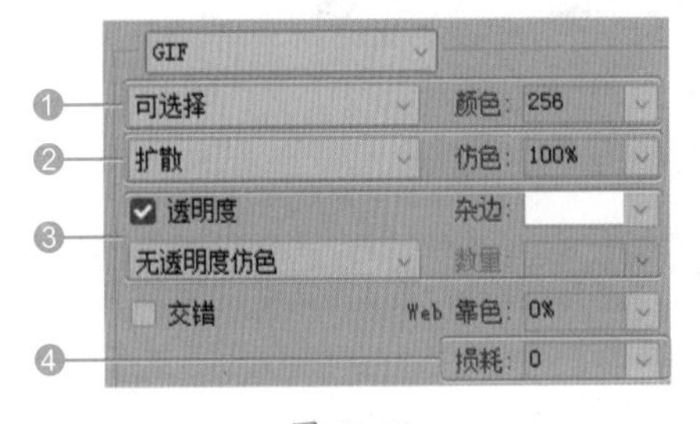

图 19-20

在【存储为 Web 所用格式】对话框的文件格式下拉列表中选择【PNG-8】选项，可显示它的优化选项，如图 19-21 所示。

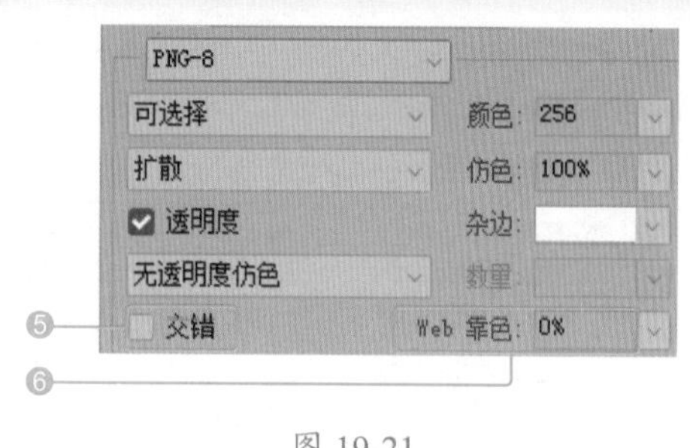

图 19-21

相关选项的作用及含义如表 19-7 所示。

表 19-7　选项作用及含义

选项	作用及含义
❶ 减低颜色深度算法 / 颜色	指定用于生成颜色查找表的方法，以及想要在颜色查找表中使用的颜色数量
❷ 仿色算法 / 仿色	【仿色】是指通过模拟计算机的颜色来显示系统中未提供的颜色的方法。较高的仿色百分比会使图像中出现更多的颜色和细节，但也会增加文件占用的存储空间
❸ 透明度 / 杂边	确定如何优化图像中的透明像素
❹ 损耗	通过有选择地扔掉数据来减小文件，可以将文件减小 5% ～ 40%
❺ 交错	选中该复选框，当图像文件正在下载时，在浏览器中显示图像的低分辨率版本，使用户感觉下载时间更短，但会增加文件的大小
❻Web 靠色	指定将颜色转换为最接近的 Web 面板等效颜色的容差级别，并防止颜色在浏览器中进行仿色。该值越高，转换的颜色越多

19.3.4 优化为 PNG-24 格式

PNG-24 格式适用于压缩连续色调图像，其优点是可在图像中保留多达 256 个透明度级别，但生成的文件要比 JPEG 格式生成的文件大得多。

19.3.5 优化为 WBMP 格式

WBMP 格式是用于优化移动设置（如移动电话）图像的标准格式。使用该格式优化后，图像中包含黑色和白色像素。

19.3.6 Web 图像的输出设置

优化 Web 图像后，在【存储为 Web 所用格式】对话框中，单击右上角的【优化菜单】按钮，在打开的快捷菜单中选择【编辑输出设置】命令，打开【输出设置】对话框。在其中可以控制如何设置 HTML 文件的格式、如何命名文件和切片，以及在存储优化图像时如何处理背景图像，如图 19-22 所示。

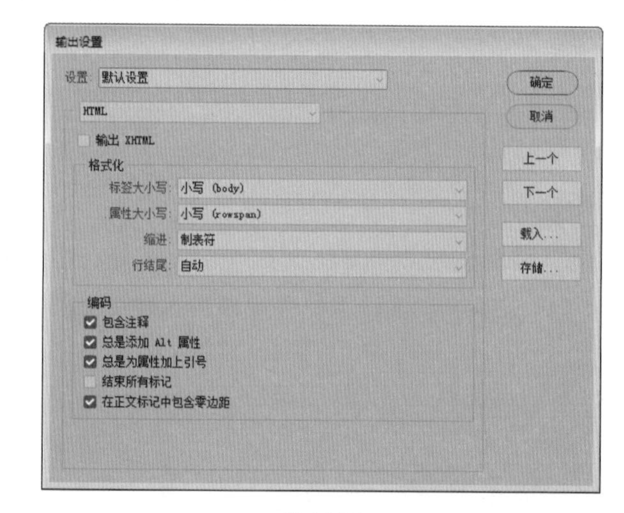

图 19-22

19.4 打印输出

打印输出是指将图像打印到纸张。在【打印】对话框中可以预览打印作业，以及选择打印机、打印份数、输出选项和色彩管理选项。

19.4.1 【打印】对话框

执行【文件】→【打印】命令，打开【打印设置】对话框，如图 19-23 所示。

相关选项的作用及含义如表 19-8 所示。

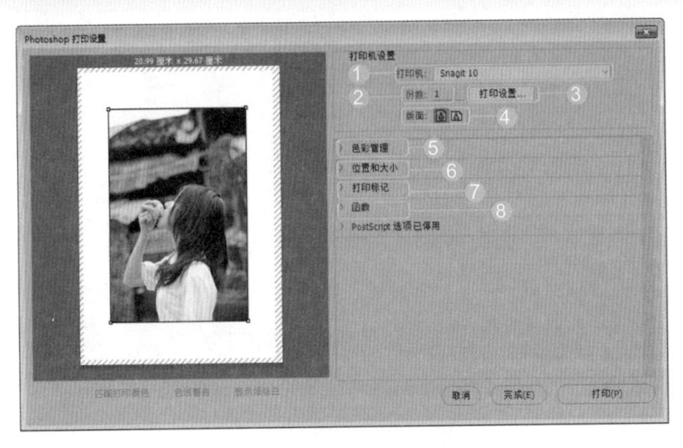

图 19-23

表 19-8　选项作用及含义

选项	作用及含义
❶ 打印机	在该选项的下拉列表中可以选择打印机
❷ 份数	可以设置打印份数
❸ 打印设置	单击该按钮，可以打开一个对话框设置纸张的方向、页面的打印顺序和打印页数
❹ 版面	设置文件的打印方向。单击【纵向打印纸张】按钮，纵向打印图像；单击【横向打印纸张】按钮，横向打印图像
❺ 色彩管理	设置文件打印的色彩管理，包括颜色处理和打印机配置文件等
❻ 位置和大小	可以设置打印的位置、缩放后的打印尺寸等
❼ 打印标记	该选项可以控制是否输出打印标记，包括角裁剪标记、套准标记等
❽ 函数	控制打印图像外观的其他选项，包括药膜朝下、负片等印前处理设置

19.4.2 色彩管理

在【打印设置】对话框右侧的色彩管理选项区域中，可以设置色彩管理选项，以获得更好的打印效果，如图 19-24 所示。

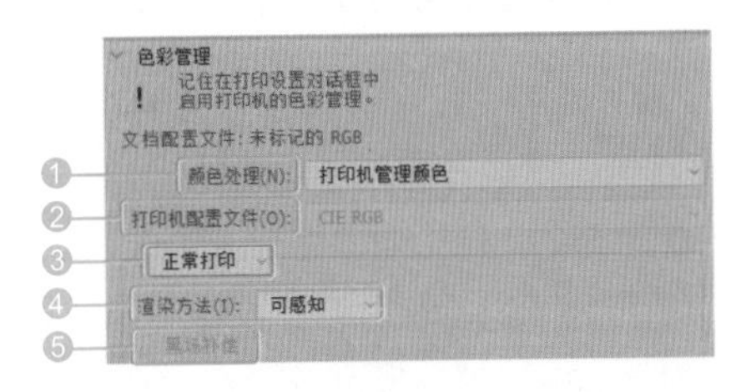

图 19-24

相关选项的作用及含义如表 19-9 所示。

表 19-9　选项作用及含义

选项	作用及含义
❶ 颜色处理	用于确定是否使用色彩管理。若使用，则需要确定是将其应用在程序中，还是应用在打印设备中
❷ 打印机配置文件	可选择适用于打印机和即将使用的纸张类型的配置文件
❸ 正常打印 / 印刷校样	选择【正常打印】选项，可进行普通打印；选择【印刷校样】选项，可打印印刷校样，即可模拟文档在打印机上的输出效果
❹ 渲染方法	指定 Photoshop CC 如何将颜色转换为打印机颜色空间
❺ 黑场补偿	通过模拟输出设备的全部动态范围来保留图像中的阴影细节

19.4.3 设置打印标记

设计及制作商业印刷品时，可在【打印标记】选项区域中指定在页面中显示哪些标记，如图 19-25 所示。

图 19-25

19.4.4 设置函数

【函数】选项区域中包含【背景】【边界】【出血】等按钮，如图 19-26 所示，单击其中的按钮即可打开相应的选项设置对话框。

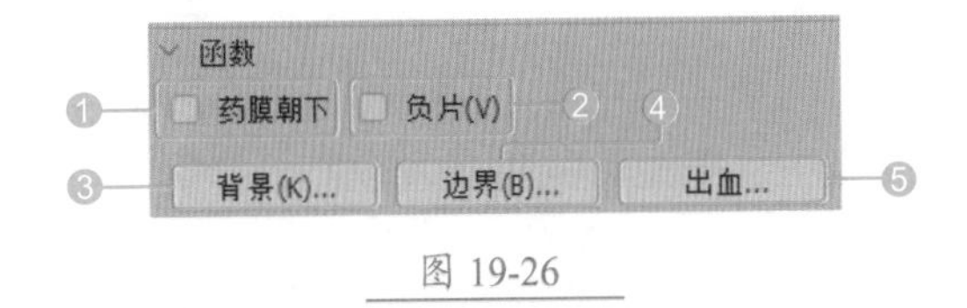

图 19-26

相关选项的作用及含义如表 19-10 所示。

表 19-10 选项作用及含义

选项	作用及含义
❶ 药膜朝下	可以水平翻转图像
❷ 负片	可以反转图像颜色
❸ 背景	用于设置图像区域外的背景色
❹ 边界	用于在图像边缘打印出黑色边框
❺ 出血	用于将裁剪标志移动到图像中，以便剪切图像时不会丢失重要内容

19.4.5 设置陷印

在叠印套色版时，如果套印不准、相邻的纯色之间没有对齐，便会出现小的缝隙，如图 19-27 所示。【陷印】命令可以纠正这个现象，但只能应用在 CMYK 模式的图像下。

执行【图像】→【陷印】命令，打开【陷印】对话框，在其中对【宽度】进行设置，它代表了印刷时颜色向外扩张的距离，如图 19-28 所示。

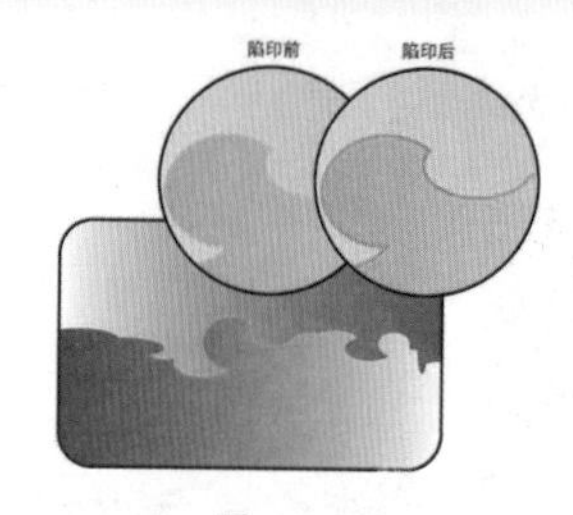

图 19-27

图 19-28

技术看板

设置打印标记、函数时，要充分和印刷厂沟通，根据实际情况进行设置。一般情况下，印刷厂会要求设计师不要添加任何标记。

图像是否需要陷印一般也由印刷厂确定，如果需要陷印，印刷厂会告知具体陷印值。

妙招技法

通过前面知识的学习，相信读者已经掌握了 Web 图像处理与打印输出的基础知识。下面结合本章内容，给大家介绍一些实用技巧。

技巧 01：如何快速打印一份图像

如果要使用当前的打印选项打印一份文件，可执行【文件】→【打印一份】命令，该命令不会弹出对话框。

技巧 02：如何隐藏切片

创建切片后，在图像中会显示切片标识，这样会影响图像编辑。

取消选中【视图】→【显示额外内容】命令，可以隐藏图像的所有额外显示内容，包括参考线和切片等。

执行【视图】→【显示切片】命令，可以单独显示或隐藏切片。

技能实训——切片并优化图像

素材文件	素材文件 \ 第 19 章 \ 粉裙 .jpg
结果文件	结果文件 \ 第 19 章 \image 文件夹

设计分析

切片并优化图像，可以使图像的不同部分在保证显示质量的同时，得到最小的文件尺寸。下面对一幅图像进行切片优化并导出，效果对比如图 19-29 所示。

图 19-29

操作步骤

Step01 打开素材。打开“素材文件\第 19 章\粉裙 .jpg”文件，如图 19-30 所示。

图 19-30

Step02 创建切片。选择【切片工具】，在图像中拖动鼠标创建切片，如图 19-31 所示。使用【切片选择工具】选择中间的切片，如图 19-32 所示。

Step03 单击【划分】按钮。在选项栏中，单击【划分】按钮，如图 19-33 所示。

Step04 划分切片。弹出【划分切片】对话框，❶ 选中【水平划分为】复选框，设置为 2 个纵向切片，均匀分隔，❷ 单击【确定】按钮，如图 19-34 所示。通过前面的操作，即可划分切片，效果如图 19-35 所示。

图 19-31

图 19-32

图 19-33

图 19-34

图 19-35

Step05 存储为 Web 所用格式。执行【文件】→【存储为 Web 所用格式】命令，选择【双联】选项卡，观察原图和优化后图像的对比效果和参数，选择 JPEG 格式，设置【品质】为 60，单击右下方的【存储】按钮，如图 19-36 所示。

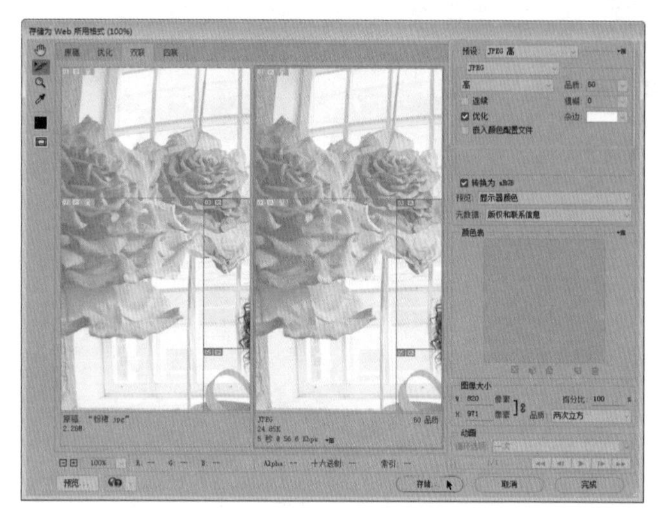

图 19-36

Step06 选择保存位置。在打开的【将优化结果存储为】对话框中，❶选择保存位置，❷设置【格式】为仅限图像，【切片】为所有切片，❸单击【保存】按钮，如图 19-37 所示。

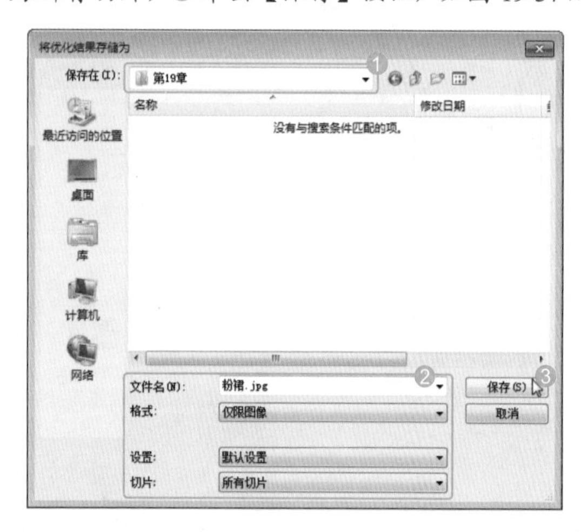

图 19-37

Step07 查看切片。弹出图 19-38 所示的警告对话框，单击【确定】按钮。在保存的文件夹中，Photoshop CC 会新建一个 images 文件夹，优化的图像分块保存在该文件夹中，如图 19-39 所示。

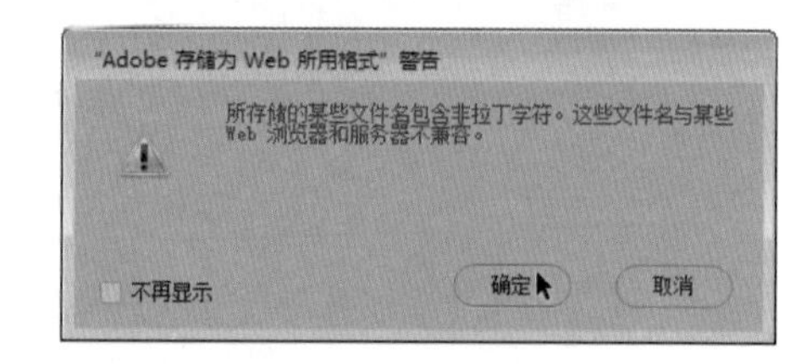

图 19-38

图 19-39

技术看板

优化图像时，对质量要求高、色彩鲜艳的网页图像，通常选择 JPEG 格式进行输出。因为 GIF 格式对色彩的支持不如 JPEG 格式多。

而对色调暗淡、色彩单一的网页图像，使用 GIF 格式即可达到需求。在相同图像效果下，GIF 图像尺寸通常更小。

本章小结

本章详细介绍了切片的创建和编辑、Web 图像优化和打印输出等。切片是制作网页时必不可少的操作，创建切片、优化图像后，可以减小文件的大小，加快上传和下载的速度。打印输出是图像处理中的必备知识，学好本章内容，可以提升 Web 图像的处理能力。

本篇主要结合 Photoshop 的常见应用领域，列举相关典型案例，给读者讲解 Photoshop CC 图像处理与设计的综合技能，包括特效字制作、图像特效与创意合成、数码照片后期处理、商业广告设计、UI 界面设计、网页网店广告设计等综合案例。通过本篇内容的学习，可以提升读者的实战技能和综合设计水平。

第20章 实战：艺术字设计

- 制作五彩玻璃裂纹字
- 制作翡翠文字效果
- 制作透射文字效果
- 制作冰雪字

本章将学习五彩玻璃裂纹字、通透的翡翠文字、超炫的透射文字及逼真的冰雪文字的制作方法。

20.1 实战：制作五彩玻璃裂纹字

素材文件	素材文件 \ 第 20 章 \20.1\ 干裂 .jpg
结果文件	结果文件 \ 第 20 章 \20.1.psd

设计分析

本案例结合 4 个文字图层来表现文字效果。其中，一个图层表现文字的投影；一个图层表现文字的光感；一个最重要的图层表现玻璃质感，玻璃质感是非常通透的，根据这种材质的特征，结合【斜面和浮雕】【内阴影】【光泽】【渐变叠加】和【图案叠加】图层样式，得到五彩玻璃质感效果；最后一个图层表现文字的裂纹。在文字图层下方，添加裂纹底图层，烘托整体意境，完成后的效果如图 20-1 所示。

图 20-1

案例制作

Step01 新建文件。执行【文件】→【新建】命令，在弹出的【新建】对话框中，❶设置【宽度】为 1000 像素、【高度】为 650 像素、【分辨率】为 72 像素 / 英寸，❷单击【确定】按钮，如图 20-2 所示。

Step02 填充渐变色。设置前景色为深黄色【#987d0c】、背景色为深灰色【#1a1a1a】，选择【渐变工具】，在选项栏中，单击【径向渐变】按钮，从中心往外拖动鼠标，填充渐变色，效果如图 20-3 所示。

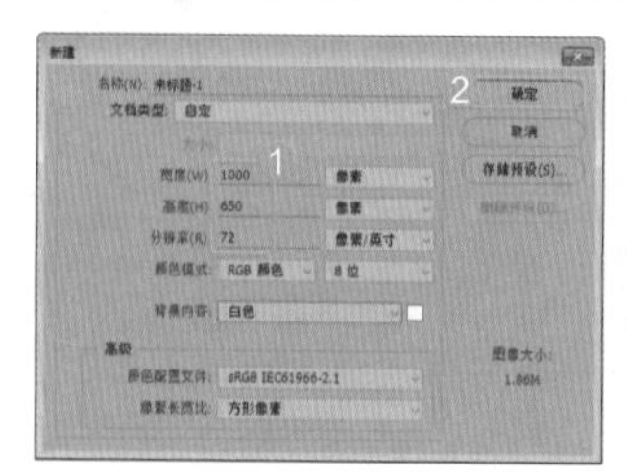

图 20-2

图 20-3

Step03 拖动素材。打开"素材文件\第 20 章\20.1\干裂.jpg"文件，将其拖动到当前文件中，将命名为【干裂】，如图 20-4 所示。

图 20-4

Step04 更改图层混合模式。更改【干裂】图层【混合模式】为深色，如图 20-5 所示。

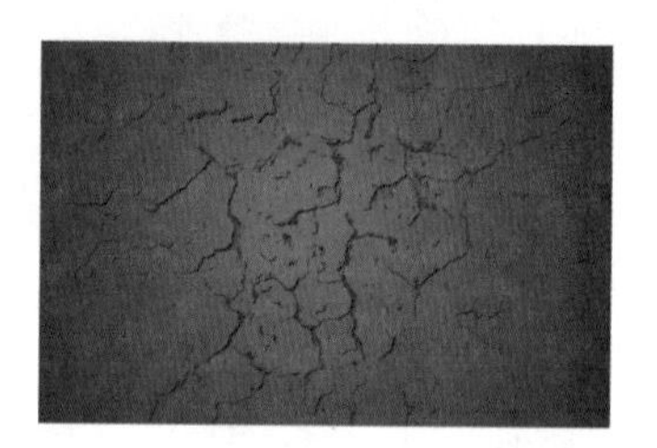

图 20-5

Step05 输入字母。使用【横排文字工具】输入字母"CRACK"，在选项栏中，设置【字体】为华文琥珀、【字体大小】为 290 点，如图 20-6 所示。

图 20-6

Step06 添加投影。双击文字图层，在打开的【图层样式】对话框中，❶选中【投影】复选框，❷设置【不透明度】为 75%、【角度】为 120 度、【距离】为 5 像素、【扩展】为 0%、【大小】为 24 像素，选中【使用全局光】复选框，如图 20-7 所示。

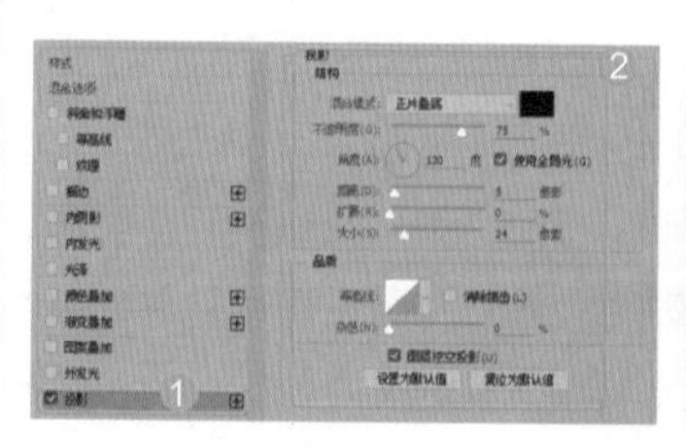

图 20-7

Step07 清除图层样式。按【Ctrl+J】组合键复制文字图层，如图 20-8 所示。执行【图层】→【图层样式】→【清除图层样式】命令，清除图层样式，如图 20-9 所示。

图 20-8

图 20-9

Step08 添加投影。双击文字图层，在打开的【图层样式】对话框中，❶选中【投影】复选框，❷设置投影颜色为橙色【#fe7d0a】，设置【不透明度】为 70%、【角度】为 120 度、【距离】为 5 像素、【扩展】为 32%、【大小】为 2 像素，选中【使用全局光】复选框，如图 20-10 所示。

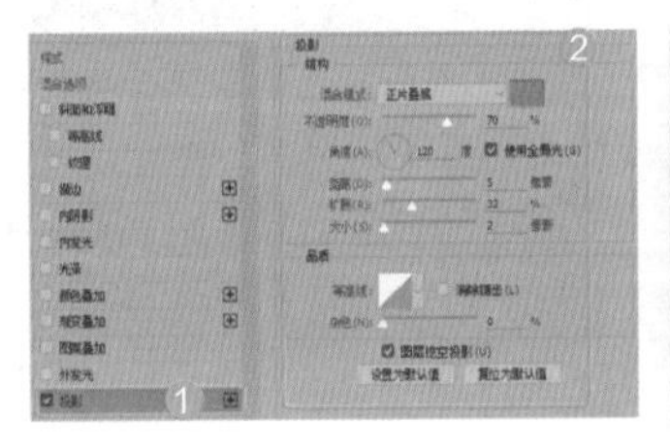

图 20-10

Step09 添加外发光。继续在【图层样式】对话框中，❶选中【外发光】复选框，❷设置【混合模式】为颜色减淡、发光颜色为黄色【#fee31a】、【不透明度】为 100%、【扩展】为 0%、【大小】为 13 像素，设置等高线为画圆步骤、【范围】为 40%、【抖动】为 0%，如图 20-11 所示。

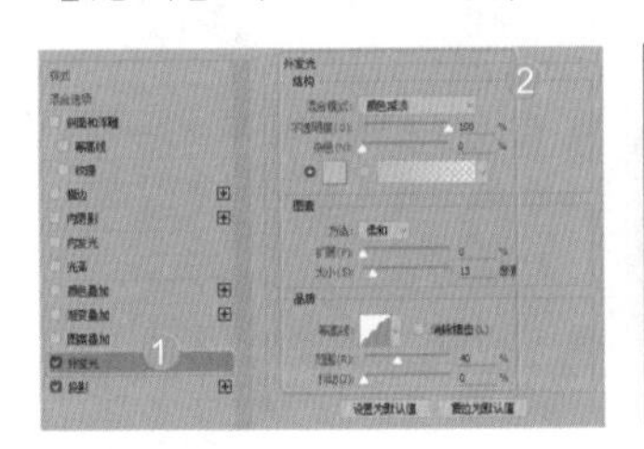

图 20-11

Step10 清除图层样式。按【Ctrl+J】组合键再次复制文字图层，得到【CRACK 拷贝 2】图层，如图 20-12 所示。执行【图层】→【图层样式】→【清除图层样式】命令，清除图层样式，如图 20-13 所示。

图 20-12

图 20-13

Step11 添加斜面和浮雕。双击文字图层，在打开的【图层样式】对话框中，❶选中【斜面和浮雕】复选框，❷设置【样式】为内斜面、【方法】为平滑、【深度】为 1000%、【方向】为上、【大小】为 10 像素、【软化】为 0 像素、【角度】为 120 度、【高度】为 39 度，设置【高光模式】为正常、【不透明度】为 100%，设置【阴影模式】为柔光、【不透明度】为 100%，如图 20-14 所示。单击【光泽等高线】图标，如图 20-15 所示。

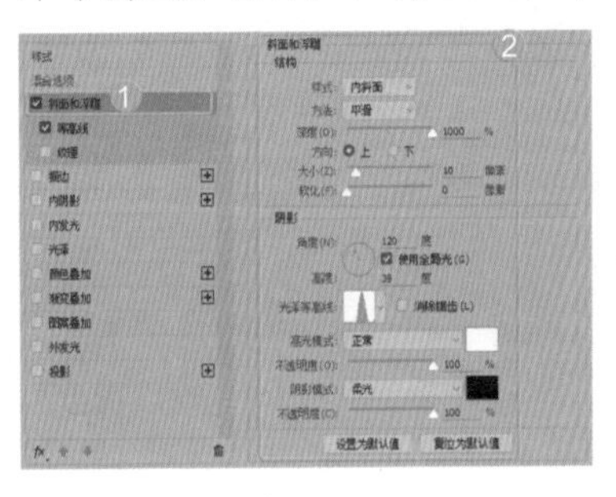
图 20-14

图 20-15

Step12 调整等高线的形状。在弹出的【等高线编辑器】对话框中，❶调整等高线的形状，❷单击【确定】按钮，如图 20-16 所示。

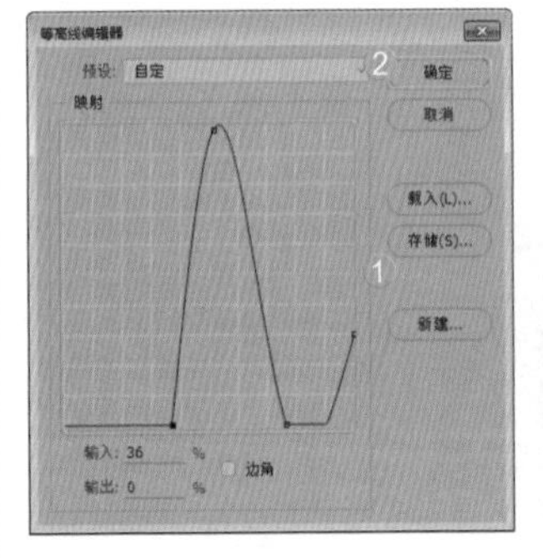

图 20-16

Step13 添加内阴影。在【图层样式】对话框中，❶选中【内阴影】复选框，❷设置【混合模式】为正片叠底、【不透明度】为 75%、阴影颜色为黑色、【角度】为 120 度、【距离】为 5 像素、【阻塞】为 0%、【大小】为 16 像素，如图 20-17 所示。

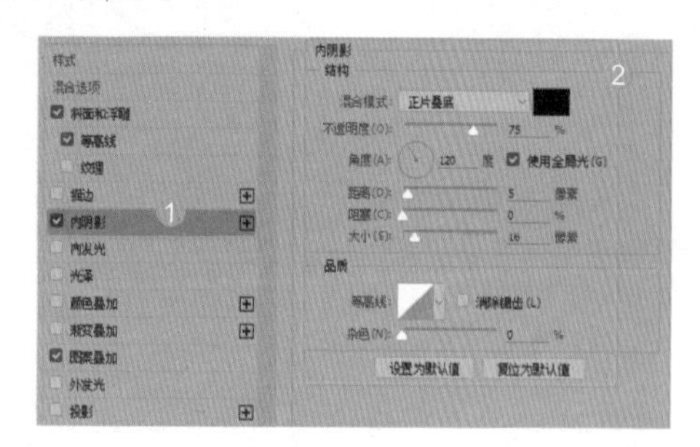

图 20-17

Step14 添加光泽。在【图层样式】对话框中，❶ 选中【光泽】复选框，❷ 设置【混合模式】为正片叠底、【不透明度】为 34%、【角度】为 0 度、【距离】为 19 像素、【大小】为 0 像素、【等高线】为高斯曲线，如图 20-18 所示。

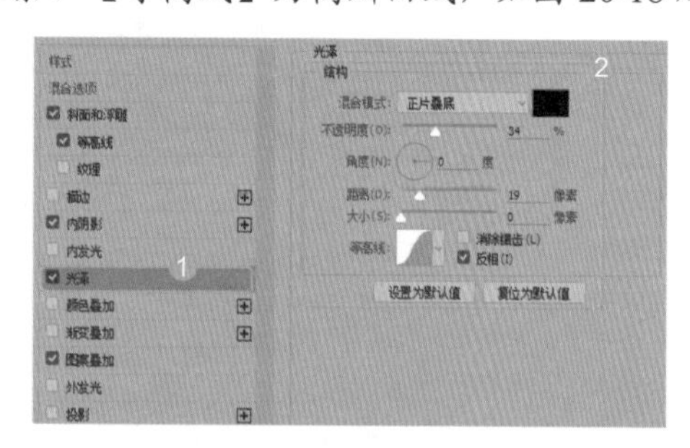

图 20-18

Step15 添加渐变叠加。在【图层样式】对话框中，❶ 选中【渐变叠加】复选框，❷ 设置【混合模式】为划分、【样式】为线性、【角度】为 -160 度、【缩放】为 100%，如图 20-19 所示。

Step16 选择色谱渐变。单击渐变色条右侧的 按钮，在打开的下拉列表框中，选择【色谱】选项，如图 20-20 所示。

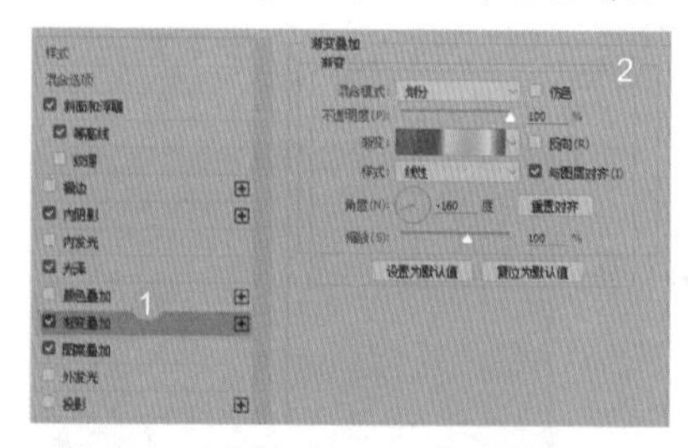

图 20-19

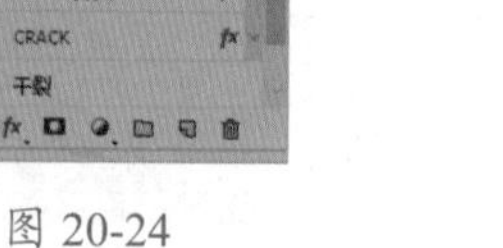

图 20-20

Step17 查看图像效果。添加内阴影、光泽和渐变叠加图层样式后，图像效果如图 20-21 所示。

Step18 定义图案。切换到“干裂”文件中，执行【编辑】→【定义图案】命令，打开【图案名称】对话框，❶ 设置【名称】为干裂，❷ 单击【确定】按钮，定义图案，如图 20-22 所示。

图 20-21

图 20-22

Step19 添加图案叠加。在【图层样式】对话框中，❶ 选中【图案叠加】复选框，❷ 设置【混合模式】为划分、【不透明度】和【缩放】均为 100%、【图案】为干裂，如图 20-23 所示。

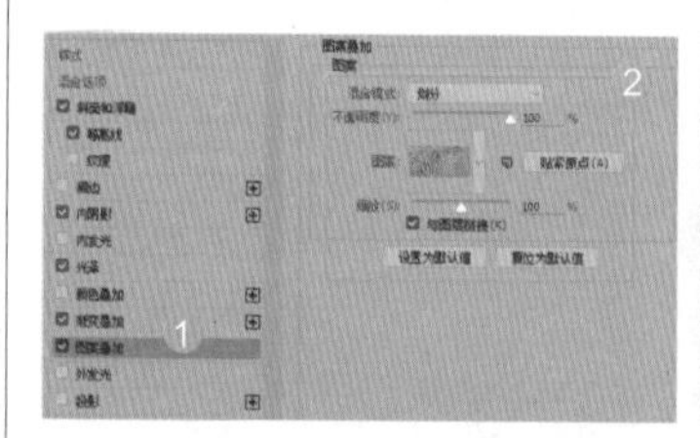

图 20-23

Step20 清除图层样式。按【Ctrl+J】组合键再次复制文字图层，得到【CRACK 拷贝 3】图层，如图 20-24 所示。执行【图层】→【图层样式】→【清除图层样式】命令，清除图层样式，如图 20-25 所示。

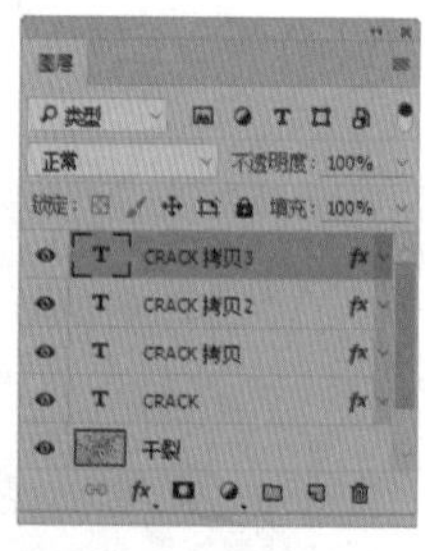

图 20-24

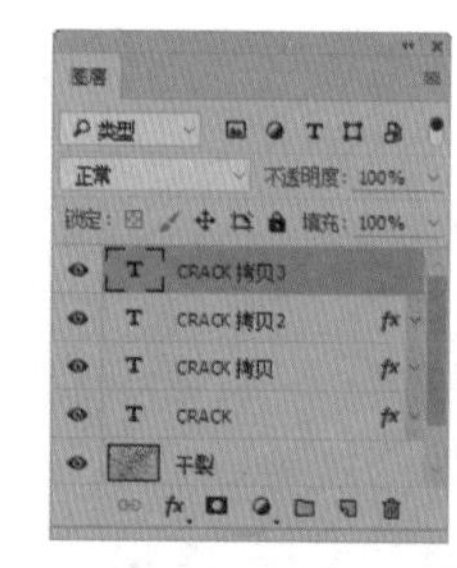

图 20-25

Step21 添加斜面和浮雕。双击文字图层，在打开的【图层样式】对话框中，❶ 选中【斜面和浮雕】复选框，❷ 设置【样式】为内斜面、【方法】为平滑、【深度】为 100%、【方向】为上、【大小】为 32 像素、【软化】为 0 像素、【角度】为 120 度，【高度】为 39 度，设置【高光模式】为饱和度、【不透明度】为 100%，设置【阴影模式】为叠加，【不透明度】为 57%，❸选中【等高线】复选框，如图 20-26 所示。

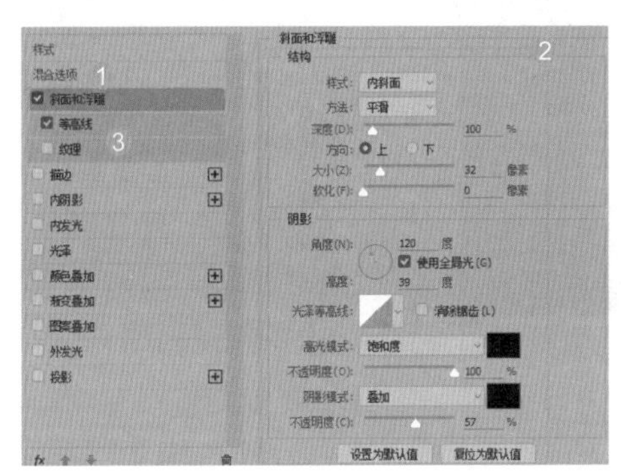

图 20-26

Step22 添加内发光。在【图层样式】对话框中，❶选中【内发光】复选框，❷设置【混合模式】为叠加、发光颜色为白色、【不透明度】为 24%、【阻塞】为 0%、【大小】为 33 像素，如图 20-27 所示。

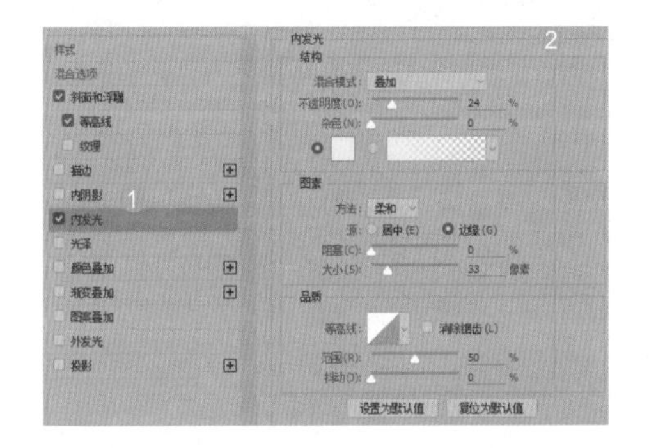

图 20-27

Step23 添加图案叠加。在【图层样式】对话框中，❶选中【图案叠加】复选框，❷设置【混合模式】为点光、【不透明度】和【缩放】均为 100%、【图案】为干裂，如图 20-28 所示，效果如图 20-29 所示。

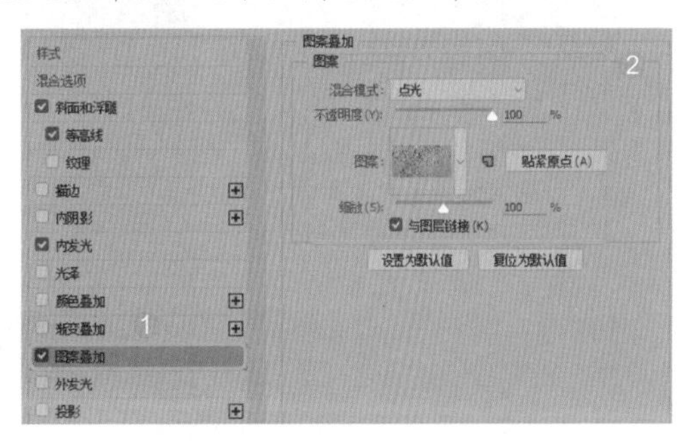

图 20-28

图 20-29

Step24 更改【填充】。同时选中 4 个文字图层，更改【填充】为 0%，如图 20-30 所示，最终效果如图 20-31 所示。

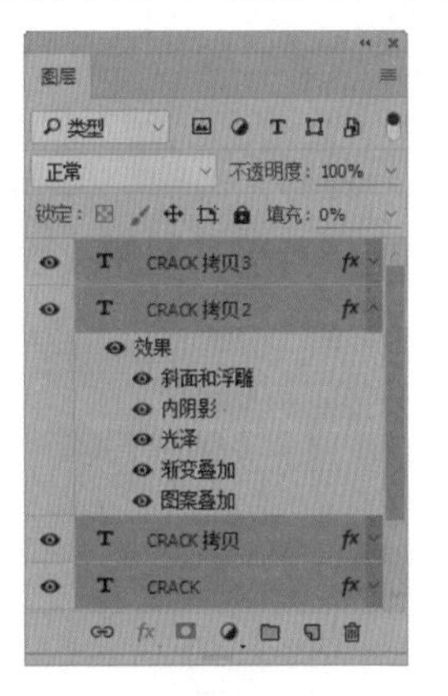

图 20-30

图 20-31

20.2 实战：制作翡翠文字效果

素材文件	素材文件 \ 第 20 章 \20.2\ 玉 .jpg
结果文件	结果文件 \ 第 20 章 \20.2a.psd，20.2b.psd

案例分析

翡翠是一种代表爱的宝石，它那饱含生机的绿色代表了慈爱和温婉，通透的质地让人爱不释手。本例通过【云彩】滤镜创建随机的玉质纹理，结合【斜面和浮雕】【内阴影】【光泽】【外发光】和【投影】图层样式，制作出翡翠通透、灵秀的立体效果，最后将文字放入意境图像中，使效果更加真实，完成后的效果如图 20-32 所示。

图 20-32

案例制作

Step01 新建文件。执行【文件】→【新建】命令，在【新建】对话框中，❶设置【宽度】为 700 像素、【高度】为 500 像素、【分辨率】为 300 像素 / 英寸，❷单击【确定】按钮，如图 20-33 所示。

Step02 输入文字。选择【横排文本工具】T，在选项栏中设置【字体】为汉仪行楷简、【字体大小】为 135 点，在图像中输入文字“玉”，如图 20-34 所示。

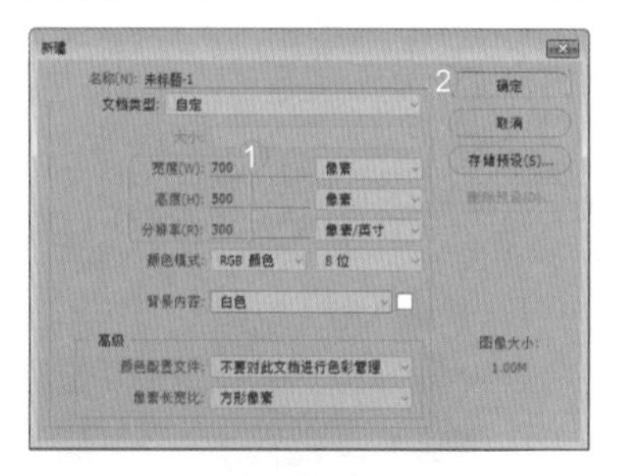

图 20-33

图 20-34

Step03 执行【云彩】命令。隐藏文字图层，新建图层，命名为【云彩】，执行【滤镜】→【渲染】→【云彩】命令，效果如图 20-35 所示。

Step04 选择【吸管工具】。执行【选择】→【色彩范围】命令，弹出【色彩范围】对话框，在其中选择【吸管工具】，如图 20-36 所示。

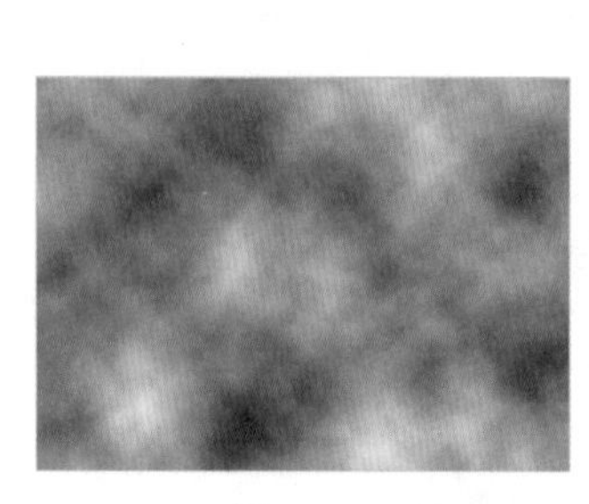

图 20-35

图 20-36

Step05 创建选区。在图像灰色区域单击，如图 20-37 所示。确定操作后，选区如图 20-38 所示。

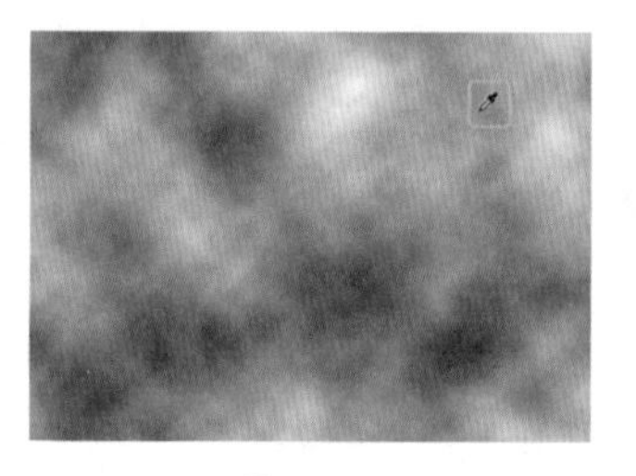

图 20-37

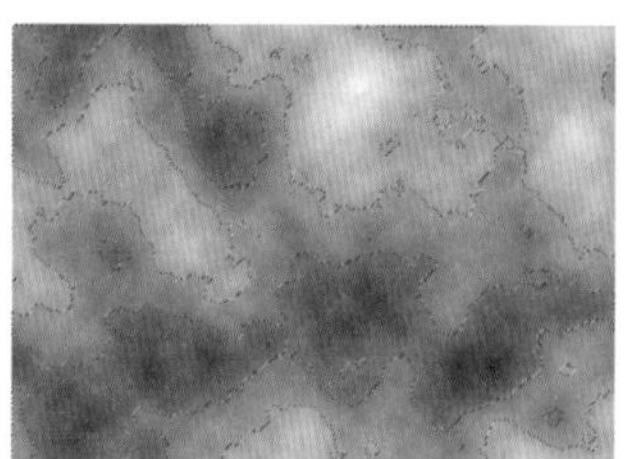

图 20-38

Step06 填充选区。新建图层，命名为【绿色】，设置前景色为绿色【#077600】，按【Alt+Delete】组合键填充选区，效果如图 20-39 所示。

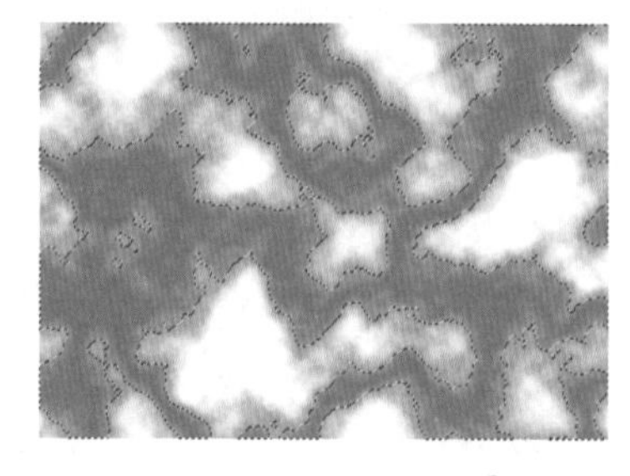

图 20-39

Step07 创建渐变填充。按【Ctrl+D】组合键取消选区，选择【云彩】图层，选择【渐变工具】，从图像左边缘到右边缘拖动鼠标创建渐变填充，效果如图 20-40 所示。

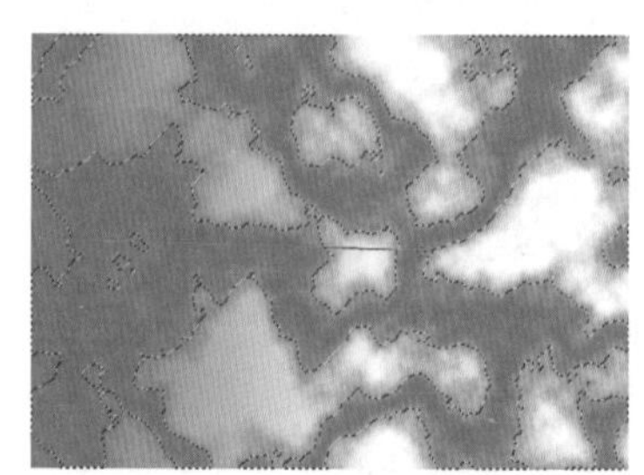

图 20-40

Step08 盖印图层。同时选中【云彩】和【绿色】图层，如图 20-41 所示。按【Alt+Ctrl+E】组合键盖印选中图层，生成【绿色（合并）】图层，如图 20-42 所示。

图 20-41

图 20-42

Step09 载入文字选区。按住【Ctrl】键，选择【玉】文字图层，载入文字选区，如图 20-43 所示。

Step10 反向选区。执行【选择】→【反向】命令，反向选区，按【Delete】键删除图像，隐藏【绿色】和【云彩】图层，如图 20-44 所示。

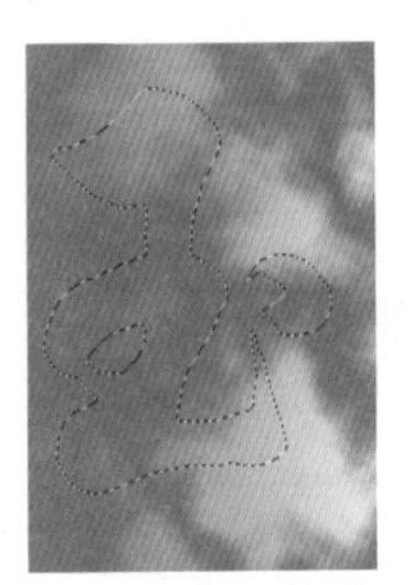

图 20-43

图 20-44

Step11 添加【斜面和浮雕】。双击图层，在打开的【图层样式】对话框中，❶ 选中【斜面和浮雕】复选框，❷ 设置【样式】为内斜面、【方法】为平滑、【深度】为 321%、【方向】为上、【大小】为 24 像素、【软化】为 0 像素、【角度】为 120 度、【高度】为 65 度、设置【高光模式】为滤色、【不透明度】为 100%，设置【阴影模式】为正片叠底、【不透明度】为 0%，如图 20-45 所示。

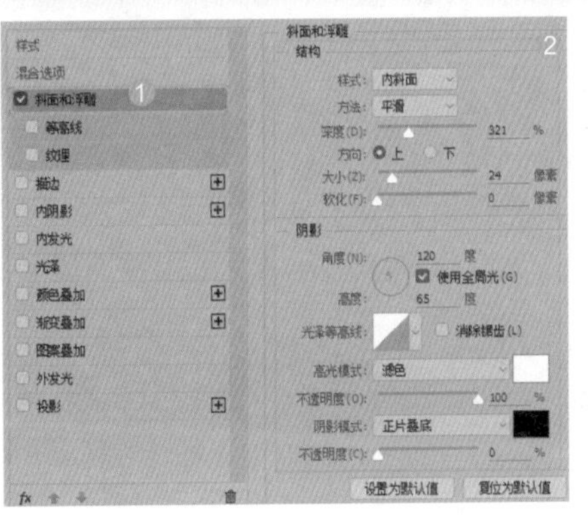

图 20-45

Step12 添加【内阴影】。在【图层样式】对话框中，❶ 选中【内阴影】复选框，❷ 设置【混合模式】为滤色、阴影颜色为绿色【#6fff1c】、【不透明度】为 75%、【角度】为 120 度、【距离】为 10 像素、【阻塞】为 0%、【大小】为 50 像素，如图 20-46 所示。

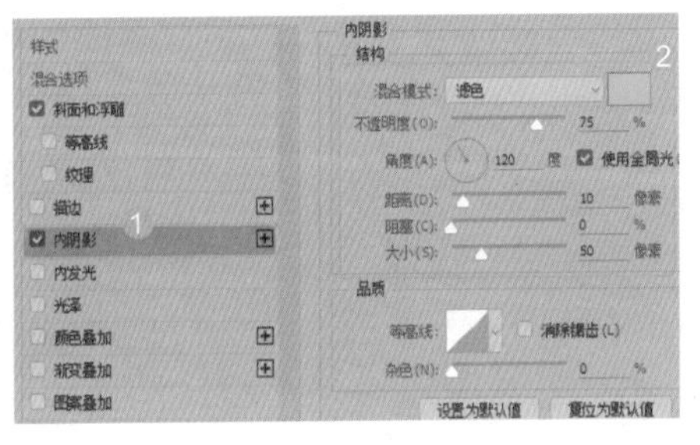

图 20-46

Step13 添加【光泽】。在【图层样式】对话框中，❶ 选中【光泽】复选框，❷ 设置光泽颜色为深绿色【#00b400】，设置【混合模式】为正片叠底、【不透明度】为 50%、【角度】为 19 度、【距离】为 88 像素、【大小】为 88 像素、【等高线】为高斯曲线，如图 20-47 所示。

Step14 添加【外发光】。在【图层样式】对话框中，❶ 选中【外发光】复选框，❷ 设置【混合模式】为滤色，发光颜色为浅绿色【#6fff1c】、【不透明度】为 65%、【扩展】为 0%、【大小】为 70 像素，如图 20-48 所示。

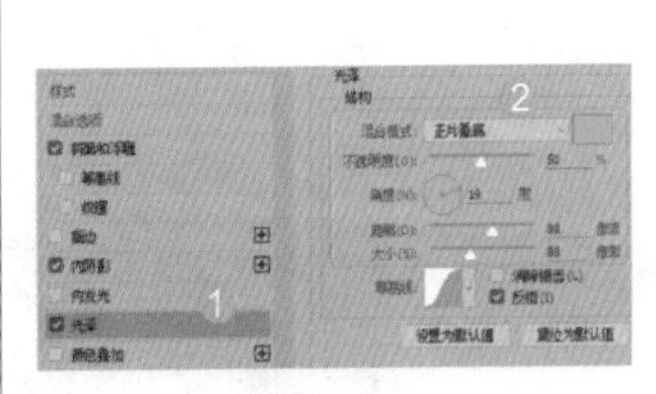

图 20-47

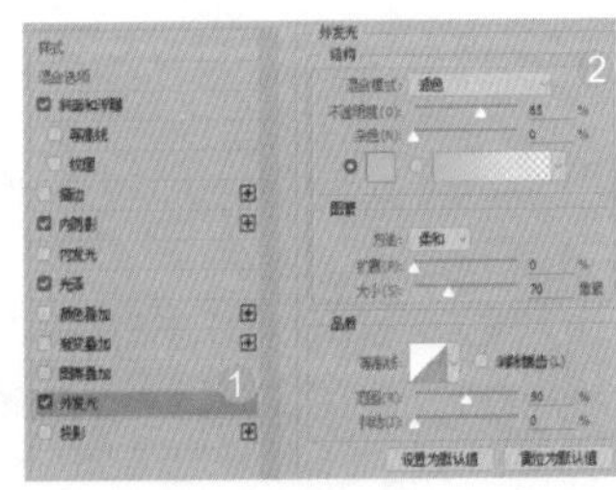

图 20-48

Step 15 添加【投影】。继续在【图层样式】对话框中，❶选中【投影】复选框，❷设置【混合模式】为正片叠底、【不透明度】为 75%、【角度】为 120 度、【距离】为 15 像素、【扩展】为 0%、【大小】为 15 像素，选中【使用全局光】复选框，如图 20-49 所示。

图 20-49

Step 16 打开素材。打开“素材文件 \ 第 20 章 \20.2\ 玉 .jpg”文件，将前面创建的【绿色（合并）】图层拖动到当前文件中，如图 20-50 所示。按【Ctrl+T】组合键，调整图像的大小和位置，如图 20-51 所示。

图 20-50

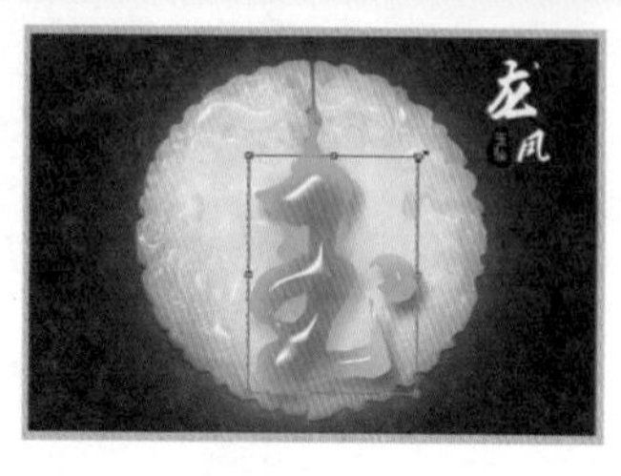

图 20-51

Step 17 调整参数。双击【斜面和浮雕】图层样式，如图 20-52 所示。在打开的【图层样式】对话框中，更改【大小】为 16 像素，如图 20-53 所示。细微调整后，最终效果如图 20-54 所示。

图 20-52

图 20-53

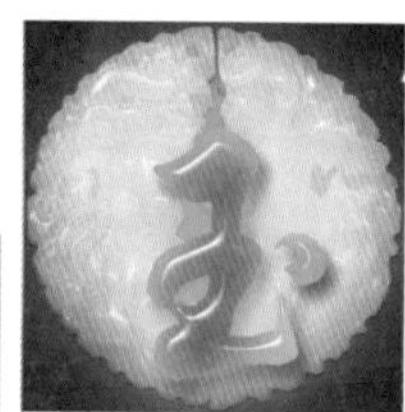

图 20-54

20.3 实战：制作透射文字效果

素材文件	素材文件 \ 第 20 章 \20.3\ 炫光 .jpg
结果文件	结果文件 \ 第 20 章 \20.3.psd

案例分析

透射光是光线透过物体产生的漫反射光芒，这种光本身不是特别强烈，但透视光看起来却是非常温馨和浪漫的。本例结合路径文字、透视和扭曲变形、图层混合模式功能制作出透视光效果。大家只要掌握好透视角度，就能达到理想的效果，最终效果如图 20-55 所示。

图 20-55

案例制作

Step01 新建文件。执行【文件】→【新建】命令，在【新建】对话框中，❶ 设置宽度为 1025 像素、高度为 1025 像素、分辨率为 72 像素 / 英寸、背景色为黑色，❷ 单击【确定】按钮，如图 20-56 所示。

Step02 创建圆形路径。选择【椭圆工具】，按住【Shift】键在图像中拖动鼠标创建圆形路径，如图 20-57 所示。

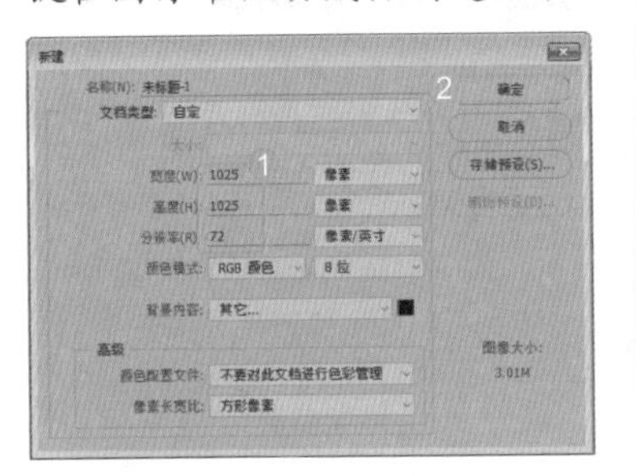

图 20-56

图 20-57

Step03 输入路径文字。设置前景色为白色，使用【横排文字工具】在路径上单击，创建路径文字输入起点，如图 20-58 所示。设置【字体】为方正粗宋简体、【字体大小】为 63 点，沿着路径输入白色文字，效果如图 20-59 所示。

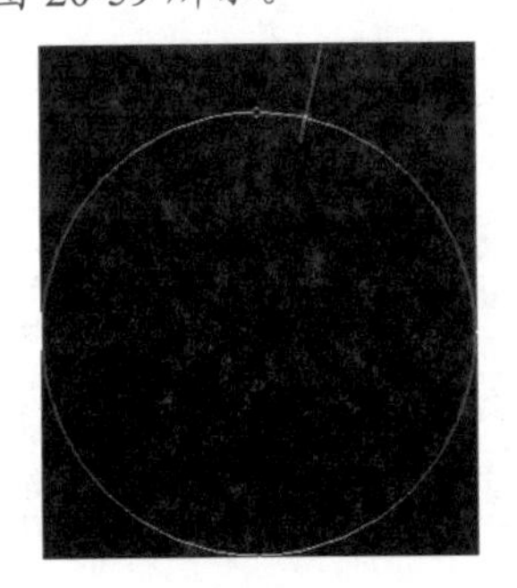

图 20-58

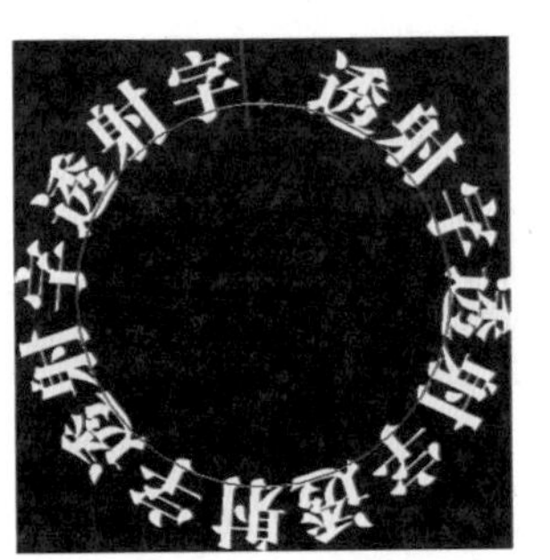

图 20-59

Step04 复制图层。复制文字图层，执行【图层】→【栅格化】→【文字】命令，栅格化文字，隐藏下方文字图层，如图 20-60 所示。再次复制图层，更改两个图层名称，如图 20-61 所示。

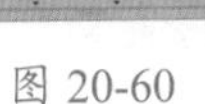

图 20-60

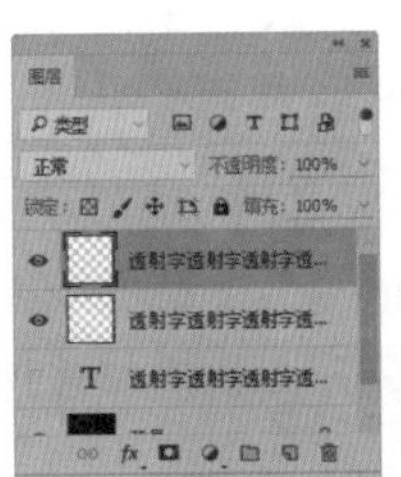

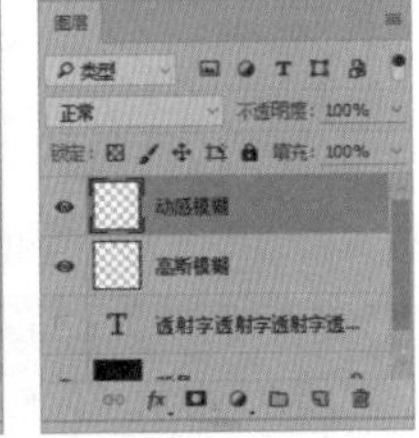

图 20-61

Step05 动感模糊。选择【动感模糊】图层，执行【滤镜】→【模糊】→【动感模糊】命令，打开【动感模糊】对话框，❶ 设置【角度】为 90 度、【距离】为 999 像素，❷ 单击【确定】按钮，如图 20-62 所示。

Step06 多次复制图层。按【Ctrl+J】组合键 8 次，复制图层加强效果，如图 20-63 所示。

Step07 合并图层。选择复制的图层，按【Ctrl+E】组合键合并图层，更名为【动感模糊】，如图 20-64 所示。

图 20-62

图 20-63

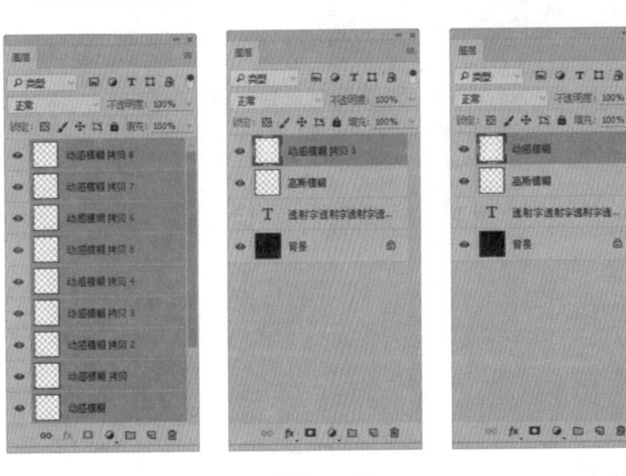

图 20-64

Step08 变换图像。同时选中【高斯模糊】和【动感模糊】图层，如图 20-65 所示。执行【编辑】→【变换】→【透视】命令，进入透视变换，拖动左上角的控制点变换图像，如图 20-66 所示。

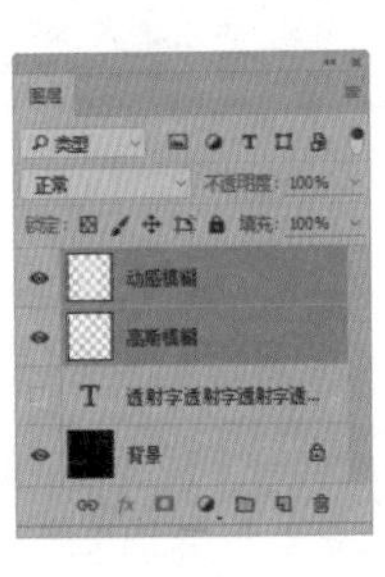

图 20-65

图 20-66

Step 09 选择图层。向上拖动左中部的控制点，继续变换图像，如图 20-67 所示。选择【高斯模糊】图层，如图 20-68 所示。

图 20-67

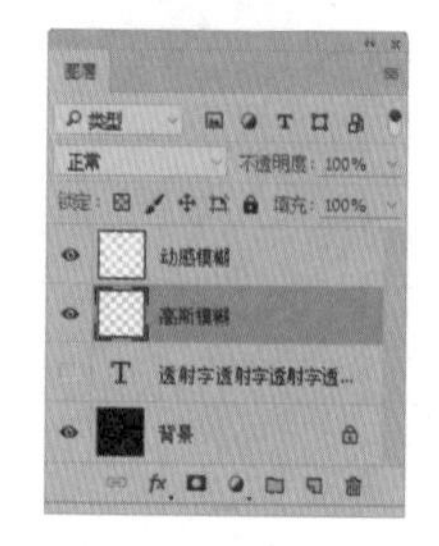

图 20-68

Step 10 旋转文字方向。按【Ctrl+T】组合键，执行自由变换操作，旋转文字方向，如图 20-69 所示。选择【动感模糊】图层，如图 20-70 所示。

图 20-69

图 20-70

Step 11 变换图像。执行【编辑】→【变换】→【扭曲】命令，拖动控制点变换图像，如图 20-71 所示。调整图像位置，如图 20-72 所示。

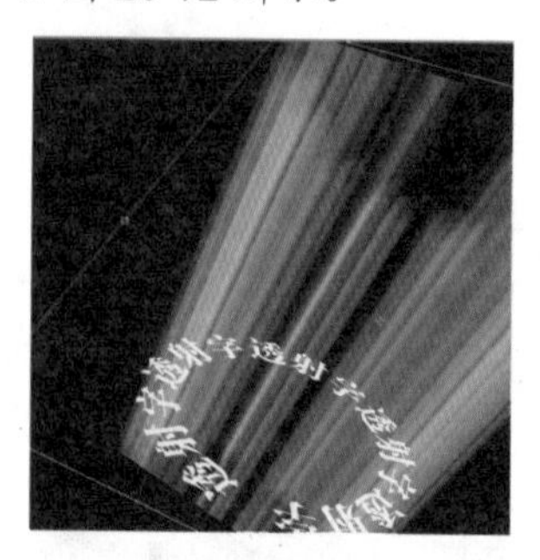

图 20-71

图 20-72

Step 12 虚化边界。为【动感模糊】图层添加图层蒙版，使用不透明度为 20% 的黑色【画笔工具】涂抹修改蒙版，使光线边界变得虚化，如图 20-73 所示。

Step 13 高斯模糊。选择【高斯模糊】图层，如图 20-74 所示。执行【滤镜】→【模糊】→【高斯模糊】命令，打开【高斯模糊】对话框，❶ 设置【半径】为 2 像素，❷ 单击【确定】按钮，如图 20-75 所示。

图 20-73

图 20-74

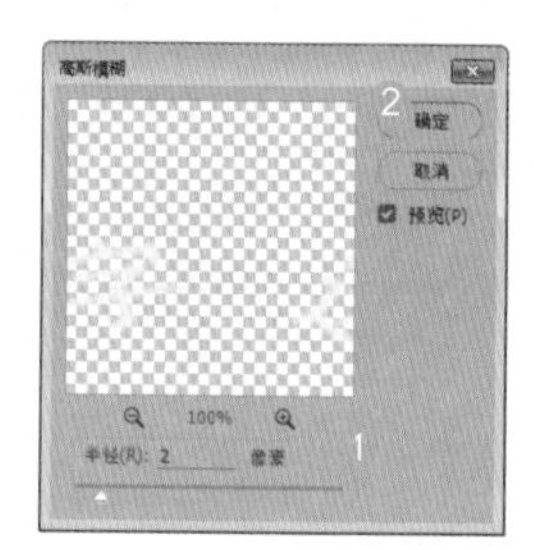

图 20-75

Step 14 打开素材。高斯模糊效果如图 20-76 所示。打开“素材文件 \ 第 20 章 \20.3\ 炫光 .jpg”文件，如图 20-77 所示。

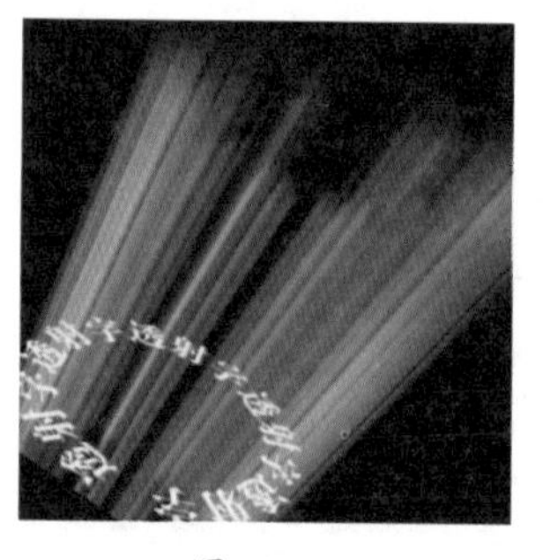

图 20-76

图 20-77

Step 15 调整图层混合模式。将炫光拖动到文字效果文件中，命名为【炫光】，调整图层【混合模式】为滤色，如图 20-78 所示。

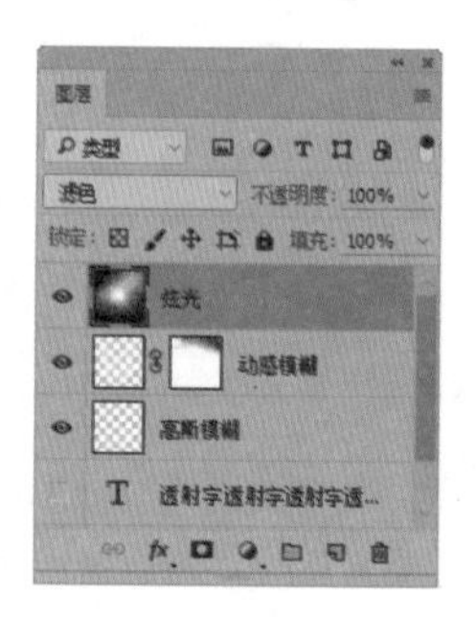

图 20-78

Step16 虚化边界。单击【动感模糊】图层蒙版缩览图，使用不透明度为 20% 的黑色【画笔工具】 涂抹修改蒙版，使下侧光线边界变得虚化，如图 20-79 所示。

Step17 缩小图像。复制生成【高斯模糊 拷贝】图层，按【Ctrl+T】组合键，执行自由变换操作，拖动控制点适当缩小图像，如图 20-80 所示。

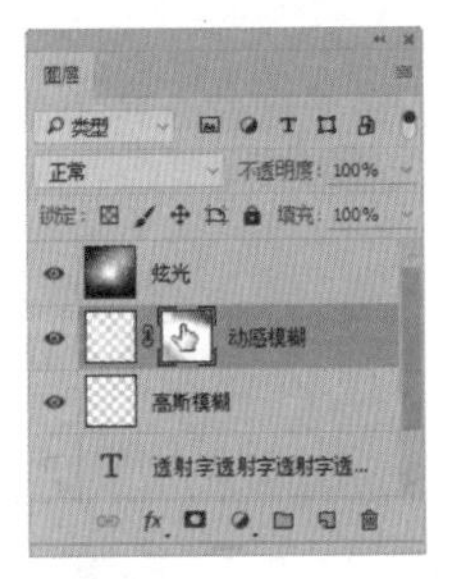

图 20-79

图 20-80

Step18 缩小图像。复制生成【高斯模糊 拷贝 2】图层，按【Ctrl+T】组合键，执行自由变换操作，拖动控制点适当缩小图像，如图 20-81 所示。

Step19 更改不透明度。更改【高斯模糊】图层不透明度为 60%，如图 20-82 所示。

Step20 调整颜色。选择【炫光】图层，按【Ctrl+U】组合键，执行【色相 / 饱和度】命令，打开【色相 / 饱和度】对话框，❶ 设置【饱和度】为 10，❷ 单击【确定】按钮，如图 20-83 所示。最终效果如图 20-84 所示。

图 20-81

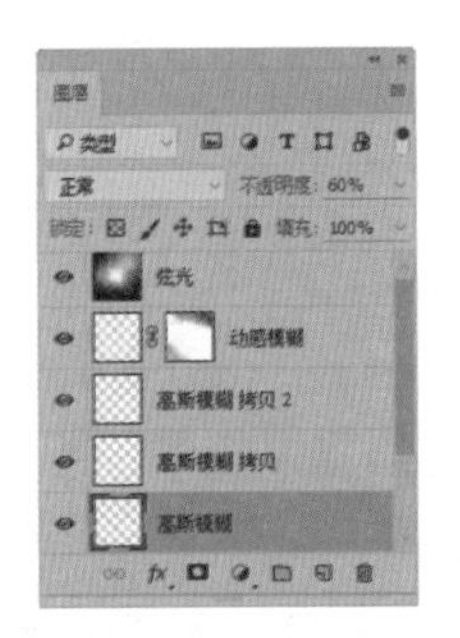

图 20-82

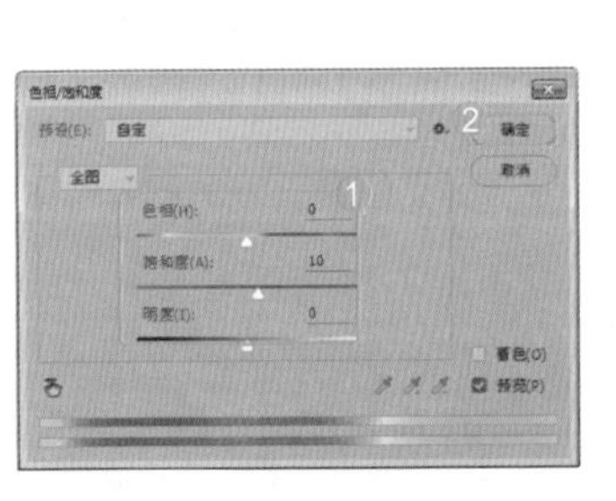

图 20-83

图 20-84

20.4 实战：制作冰雪字效果

素材文件	素材文件 \ 第 20 章 \20.4\ 冰雪背景 .jpg，雪人 .jpg
结果文件	结果文件 \ 第 20 章 \20.4.psd

案例分析

冰雪字给人纯洁、干净的视觉感受。本例通过【碎片】和【晶格化】滤镜创建冰雪字的边缘效果，结合图像旋转和【风】滤镜，得到冰雪融化的效果。通过【高斯模糊】【铬黄渐变】和【云彩】命令，得到冰雪字的纹理效果，最后添加冰雪背景和雪人素材，完成后的效果如图 20-85 所示。

图 20-85

案例制作

Step01 打开素材。执行【文件】→【新建】命令，在【新建】对话框中，❶ 设置【宽度】为 800 像素、【高度】为 500 像素，【分辨率】为 200 像素 / 英寸，❷ 单击【确定】按钮，如图 20-86 所示。

Step02 填充颜色。背景填充任意颜色，如图 20-87 所示。

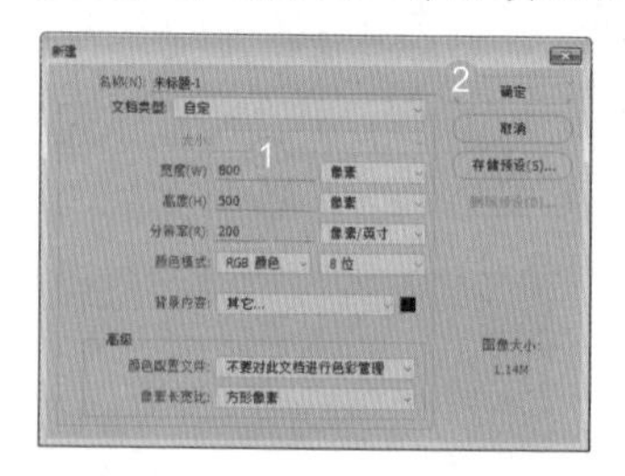

图 20-86

图 20-87

Step03 输入文字。使用【横排文字工具】T 输入文字“冰雪字”，在选项栏中，设置【字体】为方正胖头鱼简体、【字体大小】为 80 点，如图 20-88 所示。

Step04 栅格化文字。执行【图层】→【栅格化】→【文字】命令，栅格化文字，如图 20-89 所示。

图 20-88

图 20-89

Step05 新建通道。按【Ctrl】键，单击【冰雪字】图层缩略图，载入图层选区，如图 20-90 所示。在通道面板中，单击【创建新通道】按钮，新建一个【Alpha1】通道，如图 20-91 所示。

图 20-90

图 20-91

Step06 生成【Alpha 1 拷贝】通道。为【Alpha 1】通道填充白色，按【Ctrl+D】组合键取消选区，如图 20-92 所示。将【Alpha 1】通道拖动到【创建新通道】按钮上，生成【Alpha 1 拷贝】通道，如图 20-93 所示。

图 20-92

图 20-93

Step07 重复碎片文字。执行【滤镜】→【像素化】→【碎片】命令，效果如图 20-94 所示。按【Ctrl+F】组合键两次，重复碎片滤镜，效果如图 20-95 所示。

图 20-94

图 20-95

Step08 重复晶格化滤镜。执行【滤镜】→【像素化】→【晶格化】命令，打开【晶格化】对话框，❶ 设置【单元格大小】为 6，❷ 单击【确定】按钮，如图 20-96 所示。按【Ctrl+F】组合键两次，重复【晶格化】滤镜，效果如图 20-97 所示。

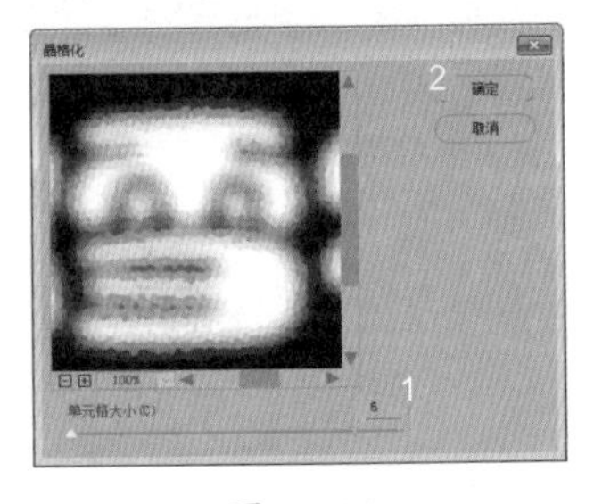

图 20-96

图 20-97

Step09 复制并粘贴图像。按【Ctrl+A】组合键全选图像，按【Ctrl+C】组合键复制图像，如图 20-98 所示。在【图层】面板中，新建【图层 1】图层，按【Ctrl+V】组合键粘贴图像，如图 20-99 所示。

图 20-98

图 20-99

Step10 调整色调。按【Ctrl+B】组合键，执行【色彩平衡】命令，打开【色彩平衡】对话框，❶ 设置【色阶】为（-36、0、100），❷ 单击【确定】按钮，如图 20-100 所示。色调调整效果如图 20-101 所示。

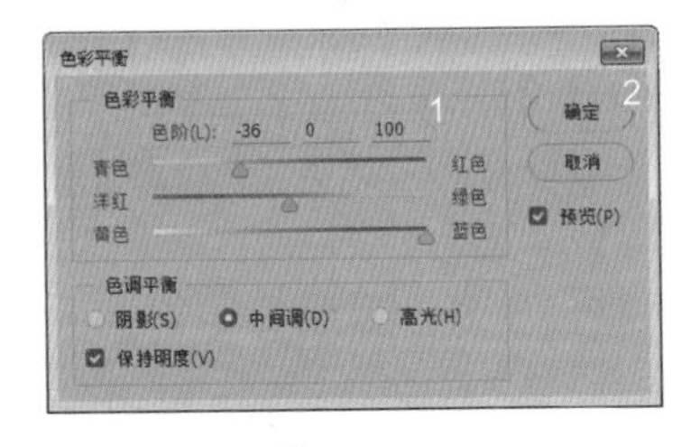

图 20-100

图 20-101

Step11 设置【风】。执行【图像】→【旋转画布】→【90 度（顺时针）】命令，将画布旋转，效果如图 20-102 所示。执行【滤镜】→【风格化】→【风】命令，打开【风】对话框，❶ 使用默认设置，❷ 单击【确定】按钮，如图 20-103 所示。

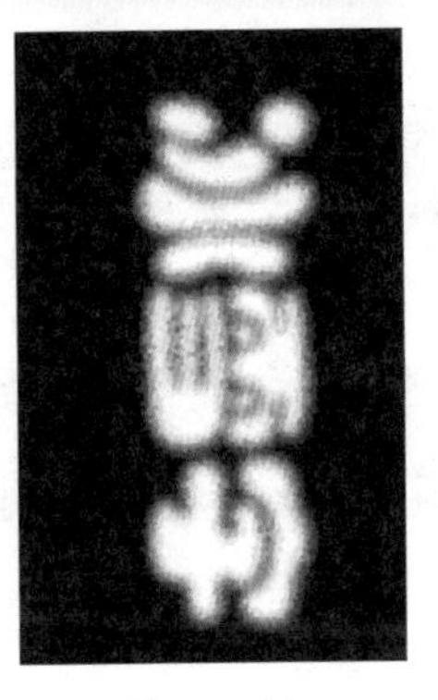

图 20-102

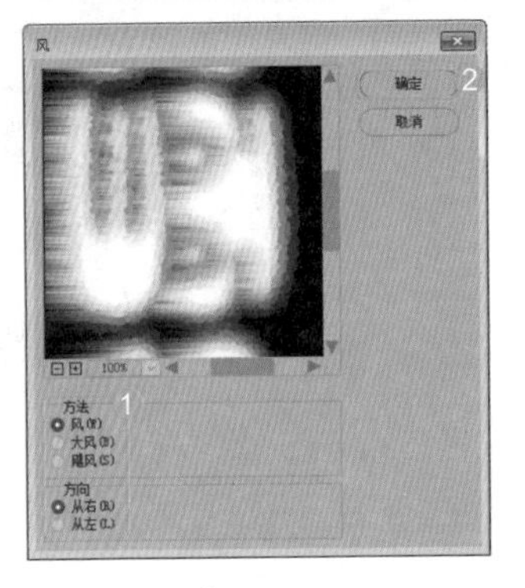

图 20-103

Step12 旋转画布。执行【图像】→【旋转画布】→【90 度（逆时针）】命令，效果如图 20-104 所示。

Step13 选择通道。在【通道】面板中，选择【Alpha1】通道，如图 20-105 所示。

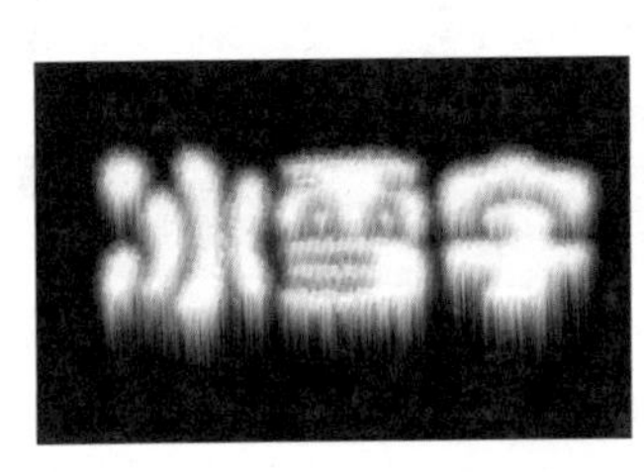

图 20-104

图 20-105

Step14 高斯模糊。执行【滤镜】→【模糊】→【高斯模糊】命令，打开【高斯模糊】对话框，❶ 设置【半径】为 8 像素，❷ 单击【确定】按钮，如图 20-106 所示。

Step15 调整【色阶】。按【Ctrl+L】快捷键，执行【色阶】命令，打开【色阶】对话框，❶ 设置【输入色阶】为（0、0.15、75），❷ 单击【确定】按钮，如图 20-107 所示。

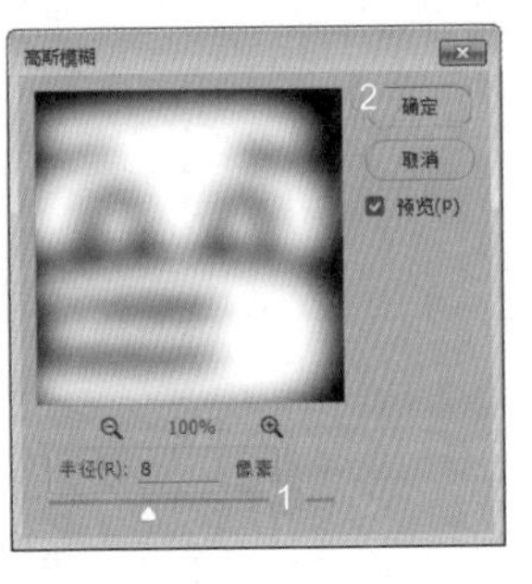

图 20-106

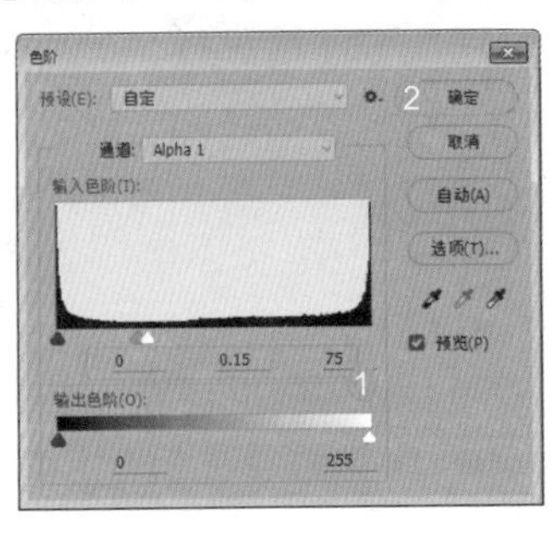

图 20-107

Step16 载入通道选区。按住【Ctrl】组合键，单击【Alpha 1】通道缩览图，如图 20-108 所示。载入通道选区，如图 20-109 所示。

图 20-108

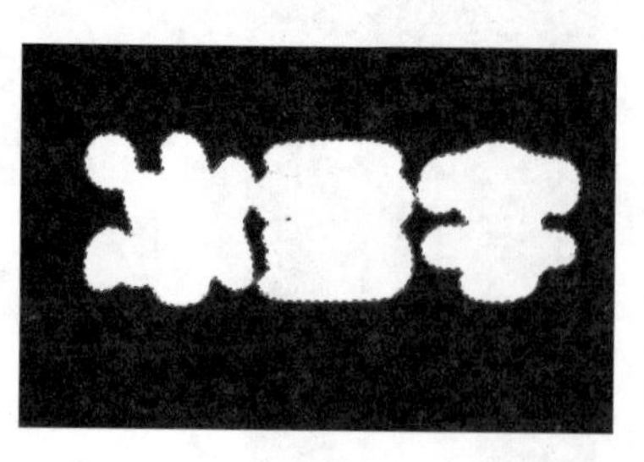

图 20-109

Step17 添加【云彩】。新建【图层 2】图层，如图 20-110 所示。将前景色设置为白色，背景色设置为黑色，执行【滤镜】→【渲染】→【云彩】命令，效果如图 20-111 所示。

图 20-110

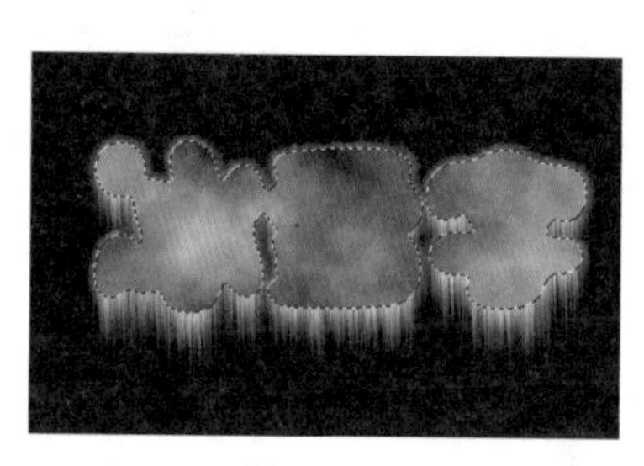

图 20-111

Step18 添加【铬黄渐变】。执行【滤镜】→【素描】→【铬黄渐变】命令，打开【铬黄渐变】对话框，❶ 设置【细节】为 3、【平滑度】为 3，❷ 单击【确定】按钮，如图 20-112 所示。按【Ctrl+D】组合键，取消选区。

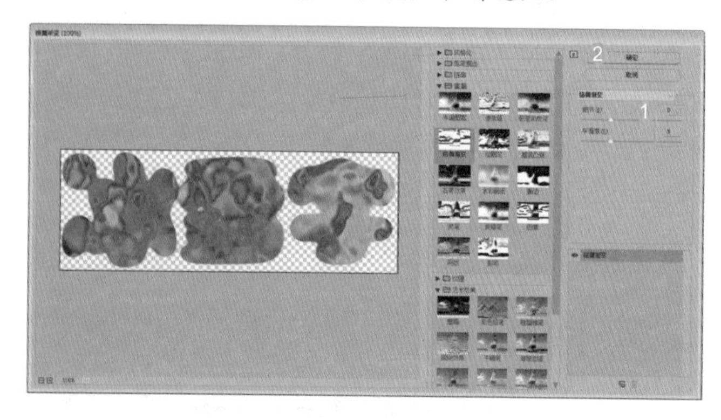

图 20-112

Step19 添加【内发光】。在【图层样式】对话框中，❶ 选中【内发光】复选框，❷ 设置【混合模式】为滤色，发光颜色为蓝色【#50aff1】、【不透明度】为 86%、【阻塞】为 25%、【大小】为 24 像素、【范围】为 50%、【抖动】为 0%，如图 20-113 所示。内发光效果如图 20-114 所示。

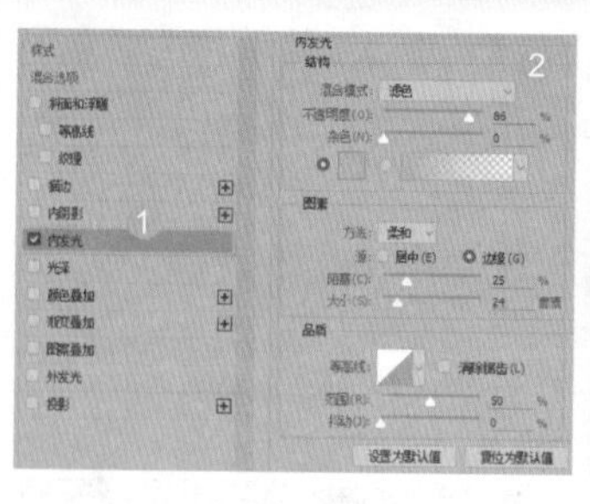

图 20-113

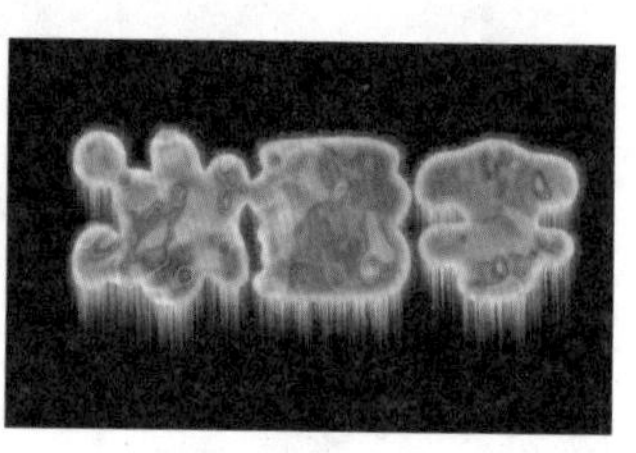

图 20-114

Step20 调整图像。设置图层【混合模式】为叠加，图层【不透明度】为 80%，如图 20-115 所示。图像效果如图 20-116 所示。

图 20-115

图 20-116

Step21 添加素材。打开“素材文件 \ 第 20 章 \20.4\ 冰雪背景 .jpg”文件，将其拖动到当前图像中，并调整大小，如图 20-117 所示。

图 20-117

Step22 更改图层混合模式。更改图层【混合模式】为变亮，如图 20-118 所示。最终效果如图 20-119 所示。

图 20-118

图 20-119

Step 23 添加素材。打开“素材文件 \ 第 20 章 \20.4\ 雪人 jpg”文件，选中主体对象，如图 20-120 所示，将图像复制粘贴到当前图像中，调整其大小和位置，效果如图 20-121 所示。

图 20-120

图 20-121

本章小结

本章主要介绍了特效字的制作，包括五彩玻璃裂纹字、翡翠文字、透射文字和冰雪字。特效字应用广泛，字体效果丰富生动，各种字体效果都可通过 Photoshop CC 的图层样式和色彩调整制作出来。本章旨在引导读者理解和掌握特效字的构思方式和处理技巧，拓展读者思路，制作出更加富有创造力的特效字。

第21章 实战：图像特效与创意合成

- 制作万花筒特效
- 制作魅惑人物特效
- 合成虎豹脸
- 合成幽暗森林小屋

特效与合成能带给人特殊的视觉体验，给人一种神秘感，但它的制作过程也并非看上去那么复杂，因为在 Photoshop CC 中可以轻松打造它。

21.1 实战：制作万花筒特效

素材文件	素材文件 \ 第 21 章 \21.1\ 人物 .jpg
结果文件	结果文件 \ 第 21 章 \21.1a.psd，21.1b.psd，21.1c.psd

案例分析

万花筒是一种光学玩具，将有鲜艳颜色的实物放于圆筒的一端，圆筒中间放置三棱镜，另一端用开孔的玻璃密封，在孔中即可观看到对称的美丽图像。本例通过图层操作和图像变换（如旋转、对称变换），模拟万花筒的成像原理，效果对比如图 21-1 所示。

原图

效果图

图 21-1

案例制作

Step01 打开素材并裁剪局部图像。打开“素材文件 \ 第 21 章 \21.1 人物 .jpg”文件，选择【裁剪工具】，在图像中拖动鼠标，裁剪局部图像，如图 21-2 所示。

Step02 查看图像大小。按【Enter】键确认裁剪后，效果如图 21-3 所示。执行【图像】→【图像大小】命令，在【图像大小】对话框中记录参数值，如图 21-4 所示。

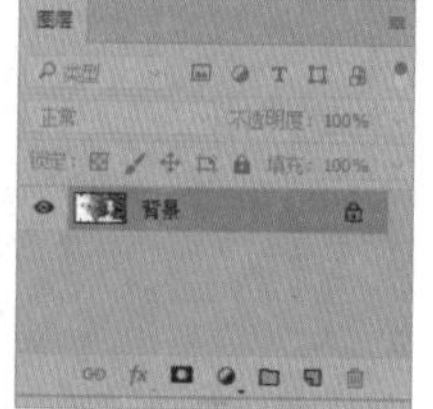

图 21-2

图 21-3

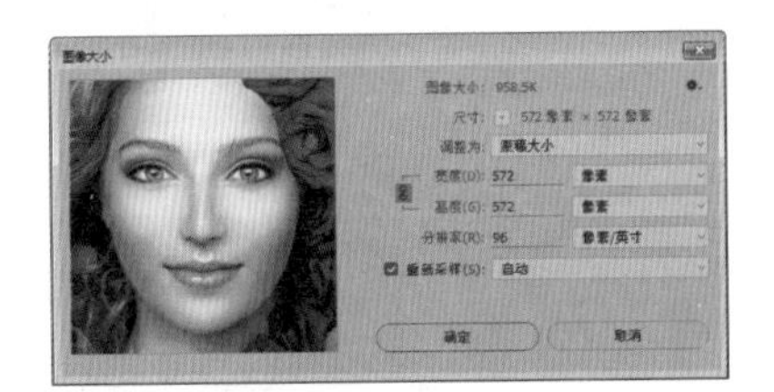

图 21-4

Step03 新建文件。执行【文件】→【新建】命令，在【新建】对话框中，❶设置前面记录的参数值（【宽度】和【高度】均为 572 像素，【分辨率】为 96 像素 / 英寸），设置【背景内容】为透明，❷单击【确定】按钮，如图 21-5 所示，效果如图 21-6 所示。

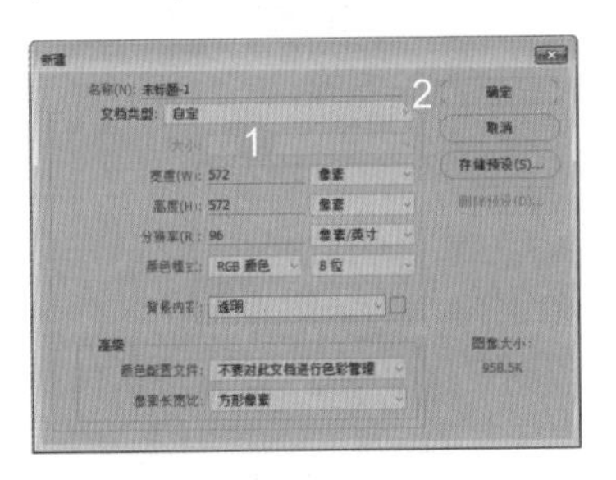

图 21-5

图 21-6

Step04 选择【复制图层】命令。返回人物图像中，右击图层，在打开的快捷菜单中，选择【复制图层】命令，如图 21-7 所示。

Step05 复制图层。在【复制图层】对话框中，❶设置【文档】为【未标题 -1】，❷单击【确定】按钮，如图 21-8 所示。

图 21-7

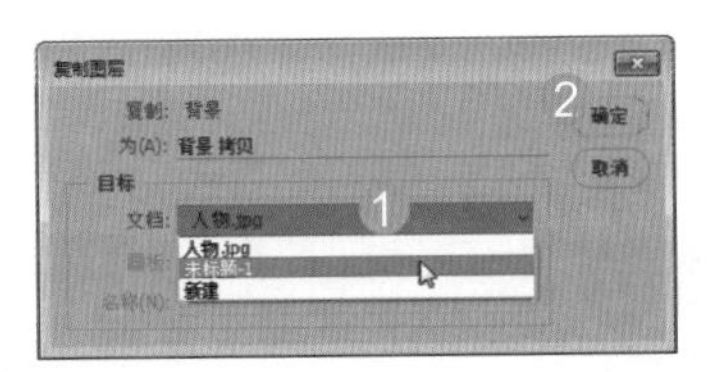

图 21-8

Step06 旋转图像。切换到【未标题 -1】文件中，执行【图像】→【图像旋转】→【任意角度】命令，在打开的【旋转画布】对话框中，❶设置【角度】为 −30 度（逆时针），❷单击【确定】按钮，如图 21-9 所示。图像旋转效果如图 21-10 所示。

图 21-9

图 21-10

Step07 删除部分图像。选择【矩形选框工具】，拖动鼠标创建选区，如图 21-11 所示。按【Delete】键删除选区，如图 21-12 所示。

图 21-11

图 21-12

Step08 旋转图像。再次执行【图像】→【图像旋转】→【任意角度】命令，在打开的【旋转画布】对话框中，❶设置【角度】为 60 度（逆时针），❷单击【确定】按钮，如图 21-13 所示。图像旋转效果如图 21-14 所示。

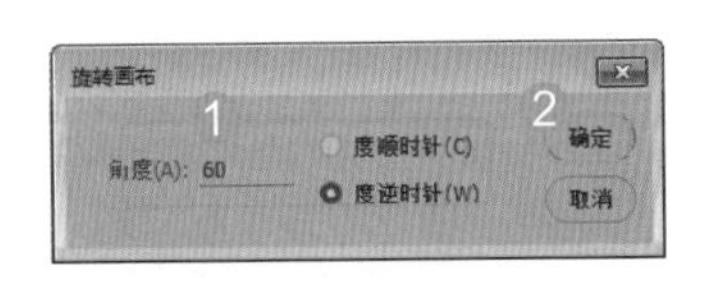

图 21-13

图 21-14

Step09 删除部分图像。拖动【矩形选框工具】创建选区，如图 21-15 所示。按【Delete】键删除选区，如图 21-16 所示。

图 21-15

图 21-16

Step10 裁切图像。执行【图像】→【裁切】命令，打开【裁切】对话框，❶ 设置【基于】为透明像素，❷ 单击【确定】按钮，如图 21-17 所示。通过前面的操作，裁切图像的透明区域，效果如图 21-18 所示。

Step11 保存文件。按【Ctrl+S】组合键，执行【保存】命令，在弹出的【另存为】对话框中，❶ 设置保存路径和文件名，❷ 单击【保存】按钮，如图 21-19 所示。

图 21-17

图 21-18

图 21-19

Step12 查看图像大小。执行【图像】→【图像大小】命令，在【图像大小】对话框中记录参数值，如图 21-20 所示。

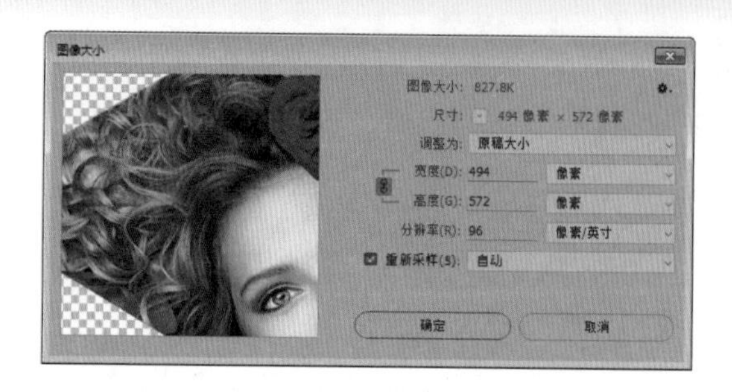

图 21-20

Step13 新建文件。执行【文件】→【新建】命令，在【新建】对话框中，❶ 设置【宽度】为 988 像素、【高度】为 1144 像素、【分辨率】为 96 像素 / 英寸、【背景内容】为透明，❷ 单击【确定】按钮，如图 21-21 所示。

Step14 选择【复制图层】命令。返回前面制作的三角形图像中，右击图层，在打开的快捷菜单中，选择【复制图层】命令，如图 21-22 所示。

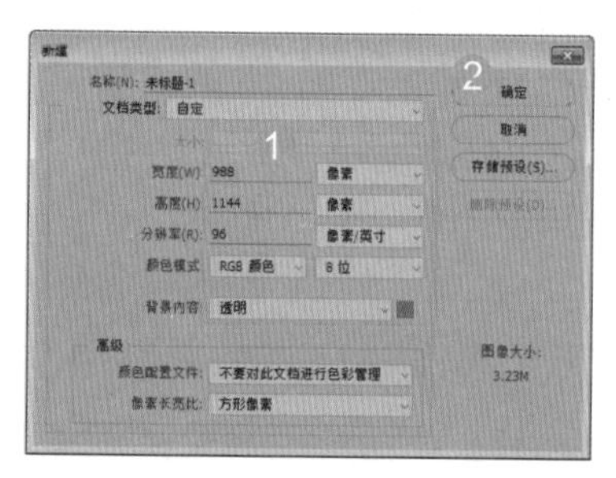

图 21-21

图 21-22

Step15 复制图层。在【复制图层】对话框中，❶ 设置【文档】为【未标题 -1】，❷ 单击【确定】按钮，如图 21-23 所示。

Step16 图像效果。切换回“未标题 -1”文件中，图像效果如图 21-24 所示。

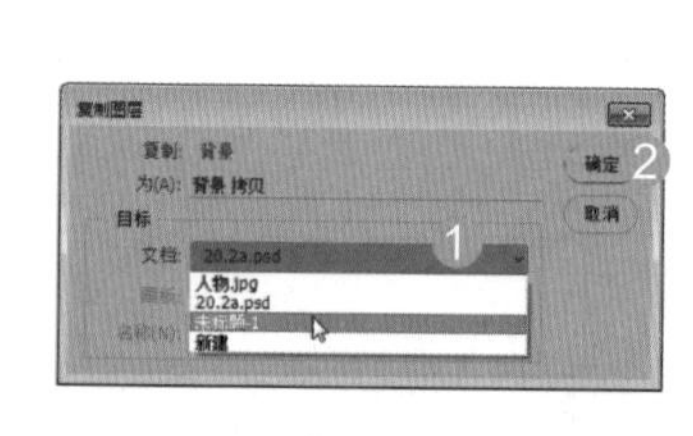

图 21-23

图 21-24

Step17 自由变换。按【Ctrl+J】组合键复制图层，命名为【右上】，如图 21-25 所示。按【Ctrl+T】组合键，执行自由变换操作，移动变换中心点到右中部，如图 21-26 所示。

图 21-25

图 21-26

Step18 水平翻转。执行【编辑】→【变换】→【水平翻转】命令，效果如图 21-27 所示，按【Enter】键确认操作。

Step19 复制图层。按【Ctrl+J】组合键复制图层，命名为【右中】，如图 21-28 所示。

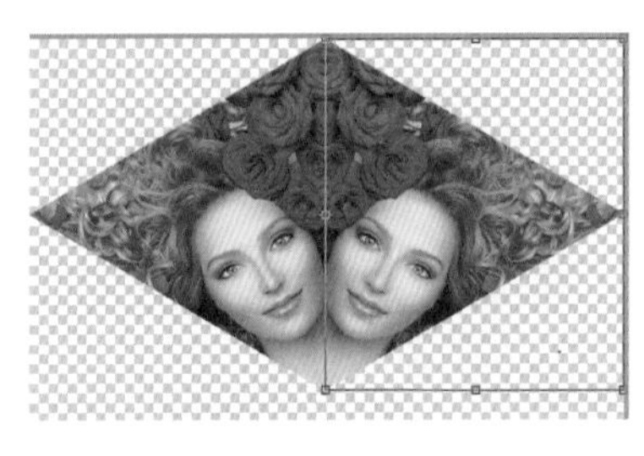

图 21-27

图 21-28

Step20 自由变换。按【Ctrl+T】组合键，执行自由变换操作，移动变换中心点到左下部，如图 21-29 所示。

Step21 设置【旋转角度】。在选项栏中，设置【旋转角度】为 60 度，如图 21-30 所示，按【Enter】键确认操作。

图 21-29

图 21-30

Step22 复制图层。按【Ctrl+J】组合键复制图层，命名为【左中】，如图 21-31 所示。

Step23 自由变换。按【Ctrl+T】组合键，执行自由变换操作，移动变换中心点到左中部，如图 21-32 所示。

图 21-31

图 21-32

Step24 复制图层。执行【编辑】→【变换】→【水平翻转】命令，效果如图 21-33 所示。按【Enter】键确认操作。按【Ctrl+J】组合键复制图层，命名为【左下】，如图 21-34 所示。

图 21-33

图 21-34

Step25 自由变换。按【Ctrl+T】组合键，执行自由变换操作，移动变换中心点到右中部，如图 21-35 所示。

Step26 设置【旋转角度】。在选项栏中，设置【旋转角度】为 -60 度，如图 21-36 所示，按【Enter】键确认操作。

图 21-35

图 21-36

Step27 复制图层。按【Ctrl+J】组合键复制图层，命名为【右下】，如图 21-37 所示。

Step28 自由变换。按【Ctrl+T】组合键，执行自由变换操作，移动变换中心点到右中部，如图 21-38 所示。

图 21-37

图 21-38

Step29 水平翻转。执行【编辑】→【变换】→【水平翻转】命令，效果如图 21-39 所示。

Step30 保存文件。按【Ctrl+S】组合键，执行【保存】命令，在弹出的【另存为】对话框中，❶ 设置保存路径和文件名，❷ 单击【保存】按钮，如图 21-40 所示。

图 21-39

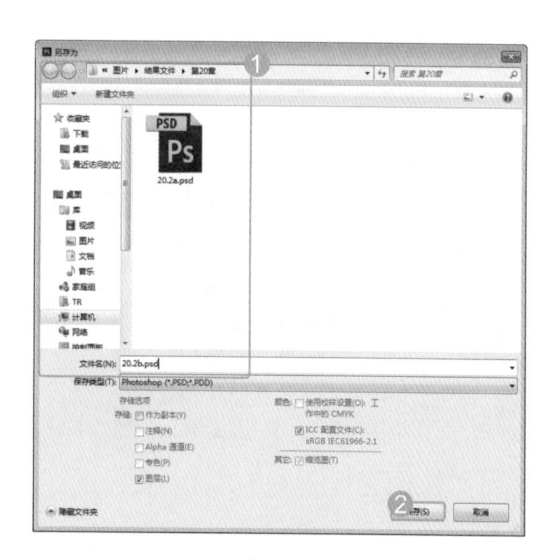

图 21-40

Step31 查看图像大小。按【Ctrl+A】组合键全选图像，按【Shift+Ctrl+C】组合键，合并复制图像，执行【图像】→【图像大小】命令，在【图像大小】对话框中记录参数值，如图 21-41 所示。

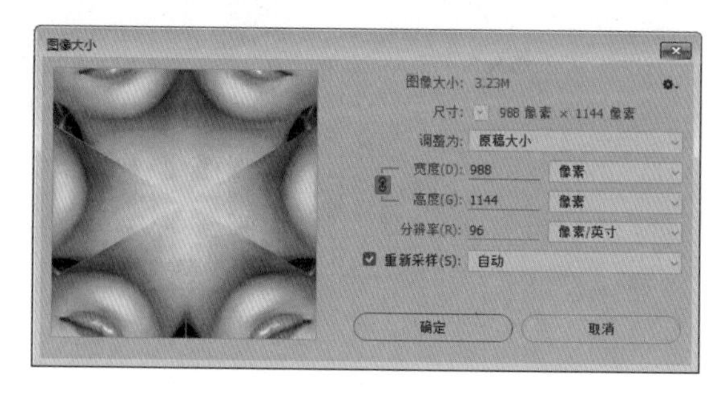

图 21-41

Step32 新建文件。执行【文件】→【新建】命令，在【新建】对话框中，❶ 设置【宽度】为 2964 像素、【高度】为 3432 像素、【分辨率】为 96 像素 / 英寸、【背景内容】为透明，❷ 单击【确定】按钮，如图 21-42 所示。

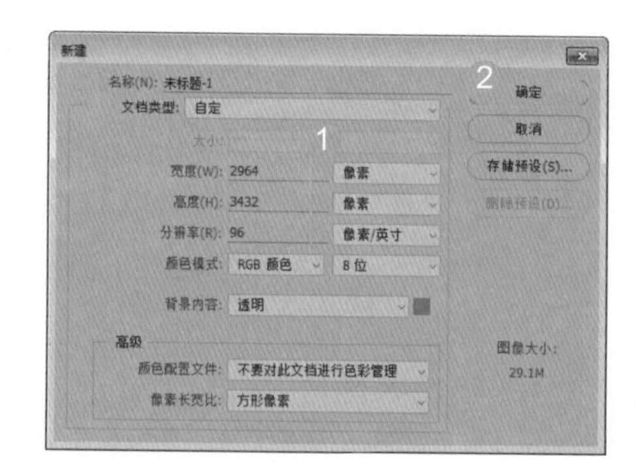

图 21-42

Step33 原位粘贴。执行【编辑】→【选择性粘贴】→【原位粘贴】命令，效果如图 21-43 所示。

Step34 复制图层。执行【视图】→【对齐】命令，启用智能参考线，按住【Alt】键拖动复制图层，如图 21-44 所示。

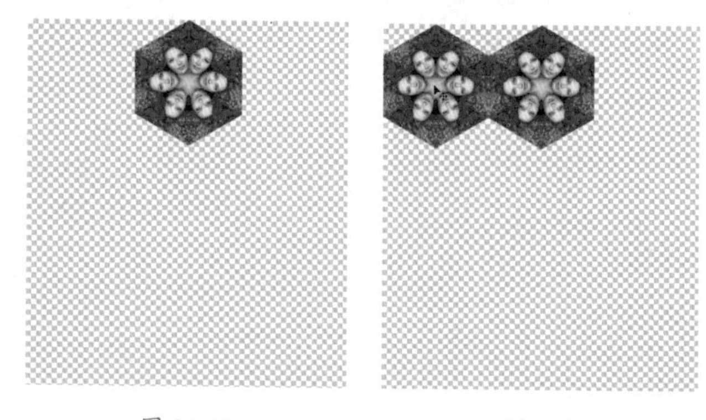

图 21-43　　图 21-44

Step35 继续复制图层。继续按住【Alt】键拖动复制图层，如图 21-45 所示。同时选中 3 个图层，如图 21-46 所示。

图 21-45

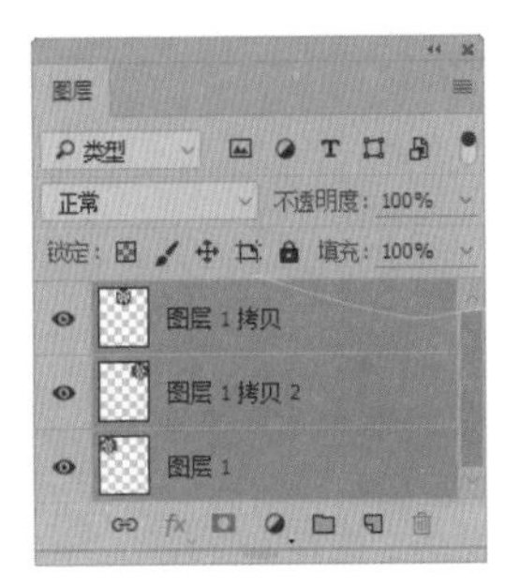

图 21-46

Step36 复制图层。按住【Alt】键，向下方拖动复制图层，如图 21-47 所示。

Step37 继续复制图层。使用相同的方法，继续复制图层，直到铺满整个图像，如图 21-48 所示。

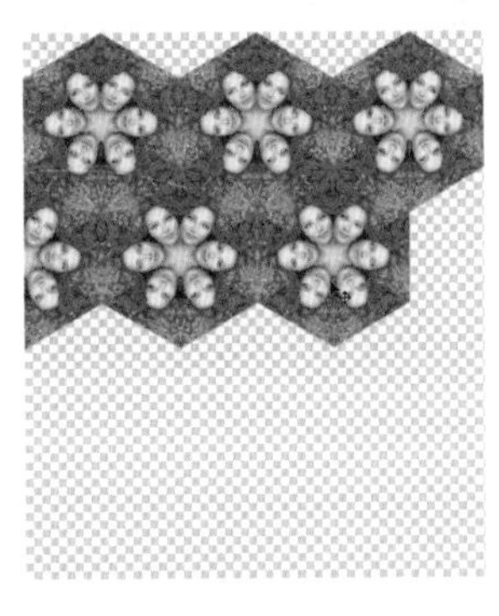

图 21-47

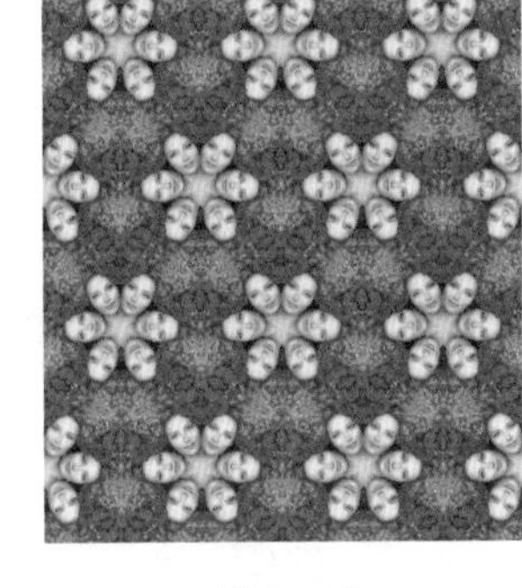

图 21-48

21.2 实战：制作魅惑人物特效

素材文件	素材文件 \ 第 21 章 \21.2\ 魅惑 .jpg
结果文件	结果文件 \ 第 21 章 \21.2..psd

案例分析

魅惑人物是带有神秘色彩的图像特效。本例通过【渐变工具】创建图像的魅惑色调，通过【凸出】命令创建画面的神秘背景，通过【动感模糊】和【高斯模糊】滤镜创建画面的朦胧动感，效果对比如图 21-49 所示。

图 21-49

案例制作

Step01 新建图层。打开"素材文件 \ 第 21 章 \21.21 魅惑 .jpg"文件，如图 21-50 所示。新建【图层 1】图层，如图 21-51 所示。

Step02 选择色谱渐变。选择【渐变工具】，在选项栏中，❶ 单击渐变色条右侧的按钮，❷ 在打开的下拉列表框中，选择【色谱】选项，❸ 单击【角度渐变】按钮，如图 21-52 所示。

图 21-50

图 21-51

Step03 填充渐变色。从中部往右下方拖动鼠标，填充渐变色，如图 21-53 所示。

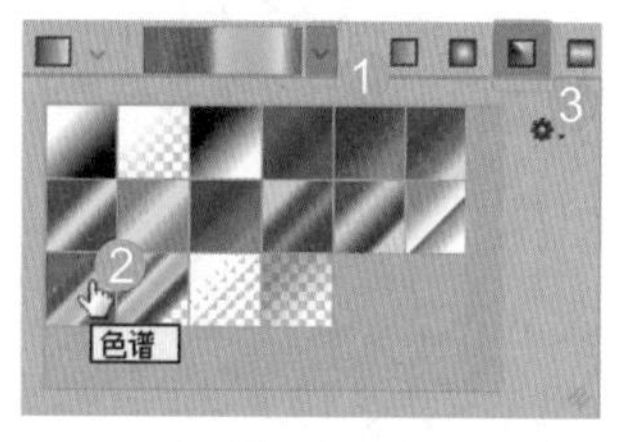

图 21-52

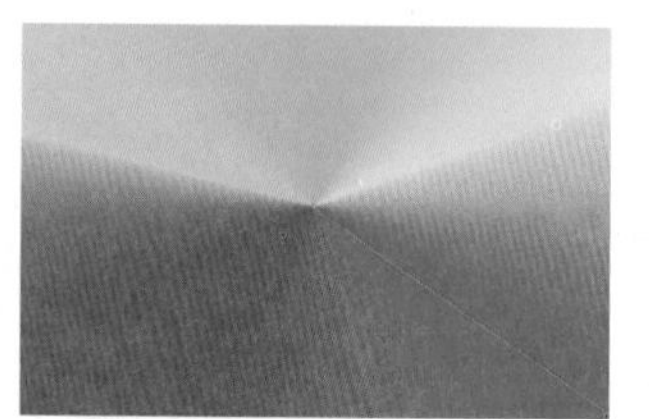
图 21-53

Step04 更改图层混合模式。更改图层【混合模式】为叠加，如图 21-54 所示，效果如图 21-55 所示。

图 21-54

图 21-55

Step05 动感模糊。执行【滤镜】→【模糊】→【动感模糊】命令，打开【动感模糊】对话框，❶ 设置【角度】为 47 度、【距离】为 400 像素，❷ 单击【确定】按钮，如图 21-56 所示，效果如图 21-57 所示。

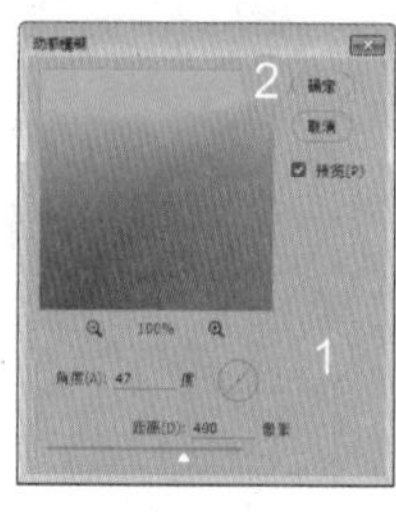
图 21-56

图 21-57

Step06 设置【凸出】参数。执行【滤镜】→【风格化】→【凸出】命令，打开【凸出】对话框，❶ 设置【类型】为块，【大小】和【深度】均为 40 像素，❷ 单击【确定】按钮，如图 21-58 所示，效果如图 21-59 所示。

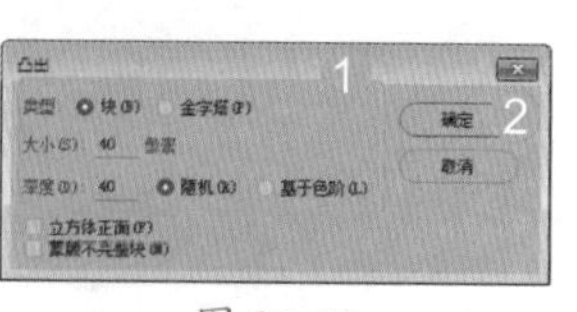
图 21-58

图 21-59

Step07 复制背景图层。按【Ctrl+J】组合键复制背景图层，如图 21-60 所示，将其移动到面板最上方，如图 21-61 所示。

图 21-60

图 21-61

Step08 动感模糊。执行【滤镜】→【模糊】→【动感模糊】命令，打开【动感模糊】对话框，❶ 设置【角度】为 47 度、【距离】为 150 像素，❷ 单击【确定】按钮，如图 21-62 所示，效果如图 21-63 所示。

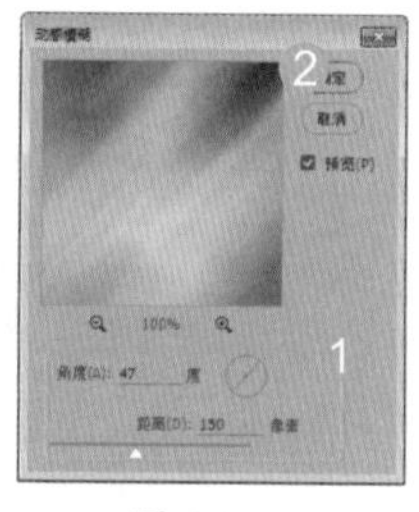
图 21-62

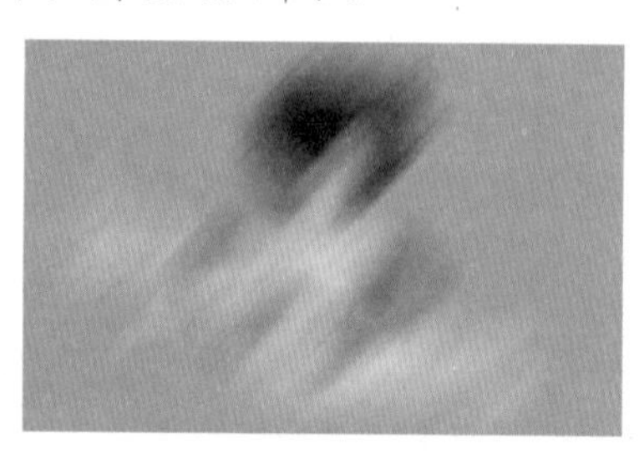
图 21-63

Step09 设置【马赛克】。执行【滤镜】→【像素化】→【马赛克】命令，打开【马赛克】对话框，❶ 设置【单元格大小】为 50 方形，❷ 单击【确定】按钮，如图 21-64 所示，效果如图 21-65 所示。

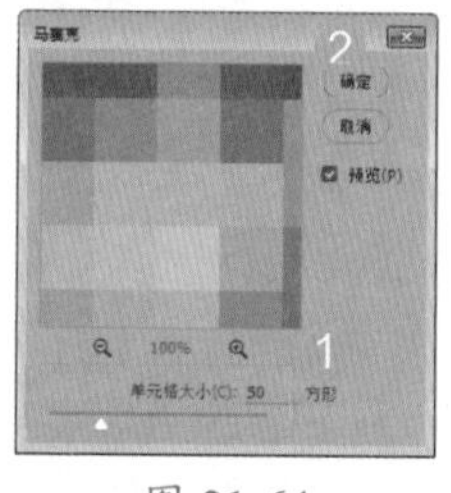
图 21-64

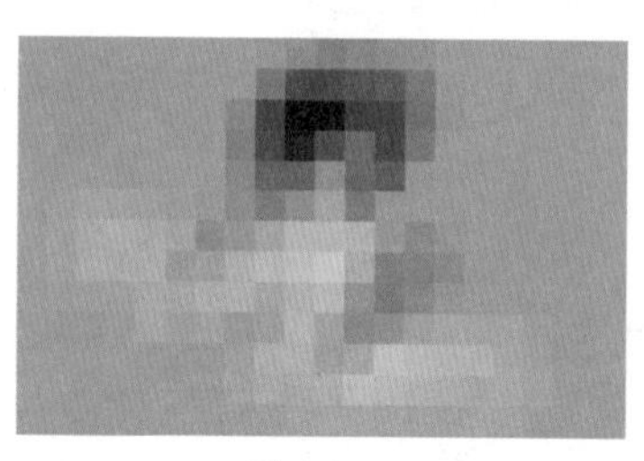
图 21-65

Step10 设置【墨水轮廓】。执行【滤镜】→【画笔描边】→【墨水轮廓】命令，❶ 打开【墨水轮廓】对话框，设置

【描边长度】为 4、【深色强度】为 20、【光照强度】为 10，② 单击【确定】按钮，效果如图 21-66 所示。

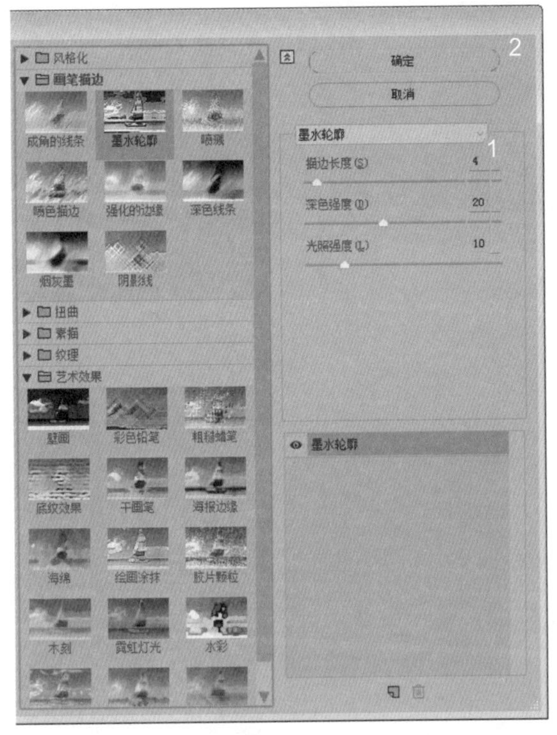

图 21-66

Step 11 显示出人物。为图层添加图层蒙版，使用黑色【画笔工具】 在人物位置涂抹，显示出人物，如图 21-67 所示。

图 21-67

Step 12 更改图层混合模式。更改图层【混合模式】为线性加深，如图 21-68 所示。最终效果如图 21-69 所示。

图 21-68

图 21-69

Step 13 高斯模糊。按【Alt+Shift+Ctrl+E】组合键盖印图层，如图 21-70 所示。执行【滤镜】→【模糊】→【高斯模糊】命令，打开【高斯模糊】对话框，① 设置【半径】为 5 像素，② 单击【确定】按钮，如图 21-71 所示。

图 21-70

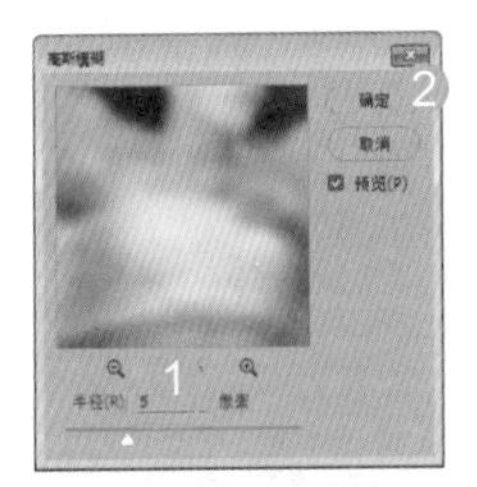

图 21-71

Step 14 更改图层混合模式。更改图层【混合模式】为柔光，如图 21-72 所示。最终效果如图 21-73 所示。

图 21-72

图 21-73

21.3 实战：合成虎豹脸

素材文件	素材文件\第 21 章\21.3\男士 .jpg，虎 .jpg，豹 .jpg
结果文件	结果文件 \ 第 21/ 章 \21.3.psd

案例分析

本案例为合成虎豹脸。首先结合【磁性套索工具】和【调整边缘】命令得到精致的脸部轮廓；然后通过【高斯模糊】和【置换】命令得到稍微朦胧的脸部纹理，再通过【变形】命令得到脸部曲面效果；最后通过【曝光度】和【色相 / 饱和度】命令调整图层，得到统一的图像亮度和色调，效果对比如图 21-74 所示。

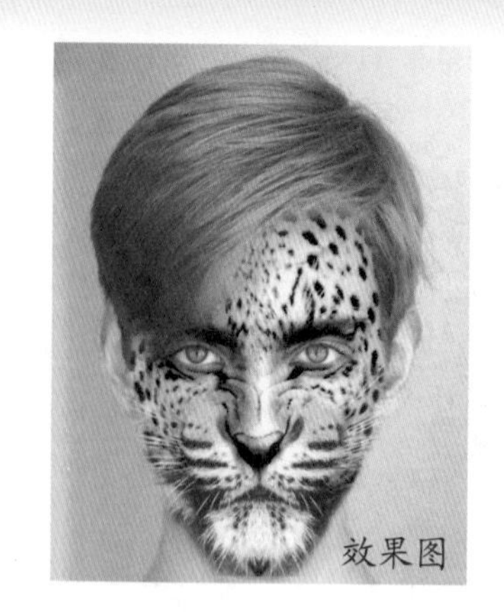

图 21-74

案例制作

Step01 打开素材。打开“素材文件\第 21 章\21.3\男士.jpg”文件，如图 21-75 所示。

图 21-75

Step02 选中人物脸部图像。沿着人物面部拖动【磁性套索工具】，如图 21-76 所示。释放鼠标后，选中人物脸部图像，效果如图 21-77 所示。

图 21-76

图 21-77

Step03 设置参数。执行【选择】→【选择并遮住】命令，或者单击选项栏的【选择并遮住】按钮，在【属性】面板中，❶ 设置【半径】为 7 像素，❷ 设置【输出到】为选区，如图 21-78 所示，效果如图 21-79 所示。

图 21-78

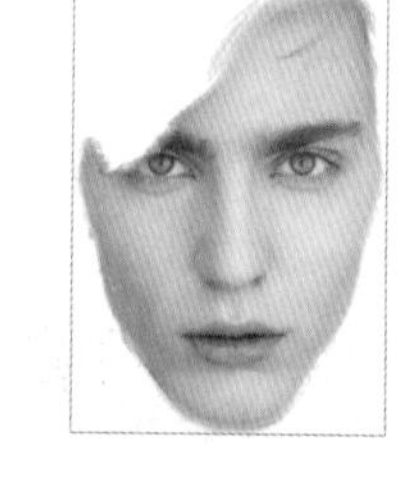

图 21-79

Step04 平滑额头。使用【调整边缘画笔工具】，在人物额头处进行涂抹，如图 21-80 所示。释放鼠标后，额头位置变得平滑，如图 21-81 所示。

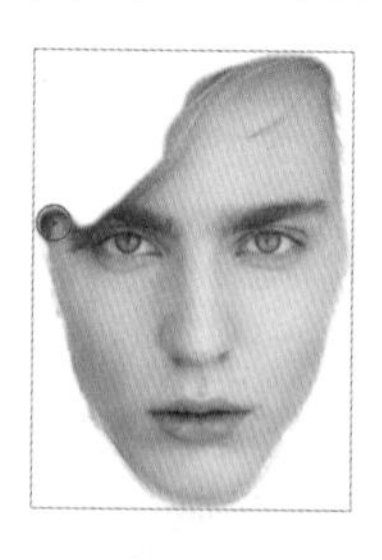

图 21-80

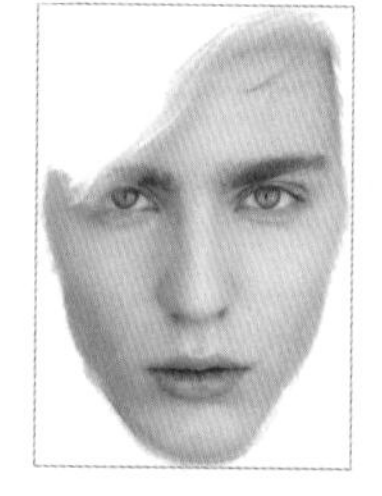

图 21-81

Step05 存储选区。在【属性】面板中，单击【确定】按钮后，得到细调后的选区，如图 21-82 所示。执行【选择】→【存储选区】命令，打开【存储选区】对话框，❶ 设置【名称】

为脸，② 单击【确定】按钮，如图 21-83 所示。按【Ctrl+D】组合键取消选区。

图 21-82

图 21-83

Step06 复制图层。执行【图层】→【复制图层】命令，在【目标】选项区域中，① 设置【文档】为新建、【名称】为置换，② 单击【确定】按钮，如图 21-84 所示。

Step07 新建置换文档。通过前面的操作，在窗口中新建置换文档，如图 21-85 所示。

图 21-84

图 21-85

Step08 高斯模糊。执行【滤镜】→【模糊】→【高斯模糊】命令，打开【高斯模糊】对话框，① 设置【半径】为 5 像素，② 单击【确定】按钮，如图 21-86 所示。图像效果如图 21-87 所示。

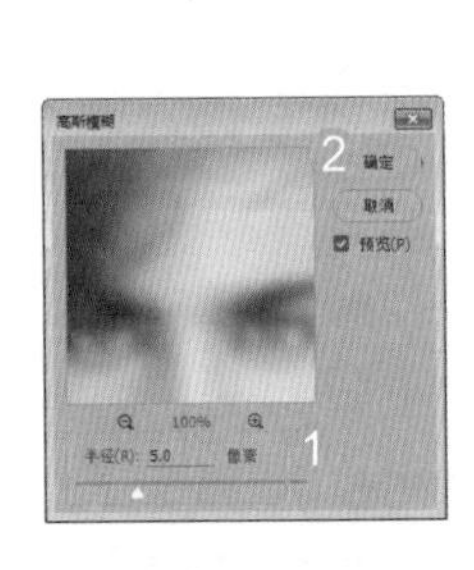

图 21-86

图 21-87

Step09 保存文件。按【Ctrl+S】组合键，将文件保存为 PSD 格式，并命名为【置换】，如图 21-88 所示。

Step10 打开素材。打开“素材文件\第 21 章\21.3\豹.jpg”文件，如图 21-89 所示。

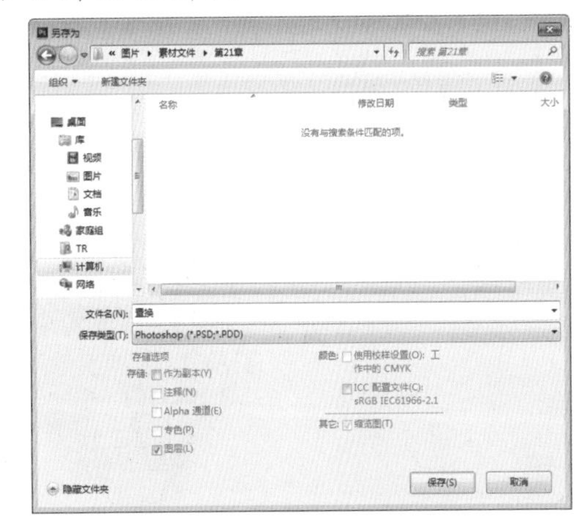

图 21-88

图 21-89

Step11 生成脸部选区。使用【套索工具】在豹的脸部拖动鼠标，如图 21-90 所示。释放鼠标后，生成脸部选区，如图 21-91 所示。

图 21-90

图 21-91

Step12 单击【选择并遮住】按钮。执行【选择】→【选择并遮住】命令，或者单击选项栏的【选择并遮住】按钮，在【属性】面板中，选中【智能半径】复选框，设置【半径】为 250 像素、【羽化】为 10 像素，设置【输出到】为【新建图层】，如图 21-92 所示。图像效果如图 21-93 所示。

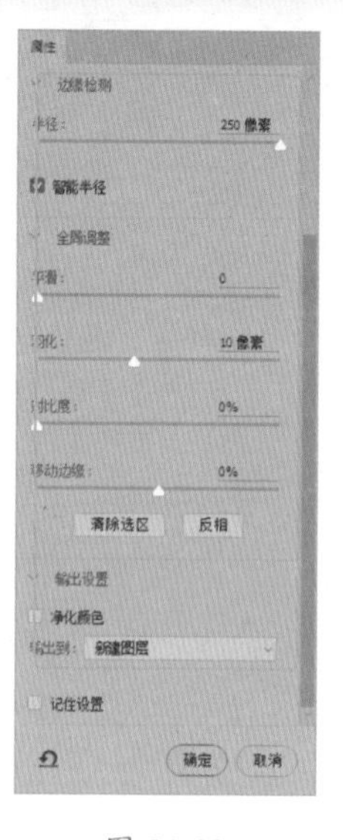

图 21-92

图 21-93

Step13 复制图像。在【属性】面板中，单击【确定】按钮，将选中的图像复制到新图层中，如图 21-94 所示。

图 21-94

Step14 缩小图像。将豹脸拖动到人物图像中，如图 21-95 所示。按【Ctrl+T】组合键，执行自由变换操作，适当缩小图像，如图 21-96 所示。

图 21-95

图 21-96

Step15 更改【图层 1】不透明度。更改【图层 1】图层的【不透明度】为 50%，如图 21-97 所示。图像效果如图 21-98 所示。

图 21-97

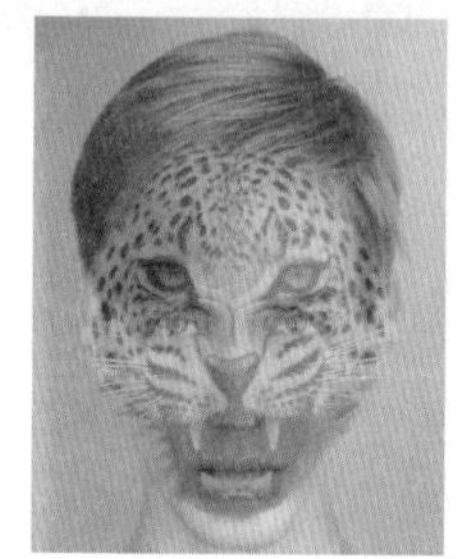

图 21-98

Step16 调整人物脸部轮廓。按【Ctrl+T】组合键，执行自由变换操作，将豹的面部与人物的面部重合，如图 21-99 所示。执行【编辑】→【变换】→【变形】命令，拖动控制点调整人物脸部轮廓，如图 21-100 所示。

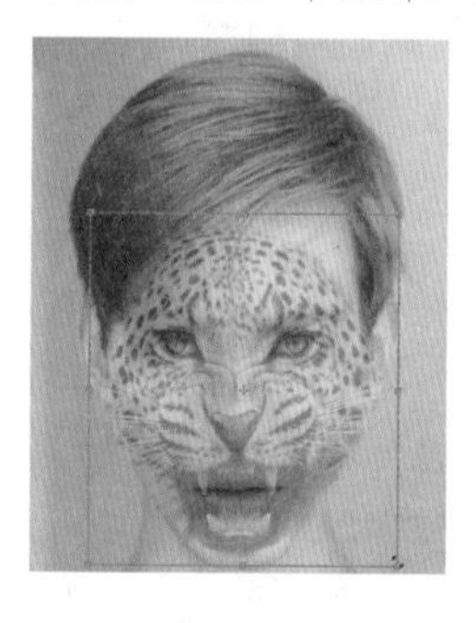

图 21-99

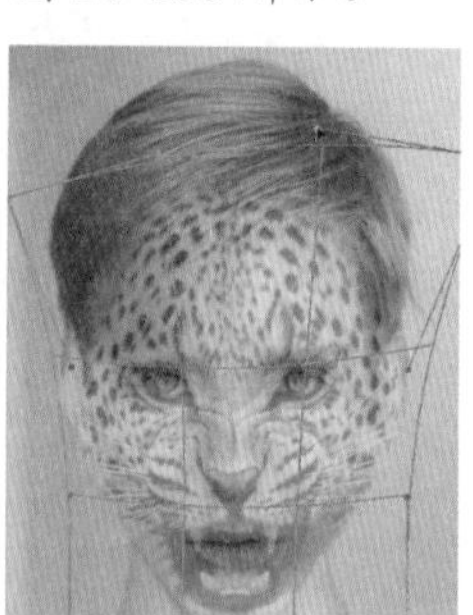

图 21-100

Step17 复制图层。将【图层 1】图层拖动到【创建新图层】按钮上，如图 21-101 所示。释放鼠标后，生成【图层 1 拷贝】图层，如图 21-102 所示。隐藏下方图层，如图 21-103 所示。更改【图层 1】和【图层 1 拷贝】图层的【不透明度】为 100%。

图 21-101

图 21-102

图 21-103

Step18 置换。执行【滤镜】→【扭曲】→【置换】命令，打开【置换】对话框，① 设置【水平比例】和【垂直比例】均为 5，选中【伸展以适合】和【重复边缘像素】单选按钮，② 单击【确定】按钮，如图 21-104 所示。

Step19 选取置换图。在【选取一个置换图】对话框中，

❶ 选择存储的 PSD 文件，❷ 单击【打开】按钮，如图 21-105 所示。

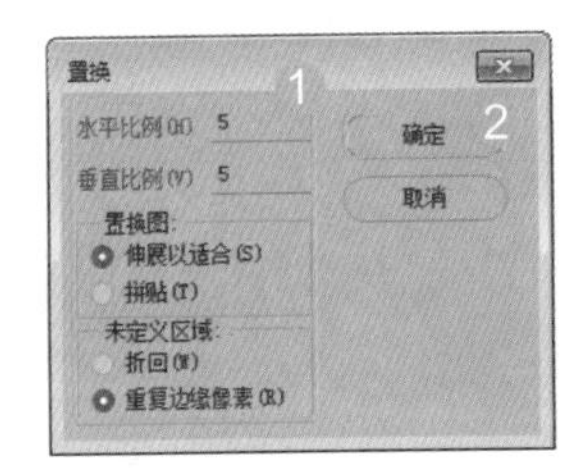

图 21-104

图 21-105

Step20 载入通道选区。通过前面的操作完成图像置换，在【通道】面板中，按住【Ctrl】键单击【脸】通道，如图 21-106 所示。载入通道选区，如图 21-107 所示。

图 21-106

图 21-107

Step21 添加图层蒙版。在【图层】面板中，单击【添加图层蒙版】按钮 ，如图 21-108 所示。图像效果如图 21-109 所示。

Step22 设置画笔参数。设置前景色为黑色，选择【画笔工具】 ，在画笔选取器中，设置【大小】为 30 像素、【硬度】为 0%，如图 21-110 所示。

图 21-108

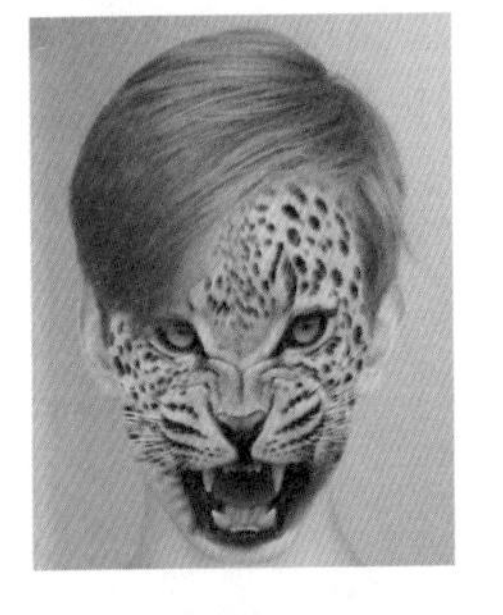

图 21-109

Step23 显示出眼睛。在人物的眼睛位置涂抹，显示出眼睛，如图 21-111 所示。

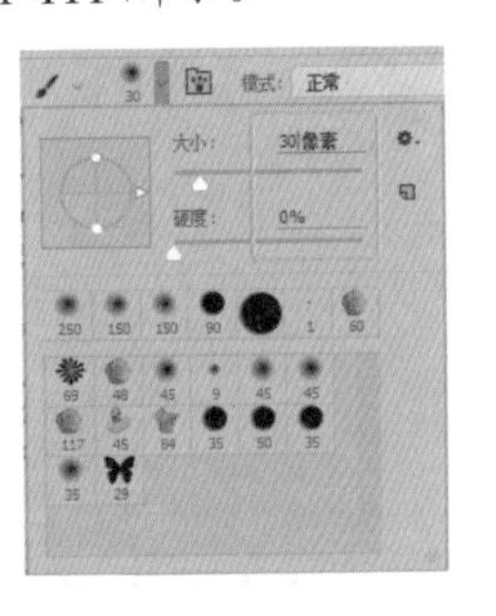

图 21-110

图 21-111

Step24 移动图层。显示并选择【图层 1】图层，如图 21-112 所示，将其移动到面板最上方，如图 21-113 所示。

图 21-112

图 21-113

Step25 添加图层蒙版。选择【图层 1】图层，添加图层蒙版，如图 21-114 所示。按【Ctrl+I】组合键反向蒙版颜色，如图 21-115 所示。

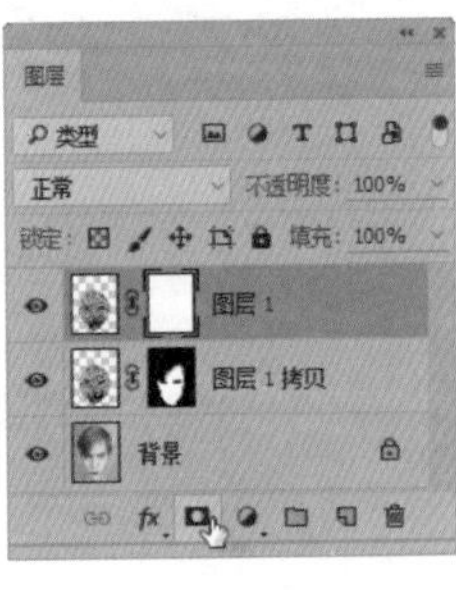

图 21-114

图 21-115

Step 26 使脸部更加饱满。使用白色【画笔工具】 在人物脸部边缘涂抹，使脸部更加饱满，如图 21-116 所示。

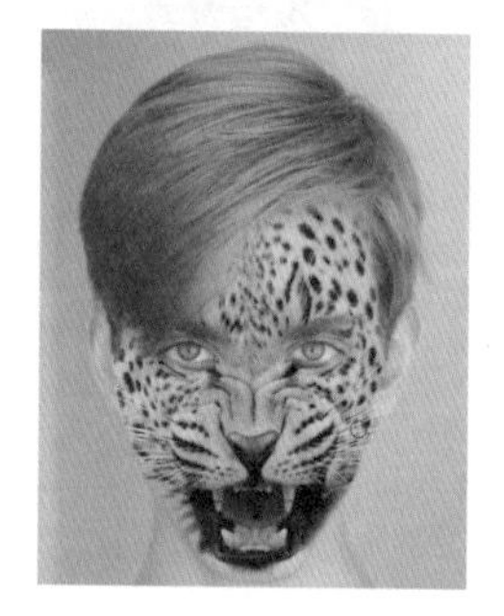

图 21-116

Step 27 更改图层混合模式。更改【图层 1 拷贝】图层的【混合模式】为颜色加深，如图 21-117 所示。图像效果如图 21-118 所示。

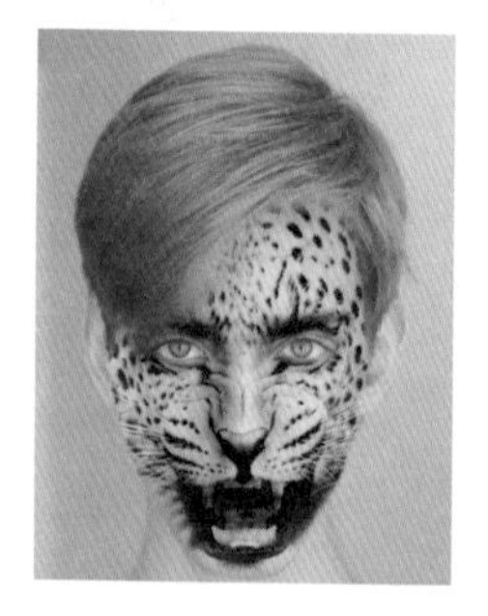

图 21-117　　图 21-118

Step 28 选中虎嘴图像。打开“素材文件 \ 第 21 章 \21.3\ 虎 .jpg”文件，使用【矩形选框工具】选中虎嘴图像，如图 21-119 所示。

Step 29 调整大小和位置。将虎嘴图像复制粘贴到当前文件中，并调整其大小和位置，如图 21-120 所示。

图 21-119　　图 21-120

Step 30 盖印图层。为图层添加图层蒙版，使用黑色【画笔工具】修改蒙版，如图 21-121 所示。按【Alt+Shift+Ctrl+E】组合键盖印图层，如图 21-122 所示。

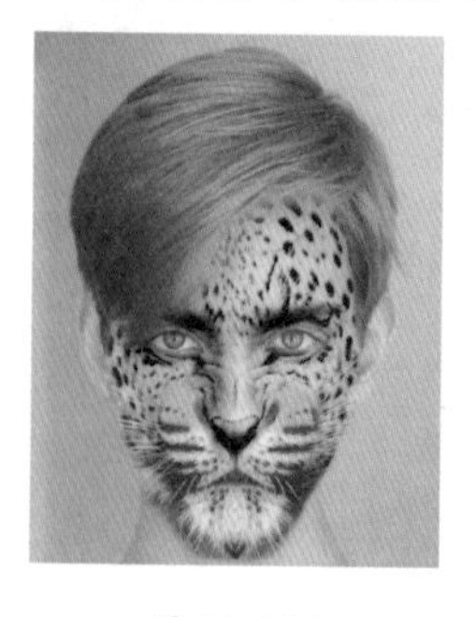

图 21-121　　图 21-122

Step 31 添加曝光度调整图层。执行【图层】→【新建调整图层】→【曝光度】命令，添加曝光度调整图层，设置【曝光度】为 0.5，如图 21-123 所示。图像效果如图 21-124 所示。

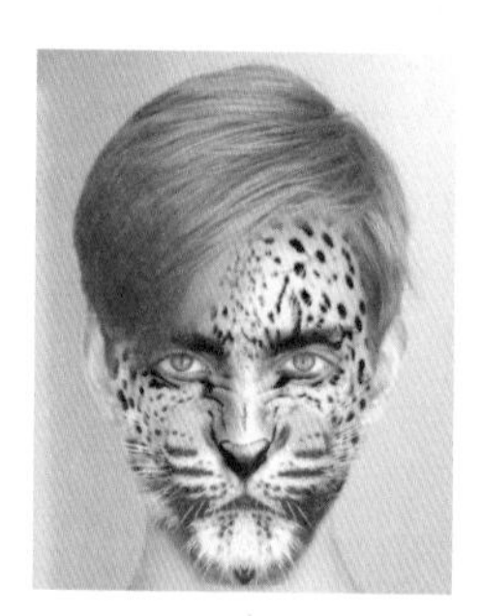

图 21-123　　图 21-124

Step 32 添加【色相 / 饱和度】调整图层。执行【图层】→【新建调整图层】→【色相 / 饱和度】命令，添加【色相 / 饱和度】调整图层，设置【饱和度】为 45，如图 21-125 所示。图像效果如图 21-126 所示。

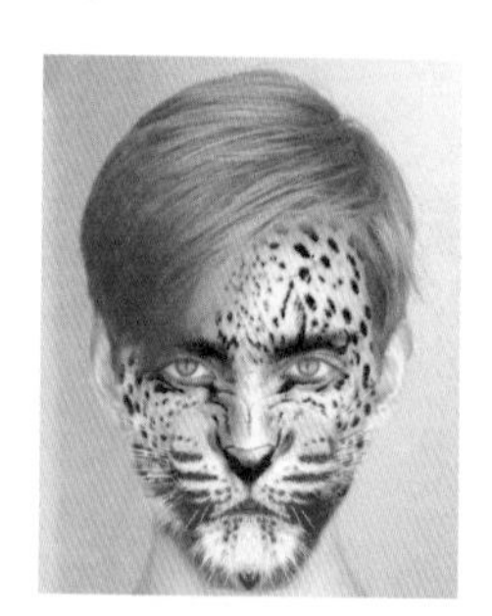

图 21-125　　图 21-126

21.4 实战：合成幽暗森林小屋

素材文件	素材文件\第21章\21.4\森林.jpg，房屋.jpg，提灯.jpg，亮点.jpg，小路.jpg
结果文件	结果文件\第21/章\21.4.psd

案例分析

森林小屋是神秘奇幻的，那么通往密林深处的小屋会出现什么景象呢？本例结合森林、房屋、提灯、亮点和小路素材，拼合出幽暗森林小屋的场景画面；通过【画笔工具】和【外发光】图层样式，得到提灯的发光；通过【渐变工具】和图层混合，得到偏黄的整体色调。最终效果如图21-127所示。

图 21-127

案例制作

Step01 打开素材，转换为普通图层。打开“素材文件\第21章\21.4\森林.jpg”文件，如图21-128所示。按住【Alt】键，双击背景图层，将其转换为普通图层，命名为【森林】，如图21-129所示。

图 21-128

图 21-129

Step02 删除背景。打开“素材文件\第21章\21.4\房屋.jpg”文件，如图21-130所示。使用【快速选择工具】选中背景，按【Delete】键删除，如图21-131所示。

Step03 调整大小和位置。将房屋图像拖动到森林图像中，调整其大小和位置，命名为【房屋】，如图21-132所示。

图 21-130

图 21-131

图 21-132

Step04 更改森林图层混合模式。拖动【房屋】图层到最下方，更改森林图层【混合模式】为强光，如图21-133所示。图像效果如图21-134所示。

图 21-133

图 21-134

Step05 打开素材删除背景。打开“素材文件\第21章\21.4\提灯.jpg”文件，如图 21-135 所示。选中黑色背景，按【Delete】键删除，如图 21-136 所示。

图 21-135

图 21-136

Step06 调整大小和位置。将房屋图像拖动到森林图像中，调整其大小和位置，命名为【人物】，如图 21-137 所示。

图 21-137

Step07 水平翻转图像。执行【编辑】→【变换】→【水平翻转】命令，水平翻转图像，如图 21-138 所示。新建图层，命名为【黄光】，如图 21-139 所示。

Step08 更改图层混合模式。设置前景色为橙色【#ff7800】，选择【画笔工具】，在右侧绘制图像，如图 21-140 所示。更改图层【混合模式】为叠加，设置【不透明度】为 40%，如图 21-141 所示。

图 21-138

图 21-139

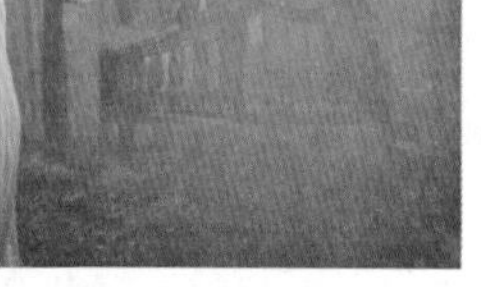

图 21-140

图 21-141

Step09 绘制灯光。新建图层，命名为【灯光】，如图 21-142 所示。设置前景色为黄色【#ff0000】，选择【画笔工具】，在提灯中间单击，绘制灯光，如图 21-143 所示。

图 21-142

图 21-143

Step10 添加外发光。双击【灯光】图层，在【图层样式】对话框中，❶ 选中【外发光】复选框，❷ 设置【混合模式】为正常、发光颜色为橙色【#f5a00c】、【不透明度】为 75%、【扩展】为 30%、【大小】为 250 像素，如图 21-144 所示。外发光效果如图 21-145 所示。

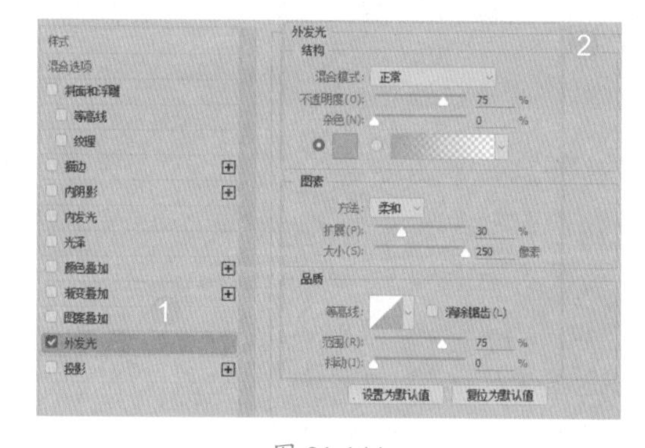

图 21-144

图 21-145

Step11 打开素材。打开“素材文件\第 21 章\21.4/ 亮点 .jpg”文件，如图 21-146 所示。

Step12 调整大小和位置。将亮点图像拖动到森林图像中，调整其大小和位置，并命名为【亮点】，如图 21-147 所示。

图 21-146

图 21-147

Step13 更改图层混合模式。更改图层【混合模式】为柔光，如图 21-148 所示。图像效果如图 21-149 所示。

图 21-148

图 21-149

Step14 打开素材，调整大小、位置和方向。打开“素材文件\第 21 章\21.4\小路 .jpg”文件，如图 21-150 所示。将其拖动到森林图像中，调整大小、位置和方向，命名为【小路】，如图 21-151 所示。

图 21-150

图 21-151

Step15 隐藏多余图像。为【小路】图层添加图层蒙版，使用黑色【画笔工具】涂抹图像，隐藏多余的图像，如图 21-152 所示。

图 21-152

Step16 添加曝光度调整图层。执行【图层】→【新建调整图层】→【曝光度】命令，添加曝光度调整图层，设置【曝光度】为 0.5，如图 21-153 所示。图像效果如图 21-154 所示。

图 21-153

图 21-154

Step17 盖印图层。按【Alt+Shift+Ctrl+E】组合键盖印图层，命名为【效果】，如图 21-155 所示。新建图层，命名为【云彩】，如图 21-156 所示。

图 21-155

图 21-156

Step18 更改云彩效果。按【D】键恢复默认前（背）景色，执行【滤镜】→【渲染】→【云彩】命令，效果如图 21-157 所示。更改云彩图层【混合模式】为叠加，设置【不透明度】为 20%，如图 21-158 所示。

第1篇 第2篇 第3篇 第4篇

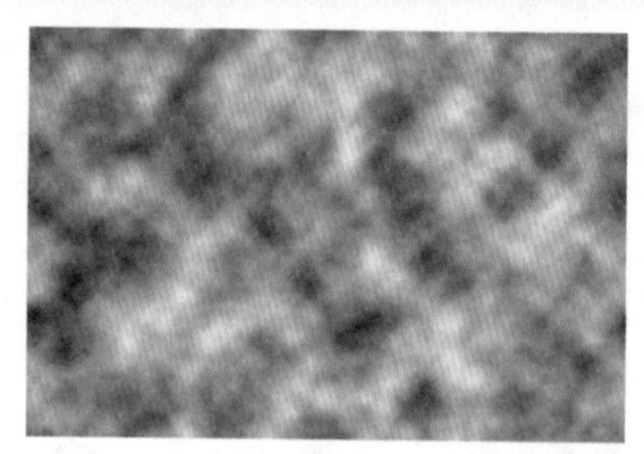

图 21-157

图 21-158

Step19 新建图层。图像效果如图 21-159 所示。新建图层，命名为【渐变】，如图 21-160 所示。

图 21-159

图 21-160

Step20 填充渐变色。选择【渐变工具】，在选项栏中，选择【橙、黄、橙渐变】选项，如图 21-161 所示。在图像中拖动鼠标填充渐变色，如图 21-162 所示。

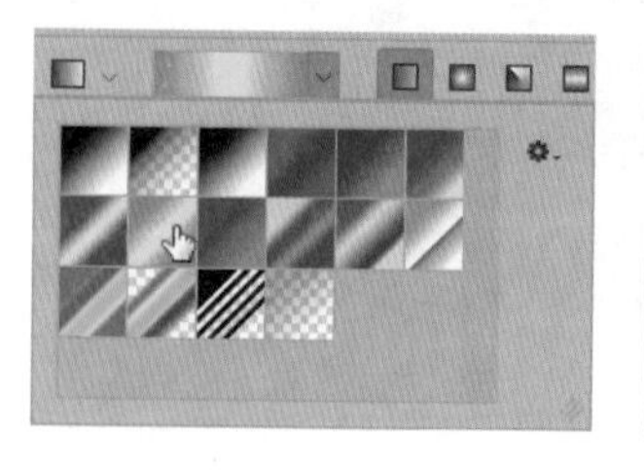

图 21-161

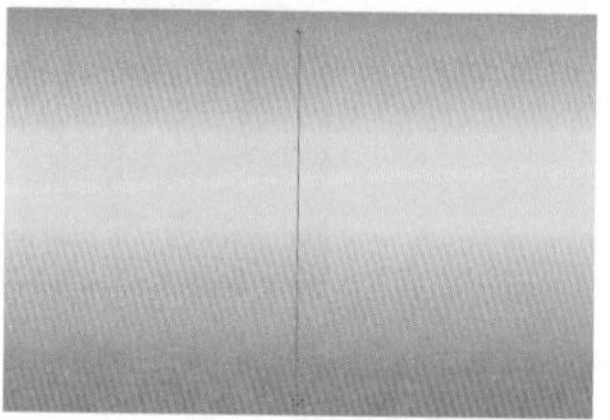

图 21-162

Step21 更改图层混合模式。更改【渐变】图层【混合模式】为变暗，如图 21-163 所示。图像效果如图 21-164 所示。

图 21-163

图 21-164

本章小结

本章主要介绍了特效图像的制作与合成，Photoshop CC 的功能非常丰富，通过多种功能的应用，包括图层、通道和滤镜等，可以制作出非常奇特的图像特效与合成。读者要充分理解各种命令可以达到的图像效果，开发自己的想象力，创造出更多有创意的作品。

第22章 实战：数码照片后期处理

- 人物照片彩妆精修
- 风光照片艺术调整
- 给照片添加艺术特效

数码照片后期处理是 Photoshop CC 的一个重要应用领域，它不仅可以修复照片问题，还可以使一张平淡的照片变得更加富有意境。

22.1 实战：人物照片彩妆精修

素材文件	素材文件 \ 第 22 章 \22.1\ 彩妆 .jpg
结果文件	结果文件 \ 第 22 章 \22.1.psd

案例分析

本案例主要介绍为人物快速添加彩妆的方法。首先结合【画笔工具】和图层混合模式得到夸张的眼影和唇彩效果；然后通过【收缩选区】和【羽化选区】命令，得到嘴线效果；最后通过【颜色替换工具】替换发色，将红棕发色更换为金黄发色，效果对比如图 22-1 所示。

原图

效果图

图 22-1

案例制作

Step01 新建图层。打开“素材文件 \ 第 22 章 \ 22.1\ 彩妆 .jpg”文件，如图 22-2 所示。新建图层，命名为【眼影】，如图 22-3 所示。

Step02 设置画笔参数。选择【画笔工具】，在选项栏中，设置【大小】为 70 像素、【硬度】为 0%，如图 22-4 所示。在【画笔】面板中，❶ 选中【形状动态】复选框，

❷ 设置【大小抖动】为 0%、【控制】为渐隐 50，如图 22-5 所示。

图 22-2

图 22-3

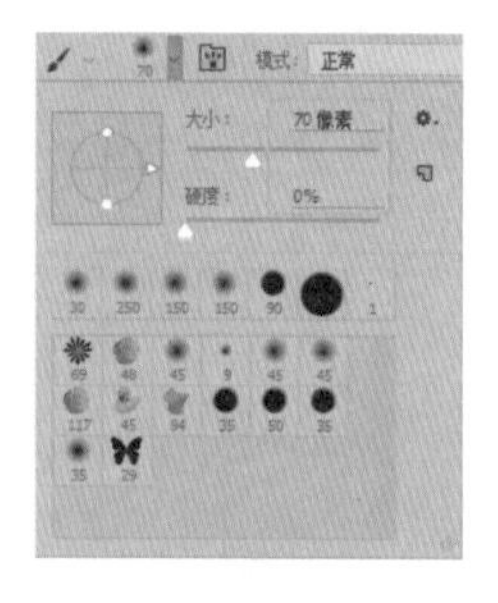

图 22-4

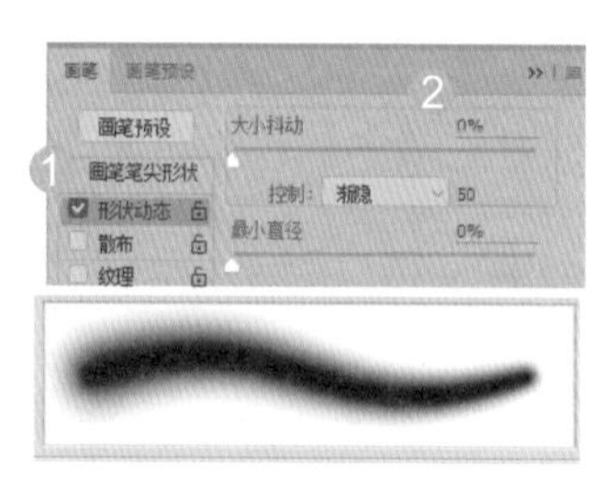

图 22-5

Step03 绘制紫色眼影。设置前景色为紫色【#824ecc】，从眼尾往眼角处拖动鼠标，绘制紫色眼影，如图 22-6 所示。

Step04 绘制另一侧的眼影。使用相同的方法，绘制另一侧的眼影，效果如图 22-7 所示。

图 22-6

图 22-7

Step05 更改图层混合模式。更改【眼影】图层【混合模式】为柔光，如图 22-8 所示，效果如图 22-9 所示。

Step06 绘制红色眼影。设置前景色为红色【#f50808】，拖动鼠标绘制红色眼影，如图 22-10 所示。继续绘制另一侧的红色眼影，效果如图 22-11 所示。

图 22-8

图 22-9

图 22-10

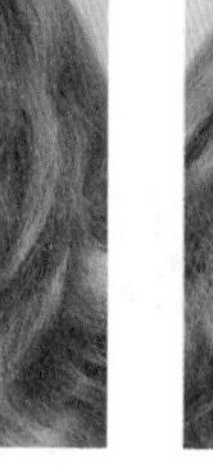

图 22-11

Step07 绘制粉红色眼影。设置前景色为粉红色【#e783cb】，拖动鼠标绘制粉红色眼影，如图 22-12 所示。继续绘制另一侧的粉红色眼影，效果如图 22-13 所示。

图 22-12

图 22-13

Step08 绘制黄色眼影。新建图层，命名为【眼影 2】，更改图层【混合模式】为颜色，如图 22-14 所示。设置前景色为黄色【#ffff00】，在眼角处单击，绘制黄色眼影，如图 22-15 所示。

图 22-14

图 22-15

Step 09 绘制蓝色眼影。选择【眼影】图层，如图 22-16 所示。设置前景色为蓝色【#000cff】，在眼尾处拖动鼠标，绘制蓝色眼影，如图 22-17 所示。

图 22-16

图 22-17

Step 10 创建选区。新建图层，命名为【唇彩】，如图 22-18 所示。选择【磁性套索工具】，沿着嘴唇拖动鼠标，如图 22-19 所示。

图 22-18

图 22-19

Step 11 更改图层混合模式。释放鼠标后创建选区，填充桃红色【#e06cdb】，如图 22-20 所示。更改【唇线】图层【混合模式】为饱和度，如图 22-21 所示。

图 22-20

图 22-21

Step 12 收缩选区。复制【唇彩】图层，命名为【唇线】，如图 22-22 所示。执行【选择】→【修改】→【收缩】命令，打开【收缩选区】对话框，❶ 设置【收缩量】为 10 像素，❷ 单击【确定】按钮，如图 22-23 所示。

图 22-22

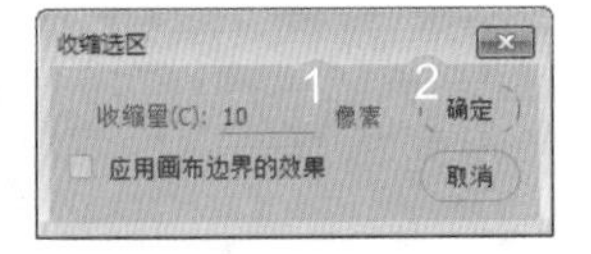

图 22-23

Step 13 羽化选区。按【Shift+F6】组合键，执行【羽化】命令，打开【羽化选区】对话框，❶ 设置【羽化半径】为 10 像素，❷ 单击【确定】按钮，如图 22-24 所示。按【Delete】键删除图像，如图 22-25 所示。

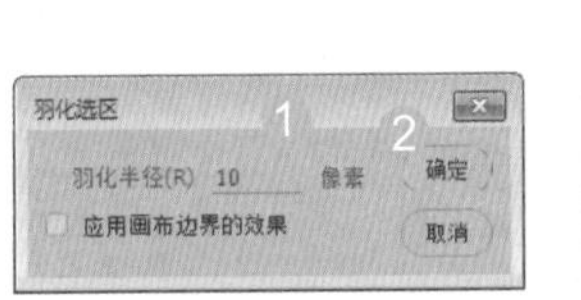

图 22-24

图 22-25

Step 14 更改图层混合模式。更改【唇线】图层【混合模式】为线性加深，如图 22-26 所示。图像效果如图 22-27 所示。

图 22-26

图 22-27

Step 15 在牙齿处涂抹。为【唇彩】图层添加图层蒙版，使用黑色【画笔工具】在牙齿处涂抹，显示出牙齿本来颜色，如图 22-28 所示。

Step 16 替换颜色。选择【背景】图层，如图 22-29 所示。设置前景色为黄色【#ffff00】，选择【颜色替换工具】，在选项栏中，设置图层【混合模式】为颜色、【容差】为 10%，在头发位置拖动鼠标，进行颜色替换，效果如图 22-30 所示。

图 22-28

图 22-29　　图 22-30

Step 17 设置【不透明度】。同时选中【眼影】和【眼线】图层，设置【不透明度】为 80%，如图 22-31 所示。最终图像效果如图 22-32 所示。

图 22-31　　图 22-32

22.2 实战：风光照片艺术调整

素材文件	素材文件 \ 第 22 章 \22.2\ 背影 .jpg
结果文件	结果文件 \ 第 22 章 \22.2.psd

案例分析

晨光是清晨的阳光，它是美好的，带给人希望、朝气和活力。本例首先通过通道曲线调整图层，降低整体图像亮度，然后结合【画笔工具】、【椭圆选框工具】、【羽化】和图层【混合模式】命令，制作出晨光光照，效果对比如图 22-33 所示。

图 22-33

案例制作

Step 01 打开素材。打开“素材文件\第 22 章\22.2\背影 .jpg”文件，如图 22-34 所示。

图 22-34

Step 02 降低图像的亮度。执行【图层】→【新建调整图层】→【曲线】命令，创建【曲线】调整图层，调整图层形状，如图 22-35 所示。通过前面的操作，降低图像的亮度，效果如图 22-36 所示。

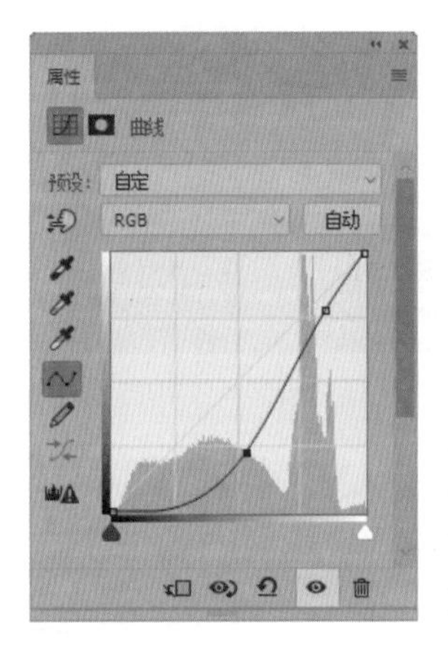

图 22-35

图 22-36

Step 03 绘制图形。新建图层，命名为【橙光】，如图 22-37 所示。设置前景色为橙色【#d6a051】，使用【画笔工具】绘制图形，效果如图 22-38 所示。

图 22-37

图 22-38

Step 04 更改图层混合模式。更改【橙光】图层【混合模式】为滤色，如图 22-39 所示，效果如图 22-40 所示。

图 22-39

图 22-40

Step 05 绘制图形。新建图层，命名为【红光】，如图 22-41 所示。设置前景色为红色【#ed5570】，使用【画笔工具】绘制图形，效果如图 22-42 所示。

图 22-41

图 22-42

Step 06 更改图层混合模式。更改【红光】图层【混合模式】为滤色，如图 22-43 所示。图像效果如图 22-44 所示。

图 22-43

图 22-44

Step 07 调整通道曲线。执行【图层】→【新建调整图层】→【曲线】命令，创建【曲线】调整图层，调整【RGB】通道曲线，如图 22-45 所示。调整【蓝】通道曲线如图 22-46 所示。

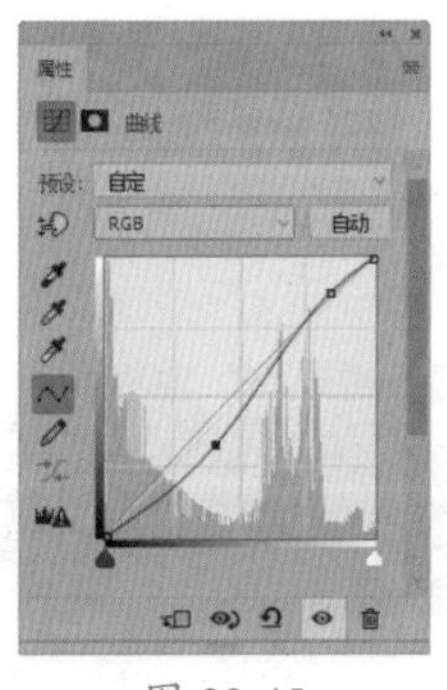

图 22-45

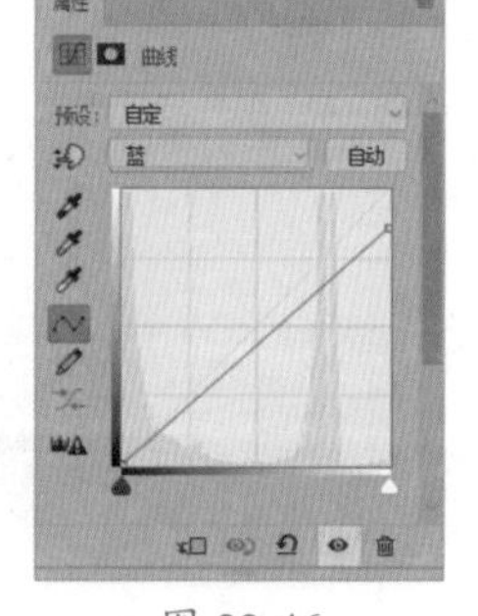

图 22-46

Step08 调整图像色调。添加曲线调整图层后，调整图像色调，效果如图 22-47 所示。

图 22-47

Step09 创建选区。新建图层，命名为【底圆】，如图 22-48 所示。使用【椭圆选框工具】创建选区，如图 22-49 所示。

图 22-48

图 22-49

Step10 羽化选区。按【Shift+F6】组合键，执行【羽化】命令，打开【羽化选区】对话框，❶ 设置【羽化半径】为 50 像素，❷ 单击【确定】按钮，如图 22-50 所示。为选区填充橙黄色【#F7A228】，如图 22-51 所示。

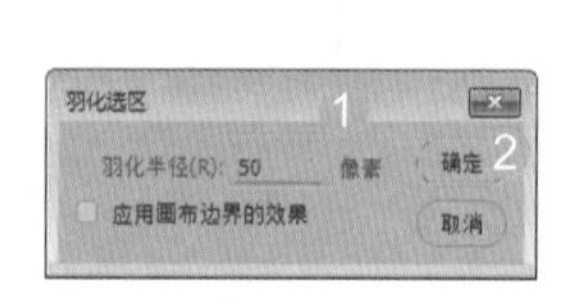

图 22-50

图 22-51

Step11 更改图层混合模式。更改【底圆】图层【混合模式】为滤色，如图 22-52 所示。图像效果如图 22-53 所示。

图 22-52

图 22-53

Step12 绘制圆形。新建图层，命名为【中圆】，如图 22-54 所示。使用【椭圆选框工具】创建选区，选区羽化半径 25 个像素后，填充橙黄色【#F7A228】，如图 22-55 所示。

图 22-54

图 22-55

Step13 更改图层混合模式。更改【中圆】图层【混合模式】为滤色，如图 22-56 所示。图像效果如图 22-57 所示。

图 22-56

图 22-57

Step14 绘制圆形。新建图层，命名为【小圆】，如图 22-58 所示。使用【椭圆选框工具】创建选区，选区羽化半径 20 个像素后，填充淡黄色【# FFF2A3】，如图 22-59 所示。

图 22-58

图 22-59

Step15 更改图层混合模式。更改【小圆】图层【混合模式】为滤色，如图 22-60 所示。图像效果如图 22-61 所示。

Step16 绘制圆形。新建图层，命名为【边圆】，如图 22-62 所示。使用【椭圆选框工具】创建选区，选区羽化半径 25 个像素后，填充橙黄色【#F7A228】，如图 22-63 所示。

图 22-60

图 22-61

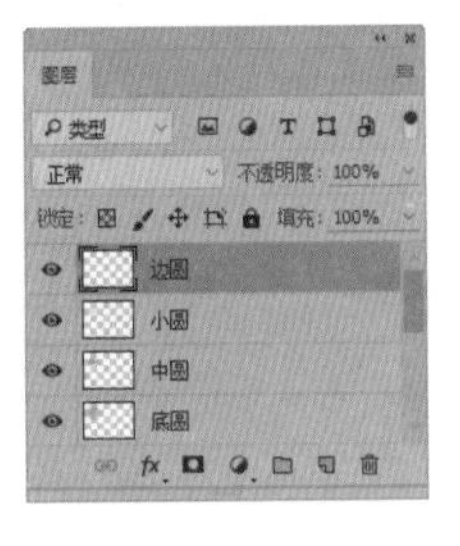

图 22-62

图 22-63

Step 17 更改图层混合模式。更改【边圆】图层【混合模式】为滤色，如图 22-64 所示。图像效果如图 22-65 所示。

图 22-64

图 22-65

22.3 实战：给照片添加艺术特效

素材文件	素材文件 \ 第 22 章 \22.3\ 女孩 .jpg
结果文件	结果文件 \ 第 22 章 \22.3.psd

案例分析

泡泡五颜六色，呈半透明状，吹泡泡是小朋友们最喜欢的游戏之一。本例首先结合【椭圆选框工具】、【羽化】命令、【画笔工具】等得到泡泡笔刷效果，然后结合【渐变工具】和图层蒙版功能为泡泡添加五彩色，效果对比如图 22-66 所示。

图 22-66

案例制作

Step 01 新建文件。执行【文件】→【新建】命令，打开【新建】对话框，❶ 设置【宽度】和【高度】均为 100 像素、分辨率为 72 像素 / 英寸，❷ 单击【确定】按钮，如图 22-67 所示。将背景填充为黑色，如图 22-68 所示。

Step02 创建选区。新建【图层 1】图层，如图 22-69 所示。使用【椭圆选框工具】创建选区，如图 22-70 所示。

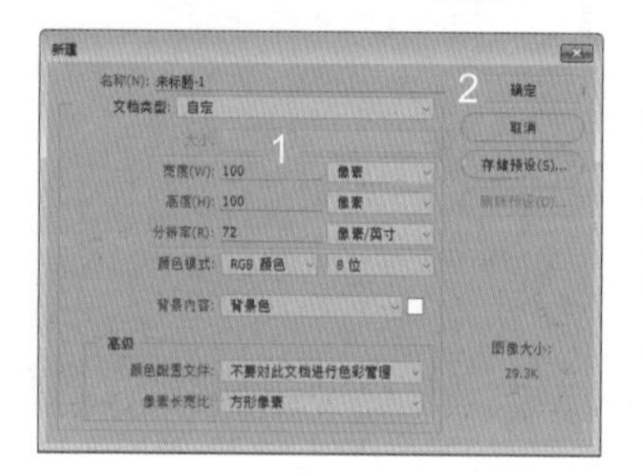

图 22-67

图 22-68

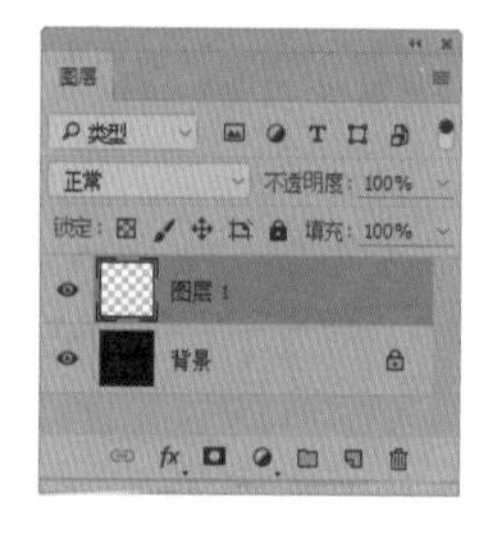

图 22-69

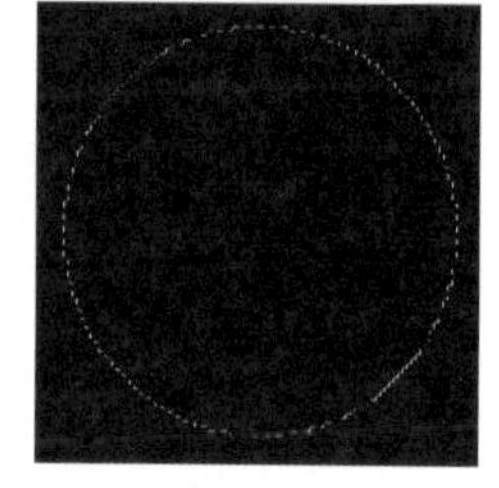

图 22-70

Step03 羽化选区。为选区填充白色，如图 22-71 所示。按【Shift+F6】组合键，执行【羽化】命令，打开【羽化选区】对话框，❶ 设置【羽化半径】为 7 像素，❷ 单击【确定】按钮，如图 22-72 所示。

图 22-71

图 22-72

Step04 删除图像。羽化选区效果如图 22-73 所示。按【Delete】键删除图像，如图 22-74 所示。

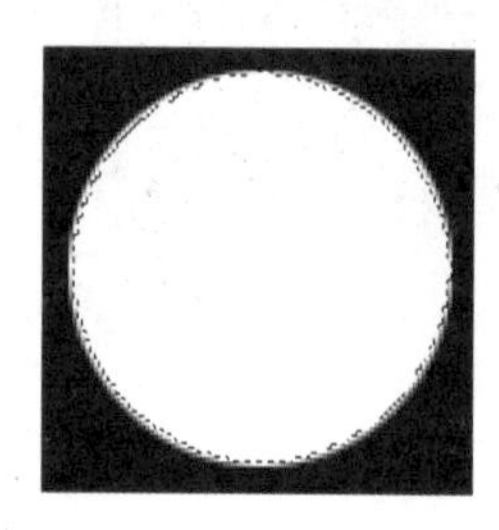

图 22-73

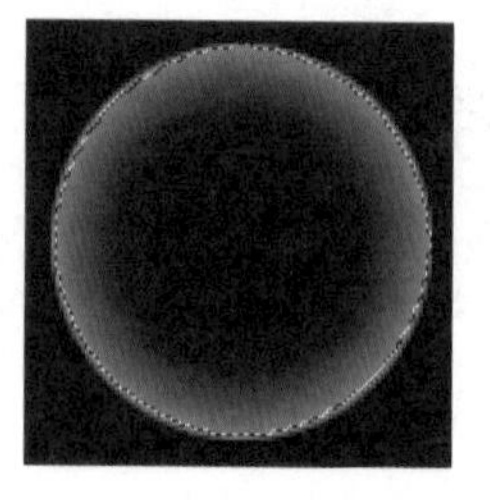

图 22-74

Step05 设置画笔参数。新建【图层 2】图层，如图 22-75 所示。选择【画笔工具】，在选项栏中，❶ 设置【大小】为 20 像素、【硬度】为 0%，❷ 设置图层【不透明度】为 70%，如图 22-76 所示。

图 22-75

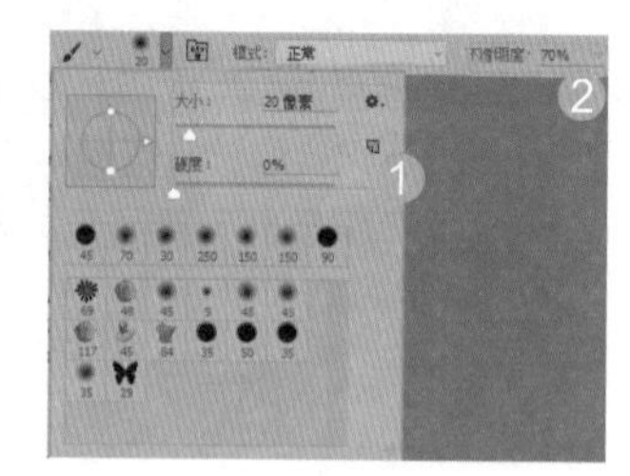

图 22-76

Step06 绘制图像。设置前景色为白色，在左上角单击绘制图像，如图 22-77 所示。按【[】键两次，缩小画笔，在白点处单击绘制图像，如图 22-78 所示。再次按【[】键两次，缩小画笔，在白点处单击绘制图像，效果如图 22-79 所示。

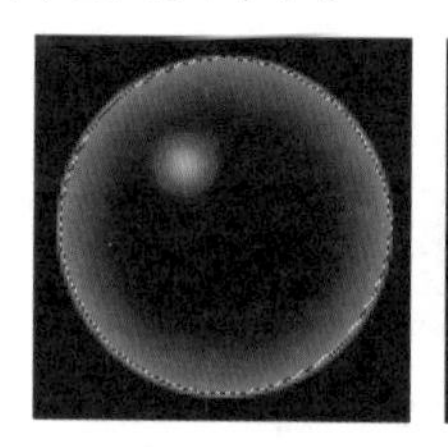

图 22-77

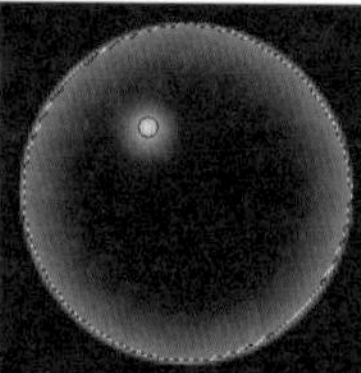

图 22-78

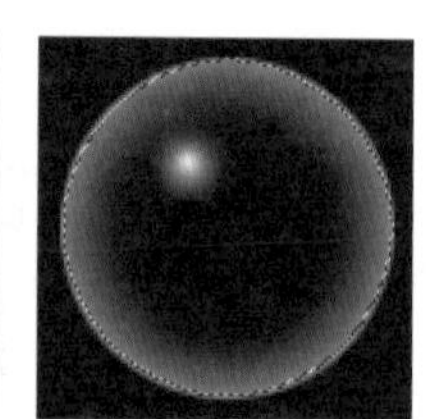

图 22-79

Step07 继续绘制其他图像。使用相同的方法继续绘制其他图像，如图 22-80 所示。

图 22-80

Step08 合并图层。选中所有图层，如图 22-81 所示。按【Ctrl+E】组合键合并图层，如图 22-82 所示。

图 22-81

图 22-82

Step09 定义画笔预设。按【Ctrl+I】组合键反相图像，如

图 22-83 所示。执行【编辑】→【定义画笔预设】命令，打开【画笔名称】对话框，❶ 设置【名称】为泡泡，❷ 单击【确定】按钮，如图 22-84 所示。

图 22-83

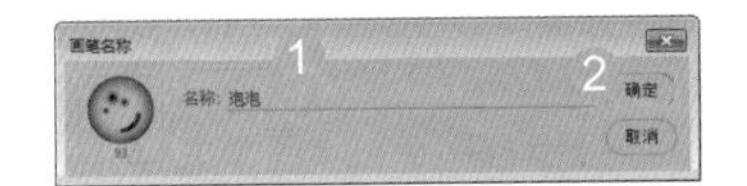

图 22-84

Step10 存储画笔。在【画笔预设】面板中，选中保存的泡泡画笔，❶ 单击右上角的【扩展】按钮，❷ 在打开的快捷菜单中，选择【存储画笔】命令，如图 22-85 所示。在【另存为】对话框中保存泡泡画笔，如图 22-86 所示。

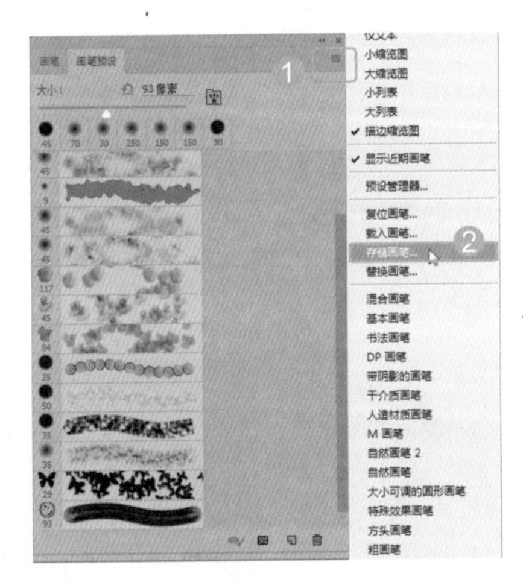

图 22-85

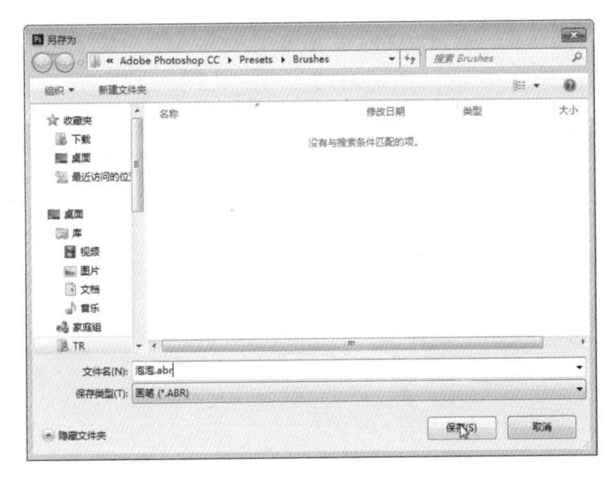

图 22-86

Step11 设置画笔参数。在【画笔】面板中，❶ 选择【画笔笔尖形状】选项，❷ 设置【间距】为 181%，如图 22-87 所示。

Step12 设置参数。❶ 选中【形状动态】复选框，❷ 设置【大小抖动】为 100%，如图 22-88 所示。

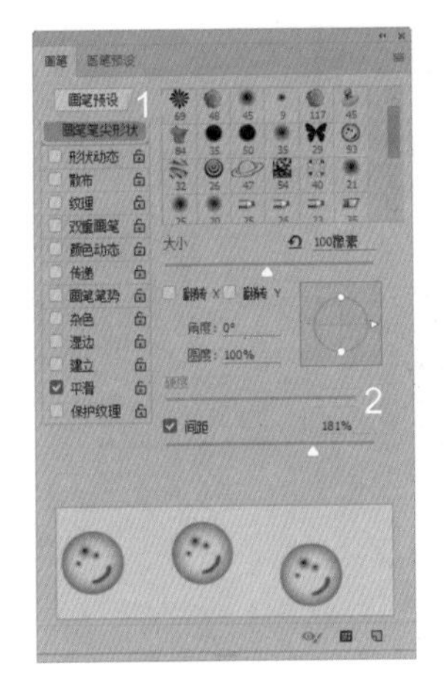

图 22-87

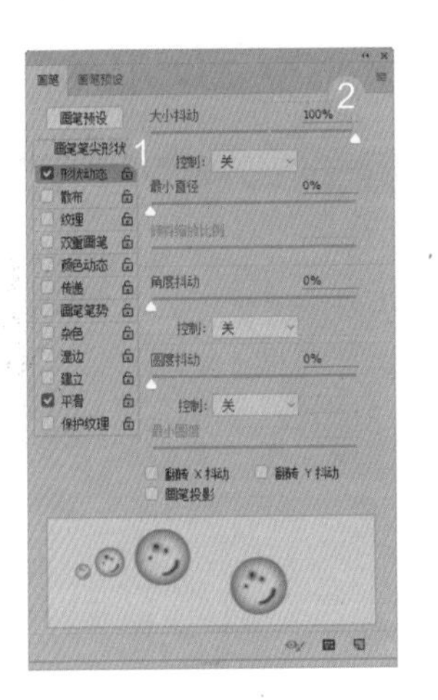

图 22-88

Step13 设置参数。❶ 选中【散布】复选框，❷ 选中【两轴】复选框，将其设置为 1000%，设置【数量】为 2、【数量抖动】为 100%，如图 22-89 所示。

Step14 新建画笔预设。单击右上角的【扩展】按钮，在打开的快捷菜单中，选择【新建画笔预设】命令，如图 22-90 所示。在【画笔名称】对话框中，❶ 设置【名称】为吹泡泡，❷ 单击【确定】按钮，如图 22-91 所示。

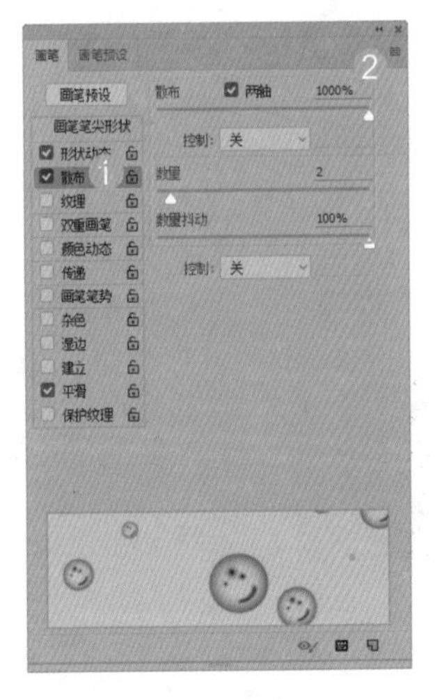

图 22-89

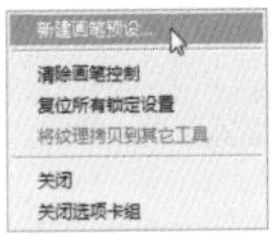

图 22-90

Step15 新建图层。打开“素材文件 \ 第 22 章 \22.3\ 女孩.jpg”文件，如图 22-92 所示。新建图层，命名为【动感泡泡】，如图 22-93 所示。

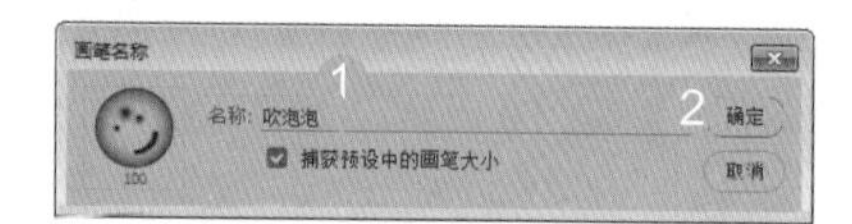

图 22-91

图 22-92

图 22-93

Step16 绘制泡泡。使用白色【画笔工具】绘制泡泡，如图 22-94 所示。执行【滤镜】→【模糊】→【动感模糊】命令，打开【动感模糊】对话框，❶ 设置【角度】为 28 度、【距离】为 20 像素，❷ 单击【确定】按钮，如图 22-95 所示。

图 22-94

图 22-95

Step17 复制图层。动感模糊效果如图 22-96 所示。按【Ctrl+J】组合键复制图层，如图 22-97 所示。

图 22-96

图 22-97

Step18 新建图层。复制图层后加强效果，如图 22-98 所示。新建图层，命名为【泡泡】，如图 22-99 所示。

图 22-98

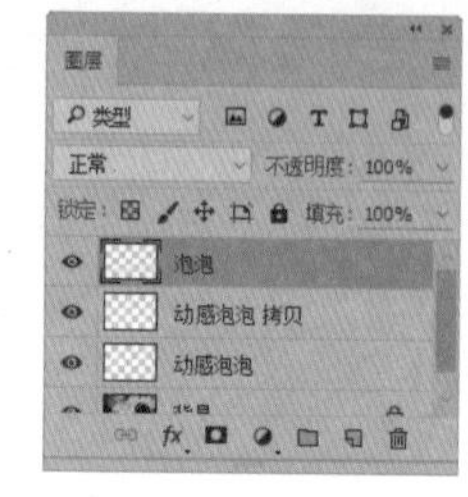

图 22-99

Step19 绘制泡泡。调整画笔大小，在图像中拖动鼠标绘制泡泡，如图 22-100 所示。新建图层，命名为【颜色】，如图 22-101 所示。

图 22-100

图 22-101

Step20 填充渐变色。选择【渐变工具】，在选项栏中，❶ 单击渐变色条右侧的按钮，❷ 选择【色谱】选项，❸ 单击【径向渐变】按钮，如图 22-102 所示。从左中向右下拖动鼠标，填充渐变色，如图 22-103 所示。

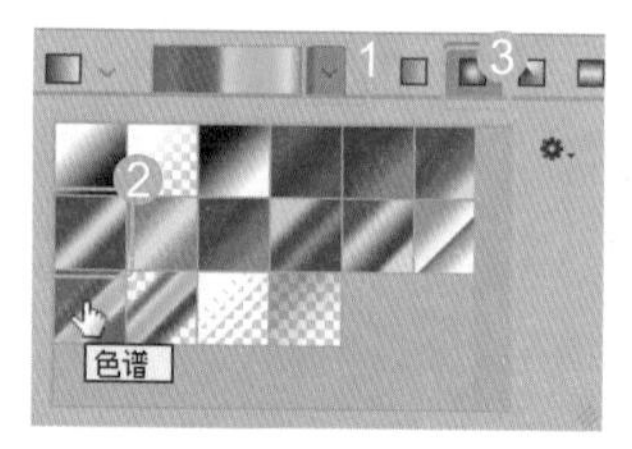

图 22-102

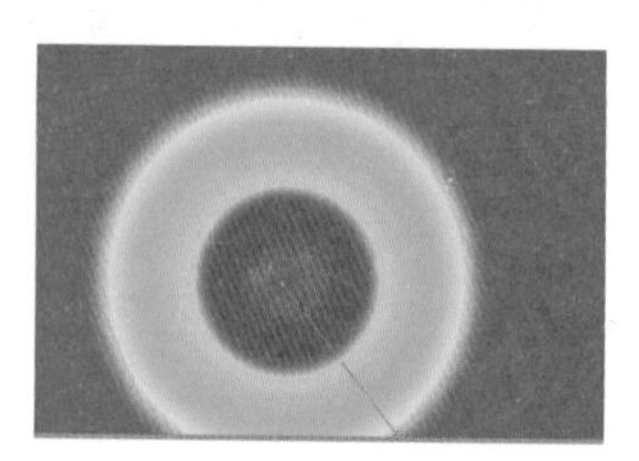

图 22-103

Step21 更改图层混合模式。更改图层【混合模式】为划分，如图 22-104 所示。图像效果如图 22-105 所示。

图 22-104

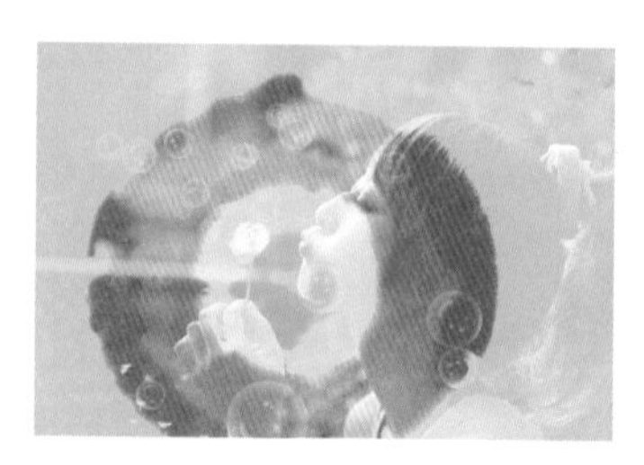

图 22-105

Step22 载入泡泡选区。按住【Ctrl】键，单击【泡泡】图层缩览图，如图 22-106 所示。载入泡泡选区，如图 22-107 所示。

图 22-106

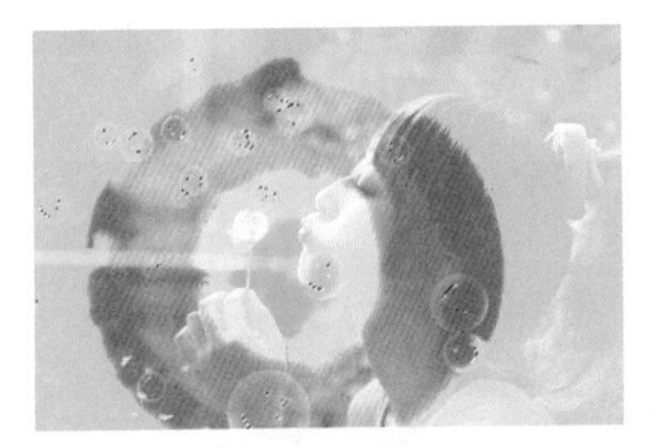

图 22-107

Step23 添加图层蒙版。单击【添加图层蒙版】按钮，如图 22-108 所示。图像效果如图 22-109 所示。

图 22-108

图 22-109

Step24 创建【色相/饱和度】调整图层。执行【图像】→【新建调整图层】→【色相/饱和度】命令，创建【色相/饱和度】调整图层，设置【饱和度】为 35，如图 22-110 所示，效果如图 22-111 所示。

图 22-110

图 22-111

Step25 创建【曲线】调整图层。执行【图像】→【新建调整图层】→【曲线】命令，创建【曲线】调整图层，调整曲线形状，如图 22-112 所示，效果如图 22-113 所示。

Step26 复制两个泡泡图层。复制两个泡泡图层，如图 22-114 所示。调整泡泡的大小、角度和不透明度，效果如图 22-115 所示。

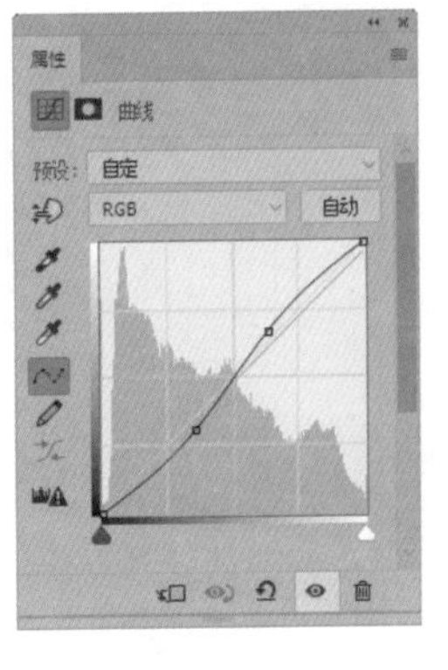

图 22-112

图 22-113

图 22-114

图 22-115

Step27 强化边缘。选中最上方的图层，按【Alt+Shift+Ctrl+E】组合键盖印图层，如图 22-116 所示。执行【滤镜】→【画笔描边】→【强化的边缘】命令，在打开的对话框中，❶ 设置【边缘宽度】为 6、【边缘亮度】为 30、【平滑度】为 5，❷ 单击【确定】按钮，如图 22-117 所示。

图 22-116

图 22-117

Step28 更改图层混合模式。更改图层【混合模式】为点光，设置【不透明度】为 30%，如图 22-118 所示。最终效果如图 22-119 所示。

图 22-118

图 22-119

本章小结

本章主要通过 3 个经典综合实例，介绍了 Photoshop CC 数码照片后期处理的基本技法。随着数码相机的普及，越来越多的人开始接触数码照片，但受各种条件的影响，日常拍摄出来的数码照片或多或少都会存在一些问题，这就需要通过技术手段在后期对数码照片进行调整和修饰，使照片看起来更加完美。

实战：商业广告设计

- 工作室 Logo 设计
- 宣传单设计
- 公益海报设计
- 大型单立柱广告设计
- 月饼包装设计

在日常生活中，人们总能看到各种各样的商业广告，不同类型的广告有不同的设计要点，本章将通过实例讲解如何进行商业广告的设计，使读者快速掌握相关设计的方法与技巧。

23.1 Logo 设计

本节将介绍 Logo 设计的相关知识和实战应用。

23.1.1 设计知识链接

下面介绍 Logo 的概念和创作流程，为实战打下理论基础。

1. Logo 的概念

Logo 以单纯、显著、易识别的物象、图形或文字符号为直观语言，除表示和代替物体外，还具有表达意义、情感和指令行动等作用。

作为人类直观联系的特殊方式，Logo 在社会与生产活动中无处不在，越来越显示出极其重要的独特功用。例如，国旗、国徽、公共场所标志、交通标志、安全标志、操作标志等，各种国内外重大活动、会议、运动会，以及邮政运输、金融财贸、机关、团体、公司及个人的图章、签名等都有表明自己特征的标志。

随着国际交往的日益频繁，标志的直观、形象、不受语言文字障碍等特性非常有利于在国际上的交流与应用，因此国际化 Logo 得以迅速推广和发展，成为视觉传送最有效的手段之一。图 23-1 所示为典型的 Logo。

2. 标志的创作流程

Logo 是高度概括的视觉形象，为了使 Logo 设计更加具有代表性，大家通常需要遵循一定的创作流程。

（1）设计制作。首先要充分理解、消化企业的经营理念，透彻地理解行为精神，并寻找与 Logo 的结合点。这项工作需要设计人员与企业间进行充分的沟通，在各项准备工作就绪之后，即可进入具体的设计阶段。

图 23-1

（2）修改反馈。初稿完成后，提交给企业相关负责人，由企业反馈相应的修改意见。设计人员根据企业反馈的意见修正稿件，相关人员根据设计意图再次进行市场调查，研究设计可行度。

（3）最终定型。Logo 设计基本定型后，进行两次较大范围的市场调研，以便通过一定数量、不同层次的调研对象的反馈信息来检验 Logo 设计的应用范围，并进行细节处理和最终调整。

23.1.2 实战：工作室 Logo 设计

素材文件	素材文件 \ 第 23 章 \ 无
结果文件	结果文件 \ 第 23 章 \23.1.psd

案例分析

设计工作室主要靠设计水平赢得市场，所以对设计工作室的 Logo 设计要求更为严格。本例介绍如何创作配色严谨、图案精练，并且与公司经营理念相切合的 Logo，效果如图 23-2 所示。

图 23-2

案例制作

Step01 新建文件。执行【文件】→【新建】命令，打开【新建】对话框，❶ 设置【宽度】为 18 厘米、【高度】为 14 厘米、分辨率为 300 像素 / 英寸，❷ 单击【确定】按钮，如图 23-3 所示。新建【紫条】图层组，设置【混合模式】为穿透，如图 23-4 所示。

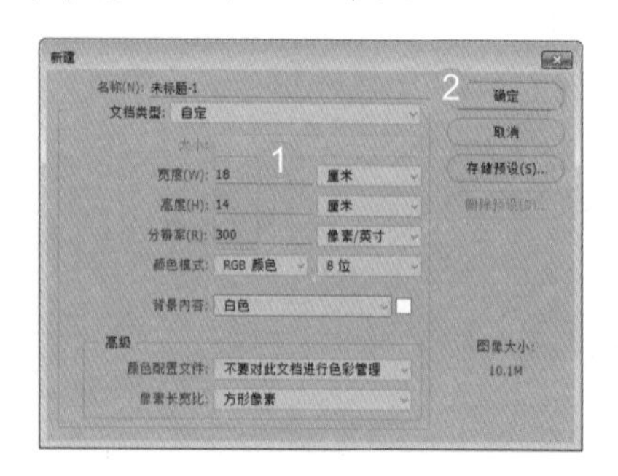

图 23-3

图 23-4

Step02 绘制洋红图形。使用【钢笔工具】绘制路径，载入选区后填充洋红色【#c214c4】，如图 23-5 所示。

图 23-5

Step03 添加【内发光】。在【图层样式】对话框中，❶ 选中【内发光】复选框，❷ 设置【混合模式】为正片叠底、阴影颜色为深紫色【# 5a155d】、【不透明度】为 51%，设置【源】为边缘、【阻塞】为 0%、【大小】为 87 像素，如图 23-6 所示，效果如图 23-7 所示。

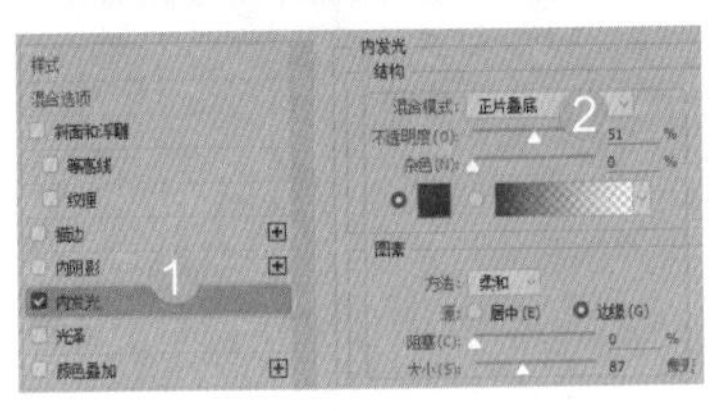
图 23-6

图 23-7

Step04 绘制暗部。新建图层，命名为【暗部】。使用黑色【画笔工具】在左侧涂抹，如图 23-8 所示。

图 23-8

Step05 制作暗部。更改图层【混合模式】为正片叠底，设置【不透明度】为 44%，执行【图层】→【创建剪贴蒙版】命令，如图 23-9 所示。图像效果如图 23-10 所示。

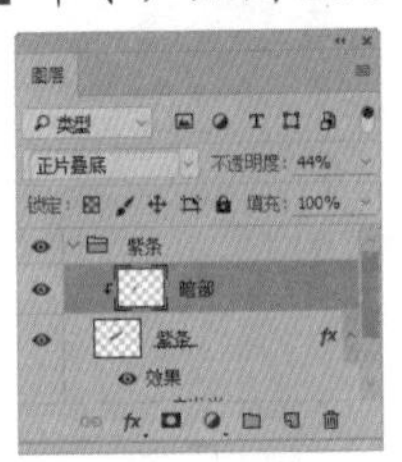
图 23-9

图 23-10

Step06 绘制蓝色图形。新建【蓝条】图层组，设置【混合模式】为穿透，新建【蓝条】图层，使用【钢笔工具】绘制路径，载入选区后填充任意颜色，如图 23-11 所示。

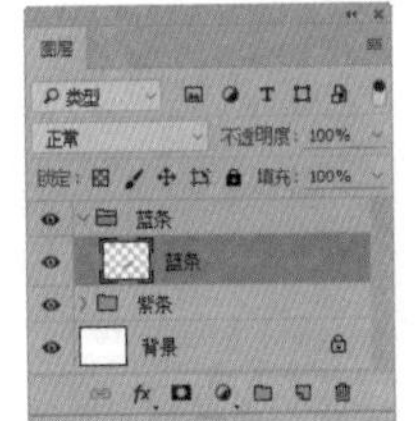
图 23-11

Step07 添加【内阴影】。在【图层样式】对话框中，❶ 选中【内阴影】复选框，❷ 设置【混合模式】为正片叠底、阴影颜色为深蓝色【# 00215d】、【角度】为 −59 度、【距离】为 12 像素、【阻塞】为 0%、【大小】为 28 像素，如图 23-12 所示。

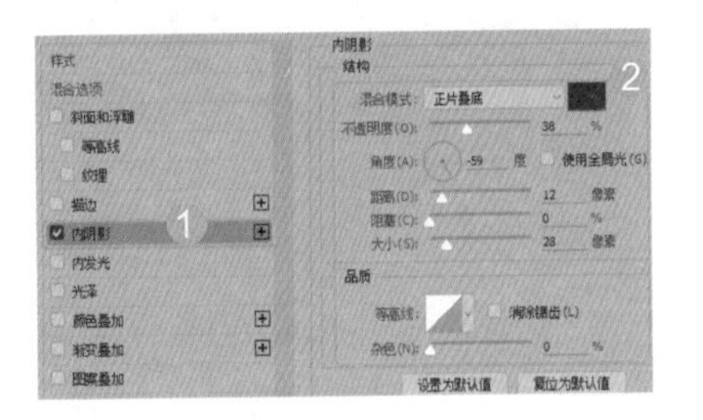
图 23-12

Step08 添加【内发光】。在【图层样式】对话框中，❶ 选中【内发光】复选框，❷ 设置【混合模式】为正片叠底、发光颜色为深蓝色【#1a495b】、【不透明度】为 29%、【阻塞】为 0%、【大小】为 84 像素，如图 23-13 所示。

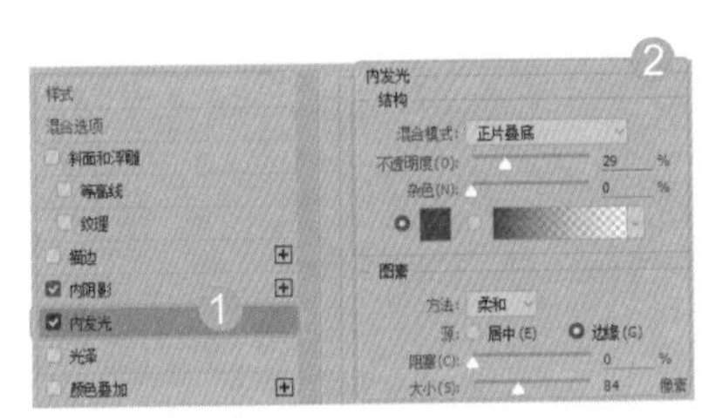
图 23-13

Step09 添加【渐变叠加】。在【图层样式】对话框中，❶ 选中【渐变叠加】复选框，❷ 设置【样式】为线性，【角度】为 48 度、【缩放】为 100%，单击渐变色条，如图 23-14 所示。

Step10 设置渐变色。在【渐变编辑器】窗口中，设置渐变色标为深蓝【#0d405d】、较深蓝【#1378b1】、蓝【#2ba0e3】、蓝【#2ba0e3】、深蓝【# 0d405d】，如图 23-15 所示。

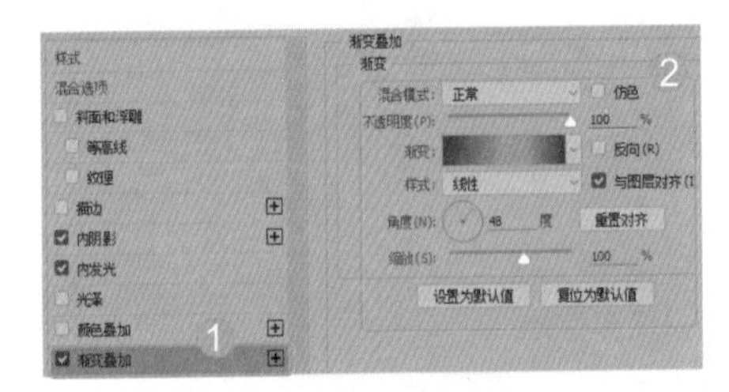
图 23-14

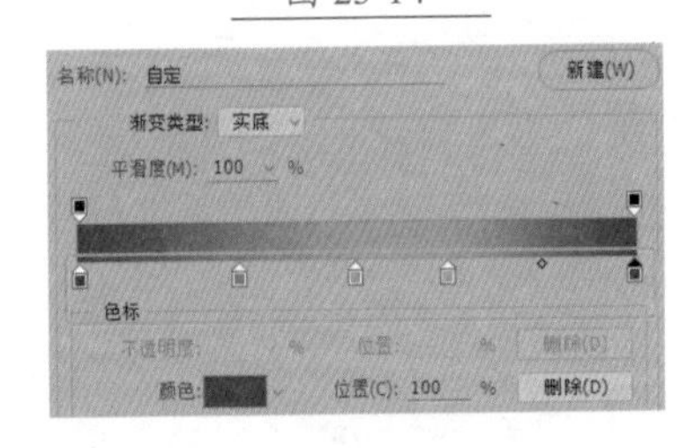
图 23-15

Step 11 绘制蓝色图形。新建【浅紫条】图层组，设置【混合模式】为穿透，新建【蓝条】图层，使用【钢笔工具】绘制路径，载入选区后填充任意颜色，如图 23-16 所示。

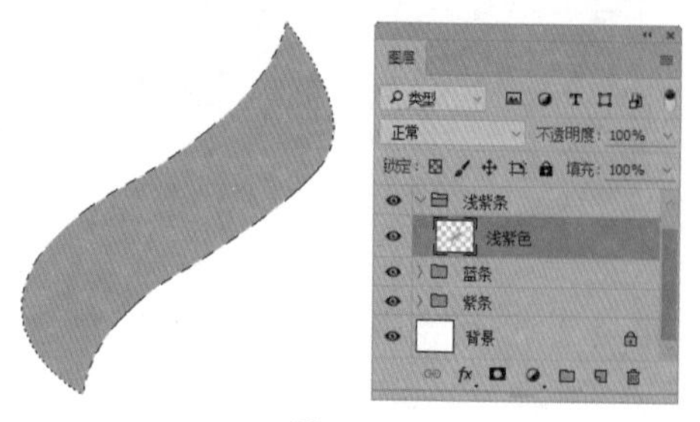

图 23-16

Step 12 添加【内阴影】。在【图层样式】对话框中，❶ 选中【内阴影】复选框，❷ 设置【混合模式】为正片叠底、阴影颜色为深蓝色【# 052f45】、【角度】为 -58 度、【距离】为 9 像素、【阻塞】为 0%、【大小】为 25 像素，如图 23-17 所示。

Step 13 添加【内发光】。在【图层样式】对话框中，❶ 选中【内发光】复选框，❷ 设置【混合模式】为滤色、发光颜色为浅蓝色【#e3f5ff】、【不透明度】为 20%、【阻塞】为 0%、【大小】为 65 像素，如图 23-18 所示。

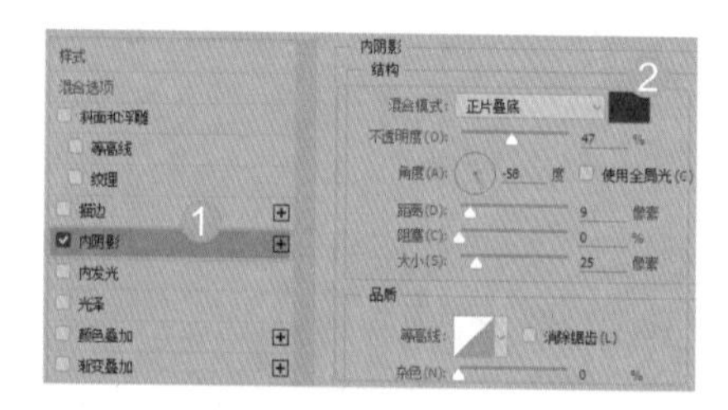

图 23-17

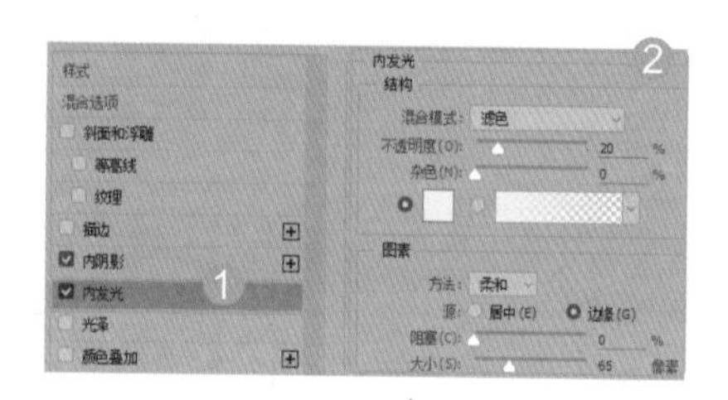

图 23-18

Step 14 添加【渐变叠加】。在【图层样式】对话框中，❶ 选中【渐变叠加】复选框，❷ 设置【样式】为线性、【角度】为 90 度、【缩放】为 100%，单击渐变色条，如图 23-19 所示。在【渐变编辑器】窗口中，设置渐变色标为【#3bb6e9】【#3b79e9】【#643be9】【#8b26e0】【#ad0bf9】【#f60bf9】，如图 23-20 所示。

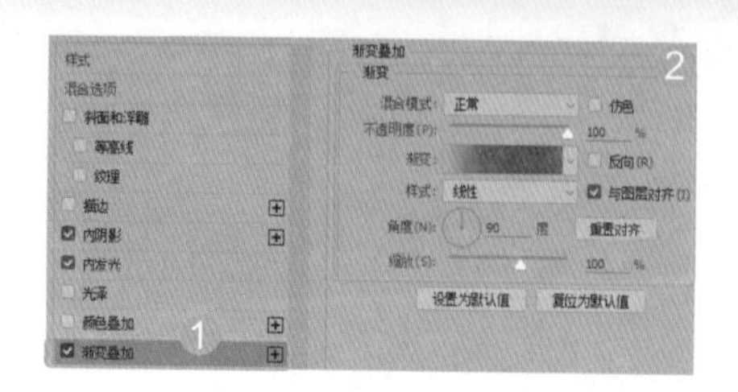

图 23-19

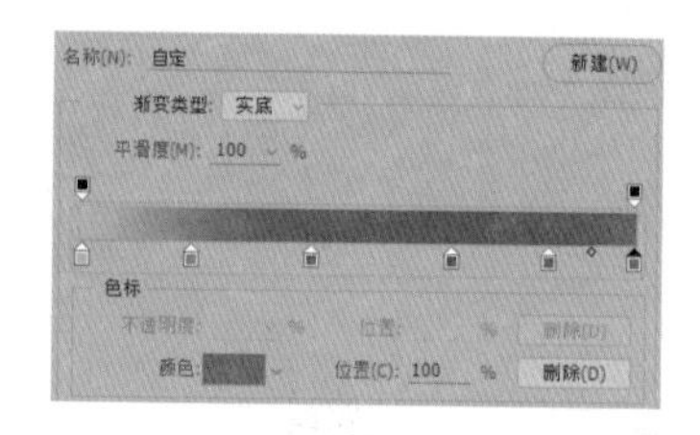

图 23-20

Step 15 绘制青色图形。新建【高光】图层，使用【钢笔工具】绘制路径，载入选区后填充青色【#509ec6】，如图 23-21 所示。

图 23-21

Step 16 添加【渐变叠加】。在【图层样式】对话框中，❶ 选中【渐变叠加】复选框，❷ 设置【样式】为线性、【不透明度】为 68%、【角度】为 45 度、【缩放】为 100%，单击渐变色条，如图 23-22 所示。

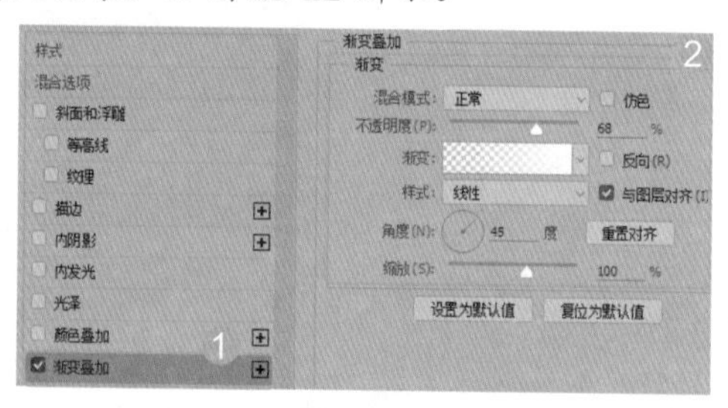

图 23-22

Step 17 设置渐变色。在【渐变编辑器】窗口中，设置渐变色标为白色、白色，更改左上角的【不透明度】为 0%，如图 23-23 所示。

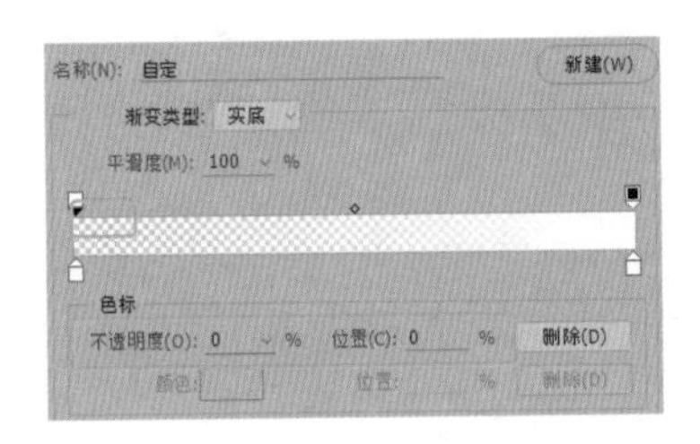

图 23-23

Step18 修改蒙版。为图层添加图层蒙版，使用黑色【画笔工具】 修改蒙版，如图 23-24 所示。

图 23-24

Step19 更改图层混合模式。更改图层【混合模式】为柔光，如图 23-25 所示，效果如图 23-26 所示。

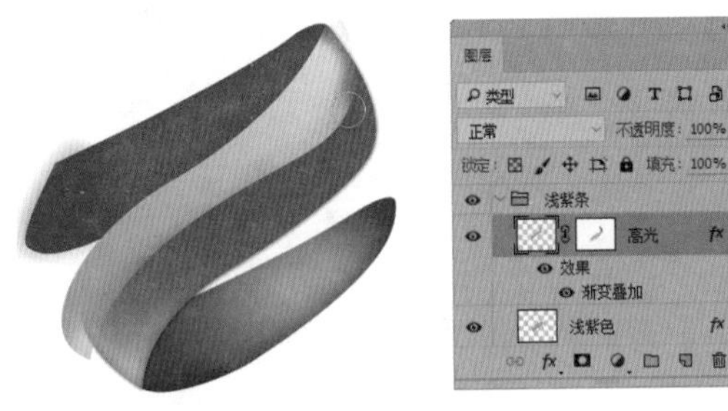

图 23-25　　图 23-26

Step20 绘制图形。新建【青条】图层组，设置【混合模式】为穿透，新建【青条】图层，使用【钢笔工具】 绘制路径，载入选区后填充任意颜色，如图 23-27 所示。

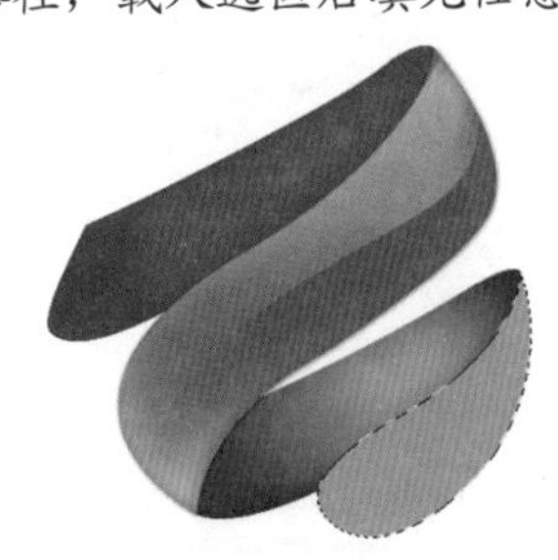

图 23-27

Step21 添加【渐变叠加】。双击图层，在【图层样式】对话框中，❶ 选中【渐变叠加】复选框，❷ 设置【样式】为线性、【角度】为 90 度、【缩放】为 100%，单击渐变色条，如图 23-28 所示。

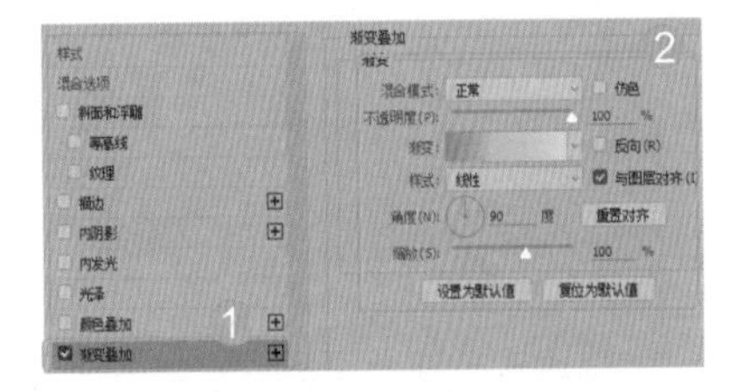

图 23-28

Step22 设置渐变色。在【渐变编辑器】窗口中，设置渐变色标为【#1b94b2】【#2cd4fe】【#a2e7f8】，如图 23-29 所示。

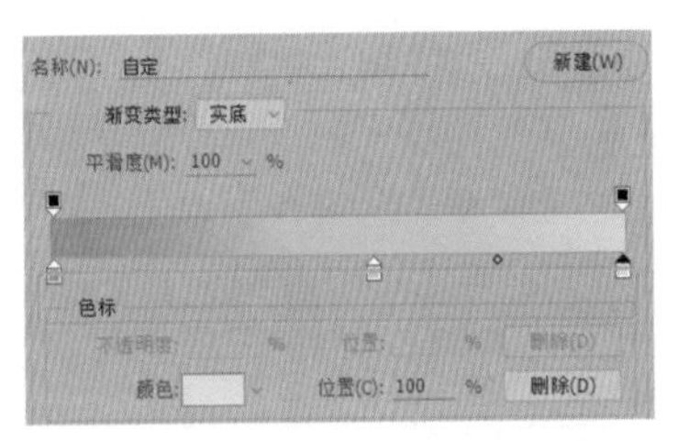

图 23-29

Step23 绘制图形。新建【高光】图层，使用【钢笔工具】 绘制路径，载入选区后填充任意颜色，如图 23-30 所示。

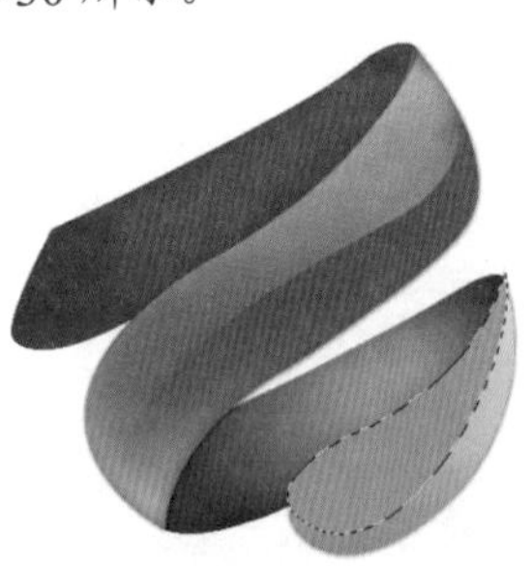

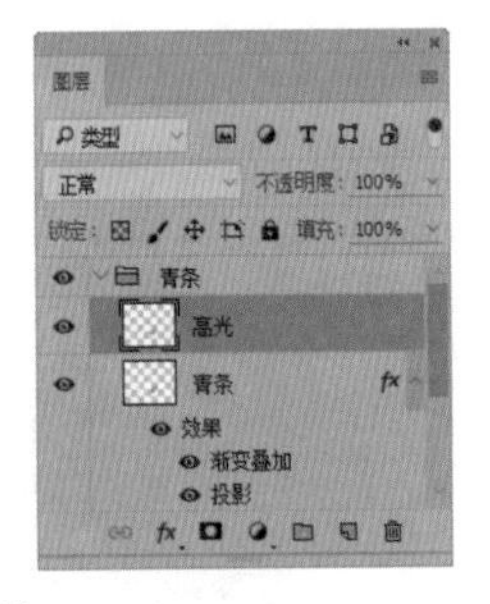

图 23-30

Step24 添加【渐变叠加】。在【图层样式】对话框中，❶ 选中【渐变叠加】复选框，❷ 设置【样式】为线性、【不透明度】为 100%、【角度】为 90 度、【缩放】为 100%，单击渐变色条，如图 23-31 所示。

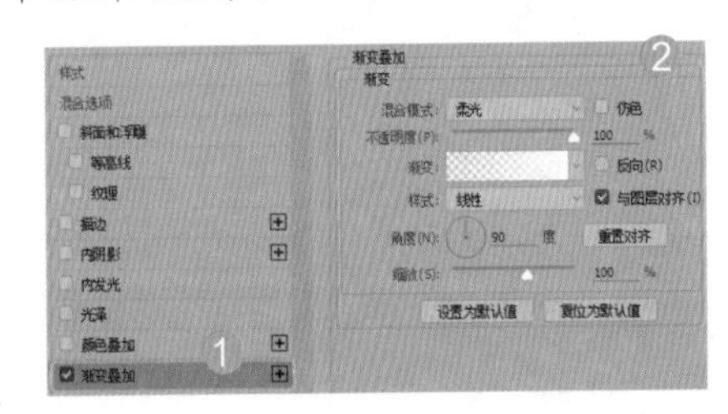

图 23-31

Step25 设置渐变色。在【渐变编辑器】窗口中，设置渐变色标为白色、白色，更改左下角的【不透明度】为 0%，如图 23-32 所示。

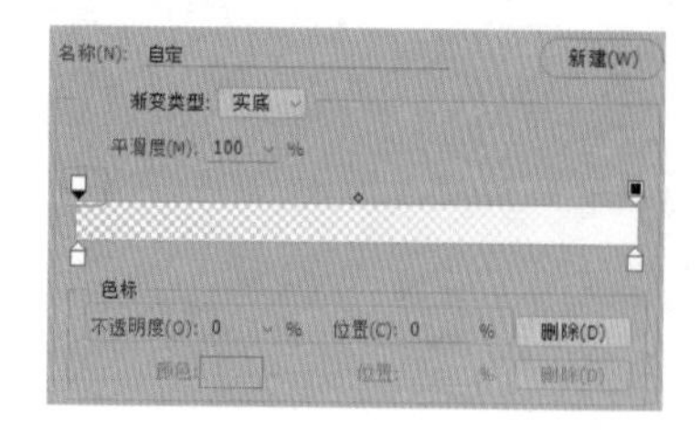

图 23-32

Step26 调整填充。更改【高光】图层填充为 0%，如图 23-33 所示，效果如图 23-34 所示。

图 23-33

图 23-34

Step27 绘制图形。新建【红条】图层组，设置【混合模式】为穿透，新建【红条】图层，使用【钢笔工具】绘制路径，载入选区后填充任意颜色，如图 23-35 所示。

图 23-35

Step28 添加【内阴影】。双击图层，在【图层样式】对话框中，❶ 选中【内阴影】复选框，❷ 设置【混合模式】为正片叠底、阴影颜色为深红色【#6f1063】、【角度】为 -49 度、【距离】为 6 像素、【阻塞】为 0%、【大小】为 25 像素，如图 23-36 所示。

Step29 添加【投影】。在打开的【图层样式】对话框中，❶ 选中【投影】复选框，❷ 设置【不透明度】为 75%、【角度】为 120 度、【距离】为 2 像素、【扩展】为 0%、【大小】为 9 像素，选中【使用全局光】复选框，如图 23-37 所示。

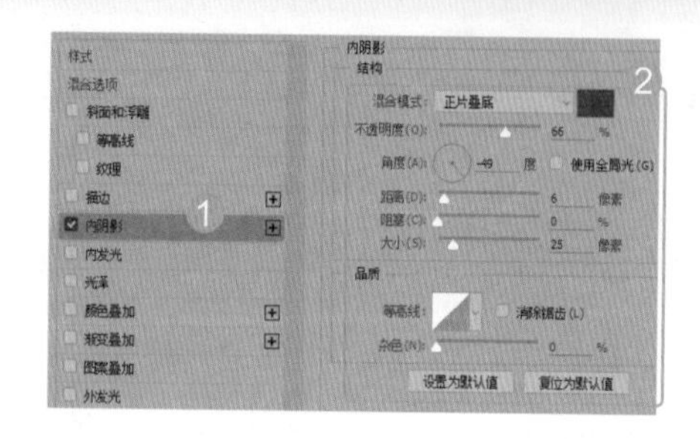

图 23-36

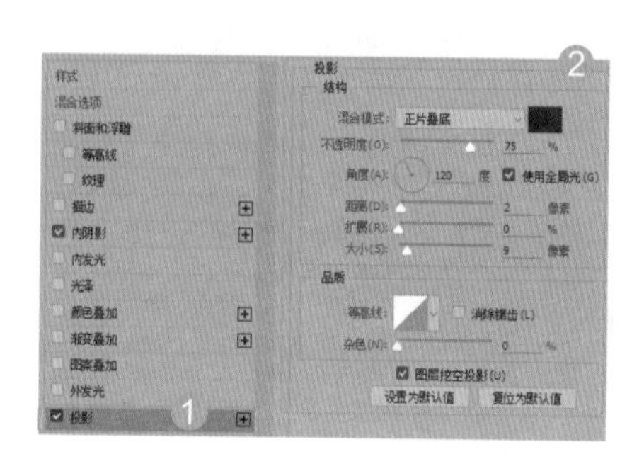

图 23-37

Step30 添加【渐变叠加】。在【图层样式】对话框中，❶ 选中【渐变叠加】复选框，❷ 设置【样式】为线性、【角度】为 90 度、【缩放】为 100%，单击渐变色条，如图 23-38 所示。在【渐变编辑器】窗口中，设置渐变色标为紫红色【#cb15c9】、红色【#eb1a8b】、红色【#ef375e】，如图 23-39 所示。

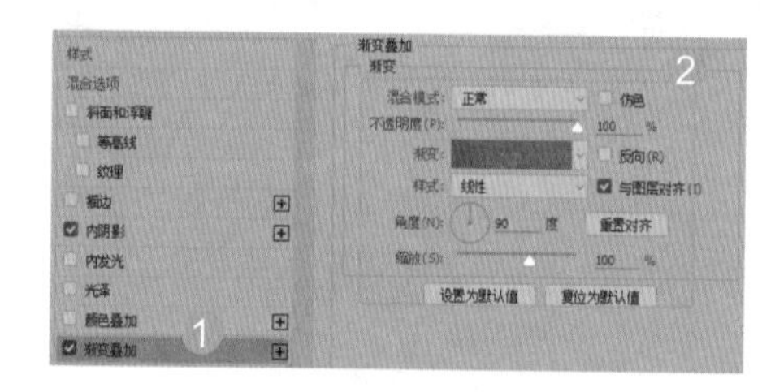

图 23-38

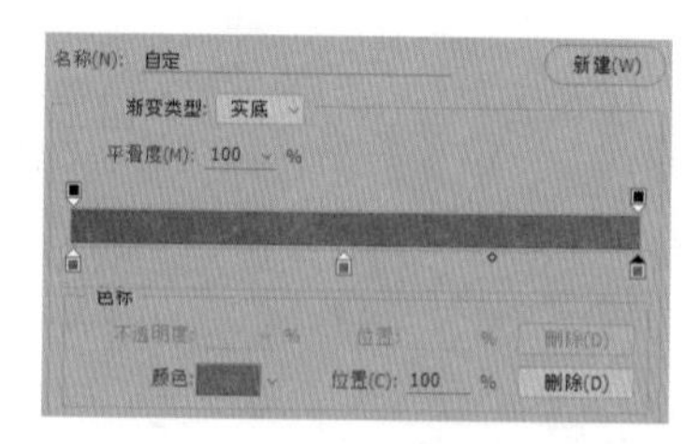

图 23-39

Step31 绘制图形。新建【高光】图层，使用【钢笔工具】绘制路径，载入选区后填充任意颜色，如图 23-40 所示。

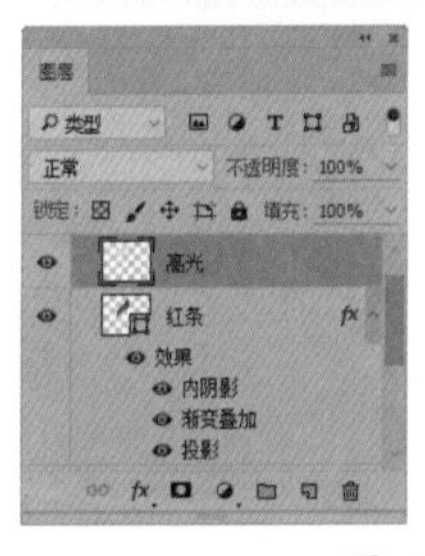
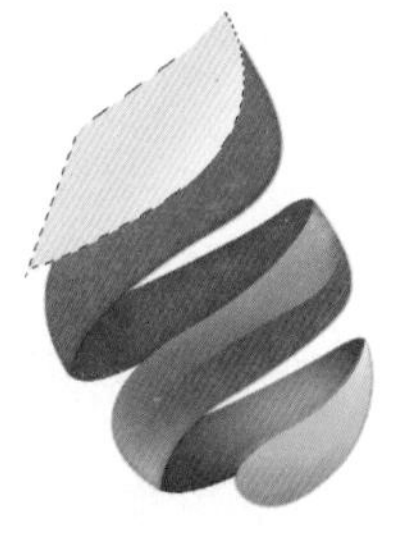

图 23-40

Step32 添加【渐变叠加】。在【图层样式】对话框中，❶ 选中【渐变叠加】复选框，❷ 设置【样式】为线性、【角度】为 −32 度、【缩放】为 51%，单击渐变色条，如图 23-41 所示。

Step33 设置渐变色。在【渐变编辑器】窗口中，设置渐变色标为白色、白色，调整左侧【不透明度】为 0%，并调整其位置，如图 23-42 所示。

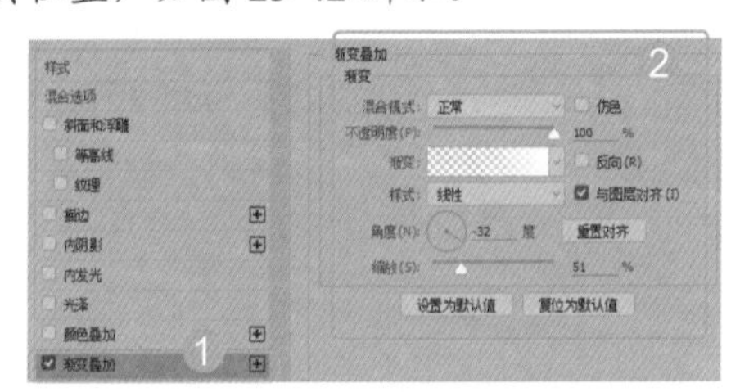

图 23-41

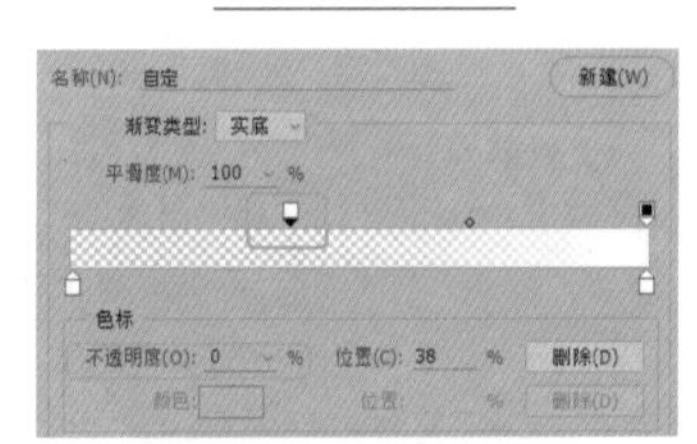

图 23-42

Step34 调整参数。更改【不透明度】为 50%、【填充】为 0%，如图 23-43 所示，效果如图 23-44 所示。

图 23-43

图 23-44

Step35 复制高光。复制【高光】图层，更改【不透明度】为 77%，如图 23-45 所示。调整【高光】图层位置，效果如图 23-46 所示。

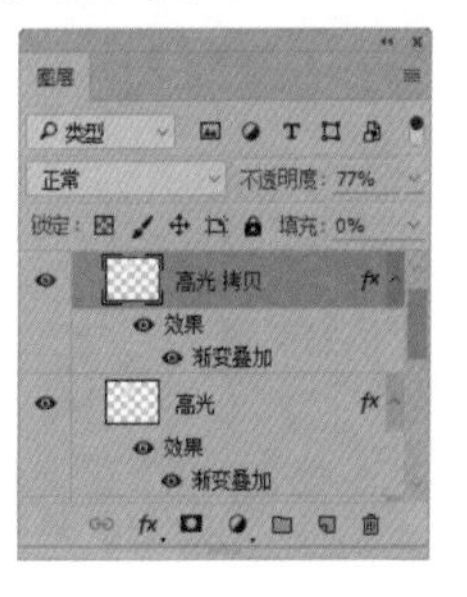

图 23-45

图 23-46

Step36 绘制图形。新建图层，命名为【暗部】，使用【钢笔工具】绘制路径，载入选区后填充任意颜色，如图 23-47 所示。

图 23-47

Step37 添加【渐变叠加】。在【图层样式】对话框中，❶ 选中【渐变叠加】复选框，❷ 设置【样式】为线性，【角度】为 69 度、【缩放】为 100%，单击渐变色条，如图 23-48 所示。

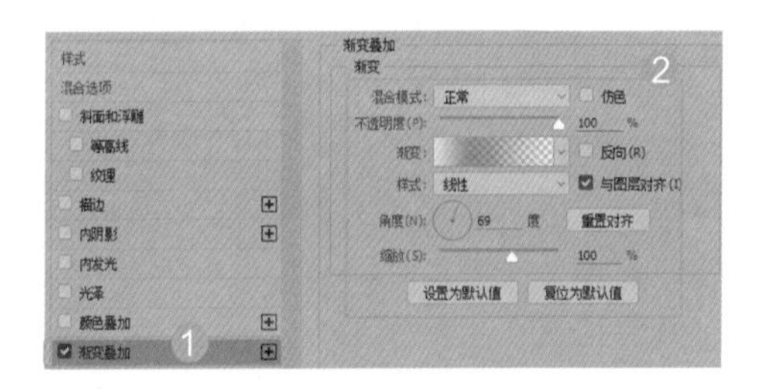

图 23-48

Step38 设置渐变色。在【渐变编辑器】对话框中，❶ 设置渐变色标为白色、深紫色【#6f2474】、洋红色【#f77aff】，❷ 选中右上角不透明度色标，❸ 调整渐变【不透明度】为 10%，如图 23-49 所示。

Step39 设置渐变色。设置前景色为黄色【#fee702】、背景色为橙色【#fbc206】，选择【渐变工具】，❶ 在选项栏中，选择【前景色到背景色渐变】选项，❷ 单击【径向渐变】按钮，如图 23-50 所示。

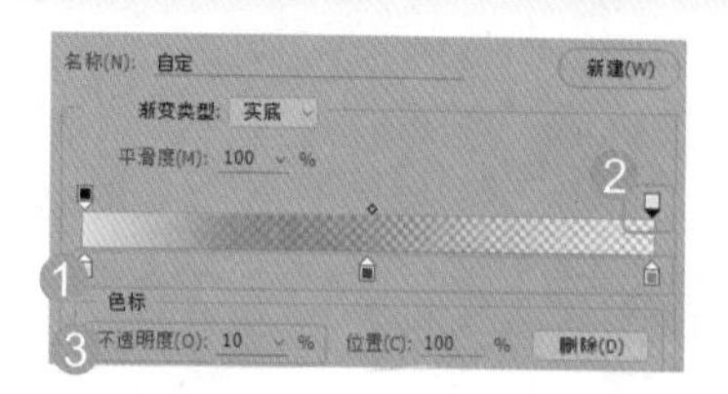

图 23-49

Step40 填充渐变色。选择【背景】图层，从中心向外拖动鼠标填充渐变色，如图 23-51 所示。

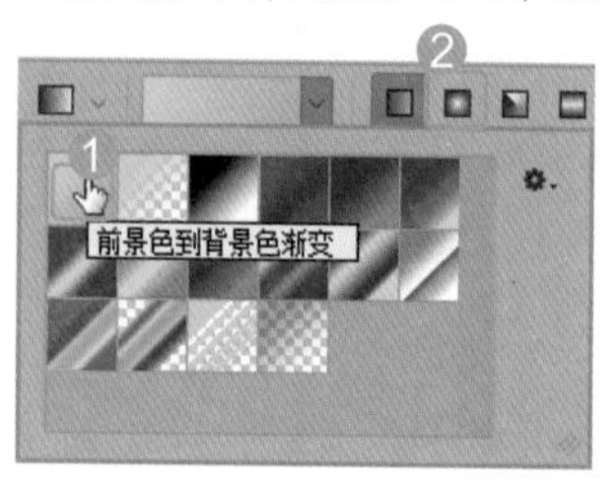

图 23-50

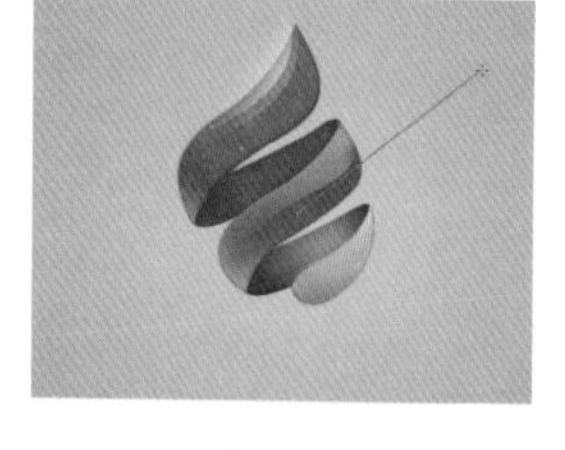

图 23-51

Step41 输入文字。使用【横排文字工具】T 输入文字“火炬设计工作室”，在选项栏中，设置【字体】为方正隶变简体，【字体大小】为 48 点，如图 23-52 所示。

图 23-52

23.2 宣传单 / 折页设计

本节将介绍宣传单设计的相关知识和实战应用。

23.2.1 设计知识链接

下面介绍宣传单 / 折页的概念、海报的作用及设计要点，为实战打下理论基础。

1. 宣传单 / 折页的概念

DM（Direct Mail advertising，直接投递或邮寄）有广义和狭义之分。广义上包括广告单页，如大家熟悉的街头巷尾、商场超市散布的传单，快餐店的优惠卷等，如图 23-53 所示；狭义上仅指装订成册的广告宣传册，页数为 20~200，如图 23-54 所示。

图 23-53

图 23-54

2. 宣传单 / 折页的设计要点

在设计 DM 时，首先围绕产品的优点进行考虑，对提高 DM 的广告效果大有帮助。DM 的设计制作方法，有以下几个要点。

（1）设计人员要透彻地了解商品，熟知消费者的心理和市场规律，只有知己知彼，才能百战不殆。

（2）爱美之心，人皆有之，故设计要新颖有创意，印刷要精致美观。

（3）DM 的设计形式无固定法则，可视具体情况灵活变通、出奇制胜。

（4）充分考虑其折叠方式、尺寸大小、实际重量，便于邮寄和发放。

（5）可在折叠方式上玩些小花样，如借鉴中国传统折纸艺术，让人有新鲜的感觉，但须方便拆阅。

（6）配图时，多选择与所传递信息有关联的图案，以刺激记忆。

（7）考虑色彩的魅力，搭配要醒目自然，色彩使用 CMYK 印刷模式。

（8）避免 DM 与街头散发的垃圾小报一样，印刷粗糙，内容低劣。

要想打动消费者，不在设计中下一番深功夫是不行的。在 DM 中，精品与垃圾往往只有一步之遥，要使你的 DM 成为精品而不是垃圾，就必须借助一些有效的广告技巧。

23.2.2 实战：宣传单设计

素材文件	素材文件 \ 第 23 章 \23.2\ 草地 .tif，城堡 .tif，小孩 .tif，云 .tif
结果文件	结果文件：结果文件 \ 第 23 章 \23.2.psd

案例分析

宣传单广泛应用于各行各业中，如饭店宣传单、开业促销单、招生宣传单等。本例制作招生宣传单，整体设计以浅蓝色为主色调，代表理性、诚实；素材图片以活泼、鲜艳、梦幻的风格为主，符合宣传对象的喜好，最终效果如图 23-55 所示。

图 23-55

案例制作

Step01 新建文件。执行【文件】→【新建】命令，打开【新建】对话框，❶ 设置【宽度】为 20 厘米、【高度】为 30 厘米、【分辨率】为 200 像素 / 英寸，❷ 单击【确定】按钮，如图 23-56 所示。

Step02 设置渐变色。设置前景色为蓝色【#05abff】、背景色为浅蓝色【#8bdaff】，选择【渐变工具】，在选项栏中选择【前景色到背景色渐变】选项，如图 23-57 所示。

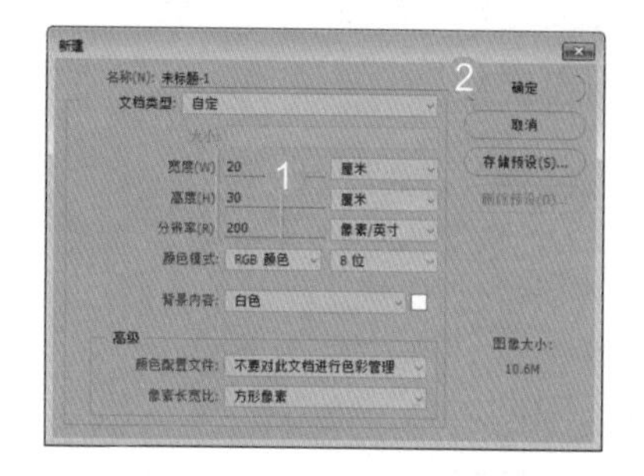

图 23-56

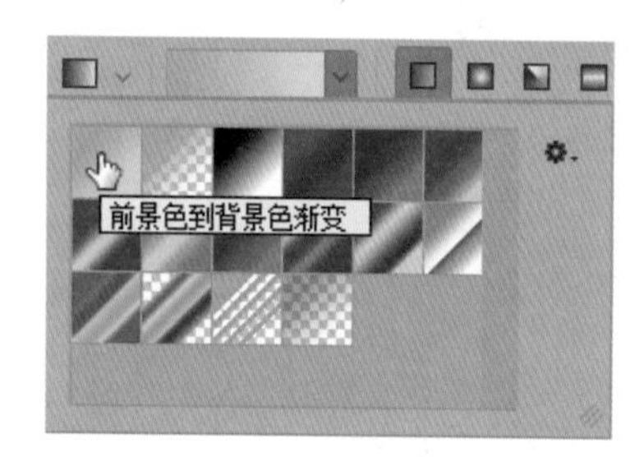

图 23-57

Step03 填充渐变色。从上至下拖动鼠标，如图 23-58 所示。填充渐变色效果如图 23-59 所示。

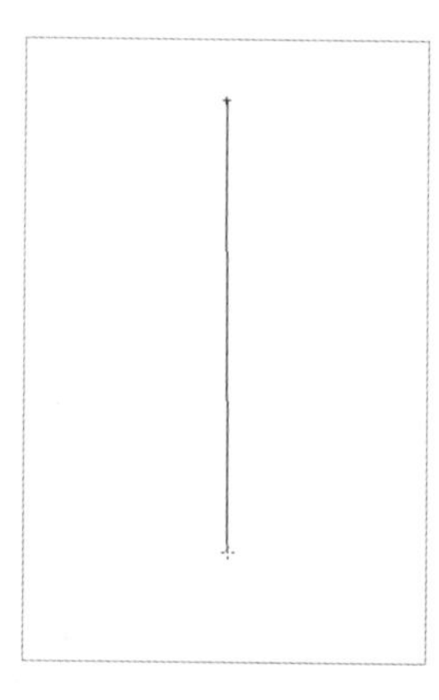

图 23-58

图 23-59

Step04 添加素材。打开“素材文件 \ 第 23 章 \23.2\ 草地 .tif”文件，将其拖动到当前图像中，如图 23-60 所示。

Step05 添加素材。打开“素材文件 \ 第 23 章 \23.2\ 小孩 .tif”文件，将其拖动到当前图像中，如图 23-61 所示。

图 23-60

图 23-61

Step06 添加素材。打开“素材文件 \ 第 23 章 \23.2\ 云 .tif”文件，将其拖动到当前图像中，如图 23-62 所示。

图 23-62

Step07 修改蒙版。为【云】图层添加图层蒙版，使用黑色【画笔工具】修改蒙版，如图 23-63 所示。

图 23-63

Step08 新建图层。单击【图层】面板下方的【创建新图层】按钮，新建【图层 1】图层，命名为【彩虹】，如图 23-64 所示。

Step09 设置渐变色。选择工具箱中的【渐变工具】，在选项栏中，❶ 单击色条右侧的按钮，❷ 在打开的下拉列表框中，选择【透明彩虹渐变】选项，如图 23-65 所示。

图 23-64

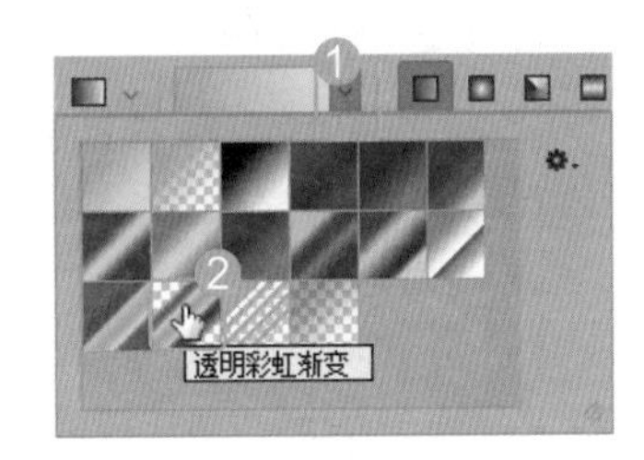

图 23-65

Step10 绘制彩虹渐变。按住【Shift】键，在图像中从上至下拖动鼠标绘制彩虹渐变，如图 23-66 所示。彩虹效果如图 23-67 所示。

图 23-66

图 23-67

Step11 扭曲彩虹。执行【滤镜】→【扭曲】→【极坐标】命令，在弹出的【极坐标】对话框中，❶ 选中【平面坐标到极坐标】单选按钮，❷ 单击【确定】按钮，如图 23-68 所示。图像效果如图 23-69 所示。

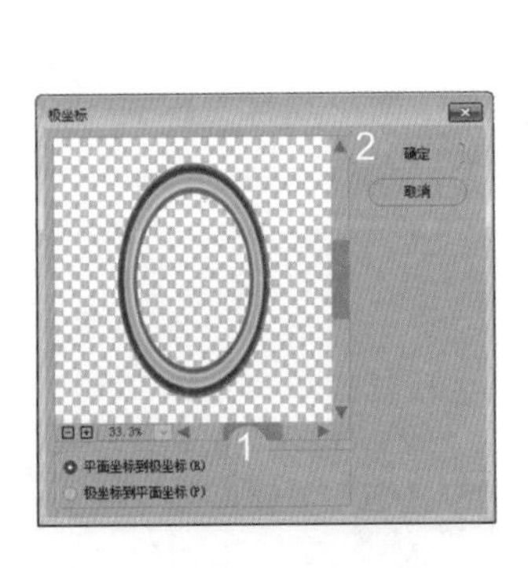

图 23-68

图 23-69

Step12 调整图像。按【Ctrl+T】组合键进入自由变换状态，拖动控制点调整图像大小，如图 23-70 所示。适当压缩图像，如图 23-71 所示。

图 23-70

图 23-71

Step13 隐藏部分图像。为【彩虹】图层添加图层蒙版，使用黑色【画笔工具】在下方涂抹，隐藏部分图像，如图 23-72 所示。

图 23-72

Step14 打开素材。打开“素材文件\第 23 章\23.2\城堡.tif”文件，将其拖动到当前图像中，如图 23-73 所示。

Step15 隐藏边缘图像。为【城堡】图层添加图层蒙版，使用黑色【画笔工具】在两侧涂抹，隐藏边缘图像，如图 23-74 所示。

图 23-73

图 23-74

Step16 输入文字。选择【横排文字工具】T，在图像中输入文字“金色童年”，在选项栏中，设置【字体】为方正粗倩简体、【字体大小】为 108 点，如图 23-75 所示。

图 23-75

Step17 绘制路径。选择【钢笔工具】，在选项栏中，选择【路径】选项，绘制路径，如图 23-76 所示。在【路径】面板中，将【工作路径】拖动到【创建新路径】按钮上，存储为【路径 1】，如图 23-77 所示。

图 23-76

图 23-77

Step18 填充橙色。新建【左卷】图层，按【Ctrl+ Enter】组合键载入路径选区，并填充橙色【#f08300】，如图 23-78 所示。

Step19 绘制路径。在【路径】面板中，新建【路径 2】，如图 23-79 所示。选择【钢笔工具】，在选项栏中，选择【路径】选项，绘制路径，如图 23-80 所示。

图 23-78

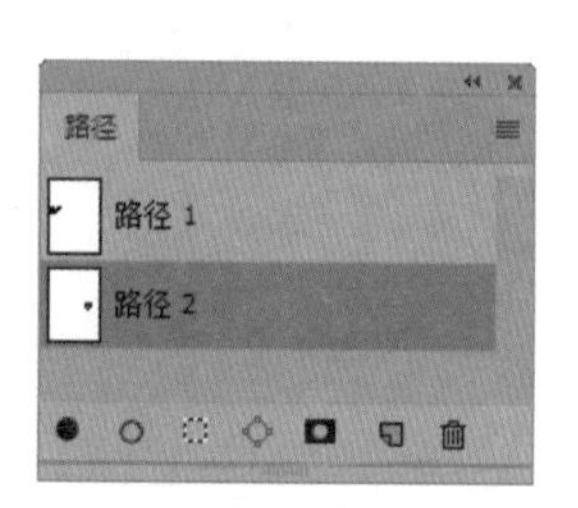

图 23-79

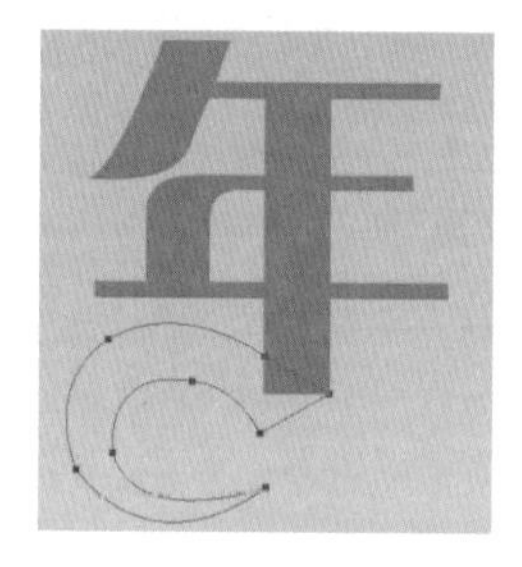

图 23-80

Step20 填充洋红色。新建【右卷】图层，按【Ctrl+Enter】组合键载入路径选区，并填充洋红色【#e4007e】，如图 23-81 所示。

图 23-81

Step21 更改文字颜色。选择【金色童年】文字图层，如图 23-82 所示。更改“色”字为浅蓝色【#00a1e9】、“童”字为深蓝色【#1c2087】、“年”字为洋红色【#e4007e】，如图 23-83 所示。

图 23-82

图 23-83

Step22 制作立体文字。双击【金色童年】文字图层，在打开的【图层样式】对话框中，❶ 选中【斜面和浮雕】复选框，❷ 设置【样式】为内斜面，【方法】为平滑、【深度】为1000%、【方向】为上、【大小】为3像素、【软化】为0像素，设置【角度】为120度、【高度】为30度，设置【高光模式】为滤色、【不透明度】为100%、【阴影模式】为正片叠底、【不透明度】为53%，如图23-84所示。斜面和浮雕效果如图23-85所示。

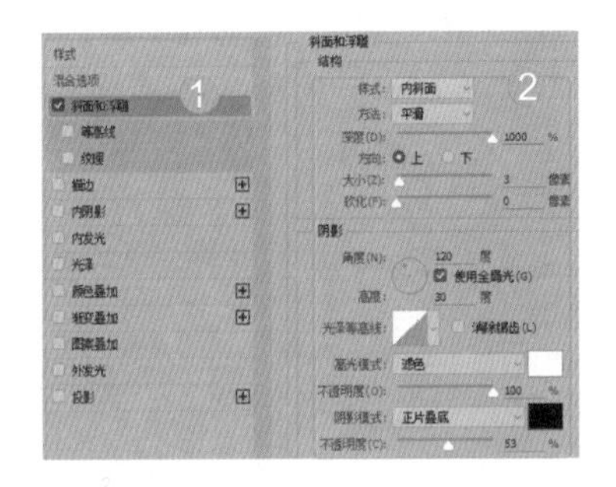

图 23-84

图 23-85

Step23 描边文字。在【图层样式】对话框中，❶ 选中【描边】复选框，❷ 设置【大小】为8像素、描边颜色为白色，如图23-86所示。描边效果如图23-87所示。

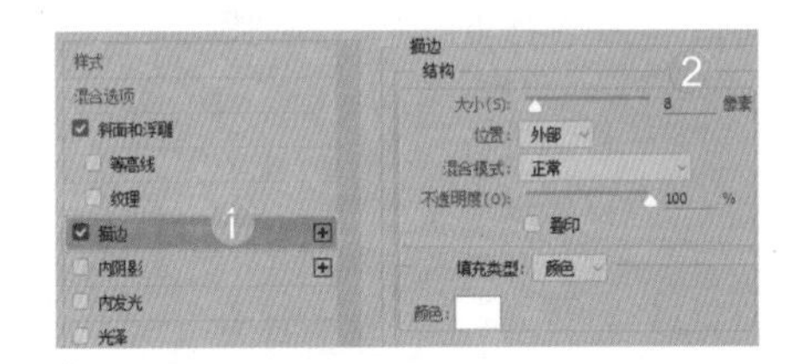

图 23-86

Step24 输入文字。使用【横排文字工具】T 输入蓝色文字“学前教育班招生啦”，在选项栏中，设置【字体】为方正兰亭大黑、【字体大小】为36点，效果如图23-88所示。

图 23-87

Step25 输入文字。使用【横排文字工具】T 输入蓝色文字“火热报名中”，在选项栏中，设置【字体】为华康海报体，【字体大小】为48点，效果如图23-89所示。

图 23-88　　图 23-89

Step26 输入文字。使用【横排文字工具】T 输入蓝色文字“活动期间报名前20名小朋友可享受6折优惠”，在选项栏中，设置【字体】为黑体、【字体大小】为18点，效果如图23-90所示。

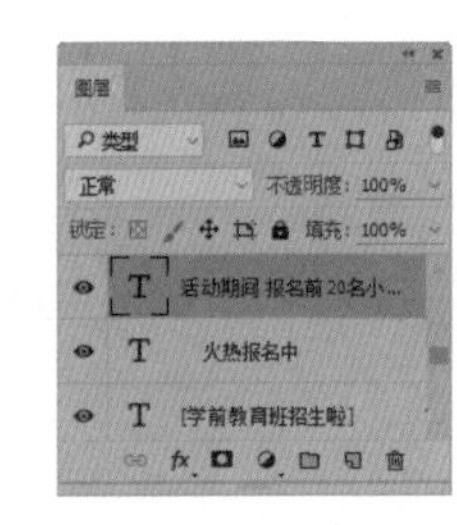

图 23-90

Step27 输入文字。拖动【横排文字工具】T 创建段落文本框，输入蓝色文字，在选项栏中，设置【字体】为cambria、【字体大小】为5.5点，效果如图23-91所示。

图 23-91

Step28 绘制形状。选择【自定形状工具】，在选项栏中，选择【电话 2】形状，如图 23-92 所示。在图像中拖动鼠标绘制形状，如图 23-93 所示。

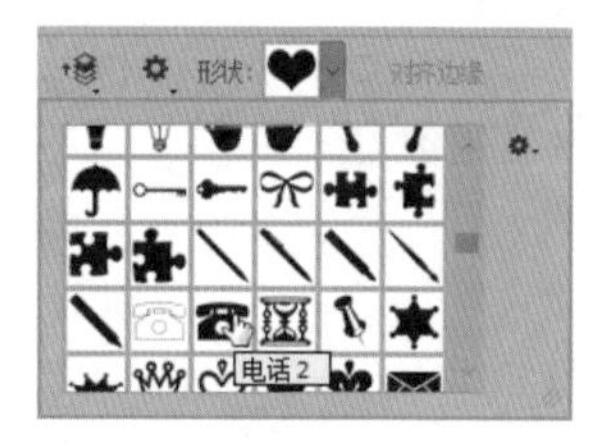
图 23-92

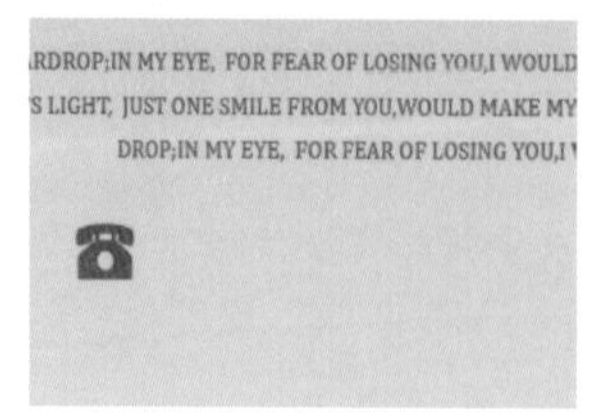
图 23-93

Step29 输入文字。拖动【横排文字工具】T 输入蓝色文字"热线/"，在选项栏中，设置【字体】为汉仪中黑简、【字体大小】为 9.7 点，效果如图 23-94 所示。

Step30 输入数字。拖动【横排文字工具】T 输入蓝色数字"029-98889999"，在选项栏中，设置【字体】为 002-CAI978、【字体大小】为 20 点，如图 23-95 所示。

Step31 选择【拷贝图层样式】命令。右击【金色童年】文字图层，在打开的快捷菜单中，选择【拷贝图层样式】命令，如图 23-96 所示。

图 23-94　图 23-95

Step32 选择【粘贴图层样式】命令。分别右击【左卷】和【右卷】文字图层，在打开的快捷菜单中，选择【粘贴图层样式】命令，效果如图 23-97 所示。

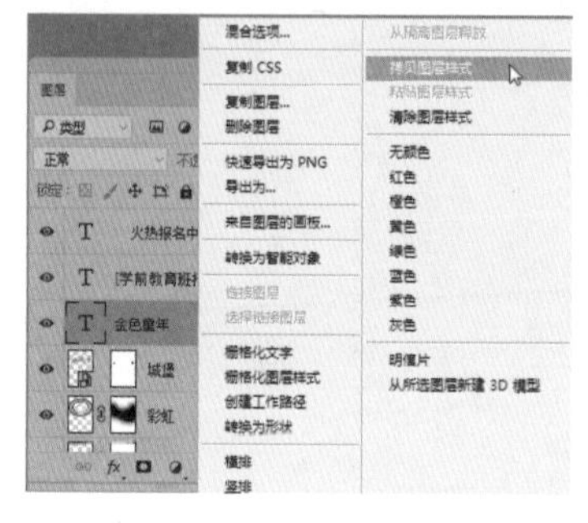
图 23-96

图 23-97

23.3 海报 / 招贴广告设计

本节将介绍手机海报设计的相关知识和实战应用。

23.3.1 设计知识链接

下面介绍海报 / 招贴广告设计的概念和海报 / 招贴设计的创作思路，为实战打下理论基础。

1. 海报 / 招贴广告设计的概念

海报 / 招贴广告设计是商业广告的重要分支，其设计重点是能够吸引受众的眼球，并引起受众的共鸣，如图 23-98 所示。

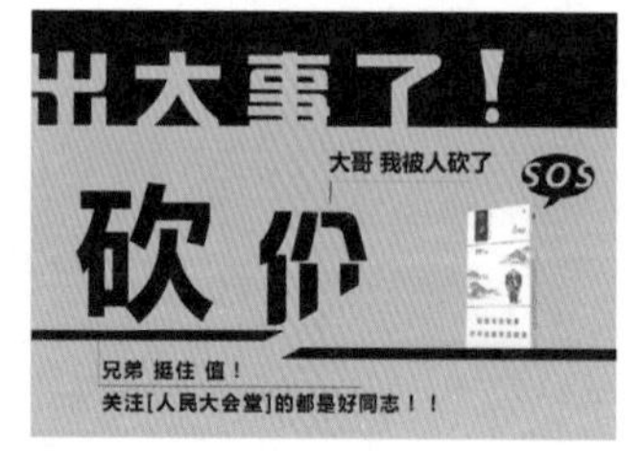

图 23-98

海报是人们极为常见的一种招贴形式，多用于电影、戏剧、比赛、文艺演出等活动。海报中通常要写清楚活动的性质、主办单位、时间、地点等内容。海报的语言要求简明扼要，形式要做到新颖美观。

公益海报广告具有宣传性。海报呼吁社会各界的参与，它是广告的一种，有时以夸张、另类的美术设计来表现，以吸引更多的人加入活动。

海报可以在媒体上刊登、播放，但大部分张贴于人们易于看到的地方，其广告性色彩极其浓厚。

2. 海报 / 招贴设计的创作思路

进行海报设计前，首先要分析海报的用途。根据海报的用途，再构思海报的设计元素和方案内容。要具体真实地写明活动的地点、时间及主题。

文中可以用些鼓动性的词语，但不可夸大事实。海报要求文字简洁明了，篇幅短小精悍，其版式可以做些艺术性的处理，以吸引观众注意，如图 23-99 所示。

在设计过程中，设计师必须对整个流程有一个清晰的思路并逐一落实。海报中的大标题、选用的资料、图版标志等所有设计元素，必须以适当的方式组合成一个有机的整体，否则海报将会变得混乱不堪、主题不明。

图 23-99

23.3.2 实战：公益海报设计

素材文件	素材文件 \ 第 23 章 \23.3\ 灯 .tif，殿 .tif，风景 .tif，墙 .tif，手 . tif，藤条 .tif，左鸟 .tif，右鸟 .tif
结果文件	结果文件 \ 第 23 章 \23.3.psd

案例分析

公益海报的效果展示如图 23-100 所示。本例广告主题是节能，所以选择绿色作为主色调。采用藤条缠绕的提灯作为主图，与节能的主题相切合。制作文字内容时，采用简洁的黑色文字，同时结合少量直排文字，使画面看上去古朴大方。

图 23-100

案例制作

Step01 新建文件。执行【文件】→【新建】命令，打开【新建】对话框，❶设置宽度为 60 厘米、高度为 80 厘米、分辨率为 72 像素 / 英寸，❷单击【确定】按钮，如图 23-101 所示。

Step02 填充背景色。设置前景色为浅绿色【#e1e8da】，按【Alt+Delete】组合键为背景填充浅绿色，如图 23-102 所示。

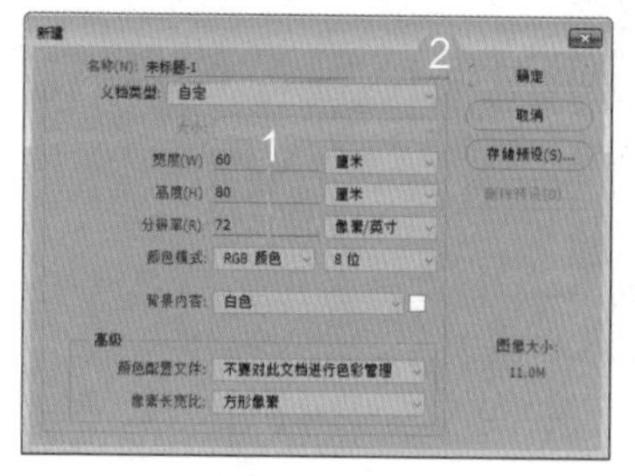
图 23-101

图 23-102

Step03 添加底图素材。打开“素材文件\第 23 章\23.3\风景.tif”文件，将其拖动到当前文件中，移动到下方适当位置，如图 23-103 所示。

Step04 降低不透明度。降低【风景】图层不透明度为 10%，如图 23-104 所示。

图 23-103

图 23-104

Step05 添加墙素材。打开“素材文件\第 23 章\23.3\墙.tif”文件，将其拖动到当前文件中，移动到下方适当位置，如图 23-105 所示。

Step06 添加图层蒙版。为【墙】图层添加图层蒙版，如图 23-106 所示，设置前景色为黑色，使用【画笔工具】在下方涂抹，隐藏部分图像。

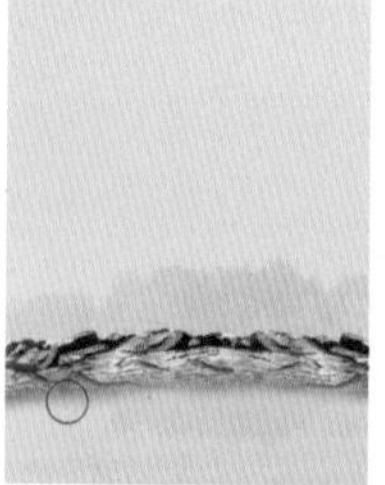
图 23-105

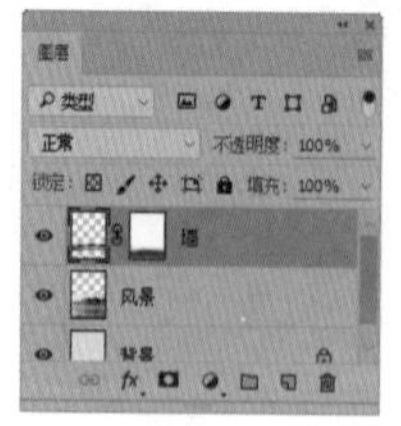
图 23-106

Step07 添加宫殿素材。打开“素材文件\第 23 章\23.3\殿.tif”文件，将其拖动到当前文件中，移动到适当位置，如图 23-107 所示。

图 23-107

Step08 添加图层蒙版。为【殿】图层添加图层蒙版，设置前景色为黑色，使用【画笔工具】在下方涂抹，隐藏部分图像，效果如图 23-108 所示。

图 23-108

Step09 添加手素材。打开“素材文件\第 23 章\23.3\手.tif”文件，将其拖动到当前文件中，移动到适当位置，如图 23-109 所示。

Step10 添加灯素材并添加图层蒙版。打开“素材文件\第 23 章\23.3\灯.tif”文件，将其拖动到当前文件中，移动到适当位置，如图 23-110 所示。为【灯】图层添加图层蒙版，设置前景色为黑色，使用【画笔工具】涂抹图像，效果如图 23-111 所示。

图 23-109

图 23-110

图 23-111

Step11 添加图层样式。在【图层样式】对话框中，❶ 选中【投影】复选框，❷ 设置投影颜色为浅灰色【#b1adad】、【不透明度】为 75%、【角度】为 120 度、【距离】为 10 像素，【扩展】为 0%、【大小】为 6 像素，选中【使用全局光】复选框，如图 23-112 所示。

Step 12 添加藤条素材。打开“素材文件\第 23 章\23.3\藤条.tif”文件，将其拖动到当前文件中，移动到适当位置，如图 23-113 所示。

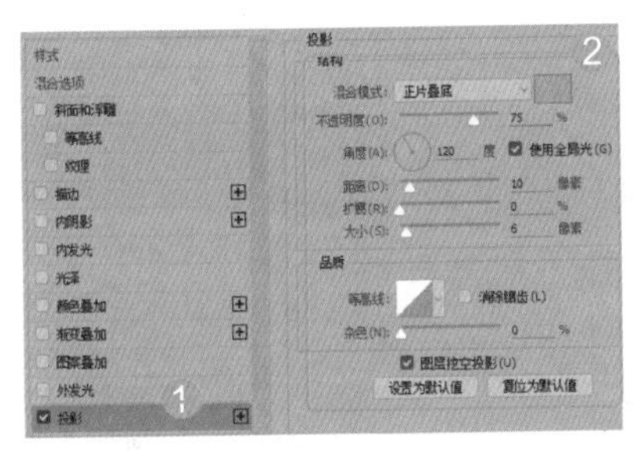

图 23-112

图 23-113

Step 13 复制藤条。复制多个藤条，调整位置、大小和旋转角度，创建藤条围绕灯的视觉效果，如图 23-114 所示。

Step 14 渐隐藤条。为下方的两个藤条图层添加图层蒙版，设置前景色为黑色，使用【画笔工具】修改蒙版，如图 23-115 所示。

图 23-114

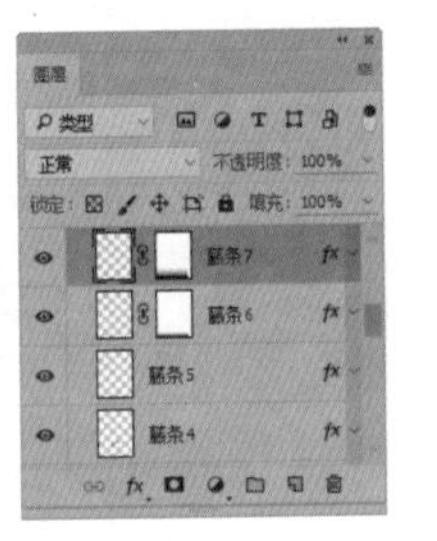

图 23-115

Step 15 创建选区。在灯的下方新建图层，命名为【灯光】。使用【椭圆选框工具】创建选区，如图 23-116 所示。按【Shift+F6】组合键打开【羽化选区】对话框，❶ 设置【羽化半径】为 50 像素，❷ 单击【确定】按钮，如图 23-117 所示。

图 23-116

图 23-117

Step 16 填充灯光颜色。为选区填充白色，创建灯光效果，如图 23-118 所示。

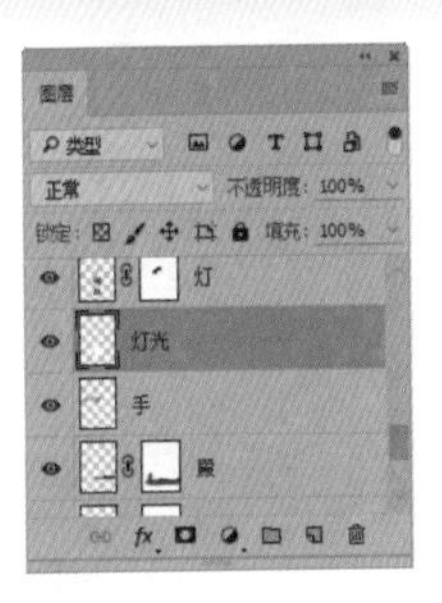

图 23-118

Step 17 管理图层。选中所有藤条图层，如图 23-119 所示，执行【图层】→【新建】→【从图层建立组】命令，新建组，弹出【从图层新建组】对话框，❶ 设置【名称】为【藤条】，❷ 单击【确定】按钮，如图 23-120 所示。创建【藤条】图层组，如图 23-121 所示。

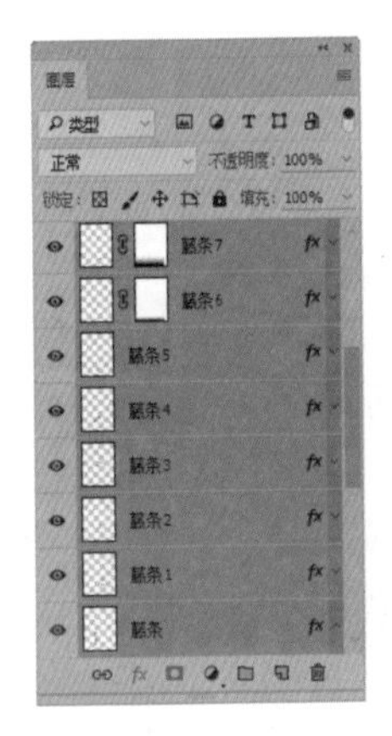

图 23-119

图 23-120

图 23-121

Step 18 添加左鸟素材。打开“素材文件\第 23 章\23.3\左鸟.tif”文件，拖动到当前文件中，移动到左侧适当位置，如图 23-122 所示。

Step19 添加右鸟素材。打开“素材文件 \ 第 23 章 \23.3\ 右鸟 .tif”文件，将其拖动到当前文件中，移动到右侧适当位置，如图 23-123 所示。执行【编辑】→【变换】→【水平翻转】命令，水平翻转图像，如图 23-124 所示。

图 23-122

图 23-123

图 23-124

Step20 输入文字。使用“横排文字工具” T 在图像中输入文字“低碳是一种态度”。在【字符】面板中，设置【字体】为方正粗倩简体、【字体大小】为 150 点、【字距】为 260，如图 23-125 所示。

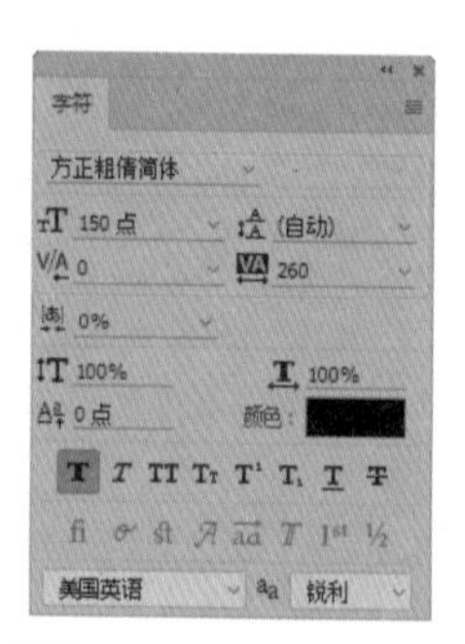

图 23-125

Step21 输入文字。使用【横排文字工具】 T 在图像中输入文字“节能让生活更美好”。在【字符】面板中，设置【字体】为宋体、【字体大小】为 100 点、【字距】为 200，如图 23-126 所示。

图 23-126

Step22 输入直排文字。使用【直排文字工具】 T 在图像中输入文字。在【字符】面板中，设置【字体】为汉仪中宋繁、【字体大小】为 33 点、【行距】为 100 点，如图 23-127 所示。

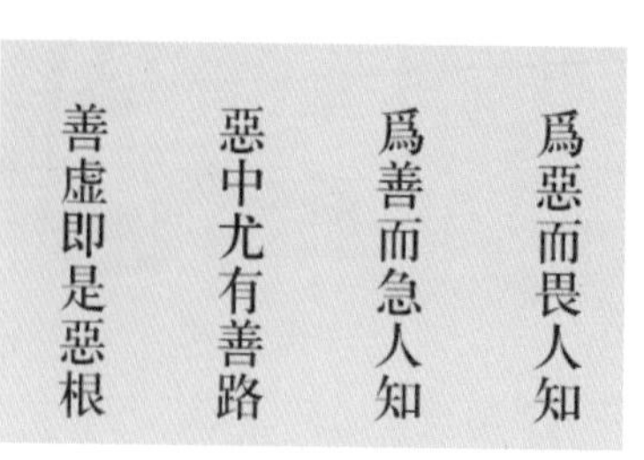

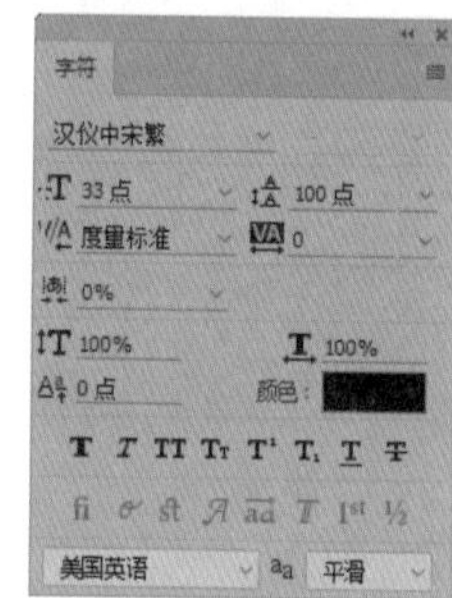

图 23-127

Step23 添加直线。新建图层，命名为【直线】。选择【直线工具】，在选项栏中，选择【像素】选项，设置【宽度】为 4 像素，拖动鼠标绘制直线，如图 23-128 所示。

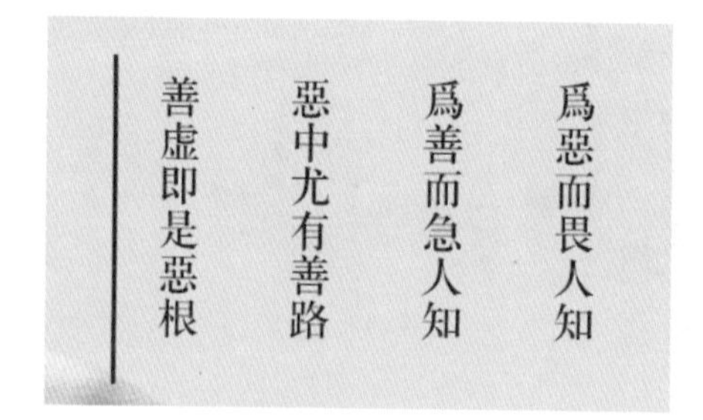

图 23-128

Step24 复制直接。按住【Ctrl】键，单击【直线】图层缩览图，载入图层选区。选择【移动工具】，按住【Shift+Alt】组合键，水平拖动鼠标复制多条直线，如图 23-129 所示。

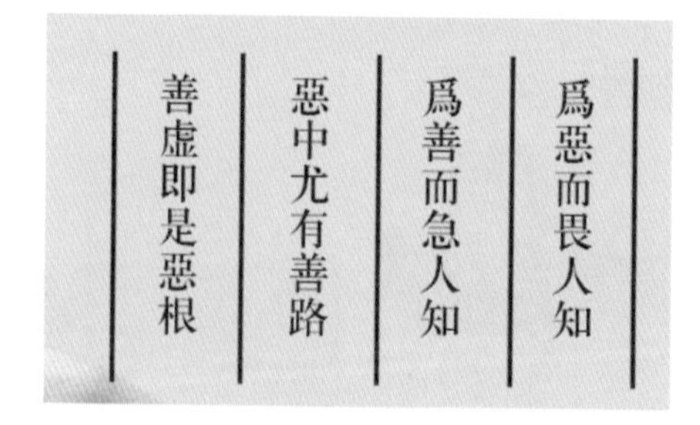

图 23-129

23.4 户外广告设计

本节将介绍户外广告设计的相关知识和实战应用。

23.4.1 设计知识链接

本节将介绍户外广告的特点、类别及创意方式，为实战打下理论基础。

1. 户外广告的特点和类别

户外广告设计因为幅面普遍偏大，所以不要求特别清晰，但因为户外干扰多，对创意的要求非常高。只有独特的创意，才能留住行人匆匆的脚步，如图 23-130 所示。

图 23-130

在设计领域，通常把安装在户外的广告称为户外广告。常见的户外广告有单立柱广告牌、灯箱广告、易拉宝广告、车身广告、霓虹灯广告、LED 看板等。

2. 户外广告的创意方式

户外广告的优势很明显，但因为户外信息量太庞大，想成功吸引匆匆行走的路人，设计必须要有十足的创意。

（1）表现形式的创新。

每年的各种户外广告参评作品大都是平面作品的移植，只是用了更大字体的广告语，更加明显的品牌标记，再加上一幅醒目的图片。无论是看板还是大立柱，都是四四方方的图形设计。

设计户外广告时，可以与周围的建筑风格相得益彰，从而使广告产生动感的视觉效果。例如，将广告物品或代表物伸出广告牌以外，造成立体效果，就更容易吸引过往行人的目光，如图 23-131 所示。

图 23-131

（2）选择表现内容。

在一个只有 5 秒和一个 5 分钟停留的环境中，在一个拥挤嘈杂的和一个清静优雅的氛围中，在行进的车辆和购物商场中，不同的场合，人们对广告的关注程度也有着巨大的差别， 因此在广告的表现内容上应该有的放矢、有简有繁。有的只能用大字标语强化品牌，有的则可以图文并茂，详细介绍产品。这需要广告人深刻理解广告产品的特性，揣摩受众的接受心态及广告所处的环境。

（3）表现手法的创新。

在我国的许多大城市，霓虹灯和电子广告牌使用很多，点缀着城市的夜空，但其表现手法通常比较陈旧和呆板。而矗立在伦敦街头的健力士啤酒广告，则利用昼夜交替，使两面上的啤酒杯由空杯变满杯，充满诱惑、惹人遐想，在啤酒消费的黄金时段发挥了极强的宣传效果。

创新的表现手法，应该借助于各种环境因素，使广告鲜活起来。而这些表现手法，把户外看板与立体模型的零售终端完美地组合在一起。

（4）结合媒体合理应用。

户外广告是一个很大的概念，常见的有灯箱、路牌、霓虹灯、招贴，以及交通工具和橱窗等，不同的户外媒体有不同的表现风格和特点，应该创造性地加以利用，整合各种媒体的优势。

在欧洲发达国家，户外广告的设置地点、间隔密度、大小比例，似乎都考虑到城市的周围环境和行人密度，使人感觉到温馨和舒适，起到了美化和缀点城市的作用。

23.4.2 实战：大型单立柱广告设计

素材文件	素材文件 \ 第 23 章 \23.4\ 标志 .tif，单立柱模板 .tif，地球 .tif，沙漠 .tif，水滴 .jpg，土壤 .tif，眼睛 .tif
结果文件	结果文件 \ 第 23 章 \23.4a.psd，23.4b.psd

案例分析

单立柱广告的效果展示如 23-132 所示。其广告文字简洁、醒目，使用大字体，与广告语的内容相协调，起到了相辅相成的作用。制作广告效果图时，要根据单立柱安装的位置，调整好角度和透视效果，使广告牌融入环境中。

图 23-132

案例制作

Step01 新建文件。执行【文件】→【新建】命令，打开【新建】对话框，❶ 设置宽度为 55 厘米、高度为 23 厘米、分辨率为 70 像素 / 英寸，❷ 单击【确定】按钮，如图 23-133 所示。

Step02 添加素材。打开“素材文件 \ 第 23 章 \23.4\ 沙漠 .tif”文件，将其拖动到当前文件中，移动到适当位置，如图 23-134 所示。

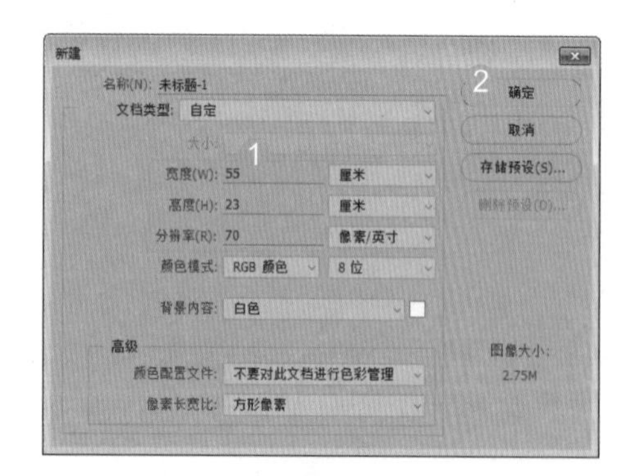

图 23-133

图 23-134

Step03 添加图层蒙版。为【沙漠】图层添加图层蒙版，使用【画笔工具】修改蒙版，如图 23-135 所示。

图 23-135

Step04 添加眼睛素材。打开“素材文件 \ 第 23 章 \23.4\ 眼睛 .tif”文件，将其拖动到当前文件中，移动到适当位置，如图 23-136 所示。

Step05 添加图层蒙版。为【眼睛】图层添加图层蒙版，使用【画笔工具】修改蒙版，如图 23-137 所示。

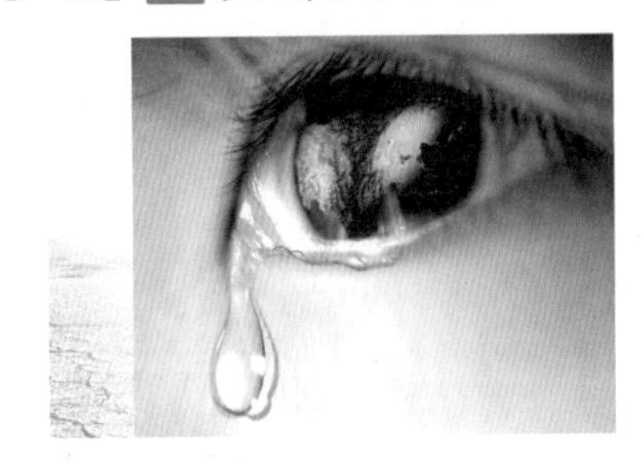

图 23-136

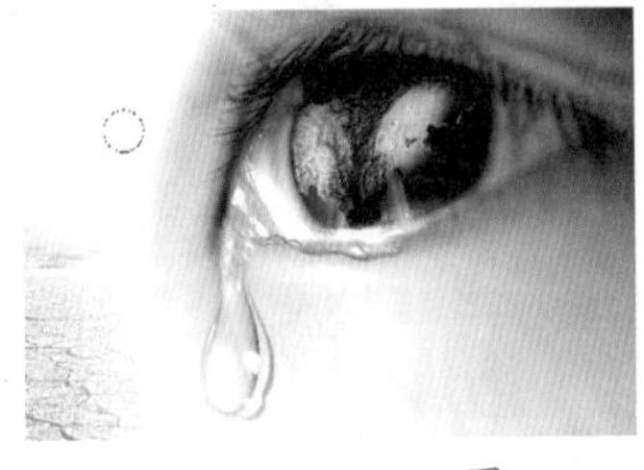

图 23-137

Step06 添加素材。打开“素材文件\第 23 章\23.4\土壤.tif”文件，将其拖动到当前文件中，移动到适当位置，如图 23-138 所示。

图 23-138

Step07 添加图层蒙版。为【土壤】图层添加图层蒙版，使用【画笔工具】修改蒙版，如图 23-139 所示。

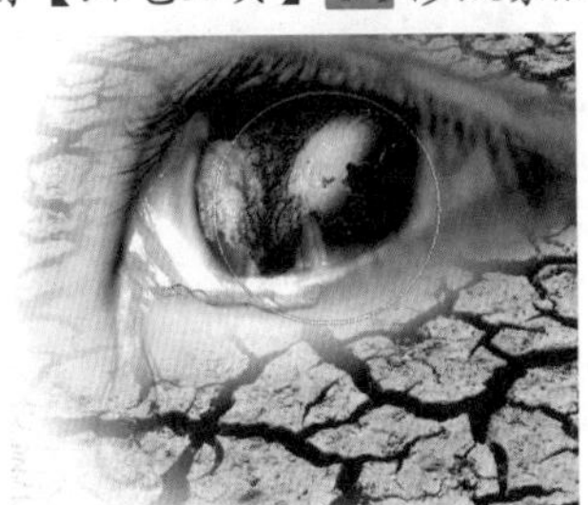

图 23-139

Step08 混合图层。更改【土壤】图层【混合模式】为柔光，如图 23-140 所示。

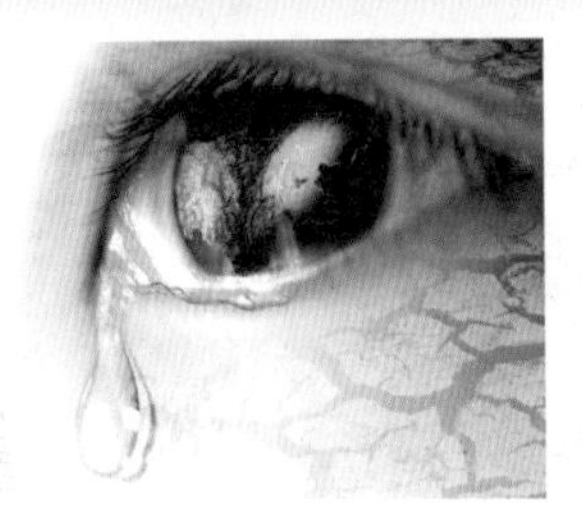

图 23-140

Step09 添加素材。打开“素材文件\第 23 章\23.4\地球.tif”文件，将其拖动到当前文件中，移动到眼球位置，如图 23-141 所示。

Step10 添加图层蒙版。为【地球】图层添加图层蒙版，使用【画笔工具】修改蒙版，如图 23-142 所示。

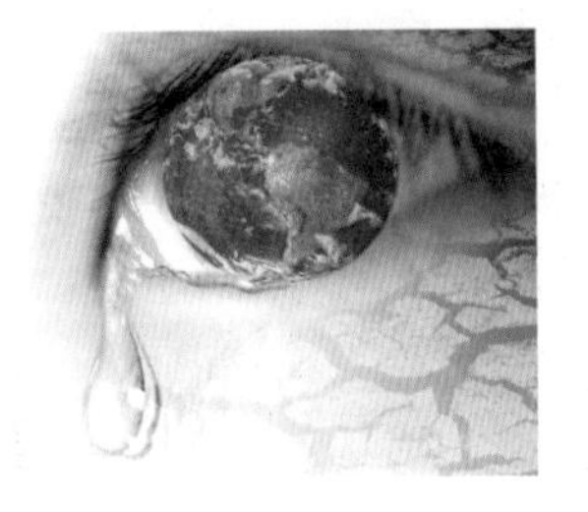

图 23-141

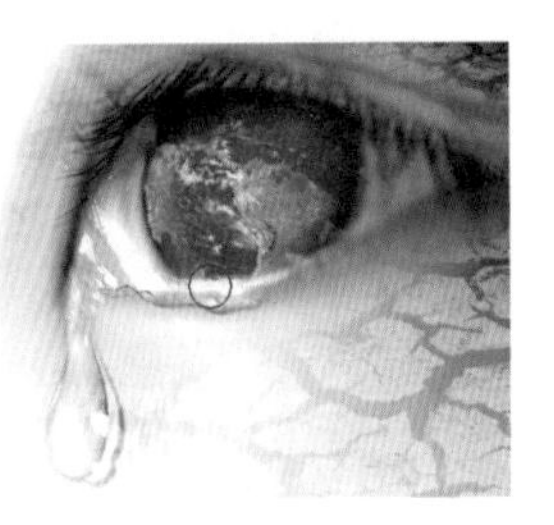

图 23-142

Step11 绘制高光。新建图层，命名为【高光】。使用白色【画笔工具】绘制高光，如图 23-143 所示。

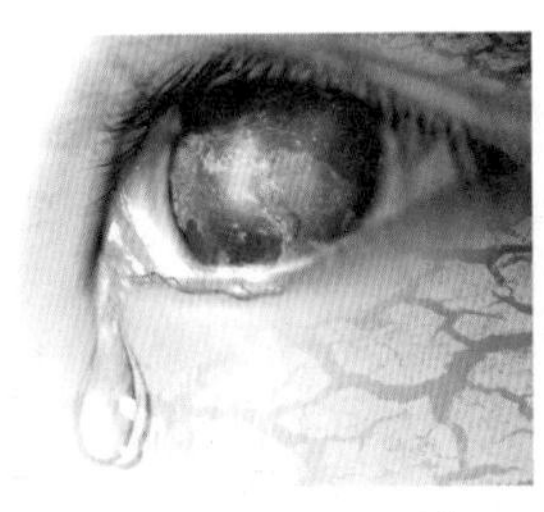

图 23-143

Step12 降低不透明度。降低【高光】图层设置填充为 52%，如图 23-144 所示。

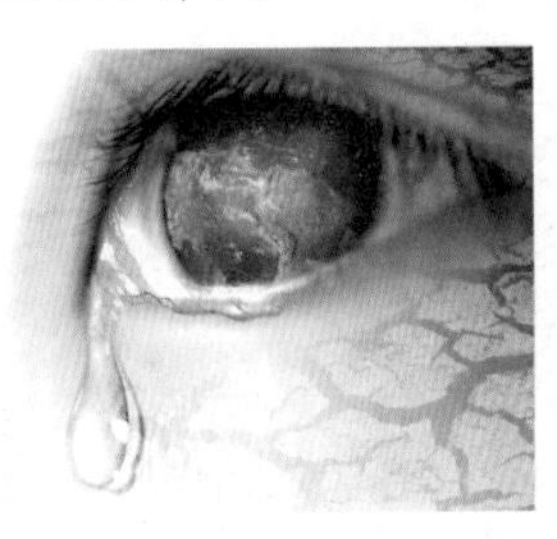

图 23-144

Step13 创建暗部。新建图层，命名为【暗部】。使用【钢笔工具】绘制路径，并填充为黑色，设置前景色为白色，使用【画笔工具】绘制高光，如图 23-145 所示。

图 23-145

Step14 调整图层顺序。移动【暗部】图层到【眼睛】图层上方，如图 23-146 所示。

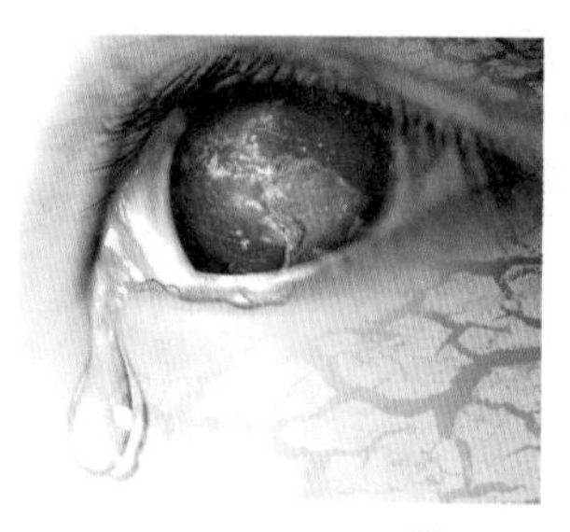

图 23-146

Step15 添加素材。打开“素材文件\第 23 章\23.4\水滴 .tif”文件，将其拖动到当前文件中，移动到下方适当位置，如图 23-147 所示。

图 23-147

Step16 更改图层混合模式。更改图层【混合模式】为线性加深，如图 23-148 所示。

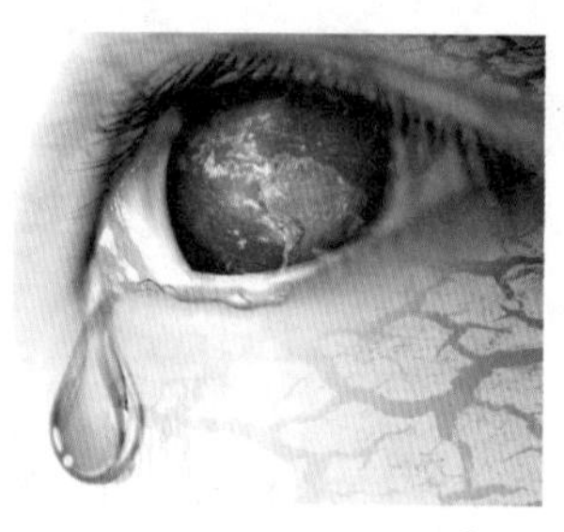

图 23-148

Step17 添加素材。打开“素材文件\第 23 章\23.4\标志 .tif”文件，将其拖动到当前文件中，移动到左上方适当位置，如图 23-149 所示。

Step18 添加文字。选择【横排文字工具】T，在图像中输入黑色文字“节约用水 刻不容缓”，在选项栏中，设置【字体】为汉仪大宋简体、【字体大小】为 143 点，如图 23-150 所示。

图 23-149

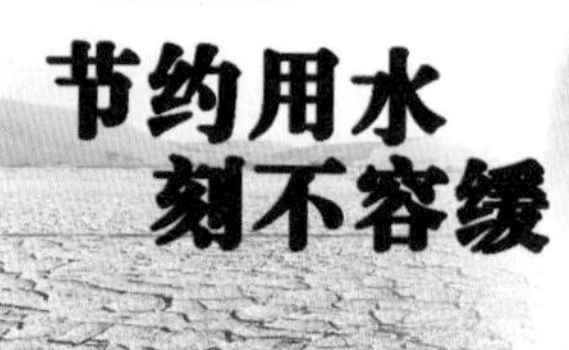

图 23-150

Step19 继续添加文字。选择【横排文字工具】T，在右侧输入黑色文字“别让我们的眼泪成为 地球上最后一滴水”，在选项栏中，分别设置【字体】为汉仪大宋简体和汉仪超粗黑简体、【字体大小】为 45 点和 50 点，更改下行文字为红色。在【字符】面板中，更改【行距】为 54 点，如图 23-151 所示。

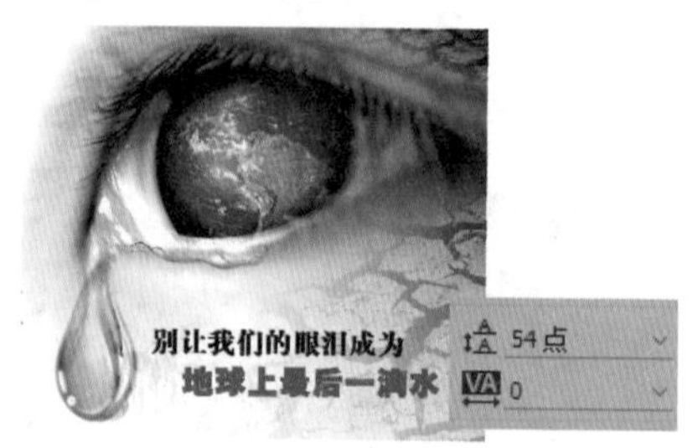

图 23-151

Step20 降低图层不透明度。降低【地球】图层不透明度为 70%，如图 23-152 所示，效果如图 23-153 所示。

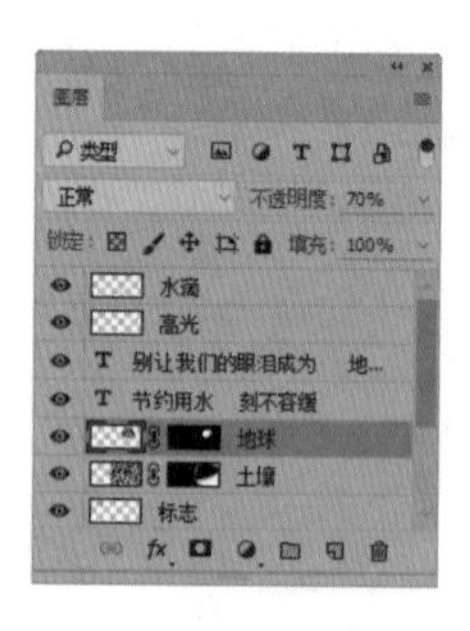

图 23-152

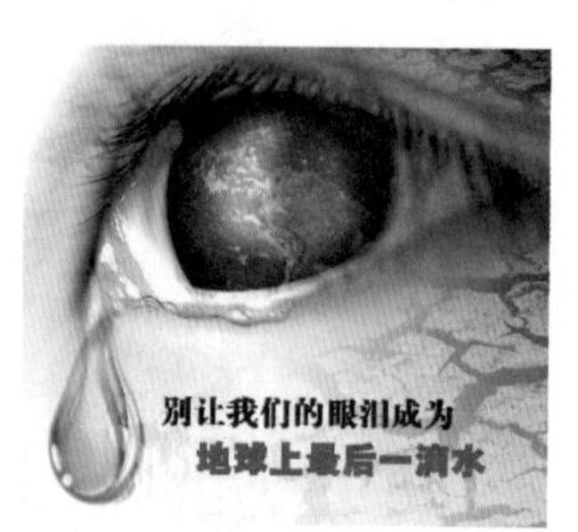

图 23-153

Step21 合并拷贝图像。按【Ctrl+A】组合键全选图像，执行【编辑】→【合并拷贝】命令，效果如图 23 -154 所示。

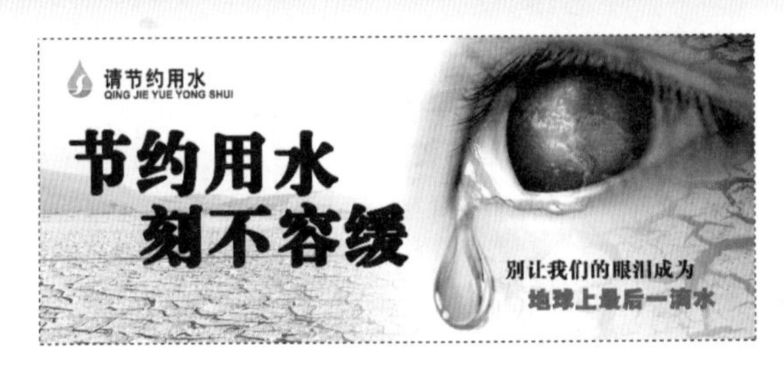

图 23-154

Step22 粘贴图像。打开“素材文件\第23章\23.4\单立柱模板.tif”文件，按【Ctrl+V】组合键粘贴图像，如图 23-155 所示。

图 23-155

Step23 变换图像。执行【编辑】→【变换】→【扭曲】命令，拖动变换点扭曲图像，使效果图贴合到模板中，如图 23-156 所示。

Step24 增加背景饱和度。选择背景图层，执行【图像】→【调整】→【色相/饱和度】命令，打开【色相/饱和度】对话框，❶ 设置【饱和度】为 50，增加背景饱和度，❷ 单击【确定】按钮，如图 23-157 所示。

图 23-156

图 23-157

23.5 包装设计

本节将介绍包装设计的相关知识和实战应用。

23.5.1 设计知识链接

下面介绍包装设计的概念及创意方法，为实战打下理论基础。

1. 包装设计的概念

从字面上讲，“包装”一词是并列结构，“包”即包裹，“装”即装饰，意思是把物品包裹、装饰起来。

从设计角度上讲，“包”是用一定的材料把东西裹起来，其根本目的是使物品不易受损、方便运输，这是实用科学的范畴，属于物质的概念；“装”指修饰点缀，是指把包裹好的物品用不同的手法进行美化装饰，使包裹在外观上更漂亮，这是美学范畴，属于文化的概念。单纯地讲“包装”是将这两种概念合理有效地融为一体。

包装设计除了要考虑美观大方外，还要考虑使用便利性，成功的包装设计是美学、结构和材料的完美结合，如图 23-158 所示。

图 23-158

2. 包装设计的创意方法

要使包装设计有生命力，必须掌握正确的创意方法，主要包括生命力、动感和体量感 3 个方面，下面分别进行介绍。

（1）生命力。这里所研究的形态是处于静止状态中的形态，而自然形态中有很多美感是以其旺盛的生命力呈现出来的。设计人员应吸取自然形态中扩张、伸展的精神，并加以创造性地运用在包装设计中。

（2）动感。运用“渐变”的方法形成视觉上的空间变化，形成“动的构成”。在设计中，通常依靠曲线及形体在空间部位的转动取得动感效果。

（3）体量感。体量感是指体量带给人的心理感觉，设计时关键要处理好同等体量的形态以何种方法表达不同的心理暗示，采用局部减缺、增添、翻转、压屈都能体现较好的效果。

23.5.2 实战：月饼包装设计

素材文件	素材文件 \ 第 23 章 \23.5\ 花瓣图形 .tif，图案 .tif，文字装饰 .tif，仙童 .tif，月饼盒 .jpg，如意吉祥 .tif
结果文件	结果文件 \ 第 23 章 \23.5a.psd，23.5b.psd

案例分析

中秋节是中国的传统节日，其庆祝方式是吃月饼和赏月。所以，月饼包装设计风格是与中国传统元素分不开的，如年画、祥云、嫦娥等。根据画面需要进行合理搭配，突出档次和韵味是月饼包装非常重要的部分，最终效果如图 23-159 所示。

图 23-159

案例制作

Step01 新建文件。执行【文件】→【新建】命令，打开【新建】对话框，❶ 设置【宽度】为 24.5 厘米、【高度】为 19.5 厘米、【分辨率】为 150 像素 / 英寸，❷ 单击【确定】按钮，如图 23-160 所示。

Step02 填充背景。新建图层，命名为【底色】，并填充任意颜色，如图 23-161 所示。

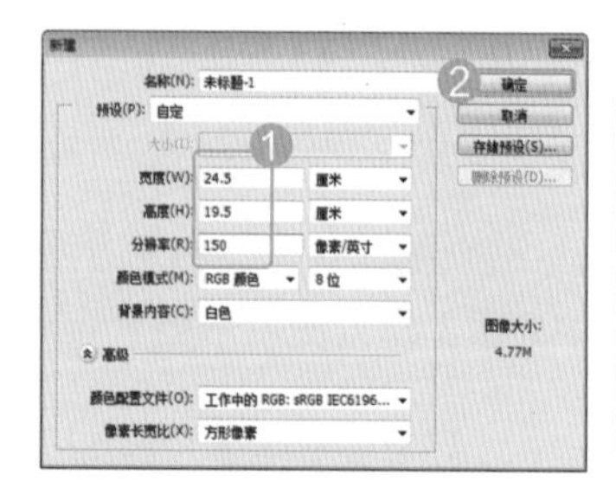

图 23-160

图 23-161

Step03 填充渐变色。双击【底色】图层，在打开的【图层样式】对话框中，❶ 选中【渐变叠加】复选框，❷ 设置【样式】为线性、【角度】为 90 度、【缩放】为 100%，单击渐变色条，如图 23-162 所示。在【渐变编辑器】窗口中，设置渐变色标为【#e2aa73】【#e9be95】【#f1d4b7】【#f9eadb】【#f1d4b7】【#e9be95】【#e2aa73】，如图 23-163 所示。

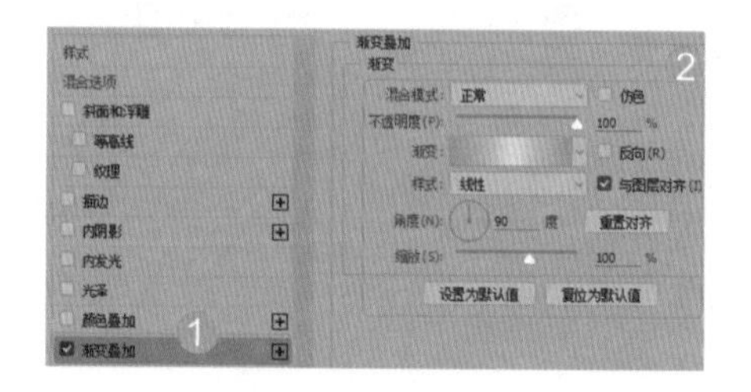

图 23-162

图 23-163

Step 04 绘制形状。设置前景色为深红色【#cd000d】，选择【圆角矩形工具】，在选项栏中选择【形状】选项，设置【半径】为 60 像素，拖动鼠标绘制形状，如图 23-164 所示。

图 23-164

Step 05 添加【投影】。双击图层，在打开的【图层样式】对话框中，❶ 选中【投影】复选框，❷ 设置【不透明度】为 75%、【角度】为 120 度、【距离】为 0 像素、【扩展】为 2%、【大小】为 8 像素，选中【使用全局光】复选框，如图 23-165 所示。

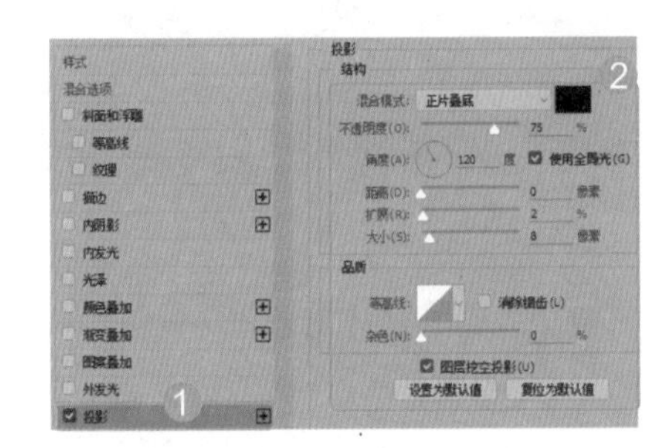

图 23-165

Step 06 打开素材。打开“素材文件 \ 第 23 章 \23.5\ 文字装饰 .tif”文件，将其拖动到当前图像中，如图 23-166 所示。

Step 07 创建剪贴蒙版。执行【图层】→【创建剪贴蒙版】命令，创建剪贴蒙版，如图 23-167 所示。

Step 08 绘制形状。设置前景色为深黄色【#facd89】，选择【圆角矩形工具】，在选项栏中选择【形状】选项，设置【半径】为 60 像素，拖动鼠标绘制形状，如图 23-168 所示。打开“素材文件 \ 第 23 章 \23.5\ 图案 .tif”文件，将其拖动到当前图像的下方，如图 23-169 所示。

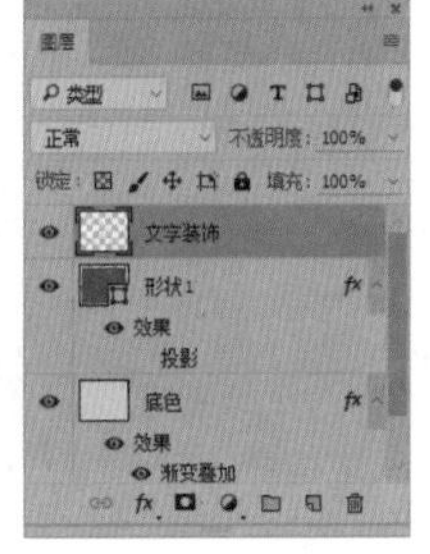

图 23-166

图 23-167

图 23-168

图 23-169

Step 09 添加投影。双击【形状】图层，在打开的【图层样式】对话框中，❶ 选中【投影】复选框，❷ 设置【不透明度】为 75%、【角度】为 120 度、【距离】为 3 像素、【扩展】为 0%、【大小】为 19 像素，选中【使用全局光】复选框，如图 23-170 所示。投影效果如图 23-171 所示。

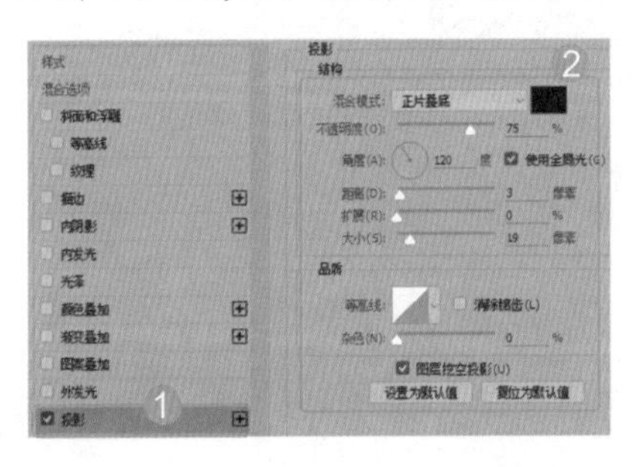

图 23-170

图 23-171

Step10 打开素材。打开“素材文件\第 23 章\23.5\花瓣图形 .tif”文件，将其拖动到当前图像中，如图 23-172 所示。

图 23-172

Step11 添加【内发光】。双击图层，在打开的【图层样式】对话框中，❶选中【内发光】复选框，❷设置【混合模式】为正片叠底、发光颜色为黑色、【不透明度】为 19%，【源】为边缘、【阻塞】为 0%、【大小】为 128 像素、【范围】为 50%、【抖动】为 0%，如图 23-173 所示。内发光效果如图 23-174 所示。

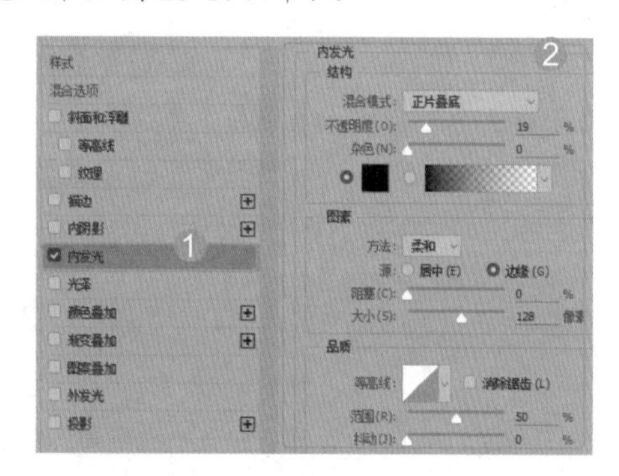

图 23-173

Step12 创建剪贴蒙版。执行【图层】→【创建剪贴蒙版】命令，创建剪贴蒙版，如图 23-175 所示。

图 23-174

图 23-175

Step13 打开素材。打开“素材文件\第 23 章\23.5\仙童 .tif”文件，将其拖动到当前图像中，如图 23-176 所示。

图 23-176

Step14 创建剪贴蒙版。执行【图层】→【创建剪贴蒙版】命令，创建剪贴蒙版，如图 23-177 所示。

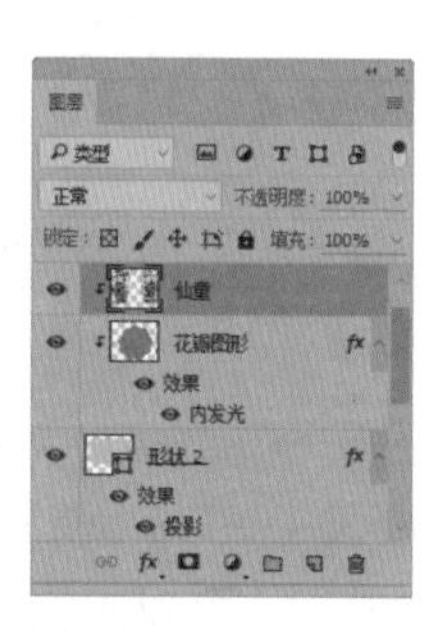

图 23-177

Step15 打开素材。打开“素材文件 \ 第 23 章 \23.5\ 如意吉祥 .tif”文件，将其拖动到当前图像中，如图 23-178 所示。

图 23-178

Step16 添加【外发光】。双击文字图层，在【图层样式】对话框中，❶ 选中【外发光】复选框，❷ 设置【混合模式】为正常、发光颜色为黄色【#ffee95】、【不透明度】为 47%、【扩展】为 0%、【大小】为 27 像素、【范围】为 50%、【抖动】为 0%，如图 23-179 所示。外发光效果如图 23-180 所示。

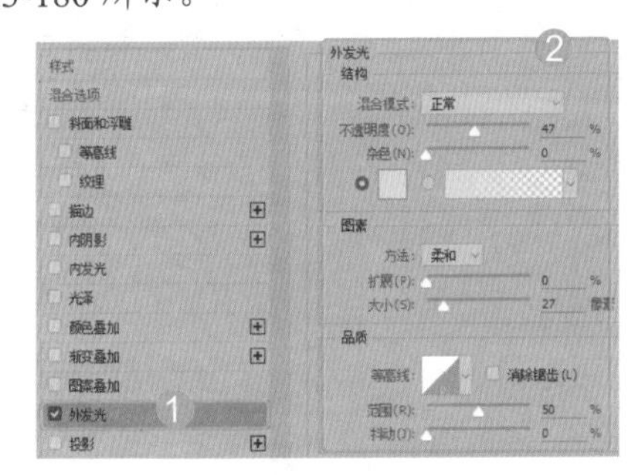

图 23-179

图 23-180

Step17 载入图层选区。按住【Ctrl】键的同时，单击【形状 2】图层缩览图，载入图层选区，如图 23-181 所示。

Step18 设置描边参数。新建【圆角矩形描边】图层，如图 23-182 所示。设置前景色为橙色【#facc89】，执行【编辑】→【描边】命令，打开【描边】对话框，❶ 设置【宽度】为 3 像素、【位置】为居外，❷ 单击【确定】按钮，如图 23-183 所示。

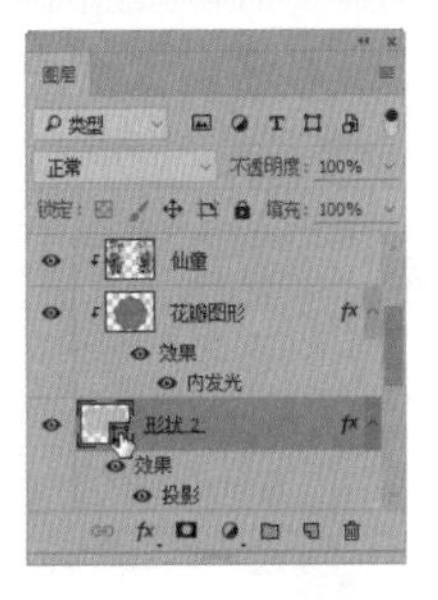

图 23-181

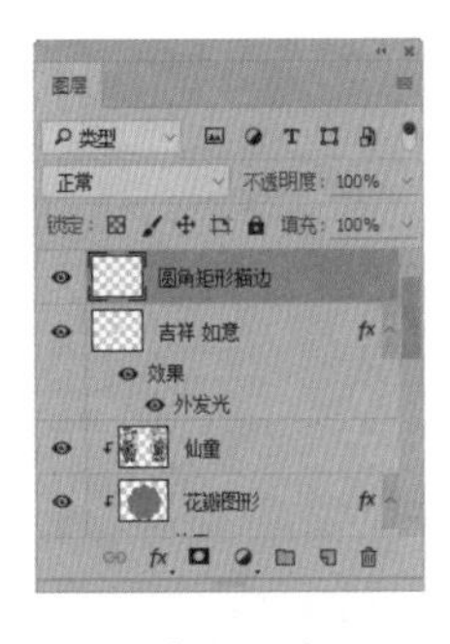

图 23-182

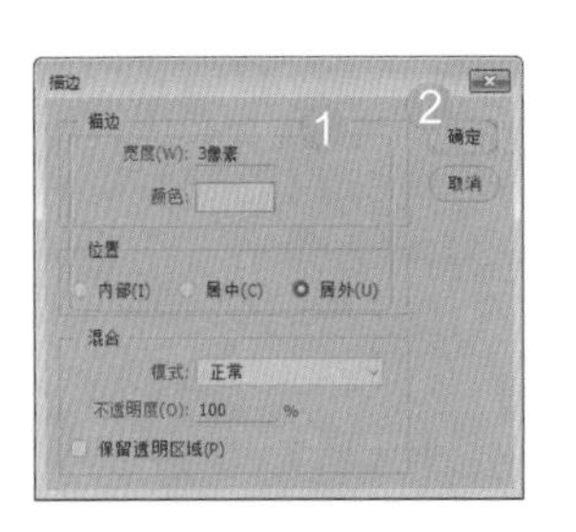

图 23-183

Step19 添加【投影】。双击图层，在打开的【图层样式】对话框中，❶ 选中【投影】复选框，❷ 设置投影颜色为深红色【#894f23】，设置【不透明度】为 100%、【角度】为 120 度、【距离】为 3 像素、【扩展】为 21%、【大小】为 15 像素，选中【使用全局光】复选框，如图 23-184 所示。投影效果如图 23-185 所示。

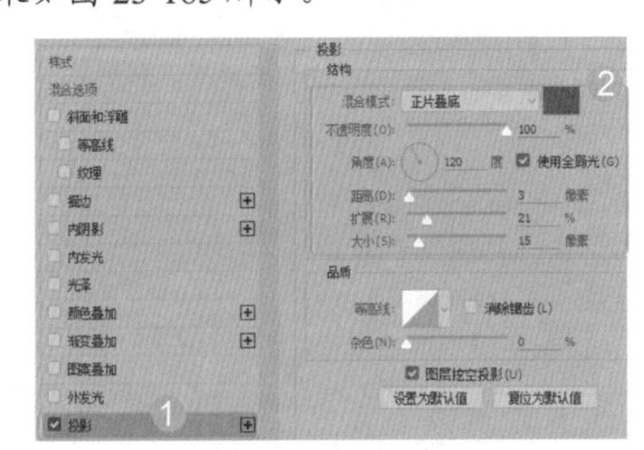

图 23-184

图 23-185

Step20 打开素材。打开“素材文件\第 23 章\23.5\图案.tif”文件，将其拖动到当前图像中，如图 23-186 所示。

图 23-186

Step21 添加【描边】。在【图层样式】对话框中，❶选中【描边】复选框，❷设置【大小】为 3 像素、描边颜色为深红色【#460000】，如图 23-187 所示。描边效果如图 23-188 所示。

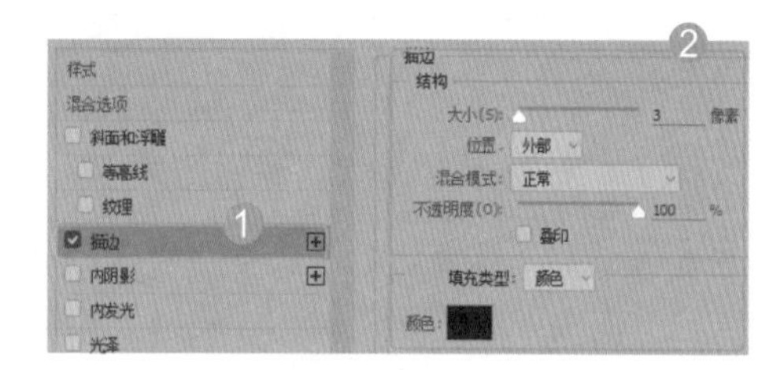

图 23-187

图 23-188

Step22 绘制矩形。新建【边框】图层，使用【矩形选框工具】创建选区并填充红色，如图 23-189 所示。

图 23-189

Step23 绘制圆。使用【椭圆选框工具】创建正圆选区，如图 23-190 所示。按【Delete】键删除图像，如图 23-191 所示。

图 23-190

图 23-191

Step24 删除其他拐角图像。使用相同的方法删除其他拐角图像，如图 23-192 所示。

图 23-192

Step25 添加【内阴影】。双击图层，在【图层样式】对话框中，❶选中【内阴影】复选框，❷设置【混合模式】为正片叠底、阴影颜色为黑色、【角度】为 120 度、【距离】为 0 像素、【阻塞】为 23%、【大小】为 59 像素，如图 23-193 所示。内阴影效果如图 23-194 所示。

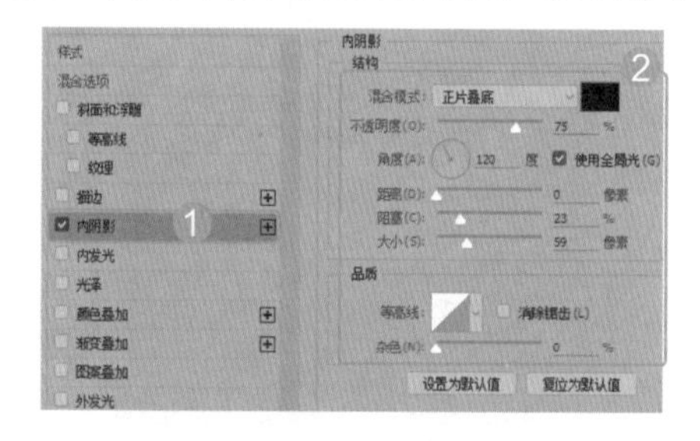

图 23-193

图 23-194

Step26 载入图层选区。单击【边框】图层缩览图，载入图层选区，如图 23-195 所示。

图 23-195

Step27 为选区描边。新建图层，命名为【边框描边】，如图 23-196 所示。使用前面介绍的方法为选区描边，效果如图 23-197 所示。

图 23-196

图 23-197

Step28 添加【斜面和浮雕】。双击图层，在打开的【图层样式】对话框中，❶ 选中【斜面和浮雕】复选框，❷ 设置【样式】为枕状浮雕、【方法】为平滑、【深度】为 161%、【方向】为下、【大小】为 5 像素、【软化】为 0 像素，设置【角度】为 120 度、【光泽等高线】为锥形 - 反转、【高度】为 30 度、【高光模式】为滤色、颜色为白色、【不透明度】为 91%，设置【阴影模式】为正片叠底、颜色为浅黄色【#ccbfa8】、【不透明度】为 85%，如图 23-198 所示。

Step29 添加【投影】。在【图层样式】对话框中，❶ 选中【投影】复选框，❷ 设置投影颜色为深红色【#894f23】、【不透明度】为 100%、【角度】为 120 度、【距离】为 3 像素、【扩展】为 21%、【大小】为 15 像素，选中【使用全局光】复选框，如图 23-199 所示。

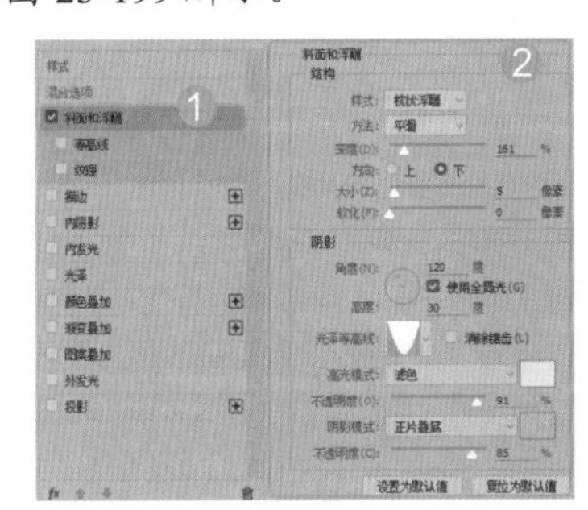

图 23-198

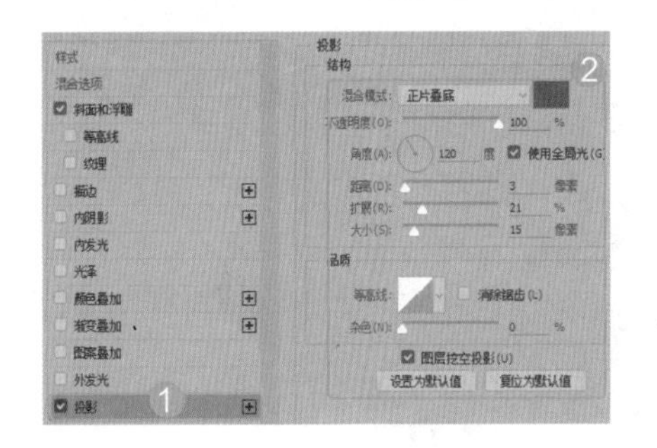

图 23-199

Step30 输入文字。选择【横排文字工具】T 输入文字“广式月饼”，在选项栏中，设置【字体】为汉仪水滴体繁、【字体大小】为 84 点，如图 23-200 所示。

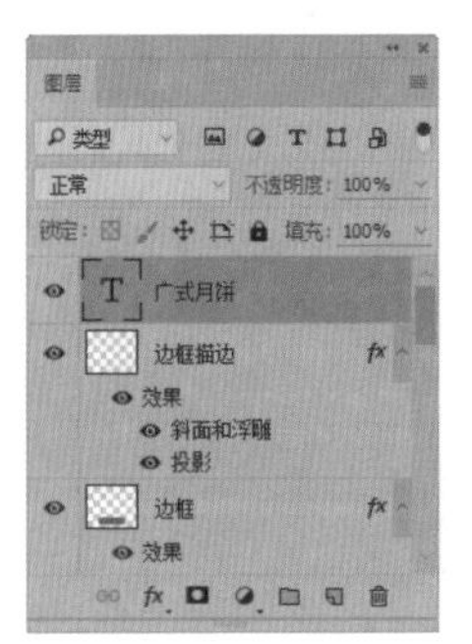

图 23-200

Step31 粘贴图层样式。复制粘贴【边框描边】图层的图层样式，最终效果如图 23-201 所示。

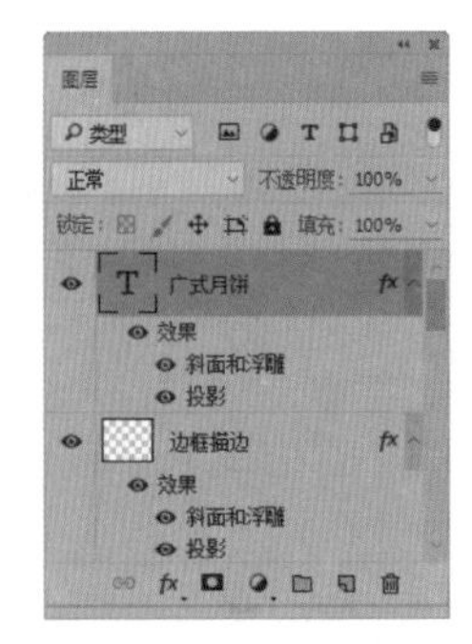

图 23-201

Step32 粘贴图像。按【Ctrl+A】组合键全选图像，执行【编辑】→【合并复制】命令，打开“素材文件\第 23 章\23.5\月饼盒.jpg”文件，执行【编辑】→【粘贴】命令，如图 23-202 所示。生成【图层 1】图层，如图 23-203 所示。

Step33 扭曲图像。执行【编辑】→【变换】→【扭曲】命令，扭曲变换图像，效果如图 23-204 所示。

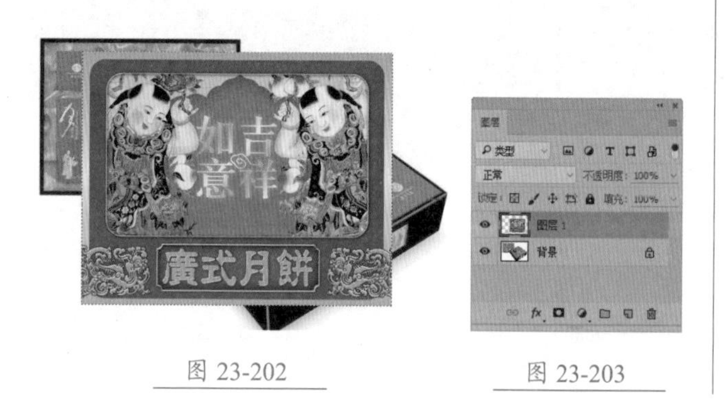

图 23-202　　图 23-203

图 23-204

本章小结

本章主要介绍了商业广告设计的方法，包括 Logo 设计、宣传单设计、公益海报设计、大型单立柱广告设计、月饼包装设计 5 个经典实例。在设计时要把握不同的设计要点，Logo 要求外形简单、线条流畅、色彩鲜明，让人一眼就能看出它所要传达的思想和寓意；在设计传单 / 折页时，尽量避免与市面上宣传单页的同质化现象，要突出个性；海报 / 招贴设计要将图片、文字、色彩、空间等要素进行完美的结合；户外广告设计由于空间大，分散视线的物体众多，对广告设计的注目性要求更高，所以在设计此类广告时需要设计者做好全面的考虑；包装设计要根据产品要求定位制作包装的档次及效果。

第24章 实战：UI 界面设计

- 手机 UI 界面设计
- 游戏主界面设计
- 网页导航栏设计

UI 设计相较于静态的平面设计，最主要的区别为 UI 设计是动态的。UI 界面的设计与其他设计一样，不仅要考虑设计风格的统一和色彩搭配的和谐，还要考虑图标的搭配方式，使其操作更具便利性。本章将通过 3 个案例详细讲解 UI 界面设计的具体操作流程。

24.1 手机 UI 界面设计

本节将介绍手机播放器 UI 设计的相关知识和实战应用。

24.1.1 设计知识链接

下面介绍手机 UI 设计的概念及特点，为实战打下理论基础。

1. 手机 UI 设计的定义

手机 UI 设计是人和手机交互的窗口，通常根据手机操作系统和软件应用进行合理设计，优秀的手机 UI 设计不仅让软件更有档次，还使软件操作起来更加方便、舒适，如图 24-1 所示。

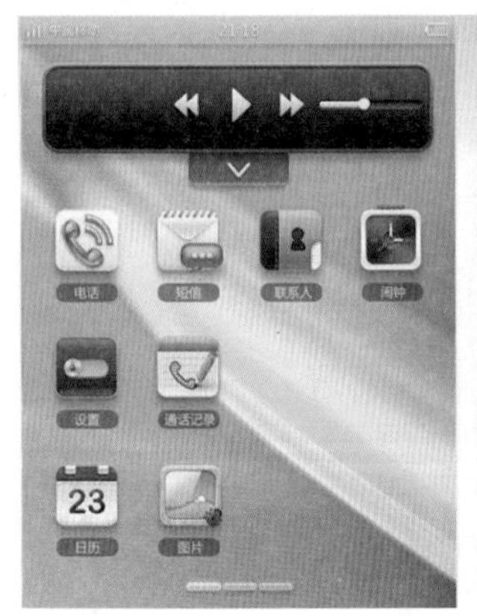

图 24-1

2. 手机 UI 设计的特点

手机 UI 是将设计和手机界面操作结合起来，下面介绍手机 UI 设计的特点。

（1）简单易操作性。

手机的小巧决定了手机 UI 设计的特点，用户不可能像 PC 端用户那样，输入大量复杂的文字，而通常采取语音的方式。所以，设计手机 UI 时，要根据手机的特点，设计出符合用户需要的操作界面。

（2）人性化。

手机是人们随身携带的，所以手机 UI 设计的另一个特点是人性化，使设计符合人们的操作习惯。

3. 手机 UI 设计的原则

在进行手机 UI 设计时，要遵循一定的原则，这样就可以避免设计者片面地根据自己的主观认识进行设计。

（1）用户界面应该是基于用户的心理模型。

就是将后台非常复杂的事情，通过设计使其符合用户日常生活中常用的浏览方式或操作方式。这也是设计师把生活中的细节和数据结合的凝聚点，用户的心理模型抓得越准，界面就会设计得越好。

（2）少让用户输入，输入时多给出参考。

移动端的虚拟键盘一直是科技界无法解决的一个难题，虚拟键盘的主要缺点有两个：一是输入定位无法反馈，所以无法形成高效盲打；二是虚拟键盘空间有限，手指的点击经常造成误按。所以在设计应用程序时，只要遇到 InputBox 的控件，先想办法尽量让用户少输入或者智能地给出参考。

（3）全局导航需要一直存在，最好还能预览其他模块的动态。

全局导航的价值在于让用户在使用过程中不会丢失信息，减少主页面和次级页面之间的跳转次数。当然，全局导航中的 info-task 要在当前页面完成，如果跳转到新界面，就会失去全局导航的意义。因为出现多个 info-task 时，就需要用户不停地进入全局导航页面来完成。

（4）不要让用户等待任务完成。

移动互联网的核心是给用户带来移动体验的方便和高效，这也是移动互联网 App 需要考虑的，但用户使用手机 App 时，很多情况下都是碎片时间。所以，在设计上尽量让用户在短时间内熟悉产品，特别是某些等待界面的设计，如果将其很枯燥地呈现在用户面前，那么用户很快就会换其他的 App。

24.1.2 实战：手机播放器 UI 设计

素材文件	素材文件 \ 第 24 章 \24.1\ 底图 .jpg、侧面 .jpg，风景 .jpg，列表 tif，下部图标 .tif，状态条 .tif
结果文件	结果文件 \ 第 26 章 \24.1.psd

案例分析

设计手机播放器时，整体风格要统一，按键图标的选择和位置要符合人们的操作习惯，字体设计要清晰，设计效果如图 24-2 所示。

图 24-2

案例制作

Step01 新建文件。执行【文件】→【新建】命令，打开【新建】对话框，❶ 设置【宽度】为 640 像素、【高度】为 1136 像素、【分辨率】为 72 像素 / 英寸，❷ 单击【确定】按钮，如图 24-3 所示。

Step02 添加素材。打开“素材文件 \ 第 24 章 \24.1\ 底图 .jpg”文件，将其拖动到当前文件中，命名为【底图】，效果如图 24-4 所示。

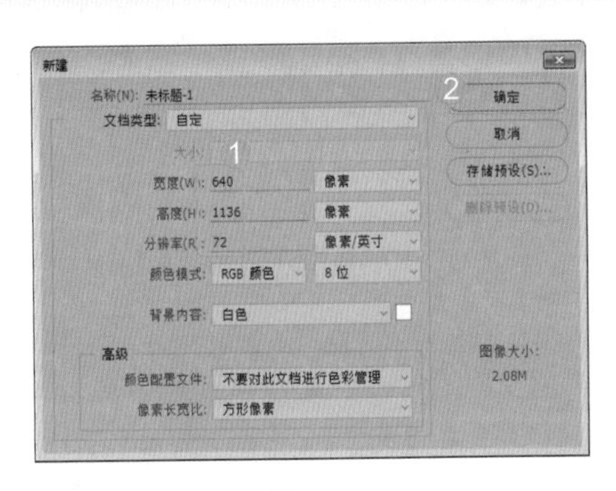

图 24-3

图 24-4

Step03 调整颜色。创建【色相 / 饱和度】调整图层，设置【色相】为 −89、【饱和度】为 +42，如图 24-5 所示，效果如图 24-6 所示。

图 24-5

图 24-6

Step04 添加素材。打开“素材文件 \ 第 24 章 \24.1\ 风景 .jpg”文件，将其拖动到当前文件中，移动到适当位置，命名为【风景】，如图 24-7 所示。

图 24-7

Step05 修改蒙版。为【风景】图层添加图层蒙版，使用黑色【渐变工具】 修改蒙版，如图 24-8 所示。

图 24-8

Step06 绘制形状。选择【椭圆工具】 ，在选项栏中，选择【形状】选项，设置【填充】为白色，拖动鼠标绘制形状，命名为【圆】，如图 24-9 所示。

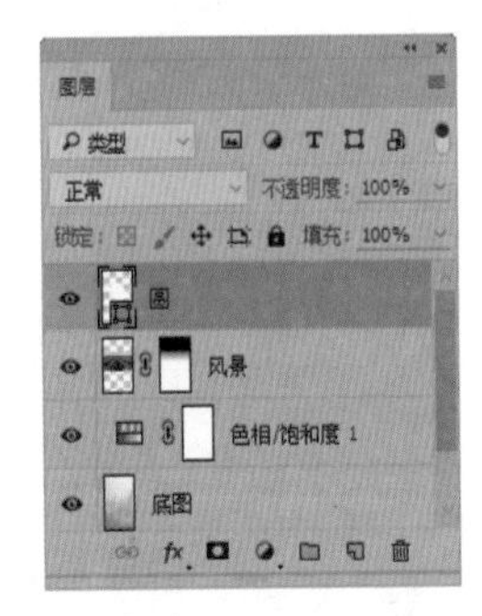

图 24-9

Step07 描边圆。双击【圆】图层，在【图层样式】对话框中，❶ 选中【描边】复选框，❷ 设置【大小】为 10 像素、颜色为白色，如图 24-10 所示，效果如图 24-11 所示。

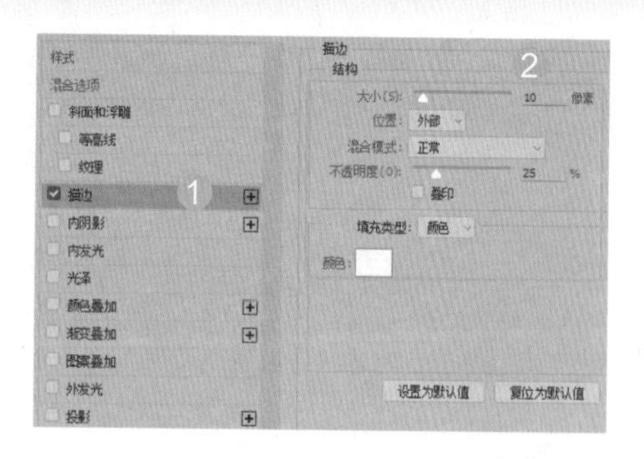

图 24-10

图 24-11

Step08 添加素材。打开“素材文件\第 24 章\24.1\侧面 .jpg”文件，将其拖动到当前文件中，命名为【女孩】，如图 24-12 所示。

图 24-12

Step09 创建剪贴蒙版。执行【图层】→【创建剪贴蒙版】命令，创建剪贴蒙版效果，如图 24-13 所示。

图 24-13

Step10 创建图层。复制【圆】图层，命名为【歌曲播放进程】，如图 24-14 所示。执行【图层】→【图层样式】→【创建图层】命令，将效果单独创建为图层，如图 24-15 所示。

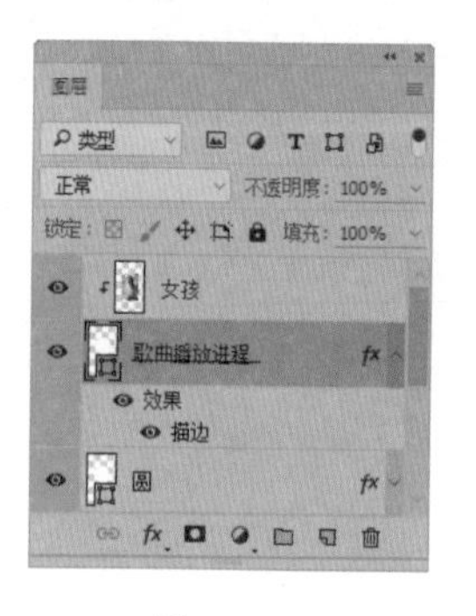

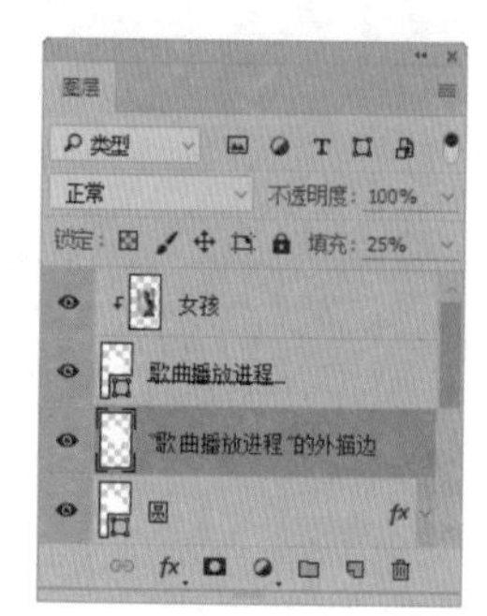

图 24-14　　图 25-15

Step11 删除图层。删除【歌曲播放进程】图层，如图 24-16 所示。将【“歌曲播放进程”的外描边】图层更名为【音乐播放进程】，并移动到最上方，设置【填充】为 100%，如图 24-17 所示。

图 24-16　　图 24-17

Step12 缩小选区。按住【Ctrl】键，单击【音乐播放进程】图层缩览图，如图 24-18 所示。载入图层选区，如图 24-19 所示。执行【选择】→【变换选区】命令，缩小选区，如图 24-20 所示。

图 24-18　　图 24-19

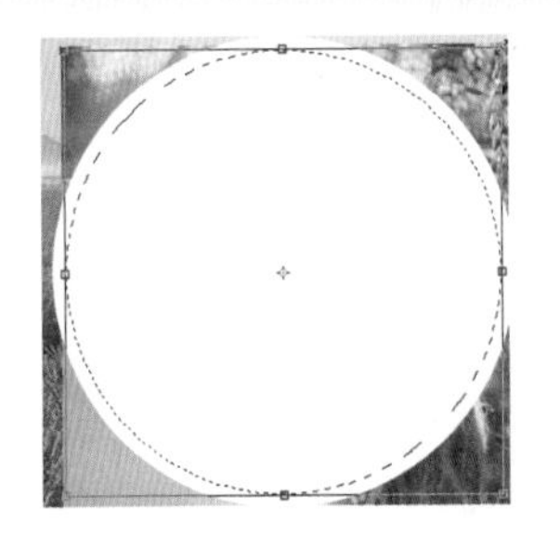

图 24-20

Step13 删除图像。按【Delete】键删除图像，如图 24-21 所示。使用【多边形套索工具】选中图像，如图 24-22 所示。

图 24-21

图 24-22

Step14 删除图像。按【Delete】键删除图像，得到音乐播放进程条，效果如图 24-23 所示。

图 24-23

Step15 添加外发光。在【图层样式】对话框中，❶选中【外发光】复选框，❷设置【混合模式】为正常、发光颜色为白色、【不透明度】为 75%、【扩展】为 2%、【大小】为 4 像素，如图 24-24 所示。外发光效果如图 24-25 所示。

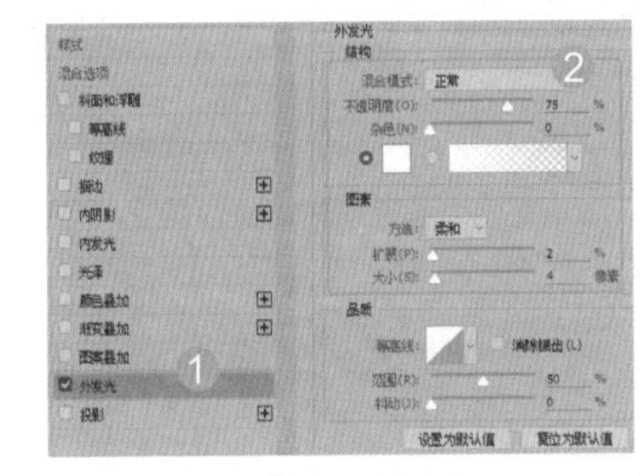

图 24-24

图 24-25

Step16 创建剪贴蒙版。选择【女孩】图层，执行【图层】→【创建剪贴蒙版】命令，如图 24-26 所示。恢复被取消的剪贴蒙版效果，如图 24-27 所示。

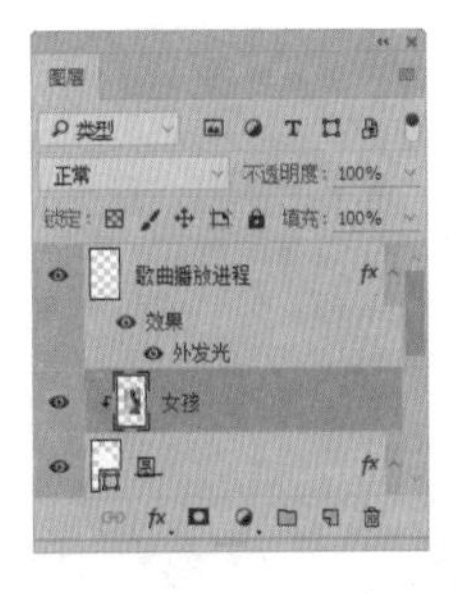

图 24-26

图 24-27

Step17 绘制圆形。选择【椭圆工具】绘制圆形，将图层命名为【音乐播放图标】，如图 24-28 所示。

图 24-28

Step18 绘制矩形。选择【矩形工具】绘制矩形，图层命名为【音乐播放开始条】，如图 24-29 所示。

图 24-29

Step19 绘制圆。选择【椭圆选框工具】，创建选区，新建【暂停圆底】图层，并填充白色，如图 24-30 所示。

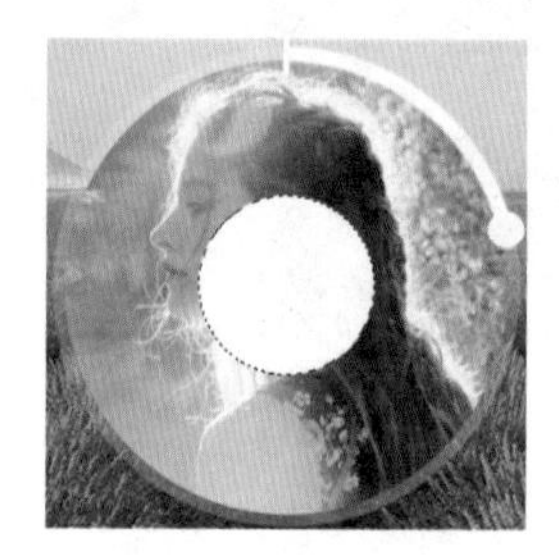

图 24-30

Step20 更改图层不透明度。更改图层【不透明度】为 30%，如图 24-31 所示。图像效果如图 24-32 所示。

图 24-31

图 24-32

Step21 绘制两个矩形。选择【矩形工具】绘制两个矩形，图层命名为【暂停】，如图 24-33 所示。

图 24-33

Step22 复制图层。复制【暂停圆底】图层，并移动到最上方，命名为【左底】，如图 24-34 所示。调整【左底】图层的大小和位置，效果如图 24-35 所示。

图 24-34

图 24-35

Step23 绘制图形。选择【多边形工具】，在选项栏中，设置【边数】为 3，拖动鼠标绘制图形，如图 24-36 所示。按住【Alt】键，拖动鼠标复制图形，效果如图 24-37 所示。

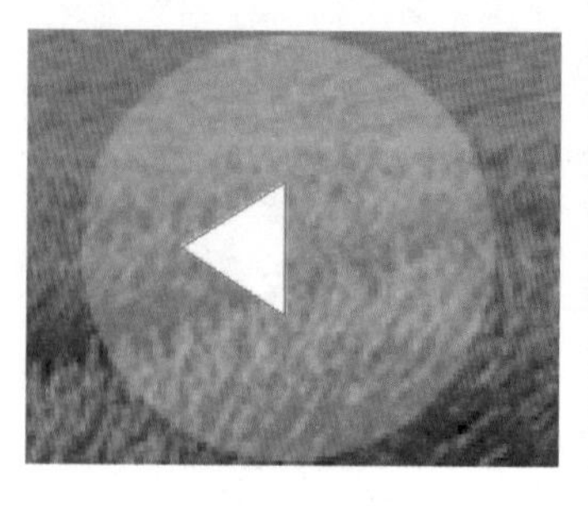

图 24-36

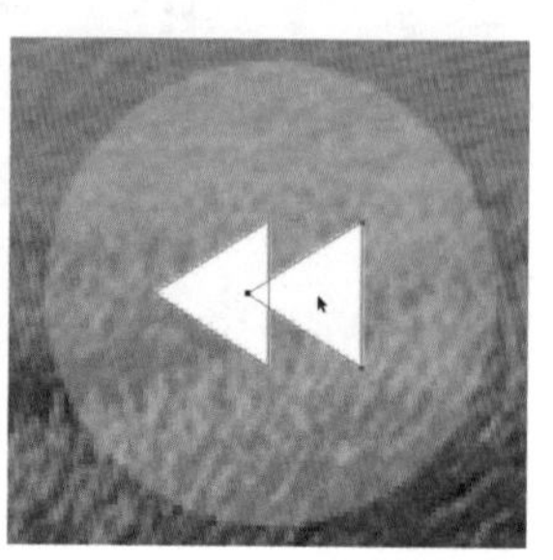

图 24-37

Step24 复制图层。复制【左底】和【多边形 1】图层，如图 24-38 所示。更改图层名称，如图 24-39 所示。

图 24-38

图 24-39

Step25 水平拖动图形。同时选中上方的两个图层，如图 24-40 所示。按住【Shift】键，将其水平拖动到右侧适当位置，如图 24-41 所示。

图 24-40

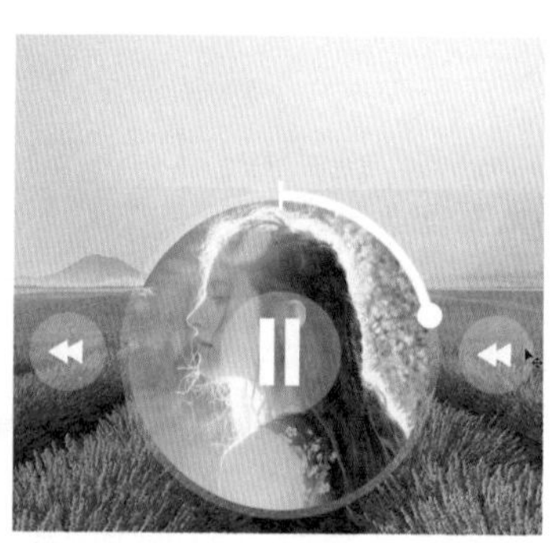

图 24-41

Step26 水平翻转图形。执行【编辑】→【变换】→【水平翻转】命令，效果如图 24-42 所示。新建图层，命名为【顶部白底】，如图 24-43 所示。

图 24-42

图 24-43

Step27 绘制矩形。使用【矩形选框工具】创建矩形选区，并填充白色，如图 24-44 所示。双击图层，在打开的【图层样式】对话框中，❶ 选中【投影】复选框，❷ 设置【不透明度】为 5%、【角度】为 120 度、【距离】为 1 像素、【扩展】为 0%、【大小】为 5 像素，选中【使用全局光】复选框，如图 24-45 所示。

图 24-44

图 24-45

Step28 添加素材。打开“素材文件 \ 第 24 章 \24.1\ 状态条 .tif”文件，将其拖动到当前文件中，移动到适当位置，如图 24-46 所示。

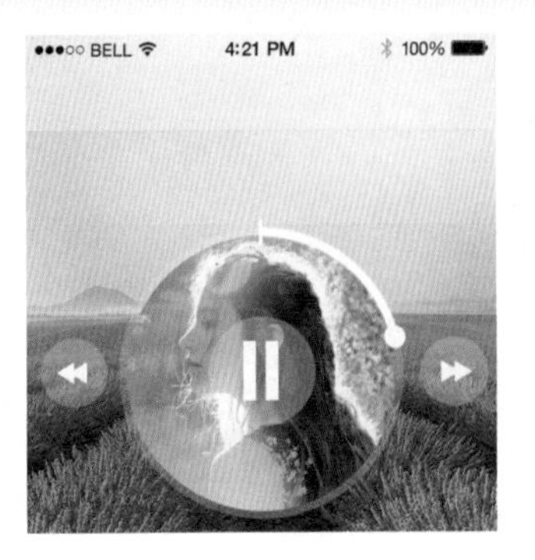

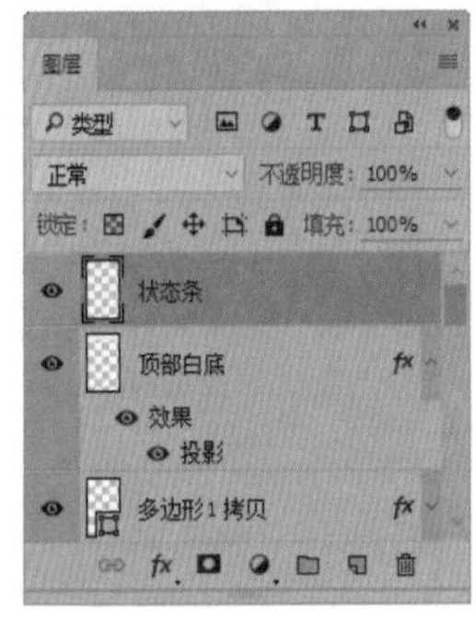

图 24-46

Step29 绘制直线。选择【直线工具】，在选项栏中，选择【形状】选项，设置【填充】为黑色、【粗细】为 3 像素，拖动鼠标绘制直线，如图 24-47 所示。继续绘制直线，创建箭头效果，如图 24-48 所示。

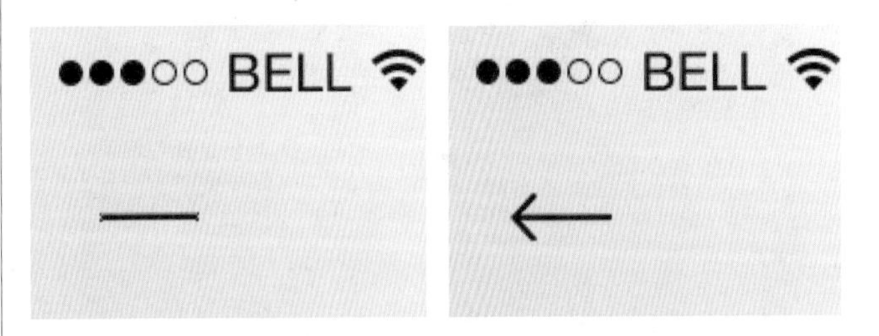

图 24-47 图 24-48

Step30 输入文字。使用【横排文字工具】，输入文字“童年”，在选项栏中，设置【字体】为黑体、【字体大小】为 33 点，效果如图 24-49 所示。

Step31 添加素材。打开“素材文件 \ 第 24 章 \24.1\ 列表 .tif”文件，将其拖动到当前文件中，移动到适当位置，如图 24-50 所示。

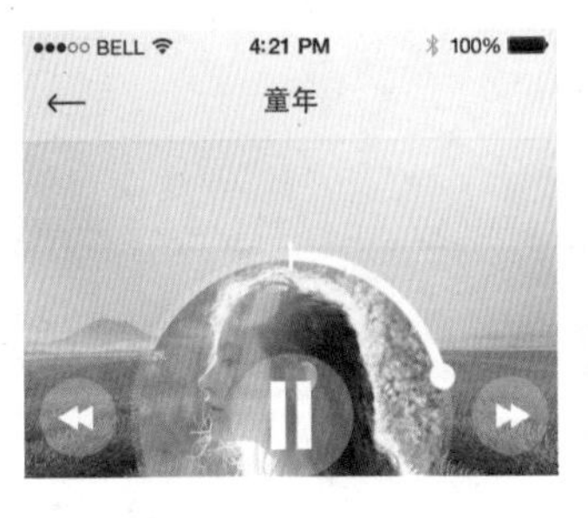

图 24-49

图 24-50

Step32 输入文字。使用【横排文字工具】创建段落文字，并输入白色文字和字母。在选项栏中，设置【字体】为黑体和 Myriad Pro、【字体大小】为 42 点、38 点、29 点，效果如图 24-51 所示。

图 24-51

Step33 复制圆。复制【左底】图层，将其移动到图层最上方，命名为【下圆左】，如图 24-52 所示。

图 24-52

Step34 复制图层。复制两个图层，更改图层名称，如图 24-53 所示。调整图像的位置，效果如图 24-54 所示。

Step35 添加素材。打开“素材文件 \ 第 24 章 \24.1\ 下部图标 .tif”文件，将其拖动到当前文件中，移动到适当位置，如图 24-55 所示。

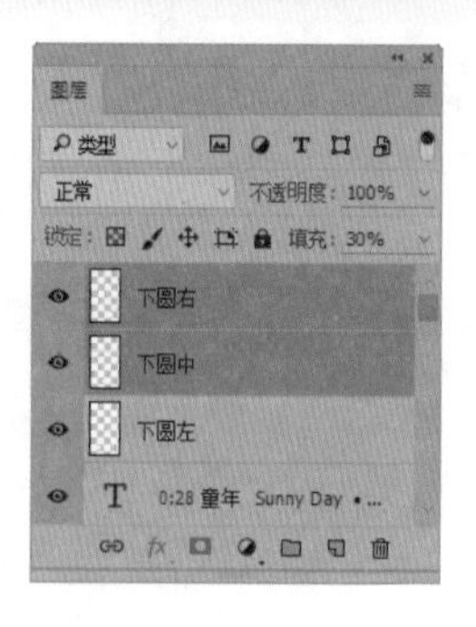

图 24-53

图 24-54

图 24-55

技能拓展
——更改图层颜色的作用

当图层过多时，除了可以使用图层组的方式管理外，还可以将有关联的图层使用同一个颜色。使用这种方法管理图层非常直观。

24.2 游戏 UI 界面设计

本节将介绍游戏主界面设计的相关知识和实战应用。

24.2.1 设计知识链接

本节将介绍游戏界面的概念及类别，为实战打下理论基础。

1. 游戏界面的定义

游戏界面是人们玩游戏时与计算机交流的媒介，优秀的游戏界面可以帮助玩家快速熟悉游戏操作。游戏界面主要包括主界面、二级界面和弹出界面等。

2. 游戏界面的类别

在游戏开发中，设计师需要设计的内容通常包括启动界面和结束画面、菜单条、面板、按钮图标和鼠标形状等，下面介绍一些常见游戏界面。

（1）启动界面。

启动界面是游戏留给玩家的第一印象，设计师通常将人物角色、游戏类别、游戏场景及精美图标放在该页面中，如图 24-56 所示。

图 24-56

（2）主菜单界面。

主菜单界面是游戏的门面，包括很多功能按钮，如“开始”“设置”“角色选择”“道具”“帮助”等，如图 24-57 所示。

（3）游戏操作界面。

游戏操作界面是最主要的界面，在此界面中，玩家可以轻松地操作游戏，人性化操作是设计的重点，如图 24-58 所示。

图 24-57

图 24-58

（4）设置界面。

在设置界面中，玩家可以调整默认参数，以符合个性玩家的需要，如调整声效、显示大小、字体颜色等。

24.2.2 实战：设计游戏主界面

素材文件	素材文件\第 24 章\24.2\logo.tif，标识 .tif，底横栏 .tif，底图 .jpg，左栏底图 .tif，顶栏底 .tif，吊栏 .tif，绿叶 .tif，动物 .jpg，木纹 .tif，人物 .tif，图标 .tif，登录注册框 .tif
结果文件	结果文件\第 24 章\24.2.psd

案例分析

游戏主界面是用户进入游戏时第一眼看到的总体界面，它包括游戏的导航栏、网站公告和联系方式等。本例的游戏主界面采用了通栏底图的样式，网站主色调为橙色，使游戏主界面充满活跃感，栏目分类清晰，内容丰富而不拥挤，最终效果如图 24-59 所示。

图 24-59

案例制作

Step01 新建文件。执行【文件】→【新建】命令，打开【新建】对话框，❶ 设置【宽度】为 1920 像素、【高度】为 1270 像素、【分辨率】为 72 像素 / 英寸，❷ 单击【确定】按钮，如图 24-60 所示。

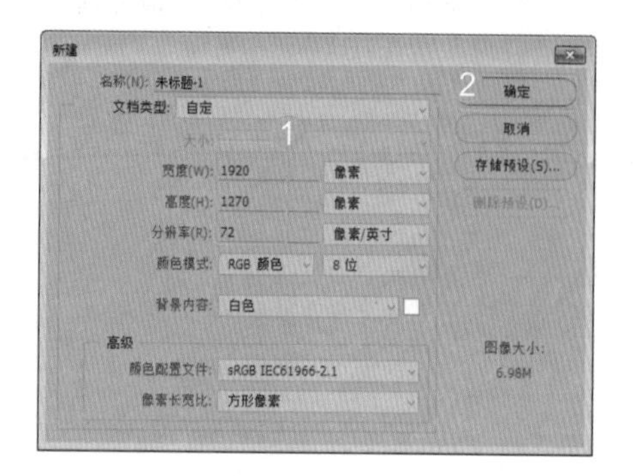

图 24-60

Step02 添加素材。打开“素材文件 \ 第 24 章 \24.2\ 底图 .jpg”文件，将其拖动到当前图像中，命名为【底图】，效果如图 24-61 所示。

图 24-61

Step03 修改图层蒙版。使用黑白【渐变工具】 从上向下拖动鼠标，修改图层蒙版，如图 24-62 所示。

图 24-62

Step04 添加素材。打开“素材文件 \ 第 24 章 \24.2\ 人物 .tif”文件，将其拖动到当前图像中，水平翻转图像，并移动到右侧适当位置，效果如图 24-63 所示。

图 24-63

Step05 添加投影。双击图层，在打开的【图层样式】对话框中，❶ 选中【投影】复选框，❷ 设置【不透明度】为 32%、【角度】为 120 度、【距离】为 11 像素、【扩展】为 0%、【大小】为 9 像素，选中【使用全局光】复选框，如图 24-64 所示。

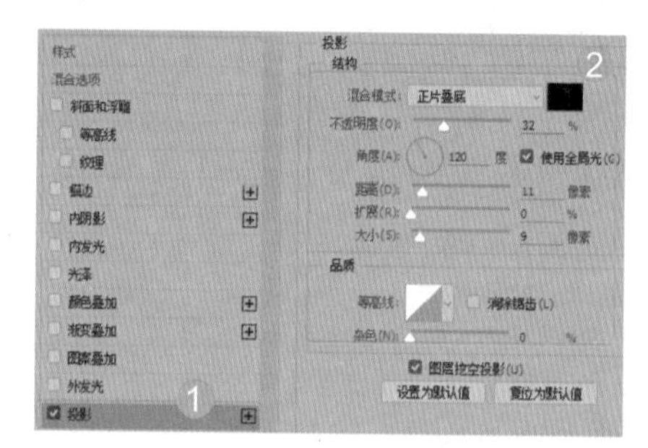

图 24-64

Step06 添加素材。打开“素材文件 \ 第 24 章 \24.2\logo. tif”文件，将其拖动到当前图像中，移动到适当位置，如图 24-65 所示。

图 24-65

Step07 输入文字。使用【横排文字工具】 输入文字“世间传说 谁辨真伪”，在选项栏中，设置【字体】为叶根友蚕燕隶书、【字体大小】为 47 点，效果如图 24-66 所示。

Step08 添加外发光。双击文字图层，在【图层样式】对话框中，❶ 选中【外发光】复选框，❷ 设置【混合模式】为滤色、发光颜色为黄色【#ffffbe】、【扩展】为 0%、【大小】为 7 像素，如图 24-67 所示。

图 24-66

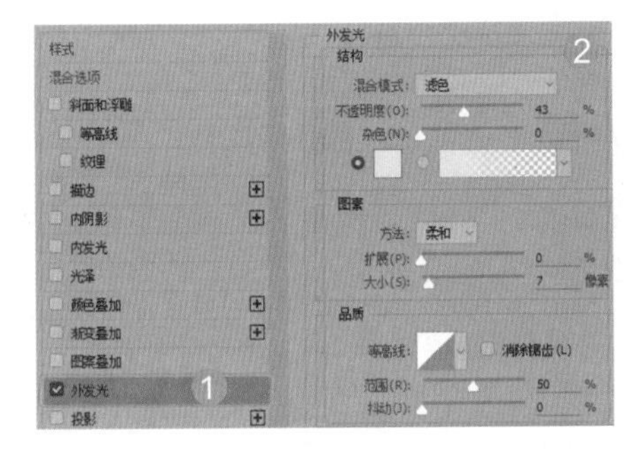

图 24-67

Step09 添加投影。在打开的【图层样式】对话框中，❶ 选中【投影】复选框，❷ 设置【不透明度】为 75%、【角度】为 120 度、【距离】为 5 像素、【扩展】为 0%、【大小】为 5 像素，选中【使用全局光】复选框，如图 24-68 所示。文字效果如图 24-69 所示。

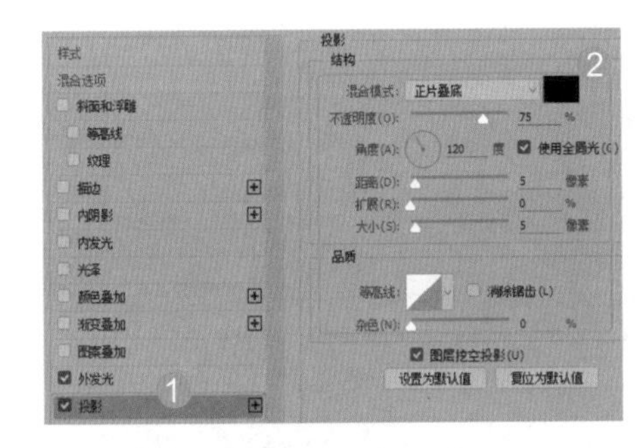

图 24-68

图 24-69

Step10 添加素材。新建图层组，命名为【顶栏】，如图 24-70 所示。打开“素材文件 \ 第 24 章 \24.2\ 顶栏底 .tif”文件，将其拖动到当前图像中，如图 24-71 所示。

图 24-70

图 24-71

Step11 输入文字。使用【横排文字工具】 输入黑色文字“会员名称：”，在选项栏中，设置【字体】为宋体、【字体大小】为 20 点，如图 24-72 所示。

Step12 绘制矩形。新建【会员名称输入框】图层，使用【矩形选框工具】 创建矩形选区，并填充白色，效果如图 24-73 所示。

图 24-72

图 24-73

Step13 添加描边。双击图层，在【图层样式】对话框中，❶ 选中【描边】复选框，❷ 设置【大小】为 5 像素、描边颜色为土黄色【#ab7803】，如图 24-74 所示。图像效果如图 24-75 所示。

Step14 制作其他相似内容。复制文字和输入框图层，并调整到适当位置，如图 24-76 所示。

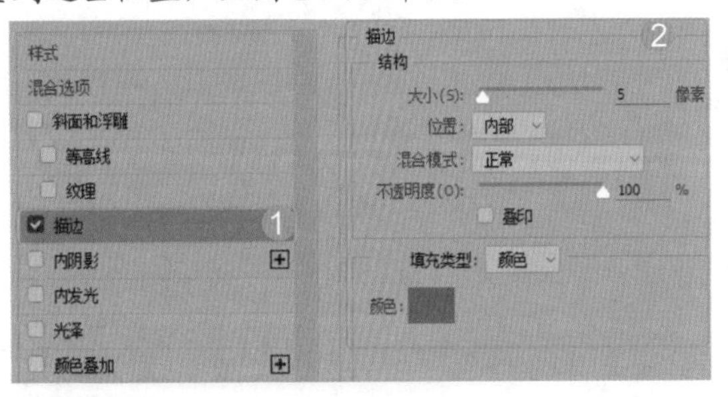

图 24-74

图 24-75

图 24-76

Step15 更改文字内容。更改文字内容，并进行适当调整，效果如图 24-77 所示。

图 24-77

Step16 绘制矩形。新建图层，命名为【随机码】，如图 24-78 所示。使用【矩形选框工具】创建矩形选区，填充颜色为深灰色【#626262】，效果如图 24-79 所示。

图 24-78

图 24-79

Step17 添加素材。打开“素材文件\第 24 章\24.2\登录注册框.tif”文件，将其拖动到当前图像中，移动到适当位置，如图 24-80 所示。

Step18 更改文字。复制前面的文字，更改文字内容为“登录”和“注册”，更改文字颜色为白色，如图 24-81 所示。

图 24-80

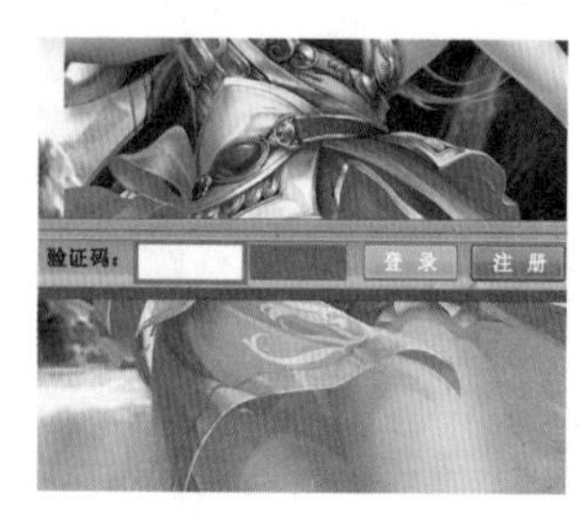

图 24-81

Step19 添加描边。双击【登录】文字图层，在【图层样式】对话框中，❶选中【描边】复选框，❷设置【大小】为 1 像素、描边颜色为绿色【#487c09】，如图 24-82 所示。

Step20 添加描边。双击【注册】文字图层，在【图层样式】对话框中，❶选中【描边】复选框，❷设置【大小】为 1 像素、描边颜色为深红色【# 8a2902】，如图 24-83 所示。

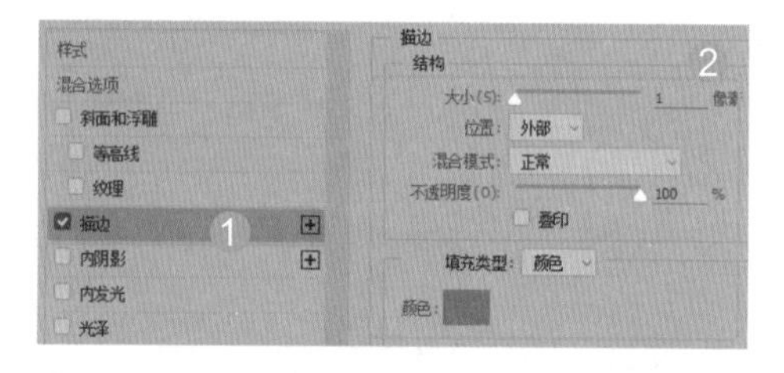

图 24-82

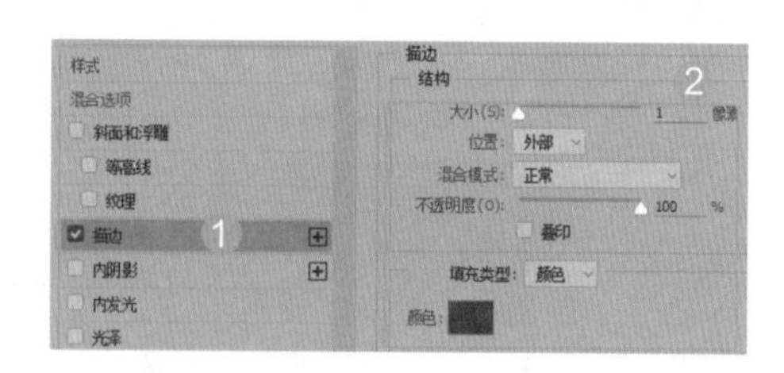

图 24-83

Step21 更改文字。复制黑色文字，更改文字内容为“忘记密码”，效果如图 24-84 所示。新建图层组，命名为【左栏】，如图 24-85 所示。

图 24-84

图 24-85

Step22 添加素材。打开“素材文件 \ 第 24 章 \24.2\ 左栏底图 .tif”文件，将其拖动到当前文件中，移动到适当位置，效果如图 24-86 所示。

Step23 绘制形状。选择【圆角矩形工具】，在选项栏中，选择【形状】选项，设置填充为浅黄色【#ded4b8】、【半径】为 15 像素，拖动鼠标绘制形状，效果如图 24-87 所示。

图 24-86

图 24-87

Step24 创建剪贴蒙版。打开“素材文件 \ 第 24 章 \24.2\ 木纹 .tif”文件，将其拖动到当前文件中，移动到适当位置，效果如图 24-88 所示。执行【图层】→【创建剪贴蒙版】命令，创建剪贴蒙版，效果如图 24-89 所示。

图 24-88

图 24-89

Step25 绘制形状。选择【圆角矩形工具】，在选项栏中，选择【形状】选项，设置填充颜色为浅黄色【#ded4b8】、【半径】为 15 像素，拖动鼠标绘制形状，效果如图 24-90 所示。

Step26 复制形状。按住【Alt】键向下方拖动鼠标复制形状，效果如图 24-91 所示。

图 24-90

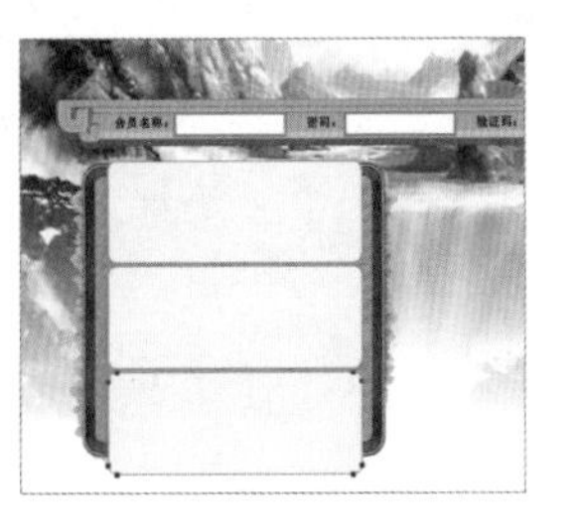

图 24-91

Step27 创建圆角形状。执行【图层】→【创建剪贴蒙版】命令，创建剪贴蒙版，效果如图 24-92 所示。新建图层，命名为【橙底】，使用【圆角矩形工具】创建圆角形状，载入选区后填充橙色【#eec87b】，如图 24-93 所示。

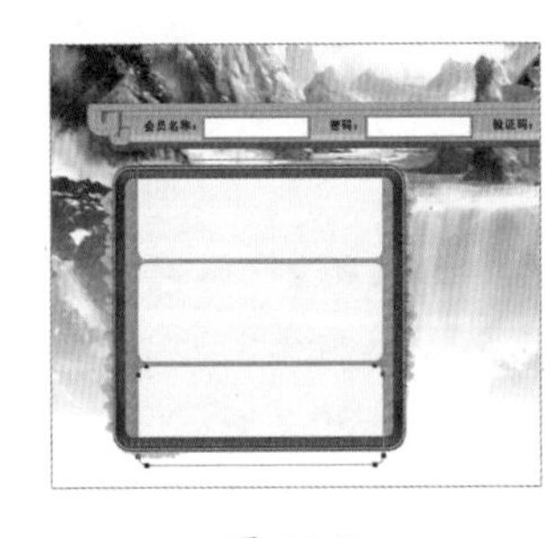

图 24-92

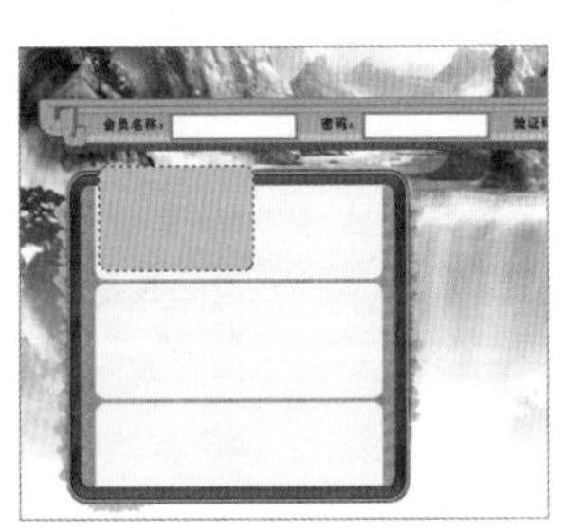

图 24-93

Step28 绘制矩形。使用相同的方法创建【蓝底】和【绿底】图层，创建选区后，分别填充蓝色【#9ecbe9】和绿色【#8cc84d】，如图 24-94 所示。

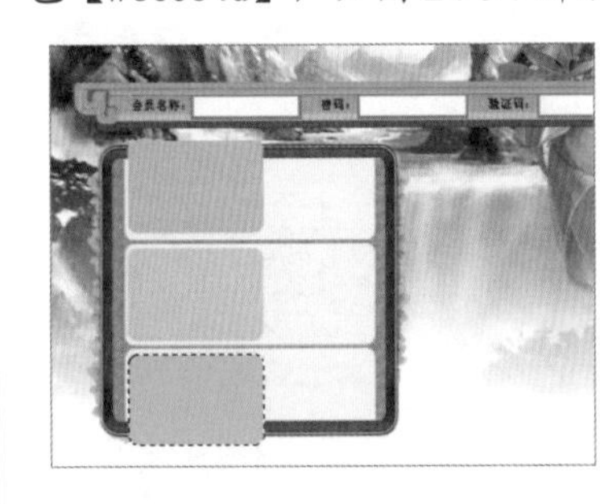

图 24-94

Step29 创建剪贴蒙版。同时选中【绿底】【蓝底】和【橙底】图层，如图 24-95 所示。执行【图层】→【创建剪贴蒙版】命令，效果如图 24-96 所示。

Step30 添加素材。打开“素材文件 \ 第 24 章 \24.2\ 图标 .tif”文件，将其拖动到当前文件中，移动到适当位置，如图 24-97 所示。

图 24-95

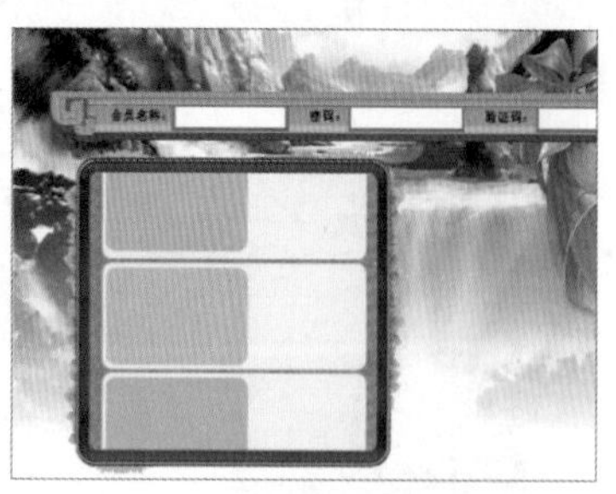

图 24-96

图 24-97

Step31 输入文字。使用【横排文字工具】T 输入文字“初级工具南瓜（7 天）”和“￥18.00”，在选项栏中，设置【字体】为宋体、【字体大小】为 17 点和 20 点、文字颜色为黑色和深红色【#6f0000】，如图 24-98 所示。

图 24-98

Step32 继续输入文字。使用相同的方法输入下方的文字，图像效果如图 24-99 所示。

图 24-99

Step33 添加素材。新建【右栏】图层组，如图 24-100 所示。打开“素材文件 \ 第 24 章 \24.2\ 吊栏 .tif”文件，将其拖动到当前文件中，移动到适当位置，如图 24-101 所示。

图 24-100

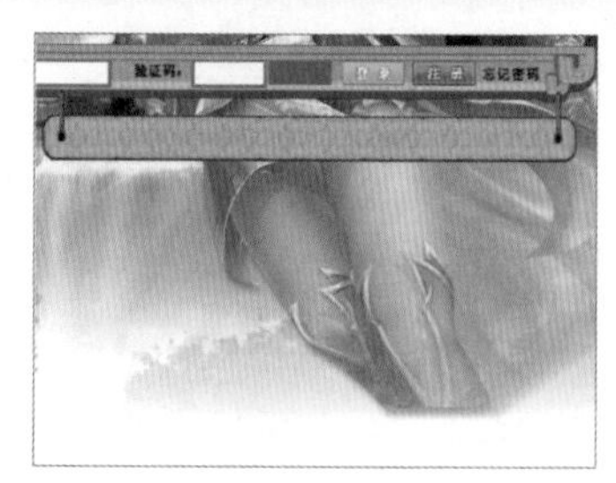

图 24-101

Step34 填充渐变色。新建图层，命名为【栏目】，选择【渐变工具】■，设置前景色为浅绿色【#bcea17】、背景色为深绿色【#75ab14】，从上至下拖动鼠标填充渐变色，如图 24-102 所示。

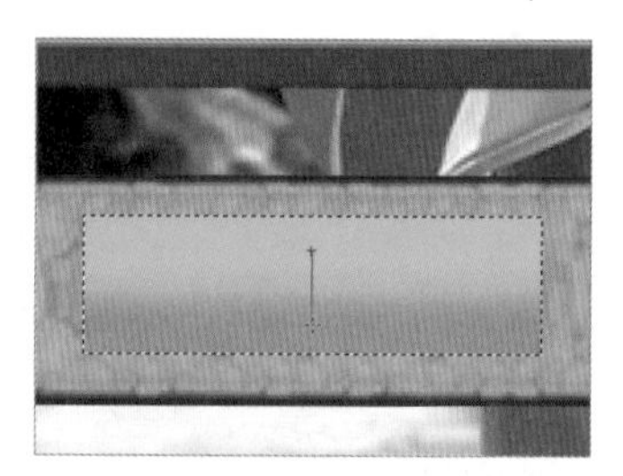

图 24-102

Step35 添加描边。双击图层，在【图层样式】对话框中，❶ 选中【描边】复选框，❷ 设置【大小】为 2 像素、描边颜色为深绿色【#3d5d10】，如图 24-103 所示。图像效果如图 24-104 所示。

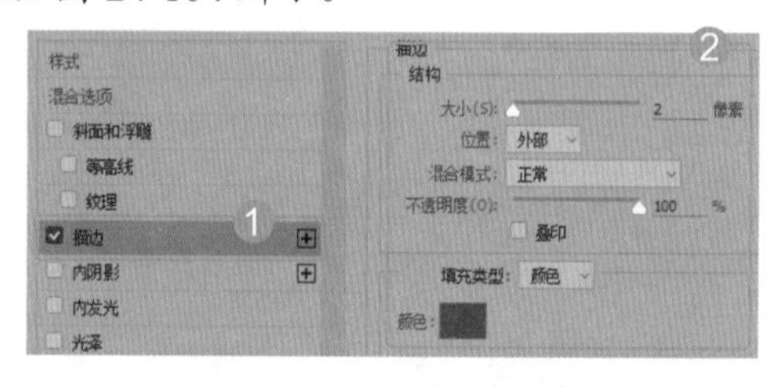

图 24-103

图 24-104

Step36 输入文字。使用【横排文字工具】T 输入文字“会员中心”，在选项栏中，设置【字体】为华康海报体、【字体大小】为 23 点，效果如图 24-105 所示。

Step37 添加描边。双击图层，在【图层样式】对话框中，❶ 选中【描边】复选框，❷ 设置【大小】为2像素、描边颜色为黑色，如图24-106所示。

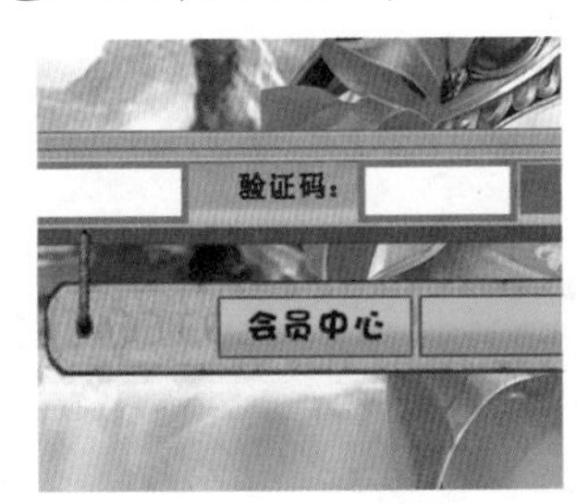

图 24-105

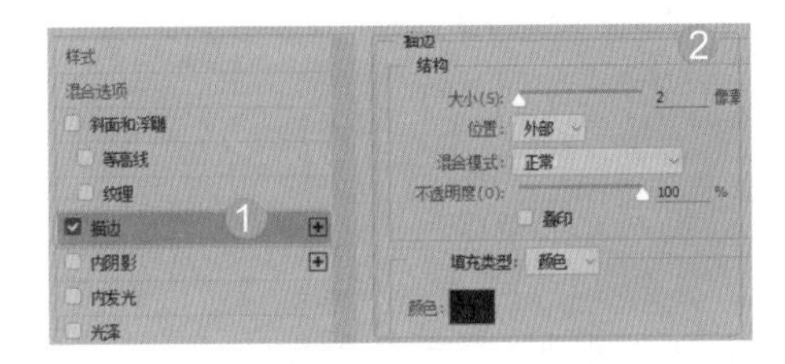

图 24-106

Step38 渐变叠加。在【图层样式】对话框中，❶ 选中【渐变叠加】复选框，❷ 设置【样式】为线性、【角度】为90度、【缩放】为100%，单击渐变色条，设置渐变色标为橙色【#ffa91b】、黄色【# fff914】，如图24-107所示。

Step39 添加投影。在【图层样式】对话框中，❶ 选中【投影】复选框，❷ 设置【不透明度】为50%、【角度】为120度、【距离】为1像素、【扩展】为0%、【大小】为5像素，选中【使用全局光】复选框，如图24-108所示。

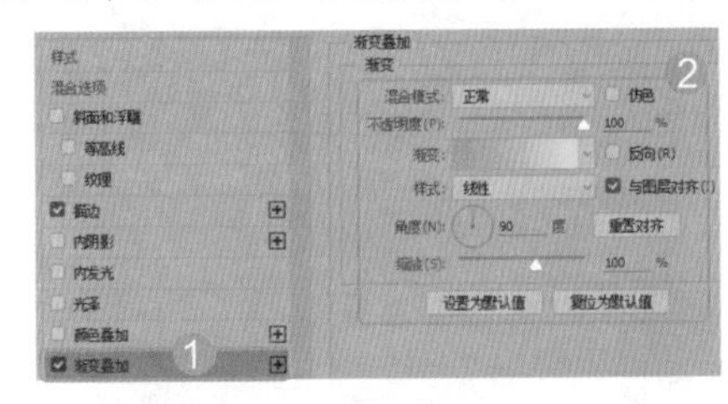

图 24-107

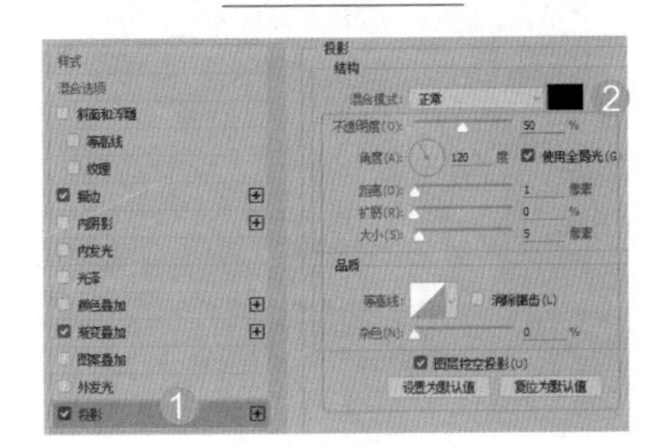

图 24-108

Step40 制作文字。添加图层样式后，文字效果如图24-109所示。复制多个文字图层，更改文字内容，效果如图24-110所示。

图 24-109

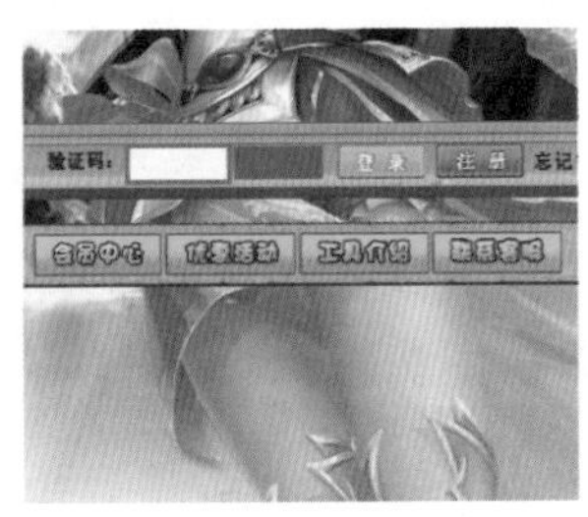

图 24-110

Step41 添加并调亮素材。打开“素材文件\第24章\24.2\木纹.tif”文件，将其拖动到当前文件中，移动到适当位置，效果如图24-111所示。按【Ctrl+M】组合键，执行【曲线】命令，❶ 调整曲线形状，❷ 单击【确定】按钮，如图24-112所示。

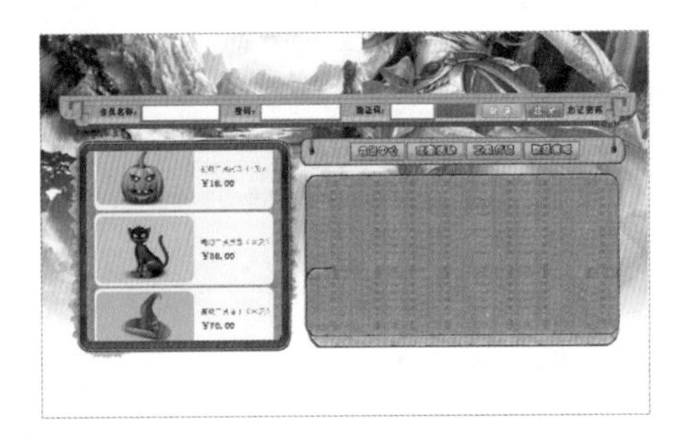

图 24-111

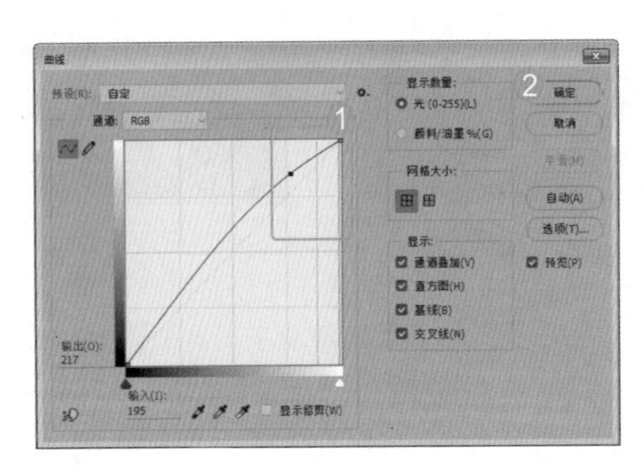

图 24-112

Step42 添加并复制素材。打开“素材文件\第24章\24.2\绿叶.tif”文件，将其拖动到当前文件中，移动到适当位置，效果如图24-113所示。复制绿叶图层，并移动到右侧适当位置，水平翻转图像，如图24-114所示。

图 24-113

图 24-114

Step43 绘制矩形。新建图层，命名为【黄底】，如图 24-115 所示。使用【矩形选框工具】创建选区，并填充浅黄色【#fcfde2】，效果如图 24-116 所示。

图 24-115

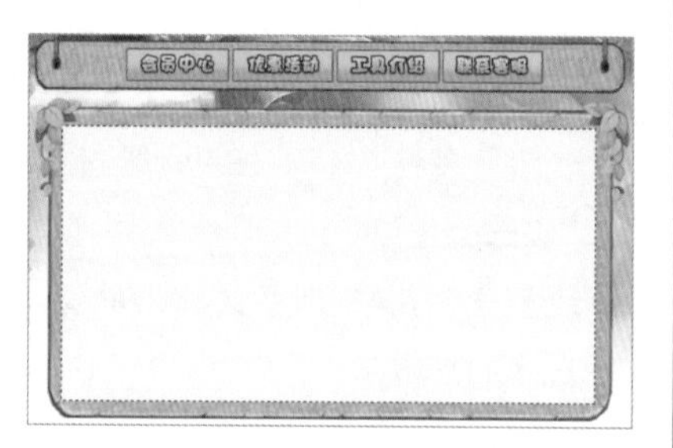

图 24-116

Step44 添加素材。打开“素材文件\第 24 章\24.2\动物.jpg”文件，将其拖动到当前文件中，移动到适当位置，效果如图 24-117 所示。

Step45 创建剪贴蒙版。执行【图层】→【创建剪贴蒙版】命令，创建剪贴蒙版，效果如图 24-118 所示。

图 24-117

图 24-118

Step46 输入文字。使用【横排文字工具】输入白色文字“精美礼物”，在选项栏中，设置【字体】为华康海报体、【字体大小】为 60 点，效果如图 24-119 所示。

Step47 添加描边。双击图层，在【图层样式】对话框中，①选中【描边】复选框，②设置【大小】为 4 像素、描边颜色为蓝色【#1060ce】，如图 24-120 所示。

Step48 渐变叠加。在【图层样式】对话框中，①选中【渐变叠加】复选框，②设置【样式】为线性、【角度】为 90 度、【缩放】为 100%，单击渐变色条，在弹出的【渐变编辑器】对话框中，设置渐变色标为橙色【#ff6e02】、黄色【#ffff00】，如图 24-121 所示。图像效果如图 24-122 所示。

图 24-119

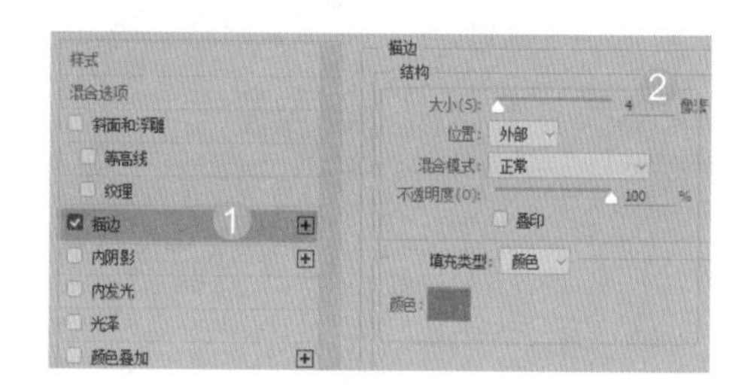

图 24-120

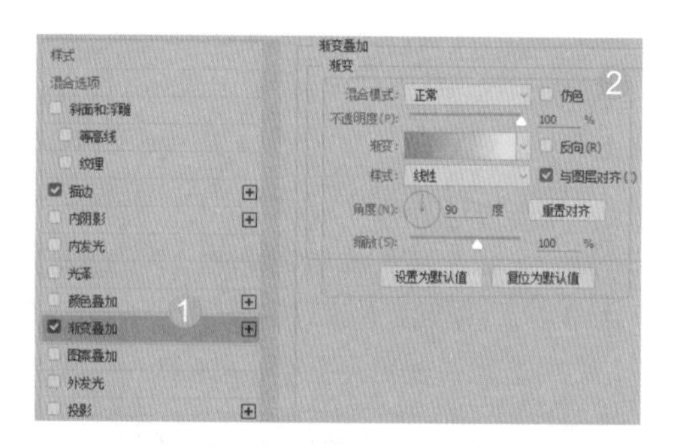

图 24-121

图 24-122

Step49 添加文字和素材。继续输入文字“免费道具”，添加图层样式，效果如图 24-123 所示。打开“素材文件\第 24 章\底横栏.tif”文件，将其拖动到当前文件中，移动到适当位置，效果如图 24-124 所示。

图 24-123

图 24-124

Step50 绘制矩形。新建图层，命名为【底部黄底】，如图 24-125 所示。使用【矩形选框工具】创建选区，并填充浅黄色【#fcfde2】，效果如图 24-126 所示。

图 24-125

图 24-126

Step51 添加素材。打开“素材文件\第 24 章\24.3\标识.tif”文件，将其拖动到当前文件中，移动到适当位置，如图 24-127 所示。

图 24-127

Step52 输入文字。使用【横排文字工具】T 输入黑色文字，在选项栏中，设置【字体】为宋体、【字体大小】为 17 点，效果如图 24-128 所示。

图 24-128

Step53 继续输入文字。在右侧继续输入文字，调整其位置，效果如图 24-129 所示。

图 24-129

24.3 网页 UI 界面设计

本节将介绍网页导航栏设计的相关知识和实战应用。

24.3.1 设计知识链接

下面介绍网页的基本元素及网页界面设计的基本要点，为实战打下理论基础。

1. 网页的基本元素

网页由一些基本元素构成，包括文本、图像、超级链接、表格、动画、音乐和交互式表单等，如图 24-130 所示。下面介绍一些常用的网页元素。

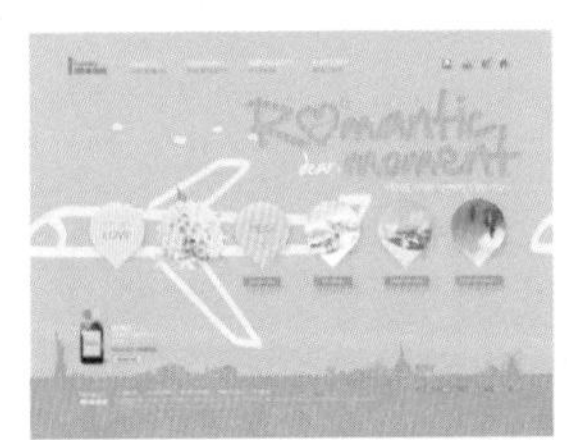

图 24-130

（1）文本。

文本虽然不像图像那样容易引起浏览者的注意，但却最能准确地表达内容信息和含义。

为了克服文字固有的缺点，人们赋予了网页中文本更多的属性，如字体、字号、颜色等，通过不同格式的设置，突出显示重要的内容。此外，用户还可以在网页中设置各种各样的文字列表，以明确表达一系列的项目。这些功能给网页中的文本增加了新的生命力。

（2）图像和动画。

图像是网页中最主要的元素之一，不但能美化页面，与文本相比还能更加直观地表达设计者的意图。为了更有效地吸引浏览者的注意，通常将网页中的广告制作成动画形式。

（3）声音和视频。

声音是多媒体网页中的一个重要组成部分，可以将某些声音添加到网页中。不同浏览器对声音文件的处理方法也有所不同，彼此之间还有可能不兼容。视频播放器可以插入网页中，通常用它来播放视频文件。

（4）表单。

表单一般用来收集联系信息、接收用户要求、获得反馈意见、设置来宾签名，或者让浏览者注册为会员，并以会员的身份登录站点等，根据表单功能与处理方式的不同，通常可以将其分为用户反馈表单、留言簿表单、搜索表单和用户注册表单等类型。

（5）超级链接。

超级链接技术是从一个网页指向另一个目的端的链接。目的端可以是另一个网页，也可以是一幅图片、一个电子邮件地址、一个文件、一个程序或本网页中的其他位置。

（6）表格。

在网页中，表格用来控制信息的布局方式，其作用有两个方面：一是使用行和列的形式来布局文本和图像及其他的列表化数据，二是可以使用表格来精确控制各种网页元素在网页中出现的位置。

（7）其他元素。

网页中除了以上几种最基本的元素之外，还有一些其他的常用元素，包括悬停按钮、各种特效。它们不仅能点缀网页，使网页更加活泼有趣，而且在网页娱乐、电子商务等方面起着非常重要的作用。

2. 网页界面设计的基本要点

网页是互联网上宣传和反映企业形象的重要窗口，其设计的两大基本要点为整体风格和色彩搭配。

（1）网页的整体风格。

整体风格是指网页的整体形象给浏览者的综合感受，包括标志、色彩、字体、标语、版面布局等元素。下面介绍一些常见的注意事项。

① logo 尽可能地放在每个页面上最突出的位置。

② 定义好网站的标准色后，在每个网页上尽量突出网站的标准色彩。

③ 总结一句能反映网页精髓的宣传标语，将它放置在网页中醒目的位置。

④ 相同类型的图像采用相同效果，如果标题字都采用阴影效果，那么网站中出现的所有标题字的阴影效果的设置应该一致。

（2）网页的色彩搭配。

网页中的色彩既是访问者对网站最直观的了解，也是网站统一风格设计的主要组成部分。一个网站设计成功与否，在很大程度上取决于网页色彩的运用和搭配，网页色彩处理得好，可以锦上添花，达到事半功倍的效果。下面介绍一些网页界面设计配色的小技巧。

① 使用一种色相。先选定一种色彩，然后调整透明度或饱和度，这样的页面看起来色彩统一、有层次感。

② 使用两种色彩。先选定一种色彩，然后使用它的对比色进行搭配。

③ 使用一个色系。简单地说，就是用一个系列的色彩，如淡蓝、淡黄、淡绿，或者土黄、土灰、土蓝。

24.3.2 实战：设计网页导航栏

素材文件	素材文件 \ 第 24 章 \ 无
结果文件	结果文件 \ 第 24 章 \24.3.psd

案例分析

网页导航栏通常放置在网站正文的上方或下方，能够为精心设计的导航条提供一个很好的展示空间，而且导航栏风格要与网站的整体风格统一。本例是幼儿园网站导航栏，配色比较鲜艳，效果如图 24-131 所示。

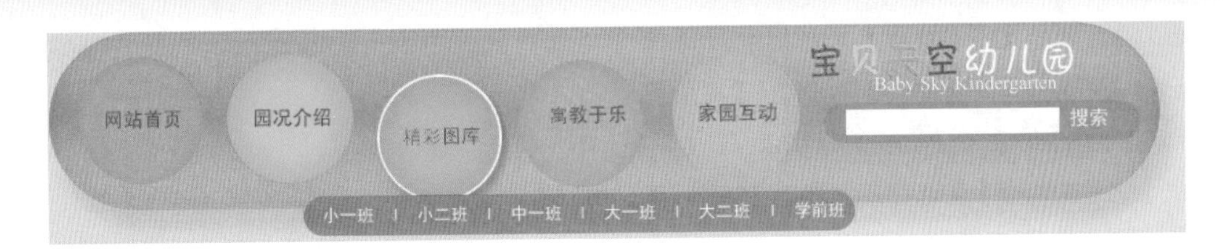

图 24-131

案例制作

Step 01 新建文件。执行【文件】→【新建】命令，打开【新建】对话框，❶ 设置【宽度】为 867 像素、【高度】为 158 像素、【分辨率】为 72 像素 / 英寸，❷ 单击【确定】按钮，如图 24-132 所示。

Step 02 填充背景。设置前景色为灰色，按【Alt+ Delete】组合键，为背景填充灰色【#e0e0e0】，效果如图 24-133 所示。

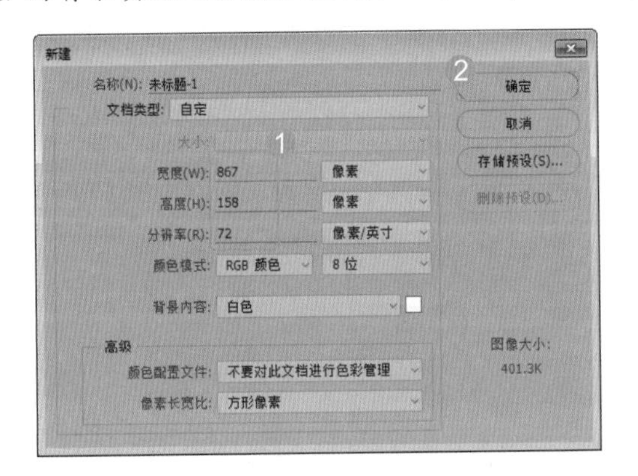

图 24-132

图 24-133

Step 03 绘制圆角矩形。选择【圆角矩形工具】，在选项栏中，选择【路径】选项，设置【半径】为 70 像素，拖动鼠标绘制路径，如图 24-134 所示。

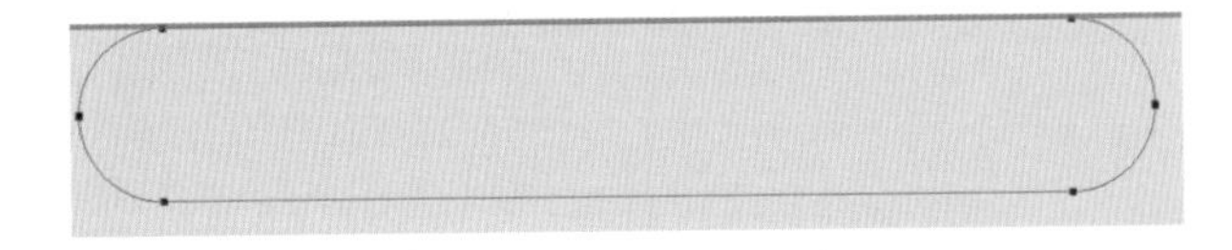

图 24-134

Step 04 设置渐变色。选择【渐变工具】，在选项栏中，单击渐变色条，在打开的【渐变编辑器】对话框中，设置渐变色标为橙色【#ffc900】、深橙色【#ff9a00】、橙色【#ffc900】，如图 24-135 所示。新建【底色】图层，如图 24-136 所示。

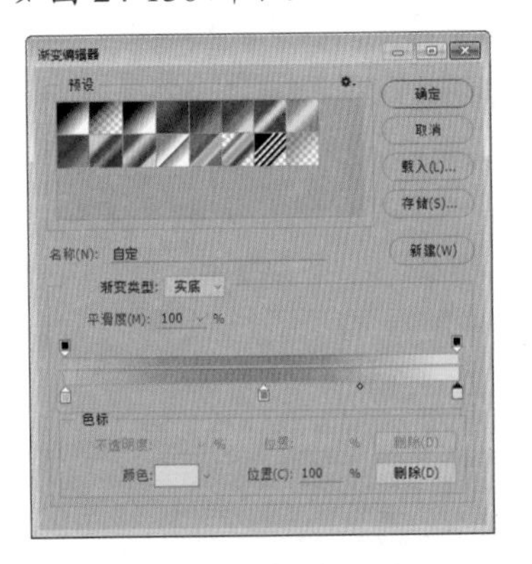

图 24-135

图 24-136

Step 05 填充渐变色。从上到下拖动鼠标，为【底色】图层填充渐变色，效果如图 24-137 所示。

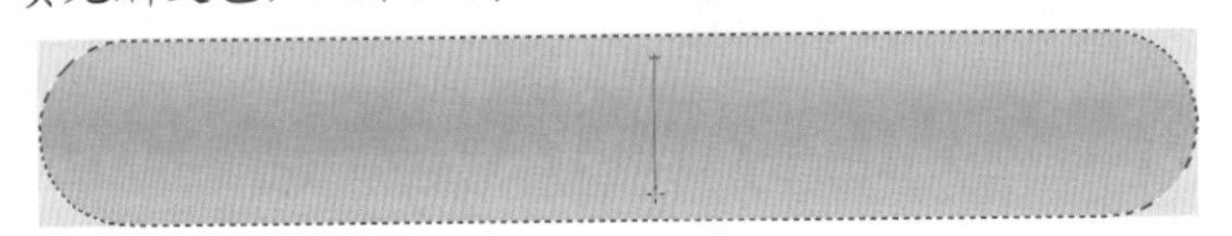

图 24-137

Step 06 添加内阴影。双击图层，在打开的【图层样式】对话框中，❶ 选中【内阴影】复选框，❷ 设置【混合模式】为正片叠底，阴影颜色为橙色【#ffab00】、【不透明度】为 75%、【角度】为 120 度、【距离】为 0 像素、【阻塞】为 0%、【大小】为 24 像素，如图 24-138 所示。

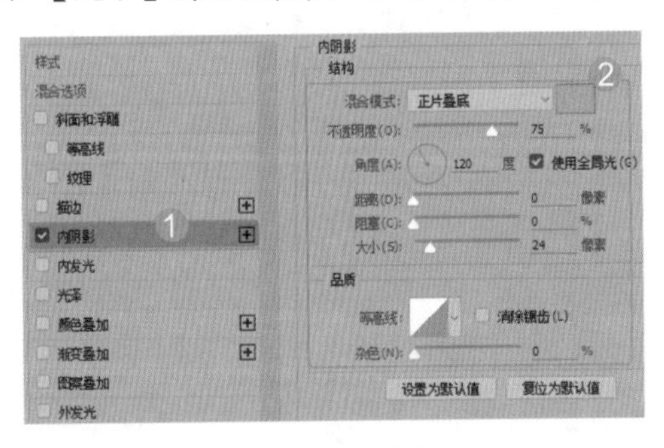

图 24-138

Step07 添加投影。在打开的【图层样式】对话框中，❶ 选中【投影】复选框，❷ 设置【不透明度】为 9%、【角度】为 120 度、【距离】为 17 像素、【扩展】为 0%、【大小】为 13 像素，选中【使用全局光】复选框，如图 24-139 所示。

Step08 生成立体图标效果。添加内阴影和投影图层样式后，图像效果如图 24-140 所示。

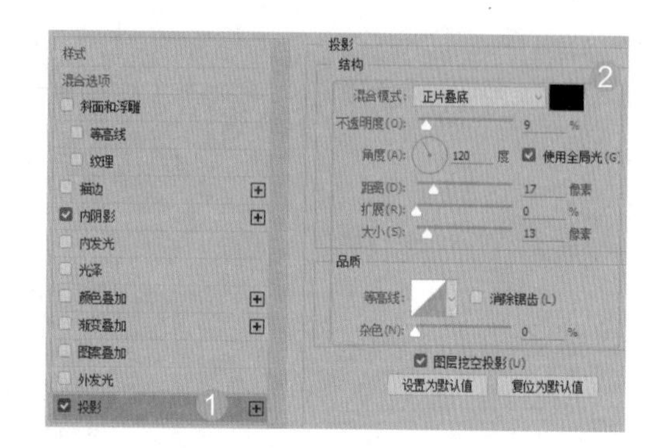

图 24-139

图 24-140

Step09 绘制圆。新建图层，命名为【圆 1】，如图 24-141 所示。使用【椭圆选框工具】创建选区，并填充黄色【#ffd400】，效果如图 24-142 所示。

图 24-141

图 24-142

Step10 添加内阴影。双击图层，在打开的【图层样式】对话框中，❶ 选中【内阴影】复选框，❷ 设置【混合模式】为正片叠底、阴影颜色为浅黄色【#ffd800】、【不透明度】为 75%、【角度】为 120 度、【距离】为 0 像素、【阻塞】为 0%、【大小】为 29 像素，如图 24-143 所示。图像效果如图 24-144 所示。

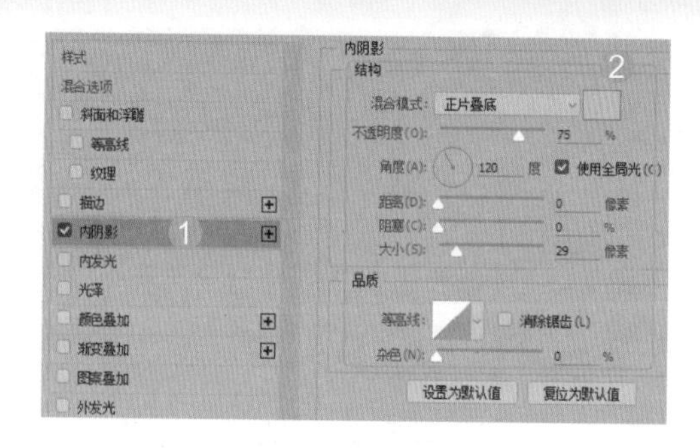

图 24-143

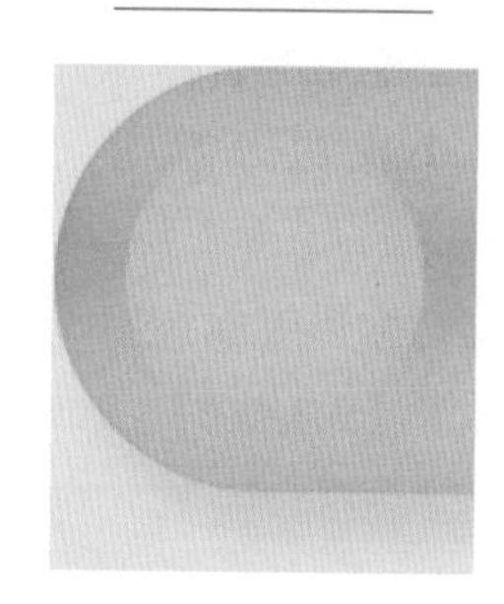

图 24-144

Step11 输入文字。使用【横排文字工具】输入深褐色【#a0550d】文字“网站首页”，在选项栏中，设置【字体】为黑体、【字体大小】为 15 点，如图 24-145 所示。

图 24-145

Step12 复制圆。按住【Alt】键，拖动鼠标复制 4 个圆形，分别命名为【圆 2】【圆 3】【圆 4】【圆 5】，效果如图 24-146 所示。

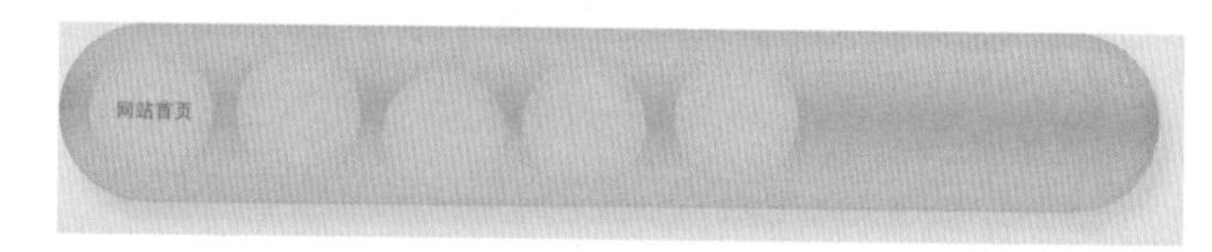

图 24-146

Step13 添加描边。双击【圆 3】图层，如图 24-147 所示。在弹出的【图层样式】对话框中，❶ 选中【描边】复选框，❷ 设置【大小】为 2 像素、描边颜色为白色，如图 24-148 所示。

图 24-147

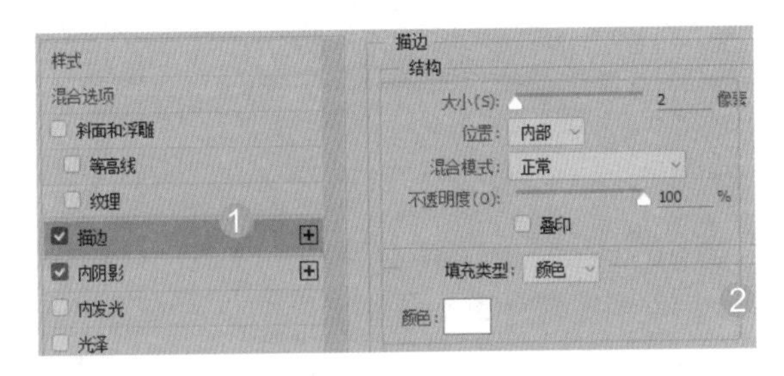

图 24-148

Step14 添加投影。在【图层样式】对话框中，❶ 选中【投影】复选框，❷ 设置【混合模式】为【正片叠底】，设置投影效果为深黄色【#cfb577】，设置【不透明度】为75%、【角度】为120度、【距离】为5像素、【扩展】为0%、【大小】为5像素，选中【使用全局光】复选框，如图24-149所示。添加图层样式后，图像效果如图24-150所示。

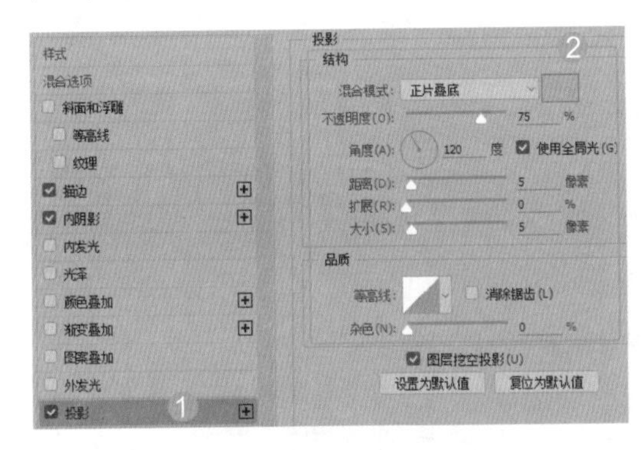

图 24-149

图 24-150

Step15 添加文字。复制4个文字图层，更改文字内容，效果如图24-151所示。

图 24-151

Step16 绘制圆角矩形。选择【圆角矩形工具】，在选项栏中，选择【路径】选项，设置【半径】为70像素，拖动鼠标绘制路径，效果如图24-152所示。

图 24-152

Step17 填色。新建图层，命名为【橙底】，按【Ctrl+Enter】组合键，将【路径】转换为【选区】，并填充橙色，如图24-153所示。

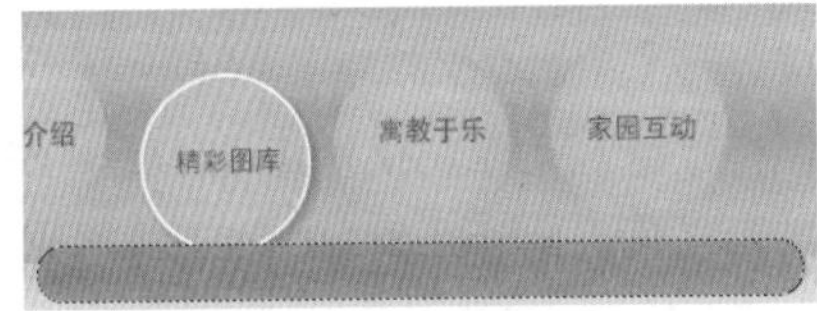

图 24-153

Step18 添加内阴影。双击图层，在打开的【图层样式】对话框中，❶ 选中【内阴影】复选框，❷ 设置【混合模式】为正片叠底、阴影颜色为浅黄色【#ffd800】、【不透明度】为75%、【角度】为120度、【距离】为0像素、【阻塞】为0%、【大小】为24像素，如图24-154所示。内阴影效果如图24-155所示。

Step19 输入文字。使用【横排文字工具】T 输入白色文字，在选项栏中，设置【字体】为黑体、【字体大小】为13点，效果如图24-156所示。

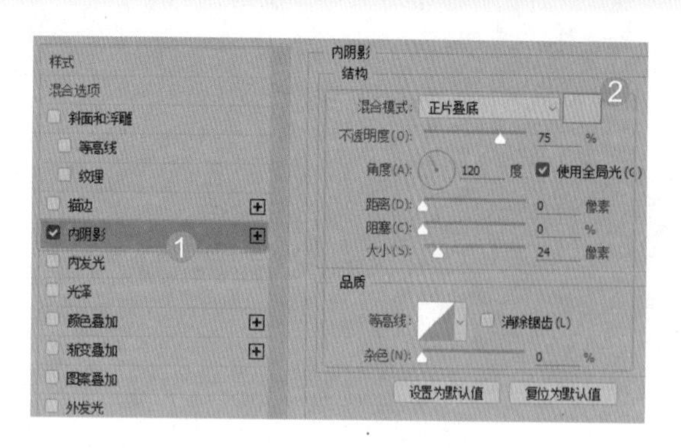

图 24-154

图 24-155

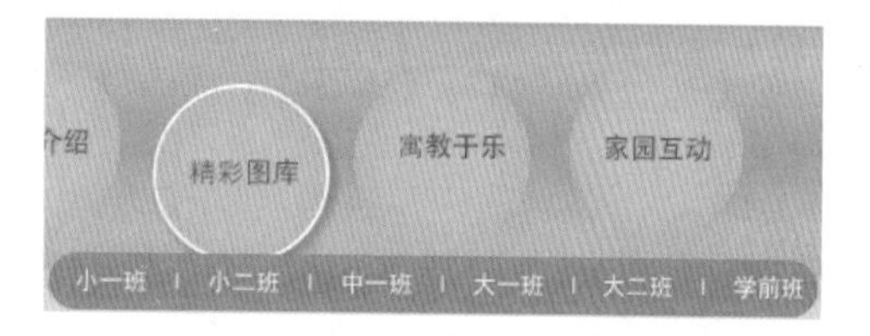

图 24-156

Step20 输入文字。使用【横排文字工具】T 输入白色文字“宝贝天空幼儿园”，在选项栏中，设置【字体】为方正卡通简体、【字体大小】为 30 点，效果如图 24-157 所示。

Step21 输入文字。使用【横排文字工具】T 输入字母“Baby Sky Kindergarten ”，在选项栏中，设置【字体】为方正卡通简体、【字体大小】为 30 点，效果如图 24-158 所示。

图 24-157

图 24-158

Step22 绘制圆角矩形。新建【橙底 2】图层，使用【圆角矩形工具】绘制图形，并创建选区，填充橙色【#ff9500】，如图 24-159 所示。

图 24-159

Step23 粘贴图层样式。右击【橙底】图层，在弹出的下拉列表中选择【拷贝图层样式】选项，右击【橙底 2】图层，在弹出的下拉列表中选择【粘贴图层样式】选项，粘贴样式到【橙底 2】图层中，如图 24-160 所示。

图 24-160

Step24 绘制矩形。新建【白框】图层，如图 24-161 所示。使用【矩形选框工具】创建选区，并填充白色，效果如图 24-162 所示。

图 24-161

图 24-162

Step25 输入文字。使用【横排文字工具】T 输入文字“搜索”，在选项栏中，设置【字体】为黑体、【字体大小】为 15 点，如图 24-163 所示。

图 24-163

Step26 改变文字颜色。分别更改【宝】【贝】【天】【空】文字颜色为洋红色【#ea1cfc】、黄色【#f4fd06】、绿色【#1aeed3】和红色【#d91765】，如图 24-164 所示。双击【圆 1】图层，如图 24-165 所示。

图 24-164

图 24-165

Step27 颜色叠加。在打开的【图层样式】对话框中，❶选中【颜色叠加】复选框，❷设置【混合模式】为颜色、颜色为洋红色【#ea1cfc】，如图 24-166 所示。图像效果如图 24-167 所示。

图 24-166

图 24-167

Step28 颜色叠加。使用相同的方法为其他几个图层添加【颜色叠加】图层样式，叠加颜色分别为黄色【#f4fd06】、绿色【#1aeed3】和红色【#d91765】，效果如图 24-168 所示。

图 24-168

本章小结

本章主要讲解了 UI 界面设计的制作方法，包括手机播放器 UI 设计、设计游戏主界面和设计网页导航栏 3 个经典实例。通过本章的学习，相信读者已经掌握了 UI 设计的基本方法，需要特别注意的是，在进行 UI 界面设计时，要考虑其分辨率和显示尺寸。

第25章 实战：网页网店广告设计

- 主图设计
- 直通车推广图设计
- 钻展推广图设计
- 活动营销海报设计

主图、推广图与海报的设计是吸引买家点击宝贝的关键，本章将学习如何使用 Photoshop 进行店铺主图、推广图和海报的设计。通过本章内容的学习，读者可以掌握网页、网店广告设计的方法，并设计出优秀的网页、网店营销广告。

25.1 主图设计

本节将介绍主图设计的相关知识和实战应用。

25.1.1 设计知识链接

下面介绍主图设计的重要性和主图的尺寸，为实战打下理论基础。

1. 主图设计的重要性

一张优质的主图可以节省一大笔推广费用，这也是很多店铺在没有做付费推广的情况下，依然能吸引到很多流量的主要原因。主图是买家通过搜索的必经之路，无论是通过淘宝搜索还是类目搜索，展现在买家眼前的第一张图片就是商品主图。因此，主图的好坏决定着买家的关注程度，并影响买家是否通过点击所看到的主图进入店铺，使卖家的店铺获取免费流量。

在关键词输入正确的情况下，决定买家是否点击产品的核心要素是商品主图，因为主图承载了产品的款式、风格、颜色等多个产品属性，这些特征如果能表现得特别好，就会比文字描述更加能影响买家对产品的点击率。例如，当买家需要在淘宝平台上购买某件商品时，首先要在搜索栏中输入商品的关键词，如“大衣”，此时，在生成的搜索页面中即可展示出各种大衣的产品主图，如图 25-1 所示。因此，主图在宝贝设计中是非常重要的一个设计点，它的好坏直接影响到免费流量的多少。

图 25-1

2. 主图的尺寸

在宝贝的设计中，主图的尺寸设计也很重要，应将其列入策划范围，如图 25-2 所示。

图 25-2

25.1.2 实战：营销化主图设计

素材文件	素材文件 \第 25 章 \25.1\ 宝贝图片 .psd，光线 .psd
结果文件	结果文件 \ 第 25 章 \25.1.psd

案例分析

在进行营销化主图设计时一定要突出宝贝，不能让文字喧宾夺主。本例是一个吸尘器的主图设计，效果如图 25-3 所示。

图 25-3

案例制作

Step 01 新建文件。执行【文件】→【新建】命令，打开【新建】对话框，① 设置【宽度】为 800 像素、【高度】为 800 像素、【分辨率】为 72 像素 / 英寸，② 单击【确定】按钮，如图 25-4 所示。

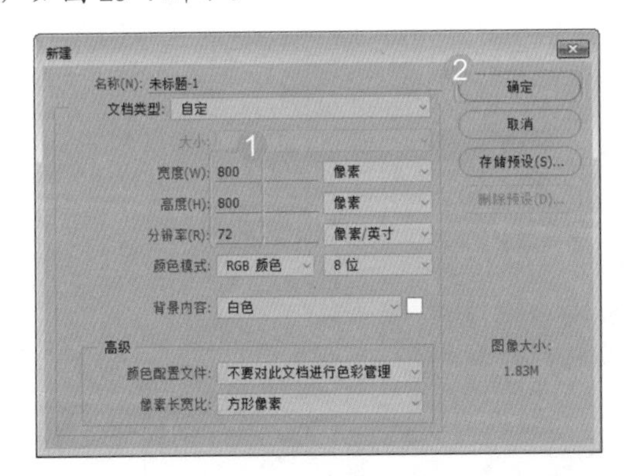

图 25-4

Step 02 绘制图形。使用【多边形套索工具】绘制选区，填充为洋红色后取消选区，如图 25-5 所示。

Step 03 绘制光晕。使用【画笔工具】，设置画笔大小为 600 像素。新建图层，设置前景色为白色，在文件上单击，效果如图 25-6 所示。

图 25-5

图 25-6

Step 04 添加素材。在图层面板上设置图层不透明度为 43%，效果如图 25-7 所示。打开“素材文件 \ 第 25 章 \ 25.1\ 宝贝图片 .psd”文件，将其拖动到当前文件中，移动到适当位置，如图 25-8 所示。

图 25-7

图 25-8

Step05 绘制图形。使用【钢笔工具】，在选项栏中选择【路径】选项，在文件的右上角绘制路径，按【Ctrl+Enter】组合键，将路径转换为选区。使用【渐变工具】，从上向下拖动鼠标，填充紫色到浅紫色的渐变，取消选区后效果如图 25-9 所示。

Step06 绘制图形。设置前景色为紫色【#c167fd】，使用【钢笔工具】，在选项栏中选择【形状】选项，绘制如图 25-10 所示的路径。

图 25-9

图 25-10

Step07 输入文字。使用【钢笔工具】，在选项栏中选择【路径】选项，沿图形绘制路径。使用【横排文字工具】，设置前景色为白色。当光标捕捉到路径时单击，输入文字，设置【字体】为造字工房力黑，如图 25-11 所示。

Step08 输入文字。使用【横排文字工具】，在图像上输入文字，设置上面【字体】为造字工房力黑、下面【字体】为方正兰亭超细黑简体，效果如图 25-12 所示。

图 25-11

图 25-12

Step09 添加素材。打开"素材文件 \ 第 25 章 \25.1\ 光线 .psd"文件，将其拖动到当前文件中，移动到适当位置，如图 24-13 所示。

图 25-13

Step10 绘制渐变图形。选择【矩形选框工具】，使用【渐变工具】从左向右拖动鼠标，填充浅紫色到紫色的渐变，取消选区后效果如图 25-14 所示。

图 25-14

Step11 绘制矩形。使用【矩形工具】，在选项栏中选择【形状】选项，分别设置前景色为白色和洋红色，绘制如图 25-15 所示的两个矩形。

图 25-15

Step12 输入文字。使用【横排文字工具】，设置不同的前景色，分别在图像上输入文字，效果如图 25-16 所示。

图 25-16

Step13 输入文字。使用【横排文字工具】T，在图像上输入文字，效果如图 25-17 所示。

图 25-17

Step14 倾斜文字。单击选项栏中的【字符和段落】按钮，打开【字符和段落】面板，单击【仿斜体】按钮T，如图 25-18 所示，将文字倾斜，最终效果如图 25-19 所示。

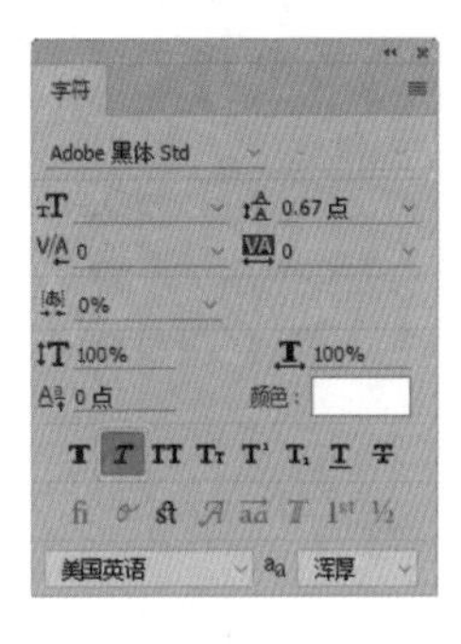

图 25-18

图 25-19

25.2 直通车推广图设计

本节将介绍直通车推广图设计的相关知识和实战应用。

25.2.1 设计知识链接

下面介绍直通车推广图的设计规范和构图，为实战打下理论基础。

1. 直通车推广图的设计规范

很多卖家对淘宝规则中的直通车推广图规范不了解，以为在直通车推广图上加很多促销信息，就会吸引买家，但结果是过多的促销信息遮盖了商品直通车推广图，严重影响了淘宝搜索页的美观度。这样的情况很不利于宝贝的展示和销售，并对产品的品牌价值产生了消极影响。

淘宝对大部分类目的商品直通车推广图有明确的设计要求，尤其是天猫，根据不同的类目情况，对商品的直通车推广图有不同的要求和规范。如果不按照设计规范制作直通车推广图，就容易引起商品的搜索降权，从而导致商品在搜索展示时排名靠后。因此，在设计商品直通车推广图时，应了解该类目的直通车推广图制作规范。下面介绍天猫与 C 店的直通车推广图制作规范。

（1）天猫直通车推广图规范。

天猫商城相对集市店来讲，整体要求要高很多，但也有规则可循，主要体现在以下几方面。

直通车推广图必须为实物拍摄图，图片大小要求在 800 像素 ×800 像素以上（自动拥有放大镜功能）。

直通车推广图必须为白底，展示正面实物图，不允许出现图片留白、拼接、水印，不得包含促销、夸大描述等文字说明，该文字说明包括但不限于秒杀、限时折扣、包邮、打折、满减送等。

每个行业对直通车推广图的要求都有所不同，具体内容建议查看对应的行业标准。

（2）C 店直通车推广图规范。

对于淘宝 C 店来讲，出现在直通车推广图上的营销信息没有特别严格的要求，但面对日趋规范化的规则，中小型卖家的直通车推广图也应该尽量向天猫规则靠拢，为品牌的塑造建立基础。虽然不要求像商城一样，但是要发挥自己的优势，做出自己的特色，避免脏、乱、差。

图 25-20 所示的 C 店直通车推广图，是以白底、纯色

背景、突出商品为主题的场景模特图，符合淘宝相应规范，画面整洁干净。

图 25-20

2. 直通车推广图的构图

在画面中，起着主导地位的就是构图。直通车推广图的构图方式根据不同的产品而有所不同，主要有以下几种。

（1）黄金分割构图。

无论是横构图还是竖构图，只要将画面横竖分别平均地用两条线画下来，这 4 条线交接点的大概位置就是人们所说的黄金分割点，即将要表现的物体焦点置于交接的 4 个点中的一个就可以。

图 25-21 所示为一张使用黄金分割进行构图的直通车推广图，将画面重点放在了黄金分割点处，使画面具有稳定感、安全感。

图 25-21

（2）渐次式构图。

渐次式的构图使产品的展示更有层次感和空间感，将产品由大到小、由实到虚、由主到次的排列，将重复的商品打造出纵深感和空间感，使产品更有表现力，如图 25-22 所示。

图 25-22

（3）三角式构图。

三角形构图具有稳定性，会展示出一种安定的视觉感受，均衡又不失平衡。适合三角形构图的产品是有一定规则的几何体，如正三角形、倒三角形、斜三角形等，使商品显得更有气势和更加坚固，如图 25-23 所示。

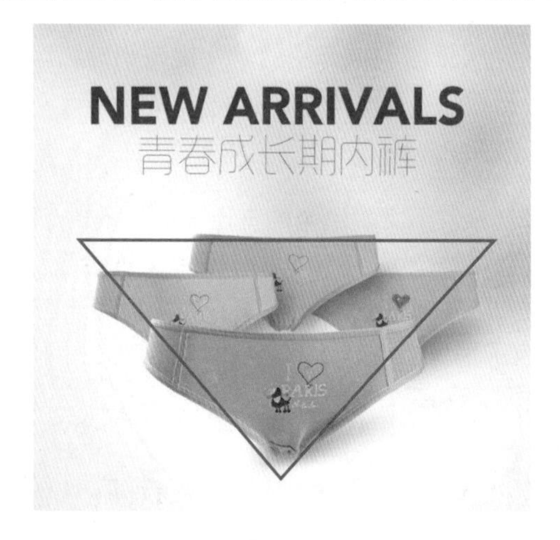

图 25-23

（4）辐射式构图。

辐射式构图是从内向外进行扩张，使画面更加有活力和张力，这种构图比较适合线条形的产品，能很好地集中表现产品却不失产品重心，同时还能表现出产品的多样性，如颜色、花纹等，如图 25-24 所示。

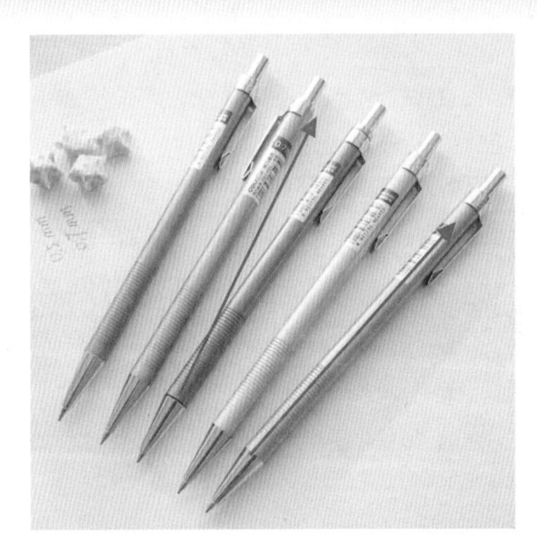

图 25-24

（5）对角式构图。

对角线构图是将产品的摆放安排在对角线上，使产品更加有视觉冲击力，突出产品的立体感、延伸感和动感。这种构图适合表现立体感的产品，如图 25-25 所示。

图 25-25

25.2.2 实战：直通车推广图设计

素材文件	素材文件 \ 第 25 章 \25.2\ 星空 .jpg，开衫 .psd
结果文件	结果文件 \ 第 25 章 \25.2.psd

案例分析

直通车推广图是淘宝使用比较多的推广方式，与商品选款、关键词投放、时段和地域等都有重大联系，但直通车推广图的视觉效果重要性是毋庸置疑的，其点击率的高低直接影响最终的推广效果，所以在设计上更需要考虑周全。直通车推广图一般是尺寸为 800 像素 ×800 像素的方形图，主要用于单品推广。为了在众多的宝贝中脱颖而出，在设计直通车推广图时一定要注意色彩、版式等设计元素。本例是一个儿童开衫的直通车推广图设计，其色彩活泼、布局整洁，效果如图 25-26 所示。

图 25-26

案例制作

Step01 新建文件。执行【文件】→【新建】命令，打开【新建】对话框，❶ 设置【宽度】为 800 像素、【高度】为 800 像素、【分辨率】为 72 像素 / 英寸，❷ 单击【确定】按钮，如图 25-27 所示。

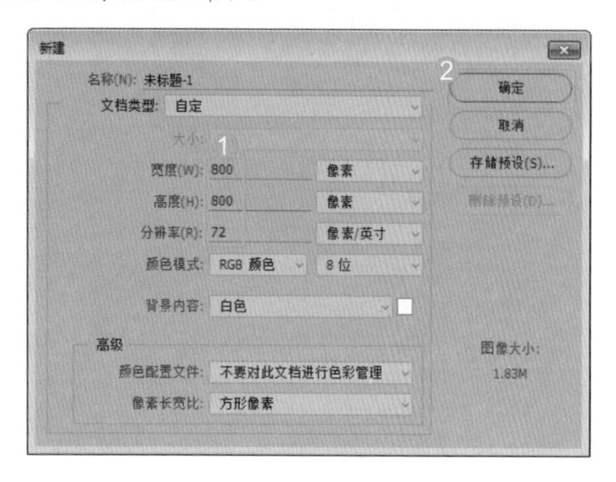

图 25-27

Step02 绘制矩形。使用【矩形工具】，在选项栏中选择【形状】选项，设置前景色为红色，绘制如图 25-28 所示的矩形。

Step03 添加素材。打开"素材文件 \ 第 25 章 \25.2\ 星空 .jpg"文件，将其拖动到当前文件中，移动到适当位置，如图 25-29 所示。

图 25-28

图 25-29

Step04 绘制三角形。在图层面板中设置其图层【混合模式】为强光，效果如图 25-30 所示。使用【钢笔工具】，在选项栏中选择【形状】选项，设置描边颜色为白色、描边大小为 2 点，绘制如图 25-31 所示的三角形。在此图层上右击，在弹出的快捷菜单中选择【删格化文字】命令，删格化图形。

Step05 添加素材并绘制选区。打开"素材文件 \ 第 25 章 \ 25.2\ 开衫 .psd"文件，将其拖动到当前文件中，移动到适当位置，如图 25-32 所示。使用【多边形套索工具】，绘制如图 25-33 所示的选区。

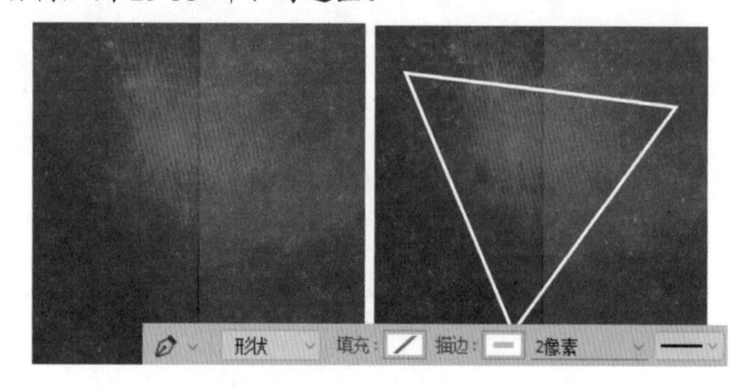

图 25-30　　图 25-31

图 25-32

图 25-33

Step06 复制图像。按【Ctrl+J】组合键，复制选区内的图像到新的图层，将此图层调整到【毛衣】图层上面，如图 25-34 所示。

Step07 绘制三角形。使用【钢笔工具】，在选项栏中选择【形状】选项，绘制一个黄色小三角形并应用图层样式中的阴影效果，如图 25-35 所示。

图 25-34

图 25-35

Step08 绘制三角形并输入文字。使用相同的方法再制作一个红色与蓝色的三角形，如图 25-36 所示。使用【横排文字工具】，设置前景色为白色。在图像上输入文字，设置【字体】为方正综艺简体，效果如图 25-37 所示。

图 25-36

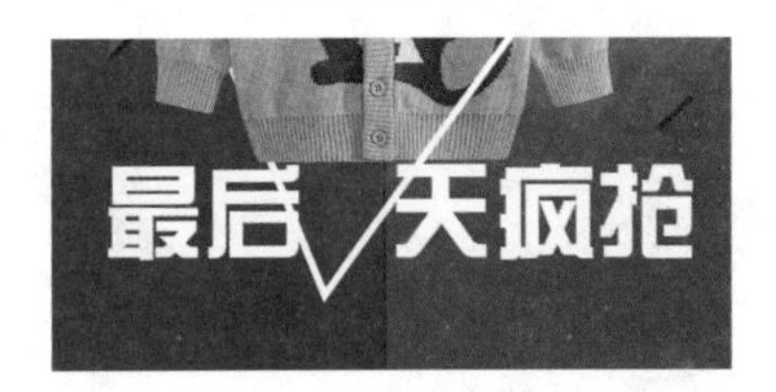

图 25-37

Step 09 描边文字。双击文字图层，在【图层样式】对话框中，❶ 选中【描边】复选框，❷ 设置【大小】为 5 像素、描边颜色为蓝色【#2a2c8c】，如图 25-38 所示。图像效果如图 25-39 所示。

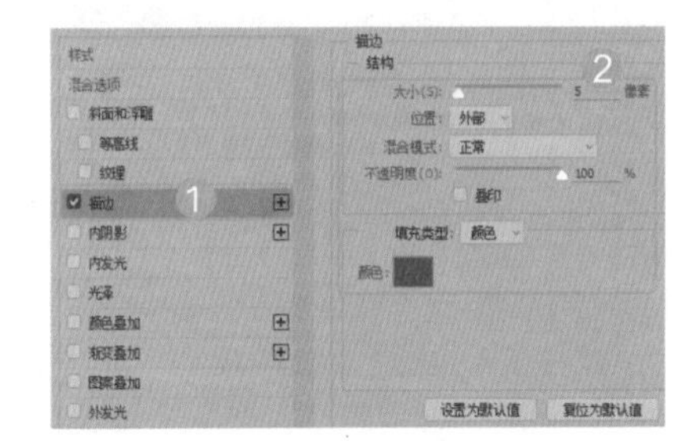

图 25-38

图 25-39

Step 10 绘制图形。使用【钢笔工具】，在选项栏中选择【形状】选项，设置颜色为青色，绘制如图 25-40 所示的四边形。

图 25-40

Step 11 复制图形并改变颜色。使用【移动工具】，将鼠标指针置于四边形上，按住【Alt】键的同时拖动鼠标，复制四边形。在图层面板上双击形状缩略图，打开【拾色器（纯色）】对话框，❶ 设置颜色为黄色【#f9e826】，❷ 单击【确定】按钮，如图 25-41 所示。

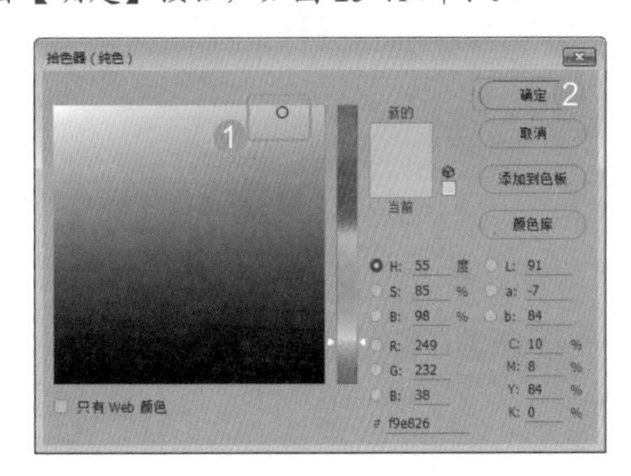

图 25-41

Step 12 输入文字。此时，复制的四边形颜色变为黄色，如图 25-42 所示。使用【横排文字工具】T，分别设置前景色为黑色和红色、【字体】为方正综艺简体和黑体，在图像上输入文字，效果如图 25-43 所示。

图 25-42

图 25-43

Step 13 绘制直线。使用【画笔工具】，设置画笔大小为 2 像素。新建图层，设置前景色为红色，按住【Shift】键，在文字之间绘制直线，效果如图 25-44 所示。

图 25-44

Step 14 设置画笔。使用【画笔工具】，❶ 在选项栏中设置画笔大小为 30 像素，❷ 选择【平钝形带纹理】笔刷，如图 25-45 所示。

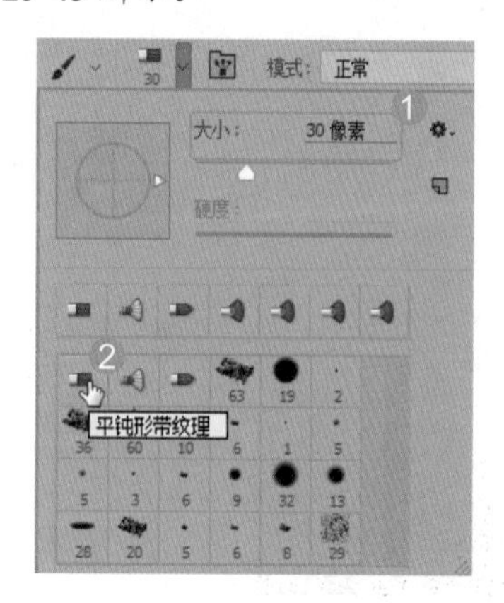

图 25-45

Step 15 绘制图形数字。使用【画笔工具】，设置前景色为黄色，新建图层，拖动鼠标绘制图形数字 1，如图 25-46 所示。

Step 16 绘制图形。使用【钢笔工具】，在选项栏中选择【形状】选项，设置颜色为蓝色，在数字"1"的下方绘制图形作为底色，最终效果如图 25-47 所示。

图 25-46

图 25-47

25.3 钻展推广图设计

本节将介绍钻展推广图设计的相关知识和实战应用。

25.3.1 设计知识链接

下面介绍推广图的分类和设计准则，为实战打下理论基础。

1. 推广图的分类

推广图分为单品推广和店铺推广，前者会直接链接到产品详情页，而后者会链接到店铺中的某一个页面中。

（1）单品推广图。

单品推广有利于新品、爆款的打造，可根据产品的款式、价格、材质等属性来设计推广图。不同属性的产品，其设计方式也不相同。对单品推广图进行设计时，可选择店铺内最具人气的某款产品来提升点击率，如图 25-48 所示。最具人气的产品拥有大众化的潜质，可以促使更多目标客户进入店铺。

图 25-48

（2）店铺推广图。

店铺推广是指通过推广某一个导航页面、宝贝集合页及自定义页面的方式，先将流量先引入一个页面，再通过这个页面内展示的商品分流到各个详情页，来达到推广更多宝贝的目的。

由于单品推广的关键词只能推广店内的单品，虽然能提高单品的销量，但会导致其他商品无法获取精准的推广流量，容易造成热卖单品库存不足，而没有推广的商品库存积压。店铺推广的好处是可以将店铺中某一品类或全店产品放置在一个页面中进行展示，将流量进行分化。在做店铺推广时，应综合推广页面中的商品特征来考虑，可以是全店商品推广，也可以是某一品类商品推广。

对于成熟的店铺，有一定的运营能力，正在进行官方活动或店铺活动，可进行店铺推广；对于追求品牌个性的店铺，可以以树立品牌为方向进行设计。图 25-49 所示为展示店铺最近活动的店铺推广图。

图 25-49

2. 推广图的设计准则

所有优秀的推广图设计都有很强的规律，通过对优秀案例的分析，能找出这些规则和共性，如清晰的推广主题、明确的目标人群定位、控制整体风格等。

（1）推广主题清晰。

做设计的整个过程就是一次陈述，因此需要有一个清晰的主题，并围绕这个主题展开，如围绕产品价格、折扣、活动等主题展开。

主题确定后，应分清楚画面中每个元素的陈述顺序，优先展示重要内容，以此类推。第一层、第二层信息需要被阅读，第三层之后的信息起着暗示和辅助作用，且每一层的表现程度应逐渐减弱，如图 25-50 所示。

图 25-50

（2）针对人群明确。

因产品的不同，所面向的购物人群也不同，不同人群的审美标准和兴趣爱好都不相同。所以，在设计推广图中，应根据人群的审美和喜好来设计图片风格。在选择模特上，要符合目标人群的心理期望年龄。例如，目标为 13 岁的人群，模特要选择 15 岁的；目标为 40 岁的人群，模特要选 30 岁的。如图 25-51 所示，针对知性女性一族的目标人群，画面、字体、模特的搭配都突出了女性的知性、优雅，以便能打动这一目标人群。

图 25-51

（3）控制整体风格。

推广图的设计要控制画面的整体风格，将色彩、字体、标签、引导形式、模特等所有元素进行相互搭配，形成统一的风格。绝对不能出现字体走可爱路线，模特却走成熟路线的情况，这样的搭配是不协调的。

25.3.2 实战：钻展推广图设计

素材文件	素材文件 \ 第 25 章 \25.3\ 男装 .psd
结果文件	结果文件 \ 第 25 章 \25.3.psd

案例分析

钻展图是钻展推广的灵魂，其创意优劣直接决定点击率和点击成本。通常情况下，钻展图点击率在 8% 以上为不错的创意。钻展推广图没有固定的尺寸，由推广位的尺寸决定。本例是一个男装的钻展推广图设计，主色调为中性灰，整体设计大气稳重，如图 25-52 所示。

图 25-52

案例制作

Step01 新建文件。执行【文件】→【新建】命令，打开【新建】对话框，❶ 设置【宽度】为 590 像素、【高度】为 295 像素、【分辨率】为 72 像素 / 英寸，❷ 单击【确定】按钮，如图 25-53 所示。

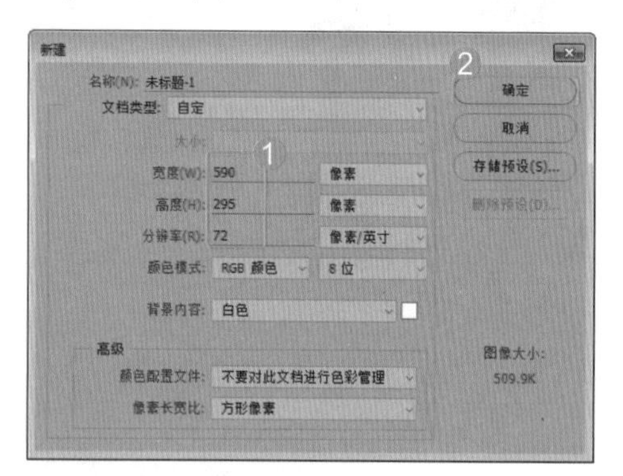

图 25-53

Step02 绘制矩形。设置前景色为灰色【#f0f0f0】，按【Alt+Delete】组合键填充背景为浅灰色。使用【矩形工具】，在选项栏中选择【形状】选项，设置填充色为浅灰色、无描边，如图 25-54 所示，拖动鼠标绘制矩形。

图 25-54

Step03 设置旋转角度。按【Ctrl+T】组合键，在选项栏中设置旋转角度为 45 度，如图 25-55 所示。

图 25-55

Step04 复制多个矩形。此时，矩形旋转，如图 25-56 所示，按【Enter】键确定。使用【移动工具】，将鼠标指针置于矩形上，按住【Alt】键的同时拖动鼠标，复制矩形。重复此操作，复制多个矩形，如图 25-57 所示。

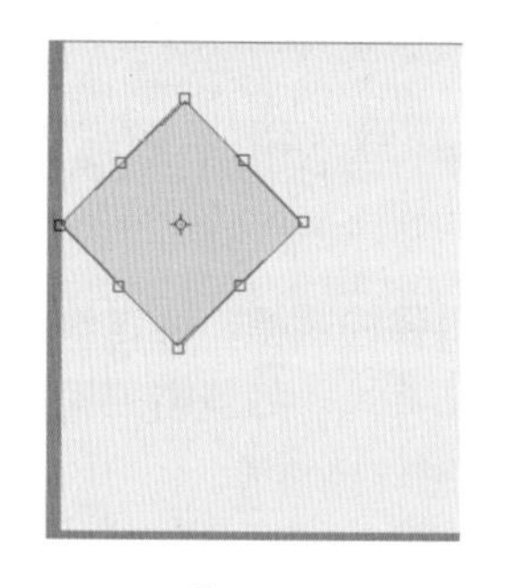

图 25-56

图 25-57

Step05 复制两行矩形。使用相同的方法复制两行矩形，如图 25-58 所示。使用【钢笔工具】，在选项栏中选择【形状】选项，设置颜色为蓝色，分别在文件的左上角、右下角绘制如图 25-59 所示的图形。

图 25-58

图 25-59

Step06 输入文字。使用【横排文字工具】T，设置前景色为蓝色。在图像上输入文字，设置【字体】为造字工房力黑，如图 25-60 所示。

Step07 绘制六边形。使用【自定形状工具】，新建图层，在选项栏中选择【像素】选项，设置颜色为红色，绘制一个六边形，按【Ctrl+T】组合键，将其旋转一定角度，效果如图 25-61 所示。

图 25-60

图 25-61

Step 08 绘制闪电图形。使用【钢笔工具】，在选项栏中选择【像素】选项，设置颜色为红色，在六边形下方绘制一个闪电图形。复制该图形，按【Ctrl+T】组合键，将其水平翻转，如图 25-62 所示。

Step 09 绘制三角形。使用【钢笔工具】，在选项栏中选择【形状】选项，设置颜色为红色，绘制几个三角形，效果如图 25-63 所示。

图 25-62

图 25-63

Step 10 输入文字。使用【横排文字工具】T，分别设置前景色为白色、蓝色。在六边形中输入文字，设置【字体】为黑体，如图 25-64 所示。

图 25-64

Step 11 添加素材。打开“素材文件 \ 第 25 章 \25.3\ 男装 .psd”文件，将其拖动到当前文件中，移动到适当位置，最终效果如图 25-65 所示。

图 25-65

25.4 活动营销海报设计

本节将介绍活动营销海报设计的相关知识和实战应用。

25.4.1 设计知识链接

下面介绍活动营销海报设计的要点和营销海报的版式设计，为实战打下理论基础。

1. 营销海报版式设计

所谓版式设计，就是在版面上有限的平面“面积”内，根据主题内容要求，运用所掌握的美学知识，进行版面的分割，将版面构成要素中的文字、图片等进行组合排列，设计出美观实用的版面。版式设计的基本类型有 9 种，即满版型、上下分割型、左右分割型、曲线型、倾斜型、对称型、中心型、并置型和包围型。其中，满版型版式如图 25-66 所示。

2. 活动营销海报设计的要点

海报是一种较吸引眼球的广告形式，其设计必须有号召力和艺术感染力，通过调动形象、色彩、构图等因素形成强烈的视觉效果。一张好的海报既可以吸引顾客进店，也可以生动地传达店铺商品信息和各类促销活动情况，是打折、促销、包邮、秒杀等活动宣传的重要通道。在设计活动营销海报时可以从以下几个方面入手。

图 25-66

（1）视觉线牵引。

视觉线牵引是指设计师利用点、线、面来引导顾客的视觉关注点，让顾客随着设计师的视觉思维对商品产生兴趣。如图 25-67 所示，此海报运用面与线，将顾客视线牵引到营销活动内容。

图 25-67

（2）色彩诱导。

色彩诱导是指通过对比色或近似色的设计，引导顾客视觉重心聚焦于商品。如图 25-68 所示，此海报使用蓝色与黄色在冷暖、面积上的对比，让整个画面看起来生动有趣。

图 25-68

（3）层次诱导。

层次诱导是指设计出商品与元素之间的层次感，能在分散顾客多余视线的同时，突出商品的主题特点，这是比较直接且有效的设计方式。如图 25-69 所示，此海报利用模特与文字的空间层次，将顾客视线吸引到活动内容上。

图 25-69

25.4.2 实战：“双 11”活动营销海报设计

素材文件	素材文件 \ 第 25 章 \25.4\ 海报素材 .psd，双 11 标志 .psd，圆 .psd
结果文件	结果文件 \ 第 25 章 \25.4.psd

案例分析

“双 11”已然成为淘宝最重要的大促活动日，在这天抓住机会，很可能让一天的销售额达到全年的 50% 以上。要让店铺流量实现更高的转化率，视觉设计是必不可少的，在活动海报设计上，要体现出活动气氛，从而引导顾客下单。

好的大促视觉装修不仅要红色洋溢的店铺风格，还要结合店铺产品、推广、文案、顾客心理等因素，在不同阶段做出不同的调整，只有这样才能更好地提升转化率。本例为“双 11”活动营销海报效果，如图 25-70 所示。

图 25-70

案例制作

Step01 新建文件。执行【文件】→【新建】命令，打开【新建】对话框，❶ 设置【宽度】为 950 像素、【高度】为 410 像素、【分辨率】为 72 像素 / 英寸，❷ 单击【确定】按钮，如图 25-71 所示。

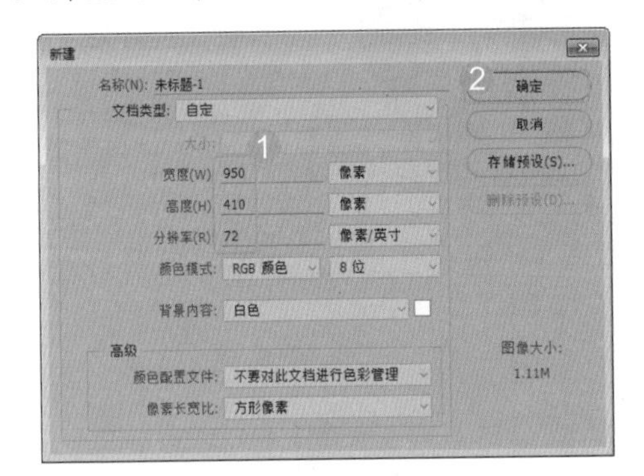

图 25-71

Step02 绘制矩形。设置前景色为红色【#d6172d】，按【Alt+Delete】组合键填充背景为红色。使用【矩形工具】▭，在选项栏中选择【像素】选项，设置前景色 RGB 值为（255、33、74），新建图层，拖动鼠标绘制如图 25-72 所示的矩形。

图 25-72

Step03 绘制矩形。使用【矩形工具】▭，在选项栏中选择【形状】选项，设置前景色为红色【#d6172d】，新建图层，绘制如图 25-73 所示的矩形。

图 25-73

Step04 透视图形。按【Ctrl+T】组合键，右击矩形，在弹出的快捷菜单中选择【透视】命令，如图 25-74 所示，向左拖动右下角的控制点，使其与左下角的控制点重合，如图 25-75 所示，按【Enter】键确定。

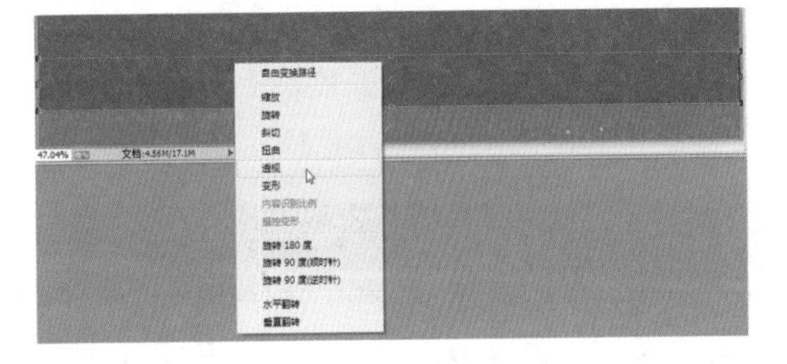

图 25-74

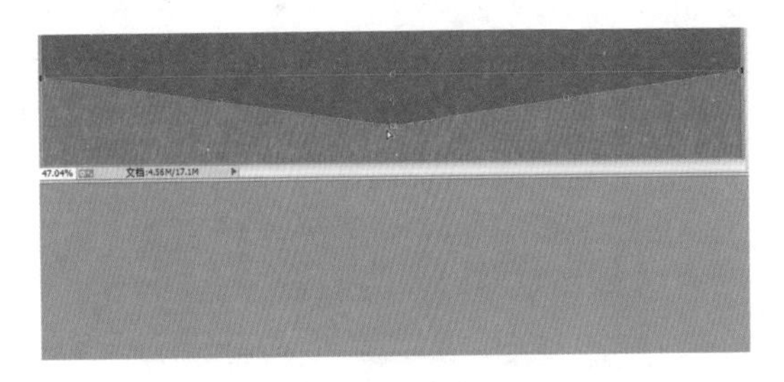

图 25-75

Step05 添加素材。打开“素材文件 \ 第 25 章 \25.4\ 圆 .psd”文件，将其拖动到当前文件中，移动到适当位置，如图 24-76 所示。

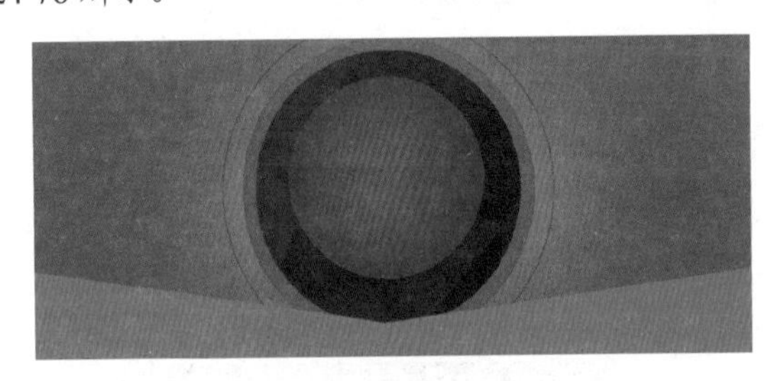

图 25-76

Step06 绘制文字路径。按【Ctrl+R】组合键，显示标尺，拖出两条水平辅助线。使用【钢笔工具】✒，在选项栏中选择【路径】选项，绘制如图 25-77 所示的文字路径。

图 25-77

Step 07 填充文字路径。新建图层，设置前景色为白色，切换到路径面板，单击路径面板下面的【用前景色填充路径】按钮 ，得到如图 25-78 所示的效果。

Step 08 绘制矩形。使用【矩形工具】，在选项栏中选择【像素】选项，新建图层，设置前景色为黄色【#fcde1a】，拖动鼠标绘制如图 25-79 所示的矩形。

图 25-78

图 25-79

Step 09 倾斜矩形。按【Ctrl+T】组合键，右击矩形，在弹出的快捷菜单中选择【斜切】命令，如图 25-80 所示。拖动上方中间的控制点，将矩形倾斜一定角度，如图 25-81 所示，按【Enter】键确定。

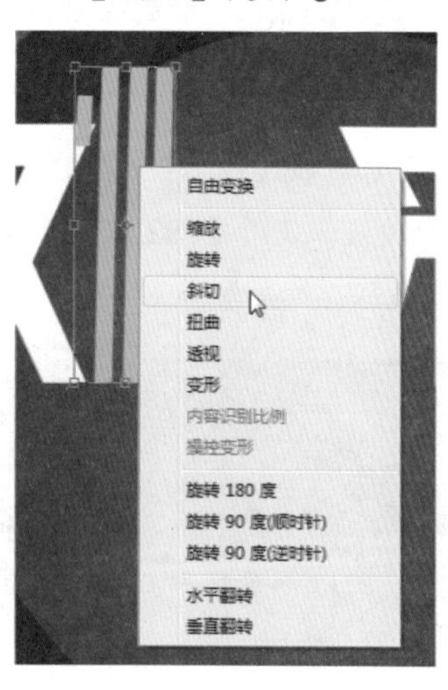

图 25-80

图 25-81

Step 10 复制矩形。使用【移动工具】，将鼠标指针置于矩形上，按住【Alt】键的同时拖动鼠标，复制矩形，如图 25-82 所示。

Step 11 添加投影。按【Ctrl+E】组合键，将图形化的文字“双 11 来啦”合并。双击图层，在【图层样式】对话框中，❶ 选中【投影】复选框，❷ 设置【角度】为 112 度、【扩展】为 22%、【大小】为 12 像素，如图 25-83 所示。

图 25-82

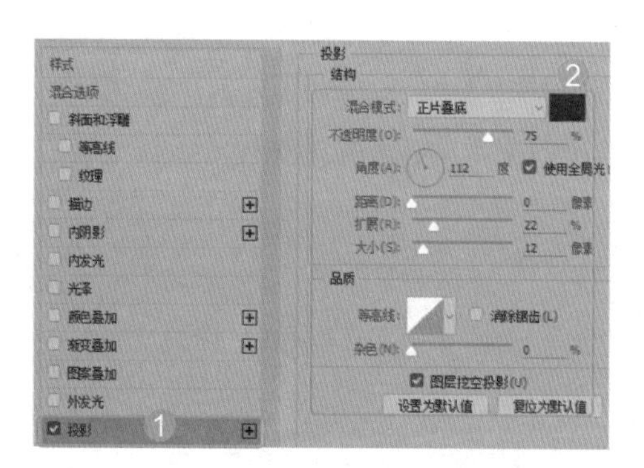

图 25-83

Step 12 投影效果。此时，投影效果如图 25-84 所示，文字变得非常有立体感。

图 25-84

Step13 绘制矩形。使用【矩形工具】□，在选项栏中选择【像素】选项，新建图层，设置前景色为【#00a0e9】，拖动鼠标绘制如图 25-85 所示的矩形。

图 25-85

Step14 选择【斜切】命令。按【Ctrl+T】组合键，右击矩形，在弹出的快捷菜单中选择【斜切】命令，如图 25-86 所示。

图 25-86

Step15 拖出平行四边形。向右拖动上方中间的控制点，将矩形倾斜一定角度，得到平行四边形，如图 25-87 所示，按【Enter】键确定。

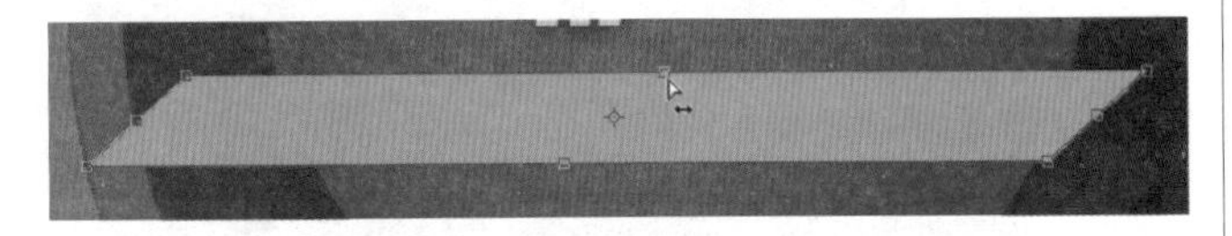

图 25-87

Step16 载入选区。按住【Ctrl】键的同时单击平行四边形，将其载入选区，如图 25-88 所示。

Step17 描边图形。在平行四边形下方新建图层，执行【编辑】→【描边】命令，打开【描边】对话框，❶ 设置【宽度】为 3 像素、描边颜色为黄色【#e4d530】，设置【位置】为居中，❷ 单击【确定】按钮，如图 25-89 所示，得到如图 25-90 所示的效果。

图 25-88

图 25-89

图 25-90

Step18 调整线条的宽度。使用【移动工具】✥ 移动线条。按【Ctrl+T】组合键，调整线条的宽度，如图 25-91 所示，按【Enter】键确定。

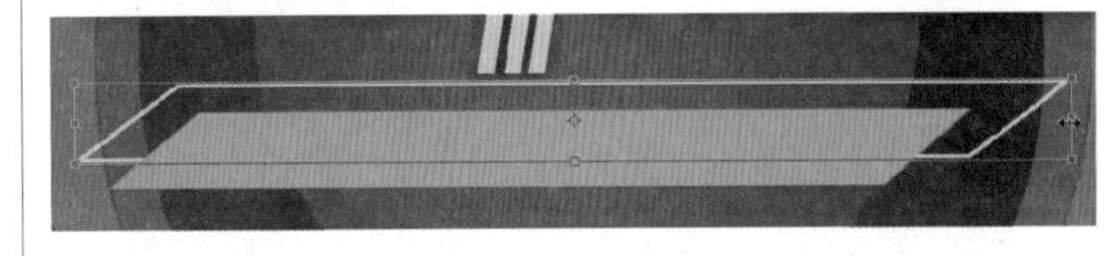

图 25-91

Step19 输入文字。使用【横排文字工具】T，设置前景色为白色。在图像上输入文字，设置【字体】为方正综艺简体，按【Ctrl+Enter】组合键，完成文字的输入，效果如图 25-92 所示。

图 25-92

Step20 添加投影。双击文字图层，在【图层样式】对话框中，❶选中【投影】复选框，❷设置【角度】为 112 度、【距离】为 3、【大小】为 3 像素，如图 25-93 所示。

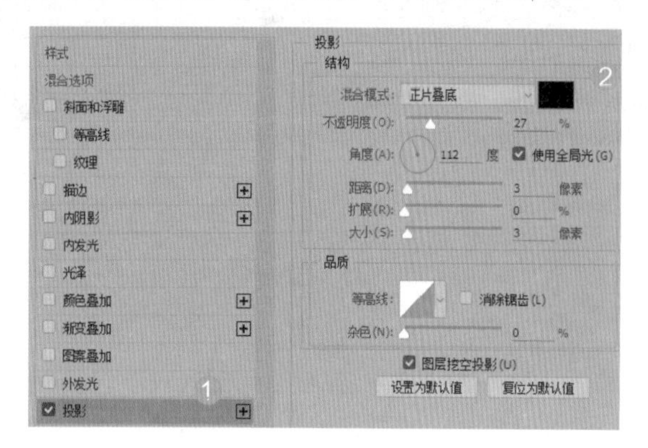

图 25-93

Step21 输入文字。此时，投影效果如图 25-94 所示。使用【横排文字工具】T，设置前景色为白色，分别在图像上输入文字，设置【字体】为黑体，如图 25-95 所示。

图 25-94

图 25-95

Step22 透视图形。按【Ctrl+T】组合键，右击矩形，在弹出的快捷菜单中选择【透视】命令，如图 25-96 所示，向左拖动右下角的控制点，使其与左下角的控制点重合，如图 25-97 所示，按【Enter】键确定。

Step23 绘制圆角矩形。新建图层，使用【圆角矩形工具】▢，在选项栏中选择【像素】选项，设置半径为 7 像素、前景色为黑色，绘制一个圆角矩形，如图 25-98 所示。

图 25-96

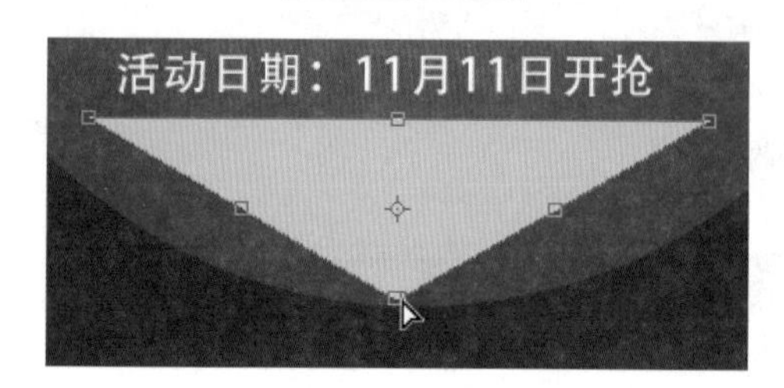

图 25-97

图 25-98

Step24 输入文字。使用【横排文字工具】T，设置前景色为红色。在图像上输入文字，设置【字体】为黑体，按【Ctrl+Enter】组合键，完成文字的输入，如图 25-99 所示。

图 25-99

Step25 添加素材。打开“素材文件 \ 第 25 章 \25.4\ 海报素材 .psd”文件，将其拖动到当前文件中，移动到适当位置，如图 25-100 所示。

Step26 输入文字。使用【钢笔工具】✎，在选项栏中选

择【路径】选项，绘制路径，将光标置于路径左端，捕捉到路径时单击，如图 25-101 所示。使用【横排文字工具】，设置前景色为白色。在图像上输入文字，设置【字体】为黑体，如图 25-102 所示，按【Ctrl+Enter】组合键，完成文字的输入。

图 25-100

图 25-101

图 25-102

Step27 绘制图形。使用【钢笔工具】，在选项栏中选择【像素】选项，新建图层，绘制如图 25-103 所示的图形。

图 25-103

Step28 绘制三角形图标。使用【多边形套索工具】，绘制三角形图标，设置填充颜色为蓝色与黄色，按【Ctrl+D】组合键取消选区，如图 25-104 所示。

图 25-104

Step29 绘制斜角四边形。使用【多边形套索工具】，绘制多个斜角四边形，在绘制过程中，按住【Shift】键可绘制水平和垂直的线，并将其填充为蓝色、紫色、黄色，按【Ctrl+D】组合键取消选区，如图 25-105 所示。

图 25-105

Step30 添加素材。打开“素材文件 \ 第 25 章 \25.4\ 双 11 标志 .psd”文件，将其拖动到新建文件的左上角，最终效果如图 25-106 所示。

图 25-106

本章小结

本章主要介绍了网页网店广告设计的方法，包括营销化主图设计、直通车推广图设计、钻展推广图设计、“双 11”活动营销海报设计 4 个经典实例。在进行宝贝主图、推广图设计时一定要突出宝贝，不能让文字喧宾夺主，而且网店广告设计的风格要与其整体风格相统一。

附录 A Photoshop CC 工具与快捷键索引

工具名称	快捷键	工具名称	快捷键
移动工具	V	矩形选框工具	M
椭圆选框工具	M	套索工具	L
多边形套索工具	L	磁性套索工具	L
快速选择工具	W	魔棒工具	W
吸管工具	I	颜色取样器工具	I
标尺工具	I	注释工具	I
透视裁剪工具	C	裁剪工具	C
切片选择工具	C	切片工具	C
修复画笔工具	J	污点修复画笔工具	J
修补工具	J	内容感知移动工具	J
画笔工具	B	红眼工具	J
颜色替换工具	B	铅笔工具	B
仿制图章工具	S	混合器画笔工具	B
历史记录画笔工具	Y	图案图章工具	S
橡皮擦工具	E	历史记录艺术画笔工具	Y
魔术橡皮擦工具	E	背景橡皮擦工具	E
油漆桶工具	G	渐变工具	G
加深工具	O	减淡工具	O
钢笔工具	P	海绵工具	O
横排文字工具	T	自由钢笔工具	P
横排文字蒙版工具	T	直排文字工具	T
路径选择工具	A	直排文字蒙版工具	T
矩形工具	U	直接选择工具	A

续表

工具名称	快捷键	工具名称	快捷键
椭圆工具	U	圆角矩形工具	U
直线工具	U	多边形工具	U
抓手工具	H	自定形状工具	U
缩放工具	Z	旋转视图工具	R
前景色/背景色互换	X	默认前景色/背景色	D
切换屏幕模式	F	切换标准/快速蒙版模式	Q
临时使用吸管工具	Alt	临时使用移动工具	Ctrl
减小画笔大小	[	临时使用抓手工具	空格
减小画笔硬度	{	增加画笔大小	]
选择上一个画笔	,	增加画笔硬度	}
选择第一个画笔	<	选择下一个画笔	,
选择最后一个画笔	>		

附录B Photoshop CC 命令与快捷键索引

1.【文件】选项卡

文件命令	快捷键	文件命令	快捷键
新建	Ctrl+N	打开	Ctrl+O
在 Bridge 中浏览	Alt+Ctrl+O Shift+Ctrl+O	打开为	Alt+Shift+Ctrl+O
关闭	Ctrl+W	关闭全部	Alt+Ctrl+W
关闭并转到 Bridge	Shift+Ctrl+W	存储	Ctrl+S
存储为	Shift+Ctrl+S Alt+Ctrl+S	存储为 Web 所用格式	Alt+Shift+Ctrl+S
恢复	F12	文件简介	Alt+Shift+Ctrl+I
打印	Ctrl+P	打印一份	Alt+Shift+Ctrl+P
退出	Ctrl+Q		

2.【编辑】菜单快捷键

编辑命令	快捷键	编辑命令	快捷键
还原 / 重做	Ctrl+Z	前进一步	Shift+Ctrl+Z
后退一步	Alt+Ctrl+Z	渐隐	Shift+Ctrl+F
剪切	Ctrl+X 或 F2	拷贝	Ctrl+C 或 F3
合并拷贝	Shift+Ctrl+C	粘贴	Ctrl+V 或 F4
原位粘贴	Shift+Ctrl+V	贴入	Alt+Shift+Ctrl+V
填充	Shift+F5	内容识别比例	Alt+Shift+Ctrl+C
自由变换	Ctrl+T	再次变换	Shift+Ctrl+T
颜色设置	Shift+Ctrl+K	键盘快捷键	Alt+Shift+Ctrl+K
菜单	Alt+Shift+Ctrl+M	首选项	Ctrl+K

3.【图像】菜单快捷键

图像命令	快捷键	图像命令	快捷键
色阶	Ctrl+L	曲线	Ctrl+M
色相 / 饱和度	Ctrl+U	色彩平衡	Ctrl+B
黑白	Alt+Shift+Ctrl+B	反相	Ctrl+I
去色	Shift+Ctrl+U	自动色调	Shift+Ctrl+L
自动对比度	Alt+Shift+Ctrl+L	自动颜色	Shift+Ctrl+B
图像大小	Alt+Ctrl+I	画布大小	Alt+Ctrl+C

4.【图层】菜单快捷键

图层命令	快捷键	图层命令	快捷键
新建图层	Shift+Ctrl+N	新建通过拷贝的图层	Ctrl+J
新建通过剪切的图层	Shift+Ctrl+J	创建 / 释放剪贴蒙版	Alt+Ctrl+G
图层编组	Ctrl+G	取消图层编组	Shift+Ctrl+G
置为顶层	Shift+Ctrl+]	前移一层	Ctrl+]
后移一层	Ctrl+[	置为底层	Shift+Ctrl+[
合并图层	Ctrl+E	合并可见图层	Shift+Ctrl+E
盖印选择图层	Alt+Ctrl+E	盖印可见图层到当前层	Alt+Shift+Ctrl+A

5.【选择】菜单快捷键

选择命令	快捷键	选择命令	快捷键
全部选取	Ctrl+A	取消选择	Ctrl+D
重新选择	Shift+Ctrl+D	反向	Shift+Ctrl+I Shift+F7
所有图层	Alt+Ctrl+A	调整边缘	Alt+Ctrl+R
羽化	Shift+F6	查找图层	Alt+Shift+Ctrl+F

6.【滤镜】菜单快捷键

滤镜命令	快捷键	滤镜命令	快捷键
上次滤镜操作	Ctrl+F	镜头校正	Shift+Ctrl+R
液化	Shift+Ctrl+X	消失点	Alt+Ctrl+V
自适应广角	Shift+Ctrl+A		

7.【视图】菜单快捷键

视图命令	快捷键	视图命令	快捷键
校样颜色	Ctrl+Y	色域警告	Shift+Ctrl+Y
放大	Ctrl++ 或 Ctrl+=	缩小	Ctrl+-
按屏幕大小缩放	Ctrl+0	实际像素	Ctrl+1 或 Alt+Ctrl+0
显示额外内容	Ctrl+H	显示目标路径	Shift+Ctrl+H
显示网格	Ctrl+’	显示参考线	Ctrl+;
标尺	Ctrl+R	对齐	Shift+Ctrl+;
锁定参考线	Alt+Ctrl+;		

8.【窗口】菜单快捷键

窗口命令	快捷键	窗口命令	快捷键
动作面板	Alt+F9 或 F9	画笔面板	F5
图层面板	F7	信息面板	F8
颜色面板	F6		

9.【帮助】菜单快捷键

帮助命令	快捷键		
Photoshop 帮助	F1		